Physik des erdnahen Weltraums

Springer-Verlag Berlin Heidelberg GmbH

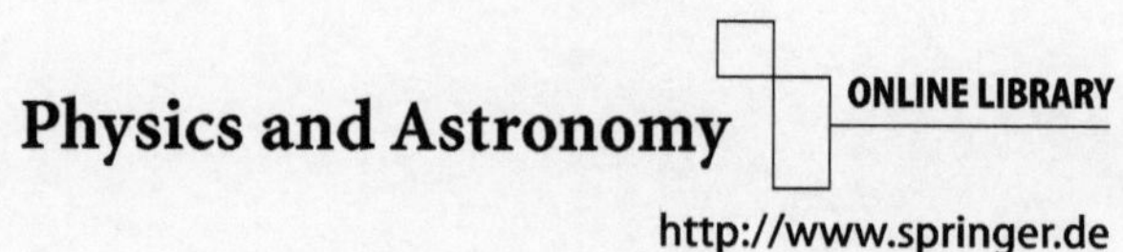

Gerd W. Prölss

Physik des erdnahen Weltraums

Eine Einführung

Zweite Auflage
Mit 263 Abbildungen, davon 4 in Farbe
und 15 Tabellen

Springer

Professor Dr. Gerd W. Prölss
Universität Bonn
Institut für Astrophysik und Extraterrestrische Forschung
Auf dem Hügel 71
53121 Bonn, Deutschland

Einbandphoto: Tagleuchten und Polarlicht aufgenommen vom DE1-Satelliten aus etwa 20.000 km Höhe. Genauere Informationen finden sich in den Abschnitten 3.3.8 und 7.4 (L.A. Frank, The University of Iowa)

ISBN 978-3-642-62301-1   ISBN 978-3-642-18807-7 (eBook)
DOI 10.1007/978-3-642-18807-7

Bibliografische Information der Deutschen Bibliothek
Die Deutsche Bibliothek verzeichnet diese Publikation in der Deutschen Nationalbibliografie; detaillierte bibliografische Daten sind im Internet über <http://dnb.ddb.de> abrufbar.

http://www.springer.de

Satz: Camera-Ready durch den Autor
Einbandgestaltung: Erich Kirchner, Heidelberg

Gedruckt auf säurefreiem Papier   54/3141/ts - 5 4 3 2 1 0

Vorwort zur ersten Auflage

Dieses Buch wurde für Leserinnen und Leser geschrieben, die die Gebiete, Methoden und Ergebnisse der Weltraumforschung kennenlernen möchten, sei es, daß sie während ihres Studiums oder im Verlauf ihres Berufslebens mit diesem Fach in Berührung kommen oder sei es, daß sie einfach den Drang verspüren, mehr über die Weltraumumgebung der Erde zu erfahren. Entstanden ist es als Niederschrift einer Vorlesung gleichen Themas, die seit geraumer Zeit und in wechselnder Form an der Universität Bonn gehalten wird. Wie diese Vorlesung so wendet sich das vorliegende Buch an ein relativ breites Publikum. Vorausgesetzt werden lediglich Grundkenntnisse der Mathematik und Physik, wie sie in den ersten Semestern eines natur- oder ingenieurwissenschaftlichen Studiums erworben werden. Spezielleres Wissen wird im Zusammenhang mit dem jeweils betrachteten Phänomen abgeleitet. Diese Ableitungen sind möglichst einfach gehalten und orientieren sich an dem Prinzip, daß im Konfliktfall der physikalischen Anschaulichkeit vor der formalen Strenge der Vorzug gegeben wird. Insbesondere war ich bemüht, die berühmt-berüchtigte Phrase 'Wie sich leicht zeigen läßt ...' so weit wie möglich aus dem Text zu verbannen und alle Ableitungen in leicht nachvollziehbaren Schritten anzubieten, selbst auf die Gefahr hin, den fortgeschrittenen Leser zu unterfordern. Der Verständlichkeit und Anschaulichkeit dienen auch die vielen Abbildungen, die bekanntlich oft mehr sagen als 'tausend Worte'.

In den letzten Jahrzehnten ist unser Wissen über die Weltraumumgebung der Erde explosionsartig angewachsen und eine Gesamtdarstellung dieses Gebietes würde den Rahmen einer Einführung bei weitem sprengen. Deshalb mußte Mut zur Lücke bewiesen werden und viele, auch für den Autor selbst höchst interessante Themen fielen der Platzbeschränkung zum Opfer. Insbesondere konnten Meßmethoden nur am Rande erwähnt werden, obwohl sie in der Weltraumforschung, wie in der Physik ganz allgemein, eine zentrale Rolle spielen. Hier begnügen wir uns damit, die Ergebnisse von Experimenten vorzustellen und unternehmen anschließend den Versuch, diese mit möglichst einfachen physikalischen Ansätzen zu erklären. Man bedenke, daß die vorliegende Einführung ihre Schuldigkeit getan hat, wenn sie Leserinnen und Leser dazu anregt, genauer über ein Thema nachzudenken und selbstständig die einschlägige Fachliteratur zu studieren.

Dank sagen möchte ich allen, die direkt oder indirekt am Zustandekommen dieses Buches beteiligt waren. Meinem Mentor W. Priester und den Kollegen M. Römer, H.J. Fahr und H. Volland danke ich für ihre Unterstützung und die angenehme Arbeitsatmosphäre an unserem Institut. Teile dieses Buches wurden während eines Vorlesungsaufenthaltes an der Universität Innsbruck und während eines Forschungsaufenthaltes an der Universität Nagoya überarbeitet. Den einladenden Kollegen M. Kuhn und Y. Kamide sei an dieser Stelle gedankt. Anregungen und Hilfen verschiedener Art verdanke ich den Kollegen und Mitarbeitern S.J. Bauer, M.K. Bird, H. Fichtner, G. Lay, C. A. Loewe, K. Schrüfer, R. Treumann und S. Werner. Besonders hervorheben möchte ich die Beiträge von S. Noël, M. Kilbinger, B. Kuhlen und J. Pielorz, die mit großer Kompetenz und Geduld die Reinschrift des Manuskripts besorgten. Ohne ihre Hilfe wäre dieses Buch sicherlich eine unendliche Geschichte geworden.

Bonn, März 2001   *Gerd W. Prölss*

Vorwort zur zweiten Auflage

Die sehr freundliche Aufnahme des Buches durch Studenten und Kollegen deutet an, daß es sein Ziel, eine leicht verständliche Einführung in die Weltraumforschung zu geben, erreicht hat. Deshalb kann die zweite Auflage im wesentlichen unverändert bleiben. Zu verbessern gibt es natürlich immer etwas, sei es, daß einzelne Textpassagen überarbeitet, uns bekannt gewordene Druckfehler beseitigt, oder einige Abbildungen verbessert wurden. Für die Hilfe bei der Integration dieser Änderungen möchte ich mich bei N. Ben Bekhti, S. Noël und B. Winkel bedanken.

Bonn, Juni 2003   *Gerd W. Prölss*

Inhaltsverzeichnis

Symbolverzeichnis

A	Fläche
α	Winkel allgemein; speziell Anstellwinkel
$\vec{\mathcal{B}}$	magnetische Flußdichte, hier als magnetische Feldstärke bezeichnet
$\mathcal{B}_{00}$	magnetische Flußdichte/Feldstärke an der Erdoberfläche am Äquator
$\vec{c}$	Pekuliargeschwindigkeit (thermische Geschwindigkeit)
c_0	Lichtgeschwindigkeit
$c_p,\ c_V$	spezifische Wärmekapazität bei konst. Druck bzw. konst. Volumen
χ	Zenitwinkel; Strahllinienwinkel
d	Dicke; Transportterm in Bilanzgleichungen
D	Diffusionskoeffizient; Deklination
e	Elektron
e	Elementarladung; Basis des natürlichen Logarithmus
E	Energie
$\vec{\mathcal{E}}$	elektrische Feldstärke
ε_0	elektrische Feldkonstante (Influenz- oder Dielektrizitätskonstante)
f	Freiheitsgrad; Frequenz
f	Verteilungsfunktion
$\vec{F}$	Kraft
$\vec{F}^*$	Kraft pro Volumen (Volumenkraft)
$\vec{g}$	Schwerebeschleunigung ($\vec{g}_E, \vec{g}_S$ für Erd- bzw. Sonnenbeschleunigung)
g	Geschwindigkeitsverteilungsfunktion
G	Gravitationskonstante
γ	Adiabaten-Exponent
γ^*	Polytropenindex
h	Höhe
h_P	Planck-Konstante
$h(c)$	Verteilungsfunktion der Geschwindigkeitsbeträge
H	Skalenhöhe; Horizontalkomponente des Erdmagnetfeldes
$\vec{\mathcal{H}}$	magnetische Feldstärke
I	Impuls; Inklination
$\vec{\mathcal{I}}$	Stromstärke
$\vec{\mathcal{I}}^*$	Flächenstromdichte
$\vec{j}$	Stromdichte

J_X	Ionisierungsfrequenz der Spezies X
k	Boltzmann-Konstante
$k_{s,t}$	Reaktionskonstante
K	Konstante; Wirbeldiffusionskoeffizient
κ	Wärmeleitfähigkeit
l	Länge; Verlustrate pro Volumen
$l_{1,2}$	mittlere freie Weglänge
λ	Wellenlänge; geo-, heliographische Länge
L	Schalenparameter
$\mathcal{L}$	Leitwert; Induktionskonstante
$\ln \Lambda$	Coulomb-Logarithmus
m	Teilchenmasse
m_u	atomare Masseneinheit
M	Volumenmasse (M_E, M_S für Masse der Erde, Sonne); Machzahl
$\mathcal{M}$	Massenzahl (Atom-, Molekulargewicht)
$\vec{\mathcal{M}}$	magnetisches Dipolmoment ($\vec{\mathcal{M}}_E$ der Erde, $\vec{\mathcal{M}}_G$ der Gyration)
μ_0	magnetische Feldkonstante (Induktionskonstante oder Permeabilität)
n	Teilchen(zahl)dichte
$\hat{n}$	Flächennormale
N	Teilchenanzahl
$\mathcal{N}$	Säulendichte
ν	Frequenz
$\nu_{1,2}$	Stoßfrequenz ($\nu_{1,2}^{Cb}$ Coulomb-Stoßfrequenz)
$\nu_{1,2}^*$	Reibungsfrequenz
ω	Winkelgeschwindigkeit bzw. Kreisfrequenz
ω_g	Auftriebsoszillationsfrequenz
$\omega_\mathcal{B}$	Gyrofrequenz (Larmor-Frequenz)
$\Omega_{E,S}$	Winkelgeschwindigkeit der Erde, Sonne
p	thermodynamischer Druck
p_d	dynamischer Druck
$p_\mathcal{B}$	magnetischer Druck
p	Proton
P	Leistung
φ	Breite
$\vec{\phi}$	Fluß einer skalaren Größe
Φ	Magnetfluß
q	Ladung pro Teilchen; Produktionsrate pro Volumen
Q	Wärmemenge
$\mathcal{Q}$	Ladungsmenge
r	Teilchenradius; radialer Abstand
$r_\mathcal{B}$	Gyrationsradius
$\vec{r}$	Ortsvektor
$R_E, \ R_S$	Erdradius, Sonnenradius
ρ	Massendichte
ρ_{Kr}	Krümmungsradius

s	Strecke; Sortenindex (e, i, n für Elektronen, Ionen und Neutralgasteilchen)
σ_{12}	Stoß- bzw. Wechselwirkungsquerschnitt
σ^A	Absorptionsquerschnitt
$\sigma_B,\ \sigma_H,\ \sigma_P$	Birkeland-, Hall- und Pedersen-Leitfähigkeit
t	Zeit
T	Temperatur (T_∞ für Thermopausentemperatur)
τ	Zeitkonstante; Periode; optische Dicke
$\vec{u}$	Strömungsgeschwindigkeit
U	innere Energie
$\mathcal{U}$	Spannung
$\vec{v}$	Teilchengeschwindigkeit
v_S, v_A, v_{MS}	Schall-, Alfvén- und magnetosonische Geschwindigkeit
$\vec{v}_{Ph}$	Phasengeschwindigkeit
V	Volumen
w	Wahrscheinlichkeit
$\mathcal{W}$	Arbeit; Index für Wirbelparameter
$x,\ y,\ z$	kartesische Koordinaten; ($\hat{x}, \hat{y}, \hat{z}$ Einheitsvektoren); Variablen

1. Einleitung

Wir beginnen mit einer Definition und Abgrenzung der Thematik. Es folgen Hinweise zum Stoffumfang und dessen Gliederung und zu der am Ende eines jeden Kapitels zusammengestellten Literaturauswahl. Wir schließen mit einer kurzen Einführung in die Geschichte der Weltraumforschung.

1.1 Definition und Abgrenzung der Thematik

Unter der Physik des erdnahen Weltraums, im folgenden wahlweise als *Weltraumforschung* oder *Extraterrestrische Physik* bezeichnet, wollen wir die Physik der Teilchen und Felder in den Raumbereichen des Sonnensystems und dessen unmittelbarer Umgebung verstehen. In dieser Definition hat 'Physik' die allgemein bekannte Bedeutung, sie stellt die Lehre von den Naturvorgängen dar, die man messend erfassen und mathematisch darstellen kann und die allgemeinen Gesetzmäßigkeiten unterliegen. Mit 'Teilchen' seien Gasbestandteile wie Atome, Moleküle, Ionen und Elektronen, nicht jedoch Staubteilchen gemeint. Bei 'Feldern' ist in erster Linie an magnetische und elektrische Felder gedacht, Gravitationsfelder werden als bekannt vorausgesetzt. Was die 'Raumbereiche des Sonnensystems' betrifft, so gibt Abb. 1.1 einen Überblick. Zu diesen Räumen gehören zunächst einmal die Bereiche der äußeren Gashüllen von Sonne, Planeten, Monden und Kometen. Dabei wird, insbesondere bei Planeten, zwischen der *neutralen Hochatmosphäre* und der *Ionosphäre*, der ionisierten Komponente dieser äußeren Gashülle, unterschieden. *Magnetosphären* stellen weitere Raumbereiche des Sonnensystems dar. Wie der Name andeutet, handelt es sich dabei um von planetaren Magnetfeldern dominierte Gebiete. Außerhalb der Magnetosphäre, oder bei fehlendem Magnetfeld außerhalb der Hochatmosphäre oder bei fehlender Atmosphäre direkt an der Oberfläche des Himmelskörpers, beginnt der *interplanetare Raum*. Er ist im wesentlichen von einem ständig von der Sonne abgeblasenen Teilchenstrom, dem Sonnenwind, angefüllt. Daneben spielt das interplanetare Magnetfeld eine wichtige Rolle. Ähnlich wie der Druck des Sonnenwindes planetare Magnetfelder auf den Bereich ihrer zugehörigen Magnetosphären beschränkt, so begrenzt der Druck des *interstellaren Windes* die Gase und Felder des interplanetaren Raums auf ein endliches Volumen, das als *Heliosphäre* bezeichnet wird. Die Heliopause als Grenze dieses Bereichs defi-

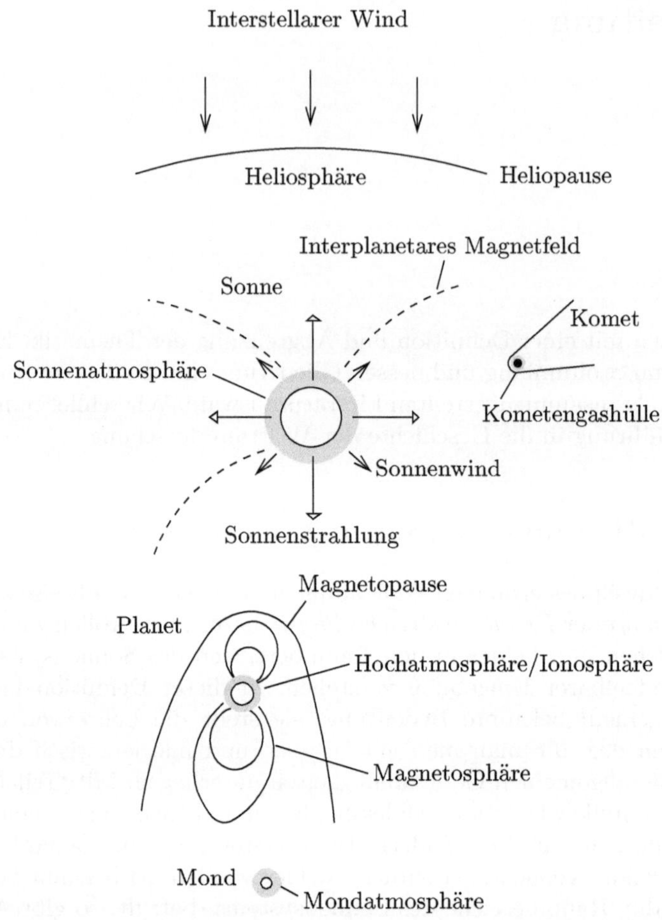

Abb. 1.1. Raumbereiche des Sonnensystems

niert gleichzeitig die Grenze des hier interessierenden Sonnensystems. Dessen
'unmittelbare Umgebung' wird demnach durch die Eigenschaften des lokalen
interstellaren Mediums bestimmt.

Wissenschaftsdisziplinmäßig wollen wir die Weltraumforschung oder Extraterrestrische Physik folgendermaßen abgrenzen. So soll sie sich nicht
mit den dichteren Körpern des Sonnensystems beschäftigen. Bei Plane-
tenkörpern, Monden, Asteroiden, Kometen, Meteoriden, Planetenringen und
beim interplanetaren Staub ist dies im wesentlichen Domäne der Planetolo-
gie, beim Sonneninnern die der Sonnenphysik. Weltraumforschung soll auch
nicht der alteingesessenen Zunft der 'Wettermacher' ins Handwerk pfuschen,
sie soll sich demnach nicht mit den dichteren Atmosphären von Planeten und

Monden beschäftigen, dies ist Aufgabe der Meteorologie. Schließlich soll sich die Extraterrestrische Physik durch ihre Beschränkung auf das Sonnensystem und dessen unmittelbarer Umgebung gegenüber der Astronomie abgrenzen, deren Interessengebiete weit jenseits dieses lokalen Bereichs liegen. Wissenschaftsdisziplinmäßig läßt sich demnach schreiben

$$\begin{matrix} \text{Sonnenphysik} \\ \text{Planetologie} \\ \text{Meteorologie} \end{matrix} \quad < \quad \text{Extraterrestrische Physik} \quad < \quad \text{Astronomie}$$

und auf unseren Planeten bezogen deckt dies den Entfernungsbereich von etwa

$$100 \text{ km (Erde)} \quad \lesssim \quad \text{Extraterrestrische Physik} \quad \lesssim \quad 1000 \text{ AE}$$

ab, wobei eine Astronomische Einheit (AE) der mittleren Entfernung Sonne-Erde entspricht. Zum Vergleich: Die durchschnittliche heliozentrische Entfernung des äußersten Planeten Pluto beträgt rund 40 AE (siehe Anhang A.3), die der sonnennächsten Stelle der Heliopause etwa 100 AE.

Die Abgrenzung der Physik der dichteren Atmosphäre (Meteorologie) von der der äußeren Gashülle (Extraterrestrische Physik) scheint etwas willkürlich und bedarf der Begründung. Für eine solche Trennung spricht, daß äußere Gashüllen eine andere chemische Zusammensetzung besitzen als innere, daß hier andere Transportprozesse dominieren, daß Verdampfungsprozesse eine wichtige Rolle spielen können und daß hier Gase teilweise ionisiert sind und damit Plasmaeigenschaften besitzen. Hauptgrund für eine solche Trennung ist aber die Tatsache, daß die Energetik und Dynamik dieses Bereichs ganz wesentlich von der Sonnenaktivität und von den Eigenschaften des interplanetaren Mediums bestimmt werden, was für die dichtere Atmosphäre nicht der Fall ist.

Auch die Abgrenzung gegenüber der Astronomie bedarf der Erläuterung. Denn was hier als Weltraumforschung oder Extraterrestrische Physik bezeichnet wird, war vor kurzer Zeit noch fester Bestandteil der Astronomie. Für eine Eigenständigkeit dieses relativ jungen Wissenschaftszweiges spricht, daß es sich hier um ein gut abgrenzbares und sicherlich genügend umfangreiches Forschungsgebiet handelt; daß es eine genügend große Anzahl von Wissenschaftlern gibt, die sich mit diesem Fachgebiet beschäftigen; daß diese sich in eigenen Gesellschaften organisiert haben und eigene Tagungen abhalten; und daß diese schließlich eigene Fachzeitschriften herausgeben und über eigene Forschungseinrichtungen verfügen. Die meisten der hier aufgeführten Gründe haben natürlich auch einen finanziellen Hintergrund. So kann kein Zweifel daran bestehen, daß in den vergangenen 'fetten' Jahren der Weltraumforschung erhebliche Mittel in dieses Forschungsgebiet geflossen sind. Man bedenke nur, daß ein anspruchsvollerer Raketenschuß schon fünfhunderttausend Euro und mehr kostet, daß in einen einfacheren Forschungssatelliten einige zehn Millionen Euro investiert werden müssen und daß eine interplanetare Raumsonde gar einige hundert Millionen Euro verschlingt.

Was die Abgrenzung gegenüber der Astronomie betrifft, so ist die Frage erlaubt, wie weit sich die Extraterrestrische Physik noch ausdehnen wird. Wird sie z.B. über das lokale interstellare Medium hinaus noch Gebietsansprüche geltend machen? Wohl kaum! So ist der Sprung von der Heliopausenregion ($\simeq$ 100 AE) bis zum nächsten Stern ($\simeq$ 270 000 AE) doch gewaltig. Um ein Gefühl für die Distanz allein der Heliopause zu erhalten, sei angemerkt, daß die zur Zeit schnellste Raumsonde, VOYAGER 1, nahezu 30 Jahre unterwegs gewesen sein wird, wenn sie im Jahr 2006 eine Entfernung von 100 AE erreicht. Praktisch gesehen beschränkt sich demnach die Extraterrestrische Physik auf den Teil des Weltraums, der noch der *in situ* Vermessung zugänglich ist.

Es soll hier nicht verschwiegen werden, daß es auch andere Definitionen der Weltraumforschung gibt. So wird manchmal unter diesem Begriff alles subsumiert, was mit Hilfe der Weltraumtechnik erforscht wird. Man orientiert sich hier an der Forschungsmethode, nicht am Forschungsgegenstand. Eine solche Definition mag von Nutzen sein, wenn es um die Bündelung weltraumtechnischer Aktivitäten geht, zur Eingrenzung einer Forschungsrichtung eignet sie sich nicht. Dies zeigen die vielen eigenständigen Forschungsdisziplinen, die sich heute der Satellitentechnik bedienen, seien es die Meteorologie, Ozeanographie, Geodäsie, Materialwissenschaften, Biologie oder die Astronomie, um nur einige zu nennen. Auf der anderen Seite macht die Weltraumforschung ausgiebigen Gebrauch von bodengestützten Messungen, wie Magnetfeldregistrierungen, Radiosondierungen, Photometrie und Radarmessungen. Eine weitere Definition versteht unter der Weltraumforschung die Plasmaphysik des Sonnensystems, und in der Tat deckt diese Interpretation viele der hier behandelten Themen ab. Unberücksichtigt bleiben dabei aber so wichtige Gebiete wie neutrale Hochatmosphären, das neutrale interplanetare und interstellare Gas und energiereiche Teilchen im Sonnensystem. Deshalb soll hier der am Anfang des Abschnitts vorgeschlagenen, sicherlich weniger griffigen Definition der Weltraumforschung bzw. Extraterrestrischen Physik der Vorzug gegeben werden.

1.2 Stoffumfang, Gliederung und Literatur

Die Gliederung des Stoffes folgt zunächst der natürlichen Reihenfolge, in der die verschiedenen Raumbereiche mit zunehmender Entfernung von der Erde angetroffen werden. So sind die nachfolgenden beiden Kapitel der Beschreibung der neutralen Hochatmosphäre und der Absorption von Sonnenstrahlung in diesem Bereich gewidmet. Es folgen, in gesonderten Abschnitten, die Beschreibung der Ionosphäre, der Magnetosphäre und die des interplanetaren Mediums. Der letzte Teil der Darstellung ist den solar-terrestrischen Beziehungen gewidmet. Hier werden die Dissipation von Sonnenwindenergie in der polaren Hochatmosphäre und Geosphärenstürme behandelt.

In dieser Aufteilung nimmt die Beschreibung der Hochatmosphäre einen relativ breiten Raum ein. Ein Grund dafür ist, daß in vielen einführenden Darstellungen dieses wichtige Thema sträflich vernachlässigt wird. Dabei operieren die überwiegende Anzahl von Satelliten, die diversen Raumfähren (*space shuttle*) und die Raumstation Iss in der Hochatmosphäre der Erde. Hinzu kommt, daß in diesen ersten Abschnitten viele wichtige Begriffe und Zusammenhänge der Gasphysik rekapituliert werden. Davon profitieren die nachfolgenden Kapitel, die entsprechend knapper gehalten werden können. Dieser schrittweise Aufbau führt dazu, daß die Darstellung nur bedingt als Nachschlagewerk geeignet ist. Vielmehr sollte jemand, der sich z.B. für Ionosphärenphysik interessiert, zunächst die Abschnitte über die Hochatmosphärenphysik gelesen haben; und langperiodische Wellen in Magnetoplasmen lassen sich besser verstehen, wenn man zunächst die Ableitung akustischer Wellen studiert hat.

Wie im Titel dieses Buches bereits angedeutet, beschränkt sich unsere Darstellung auf die Beschreibung der Weltraumumgebung der Erde. Erstens liegt uns dieser Bereich in jeder Beziehung am nächsten; zweitens ist er der am besten erforschte; und drittens würde die Einbeziehung der Raumbereiche anderer Planeten den Rahmen dieser Einführung sprengen. Schon so ist der zu behandelnde Stoff recht umfangreich und erzwingt eine Konzentration auf das Wesentliche. Dieses Wesentliche läßt sich dann allerdings in vielen Fällen direkt auf die Raumumgebung anderer Planeten übertragen. Ist man z.B. mit der Physik der terrestrischen Ionosphäre vertraut, wird man auch rasch den Aufbau der Venusionosphäre verstehen.

Wie alle Einführungen, so basiert auch diese auf einer Fülle von Primär- und Sekundärliteratur. Diese im einzelnen aufzuführen wäre hier fehl am Platze. Werden Forschungsergebnisse in Form von Abbildungen übernommen, so wird die Quelle selbstverständlich genannt. Ansonsten darf auf die zahlreichen Lehrbücher, Monographien und Zeitschriften verwiesen werden, die das Fach Weltraumforschung insgesamt oder in Teilbereichen abhandeln. Eine sicherlich von persönlichen Präferenzen geprägte Auswahl dieser Schriften ist am Ende eines jeden Kapitels zusammengestellt. Man beachte, daß einige Abhandlungen älteren Datums noch immer durch ihren physikalischen 'Durchblick' und ihr didaktisches Geschick bestechen. Ferner, daß Englisch die *lingua franca* der Naturwissenschaften ganz allgemein und der Weltraumforschung im besonderen ist. Um ein deutsch-englisches 'Kauderwelsch' zu vermeiden, hat der Autor alle in der Literatur benutzten englischen Fachausdrücke, soweit nicht bereits geschehen, ins Deutsche übertragen. Nur in wenigen Fällen erwies sich dies als schwierig. Sollte die dann gewählte Bezeichnung nicht gefallen, wird um Nachsicht und um Verbesserungsvorschläge gebeten. In jedem Fall ist auch der englische Fachausdruck angegeben und im Sachverzeichnis aufgeführt.

1.3 Zur Geschichte der Weltraumforschung

Weltraumforschung ist, aus heutiger Sicht betrachtet, eine erstaunlich alte Wissenschaft. So hat man sich mit einigen ihrer Disziplinen schon vor mehreren hundert Jahren befaßt und geniale Ideen dazu entwickelt. Im Vorsatellitenzeitalter mußte man sich dabei naturgemäß auf erdgebundene Beobachtungen beschränken, d.h. man war darauf angewiesen die Signaturen, die ein Weltraumphänomen auf der Erde hinterläßt, zu messen und zu deuten.

Zu den frühesten Arbeiten, die man heute der Weltraumforschung zuordnen würde, gehören sicherlich die Untersuchungen des äußeren Erdmagnetfeldes. So erhielt man erste Vorstellungen von dessen Gestalt durch Terrella-Experimente. Das heißt man bildete die Erde durch eine magnetisierte Kugel ('Erdchen') nach und bestimmte deren äußeres Magnetfeld mit Hilfe einer Kompaßnadel (Gilbert, 1600; man beachte, daß hier und im folgenden die angegebenen Jahreszahlen der zeitlichen Einordnung eines Ereignisses, nicht der Kennzeichnung eines Literaturzitats dienen). Etwa hundert Jahre später, 1722/23, beobachtete der Londoner Uhrmacher Graham, daß das Erdmagnetfeld durchaus nicht so konstant war, wie man es bis dato angenommen hatte, sondern kurzzeitige Schwankungen aufweist. Sein Beobachtungsgerät bestand aus einer sehr fein aufgehängten Magnetnadel, die er mit Hilfe einer Lupe beobachtete. Irreguläre Störungen starker Intensität wurden später als 'magnetische Ungewitter' oder 'magnetische Stürme' bezeichnet (Humboldt, 1808) und sind auch heute noch Gegenstand intensiver Forschung. Etwa hundert Jahre nach Graham gelang Gauß (1839) der Nachweis, daß ein – wenn auch kleiner – Teil des an der Erdoberfläche gemessenen Magnetfeldes extraterrestrischen Ursprungs ist, und er betrachtete Ströme in der Hochatmosphäre als eine mögliche Quelle für diese außerirdische Komponente. Weitere fünfzig Jahre später stellte Stewart (1883) die auch heute noch gültige Hypothese auf, daß reguläre Magnetfeldvariationen durch Gezeitenwinde in der Dynamoregion der Hochatmosphäre verursacht werden. Die ersten solar-terrestrischen Beziehungen wurden u.a. von Sabine (1852) und Carrington (1859) entdeckt. So zeigte Sabine, daß zwischen der Intensität magnetischer Störungen und dem wenige Jahre zuvor von Schwabe (1842) entdecktem Sonnenfleckenzyklus ein Zusammenhang besteht. Carrington dagegen beobachtete, daß Sonneneruptionen magnetische Stürme zur Folge haben können. In diese Zeit fällt auch die Entdeckung der ersten 'Weltraumwetter'-Effekte. So berichtet Barlow (1849) über Störungen von Telegraphenverbindungen während geomagnetischer Stürme.

Parallel zur Erforschung des Erdmagnetfeldes gab es zahlreiche Studien über ein anderes Phänomen, das sicherlich zu den spektakulärsten der Weltraumforschung gehört, gemeint ist das Polarlicht. Eine der ersten maßgebenden Arbeiten auf diesem Gebiet wurde von de Mairan verfaßt. Dessen im Jahre 1733 erstmals erschienenes Buch enthält Zeichnungen von Polarlichterscheinungen, eine Liste bekanntgewordener Ereignisse, eine Diskussion über die Höhe von Polarlichtbögen und Spekulationen über den Ursprung dieser Erscheinung. Diese Spekulationen klingen heute außerordentlich modern: So ging de Mairan davon aus, daß sich die Erde in der ausgedehnten Atmosphäre der Sonne bewegt und daß es der Eintritt solarer Teilchen in die terrestrische Atmosphäre ist, der das beobachtete Polarleuchten verursacht. Kurze Zeit später entdeckten Hjørter und Celsius (1741), daß während Polarlichtaktivität besonders intensive Magnetfeldstörungen beobachtet werden. Sie stellten damit einen Zusammenhang zwischen zwei bis dahin getrennt betrachteten Wissensgebieten her. Das Spektrum der Polarlichter und hier insbesondere die prominente grün-gelbe Polarlichtlinie bei 557.7 nm wurde erstmals von Ångstrøm (1866) aufgenommen und Birkeland führte am Ende des 19. Jahrhunderts erste experimentelle Simulationen von Polarlichtern durch. Dazu beschoß er eine in ein evakuiertes Gefäß eingebrachte Terrella mit den eben erst entdeckten Kathodenstrahlen und beobachtete polarlichtähnliche Leuchterscheinungen. Etwa um dieselbe Zeit hatte ein Kollege von Birkeland, Størmer, damit begonnen, Bahnen von elektrisch geladenen Teilchen im Dipolfeld der Erde zu berechnen und somit u.a. die theoretischen Grundlagen für die Beschreibung von Strahlungsgürteln gelegt.

Der Beginn der Erforschung einer dritten Disziplin der Weltraumforschung fällt in das Jahr 1924, als es zwei Forschergruppen (Breit und Tuve in den USA und Appleton und Barnett in England) unabhängig voneinander gelang, die Existenz der Ionosphäre nachzuweisen. Zwar hatte es schon vorher die transatlantischen Radioübertragungen von Marconi (1901) und die damit verbundenen Spekulationen über leitende Schichten in der Hochatmosphäre gegeben, aber der erste gezielte experimentelle Nachweis dieser Schichten gelang erst den beiden oben genannten Forschergruppen. Appleton hat später für diese und nachfolgende Arbeiten einen der zwei Nobelpreise erhalten, die an Weltraumforscher vergeben wurden (der andere ging an Alfvén). Nach der Entdeckung der Ionosphäre war es vor allem Chapman, der die Theorie dieser Erscheinung vorantrieb. Erste Korrelationen zwischen Störungen der Ionosphäre und magnetischer Aktivität wurden dagegen von Radioingenieuren beobachtet (z.B. Espenschied et al., 1925). Neben aktiven wurden auch passive Radiosondierungen durchgeführt. So gelang mit Hilfe von Whistlermessungen (*Whistler* sind eine spezielle Art niederfrequenter Radiowellen in magnetfelddurchsetzten Ladungsträgergasen) der erste Nachweis erdferner Plasmapopulationen (Storey, 1953). Heute ist diese Fortsetzung der Ionosphäre in den magnetosphärischen Bereich als Plasmasphäre bekannt.

Auch die Erforschung des interplanetaren Mediums als einer weiteren Disziplin der Weltraumforschung ist durch bodengestützte Beobachtungen eingeleitet worden. So hatte Alfvén 1942 gezeigt, daß die Sonne eine sehr heiße und hochionisierte äußere Atmosphäre besitzt. Daß es sich bei dieser äußeren Atmosphäre nicht um eine statische Gashülle, sondern um einen ständig von der Sonne abgeblasenen Plasmastrom handelt, ist erstmals von Biermann (1951) aus Kometenschweifbeobachtungen geschlossen worden. Angeregt durch diese Hypothese entwickelte Parker (1958) sein bekannt gewordenes Modell des

Sonnenwindes und des interplanetaren Magnetfeldes, das Jahre später in eindrucksvoller Weise durch Satellitenmessungen bestätigt wurde.

So bestechend die Erfolge bodengestützter Beobachtungen auch waren, der eigentliche Aufschwung der Weltraumforschung begann erst, als es gelang die Eigenschaften der Weltraumumgebung vor Ort mit Hilfe von Raketen und Satelliten zu vermessen. Das Zeitalter der Raumflugtechnik wurde nach dem 2.Weltkrieg eingeläutet, als die Amerikaner modifizierte deutsche V2-Raketen zu Forschungszwecken in die obere Atmosphäre schossen. Erwähnt sei hier die erste Vermessung der solaren UV-Strahlung im Jahre 1946. In diese Zeit fallen auch die ersten systematischen Untersuchungen der neutralen Hochatmosphäre, die allerdings einer verbesserten Raketentechnik bedurften.

Einen Paukenschlag stellte der Start des ersten künstlichen Erdsatelliten, SPUTNIK 1, am 4. Oktober 1957 dar. Geschockt von diesem unerwarteten Erfolg der Russen brachten die Amerikaner im Januar 1958, also nur 4 Monate später, ihrerseits ihren ersten künstlichen Satelliten, EXPLORER 1, in eine Umlaufbahn um die Erde und 2 Monate später gelang ihnen die erste wichtige *in situ* Entdeckung der Weltraumforschung, der Nachweis des Strahlungsgürtels durch die Gruppe um van Allen. Seitdem sind eine große Anzahl von Forschungssatelliten in den erdnahen Weltraum geschossen worden, von denen jeder wichtige neue Erkenntnisse über den Zustand dieses faszinierenden Bereichs geliefert hat. Ohne diese Erkenntnisse wäre die nachfolgende Darstellung der Weltraumforschung nicht möglich gewesen.

Literaturhinweise

Allgemeine Darstellungen der Weltraumforschung

W. Kertz, *Einführung in die Geophysik I/II*, B.I.-Wissenschaftsverlag, Mannheim 1969/1971

M.D. Papagiannis, *Space Physics and Space Astronomy*, Gordon and Breach Science Publishers, New York, 1972

S.-I. Akasofu and S. Chapman, *Solar-Terrestrial Physics*, At the Clarendon Press, Oxford, 1972

A. Egeland, Ø. Holter and A. Omholt (eds.), *Cosmical Geophysics*, Universitetsforlaget, Oslo, 1973

R.L. Carovillano and J.M. Forbes (eds.), *Solar-Terrestrial Physics*, Reidel Publishing Company, Dordrecht, 1983

S. Flügge (Hrsg.), *Handbuch der Physik, XLIX, 1-7, Geophysik III, 1-7* (J. Bartels/K. Rawer, Hrsg.), Springer-Verlag, Berlin, 1966-1984

K.-H. Glassmeier und M. Scholer (Hrsg.), *Plasmaphysik im Sonnensystem*, B.I.-Wissenschaftsverlag, Mannheim, 1991

G.K. Parks, *Physics of Space Plasmas*, Addison-Wesley Publishing Company, Redwood City, 1991

J.K. Hargreaves, *The Solar-Terrestrial Environment*, Cambridge University Press, Cambridge, 1992

M.G. Kivelson and C.T. Russell (eds.), *Introduction to Space Physics*, Cambridge University Press, Cambridge, 1995

W. Baumjohann and R.A. Treumann, *Basic Space Plasma Physics*, Imperial College Press, London, 1996

T.E. Cravens, *Physics of Solar System Plasmas*, Cambridge University Press, Cambridge, 1997

M.B. Kallenrode, *Space Physics*, Springer-Verlag, Berlin, 1998

T.I. Gombosi, *Physics of the Space Environment*, Cambridge University Press, Cambridge, 1998

S. Biswas, *Cosmic Perspectives in Space Physics*, Kluwer Academic Publishers, Dordrecht, 2000

Weltraumtechnik

M. Rycroft (ed.), *The Cambridge Encyclopedia of Space*, Cambridge University Press, Cambridge, 1990

O. Montenbruck and E. Gill, *Satellite Orbits*, Springer-Verlag, Berlin, 2000

Physikalische Grundlagen

D. Meschede, *Gerthsen Physik*, Springer-Verlag, Berlin, 2002

P.A. Tipler, *Physik*, Spektrum Akademischer Verlag, Heidelberg, 2000

Zeitschriften

Journal of Geophysical Research – Space Physics, American Geophysical Union, Washington/DC

Annales Geophysicae – Atmospheres, Hydrospheres and Space Sciences, European Geophysical Society, Katlenburg-Lindau

Journal of Atmospheric and Solar-Terrestrial Physics, Pergamon / Elsevier Science Ltd., Oxford

Advances in Space Research, Committee on Space Research (COSPAR), Pergamon / Elsevier Science Ltd., Oxford

Geophysical Research Letters, American Geophysical Union, Washington/DC

Reviews of Geophysics, American Geophysical Union, Washington/DC

Space Science Reviews, Kluwer Academic Publishers, Dordrecht

2. Neutrale Hochatmosphäre

Für die Beschreibung einer Atmosphäre werden eine Reihe von Kenngrößen benötigt, die es im folgenden einzuführen gilt. Anschließend soll deren Höhenverlauf und die darauf fußende Einteilung der Atmosphäre beschrieben werden. Der Hauptteil dieses Kapitels ist der Erklärung des beobachteten Dichteverlaufs gewidmet. Dabei gilt es zunächst den Dichteverlauf in einer homogenen, anschließend den in einer gravitativ entmischten Atmosphäre zu verstehen. Schließlich soll die Berechnung des Dichteverlaufs in der durch Verdampfungsprozesse gekennzeichneten äußersten Gashülle der Erde erläutert werden.

2.1 Zustandsgrößen von Gasen und ihre gaskinetische Deutung

Erfahrungsgemäß läßt sich der allgemeine Zustand einer Atmosphäre – wie der eines jeden Gases – mit Hilfe einiger weniger Parameter beschreiben. Zu diesen sogenannten *Zustandsgrößen* gehören z.B. die Massendichte, die Strömungsgeschwindigkeit, die Temperatur und der Druck. Repräsentative Werte dieser Kenngrößen in Erdbodennähe und in der Hochatmosphäre sind in Tabelle 2.1 zusammengestellt.

Während die oben genannten Zustandsgrößen ausreichen, die makroskopischen Eigenschaften einer Atmosphäre zu beschreiben, so gibt es Erscheinungen, die nur mit Hilfe der Gaskinetik verstanden werden können. Zu diesen Erscheinungen gehören u.a. die Diffusion, die Viskosität und die Wärmeleitung. Hinzu kommt, daß dieser Ansatz eine physikalische Interpretation der Zustandsgrößen erlaubt und physikalisch begründbare Zusammenhänge zwischen ihnen herstellt. Dabei wird in der Gaskinetik das Verhalten der Gasteilchen durch drei Arten von Veränderlichen festgelegt: Erstens durch atomare Kenngrößen; zweitens durch dynamische Variablen; und drittens durch äußere Randbedingungen. Was die *atomaren Kenngrößen* betrifft, so kommt man häufig mit einer extrem einfachen Beschreibung aus. So werden im einfachsten Fall die Gasteilchen als elastische (Billard-)Kugeln betrachtet, die einen bestimmten Radius und eine bestimmte Masse besitzen und deren innere Struktur allein durch die Anzahl der Freiheitsgrade charakterisiert wird.

Tabelle 2.1. Atmosphärische Kenngrößen. Man beachte, daß hier und im folgenden
– von ganz wenigen Ausnahmen abgesehen – Einheiten des Système International
d'Unités (S.I.-Einheiten) benutzt werden

1. ATOMARE KENNGRÖSSEN

Kenngröße	Symbol	Gassorte						Einheit
		H	He	O	N_2	O_2	Ar	
Teilchenradius	r	\multicolumn{6}{}{$1 - 3 \cdot 10^{-10}$}						m
Massenzahl	$\mathcal{M}$	1	4	16	28	32	40	
Teilchenmasse	m	$= m_u \, \mathcal{M} = 1.66 \cdot 10^{-27} \mathcal{M}$ [1]						kg
Freiheitsgrade	f	3	3	3	5	5	3	

(1) m_u = atomare Masseneinheit

2. GASKINETISCHE KENNGRÖSSEN

Kenngröße	Symbol	Höhe		Einheit
		0 km (300 K; N_2)	300 km ($T_\infty = 1000$ K; O)	
Teilchenzahldichte	n	$2 \cdot 10^{25}$ [1]	10^{15}	$1/m^3$
Pekuliargeschwindigkeit	$\vec{c}$	470 [2]	1100 [2]	m/s
Stoßfrequenz	ν	$6 \cdot 10^9$	0.4	1/s
Mittlere freie Weglänge	l	$8 \cdot 10^{-8}$	3000	m

(1) Für Normalbedingungen (0°C, 101 kPa) beträgt die *Gesamt*teilchenzahldichte $n \simeq 2.69 \cdot 10^{25}\,m^{-3}$ (*Loschmidt-Zahl*); (2) Mittlerer Betrag

3. MAKROSKOPISCHE ZUSTANDSGRÖSSEN

Kenngröße	Symbol	Gaskinetische Deutung	Höhe		Einheit
			0 km	300 km	
Chemische Zusammensetzung	n_i/n		78% N_2 21% O_2 1% Ar	78% O 21% N_2 1% O_2	
Massendichte	ρ	$\sum_i m_i n_i$	1.3	$2 \cdot 10^{-11}$	kg/m^3
Strömungsgeschwindigkeit	$\vec{u}$	$\langle \vec{v} \rangle$	0 - 50	0 - 1000	m/s
Temperatur	T	$(2/3k)m\,\overline{c^2}/2$	200 - 320	600 - 2500	K
Druck	p	$n\,m\,\overline{c^2}/3$	10^5	10^{-5}	Pa

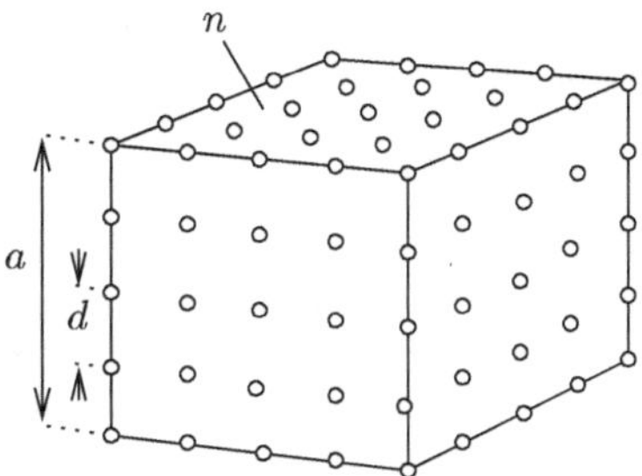

Abb. 2.1. Zur Abschätzung des mittleren Teilchenabstands

Werte dieser atomaren Kenngrößen sind für die hier interessierenden Gassorten ebenfalls in Tabelle 2.1 zusammengefaßt. Dabei wird auf die Bedeutung der Freiheitsgrade bei der Definition der Temperatur näher eingegangen.

Ist das statistische Verhalten der Gasteilchen bekannt, so lassen sich durch Mittelung wichtige *gaskinetische Kenngrößen* ableiten. Hier interessieren insbesondere die Teilchenzahldichte, charakteristische Teilchengeschwindigkeiten, die mittlere Stoßfrequenz und die mittlere freie Weglänge. Repräsentative Werte dieser Kenngrößen in Erdbodennähe und in der Hochatmosphäre sind gleichfalls in Tabelle 2.1 angegeben.

2.1.1 Definition und Ableitung gaskinetischer Kenngrößen

Teilchenzahldichte. Die Teilchenzahldichte oder kurz Teilchendichte $n(\vec{r}, t)$ eines Gases am Ort $\vec{r}$ zur Zeit t wird definiert als der Grenzwert des Quotienten aus Anzahl der Teilchen ΔN und dem von ihnen an diesem Ort und zu dieser Zeit besetzten Volumenelement ΔV beim Übergang zu einem differentiell kleinen Volumenelement $\mathrm{d}V$

$$n(\vec{r}, t) = \lim_{\Delta V \to \mathrm{d}V} \left(\frac{\Delta N}{\Delta V} \right)_{\vec{r}, t} \tag{2.1}$$

Dabei wird gefordert, daß die Dimensionen des Volumendifferentials einerseits klein sind gegenüber typischen Variationsskalenlängen der Dichte, H_n, andererseits aber so groß, daß $\mathrm{d}V$ noch eine große Anzahl von Teilchen enthält

$$H_n \gg \sqrt[3]{\mathrm{d}V} \gg d$$

wobei d den mittleren Abstand zwischen den Gasteilchen bezeichnet. Dieser läßt sich wie folgt abschätzen. Im statistischen Mittel mögen die Gasteilchen gleiche Abstände zu ihren Nachbarteilchen besitzen und wie Gitterpunkte eines würfelförmigen Kristalls angeordnet sein, siehe Abb. 2.1. Die Anzahl der Teilchen pro Kantenlänge beträgt dann $(a/d) + 1$, so daß sich die Gesamtzahl der Teilchen im Würfel zu $N = (a/d + 1)^3$ ergibt. Definitionsgemäß gilt aber auch $N = n\,a^3$, so daß man mit $a \gg d$ folgende Abschätzung für den mittleren Teilchenabstand erhält

$$d \simeq 1/\sqrt[3]{n} \tag{2.2}$$

In dem betrachteten Volumenelement dV werden einmal mehr und einmal weniger Teilchen vorhanden sein. Fordert man, daß diese Fluktuationen eine bestimmte Grenze nicht überschreiten, läßt sich die Mindestgröße von dV angeben. So wird in der Statistischen Physik gezeigt, daß die in einem Volumen dV beobachtete Teilchenzahl um den Wert $1/\sqrt{N}$ um ihren Mittelwert N schwankt (relative Standardabweichung). Verlangt man z.B., daß diese Abweichung nicht mehr als $1^0/_{00}$ beträgt, so muß dV mindestens 10^6 Teilchen beherbergen. Bei einer für einige Bereiche der Weltraumforschung durchaus typischen Dichte von 10^4 m^{-3} müßte die Kantenlänge von dV demnach etwa 5 m betragen. Diese Dimension ist aber wesentlich kleiner als die bei diesen Dichten auftretenden Skalenlängen ($H_n > 1000$ km) und gleichzeitig groß gegenüber dem mittleren Abstand der Gasteilchen ($d \simeq 0.05$ m).

Neben der räumlichen ließe sich auch eine zeitliche Mittelung durchführen. In diesem Fall könnte dV in der Tat sehr klein gemacht werden, allerdings auf Kosten der Zeitauflösung. Letztere sollte mit den typischen Zeitkonstanten der Dichtevariation verträglich sein.

Strömungs- und Pekuliargeschwindigkeit. Bei der Beschreibung eines Ensembles von Gasteilchen erweist es sich als sinnvoll zwischen den folgenden drei Arten von Geschwindigkeiten zu unterscheiden

- der tatsächlichen Gasteilchengeschwindigkeit $\vec{v}$
- der Strömungs(Gas-, Wind-)geschwindigkeit $\vec{u}$
- und der Pekuliar- oder thermischen Geschwindigkeit eines Gasteilchens $\vec{c}$

Die Strömungsgeschwindigkeit beschreibt dabei die Bewegung des Gasteilchenensembles als Ganzem und ist wie folgt definiert

$$\vec{u}(\vec{r}, t) = \langle\,\vec{v}\,\rangle_{\vec{r},t} = \lim_{\Delta V \to dV} \left(\frac{1}{n\,\Delta V} \sum_{i=1}^{n\Delta V} \vec{v}_i\right)_{\vec{r},t} \tag{2.3}$$

Wie üblich kennzeichnet die Winkelklammer eine Mittelwertbildung, und dV ist das differentiell kleine Volumenelement am Ort $\vec{r}$ zur Zeit t über das die Mittelung erfolgt. Bei der Summation handelt es sich hier natürlich um eine Vektoraddition und $n\,\Delta V$ ist die Anzahl der Teilchen in dem betrachteten Volumenelement.

Was die Größe von dV betrifft, so läßt sich hier ähnliches sagen, wie bei der Definition der Dichte. Erschwerend kommt hinzu, daß dV mitunter von Teilchen mit weit überdurchschnittlicher Geschwindigkeit durchquert wird. Die mittlere Dichte wird davon nur im Verhältnis $1/\Delta N$ betroffen, die Durchschnittsgeschwindigkeit aber viel stärker. Dies wirft erneut die Frage auf, ob neben der räumlichen auch eine zeitliche Mittelung wünschenswert ist.

Die Pekuliar(=Eigen)geschwindigkeit oder thermische Geschwindigkeit beschreibt die translatorische Bewegung der Gasteilchen relativ zur Strömungsgeschwindigkeit. Es gilt

$$\vec{c} = \vec{v} - \vec{u} \tag{2.4}$$

Die Pekuliargeschwindigkeit spielt eine überragende Rolle bei der Definition gaskinetischer und makroskopischer Kenngrößen. Da sie Abweichungen von der 'geordneten', mittleren Geschwindigkeit beschreibt, spricht man von ihr auch als der Geschwindigkeit der 'ungeordneten' oder thermischen Bewegung. Aus der Definition von $\vec{c}$ folgt unmittelbar

$$\langle \vec{c} \rangle = \langle \vec{v} - \vec{u} \rangle = \langle \vec{v} \rangle - \vec{u} = 0$$

Stoßfrequenz und mittlere freie Weglänge. Unter der Stoßfrequenz versteht man die mittlere Anzahl von Stößen, die ein Teilchen in einem Gas pro Zeiteinheit erfährt. Abbildung 2.2a illustriert die betrachtete Situation. Ein Probegasteilchen der Sorte 1 bewegt sich mit seiner Pekuliargeschwindigkeit $\vec{c}_{1,i}$ in einem ruhenden Gas der Sorte 2, dessen Teilchen ihrerseits mit der Pekuliargeschwindigkeit $\vec{c}_{2,j}$ durcheinanderfliegen. Dabei kommt es wiederholt zu Zusammenstößen, wobei sich sowohl der Geschwindigkeitsbetrag als auch die Geschwindigkeitsrichtung der Stoßpartner ändert. Um die Berechnung der mittleren Anzahl der Zusammenstöße pro Zeiteinheit zu erleichtern, wird die in Abb. 2.2a skizzierte allgemeine Situation auf ein einfacheres, statistisch gesehen aber äquivalentes Szenario zurückgeführt. So wird in Abb. 2.2b die Wechselwirkung zwischen dem Probegasteilchen mit dem Radius r_1 und Gasteilchen der Sorte 2 mit den Radien r_2 durch die Wechselwirkung eines Probegasteilchens mit dem Radius $r_1 + r_2$ mit Punktteilchen der Sorte 2 ersetzt. Dies ist erlaubt, da es in beiden Fällen immer dann zu Zusammenstößen kommt, wenn der Abstand zwischen den Teilchenzentren gleich oder kleiner $r_1 + r_2$ wird. Ferner wird die Wechselwirkung zwischen dem Probegasteilchen mit der Pekuliargeschwindigkeit $\vec{c}_{1,i}$ und den Gasteilchen der Sorte 2 mit den Pekuliargeschwindigkeiten $\vec{c}_{2,j}$ durch die Wechselwirkung zwischen einem Probegasteilchen mit der mittleren Relativgeschwindigkeit $\bar{c}_{1,2} = \langle |\vec{c}_1 - \vec{c}_2| \rangle$ und ruhenden Punktteilchen ersetzt. Dies ist erlaubt, da die Stoßhäufigkeit nur von der relativen Geschwindigkeit der Stoßpartner abhängt. Schließlich wird die Zickzackbahn des Probegasteilchens durch eine von Stößen unbeeinflußte gerade Bahn ersetzt. Dies ist erlaubt, da das Gas auf den hier betrachteten Längenskalen als homogen betrachtet werden soll und somit die Anzahl der Stöße unabhängig von der Richtung ist, in der sich das Probegasteilchen bewegt.

In diesem vereinfachten Bild durchfegt das modifizierte Probegasteilchen einen Zylinder mit der Grundfläche $\pi (r_1 + r_2)^2$. In der Zeit Δt legt es dabei die Strecke $\bar{c}_{1,2}\, \Delta t$ zurück, wobei es mit allen Punktteilchen innerhalb des durchflogenen Zylindervolumens zusammenstößt. Die Anzahl der Stöße pro Zeitintervall Δt, d.h. die *Stoßfrequenz*, ergibt sich somit zu

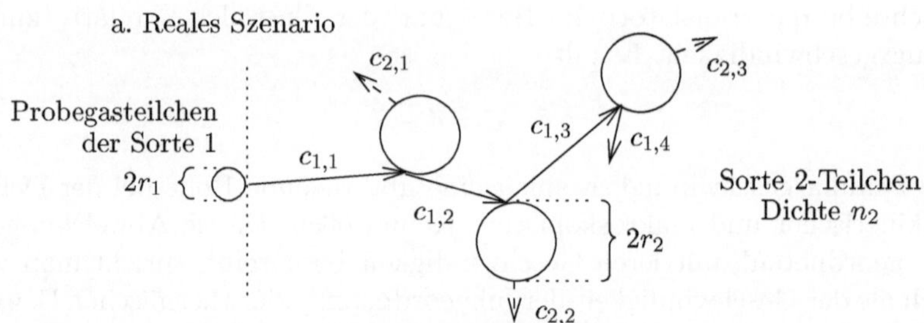

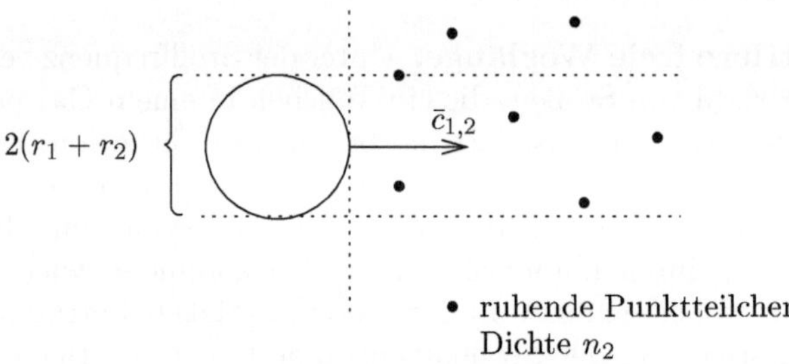

Abb. 2.2. Zur Berechnung der Stoßfrequenz

$$\nu_{1,2} = \pi\,(r_1 + r_2)^2\,\bar{c}_{1,2}\,\Delta t\,n_2\ /\ \Delta t = \sigma_{1,2}\,n_2\,\bar{c}_{1,2} \tag{2.5}$$

Dabei haben wir den *Stoßquerschnitt* $\sigma_{1,2}$ eingeführt. Er bezieht sich explizit auf die Teilchensorten 1 und 2 und ist für das hier betrachtete idealisierte Stoßmodell (Billardkugelstöße!) unabhängig von der Geschwindigkeit und Energie der wechselwirkenden Teilchen

$$\sigma_{1,2} = \pi\,(r_1 + r_2)^2 \tag{2.6}$$

Um die Stoßfrequenz explizit berechnen zu können, benötigen wir einen Ausdruck für die mittlere Relativgeschwindigkeit $\bar{c}_{1,2}$. Dieser wiederum hängt von der jeweiligen Geschwindigkeitsverteilung der Probegas- und Zielgasteilchen ab. Da realistische Geschwindigkeitsverteilungen erst in Abschnitt 2.4.3 diskutiert werden sollen, begnügen wir uns hier mit einem sehr einfachen Modell, das in vielen Situationen ausreichend genaue Ergebnisse liefert. Als *reduzierte Geschwindigkeitsverteilung* bezeichnet basiert es auf den folgenden Annahmen

- Alle Gasteilchen i bewegen sich mit ihrer mittleren Pekuliargeschwindigkeit $\bar{c} = \langle |\vec{c}_i| \rangle$
- Richtungsmäßig fliegt dabei jeweils $1/6$ der Teilchen in eine der 6 Hauptrichtungen $\pm x$, $\pm y$ und $\pm z$ eines kartesischen Koordinatensystems

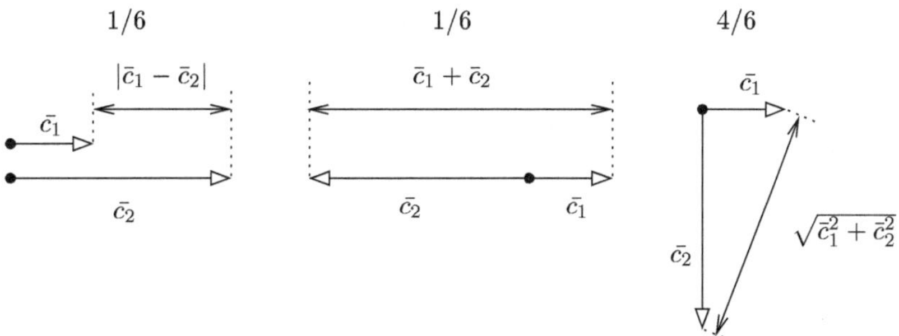

Abb. 2.3. Zur Abschätzung der mittleren Relativgeschwindigkeit

Mit diesem Geschwindigkeitsverteilungsmodell ergibt sich die mittlere Relativgeschwindigkeit an Hand der Abb. 2.3 zu

$$\bar{c}_{1,2} = \langle |\vec{c}_1 - \vec{c}_2| \rangle \simeq \frac{1}{6}|\bar{c}_1 - \bar{c}_2| + \frac{1}{6}(\bar{c}_1 + \bar{c}_2) + \frac{4}{6}\sqrt{(\bar{c}_1)^2 + (\bar{c}_2)^2}$$

Man beachte die Art der Mittelwertbildung: Die verschiedenen Relativgeschwindigkeitsbeträge werden mit der Wahrscheinlichkeit ihres Auftretens bzw. mit ihrem relativen Anteil multipliziert und addiert, und diese Methode bewährt sich auch in komplizierteren Situationen.

Der obige Ausdruck läßt sich näherungsweise auf die folgende, wesentlich einfachere Form reduzieren

$$\bar{c}_{1,2} = \bar{c}_1 \sqrt{1 + (\bar{c}_2/\bar{c}_1)^2} \tag{2.7}$$

So gilt z.B. für $\bar{c}_1 \geq \bar{c}_2$

$$\bar{c}_{1,2} = \bar{c}_1 \left(1/3 + 2/3\sqrt{1 + (\bar{c}_2/\bar{c}_1)^2} \right) \tag{2.8}$$

Durch Einsetzen verschiedener Werte von $\bar{c}_2/\bar{c}_1$ sieht man, daß das Verhältnis der beiden Faktoren von $\bar{c}_1$ in Gl. (2.7) und Gl. (2.8)

$$\frac{1/3 + 2/3\sqrt{1 + (\bar{c}_2/\bar{c}_1)^2}}{\sqrt{1 + (\bar{c}_2/\bar{c}_1)^2}}$$

nur Werte zwischen 0.9 und 1 annimmt und somit im Rahmen der hier betrachteten Näherung bedenkenlos gleich 1 gesetzt werden kann. Dies gilt auch für den Fall $\bar{c}_2 > \bar{c}_1$. Es zeigt sich zudem, daß der vereinfachte Ausdruck für die Relativgeschwindigkeit exakt für zwei jeweils für sich im thermodynamischen Gleichgewicht befindliche Gase gültig ist. Damit findet Gl. (2.7) ein breites Anwendungsfeld.

Im thermodynamischen Gleichgewicht besteht zudem folgender Zusammenhang zwischen der mittleren Pekuliargeschwindigkeit und der Temperatur eines Gases (siehe Abschnitt 2.4.3, Gl. (2.95))

$$\bar{c} = \sqrt{8\, k\, T/\pi\, m}$$

Wie üblich bezeichnet k die Boltzmann-Konstante, T die Gastemperatur und m die Masse der Gasteilchen. Im Vorgriff auf dieses Ergebnis läßt sich die mittlere Relativgeschwindigkeit auch folgendermaßen schreiben

$$\bar{c}_{1,2} = \sqrt{\frac{8\, k}{\pi} \left(\frac{T_1}{m_1} + \frac{T_2}{m_2} \right)} = \sqrt{\frac{8\, k\, T_{1,2}}{\pi\, m_{1,2}}} \tag{2.9}$$

Dabei haben wir die sogenannte *reduzierte Temperatur* $T_{1,2}$ und die *reduzierte Masse* $m_{1,2}$ der Stoßpartner eingeführt

$$T_{1,2} = \frac{m_2\, T_1 + m_1\, T_2}{m_1 + m_2} \tag{2.10}$$

$$m_{1,2} = m_1\, m_2/(m_1 + m_2) \tag{2.11}$$

Für die Stoßfrequenz erhält man damit

$$\nu_{1,2} = \sigma_{1,2}\, n_2\, \sqrt{\frac{8\, k\, T_{1,2}}{\pi\, m_{1,2}}} \tag{2.12}$$

Um die *mittlere freie Weglänge* eines Probegasteilchens zwischen zwei Stößen zu erhalten, dividiert man die pro Zeiteinheit vom Probegasteilchen zurückgelegte Wegstrecke ($= \bar{c}_1$) durch die Anzahl der in dieser Zeiteinheit stattfindenden Stöße ($= \nu_{1,2}$)

$$l_{1,2} = \frac{\bar{c}_1}{\nu_{1,2}} = \frac{1}{\sigma_{1,2}\, n_2\, \sqrt{1 + (\bar{c}_2/\bar{c}_1)^2}}$$

$$= \frac{1}{\sigma_{1,2}\, n_2\, \sqrt{1 + (m_1\, T_2)/(m_2\, T_1)}} \tag{2.13}$$

Für den Spezialfall, daß es sich bei den Stoßpartnern um Teilchen derselben Gassorte handelt (Radius r, Masse m, Dichte n, Temperatur T), gelten folgende einfache Ausdrücke

$$\sigma_{1,1} = 4\, \pi\, r^2, \quad \nu_{1,1} = 4\, \sigma_{1,1}\, n\, \sqrt{k\, T/\pi\, m} \quad \text{und} \quad l_{1,1} = 1/(\sigma_{1,1}\, n\, \sqrt{2}) \tag{2.14}$$

2.1.2 Makroskopische Zustandsgrößen

Fluß einer skalaren Größe. Ein auf der Dichte und Geschwindigkeit beruhender und sowohl für gaskinetische als auch für makroskopische Betrachtungen wichtiger Begriff ist der *Fluß* oder die *Stromdichte* einer skalaren Größe. Darunter verstehen wir die Nettomenge dieser Größe, die pro Flächengröße und pro Zeiteinheit durch eine senkrecht zur Transportrichtung aufgespannte Referenzfläche befördert wird. Bei der skalaren Größe kann es sich z.B.

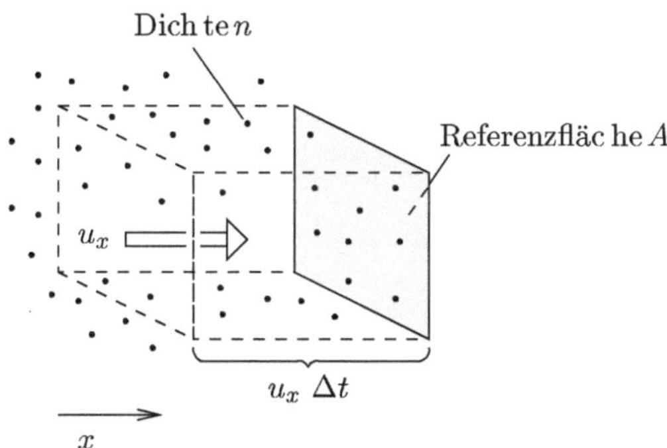

Abb. 2.4. Zur Ableitung des Teilchenflusses

um Teilchen, Masse, Wärme, Ladung, aber auch um die Komponenten einer Vektorgröße handeln. Offensichtlich stellt der Fluß selbst eine Vektorgröße dar, deren Richtung durch die betrachtete Transportrichtung festgelegt wird. Wir benutzen für den Fluß den Buchstaben $\vec{\phi}$. Dabei kann ein oberer Index entweder die transportierte skalare Größe oder den für den Transport verantwortlichen Prozeß angeben, z.B. $\vec{\phi}^E$ für den Energiefluß oder $\vec{\phi}^D$ für den durch Diffusion hervorgerufenen Teilchenfluß. Dagegen kennzeichnet, wie üblich, ein unterer Index die Komponente s dieses Vektors, ϕ_s^j. Handelt es sich um den Transport einer Vektorkomponente, so wird deren Richtung durch einen zusätzlichen unteren Index angegeben, $\phi_{s,t}^j$. Haben wir es dagegen nicht nur mit dem Transport einer skalaren Vektorkomponente, sondern mit dem Transport eines Vektors insgesamt zu tun, dann geht der Fluß in eine tensorielle Größe über, $[\phi]$.

Zur Veranschaulichung der oben gegebenen Definition berechnen wir den Fluß einer Teilchenströmung. Die Teilchendichte sei n, die Strömungsgeschwindigkeit u_x, siehe Abb. 2.4. Offensichtlich können nur Teilchen, die nicht weiter als $u_x\,\Delta t$ von der Fläche A entfernt sind, diese in der Zeit Δt erreichen. Entsprechend werden nur diejenigen Teilchen, die sich im Volumenelement $u_x\,\Delta t\,A$ befinden, die Fläche A in Δt durchqueren. Damit ergibt sich der Teilchenfluß zu

$$\phi_x = (u_x\,\Delta t\,A)\,n/A\,\Delta t = n\,u_x$$

bzw. auf drei Dimensionen erweitert

$$\vec{\phi} = n\,\vec{u} \tag{2.15}$$

Der mit diesem Teilchenfluß verknüpfte Impulsfluß ergibt sich zu

$$\phi_{x,x}^{I(u)} = I_x(u)\,n\,u_x = m\,n\,u_x^2 \tag{2.16}$$

wobei $I_x(u) = mu_x$ die x-Komponente des von jedem Teilchen transportierten und mit der Strömungsgeschwindigkeit u verknüpften Bewegungsimpulses

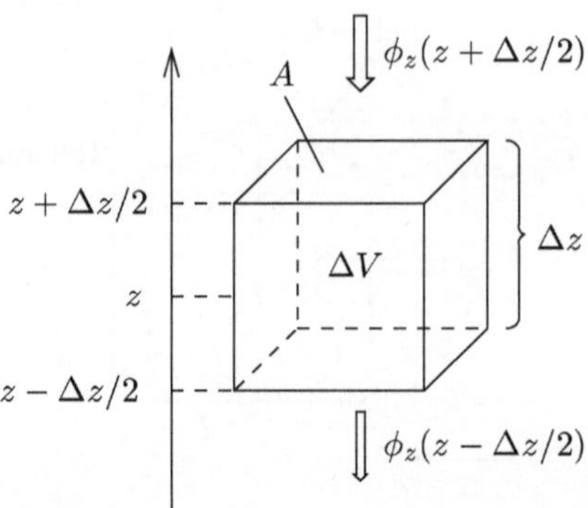

Abb. 2.5. Zur Ableitung der durch einen inhomogenen Teilchenfluß bewirkten Dichteänderungsrate

bezeichnet. In der hier betrachteten Situation ist die Doppelindizierung von $\phi^I_{x,x}$ überflüssig, es gibt aber auch Fälle, in denen nicht der Transport der x- sondern der y- oder z-Komponente des Bewegungsimpulses der Teilchen betrachtet wird. In diesen Fällen ist die Schreibweise $\phi^I_{x,y}$ bzw. $\phi^I_{x,z}$ durchaus sinnvoll.

Zur weiteren Veranschaulichung der Flußdefinition bestimmen wir die durch einen inhomogenen Teilchenfluß bewirkte Dichteänderung. Betrachtet werde ein Volumen der Grundfläche A und der Kantenlänge Δz, siehe Abb. 2.5. In der Zeit Δt werden ΔN^+ Teilchen in das betrachtete Volumenelement hineinfließen und ΔN^- Teilchen daraus abfließen. Es gilt

$$\Delta N^+ = -\phi_z(z + \Delta z/2)\ A\ \Delta t$$
$$\simeq -\left(\phi_z(z) + \frac{\partial \phi_z}{\partial z}\ \frac{\Delta z}{2} + \cdots\right) A\ \Delta t$$

und entsprechend

$$\Delta N^- \simeq -\left(\phi_z(z) - \frac{\partial \phi_z}{\partial z}\ \frac{\Delta z}{2} + \cdots\right) A\ \Delta t$$

wobei das Minuszeichen vor ϕ_z die Flußrichtung (negative z-Richtung) berücksichtigt und $\phi_z(z \pm \Delta z/2)$ durch eine nach dem 2. Glied abgebrochene Taylor-Reihe (siehe Gl. (A.13) im Anhang A.1) approximiert wird. Damit ergibt sich der Nettogewinn an Teilchen zu

$$\Delta N = \Delta N^+ - \Delta N^- = -\frac{\partial \phi_z}{\partial z}\ \Delta V\ \Delta t$$

Bezieht man diesen Nettogewinn auf die Größe des betrachteten Volumenelements ΔV und auf die Länge des betrachteten Zeitintervalls Δt, so ergibt sich die durch den Teilchentransport bewirkte Dichteänderungsrate zu

$$\left(\frac{\partial n}{\partial t}\right)_{\phi_z} = \lim_{\Delta V \to dV,\, \Delta t \to dt} \left(\frac{\Delta N/\Delta V}{\Delta t}\right)_{\phi_z} = -\frac{\partial \phi_z}{\partial z} = d_z \qquad (2.17)$$

bzw. bei Erweiterung auf drei Dimensionen

$$\left(\frac{\partial n}{\partial t}\right)_{\phi} = -\left(\frac{\partial \phi_x}{\partial x} + \frac{\partial \phi_y}{\partial y} + \frac{\partial \phi_z}{\partial z}\right) = -\mathrm{div}\,\vec{\phi} = -\nabla \vec{\phi} = d \qquad (2.18)$$

Dabei bezeichnet, wie üblich, div $\vec{\phi}$ die Divergenz des Teilchenflusses $\vec{\phi}$ und ∇ den Nabla-Operator, siehe Gl. (A.20) und (A.22) im Anhang A.1. Man beachte, daß die Dichteänderungsrate nur bedingt von der Größe des Teilchenflusses abhängt. So strömen bei einem großen, aber räumlich konstanten Teilchenfluß genausoviele Teilchen in ein betrachtetes Volumenelement hinein, wie aus diesem heraus, und der Nettoeffekt ist gleich Null. Wichtig ist vielmehr auch die räumliche Änderungsrate oder Divergenz dieses Teilchenflusses, daher die Abkürzung d für die transportbedingte Dichteänderungsrate. Wichtig ist ferner, daß bei positiver Divergenz des Teilchenflusses (d.h. bei einer Zunahme des Flusses innerhalb des betrachteten Volumenelements) der Transportterm d einem Dichteverlustterm, bei negativer Divergenz (d.h. bei einer Abnahme des Flusses innerhalb des betrachteten Volumenelements) einem Dichtequellterm entspricht. Offensichtlich fließen im ersteren Fall mehr Teilchen aus dem Volumen ab als zufließen, und im zweiten Fall fließen mehr Teilchen zu als abfließen. Mit $\vec{\phi} = n\vec{u}$ und ohne explizite Indizierung läßt sich die transportbedingte Dichteänderungsrate auch folgendermaßen schreiben

$$\frac{\partial n}{\partial t} = -\frac{\partial(nu_z)}{\partial z} \qquad (2.19)$$

bzw. allgemein

$$\frac{\partial n}{\partial t} = -\mathrm{div}(n\vec{u}) = -\nabla(n\vec{u}) \qquad (2.20)$$

Diese Beziehung wird als *Kontinuitätsgleichung* bezeichnet und wir werden häufig von ihr Gebrauch machen.

Druck. Eine mit der Erfahrung und Theorie konsistente Deutung des thermodynamischen Drucks eines Gases erhält man, wenn man ihn auf den durch die einzelnen Gasteilchen bei ihrer thermischen Bewegung geleisteten Impulstransport zurückführt. Dies läßt sich unmittelbar am Beispiel des Wanddrucks verstehen, bei dem die Druckkraft ja auf die Impulsübertragung der an der Wand reflektierten Gasteilchen zurückgeführt wird. Im folgenden soll zunächst eine formale Definition der Zustandsgröße Druck gegeben werden. Anschließend soll gezeigt werden, daß diese Definition im Einklang mit unserer traditionellen Vorstellung vom Wanddruck ist.

Unter dem *thermodynamischen (inneren, statischen, skalaren) Druck* verstehen wir den durch die thermische Bewegung der Gasteilchen bewirkten mittleren Nettotransport von Bewegungsimpuls durch eine Fläche pro Zeit

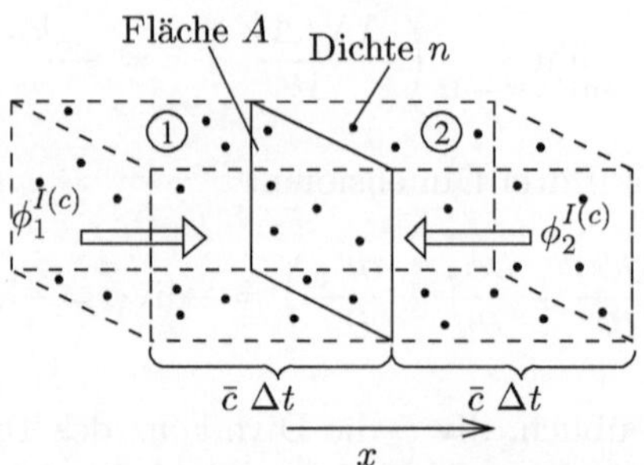

Abb. 2.6. Zur Berechnung des thermodynamischen Drucks

und pro Flächengröße (=Impulsfluß), wobei nur der zur Flächennormale parallele Bewegungsimpuls berücksichtigt wird und die Mittelung über alle Raumrichtungen (Richtungen der Flächennormale) erfolgt. In einem kartesischen Koordinatensystem läßt sich diese Definition formal folgendermaßen zusammenfassen

$$p = \frac{1}{3}(\phi_{x,x}^{I(c)} + \phi_{y,y}^{I(c)} + \phi_{z,z}^{I(c)}) \tag{2.21}$$

$\phi_{i,i}^{I(c)}$ bezeichnet dabei die (Netto-)Impulsflußkomponente in Richtung i, wobei nur die in die gleiche Richtung zeigende und mit der Pekuliargeschwindigkeit assoziierte Impulskomponente berücksichtigt wird und die Mittelwertbildung über die drei Hauptrichtungen des kartesischen Koordinatensystems erfolgt.

Um p explizit berechnen zu können, muß die Geschwindigkeitsverteilung der Gasteilchen bekannt sein. Hier soll wieder auf die in Abschnitt 2.1.1 eingeführte reduzierte Geschwindigkeitsverteilung (alle Teilchen haben die gleiche Geschwindigkeit $\bar{c}$ und jeweils 1/6 der Teilchen fliegt in eine der 6 Kardinalrichtungen $\pm x$, $\pm y$ und $\pm z$) zurückgegriffen werden. Wie sich zeigt, erhält man mit diesem einfachen Modell dasselbe Ergebnis, wie mit der später zu diskutierenden, realitätsnäheren Maxwellschen Geschwindigkeitsverteilung. Abbildung 2.6 illustriert die bei der Berechnung von $\phi_{x,x}^{I(c)}$ betrachtete Situation. Wie ersichtlich können nur Teilchen, die sich innerhalb der Volumina 1 und 2 aufhalten und deren Geschwindigkeit parallel zur x-Richtung ist, zum Impulstransport durch die Fläche A in der Zeit Δt beitragen. Damit ergibt sich der Impulstransport von 1 nach 2 pro Fläche und Zeit zu

$$\phi_1^{I(c)} = \frac{1}{6}(\bar{c}\,\Delta t\,A)\,n\,(\bar{c}\,m)/A\,\Delta t = \frac{1}{6}\,n\,m\,\bar{c}^2$$

Für $\phi_2^{I(c)}$ erhält man analog

$$\phi_2^{I(c)} = -\frac{1}{6}\,n\,m\,\bar{c}^2$$

Das Minuszeichen kennzeichnet dabei die Impulsrichtung, nicht die Flußrichtung. Der Nettoimpulsfluß in Richtung x ergibt sich damit zu

$$\phi_{x,x}^{I(c)} = \phi_1^{I(c)} - \phi_2^{I(c)} = \frac{1}{3}\, n\, m\, \overline{c}^2 = \frac{1}{3}\, n\, m\, \overline{c^2} \qquad (2.22)$$

wobei letztere Umformung nur für die hier betrachtete reduzierte Geschwindigkeitsverteilung gültig ist. Wie ersichtlich addieren sich die Effekte beider Impulsflüsse. So wird dem Volumen 2 durch $\phi_1^{I(c)}$ in positive x-Richtung zeigender Bewegungsimpuls zugeführt. Gleichzeitig wird diesem Volumen durch $\phi_2^{I(c)}$ in negative x-Richtung weisender Bewegungsimpuls entzogen, was einem effektiven Gewinn an in positive x-Richtung zeigendem Bewegungsimpuls entspricht.

Bei der hier betrachteten reduzierten Geschwindigkeitsverteilung, aber auch bei einer Maxwellschen Geschwindigkeitsverteilung, bei der der Impulsfluß isotrop und unabhängig von der gewählten Raumrichtung ist, gilt $\phi_{x,x}^{I(c)} = \phi_{y,y}^{I(c)} = \phi_{z,z}^{I(c)}$. In beiden Fällen ergibt sich demnach der thermodynamische Druck zu $p = \phi_{x,x}^{I(c)} = \phi_{y,y}^{I(c)} = \phi_{z,z}^{I(c)}$ bzw. mit Gl. (2.22) zu

$$p = \frac{1}{3}\, n\, m\, \overline{c^2} \qquad (2.23)$$

In dieser zuerst von Daniel Bernoulli angegebenen Form stellt der Druck auch ein Maß für die in der thermischen translatorischen Bewegung der Gasteilchen gespeicherte Energiedichte dar.

Daß der so definierte innere Druck dem der Erfahrung leichter zugänglichen Wanddruck entspricht, läßt sich folgendermaßen zeigen. Stellt z.B. die in Abb. 2.6 gezeigte Fläche A eine feste Wand dar, dann werden die auftreffenden Teilchen unter Abgabe eines Impulses $2m\overline{c}$ (Richtungsumkehr!) reflektiert. Dementsprechend ergibt sich der Wanddruck zu

$$p_{Wand}\left(= \frac{\text{Kraft}}{\text{Fläche}}\right) = \frac{\Delta I/\Delta t}{A} = \frac{1}{6}\,\frac{(\overline{c}\,\Delta t\, A)\, n\, (2\, m\, \overline{c})}{A\,\Delta t}$$
$$= \frac{1}{3}\, n\, m\, \overline{c^2} = p$$

In einem sich bewegenden Gas wird Impuls nicht nur von der Pekuliar-, sondern auch von der Strömungsgeschwindigkeit transportiert. Für eine senkrecht zur Strömungsrichtung aufgespannte Fläche ergibt sich der mittlere Nettotransport des mit der Strömungsgeschwindigkeit assoziierten Bewegungsimpulses pro Zeit und pro Fläche zu

$$p_d = (m\, \vec{u})\, n\, \vec{u} = m\, n\, u^2 \qquad (2.24)$$

Dabei bezeichnet p_d den *dynamischen Druck* der Gasströmung. Alternativ und formal mehr der Definition des thermodynamischen Drucks angepaßt läßt sich der dynamische Druck auch folgendermaßen schreiben

$$p_d = \phi_{x,x}^{I(u)} + \phi_{y,y}^{I(u)} + \phi_{z,z}^{I(u)}$$

siehe Gl. (2.16). Da der Impulsfluß in diesem Fall ausschließlich in Richtung der Strömung erfolgt, entfällt hier die Nettowertbildung und die Richtungsmittelung. Zu beachten ist, daß bei der Bestimmung des thermodynamischen Drucks in einer Gasströmung der mit dem dynamischen Druck assoziierte Impulsfluß nicht mitberücksichtigt werden darf und deshalb in diesem Fall eine sich mit der Gasströmung mitbewegende Referenzfläche betrachtet werden muß.

Temperatur. Mit der Temperatur und Wärme zusammenhängende Phänomene sind der unmittelbaren Erfahrung zugänglich, wenngleich auch nur indirekt über die Intensität der Wärmezu- oder -abfuhr. Physikalisch gesehen ist Wärme nichts anderes, als die durch Wechselwirkungen übertragbare kinetische Energie der ungeordneten (sprich thermischen) Bewegung der Teilchen. Mit ungeordneter Bewegung sind dabei Abweichungen von der durchschnittlichen Geschwindigkeit $\vec{u}$ gemeint. Diese Abweichungen liegen in unterschiedlichen Formen vor. Bei Gasen gehört in jedem Fall die durch die Geschwindigkeit $\vec{c}$ charakterisierte translatorische Bewegung der Teilchen dazu. Besteht das Gas aus Molekülen, erweitert sich das Repertoire um Molekülrotationen und -schwingungen. Diesen Unterschied berücksichtigend gibt der *Freiheitsgrad f* für jede Teilchenart die Anzahl der voneinander unabhängigen Bewegungsarten an, in denen Wärme gespeichert werden kann. Alle Gasteilchen besitzen demnach in jedem Fall die drei Freiheitsgrade der translatorischen Bewegung: Offensichtlich sind die Geschwindigkeitskomponenten in x-, y- und z-Richtung unabhängig voneinander. Besteht das Gas aus Molekülen des Hanteltyps (siehe Abb. 2.7), so kommen zwei Freiheitsgrade der Molekülrotation hinzu. Rotationen mit der Hantelstange als Rotationsachse tragen wegen des in diesem Fall verschwindend kleinen Trägheitsmomentes nicht zur thermischen Energie bei. Entsprechend besitzen molekularer Stickstoff und molekularer Sauerstoff fünf Freiheitsgrade, siehe Tabelle 2.1. Nur während besonderer Bedingungen werden die Atome dieser Moleküle auch zu Schwingungen entlang der Hantelstange angeregt, was z.B. beim *vibrationsangeregten Stickstoff* zu einer Erhöhung der Anzahl der Freiheitsgrade auf sechs führt.

Für die Definition der Temperatur existieren eine ganze Reihe von z.T. recht abstrakten Ansätzen. Bei Gasen führen diese Ansätze glücklicherweise auf eine sehr anschauliche Deutung dieses Begriffs. Hier läßt sich die Temperatur T als Maß für die durchschnittlich pro Freiheitsgrad gespeicherte Wärmemenge verstehen

$$T = \left(\frac{2}{k}\right) \overline{U}_f \qquad (2.25)$$

$\overline{U}_f$ bezeichnet dabei die über die verschiedenen Freiheitsgrade eines Gasteilchens gemittelte Wärme oder *innere Energie* pro Freiheitsgrad und k die Boltzmann-Konstante. Bei Gleichverteilung (Äquipartition) der Wärme auf alle Freiheitsgrade, wie sie im thermodynamischen Gleichgewicht vorliegt, oder für den Fall, daß – wie bei atomaren Gasteilchen oder Elektronen – die

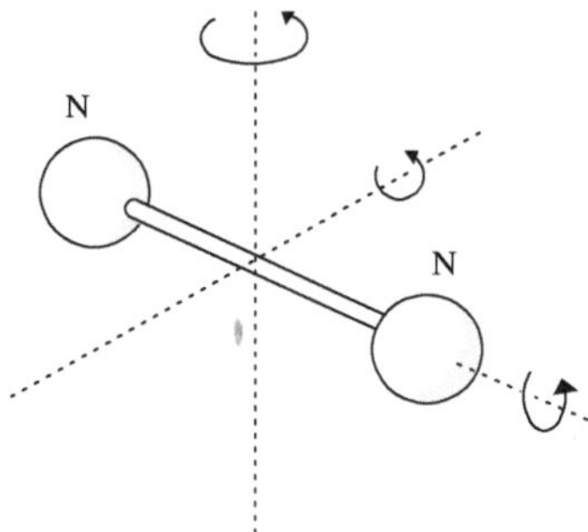

Abb. 2.7. Freiheitsgrade der Rotation bei einem zweiatomigen Hantelmolekül, wie es N_2 und O_2 darstellen

gesamte Wärme in der translatorischen Bewegung der Teilchen gespeichert ist, gilt

$$T = \left(\frac{2}{3k}\right)\left(\frac{1}{2}\,m\,\overline{c^2}\right) \tag{2.26}$$

Diese für unsere Zwecke meist ausreichende Beziehung zeigt, daß die Temperatur auch als ein Maß für die im Mittel in der thermischen translatorischen Bewegung eines Gasteilchens gespeicherte Energie verstanden werden kann.

Ist die Wärme nicht gleichmäßig auf alle Freiheitsgrade verteilt, so läßt sich eine für jeden Freiheitsgrad spezifische Temperatur einführen

$$T_f = \left(\frac{2}{k}\right)\,U_f \tag{2.27}$$

Wir werden von dieser Möglichkeit bei der Beschreibung des Sonnenwindes Gebrauch machen.

Verknüpft man die gaskinetische Deutung von Druck (Gl. (2.23)) und Temperatur (Gl. (2.26)), so erhält man unmittelbar die *Zustandsgleichung idealer Gase* oder die *allgemeine Gasgleichung*

$$p = n\,k\,T \tag{2.28}$$

Dieser Zusammenhang zwischen dem Druck, der Dichte und der Temperatur eines Gases wird eine wichtige Rolle in vielen der nachfolgenden Überlegungen spielen.

Spezifische Wärmekapazität. Da die Temperatur ein Maß für den Wärmeinhalt eines Körpers ist, muß diesem Wärme zugeführt werden, um seine Temperatur zu erhöhen. Für ein in ein festes Volumen eingesperrtes Gas ergibt sich die für eine Temperaturerhöhung ΔT benötigte Wärmemenge ΔQ mit

$$\Delta T = \frac{2}{k}\,\Delta\overline{U}_f = \frac{2}{k}\,\frac{\Delta Q}{N\,f} = \frac{2}{k}\,\frac{\Delta Q}{(M/m)\,f}$$

zu

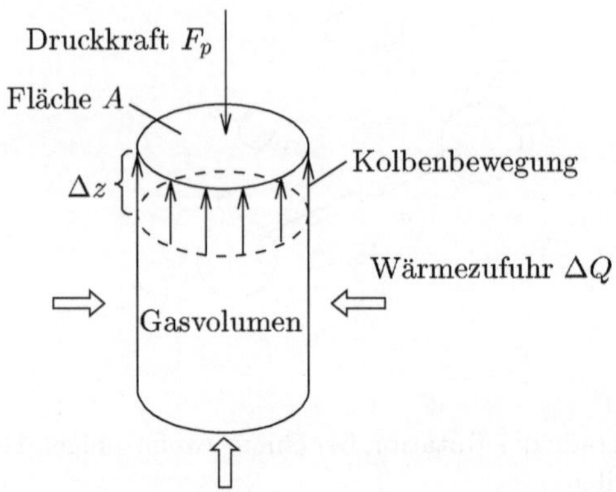

Abb. 2.8. Zur Bestimmung der Ausdehnungsarbeit

$$\Delta Q\,(=\Delta U) = \frac{M}{m}\,f\,\frac{k}{2}\,\Delta T$$

wobei M die Gesamtmasse des Gasvolumens, N die Gesamtzahl der Gasteilchen und f die Anzahl der mit Energie zu versorgenden Freiheitsgrade bezeichnet. Der Proportionalitätsfaktor $Mfk/2m$ wird als Wärmekapazität des Gases bei konstantem Volumen bezeichnet. *Bezogen auf eine Einheitsmasse* des betrachteten Gases (d.h. auf 1 kg dieses Gases in S.I.-Einheiten) schreibt man

$$\Delta Q'\,(=\Delta U') = \Delta Q/M = c_V\,\Delta T \tag{2.29}$$

wodurch die *spezifische Wärmekapazität bei konstantem Volumen* definiert wird

$$c_V = \frac{k\,f}{2\,m} \tag{2.30}$$

Bei konstantem Druck, aber variablem Volumen, benötigt man mehr Energie zur Erwärmung eines Gases, denn man muß jetzt nicht nur für die Erhöhung der inneren Energie, sondern zusätzlich auch noch für Ausdehnungsarbeit aufkommen. Diese Ausdehnungsarbeit läßt sich anschaulich an Hand der Abb. 2.8 bestimmen. Betrachtet wird ein Gas in einem Zylinder, der nach oben hin durch einen beweglichen Kolben abgeschlossen ist. Auf diesen Kolben wirkt von oben die konstante Druckkraft F_p. Führt man dem Gas von außen Wärme zu, so wird sich nicht nur seine Temperatur erhöhen, sondern auch sein Druck, und der Kolben wird um die Strecke Δz nach oben verschoben. Dabei leistet das Gas Ausdehnungsarbeit der Größe ΔW

$$\Delta W = -F_p\,\Delta z = -p\,\Delta V$$

wobei das Minuszeichen anzeigen soll, daß diese Energie dem Gas verlorengeht. Aus der allgemeinen Gasgleichung folgt aber mit $p = nkT = NkT/V =$ konstant bzw. mit $V/T =$ konstant die Beziehung $\Delta V = V\,\Delta T/T$. Einsetzen ergibt

$$\Delta W = -\frac{p\,V}{T}\,\Delta T = -k\,N\,\Delta T$$

und *bezogen auf eine Einheitsmasse*

$$\Delta W' = -\frac{k}{m}\,\Delta T \qquad (2.31)$$

Will man die Gastemperatur um ΔT erhöhen, benötigt man demnach die Wärmemenge pro Masse

$$\Delta Q' = \Delta U' - \Delta W' = c_V \Delta T + \frac{k}{m}\,\Delta T = c_p\,\Delta T \qquad (2.32)$$

wobei die *spezifische Wärmekapazität bei konstantem Druck* durch

$$c_p = \frac{k}{m}\,(f/2 + 1) \qquad (2.33)$$

gegeben ist. Offensichtlich entspricht Gl. (2.32) dem ersten Hauptsatz der Wärmelehre.

Häufig gebraucht wird das Verhältnis von spezifischer Wärmekapazität bei konstantem Druck zu der bei konstantem Volumen, auch als *Adiabaten-Exponent* bezeichnet. Es gilt

$$\gamma = \frac{c_p}{c_V} = \frac{f+2}{f} \qquad (2.34)$$

Adiabatische Zustandsänderungen. In vielen Situationen ist die Annahme erlaubt, daß die Zustandsänderung eines Gases *adiabatisch* erfolgt. Man nimmt also an, daß *kein* Wärmeaustausch zwischen einem expandierenden oder kontrahierenden Gaspaket und seiner Umgebung stattfindet ($\Delta Q = 0$). Die Arbeit, die ein Gaspaket gegen den äußeren Druck bei einer Expansion leisten muß, geht demnach voll auf Kosten seiner inneren Energie und es gilt

$$\mathrm{d}W = -p\,\mathrm{d}V = \mathrm{d}U = N\,f\left(\frac{k}{2}\,\mathrm{d}T\right)$$

bzw. mit $N = n\,V$ und $p = n\,k\,T$

$$\frac{\mathrm{d}T}{T} = -\frac{2}{f}\,\frac{\mathrm{d}V}{V}$$

Integration dieser Gleichung ergibt die bekannte *Adiabatenbeziehung* zwischen Temperatur- und Volumenänderungen

$$T = T_0\,\left(\frac{V}{V_0}\right)^{-2/f} \quad \text{bzw.} \quad T\,V^{2/f} = \text{konst.} \qquad (2.35)$$

Alternativ läßt sich diese Beziehung mit Hilfe der allgemeinen Gasgleichung bei konstanter Teilchenzahl N auch folgendermaßen schreiben

$$n = \text{Konst.}\;p^{1/\gamma} \quad \text{bzw.} \quad p\,\rho^{-\gamma} = \text{konst.} \qquad (2.36)$$

Wir werden von diesen Adiabatenbeziehungen wiederholt Gebrauch machen. Im Anhang A.7 wird zudem gezeigt, daß sie eine besonders einfache Form der Energiebilanzgleichung eines Gases darstellen.

2.2 Höhenverlauf der Zustandsgrößen und Gliederung der Atmosphäre

Da die Atmosphäre der Erde ein relativ komplexes Phänomen darstellt, ist es sinnvoll, sie in überschaubare Teilbereiche zu zerlegen. Als Richtschnur dienen dabei die Zustandsgrößen der Gase und physikalisch wichtige Prozesse. Je nach gewählter Kenngröße ergeben sich unterschiedliche Einteilungen und Bezeichnungen.

Die gebräuchlichste Gliederung basiert auf dem Höhenverlauf der Temperatur. Wie Abb. 2.9 zeigt, ist dieser durch drei Maxima und zwei Minima und die dazwischen liegenden Verbindungsstücke steigender oder fallender Temperatur gekennzeichnet. Das erste Maximum entsteht dabei durch die Aufheizung der bodennahen Luftschichten durch die Erdoberfläche. Diese wiederum bezieht ihre Wärme im wesentlichen aus der direkten Absorption von Sonnenstrahlung. Hinzu kommt die Reabsorption der an dem Wasserdampfgehalt der Atmosphäre reflektierten Eigeninfrarotstrahlung (Treibhauseffekt). Zusammen ergibt dies eine mittlere Oberflächentemperatur von 288 K.

Wärmeabstrahlung führt dazu, daß die Atmosphärentemperatur mit wachsender Entfernung von der wärmespendenden Erdoberfläche abnimmt. Man bezeichnet diesen Bereich fallender Temperatur als *Troposphäre*. Diese erstreckt sich bis in etwa 10 km Höhe, wo sie in ein Temperaturminimum, der sogenannten *Tropopause*, einmündet. Danach kommt es zu einem Wiederanstieg der Temperatur, der durch die Absorption solarer Ultraviolett-Strahlung im Wellenlängenbereich oberhalb von 242 nm durch das Spurengas Ozon verursacht wird. Man bezeichnet diesen Bereich steigender Temperatur als *Stratosphäre* und ihre obere Grenze in etwa 50 km Höhe als *Stratopause*. Hier erreicht die Temperatur wieder Werte, wie sie an der Erdoberfläche beobachtet werden.

Jenseits der Stratopause ist die Strahlungsabsorption gering und die Wärmeabstrahlung, insbesondere die durch das Spurengas Kohlendioxid, sehr effektiv, so daß die Temperatur erneut abnimmt und in 80-90 km Höhe ihr absolutes Minimum erreicht. Dieser Bereich fallender Temperatur wird als *Mesosphäre*, die dazugehörige obere Grenze als *Mesopause* bezeichnet. Hier werden mittlere Temperaturen von 160 K, in Extremfällen von weniger als 120 K gemessen.

Oberhalb dieses Minimums kommt es zu einem dramatischen Temperaturanstieg, der die bisher beschriebenen Temperaturvariationen als recht bescheiden erscheinen läßt. Man bezeichnet diesen Bereich rapide ansteigender Temperatur zu Recht als *Thermosphäre.*Verursacht wird dieser Temperaturanstieg durch die Absorption solarer Ultraviolett-Strahlung im Wellenlängenbereich unterhalb von 242 nm bei gleichzeitigem Fehlen effektiver Wärmeverlustprozesse. Schließlich geht die Temperatur oberhalb von 200 km Höhe asymptotisch einem Grenzwert entgegen, der als *Thermopausentemperatur* oder als *Exosphärentemperatur* bezeichnet wird und für den die Schreibweise

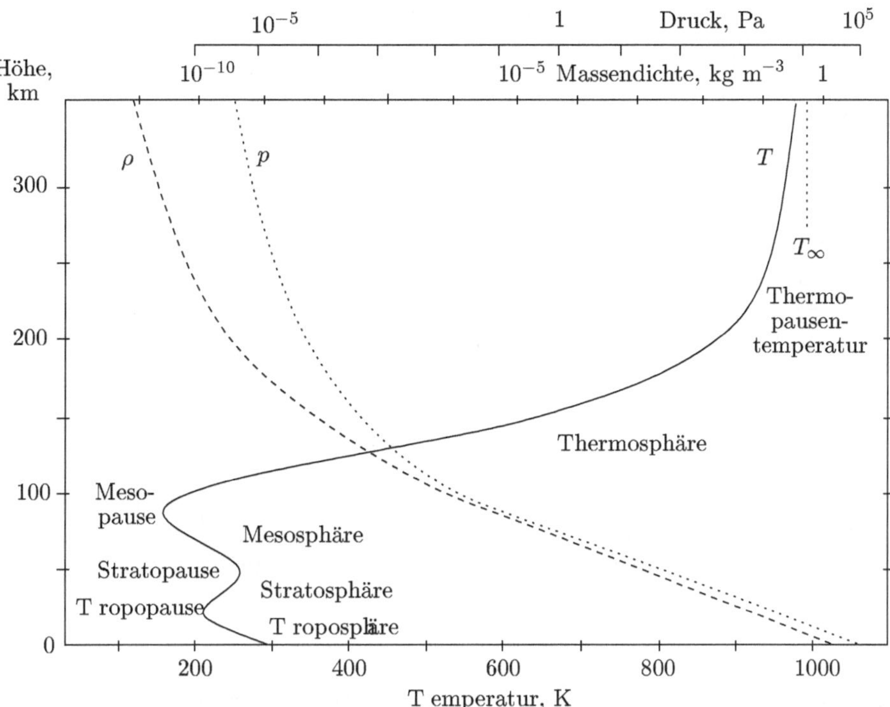

Abb. 2.9. Repräsentativer Höhenverlauf von Temperatur (T), Druck (p) und Massendichte (ρ) in der Atmosphäre der Erde. Die angegebene Gliederung beruht auf dem Temperaturverlauf

T_∞ üblich ist. Die Thermopausentemperatur beträgt etwa 1000 K, kann aber zwischen 600 und 2500 K variieren.

Eine etwas gröbere, aber auch auf dem Temperaturverlauf basierende Unterteilung unterscheidet nur zwischen der *Unteren Atmosphäre* (= Troposphäre), der *Mittleren Atmosphäre* (= Stratosphäre und Mesosphäre) und der *Hochatmosphäre* (= Thermosphäre). Im folgenden werden wir uns ausschließlich mit der Physik der Hochatmosphäre beschäftigen.

Abbildung 2.9 zeigt neben dem Höhenverlauf der Temperatur auch den von Druck und Massendichte. Erwartungsgemäß nehmen letztere Zustandsgrößen mit wachsender Höhe ab, wobei die Abfallrate offensichtlich von der jeweiligen Temperatur bestimmt wird. Leicht zu merken ist, daß in 100 km Höhe Druck und Massendichte auf etwa ein Millionstel ihrer Werte an der Erdoberfläche abgefallen sind.

Der Höhenverlauf von Stoßfrequenz und mittlerer freier Weglänge wird in Abb. 2.10 gezeigt. Interessant ist ein Vergleich der Werte, wie sie in Erdbodennähe und in 500 km Höhe gelten. So nimmt die Stoßfrequenz von nahezu

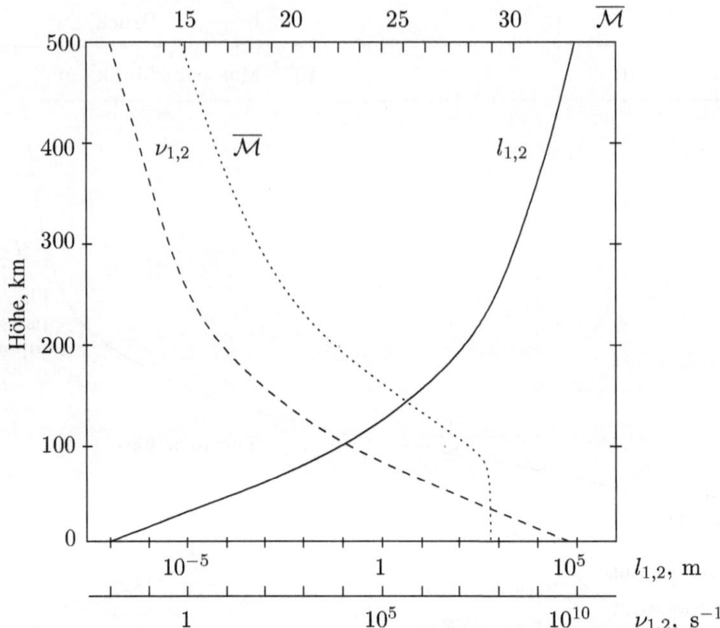

Abb. 2.10. Höhenverlauf der Stoßfrequenz ($\nu_{1,2}$), der mittleren freien Weglänge ($l_{1,2}$) und der mittleren Massenzahl ($\overline{\mathcal{M}}$) in der Atmosphäre der Erde

10^{10} auf 10^{-2} s^{-1} ab, die mittlere freie Weglänge wächst dagegen von 0.1 μm auf 100 km an.

Eine alternative Unterteilung der Atmosphäre basiert auf dem Verlauf der mittleren Massenzahl (relativen Atommasse) $\overline{\mathcal{M}}$. Abbildung 2.10 zeigt, daß diese Größe unterhalb von etwa 100 km Höhe konstant ist, um dann mit wachsender Höhe abzunehmen. Offensichtlich ist die Atmosphäre unterhalb von 100 km Höhe gut durchmischt und alle Konstituenten treten mit gleichbleibender Häufigkeit auf. Man bezeichnet diesen Bereich homogener Zusammensetzung auch als *Homosphäre*, seine obere Grenze als *Homopause*. Oberhalb von 100 km Höhe kommt es dagegen zu einer gravitativen Entmischung, bei der schwerere Gase rascher, leichtere Gase langsamer mit wachsender Höhe abnehmen. Dies ist in den Abb. 2.11 und 2.12 für zwei verschiedene Höhenbereiche illustriert und im Anhang A.4 an Hand einer Modellatmosphäre dokumentiert.

Wie man sieht dominiert unterhalb von 180 km Höhe molekularer Stickstoff, zwischen 180 und 700 km Höhe atomarer Sauerstoff, zwischen 700 und 1700 km Höhe Helium und darüber atomarer Wasserstoff. Entsprechend der wechselnden Zusammensetzung wird der Bereich zwischen 100 und 1700 km Höhe als *Heterosphäre* bezeichnet. Darüber befindet sich die *Wasserstoffsphäre* oder *Geokorona*. Die oben genannten Grenzhöhen gelten natürlich

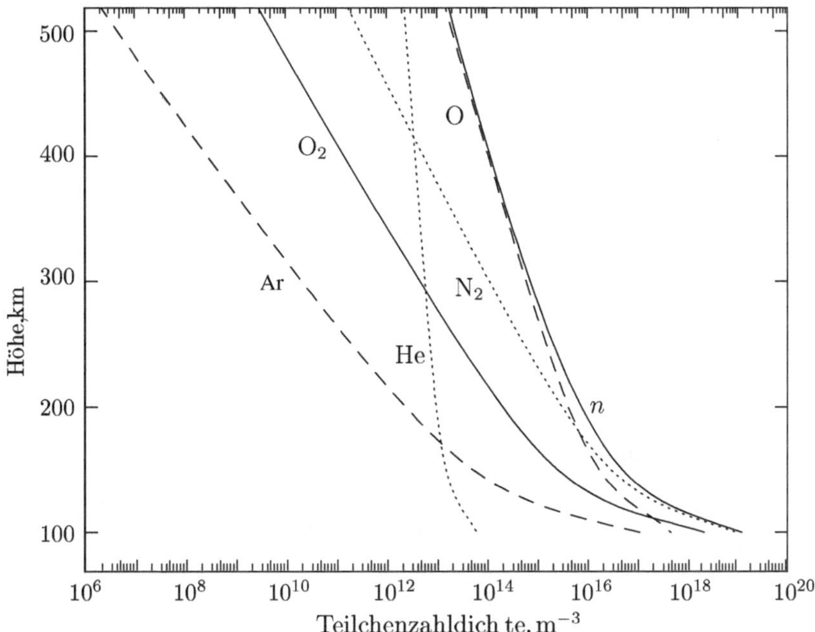

Abb. 2.11. Verlauf der Einzelgasdichten in der Heterosphäre zwischen 120 und 500 km Höhe. Die zugehörige Thermopausentemperatur beträgt 1000 K. n bezeichnet die Gesamtteilchenzahldichte. Zahlenwerte finden sich in Anhang A.4

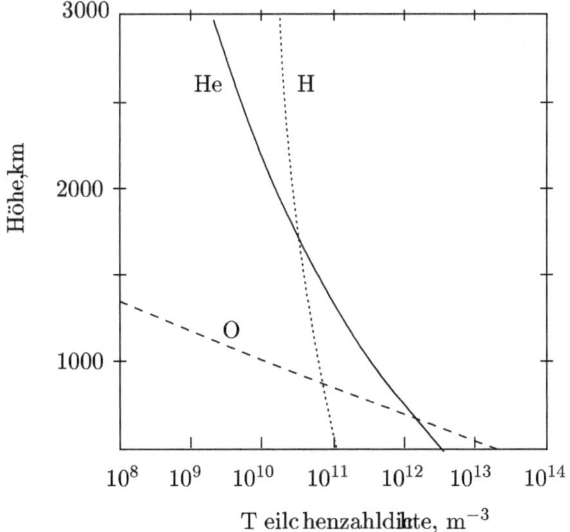

Abb. 2.12. Verlauf der Einzelgasdichten in der Heterosphäre und Wasserstoffsphäre zwischen 500 und 3000 km Höhe. Die Thermopausentemperatur beträgt etwa 1000 K

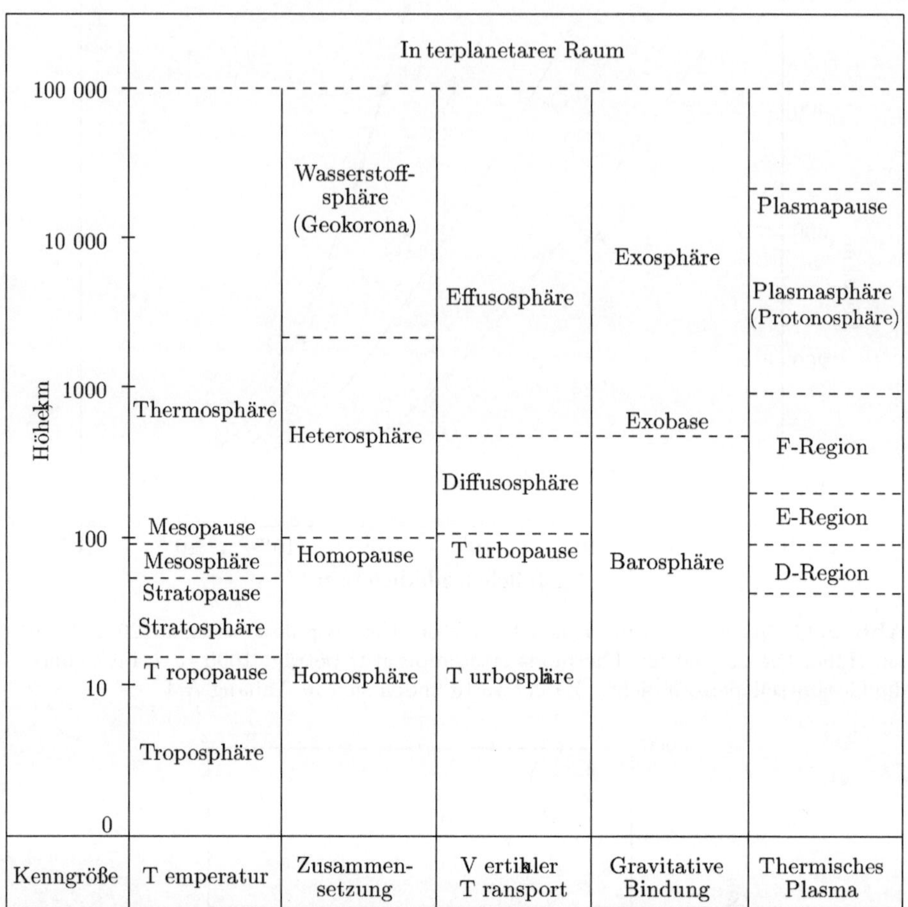

Abb. 2.13. Vertikale Gliederung und Nomenklatur der terrestrischen Atmosphäre

nur für eine Thermopausentemperatur von etwa 1000 K und können sich bei anderen Temperaturen erheblich nach oben oder unten verschieben.

Neben dem Temperaturverlauf und der Zusammensetzung bieten sich vertikale Transportprozesse, die Bedeutung von Verdampfungsprozessen und die Ionenzusammensetzung für eine Einteilung der Atmosphäre an. Die darauf fußenden Gliederungen sind in Abb. 2.13 zusammengefaßt und sollen zu einem späteren Zeitpunkt erläutert werden.

2.3 Barosphärische Dichteverteilung

Unter der *Barosphäre* versteht man den gravitativ an die Erde gebundenen Teil der Atmosphäre. Bei der Bestimmung des Dichteverlaufs in diesem Bereich wird eine Gleichgewichtsbeziehung zwischen Druckgradient- und Schwerkraft, die aerostatische Grundgleichung, betrachtet. Die Druckgradientkraft läßt sich dabei als die Divergenz eines Impulsflusses interpretieren. Als Lösung der aerostatischen Grundgleichung erhält man die barometrische Höhenformel, die sich zunächst allerdings nur für ein Gasgemisch homogener Zusammensetzung auswerten läßt. Um den Dichteverlauf in einer gravitativ entmischten Heterosphäre bestimmen zu können, muß die Kräftegleichgewichtsbeziehung für ein Einzelgas in einem Gasgemisch betrachtet werden. Es zeigt sich, daß im statischen Zustand die Reibungskräfte zwischen den Einzelgasen verschwinden und somit die aerostatische Grundgleichung und barometrische Höhenformel auch für ein heterosphärisches Einzelgas gültig sind. Eine alternative Interpretation der barosphärischen Dichteverteilung ergibt sich, wenn sie als das Resultat eines dynamischen Gleichgewichts zwischen Sink- und Expansionsfluß verstanden wird. Gaskinetisch läßt sich der Expansionsfluß auch als molekularer Diffusionsfluß und die barometrische Höhenformel als Diffusionsgleichgewichtsbeziehung interpretieren. Von besonderem Interesse ist dabei der Übergang von Homosphäre zu Heterosphäre. Offenbar erreicht in Homopausenhöhe molekularer Transport die gleiche Effektivität wie Wirbeldiffusion. Da weder atomarer Sauerstoff noch atomarer Wasserstoff natürliche Bestandteile der unteren Atmosphäre sind, bedarf ihre – teilweise beherrschende – Präsenz in der Hochatmosphäre einer Erklärung.

2.3.1 Aerostatische Grundgleichung

Zur Ableitung der aerostatischen Grundgleichung betrachten wir eine gewichtslose Membran der Fläche A, auf die von unten der Wanddruck des darunterliegenden Gases und von oben das Gewicht der darüberliegenden Gassäule wirkt, siehe Abb. 2.14. Betrachtet wird der statische Fall, bei dem die an der Membran angreifenden Kräfte sich im Gleichgewicht befinden, in unserem Fall also Druck- und Gewichtskraft gleich groß und entgegengesetzt gerichtet sind. Für die Druckkraft in der Höhe z gilt

$$F_p(z) = A\, p(z)$$

und das Gewicht der Gassäule oberhalb von z berechnet sich zu

$$F_g(z) = A \int_z^\infty \rho(z')\, g(z')\, dz'$$

Dabei bezeichnet ρ die Massendichte und g die Erdbeschleunigung. Im statischen Gleichgewicht gilt $F_p = F_g$ und somit

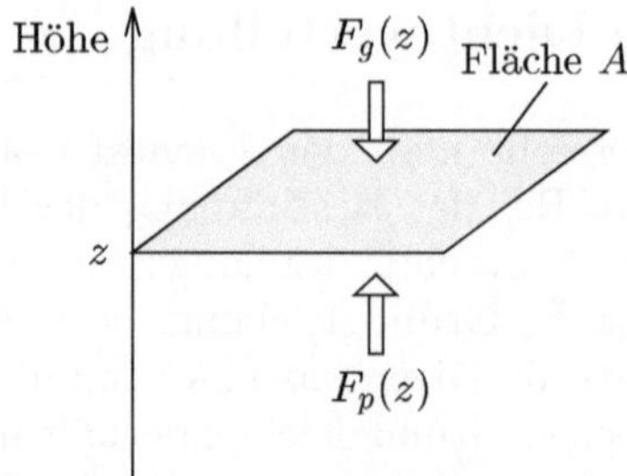

Abb. 2.14. Zur Ableitung der aerostatischen Grundgleichung

$$p(z) = \int_z^\infty \rho(z')\, g(z')\, \mathrm{d}z' \tag{2.37}$$

Wesentlich bekannter ist diese Gleichung in ihrer differentiellen Form. Differenziert man beide Seiten nach z (siehe dazu auch Gl. (A.1)), so erhält man die außerordentlich wichtige Beziehung

$$\frac{\mathrm{d}p(z)}{\mathrm{d}z} = -\rho(z)\, g(z) \tag{2.38}$$

die unter der Bezeichnung *hydrostatische* oder *aerostatische Grundgleichung* bekannt geworden ist. Da wir es hier ausschließlich mit Gasen zu tun haben, bevorzugen wir letztere Bezeichnung. Die aerostatische Grundgleichung beschreibt die Änderung des Druckes mit der Höhe in Abhängigkeit von der Massendichte und der Erdbeschleunigung und erlaubt – bei bekanntem Zusammenhang zwischen p und ρ – die explizite Berechnung beider Größen. Sie stellt eine Beziehung mit breitem Anwendungsgebiet dar. So gilt sie sowohl für eine Eingasatmosphäre als auch für eine aus verschiedenen Gasen zusammengesetzte Atmosphäre, wobei es im letzteren Fall keine Rolle spielt, ob die Atmosphäre gut durchmischt oder gravitativ separiert ist. Damit findet diese Gleichung sowohl im Inneren der Sonne und im Inneren gasförmiger Planeten als auch in der solaren und in planetaren Homo- und Heterosphären Anwendung. Sie gilt auch für den Fall, daß die Massendichte nahezu konstant ist, wie in Ozeanen und festen Himmelskörpern.

Bei der Ableitung dieser Beziehung wurden stillschweigend zwei Annahmen gemacht, die es im folgenden zu begründen gilt. Zunächst wurde an der Oberseite der gedachten Membran nur die Gewichtskraft, nicht aber der thermodynamische Druck des Gases berücksichtigt. Ein Gedankenexperiment rechtfertigt diesen Ansatz. Könnte man z.B. die Erdanziehung per Knopfdruck abschalten, so würde das Gas oberhalb der Membran in kürzester Zeit verschwunden sein – ihm stände ja der gesamte Weltraum zur Ausdehnung zur Verfügung. Mit kleiner werdender Dichte würde aber auch der thermodynamische Druck gegen Null gehen. Der Druck auf die Oberseite der Membran wird demnach allein durch die Schwerebeschleunigung aufrechterhalten, die Gasteilchen 'fallen' auf diese Abgrenzung und erzeugen auf diese Weise einen

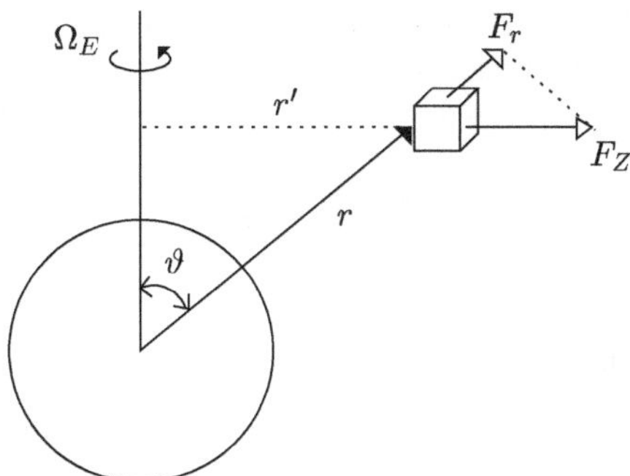

Abb. 2.15. Zur Ableitung der an einem mit der Erde mitrotierenden Gasvolumen angreifenden Zentrifugalkraft F_Z

Impulstransfer und Druck. Das Gas unterhalb der Membran ist dagegen auf ein endliches Volumen komprimiert und wirkt ausschließlich über den thermodynamischen Druck auf diese Grenzfläche.

Des weiteren blieb bei der Ableitung der aerostatischen Grundgleichung die an einem mit der Erde mitrotierenden Gasvolumen angreifende Zentrifugalkraft unberücksichtigt. Die radiale Komponente dieser Kraft (und nur diese hat Einfluß auf die Höhenverteilung der Gase) besitzt gemäß Abb. 2.15 folgende Form

$$F_r = F_Z \, \sin\vartheta = M \, \Omega_E^2 \, r' \sin\vartheta = M \, \Omega_E^2 \, r \sin^2\vartheta \qquad (2.39)$$

Dabei ist r die geozentrische Distanz, ϑ die Ko-Breite, M die Masse des Gasvolumens und Ω_E die Winkelgeschwindigkeit der Erdrotation. Diese Zentrifugalkraftkomponente ist der Massenanziehung der Erde entgegen gerichtet und läßt sich problemlos in eine *effektive* Erdbeschleunigung einbinden

$$g(r,\vartheta) = g_m(r,\vartheta) - \Omega_E^2 \, r \, \sin^2\vartheta \qquad (2.40)$$

wobei die Massenbeschleunigung der Erde durch

$$g_m(r,\vartheta) = \frac{G \, M_E}{r^2} - \frac{C}{r^4}\left(\frac{3}{2}\cos^2\vartheta - \frac{1}{2}\right) + \cdots \qquad (2.41)$$

gegeben ist. Hier bezeichnet G die Gravitationskonstante, M_E die Erdmasse und C eine weitere Konstante. Zahlenwerte dieser Größen finden sich im Anhang A.2. Der erste Term von g_m beschreibt die Massenbeschleunigung, die ein Körper außerhalb einer Erd*kugel* erfahren würde. Der zweite Term berücksichtigt die Tatsache, daß die Erde keine Kugel, sondern in erster Näherung ein Rotationsellipsoid darstellt mit einem Polradius, der um 21 km kleiner ist als der Äquatorradius, siehe wieder Anhang A.2. Weitere Terme beschreiben die Erdgestalt und ihre Massenbeschleunigung mit zunehmender Genauigkeit.

Tabelle 2.2. Verschiedene, zur effektiven Schwerebeschleunigung am Äquator beitragende Terme und die Entweichgeschwindigkeit als Funktion der Höhe. Dabei haben wir bei der Berechnung der Höhe den mittleren (nicht den äquatorialen) Erdradius benutzt

Höhe	$g \simeq GM_E/r^2$	$C/2r^4$	$\Omega_E^2\, r$	$v_{ew} \simeq \sqrt{2\,GM_E/r}$
[km]	[m/s^2]	[m/s^2]	[m/s^2]	[km/s]
0	9.82	0.02	0.03	11.2
100	9.52	0.02	0.03	11.1
500	8.44	0.01	0.04	10.8
1 000	7.34	0.01	0.04	10.4
10 000	1.49	$< 10^{-3}$	0.09	7.0

Um die Signifikanz der in den Gleichungen (2.40) und (2.41) explizit angegebenen Terme abschätzen zu können, sind ihre Werte für äquatoriale Breiten ($\vartheta = 90°$) und verschiedene Höhen in Tabelle 2.2 zusammengefaßt. Offensichtlich stellen die höheren Ordnungen des Gravitationspotentials und die Zentrifugalbeschleunigung nur kleine, sich teilweise kompensierende Korrekturgrößen dar, die in der folgenden, das Wesentliche betonenden Darstellung problemlos vernachlässigt werden können. Weitere Rechnungen basieren deshalb auf der Approximation

$$g \simeq \frac{G\,M_E}{r^2} = \frac{g_0}{(1 + h/R_E)^2} \tag{2.42}$$

wobei g_0 die *mittlere* Erdbeschleunigung in Meereshöhe ($\simeq 9.81$ m/s^2), h die Höhe ($r = R_E + h$) und R_E den mittleren Erdradius ($\simeq 6371$ km) bezeichnen.

2.3.2 Druckgradientkraft

Da auf der rechten Seite der aerostatischen Grundgleichung die Gewichtskraft pro Gasvolumen steht, muß auch der Term auf der linken Seite einer Kraft pro Gasvolumen entsprechen. Die Form dieser *Druckgradientkraft* läßt sich anschaulich wie folgt verstehen. Betrachtet wird das in Abb. 2.16 skizzierte Gasvolumen in einem Druckgefälle, das links und rechts durch gewichtslose Membrane der Fläche A begrenzt sei. Die in x-Richtung an diesem Gasvolumen angreifende Kraft beträgt

$$F_x = [p(x) - p(x + \Delta x)]\, A$$

Entwickelt man $p(x + \Delta x)$ in eine Taylor-Reihe und bricht diese nach dem zweiten Glied ab, so erhält man

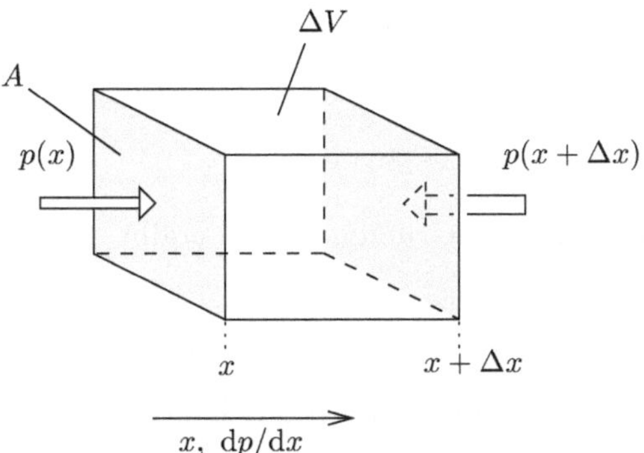

Abb. 2.16. Zur Ableitung der Druckgradientkraft

$$F_x = \left[p(x) - \left(p(x) + \frac{\partial p}{\partial x} \Delta x + \cdots \right) \right] A \simeq -\frac{\partial p}{\partial x} \Delta V$$

Damit ergibt sich die Kraft pro Gasvolumen zu

$$F_x^* = F_x / \Delta V = -\frac{\partial p}{\partial x} \tag{2.43}$$

Erweitert man diese Beziehung auf drei Dimensionen, so erhält man die Druckgradientkraft in ihrer allgemeinen Form

$$\vec{F}_{\nabla p}^* = -(\hat{x}\, \frac{\partial p}{\partial x} + \hat{y}\, \frac{\partial p}{\partial y} + \hat{z}\, \frac{\partial p}{\partial z}) = -\mathrm{grad}\, p = -\nabla p \tag{2.44}$$

wobei $\hat{x}$, $\hat{y}$ und $\hat{z}$ Einheitsvektoren, 'grad' den Gradienten und ∇ den Nabla-Operator bezeichnen.

Da der Druck einem Impulsfluß entspricht, läßt sich die Druckgradientkraft für den in Abb. 2.16 betrachteten Fall auch folgendermaßen schreiben

$$F_x^* = -\frac{\partial}{\partial x} \phi_{x,x}^{I(c)} \tag{2.45}$$

Offensichtlich entspricht sie in dieser Schreibweise der Divergenz einer Impulsflußkomponente. Wird durch den Impulsfluß $\phi_{x,x}^{I(c)}$ mehr Bewegungsimpuls eingebracht als abgeführt, so führt dies zu einer Beschleunigung des Volumens. Diese alternative Interpretation ist insofern sehr befriedigend, als sie die Ableitung der aerostatischen Grundgleichung allein auf der Basis von Volumenkräften und ohne Einführung künstlicher Membrane erlaubt. Der Vollständigkeit halber erwähnen wir, daß bei der formalen Erweiterung auf drei Dimensionen Gl. (2.45) in die Divergenz eines Impulsflußtensors (= Drucktensor) übergeht, siehe dazu Anhang A.6.

2.3.3 Barometrische Höhenformel

Die aerostatische Grundgleichung stellt einen Zusammenhang zwischen den beiden höhenabhängigen Zustandsgrößen Druck und Massendichte her. Bei bekanntem Temperaturverlauf läßt sich eine dieser beiden Zustandsgrößen mit Hilfe der allgemeinen Gasgleichung (2.28) eliminieren und die andere berechnen. Es gilt

$$\rho = \overline{m}\, n = \overline{m}\, \frac{p}{k\, T}$$

Einsetzen in die aerostatische Grundgleichung ergibt

$$\frac{\mathrm{d}p}{\mathrm{d}z} = -\, \frac{\overline{m}\, g}{k\, T}\, p = -\, \frac{p}{H}$$

wobei wir die *Druckskalenhöhe* H eingeführt haben

$$H(h) = \frac{k\, T(h)}{\overline{m}(h)\, g(h)} \tag{2.46}$$

Separation der Variablen p und z und nachfolgende Integration über das Höhenintervall h_0 bis h, wobei h_0 eine beliebige Referenzhöhe und h eine beliebige andere Höhe darstellt, liefert die Beziehung

$$\int_{p(h_0)}^{p(h)} \frac{\mathrm{d}p}{p} = \ln \frac{p(h)}{p(h_0)} = -\, \int_{h_0}^{h} \frac{\mathrm{d}z}{H(z)}$$

bzw.

$$p(h) = p(h_0)\, \exp\left\{ -\, \int_{h_0}^{h} \frac{\mathrm{d}z}{H(z)} \right\} \tag{2.47}$$

Letztere Gleichung ist die bekannte *barometrische Höhenformel* für den Druckverlauf in einer Atmosphäre. Eine entsprechende barometrische Höhenformel für den Dichteverlauf erhält man, wenn der Druck mit Hilfe von Gl. (2.28) durch die Dichte ersetzt wird

$$n(h) = n(h_0)\, \frac{T(h_0)}{T(h)}\, \exp\left\{ -\, \int_{h_0}^{h} \frac{\mathrm{d}z}{H(z)} \right\} \tag{2.48}$$

Alternativ läßt sich der Dichteverlauf auch folgendermaßen schreiben

$$n(h) = n(h_0)\, \exp\left\{ -\, \int_{h_0}^{h} \frac{\mathrm{d}z}{H_n(z)} \right\} \tag{2.49}$$

Dabei haben wir in Anlehnung an die Definition der Druckskalenhöhe $H = (|\mathrm{d}p/\mathrm{d}z|/p)^{-1}$ die *Dichteskalenhöhe* H_n eingeführt

$$H_n = (|\mathrm{d}n/\mathrm{d}z|/n)^{-1} \tag{2.50}$$

Differenziert man Gl. (2.48) mit Hilfe der Produktregel nach der Höhe, so erhält man folgenden Zusammenhang zwischen beiden Skalenhöhen

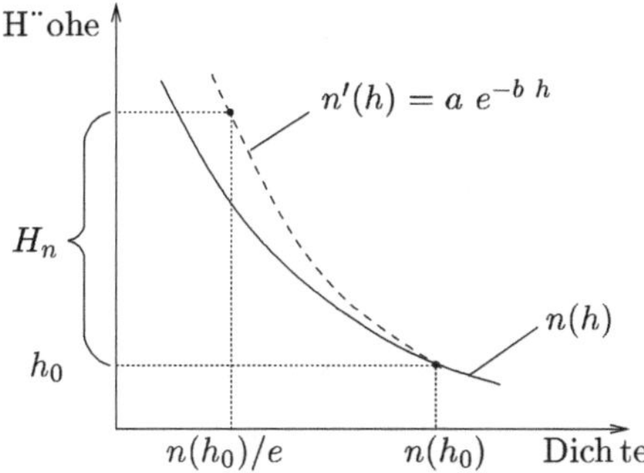

Abb. 2.17. Zur Interpretation der Dichteskalenhöhe H_n

$$\frac{1}{H_n} = \left(\frac{1}{H} + \frac{1}{T}\frac{\mathrm{d}T}{\mathrm{d}h}\right) \tag{2.51}$$

Meist (und sicherlich oberhalb von 200 km Höhe) ist der zweite Summand auf der rechten Seite dieser Beziehung klein gegenüber dem ersten, so daß die Größe der Dichteskalenhöhe ungefähr der der Druckskalenhöhe entspricht.

Da beide Skalenhöhen eine wichtige Rolle bei der Beschreibung der Hochatmosphäre spielen, benötigen wir eine klare Vorstellung von ihrer physikalischen Bedeutung. Wir illustrieren sie am Beispiel der Dichteskalenhöhe für einen beliebigen Dichteverlauf in der Hochatmosphäre. Wie Abb. 2.17 zeigt approximieren wir dazu den tatsächlichen Dichteverlauf $n(h)$ durch eine Exponentialfunktion der Form $n'(h) = a\,e^{-b\,h}$, wobei a und b Konstanten sind. Die Anpassung beider Funktionen erfolgt durch Gleichsetzen von Funktionswert und Steigung in der jeweils interessierenden Höhe h_0

$$n'(h_0) = n(h_0)\,, \quad \mathrm{d}n'/\mathrm{d}z|_{h_0} = \mathrm{d}n/\mathrm{d}z|_{h_0}$$

Damit gilt

$$n'(h) = n(h_0)\,\exp\left\{-\left(\frac{1}{n}\left|\frac{\mathrm{d}n}{\mathrm{d}z}\right|\right)_{h_0}(h - h_0)\right\}$$
$$= n(h_0)\,\exp\{-(h - h_0)/H_n\}$$

Demnach beschreibt H_n eine Höhendifferenz $h - h_0$, innerhalb der sich die Dichte signifikant, sprich um den Faktor e bzw. $1/e$ ändert, wenn der tatsächliche Dichteverlauf lokal durch eine Exponentialfunktion approximiert wird. Entsprechend beschreibt die Druckskalenhöhe H eine Höhendifferenz, innerhalb der sich der Druck, bei beliebigem Druckverlauf, näherungsweise um einen Faktor e bzw. $1/e$ ändert. Diese Interpretation legt nahe, ganz allgemein mit Hilfe der Gl. (2.50) 'typische Dichteskalenlängen' (d.h. Längen, auf denen sich die Dichte um einen signifikanten Betrag ändert) abzuschätzen. Wir werden von dieser Möglichkeit wiederholt Gebrauch machen.

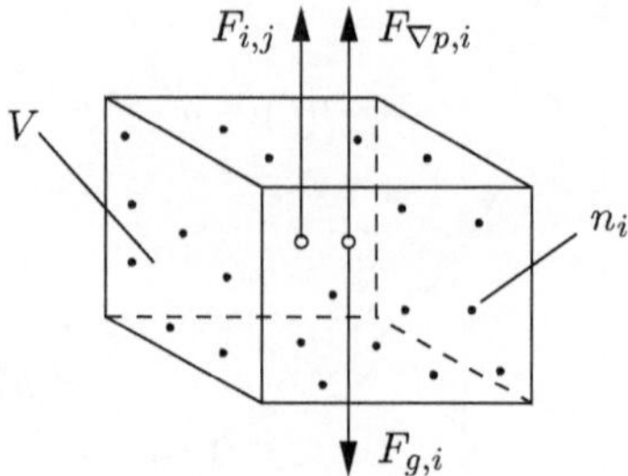

Abb. 2.18. Zur Ableitung der aerostatischen Grundgleichung für ein Einzelgas in einem Gasgemisch

2.3.4 Heterosphärische Dichteverteilung

Die barometrische Höhenformel gilt unabhängig davon, ob eine Eingasatmosphäre oder eine gut durchmischte Homosphäre oder eine gravitativ entmischte Heterosphäre betrachtet wird. Explizit ausrechnen läßt sie sich allerdings nur in den beiden erstgenannten Fällen, da nur dann die mittlere Teilchenmasse bekannt ist. In der Heterosphäre dagegen ist $\overline{m}(h)$ eine zunächst unbekannte Funktion der Höhe, die vom Dichteverlauf der Einzelgase abhängt. Um deren Dichteverlauf bestimmen zu können, benötigen wir eine der aerostatischen Grundgleichung entsprechende Kräftegleichgewichtsbeziehung für ein Einzelgas in einem Gasgemisch. Intuitiv ist man versucht diese aus einer Zerlegung der aerostatischen Grundgleichung für das Gesamtgas zu gewinnen. So gilt ja nach dem Dalton-Stefan-Gesetz, daß der Gesamtdruck eines Gasgemisches gleich der Summe der Partialdrücke ist. Dieser Satz folgt unmittelbar aus der allgemeinen Gasgleichung für ein Einzelgas, $p_i = n_i\, k\, T_i$. Befinden sich die Einzelgase im thermodynamischen Gleichgewicht ($T_i = T$), so gilt

$$\sum_i p_i = \sum_i n_i\, k\, T = n\, k\, T = p$$

Damit läßt sich die aerostatische Grundgleichung für ein Gasgemisch folgendermaßen schreiben

$$\sum_i \frac{\mathrm{d}p_i}{\mathrm{d}z} = -\sum_i n_i\, m_i\, g \tag{2.52}$$

Leider erweist sich diese Zerlegung als wenig hilfreich, da sie keine Zuordnung einzelner Summanden erlaubt. Es verbleibt demnach nur eine erneute *ab initio* Ableitung einer der aerostatischen Grundgleichung entsprechenden Beziehung für ein Einzelgas in einem Gasgemisch.

Betrachtet wird das in Abb. 2.18 skizzierte Volumenelement eines Einzelgases der Spezies i. Zu den Kräften, die an diesem Volumenelement angreifen, gehört jetzt neben der Gewichtskraft $F_{g,i}$ und der Druckgradientkraft $F_{\nabla p,i}$ auch die Wechselwirkungskraft $F_{i,j}$. Letztere beschreibt die Kraft, die die

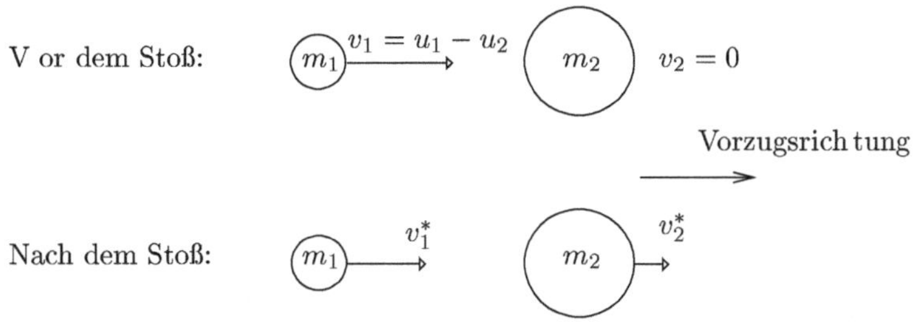

V or dem Stoß: m_1 $v_1 = u_1 - u_2$ m_2 $v_2 = 0$

Vorzugsrichtung

Nach dem Stoß: m_1 v_1^* m_2 v_2^*

Abb. 2.19. Zur Bestimmung der Impulsänderung bei Zentralstößen

übrigen Gase j auf das betrachtete Einzelgas ausüben. Bei Ladungsträgergasen kann es sich hier z.B. um eine elektrische Kraft handeln, wie sie in Abschnitt 4.4.1 näher beschrieben wird. Bei Neutralgasen kommen dagegen als Wechselwirkungskräfte nur Reibungskräfte in Frage, also eine Beschleunigung des betrachteten Gasvolumens durch stoßbedingten Impulstransfer. Im folgenden gilt es zunächst die allgemeine Form dieser Reibungskräfte abzuleiten.

Reibungskräfte. Betrachtet wird ein Gasgemisch bestehend aus Gasteilchen der Sorte 1 und 2. Für die Kraft, die ein Gasteilchen der Sorte 1 aufgrund von Stößen mit den Gasteilchen der Sorte 2 erfährt, gilt ganz allgemein

$$\vec{F}_{1,2} = \vec{F}_{R_1} = \frac{\sum \Delta \vec{I_1}}{\Delta t} = < \Delta \vec{I_1} > \nu_{1,2}$$

Dabei bezeichnet $< \Delta \vec{I_1} >$ die mittlere Impulsänderung, die ein Sorte 1-Teilchen bei einem Zusammenstoß erleidet. Besonders leicht läßt sich diese Impulsänderung für den Fall von Zentralstößen angeben. Dabei mögen die Sorte 1-Teilchen die mittlere Geschwindigkeit u_1, die Sorte 2-Teilchen die mittlere Geschwindigkeit u_2 besitzen. Da wir uns nur für Kraftwirkungen in einer Vorzugsrichtung (in unserem Fall der Vertikalen) interessieren, brauchen wir auch nur die Geschwindigkeitskomponenten in dieser Richtung zu berücksichtigen. Zur Vereinfachung der Rechnung benutzen wir ein Koordinatensystem, das sich mit der mittleren Geschwindigkeit der Sorte 2-Teilchen bewegt, und erhalten das in Abb. 2.19 skizzierte Szenario. Aus der Bedingung, daß bei den hier betrachteten vollelastischen Stößen sowohl der Gesamtbewegungsimpuls als auch die Gesamtbewegungsenergie erhalten bleiben muß, folgt

$$v_1 \, m_1 = v_1^* \, m_1 + v_2^* \, m_2, \qquad v_1^2 \, m_1/2 = (v_1^*)^2 \, m_1/2 + (v_2^*)^2 \, m_2/2$$

Als nicht-triviale Lösung dieser Gleichungen erhält man, nach einigen hier übersprungenen Manipulationen

$$v_1^* = v_1(m_1 - m_2)/(m_1 + m_2)$$

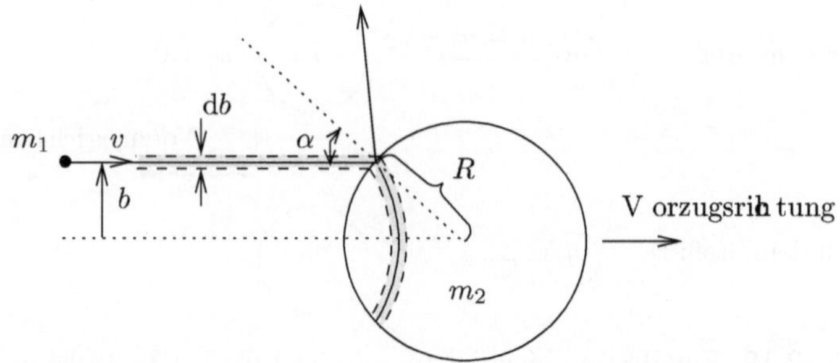

Abb. 2.20. Zur Bestimmung der mittleren Impulsänderung bei nicht-zentralen Zusammenstößen von Gasteilchen

Damit beträgt die Impulsänderung der Sorte 1-Teilchen

$$\Delta I_1 = (v_1^* - v_1)\, m_1 = \frac{2\, m_1\, m_2}{m_1 + m_2}\, (u_2 - u_1) \tag{2.53}$$

Zur Bestimmung der Impulsänderung bei nicht-zentralen Stößen betrachten wir Abb. 2.20. Dabei ist zur Vereinfachung der Rechnung das Sorte 1-Teilchen (Radius r_1) auf ein Punktteilchen verkleinert und das Sorte 2-Teilchen (Radius r_2) auf ein Teilchen mit dem Radius $R = r_1 + r_2$ vergrößert worden. Ist der Stoßparameter b ungleich Null, so reduziert sich die stoßbedingte Impulsänderung um den Faktor $\cos\alpha$, da nur die Geschwindigkeitskomponente senkrecht zur Oberfläche des Sorte 2-Teilchens zum Impulstransfer beiträgt. Berücksichtigt man ferner, daß nur die hier betrachtete Vorzugsrichtung interessiert, so reduziert sich die Impulsänderung durch Projektion auf diese Richtung um einen weiteren Faktor $\cos\alpha$ und man erhält

$$\Delta I_1(b) = \Delta I_1(b = 0)\, \cos^2\alpha$$

Um die durchschnittliche Impulsänderung zu erhalten, muß über die zu den verschiedenen Stoßparametern b gehörigen Impulsänderungen gemittelt werden

$$< \Delta I_1 > = \int_{b=0}^{R} \Delta I_1(b = 0)\, \cos^2\alpha\, \frac{2\pi b\, \mathrm{d}b}{R^2\pi}$$

Dabei entspricht der Faktor $2\pi b\, \mathrm{d}b/R^2\pi$ dem Bruchteil der Teilchen, für die die Impulsänderung gerade $\Delta I_1(b = 0)\cos^2\alpha$ beträgt. Mit der aus Abb. 2.20 ersichtlichen Beziehung $b = R\sin\alpha$ gilt auch $\cos^2\alpha = (R^2 - b^2)/R^2$ und man erhält

$$< \Delta I_1 > = \Delta I_1(b = 0)\, \frac{2}{R^4} \int_{b=0}^{R} (R^2 - b^2)b\, \mathrm{d}b = \frac{\Delta I_1(b = 0)}{2} \tag{2.54}$$

Damit ergibt sich die Reibungskraft, die an einem Sorte 1-Teilchen aufgrund von Stößen mit Sorte 2-Teilchen angreift, zu $F_{R_1} = \Delta I_1(b = 0)\nu_{1,2}/2$. Entsprechend gilt für die *Reibungskraft pro Volumen*, die an einem ganzen Ensemble von Teilchen der Sorte 1 angreift, $F^*_{R_1} = n_1 F_{R_1}$. Genauere Rechnungen (insbesondere genauere Mittelungsprozeduren) ergeben einen geringfügig größeren Wert (Faktor 4/3). Übernimmt man diesen Korrekturfaktor, so ergibt sich die Reibungskraft pro Volumen explizit zu

$$F^*_{R_1} = \frac{4}{3}\, n_1\, \frac{m_1\, m_2}{m_1 + m_2}\, \nu_{1,2}\, (u_2 - u_1) = m_1\, n_1\, \nu^*_{1,2}\, (u_2 - u_1) \qquad (2.55)$$

wobei wir – rein formal – die *Impulsübertragungs-* oder *Reibungsfrequenz* (engl. *momentum transfer collision frequency*) eingeführt haben

$$\nu^*_{1,2} = \frac{4}{3}\, \frac{m_2}{m_1 + m_2}\, \nu_{1,2} \qquad (2.56)$$

Mit Gl. (2.12) läßt sich diese auch folgendermaßen schreiben

$$\nu^*_{1,2} = \sqrt{\frac{128\, k}{9\pi}}\, \sigma_{1,2}\, n_2\, \sqrt{\frac{m_2\, T_{1,2}}{m_1\, (m_1 + m_2)}} \qquad (2.57)$$

Bei Erweiterung auf drei Dimensionen erhält man schließlich

$$\vec{F}^*_{R_1} = m_1\, n_1\, \nu^*_{1,2}\, (\vec{u}_2 - \vec{u}_1) \qquad (2.58)$$

Wie ersichtlich ist die Reibungskraft direkt proportional zur Differenz der Strömungsgeschwindigkeiten der betrachteten Gase. Dies bestätigt die intuitiv plausible Vermutung, daß Neutralgase nur dann eine Kraftwirkung aufeinander ausüben, wenn sie sich mit unterschiedlichen Geschwindigkeiten bewegen. Bei ruhenden Gasen ($u_1 = u_2 = 0$) verschwindet dagegen die Wechselwirkungskraft und die Gase 'merken' nichts voneinander. Es gilt die Daltonsche Beobachtung, daß ruhende Neutralgase in einem Gasgemisch sich so verhalten, als wäre jedes für sich allein vorhanden.

Dichteverteilung. Da die Wechselwirkungskraft $F_{i,j} = F_{R,i}$ in der in Abb. 2.18 betrachteten statischen Situation gleich Null ist, entspricht die aerostatische Grundgleichung eines Einzelgases in einem Gasgemisch formal derjenigen des Gasgemisches als Ganzem. Es gilt

$$\frac{\mathrm{d}p_i}{\mathrm{d}z} = -\, n_i\, m_i\, g \qquad (2.59)$$

Als Lösung erhält man die barometrische Höhenformel für ein im thermodynamischen Gleichgewicht mit dem Gasgemisch befindliches heterosphärisches Einzelgas ($T_i = T$)

$$n_i(h) = n_i(h_0)\, \frac{T(h_0)}{T(h)}\, \exp\left\{ -\int_{h_0}^{h} \frac{\mathrm{d}z}{H_i(z)} \right\} \qquad (2.60)$$

wobei die Skalenhöhe durch

$$H_i(h) = \frac{k\,T(h)}{m_i\,g(h)} \qquad (2.61)$$

gegeben ist. In der oberen Thermosphäre ($h \gtrsim 200$ km) kann die Temperatur in guter Näherung als konstant angenommen werden. Vernachlässigt man ferner die Höhenabhängigkeit der Schwerebeschleunigung, so vereinfacht sich die barometrische Höhenformel auf die Beziehung

$$n_i(h) = n_i(h_0)\, e^{-(h-h_0)/H_i} \qquad (2.62)$$

In einer einfach-logarithmischen Darstellung, wie der der Abb. 2.11, entspricht dies einer Geraden. Dabei nimmt die Dichte eines Gases bei einer Höhenzunahme von einer Skalenhöhe gerade um einen Faktor $1/e$ ab. Nun ist aber die Skalenhöhe umgekehrt proportional zur jeweiligen Teilchenmasse. Entsprechend nehmen leichtere Gase viel langsamer mit der Höhe ab als schwerere. Vergleicht man z.B. Stickstoff und Helium, so gilt $H_{\mathrm{He}} = 7\,H_{\mathrm{N_2}}$. Folglich nimmt die Heliumdichte siebenmal langsamer mit der Höhe ab als die Stickstoffdichte, vergleiche wieder Abb. 2.11. Dies erklärt, warum Helium als Spurengas der unteren Thermosphäre in Höhen oberhalb von etwa 700 km dominante Gaskonstituente wird. Entsprechendes gilt für den noch leichteren atomaren Wasserstoff.

Für spätere Betrachtungen von besonderem Interesse ist der Höhenbereich zwischen etwa 200 und 600 km Höhe. Hier findet der Übergang zur Exosphäre statt und hier erreicht die Ionisationsdichte ihren maximalen Wert. Gemäß den Abb. 2.9 und 2.11 gilt für diesen Bereich in hinreichend guter Näherung $T \simeq T_\infty$ und $\overline{m} \simeq m_{\mathrm{O}}$. Für eine typische Thermopausentemperatur von 1000 K und eine mittlere Erdbeschleunigung von $\overline{g}(200 - 600$ km$) \simeq 8.8$ m/s^2, ergibt sich die Sauerstoffskalenhöhe zu

$$H_{\mathrm{O}} \simeq \frac{k\,T_\infty}{m_{\mathrm{O}}\,\overline{g}} \simeq 60 \text{ km} \qquad (2.63)$$

Dies bedeutet, daß die atomare Sauerstoffdichte – und damit auch ungefähr die Dichte insgesamt – in dem hier betrachteten Höhenintervall alle 60 km um den Faktor $1/e \simeq 0.37$ abnimmt.

Um den Dichteverlauf in der unteren Thermosphäre berechnen zu können, benötigt man einen expliziten Ausdruck für den Temperaturverlauf in dieser Region. Eine in diesem Zusammenhang häufig benutzte Approximation ist das sogenannte *Bates'sche Temperaturprofil*

$$T(h) = T_\infty - (T_\infty - T(h_0))\, e^{-s(h-h_0)} \qquad (2.64)$$

Typische Werte für die Konstanten sind $h_0 = 120$ km, $T(h_0) = 350$ K und $s = 0.021$ km^{-1}. Dieses Temperaturprofil hat den Vorteil, daß es einerseits in hinreichend guter Übereinstimmung mit den (diesbezüglich relativ spärlichen) Beobachtungen ist und andererseits eine analytische Lösung des Integrals in der barometrischen Höhenformel erlaubt. Dies hat dazu geführt, daß es in vielen Atmosphärenmodellen Anwendung gefunden hat.

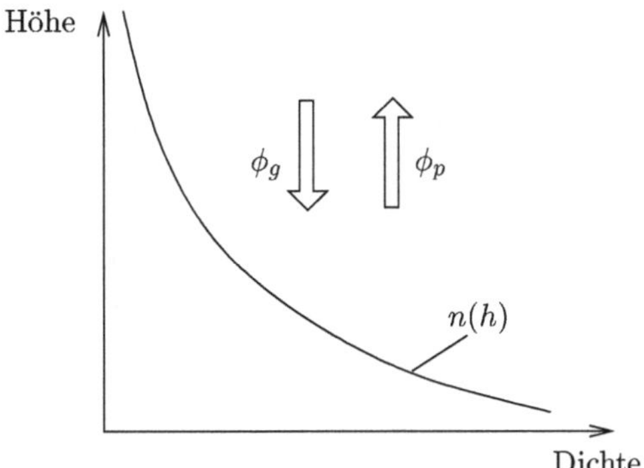

Abb. 2.21. Transport- oder Diffusionsgleichgewicht. ϕ_g und ϕ_p bezeichnen den Sink- und Expansionsfluß und n die Dichte

2.3.5 Gaskinetische Interpretation der barometrischen Höhenformel

Eine alternative Interpretation der barometrischen Dichteverteilung ergibt sich, wenn sie als das Resultat eines Transportgleichgewichtes verstanden wird. So unterliegt ein heterosphärisches Gas zweierlei Tendenzen. Erstens wird es aufgrund der Schwerkraft in Richtung Erde beschleunigt. Diese Bewegung wird durch die zahlreichen Stöße mit den übrigen Gasteilchen so abgebremst, daß sich eine lokal konstante Sinkgeschwindigkeit der Teilchen in Richtung Erde einstellt. Zweitens befindet sich das Gas in einem Druckgradientenfeld und dieses beschleunigt es in Richtung abnehmender Dichte, also von der Erde fort. Auch diese Bewegung wird durch Stöße so abgebremst, daß sich eine lokal konstante Expansionsgeschwindigkeit einstellt. Beide Bewegungen sind mit einem Teilchentransport verbunden. Eine gleichbleibende Dichteverteilung kann sich deshalb nur dann einstellen, wenn beide Flüsse, Sinkfluß ϕ_g und Expansionsfluß ϕ_p, gleich groß sind, wie dies in Abb. 2.21 angedeutet ist. Man bezeichnet diesen Zustand als *Transportgleichgewicht* oder auch – aus später ersichtlichen Gründen – als *Diffusionsgleichgewicht*.

Daß diese alternative Betrachtungsweise ebenfalls auf die aerostatische Grundgleichung führt, läßt sich leicht zeigen. So ergibt sich die Sinkgeschwindigkeit u_g aus der Forderung nach Kräftegleichgewicht zwischen Erdanziehung und innerer Reibung

$$\vec{F}_{g_1}^* + \vec{F}_{R_1}^* = n_1 m_1 \vec{g} - n_1 m_1 \nu_{1,2}^* \vec{u}_1 = \hat{z}(-n_1 m_1 g - n_1 m_1 \nu_{1,2}^* u_{g_1}) = 0$$

bzw.

$$n_1 \, m_1 \, g = -n_1 \, m_1 \, \nu_{1,2}^* \, u_{g_1}$$

Die übrigen heterosphärischen Gase (Index 2) werden dabei als in Ruhe befindlich betrachtet ($u_2 = 0$). Für den *Sinkfluß* gilt demnach

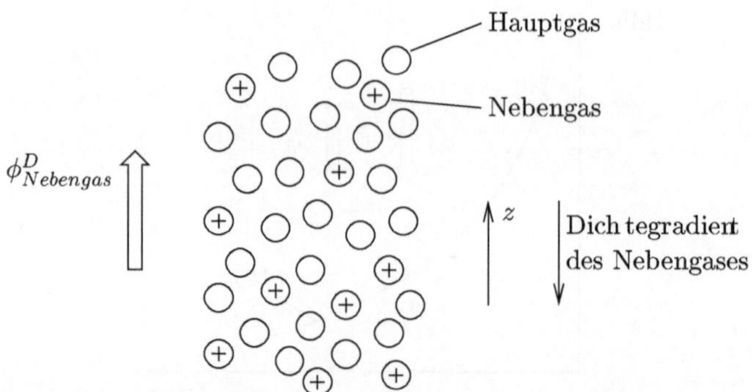

Abb. 2.22. Einfaches Diffusionsszenario. Haupt- und Nebengasteilchen mögen dabei gleiche Eigenschaften, d.h. gleichen Radius und gleiche Masse besitzen und sich nur durch ein äußeres Kennzeichen unterscheiden

$$\phi_{g_1} = n_1 \, u_{g_1} = -n_1 \, g/\nu^*_{1,2} \tag{2.65}$$

Ähnlich der Sinkgeschwindigkeit ergibt sich die Expansionsgeschwindigkeit aus der Forderung nach Kräftegleichgewicht zwischen Druckgradientkraft und innerer Reibung

$$-\frac{\mathrm{d}p_1}{\mathrm{d}z} = n_1 \, m_1 \, \nu^*_{1,2} \, u_{p_1}$$

Für den *Expansionsfluß* gilt demnach

$$\phi_{p1} = n_1 \, u_{p1} = -\frac{1}{m_1 \, \nu^*_{1,2}} \, \frac{\mathrm{d}p_1}{\mathrm{d}z} \tag{2.66}$$

Aus der Bedingung $\phi_{g_1} + \phi_{p1} = 0$ folgt unmittelbar die aerostatische Grundgleichung. Besteht dieses Gleichgewicht nicht, so existiert ein Sink- oder Expansionsfluß, der bestrebt ist, eine mit der aerostatischen Grundgleichung verträgliche Dichteverteilung herzustellen.

Molekulare Diffusion. Während der Sinkvorgang der unmittelbaren Erfahrung zugänglich ist (man denke nur an eine fallende Feder), gewinnt der Expansionsvorgang wesentlich an Anschaulichkeit, wenn er als Diffusionsprozeß verstanden wird. Bekanntlich stellt Diffusion einen Ausgleichsvorgang dar, bei dem Dichteunterschiede über die thermische Bewegung der Gasteilchen abgebaut werden. Nun ist der exponentielle Abfall der Dichte eines Gases in der Atmosphäre mit beträchtlichen Dichtegradienten verbunden. Entsprechend wird ein Diffusionsfluß in Richtung abnehmender Dichte und damit in Richtung zunehmender Höhe fließen.

Um die Effektivität dieses Diffusionsvorganges abschätzen zu können, betrachten wir ein isothermes Gasgemisch bestehend aus einem Hauptgas und einem Nebengas. Zur Vereinfachung der Rechnung sei angenommen, daß beide Gase die gleichen Eigenschaften besitzen und nur durch ein äußeres Kennzeichen zu unterscheiden sind. Man spricht in einer solchen Situation auch

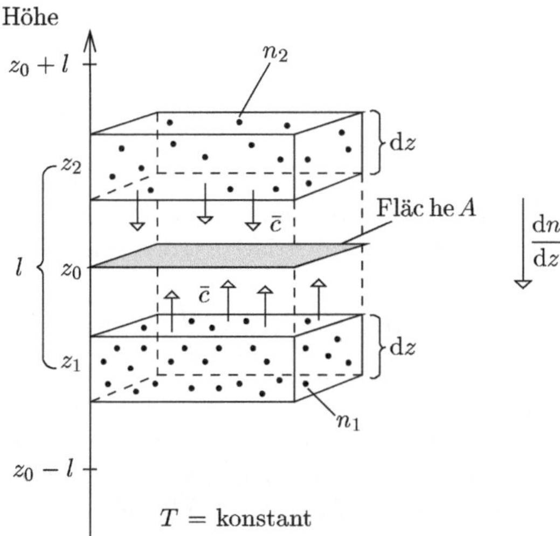

Abb. 2.23. Zur Ableitung des Diffusionsflusses

von Selbstdiffusion. Das homogene, isotherme Hauptgas möge ruhen, das Nebengas einen konstanten Dichtegradienten in negative z-Richtung aufweisen, siehe Abb. 2.22. Im folgenden soll der durch den Dichtegradienten induzierte Teilchenfluß des Nebengases durch eine senkrecht zum Dichtegradienten aufgespannte Fläche bestimmt werden. Dabei ist zu beachten, daß sich die Teilchen nur zwischen zwei Stößen ungehindert bewegen können und somit der Teilchentransport auf der Skalenlänge einer mittleren freien Weglänge erfolgt. Entsprechend betrachten wir im folgenden den Dichteaustausch zweier Volumina des Nebengases, die gerade diesen Abstand besitzen. Das Volumenelement 1 liege dabei unterhalb, das Volumenelement 2 oberhalb der Fläche A, siehe Abb. 2.23. Die Anzahl der Teilchen in den Volumenelementen beträgt

$$\mathrm{d}N_1 = A \, \mathrm{d}z \, n_1, \qquad \mathrm{d}N_2 = A \, \mathrm{d}z \, n_2 = A \, \mathrm{d}z \, \left(n_1 + \frac{\mathrm{d}n}{\mathrm{d}z} \, l + \cdots\right)$$

wobei sich alle Dichteangaben auf das Nebengas beziehen und die mittlere freie Weglänge $l_{1,1}$ durch l abgekürzt wird. Geht man von einer reduzierten Geschwindigkeitsverteilung aus, wird jeweils $1/6$ der in den Volumina befindlichen Teilchen in Richtung der Fläche A fliegen, diese durchqueren und ohne einen Stoß zu erleiden im jeweils anderen Volumenelement landen. Der Austausch dieser Teilchen findet dabei auf der Zeitskala $\Delta t = l/\bar{c}$ statt, wobei $\bar{c}$ die mittlere Pekuliargeschwindigkeit der Nebengasteilchen ist. Die mit diesem Teilchenaustausch verbundenen Teilchenflüsse betragen demnach

$$\mathrm{d}\phi_1 = \frac{1}{6} \frac{\mathrm{d}N_1}{A \, \Delta t} = \frac{1}{6} \frac{n_1 \, \bar{c}}{l} \, \mathrm{d}z, \qquad \mathrm{d}\phi_2 = \frac{1}{6} \frac{n_1 \, \bar{c}}{l} \, \mathrm{d}z + \frac{1}{6} \, \bar{c} \left(\frac{\mathrm{d}n}{\mathrm{d}z}\right) \mathrm{d}z + \cdots$$

so daß sich der Nettofluß durch A zu

$$d\phi_D = d\phi_1 - d\phi_2 = -\frac{1}{6}\,\bar{c}\,\left(\frac{dn}{dz}\right)\,dz$$

ergibt. Um den gesamten Diffusionsfluß zu erhalten, müssen die Beiträge aller Volumina im Abstand $\leq l$ von der Fläche aufsummiert werden, alle Teilchen innerhalb dieser Grenzen erreichen ja A im betrachteten Zeitintervall Δt. In unserem Fall muß also der aus dem paarweisen Austausch gewonnene Nettofluß $d\phi_D$ über die Distanz l integriert werden und man erhält

$$\phi_D = -\frac{1}{6}\,\bar{c}\,\frac{dn}{dz}\,\int_{z_0-l}^{z_0}dz = -\frac{1}{6}\,\bar{c}\,\frac{dn}{dz}\,\int_{z_0}^{z_0+l}dz = -\frac{1}{6}\,\bar{c}\,l\,\frac{dn}{dz}$$

Dabei haben wir angenommen, daß der Dichtegradient (nicht die Dichte selbst) auf der Skala einer mittleren freien Weglänge als konstant angenommen werden kann. Führt man noch zur Abkürzung den *Diffusionskoeffizienten* $D \sim \bar{c}\,l$ ein, so nimmt der Diffusionsfluß folgende Form an (*1.Ficksches Gesetz*) :

$$\phi_D = -D\,\frac{dn}{dz} \tag{2.67}$$

Mit Hilfe der Beziehungen $l = \bar{c}/\nu$ und $3kT/2 = m\,\bar{c}^2/2$ (reduzierte Geschwindigkeitsverteilung!) läßt sich der Diffusionskoeffizient auch folgendermaßen schreiben, $D = \xi\,k\,T/m\,\nu$. Der Wert der Konstanten ξ ergibt sich aus unserer Abschätzung zu $1/2$, eine genauere Rechnung auf der Grundlage einer Maxwellschen Geschwindigkeitsverteilung liefert den Wert $\xi = 3/2$. Damit gilt für den *Selbstdiffusionskoeffizienten*

$$D_{1,1} = \frac{3}{2}\,\frac{k\,T}{m\,\nu_{1,1}} = \frac{k\,T}{m\,\nu_{1,1}^*} \tag{2.68}$$

wobei wir der Deutlichkeit halber die Indizierung der Stoß- und Reibungsfrequenz und die des Diffusionskoeffizienten eingeführt haben. Alle unsere Überlegungen gingen ja davon aus, daß Haupt- und Nebengas gleiche Eigenschaften besitzen. Für ungleiche Gase gilt entsprechend

$$D_{1,2} = \frac{kT_1}{m_1\nu_{1,2}^*} \tag{2.69}$$

Um zu zeigen, daß der hier abgeleitete Ausdruck für den Diffusionsfluß genau dem des Expansionsflusses entspricht, berücksichtigen wir, daß im isothermen Fall Druckänderungen proportional zu Dichteänderungen sind

$$\phi_D = -\frac{k\,T}{m\,\nu_{1,1}^*}\,\frac{dn}{dz} = -\frac{1}{m\,\nu_{1,1}^*}\,\frac{dp}{dz} = \phi_p \tag{2.70}$$

Demnach kann die barometrische Dichteverteilung auch als ein Gleichgewichtszustand verstanden werden, bei dem Sinkfluß und Diffusionsfluß gleich groß sind. Erweitert man zudem den Diffusionsbegriff auf Vorgänge, bei denen unter dem Einfluß einer beschleunigenden Kraft (z.B. der Schwerkraft oder Druckgradientkraft) in Anwesenheit einer bremsenden Reibungskraft ein Teilchentransport stattfindet, so stellt die barometrische Dichteverteilung nicht nur einen Transport-, sondern auch einen *Diffusionsgleichgewichts*zustand dar. Eine ausführlichere Diskussion dieses erweiterten Diffusionsbegriffes findet sich im Anhang A.5.

Abschließend sei der Frage nachgegangen, wie ein rein auf der thermischen Bewegung der Teilchen basierender Effekt, wie ihn die Diffusion im engeren Sinne darstellt, als (Druckgradient-)Kraft interpretiert werden kann. Hier gilt es zu bedenken, daß jeder Teilchentransport untrennbar auch mit einem Impulstransport verknüpft ist. Es ist die durch die Diffusion indirekt bewirkte Impulszu- oder -abfuhr, die einer Kraftwirkung entspricht.

2.3.6 Homopausenhöhe

Molekularer Transport, wie Sinkfluß und molekulare Diffusion, erzeugen im Gleichgewichtszustand eine gravitativ entmischte Atmosphäre, in der jedes Gas eine ihm eigene Höhenverteilung aufweist. Schwerere Gase haben kleinere Skalenhöhen und nehmen rascher mit wachsender Höhe ab, leichtere Gase haben größere Skalenhöhen und nehmen entsprechend langsamer mit zunehmender Höhe ab. Auf diese Weise entsteht eine geschichtete Atmosphäre (also eine *Strato*sphäre im eigentlichen Sinne), in der die schwereren Gase in niedrigeren Höhen und die leichteren Gase in größeren Höhen dominieren.

Bei einer ausschließlich durch molekulare Transportprozesse bestimmten Atmosphäre sollte die gravitative Entmischung direkt an der Erdoberfläche einsetzen. Dies ist aber, wie wir wissen, nicht der Fall. Vielmehr bleibt die Atmosphäre bis in eine Höhe von etwa 100 km gut durchmischt und von homogener Zusammensetzung. Offenbar dominieren bis in diese Höhe Durchmischungsvorgänge, die einer gravitativen Entmischung entgegenwirken. Um zu verstehen, warum sich die Homopause erst in 100 km Höhe (und nicht, wie früher vermutet, in Tropopausenhöhe) befindet, bestimmen wir die Effektivität der Durchmischungs- und Entmischungsvorgänge an Hand ihrer charakteristischen Zeitkonstanten. Dabei gilt es zunächst den Durchmischungsvorgang selbst quantitativ zu erfassen.

Wirbeldiffusion. Hauptursache für die Durchmischung der Atmosphäre ist das, was man als Turbulenz bezeichnet. Dabei werden Luftpakete unterschiedlicher Zusammensetzung durch irreguläre Wirbelbewegungen ausgetauscht und dies führt zu einer Homogenisierung der Zusammensetzung. Rein formal kann dieser Ausgleichsvorgang als eine Art Diffusion verstanden werden, bei der Zusammensetzungsunterschiede durch entsprechende Teilchenflüsse ausgeglichen werden. Man spricht deshalb in diesem Zusammenhang auch von *Wirbeldiffusion* (engl. *eddy diffusion*). Eine quantitative Analyse dieser Vorstellung erfolgt an Hand der Abb. 2.24.

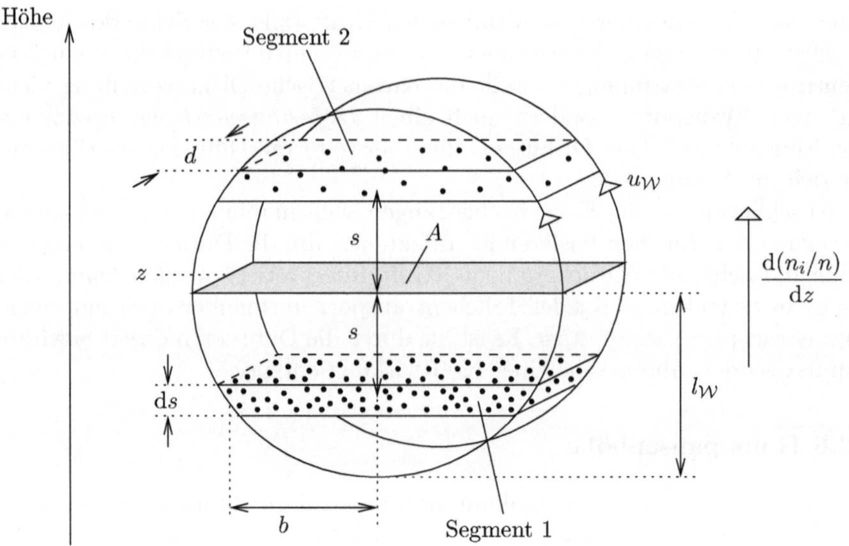

Abb. 2.24. Zur Ableitung des Wirbeldiffusionsflusses

Betrachtet wird eine Atmosphäre der Gesamtdichte n, in der ein Nebengas der Dichte n_i einen Konzentrationsgradienten der Größe $\mathrm{d}(n_i/n)/\mathrm{d}z$ aufweist. Durch ungleichmäßige Wärmeverteilung werde ein zylinderförmiger Turbulenzwirbel mit dem Radius l_W und der Umfangsgeschwindigkeit u_W angeregt. Dadurch werden Luftpakete im unteren Teil des Wirbels zunächst nach oben, Luftpakete im oberen Teil nach unten befördert. Da eine vollständige Umdrehung den ursprünglichen Zustand wieder herstellen würde, sind für die hier betrachteten Ausgleichsvorgänge nur unvollständige Wirbelbewegungen von Interesse. Der Einfachheit halber sei angenommen, daß die Wirbelbewegung nur eine halbe Umdrehung anhält und dann zur Ruhe kommt. In diesem Fall wird gerade die untere Zylinderhälfte nach oben, die obere nach unten gedreht. Aufgrund des Konzentrationsgradienten führt dieser Austausch zu einem Nettofluß des Nebengases durch die Mittelebene des Zylinders. Zur Berechnung dieses Teilchenflusses betrachten wir zwei Zylindersegmente der Dicke $\mathrm{d}s$, der Breite $2b$ und der Tiefe d, die sich im Abstand $\pm s$ von der Mittelebene befinden, siehe Abb. 2.24. Die Anzahl der Nebengasteilchen in diesen Volumina der Größe $\mathrm{d}V = d\,2b\,\mathrm{d}s$ beträgt

$$(\mathrm{d}N_i)_1 = \mathrm{d}V\, n_1\, (n_i/n)_1$$

und

$$(\mathrm{d}N_i)_2 = \mathrm{d}V\, n_2\, (n_i/n)_2 = \mathrm{d}V\, n_2\left[(n_i/n)_1 + \frac{\mathrm{d}(n_i/n)}{\mathrm{d}z}\,2s + \cdots\right]$$

Im Verlauf der Wirbeldrehung werden die Zylindersegmente in Richtung Mittelebene bewegt. Dadurch ändert sich ihre Gasdichte und erreicht in Höhe der Mittelebene den Wert $n(z) = n$. Das Konzentrationsverhältnis bleibt von dieser Dichteänderung unberührt, da Gesamtgas und Nebengas in gleichem Maße durch die Druckunterschiede verdünnt oder verdichtet werden. Damit ergibt sich der Nettotransport von Nebengasteilchen durch die Fläche A bei einem Austausch der Zylindersegmente zu

$$(\mathrm{d}N_i)_A = [(\mathrm{d}N_i)_1 - (\mathrm{d}N_i)_2]_A \simeq -\mathrm{d}V \, n \, \frac{\mathrm{d}(n_i/n)}{\mathrm{d}z} \, 2s$$

Da Austauschfläche und Austauschzeit durch $A = 2l_W \, d$ und $\Delta t = \pi \, l_W/u_W$ gegeben sind, erhält man für den differentiellen Fluß des Nebengases durch die Fläche A

$$\mathrm{d}\phi_i^W = \frac{(\mathrm{d}N_i)_A}{A \, \Delta t} = -\frac{2}{\pi} \, \frac{u_W}{l_W^2} \, n \, \frac{\mathrm{d}(n_i/n)}{\mathrm{d}z} \, \sqrt{l_W^2 - s^2} \, s \, \mathrm{d}s$$

Dabei wurde die Breite b durch den von s abhängigen Wurzelausdruck ersetzt. Der Gesamtfluß ergibt sich durch Aufsummieren der Beiträge aller Zylindersegmente

$$\phi_i^W = -\frac{2}{\pi} \, \frac{u_W}{l_W^2} \, n \, \frac{\mathrm{d}(n_i/n)}{\mathrm{d}z} \int_{s=0}^{l_W} \sqrt{l_W^2 - s^2} \, s \, \mathrm{d}s = -\frac{2}{3\pi} \, u_W \, l_W \, n \, \frac{\mathrm{d}(n_i/n)}{\mathrm{d}z} \tag{2.71}$$

wobei der Konzentrationsgradient auf der Skalenlänge des Wirbels als konstant angenommen und das Integral mit Hilfe der Gl. (A.5) gelöst wurde. Führt man noch zur Abkürzung den *Wirbeldiffusionskoeffizienten* K ein, so läßt sich der Wirbeldiffusionsfluß folgendermaßen schreiben

$$\phi_i^W = -K \, n \, \frac{\mathrm{d}(n_i/n)}{\mathrm{d}z} \tag{2.72}$$

Die formale Ähnlichkeit dieses Ausdrucks mit dem für den molekularen Diffusionsfluß nach Gl. (2.67) ist offensichtlich. Auch hier ist der Teilchenstrom so gerichtet, daß er der Nichthomogenität entgegenwirkt. Ferner zeigt ein Vergleich der Beziehungen (2.71) und (2.72), daß der Wirbeldiffusionskoeffizient proportional zur Wirbelgröße und zur Wirbelgeschwindigkeit ist, $K \sim l_W \, u_W$. Auch hier besteht eine formale Ähnlichkeit, da der molekulare Diffusionskoeffizient proportional zur mittleren freien Weglänge und zur Pekuliargeschwindigkeit ist. Im Gegensatz zur molekularen Diffusion ist es allerdings bisher nicht gelungen, die für die Berechnung von K benötigte Wirbelgröße und Wirbelgeschwindigkeit auf der Grundlage einer allgemeinen Theorie der Turbulenz abzuleiten. Vielmehr ist man hier auf indirekte Messungen angewiesen und deren Ergebnisse schwanken um Größenordnungen. Abbildung 2.26 zeigt ein repräsentatives Höhenprofil von K, wie es in der heutigen Literatur zu finden ist. Auffällig ist die rasche Abnahme des Wirbeldiffusionskoeffizienten oberhalb von 100 km Höhe. Dies hat mit der

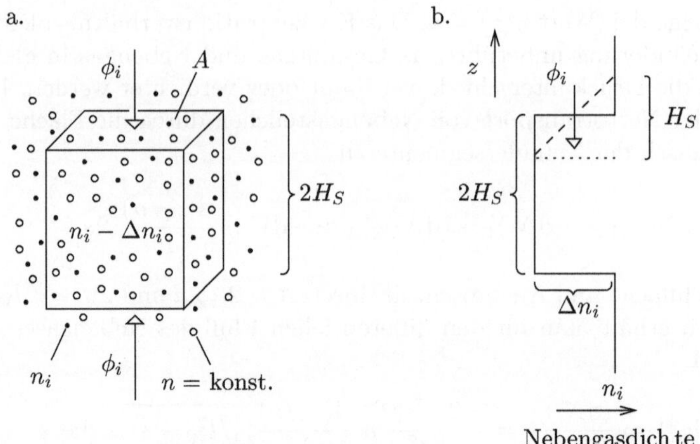

Abb. 2.25. Zur Abschätzung der Zeitkonstanten für Transportvorgänge

exponentiell anwachsenden Effektivität der Viskosität zu tun, die turbulente Wirbelbewegungen zunehmend unterdrückt. Man bezeichnet den atmosphärischen Bereich hoher Turbulenz auch als *Turbosphäre* und dessen obere Grenze als *Turbopause*, siehe die Übersicht in Abb. 2.13 .

Zeitkonstanten für Transportvorgänge. Um die Effektivität der miteinander konkurrierenden molekularen und turbulenzbedingten Transportprozesse vergleichen zu können, gilt es ihre zugehörigen Zeitkonstanten zu bestimmen. Diese sollen an Hand eines sehr einfachen Störungsszenarios abgeschätzt werden. Betrachtet wird eine atmosphärische Schicht der Dicke $2H_{S(t\ddot{o}rung)}$, in der die Dichte eines Nebengases um den Betrag Δn_i von seinem Umgebungswert abweicht. Es soll abgeschätzt werden, wie lange molekularer und turbulenzbedingter Transport benötigen, diese Dichtestörung auszugleichen. Gemäß Abb. 2.25a beträgt das Defizit an Nebengasteilchen in einem Volumenelement der betrachteten Schicht $\Delta N_i = 2H_S A \Delta n_i$. Dieses Defizit wird im Laufe der Zeit durch Teilchenflüsse ausgeglichen, wobei die Teilchenzufuhr $\Delta N_i'(t) = 2\phi_i A t$ beträgt. Gleichsetzen beider Ausdrücke ergibt die Zeitkonstante des Ausgleichsvorganges

$$\tau = H_S \Delta n_i / \phi_i$$

Der für die Auswertung dieses Ausdrucks benötigte Teilchenfluß beträgt für den Fall molekularer Diffusion

$$\phi_i^D = D \left| \frac{\mathrm{d}n_i}{\mathrm{d}z} \right| \simeq D \frac{\Delta n_i}{H_S}$$

wobei der sich kontinuierlich ändernde Dichtegradient durch einen groben Mittelwert abgeschätzt wird, siehe Abb. 2.25b. Damit erhält man für die *Zeitkonstante der molekularen Diffusion*

$$\tau_D \simeq H_S^2/D \qquad (2.73)$$

Da in der Atmosphäre molekularer Diffusions- und Sinkfluß von vergleichbarer Größenordnung sind, gilt dieser Ausdruck für beide Ausgleichsvorgänge.

Eine alternative Ableitung dieser Zeitkonstanten ergibt sich aus der Kontinuitätsgleichung (2.19). Es gilt

$$\left(\frac{\partial n}{\partial t}\right)_{Diff} = -\frac{\partial(nu_z)_{Diff}}{\partial z} = \frac{\partial}{\partial z}\left(D\,\frac{\partial n}{\partial z}\right) \simeq D\frac{\partial^2 n}{\partial z^2} \qquad (2.74)$$

Dabei wurde der Diffusionskoeffizient als in erster Näherung ortsunabhängig angenommen. Gleichung (2.74) stellt eine einfache Form der zeitabhängigen Diffusionsgleichung dar, die auch als *2. Ficksches Gesetz* bezeichnet wird. Nimmt man an, daß die zeitliche und räumliche Variation der Dichte in erster Näherung durch Exponentialfunktionen approximiert werden kann, $n(t,z) \sim \exp(t/\tau_D)\exp(z/H_S)$, so erhält man durch Einsetzen den oben angegebenen Ausdruck für die Zeitkonstante der molekularen Diffusion.

Für den Dichteausgleich durch Wirbeldiffusionsflüsse gilt entsprechend

$$\phi_i^W = K\,n\,\left|\frac{\mathrm{d}(n_i/n)}{\mathrm{d}z}\right| \simeq K\,n\,\left(\frac{n_i}{n} - \frac{n_i - \Delta n_i}{n}\right)\Big/ H_S = K\,\frac{\Delta n_i}{H_S}$$

und

$$\tau_W \simeq H_S^2/K \qquad (2.75)$$

Homopausenhöhe. Abbildung 2.26 zeigt repräsentative Höhenprofile von τ_D und τ_W. Da der molekulare Diffusionskoeffizient umgekehrt proportional zur Stoßfrequenz ist und letztere exponentiell mit wachsender Höhe abnimmt, nimmt auch τ_D rasch mit zunehmender Höhe ab. Dagegen ist τ_W unterhalb der Turbopause relativ konstant, zeigt dann aber einen scharfen Anstieg. In jedem Fall schneiden sich beide Kurven in etwa 100 km Höhe, wobei unterhalb dieses Schnittpunktes $\tau_W < \tau_D$ und oberhalb dieses Schnittpunktes $\tau_W > \tau_D$ gilt. Unterhalb herrscht demnach Wirbeldiffusion vor, und die Atmosphäre ist gut durchmischt; oberhalb sind molekulare Transportprozesse effektiver und sorgen für eine gravitativ entmischte Heterosphäre. Der Schnittpunkt der Kurven $\tau_D(h)$ und $\tau_W(h)$ legt somit die Höhe der *Homopause* h_{HP} fest

$$\tau_W(h_{HP}) = \tau_D(h_{HP}) \quad \text{bzw.} \quad K(h_{HP}) = D(h_{HP})$$

wobei dies in der terrestrischen Atmosphäre in etwa 100 km Höhe der Fall ist. Da der Diffusionskoeffizient umgekehrt proportional zur Teilchenmasse ist, ergeben sich genau genommen für jede Gassorte unterschiedliche Schnittpunktshöhen. Angesichts der großen Variabilität des Wirbeldiffusionskoeffizienten spielen diese Unterschiede allerdings keine Rolle.

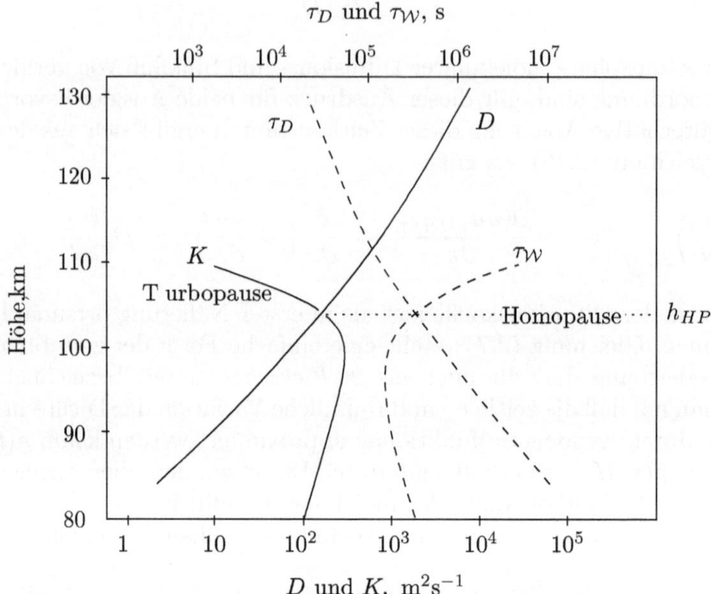

Abb. 2.26. Höhenprofile des molekularen Diffusionskoeffizienten D, des Wirbeldiffusionskoeffizienten K und der zugehörigen Zeitkonstanten für molekulare Diffusion τ_D und für Wirbeldiffusion τ_W. Für H_S wurde dabei die Dichteskalenhöhe eingesetzt

2.3.7 Atomarer Sauerstoff und Wasserstoff

Als hochreaktives Gas ist atomarer Sauerstoff kein natürlicher Bestandteil der unteren Atmosphäre. Die außerordentlich wichtige Rolle, die er in der Thermosphäre spielt, bedarf deshalb der Erläuterung. Erzeugt wird atomarer Sauerstoff durch Lichtspaltung (Photodissoziation) von molekularem Sauerstoff

$$O_2 + \text{Photon}(\lambda \leq 242.4 \text{ nm}) \to O + O^{(*)} \tag{2.76}$$

wobei die Spaltprodukte – je nach Photonenenergie – in angeregtem Zustand (*) auftreten können. Verglichen mit den tatsächlich beobachteten O-Dichten sind diese Produktionsraten allerdings gering. So würde selbst bei ständig scheinender Sonne Wochen vergehen, bevor die in 150 km Höhe gemessene Sauerstoffdichte aufgebaut wäre. Daß trotz dieser geringen Produktionsraten beachtliche O-Dichten entstehen, ist auf die Ineffektivität der Verlustprozesse zurückzuführen. Direkte Strahlungsrekombination nach dem Schema $O + O \to O_2 + \text{Photon}$ ist aus energie- und impulsbilanztechnischen Gründen sehr unwahrscheinlich. Verbleibt als Verlustprozeß die Dreierstoßrekombination

$$O + O + M \to O_2^{(*)} + M \tag{2.77}$$

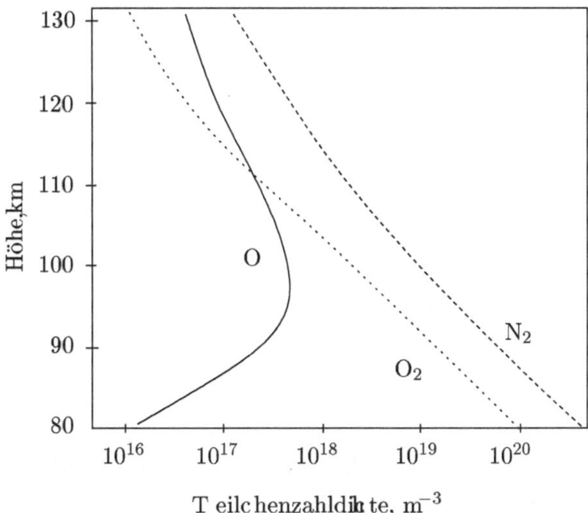

Abb. 2.27. Höhenverlauf der atomaren Sauerstoffdichte in der unteren Thermosphäre. Unterhalb von 100 km Höhe hängt diese Verteilung stark von dem jeweiligen Sonnenstandswinkel und damit auch von der Tageszeit ab

wobei dem Stoßpartner M (z.B. N_2) die Aufgabe zufällt, einen Teil der Rekombinationsenergie von 5 eV zu übernehmen. Da Dreierstöße in dünnen Gasen sehr selten vorkommen, ist dieser Verlustprozeß außerordentlich langsam und die durchschnittliche Lebenserwartung eines Sauerstoffatoms beträgt bereits in 100 km Höhe viele Monate und ist in 150 km Höhe um Größenordnungen länger.

Daß bei der Langsamkeit dieser Verlustprozesse die molekulare Sauerstoffkomponente der Hochatmosphäre nicht nahezu vollständig dissoziiert und in atomaren Sauerstoff überführt wird, hat mit der Effektivität der Transportprozesse zu tun. So ist die molekulare Transportzeitkonstante für atomaren Sauerstoff oberhalb von 100 km Höhe weit kürzer als die entsprechende Verlustzeitkonstante, siehe Abb. 2.26. Entsprechend werden Abweichungen von der barometrischen Höhenverteilung, wie sie durch eine Überschußproduktion von O und ein Defizit von O_2 hervorgerufen werden, relativ rasch ausgeglichen. Überschüssige Sauerstoffatome werden durch einen Sinkstrom in Richtung Mesopause transportiert, wo sie aufgrund der dort vorhandenen größeren Dichten rasch rekombinieren, und die dabei entstehenden Sauerstoffmoleküle bewegen sich anschließend nach oben in den Bereich der mittleren und oberen Thermosphäre. Neben dem Erhalt der molekularen Sauerstoffkomponente hat dieser Austauschzyklus wichtige Folgen für die Energetik der Thermosphäre, da jedes atomare Sauerstoffpaar eine Rekombinationsenergie von 5 eV in die untere Thermosphäre/obere Mesosphäre transportiert. Es stellt sich die Frage, ob diese zusätzlichen Sink- und Diffusionsflüsse

Einfluß auf die Dichteverteilung von O und O_2 oberhalb von 100 km Höhe haben. Dies ist nur in sehr geringem Maße der Fall. So machen die mit dem Sauerstoffkreislauf verbundenen Transportströme nur einen kleinen Bruchteil der in diesem Bereich ohnehin vorhandenen Sink- und Diffusionsflüsse aus. Insofern wird deren Gleichgewichtszustand nur unwesentlich gestört.

Eine andere Situation ergibt sich unterhalb von 100 km Höhe. Hier wachsen die Verlustraten der Sauerstoffatome sehr rasch mit abnehmender Höhe an (Dichteskalenhöhe $\lesssim$ 6 km), und in 80 km Höhe beträgt die durchschnittliche Lebenserwartung dieser Teilchen wenige Stunden. Damit sind die Verlustprozesse wesentlich effektiver als die Durchmischungsvorgänge und es kommt zu einer raschen Abnahme der atomaren Sauerstoffdichte, siehe Abb. 2.27. Diese Abnahme hat allerdings keinerlei Folgen für den Gesamtdichteverlauf, da atomarer Sauerstoff in dem hier betrachteten Höhenintervall nur mehr ein Spurengas darstellt. Wie der Dichteverlauf eines atmosphärischen Gases berechnet werden kann, bei dem neben den Transportprozessen auch Produktions- und Verlustprozesse eine wichtige Rolle spielen, soll zu einem späteren Zeitpunkt in Abschnitt 4.3.1 beschrieben werden.

Wenn atomarer Sauerstoff ein so wichtiger Bestandteil der Hochatmosphäre ist, warum gilt dies nicht auch für atomaren Stickstoff? Dies hat mit der geringen Produktionsrate und der hohen Verlustrate dieser Spezies zu tun. So sind wegen der starken Bindung des N_2-Moleküls Photodissoziationen ungleich seltener als beim O_2-Molekül (Faktor 10^{-6}). In der Tat sind dissoziative Photo*ionisations*prozesse und chemische Reaktionen wesentlich wichtigere Quellen von N-Atomen als direkte Photodissoziation. Hinzu kommt, daß atomarer Stickstoff ein hochreaktives Gas ist, das insbesondere in der unteren Thermosphäre sehr rasch abgebaut wird (z.B durch Verbindung mit Sauerstoff zu Stickoxid, NO). All dies führt zu deutlich geringeren N-Dichten, so daß selbst am Ort des Maximums dieser Spezies in 180-200 km Höhe ihre Dichte um zwei Größenordnungen kleiner ist als die des atomaren Sauerstoffs.

Als hochreaktives Gas ist auch atomarer Wasserstoff kein natürlicher Bestandteil der unteren Atmosphäre. Wie atomarer Sauerstoff wird diese Konstituente erst in größeren Höhen erzeugt und zwar durch die Photodissoziation von Wassermolekülen

$$H_2O + \text{Photon}(\lambda \lesssim 240 \text{ nm}) \rightarrow H + OH$$

Einmal entstanden besitzen Wasserstoffatome in der mittleren und oberen Thermosphäre eine ähnlich hohe Lebenserwartung wie Sauerstoffatome. Verloren gehen diese Teilchen entweder durch chemische Reaktionen in der dichteren Atmosphäre oder durch Verdampfungsprozesse in der oberen Thermosphäre. Letzterer Vorgang hat wichtige Folgen für die Dichteverteilung der äußeren Atmosphäre und soll deshalb im folgenden Abschnitt näher betrachtet werden.

2.4 Exosphärische Dichteverteilung

Die Exosphäre stellt die äußerste Hülle der terrestrischen Atmosphäre dar. Hier werden die Dichten so gering, daß ein Entweichen oder Verdampfen von Gasteilchen möglich wird, und dieser Tatsache verdankt dieser Bereich seinen Namen. Im folgenden soll zunächst diejenige Höhe bestimmt werden, in der der Entweichprozeß einsetzt. Man bezeichnet diese untere Grenze der Exosphäre als Exobase. Um die Erdanziehung überwinden zu können, benötigen die verdampfenden Teilchen mindestens die Flucht- oder Entweichgeschwindigkeit. Wie viele der an der Exobase vorhandenen Gasteilchen diese Geschwindigkeit besitzen oder übertreffen, läßt sich an Hand ihrer Verteilungsfunktion ermitteln. Hier sollen insbesondere die Maxwell-Verteilungsfunktion und eine daraus abgeleitete spezielle Verteilungsfunktion für Geschwindigkeitsbeträge betrachtet werden. Diese Verteilungsfunktionen ermöglichen es auch die Größe des Entweichflusses abzuschätzen. Letzterer wiederum erlaubt Aussagen über die Stabilität der terrestrischen Atmosphäre. Was die Dichteverteilung betrifft, so verliert die aerostatische Grundgleichung in verdampfenden Atmosphären ihre Gültigkeit. Statt dieses Kräftegleichgewichts soll deshalb die Besetzung einzelner Teilchenbahntypen in der Exosphäre betrachtet werden. Dies führt zu Dichtemodellen, die in hinreichend guter Übereinstimmung mit den Beobachtungen sind.

2.4.1 Exobasenhöhe

In der dichteren Thermosphäre werden alle sich nach außen bewegenden Gasteilchen früher oder später durch Stöße in Richtung Erde zurückgestreut und so am Entweichen gehindert. Erst in der oberen Thermosphäre werden Stöße so selten, daß ein sich von der Erde fortbewegendes Teilchen eine reelle Chance hat, ohne zurückgestreut zu werden, in den interplanetaren Raum zu entkommen. Wir wollen die *Exobase* als diejenige Höhe festlegen, oberhalb der ein sich senkrecht nach oben bewegendes Teilchen im statistischen Mittel weniger als einen (Rückstreu-)Stoß erleidet. Diese Höhe läßt sich an Hand der Abb. 2.28a bestimmen. Dabei wird zur Vereinfachung der Rechnung angenommen, daß nur Wasserstoffteilchen aufgrund ihrer hohen Pekuliargeschwindigkeit ($\sim 1/\sqrt{m}$) die Möglichkeit haben, die Erdanziehung zu überwinden und zu entkommen. Ferner, daß sich die Exobase im sauerstoffdominierten Bereich der Thermosphäre befindet. Beide Annahmen werden sich später als richtig erweisen.

Die Anzahl der Stöße $\mathrm{d}N_\nu$, die ein sich nach oben bewegendes Wasserstoffteilchen im Zeitintervall $\mathrm{d}t$ erfährt, beträgt $\nu_{\mathrm{H,O}}\,\mathrm{d}t$. In dieser Zeit legt das Teilchen das Höhenintervall $\mathrm{d}z = \overline{c}_\mathrm{H}\,\mathrm{d}t$ zurück, so daß die Anzahl der Stöße pro Höhenintervall $\mathrm{d}N_\nu = \nu_{\mathrm{H,O}}\,\mathrm{d}z/\overline{c}_\mathrm{H}$ beträgt. Für die Gesamtzahl der Stöße auf dem Weg von der Höhe h bis in eine unendlich große Entfernung gilt demnach

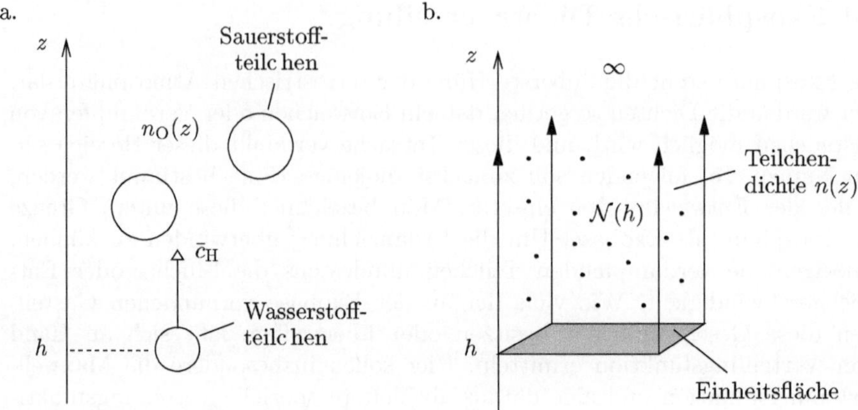

Abb. 2.28. (a) Zur Berechnung der Exobasenhöhe und (b) zur Definition der Säulendichte

$$N_\nu(h) = \int_h^\infty (\nu_{\mathrm{H,O}}(z)/\bar{c}_{\mathrm{H}}) \; \mathrm{d}z$$

$$= \sigma_{\mathrm{H,O}} \sqrt{1 + m_{\mathrm{H}}/m_{\mathrm{O}}} \int_h^\infty n_{\mathrm{O}}(z) \; \mathrm{d}z \qquad (2.78)$$

wobei wir im zweiten Schritt von der Beziehung (2.13) mit $T_{\mathrm{O}} = T_{\mathrm{H}} = T$ Gebrauch gemacht haben. Das in dem sich ergebenden Ausdruck auftretende Integral ist eine wichtige atmosphärische Kenngröße, die als *Säulendichte* bezeichnet wird

$$\mathcal{N}(h) = \int_h^\infty n(z) \; \mathrm{d}z \qquad (2.79)$$

Sie entspricht der Anzahl der Teilchen in einer senkrechten atmosphärischen Säule pro Größe der Grundfläche dieser Säule bzw. der Anzahl der Teilchen in einer senkrechten Säule mit der Grundfläche 1, siehe Abb. 2.28b. Bei einer Einheitsgrundfläche und ohne den Dichteterm berechnet das Integral ja gerade das Volumen der Säule. Zur expliziten Abschätzung dieser Kenngröße führen wir mit Hilfe der aerostatischen Grundgleichung eine Koordinatentransformation durch

$$n \; \mathrm{d}z = -\mathrm{d}p/m \, g$$

und erhalten

$$\mathcal{N}(h) = - \int_{p(h)}^0 \frac{\mathrm{d}p}{m \, g} \simeq - \frac{1}{m \, g(h)} \int_{p(h)}^0 \mathrm{d}p = \frac{p(h)}{m \, g(h)}$$

bzw.

$$\mathcal{N}(h) \simeq n(h) \, H(h) \qquad (2.80)$$

In Worten, die Säulendichte ergibt sich als das Produkt von Dichte und Skalenhöhe in der Höhe der Grundfläche der Säule. Bei dieser Ableitung wird vorausgesetzt, daß sich die Teilchenmasse vor das Integral ziehen läßt. Entsprechend gilt Gl. (2.80) nur im Bereich der Homosphäre ($m = \overline{m}$) oder für ein Einzelgas in der Heterosphäre($m = m_i$). Für die heterosphärische Säulendichte insgesamt gilt dagegen (Säulendichten sind additive Größen!)

$$\mathcal{N}_{Heterosphäre}(h) \simeq \sum_i n_i(h)\ H_i(h) \tag{2.81}$$

Ferner wird in der Ableitung die Erdbeschleunigung als konstant angenommen, obwohl über große Höhenintervalle integriert wird. Dies ist deshalb möglich, weil praktisch der gesamte Säuleninhalt in einem sehr begrenzten Höhenintervall nahe der Säulengrundfläche konzentriert ist. Folgendes Beispiel mag dies belegen. In einer aus atomarem Sauerstoff bestehenden Säule befindet sich bei einer Grundflächenhöhe von 400 km und bei einer Thermopausentemperatur von 1000 K mehr als 99% des Säuleninhaltes unterhalb von 700 km Höhe. In diesem Höhenintervall zwischen 400 und 700 km ändert sich aber die Erdbeschleunigung um weniger als 10%. Es entsteht deshalb kein großer Fehler, wenn g als konstant betrachtet und durch die Erdbeschleunigung in Höhe der Säulengrundfläche ($= g(h)$) approximiert wird. Annahmen hinsichtlich des Temperaturverlaufs in der betrachteten Gassäule werden dagegen nicht gemacht.

Mit Hilfe der Gleichungen (2.78) und (2.80) läßt sich die Definitionsgleichung für die Exobasenhöhe h_{EB} auch folgendermaßen schreiben

$$N_\nu(h_{EB}) \simeq \sigma_{\mathrm{H,O}}\ \sqrt{1 + m_{\mathrm{H}}/m_{\mathrm{O}}}\ n_{\mathrm{O}}(h_{EB})\ H_{\mathrm{O}}(h_{EB})$$
$$= H_{\mathrm{O}}(h_{EB})/l_{\mathrm{H,O}}(h_{EB}) = 1 \tag{2.82}$$

In Höhe der Exobase erreicht demnach die (horizontale) mittlere freie Weglänge der Wasserstoffteilchen gerade die Größe der Druckskalenhöhe und damit auch in sehr guter Näherung die Größe der Dichteskalenhöhe des Hauptgases atomarer Sauerstoff. In der Gasphysik wird das Verhältnis von mittlerer freier Weglänge zu typischer Dichte- oder Systemskalenlänge auch als *Knudsen-Zahl* bezeichnet. Im Bereich der Exobase erreicht demnach die Knudsen-Zahl den Wert $Kn(h_{EB}) \simeq 1$.

Um einen expliziten Ausdruck für die Exobasenhöhe zu erhalten, nehmen wir an, daß die Temperatur im Exobasenbereich praktisch konstant ist und der Thermopausentemperatur entspricht ($T(h_{EB}) \simeq T_\infty$). Mit $H_{\mathrm{O}} \simeq$ konst. und $m_{\mathrm{H}}/m_{\mathrm{O}} \ll 1$ gilt dann

$$\sigma_{\mathrm{H,O}}\ H_{\mathrm{O}}\ n_{\mathrm{O}}(h_{Ref})\ \exp\{-(h_{EB} - h_{Ref})/H_{\mathrm{O}}\} \simeq 1$$

bzw.

$$h_{EB} \simeq h_{Ref} + H_{\mathrm{O}}\ \ln[\sigma_{\mathrm{H,O}}\ H_{\mathrm{O}}\ n_{\mathrm{O}}(h_{Ref})] \tag{2.83}$$

Für eine Stoßquerschnittsgröße von $\sigma_{\mathrm{H,O}} \simeq 2 \cdot 10^{-19}$ m^2 ($r_{\mathrm{H}} \simeq 1$, $r_{\mathrm{O}} \simeq$ 1.5, in 10^{-10}m), eine Thermopausentemperatur von 1000 K, eine Skalenhöhe von $H_{\mathrm{O}}(1000\,\mathrm{K}) \simeq 60$ km und für eine Referenzdichte von $n_{\mathrm{O}}(250\,\mathrm{km},\ 1000\,\mathrm{K})$

$= 1.5 \cdot 10^{15}\,\mathrm{m}^{-3}$ ergibt sich eine Exobasenhöhe von 420 km. Dieses Ergebnis ist offensichtlich im Einklang mit der eingangs gemachten Annahme einer sauerstoffdominierten und isothermen Exobasenregion. Für andere Thermopausentemperaturen verschiebt sich die Exobasenhöhe nach oben oder nach unten, ohne daß dabei diese Annahme ungültig wird.

2.4.2 Entweichgeschwindigkeit

Damit ein Gasteilchen aus der Erdatmosphäre entweichen kann, genügt es nicht, daß es sich oberhalb der Exobase nach außen bewegt. Vielmehr muß es dabei auch über eine genügend hohe Geschwindigkeit verfügen. Bekanntlich bezeichnet man die Geschwindigkeit, die ein Körper mindestens besitzen muß, um die Erdanziehungskraft überwinden zu können, als *Flucht-* oder *Entweichgeschwindigkeit*. Wir bevorzugen letzteren Ausdruck und kennzeichnen Entweichparameter mit dem Index '*ew*' . Die Entweichgeschwindigkeit v_{ew} ergibt sich aus der Bedingung, daß die kinetische Energie des entweichenden Körpers mindestens gleich der Arbeit sein muß, die dieser auf seinem Weg nach außen gegen die Erdanziehung verrichten muß

$$\frac{1}{2}\,m\,v_{ew}^2 = \int_r^\infty m\,g(r')\,\mathrm{d}r' = m\,g(r)\,r$$

Dabei bezeichnen r die geozentrische Distanz und $g(r) \simeq G\,M_E/r^2$ die Schwerebeschleunigung. Für die Entweichgeschwindigkeit gilt somit

$$v_{ew} = \sqrt{2\,g(r)\,r} = \frac{v_{ew}(h=0)}{\sqrt{1+h/R_E}} \tag{2.84}$$

wobei wir im zweiten Schritt die geozentrische Distanz $r = R_E + h$ durch die Höhe ersetzt haben. Einsetzen entsprechender Werte ergibt für den Exobasenbereich eine Entweichgeschwindigkeit von rund 11 km/s, siehe auch Tabelle 2.2.

Aus der Definition der Temperatur folgt, daß die mittlere Pekuliargeschwindigkeit von Gasteilchen ungefähr $\bar{c} \simeq \sqrt{3\,k\,T/m}$ beträgt. Für eine Temperatur von $T = 1000$ K ergeben sich damit die mittleren Geschwindigkeiten der Sauerstoff-, Helium- und Wasserstoffteilchen zu $\bar{c}_O \simeq 1.25$ km/s, $\bar{c}_{He} \simeq 2.5$ km/s und $\bar{c}_H \simeq 5$ km/s. Offensichtlich haben selbst die leichten Wasserstoffteilchen im Mittel eine zu geringe Geschwindigkeit, um entweichen zu können! Für die Abschätzung des tatsächlichen Entweichflusses muß deshalb bekannt sein, welcher Bruchteil der Gasteilchen Geschwindigkeiten oberhalb der Entweichgeschwindigkeit besitzt. Diese Information ist in den Geschwindigkeitsverteilungsfunktionen der Gase enthalten.

2.4.3 Geschwindigkeitsverteilung in Gasen

Offensichtlich ist die Frage, wie die Geschwindigkeiten der einzelnen Gasteilchen in einem Gas verteilt sind, von zentraler Bedeutung. Nur wenn diese

Geschwindigkeitsverteilung bekannt ist, lassen sich z.B. die mittlere Relativgeschwindigkeit (wie sie für die Berechnung der Stoßfrequenz benötigt wird) oder der quadratische Mittelwert der Geschwindigkeit (wie er der Definition der Temperatur zugrunde liegt) bestimmen. Insbesondere gibt die Geschwindigkeitsverteilung Auskunft darüber, wieviele Gasteilchen Geschwindigkeiten oberhalb der Entweichgeschwindigkeit besitzen und somit verdampfen können. Dabei kann die Information über diese Geschwindigkeitsverteilung in unterschiedlichen Formen vorliegen. In allgemeiner Form ist sie in den sogenannten Verteilungsfunktionen enthalten, deren Definition es im folgenden zu erläutern gilt. Als einfacher Spezialfall dieser Verteilungsfunktionen soll dabei die Maxwell-Verteilung näher betrachtet werden. Aus der Maxwell-Verteilung wiederum läßt sich eine spezielle Verteilungsfunktion für Geschwindigkeitsbeträge ableiten, die einerseits Aussagen über die Häufigkeit von Teilchen mit Geschwindigkeiten oberhalb der Entweichgeschwindigkeit, andererseits die Berechnung mittlerer Geschwindigkeitsbeträge erlaubt.

Definition der Verteilungsfunktion. Verteilungsfunktionen beschreiben nicht nur die Geschwindigkeitsverteilung, sondern auch die räumliche Verteilung der Gasteilchen. Zu ihrer Definition betrachten wir ein Gas im gewöhnlichen *Orts-* oder *Lageraum*. Zum Zeitpunkt t sei die Position eines jeden Gasteilchens in diesem Lageraum durch einen Ortsvektor $\vec{r}_i$ – oder einfacher durch einen Punkt an der Spitze dieses Vektors – gekennzeichnet. Diese Punkte stellen somit die zum Zeitpunkt t eingefrorene Verteilung der Gasteilchen im Lageraum dar. Ferner werde ein kleines Volumenelement d^3r in diesem Lageraum betrachtet. Die Dimensionen dieses Volumenelementes mögen klein sein gegenüber der lokalen Dichteskalenlänge, aber groß genug, um sehr vielen Gasteilchen in d^3r Platz zu bieten. Die Lage des Gasvolumens sei durch den mittleren Ortsvektor $\vec{r}$ der in dem Gasvolumen enthaltenen Gasteilchen gekennzeichnet. Für ein kartesisches Koordinatensystem ergibt sich die in Abb. 2.29a skizzierte Situation. Offensichtlich beträgt die Gesamtzahl der Teilchen δN in d^3r

$$\delta N = n(\vec{r},t)\,\mathrm{d}^3r \tag{2.85}$$

wobei n, wie bisher, die orts- und zeitabhängige Teilchenzahldichte beschreibt. Wie in Abb. 2.29a angedeutet, besitzt jedes dieser δN Teilchen eine bestimmte Geschwindigkeit. Diese Geschwindigkeiten seien in einem separaten *Geschwindigkeitsraum* dargestellt und zwar entweder in Form eines Geschwindigkeitsvektors $\vec{v}_i$ oder einfacher und analog zur Darstellung im Lageraum durch einen Punkt am Ort der Geschwindigkeitsvektorspitze. Insgesamt gibt es also δN Bildpunkte im Geschwindigkeitsraum, wobei jeder dieser Punkte die Geschwindigkeit eines der im Lageraumvolumenelement d^3r enthaltenen Gasteilchen beschreibt.

Auch im Geschwindigkeitsraum wird wieder ein kleines Volumenelement d^3v betrachtet. Die Dimensionen dieses Volumens mögen klein sein gegenüber der Skalenlänge, auf der sich die Dichte der Geschwindigkeitsbildpunkte merklich ändert, aber groß genug, um noch sehr vielen Geschwindigkeits-

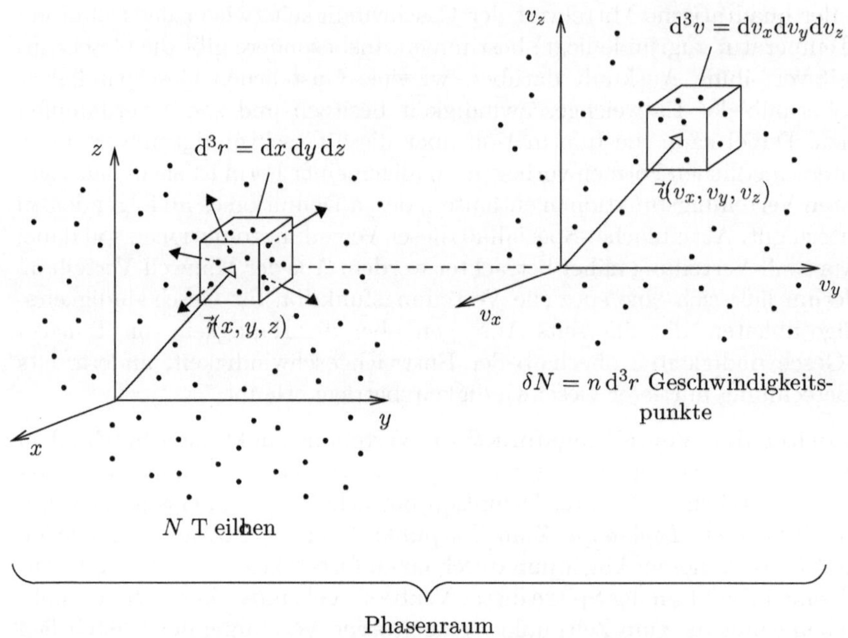

Abb. 2.29. Zur Definition der Verteilungsfunktion

bildpunkten in d^3v Platz zu bieten. Die Lage des Volumens sei durch den mittleren Vektor $\vec{v}$ der in d^3v enthaltenen Geschwindigkeiten beschrieben. Für ein kartesisches Koordinatensystem ergibt sich die in Abb. 2.29b skizzierte Situation. Man könnte nun, wie im Lageraum, auch eine Dichte im Geschwindigkeitsraum definieren

$$dN = n_v(\vec{v}, \vec{r}, t)\ d^3v$$

wobei dN die Anzahl der Geschwindigkeitsbildpunkte in d^3v bezeichnet. Da n_v dann aber von der jeweiligen Anzahl der Teilchen in d^3r abhängt, ist es sinnvoller, eine auf diese Anzahl δN normierte Dichte einzuführen, indem man schreibt

$$dN/\delta N = g(\vec{v}, \vec{r}, t)d^3v \tag{2.86}$$

Der Quotient $dN/\delta N$ beschreibt dabei den Bruchteil der Gasteilchen in d^3r, die Geschwindigkeiten in d^3v besitzen. Da Bruchteile aber auch immer als Wahrscheinlichkeiten interpretiert werden können, stellt der Quotient $dN/\delta N$ gleichzeitig die Wahrscheinlichkeit für das Auftreten von Geschwindigkeiten in d^3v dar. Entsprechend stellt g entweder eine Bruchteildichte oder eine Wahrscheinlichkeitsdichte im Geschwindigkeitsraum dar. Es ist üblich g als *Geschwindigkeitsverteilungsfunktion* zu bezeichnen.

Für die Anzahl der Teilchen, die sich zum Zeitpunkt t in d^3r aufhalten und deren Geschwindigkeitsvektoren in d^3v liegen, gilt demnach

$$dN = n(\vec{r},t)\ g(\vec{v},\vec{r},t)\ d^3r\ d^3v \qquad (2.87)$$

Es erweist sich als nützlich Teilchenzahldichte und Geschwindigkeitsverteilungsfunktion in der *Verteilungsfunktion f* zusammenzufassen

$$f(\vec{r},\vec{v},t) = n(\vec{r},t)\ g(\vec{v},\vec{r},t) = \frac{dN}{d^3r\ d^3v} \qquad (2.88)$$

Letztere Schreibweise zeigt, daß die Verteilungsfunktion, rein formal, auch als Dichte in einem 6-dimensionalen *Phasenraum* aufgefaßt werden kann, wobei je 3 Koordinaten der Orts- und Geschwindigkeitsbestimmung dienen.

Offensichtlich enthält die Verteilungsfunktion alle Informationen, die für eine statistische Beschreibung eines Gases benötigt werden. Berechnet wird sie im Prinzip mit Hilfe der *Boltzmann-Gleichung*

$$\frac{\partial f}{\partial t} + \vec{v}\ \nabla f + \vec{a}\ \nabla_v f = \left(\frac{\delta f}{\delta t}\right)_{St\ddot{o}\beta e} \qquad (2.89)$$

wobei ∇ und ∇_v Nabla-Operatoren im Lage- und Geschwindigkeitsraum, $\vec{a}$ die von außen angreifenden Beschleunigungen und $(\delta f/\delta t)_{St\ddot{o}\beta e}$ die durch elastische Zweierstöße hervorgerufene zeitliche Änderung der Verteilungsfunktion bezeichnen. Leider ist bis heute keine allgemeine, geschlossene Lösung dieser bereits 1872 von Ludwig Boltzmann eingeführten Gleichung bekannt. In der Tat, man weiß noch nicht einmal, ob eine solche allgemeine Lösung überhaupt existiert! Eine Näherungslösung erhält man z.B., indem man f durch eine (frühzeitig abgebrochene) orthogonale Potenzreihe approximiert und deren Koeffizienten durch Einsetzen in die Boltzmann-Gleichung bestimmt. Dieser Weg soll hier nicht weiter verfolgt werden, und der daran interessierte Leser sei auf die einschlägige Literatur am Ende des Kapitels verwiesen. Vielmehr begnügen wir uns damit, eine außerordentlich wichtige Lösung der zeit- und ortsunabhängigen Boltzmann-Gleichung vorzustellen, die als Maxwellsche Verteilungsfunktion oder kurz als Maxwell-Verteilung bekannt geworden ist.

Maxwell-Verteilungsfunktion. Befindet sich ein Gas nahezu im Gleichgewichtszustand, so wird die Verteilungsfunktion nur langsamen zeitlichen und räumlichen Änderungen unterworfen sein. Dies erlaubt es, in erster Näherung, die stoßbedingten Änderungen der Verteilungsfunktion gleich Null zu setzen. Diese verkürzte Form der Boltzmann-Gleichung $(\delta f/\delta t)_{St\ddot{o}\beta e} = 0$ besitzt als Lösung die bekannte und bereits mehrfach erwähnte *Maxwell-Verteilungsfunktion*

$$f_M(\vec{v}) = n\ \left(\frac{m}{2\pi\ k\ T}\right)^{3/2}\ e^{-\frac{m\ c^2}{2\ k\ T}} \qquad (2.90)$$

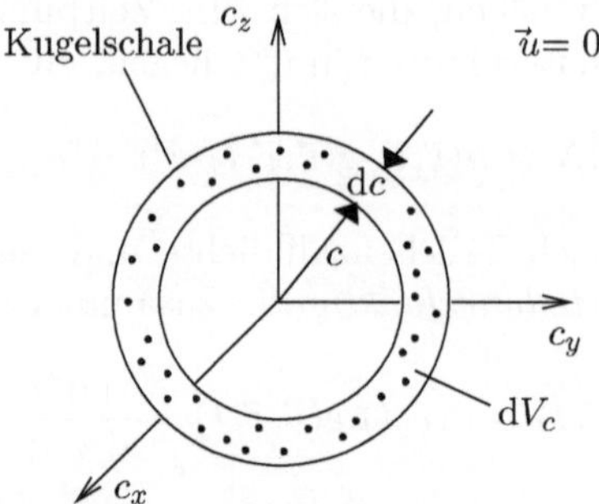

Abb. 2.30. Zur Ableitung der Verteilungsfunktion der Geschwindigkeitsbeträge $h(c)$

wobei die Faktoren nach der Dichte n offensichtlich der *Maxwell-Geschwindigkeitsverteilungsfunktion* g_M entsprechen. Man beachte, daß die Verteilungsfunktion über $c^2 = (\vec{v} - \vec{u})^2$ von der tatsächlichen Geschwindigkeit der Gasteilchen $\vec{v}$ abhängt. Bevor die Maxwell-Verteilungsfunktion dazu benutzt wird, den Entweichfluß aus der Atmosphäre zu bestimmen, soll ein Gefühl für die durch diese Funktion beschriebene Geschwindigkeitsverteilung gewonnen werden. Insbesondere soll genauer als bisher der Frage nachgegangen werden, wie groß die mittlere Geschwindigkeit der Teilchen im Vergleich zur Entweichgeschwindigkeit ist. Dabei interessieren wir uns zunächst nur für die Geschwindigkeits*beträge*, unabhängig davon, in welche Richtung die Teilchen fliegen. Im folgenden soll also eingeschränkt der Frage nachgegangen werden, wie viele Gasteilchen $dN(c)$ in einem ruhenden Gas ($\vec{v} = \vec{c}$) Pekuliargeschwindigkeitsbeträge zwischen c und $c + dc$ besitzen.

Da $g_M = f(c^2)$ eine kugelsymmetrische Funktion von c darstellt, entspricht der (differentiell kleine) Bruchteil $dN(c)/\delta N$ der Gasteilchen mit Geschwindigkeitsbeträgen zwischen c und $c + dc$ gerade derjenigen Bildpunktmenge im Geschwindigkeitsraum, die innerhalb einer Kugelschale mit dem Radius c, der Dicke dc und dem Volumen dV_c liegen, siehe Abb. 2.30. Es gilt

$$dN(c)/\delta N = g_M dV_c = g_M \, 4\pi \, c^2 \, dc \qquad (2.91)$$

Um einen von der Größe des Geschwindigkeitsintervalls dc unabhängigen und damit allgemein darstellbaren Ausdruck zu erhalten, dividiert man beide Seiten durch dc und erhält

$$h(c) = \frac{dN(c)/\delta N}{dc} = 4\pi \left(\frac{m}{2\pi \, k \, T}\right)^{3/2} c^2 \, e^{-\frac{m \, c^2}{2 \, k \, T}} \qquad (2.92)$$

Die so definierte *Verteilungsfunktion der Geschwindigkeitsbeträge* $h(c)$ gibt also an, welcher Bruchteil von Gasteilchen unter thermodynamischen Gleichgewichtsbedingungen Geschwindigkeitsbeträge zwischen c und $c + dc$ besitzt und zwar *bezogen auf die Größe des betrachteten Geschwindigkeitsintervalls*

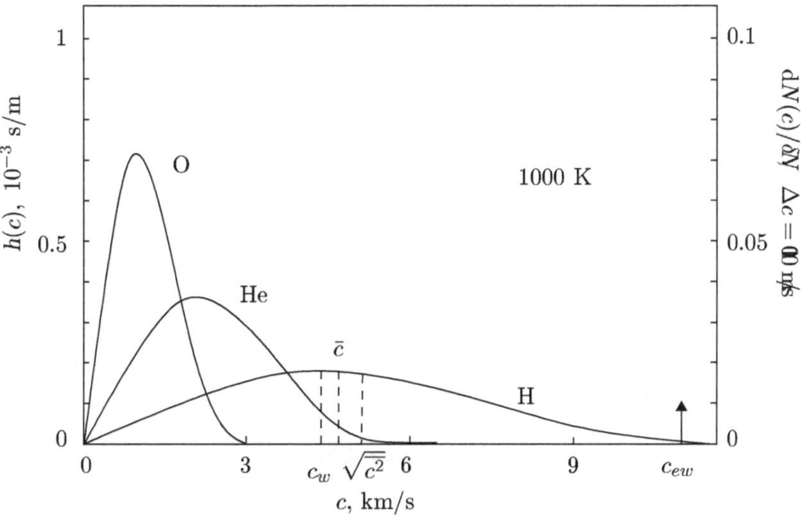

Abb. 2.31. Verlauf der Verteilungsfunktion der Geschwindigkeitsbeträge $h(c)$ für atomaren Sauerstoff, Helium und atomaren Wasserstoff bei einer Temperatur von 1000 K. Ebenfalls angegeben sind die wahrscheinlichste Geschwindigkeit c_w, das arithmetische und quadratische Mittel der Geschwindigkeiten $\bar{c}$ und $\sqrt{\overline{c^2}}$,sowie die Entweichgeschwindigkeit c_{ew} in Exobasenhöhe

$\mathrm{d}c$. Da Bruchteile auch immer Wahrscheinlichkeiten entsprechen, stellt $h(c)$ auch eine Wahrscheinlichkeitsdichte $\mathrm{d}w/\mathrm{d}c$ dar. So gesehen gibt $h(c)$ die Wahrscheinlichkeit für das Auftreten von Geschwindigkeitsbeträgen zwischen c und $c+\mathrm{d}c$ an, wobei diese Wahrscheinlichkeit auf die Größe des betrachteten Geschwindigkeitsintervalls normiert ist.

Für die graphische Darstellung dieser Funktion beachte man, daß $h(c)$ immer positiv ist, zwei Nullstellen bei $c = 0$ und $c \to \infty$ besitzt, für kleine c monoton und proportional zu c^2 ansteigt, für große c monoton und proportional zu $\exp(-c^2)$ abfällt, dazwischen notwendigerweise ein Maximum besitzt, und daß die Lage und die Größe dieses Maximums sowohl von m als auch von T abhängt. Abbildung 2.31 illustriert dieses Verhalten an Hand der drei Gase atomarer Sauerstoff, Helium und atomarer Wasserstoff für eine Temperatur von 1000 K.

Der Ort des Maximums einer jeden Kurve, der zugleich den am häufigsten auftretenden und damit auch *wahrscheinlichsten Geschwindigkeitsbetrag* c_w festlegt, ergibt sich, indem man $h(c)$ oder bequemer den Logarithmus von $h(c)$ nach c differenziert und das Ergebnis gleich Null setzt. Man erhält

$$c_w = \sqrt{2\,k\,T/m} \qquad (2.93)$$

Wegen des asymmetrischen Verlaufs von $h(c)$ ist der mittlere Geschwindigkeitsbetrag $\bar{c}$ nicht gleich dem wahrscheinlichsten Geschwindigkeitsbetrag c_w

und es gilt

$$\overline{c} = \int_0^\infty c \left(\frac{dN(c)}{\delta N} \right) = \int_0^\infty c \, h(c) \, dc \qquad (2.94)$$

Bei dieser Mittelwertbildung wird wieder jeder Geschwindigkeitsbetrag mit dem Bruchteil seines Auftretens (bzw. mit seiner Wahrscheinlichkeit) gewichtet und anschließend die verschiedenen Beiträge aufsummiert. Man erhält

$$\overline{c} = \frac{4}{\sqrt{\pi}} \, \frac{1}{c_w^3} \int_0^\infty c^3 \, e^{-(c/c_w)^2} \, dc$$

Mit Hilfe der Substitution $x = (c/c_w)^2$ und anschließender partieller Integration oder direkt mit Hilfe der Gl. (A.11) ergibt sich für das Integral der Wert $c_w^4/2$ und damit für die *mittlere Geschwindigkeit* der Wert

$$\overline{c} = \sqrt{8 \, k \, T / \pi \, m} \qquad (2.95)$$

Analog und in Übereinstimmung mit unserer Definition der Temperatur ergibt sich das *quadratische Mittel des Geschwindigkeitsbetrags* zu

$$\sqrt{\overline{c^2}} = \sqrt{\int_0^\infty c^2 \, h(c) \, dc} = \sqrt{3 \, k \, T / m} \qquad (2.96)$$

Allgemein gilt

$$\sqrt{\overline{c^2}} = 1.085 \, \overline{c} = 1.224 \, c_w \qquad (2.97)$$

und man macht nur einen relativ kleinen Fehler, wenn man, wie bisher geschehen, $\overline{c}$ durch $\sqrt{\overline{c^2}}$ abschätzt. In jedem Fall ist die mittlere Geschwindigkeit selbst für Wasserstoffteilchen deutlich kleiner als die Entweichgeschwindigkeit, so daß nur ein kleiner Bruchteil dieser Teilchen genügend Energie besitzt die Erdanziehung zu überwinden. Bezeichnet man diesen Bruchteil mit b_{ew}, so gilt

$$b_{ew} = \int_{c_{ew}}^\infty dN(c)/\delta N = \int_{c_{ew}}^\infty h(c) \, dc = \frac{4}{\sqrt{\pi}} \int_y^\infty x^2 \, e^{-x^2} \, dx$$

wobei wir die Variable $x = c/c_w$ und die Konstante $y = c_{ew}/c_w$ eingeführt haben. Partielle Integration gemäß Gl. (A.4) mit

$$u = -x/2 \, , \quad v' = -2x \, e^{-x^2} \, , \quad v = e^{-x^2}$$

ergibt

$$b_{ew} = \frac{2}{\sqrt{\pi}} \, y \, e^{-y^2} + \frac{2}{\sqrt{\pi}} \int_0^\infty e^{-x^2} \, dx - \frac{2}{\sqrt{\pi}} \int_0^y e^{-x^2} \, dx$$

$$= \frac{2}{\sqrt{\pi}} \, y \, e^{-y^2} + 1 - erf(y)$$

wobei das erste Integral mit Hilfe der Beziehung (A.9) berechnet wird und das zweite Integral definitionsgemäß der Fehlerfunktion entspricht, siehe Gl. (A.10). Einsetzen typischer Werte für c_{ew} ($\simeq 11$ km/s) und c_w ($\simeq 4$ km/s für H bei 1000 K) ergibt für den Bruchteil von Teilchen mit Geschwindigkeitsbeträgen $\gtrsim c_{ew}$ den Wert $b_{ew} \lesssim 2 \cdot 10^{-3}$ und dies ist in der Tat ein recht geringer Anteil.

2.4.4 Entweichfluß und Stabilität der Atmosphäre

Trotz der geringen Entweichwahrscheinlichkeit der Wasserstoffteilchen wird über längere Zeiträume ein nicht unbeträchtlicher Teil der Wasserstoffatmosphäre verlorengehen. Um abschätzen zu können, wie lange es dauert, bis die gesamte im Augenblick vorhandene Wasserstoffsphäre verdampft ist, gilt es zunächst die Größe des Entweichflusses zu bestimmen.

Zur Vereinfachung der Rechnung sei angenommen, daß die Exobase eine scharfe Grenzfläche darstellt, die die *stoßdominierte* innere Atmosphäre von der *stoßfreien* äußeren Atmosphäre trennt. Da die Stoßfrequenz exponentiell mit wachsender Höhe abnimmt, bedeutet diese Annahme keine wesentliche Einschränkung unserer Abschätzung. Der stoßdominierte Bereich der inneren Atmosphäre sei dabei durch eine Maxwell-Verteilungsfunktion beschreibbar, und Teilchen können nur dann entkommen, wenn sie die Exobase (bei beliebiger Bahnneigung) von unten nach oben passieren und eine Geschwindigkeit größer als die Entweichgeschwindigkeit besitzen. Zur Berechnung des Entweichflusses betrachten wir eine Fläche A in Exobasenhöhe, wie sie in Abb. 2.32a skizziert ist. Offensichtlich werden Teilchen mit Geschwindigkeiten $\vec{c}$ in d^3c nur dann im Zeitintervall $\mathrm{d}t$ die Fläche A passieren, wenn sie sich im Lageraum innerhalb des gezeigten Parallelepipeds mit der Deckfläche A befinden. Richtung und Länge der Kanten dieses Parallelepipeds werden dabei durch die Richtung und Größe des Geschwindigkeitsvektors $\vec{c}$ festgelegt. Teilchen außerhalb dieses Volumens $\mathrm{d}V_r$ werden entweder an A vorbeifliegen oder A in der Zeit $\mathrm{d}t$ nicht erreichen. Die Anzahl der Teilchen im Parallelepiped mit Geschwindigkeiten in d^3c beträgt

$$\mathrm{d}N(\vec{c}) = f_M \, \mathrm{d}V_r \, \mathrm{d}^3c = f_M \, A \, c \, \mathrm{d}t \, \cos\vartheta \, \mathrm{d}^3c$$

so daß sich ihr Beitrag zum Fluß durch A zu

$$\mathrm{d}\phi(\vec{c}) = \mathrm{d}N(\vec{c})/A \, \mathrm{d}t = f_M \, c \, \cos\vartheta \, \mathrm{d}^3c$$

ergibt. Um den gesamten Entweichfluß durch A zu erhalten, gilt es über die verschiedenen Beiträge der Geschwindigkeitsvolumina d^3c im Geschwindigkeitsraum zu integrieren, wobei nur der Raum $c_z > 0$ und $c > c_{ew}$ betrachtet wird, siehe Abb. 2.32b. Die Form des Integranden und die halbkugelförmige Begrenzung des Integrationsbereichs legt nahe, ein sphärisches Koordinatensystem zu benutzen. Mit $\mathrm{d}^3c = c^2 \sin\vartheta \, \mathrm{d}\varphi \, \mathrm{d}\vartheta \, \mathrm{d}c$ gilt

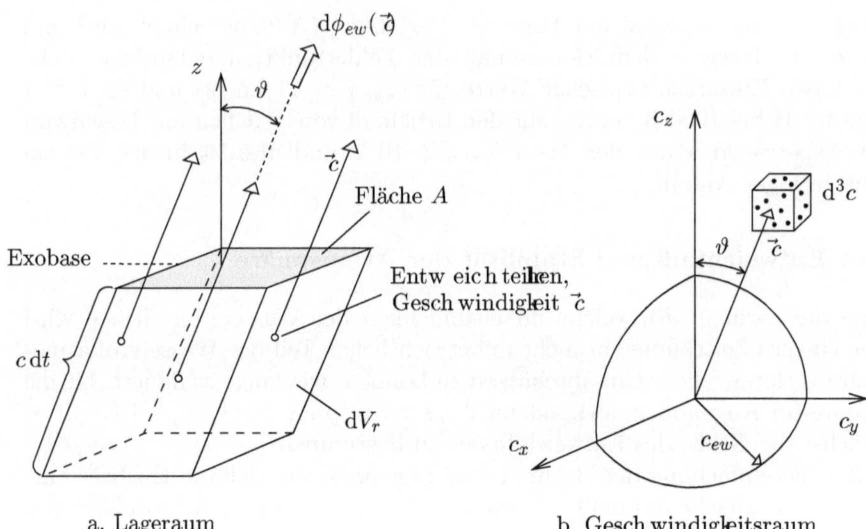

Abb. 2.32. Zur Berechnung des Entweichflusses

$$\phi_{ew}(h_{EB}) = n(h_{EB})\,(\sqrt{\pi}\,c_w)^{-3} \int\limits_{\varphi=0}^{2\pi} \int\limits_{\vartheta=0}^{\pi/2} \int\limits_{c_{ew}}^{\infty} c^3\, e^{-(c/c_w)^2}\,\cos\vartheta\,\sin\vartheta\,\mathrm{d}\varphi\,\mathrm{d}\vartheta\,\mathrm{d}c$$

Die Integrationen über die Winkel φ und ϑ lassen sich leicht ausführen und ergeben die Werte 2π und $1/2$. Das Integral über die Geschwindigkeit c wird mit Hilfe der Substitution $x = (c/c_w)^2$ und Gl. (A.8) berechnet und man erhält als Gesamtlösung den sogenannten *Jeans-Entweichfluß*

$$\phi_{ew}(h_{EB}) = n(h_{EB})\,\frac{c_w}{2\sqrt{\pi}}\,e^{-X}\,(1+X) \tag{2.98}$$

Dabei haben wir zur Abkürzung den *Entweichparameter X* eingeführt

$$X = \left(\frac{c_{ew}}{c_w}\right)^2_{EB} = \frac{g_{EB}\,r_{EB}\,m}{k\,T_\infty} = \frac{r_{EB}}{H_{EB}} \tag{2.99}$$

X stellt eine wichtige Kenngröße planetarer und lunarer Atmosphären dar. Je größer dieser Parameter, um so kleiner ist der Entweichfluß. Bei Jupiter z.B. erreicht X für Wasserstoff Werte von 1400 und entsprechend gering ist die Entweichrate. Bei Merkur sinkt X dagegen auf Werte um 2 ab und entsprechend effektiv ist der Verdampfungsprozeß. In der terrestrischen Atmosphäre ergibt sich für atomaren Wasserstoff und für eine Exobasentemperatur von 1000 K eine Skalenhöhe von etwa 960 km und somit ein Entweichparameter von $X \simeq 7$. Dies führt zu einem Entweichfluß der Größe $\phi_{ew}^H(1000\ \mathrm{K}) \simeq 10^{12}\mathrm{m}^{-2}\mathrm{s}^{-1}$, wobei wir eine Wasserstoffdichte in Exobasenhöhe von $n_H\,(420\ \mathrm{km}) \simeq 10^{11}\mathrm{m}^{-3}$ zugrunde gelegt haben, siehe Anhang A.4.

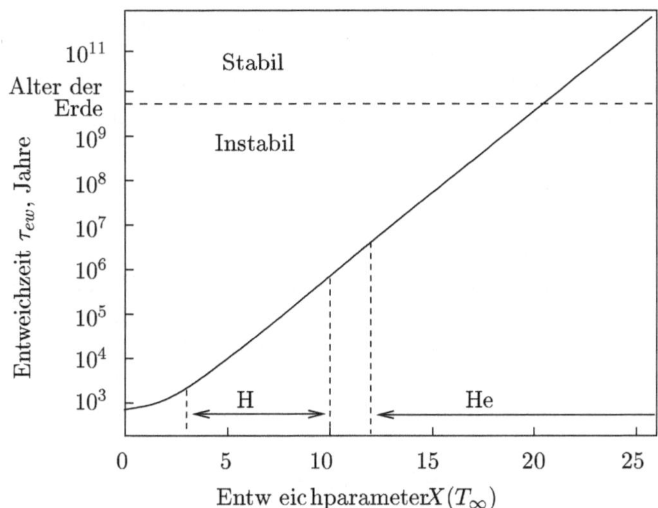

Abb. 2.33. Entweichzeiten der Wasserstoff- und Heliumkomponente als Funktion des Entweichparameters. Die jeweiligen Bereiche von X beziehen sich auf unterschiedliche Thermopausentemperaturen. (Nach Blum, persönliche Mitteilung)

Wie lange benötigt dieser Entweichfluß, um den terrestrischen Wasserstoff zum Verschwinden zu bringen? Zur Beantwortung dieser Frage setzen wir den gesamten im Verlauf der Zeit τ_{ew} durch Verdampfung hervorgerufenen Verlust an Wasserstoff gleich dem insgesamt in der Erdatmosphäre vorhandenen Wasserstoff und erhalten

$$\phi_{ew}\, 4\pi\, r_{EB}^2 \tau_{ew} \simeq \mathcal{N}_H(h=0)\, 4\pi\, R_E^2 \simeq n_H(h=0)\, H(h=0)\, 4\pi\, R_E^2$$

Dabei haben wir in erster Näherung den Entweichfluß als konstant betrachtet. Vernachlässigt man ferner den relativ geringen Unterschied zwischen r_{EB} und R_E, so ergibt sich die *Entweichzeit* zu

$$\tau_{ew} \simeq n_H(h=0)\, H(h=0)\, /\, \phi_{ew}$$

In der unteren Atmosphäre hat der gesamte in freier und gebundener Form vorhandene Wasserstoff einen relativen Anteil von etwa 10^{-5}. Geht man ferner von einer Skalenhöhe von 8 km und einem Entweichfluß von $10^{12}\mathrm{m}^{-2}\mathrm{s}^{-1}$ aus, so erhält man eine Entweichzeit von $7 \cdot 10^4$ Jahre, was deutlich unterhalb des Alters der Erde liegt, siehe Abb. 2.33. Zur Erhaltung der Wasserstoffsphäre müssen demnach ständig Wasserstoffteilchen von der Erde nachgeliefert werden. Mit $X(1000\ \mathrm{K}) \simeq 28$ ist die Heliumkomponente der Atmosphäre dagegen recht stabil an die Erde gebunden.

Einschränkend sei angemerkt, daß die hier vorgestellte Jeansche Theorie der Verdampfung die tatsächlich möglichen Entweichflüsse erheblich unterschätzt. So werden letztere ganz wesentlich durch nicht-thermische Entweichprozesse bestimmt. Auf der anderen Seite können nur so viele Teilchen verdampfen, wie von der unterhalb der Exobasenhöhe liegenden Atmosphäre zunächst über Wirbel-, anschließend über molekulare Diffusion nachgeliefert werden. Für Wasserstoff sind dies etwa 10^{12} Teilchen/m^{2}s und dies stellt somit eine obere Grenze für den möglichen Entweichfluß dar.

2.4.5 Exosphärische Dichteverteilung

Bei einer Extrapolation der barometrischen Dichteverteilung in den Bereich der Exosphäre muß als Mindestkorrektur die Höhenabhängigkeit der Erdanziehung berücksichtigt werden. Ersetzt man zudem die Höhe durch die geozentrische Distanz (in den hier interessierenden Entfernungsbereichen kann die Atmosphäre ja nicht mehr als planparallel betrachtet werden), so nimmt die aerostatische Grundgleichung eines Einzelgases folgende Form an

$$\frac{\mathrm{d}p_i}{\mathrm{d}r} = -\rho_i \, \frac{G \, M_E}{r^2} \tag{2.100}$$

Da die Temperatur in der Exosphäre in guter Näherung der Thermopausentemperatur entspricht, läßt sich diese Beziehung auch folgendermaßen schreiben

$$\frac{\mathrm{d}n_i}{\mathrm{d}r} = -\frac{m_i \, G \, M_E}{k \, T_\infty} \, \frac{n_i}{r^2} \tag{2.101}$$

Separation der Variablen und anschließende Integration führt auf die Dichteverteilung

$$n_i(r) = n_i(r_0) \, \exp\left\{ \frac{m_i \, G \, M_E}{k \, T_\infty} \, \left(\frac{1}{r} - \frac{1}{r_0} \right) \right\} \tag{2.102}$$

Alternativ läßt sich diese auch folgendermaßen schreiben

$$n_i(r) = n_i(r_0) \, e^{-(r-r_0)/H_i(r)} \tag{2.103}$$

Dabei hängt die Skalenhöhe $H_i(r)$ jetzt explizit von der geozentrischen Distanz ab

$$H_i(r) = \frac{k \, T_\infty \, r}{g(r_0) \, m_i \, r_0} = H_i(r_0) \, \frac{r}{r_0} \tag{2.104}$$

Offensichtlich führt die mit wachsender Entfernung abnehmende Erdanziehung zu einer zunehmend langsameren Dichteabnahme. In einer einfachlogarithmischen Darstellung zeigt sich dies in einer Krümmung des Dichteverlaufs, wie sie in Abb. 2.12 und noch deutlicher in Abb. 2.36 zu sehen ist.

Gleichung (2.102) stellt eine hinreichend gute Beschreibung des Dichteverlaufs der Gase bis in Höhen von einigen 1000 km dar. Dies gilt insbesondere für die schwereren Gase atomarer Sauerstoff und Helium, deren Entweichraten gering sind. In der höheren Exosphäre wird dagegen die Dichteverteilung zunehmend durch die Verdampfung der Wasserstoffteilchen beeinflußt und die barometrische Höhenformel verliert ihre Gültigkeit. Dies folgt unmittelbar aus ihrem asymptotischen Verhalten

$$n_i(r \to \infty) = n_i(r_0)\, e^{-r_0/H_i(r_0)} = \text{konst.} \qquad (2.105)$$

Da ein konstanter Dichtewert einer unendlich großen Säulendichte und einer unendlich ausgedehnten Atmosphäre entspricht, ist dieser Grenzwert sicherlich unrealistisch.

Warum man in der Tat erwarten sollte, daß die Dichte in der Exosphäre rascher abnimmt als durch die barometrische Höhenformel vorhergesagt, zeigt folgende Überlegung. So bläst die Exosphäre wie ein Raketenantrieb ständig einen Entweichfluß in Richtung interplanetarer Raum. Die dabei erzeugte Antriebskraft beschleunigt die zurückbleibenden exosphärischen Gase in Richtung Erde und diese Beschleunigung addiert sich zu der Schwerebeschleunigung. Die auf diese Weise vergrößerte effektive Schwerebeschleunigung führt aber zu einer Verkleinerung der Skalenhöhe und somit zu einer rascheren Dichteabnahme. Um eine genauere Vorstellung von den zu erwartenden Abweichungen von der barometrischen Dichteverteilung zu erhalten, betrachten wir im folgenden die mit den verschiedenen Bahntypen exosphärischer Teilchen assoziierten Partialdichten.

Bahnen exosphärischer Teilchen und zugehörige Partialdichten. In exosphärischen Höhen kann die Atmosphäre in guter Näherung als stoßfrei betrachtet werden. So beträgt beispielsweise in 3000 km Höhe die horizontale mittlere freie Weglänge der Wasserstoffteilchen mehr als 200 000 km. Entsprechend ungestört bewegen sich die Gasteilchen auf Kepler-Bahnen im Gravitationsfeld der Erde. Je nachdem, ob ihre Geschwindigkeit kleiner oder größer als die Entweichgeschwindigkeit ist, stellen diese Bahnen Ellipsen (Kreise) oder Hyperbeln (Parabeln) dar, wobei die Brennpunkte dieser Kurven wegen $m \ll M_E$ mit dem Erdmittelpunkt zusammenfallen. Betrachten wir zunächst Teilchen mit Geschwindigkeiten kleiner als die Entweichgeschwindigkeit. Liegt der erdnächste Punkt (d.h. das *Perigäum*) ihrer Ellipsenbahn in der dichteren Atmosphäre, so handelt es sich offenbar um Teilchen, die zwar die Exobase nach außen hin durchquert haben, aber nicht genug Energie besitzen, um zu entweichen und deshalb in die dichtere Atmosphäre zurückfallen. Wir wollen diese Teilchen wegen ihrer Wurf- oder Geschoßbahnen als ballistische Teilchen bezeichnen und sie durch den Index 1 kennzeichnen, siehe Abb. 2.34 und die dazugehörige Tabelle 2.3. Liegt das Perigäum ihrer Ellipsenbahn dagegen in der Exosphäre, so handelt es sich um Teilchen, die nach Durchqueren der Exobase noch einen der seltenen Stöße erlitten haben und dabei auf eine Umlaufbahn um die Erde katapultiert wurden. Entsprechend wollen wir diese Teilchen als Umlauf- oder Satellitenteilchen bezeichnen und ihnen den Index 2 zuordnen.

Bei den Teilchen mit Geschwindigkeiten gleich oder größer der Entweichgeschwindigkeit sollen zunächst diejenigen betrachtet werden, deren Bahnen die Exobase durchqueren. Bewegen sie sich dabei von der Erde fort, so han-

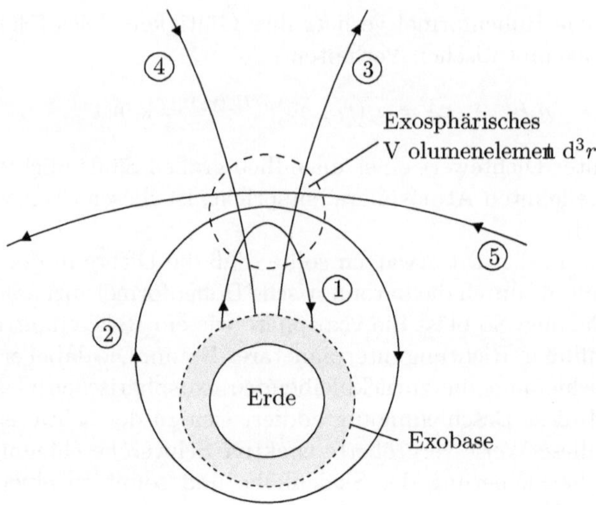

Abb. 2.34. Bahnen exosphärischer Teilchen durch ein Volumenelement d^3r im Lageraum

delt es sich offensichtlich um verdampfende Teilchen, denen hier der Index 3 zugeordnet wird. Bewegen sie sich dagegen in Richtung Erde, so handelt es sich um interplanetare Wasserstoffteilchen, die von der Erde eingefangen werden und die durch den Index 4 gekennzeichnet werden sollen. Schließlich gibt es noch Teilchen mit Geschwindigkeiten gleich oder größer der Entweichgeschwindigkeit, deren Bahnen die Exobasenfläche nicht schneiden. Hier handelt es sich um Teilchen, die aus dem interplanetaren Raum kommend an der Erde vorbeifliegen und wieder im interplanetaren Raum verschwinden. Ihnen soll der Index 5 zugeordnet werden.

Betrachtet man ein exosphärisches Volumenelement, so werden alle oben genannten Teilchenarten zu dessen Dichte beitragen, jede Population mit der ihr zugehörigen Partialdichte n_i. Allerdings werden diese Beiträge von höchst unterschiedlicher Größe sein. So ist die Wasserstoffdichte im interplanetaren

Tabelle 2.3. Teilchenbahnen in der Exosphäre und zugehörige Partialdichten

Nr.	Bahntyp	Bahnkurven	Startort	Zielort	Partialdichte
1	Ballistisch	Ellipse	Barosphäre	Barosphäre	n_1
2	Umlauf	Ellipse	Exosphäre	Exosphäre	n_2
3	Entweich	Hyperbel	Barosphäre	Heliosphäre	n_3
4	Einfang	Hyperbel	Heliosphäre	Barosphäre	n_4
5	Vorbeiflug	Hyperbel	Heliosphäre	Heliosphäre	n_5

Raum so gering, daß die zu den Einfang- und Vorbeiflugteilchen gehörigen Partialdichten in sehr guter Näherung vernachlässigt werden können. Hinzu kommt, daß die Erzeugungsrate von Satellitenteilchen gering, ihre Verlustrate (z.B. durch Photoionisation) aber beträchtlich ist, so daß auch deren Beitrag zur Dichte in erster Näherung vernachlässigt werden kann. Es verbleiben demnach die ballistischen Teilchen, die den Hauptbeitrag zur exosphärischen Dichte leisten und die verdampfenden Teilchen, die mit zunehmender Höhe an Bedeutung gewinnen. Um die Summe der Partialdichten dieser beiden Teilchenpopulationen abschätzen zu können, benötigen wir die in der Exosphäre gültige Verteilungsfunktion.

Exosphärische Verteilungsfunktion und Dichteverlauf. Allgemein gilt, daß die Summe aller Bildpunkte im Geschwindigkeitsraum gerade der Anzahl der Teilchen im dazugehörigen Volumenelement des Lageraums entspricht

$$\delta N = \int_{GR} \mathrm{d}N = \mathrm{d}^3 r \int_{GR} f \, \mathrm{d}^3 v$$

wobei die Integration über den gesamten Geschwindigkeitsraum (GR) erfolgt. Damit ergibt sich folgender Zusammenhang zwischen der Verteilungsfunktion und der Dichte eines Gases

$$n = \int_{GR} f \, \mathrm{d}^3 v \tag{2.106}$$

In der stoßdominierten Barosphäre besitzt die Verteilungsfunktion folgende Form

$$f_{Baro}(r, v) = n_{Baro}(r) g_M(v)$$

wobei $n_{Baro}(r)$ die sich für isotherme Bedingungen aus der barometrischen Höhenformel ergebende Dichteverteilung und $g_M(v)$ die Maxwell-Geschwindigkeitsverteilungsfunktion bezeichnet. Im Gegensatz zur Maxwell-Verteilungsfunktion ist diese spezielle Form einer *Maxwell-Boltzmann-Verteilungsfunktion* ortsabhängig. Daß $f_{Baro}(r, v)$ Lösung der orts- aber nicht zeitabhängigen Boltzmann-Gleichung ist, läßt sich durch Einsetzen überprüfen. So gilt bei Berücksichtigung der Kugelsymmetrie von Dichte- und Geschwindigkeitsverteilung und für eine ruhende Atmosphäre $(\vec{v} = \vec{c})$

$$\vec{v} \, \nabla f_{Baro} + \vec{g} \, \nabla_v f_{Baro}$$

$$= g_M \, c \, \frac{\partial}{\partial r} \left(n(r_0) e^{-(r-r_0)/H} \right) + n_{Baro} \, g \, \frac{\partial}{\partial c} \left(\left(\frac{m}{2\pi kT} \right)^{3/2} e^{-mc^2/2kT} \right) = 0$$

Auch die Überprüfung der Gl. (2.106) ergibt ordnungsgemäß

$$n(r) = n_{Baro}(r) \int_{GR} g_M(v) \, \mathrm{d}^3 v$$

$$= n_{Baro}(r) \int_{\vartheta=0}^{2\pi} \int_{\varphi=0}^{\pi} \int_{c=0}^{\infty} \left(\frac{m}{2\pi kT} \right)^{3/2} e^{-\frac{m\,c^2}{2\,k\,T}} c^2 \sin\vartheta \, \mathrm{d}\varphi \mathrm{d}\vartheta \mathrm{d}c = n_{Baro}(r)$$

Anders sieht die Situation im Fall der Exosphäre aus. Hier können wir nicht mehr davon ausgehen, daß die Geschwindigkeitsverteilungsfunktion einer vollständigen Maxwell-Verteilung entspricht, sonst müßten ja aus Symmetriegründen gleichviele Teilchen eingefangen werden wie verdampfen. Vielmehr sind im Fall der Exosphäre einige Bereiche im Geschwindigkeitsraum praktisch bildpunktfrei und können somit bei der Integration über den Geschwindigkeitsraum vernachlässigt werden. Dazu gehören die Bereiche der Einfangteilchen, der Vorbeiflugteilchen und der Satellitenteilchen. Nimmt man ferner an, daß die Bildpunktdichte in den übrigen Bereichen (ballistische Teilchen, Entweichteilchen) nach wie vor durch eine Maxwell-Verteilung beschrieben werden kann (was impliziert, daß die Dichte in Höhe der Exobase einer vollständigen Maxwell-Verteilung entspricht), so gilt

$$n_{Exo}(r) = n_{Baro}(r) \int_{GR'(r)} g_M(v) \, \mathrm{d}^3 v \qquad (2.107)$$

wobei $GR'(r)$ das eingeschränkte Integrationsvolumen bezeichnet. Offensichtlich wird durch diese Einschränkung die exosphärische Dichte kleiner als die barosphärische Dichte. Um die Integration ausführen zu können, muß zunächst jedem zur Dichte im Lageraumvolumenelement $\mathrm{d}^3 r$ beitragenden Bahntypus (siehe Abb. 2.34) ein entsprechender Bereich im Geschwindigkeitsraum zugeordnet werden. Diese Zuordnung erfolgt in Abb. 2.35 und zwar für ein exospärisches Volumenelement in einer Entfernung von $r = 3\, r_{EB}$ (entspricht $h \simeq 14\,000$ km). Da wir es mit einer in horizontaler Richtung symmetrischen Situation zu tun haben, genügt dabei eine zweidimensionale Darstellung, mit einer der Geschwindigkeitskoordinaten in radialer (v_r), der anderen in horizontaler oder transversaler Richtung (v_t). In dieser Geschwindigkeitsebene besitzen ballistische Teilchen und Satellitenteilchen Geschwindigkeitsvektoren mit Endpunkten innerhalb eines Kreises mit dem Radius $v = \sqrt{v_r^2 + v_t^2} = v_{ew}$. Die Geschwindigkeitsbildpunkte der übrigen drei Teilchenpopulationen liegen außerhalb dieses Kreises, wobei die Geschwindigkeitsvektoren der Entweichteilchen nach oben (d.h. in positive v_r-Richtung), die der Einfangteilchen nach unten gerichtet sind. Ferner läßt sich zeigen, daß nur Teilchen mit Geschwindigkeiten innerhalb eines von zwei Hyperbeln begrenzten Bereichs auf ihrer Bahn sowohl das betrachtete Volumenelement $\mathrm{d}^3 r$ als auch die Exobasenfläche durchqueren. Form und Lage dieser Hyperbeln hängen dabei von der Entfernung des Volumenelementes ab. So müssen z.B. bei größerer Distanz die Trajektorien der das Volumenelement durchquerenden Teilchen zunehmend genauer in Richtung Erde weisen, sollen sie die Exobase treffen. Mit Hilfe dieser Grenzkurven lassen sich den in Abb. 2.34 dargestellten Bahntypen die in Abb. 2.35 durch unterschiedliche Schraffur gekennzeichneten Bereiche in der Geschwindigkeitsebene zuordnen. Satellitenteilchen z.B. liegen innerhalb des Kreises, aber außerhalb des Hyperbelinnenbereichs, während Entweichteilchen außerhalb des Kreises, aber innerhalb des Hyperbelinnenbereichs liegen und zusätzlich eine von der Er-

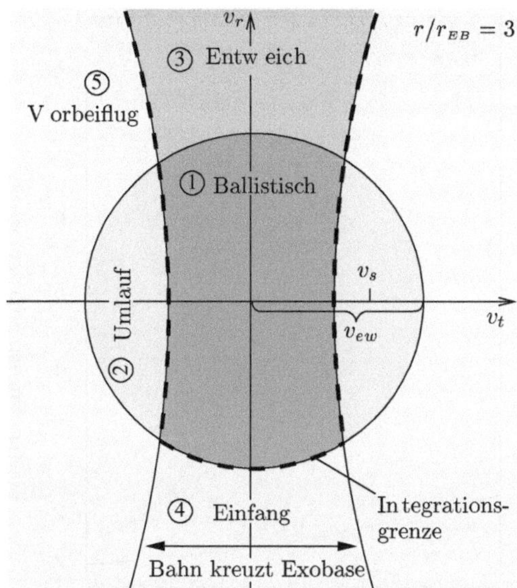

Abb. 2.35. Bahntypen exosphärischer Teilchen und zugehörige Bereiche in der Geschwindigkeitsebene für ein exosphärisches Volumenelement in einer geozentrischen Distanz von $r = 3\ r_{EB}$ (entspricht $h \simeq 14\,000$ km). $v_s(=\sqrt{g\,r})$ bezeichnet die Satellitenumlaufgeschwindigkeit auf einer Kreisbahn in der betrachteten Höhe und $v_{ew}(=\sqrt{2g\,r})$ die Entweichgeschwindigkeit in dieser Höhe. Die gestrichelte Linie kennzeichnet den bei der Berechnung der exosphärischen Dichte berücksichtigten Integrationsbereich $GR'(r)$. Die in Wirklichkeit dreidimensionalen Grenzflächen erhält man durch Rotation dieser Darstellung um die v_r-Achse. (Nach Fahr und Shizgal, 1983; man beachte, daß die hier und in nachfolgenden Bildunterschriften angegebenen Literaturzitate im Anhang B zusammengefaßt sind.)

de weg gerichtete, d.h. positive v_r-Komponente besitzen. Die in Wirklichkeit dreidimensionalen Bereiche erhält man durch Drehen der Geschwindigkeitsebene um die v_r-Achse.

Mit diesen Zuordnungen ist auch der bei dem Integral in Gl. (2.107) zu berücksichtigende Geschwindigkeitsbereich $GR'(r)$ festgelegt und in Abb. 2.35 durch die gestrichelte Linie eingegrenzt. Als Ergebnis der Integration erhält man die Summe der Partialdichten n_1 und n_3, und diese ist in Abb. 2.36 als Funktion der Höhe aufgetragen (Kurve (a)). Zum Vergleich wird auch die barometrische Extrapolation der Wasserstoffdichte gezeigt. Man sieht, daß die barometrische Höhenformel die Dichte noch bis in eine Höhe von 5000 km recht genau beschreibt, darüber hinaus aber zunehmend Abweichungen auftreten, die in 50 000 km Höhe einen Faktor 10 erreichen.

Eine direkte experimentelle Bestimmung der Wasserstoffdichte in der Exosphäre erweist sich wegen der geringen Konzentration und Energie der Teilchen als schwierig. Indirekte Information über die Dichte erhält man

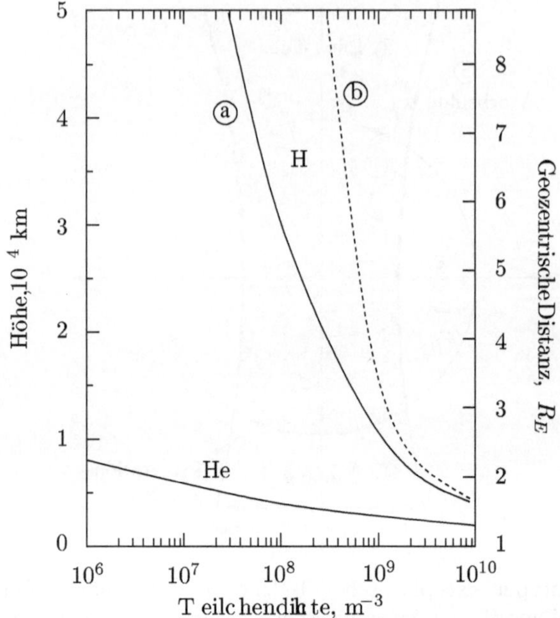

Abb. 2.36. Dichteverteilung in der Exosphäre für eine Temperatur von 1000 K. Kurve (a) entspricht der Summe aus ballistischer und Entweich-Komponente ($n = n_1 + n_3$) und Kurve (b) der barometrischen Verteilung ($n = n_1 + n_2 + n_3 + n_4 + n_5$). (Nach Banks and Kockarts, 1973)

aus der Strahlungsemission dieser Teilchen. Dabei handelt es sich um von den Wasserstoffatomen gestreutes Sonnenlicht, wobei die resonant gestreute Lyman-α-Strahlung bei 121.6 nm besonders intensiv ist. Abbildung 7.16a zeigt eine Aufnahme der Exosphäre im Lichte dieser Wellenlänge, wie sie von der APOLLO 16-Mannschaft 1972 von der Mondoberfläche aus gemacht wurde. Die Erde erscheint wie von einer leuchtenden Hülle umgeben, was die Bezeichnung *Geokorona* für diesen Bereich erklärt. Eine indirekte Bestimmung der Wasserstoffdichte aus solchen Aufnahmen bestätigt im wesentlichen den in Abb. 2.36 gezeigten Dichteverlauf dieser Konstituente.

Literaturhinweise

Gaskinetik

A. Frohn, *Einführung in die kinetische Gastheorie*, Akademische Verlagsanstalt, Wiesbaden, 1979

T.I. Gombosi, *Gaskinetic theory*, Cambridge University Press, Cambridge, 1994

S. Chapman and T.G. Cowling, *The Mathematical Theory of Non-Uniform Gases*, Cambridge University Press, Cambridge, 1970

Hochatmosphäre

C.O. Hines, I. Paghis, T.R. Hartz, and J.A. Fejer (eds.), *Physics of the Earth's Upper Atmosphere*, Prentice-Hall, Englewood Cliffs, N.Y., 1965

R.M. Goody and J.C.G. Walker, *Atmospheres*, Prentice-Hall, Englewood Cliffs / New Jersey, 1972

P.M. Banks and G. Kockarts, *Aeronomy A / B*, Academic Press, New York, 1973

J.W. Chamberlain and D.M. Hunten, *Theory of Planetary Atmospheres*, Academic Press, Orlando, 1987

M.H. Rees, *Physics and Chemistry of the Upper Atmosphere*, Cambridge University Press, Cambridge, 1989

T. Tohmatsu and T. Ogawa, *Compendium of Aeronomy*, Kluwer Academic Publishers, Dordrecht, 1990

H.J. Fahr and B. Shizgal, Modern exospheric theories and their observational relevance, *Rev. Geophys. Space Phys.*, *21*, 75, 1983

Siehe auch Literaturhinweise zu Kapitel 1 und Abbildungsreferenzen im Anhang B.

3. Absorption und Dissipation von Sonnenstrahlungsenergie

Während bisher der Temperaturverlauf in der Hochatmosphäre als bekannt vorausgesetzt wurde, soll er im folgenden begründet werden. Dies erfordert, daß wir uns zunächst mit der Hauptenergiequelle der Hochatmosphäre, der Sonnenstrahlung, beschäftigen. Anschließend soll deren Absorption durch atmosphärische Gase untersucht werden. Das dabei gewonnene Aufheizprofil und eine einfache Wärmebilanzgleichung erlauben es den beobachteten Temperaturverlauf zu verstehen. Die Orts- und Zeitabhängigkeit der Sonneneinstrahlung führt zu Temperatur-, Dichte- und Druckunterschieden, die thermosphärische Winde in Gang setzen. Um letztere berechnen zu können, führen wir die Impulsbilanzgleichung eines Gases ein. Diese Gleichung dient auch dazu die wesentlichen Eigenschaften atmosphärischer Wellen abzuleiten.

3.1 Ursprung und Eigenschaften der Sonnenstrahlung

Im folgenden soll von einem Stern die Rede sein, den man durchaus als durchschnittlich bezeichnen kann. So fällt dieser Stern weder durch seine Größe und Leuchtkraft, noch durch seine Oberflächentemperatur sonderlich auf. Hinzu kommt, daß er sich in einem Stadium befindet, in dem Sterne die meiste Zeit ihres Lebens verbringen (Hauptreihenstern). Trotzdem ist dieser Stern der bei weitem wichtigste für uns: Er liefert uns die Energie, die wir zum Leben benötigen, und er bestimmt unseren Lebensrhythmus. Er ist zudem der einzige Stern, den wir aus relativer Nähe studieren können, dessen Oberflächenstruktur sich auflösen läßt und bei dem wir Prozesse verfolgen können, die sich bei anderen Sternen nur ahnen lassen. Die Rede ist natürlich von der Sonne, dem Zentralgestirn unseres Sonnensystems. Im folgenden sollen zunächst die wesentlichen Eigenschaften dieses Objektes zusammengefaßt werden (Sonnenphysik in der Nußschale!). Dabei interessiert neben der inneren Struktur insbesondere die Atmosphäre der Sonne. Letztere bestimmt ja die spektralen Eigenschaften der Sonnenstrahlung, wobei für die terrestrische Hochatmosphäre die Ultraviolett- und Röntgen-Strahlung von primärem Interesse ist. Es zeigt sich, daß diese Strahlung sowohl systematischen als auch irregulären Variationen unterworfen ist.

3.1.1 Aufbau der Sonne

Bei der Sonne handelt es sich – wie bei jedem durchschnittlichen Stern – um ein gasförmiges Objekt, um einen riesigen Gasball mit einem Radius von etwa 700 000 km, siehe Tabelle 3.1. Dieser Gasball wird durch die außerordentlich starke Gravitationskraft zusammengehalten, die sich aus der großen Masse dieses Objektes ergibt. Letztere beträgt etwa $2 \cdot 10^{30}$ kg, was dem 300 000-fachen der Erdmasse entspricht. In der Tat sind in der Sonne 99.9% der Masse des gesamten Sonnensystems konzentriert! Dabei besteht die Sonne, was die Masse betrifft, zu etwa 72% aus Wasserstoff, zu 26% aus Helium und zu 2% aus schwereren Elementen wie Sauerstoff, Kohlenstoff und Stickstoff. In Teilchenzahldichten umgerechnet wird die Dominanz der Wasserstoffkomponente noch deutlicher, ihr Anteil beträgt etwa 91% mit einer 8% Beimengung von Helium. Aufgrund der sehr hohen Temperaturen im Sonneninneren liegen diese Hauptbestandteile in vollionisierter Form vor, wir haben es also dort

Tabelle 3.1. Einige Sonnenparameter von Interesse. Man beachte, daß die Angaben zur Zusammensetzung und zu den Rotationsperioden mit einigen Unsicherheiten verbunden sind. (Im wesentlichen nach Lang, 1992; siehe Abbildungsreferenzen)

Radius R_S		$6.96 \cdot 10^8$ m ($\simeq 109\ R_E$)
Masse M_S		$1.99 \cdot 10^{30}$ kg ($\simeq 333\,000\ M_E$)
Zusammensetzung:	Teilchendichten	91% H, 8% He, 1% $\mathcal{M} > 4$
	Massenanteile	72% H, 26% He, 2% $\mathcal{M} > 4$
Massendichte:	Mittlere	$1.41 \cdot 10^3$ kg/m^3 ($\simeq 0.25\ \rho_E$)
	Im Zentrum	$1.5 \cdot 10^5$ kg/m^3
Energieproduktionsrate (Leuchtkraft)		$3.86 \cdot 10^{26}$ W
Effektive Strahlungstemperatur		5780 K
Äquatoriale Rotationsperiode: Siderische		ca. 24.8 Tage ($\simeq 2.14 \cdot 10^6$ s)
	Synodische	ca. 26.6 Tage ($\simeq 2.30 \cdot 10^6$ s)
Neigung der Äquatorebene gegenüber Ekliptik		$7°15'$
Entfernung von der Erde:	Mittlere	$149.6 \cdot 10^9$ m $= 1$ AE
	Perihel (Jan.)	$147.1 \cdot 10^9$ m
	Aphel (Juli)	$152.1 \cdot 10^9$ m
Solarkonstante		$1.37 \cdot 10^3$ W/m^2 ($\pm 0.2\%$)
Alter		$4.6 \cdot 10^9$ Jahre
Lebenserwartung (insgesamt)		$10 \cdot 10^9$ Jahre

im wesentlichen mit einem Gasgemisch bestehend aus Elektronen, Protonen und α-Teilchen (Heliumkernen, He^{++}) zu tun.

Was hindert nun diese Gaskugel daran, unter dem Einfluß der gewaltigen Gravitationskräfte zu kollabieren, sich auf ein hochkonzentriertes Objekt zusammenzuziehen und z.B. einen Weißen Zwerg-Stern von einigen 1000 km Durchmesser zu bilden? Ähnlich wie in der Erdatmosphäre wirkt diesen Gravitationskräften der Gasdruck entgegen. So wird auch der Aufbau der Sonne durch ein Gleichgewicht zwischen Schwer- und Druckgradientkräften bestimmt; andere Kräfte, wie z.B. der Strahlungsdruck, spielen nur eine untergeordnete Rolle. Damit die Druckkräfte genügend groß sind, bedarf es bei einem so massereichen Objekt sehr hoher Gastemperaturen und Dichten, insbesondere im Sonnenzentrum, wo ja außerordentlich starke Kompressionskräfte wirken. Modellrechnungen zeigen, daß hier eine Temperatur von etwa $15 \cdot 10^6$ K herrschen sollte. Hinzu kommt die außerordentlich hohe Teilchenzahldichte von rund 10^{32} m^{-3}, was einer Massendichte von etwa 150 g/cm^3, also dem 150-fachen der Wasserdichte entspricht. Nach außen hin nimmt diese Dichte allerdings rasch ab, so daß ihr Mittelwert von 1.4 g/cm^3 nur einem Viertel der mittleren Erddichte entspricht. Die nahezu exponentielle Abnahme der Dichte führt auch dazu, daß rund 75% der Masse der Sonne in nur 5% ihres Volumens, ihrem Kern konzentriert ist.

Die für uns wichtigste Eigenschaft von Sternen ist natürlich, daß sie gewaltige Mengen an Energie abstrahlen. Dieser Tatsache ist es ja zu verdanken, daß wir sie auch noch in sehr großen Entfernungen wahrnehmen können. Bei der Sonne (aber beileibe nicht bei allen Sternen) ist diese Energieabstrahlung über alle Wellenlängen gemittelt nahezu konstant und beträgt rund $4 \cdot 10^{26}$ W. Die in einer Sekunde von der Sonne abgestrahlte Energie würde demnach ausreichen, den heutigen Energiebedarf der Menschheit auf unvorstellbar lange Zeit zu decken. Woher kommt diese gewaltige Energiemenge und wie wird sie produziert? Seit den dreißiger Jahren des letzten Jahrhunderts weiß man, daß diese Energie durch Kernfusion im Inneren der Sonne erzeugt wird. Bei dem dort bei weitem wichtigsten Fusionsprozeß werden vier Protonen zu einem Heliumkern verschmolzen und der dabei auftretende Massenüberschuß in Form von Energie freigesetzt (*Proton-Proton*- oder kurz *pp-Zyklus* oder *-Kette*)

$$(1) \qquad {}^1H + {}^1H \xrightarrow{10^{10}a} {}^2H + e^+ + \nu_e \ (0.25 \ \text{MeV}), \qquad 1.2 \ \text{MeV}$$

$$(2) \qquad {}^2H + {}^1H \xrightarrow{<10s} {}^3He + \gamma, \qquad 5.5 \ \text{MeV}$$

$$(3) \qquad {}^3He + {}^3He \xrightarrow{10^6a} {}^4He + 2\,{}^1H, \qquad 12.9 \ \text{MeV}$$

Offensichtlich werden die ersten beiden Reaktionen zweimal durchlaufen und ${}^1H$ bezeichnet ein Proton, ${}^2H$ einen Deuterium- oder schweren Wasserstoffkern, ${}^3He$ den Kern eines Heliumisotops mit der Massenzahl 3, ${}^4He$ ein α-Teilchen, e^+ ein Positron, ν_e ein Elektronneutrino und γ elektromagnetische Strahlung im γ-Bereich. Die angegebenen Reaktionszeiten entsprechen den inversen Stoßfrequenzen und a(nni) steht für Jahre. Die aufgrund dieser exothermen Reaktionen abgegebene Energie ist jeweils rechts vom Komma aufgeführt. 'MeV' steht natürlich für Mega-Elektronenvolt, wobei wir diese nicht dem *Système International d'Unités* angehörige Energieeinheit mit Vorbehalt, aber der erdrückenden Tradition folgend, benutzen. Zusammen mit den entsprechenden Vorsilben (wie in diesem Fall 'Mega') ergeben sich meist handliche Zahlen und die physikalische Bedeutung dieser Einheit ist auch unmittelbar verständlich: Sie gibt die Energie an, die ein Elektron (oder ein beliebiger anderer einfach geladener Ladungsträger) nach Durchlaufen der angegebenen Spannungsdifferenz besitzt. Die Umrechnung in S.I.-Einheiten ist auf der Innenseite des hinteren Buchumschlags angegeben.

Die Massendifferenz zwischen den Eingangs- und Endprodukten des oben angegebenen Reaktionsschemas beträgt ca. $7^0/_{00}$ der vier involvierten Protonenmassen, was einer Energie von $E = \Delta m\, c_0^2 \simeq 26.7$ MeV entspricht (c_0 bezeichnet die Lichtgeschwindigkeit). Davon wird $2 \cdot 0.25$ MeV von den Neutrinos fortgetragen und es verbleiben als freigesetzte Energie etwa 26.2 MeV, meist in Form von γ-Strahlung, d.h. in Form von Photonen, die z.B. direkt in Reaktion (2) (ca. 11 MeV) oder indirekt durch Positron-Elektron-Vernichtung ($e^+ + e^- \to \gamma$) erzeugt werden.

Wie ersichtlich wird die Geschwindigkeit des Fusionszyklus allein durch die erste Reaktion bestimmt, da die Verschmelzung zweier Protonen zu einem Deuteriumkern bei den vorgegebenen Temperaturen ein außerordentlich seltenes Ereignis ist. Man bedenke, daß die Protonen mit einer Energie von 1 MeV gegeneinander anlaufen müssen, um ihre Abstoßung zu überwinden und daß bei einer Temperatur von $15 \cdot 10^6$ K die durchschnittliche Teilchenenergie etwa 2 keV beträgt. Demnach ist es nur die gigantische Anzahl von Teilchen im Sonnenkern, die Reaktion (1) hinreichend wahrscheinlich werden läßt und die eine entsprechend hohe Energieproduktionsrate gewährleistet.

Erwähnt werden soll der bekannte astrophysikalische Problemfall der fehlenden Neutrinos. So werden von der Sonne nach dem oben angegebenen Reaktionsschema etwa 10^{38} Neutrinos in der Sekunde erzeugt. Diese Neutrinos durchdringen wegen ihrer extrem kleinen Wechselwirkungsquerschnitte praktisch alle Materie, sei es die Sonne selbst oder die Erde oder andere Sterne. Nur sehr wenige dieser Sonnenneutrinos lassen sich aufgrund der von ihnen ausgelösten Kernreaktionen auf der Erde nachweisen. Dabei mißt man überraschenderweise nur etwa 60% der theoretisch vorhergesagten Zählrate, was bekanntlich zu neuen Ansätzen in der Neutrinophysik geführt hat (Neutrino-Oszillationen). Für uns sind Sonnenneutrinos deshalb von besonderem Interesse, weil sie einen unmittelbaren Blick in das Zentrum der Sonne gestatten.

Interessant ist auch die Frage, wie die im Zentrum der Sonne erzeugte Energie nach außen gelangt. Modellrechnungen zeigen, daß bis in eine Entfernung von etwa 500 000 km vom Sonnenmittelpunkt elektromagnetische Wellen für diesen Energietransport verantwortlich sind. Im Photonenbild gleicht dieser *Strahlungstransport* der Teilchendiffusion in Gasen. So bewegen sich die Photonen mit der ihnen eigenen Lichtgeschwindigkeit auf einem Zickzack-Kurs von einer Absorption und Reemission zur nächsten und gelangen dabei langsam nach außen. Da wegen der großen Teilchendichten die freien Weglängen gering sind, dauert es im Durchschnitt mehr als 100 000 Jahre, bis sie auf ihrem Zufallsweg die Sonnenoberfläche erreicht haben. Verständlich ist auch, daß die zahllosen Wechselwirkungen mit einer Degradation der Photonenenergie und mit einer gleichzeitigen Erhöhung der Photonenzahl einhergeht. So haben wir es im Sonnenzentrum zunächst mit relativ wenigen, dafür aber hochenergetischen γ-Photonen zu tun, die durch Kernanregungs-prozesse absorbiert werden. Die anschließende Reemission kann aber stufen-weise erfolgen, so daß die Anregungsenergie auf mehrere Photonen niedrigerer Energie verteilt wird.

Nach außen hin nimmt die durchschnittliche Photonenenergie und damit auch die Gastemperatur kontinuierlich ab, erst langsam, dann aufgrund der ungebremsten Energieabstrahlung an der Sonnenoberfläche immer rascher. Dabei wird der Temperaturgradient allmählich so steil, daß die Gasschich-tung instabil wird. Diese Instabilität läßt sich folgendermaßen verstehen. Be-trachtet wird ein Gasvolumen, das durch eine Störung aus seiner Ruhelage in Richtung Sonnenoberfläche ausgelenkt wird. Wegen der Druckabnahme führt dies zu einer Ausdehnung und Abkühlung des Gases. Nimmt die Außentem-peratur langsamer ab, als es dieser als adiabatisch angenommenen Abkühlung entspricht, so ist das Gasvolumen jetzt schwerer als seine Umgebung und es sinkt in seine Ausgangslage zurück, siehe auch Abschnitt 3.5.3. Offenbar sind barometrische Dichteverteilungen bei nur langsam abnehmender Tempera-tur (und erst recht bei positivem Temperaturgradienten) stabil gegenüber Störungen. Anders sieht es aus, wenn die Umgebungstemperatur rascher ab-nimmt, als es der adiabatischen Abkühlungsrate entspricht. Dann bleibt das ausgelenkte Gasvolumen trotz Abkühlung wärmer als seine Umgebung und Auftrieb befördert es stets weiter nach außen. Gleichzeitig werden kühlere Ga-se nach innen strömen, da sie trotz Kompressionsaufheizung stets kälter blei-ben als ihre Umgebung. Dies führt zur Ausbildung großräumiger Bewegungs- oder *Konvektionszellen*, wie sie rein schematisch in Abb. 3.1 dargestellt sind (in Wirklichkeit wird ein ganzes Spektrum turbulenter Bewegungen ange-regt). Nun ist mit der Bewegung der Gase ein Energietransport verbunden, da ja der Wärmeinhalt der betrachteten Gasvolumina von einem Ort zum anderen befördert wird. Man spricht in diesem Zusammenhang von *konvek-tivem Wärmetransport* und alltägliche Beispiele für diesen Vorgang sind der heiße Luftstrom eines Föhns oder, bei Flüssigkeiten, der Wärmetransport in einer Zentralheizungsanlage. Bei der Sonne setzt konvektiver Wärmetrans-port in einer solarzentrischen Distanz von etwa 500 000 km ($0.74\ R_S$) ein und dominiert ab dort den nach außen gerichteten Energietransport. Dabei strömen heiße Gase nach außen und abgekühlte Gase nach innen, ähnlich

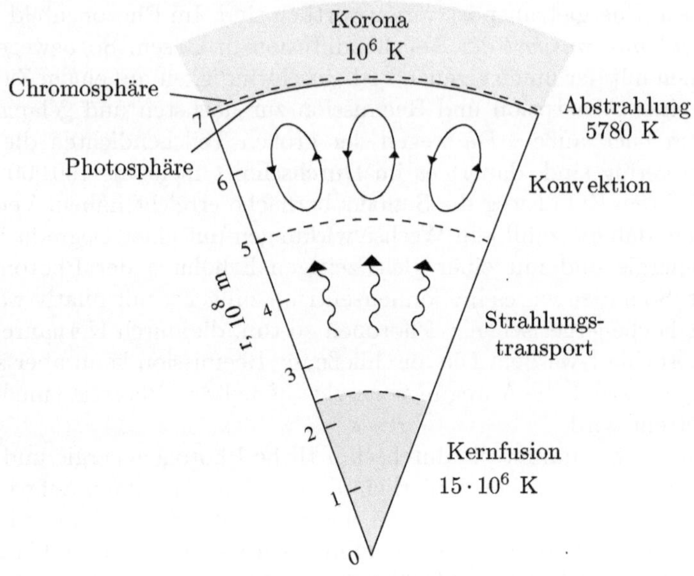

Abb. 3.1. Schnitt durch die Sonne

wie dies auch in viel kleinerem Maßstab in den unteren Schichten unserer Atmosphäre beobachtet werden kann.

Da es sich bei der Sonne um ein gasförmiges Objekt handelt, ist die Festlegung eines Oberflächenniveaus eine Frage der Definition. Es kommt aber unserer natürlichen Vorstellung entgegen, diese Oberfläche mit dem Rand der uns sichtbaren Sonnenscheibe zu assoziieren. Daß dieser Rand wohldefiniert ist bedeutet, daß das Licht nur einer sehr dünnen Emissionsschicht entstammen kann. Man bezeichnet diese als *Photosphäre* und wir wollen das Niveau ihrer maximalen Strahlungsemission als die Oberfläche der Sonne betrachten. Wie es zur Entstehung dieser photosphärischen Emissionsschicht kommt, läßt sich folgendermaßen verstehen. So ist unmittelbar einsichtig, daß die Intensität des Photonenstroms, der unser Auge erreicht, proportional zur Produktionsrate dieser Photonen in der Sonne ist. Als Arbeitshypothese wollen wir annehmen, daß diese Produktionsrate proportional zur Dichte des Sonnengases ist, d.h. wir wollen davon ausgehen, daß jedes Gasteilchen potentieller Emitter eines Photons ist. Dann wird die Photonenproduktionsrate mit zunehmender Entfernung von der Sonne rasch abnehmen. Auf der anderen Seite ist die Wahrscheinlichkeit, daß ein emittiertes Photon die Sonne ohne weitere Absorption verläßt (und so unser Auge treffen kann), im Inneren der Sonne gleich Null. Erst in der äußeren, immer dünner werdenden Gashülle wächst diese Wahrscheinlichkeit auf Eins an. Die Erzeugung *entweichender* Photonen hängt demnach sowohl von der Produktionsrate der Photonen, als auch von deren Entweichwahrscheinlichkeit ab, und es ergibt

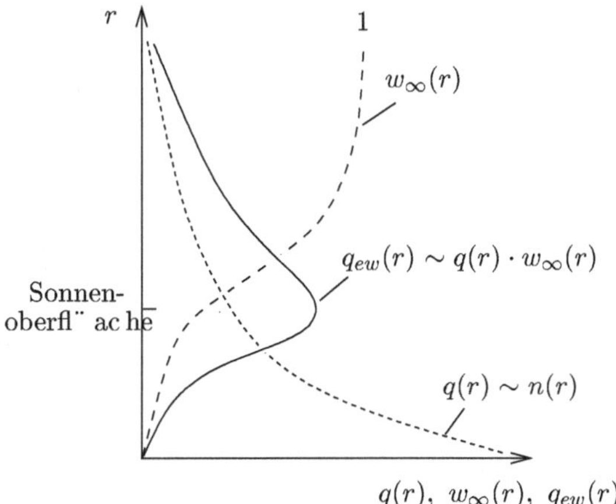

Abb. 3.2. Zur Entstehung der photosphärischen Emissionsschicht. $q(r)$ bezeichnet die Photonenproduktionsrate und wird als proportional zur Gasdichte $n(r)$ angenommen. $w_\infty(r)$ ist die Entweichwahrscheinlichkeit, deren Höhenverlauf im einfachsten Fall durch Gl. (3.4) beschrieben wird. $q_{ew}(r)$ schließlich ist die Produktions- oder Emissionsrate *entweichender* Photonen

sich das in Abb. 3.2 skizzierte Emissionsprofil. Wie sich zeigen läßt, beträgt die Dicke dieser Emissionsschicht nur wenige Druckskalenhöhen oder einige hundert Kilometer, so daß die Photosphäre in der Tat nur eine sehr dünne Oberflächenhaut darstellt. Genauere Rechnungen berücksichtigen, daß der Hauptabsorber und -emitter der sichtbaren Strahlung nicht – wie man vielleicht erwarten würde – der photosphärische neutrale Wasserstoff, sondern das relativ seltene, nur in einer Konzentration von 1 ppm vorhandene negative Wasserstoffion H^- ist. Die Höhenverteilung dieses Spurengases wird aber auch von dessen Produktions- und Verlustraten bestimmt.

3.1.2 Sonnenatmosphäre

Durch die Festlegung der Sonnenoberfläche ist auch der Bereich der Sonnenatmosphäre definiert. Die Beschreibung dieser Atmosphäre erfolgt in ähnlicher Weise wie die der Erdatmosphäre, d.h. durch Angabe des Höhenverlaufs der verschiedenen Zustandsgrößen. Auch hier benutzt man den Temperaturverlauf als Richtschnur für eine geeignete Unterteilung. So ist Abb. 3.3 zu entnehmen, daß die Photosphäre durch eine Abnahme der Temperatur, die Chromosphäre durch eine langsame Zunahme der Temperatur, das Übergangsgebiet durch einen außerordentlich steilen Temperaturanstieg und die Korona durch eine nahezu konstante Temperatur gekennzeichnet ist. Vom Temperaturverlauf her entspricht demnach die Photosphäre der terrestrischen Troposphäre, die Chromosphäre der Stratosphäre und das Übergangsgebiet und die Korona der Thermosphäre. Letztere Zuordnung legt nahe, das Über-

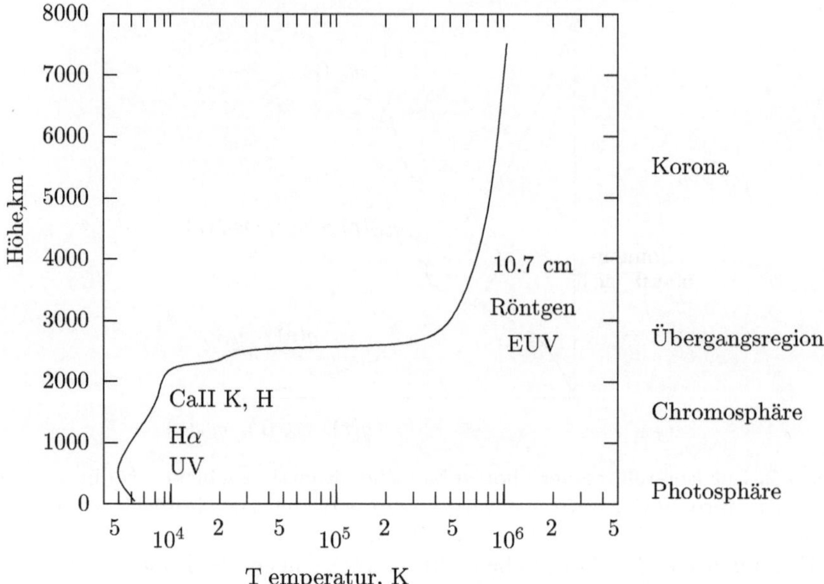

Abb. 3.3. Temperaturverlauf in der Sonnenatmosphäre und Höhenbereiche wichtiger Strahlungsemissionen. Die Radiostrahlung wird durch die 10.7 cm Strahlung vertreten. (Nach Lean, 1988)

gangsgebiet als Teil der Korona zu betrachten.

Photosphäre Entsprechend unserer Definition der Sonnenoberfläche stellt der obere Teil der Photosphäre die unterste Schicht der Sonnenatmosphäre dar. Diese Schicht ist etwa 500 km dick und durch eine Abnahme der Temperatur von ungefähr 6400 auf 4200 K gekennzeichnet. Unmittelbares Indiz für diese Temperaturabnahme ist die in Abb. 3.4b sichtbare Randverdunkelung der Sonne. Offensichtlich entstammt die Randstrahlung wegen des verlängerten Absorptionsweges höheren Schichten der Photosphäre und ihre geringere Intensität kann nur mit einer geringeren Temperatur dieser Bereiche erklärt werden, siehe Gl. (3.14). Wie im Fall der terrestrischen Troposphäre wird der Temperaturabfall durch abstrahlungsbedingten Energieverlust erklärt.

Wie das Sonneninnere, so besteht auch die Photosphäre im wesentlichen aus Wasserstoff und Helium, nur daß diese Gase jetzt in neutraler Form vorliegen. Der geringe Ionisationsgrad ($\lesssim 1^0\!/\!_{00}$) hängt mit der geringen thermischen Energie der Gasteilchen zusammen. So entspricht eine Temperatur von 6000 K einer Teilchenenergie von etwa 0.8 eV und dies ist wenig im Vergleich zur Ionisierungsenergie von Wasserstoff (13.6 eV) und Helium (24.6 eV). Der Dichteverlauf läßt sich mit Hilfe der barometrischen Höhenformel bestimmen, wobei die Bodendichte etwa $n(R_S) \simeq 10^{23}$ m^{-3} und die Skalenhöhe

$H = k\,T\,/\,\overline{m}\,g_S = k\,T\,R_S^2/\,\overline{m}\,G\,M_S$ bei einer Temperatur von 6000 K etwa 150 km beträgt.

Mit dem Fernglas durch einen Dunstschleier (oder durch einen Dunkelfilter) betrachtet, erscheint die Sonnenscheibe völlig strukturlos, mit Ausnahme der höchst bemerkenswerten *Sonnenflecken*. Dabei handelt es sich um häufig in Gruppen auftretende, fleckenförmige Bereiche mit einem Durchmesser von 1000 bis 40 000 km (letzteres entspricht dem 3-fachen des Erddurchmessers), die gegenüber der hellen Photosphäre dunkel erscheinen, siehe Abb. 3.4b.

Noch im 19. Jahrhundert verstand man Sonnenflecken als Teil einer dunklen Sonnenoberfläche, die durch Lücken in der helleuchtenden Wolkendecke sichtbar wird. Heute weiß man, daß es sich hier um relativ kühle Gasvolumina handelt, die bei einer Temperatur von beispielsweise 4000 K wesentlich weniger Strahlung emittieren als ihre heißere Umgebung und die deshalb dunkel erscheinen. Als Grund für die tiefere Temperatur vermutet man eine stark reduzierte Wärmezufuhr, wobei der konvektive Wärmetransport unterhalb der Sonnenflecken durch starke Magnetfelder behindert wird. Unmittelbares Indiz für die Richtigkeit dieser Erklärung sind die starken Magnetfelder (z.B. einige Zehntel Tesla oder das Tausend- bis Zehntausendfache des normalen photosphärischen Magnetfeldes), die im Bereich der Sonnenflecken beobachtet werden.

Sonnenflecken erlauben es auch, die Rotationsperiode der Sonne zu bestimmen. In niedrigen heliographischen Breiten und von einem ortsfesten Koordinatensystem aus betrachtet beträgt diese etwa 25 Tage (*siderische* Rotationsperiode, siehe Tabelle 3.1); von der Erde aus oder *synodisch* gesehen ist sie zwei Tage länger. Dies hat natürlich mit der Umlaufbewegung der Erde um die Sonne zu tun, die in Richtung der Sonnenrotation erfolgt. Interessant ist, daß die Rotationsperiode mit zunehmender heliographischer Breite zunimmt und in mittleren Breiten bereits zwei Tage länger ist, $T_{sid}(45°) \simeq 27$ Tage. Wir haben es also mit einer *differentiell* rotierenden Photosphäre zu tun. Auch die Neigung der Äquatorebene der Sonne gegenüber der Ekliptik, also gegenüber der Umlaufbahnebene der Erde, läßt sich aus der Sonnenfleckenbewegung bestimmen, sie beträgt etwa 7°.

Um das Auftreten von Sonnenflecken statistisch erfassen zu können, hat man die *Sonnenfleckenrelativzahl* (auch *Wolf-Zahl* genannt) eingeführt

$$R = k\,(10\,g + f) \tag{3.1}$$

Dabei bezeichnet g die Anzahl der Fleckengruppen, f die Anzahl der Einzelflecken und k dient der Standardisierung der Beobachtungen (letzterer Faktor berücksichtigt z.B. die Sichtbedingungen!). Wie in Abschnitt 3.1.4 erläutert, weist R wichtige systematische Variationen auf, die etwas über den Zustand der Sonne aussagen.

Chromosphäre. Oberhalb des Temperaturminimums der Photosphäre beginnt die Chromosphäre. Ihren Namen (*chromos* bedeutet Farbe) verdankt sie der Tatsache, daß sie während einer Sonnenfinsternis kurzzeitig (2-3 s) als rötlich-violetter Saum am Sonnenrand sichtbar wird. Sie stellt eine etwa 2000 km dicke Gasschicht dar, in der die Temperatur einen moderaten Anstieg von ungefähr 4200 auf 10 000 K aufweist. Ähnlich wie bei der Stratosphäre kann dieser Wiederanstieg der Temperatur nur durch eine lokale Aufheizung erklärt werden. Absorption photosphärischer UV-Strahlung kommt dabei nicht in Frage, da die Strahlungsbilanz der Chromosphäre insgesamt positiv ausfällt, d.h. es wird mehr Energie abgestrahlt als absorbiert. Heute geht man davon aus, daß dieser Bereich u.a. durch die Dissipation atmosphärischer Wellen aufgeheizt wird. So regt die photosphärische Konvektion eine Vielzahl akustischer Wellen an, die sich nach oben hin ausbreiten. Die von ihnen mitgeführte Wellenenergie wird in den dünneren Bereichen der Chromosphäre durch die dort einsetzenden Nichtlinearitäten dissipiert. Wie in Abschnitt 3.5.2 gezeigt wird, ist die Amplitude einer akustischen Welle (z.B. ihre *Schnelle*) umgekehrt proportional zur Wurzel aus der Dichte des durchlaufenen Gases. Soll die Energie einer nach außen laufenden Welle erhalten bleiben, so muß ihre Amplitude demnach ständig anwachsen, da die Dichte abnimmt. Dies ist offensichtlich nur bis zu einem gewissen Grade möglich, dann kommt es zu Nichtlinearitäten, und Viskosität und Wärmeleitung zerstören die Welle. Damit wird geordnete Bewegungsenergie in Wärme umgewandelt.

Ist der Temperaturverlauf bekannt, läßt sich die Dichteverteilung in der Chromosphäre wieder mit Hilfe der barometrischen Höhenformel bestimmen, wobei an der unteren Grenze ein Dichtewert von $n(500 \text{ km}) \simeq 2 \cdot 10^{21} \text{ m}^{-3}$ angenommen werden kann. Zur oberen Grenze hin nimmt der Anteil geladener Teilchen deutlich zu, und dies führt zu einer erheblichen Strukturierung der Gasverteilung durch Magnetfelder. Bekannte Beispiele dafür sind *Fibrilen* und *Spikulen*, bei denen es sich um die Leuchtsignaturen heißer Gase in Magnetfeldröhren handelt.

Die Chromosphäre läßt sich nicht nur von der Seite am Sonnenrand, sondern auch von oben und im Bereich der Sonnenscheibe beobachten. Dies gelingt allerdings nur im Lichte einer Strahlung, die überwiegend in der Chromosphäre selbst erzeugt wird. Dazu gehört die bekannte rote Hα (Balmer-α)-Strahlung des atomaren Wasserstoffs bei 656.3 nm oder die violette Strahlung des einfach ionisierten Kalziums bei 396.9 und 393.4 nm (CaII H- und K-Linien). Warum z.B. die Hα-Strahlung nicht der Photosphäre, sondern der darüberliegenden Chromosphäre zugeordnet werden muß, läßt sich folgendermaßen verstehen.

Wie in Abb. 3.2 skizziert, ist die Intensität der uns erreichenden Strahlung einerseits proportional zur Produktionsrate dieser Strahlung (die wiederum als proportional zur Dichte des emittierenden Gases angenommen werden kann) und andererseits proportional zu ihrer Entweichwahrscheinlichkeit. Bei der Bestimmung dieser Entweichwahrscheinlichkeit wollen wir von der intuitiv plausiblen Annahme ausgehen, daß die Absorptionswahrscheinlichkeit auf differentiell kleiner Skala proportional zur Länge der zurückgelegten Weg-

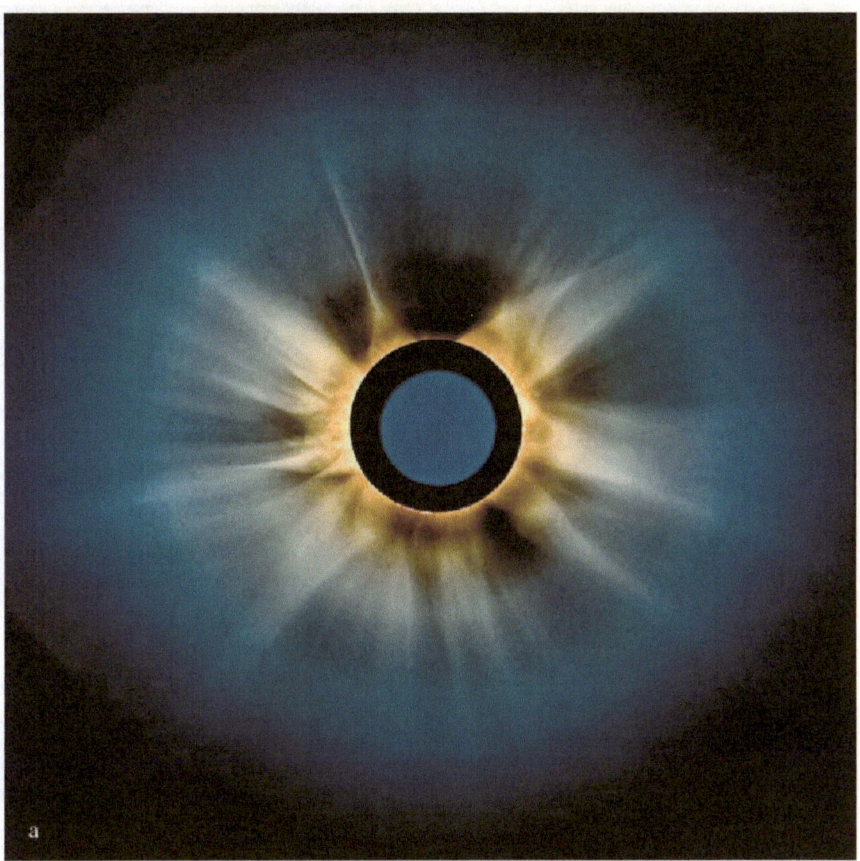

Abb. 3.4. Die Sonne im Lichte verschiedener Wellenlängen. (**a**) Korona im sichtbaren Licht, aufgenommen während einer Sonnenfinsternis. Dabei ist die sonnennahe Korona wegen ihrer großen Helligkeit ausgeblendet und die sonnenferneren Bereiche länger belichtet worden. Die helle Scheibe im Zentrum entspricht der erdbeschienenen Rückseite des Mondes (J. Dürst und A. Zelenka, ETH Sternwarte, Zürich, 16.2.1980). (**b**) Photosphäre mit Sonnenflecken, aufgenommen im sichtbaren Licht (Baader Planetarium, Mammendorf); (**c**) Chromosphäre im Lichte der roten Hα-Linie bei 656.3 nm (Kiepenheuer-Institut für Sonnenphysik, Freiburg); (**d**) Protuberanzen (koronale Bögen) im Lichte der roten Eisenlinie (Fe X) bei 637.4 nm (National Solar Observatory, Sacramento Peak); (**e**) Korona im Lichte der EUV-Strahlung des 11-fach ionisierten Eisens (Fe XII) bei einer Wellenlänge von 19.5 nm. Offensichtlich handelt es sich hier (wie bei den beiden folgenden Aufnahmen) um eine farbkodierte Darstellung (R. Schwenn, SOHO/EIT - Konsortium, 11.9.1997). (**f**) Korona im Lichte der weichen Röntgen-Strahlung bei einer Wellenlänge von 6.35 nm (L. Golub, Smithsonian Astrophysical Observatory, 11.9.1989); (**g**) Korona im Lichte der Radiostrahlung bei einer Wellenlänge von 2.8 cm (E. Fürst und W. Hirth, Universität Bonn, 24.7.1973)

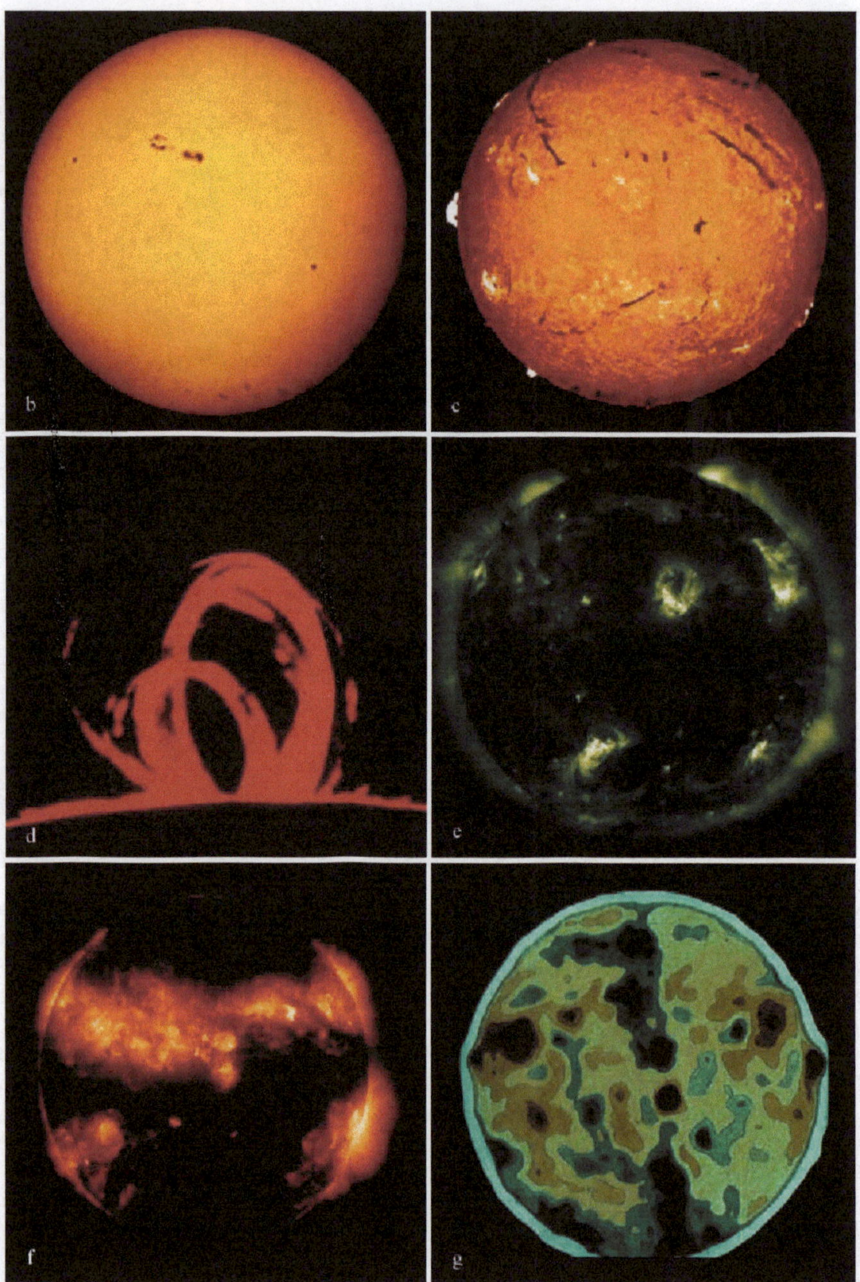

Abb. 3.4. Die Sonne im Lichte verschiedener Wellenlängen (Fortsetzung)

strecke ist. Da die Wahrscheinlichkeit für ein Photon, gerade einen Absorptionsstoß zu erleiden, beim Zurücklegen der ihm zugeordneten mittleren freien Weglänge definitionsgemäß gleich Eins ist, beträgt die differentielle Wahrscheinlichkeit $dw_{St(oB)}(ds)$, daß ein Photon beim Zurücklegen der Strecke ds absorbiert wird

$$dw_{St}(ds) = ds/l_{Ph} \tag{3.2}$$

wobei $l_{Ph} = 1/\sigma^A n$ die mittlere freie Photonenweglänge und σ^A den Absorptionsquerschnitt bezeichnet. Eine anschauliche Bestätigung dieses Ansatzes findet sich in Abschnitt 3.2.2, siehe Gl. (3.21). Für die Wahrscheinlichkeit $w_{f(rei)}(ds)$, daß ein Photon die Strecke ds ohne absorbiert zu werden zurücklegt, gilt entsprechend

$$w_f(ds) = 1 - ds/l_{Ph}$$

Ebenso gilt für die Wahrscheinlichkeit, daß ein Photon erst die Strecke s und anschließend die Strecke ds ohne Absorptionsstoß zurücklegt

$$w_f(s + ds) = w_f(s)\, w_f(ds)$$

wobei wir die Tatsache berücksichtigt haben, daß sich die Wahrscheinlichkeiten für das Auftreten zweier voneinander unabhängiger Ereignisse multiplizieren. Alternativ läßt sich diese Wahrscheinlichkeit aber auch durch eine Taylor-Reihe approximieren

$$w_f(s + ds) = w_f(s) + \frac{dw_f}{ds}\, ds + \cdots$$

Gleichsetzen beider Beziehungen führt auf die Differentialgleichung

$$\frac{dw_f(s)}{ds} = -\,\frac{w_f(s)}{l_{Ph}}$$

die sich problemlos separieren und integrieren läßt. Man erhält

$$w_f(s) = w_f(s_0)\, \exp\left(-\int_{s_0}^{s} ds'/l_{Ph}\right) \tag{3.3}$$

Wenden wir diese Formel auf ein Photon an, das sich von der Höhe h aus $(w_f(h) = 1)$ senkrecht nach oben bewegt und ohne absorbiert zu werden eine unendlich große Wegstrecke zurücklegt, so gilt

$$w_f(h \text{ bis } \infty) = w_\infty(h) = \exp\left(-\int_{h}^{\infty} dz/l_{Ph}\right)$$

bzw. mit $l_{Ph} = 1/\sigma^A n$ und bei Berücksichtigung der Gl. (2.79) und (2.80)

$$w_\infty(h) = \exp(-H(h)/l_{Ph}(h)) \tag{3.4}$$

Überträgt man dieses Ergebnis auf die Sonnenatmosphäre, so läßt sich die Produktionsrate entweichender Photonen folgendermaßen schreiben

$$q_{ew}(r) = \text{Konst.} \; n(r) \; \exp(-H(r)/l_{Ph}(r)) \qquad (3.5)$$

Den Ort maximaler Emission erhält man, indem man die Ableitung von $q_{ew}(r)$ – oder bequemer die Ableitung des Logarithmus von $q_{ew}(r)$ – gleich Null setzt. Man erhält

$$\frac{d(\ln q_{ew})}{dr} = \frac{1}{n} \frac{dn}{dr} - \frac{d}{dr}\left(\frac{H}{l_{Ph}}\right) = 0$$

Nimmt man an, daß die Skalenhöhe im relativ schmalen Bereich der Emissionsschicht konstant ist, so folgt daraus

$$\frac{1}{n} \frac{dn}{dr} \left(1 - \frac{H}{l_{Ph}}\right) = 0$$

bzw.

$$l_{Ph} = H \qquad (3.6)$$

Das Maximum der Strahlungsemission befindet sich also dort, wo die mittlere freie Weglänge der Photonen die Größe der Skalenlänge des absorbierenden (und reemittierenden) Gases erreicht. Nach Abschnitt 2.4.1 entspricht diese Bedingung aber auch der Exobasendefinition, so daß der Ort maximaler Strahlungsemission einer Photonenexobase entspricht. Gleichzeitig erweist sich die Exobase auch als diejenige Höhe, in der die Wahrscheinlichkeit, daß ein sich senkrecht nach oben bewegendes Teilchen oder Photon eine unendlich große freie Weglänge zurücklegt und somit entweicht, den Wert $1/e$ erreicht, siehe Gl. (3.4).

Nun ist die Größe des Photonenabsorptionsquerschnittes σ^A von der Wellenlänge abhängig und erreicht besonders große Werte bei den charakteristischen Übergängen der absorbierenden Gase. Dies ist z.B. bei der Hα-Strahlung der Fall, die zur Anregung des ersten (α-)Übergangs der Balmer-Serie des atomaren Wasserstoffs führt. Im Zentrum dieser Linie ist der Absorptionsquerschnitt der Wasserstoffteilchen so groß, daß die Bedingung $\sigma^A \, n \, H = 1$ nach Gl. (3.6) erst für geringere Gasdichten in größeren Höhen erfüllt ist. Dies erklärt, warum sich das Emissionsmaximum der Hα-Strahlung aus der Photosphäre in die untere Chromosphäre verlagert.

Betrachtet man die Chromosphäre mit Hilfe eines geeigneten Filters im Lichte der Hα- oder im Lichte der CaII-Linien, so erweist sich diese wesentlich stärker strukturiert als die Photosphäre, siehe Abb. 3.4c. Besonders auffällig sind heller leuchtende Bereiche, die als *Plage*(= Strand)-*Regionen* oder *chromosphärische Fackeln* bezeichnet werden. Offensichtlich handelt es sich hier um Gebiete mit überdurchschnittlich hoher Temperatur. Ähnlich wie bei den Sonnenflecken läßt sich die Plage-Aktivität mit Hilfe geeigneter Indizes erfassen. Bemerkenswert sind ferner die fadenförmigen Gebilde stark reduzierter Strahlung, die als *Filamente* bezeichnet werden. Sie stellen durch Magnetfelder zusammengehaltene Schläuche kühlerer und dichterer Ladungsträgergase dar, die weit über die Chromosphäre hinausragen. Zwischen leuchtender

Chromosphäre und Beobachter plaziert, absorbieren sie Strahlung und erscheinen deshalb dunkel. Am Sonnenrand und gegen den dunklen Himmel gesehen, läßt sie das von ihnen reemittierte und gestreute Licht als helleuchtende *Protuberanzen* erscheinen, siehe Abb. 3.4d.

Sonnenkorona. Ursprünglich verstand man unter der Korona die strahlenkranzförmige Leuchterscheinung um die Sonne, die bei totaler Sonnenfinsternis für einige Minuten sichtbar wird. Heute versteht man darunter ganz allgemein die äußere, sehr dünne und zugleich sehr heiße Gashülle der Sonne, die Ursprungsort dieser Leuchterscheinung ist. Sie erstreckt sich vom Übergangsgebiet in 2000 bis 3000 km Höhe ($\simeq 1.004\ R_S$) bis in einige Sonnenradien Entfernung, wobei ihre obere Grenze durch den Beginn des Sonnenwindregimes festgelegt wird. Da der Übergang von der stoßdominierten, quasistatischen inneren Korona ($\lesssim 2\ R_S$) zur höchst dynamischen Sonnenwindregion oberhalb von $6\ R_S$ allmählich erfolgt, ist die Festlegung dieser oberen Grenze eine Frage der Definition. Erschwerend kommt hinzu, daß das koronale Magnetfeld die Dichteverteilung und die Dynamik dieser Region sehr unterschiedlich strukturiert. Im folgenden sei die Koronagrenze durch die Lage der koronalen Exobase festgelegt, die sich in etwa $3\ R_S$ solarzentrischer Distanz oder in einer Höhe von etwa $1.5 \cdot 10^6$ km befindet, siehe Abschnitt 6.1.5.

Wie die übrige Sonne so besteht auch die Korona im wesentlichen aus Wasserstoff mit einer Beimengung von Helium und geringen Konzentrationen von Spurenelementen. Der langsame Abfall der koronalen Teilchendichte (große Skalenhöhe!), die starke thermische Dopplerverbreiterung koronaler Emissionslinien und der hohe Ionisationsgrad emittierender Spurenelemente zeigen, daß diese Gase sehr heiß sind und eine Temperatur von 1 bis $2 \cdot 10^6$ K besitzen (Alfvén, 1942). Damit liegt die thermische Energie der Wasserstoff- und Heliumteilchen weit oberhalb ihrer Ionisierungsenergie, so daß beide Gassorten in nahezu vollionisierter Form vorliegen (H^+, He^{++}). Bei der Korona handelt es sich demnach um ein sehr heißes Gasgemisch bestehend im wesentlichen aus Elektronen und Protonen, einer Beimischung von α-Teilchen und sehr geringen Konzentrationen hochionisierter Spurengase.

Unser heutiges Wissen von der Korona stammt im wesentlichen aus Aufnahmen dieser Gashülle in verschiedenen Wellenlängenbereichen. Besonders wichtig sind dabei Aufnahmen der Korona im sichtbaren Bereich während einer Sonnenfinsternis, wie sie in Abb. 3.4a zu sehen ist. Rund 99% des koronalen Lichtes stellt Streustrahlung dar, wobei die Photosphäre als Lichtquelle und die koronalen Elektronen als Streuzentren dienen. Der Streuvorgang ähnelt dabei dem, wie er in der Lufthülle der Erde stattfindet. So wird bekanntlich der blaue Himmel (oder ganz allgemein das *Tagleuchten*) auch durch Streuung photosphärischen Lichtes, diesmal allerdings an atmosphärischen Neutralgasteilchen, erzeugt. Die Beiträge verschiedener Störkomponenten zu einer Korona-Aufnahme sind in Abb. 3.5 angegeben. Offensichtlich empfiehlt es sich bei nicht okkultierter Sonne Korona-Aufnahmen außerhalb der Erdatmosphäre mit ihrer starken Streustrahlung zu machen. Dies gelingt mit Hilfe

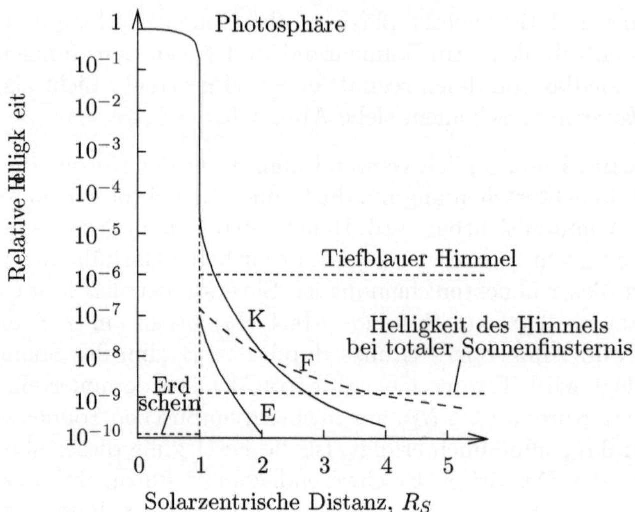

Abb. 3.5. Intensitäten der zu Korona-Aufnahmen beitragenden Strahlungskomponenten. K(ontinuum) bezeichnet das koronale Streulicht, E(mission) die Eigenstrahlung der Korona und F(raunhofer) die an interplanetaren Staubteilchen reflektierte Streustrahlung. Letztere kann aufgrund ihrer Dunkellinien (Fraunhofer-Linien) von der K-Korona unterschieden werden. Diese Dunkellinien, die durch Absorption in der oberen, kühleren Photosphäre entstehen, sind zwar integraler Bestandteil des photosphärischen Lichtes, ihr Strahlungsdefizit wird aber in der Korona durch die stark Doppler-verschobene Streustrahlung der schnellen Elektronen ausgeglichen. Die oben angegebenen relativen Intensitäten beziehen sich auf eine Wellenlänge von 500 nm. (Nach van de Hulst, 1953)

satellitengetragener *Koronographen*, bei denen die intensive Strahlung der Photo- und Chromosphäre durch eine Scheibe vor dem Fernrohr ausgeblendet wird. Abbildung 8.24 ist das Produkt einer solchen Aufnahmetechnik.

Da die Intensität der koronalen Streustrahlung proportional zur Dichte der absorbierenden und reemittierenden Elektronen ist, erlauben es Korona-Aufnahmen die Elektronendichte und deren Abhängigkeit von der solarzentrischen Distanz zu bestimmen. Typische Ergebnisse haben die Form

$$n_\mathrm{e}[\mathrm{m}^{-3}] \simeq \frac{10^{14}}{(r/R_S)^6} + \frac{6 \cdot 10^{11}}{(r/R_S)^2} \ , \qquad r/R_S \gtrsim 1.3 \qquad (3.7)$$

Dabei bezeichnet n_e die Elektronendichte, r die solarzentrische Distanz und R_S den Sonnenradius. Wegen der starken Strukturierung der Korona kann es sich hier nur um Mittelwerte handeln. Wir werden von dieser Formel in Abschnitt 6.1.5 Gebrauch machen.

Dem Streulicht der Korona sind eine Reihe von Emissionslinien überlagert (*E*(missions)- oder *L*(inien)-*Korona*), deren Identifizierung zunächst erhebliche Schwierigkeiten bereitet hat. Zeitweise hat man sogar ein neues

Element, das 'Coronium', eingeführt, um ihren Ursprung zu erklären. Heute weiß man, daß es sich bei den Emittern um Atome von Spurenelementen in hochionisierten Zuständen handelt. Bekannt sind die rote Linie des 9-fach ionisierten Eisens (Fe X) bei 637.4 nm, die grüne Linie des 13-fach ionisierten Eisens (Fe XIV) bei 530.3 nm (die Gesamtzahl der Elektronen des Eisens beträgt 26) und die gelbe Linie des 14-fach ionisierten Kalziums (Ca XV) bei 569.4 nm (die Gesamtzahl der Elektronen des Kalziums beträgt 20). Es handelt sich dabei um Übergänge aus metastabilen Zuständen, die durch Zeeman-Aufspaltung entstehen und deren Energiedifferenz entsprechend gering ist. Reguläre Übergänge dieser hochionisierten Gase liegen weit außerhalb des sichtbaren Bereichs.

Die Korona kann nicht nur am Sonnenrand gegen den dunklen Himmel in Form eines Querschnitts, sondern auch von oben und im Bereich der Sonnenscheibe beobachtet werden. Ähnlich wie im Fall der Chromosphäre gelingt dies allerdings nur im Lichte einer Strahlung, die überwiegend von den heißen und hochionisierten Gasen der Korona selbst erzeugt wird. Dazu gehört die Extremultraviolett(EUV)-Strahlung, die Röntgen-Strahlung und die Radiostrahlung. Bei letzterer handelt es sich im wesentlichen um thermische Bremsstrahlung, also um Strahlung, die bei der Abbremsung thermischer Elektronen bei Zusammenstößen mit anderen Teilchen erzeugt wird. Meßtechnisch gelingt eine Kartierung der Korona im Lichte der Radiostrahlung mit Hilfe am Boden befindlicher Radioteleskope. Aufnahmen im Extremultraviolett- und Röntgen-Bereich sind dagegen wegen der atmosphärischen Absorption nur von Raketen und Satelliten aus möglich. Abbildung 3.4e,f und g vergleicht Aufnahmen in allen drei Wellenlängenbereichen.

Auffälligstes Merkmal dieser Bilder ist die starke räumliche Variabilität der Strahlungsintensitäten. Ganz grob lassen sich dabei drei Arten koronaler Bereiche unterscheiden: *Aktive Regionen*, die sich durch anomal hohe Strahlungsintensitäten auszeichnen; die 'ruhige' Korona, die entsprechend weniger Strahlung emittiert; und *Koronalöcher*, die unterdurchschnittliche Leuchtkraft besitzen (Faktor 1/3) und deshalb dunkel erscheinen. Koronalöcher werden vorzugsweise in höheren Breiten beobachtet, siehe Abb. 3.4f, können sich aber auch zungenförmig bis in äquatoriale Bereiche erstrecken, siehe Abb. 3.4g. Ihre geringe Strahlungsintensität deutet an, daß es sich hier um Gebiete reduzierter Dichten handelt, die auch im Sichtbaren erkennbar sind, siehe Abb. 3.4a. Später werden wir Koronalöcher als Ursprungsort des schnellen Sonnenwindes kennenlernen, hier interessieren uns mehr die strahlungsaktiven Gebiete.

Wie bei der Chromosphäre bedarf der Anstieg der Temperatur in der Korona einer Erklärung. Aufheizung durch Magnetoplasma-Wellen ist ein viel diskutierter, aber möglicherweise unzureichender Mechanismus. In der Tat stellt die Energieversorgung der Korona (und stellarer Koronae ganz allgemein) ein unzureichend verstandenes Phänomen der Astrophysik dar. Wichtig ist, daß die Menge der benötigten Energie nicht proportional zum beobachteten Temperaturanstieg zu sein braucht. So wird beispielsweise der Chromosphäre weit mehr Energie zugeführt als der Korona. Zu berücksichtigen ist vielmehr auch die Wärmekapazität der jeweils betrachteten Gashülle und die Effektivität der Wärmeverlustprozesse. Diese Zusammenhänge werden in Abschnitt 3.3.5 deutlich, wo der Temperaturanstieg in der der Korona entsprechenden Thermosphäre diskutiert wird.

3.1.3 Strahlungsspektrum

Von der Erde aus gesehen ist es die von der Sonne emittierte Strahlung, die von zentraler Bedeutung ist. Deshalb gilt es im folgenden deren wesentliche Eigenschaften zu beschreiben. Nach einer allgemeinen Einführung soll die für die Hochatmosphäre wichtige kurzwellige Strahlung näher betrachtet werden.

Überblick. Die auf die Erde einfallende Strahlung kann in sehr guter Näherung als parallel ausgerichtet angesehen werden. So beträgt der Winkel zwischen der Strahlung vom Zentrum und der Strahlung vom Rand der Sonne nur etwa 1/4 Grad. Der mit der Strahlung verknüpfte Energietransport soll durch den Strahlungsenergiefluß ϕ_S^E beschrieben werden. Dieser gibt die Energie an, die in Erdnähe, aber außerhalb der Erdatmosphäre, pro Zeit und pro Flächengröße durch eine senkrecht zum Strahlengang aufgespannte Fläche tritt

$$\phi_S^E = \frac{E}{A\,t} \tag{3.8}$$

siehe Abb. 3.6. Dabei betont diese Schreibweise, daß das Strahlungsfeld als homogen und, über alle Wellenlängen gemittelt, als zeitlich konstant angesehen werden kann. Diese zeitliche Invarianz hat zu der Bezeichnung *Solarkonstante* für ϕ_S^E geführt. Nach Tabelle 3.1 beträgt ihr Wert 1.37 kW /m^2. Über eine Kugeloberfläche mit dem Radius der mittleren Entfernung zwischen Sonne und Erde (= 1 *Astronomische Einheit* oder 1 AE) aufaddiert, ergibt sich daraus die gesamte Energieabstrahlung der Sonne pro Sekunde oder deren Leuchtkraft, $L_S = \phi_S^E\,4\,\pi\,(1\,\text{AE})^2 = 3.86\cdot10^{26}$ W.

In vielen Situationen wird nicht der gesamte, sondern der auf ein bestimmtes Wellenlängenintervall entfallende Energiefluß benötigt. Diese Information liefert die *spektrale Energieflußdichte*

$$S^E(\lambda) = \frac{\mathrm{d}\phi^E(\lambda)}{\mathrm{d}\lambda} = \frac{\mathrm{d}E}{A\,t\,\mathrm{d}\lambda} \tag{3.9}$$

Entsprechend ihrer Definition beschreibt sie den Energiefluß pro Wellenlängenintervall dλ, der bei der Wellenlänge λ in Erdnähe gemessen wird. Grundeinheit dieser Größe ist demnach Watt pro Quadratmeter Fläche pro Meter Wellenlänge, in der Praxis werden aber meist viel kleinere und der jeweiligen Auflösung angepaßte Wellenlängenmaßeinheiten benutzt. Im Radiobereich zieht man es häufig vor, mit einer auf ein Frequenzintervall bezogenen

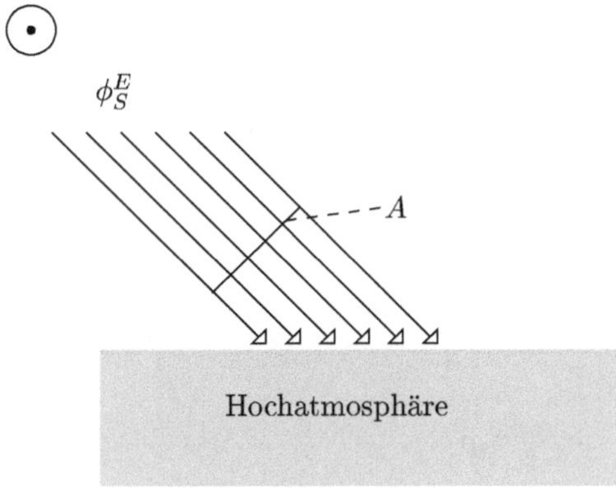

Abb. 3.6. Zur Definition des Energieflusses der Sonnenstrahlung

spektralen Energieflußdichte $S^E(\nu)$ zu rechnen. Die Umrechnung ergibt sich mit $\nu = c_0/\lambda$ zu

$$S^E(\nu) = \left| \frac{\mathrm{d}\phi^E(\nu)}{\mathrm{d}\nu} \right| = \frac{\mathrm{d}\phi^E(\nu = c_0/\lambda)}{\mathrm{d}\lambda} \, \frac{\lambda^2}{c_0} = \left(S^E(\lambda) \, \frac{\lambda^2}{c_0} \right)_{\lambda = c_0/\nu} \tag{3.10}$$

wobei hier nur die absolute Größe von Frequenz- und Wellenlängenintervall interessiert.

Trägt man die spektrale Energieflußdichte als Funktion der Wellenlänge oder der Frequenz auf, so erhält man das *Strahlungsspektrum* der Sonne. Abbildung 3.7 zeigt dieses Spektrum in Einheiten von $\mathrm{Wm^{-2}\mu m^{-1}}$, wobei sich die Werte wieder auf Erdnähe, also auf eine solarzentrische Distanz von 1 AE beziehen. Wie ersichtlich handelt es sich um eine doppel-logarithmische Darstellung, bei der sich die spektrale Energieflußdichte innerhalb des 11-dekadischen Wellenlängenbereichs um mehr als 24 Größenordnungen ändert. Zur besseren Orientierung sind am oberen Bildrand die üblichen Bezeichnungen für die verschiedenen Wellenlängenbereiche angegeben. Wir betrachten demnach die Intensität der Strahlung im Röntgen-Bereich, im Ultravioletten, im Sichtbaren, im Infraroten und im Radiobereich. Dabei ist der sichtbare Teil und ein Teil des Radiowellenbereichs besonders gekennzeichnet, weil diese Strahlung die Atmosphäre passiert und direkt an der Erdoberfläche empfangen werden kann. Alle anderen Wellenlängenbereiche werden von der Erdatmosphäre in mehr oder weniger großen Höhen absorbiert.

Abbildung 3.7 ist zu entnehmen, daß die spektrale Energieflußdichte der Sonne ihr Maximum von etwas mehr als $1\,\mathrm{kW\,m^{-2}\mu m^{-1}}$ im Bereich des Sichtbaren erreicht und zu längeren, aber insbesondere zu kürzeren Wellenlängen rasch abnimmt. Eine auffällige Unterbrechung dieser Abnahme wird im Bereich der Ultraviolett- und Röntgen-Strahlung beobachtet, wo die Energieflußdichte über zwei Wellenlängendekaden nahezu konstant bleibt. Darüber hinaus wird eine signifikante zeitliche Variation dieser Strahlung gemessen,

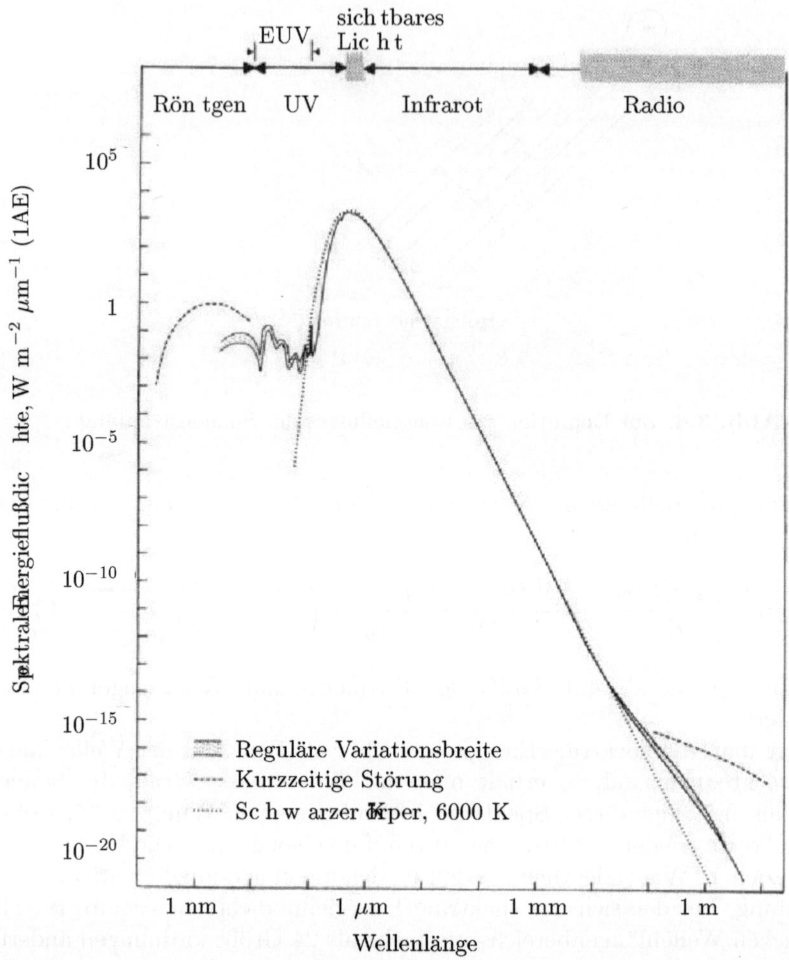

Abb. 3.7. Überblick über das Sonnenspektrum. Die spektralen Energieflußdichten beziehen sich auf eine solarzentrische Distanz von 1 AE. (Nach Malitson, 1965)

wobei die Bandbreite der quasi-regulären Schwankungen ganz grob durch die punktierte Fläche, die Amplitude kurzzeitiger Störungen durch die gestrichelte Linie angedeutet wird. Da die Intensität der Energieflußdichte in diesem Bereich schon 4 bis 5 Zehnerpotenzen unterhalb der am Ort des Maximums gemessenen liegt, hat diese Variabilität keinen nennenswerten Einfluß auf die alle Wellenlängenbereiche zusammenfassende Solarkonstante. Eine ähnliche, aber weniger stark ausgeprägte Abschwächung der Intensitätsabnahme wird auch im Radiowellenbereich beobachtet. Auch hier kommt es zu zeitlichen Variationen der Energieflußdichte, wobei die quasi-reguläre Schwankungsbreite etwa der der EUV-Strahlung entspricht.

Abbildung 3.7 ist auch zu entnehmen, daß sich das Spektrum der Sonne in weiten Bereichen sehr gut durch das eines 'schwarzen Körpers' bzw. in unserem Fall durch das einer 'schwarzen Kugel' mit dem Radius der Sonne approximieren läßt. 'Schwarz' kennzeichnet dabei ein im Strahlungsgleichgewicht befindliches Objekt idealer Absorptions- und Emissionseigenschaften. Gemäß dem *Planckschen Strahlungsgesetz* emittiert die Oberfläche eines solchen Körpers eine spektrale Energieflußdichte der Größe

$$S_{SK}^E(\lambda) = 2\pi \; h_P \; c_0^2 \; \frac{1}{\lambda^5} \; \frac{1}{\exp(h_P \, c_0 \, / \lambda \, k \, T) - 1} \qquad (3.11)$$

Hierbei bezeichnet h_P die Planck-Konstante, c_0 die Lichtgeschwindigkeit, λ die Wellenlänge, k die Boltzmann-Konstante und T die Temperatur des schwarzen Körpers; und $S_{SK}^E(\lambda)$ ist diejenige Energiemenge in Joule, die ein 1 m^2 großes Oberflächenelement in einer Sekunde bei einer Wellenlänge λ und pro Wellenlängenintervall dλ (gemessen in m) passiert und somit abgestrahlt wird. Im Gegensatz zu der am Ort der Erde beobachteten, stark gebündelten Energieflußdichte, wird allerdings die Energie an der Oberfläche des schwarzen Körpers (d.h. in unserem Fall der Sonne) in alle Richtungen hin abgestrahlt. Deshalb wird nur ein kleiner Bruchteil dieser Energie die Erde erreichen. Auf der anderen Seite wird jedes für uns sichtbare Oberflächenelement zum Energiefluß am Ort der Erde beitragen. Um eine Aufsummierung dieser Einzelbeiträge zu umgehen, betrachten wir die Kontinuität des Energieflusses. So muß die gesamte von der Oberfläche abgestrahlte Energie auch eine konzentrische Kugeloberfläche mit dem Radius des mittleren Erdabstandes passieren, d.h. es muß gelten $S_{SK}^E(\lambda)4\pi R_S^2 = \left(S_{SK}^E(\lambda)\right)_{1\,AE} 4\pi(1\,AE)^2$. Bei Berücksichtigung der in Abb. 3.7 benutzten Einheiten folgt daraus

$$\left(S_{SK}^E(\lambda)\right)_{1AE} \; [\text{Wm}^{-2}\mu\text{m}^{-1}] = 10^{-6}(R_S/1AE)^2 S_{SK}^E(\lambda)[\text{Wm}^{-2}\text{m}^{-1}] \quad (3.12)$$

Das durch Gl. (3.11) beschriebene theoretische Spektrum enthält als noch freien Parameter die Temperatur des schwarzen Körpers. Diese läßt sich durch Anpassung der Kurve (3.12) an das beobachtete Spektrum bestimmen. Fordert man z.B., daß das theoretische Spektrum sein Maximum bei der gleichen Wellenlänge λ_{max} haben soll, wie das beobachtete, so ist T eindeutig festgelegt. Zur Bestimmung der Lage des Maximums differenzieren wir das Planck-Spektrum (besser dessen Logarithmus) nach λ und setzen die Ableitung gleich Null. Dies ergibt eine implizite Gleichung, deren numerische Lösung dem bekannten *Wienschen Verschiebungsgesetz* entspricht

$$\lambda_{max} = a_W/T \qquad (3.13)$$

mit $a_W = 0.002898$ K m. Offensichtlich verschiebt sich die Wellenlänge maximaler Abstrahlung mit wachsender Temperatur zu niedrigeren Wellenlängen hin. Für die beobachtete maximale Abstrahlung der Sonne bei $\lambda_{max} \simeq 0.45\mu$m (blau) ergibt sich eine Schwarzkörpertemperatur von 6400 K.

Alternativ läßt sich die Temperatur durch Gleichsetzen der mit dem theoretischen und der mit dem beobachteten Spektrum verbundenen Gesamtenergieflüsse bestimmen. Numerische Integration der Gl. (3.11) über alle Wellenlängen ergibt das bekannte *Stefan-Boltzmann-Gesetz*

$$\phi_{SK}^{E} = \int_{0}^{\infty} S_{SK}^{E} \, \mathrm{d}\lambda = a_{SB} \, T^{4} \tag{3.14}$$

mit $a_{SB} = 5.67 \cdot 10^{-8}$ $\mathrm{W\,m^{-2}K^{-4}}$. Gleichsetzen dieser Beziehung mit der durch die Oberfläche dividierten Leuchtkraft der Sonne ergibt eine *effektive Strahlungstemperatur* von 5780 K.

Ein Vergleich des Schwarzkörperspektrums mit dem beobachteten erlaubt es, einige der früher gemachten Angaben zu überprüfen. So zeigt die gute Übereinstimmung im Bereich des Sichtbaren und Infraroten, daß die diese Strahlung emittierende Photosphäre tatsächlich eine Temperatur von etwa 6000 K besitzen muß. Gleichzeitig bedeutet das Defizit an Strahlung im Nah- und Fernultravioletten (was einer Verschiebung der Flanke des Spektrums zu größeren Wellenlängen hin entspricht), daß dieser Wellenlängenbereich kühleren Gasschichten entstammen muß, wie dies auch der Abb. 3.3 zu entnehmen ist. Die stark erhöhte Strahlung im EUV- und Röntgenbereich wiederum beweist, daß die diese Strahlung emittierenden Gase sehr heiß sein müssen. Gleichzeitig dürfen diese Gase nur relativ dünn sein (und somit nicht einem schwarzen Körper entsprechen), da ihre Energieabstrahlung weit unterhalb der der Photosphäre liegt und somit nicht das Stefan-Boltzmann-Gesetz gelten kann. Beide Schlußfolgerungen sind in guter Übereinstimmung mit unseren bisherigen Vorstellungen von der Korona. Deutlich wird auch, daß die EUV- und Röntgen-Strahlung eindeutig der Korona zugeordnet werden kann, da der photosphärische Beitrag verschwindend gering ist. Schon an Hand dieser wenigen Beispiele wird deutlich, welch reicher Informationsschatz im Sonnenspektrum enthalten ist.

Ultraviolett- und Röntgen-Strahlung. Als wichtigste Energiequelle der Hochatmosphäre hat die Strahlung unterhalb von etwa 200 nm besondere Bedeutung für uns. Sie umfaßt die Ultraviolett- und Röntgen-Strahlung bis hinab zu einer Wellenlänge von etwa 1 nm. Abbildung 3.8 zeigt diesen Spektralbereich mit mäßig hoher Auflösung. Im Gegensatz zu Abb. 3.7 ist diesmal nicht die spektrale Energieflußdichte, sondern die spektrale Photonenflußdichte $S^{Ph}(\lambda)$ aufgetragen. Letztere gibt an, wieviele Photonen bei einer Wellenlänge λ eine senkrecht zum Strahlengang aufgespannte Fläche pro Flächengröße und Zeit und pro Wellenlängenintervall passieren. Man erhält sie, indem man die Energieflußdichte durch die jeweilige Photonenenergie $E_{Ph} = h_P \, \nu = h_P \, c_0/\lambda$ dividiert

$$S^{Ph}(\lambda) = \frac{\mathrm{d}\phi^{Ph}(\lambda)}{\mathrm{d}\lambda} = S^{E}(\lambda) \Big/ (h_P \, c_0/\lambda) \tag{3.15}$$

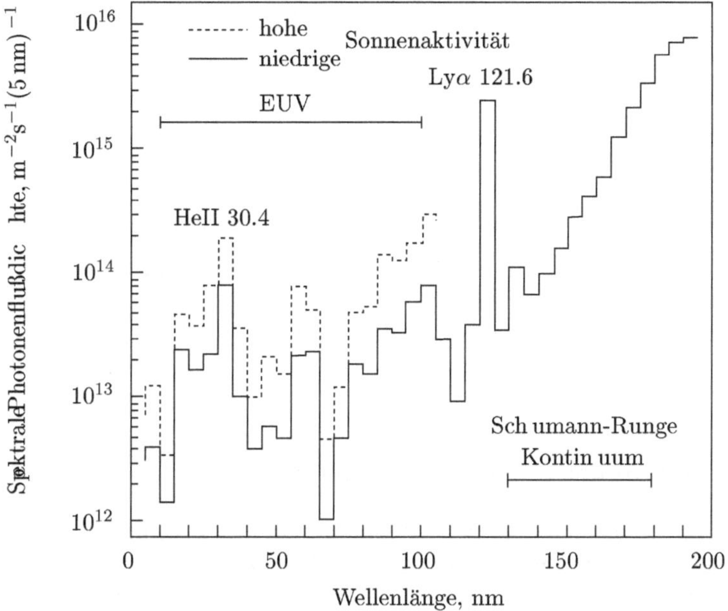

Abb. 3.8. Das Sonnenspektrum im Ultraviolettbereich. Die spektrale Photonenflußdichte bezieht sich auf eine solarzentrische Distanz von 1 AE. Da die Balkenbreite gerade 5 nm beträgt, gibt die Ordinatenskala auch direkt den Photonenfluß (in $m^{-2}s^{-1}$) für jedes Balkenintervall an. (Nach Daten von Heroux and Hinteregger, 1978; und Torr and Torr, 1985)

Der Übergang von der Strahlungsenergie- zur Photonenflußdichte hat praktische Gründe. So steht für die Behandlung der Wechselwirkung zwischen Photonen (=Teilchen) und Gasen das ganze Instrumentarium der Gaskinetik zur Verfügung. Dies erleichtert die Berechnung der Absorption elektromagnetischer Strahlung in Gasen ganz ungemein. Bei diesem teilchenbezogenen Ansatz interessiert natürlich in erster Linie die in einem bestimmten Wellenlängenintervall auf die Hochatmosphäre auftreffende Photonenzahl.

Wie aus Abb. 3.8 ersichtlich, erfolgt die Abnahme der spektralen Photonenflußdichte im Fernultravioletten relativ glatt. Erst unterhalb von etwa 130 nm treten erhebliche Schwankungen auf, die sich aus der Überlagerung eines variablen Untergrundkontinuums mit zahlreichen Emissionslinien ergeben. Insbesondere die starke Lyman-α-Strahlung des Wasserstoffs bei 121.6 nm und die energiereiche Strahlung des einfach ionisierten Heliums bei 30.4 nm lassen die Photonenflußdichte in die Höhe schnellen.

Für die Aufheizung der Hochatmosphäre von besonderem Interesse ist das sogenannte *Schumann-Runge-Kontinuum* (130 – 175 nm) und die *Extremultraviolett-Strahlung* (10 – 100 nm). Die in diesen Spektralbereichen $\Delta\lambda$ auf die Hochatmosphäre auftreffenden Energieflüsse $\phi^E_\infty(\Delta\lambda)$ ergeben sich zu

$$\phi_\infty^E(\Delta\lambda) = \sum_{\Delta\lambda} S^E(\lambda)\,\delta\lambda = \sum_{\Delta\lambda} (h_P c_0/\lambda) S^{Ph}(\lambda)\,\delta\lambda$$

Der Index ∞ soll dabei betonen, daß es sich um ungedämpfte Energieflüsse außerhalb der Hochatmosphäre handelt. Für die Daten der Abb. 3.8 gilt $\delta\lambda = 5$ nm und man erhält

$$\text{Schumann-Runge-Kontinuum:} \quad \phi_\infty^E(SRK) \simeq 11 \pm 1 \ [\text{mW/m}^2]$$
$$\text{Extremultraviolett-Strahlung:} \quad \phi_\infty^E(EUV) \simeq 4 \pm 2 \ [\text{mW/m}^2] \tag{3.16}$$

wobei die Grenzen im wesentlichen die natürliche Variationsbreite angeben. Wir werden diese Werte wiederholt für die Abschätzung von Aufheizeffekten benötigen.

3.1.4 Variation der Strahlungsintensität

Im Spektralbereich maximaler Energieabstrahlung, d.h. im Sichtbaren und im angrenzenden Nahinfraroten und Nahultravioletten, ist die Intensität der Sonnenstrahlung praktisch konstant und variiert heutigen Messungen zufolge um weniger als $3^0/_{00}$ (Solar*konstante*!). Selbst große Sonnenflecken vermögen die Gesamtstrahlung nur wenig zu beeinflussen, insbesondere, da ihr Strahlungsdefizit durch umliegende heller leuchtende Gebiete (*photosphärische Fackeln*) weitgehend kompensiert wird. Ganz anders sieht die Situation im Bereich der Extremultraviolett- und Röntgen-Strahlung, aber auch im Bereich der Radiostrahlung aus. Hier werden deutliche Variationen der Strahlungsintensität beobachtet, wobei diese sowohl durch Vorgänge auf der Sonne als auch durch Änderungen der Beobachtungsgeometrie hervorgerufen werden, siehe Tabelle 3.2. Im folgenden sollen Ursachen und Eigenschaften dieser Schwankungen näher beschrieben werden.

Tabelle 3.2. Variationen der Strahlungsintensitäten im EUV-, Röntgen- und Radiobereich, wie sie von der Erde aus beobachtet werden

1.	Intrinsische Variationen	
	1.1	Wachsen und Vergehen von Emissionszentren (Tage bis Wochen)
	1.2	Sonnenaktivitätszyklus ($\simeq$ 11 Jahre, quasiregulär)
	1.3.	Sonneneruptionen (Minuten bis Stunden)
2.	Geometrische Effekte	
	2.1	Sonnenrotationseffekt (z.B. 27-Tage, quasiregulär)
	2.2	Sonnenabstandseffekt (1 Jahr, regulär)

Wachsen und Vergehen von Emissionszentren. Wesentliches Merkmal der EUV-, Röntgen- und Radiostrahlung ist, daß sie nicht gleichmäßig über die Koronaoberfläche verteilt abgestrahlt werden, sondern überwiegend stark lokalisierten Emissionszentren entstammen, siehe Abb. 3.4e,f und g. Diese Emissionszentren haben eine typische Lebensdauer von einigen Wochen bis einigen Monaten. Handelt es sich um ein bedeutendes Emissionszentrum, so wird dessen Wachsen und Vergehen deutliche Rückwirkungen auf die Gesamtstrahlung haben.

Sonnenaktivitätszyklus. Emissionszentren der EUV-, Röntgen- und Radiostrahlung gehören zu einer Klasse von Phänomenen, die man unter dem Sammelbegriff *Aktivitätszentren* zusammenfaßt. Darunter versteht man ganz allgemein Bereiche auf der Sonne, die sich durch stark vom Durchschnitt abweichende Eigenschaften auszeichnen. Insbesondere gehören dazu

- Gebiete anomaler Strahlungsintensitäten wie
  - koronale Emissionszentren im Röntgen-, EUV- und Radiobereich
  - chromosphärische Plage- oder Fackelregionen (Hα-, CaII-Linien)
  - photosphärische Strahlungsdefizite in Sonnenflecken
- Gebiete starker photosphärischer Magnetfelder (meist mit Sonnenflecken assoziiert)
- Gebiete spektakulärer Strukturen (Filamente bzw. Protuberanzen) und
- Gebiete explosionsartiger Dynamik (Sonneneruptionen, eruptive Protuberanzen, solare Massenauswürfe)

Dabei ist das Auftreten dieser verschiedenen Anomalien nur bedingt räumlich und zeitlich korreliert. Allen gemeinsam ist jedoch eine langfristige Variation was ihre Häufigkeit und Intensität betrifft. So gibt es Zeiten, in denen Aktivitätszentren nur selten oder in schwach ausgeprägter Form auftreten. Man bezeichnet die Sonne unter diesen Bedingungen als 'ruhig'. Eine 'aktive' Sonne ist dagegen durch zahlreiche, intensive und ausgedehnte Aktivitätszentren gekennzeichnet. Abbildung 3.9 illustriert den Unterschied zwischen einer ruhigen und einer aktiven Sonne an Hand ihrer Radiostrahlung. Gezeigt wird das Ergebnis einer Ost-West-Abtastung der Sonnenkorona mit Hilfe eines Radioteleskops mittlerer Auflösung bei einer Wellenlänge von 10.7 cm (2.8 GHz). Während ruhiger Bedingungen stellt sich die Korona als glatte, kaum strukturierte Oberfläche dar. Deutlich davon unterschieden ist die aktive Sonne mit ihren zahlreichen intensiven Emissionszentren.

Um den Grad der Sonnenaktivität auch quantitativ beschreiben zu können, sind verschiedene Indizes eingeführt worden. Der älteste dieser Art ist die durch Gl. (3.1) beschriebene Sonnenfleckenrelativzahl R (Wolf, 1847). Etwa 100 Jahre später und nach Entdeckung der Radiostrahlung der Sonne ist der *10.7 cm Radioflußindex* oder *Covington-Index CI* eingeführt worden (Covington, 1946). Er entspricht der über die Sonnenscheibe gemittelten spektralen Energieflußdichte $S^E(\nu)$ bei einer Frequenz von 2.8 GHz bzw. bei einer Wellenlänge von 10.7 cm in Einheiten von 10^{-22} W m^{-2}Hz^{-1} (*solar flux units*).

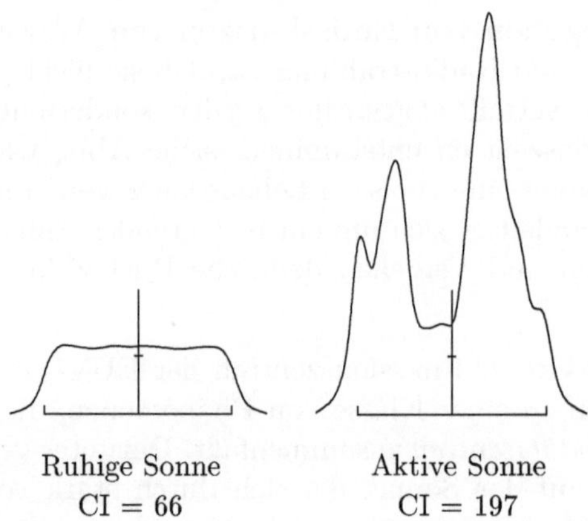

Abb. 3.9. Radioabtastung der Sonne bei einer Wellenlänge von 10.7 cm während sehr ruhiger und während aktiver Bedingungen. Im ersten Fall beträgt die über die Sonne gemittelte spektrale Energieflußdichte $S^E(\nu) = 66 \cdot 10^{-22}$ Wm^{-2}Hz^{-1}, im zweiten Fall etwa das Dreifache. Die Länge der Nullinie gibt den Durchmesser der Photosphäre an. (Nach Daten des National Research Council of Canada)

Die in Abb. 3.9 gezeigte ruhige Sonne entspricht z.B. einem Covington-Index von CI=66, die aktive einem Covington-Index von CI=197. An extrem aktiven Tagen kann der Covington-Index Werte von mehr als 300 erreichen. Zu den neueren, wenn auch bisher weniger gebräuchlichen Indizes gehört der sogenannte *Plage-Index*, der etwas über die Intensität der chromosphärischen Hα- und CaII-Strahlung aussagt.

Allen Indizes ist gemeinsam, daß sie eine deutlich ausgeprägte Variation der Sonnenaktivität im 11-Jahresrhythmus anzeigen. Dies wird in Abb. 3.10, wieder an Hand der Radiostrahlung, dokumentiert. Man bezeichnet diese Schwankungen als *Sonnenzyklusvariationen*. Dabei ist sowohl die Periode als auch die Amplitude dieser Schwankungen unregelmäßigen Änderungen unterworfen. Auffällig ist z.B. das stark ausgeprägte Maximum 1957/58 und das relativ schwache Maximum 1967/70.

Sonnenzyklusvariationen wurden erstmals vom Dessauer Apotheker Heinrich Schwabe im Jahre 1843 an Hand von Sonnenfleckenbeobachtungen nachgewiesen. Eine physikalische Erklärung dieses Phänomens fehlt aber bis auf den heutigen Tag. Feststeht, daß es sich ursächlich um einen 22-Jahre-Zyklus handelt, da die Aktivitätsschwankungen mit der Umpolung der Dipolkomponente des Sonnenmagnetfeldes korreliert sind und dieser Umpolungszyklus im Mittel 22 Jahre beträgt (d.h. innerhalb von 22 Jahren wird beispielsweise der heliographische Nordpol erst mit einem magnetischen Nordpol, dann mit einem magnetischen Südpol und dann wieder mit einem magnetischen Nordpol assoziiert sein). Maximale Sonnenaktivität tritt immer während der Umpolungsphase auf. Interessant ist, daß der Umpolungszyklus nicht nur die Intensität der Sonnenaktivität, sondern auch die Lage der Aktivitätszentren

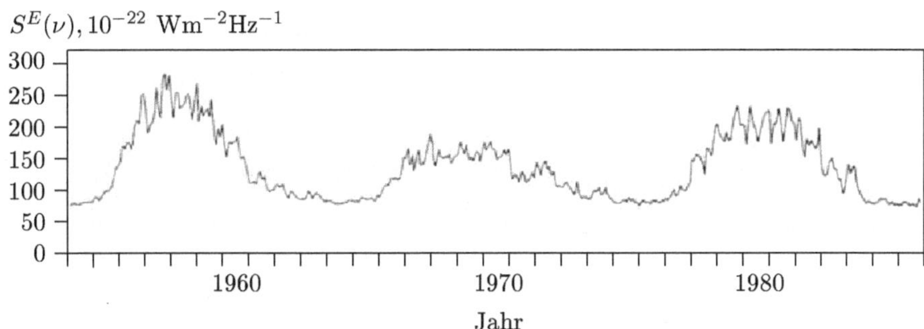

Abb. 3.10. Sonnenaktivitätszyklus an Hand der 10.7 cm Radiostrahlung. Aufgetragen sind monatliche Mittelwerte für einen Zeitraum von 33 Jahren. Die Energieflußdichte bezieht sich auf eine heliozentrische Distanz von 1 AE. (Nach Daten des National Research Council of Canada)

beeinflußt. In diesem Zusammenhang bekannt geworden ist das sogenannte *Schmetterlings-* oder *Spörer-Diagramm* der Sonnenfleckenverteilung. Bemerkenswert ist auch, daß sich die Sonnenzyklusvariationen mit Hilfe historisch dokumentierter Sonnenfleckenbeobachtungen über Jahrhunderte zurückverfolgen lassen, und zwar bis etwa 1610, dem Jahr der ersten in Europa dokumentierten Sonnenfleckenbeobachtungen überhaupt. Dabei zeigt sich, daß ausgerechnet zur Regierungszeit des 'Sonnenkönigs' Louis XIV die Sonnenzyklusvariationen nur schwach ausgeprägt waren und kaum Sonnenfleckenbeobachtungen aus dieser Zeit bekannt sind (*Spörer-Maunder-Minimum*, 1645–1715).

Sonneneruptionen. Während Sonneneruptionen sicherlich zu den spektakulärsten Erscheinungen auf der Sonne gehören, spielen sie für die terrestrische Hochatmosphäre nur eine untergeordnete Rolle. Dies hat mit der kurzen Dauer (oft nur Minuten) der dabei beobachteten Strahlungsausbrüche zu tun. Es scheint deshalb sinnvoll dieses Phänomen erst zu einem späteren Zeitpunkt im Rahmen solar-terrestrischer Beziehungen zu betrachten, siehe Abschnitt 8.6.3.

Sonnenrotationseffekt. Die starke Konzentration der EUV-, Röntgen- und Radiostrahlung in Emissionszentren hat, von der Erde aus gesehen, eine weitere Modulation der Strahlungsintensität zur Folge. So wirkt ein bedeutendes Emissionszentrum wie ein Leuchtfeuer, das im Rhythmus der Sonnenrotation den interplanetaren Raum überstreicht. Entsprechend wird dieses Zentrum alle 27 Tage auch die Erde maximal beleuchten und eine entsprechende Modulation des Strahlungsflusses hervorrufen. Besonders deutlich erkennbar wird diese Modulation, wenn alle bedeutenden Emissionszentren auf einer Seite der Sonne konzentriert sind: Dann beobachtet man eine gut ausgebildete, quasi-sinusförmige *27-Tage-Variation* der Strahlungsintensität, wie sie in Abb. 3.11 an Hand ausgewählter UV-Linien sowie an Hand der 10.7 cm-

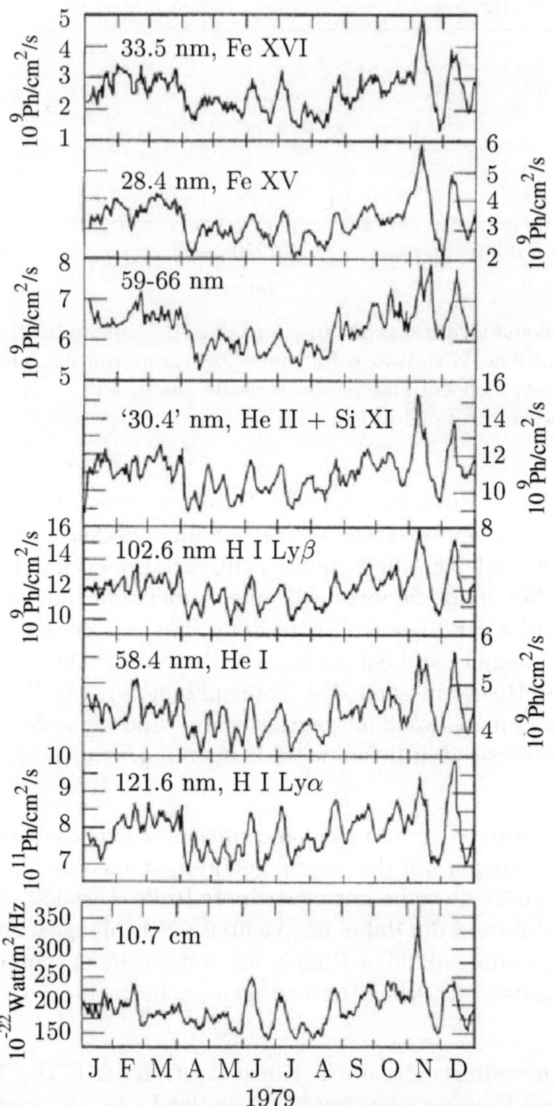

Abb. 3.11. Sonnenrotationsbedingte Variationen der Strahlungsintensität. Aufgetragen sind die Photonenflüsse verschiedener Emissionslinien im Extrem- und Fernultravioletten, sowie die Radioflußdichte bei 10.7 cm Wellenlänge für einen Zeitraum von einem Jahr. (Nach Lean, 1988, modifiziert)

Radiostrahlung dokumentiert wird. Man erkennt, daß neben der im Juni/Juli und November/Dezember auftretenden 27-Tage-Variation auch solche mit kürzerer Periode beobachtet werden, was mit der unterschiedlichen heliographischen Längenverteilung der Emissionszentren zu tun hat. So ist z.B. die im April/Mai beobachtete 13.5-Tage-Variation auf zwei Emissionszentren in etwa 180° Abstand zurückzuführen.

Abbildung 3.11 ist auch zu entnehmen, daß die Variation der Radiostrahlung relativ gut mit den Variationen der UV-Linienintensitäten übereinstimmt. Dies legt nahe, den 10.7 cm-Radiofluß als Ersatzkenngröße für die nur unter schwierigeren Bedingungen außerhalb der Erdatmosphäre meßbare EUV- und Röntgen-Strahlung zu benutzen. Dies ist in der Tat gängige Praxis.

Sonnenabstandseffekt. Bei der Sonnenabstandsvariation handelt es sich um einen rein geometrischen Effekt, der alle Spektralbereiche betrifft. Er beruht auf der wechselnden Entfernung zwischen Sonne und Erde, wobei letztere sich bekanntlich auf einer Ellipsenbahn mit geringer, aber nicht vernachlässigbarer Exzentrizität ($\varepsilon \simeq 0.017$) bewegt. Der sonnennächste Punkt (Perihel) wird Anfang Januar, Aphel Anfang Juli erreicht. Da die Intensität der Strahlung umgekehrt proportional zum Quadrat der Entfernung abnimmt, vermindert sich der Strahlungsfluß in dieser Zeit um etwa 7%. Offensichtlich ist der Südsommer wärmer als der Nordsommer und der Südwinter kälter als der Nordwinter.

3.2 Extinktion von Sonnenstrahlung in der Hochatmosphäre

Bei der Wechselwirkung zwischen Strahlung und Gasen unterscheidet man grundsätzlich zwischen Emission und Extinktion, wobei im ersten Fall die Strahlung verstärkt, im zweiten gedämpft wird. Im folgenden soll die Extinktion der Sonnenstrahlung beim Durchgang durch die Hochatmosphäre untersucht werden. Dazu gilt es zunächst die wichtigsten Absorptionsprozesse kennenzulernen, die zu dieser Extinktion führen. Anschließend soll der allgemeine Ansatz für die Bestimmung der Extinktion monochromatischer Strahlung in Gasen vorgestellt werden. Diesen gilt es dann auf die spezielle Situation der Hochatmosphäre zu übertragen, wobei insbesondere die Absorptionshöhe von Interesse ist. Schließlich soll die mit der Strahlungsabsorption verbundene Energieablagerung bestimmt werden.

3.2.1 Absorptionsprozesse

Sonnenstrahlung wird auf verschiedene Weise in der Hochatmosphäre absorbiert und damit gedämpft. Besonders wichtige Absorptionsprozesse sind die *Photodissoziation*, die *Photoionisation* und, als Kombination davon, die *dissoziative Photoionisation*. Formal lassen sich die hier interessierenden Absorptionsvorgänge folgendermaßen schreiben

- Photodissoziation ($\lambda \leq 242$ nm)

$$O_2 + \text{Photon}(\lambda \leq 242 \text{ nm}) \rightarrow O + O \ , \qquad \sigma_{O_2}^D \qquad (3.17)$$

- Photoionisation ($\lambda \leq 103$ nm)

$$
\begin{aligned}
O + \text{Photon}(\lambda \leq 91 \text{ nm}) \quad &\rightarrow O^+ + e \ , && \sigma_O^I \\
N_2 + \text{Photon}(\lambda \leq 80 \text{ nm}) \quad &\rightarrow N_2^+ + e \ , && \sigma_{N_2}^I \\
O_2 + \text{Photon}(\lambda \leq 103 \text{ nm}) \quad &\rightarrow O_2^+ + e \ , && \sigma_{O_2}^I
\end{aligned}
\qquad (3.18)
$$

- Dissoziative Photoionisation ($\lambda \leq 72$ nm)

$$N_2 + \text{Photon}(\lambda \leq 49 \text{ nm}) \rightarrow N^+ + N + e \ , \qquad \sigma_{N_2}^{DI} \qquad (3.19)$$

Offensichtlich benutzt diese Schreibweise das Photonenbild der elektromagnetischen Strahlung, selbst wenn die Dissoziierungs- und Ionisierungsenergien in Form von Grenzwellenlängen angegeben sind. Diesem Teilchenbild entsprechend werden die angegebenen Wechselwirkungen als Stöße zwischen Photonen und Gasteilchen verstanden, wobei deren Wahrscheinlichkeit durch das geometrische Maß eines Wechselwirkungs- oder Stoßquerschnitts σ_j^i angegeben wird. Dieser Stoßquerschnitt wird ausschließlich dem absorbierenden Gasteilchen zugeordnet, das Photon selbst wird als (masseloses) Punktteilchen betrachtet. Die formale Definition von σ_j^i ergibt sich aus dem Ansatz, den man bei der Berechnung der Strahlungsextinktion macht, siehe Abschnitt 3.2.2. Aus diesem Ansatz geht auch hervor, daß sich die Wechselwirkungsquerschnitte verschiedener Absorptionsprozesse zu einem Gesamtabsorptionsquerschnitt σ_j^A addieren. In unserem Fall gilt also

$$\sigma_j^A = \sigma_j^A(\eta_j^D + \eta_j^I + \eta_j^{DI} + \cdots) = \sigma_j^D + \sigma_j^I + \sigma_j^{DI} + \cdots \qquad (3.20)$$

wobei η_j^i die Wahrscheinlichkeit angibt, daß ein 'Absorptionsstoß' zu einer Dissoziation, zu einer Ionisation, zu einer dissoziativen Ionisation oder zu einem anderen Prozeß führt.

Auf den ersten Blick mag überraschen, daß die vieldiskutierte Strahlungsabsorption durch Ozon bei den oben angegebenen Wechselwirkungen fehlt. Hier ist zu bedenken, daß Ozon in der Hochatmosphäre nur in außerordentlich geringen Konzentrationen auftritt und erst in der mittleren Atmosphäre (20–30 km Höhe) eine genügend große Dichte erreicht, um praktisch die gesamte UV-Strahlung oberhalb von 242 nm Wellenlänge zu absorbieren. Überraschen mag auch, daß die Dissoziation von molekularem Stickstoff keine Rolle spielt. Dies hat mit der relativ starken Bindung dieses Moleküls zu tun, siehe Abschnitt 2.3.7. Schließlich mag überraschen, daß Anregungsprozesse eine untergeordnete Rolle bei der Absorption spielen. Wie sich zeigt, sind die zugehörigen Wechselwirkungsquerschnitte um ein Vielfaches kleiner als die der Photodissoziation oder Photoionisation. Eine Ausnahme bildet die Anregungsabsorption des molekularen Stickstoffs im Wellenlängenbereich 80–100 nm, siehe Abb. 3.13.

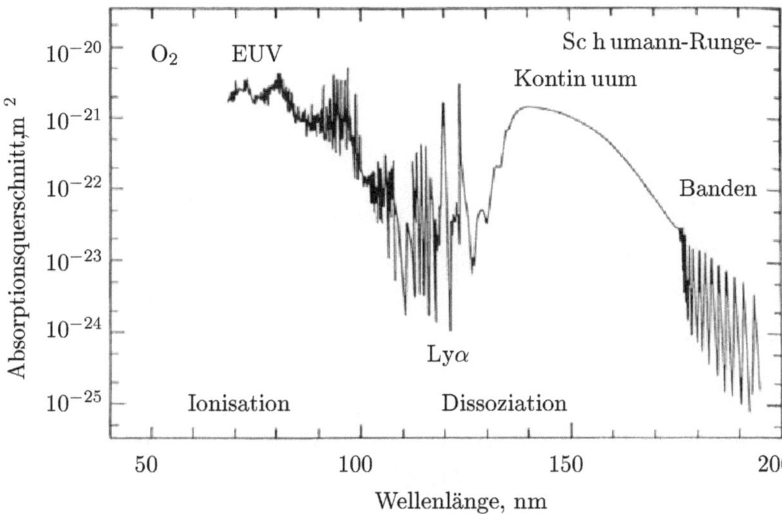

Abb. 3.12. Absorptionsquerschnitt des molekularen Sauerstoffs im Wellenlängenbereich 70-195 nm. Unterhalb der Grenzwellenlänge von 103 nm dominiert Absorption durch Ionisation, darüber Absorption durch Dissoziation. (Nach Banks and
Kockarts, 1973)

Wichtig ist, daß im Unterschied zu den Stoßquerschnitten der Neutralgasteilchen die Größe der Absorptionsquerschnitte stark von der jeweiligen Energie der Photonen abhängt. So wird ja eine Mindestenergie benötigt, um ein
Gasteilchen zu dissoziieren oder zu ionisieren und oberhalb der zugehörigen
Grenzwellenlänge wird der jeweilige Wechselwirkungsquerschnitt gleich Null.
Aber auch unterhalb dieser Grenzwellenlänge treten erhebliche Schwankungen auf und dies ist in Abb. 3.12 an Hand des Absorptionsquerschnitts von
molekularem Sauerstoff dokumentiert. Auffällig ist z.B. die im Bereich der
Schumann-Runge-Banden ($175 < \lambda < 195$ nm) beobachtete quasi-periodische
Oszillation der Querschnittsgröße um mehr als eine Größenordnung. Noch
bemerkenswerter in dieser Hinsicht ist der Bereich zwischen 105 und 125 nm,
wo kleine Wellenlängenänderungen die Querschnittsgröße um mehr als drei
Größenordnungen variieren lassen. Interessanterweise fällt dabei die starke
Lyman-α-Strahlung der Sonne bei 121.6 nm gerade in ein Minimum des Ab-
sorptionsquerschnitts.

Verglichen mit dem Dissoziierungsquerschnitt ist der Ionisierungsquerschnitt von O_2 relativ groß und konstant und dies gilt auch für den Gesamtabsorptionsquerschnitt dieser Spezies im EUV-Bereich. Abbildung 3.13
zeigt dessen Verlauf im Wellenlängenbereich zwischen 5 und 103 nm und
zwar zusammen mit den Absorptionsquerschnitten von molekularem Stickstoff und atomarem Sauerstoff, wobei letzterer dem Ionisierungsquerschnitt

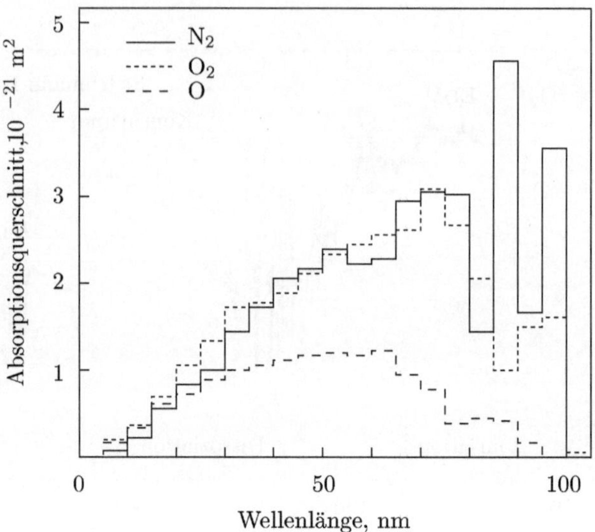

Abb. 3.13. Absorptionsquerschnitte des molekularen Stickstoffs und Sauerstoffs und des atomaren Sauerstoffs im Extremultraviolettbereich. In diesem Wellenlängenintervall dominieren Ionisationsprozesse die Absorption von Strahlung. Eine Ausnahme bildet der Wellenlängenbereich 80-100 nm, in dem die Absorption durch Anregung des molekularen Stickstoffs in sogenannte Prädissoziationszustände vorherrscht. (Nach Daten von Torr et al., 1979)

von O entspricht. Man beachte, daß in dieser Darstellung σ_j^A linear und nicht wie in Abb. 3.12 logarithmisch aufgetragen ist. Für spätere Anwendung entnehmen wir Abb. 3.13, daß der mittlere Absorptionsquerschnitt für atomaren Sauerstoff im EUV-Bereich etwa $\sigma_O^A(EUV) \simeq 10^{-21}$ m² beträgt und für molekularen Sauerstoff und Stickstoff ungefähr doppelt so groß ist.

3.2.2 Strahlungsextinktion in Gasen

Um die Extinktion elektromagnetischer Strahlung in einem Gas angeben zu können, bestimmen wir zunächst die Wahrscheinlichkeit, daß ein Photon beim Durchfliegen der Gasstrecke ds einen Stoß erleidet und absorbiert wird. Diese Wahrscheinlichkeit läßt sich unmittelbar der Abb. 3.14 entnehmen. So ist die Summe der auf die Rückseite des Volumens projizierten Gasteilchenquerschnitte ein Maß für die Wahrscheinlichkeit, daß das Photon innerhalb von ds einen Stoß erleidet, während die freibleibende Fläche ein Maß dafür ist, daß das Photon diese Strecke ohne einen Stoß zu erleiden zurücklegt. Die Stoßwahrscheinlichkeit dw_{st}(ds) ergibt sich somit als das Verhältnis von der durch die Projektionen abgeschatteten Fläche zu der insgesamt zur Verfügung stehenden Fläche

$$\mathrm{d}w_{st}(\mathrm{d}s) = (\sum \sigma^A)/A = (\sigma^A\, n(s)\, A\, \mathrm{d}s)/A = \sigma^A\, n(s)\, \mathrm{d}s \qquad (3.21)$$

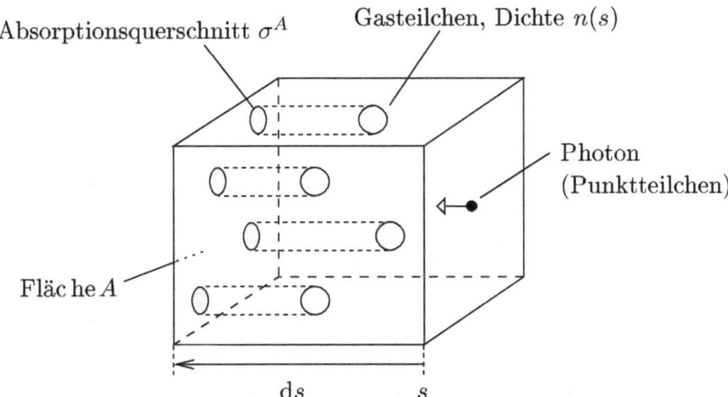

Abb. 3.14. Zur Ableitung der Wahrscheinlichkeit eines Absorptionsstoßes für ein Photon, das die Strecke ds in einem Gas zurücklegt

Dieser Ansatz ist natürlich nur gültig, solange es zu keiner Überlappung der Projektionen kommt, und diese Bedingung ist erfüllt, wenn der Abstand der Teilchen ($\simeq 1/\sqrt[3]{n}$) groß ist gegenüber ihrem Durchmesser ($\simeq \sqrt{\sigma^A}$) und ds genügend klein gewählt wird. Mit Hilfe der Stoßwahrscheinlichkeit läßt sich die Extinktion eines Photonenflusses in dem betrachteten Gasvolumen angeben. Dabei sei angenommen, daß die Photonen schon eine gewisse Wegstrecke in dem Gas zurückgelegt haben und die Photonenflußstärke an der Eintrittsfläche des Gasvolumens $\phi^{Ph}(s)$ beträgt. Von den Photonen dieses Flusses erleiden $\phi^{Ph}(s)\,\mathrm{d}w_{St}(\mathrm{d}s)$ beim Durchfliegen der Strecke ds einen Absorptionsstoß. Entsprechend gilt für die Photonenflußänderung

$$\mathrm{d}\phi^{Ph} = -\phi^{Ph}(s)\,\mathrm{d}w_{St}(\mathrm{d}s) = -\phi^{Ph}(s)\,\sigma^A\,n(s)\,\mathrm{d}s \qquad (3.22)$$

Dieser Ausdruck ist unmittelbar verständlich, da die Photonenflußänderung in der Tat proportional zur Photonenflußstärke, zur Größe des Absorptionsquerschnitts, zur Dichte der absorbierenden Gasteilchen und zur Länge der zurückgelegten Wegstrecke sein sollte und das Minuszeichen die Abnahme des Photonenflusses signalisiert. Durch diesen Ansatz wird gleichzeitig die Größe des Absorptionsquerschnitts (und analog die anderer Wechselwirkungsquerschnitte) festgelegt. Separation der Variablen s und ϕ^{Ph} und anschließende Integration führt auf das bekannte *Lambert-Beersche Extinktionsgesetz*

$$\phi^{Ph}(s) = \phi^{Ph}(s_0)\,e^{-\tau(s)} \qquad (3.23)$$

wobei wir zur Abkürzung die *optische Dicke* τ eingeführt haben

$$\tau = \int_{s_0}^{s} \sigma^A\,n(s')\,\mathrm{d}s' \qquad (3.24)$$

Offensichtlich entsprechen große τ einem stark absorbierenden und damit undurchsichtigen, 'optisch dicken', kleine τ dagegen einem schwach absorbierenden und deshalb durchsichtigen, 'optisch dünnen' Gasvolumen. Obwohl

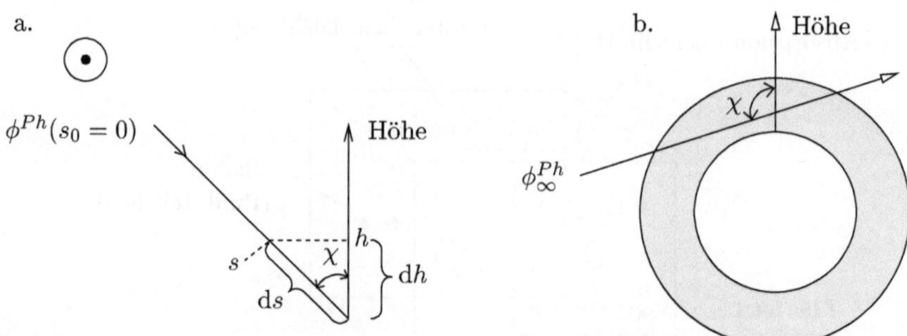

Abb. 3.15. (a) Korrespondenzen zwischen den verschiedenen Variablen bei der Anwendung des Lambert-Beerschen Extinktionsgesetzes auf die Hochatmosphäre. (b) Modifikation des Absorptionsweges für große Zenitwinkel bei Berücksichtigung der Sphärizität der Hochatmosphäre

ursprünglich für den sichtbaren Bereich eingeführt, bezieht sich 'optisch' dabei auf alle Wellenlängenbereiche. Der im Lambert-Beerschen Extinktionsgesetz auftretende Exponentialfaktor $\exp(-\tau) = \phi^{Ph}(s)/\phi^{Ph}(s_0)$ wird aus naheliegenden Gründen auch als *Transmissionsfaktor* bezeichnet.

3.2.3 Strahlungsextinktion in der Hochatmosphäre

Um die Extinktion der Sonnenstrahlung in der Hochatmosphäre angeben zu können, betrachten wir zunächst den einfachen Fall einer planaren (also planparallel geschichteten) Eingasatmosphäre. Die Anpassung des Lambert-Beerschen Extinktionsgesetzes an diese Situation gelingt mit Hilfe folgender, der Abb. 3.15a entnommenen Korrespondenzen

$$s \mathrel{\widehat{=}} h; \qquad s_0 = 0 \mathrel{\widehat{=}} h \to \infty$$

$$\phi^{Ph}(s) \mathrel{\widehat{=}} \phi^{Ph}(h); \qquad \phi^{Ph}(s_0 = 0) \mathrel{\widehat{=}} \phi^{Ph}(h \to \infty) = \phi_\infty^{Ph} \tag{3.25}$$

$$\mathrm{d}s = -\mathrm{d}h/\cos\chi = -\mathrm{d}h\,\sec\chi$$

Dabei bezeichnet ϕ_∞^{Ph} den Photonenfluß der Sonne außerhalb der Erdatmosphäre und χ den *Einfalls-* oder *Zenitwinkel*. Einsetzen in das Lambert-Beersche Extinktionsgesetz bei Vertauschung der Integrationsgrenzen ergibt den gesuchten Ausdruck für die Photonenflußstärke in der Höhe h

$$\phi^{Ph}(h) = \phi_\infty^{Ph}\, e^{-\tau(h)} \tag{3.26}$$

wobei die optische Dicke mit Gl. (2.79) und (2.80) folgende einfache Form annimmt

$$\tau(h) = \int_h^\infty \sec\chi\, \sigma^A\, n(h')\, \mathrm{d}h' = \sec\chi\, \sigma^A\, \mathcal{N}(h) \simeq \sec\chi\, \sigma^A\, n(h)\, H(h) \tag{3.27}$$

Bei Anwendung auf die reale Hochatmosphäre muß Gl. (3.27) in zweierlei Hinsicht erweitert werden. So besteht die Hochatmosphäre aus mehreren Gasen und kann zudem bei großen Einfallswinkeln nicht mehr als planar betrachtet werden. Aus dem in Gl. (3.21) gemachten Ansatz für die Stoßwahrscheinlichkeit folgt, daß sich die Absorptionsbeiträge verschiedener Gaskomponenten addieren. Deshalb genügt es in Gl. (3.27) das gasspezifische Produkt aus Absorptionsquerschnitt, Dichte und Skalenhöhe durch die das Gasgemisch beschreibende Summe dieser Produkte zu ersetzen. Wesentlich aufwendiger ist die Berücksichtigung der Kugelschalengestalt der Atmosphäre, siehe Abb. 3.15b. Hier erfolgt sie, ohne auf Details einzugehen und summarisch, durch Einführung der sogenannten *Chapman-Funktion für streifenden Einfall* $ch(\chi, h)$. Es genügt zu wissen, daß für Einfallswinkel kleiner etwa 80° in guter Näherung $ch(\chi, h) \simeq \sec \chi$ gilt und daß für Einfallswinkel $\geq 90°$ die Chapman-Funktion – im Gegensatz zu $\sec \chi$ – endlich und positiv bleibt. Verständlich ist auch, daß die Chapman-Funktion von der Höhe abhängen muß, da die Sphärizität in größeren Höhen viel wichtiger ist als in der unteren Atmosphäre, wo die Absorption ohnehin sehr groß ist. Damit nimmt die optische Dicke der Hochatmosphäre folgende Gestalt an

$$\tau(h) \simeq ch(\chi, h) \sum_{j=\mathrm{O},\mathrm{N_2},\mathrm{O_2}} \sigma_j^A \, n_j(h) \, H_j(h) \qquad (3.28)$$

wobei nur die wichtigsten Gase berücksichtigt wurden.

Von Interesse ist die Höhe, in der die einfallende Sonnenstrahlung aufgrund der Absorption auf den e-ten Teil ihres ursprünglichen Wertes abgefallen ist. Diese sogenannte *Absorptionshöhe* h_A ergibt sich – bei nicht zu flachem Strahlungseinfall – aus der Bedingung

$$\tau(h_A) \simeq \sec \chi \sum_{j=\mathrm{O},\mathrm{N_2},\mathrm{O_2}} \sigma_j^A \, n_j(h_A) \, H_j(h_A) = 1 \qquad (3.29)$$

Da für die Dichten Gl. (2.60) einzusetzen ist, läßt sich diese implizite Gleichung für h_A nur numerisch lösen und zwei repräsentative Ergebnisse sind in Abb. 3.16 dargestellt. Aufgetragen ist die Absorptionshöhe als Funktion der Wellenlänge ($\sigma_j^A = f(\lambda)$!) und zwar für zwei durch Sonnenstandswinkel und Sonnenaktivität unterschiedene Bedingungen. Allgemein läßt sich feststellen, daß die gesamte Strahlung im Wellenlängenbereich 5 bis 175 nm oberhalb von etwa 100 km Höhe absorbiert wird. Während die Fernultraviolett-Strahlung diese Höhe gerade noch erreicht, wird die Extremultraviolett-Strahlung aufgrund der größeren EUV-Absorptionsquerschnitte schon oberhalb von 150 km, während höherer Sonnenaktivität und flachem Einfallswinkel schon oberhalb von 200 km Höhe absorbiert. Daß die Absorptionshöhe vom Sonnenstandswinkel abhängt, ergibt sich unmittelbar aus Gl. (3.29). Sie hängt aber auch indirekt von dieser Größe ab und darüber hinaus auch von der Sonnenaktivität und zwar über die Dichte und Skalenhöhe der absorbierenden Gase. Kleine Zenitwinkel und hohe Sonnenaktivität bedeuten eine hohe Atmosphärentemperatur und damit große Skalenhöhen und große Dichten,

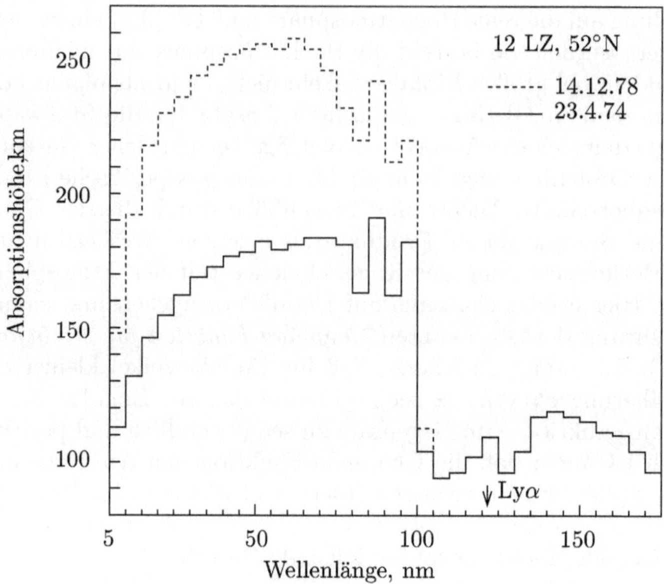

Abb. 3.16. Absorptionshöhen im Fern- und Extremultraviolettbereich für Mittagsbedingungen in mittleren Breiten. Die durchgezogene Linie bezieht sich auf einen Frühjahrstag während niedriger Sonnenaktivität (CI=73), die gestrichelte Linie auf einen Wintertag während hoher Sonnenaktivität (CI=203). Ein Pfeil deutet die relativ große Eindringtiefe der Lyman-α-Strahlung an. (Nach Kockarts, 1981)

und dies wiederum hat große Absorptionshöhen zur Folge. Die Abhängigkeit vom Einfallswinkel ist demnach komplizierter als durch die Funktion $\sec\chi$ explizit angegeben. So ist die fehlende Variabilität im langwelligen Bereich darauf zurückzuführen, daß in der unteren Thermosphäre das Produkt aus Dichte und Skalenhöhe mit wachsendem Zenitwinkel zunimmt. Hinzu kommt der steile Dichteverlauf in diesem Bereich ($H_n \simeq 6\,\mathrm{km}$).

3.2.4 Strahlungsabsorptionsbedingte Energieablagerung

Im folgenden gilt es die mit der Strahlungsabsorption verknüpfte Energieablagerung zu bestimmen. Letztere ist ja für die Aufheizung der Hochatmosphäre verantwortlich. In einem ersten Schritt soll die Anzahl der Photonen bestimmt werden, die in einem atmosphärischen Volumenelement absorbiert wird. Dazu betrachten wir einen Zylinder mit der Grundfläche $\mathrm{d}A$ und der Länge $\mathrm{d}s$, der parallel zur einfallenden Strahlung ausgerichtet ist, siehe Abb. 3.17. Die Anzahl der an der Oberseite in den Zylinder hineinfliegenden Photonen beträgt $\mathrm{d}N_{Ph}^{+} = \phi^{Ph}\,\mathrm{d}A\,\mathrm{d}t$, die der an der Unterseite herausfliegenden $\mathrm{d}N_{Ph}^{-} = (\phi^{Ph} - |\mathrm{d}\phi^{Ph}|)\,\mathrm{d}A\,\mathrm{d}t$. Die Differenz ergibt die im Volumen $\mathrm{d}V = \mathrm{d}A\,\mathrm{d}s$ verbleibenden und somit absorbierten Photonen und beträgt

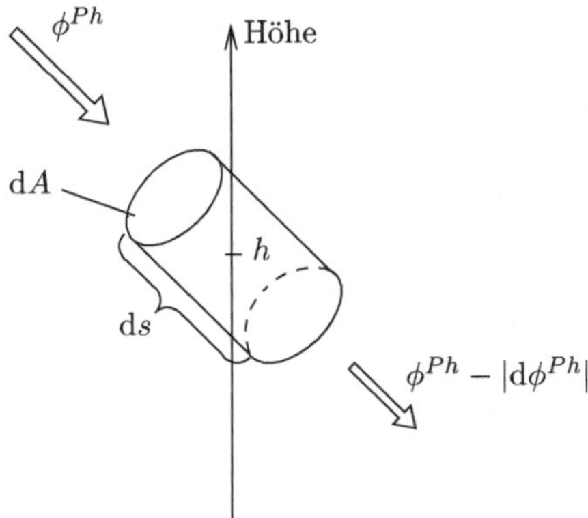

Abb. 3.17. Zur Bestimmung der in der Höhe h pro Volumenelement und pro Zeitintervall absorbierten Photonenmenge

$dN_{Ph} = |d\phi^{Ph}|\, dA\, dt$. Damit ergibt sich die in der Höhe h pro Volumenelement und pro Zeitintervall absorbierte Photonenzahl zu

$$\left.\frac{dN_{Ph}}{dV\, dt}\right|_{h} = \left.\left|\frac{d\phi^{Ph}}{ds}\right|\right|_{h} = \sigma^A\, n(s)\, \phi^{Ph}(s)\big|_{h} = \sigma^A\, n(h)\, \phi^{Ph}(h) \qquad (3.30)$$

wobei wir von den Beziehungen (3.22) und (3.25) Gebrauch gemacht haben. Wie man sich leicht überzeugen kann, ist dieses Ergebnis unabhängig von der Gestalt des in der Ableitung betrachteten Volumenelementes. Es werden auch keinerlei Annahmen hinsichtlich des Sonnenstandswinkels gemacht, so daß Gl. (3.30) auch für streifenden Strahlungseinfall gültig ist. Die einzige Einschränkung ergibt sich aus der Tatsache, daß eine Eingasatmosphäre betrachtet wird, bei einer Mehrgasatmosphäre müssen die Beiträge der einzelnen Gaskomponenten aufaddiert werden. Alternativ und mehr formal läßt sich die pro Volumen- und Zeiteinheit absorbierte Photonenzahl auch aus der Divergenz des Photonenflusses berechnen. Gemäß Gl. (2.18) gilt ja

$$\frac{dN_{Ph}}{dV\, dt} = \frac{dn_{Ph}}{dt} = -\text{div}\,\vec{\phi}^{Ph} = -\frac{d\phi_s^{Ph}}{ds} = \sigma^A n(s)\phi^{Ph}(s) = \sigma^A n(h)\phi^{Ph}(h)$$

wobei die Wegkoordinate s, wie bisher, in Richtung des Photonenflusses zeigt.

Da mit den Photonen auch deren Energie absorbiert wird, ist mit der Extinktion von Strahlung auch stets eine Energieablagerung verbunden. Mit $E_{Ph} = h_P c_0/\lambda$ beträgt diese pro Volumenelement und Zeitintervall

$$q^E(h) = \frac{d(N_{Ph}\, E_{Ph})}{dV\, dt} = (h_P\, c_0/\lambda)\, \sigma^A\, n(h)\, \phi^{Ph}(h)$$

bzw.

$$q^E(h) = \sigma^A\, n(h)\, \phi_\infty^E\, e^{-\tau(h)} \qquad (3.31)$$

wobei wir zur Abkürzung den mit dem Photonenfluß verknüpften Energiefluß $\phi_\infty^E = (h_P c_0/\lambda)\, \phi_\infty^{Ph}$ eingeführt haben und die Bezeichnung q^E andeuten soll, daß wir es hier mit einer Energiequelle zu tun haben. Der allgemeine Höhenverlauf dieser Energieablagerungsrate pro Volumen ergibt sich aus folgender Überlegung. Da in großen Höhen die Dichte sehr klein wird, die Transmission $e^{-\tau(h)}$ aber maximal den Wert eins erreicht, sinkt dort die Energieablagerungsrate auf sehr kleine Werte ab. Offenbar sind in großen Höhen nicht mehr genügend viele Gasteilchen vorhanden, um die einfallende Strahlung nennenswert zu absorbieren. In niedrigen Höhen wird die Dichte zwar sehr groß, die Transmission geht aber doppel-exponentiell $(\tau(h) \sim n(h) \sim e^{-h})$ gegen Null, so daß auch hier die Energieablagerungsrate sehr rasch sehr klein wird. Offenbar gibt es in niedrigen Höhen keine Strahlung mehr, die von den zahlreich dort vorhandenen Gasteilchen absorbiert werden könnte. Dazwischen wird die Energieablagerung ein Maximum erreichen und zwar in einer Höhe, in der die Dichte der Gase bereits genügend groß und die einfallende Strahlung noch genügend groß ist, um intensive Strahlungsabsorption stattfinden zu lassen.

Um die Höhenabhängigkeit der Energieablagerung explizit angeben zu können, betrachten wir den stark idealisierten Fall einer planaren, isothermen Eingasatmosphäre. Gleichung (3.31) läßt sich dann folgendermaßen schreiben

$$q^E(h) = \left(\phi_\infty^E\ \cos\chi/H\right)\ \tau(h)\ e^{-\tau(h)} \tag{3.32}$$

Für das Maximum dieser Kurve gilt $dq^E/dh = 0$ aber auch $d(\ln q^E)/dh = 0$. Letztere Bedingung führt auf die Bestimmungsgleichung

$$\frac{d\tau}{dh}\left(\frac{1}{\tau} - 1\right) = 0$$

Da $d\tau/dh \sim \exp[-(h - h_0)/H]$ nur für $h \to \infty$ verschwindet, folgt daraus

$$\tau(h_{max}) = 1 \tag{3.33}$$

Dies entspricht aber genau der Definition der Absorptionshöhe, so daß maximale Energieablagerung am Ort der Absorptionshöhe, also dort, wo die Intensität der einfallenden Strahlung auf den e-ten Teil ihres ursprünglichen Wertes abgesunken ist, stattfindet. Für das Maximum selbst gilt

$$q^E(h_{max}) = q_{max}^E = \frac{\phi_\infty^E\ \cos\chi}{H\, e} \tag{3.34}$$

wobei e die Basis des natürlichen Logarithmus ist.

Wir führen nun die Höhe der maximalen Energieablagerung bei senkrechtem Strahlungseinfall, $h_{max}^* = h_{max}(\chi = 0)$, als Referenzhöhe in die barometrische Höhenformel für die Dichteverteilung ein. Gemäß Gl. (3.27) und mit $h_{max}^* = h_A^* = h_A(\chi = 0)$ gilt $n(h_{max}^*) = 1/\sigma^A H$, so daß sich die optische Dicke jetzt folgendermaßen schreiben läßt

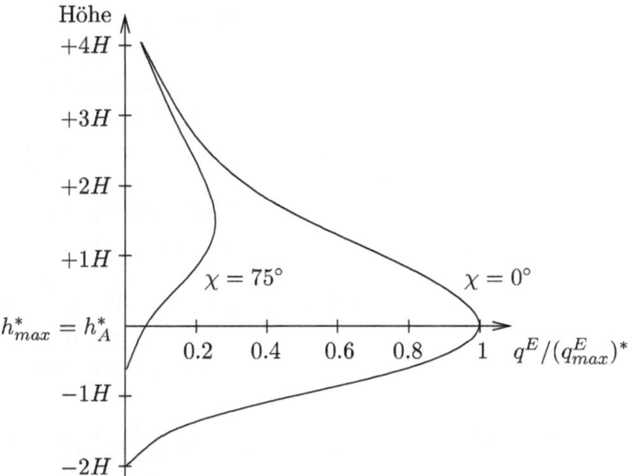

Abb. 3.18. Chapman-Produktionsfunktion für zwei verschiedene Zenitwinkel. h^*_{max} und h^*_A bezeichnen die Höhe der maximalen Energieablagerungsrate bzw. die Absorptionshöhe bei senkrechtem Strahlungseinfall, H die Skalenhöhe des absorbierenden Gases. Dabei steht die Höhe $+1H$ für $h^*_{max} + 1H$ etc.. q^E ist die Energieablagerungsrate pro Volumen und $(q^E_{max})^*$ der Maximalwert dieser Größe bei senkrechtem Strahlungseinfall

$$\tau(h) = \sec \chi \; e^{-(h-h^*_{max})/H}$$

Führt man noch die maximale Energieablagerungsrate bei senkrechtem Strahlungseinfall ein, $(q^E_{max})^* = q^E_{max}(\chi = 0)$, so läßt sich Gl. (3.32) folgendermaßen schreiben

$$q^E(h) = (q^E_{max})^* \; \exp \left\{ 1 - \frac{h - h^*_{max}}{H} - \sec \chi \; e^{-(h-h^*_{max})/H} \right\} \tag{3.35}$$

Obwohl erstmals von P. Lenard im Jahre 1911 im Zusammenhang mit der Erzeugung von Polarlichtern diskutiert, ist diese Art von Höhenprofil unter der Bezeichnung *Chapman-Produktionsfunktion* bekannt geworden. Abbildung 3.18 zeigt ihren Verlauf für zwei verschiedene Sonnenstandswinkel. Wie ersichtlich verringert sich bei schrägem Strahlungseinfall die maximale Energieablagerungsrate, gleichzeitig verschiebt sie sich zu größeren Höhen hin. Die Halbwertsdicke der Schicht bleibt davon unberührt und beträgt etwa 2.5 Skalenhöhen. Man beachte, daß oberhalb von etwa $h^*_{max} + 2H$ die Energieablagerungsrate unabhängig vom Sonnenstandswinkel wird. Dies ist darauf zurückzuführen, daß in größeren Höhen der Transmissionsfaktor auch für größere Zenitwinkel noch nahezu Eins beträgt und somit die Energieablagerungsrate allein von der Dichte des absorbierenden Gases abhängt.

Um den Höhenverlauf der Energieablagerungsrate in der realen Hochatmosphäre zu erhalten, müssen eine Reihe der bisher gemachten, vereinfachenden Annahmen aufgegeben werden. So ist die Hochatmosphäre im Hauptabsorptionsgebiet sicherlich nicht isotherm, was analytische Rechnungen erheblich erschwert. Sie stellt auch keine Eingas-, sondern eine Mehrgasatmosphäre dar und dies verlangt, daß das in Gl. (3.31) auftretende Produkt aus Absorptionsquerschnitt und Dichte durch eine die Beiträge der verschiedenen Gaskomponenten berücksichtigende Produktsumme ersetzt wird. Entsprechendes gilt für die optische Dicke. Allein diese Modifikationen erzwingen den Übergang zu numerischen Rechnungen. Hinzu kommt, daß wir es bei der Sonnenstrahlung nicht mit monochromatischer, sondern mit polychromatischer Strahlung zu tun haben, so daß zusätzlich über die unterschiedlichen Beiträge der einzelnen Wellenlängenbereiche summiert werden muß. In der realen Hochatmosphäre nimmt Gl. (3.31) demnach folgende Form an

$$q^E(h) \simeq \sum_\lambda \sum_i n_i(h)\, \sigma_i^A(\lambda)\, \phi_\infty^E(\lambda)\, \exp\left\{ -ch(\chi,h) \sum_j \sigma_j^A(\lambda)\, n_j(h)\, H_j(h) \right\}$$

$$(3.36)$$

wobei $\sum_\lambda$ die Summation über die Wellenlängenbereiche und $\sum_i$ bzw. $\sum_j$ die Summation über die Gaskomponenten der Hochatmosphäre anzeigt. Die Sphärizität der Hochatmosphäre wird wieder über die Chapman-Funktion berücksichtigt.

Als Beispiel sei Gl. (3.36) für die Mittagszeit eines Frühlingstages in mittleren Breiten bei niedriger Sonnenaktivität ausgewertet. Offensichtlich zeigt das in Abb. 3.19 durch die durchgezogene Linie dargestellte Ergebnis insgesamt wenig Ähnlichkeit mit einer Chapman-Produktionsfunktion. Betrachtet man jedoch die Beiträge einzelner Wellenlängenbereiche getrennt, so ist durchaus eine qualitative Übereinstimmung festzustellen. So produziert die EUV-Strahlung eine Energieablagerungsschicht, deren Maximum in der Tat in der Nähe der Absorptionshöhe dieser Strahlung liegt, siehe Abb. 3.16. Darüber hinaus ist die Breite dieser Schicht durchaus in Einklang mit den relativ großen Skalenhöhen in diesem Bereich. Auch die durch die Schumann-Runge-Kontinuumsstrahlung erzeugte Energieablagerungsschicht ähnelt einer Chapman-Produktionsfunktion, wobei das Maximum wieder in der Nähe der Absorptionshöhe dieser Strahlung liegt und die geringe Schichtdicke die kleinen Skalenhöhen in 100 km Höhe widerspiegelt. Was den jeweiligen Wert der maximalen Energieablagerung betrifft, so sollte dieser gemäß Gl. (3.34) einerseits von der Skalenhöhe, andererseits von der Energie- bzw. Photonenflußstärke abhängen. In der Tat ist im Fall der Schumann-Runge-Kontinuumstrahlung die Skalenhöhe kleiner und die Strahlungsintensität größer als im Fall der EUV-Strahlung, was zu der deutlich größeren maximalen Energieablagerungsrate führt. Bemerkenswert ist die Absorption der sehr intensiven und tief in die Atmosphäre eindringenden Lyman-α-Strahlung der Sonne, die in dem hier betrachteten Beispiel eine separate Energieablagerungsschicht hoher maximaler Intensität produziert. Allgemein gilt es zu bedenken, daß die genaue Form des Energieablagerungsprofils stark von dem jeweiligen Son-

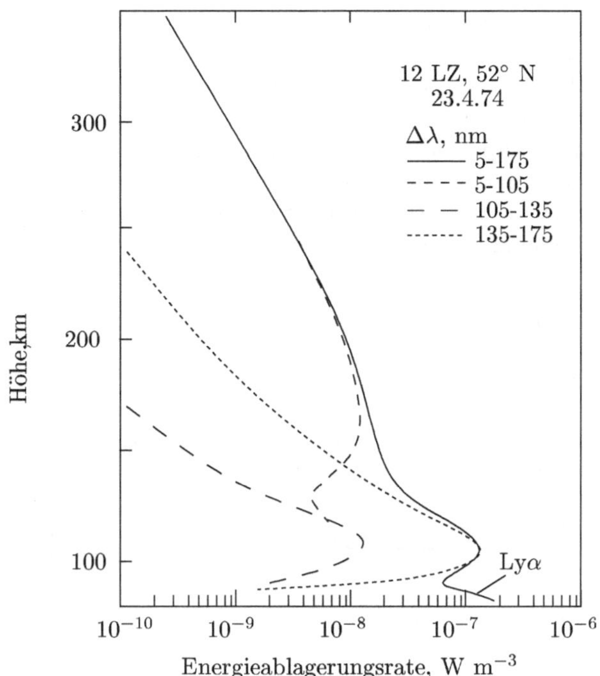

Abb. 3.19. Energieablagerungsrate pro Volumen für Mittagsbedingungen in mittleren Breiten. Der 23. April 1974 war ein Tag niedriger Sonnenaktivität (CI=73). Der nur angedeutete Wiederanstieg der zur EUV-Strahlung gehörigen Energieablagerungsrate in niedrigen Höhen ist auf die Absorption der lang- und kurzwelligsten Strahlung in diesem Bereich zurückzuführen, siehe auch Abb. 4.6. (Nach Kockarts, 1981)

nenstandswinkel und von der jeweiligen Strahlungsintensität abhängt. Das in Abb. 3.19 gezeigte Profil sollte deshalb nur als Beispiel betrachtet werden.

3.3 Aufheizung und Temperaturverlauf

Wie die vorangegangene Diskussion zeigt, hat die Absorption von Sonnenstrahlung entscheidenden Einfluß auf die Eigenschaften der Hochatmosphäre. So verändert die Produktion atomarer Sauerstoffteilchen die chemische Zusammensetzung der Hochatmosphäre und damit auch deren Absorptionseigenschaften. Durch die Photoionisation wird die Hochatmosphäre in ein leitfähiges Medium verwandelt. Schließlich wird bei der Strahlungsabsorption Wärme erzeugt und deren Einfluß auf den Temperaturverlauf soll im folgenden untersucht werden. Dabei gilt es zunächst die Wärmeproduktionsrate zu bestimmen. Anschließend soll der allein auf dieser Wärmeproduktionsrate beruhende Temperaturanstieg abgeschätzt werden. Wie sich zeigt, werden effektive Wärmeverlustprozesse benötigt, um eine übermäßige Aufheizung der Hochatmosphäre zu verhindern. In der unteren Thermosphäre spielt dabei Wärmeabstrahlung, in der oberen molekulare Wärmeableitung die entscheidende Rolle. Für den Fall, daß die Wärmeproduktion gerade durch die Wärmeableitung kompensiert wird, lassen sich allgemeine Aussagen über den Temperaturverlauf in der Hochatmosphäre machen. Schließlich sollen wärmezufuhrbedingte systematische Variationen von Temperatur und Dichte und Luftleuchterscheinungen beschrieben werden.

3.3.1 Wärmeerzeugung

Nur ein Teil der absorbierten Strahlungsenergie wird in Wärme umgewandelt. Dabei ist die Bestimmung dieser Heizeffizienz keineswegs eine leichte Aufgabe, wie ein Blick auf die Energetik einer Photoionisation zeigt. So findet z.B. bei der Wechselwirkung

$$\mathrm{O} + \underbrace{\mathrm{Photon}(\lambda = 30.4~\mathrm{nm})}_{41~\mathrm{eV}} \rightarrow \underbrace{\mathrm{O}^+ + \mathrm{e}}_{14~\mathrm{eV}} + \underbrace{\text{Überschußenergie}}_{27~\mathrm{eV}}$$

keine direkte Aufheizung der neutralen Hochatmosphäre statt, da die Ionisierungsenergie von etwa 14 eV zunächst in Form von potentieller chemischer Energie, die Überschußenergie von 27 eV in Form von kinetischer Energie des herausgeschlagenen *Photoelektrons* vorliegt. Das weitere Schicksal dieser Energieformen ist in Abb. 3.20 skizziert. So wird das schnelle Photoelektron einerseits durch Stöße mit den bereits vorhandenen thermischen Elektronen abgebremst, was zu einer Aufheizung des Elektronengases führt. Anschließender Wärmeaustausch dieses aufgeheizten Elektronengases mit dem kühleren Neutralgas leistet einen ersten Beitrag zur Aufheizung der neutralen Hochatmosphäre. Ein entsprechender Wärmeaustausch findet auch mit dem kühleren Ionengas statt, wobei ein Großteil der dabei übertragenen Wärme direkt an das Neutralgas weitergegeben wird. Man beachte in diesem Zusammenhang, daß in der sonnenbeschienenen Hochatmosphäre die Elektronengastemperatur höher als die Ionengastemperatur und letztere höher oder gleich der Neutralgastemperatur ist, siehe Abb. 4.3. Auf der anderen Seite wird das Photoelektron durch Stöße mit Neutralgasteilchen abgebremst. Sind diese Stöße elastischer Natur, so führt dies zu einer Aufheizung der neutralen Hochatmosphäre. Bei inelastischen Wechselwirkungen ist zwischen Stoßionisation und Stoßanregung zu unterscheiden. Im ersteren Fall beginnt der Energieverteilungszyklus von vorne, im zweiten Fall erfolgt eine Deaktivierung des angeregten Zustands durch Stoßdeaktivierung oder durch Strahlungsemission. Bei der Stoßdeaktivierung (engl. *collisional quenching*) wird die Anregungsenergie bei einem Zusammenstoß in die kinetische Energie der beteiligten Stoßpartner umgewandelt und dieser Prozeß trägt somit zur Aufheizung der neutralen Hochatmosphäre bei. Bei Strahlungsemission ist zwischen den folgenden Möglichkeiten zu unterscheiden. So kann das emittierte Photon ohne

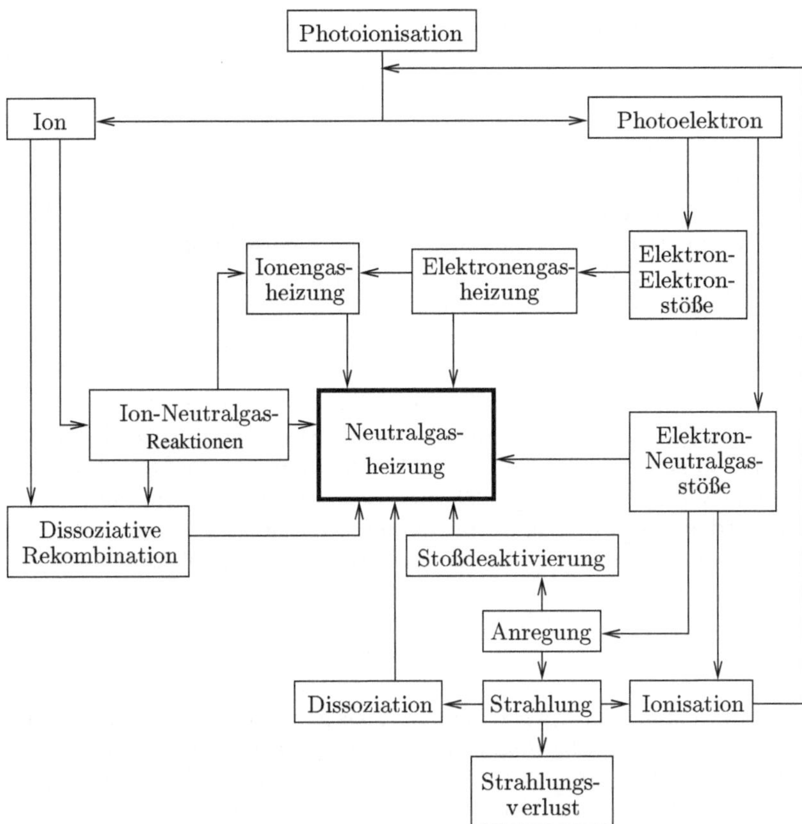

Abb. 3.20. Kanalisierung der bei einer Photoionisation freigesetzten Energie

reabsorbiert zu werden in Richtung interplanetarer Raum oder mittlere Atmosphäre entweichen und somit der Hochatmosphäre verloren gehen. Oder das Photon kann, soweit es genügend Energie besitzt, eine sekundäre Photoionisation bewirken und in diesem Fall beginnt der Energieverteilungszyklus von vorne. Schließlich kann die emittierte Strahlung zu einer Photodissoziation führen und die damit verbundene Wärmeproduktion muß in einem gesonderten Energieflußdiagramm untersucht werden. Folgendes Beispiel

$$O_2 + \text{Photon}(\underbrace{\lambda = 150 \text{ nm}}_{8 \text{ eV}}) \rightarrow \underbrace{O + O^{(*)}}_{5 \text{ eV}} + \underbrace{\text{Überschußenergie}}_{3 \text{ eV}}$$

zeigt aber bereits, daß es bei diesem Prozeß zu einer direkten Aufheizung der neutralen Hochatmosphäre kommt, da die Überschußenergie wenigstens teilweise in Form kinetischer Energie auf die entstehenden Sauerstoffatome übertragen wird (der eingeklammerte Stern soll anzeigen, daß es bei der Dissoziation auch zu einer Anregung der Teilchen kommen kann). Ein Großteil der Dissoziierungsenergie von rund 5 eV geht dagegen der Hochatmosphäre verloren, da sie mit den Sauerstoffatomen in die mittlere Atmosphäre transportiert und erst bei der dort stattfindenden Rekombination freigesetzt wird, siehe Abschnitt 2.3.7.

Wie im linken Teil der Abb. 3.20 angegeben, wird die potentielle chemische Energie des Ions weitgehend in Neutralgaswärme umgewandelt. Die dabei wesentlichen Reaktionen werden ausführlicher in Kapitel 4 behandelt und können hier übergangen werden. Nur ein geringerer Teil der freigesetzten Energie dient der Aufheizung des Ionengases, wobei auch diese Wärme über Wärmeaustausch überwiegend an das Neutralgas weitergegeben wird.

Die Vielzahl der in Abb. 3.20 aufgeführten Vorgänge zeigt, daß die Berechnung der Aufheizung der neutralen Hochatmosphäre eine recht komplizierte Aufgabe ist, die nur mit Hilfe numerischer Modelle gelöst werden kann. Dabei sind in dieser Abbildung nur die wichtigsten, keineswegs alle Energieverteilungskanäle eingezeichnet. Hinzu kommt, daß bei der Bestimmung der Wärmeerzeugung durch primäre Photodissoziation weitere Vorgänge berücksichtigt werden müssen. Angesichts dieser Komplexität begnügen wir uns damit einige wesentliche Ergebnisse der bisher durchgeführten Modellrechnungen wiederzugeben.

Eines dieser Ergebnisse betrifft die Effektivität der verschiedenen Aufheizmechanismen. So zeigt sich, daß unterhalb von etwa 150 km Höhe die Hochatmosphäre hauptsächlich durch die Photodissoziation von molekularem Sauerstoff aufgeheizt wird; daß im Bereich zwischen 150 und 250 km Höhe exotherme chemische Reaktionen die wesentliche Wärmequelle darstellen (z.B. $O^+ + O_2 \rightarrow O_2^+ + O + 1.56$ eV; $O_2^+ + e \rightarrow O + O^{(*)} + 7$ eV); und daß oberhalb von etwa 250 km Höhe Wärmeaustausch mit dem heißeren Elektronen- und Ionengas für die Aufheizung verantwortlich ist. Um die Gesamteffektivität dieser Aufheizprozesse beschreiben zu können, wird die *Heizeffizienz* eingeführt

$$\eta^W = q^W/q^E \tag{3.37}$$

Dabei bezeichnet q^W die pro Volumen und Zeitintervall erzeugte Wärme und q^E die im gleichen Volumen und Zeitintervall zuvor abgelagerte Strahlungsenergie. Die Höhenabhängigkeit dieses Parameters ist in Abb. 3.21 dargestellt. Wie ersichtlich wird nur 30 bis 55% der absorbierten Strahlungsenergie in Wärme umgewandelt. Der Rest wird überwiegend in Form potentieller chemischer Energie oder in Form von Strahlung aus dem betrachteten Volumenelement abgeführt.

Mit Hilfe der Heizeffizienz gelingt es aus einem vorgegebenen Energieablagerungsprofil das zugehörige Wärmeproduktionsprofil zu bestimmen, siehe Abb. 3.22. Dabei wird zwischen der Wärmeproduktionsrate pro Volumen und der Wärmeproduktionsrate pro Teilchen unterschieden. Wie man sieht, ist letztere oberhalb von 200 km Höhe nahezu konstant. Zwar nimmt die Aufheizrate pro Volumen mit wachsender Höhe exponentiell ab, aber dies gilt auch für die Anzahl der Teilchen, die sich diese Wärme teilen müssen. Eben-

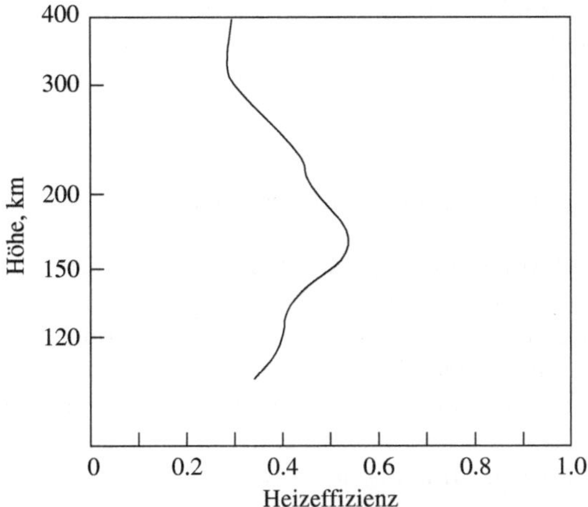

Abb. 3.21. Repräsentatives Höhenprofil der Heizeffizienz. (Nach Roble et al., 1987)

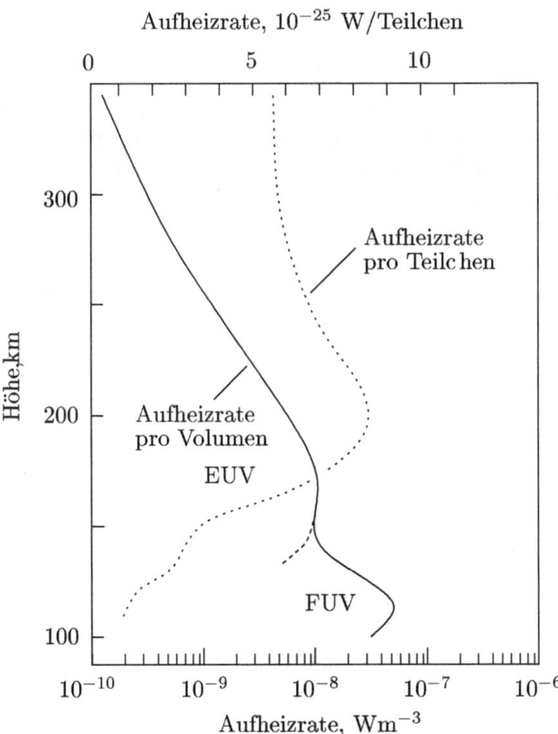

Abb. 3.22. Höhenprofil der Wärmeproduktionsrate. Die Bedingungen entsprechen denen der Abb. 3.19

falls angedeutet ist, daß oberhalb von etwa 150 km Höhe Extremultraviolett-Strahlung, unterhalb dieser Höhe Fernultraviolett-Strahlung (insbesondere im Schumann-Runge-Kontinuum) für die Aufheizung der Hochatmosphäre verantwortlich ist.

3.3.2 Aufheizungsbedingter Temperaturanstieg

Um eine Vorstellung von dem durch die Wärmezufuhr verursachten Temperaturanstieg zu erhalten, betrachten wir den Bereich der oberen Thermosphäre. Hier ist die optische Dicke gering und der Transmissionsfaktor nahezu eins, so daß die einfallende Sonnenstrahlung praktisch ungedämpft zur Verfügung steht. Bei mittlerer Sonnenaktivität und nicht zu schrägem Strahlungseinfall ist dies sicherlich oberhalb von 300 km Höhe der Fall. Gemäß Gl. (3.31) und (3.37) gilt unter diesen Bedingungen

$$q^W(h \gtrsim 300 \text{ km}) \simeq \eta^W \, \sigma^A \, n \, \phi_\infty^E \tag{3.38}$$

Diese Wärmezufuhr führt einerseits zu einer Erhöhung der inneren Energie und damit der Temperatur, andererseits zu einer Ausdehnung der Gase. Betrachtet man ein sich mit der Ausdehnung der Atmosphäre mitbewegendes Gasvolumen, so bleibt das Gewicht der auf ihm lastenden Gassäule gleich und die Ausdehnung erfolgt bei konstantem Druck. Damit gilt Gl. (2.32) und der durch eine Wärmezufuhr pro Masse $\Delta Q'$ erzeugte Temperaturanstieg beträgt $\Delta T = \Delta Q'/c_p$. Um daraus die durch eine Wärmezufuhr pro Gasvolumen und Zeitintervall bewirkte Temperaturanstiegsrate zu erhalten, multiplizieren wir $\Delta Q'$ mit der Massendichte ρ und dividieren durch das Zeitintervall Δt. Man erhält

$$\frac{\Delta T}{\Delta t} = \frac{1}{\rho \, c_p} \left(\frac{\rho \, \Delta Q'}{\Delta t} \right) = \frac{q^W}{\rho \, c_p} = \frac{q^W}{n \, k \, (1 + f/2)} \tag{3.39}$$

bzw. mit Gl. (3.38)

$$\frac{\Delta T}{\Delta t} = \frac{\eta^W \, \sigma^A \, \phi_\infty^E}{k \, (1 + f/2)} \tag{3.40}$$

Einsetzen von Zahlenwerten ($\eta^W = 0.3$, $\sigma_O^A(EUV) \simeq 10^{-21} \text{ m}^2$, $\phi_\infty^E(EUV) \simeq 4 \text{ mW/m}^2$ und $f_O = 3$) ergibt die erstaunlich hohe Temperaturanstiegsrate von etwa 125 K/h. Dies ist ein Vielfaches dessen, was tatsächlich beobachtet wird. So beträgt z.B. für die der Abb. 3.25 zugrunde liegenden Bedingungen der Temperaturanstieg während eines ganzen Tages etwa 160 K, ein Wert, der bei alleiniger Berücksichtigung der Aufheizung in etwas mehr als einer Stunde erreicht wäre. Offenbar wird der Temperaturanstieg sehr effektiv durch Wärmeverlustprozesse begrenzt und letztere gilt es im folgenden zu spezifizieren.

3.3.3 Wärmeverluste durch Abstrahlung

Bei den Wärmeverlustprozessen unterscheidet man grundsätzlich zwischen solchen, bei denen die Wärme tatsächlich verloren geht und solchen, bei denen die Wärme nur umverteilt wird. Zur ersten Kategorie gehört die Wärmeabstrahlung, bei der Wärme in elektromagnetische Strahlung umgewandelt wird und somit dem Wärmebudget verlorengeht. Zur zweiten Kategorie gehören die Wärmekonvektion und die molekulare Wärmeleitung, die lokal zwar Wärme entziehen können, diese aber nicht vernichten. Bei der Konvektion geschieht diese Umverteilung durch den Transport ganzer Gasvolumina samt der darin enthaltenen Wärme, bei der molekularen Wärmeleitung durch die thermische Bewegung einzelner Gasteilchen in einem insgesamt ruhenden Gas. Wie sich zeigt, sind alle diese Wärmeverlustprozesse für die Hochatmosphäre von Bedeutung, in der unteren Thermosphäre dominiert jedoch die Wärmeabstrahlung, in der oberen die Wärmeableitung. Hier soll zunächst auf die Wärmeabstrahlung eingegangen werden.

Stöße zwischen den sich mit ihrer thermischen Geschwindigkeit bewegenden Gasteilchen können diese zur Strahlungsemission anregen. Eine Durchmusterung möglicher Anregungszustände thermosphärischer Hauptgase (O, N_2, O_2, He) zeigt allerdings, daß dies bei den vorherrschenden Temperaturen von 500 bis 2500 K ($\widehat{=}$ 0.06 bis 0.32 eV) nur relativ selten passiert. In Frage kommen nur Feinstrukturübergänge, bei denen die Energietermdifferenzen verhältnismäßig klein sind. Bekannt in dieser Hinsicht ist die Triplettaufspaltung des Grundzustandes des atomaren Sauerstoffs, bei der die Termabstände 0.02 und 0.028 eV betragen, siehe Abb. 3.30. Anregung des ersteren dieser beiden Übergänge führt zur Emission von Infrarotstrahlung bei 63 μm, wobei Rechnungen zeigen, daß der Hochatmosphäre durch diese Strahlung nur wenige Prozent ihres Wärmeinhalts verlorengeht. Molekularer Sauerstoff und Stickstoff erweisen sich in dieser Hinsicht als noch ineffektiver, so daß insgesamt die Abstrahlungsverluste thermosphärischer Hauptgase gering sind.

Wichtig ist dagegen die Wärmeabstrahlung einiger Spurengase wie Stickoxid (NO) und Kohlendioxid (CO_2), deren Vibrations- und Rotationsübergänge bei den vorherrschenden Temperaturen effektiv angeregt werden. Bekannt ist z.B. die 5.3 μm (0.23 eV) Infrarotstrahlung von NO und die 15 μm (0.08 eV) Infrarotstrahlung von CO_2. Intensiver wird diese Abstrahlung allerdings erst in der unteren Thermosphäre ($h \lesssim$ 150 km), wo diese Spurengase in hinreichend großen Dichten auftreten. Hier dominiert diese Abstrahlung denn auch die Wärmeverluste der Hochatmosphäre.

3.3.4 Wärmeverluste durch molekulare Wärmeleitung

Da Turbulenzen durch die große Viskosität im Bereich der Hochatmosphäre unterdrückt werden und zudem der positive Temperaturgradient für eine stabile Schichtung der Gase sorgt, spielt Konvektion für den *vertikalen* Wärme-

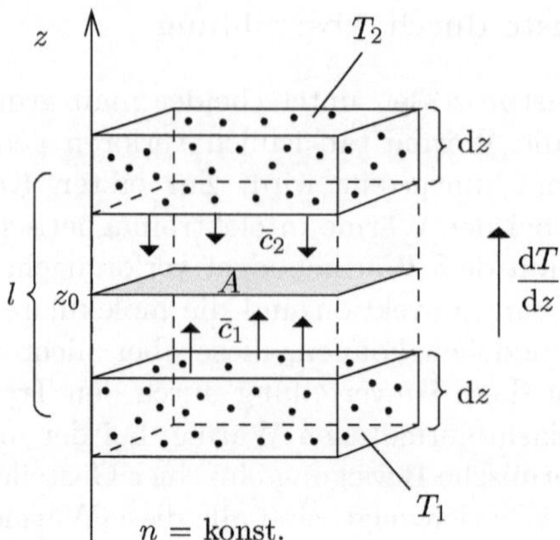

Abb. 3.23. Zur Ableitung des molekularen Wärmeflusses

transport eine untergeordnete Rolle. Damit entfällt dieser Mechanismus, genauso wie Abstrahlung, als Wärmeverlustprozeß für die obere Thermosphäre und es verbleibt im wesentlichen Wärmeentzug durch molekulare Wärmeleitung, um die Aufheizung dieses Bereiches in den beobachteten Grenzen zu halten. (Genau genommen gilt dies nur für eine in horizontaler Richtung gleichförmige oder global gemittelte Atmosphäre, in der auch *horizontale* Wärmekonvektion durch Winde unberücksichtigt bleiben kann.) Wegen der Wichtigkeit der molekularen Wärmeleitung auch für andere planetare und stellare Atmosphären soll sie hier näher betrachtet werden. Dazu gilt es zunächst die Effektivität der Wärmeleitung, anschließend den damit verknüpften Wärmeverlust zu bestimmen.

Molekulare Wärmeleitung. Temperaturgradienten in Gasen sind über die thermische Bewegung der Gasteilchen mit einem Wärmefluß verknüpft, der bestrebt ist, die vorhandenen Inhomogenitäten auszugleichen. Die Abschätzung dieses Effektes erfolgt in ähnlicher Weise wie die der Diffusion, vergleiche dazu Abschnitt 2.3.5. Betrachtet wird ein ruhendes Gas homogener Dichte, das einen in positive z-Richtung zeigenden Temperaturgradienten aufweist. Im folgenden soll der durch den Temperaturgradienten induzierte Wärmefluß durch eine senkrecht zur z-Richtung aufgespannte Referenzfläche bestimmt werden. Dabei ist wieder zu beachten, daß die auf der thermischen Bewegung der Gasteilchen beruhenden Transportprozesse mit der Pekuliargeschwindigkeit der Teilchen und über Distanzen einer mittleren freien Weglänge erfolgen. Deshalb betrachten wir den Wärmeaustausch zweier Volumina, die gerade diesen Abstand besitzen und von denen eins unterhalb, das andere oberhalb der Referenzfläche gelegen ist, siehe Abb. 3.23. Geht man wieder von einer reduzierten Geschwindigkeitsverteilung aus, so wird jeweils 1/6 der in den Volumina befindlichen Teilchen in Richtung der Referenzfläche A fliegen, diese durchqueren und ohne einen Stoß zu erleiden im jeweils anderen

Volumen landen. Die Austauschzeit beträgt dabei $\Delta t = l/\bar{c}$. Da jedes Teilchen gemäß Gl. (2.25) die Wärmemenge $f(kT/2)$ mit sich führt, findet ein Wärmetransport durch die Referenzfläche statt, und der von den beiden Volumina ausgehende Wärmefluß beträgt

$$(\mathrm{d}\phi_z^W)_1 = \left[\frac{1}{6}\, n\, A\, \mathrm{d}z\, \left(\frac{f\, k\, T_1}{2}\right)\right] \bigg/ \left(A\, \frac{l}{\bar{c}_1}\right) = \frac{1}{12}\, k\, f\, n\, \bar{c}_1\, T_1\, \frac{\mathrm{d}z}{l} \qquad (3.41)$$

und

$$(\mathrm{d}\phi_z^W)_2 = \frac{1}{12}\, k\, f\, n\, \bar{c}_2\, T_2\, \frac{\mathrm{d}z}{l} = \frac{1}{12}\, k\, f\, n\, \left(\bar{c}_1\, T_1 + \frac{\mathrm{d}(\bar{c}\, T)}{\mathrm{d}z}\, l + \cdots\right) \frac{\mathrm{d}z}{l}$$
$$(3.42)$$

Damit ergibt sich der durch den Wärmeaustausch der beiden Volumina bedingte Nettowärmefluß durch A zu

$$\mathrm{d}\phi_z^W = (\mathrm{d}\phi_z^W)_1 - (\mathrm{d}\phi_z^W)_2 \simeq -\frac{1}{12}\, k\, f\, n\, \frac{\mathrm{d}(\bar{c}\, T)}{\mathrm{d}z}\, \mathrm{d}z = -\frac{1}{8}\, k\, f\, n\, \bar{c}\, \frac{\mathrm{d}T}{\mathrm{d}z}\mathrm{d}z$$

wobei wir im letzten Schritt vom Ausdruck für den mittleren Geschwindigkeitsbetrag, $\bar{c} = \sqrt{8kT/\pi m}$, Gebrauch gemacht haben. Bei der Aufsummierung dieser Beiträge zum Gesamtwärmefluß wollen wir annehmen, daß der Temperaturgradient (nicht die Temperatur selbst) über die Distanz einer mittleren freien Weglänge als konstant angenommen und die Pekuliargeschwindigkeit durch ihren Wert in Höhe der Fläche A approximiert werden kann. Dann gilt

$$\phi_z^W = -\frac{1}{8}\, k\, f\, n\, \bar{c}\, \frac{\mathrm{d}T}{\mathrm{d}z}\, \int_{z_0-l}^{z_0} \mathrm{d}z = -\frac{1}{8}\, k\, f\, n\, \bar{c}\, l\, \frac{\mathrm{d}T}{\mathrm{d}z} \qquad (3.43)$$

Zur Abkürzung führen wir die zum mittleren Pekuliargeschwindigkeitsbetrag und zur mittleren freien Weglänge proportionale *Wärmeleitfähigkeit* ein

$$\kappa = \xi'\, k\, f\, n\, \bar{c}\, l_{1,1} = \xi\, k^{3/2}\, f\, \sqrt{T}/(\sqrt{m}\, \sigma_{1,1}) = a_\kappa\, \sqrt{T} \qquad (3.44)$$

wobei ξ' und ξ numerische Konstanten sind und wir der Deutlichkeit halber die mittlere freie Weglänge und den Stoßquerschnitt indiziert haben. Damit nimmt die Beziehung für den Wärmefluß folgende einfache Form an (*Fouriersches Gesetz*)

$$\phi_z^W = -\kappa\, \frac{\mathrm{d}T}{\mathrm{d}z} \qquad (3.45)$$

bzw. bei Erweiterung auf drei Dimensionen

$$\vec{\phi}^W = -\kappa\, \mathrm{grad}\, T \quad (= -\kappa\, \nabla T) \qquad (3.46)$$

Bei unserer Abschätzung beträgt der in Gl. (3.44) auftretende Vorfaktor ξ etwa 0.14, genauere Rechnungen ergeben den deutlich größeren Wert $\xi = 25\, \sqrt{\pi}/64 \simeq 0.7$. Für uns viel wichtiger ist allerdings, daß unsere Rechnung

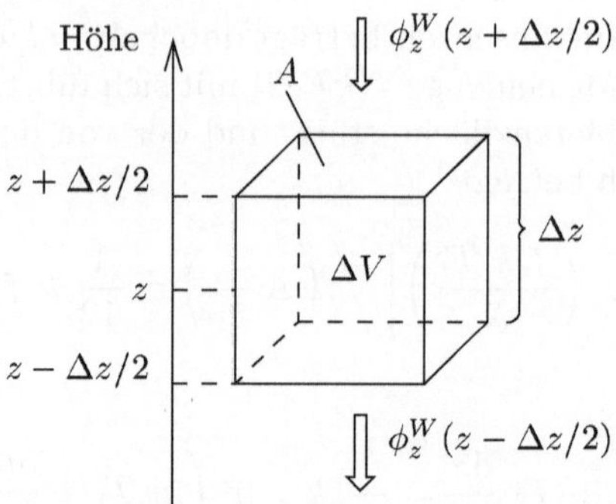

Abb. 3.24. Zur Bestimmung der durch einen inhomogenen Wärmefluß verursachten Änderung des Wärmeinhaltes eines Gasvolumens pro Volumengröße und Zeit

die Abhängigkeit des Wärmeflusses von den verschiedenen Gasparametern richtig wiedergibt.

Für spätere Anwendung sei hier noch die Wärmeleitfähigkeit von molekularem Stickstoff explizit angeben. Aus Gl. (3.44) folgt

$$\kappa_{N_2} \; [\mathrm{W/K\,m}] \simeq 2 \cdot 10^{-3} \sqrt{T \; [\mathrm{K}]} \tag{3.47}$$

in hinreichend guter Übereinstimmung mit experimentellen Ergebnissen. Bemerkenswert ist, daß die Wärmeleitfähigkeit nicht von der Dichte abhängt. Hohe Dichten entsprechen zwar einer großen Anzahl von 'Wärmetransporteuren', gleichzeitig wird aber auch deren Beweglichkeit stark eingeschränkt. Damit hängt die Wärmeleitfähigkeit relativ schwach und allein über die Temperatur von der Höhe ab.

Wärmeleitungsbedingte Wärmeverluste. Die durch die Wärmeleitung verursachten Wärmeverluste hängen offensichtlich nicht allein von der Größe des Wärmeflusses ab. So strömt bei einem großen, aber räumlich konstanten Wärmefluß genausoviel Wärme in ein betrachtetes Volumenelement hinein, wie aus diesem heraus, und der Nettoeffekt ist gleich Null. Vielmehr ist es auch die räumliche Änderungsrate des Wärmeflusses, die über die Größe des Wärmegewinns oder -verlustes entscheidet. Formal und ganz analog zur Ableitung der Kontinuitätsgleichung (2.17) läßt sich dies an Hand folgender Bilanzierung verstehen.

Betrachtet wird ein Gasvolumen der Grundfläche A und der Kantenlänge Δz, wie es in Abb. 3.24 skizziert ist. In der Zeit Δt wird durch einen Wärmefluß die Wärmemenge ΔQ^+ in das betrachtete Volumenelement hineintransportiert, gleichzeitig durch die untere Begrenzung die Wärmemenge ΔQ^- abgeführt. Es gilt

$$\Delta Q^+ = -\phi_z^W(z + \Delta z/2)\, A\, \Delta t \simeq -\left(\phi_z^W(z) + \frac{\mathrm{d}\phi_z^W}{\mathrm{d}z} \frac{\Delta z}{2} + \cdots \right) A\, \Delta t \tag{3.48}$$

und

$$\Delta Q^- = -\phi_z^W (z - \Delta z/2)\, A\, \Delta t \simeq -\left(\phi_z^W(z) - \frac{\mathrm{d}\phi_z^W}{\mathrm{d}z}\, \frac{\Delta z}{2} + \cdots \right) A\, \Delta t \quad (3.49)$$

wobei das Minuszeichen vor ϕ_z^W die Flußrichtung (negative z-Richtung) berücksichtigt. Damit ergibt sich die Nettoänderung des Wärmeinhaltes unseres Volumens zu

$$\Delta Q = \Delta Q^+ - \Delta Q^- = -\frac{\mathrm{d}\phi_z^W}{\mathrm{d}z}\, \Delta V\, \Delta t$$

Die durch den Wärmefluß verursachte Änderung des Wärmeinhaltes pro Volumengröße und Zeit beträgt somit

$$d_z^W = \frac{\Delta Q}{\Delta V\, \Delta t} = -\frac{\mathrm{d}\phi_z^W}{\mathrm{d}z} \qquad (3.50)$$

bzw. bei Erweiterung auf drei Dimensionen

$$d^W = -\operatorname{div}\vec{\phi}^W \quad (= -\nabla\vec{\phi}^W) \qquad (3.51)$$

Man beachte, daß d^W (d wieder von Divergenz) bei positiver Divergenz (d.h. bei einer Zunahme des in positive Richtung strömenden Wärmeflusses oder bei der in Abb. 3.24 gezeigten Abnahme des in negative z-Richtung strömenden Wärmeflusses) einer Wärmesenke, bei negativer Divergenz einer Wärmequelle entspricht.

3.3.5 Wärmebilanzgleichung und Temperaturverlauf

Um eine mit den Beobachtungen verträgliche Temperaturänderungsrate zu erhalten, muß neben der Wärmeerzeugung auch deren Verlust berücksichtigt werden. Eine entsprechende Erweiterung der Abschätzung (3.39) führt auf folgende Wärmebilanzgleichung

$$\rho\, c_p\, \frac{\partial T}{\partial t} \simeq q^W - l^W + d^W \qquad (3.52)$$

Offensichtlich wird die zeitliche Änderung des Wärmeinhaltes eines Gasvolumens durch dessen *effektive* Aufheizrate bestimmt. Letztere setzt sich aus der Wärmeproduktion q^W, aus den 'echten' Wärmeverlusten durch Abstrahlung l^W und aus dem transportbedingten Wärmegewinn oder -verlust d^W zusammen. Im Fall der hier betrachteten eindimensionalen, in horizontaler Richtung gleichförmigen Hochatmosphäre beschränkt sich dabei d^W im wesentlichen auf die Wärmezu- oder -abfuhr durch molekulare Wärmeleitung.

Wie ersichtlich handelt es sich bei der oben angegebenen Wärmebilanzgleichung um eine partielle, nichtlineare Differentialgleichung, die nur numerisch gelöst werden kann. Man denke nur an die komplizierte Form des

Wärmeproduktionsterms nach Gl. (3.36) und (3.37). Um eine allgemeine Vorstellung vom Temperaturverlauf in der Hochatmosphäre zu erhalten, genügt es allerdings eine stark vereinfachte Form dieser Gleichung zu betrachten. So können im Bereich der oberen Thermosphäre abstrahlungsbedingte Wärmeverluste in guter Näherung vernachlässigt werden. Des weiteren kann während des Tages und bei genügend großem zeitlichen Abstand von Sonnenauf- und -untergang die linke Seite der Wärmebilanzgleichung gegenüber dem Produktions- und Transportterm vernachlässigt werden. Dies ist sicherlich in der Umgebung des Temperaturmaximums ($\partial T/\partial t \simeq 0$) erlaubt, aber auch während der Temperaturanstiegsphase bleibt die Zuwachsrate so gering (gemäß Abb. 3.25 kleiner oder gleich 17 K/h, was mit der produktionsbedingten Aufheizrate von 125 K/h zu vergleichen ist), daß diese Näherung gerechtfertigt ist. Betrachtet wird demnach eine Gleichgewichtssituation, in der die Wärmeproduktion gerade durch wärmeableitungsbedingte Verluste kompensiert wird

$$q^W \simeq -d^W = \operatorname{div}\vec{\phi}^W = \frac{d\phi_z^W}{dz} \tag{3.53}$$

Letztere Schreibweise setzt wieder eine in horizontaler Richtung gleichförmige, planare Atmosphäre voraus. Integration dieser Beziehung über das Höhenintervall h bis ∞ ergibt

$$\int_h^\infty q^W(z)\,dz \simeq \int_{\phi_z^W(h)}^0 d\phi_z^W = -\phi_z^W(h) = \kappa(h)\,\frac{dT}{dz}(h) \tag{3.54}$$

wobei wir den Wärmefluß im Unendlichen gleich Null gesetzt haben. Offenbar wird in der hier betrachteten Gleichgewichtssituation die gesamte in einer Gassäule mit der Grundfläche 1 produzierte Wärme (linke Seite der Gl. (3.54)) durch einen Wärmefluß durch die Grundfläche dieser Säule nach unten abgeführt. Zur expliziten Berechnung der integrierten Wärmeproduktionsrate betrachten wir eine Eingasatmosphäre mittlerer Eigenschaften (σ^A, $\eta^W \neq f(h)$) und führen die optische Dicke τ als neue Variable ein. Mit

$$\tau(z) = \sec\chi\,\sigma^A \int_z^\infty n(z')\,dz' \quad \text{bzw.} \quad dz = -d\tau/(\sec\chi\,\sigma^A\,n(z)) \tag{3.55}$$

und Gl. (3.31) und (3.37) erhält man

$$\int_h^\infty q^W(z)\,dz = -\eta^W\,\cos\chi\,\phi_\infty^E \int_{\tau(h)}^0 e^{-\tau}d\tau = \eta^W\,\cos\chi\,\phi_\infty^E\,(1 - e^{-\tau(h)}) \tag{3.56}$$

Einsetzen in Gl. (3.54) ergibt schließlich

$$\frac{dT}{dz}(h) \simeq \eta^W\,\cos\chi\,\phi_\infty^E\,(1 - e^{-\tau(h)})/\kappa(h) \tag{3.57}$$

Diese Gleichung für den Temperaturgradienten erlaubt wichtige Aussagen über den Temperaturverlauf in der Hochatmosphäre. Läßt man z.B. die Höhe gegen Unendlich gehen, so geht die optische Dicke gegen Null und damit auch der Temperaturgradient. Daraus folgt, daß die Temperatur in größeren Höhen nahezu konstant sein muß, in Übereinstimmung mit den Beobachtungen. Da die optische Dicke bereits 2-3 Skalenhöhen oberhalb der Absorptionshöhe sehr klein wird, sollte diese asymptotische Temperatur (d.h. die Thermopausentemperatur) bereits in 250 bis 350 km Höhe erreicht werden, wiederum in Übereinstimmung mit den Beobachtungen. Physikalisch gesehen ist die Isothermie der oberen Thermosphäre unmittelbar verständlich. So ist der Wärmeinhalt dieses Bereiches wegen der geringen Dichten sehr klein, die Wärmeleitfähigkeit aber unverändert groß, so daß schon kleinste Temperaturgradienten ausreichen, um die für einen Temperaturausgleich benötigten Wärmeströme fließen zu lassen.

Ganz verschwinden darf der Temperaturgradient allerdings nicht. Vielmehr muß er in jeder Höhe gerade so groß sein, daß die gesamte oberhalb dieser Höhe produzierte Wärmemenge nach unten abgeführt wird. Diese Forderung impliziert, daß mit zunehmender Wärmeproduktion in der mittleren Thermosphäre (d.h. unterhalb von etwa 250 km Höhe) der Temperaturgradient zunehmend steiler werden muß, um einen genügend großen Wärmeabfluß zu gewährleisten. Gemäß Gl. (3.57) erreicht der dazu benötigte Temperaturgradient maximal den Wert

$$\left(\frac{dT}{dz}\right)_{max} \simeq \frac{\eta^W \cos\chi \; \phi_\infty^E}{\kappa} \tag{3.58}$$

Nimmt man an, daß dieser Wert in etwa 150 km Höhe erreicht wird (der überwiegende Teil der EUV-Strahlung ist hier bereits absorbiert), so erhält man mit $\eta^W \simeq 0.4$, $\phi_\infty^E(EUV) \simeq 4 \; \mathrm{mW/m^2}$, $\cos\chi \simeq 0.5$ und $\kappa_{N_2}(150 \; \mathrm{km}) \simeq 2 \cdot 10^{-3} \sqrt{T(150 \; \mathrm{km})} \simeq 52 \; \mathrm{mW/K\,m}$ einen Temperaturgradienten von etwa 15 K/km, in hinreichend guter Übereinstimmung mit dem tatsächlich dort beobachteten Temperaturgradienten.

Die hier skizzierte Begründung des Temperaturverlaufs in der terrestrischen Thermosphäre ist auch auf andere planetare Hochatmosphären übertragbar. In jedem Fall sind die äußeren Bereiche dieser Hochatmosphären wegen ihrer geringen Wärmekapazität bei hoher Wärmeleitfähigkeit nahezu isotherm. Hinzu kommt, daß diese Hochatmosphären aus infrarot-inaktiven Gasen bestehen, so daß molekulare Wärmeleitung der dominante Verlustprozeß ist. Dies wiederum bedeutet, daß sich die äußeren Gashüllen jeweils so lange aufheizen werden, bis der dabei entstehende Temperaturgradient ausreicht, alle darüber hinaus eingebrachte Wärme durch Wärmeableitung abzuführen. Im Gleichgewichtsfall kompensieren sich also Wärmeproduktion und ableitungsbedingte Wärmeverluste. Diese Überlegungen gelten auch für die Hochatmosphäre der Sonne, wie der Temperaturverlauf im Bereich des Übergangsgebietes und der Korona zeigt. Unterschiede im Detail ergeben sich aus der Tatsache, daß wir es hier nicht mit einem Neutralgas, sondern mit einem Ladungsträgergas zu tun haben und daß als Folge davon Magnetfelder eine wichtige Rolle bei der Kanalisierung der Wärmeflüsse spielen.

3.3.6 Abschätzung der Thermopausentemperatur

Um die Thermopausentemperatur explizit angeben zu können, betrachten wir wieder eine planare Eingasatmosphäre mittlerer Eigenschaften, in der weder der Absorptionsquerschnitt, noch die Heizeffizienz, noch das mittlere Molekulargewicht von der Höhe abhängt. Außerdem wollen wir nur die Aufheizeffekte der EUV-Strahlung berücksichtigen. Gemäß Gl. (3.44) und (3.57) gilt

$$T^{1/2} \, \mathrm{d}T \simeq \eta^W \, \cos\chi \, \phi_\infty^E \, (1 - e^{-\tau}) \, \mathrm{d}z \, / \, a_\kappa \tag{3.59}$$

Führt man mit Gl. (3.55) und (3.27) wieder die optische Dicke als unabhängige Variable ein

$$\mathrm{d}z = -\mathrm{d}\tau/(\sec\chi \, \sigma^A \, n) \simeq -\mathrm{d}\tau \, H/\tau$$

so läßt sich Gl. (3.59) auch folgendermaßen schreiben

$$T^{-1/2} \, \mathrm{d}T \simeq -\frac{\eta^W \, \cos\chi \, \phi_\infty^E \, k}{a_\kappa \, m \, g} \left(\frac{1}{\tau} - \frac{e^{-\tau}}{\tau}\right) \, \mathrm{d}\tau \tag{3.60}$$

Integration dieser Beziehung von einer unteren Grenzhöhe h_0 mit $T(h_0) = T_0$ und $\tau(h_0) = \tau_0$ bis in eine Höhe, in der die Temperatur gegen die Thermopausentemperatur und die optische Dicke gegen Null geht, ergibt für die linke Seite der Gleichung den Ausdruck $2(T_\infty^{1/2} - T_0^{1/2})$. Die rechte Seite ist nicht geschlossen integrierbar und muß entweder numerisch berechnet oder durch eine (konvergente) Reihe beschrieben werden

$$-\int_{\tau_0}^0 \left(\frac{1}{\tau} - \frac{e^{-\tau}}{\tau}\right) \, \mathrm{d}\tau = \int_0^{\tau_0} \left(\frac{1}{\tau} - \left(\frac{1}{\tau} - 1 + \frac{\tau}{2!} - \frac{\tau^2}{3!} + \frac{\tau^3}{4!} - \cdots\right)\right) \mathrm{d}\tau$$

$$= \tau_0 - \frac{\tau_0^2}{2 \cdot 2!} + \frac{\tau_0^3}{3 \cdot 3!} - \frac{\tau_0^4}{4 \cdot 4!} + \cdots = J(\tau_0)$$

$$\tag{3.61}$$

siehe auch Gl. (A.14). Damit ergibt sich die Thermopausentemperatur zu

$$T_\infty \simeq \left[\sqrt{T_0} + C \cos\chi \, \phi_\infty^E\right]^2 \tag{3.62}$$

wobei die Konstante C die zeitunabhängigen Parameter zusammenfaßt

$$C = \eta^W \, k \, J(\tau_0)/(2 \, a_\kappa \, m \, g) \tag{3.63}$$

In Einklang mit unseren Annahmen wählen wir als untere Grenzhöhe $h_0 = 150$ km und als zugehörige Grenztemperatur $T_0 = 670$ K, siehe Anhang A.4. Mit $\chi = 60°$, $\sigma^A(\mathrm{EUV}) \simeq 10^{-21}$ m^2, $n(h_0) \simeq 5 \cdot 10^{16}$ m^{-3}, $\mathcal{M}(h_0) = 24$ und $H(h_0) \simeq 25$ km ergibt sich eine optische Dicke von $\tau_0 = \sec\chi \, \sigma^A \, n \, H = 2.5$.

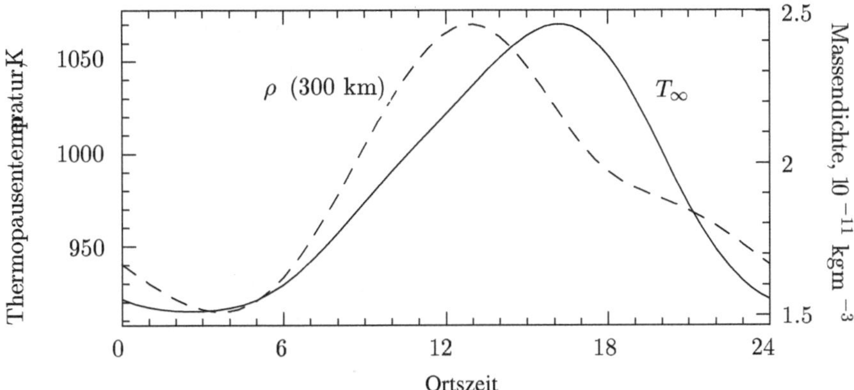

Abb. 3.25. Tageszeitliche Variation der Thermopausentemperatur T_∞ und der Massendichte ρ in 300 km Höhe während des Frühlingsäquinoktiums (21.März) in mittleren Breiten (51°N, 7°O). Die Sonnenaktivität wurde als mäßig (CI = 120), die geomagnetische Aktivität als schwach (Kp = 2) angenommen. Die gezeigten Variationen wurden mit Hilfe des empirischen (d.h. auf Beobachtungen basierenden) Modells MSIS 86 (Hedin, 1987) berechnet

Die Berechnung der Reihe (3.61) für diesen Wert ergibt $J(\tau_0) \simeq 1.5$. Setzt man weiterhin $\eta^W \simeq 0.4$, $a_\kappa \simeq (a_\kappa)_{N_2} \simeq 2 \cdot 10^{-3}$ W/m K$^{3/2}$ und $\phi_\infty^E(\mathrm{EUV}) \simeq 4$ mW/m^2, so ergibt sich für den Summanden $C \cos\chi \, \phi_\infty^E$ der Wert 11 und für die Thermopausentemperatur ein Wert von $T_\infty \simeq 1370$ K, in hinreichend guter Übereinstimmung mit den tatsächlich beobachteten Werten. Man bedenke die vielen Vereinfachungen und Unsicherheiten, die in eine solche Abschätzung einfließen. Zu diesen Vereinfachungen gehört insbesondere die Annahme einer quasi-eindimensionalen Atmosphäre, bei der jeglicher Wärmeaustausch durch horizontale Winde unberücksichtigt bleibt, siehe dazu auch Abschnitt 3.4 und Anhang A.7.

3.3.7 Temperatur- und Dichteschwankungen

Wie aus Gl. (3.62) ersichtlich hängt die Thermopausentemperatur sowohl vom Einfallswinkel χ als auch von der Strahlungsintensität ϕ_∞^E ab. Damit sollte sie tageszeitliche und jahreszeitliche Variationen sowie Änderungen mit der Sonnenrotation und dem Sonnenzyklus aufweisen. Dies ist in der Tat der Fall, und Abb. 3.25 dokumentiert die an einem Ort mittlerer Breite beobachtete Tag-Nacht-Variation. Wie ersichtlich beträgt die Amplitude dieser Oszillation während des Frühlingsäquinoktiums und in mittleren Breiten etwa 160 K. Auffallend ist dabei, daß das Temperaturmaximum nicht mittags, sondern erst nachmittags erreicht wird. Diese Phasenverschiebung ist u.a. auf den bisher nicht berücksichtigten horizontalen Wärmetransport zurückzuführen. Hinzu kommt, daß während der morgendlichen Aufheizphase ein beträcht-

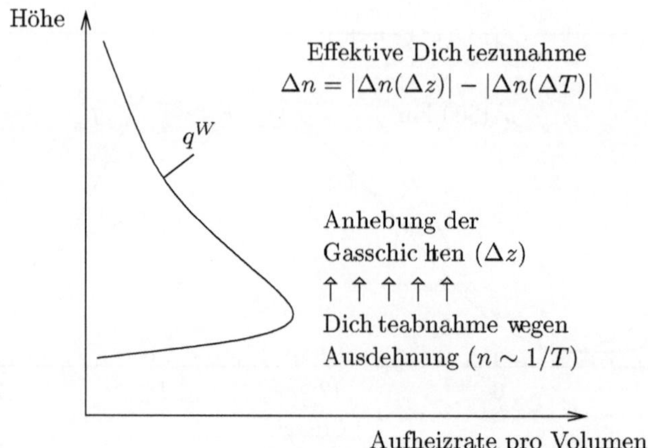

Abb. 3.26. Zur Erklärung des mit einer Temperaturerhöhung einhergehenden Dichteanstiegs in der oberen Thermosphäre. $\Delta n(\Delta z)$ und $\Delta n(\Delta T)$ bezeichnen dabei die transport- und temperaturbedingten Dichteänderungen

licher Teil der zugeführten Wärme in die bei der Expansion der Gase zu leistende Arbeit investiert werden muß. Erst wenn im Laufe des Nachmittags die Expansion der Gase nachläßt, kommt die zugeführte Wärme vorwiegend der inneren Energie und damit dem Temperaturanstieg der Gase zugute.

Unmittelbares Indiz für die Expansion und Kontraktion der Gase (auch als *atmosphärisches Atmen* bezeichnet) ist die ebenfalls in Abb. 3.25 gezeigte Dichtevariation in 300 km Höhe. Bei einem effektiven Temperaturanstieg kann die während des Tages beobachtete Dichtezunahme nur durch einen expansionsbedingten Aufwärtstransport dichterer Gase aus niedrigeren Höhen erklärt werden, siehe Abb. 3.26. Eine einfache Abschätzung bestätigt diesen Effekt. Bezeichnet $n_1(h)$ die Dichte in der Höhe h bei der Temperatur $T_1(h)$ und $n_2(h)$ die Dichte in derselben Höhe bei einer Temperatur $T_2(h) > T_1(h)$, so gilt gemäß Gl. (2.48) und bei konstanten unteren Randbedingungen für das Verhältnis beider Dichten

$$\frac{n_2}{n_1}(h) = \underbrace{\frac{T_1}{T_2}(h)}_{<1} \; \underbrace{\exp\left\{ \int_{h_0}^{h} \left(1 - \frac{T_1}{T_2}(z) \right) \frac{\mathrm{d}z}{H_1(z)} \right\}}_{>1} \tag{3.64}$$

wobei der erste Faktor den temperaturbedingten Abfall, der zweite die transportbedingte Zunahme der Dichte beschreibt. Auswertung des Integrals zeigt, daß bereits zwei Skalenhöhen oberhalb der Aufheizregion der Exponentialfaktor dominiert und somit eine Zunahme der Dichte erfolgt. Dabei ist prozentual gesehen der Dichtezuwachs in der oberen Thermosphäre wesentlich größer als der Temperaturanstieg, siehe wieder Abb. 3.25.

Zusätzlich zu der tageszeitlichen Variation werden ausgeprägte Schwankungen der Temperatur und Dichte mit der Jahreszeit, der Sonnenrotation

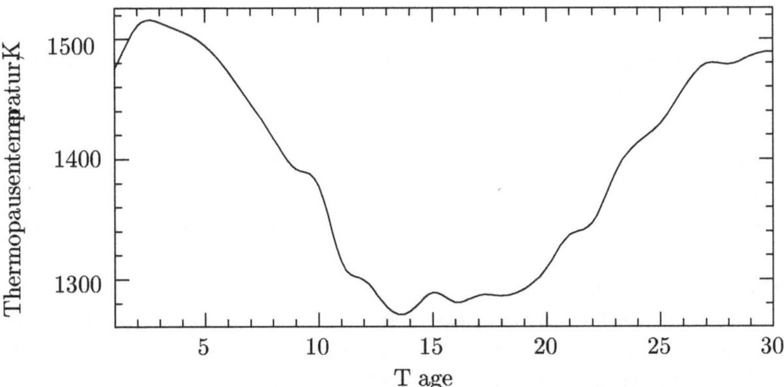

Abb. 3.27. Sonnenrotationsbedingte Variation der Thermopausentemperatur im Zeitintervall 20. Juni bis 19. Juli 1980. Der maximale Covington-Index während dieser Periode betrug 255, der minimale 147. Die Berechnung erfolgte mit Hilfe des MSIS 86-Modells (Hedin, 1987) für einen Ort mittlerer Breite (51°N, 7°O) und für 14 Uhr Ortszeit

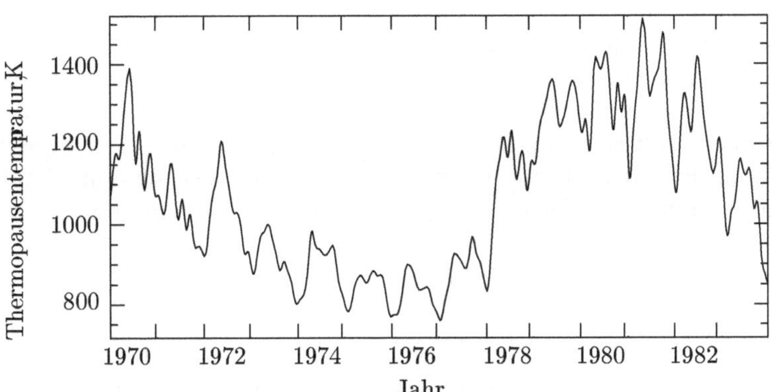

Abb. 3.28. Jahreszeitliche und sonnenzyklische Variationen der Thermopausentemperatur in den Jahren 1970 bis 1983. Die Berechnung erfolgte mit Hilfe des MSIS 86-Modells (Hedin, 1987) für 14 Uhr Ortszeit, für den 15. eines jeden Monats und für mittlere Breiten (51°N, 7°O). Neben den jährlichen sind auch deutlich halbjährliche Schwankungen sichtbar, die auf der globalen Dynamik der Thermosphäre beruhen

und dem Sonnenzyklus beobachtet. Beispiele dafür werden in den Abb. 3.27 und 3.28 gezeigt. Sonneneruptionseffekte spielen dagegen wegen der relativ langen Reaktionszeit der Thermosphäre keine Rolle.

3.3.8 Luftleuchten

Durch die Absorption von Sonnenstrahlung wird die Hochatmosphäre nicht nur aufgeheizt, sondern auch zum Leuchten angeregt. Dieses *Luftleuchten* (engl. *airglow*) ist vom Boden aus betrachtet unterhalb der Sichtbarkeitsgrenze und deshalb wenig spektakulär. Es enthält aber einen reichen Schatz an Informationen über die Thermosphäre und ist deshalb Gegenstand intensiver Forschung. Hier begnügen wir uns mit einigen Anmerkungen zu diesem Thema.

Wie in der unteren Atmosphäre (Stichwort 'blauer Himmel') besteht ein wesentlicher Teil des hochatmosphärischen Tagleuchtens aus gestreutem Sonnenlicht. So läßt z.B. das resonant gestreute H-Lyman-α-Licht der Sonne bei 121.6 nm die Wasserstoffhülle der Erde als Geokorona erstrahlen, siehe Abb. 7.16a. Auch das in Abb. 7.16d sichtbare Leuchten der sonnenbeschienenen Hochatmosphäre ist teilweise auf resonant gestreutes Sonnenlicht zurückzuführen. Dabei spielt bei der in dieser Abbildung betrachteten UV-Strahlung die Emission des atomaren Sauerstoffs bei 130.4 nm (genauer gesagt beim Triplett 130.2, 130.5 und 130.6 nm, siehe Abb. 3.30) eine beherrschende Rolle. Zusätzlich wird diese prominente Emissionslinie über inelastische Stöße durch Photoelektronen angeregt.

Ein anderer Teil des Luftleuchtens wird bei chemischen Reaktionen freigesetzt. Diese Chemolumineszenz ist es, die für das *Nachtleuchten* (engl. *nightglow*) der Hochatmosphäre verantwortlich ist. Wie Abb. 3.29 zeigt, wird dessen sichtbares Spektrum von der grün-gelben Linie des atomaren Sauerstoffs bei 557.7 nm dominiert. Diese Strahlung erreicht ihr Maximum in 95-100 km Höhe und wird dort bei der Rekombination atomarer Sauerstoffatome freigesetzt

$$O + O + M \rightarrow O_2{}^* + M$$
$$O_2{}^* + O \rightarrow O_2 + O(^1S) \qquad (3.65)$$
$$O(^1S) \xrightarrow{1s} O(^1D) + \text{Photon}(557.7 \text{ nm})$$

Dabei steht M für einen beliebigen Dreierstoßpartner (meist N_2) und ein Stern deutet an, daß sich das bei der Rekombination entstandene Sauerstoffmolekül häufig in einem angeregten Zustand befindet. Der für die Emission der 557.7 nm Strahlung verantwortliche Übergang ist in Abb. 3.30 angegeben. Dabei folgt aus der langen Lebensdauer des ^1S-Zustands, daß es sich hier um einen metastabilen Anregungszustand handelt, der über einen 'verbotenen' Übergang deaktiviert wird. Zum Vergleich, die 'normale' Lebenserwartung eines angeregten Zustands ist nur von der Größenordnung 10^{-8}s! Die Intensität der 557.7 nm-Strahlung wird, wie die aller anderen Luftleuchtemissionen auch, in Einheiten von Rayleigh (R; benannt nach dem Sohn des bekannten Lord Rayleigh, der in den zwanziger Jahren des letzten Jahrhunderts Pionierarbeit auf dem Gebiet des Luftleuchtens leistete) angegeben. Ein Rayleigh entspricht dabei der Emissionsrate von 10^6 Photonen pro

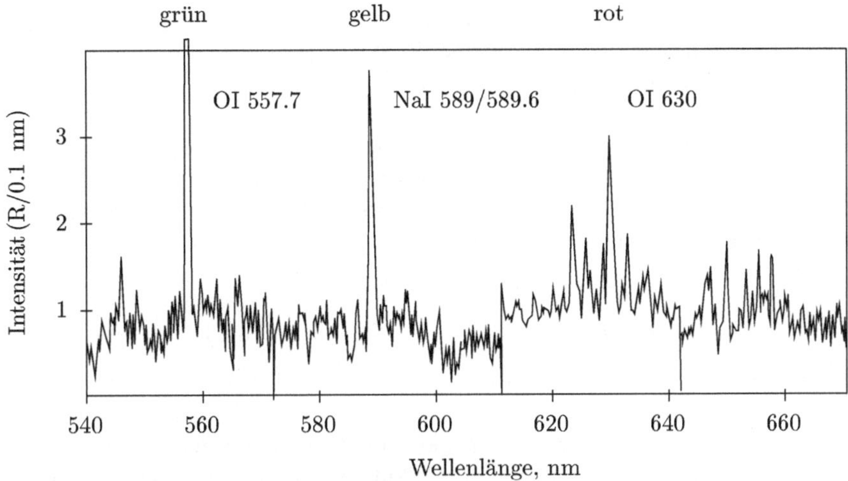

Abb. 3.29. Spektrum des Nachtleuchtens im sichtbaren Bereich. Aufgetragen ist die Intensität pro Wellenlängenintervall. (Nach Broadfoot and Kendall, 1968)

Sekunde, die von einer atmosphärischen Säule mit der Grundfläche 1 cm^2 allseitig abgestrahlt wird. Die Form dieser Einheit entspricht der Meßsituation: So kann ein Photometer oder Spektrometer nur das über eine Säule in Blickrichtung integrierte Leuchten erfassen. Hier genügt die Feststellung, daß 1 Kilorayleigh (kR) etwa dem Leuchten der Milchstraße entspricht. Bei einer typischen vom Boden aus gemessenen Intensität von wenigen 100 R ist das Leuchten der 557.7 nm Linie somit kaum sichtbar. Wird es dagegen von einer Raumstation aus tangential gegen den Horizont betrachtet, so ist es wegen

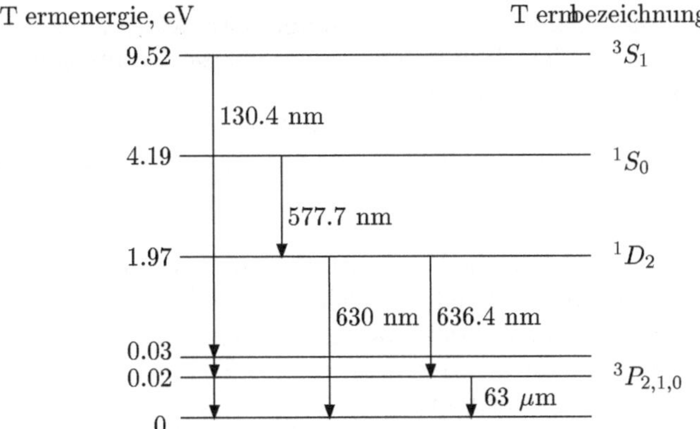

Abb. 3.30. Einige für die Thermosphäre wichtige Anregungszustände des atomaren Sauerstoffs und zugehörige Emissionslinien

der dann ungleich größeren Säulendichte als deutlich erkennbare Emissionsschicht wahrnehmbar, siehe Abb. 7.16c. Eine weitere markante Emissionslinie des Nachtleuchtens ist die (nicht aufgelöste) gelbe D-Doublette des Natriums bei 589 und 589.6 nm. Die dafür verantwortlichen Natriumgase verdanken ihren Ursprung dem Verglühen von Meteoriten in der Atmosphäre in 80-100 km Höhe. Eine dritte prominente Emissionslinie schließlich ist die des atomaren Sauerstoffs bei 630 nm. Sie wird im wesentlichen bei der dissoziativen Rekombination molekularer Sauerstoffionen freigesetzt

$$O_2^+ + e \rightarrow O + O(^1D)$$
$$O(^1D) \xrightarrow{110s} O(^3P) + \text{Photon}(630 \text{ nm})$$

$$(3.66)$$

Die außerordentlich lange Lebensdauer des metastabilen ^1D-Zustands führt dazu, daß die Emission der 630 nm-Linie im wesentlichen auf den Bereich oberhalb von 200 km Höhe beschränkt bleibt, in niedrigeren Höhen wird der Anregungszustand durch die dort häufigen Zusammenstöße mit anderen Gasteilchen deaktiviert (engl. *collisional quenching*). Der langanhaltende Anregungszustand sorgt auch dafür, daß die emittierenden Sauerstoffatome thermisch (und in jedem Fall dynamisch) an ihre Umgebung angepaßt sind. Dies macht man sich zunutze, um aus der vom Erdboden oder vom Satelliten aus gemessenen Doppler-Verbreiterung der 630 nm-Linie die Temperatur und aus der Doppler-Verschiebung dieser Linie die Windgeschwindigkeit in der Hochatmosphäre zu bestimmen.

3.4 Thermosphärische Winde

Bei den bisherigen Betrachtungen mag der Eindruck entstanden sein, daß wir es bei der Thermosphäre mit einer eher statischen Erscheinung zu tun haben. Dieser Eindruck täuscht: Die Thermosphäre ist in Bewegung und zwar auf allen räumlichen und zeitlichen Skalen. Die dominante Bewegungsart ist dabei die der Korotation mit der Erde. Offenbar wird diese Korotation zunächst durch Reibungskräfte von der Oberfläche der Erde, anschließend durch innere Reibungskräfte zwischen den einzelnen Gasschichten auf die Lufthülle der Erde übertragen. Die resultierende *Korotationswindgeschwindigkeit* beträgt

$$u_{Korotation} = \Omega_E (R_E + h) \cos \varphi \qquad (3.67)$$

wobei Ω_E und R_E, wie bisher, die Winkelgeschwindigkeit und den Radius der Erde und φ die geographische Breite bezeichnen. Am Äquator und in 300 km Höhe werden immerhin Korotationswindgeschwindigkeiten von 500 m/s und in 60° Breite immer noch die Hälfte davon erreicht. Dieser Korotation überlagert sind eine Vielzahl weiterer Bewegungsarten. Zu den wichtigsten gehören dabei globale Windzirkulationen und atmosphärische Wellen. Im folgenden sollen zunächst globale Windzirkulationen an Hand tageszeitlicher Winde dokumentiert werden. Anschließend wird die für ihre Berechnung benötigte Impulsbilanzgleichung aufgestellt.

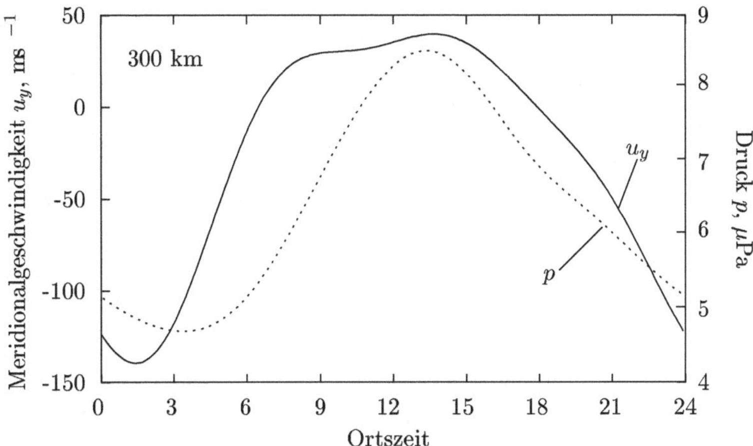

Abb. 3.31. Tageszeitliche Variation des Drucks p und der Meridionalwindgeschwindigkeit u_y in 300 km Höhe während des Frühlingsäquinoktiums (21.März) in mittleren Breiten (51°N, 7°O). Die Sonnenaktivität wurde als mäßig (CI=100), die geomagnetische Aktivität als schwach (Kp=2) angenommen. Positive Geschwindigkeiten entsprechen polwärtsgerichteten Winden, siehe Abb. 3.33. Die gezeigten Variationen wurden mit Hilfe der empirischen (d.h. auf Beobachtungen beruhenden) Modelle MSIS 86 (Hedin, 1987) und HWM 93 (Hedin, 1996) berechnet

3.4.1 Tageszeitliche Windzirkulation: Beobachtungen

Der gegen Ende des vorangegangenen Abschnitts gezeigten Abb. 3.25 ist zu entnehmen, daß zwischen der tag- und nachtseitigen Thermosphäre erhebliche Temperatur- und Dichteunterschiede bestehen. Die daraus resultierende Tageszeitabhängigkeit des Drucks ist in Abb. 3.31 für einen Ort mittlerer Breite und in Abb. 3.32 auf globaler Skala dargestellt. Letztere Abbildung zeigt Linien gleichen Drucks, also Isobaren, wie sie in 300 km Höhe während des Frühlingsäquinoktiums bei mäßiger Sonnenaktivität beobachtet werden. Offensichtlich existiert unter diesen Bedingungen im Nachmittagssektor und in äquatorialen Breiten eine wohldefinierte Hochdruckzone, die wegen ihrer Gestalt auch als *Druckbeule* (engl. *pressure bulge*) bezeichnet wird. Damit verglichen ist die um 12 Stunden versetzte Tiefdruckzone wesentlich flacher und der Ort des Minimums damit auch weniger scharf definiert. Insgesamt beträgt der Druckunterschied zwischen Hoch- und Tiefdruckzone etwas mehr als 4 μPa und dies reicht aus, um beträchtliche Ausgleichswinde fließen zu lassen. Diese wegen ihrer 24-Stunden-Periode als *Gezeitenwinde* bezeichnete Luftströmung ist ebenfalls in Abb. 3.32 eingezeichnet. Sie folgt in erster Linie den Druckgradienten, wobei in mittleren Breiten Geschwindigkeiten von bis zu 200 m/s ($\widehat{=}$ 700 km/h!) erreicht werden. Dabei ist zu beachten, daß die Darstellung für einen sich mit der Erde mitbewegenden Beobachter gilt, anderenfalls müßte den Winden noch die Korotationsbewegung der Hochatmo-

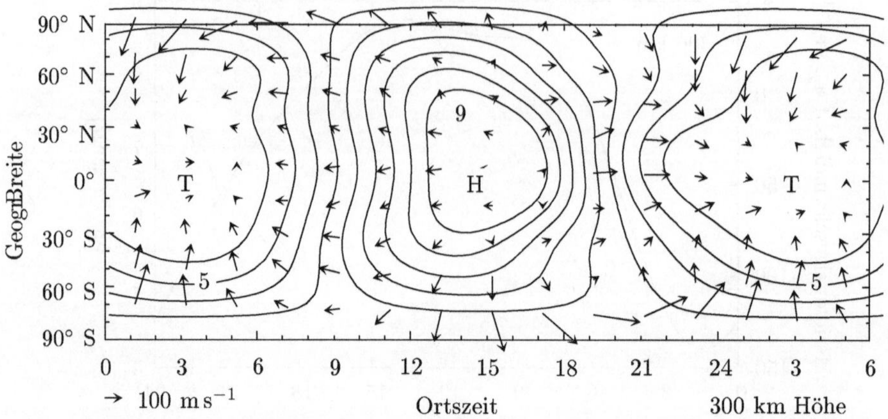

Abb. 3.32. Globale Druck- und Windverteilung in 300 km Höhe während des Frühlingsäquinoktiums (21.März). Die Verteilung bezieht sich auf 12 Uhr Weltzeit, mäßige Sonnenaktivität (CI=100) und auf schwache geomagnetische Aktivität (Kp=2). Die Konturen entsprechen Linien gleichen Drucks (Isobaren), wobei das oberste eingezeichnete Druckniveau der Hochdruckzone (H) einem Wert von 9 μPa, das niedrigste eingezeichnete Druckniveau der Tiefdruckzone (T) einem Wert von 5 μPa entspricht. Der Abstand der Isobaren beträgt demnach 0.5μPa. Windintensität und -richtung sind durch Pfeile gekennzeichnet, wobei sich diese Angaben auf den Ort des Anfangspunktes dieser Pfeile beziehen. Die zugehörige Windgeschwindigkeitsskala ist links unterhalb der Abszisse angegeben. Die gezeigte Verteilung wurde mit Hilfe der empirischen Modelle MSIS 86 (Hedin, 1987) und HWM 93 (Hedin, 1996) berechnet

sphäre überlagert werden. Im folgenden soll der Frage nachgegangen werden, wie sich die hier dokumentierten Winde berechnen lassen. Dazu betrachten wir zunächst die verschiedenen an einem sich bewegenden Gas angreifenden Kräfte und fassen sie anschließend in einer Kräftegleichgewichtsbeziehung zusammen.

3.4.2 Bestandsaufnahme der zu berücksichtigenden Kräfte

Betrachtet werde ein ortsfestes Volumenelement in einem Inertialsystem, welches von verschiedenen Gasen mit unterschiedlichen Geschwindigkeiten durchströmt wird. Hier interessieren wir uns für die Kräfte, die an einem dieser Gase innerhalb des betrachteten Volumenelements angreifen. Aus der Bedingung, daß die Summe aller dieser Kräfte gleich Null sein muß, lassen sich Aussagen über den Bewegungszustand des Gases ableiten. Bei der Inventarisierung der Kräfte ist es sinnvoll zwischen den sogenannten inneren Kräften, den von außen aufgeprägten oder äußeren Kräften, den Reibungskräften und der Trägheitskraft zu unterscheiden. Hinzu kommen noch die beim Übergang von einem Inertialsystem auf ein mit der Erde mitrotierendes Koordinatensystem auftretenden Scheinkräfte. Um die quantitative Beschreibung dieser

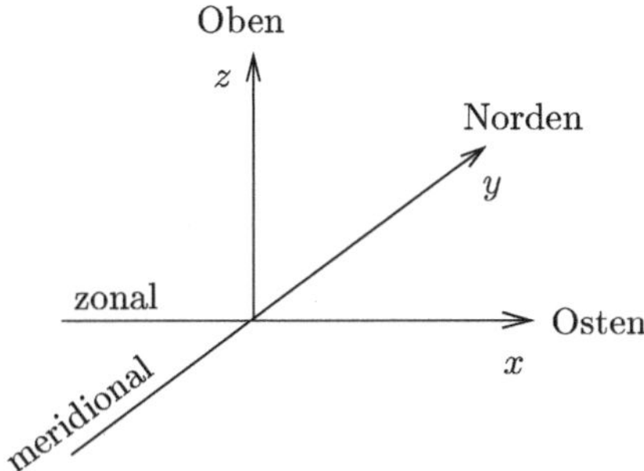

Abb. 3.33. Das für die Beschreibung thermosphärischer Winde benutzte Koordinatensystem

Kräfte so einfach wie möglich zu halten, sei sie auf den hier interessierenden Fall horizontaler Gasbewegungen beschränkt. Die x-Koordinate weise dabei nach Osten, die y-Koordinate nach Norden und die z-Koordinate nach oben, siehe Abb. 3.33. Als repräsentative Horizontalkoordinate sei die x- oder West-Ost-Richtung ausgewählt, so daß hier zunächst nur die x-Komponenten der zu berücksichtigenden Kräfte interessieren.

Innere Kräfte. Innere Kräfte beruhen auf dem durch die Gasteilchenbewegung verursachten Impulstransport. So kann durch die Bewegung der Gasteilchen dem Gas in dem betrachteten Volumenelement Bewegungsimpuls I zugeführt werden oder ihm verlorengehen. In jedem Fall entspricht einer dadurch bewirkten zeitlichen Änderung des Impulsinhaltes des Gasvolumens eine an diesem Gasvolumen angreifende innere Kraft $\partial I/\partial t$. Die durch einen inhomogenen Impulsfluß hervorgerufene Volumenkraft läßt sich an Hand der Abb. 3.34a bestimmen. Unabhängig von der Art des beförderten Impulses wird in der Zeit Δt durch den Impulsfluß $\phi^I_{x,x}$ (die Schreibweise entspricht der in Abschnitt 2.1.2 eingeführten Notation) die Impulsmenge ΔI^+_x in das betrachtete Volumenelement hineintransportiert, gleichzeitig durch die rechte Begrenzung die Impulsmenge ΔI^-_x abgeführt. Es gilt

$$\Delta I^+_x \;=\; \phi^I_{x,x}(x - \Delta x/2)\,A\,\Delta t = \left(\phi^I_{x,x}(x) - \frac{\partial \phi^I_{x,x}}{\partial x}\,\frac{\Delta x}{2} + \cdots\right) A\,\Delta t$$

und

$$\Delta I^-_x \;=\; \phi^I_{x,x}(x + \Delta x/2)\,A\,\Delta t = \left(\phi^I_{x,x}(x) + \frac{\partial \phi^I_{x,x}}{\partial x}\,\frac{\Delta x}{2} + \cdots\right) A\,\Delta t$$

Damit ergibt sich die Nettoänderung des Impulsinhaltes des Volumenelementes ΔV zu $\Delta I_x = \Delta I^+_x - \Delta I^-_x \simeq -(\partial \phi^I_{x,x}/\partial x)\,\Delta V\,\Delta t$. Bedenkt man, daß die zeitliche Änderung des in dem Volumen enthaltenen Impulses einer an diesem Volumen angreifenden Kraft entspricht und bezieht man diese Kraft auf die Größe des betrachteten Volumenelementes, so erhält man die Volumenkraft

a. Strömungsgradientkraft

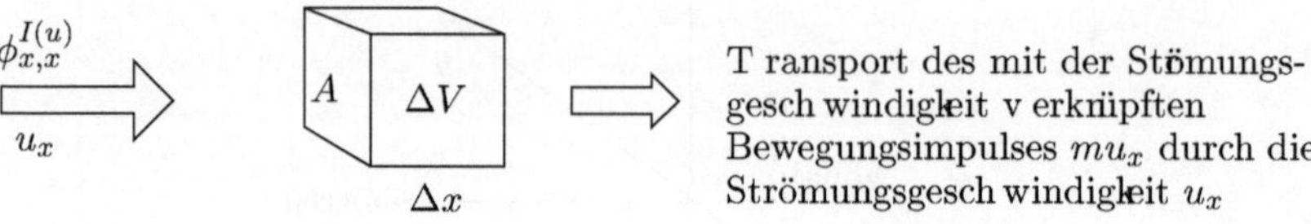

b. Druckgradientkraft

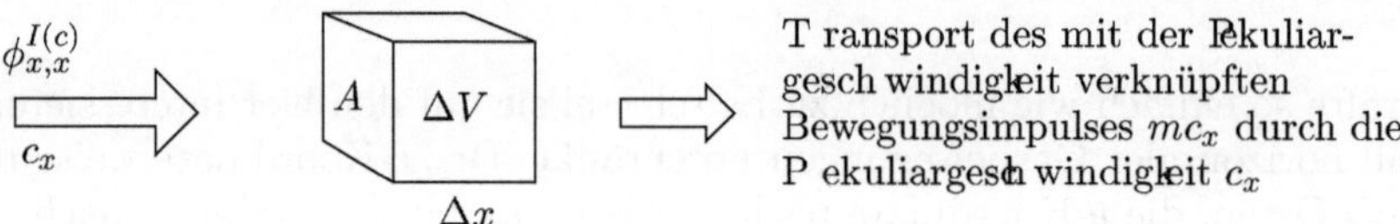

c. Viskosität(skraft)

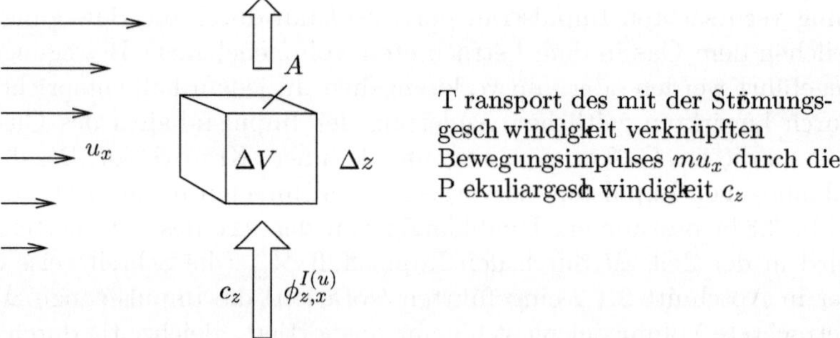

Abb. 3.34. Durch Impulstransport hervorgerufene innere Kräfte. Vereinfachend wird nur die für Zonalwinde interessierende x-Komponente des Bewegungsimpulses betrachtet

$$F_x^* = \frac{\Delta I_x / \Delta t}{\Delta V} = -\frac{\partial \phi_{x,x}^I}{\partial x} \tag{3.68}$$

Je nachdem, ob der mit der Strömungsgeschwindigkeit oder der mit der Pekuliargeschwindigkeit verknüpfte Bewegungsimpuls oder ob der von der Strömungsbewegung oder der von der Pekuliarbewegung verursachte Impulstransport betrachtet wird, soll im folgenden zwischen der Strömungsgradientkraft, der Druckgradientkraft und der Viskositätskraft unterschieden werden, siehe Abb. 3.34.

Strömungsgradientkraft. Bei der Strömungsgradientkraft wird der durch die Strömungsbewegung verursachte Transport des mit der Strömungsgeschwindigkeit verknüpften Bewegungsimpulses berücksichtigt und es gilt $\phi_{x,x}^{I(u)} = (mu_x)nu_x$, siehe auch Gl. (2.16). Damit ergibt sich die Strömungsgradientkraft zu

$$(F_x^*)_{Strömung} \;=\; -\frac{\partial \phi_{x,x}^{I(u)}}{\partial x} \;=\; -\frac{\partial(\rho u_x^2)}{\partial x} \tag{3.69}$$

Druckgradientkraft. Die Druckgradientkraft beruht auf dem durch die Pekuliarbewegung der Gasteilchen bewirkten Impulstransport, wobei nur die flächensenkrechte und mit der Pekuliargeschwindigkeit verknüpfte Impulskomponente berücksichtigt wird. Der zugehörige Nettoimpulsfluß ist bereits in Abschnitt 2.1.2 zu $\phi_{x,x}^{I(c)} = m\,n\,\overline{c^2}/3 = p$ bestimmt worden, siehe Gl. (2.22) und (2.23). Setzt man diese Beziehung in Gl. (3.68) ein, so erhält man den schon bekannten Ausdruck für die Druckgradientkraft

$$(F_x^*)_{Druck} \;=\; -\frac{\partial \phi_{x,x}^{I(c)}}{\partial x} \;=\; -\frac{\partial p}{\partial x} \tag{3.70}$$

Viskosität. Etwas komplizierter ist die Situation im Fall der Viskosität. Zwar ist auch in diesem Fall die Pekuliarbewegung der Teilchen für den Impulstransport verantwortlich, aber diesmal wird nicht – wie beim Druck – der zur jeweiligen Referenzfläche senkrechte, sondern der zu dieser Fläche parallele und in die jeweilige Strömungsrichtung zeigende Bewegungsimpuls betrachtet. Dabei entspricht dieser im statistischen Mittel gerade dem mit der Strömungsbewegung verknüpften Bewegungsimpuls mu_x. Wir haben es demnach mit dem Transport einer durch einen makroskopischen Parameter beschriebenen Größe durch die thermische Bewegung der Teilchen zu tun und die Situation entspricht der, wie wir sie im Zusammenhang mit der Diffusion oder der molekularen Wärmeleitung kennengelernt haben.

Zum besseren Verständnis betrachten wir das in Abb. 3.34c gezeigte Volumenelement. Aufgrund ihrer thermischen Bewegung werden Gasteilchen durch die untere Grenzfläche in dieses Volumenelement hineinwandern. Dabei sind sie wegen des Gradienten der Strömungsgeschwindigkeit in z-Richtung mit geringerem Bewegungsimpuls in x-Richtung ausgestattet als die gleichzeitig aus dem Volumenelement nach unten hin abwandernden Teilchen. Dadurch kommt es zu einem Nettotransport des Bewegungsimpulses mu_x in negative z-Richtung, und dieser Nettotransport entspricht einem Impulsfluß, der bestrebt ist die bestehenden Geschwindigkeitsunterschiede auszugleichen.

Bei der quantitativen Behandlung können wir auf den bei der Diffusion oder molekularen Wärmeleitung gemachten Ansatz zurückgreifen. Ersetzt man z.B. in Gl. (3.41) und (3.42) die von einem Teilchen transportierte Wärmemenge $fkT/2$ durch den von einem Teilchen transportierten Bewegungsimpuls mu_x, so erhält man mit $n, \bar{c} \neq f(z)$

$$(\mathrm{d}\phi_{z,x}^{I(u)})_1 \;=\; \frac{1}{6}\, m\, n\, \bar{c}\, (u_x)_1\, \mathrm{d}z/l$$

und

$$(\mathrm{d}\phi_{z,x}^{I(u)})_2 \;=\; \frac{1}{6}\, m\, n\, \bar{c}\, (u_x)_2\, \mathrm{d}z/l = \frac{1}{6}\, m\, n\, \bar{c}\, ((u_x)_1 + (\mathrm{d}u_x/\mathrm{d}z)\, l + \cdots)\mathrm{d}z/l$$

Damit ergibt sich der Impulsfluß durch die untere Grenzfläche zu

$$\phi_{z,x}^{I(u)} \simeq -\frac{1}{6}\, m\, n\, \bar{c}\, l\, \frac{\mathrm{d}u_x}{\mathrm{d}z} = -\eta\, \frac{\mathrm{d}u_x}{\mathrm{d}z} \tag{3.71}$$

wobei wir angenommen haben, daß der Geschwindigkeitsgradient (nicht die Geschwindigkeit selbst) auf der Skalenlänge einer mittleren freien Weglänge als konstant angenommen werden kann. Der *Viskositätskoeffizient* η (auch unter der Bezeichnung *Koeffizient der inneren Reibung, dynamische Zähigkeit* oder kurz *Viskosität* bekannt) beträgt definitionsgemäß

$$\eta = \xi'\, m\, n\, \bar{c}\, l = \xi\sqrt{mkT}/\sigma_{1,1} = a_\eta\sqrt{T} \tag{3.72}$$

Wie der Diffusionskoeffizient und die Wärmeleitfähigkeit ist er proportional zum Produkt aus Dichte, mittlerer freier Weglänge und mittlerer Pekuliargeschwindigkeit. Ferner ist der bei unserer Abschätzung auftretende Vorfaktor ξ gleich $1/(3\sqrt{\pi})$, genauere Rechnungen ergeben den deutlich größeren Wert $\xi = 5\sqrt{\pi}/16$.

Um die durch einen unterschiedlich großen Impulsfluß durch die untere und obere Grenzfläche hervorgerufene Volumenkraft zu bestimmen, setzen wir $\phi_{z,x}^{I(u)}$ in eine der z-Richtung entsprechende Form der Gl. (3.68) ein und erhalten

$$(F_x^*)_{Viskosität} = -\frac{\partial \phi_{z,x}^{I(u)}}{\partial z} = \frac{\partial}{\partial z}\left(\eta\, \frac{\partial u_x}{\partial z}\right) \simeq \eta\, \frac{\partial^2 u_x}{\partial z^2} \tag{3.73}$$

wobei wir im letzten Schritt von einem in erster Näherung von z unabhängigen Viskositätskoeffizienten ausgegangen sind.

Wichtig ist, daß wir es bei der Viskosität, wie bei der Diffusion oder Wärmeleitung, mit einem Ausgleichsvorgang zu tun haben. Während bei der Diffusion und Wärmeleitung Dichte- und Temperaturinhomogenitäten abgebaut werden, kommt es aufgrund der Viskosität zu einem Ausgleich von Geschwindigkeitsunterschieden. Natürlich existieren solche Geschwindigkeitsunterschiede auch in horizontaler Richtung, die damit verknüpften Viskositätskräfte sind aber vergleichsweise gering. Dies hat mit den großen horizontalen Skalenlängen zu tun, auf denen diese Geschwindigkeitsänderungen auftreten. In vertikaler Richtung kann dagegen die Windgeschwindigkeit innerhalb von nur 100 km von Null auf ihren Höchstwert ansteigen, wobei beträchtliche Nichtlinearitäten beobachtet werden. Deshalb genügt es in Gl. (3.73) nur die vertikale Geschwindigkeitsvariation zu berücksichtigen.

Äußere Kräfte. Die einzige an neutralen hochatmosphärischen Gasen angreifende äußere Kraft ist die Schwerkraft

$$(\vec{F}^*)_{Schwerkraft} = \rho \vec{g} \tag{3.74}$$

Da diese nur in vertikaler Richtung wirkt, spielt sie für die hier betrachtete horizontale Bewegung keine Rolle.

Reibungskräfte: Die Ionenbremskraft. Bei der Ionenbremskraft (engl. *ion drag force*) handelt es sich um eine Reibungskraft zwischen Neutralgasteilchen und Ionen. Wie bereits mehrfach erwähnt, liegt ein Teil der hochatmosphärischen Gasteilchen in ionisierter Form vor. Bewegen sich diese Ladungsträger im Magnetfeld der Erde, so erfahren sie eine magnetische Kraft. Die Details dieser Wechselwirkung brauchen uns hier nicht weiter zu interessieren, sie werden ausführlich in Kapitel 5 behandelt. Hier genügt die Feststellung, daß sich Ladungsträger frei nur entlang und parallel zum Erdmagnetfeld bewegen können. Da aber das Erdmagnetfeld gegenüber der Horizontalen geneigt in meridionale Richtung zeigt, können sich Ladungsträger nur bedingt in meridionaler Richtung und praktisch gar nicht in zonaler Richtung bewegen. In zonaler Richtung wirken demnach die Ladungsträger wie ein ortsfestes Gas, durch das sich die thermosphärischen Neutralgase hindurchbewegen. Nun wurde die Reibungskraft zwischen zwei Gasen unterschiedlicher Strömungsgeschwindigkeiten bereits in Abschnitt 2.3.4 bestimmt. Wendet man Gl. (2.58) auf eine zonale Windströmung an, so ergibt sich die Ionenbremskraft mit $(u_x)_{Ionen} = 0$ zu

$$(F_x^*)_{Ionenreibung} = -\rho\, \nu_{n,i}^*\, u_x \tag{3.75}$$

wobei ρ die Massendichte und $\nu_{n,i}^*$ die Reibungsfrequenz zwischen Neutralgasteilchen und Ionen bezeichnet. Wegen $\nu_{n,e}^* \ll \nu_{n,i}^*$ (siehe Gl. (2.57)) spielt die auch existierende Elektronenbremskraft keine Rolle.

Trägheitskraft. Die Summe der oben genannten Kräfte bewirkt eine Beschleunigung unseres Gasvolumens und dieser Beschleunigung wirkt die Trägheitskraft entgegen. Dem Newtonschen Gesetz zufolge ist letztere gleich der zeitlichen Änderung des Bewegungsimpulses eines Körpers. Ist dieser Körper ein Gas, das in dem hier betrachteten Volumenelement die Massendichte ρ und die Geschwindigkeit u_x besitzt, so gilt für die x-Komponente dieser Trägheitskraft pro Volumen

$$(F_x^*)_{Trägheit} = -\frac{\partial(\rho u_x)}{\partial t} \tag{3.76}$$

Scheinkräfte: Die Coriolis-Kraft. Die oben angegebene Form der Trägheitskraft ist nur für ein nicht beschleunigtes, d.h. inertiales Koordinatensystem gültig. Für uns von Interesse ist aber die Windströmung an einem festen Ort auf der Erde, wie sie z.B. in Abb. 3.31 gezeigt wird. Für deren Beschreibung wird ein Koordinatensystem benötigt, das mit der Erde mitrotiert und somit ständig beschleunigt wird. Um dennoch das Newtonsche Gesetz anwenden zu können, bedarf es einer Koordinatentransformation aus dem Inertial- in das Korotationssystem. Bei dieser Transformation ergeben sich zwei zusätzliche Trägheitskraftterme, die, da sie rein transformationsbedingt auftreten, auch als *Scheinkräfte* bezeichnet werden. Es sind dies die *Zentrifugalkraft* und die *Coriolis-Kraft*. Die Zentrifugalkraft ist bereits in Abschnitt 2.3.1 diskutiert worden, ihre Vertikalkomponente kann entweder vernachlässigt oder bei genauerer Rechnung in eine reduzierte Erdbeschleunigung eingebunden werden. Während die Zentrifugalkraft in jedem Fall an einem mit der Erde mitrotierenden Gasvolumen angreift, treten Coriolis-Kräfte nur bei Gasen auf, die sich relativ zum mitrotierenden Koordinatensystem bewegen. Im folgenden sei exemplarisch und an Hand einer einfachen Überlegung die Form der Coriolis-Kraft für die hier interessierende zonale x-Richtung abgeleitet.

Betrachtet werde eine von Norden nach Süden gerichtete Luftströmung, siehe Abb. 3.35. Von außerhalb der Erde betrachtet möge sie einer geradlinigen Bahn folgen. Von der rotierenden Erde aus gesehen, erscheint sie dann nach Westen hin abgelenkt. Für einen mitrotierenden Beobachter kann dieses Zurückbleiben nur als eine Beschleunigung der Strömung in Richtung Westen verstanden werden, wobei sich die Größe der Beschleunigung aus folgender Überlegung ergibt. Im Inertialsystem möge die Luftströmung die Geschwindigkeit u_y besitzen. Mit dieser Geschwindigkeit legt sie in der Zeit t die Strecke $\overline{AB} = y$ zurück. Gleichzeitig hat sich ein auf der Erdoberfläche ruhender Beobachter aufgrund der Erdrotation und relativ zu der ursprünglich bei A beobachteten Strömung von B nach C bewegt. Die dabei zurückgelegte Strecke x ergibt sich zu $x = \Delta v_x\, t$, wobei Δv_x die Differenz der Korotationsgeschwindigkeiten in Punkt A und B bezeichnet. Mit $v_x(A) = \Omega_E\, r'$ und $v_x(B) = \Omega_E(r' + \Delta r')$ ergibt sich diese Differenzgeschwindigkeit zu $\Delta v_x = \Omega_E\, \Delta r'$. Schließlich erhält man mit $\Delta r' \simeq y\,\sin\varphi$ und $y = u_y\, t$ die Beziehung $x = u_y\Omega_E\sin\varphi\, t^2$. Der Beobachter auf der Erde muß diese Ablenkung x auf eine Beschleunigung zurückführen, die senkrecht zur Strömungsgeschwindigkeit u_y wirkt. Die Tatsache, daß die aufgrund dieser Beschleunigung zurückgelegte Wegstrecke proportional zum Quadrat der Zeit ist, läßt auf eine konstante Beschleunigung a schließen, denn diese würde ja zu einem Ausdruck der Form $x = at^2/2$ führen. Ein Vergleich ergibt für die Coriolis-Beschleunigung den Ausdruck $a_{Coriolis} = 2u_y\Omega_E\sin\varphi$ bzw. für die x-Komponente der Coriolis-Volumenkraft

$$(F_x^*)_{Coriolis} = 2\,\rho\,u_y\,\Omega_E\,\sin\varphi \tag{3.77}$$

Die Ablenkung erfolgt dabei in der Nordhemisphäre und in Strömungsrichtung gesehen nach rechts, in der Südhemisphäre nach links. Ein entsprechender Ausdruck läßt sich auch für die mit zonalen Windströmungen verknüpften

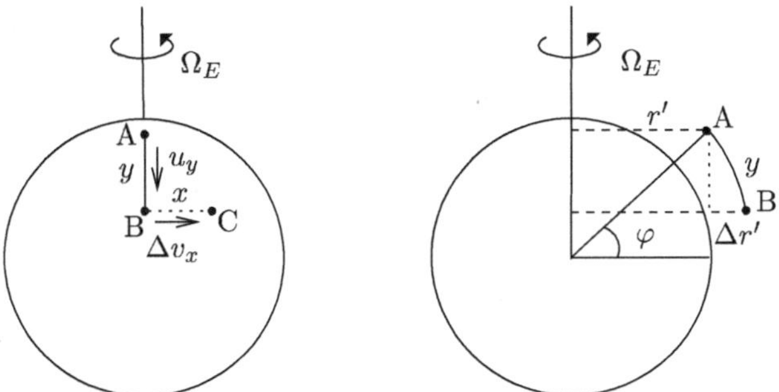

Abb. 3.35. Zur Ableitung der Coriolis-Beschleunigung

Coriolis-Kräfte in y-Richtung ableiten. Die Ablenkung erfolgt in diesem Fall durch die Horizontalkomponente der durch die Winde modifizierten Zentrifugalkraft.

3.4.3 Impulsbilanzgleichung

Im folgenden sollen die im vorangegangenen Abschnitt aufgeführten Kräfte in Form einer *Kräftegleichgewichtsbeziehung* zusammengefaßt werden. Dabei wird zunächst, wie bisher, nur die x- oder West-Ost-Komponente betrachtet. Es gilt

$$-\frac{\partial(\rho u_x^2)}{\partial x} - \frac{\partial p}{\partial x} + \eta\,\frac{\partial^2 u_x}{\partial z^2} - \rho\,\nu_{\mathrm{n,i}}^*\,u_x - \frac{\partial(\rho u_x)}{\partial t} + 2\,\rho\,u_y\,\Omega_E \sin\varphi = 0 \quad (3.78)$$

Da die linke Seite dieser Gleichung als eine Gegenüberstellung von Impulsgewinn- und -verlustraten betrachtet werden kann, wird diese Art von Beziehung auch als *Impulsbilanzgleichung* bezeichnet. Eine alternative Schreibweise dieser Beziehung ergibt sich, wenn man das erste und fünfte Glied auf der linken Seite nach der Produktregel ausdifferenziert und geeignet zusammenfaßt

$$-\left(m\,u_x\,\frac{\partial(nu_x)}{\partial x} + m\,n\,u_x\frac{\partial u_x}{\partial x} + m\,u_x\,\frac{\partial n}{\partial t} + m\,n\,\frac{\partial u_x}{\partial t} \right)$$
$$= -\rho\,\left(\frac{\partial u_x}{\partial t} + u_x\,\frac{\partial u_x}{\partial x} \right)$$

Dabei haben wir von der auf die x-Richtung bezogenen Kontinuitätsgleichung $\partial n/\partial t + \partial(nu_x)/\partial x = 0$ Gebrauch gemacht. Mit dieser Umformung läßt sich die Impulsbilanzgleichung auch folgendermaßen schreiben

$$\rho\,\left(\frac{\partial u_x}{\partial t} + u_x\,\frac{\partial u_x}{\partial x} \right) = \rho\,\left(\frac{\partial}{\partial t} + u_x\frac{\partial}{\partial x} \right) u_x$$
$$= -\frac{\partial p}{\partial x} + \eta\,\frac{\partial^2 u_x}{\partial z^2} - \rho\,\nu_{\mathrm{n,i}}^*\,u_x + 2\,\rho\,u_y\,\Omega_E\,\sin\varphi \quad (3.79)$$

Erweiterung dieser Beziehung auf drei Dimensionen ergibt schließlich

$$\rho \, \frac{\mathrm{D}\vec{u}}{\mathrm{D}t} = -\nabla p + \eta \frac{\partial^2 \vec{u}_h}{\partial z^2} + \rho \, \vec{g} + \rho \, \nu^*_{\mathrm{n,i}} \, (\vec{u}_\mathrm{i} - \vec{u}) + 2 \, \rho \, \vec{u} \, \times \vec{\Omega}_E \qquad (3.80)$$

Dabei haben wir aus Gründen der Schreibökonomie die horizontale Geschwindigkeit $\vec{u}_h = \hat{x}u_x + \hat{y}u_y$ sowie die *konvektive Ableitung*

$$\frac{\mathrm{D}}{\mathrm{D}t} = \frac{\partial}{\partial t} + (\vec{u} \, \nabla) \qquad (3.81)$$

eingeführt. Die Details dieser Erweiterung brauchen hier nicht weiter erläutert zu werden, bei einigen Termen ist sie unmittelbar, bei anderen wenigstens intuitiv verständlich. So ist z.B. bei der Erweiterung des zweiten Terms auf der linken Seite, $u_x \partial u_x/\partial x \rightarrow (\vec{u}\,\nabla)\vec{u}$, zu bedenken, daß bei einer dreidimensionalen Strömung in i-, j- und k-Richtung auch der Transport des Bewegungsimpulses mu_i durch die Strömungsgeschwindigkeiten u_j und u_k berücksichtigt werden muß, sofern die u_i-Strömung Gradienten in j- und/oder k-Richtung aufweist. Die verschiedenen in Gl. (A.39) angegebenen Komponenten der Größe $(\vec{u}\,\nabla)\vec{u}$ verdeutlichen dies. Zu beachten ist ferner, daß der Viskositätsterm nur eingeschränkt erweitert worden ist. So werden in guter Näherung Vertikalwinde gegenüber Horizontalwinden und Horizontalvariationen gegenüber Vertikalvariationen vernachlässigt. Allgemeinere Formen des Viskositätsterms finden sich im Anhang A.6. Bei der Erweiterung auf drei Dimensionen ist natürlich auch die Erdbeschleunigung mit zu berücksichtigen. Schließlich sei ausdrücklich darauf hingewiesen, daß die oben angegebene Beziehung für ein Einzelgas (oder ein völlig homogenes Gasgemisch mittlerer Eigenschaften) gilt, was mitunter durch eine Indizierung der Zustands- und Kenngrößen betont wird.

Gleichung (3.80) wird wahlweise als Kräftegleichgewichts- oder Impulsbilanzgleichung, aber auch als *Transport-* oder *Bewegungsgleichung* bezeichnet. Transport- oder Bewegungsgleichung deshalb, weil sich mit ihrer Hilfe die Strömungsgeschwindigkeit und damit der Transport und die Bewegung eines Gases bestimmen läßt. Bevor wir eine solche Bestimmung in Angriff nehmen, ist es höchst instruktiv den Ursprung der Bezeichnung 'konvektive Ableitung' für D/Dt zu erläutern. Dazu verlassen wir das bisherige ortsfeste (oder *Eulersche*) Volumenelement und betrachten ein sich mit der Strömung mitbewegendes (oder *Lagrangesches*) Volumenelement. Im Gegensatz zum Eulerschen befinden sich im Lagrangeschen Volumenelement immer die gleichen Gasteilchen. Die Beschleunigung, die auf sie wirkt, kann in zwei Anteile zerlegt werden. Erstens kann es zu einer rein zeitlichen Änderung der Strömungsgeschwindigkeit kommen, und zweitens kann das betrachtete Gasteilchenensemble aufgrund von räumlichen Änderungen des Strömungsfeldes beschleunigt werden (Stromschnelleneffekt!). Beide Beschleunigungsursachen sind anschaulich in Abb. 3.36 an Hand der Luftströmung durch ein sich verengendes Rohrsystem dargestellt. Um die Kontinuität der Luftströmung durch

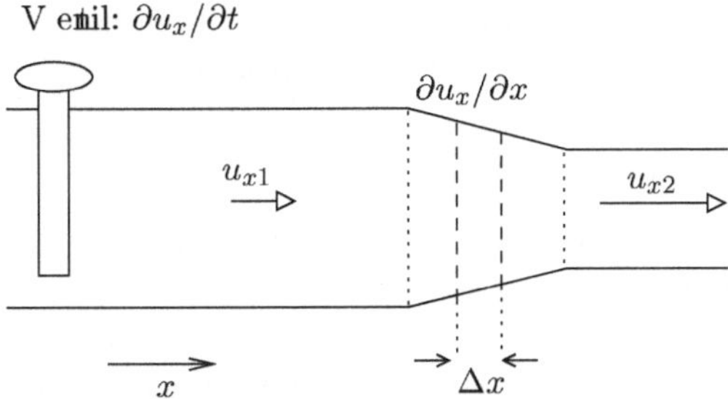

Abb. 3.36. Gasströmung durch ein sich verengendes Rohr

das Rohrsystem zu gewährleisten, muß die Geschwindigkeit im dünneren Rohr höher sein als im dicken, und die Gasvolumina werden im konischen Teil des Rohres beschleunigt. Beim Durchlaufen der Strecke Δx im konischen Teil erhöht sich ihre Geschwindigkeit um $\Delta u_x = (\partial u_x/\partial x)\Delta x$. Diese Strecke wird in der Zeit $\Delta t \simeq \Delta x/u_x$ durchlaufen, so daß sich die Geschwindigkeitsänderung pro Zeit (d.h. die Beschleunigung) zu

$$\frac{\Delta u_x}{\Delta t} = \frac{(\partial u_x/\partial x)\,\Delta x}{\Delta x/u_x} = u_x\,\frac{\partial u_x}{\partial x}$$

ergibt. Dies ist die sogenannte *Feldbeschleunigung*. Darüber hinaus kann die Strömungsgeschwindigkeit durch das Auf- und Zudrehen des Ventils reguliert werden. Die hierdurch bedingte Änderung der Strömungsgeschwindigkeit im gesamten Rohrsystem ist rein zeitlicher Natur und wird durch die partielle Ableitung der Geschwindigkeit nach der Zeit, $\partial u_x/\partial t$, beschrieben. Insgesamt ergibt sich demnach die Beschleunigung unseres mitgeführten oder *konvektierten* Gasvolumens zu

$$\left(\frac{\partial}{\partial t} + u_x\frac{\partial}{\partial x}\right) u_x$$

wobei der Klammerausdruck der auf der linken Seite der Gl. (3.79) angegebenen Form der konvektiven Ableitung entspricht. Man beachte, daß bei der Lagrangeschen Betrachtungsweise zeitliche und räumliche Änderungen der Gasmasse unberücksichtigt bleiben: Das Volumenelement umschließt ja in diesem Fall immer die gleichen Gasteilchen. Ferner, daß an einem mitgeführten Volumenelement offensichtlich keine Strömungsgradientkraft angreift, da sich das Volumenelement ja mit der Strömung mitbewegt. Insofern ergibt sich ordnungsgemäß für jeden Punkt unseres Strömungsfeldes die gleiche Impulsbilanzgleichung, unabhängig davon, ob eine Eulersche oder Langrangesche Betrachtungsweise gewählt wird. Alternativ läßt sich die Impulsbilanzgleichung (wie alle anderen Bilanzgleichungen auch) aus der Boltzmann-Gleichung (2.89) ableiten. Diese Ableitung hat den Vorteil, daß sie die mathematische Struktur und den Gültigkeitsbereich der hier betrachteten Impulsbilanzgleichung klarer erkennen läßt. Als nachteilig erweist sich, daß die Herleitung weniger anschaulich und mathematisch aufwendiger ist. Wir begnügen uns deshalb damit sie im Anhang A.6 zu skizzieren.

3.4.4 Thermosphärische Winde

Bei der Impulsbilanzgleichung (3.80) handelt es sich um ein recht kompliziertes System gekoppelter, partieller, nichtlinearer Differentialgleichungen. 'System' deshalb, weil diese Vektorbeziehung drei separate Komponentengleichungen enthält (in einem kartesischen Koordinatensystem die x-, y- und z- Komponente), und 'gekoppelt', weil im Coriolis-Term die Geschwindigkeiten der jeweils anderen Komponenten auftreten. Hinzu kommt, daß die Geschwindigkeit der Ionenkomponente $\vec{u}_i$ im allgemeinen selbstkonsistent bestimmt werden muß. Im folgenden wollen wir uns darauf beschränken stark vereinfachte Formen dieser Gleichung zu diskutieren. Diese verkürzten Gleichungen besitzen analytische Lösungen, die mit den Beobachtungen verglichen werden können. Zur Kontrolle betrachten wir zunächst den Fall einer ruhenden Atmosphäre. Mit $\vec{u}$, $\vec{u}_i = 0$ reduziert sich Gl. (3.80) auf die aerostatische Grundgleichung. Letztere ist also erwartungsgemäß eine spezielle Form der Impulsbilanzgleichung.

Als nächstes betrachten wir den Fall horizontaler Windströmungen in der unteren Atmosphäre. Bei der Betrachtung von Wetterkarten fällt auf, daß die Windströmung überraschenderweise nicht den Druckgradienten, sondern vielmehr den Isobaren folgt. So zirkulieren die Luftmassen um die Hoch- und Tiefdruckgebiete herum, ohne daß es zu einem direkten Druckausgleich kommt. In der Nordhemisphäre und bei einem Hochdruckgebiet erfolgt dabei die Zirkulation im Uhrzeigersinn, bei einem Tiefdruckgebiet im Gegenuhrzeigersinn und umgekehrt in der Südhemisphäre. Diese Beobachtung legt nahe, daß in der unteren Atmosphäre die Coriolis-Kraft eine dominierende Rolle spielt. Vernachlässigt man deshalb in Gl. (3.80) alle Terme, außer der Druckgradient- und Coriolis-Kraft, so erhält man die sogenannte *geostrophische Approximation* der horizontalen Bewegungsgleichung

$$u_x \simeq - \frac{1}{(2\,\rho\,\Omega_E \sin\varphi)} \frac{\partial p}{\partial y}\,, \qquad u_y \simeq \frac{1}{2\,\rho\,\Omega_E \sin\varphi} \frac{\partial p}{\partial x} \qquad (3.82)$$

gültig für mittlere Breiten. Bei bekannter Dichte- und Druckverteilung lassen sich hieraus Horizontalwinde berechnen, die oft in erstaunlich guter Übereinstimmung mit den Beobachtungen sind.

Ein Blick auf Abb. 3.32 zeigt, daß die geostrophische Approximation sicherlich nicht auf die Hochatmosphäre übertragbar ist. So folgt die Windströmung in 300 km Höhe in guter Näherung den jeweiligen Druckgradienten (wir haben es also mit sogenannten *barosphärischen* Winden zu tun), und es kommt zu einem direkten Druckausgleich zwischen der heißeren Tag- und der kühleren Nachtseite. Offenbar spielen Coriolis-Kräfte in der Thermosphäre nur eine untergeordnete Rolle. Wir vernachlässigen sie deshalb und versuchsweise auch alle anderen Terme in der Impulsbilanzgleichung mit Ausnahme der Druckgradient- und Ionenbremskraft. In diesem Fall ergibt sich die zonale Windkomponente zu

$$u_x \simeq -\frac{1}{\rho\,\nu^*_{\mathrm{n,i}}}\,\frac{\partial p}{\partial x} \qquad (3.83)$$

Wir überprüfen diese Lösung an Hand der in Abb. 3.32 gezeigten Daten, wobei wir berücksichtigen, daß in 300 km Höhe atomarer Sauerstoff die vorherrschende Neutralgas- und Ionenkonstituente ist. Mit $\sigma_{\mathrm{O,O^+}} \simeq 8\cdot 10^{-19}\mathrm{m}^2$ (aufgrund von Resonanzeffekten ist $\sigma_{\mathrm{O,O^+}}$ etwa doppelt so groß wie $\sigma_{\mathrm{O,O}}$), $n_{\mathrm{O^+}}$ (300 km) $\simeq 5\cdot 10^{11}\mathrm{m}^{-3}$, $m_{\mathrm{O^+}} \simeq m_{\mathrm{O}} = 16\ m_u$ und $T_{\mathrm{O^+}}$(300 km) $\simeq T_{\mathrm{O}}$(300 km) $\simeq 1000$ K ergibt sich die Reibungsfrequenz gemäß Gl. (2.57) zu $\nu^*_{\mathrm{O,O^+}} \simeq 4\cdot 10^{-4}\mathrm{s}^{-1}$. Ferner entnehmen wir Anhang A.4, daß die Sauerstoffdichte n_{O}(300 km) $\simeq 6\cdot 10^{14}\mathrm{m}^{-3}$ beträgt und Abb. 3.32, daß im Morgensektor und in äquatorialen Breiten der Druckgradient die Größenordnung $\Delta p/\Delta x \simeq 4\cdot 10^{-13}$ Pa/m besitzt. Damit ergibt sich die Zonalwindgeschwindigkeit in diesem Bereich zu $u_x \simeq 60$ m/s, in guter Übereinstimmung mit der tatsächlich dort beobachteten Windgeschwindigkeit. Offenbar erhält man schon bei alleiniger Berücksichtigung der Ionenbremskraft Windrichtungen und Windgeschwindigkeiten, die in grober Übereinstimmung mit den Beobachtungen sind. Daß die Ionenreibung tatsächlich eine dominante Rolle in der oberen Thermosphäre spielt, folgt einerseits aus einem Größenvergleich mit der Coriolis-Kraft, andererseits auch aus der Tatsache, daß im Nachtsektor mit seiner geringeren Ionendichte wesentlich höhere Windgeschwindigkeiten beobachtet werden als am Tage, siehe z.B. Abbildung 3.31.

Was die Höhenvariation thermosphärischer Winde betrifft, so wird diese ganz wesentlich durch die Viskosität bestimmt. Letztere ist ja bestrebt Geschwindigkeitsunterschiede auszugleichen, wobei ihr dies mit zunehmender Höhe immer besser gelingt. Die Höhenabhängigkeit des Viskositätskoeffizienten wird dabei hauptsächlich durch den Temperaturverlauf bestimmt, wenn auch durch die Wurzel in stark gedämpfter Form, siehe Gl. (3.72). In jedem Fall strebt η mit Annäherung an die Thermopausentemperatur einem konstanten Maximalwert zu. Dies bedeutet, daß der durch gleiche Geschwindigkeitsdifferenzen in Gang gesetzte Impulsfluß $\phi_{z,x}^{I(u)}$ in der oberen Thermosphäre größer ist, als in der unteren, und dies obwohl in der oberen Thermosphäre wegen der dort vorhandenen geringen Massendichte kleinste Impulsflüsse ausreichen, um Geschwindigkeitsunterschiede auszugleichen. Die durch die Viskosität herbeigeführte Geschwindigkeitsangleichung ist also in der oberen Thermosphäre ungleich effektiver als in der unteren. Dies führt dazu, daß die Windgeschwindigkeit in der oberen Thermosphäre, ähnlich wie die Temperatur, einem konstanten Grenzwert zustrebt. Dies ist in Abb. 3.37 dokumentiert. Gezeigt wird ein Schnitt durch die meridionale Windströmung im Mitternachtssektor. Offensichtlich wird in diesem Beispiel die Grenzgeschwindigkeit bereits unterhalb von 300 km Höhe erreicht.

Abbildung 3.37 ist auch zu entnehmen, daß der in der oberen Thermosphäre zum Äquator hin gerichtete Massenfluß durch einen in der unteren

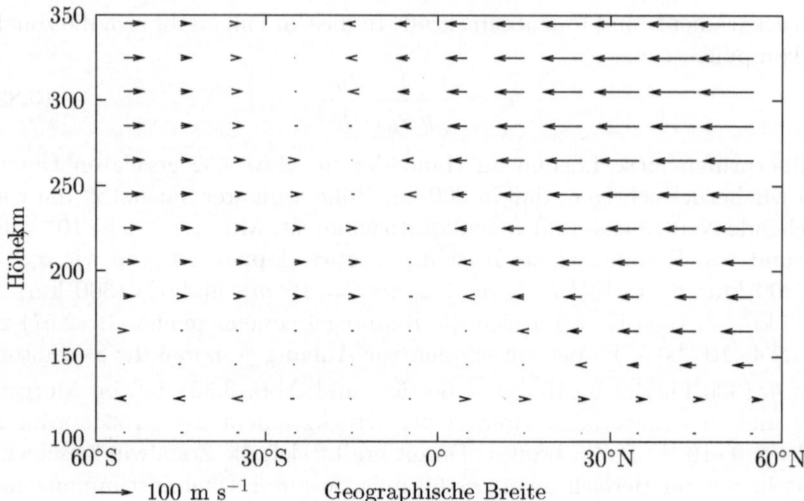

Abb. 3.37. Schnitt durch die meridionale Windströmung u_y im Mitternachtssektor (0 Uhr Ortszeit, 0° geographische Länge). Die Verteilung gilt für das Nordsommer-solstitium (21.Juni) bei mäßiger Sonnenaktivität (CI=100) und schwacher geomagnetischer Aktivität (Kp=2). Die Winde wurden mit Hilfe des Modells HWM 93 (Hedin, 1996) berechnet

Thermosphäre polwärts gerichteten Massenfluß ausgeglichen wird. Natürlich sind die Rückflußgeschwindigkeiten wegen der größeren Massendichte in der unteren Thermosphäre ungleich geringer. Insgesamt aber ähnelt die Windzirkulation dem Strömungsfeld einer Hadley-Zelle. Zu erkennen ist auch, daß der Strömung eine von der Sommer- zur Winterhemisphäre hin gerichtete Windzirkulation überlagert ist (jahreszeitliche Winde). Offenbar wird diese durch den zwischen der heißeren Sommer- und der kühleren Winterhemisphäre bestehenden Druckgradienten angetrieben.

Anzumerken bleibt, daß die Ionenreibung nicht nur als Bremskraft, sondern auch als Beschleunigungskraft wirken kann. Letzteres ist in der polaren Hochatmosphäre der Fall, wo intensive elektrische Felder die Ionen auf hohe Geschwindigkeiten beschleunigen können. Über Stoßreibung wird ein Teil dieser Bewegungsenergie an das Neutralgas weitergegeben, wodurch erhebliche Windgeschwindigkeiten (> 1000 m/s) entstehen können. Diese zusätzliche Windquelle wird in Abschnitt 7.5.1 näher betrachtet.

3.5 Atmosphärische Wellen

Wellen sind ein allgegenwärtiges Phänomen in der terrestrischen Hochatmosphäre und somit auch ein klassisches Beispiel thermosphärischer Dynamik. Im folgenden soll eine kurze Einführung in diesen breitgefächerten Themen-

kreis gegeben werden. Dazu gilt es zunächst die formale Beschreibung von
Wellen in Erinnerung zu rufen. Anschließend soll die Ableitung der dabei
benötigten Kenngrößen am Beispiel der wohlbekannten akustischen Wellen
erläutert werden. Es folgt die Bestimmung der Eigenfrequenz atmosphärischer Auftriebsoszillationen. Schließlich soll, wenn auch nur qualitativ, auf
atmosphärische Schwerewellen eingegangen werden, wobei diese sowohl Elemente von akustischen Wellen als auch Elemente von Auftriebsoszillationen
in sich vereinigen.

3.5.1 Wellenparameter

Um eine Welle vollständig beschreiben zu können, wird eine ganze Reihe von
Kenngrößen benötigt. Zu diesen gehören die Amplitude der Welle a_0, die die
maximale durch die Welle hervorgerufene Abweichung einer Größe a von ihrem Gleichgewichtswert festlegt; ferner die Kreisfrequenz $\omega = 2\pi/\tau$, die die
Häufigkeit der an einem festen Ort durch die Welle hervorgerufenen Oszilla-
tionen bzw. deren Periode τ festlegt; und schließlich die Wellenzahl $k = 2\pi/\lambda$,
die die räumliche Dichte von Wellenbergen und -tälern bzw. die dazugehörige
Wellenlänge λ festlegt. Hinzu kommen Parameter, die die Phase, die Polarisation und die Ausbreitungsrichtung der Welle angeben. Im folgenden genügt
es den einfachen Fall einer ebenen, harmonischen Welle zu betrachten. Erfolgt
deren Ausbreitung in x-Richtung, so gilt

$$a(t, x) = a_0 \ \sin(\omega t - kx) \tag{3.84}$$

Von Interesse ist die Geschwindigkeit, mit der sich die verschiedenen Phasen
einer Welle, so z.B. deren Maxima oder Minima, fortbewegen. Diese *Phasengeschwindigkeit* ergibt sich aus der Bedingung $\omega t - kx = $ konst. zu

$$v_{Ph} = \omega/k \tag{3.85}$$

Davon zu unterscheiden ist die *Gruppengeschwindigkeit* v_{Gr}, die angibt, mit
welcher Geschwindigkeit sich z.B. Modulationen auf einer Trägerwelle oder
durch Überlagerung von Wellen entstandene impulsartige Störungen ausbreiten. Für sie gilt

$$v_{Gr} = \frac{\partial \omega}{\partial k} \tag{3.86}$$

3.5.2 Akustische Wellen

Ebene akustische Wellen sind eine besonders einfache Form atmosphärischer
Wellen. Wenngleich von untergeordneter Bedeutung für die Thermosphäre, so
eignen sie sich doch gut als Einführung in die kompliziertere Physik des vorherrschenden Wellentyps, der atmosphärischen Schwerewellen. Hinzu kommt,
daß Ähnlichkeiten mit einer wichtigen Art von Plasmawellen bestehen.

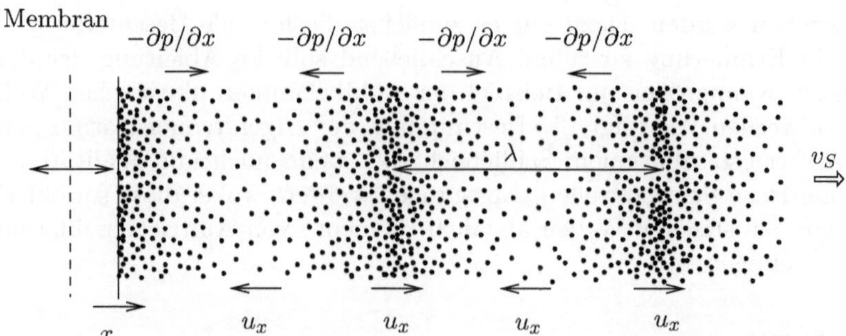

Abb. 3.38. Dichteverteilung in akustischen Wellen und Orte maximaler Druckgradienten und Gasgeschwindigkeiten

Die Physik akustischer Wellen wird in Abb. 3.38 erläutert. Durch die rhythmische Bewegung einer Membran werden abwechselnd Verdichtungs- und Verdünnungszonen in einem angrenzenden Gas erzeugt. An der Flanke einer neu erzeugten Verdichtungszone sind die Druckgradientkräfte $-\partial p/\partial x$ wirksam, die das Gas in positive x-Richtung beschleunigen. Dadurch entsteht eine neue Verdichtungszone in größerem Abstand von der Membran und die Störung wandert mit der als *Schallgeschwindigkeit* v_S bezeichneten Phasengeschwindigkeit in x-Richtung. Jeder Verdichtungszone folgt eine Verdünnungszone und damit auch ein Druckgradient, der die Gase in negative x-Richtung beschleunigt. Bei dieser Wechselbeschleunigung bleiben die Gase im zeitlichen Mittel stationär, sie bewegen sich beim Durchgang der Verdichtungs- und Verdünnungszonen nur vor und zurück, wobei wir ihre Auslenkung mit ξ_x und ihre Auslenkgeschwindigkeit, die sogenannte *Schnelle*, mit u_x bezeichnen wollen.

Ganz allgemein gilt, daß Wellen, um überhaupt existieren zu können, in Einklang mit den das Ausbreitungsmedium beschreibenden Gleichungen sein müssen. Bei der hier betrachteten Thermosphäre als Ausbreitungsmedium sind dies im einfachsten Fall die Kontinuitäts-, Bewegungs- und Adiabatengleichung, wobei diese Beziehungen spezielle Formen der Dichte-, Impuls- und Energiebilanzgleichung darstellen, siehe z.B. Anhang A.7. Bei der Ableitung der hier interessierenden akustischen Wellen wollen wir zudem von folgender, stark vereinfachten Form der Bewegungsgleichung ausgehen

$$\rho \, \frac{\partial u_x}{\partial t} + \rho \, u_x \, \frac{\partial u_x}{\partial x} = -\frac{\partial p}{\partial x} \tag{3.87}$$

Ein Vergleich mit der Bewegungsgleichung (3.79) zeigt, daß hier Wellen betrachtet werden, bei denen (in sehr guter Näherung) die Coriolis-Kraft und (in erster Näherung) die Viskositäts- und Reibungskräfte vernachlässigt werden können. Hinzu kommt, daß auch die Schwerkraft unberücksichtigt bleibt. Wie ersichtlich stellt Gleichung (3.87) einen Zusammenhang zwischen den drei Zustandsgrößen u_x, ρ und p her. Um eine dieser Größen berechnen zu können, müssen die anderen beiden eliminiert werden. Dies gelingt mit Hilfe der Kontinuitäts- und Adiabatengleichung. Letztere setzt natürlich voraus, daß bei den hier betrachteten Wellen kein Wärmeaustausch durch molekulare Wärmeleitung stattfindet. Zunächst soll mit Hilfe dieser beiden Gleichungen eine zusätzliche Beziehung zwischen Druck- und Geschwindigkeit hergestellt werden. Ausdifferenzieren der auf die x-Richtung bezogenen Kontinuitäts-gleichung (2.19) ergibt

$$\frac{\partial n}{\partial t} + u_x \, \frac{\partial n}{\partial x} + n \, \frac{\partial u_x}{\partial x} = 0$$

Differentiation der Adiabatenbeziehung (2.36) nach der Variablen i liefert

$$\frac{\partial n}{\partial i} = \text{Konst.} \, \frac{1}{\gamma} \, p^{1/\gamma - 1} \, \frac{\partial p}{\partial i} = \frac{n}{\gamma p} \, \frac{\partial p}{\partial i}$$

Mit $i = t$ und $i = x$ läßt sich dieser Ausdruck in die Kontinuitätsgleichung einsetzen, und man erhält folgenden Zusammenhang zwischen p und u_x

$$\frac{\partial p}{\partial t} + u_x \, \frac{\partial p}{\partial x} + \gamma \, p \, \frac{\partial u_x}{\partial x} = 0 \tag{3.88}$$

Zur weiteren Vereinfachung sei angenommen, daß die durch die Welle ver-ursachten Druck- und Dichtestörungen p_1 und ρ_1 klein sind gegenüber ihren Gleichgewichtswerten p_0 und ρ_0 und daß die Hintergrundatmosphäre homo-gen ist und ruht

$$
\begin{aligned}
p(x,t) &= p_0 + p_1(x,t) \quad &&\text{mit} \quad &&p_1 \ll p_0, \; p_0 \neq f(x,t) \\
\rho(x,t) &= \rho_0 + \rho_1(x,t) \quad &&\text{mit} \quad &&\rho_1 \ll \rho_0, \; \rho_0 \neq f(x,t) \\
u_x(x,t) &= u_{1x}(x,t) \quad &&\text{und} \quad &&u_0 = 0
\end{aligned}
\tag{3.89}
$$

Mit diesem der Störungsrechnung entnommenen Ansatz nehmen die Gl. (3.87) und (3.88) folgende Form an

$$\frac{\partial u_{1x}}{\partial t} + u_{1x} \, \frac{\partial u_{1x}}{\partial x} + \frac{1}{\rho_0} \, \frac{\partial p_1}{\partial x} = 0 \tag{3.90}$$

$$\frac{\partial p_1}{\partial t} + u_{1x} \, \frac{\partial p_1}{\partial x} + \gamma \, p_0 \, \frac{\partial u_{1x}}{\partial x} = 0 \tag{3.91}$$

Dabei ist zu beachten, daß die Störgrößen nur in den Vorfaktoren, nicht in den Ableitungen selbst vernachlässigt werden können und daß alle hier ab-geleiteten Beziehungen nur näherungsweise gültig sind. Wir machen jetzt die weitergehende Annahme, daß die nichtlinearen Terme $u_{1x}\partial u_{1x}/\partial x$ und $u_{1x}\partial p_1/\partial x$ gegenüber den beiden anderen Gliedern ihrer jeweiligen Gleichun-gen vernachlässigt werden können. Unter welchen Bedingungen dies möglich ist, soll später an Hand der auf diesem Wege gefundenen Lösungen unter-sucht werden. Mit diesen Näherungen ergeben sich zwei lineare Gleichungen für die Störgrößen u_{1x} und p_1. Differenziert man die obere Gleichung partiell nach t und die untere partiell nach x und eliminiert p_1 durch Einsetzen der unteren in die obere, so erhält man

$$\frac{\partial^2 u_{1x}}{\partial t^2} - \frac{\gamma p_0}{\rho_0}\, \frac{\partial^2 u_{1x}}{\partial x^2} = 0 \qquad (3.92)$$

Dies entspricht einer Wellengleichung für die Geschwindigkeit u_{1x}, d.h. für die Schnelle, und wir machen den Ansatz

$$u_{1x} = (u_{10})_x\, \sin(\omega t - kx) \qquad (3.93)$$

Dabei bezeichnet $(u_{10})_x$ die Amplitude der Schnelle. Einsetzen in Gl. (3.92) ergibt folgende Dispersionsrelation zwischen der Frequenz ω und der Wellenzahl k

$$-\omega^2 + k^2 \gamma\, p_0/\rho_0 = 0 \qquad (3.94)$$

Mit den Gleichungen (3.85), (2.28) und (2.34) berechnet sich daraus die Schallgeschwindigkeit zu

$$v_S = \omega/k = \sqrt{\gamma\, p/\rho} = \sqrt{(1 + 2/f)\, kT/m} \qquad (3.95)$$

wobei an dieser Stelle auf die Indizierung des Hintergrunddrucks, der Hintergrunddichte bzw. der Hintergrundtemperatur verzichtet werden kann. Offensichtlich ist die Schallgeschwindigkeit unabhängig von der Frequenz und somit auch gleich der Gruppengeschwindigkeit. Typische Werte von v_S in Erdbodennähe und in der oberen Thermosphäre sind $v_S(h = 0) \simeq 340$ m/s und $v_S(h = 300$ km, $T = 1000$ K $) \simeq 860$ m/s, wobei jeweils der mittlere Freiheitsgrad und die mittlere Masse in Gl. (3.95) einzusetzen sind. Ein Vergleich mit Tabelle 2.1 zeigt, daß die Größenordnung dieser Werte mit der jeweiligen Pekuliargeschwindigkeit der Gasteilchen verträglich ist.

Unsere Ableitung basiert u.a. auf der Annahme, daß der nichtlineare Term $|u_{1x}\, \partial u_{1x}/\partial x|$ klein ist gegenüber den beiden anderen, unter diesen Bedingungen etwa gleich großen Gliedern $|\partial u_{1x}/\partial t|$ und $|(1/\rho_0)\partial p_1/\partial x|$. Setzt man den Lösungsansatz (3.93) in Gl. (3.90) ein und vergleicht die beiden ersten Glieder, so muß demnach gelten $\omega \gg (u_{10})_x\, k$ bzw. $(u_{10})_x \ll v_S$. Offensichtlich ist unser Ansatz nur dann gültig, wenn die Schnelle klein ist gegenüber der jeweiligen Schallgeschwindigkeit. Eine äquivalente Bedingung ist, daß die Auslenkamplitude der Gasvolumina $(\xi_{10})_x$ klein ist gegenüber der Wellenlänge λ. Wie sich durch Integration der Gl. (3.93) leicht überprüfen läßt, gilt ja $(u_{10})_x = (\xi_{10})_x\, \omega$.

Während akustische Wellen in der Thermosphäre nur eine untergeordnete Rolle spielen (sie können z.B. durch Erdbeben oder durch die supersonische Bewegung von Polarlichtern angeregt werden), sind sie für die Sonnenatmosphäre von großer Wichtigkeit. So werden durch vertikale photosphärische Konvektionsbewegungen ständig akustische Wellen angeregt, die sich nach oben in den Bereich der Chromosphäre ausbreiten und dort zur Aufheizung der Gase beitragen, vergleiche Abschnitt 3.1.2. Die Dissipation der Wellen-energie beruht dabei u.a. auf dem starken Anwachsen der Auslenkamplitude und der Schnelle, einer Erscheinung, die sich folgendermaßen verstehen läßt. Die zeitlich gemittelte kinetische Energiedichte einer sich nach oben ausbreitenden akustischen Welle beträgt

$$\langle E^*_{kin}\rangle = \frac{1}{2}\,\rho\,\langle u^2_{1z}\rangle = \frac{1}{2}\,\rho\,(u_{10})^2_z\,\langle\sin^2(\omega t - kz)\rangle = \frac{1}{4}\,\rho\,(u_{10})^2_z \qquad (3.96)$$

wobei ρ die sich mit der Schnelle u_{1z} bewegende Dichte bezeichnet und der Mittelwert mit Hilfe des Integrals (A.6) berechnet wird. Wie bei jeder Schwingung ist die potentielle Energiedichte im Mittel gleich groß, so daß die gesamte Energiedichte einer akustischen Welle $\langle E^*\rangle = \rho\,(u_{10})^2_z/2 = \rho\,\omega^2\,(\xi_{10})^2_z/2$ beträgt. Da diese Energiedichte mit der Geschwindigkeit v_S transportiert wird, ergibt sich der mit einer Schallwelle verknüpfte Energiefluß bzw. ihre *Intensität* zu $\phi^E_S = \langle E^*\rangle A(v_S\Delta t)/A\Delta t = \langle E^*\rangle v_S$, wobei $A(v_S\Delta t)$ das Volumen der Schallwelle angibt, das in der Zeit Δt durch die Fläche A transportiert wird. Nimmt man an, daß dieser Energiefluß bei der Ausbreitung der Welle in höhere Atmosphärenschichten zunächst konstant bleibt und Verluste vernachlässigt werden können, so wächst sowohl die Schnellen- als auch die Auslenkamplitude umgekehrt proportional zur Wurzel aus der abnehmenden Dichte an, $(u_{10})_z$, $(\xi_{10})_z \sim 1/\sqrt{\rho}$, wobei wir die Schallgeschwindigkeit als in erster Näherung konstant angesetzt haben. Beim Durchlaufen der oberen Photosphäre und unteren Chromosphäre kann dieses Anwachsen leicht einen Faktor 100 überschreiten und man kann sich unschwer vorstellen, daß dies rasch zu Nichtlinearitäten $((u_{10})_z \gtrsim v_S,\ (\xi_{10})_z \gtrsim \lambda)$ und damit zur Dissipation kohärenter Wellenenergie führt. Hinzu kommt, daß mit wachsender Höhe Viskosität und Wärmeleitung an Bedeutung gewinnen. Dies führt zu einer zusätzlichen Dissipation von Wellenenergie. Insgesamt leistet diese Aufheizung durch akustische Wellen einen wichtigen Beitrag zum Wärmehaushalt der Chromosphäre.

3.5.3 Auftriebsoszillationen

Während akustische Wellen in der Thermosphäre nur eine untergeordnete Rolle spielen, ist eine durch Auftriebsoszillationen modifizierte Variante dieser Wellenart von großer Bedeutung. Um diesen etwas komplizierteren Wellentypus besser verstehen zu können, soll zunächst die Entstehung von Auftriebsoszillationen erläutert werden. Dazu betrachten wir ein Luftpaket in einer stabil geschichteten Atmosphäre, das aus seiner Gleichgewichtslage bei z_0 in die Höhe z angehoben wird, siehe Abb. 3.39. Wegen des geringeren Drucks in seiner neuen Umgebung wird sich das Gasvolumen ausdehnen und dabei Arbeit leisten. Dies geschieht auf Kosten seiner inneren Energie und das Gas kühlt sich ab. In einer im Gleichgewicht befindlichen Atmosphäre ist seine Temperatur jetzt geringer als die Außentemperatur und das Gasvolumen somit schwerer als seine Umgebung. Entsprechend sinkt es in

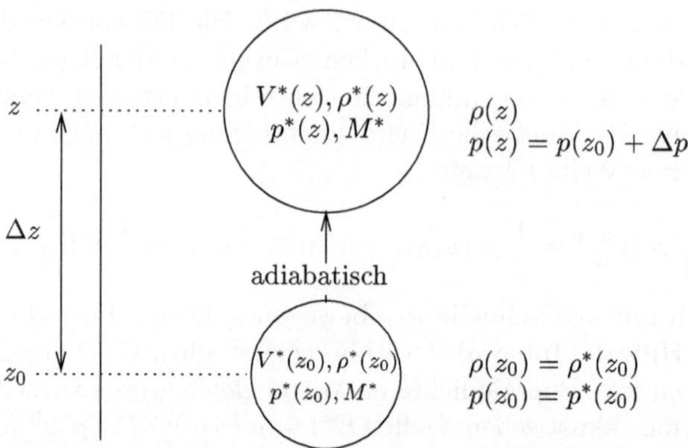

Abb. 3.39. Zur Ableitung der Auftriebsoszillationsfrequenz. Mit einem Stern versehene Größen beziehen sich auf das betrachtete Gasvolumen mit der konstanten Masse M^*. Die Schwerebeschleunigung g wird als konstant angenommen

Richtung Ausgangslage zurück. Die dabei gewonnene Bewegungsenergie läßt es allerdings über die Gleichgewichtslage hinausschießen. Dadurch wird es über den Gleichgewichtszustand hinaus komprimiert und erwärmt und somit leichter als seine neue Umgebung, und die daraus resultierende Auftriebskraft beschleunigt es zurück in Richtung Gleichgewichtslage. Offenbar kommt es auf diese Weise zu einer Schwingung des Gasvolumens um seine Gleichgewichtshöhe, die als *Auftriebsoszillation* bezeichnet wird. Im folgenden soll die Frequenz dieser Schwingung bestimmt werden.

Aus der Mechanik ist bekannt, daß bei einer einfachen Schwingung die Rückstellkraft $F_{Rück}$ proportional zur Auslenkung aus der Gleichgewichtslage ist. Bezeichnet M^* die Masse des schwingungsfähigen Körpers, z_0 seine Gleichgewichtslage und $\Delta z = z - z_0$ die Auslenkung, dann gilt nach dem Newtonschen Gesetz

$$M^* \frac{\mathrm{d}^2 z}{\mathrm{d}t^2} = M^* \frac{\mathrm{d}^2 \Delta z}{\mathrm{d}t^2} = F_{Rück} = - K \, \Delta z \qquad (3.97)$$

wobei K eine Proportionalitätskonstante (z.B. die Federkonstante) darstellt. Als Lösung dieser Differentialgleichung erhält man eine einfache harmonische Schwingung der Form

$$\Delta z = (\Delta z)_0 \, \sin(\omega t) \qquad (3.98)$$

wobei $(\Delta z)_0$ die Auslenkamplitude und ω die Frequenz dieser Schwingung bezeichnet. Einsetzen dieser Lösung in die Differentialgleichung liefert folgenden Ausdruck für die Schwingungsfrequenz

$$\omega = \sqrt{K/M^*} \qquad (3.99)$$

In der in Abb. 3.39 skizzierten Situation ist die Rückstellkraft gleich der bei der Auslenkung auftretenden Differenz zwischen Schwer- und Druckgradientkraft

$$F_{R\ddot{u}ck} = -V^*(z)\, \partial p/\partial z|_z - M^*\, g$$

Mit $V^*(z) = M^*/\rho^*(z)$ und $\partial p/\partial z|_z = -\rho(z)g$ läßt sich dieser Ausdruck auch folgendermaßen schreiben

$$F_{R\ddot{u}ck} = M^*\, g\, (\rho(z) - \rho^*(z))/\rho^*(z) \tag{3.100}$$

Dabei wird die Größe der Rückstellkraft in erster Linie von der Differenz $\rho(z) - \rho^*(z)$, weniger durch den genauen Wert des Nenners bestimmt. Bei den hier betrachteten kleinen Auslenkungen kann deshalb $\rho^*(z)$ im Nenner problemlos durch den etwas größeren Wert $\rho^*(z_0) = \rho(z_0)$ ersetzt werden. Ferner läßt sich die Dichte $\rho(z)$ im Zähler näherungsweise durch folgende, nach dem 2. Glied abgebrochene Taylor-Reihe approximieren

$$\rho(z) \simeq \rho(z_0) + \partial\rho/\partial z|_{z_0}\, \Delta z$$

Entsprechendes gilt auch für die Dichte $\rho^*(z)$, wobei wir annehmen wollen, daß die Dichteänderung in dem betrachteten Gasvolumen adiabatisch, also ohne Wärmeaustausch mit seiner Umgebung erfolgt

$$\rho^*(z) \simeq \rho^*(z_0) + \left.\frac{\partial\rho^*}{\partial p}\right|_{z_0}^{ad} \Delta p \simeq \rho(z_0) + \left(\frac{\rho}{\gamma p}\,\frac{\partial p}{\partial z}\right)_{z_0} \Delta z = \rho(z_0) - \frac{\rho(z_0)g}{v_S^2(z_0)}\, \Delta z$$

Dabei haben wir im zweiten Schritt von der Adiabatenbeziehung (2.36) und der Näherung $\Delta p \simeq (\partial p/\partial z)\Delta z$ und im dritten von der aerostatischen Grundgleichung (2.38) und dem Ausdruck für die Schallgeschwindigkeit (3.95) Gebrauch gemacht. Damit läßt sich die Rückstellkraft auch folgendermaßen schreiben

$$F_{R\ddot{u}ck} = \frac{M^*g}{\rho(z_0)} \left[\left.\frac{\partial\rho}{\partial z}\right|_{z_0} + \frac{\rho(z_0)g}{v_S^2(z_0)}\right]\, \Delta z = -K\, \Delta z$$

Diese Beziehung legt den Wert der Proportionalitätskonstanten K und mit Gl. (3.99) auch den Wert der gesuchten *Auftriebsoszillationsfrequenz* fest

$$\omega_g = \sqrt{\frac{K}{M^*}} = \sqrt{-g\left(\frac{1}{\rho(z_0)}\left.\frac{\partial\rho}{\partial z}\right|_{z_0} + \frac{g}{v_S^2(z_0)}\right)} \tag{3.101}$$

Nach ihren 'Entdeckern' wird ω_g auch als *Brunt-Väisälä-Frequenz* bezeichnet. Um sie in eine etwas handlichere Form zu bringen, wird der Term $(1/\rho)\partial\rho/\partial z$ folgendermaßen umgeschrieben. Aus dem Ausdruck für die Schallgeschwindigkeit folgt $\ln\rho = \ln\gamma + \ln p - \ln v_S^2$. Damit gilt

$$\frac{1}{\rho}\frac{\partial\rho}{\partial z} = \frac{\partial(\ln\rho)}{\partial z} = \frac{\partial(\ln p)}{\partial z} - \frac{\partial(\ln v_S^2)}{\partial z}$$

$$= -\frac{\rho g}{p} - \frac{1}{v_S^2}\frac{\partial v_S^2}{\partial z} = -\frac{\gamma g}{v_S^2} - \frac{1}{v_S^2}\frac{\partial v_S^2}{\partial z}$$

Einsetzen in Gl. (3.101) ergibt

$$\omega_g = \sqrt{\frac{g^2}{v_S^2}(\gamma - 1) + \frac{g}{v_S^2}\,\frac{\partial v_S^2}{\partial z}} = \sqrt{\frac{g}{T}\left(\frac{g}{c_p} + \frac{\partial T}{\partial z}\right)} \tag{3.102}$$

wobei sich alle Größen auf die betrachtete Gleichgewichtshöhe z_0 beziehen. Kann die Schallgeschwindigkeit bzw. die Temperatur im Bereich der Schwingung als in erster Näherung konstant angenommen werden, so reduziert sich der Ausdruck für die Auftriebsoszillationsfrequenz auf die einfache Form

$$\omega_g \simeq g\,\sqrt{\gamma - 1}/v_S = g/\sqrt{c_p T} \tag{3.103}$$

Für die obere Thermosphäre (300 km) und bei einer Temperatur von 1000 K errechnet sich daraus die Auftriebsoszillationsperiode zu $\tau_g = 2\pi/\omega_g \simeq 13$ Minuten.

3.5.4 Schwerewellen

Um keine Mißverständnisse aufkommen zu lassen: Schwerewellen haben nichts mit den faszinierenden, aber schwer faßbaren Gravitationswellen zu tun. Vielmehr handelt es sich hier um eine spezielle Form atmosphärischer Wellen, bei denen neben Kompressions- auch Auftriebseffekte eine wichtige Rolle spielen. Ihre Ableitung folgt im wesentlichen der von akustischen Wellen, nur daß jetzt in der Impulsbilanzgleichung neben der Druckgradient- auch die Schwerkraft berücksichtigt wird, und dieser Tatsache verdankt dieser Wellentypus seinen Namen. Gleichung (3.87) wird also ersetzt durch die zweidimensionale Bewegungsgleichung

$$\rho\,\frac{\partial u_x}{\partial t} = -\frac{\partial p}{\partial x} \tag{3.104}$$

und

$$\rho\,\frac{\partial u_z}{\partial t} = -\frac{\partial p}{\partial z} - \rho\,g \tag{3.105}$$

wobei die nichtlinearen Feldbeschleunigungsterme $\rho u_x \partial u_x/\partial x$ und $\rho u_z \partial u_z/\partial z$ bereits vernachlässigt worden sind. Zusammen mit der Kontinuitätsgleichung und der Adiabatenbeziehung stehen vier Gleichungen für die Bestimmung der vier Unbekannten u_x, u_z, ρ und p zur Verfügung. Da bei Schwerewellen neben der Druckbeschleunigung auch die Auftriebsbeschleunigung als Rückstellkraft wirksam ist, letztere aber nur in vertikaler Richtung wirkt, wird die Wellenausbreitung anisotrop, und Wellen in horizontaler Richtung verhalten sich anders als solche in vertikaler Richtung. Dieser Tatsache wird beim Wellenansatz durch unterschiedliche Wellenzahlen in horizontaler und vertikaler Richtung Rechnung getragen, und wir schreiben

$$a(x, z, t) = a_0 \sin(\omega t - k_x x - k_z z) \tag{3.106}$$

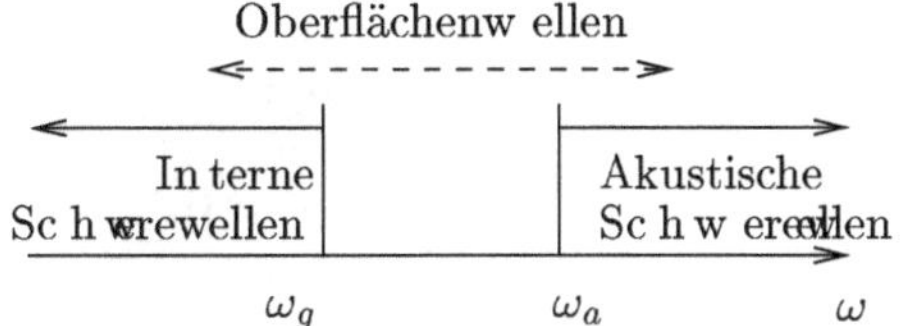

Abb. 3.40. Frequenzbereiche der drei Arten atmosphärischer Schwerewellen

'a' steht dabei wieder stellvertretend für eine der vier Unbekannten. Einsetzen in die mit Hilfe des Störansatzes (3.89) vereinfachten Ausgangsgleichungen ergibt – nach einer etwas umfangreicheren Rechnung, die hier übersprungen werden soll – folgende Dispersionsrelation

$$\omega^4 - [v_S^2 \, (k_x^2 + k_z^2) + (\gamma g/2v_S)^2] \, \omega^2 + (v_S\omega_g)^2 \, k_x^2 = 0 \qquad (3.107)$$

Offensichtlich ist diese Bedingung für das Auftreten von Schwerewellen um einiges komplizierter als die entsprechende Beziehung (3.94) für akustische Wellen. Es handelt sich um eine biquadratische Gleichung für ω, die nur für den Fall

$$\omega \geq \omega_a = \gamma g/2v_S \qquad (3.108)$$

oder

$$\omega \leq \omega_g \qquad (3.109)$$

Lösungen besitzt. ω_a bezeichnet dabei die *akustische Grenzfrequenz*. Im ersten Fall spricht man von *akustischen Schwerewellen*, im zweiten Fall von *internen Schwerewellen*. Die Frequenzüberdeckung beider Wellentypen ist in Abb. 3.40 angegeben. Bei den akustischen Schwerewellen handelt es sich, wie der Name schon andeutet, um eine leicht modifizierte Form akustischer Wellen, die wegen ihrer relativ hohen Frequenz nur schwach durch Auftriebskräfte beeinflußt wird. Wie bei akustischen Wellen findet die Gasbewegung in erster Linie parallel zur Ausbreitungsrichtung statt und wir haben es mit einer Quasi-Longitudinalwelle zu tun. Bei internen Schwerewellen handelt es sich um fortschreitende Auftriebsoszillationen, die durch Dichtekompressionseffekte modifiziert werden. Da die Gasbewegung im wesentlichen senkrecht zur Phasenausbreitungsrichtung erfolgt, haben wir es hier mit einer Quasi-Transversalwelle zu tun. Abbildung 3.41 illustriert die Dichte- und Geschwindigkeitsverteilung in einer ebenen Schwerewelle, deren Phasenausbreitungsrichtung schräg nach oben zeigt.

Bei Gl. (3.107) handelt es sich um eine bereits spezialisierte Form der Dispersionsrelation. Deren allgemeine Form erlaubt als einen weiteren Wellentypus den der *externen Schwerewellen* oder *Oberflächenwellen*. Diese breiten sich nur in horizontaler Richtung aus und besitzen eine höhenunabhängige Phase und eine mit wachsender Entfernung von der betrachteten Oberfläche exponentiell abnehmende Amplitude. Dieser Typus entspricht somit Wellen,

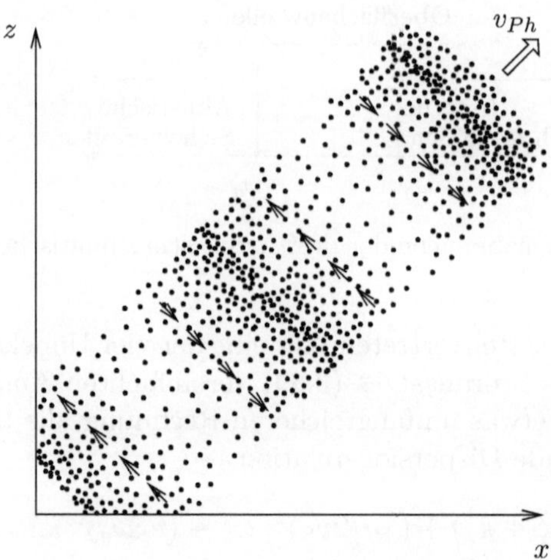

Abb. 3.41. Dichte- und Geschwindigkeitsverteilung (Pfeile) in einer idealisierten, ebenen internen Schwerewelle, deren Phasenausbreitungsrichtung schräg nach oben zeigt

wie man sie an Wasseroberflächen oder bei seismischen Wellen an der Erdoberfläche beobachtet. Da es in der Atmosphäre keine wohldefinierten Oberflächen gibt, spielt diese Wellenart nur eine untergeordnete Rolle.

Der Nachweis von Schwerewellen erfolgt meist über ihre ionosphärische Signatur. So werden Schwerewellen für fortschreitende, quasi-periodische Fluktuationen der Elektronendichte und Schichthöhe der Ionosphäre verantwortlich gemacht. Letztere können mit Hilfe von Radiosondierungsmethoden nachgewiesen werden, vergleiche dazu Abschnitt 4.7.3. Man bezeichnet solche Fluktuationen auch als *wandernde ionosphärische Störungen* (engl. *traveling ionospheric disturbances* oder kurz TIDs). Für spätere Überlegungen von besonderem Interesse sind die Signaturen großskaliger interner Schwerewellen. Großskalig bedeutet dabei Wellenlängen von bis zu einigen 1000 km und Perioden im Stundenbereich. Ihren Ursprung haben solche Wellen in polaren Breiten, wo die Hochatmosphäre während gestörter Bedingungen wiederholt durch plötzliche Wärmezufuhr aufgeheizt wird. Durch die dadurch hervorgerufene plötzliche Gasexpansion angeregt, breiten sich diese Wellen – oder genauer gesagt ihre impulsförmige Überlagerung – mit Geschwindigkeiten von bis zu 800 m/s in Richtung Äquator aus. In mittleren Breiten erzeugen sie dabei u.a. einen signifikanten Anstieg der Ionisationsdichte (d.h. einen *positiven ionosphärischen Sturm*) und in äquatorialen Breiten eine erhebliche Neutralgasdichtestörung, siehe dazu Abschnitt 8.4.2 und 8.5.2.

Literaturhinweise

Die Sonne

H. Zirin, *Astrophysics of the Sun*, Cambridge University Press, Cambridge, 1988

C.J. Durrant, *The Atmosphere of the Sun*, Adam Hilger, Bristol and Philadelphia, 1988

M. Stix, *The Sun*, Springer-Verlag, Berlin, 1989

Populärwissenschaftliche Bücher über die Sonne

R. Giovanelli, *Secrets of the Sun*, Cambridge University Press, Cambridge, 1984

H. Friedman, *Die Sonne*, Spektrum-der-Wissenschaft-Verlagsgesellschaft, Heidelberg, 1987

R. Kippenhahn, *Der Stern, von dem wir leben*, Deutsche Verlagsanstalt, Stuttgart, 1990

K.R. Lang, *Die Sonne, Stern unserer Erde*, Springer-Verlag, Berlin, 1996

L. Golub and J.M. Pasachoff, *Nearest Star*, Harvard University Press, Cambridge, Mass. and London, 2001

Dynamik der Hochatmosphäre und Luftleuchten

R.W. Schunk, Mathematical structure of transport equations for multispecies flows, *Rev. Geophys. Space Phys.*, *15*, 429, 1977

P. Stubbe, Interaction of neutral and plasma motions in the ionosphere, in *Handbuch der Physik* (S. Flügge, Hrsg.), *Geophysik III, Teil VI*, 247, Springer-Verlag, Berlin 1982

H. Volland, *Atmospheric Tidal and Planetary Waves*, Kluwer Academic Publishers, Dordrecht, 1988

S. N. Ghosh, *The Neutral Upper Atmosphere*, Kluwer Academic Publishers, Dordrecht, 2002

Siehe auch Literaturhinweise zu den beiden vorangegangenen Kapiteln und Abbildungsreferenzen im Anhang B.

4. Ionosphäre

Unter der Ionosphäre verstehen wir die *ionisierte* Komponente der Hochatmosphäre. Diese Definition schließt ein, daß es sich bei der Ionosphäre um ein Gemisch thermischer und gravitativ an die Erde gebundener Ladungsträgergase handelt. Obwohl nur in Spurengaskonzentration vorhanden, hat diese Ladungsträgerkomponente wichtige Folgen. So ermöglicht sie das Fließen elektrischer Ströme und führt damit zu Magnetfeldstörungen und elektrodynamischen Aufheizeffekten. Ferner beeinflußt sie die Dynamik der Hochatmosphäre, indem sie thermosphärische Winde erzeugt oder abbremst. Schließlich führt sie zu einer Modifikation elektromagnetischer Wellen, wobei diese gebrochen oder gespiegelt, gedämpft oder in ihrer Polarisationsebene gedreht werden können.

Spekulationen über die Existenz einer der heutigen Ionosphäre vergleichbaren leitenden Schicht in der Hochatmosphäre gab es schon recht früh. So führten Gauß (1839; man beachte wieder, daß Jahreszahlen im Textteil der zeitlichen Einordnung eines Ereignisses, nicht der Kennzeichnung eines Literaturzitats dienen) und später Kelvin (1860) Schwankungen des Erdmagnetfeldes auf hochatmosphärische Ströme zurück. Eine Präzisierung erfuhr diese Hypothese durch Stewart (1883), der die regulären tageszeitlichen Variationen des Erdmagnetfeldes auf durch Gezeitenwinde verursachte Dynamoströme zurückführte. Die physikalische Natur dieser hochatmosphärischen Ströme blieb dabei allerdings unklar, da erst um 1900 die Existenz freier Elektronen allgemein akzeptiert wurde. Im Jahre 1901 wurde die Hypothese einer leitenden hochatmosphärischen Schicht erneut aktuell. Damals gelang es Marconi erstmals Radiowellen über den Atlantik zu senden und Kennelly, Heaviside und Lodge (1902) erklärten diese Tatsache – unabhängig voneinander – mit der Reflexion der Wellen an freien Ladungsträgern in der Hochatmosphäre. Diese Erklärung fand u.a. durch die Arbeiten von Taylor (1903) und Fleming (1906) Unterstützung, die – wie schon zuvor Lodge – vorschlugen, daß solare UV-Strahlung für die Bildung dieser Ladungsträger verantwortlich ist. Trotzdem blieb die Existenz der *Kennelly-Heaviside-Schicht* lange Zeit kontrovers (ein 'akademisches Mythos'), bis es im Jahr 1924 zwei voneinander unabhängigen Gruppen erstmals gelang, die Realität der Ionosphäre mit Hilfe gezielter Radiowellenexperimente nachzuweisen (Appleton und Barnett in England und Breit und Tuve in den USA). Appleton ist später für seine

Arbeiten auf dem Gebiet der Ionosphärenphysik mit dem Nobelpreis ausgezeichnet worden. Die Experimente dieser beiden Gruppen markieren den Beginn der experimentellen Erforschung der Ionosphäre und zugleich den Beginn aktiver Weltraumsondierungen.

Die Vermessung der Ionosphäre mit Hilfe von Radiowellen ist auch heute noch aktuell. So gibt es zur Zeit weltweit etwa 100 Ionosondenstationen, die mit Hilfe reflektierter Radiowellen die Struktur und Variabilität der Ionosphäre untersuchen (Echolotung). Hinzu kommen leistungsstarke, die inkohärente Rückstreuung dieser Schicht erfassende Radaranlagen. Neben diesen bodengestützten Beobachtungen macht Weltraumtechnologie die *in situ* Vermessung der Ionosphäre möglich. Im folgenden soll zunächst der mit Hilfe dieser Techniken ermittelte Höhenverlauf einiger wichtiger ionosphärischer Kenngrößen beschrieben werden. Anschließend soll die beobachtete Dichteverteilung erklärt werden. Es folgt eine Diskussion der Radiowellenausbreitung in der Ionosphäre.

4.1 Höhenverlauf ionosphärischer Zustandsgrößen

Grundsätzlich finden alle zur Beschreibung neutralatmosphärischer Gase eingeführten Kenngrößen auch bei der Beschreibung eines Ionen- oder Elektronengases Anwendung. Dies gilt sowohl für makroskopische Zustandsgrößen wie Dichte, Druck oder Temperatur als auch für gaskinetische Kenngrößen wie die mittlere freie Weglänge oder die Stoßfrequenz. Insbesondere behalten alle in Abschnitt 2.1 zusammengestellten Definitionsgleichungen dieser Kenngrößen volle Gültigkeit.

Abb. 4.1 zeigt den Höhenverlauf der ionosphärischen Elektronendichte, wie er während des Tages in mittleren Breiten und bei niedriger Sonnenaktivität beobachtet werden kann. Der Schichtcharakter der Ladungsträgerverteilung ist offensichtlich. Im hier gezeigten Fall befindet sich die Schicht in etwa 240 km Höhe, weist eine maximale Ionisationsdichte von $5 \cdot 10^{11}$ Teilchen pro m^3 auf, besitzt eine Halbwertsschichtdicke von ungefähr 120 km und verfügt über eine Säulendichte von wenigen 10^{17} Teilchen pro m^2. Diese Schichtparameter sind starken Schwankungen unterworfen und die Bandbreite typischer Tageswerte beträgt

$$
\begin{array}{lll}
\text{Maximale Ionisationsdichte:} & n_\mathrm{m} \simeq 1 - 30 \cdot 10^{11}~\mathrm{m^{-3}} \\
\text{Höhe des Maximums:} & h_\mathrm{m} \simeq 220 - 400~\mathrm{km} \\
\text{Schichtdicke:} & \simeq 100 - 400~\mathrm{km} \\
\text{Säulendichte:} & \mathcal{N}_\mathrm{e} \simeq 1 - 10 \cdot 10^{17}~\mathrm{m^{-2}}
\end{array}
$$

Bei der Extrapolation der in Abb. 4.1 gezeigten Elektronendichte auf die Ionendichte ist zu beachten, daß die Ionosphäre an jedem Ort ein nach außen hin quasi-neutrales Gemisch von Ladungsträgergasen darstellt, bei dem die Summe der positiven Ionen immer gleich der Summe der Elektronen und

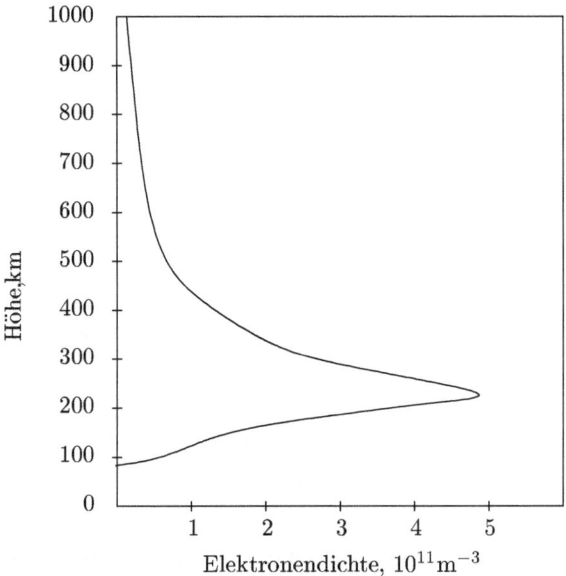

Abb. 4.1. Repräsentativer Höhenverlauf der Elektronendichte während des Tages in mittleren Breiten und bei niedriger Sonnenaktivität

negativen Ionen ist. Oberhalb von etwa 90 km Höhe gilt zudem in guter Näherung

$$h \gtrsim 90 \text{ km}: \qquad n_{\mathrm{i}} = \sum_j n_j \simeq n_{\mathrm{e}} = n$$

wobei n_{i} die Gesamtdichte positiver Ionen, n_j die Partialdichte der Ionenspezies j, n_{e} die Elektronendichte und n ganz allgemein die Gesamtdichte positiver Ionen *oder* die Dichte der zugehörigen Elektronen (nicht aber die Gesamtdichte aller Ladungsträger) bezeichnet. Oberhalb von 90 km Höhe ist demnach der Beitrag negativer Ionen vernachlässigbar klein und die Gesamtdichte positiver Ionen ist gleich der Dichte der Elektronen.

Die Ionenzusammensetzung der Ionosphäre ist in Abb. 4.2 dargestellt. Der Elektronendichteverlauf (e^-) entspricht dabei dem der Abb. 4.1, nur daß die logarithmische Darstellung den Schichtcharakter der Verteilung weniger gut erkennen läßt. Wie ersichtlich dominieren in der unteren Ionosphäre die molekularen Ionen O_2^+ und NO^+, was im Falle der NO^+-Ionen sicherlich überrascht. Hauption im Bereich des Schichtmaximums und der Hochionosphäre ist dagegen O^+, was bei der Dominanz thermosphärischen atomaren Sauerstoffs in diesem Bereich verständlich erscheint. Überraschend ist wieder das Fehlen nennenswerter He^+-Dichten und der direkte Übergang von O^+- zu H^+-Ionen als Hauptkonstituente an der Oberkante der Ionosphäre.

Wir wollen die oben beschriebene Ionenzusammensetzung als Richtschnur für eine Unterteilung der Ionosphäre benutzen, siehe Tabelle 4.1. So soll

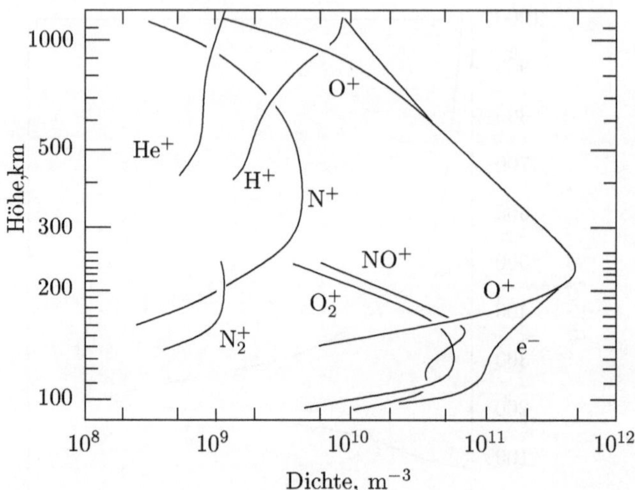

Abb. 4.2. Zusammensetzung der Ionosphäre, wie sie während des Tages in mittleren Breiten und bei niedriger Sonnenaktivität beobachtet wird. (Nach Johnson, 1966)

der von O_2^+- und NO^+-Ionen dominierte untere Bereich der Ionosphäre als *E-Region*, der darüber liegende Bereich atomarer Sauerstoffionen als *F-Region* bezeichnet werden. Es folgt der von H^+-Ionen beherrschte Bereich der *Protono-* oder *Plasmasphäre*, der allerdings – etwas willkürlich – nicht mehr zur eigentlichen Ionosphäre gehörig betrachtet wird. Schließlich soll der unterste Bereich der Ionosphäre, in dem Clusterionen und negative Ionen eine wichtige Rolle spielen, dem Alphabet folgend als *D-Region* bezeichnet werden. Andere und auch detailliertere Unterteilungen sind möglich (in der Fachliteratur wird z.B. zwischen einer F1- und F2-Region unterschieden), diese brauchen hier aber nicht diskutiert zu werden. Wichtig ist, daß die in Tabelle 4.1 angegebenen Höhen nur Richtwerte darstellen können. Besonders deutlich wird dies am Beispiel des Übergangs von O^+- zu H^+-Ionen, der zwischen 600 und 2000 km Höhe variieren kann.

Tabelle 4.1. Einteilung der Ionosphäre entsprechend ihrer Ionenzusammensetzung

	D-Region	$h \lesssim 90$ km	z.B.	$H_3O^+ \cdot (H_2O)_n$, NO_3^-
Ionosphäre	E-Region	$90 \lesssim h \lesssim 170$ km		O_2^+, NO^+
	F-Region	$170 \lesssim h \lesssim 1000$ km		O^+
Plasmasphäre		$h \gtrsim 1000$ km		H^+

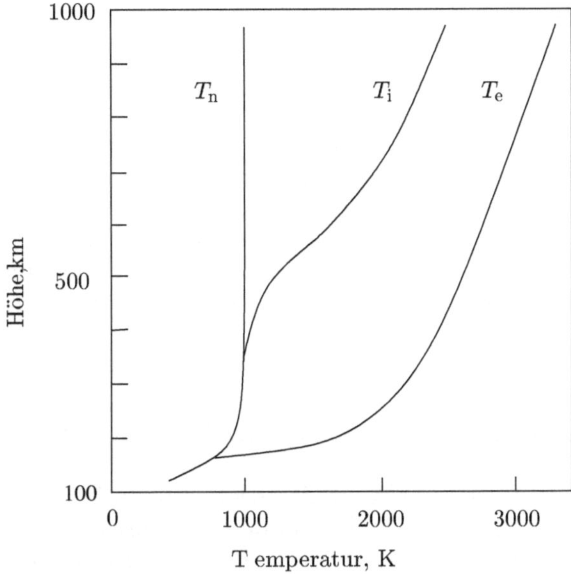

Abb. 4.3. Repräsentative Höhenverläufe der Neutral-, Ionen- und Elektronengastemperaturen für Mittagsbedingungen in mittleren Breiten und bei niedriger Sonnenaktivität. (Nach Köhnlein, 1984)

Die Größe der in Abb. 4.1 und Abb. 4.2 aufgetragenen Dichtewerte läßt auch erkennen, daß Elektronen und Ionen nur Spurengase darstellen und somit die Hochatmosphäre insgesamt nur schwach ionisiert ist ($n/n_\mathrm{n} \ll 1$, wobei n_n die Neutralgasdichte bezeichnet). Typische Werte für das Verhältnis von Elektronen- zu Neutralgasdichte sind 10^{-2} an der Oberkante der Ionosphäre in etwa 1000 km Höhe, 10^{-3} am Ort des Schichtmaximums und 10^{-8} an der Schichtunterseite in etwa 100 km Höhe. Trotz dieser geringen relativen Dichte stellt die Ionosphäre die größte Ladungsträgerkonzentration in der Raumumgebung der Erde dar.

Der für Mittagsbedingungen typische Höhenverlauf der Ionen- und Elektronengastemperatur ist in Abb. 4.3 dargestellt. Zum Vergleich wird auch das Höhenprofil der zugehörigen Neutralgastemperatur gezeigt. Wie ersichtlich befindet sich die Elektronenkomponente nur in der unteren Ionosphäre im thermischen Gleichgewicht mit dem Neutralgas. Bereits oberhalb von etwa 150 km Höhe kommt es zu einer Entkopplung und zu einem deutlich stärkeren Anstieg der Elektronengastemperatur. Im Gegensatz zur Neutralgastemperatur strebt die Elektronengastemperatur auch keinem konstanten Grenzwert zu, sondern zeigt einen stetigen, wenn auch langsamen Anstieg bis in große Höhen. Dies deutet darauf hin, daß sich in der Plasmasphäre eine Wärmequelle befindet, die einen von oben nach unten gerichteten Wärmestrom unterhält. Aufgrund der viel größeren Wechselwirkungsquerschnitte bleibt die

Ionenkomponente bis in etwa 350 km Höhe im thermischen Gleichgewicht mit dem Neutralgas. Erst dann entkoppelt sie sich und zeigt einen erneuten Temperaturanstieg in Richtung Elektronengastemperatur, ohne diese jedoch zu erreichen. Die unterschiedlich hohen Temperaturen der drei Gaskomponenten haben einen ständigen Wärmefluß vom Elektronengas zum Ionengas und vom Ionengas zum Neutralgas zur Folge. In der Tat ist oberhalb von etwa 250 km Höhe das Ionen- und Elektronengas die Hauptwärmequelle für das Neutralgas, siehe Abschnitt 3.3.1. Dies gilt allerdings nur solange die Sonne scheint. In der Nacht kommt es zu einer raschen Abnahme und Angleichung der Gastemperaturen und unterhalb von etwa 500 km Höhe gilt dann in guter Näherung $T_e \simeq T_i \simeq T_n$.

4.2 Produktion und Verlust von Ionisation

Eines unserer Hauptziele wird sein, den beobachteten Höhenverlauf der Ionisationsdichte zu erklären, und dies erfordert ein schrittweises Vorgehen. Hier soll zunächst die Erzeugung, anschließend der Verlust von Ionisation beschrieben werden. Dabei wollen wir genauer als bisher zwischen dem Vorgang der Ionisierung und dem Produkt dieses Vorgangs, der Ionisation, unterscheiden.

4.2.1 Ionisationsproduktion

Zur Erzeugung von Ladungsträgern tragen verschiedene Prozesse bei. Der primär zu betrachtende Vorgang ist die Photoionisierung thermosphärischer Gase durch solare EUV- und Röntgenstrahlung. Sekundäre Prozesse schließen Ionisierung durch Photoelektronen und durch Sekundärstrahlung, aber insbesondere auch Ladungsaustauschreaktionen ein. Schließlich spielt in polaren Breiten die Ionisierung durch einfallende energetische Teilchen eine wesentliche Rolle. Im folgenden soll die formale Beschreibung dieser Produktionsprozesse erläutert werden.

Primäre Photoionisierung. Einfache (d.h. nicht-dissoziative) Photoionisierungsprozesse haben die allgemeine Form

$$X + \text{Photon}(\lambda \lesssim 100\,\text{nm}) \longrightarrow X^+ + e \tag{4.1}$$

wobei X ein Atom oder Molekül der Hochatmosphäre bezeichnet. Für die Ionosphäre von besonderer Bedeutung ist dabei die Photoionisierung der vorherrschenden thermosphärischen Gase O, N_2 und O_2

$$O\ + \text{Photon}(\lambda \leq 91\ \text{nm})\ \rightarrow O^+ + e$$
$$N_2 + \text{Photon}(\lambda \leq 80\ \text{nm})\ \rightarrow N_2^+ + e$$
$$O_2 + \text{Photon}(\lambda \leq 103\ \text{nm}) \rightarrow O_2^+ + e$$

Um die Anzahl der dabei erzeugten Ionen (und Elektronen) quantitativ erfassen zu können, betrachten wir zunächst wieder die Absorption eines monochromatischen Photonenflusses in einer Eingasatmosphäre der Spezies X. Gemäß Gl. (3.30) beträgt die Anzahl der von dieser Atmosphäre pro Volumen und Zeit absorbierten Photonen

$$\frac{dN_{Ph}}{dV\,dt} = \sigma_X^A \; n_X \; \phi^{Ph}$$

Einmal absorbiert können diese Photonen zur Ionisierung, aber auch zur Dissoziierung oder Anregung der Gasteilchen führen. Bezeichnet man den Bruchteil der absorbierten und zu einer Ionisierung führenden Photonen mit ε_X^I, so ergibt sich die Anzahl der Ionen, die pro Volumen und Zeit durch primäre Photoionisierung erzeugt wird, zu

$$q_{X+}^{PI} = \varepsilon_X^I \; \sigma_X^A \; n_X \; \phi^{Ph} \tag{4.2}$$

Für ε_X^I ist dabei die Bezeichnung *Ionisierungseffizienz* gebräuchlich. Man beachte, daß ε_X^I für Wellenlängen oberhalb der Ionisierungsgrenze einer Spezies gleich Null ist. Ferner, daß für atomare Gase und für Wellenlängen unterhalb der Ionisierungsgrenze $\varepsilon_X^I \simeq 1$ gilt, da Photoionisierung in diesem Fall der Hauptabsorptionsprozeß ist. Weiterhin, daß bei Berücksichtigung der dissoziativen Ionisierung nicht nur die vom Muttergas, sondern auch die von anderen relevanten Gasen absorbierten Photonen berücksichtigt werden müssen (z.B. N_2 im Fall der N^+-Produktion, siehe Gl. (3.19)). Schließlich, daß ein prinzipieller Unterschied zwischen der hier eingeführten Ionisierungseffizienz ε_X^I und der früher betrachteten Heizeffizienz η^W besteht. So berücksichtigt ε_X^I nur die primäre Photoionisierung, η^W aber primäre und sekundäre Aufheizprozesse.

Alternative Schreibweisen der obigen Beziehung erhält man, wenn man das Produkt $\varepsilon_X^I \, \sigma_X^A$ zum *Ionisierungsquerschnitt* σ_X^I oder noch weitergehend und unter Berücksichtigung der Gl. (3.26) das Produkt $\varepsilon_X^I \, \sigma_X^A \phi_\infty^{Ph}$ zur *Ionisierungsfrequenz* J_X zusammenzieht

$$q_{X+}^{PI} = \sigma_X^I \; n_X \; \phi^{Ph} = J_X \; n_X(h) \; e^{-\tau(h)} \tag{4.3}$$

Letztere Schreibweise betont, daß die Ionisierungsfrequenz J_X, im Gegensatz zur Dichte n_X und optischen Dicke τ, nicht von der Höhe abhängt. Typische, über alle hier interessierenden Wellenlängen gemittelte Werte von J_X sind in Tabelle 4.2 zusammengefaßt.

Wie in Gl. (4.3) betont ergibt sich die Höhenvariation der primären Ionenerzeugungsrate aus dem Zusammenspiel zwischen der mit wachsender Höhe abnehmenden Muttergasdichte und der mit wachsender Höhe zunehmenden Strahlungsintensität. Dies führt zur Ausbildung einer Produktionsschicht, deren Maximum sich dort befindet, wo die Strahlung noch genügend intensiv ist größere Mengen an Ionisation zu erzeugen und wo die Gasdichte schon

Tabelle 4.2. Über alle relevanten Wellenlängen gemittelte Ionisierungsfrequenzen. Die Bandbreite der Werte spiegelt die Variation der Sonnenaktivität wider, $J_X \sim \phi_\infty^{Ph}$. (U.a. nach Torr and Torr, 1985)

Ionenspezies X^+	$\overline{J}_X \; [10^{-7}\mathrm{s}^{-1}]$
O^+	2 - 7
N_2^+	3 - 9
O_2^+	5 - 14
He^+	0.4 - 1
H^+	0.8 - 3

genügend groß ist eine signifikante Menge der angebotenen Strahlung zu absorbieren, siehe Abb. 4.4. In der Tat entspricht dieses Profil im Fall der hier betrachteten Absorption monochromatischer Strahlung in einer planaren, isothermen Eingasatmosphäre gerade der durch Gl. (3.35) beschriebenen und in Abb. 3.18 skizzierten Chapman-Produktionsfunktion. Im Gegensatz zu dieser stark vereinfachten Situation haben wir es in der realen Hochatmosphäre mit der Absorption polychromatischer Strahlung in einem heterosphärischen Gasgemisch zu tun. Um die gesamte Erzeugungsrate einer Ionenspezies zu erhalten, muß demnach über die verschiedenen Wellenlängen λ und über die verschiedenen Gaskonstituenten j summiert werden. Letzteres, weil nicht nur das Muttergas, sondern auch die übrigen Gase die einfallende Strahlung dämpfen. Es gilt

$$q_{X^+}^{PI}(h) = n_X(h) \sum_\lambda J_X(\lambda) \, \exp\{-\sum_j \tau_j(h,\lambda)\} \tag{4.4}$$

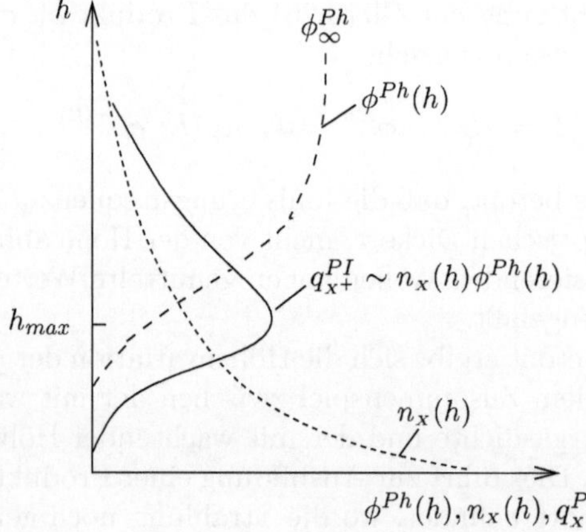

Abb. 4.4. Zur Entstehung von Ionisationsproduktionsschichten

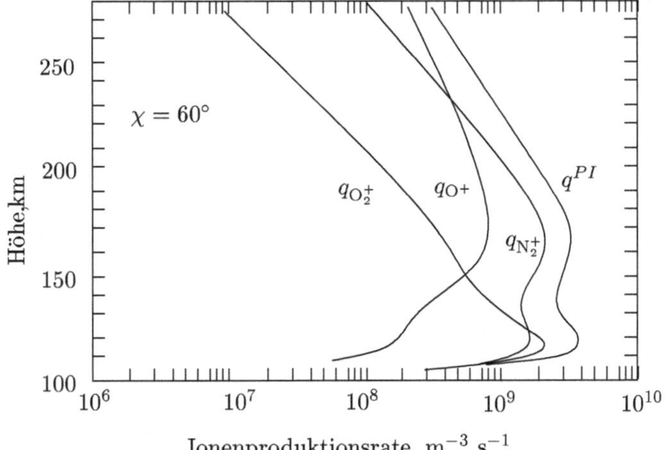

Abb. 4.5. Repräsentative Produktionsprofile für die wichtigsten primär erzeugten Ionensorten und deren Summe q^{PI}. Wie bisher bezeichnet χ den Zenitwinkel der einfallenden Strahlung. (Nach Matuura, 1966)

wobei wir in erster Näherung dissoziative Ionisierungen vernachlässigt haben. Abbildung 4.5 zeigt repräsentative Produktionsprofile dieser Art für die drei Ionensorten N_2^+, O_2^+ und O^+. Auffällig ist, daß abweichend von der einfachen Chapman-Produktionsfunktion neben dem Maximum in der Umgebung der Absorptionshöhe für EUV-Strahlung (ca. 170 km) ein weiteres Maximum in der unteren Thermosphäre auftritt. Eine Aufschlüsselung der Produktionsraten nach Wellenlängenbereichen erklärt dieses Phänomen. In Abb. 4.6 ist die Gesamtproduktionsrate

$$q^{PI}(h, \Delta\lambda_i) = q^{PI}_{N_2^+}(h, \Delta\lambda_i) + q^{PI}_{O_2^+}(h, \Delta\lambda_i) + q^{PI}_{O^+}(h, \Delta\lambda_i)$$

$$= \sum_s n_s(h) \, J_s(\Delta\lambda_i) \, \exp\{-\sum_j \tau_j(h, \Delta\lambda_i)\} \qquad (4.5)$$

für 10 verschiedene Wellenlängenteilbereiche $\Delta\lambda_i$ aufgetragen ($s, j = N_2$, O_2 und O). Wie ersichtlich ergibt sich das Maximum in der unteren Thermosphäre aus der Absorption der langwelligsten und kurzwelligsten Komponente der EUV-Strahlung (Intervall 1 und 10). Die große Eindringtiefe dieser Strahlung wiederum hat mit den relativ kleinen Absorptionsquerschnitten in diesen Wellenlängenbereichen zu tun, siehe dazu Abb. 3.13 und 3.16. Allgemein gilt, daß der genaue Verlauf der Produktionsprofile stark von dem jeweiligen Sonnenstandswinkel und der Sonnenaktivität abhängt und die oben gezeigten Profile somit nur als Beispiele dienen können.

Sekundäre Ionisierungsprozesse. Wie in Abschnitt 3.3.1 erläutert können die bei der primären Photoionisierung freigesetzten Photoelektronen noch ei-

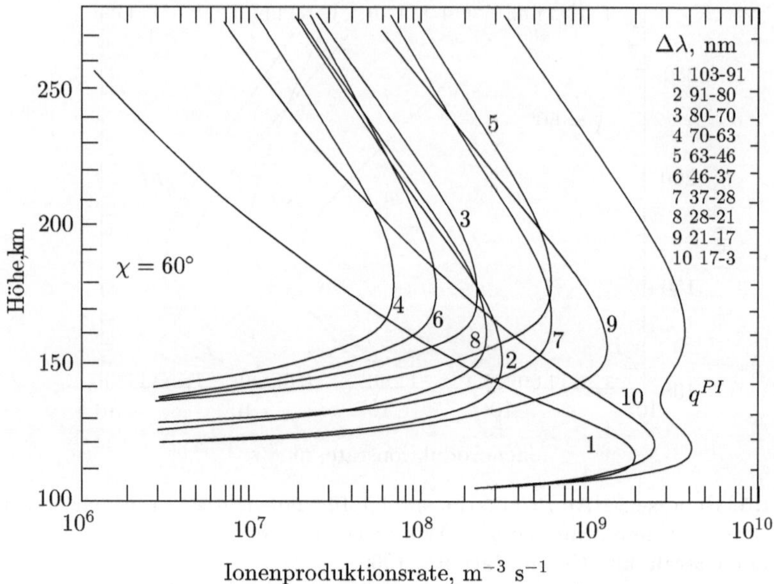

Abb. 4.6. Ionisationsproduktionsprofile für verschiedene Wellenlängenbereiche, siehe auch Abb. 4.5. (Nach Matuura, 1966)

ne genügend hohe Energie besitzen, um ihrerseits Neutralgasteilchen zu ionisieren. So kann z.B. ein durch ein Photon der Wellenlänge $\lambda \simeq 30.4$ nm aus einem Sauerstoffatom herausgeschlagenes Photoelektron eine kinetische Energie von nahezu 27 eV besitzen und diese Energie liegt oberhalb der Ionisierungsenergie atmosphärischer Gase. Alternativ können energiereiche Photoelektronen Neutralgasteilchen zur Emission von EUV-Strahlung anregen und auf diesem Wege zusätzliche Ionisierungsvorgänge einleiten. Beide Vorgänge sind in Abb. 3.20 eingezeichnet. Man schätzt, daß die durch diese Sekundärprozesse initiierte Ionisationsproduktionsrate über alle Wellenlängenbereiche und Konstituenten gemittelt in der oberen Ionosphäre etwa 20 % und in der E-Region etwa 100 % der primären Produktionsrate beträgt.

Ladungsaustausch. Einfache (d.h. nicht-dissoziative) Ladungsaustauschreaktionen haben die allgemeine Form

$$X + Y^+ \xrightarrow{k^{LA}_{X,Y^+}} X^+ + Y \tag{4.6}$$

Während bei dieser Reaktion Ionen der Spezies X^+ erzeugt werden, gehen Ionen der Sorte Y^+ verloren, so daß die Gesamtionisationsdichte erhalten bleibt. Wichtige Beispiele für diese Art von Produktionsprozeß sind die Reaktionen (2) bis (5) in Tabelle 4.3. So stellen die Reaktionen (2) und (4) eine wichtige Quelle von O_2^+-Ionen in der unteren Ionosphäre dar, und Reaktion (3) ist sogar die Hauptquelle von H^+-Ionen in der Plasmasphäre. Etwas komplizierter sind Ladungsaustauschreaktionen, bei denen es gleichzeitig zu einer Dissoziation und Neubildung von Molekülen kommt, siehe z.B. die Reaktionen (1), (6) und (7). Wie sich zeigt sind es diese Reaktionen, die die Hauptquelle von NO^+-Ionen in der unteren Ionosphäre darstellen.

Um die Effektivität der Ladungsaustauschprozesse zu beschreiben, führen wir die Reaktionskonstante $k_{s,t}^{LA}$ ein. Bezogen auf die oben angegebene Gleichung wird sie durch folgende Beziehung festgelegt

$$q_{X^+}^{LA} = k_{X,Y^+}^{LA}\ n_X\ n_{Y^+} \tag{4.7}$$

Die pro Volumen und Zeit durch Ladungsaustausch stattfindende Produktion von X^+-Ionen wird demnach als proportional zu den Dichten der miteinander wechselwirkenden Gase X und Y^+ angesetzt. Die zugehörige Proportionalitätskonstante k_{X,Y^+}^{LA} enthält dabei implizit die Temperaturabhängigkeit der betrachteten Reaktion, siehe Tabelle 4.3.

Eine gaskinetische Interpretation der Reaktionskonstanten ergibt sich aus folgender Überlegung. Jede Ladungsaustauschreaktion entspricht einer Wechselwirkung oder einem 'inelastischen Stoß' zwischen den beteiligten Gasteilchen. Bezogen auf Gl. (4.6) wird demnach ein X-Teilchen eine mittlere freie Weglänge l_{X,Y^+} zurücklegen, bevor es mit einem Y^+-Teilchen einen Ladungsaustauschstoß macht. Die Zeit, die darüber verstreicht, beträgt im Mittel

$$\Delta t = l_{X,Y^+}/\bar{c}_X = 1/\nu_{X,Y^+}$$

In einem Einheitsvolumen werden demnach in der Zeitspanne Δt alle in diesem Volumen befindlichen n_X Teilchen in X^+-Ionen umgewandelt. Entsprechend ergibt sich deren Produktionsrate zu

$$q_{X^+}^{LA} = n_X/\Delta t = n_X\ \nu_{X,Y^+} \tag{4.8}$$

Vergleicht man diese Beziehung mit Gl. (4.7), so ergibt sich folgende gaskinetische Interpretation der Reaktionskonstanten (in allgemeiner Form)

$$k_{s,t} = \nu_{s,t}/n_t \tag{4.9}$$

Man mag versucht sein Gl. (4.8) direkt hinzuschreiben, da ν_{X,Y^+} ja die Anzahl der Ladungsaustauschstöße pro Sekunde angibt. Dabei ist zu bedenken, daß in der hier betrachteten Situation jedes X-Teilchen nur einen Stoß macht, bevor es umgewandelt wird. Insofern ist es angemessener mit der mittleren freien Weglänge zu operieren, da diese sich auch als Mittelwert von freien Weglängen bei Einmalstößen definieren läßt.

Teilcheneinfall. Statt durch Photonen kann die Hochatmosphäre auch durch einfallende energetische Teilchen ionisiert werden, und dieser Vorgang spielt insbesondere in hohen Breiten eine wichtige Rolle. Formal und für einfallende energetische Elektronen läßt sich dieser Ionisierungsprozeß folgendermaßen schreiben

Tabelle 4.3. Wichtige chemische Reaktionen in der Ionosphäre. (Nach Schunk, 1983)

(1)	$O^+ + N_2 \longrightarrow NO^+ + N,$	

$$k_1 = 1.533 \cdot 10^{-18} - 5.92 \cdot 10^{-19}\,(T/300) + 8.60 \cdot 10^{-20}\,(T/300)^2 \;;$$
$$300 \leq T \leq 1700\ \mathrm{K}$$
$$k_1 = 2.73 \cdot 10^{-18} - 1.155 \cdot 10^{-18}\,(T/300) + 1.483 \cdot 10^{-19}\,(T/300)^2 \;;$$
$$1700 < T \leq 6000\ \mathrm{K}$$

(2) $\quad O^+ + O_2 \longrightarrow O_2^+ + O,$

$$k_2 = 2.82 \cdot 10^{-17} - 7.74 \cdot 10^{-18}\,(T/300) + 1.073 \cdot 10^{-18}\,(T/300)^2$$
$$-5.17 \cdot 10^{-20}\,(T/300)^3 + 9.65 \cdot 10^{-22}\,(T/300)^4; \quad 300 \leq T \leq 6000\ \mathrm{K}$$

(3) $\quad O^+ + H \;\rightleftharpoons\; H^+ + O, \qquad \overrightarrow{k}_3 = 2.5 \cdot 10^{-17}\sqrt{T_n}$
$$\overleftarrow{k}_3 = 2.2 \cdot 10^{-17}\sqrt{T_i}$$

(4) $\quad N_2^+ + O_2 \longrightarrow O_2^+ + N_2, \qquad k_4 = 5 \cdot 10^{-17}\,(300/T)$

(5) $\quad N_2^+ + O \longrightarrow O^+ + N_2, \qquad k_5 = 1 \cdot 10^{-17}\,(300/T)^{0.23} \;;$
$$T \leq 1500\ \mathrm{K}$$

(6) $\quad N_2^+ + O \longrightarrow NO^+ + N, \qquad k_6 = 1.4 \cdot 10^{-16}\,(300/T)^{0.44} \;;$
$$T \leq 1500\ \mathrm{K}$$

(7) $\quad N^+ + O_2 \longrightarrow NO^+ + O, \qquad k_7 = 2.6 \cdot 10^{-16}$

(8) $\quad N^+ + O_2 \longrightarrow O_2^+ + N, \qquad k_8 = 3.1 \cdot 10^{-16}$

(9) $\quad He^+ + N_2 \longrightarrow N^+ + He + N, \quad k_9 = 9.6 \cdot 10^{-16}$

(10) $\quad He^+ + N_2 \longrightarrow N_2^+ + He, \qquad k_{10} = 6.4 \cdot 10^{-16}$

(11) $\quad He^+ + O_2 \longrightarrow O^+ + He + O, \quad k_{11} = 1.1 \cdot 10^{-15}$

(12) $\quad N_2^+ + e \longrightarrow N + N, \qquad k_{12} = 1.8 \cdot 10^{-13}\,(300/T_e)^{0.39}$

(13) $\quad O_2^+ + e \longrightarrow O + O, \qquad k_{13} = 1.6 \cdot 10^{-13}\,(300/T_e)^{0.55}$

(14) $\quad NO^+ + e \longrightarrow N + O, \qquad k_{14} = 4.2 \cdot 10^{-13}\,(300/T_e)^{0.85}$

(15) $\quad O^+ + e \longrightarrow O^{(*)} + h\nu, \qquad k_{15} \simeq 1.4 \cdot 10^{-18}\,(1160/T_e)^{0.5}$

k_i in $[\mathrm{m^3 s^{-1}}]$. Für kleine Ionendriftgeschwindigkeiten und $T_i \simeq T_n$ gilt $T \simeq T_n$. In Anwesenheit polarer elektrischer Felder erhöht sich die Temperatur in der F-Region auf $T[\mathrm{K}] \simeq T_n[\mathrm{K}] + 0.33\,\mathcal{E}_{eff}^2[\mathrm{mV/m}]$ mit $\vec{\mathcal{E}}_{eff} = \vec{\mathcal{E}}_\perp + \vec{u}_n \times \vec{B}$ ($\vec{\mathcal{E}}_\perp =$ feldliniensenkrechte Komponente des von außen aufgeprägten elektrischen Feldes, $\vec{u}_n =$ Neutralgasgeschwindigkeit und $\vec{B} =$ magnetische Flußdichte des Erdmagnetfeldes, siehe auch Abschnitt 7.5.2).

$$X + \mathrm{e}_{prim\ddot{a}r}(E \gtrsim 12 \text{ eV}) \rightarrow X^+ + \mathrm{e}_{sekund\ddot{a}r} + \mathrm{e}_{prim\ddot{a}r} \tag{4.10}$$

Dabei kennzeichnet der Index '*primär*' das einfallende Elektron und der Index '*sekundär*' das neuerzeugte Elektron. Im Gegensatz zu Photonen können energetische Teilchen (Polarlichtelektronen haben eine Energie von einigen 100 bis zu vielen 1000 eV) eine Vielzahl primärer Stoßionisierungen einleiten, was die Berechnung des Gesamteffektes erheblich erschwert. Hinzu kommt, daß die Sekundärelektronen meist energetisch genug sind ihrerseits Ionisierungsprozesse einzuleiten, und dies gilt auch für die dabei erzeugten tertiären Elektronen und weiterer Elektronen höherer Ordnung. Ein möglicher Ansatz simuliert das Eindringen der energetischen Teilchen in die dichtere Hochatmosphäre mittels eines Monte-Carlo-Verfahrens, bei einer anderen Methode wird eine komplexe Elektronentransportgleichung gelöst. Einige Ergebnisse solcher Rechnungen werden summarisch in Abschnitt 7.4.2 vorgestellt.

4.2.2 Ionisationsverluste

Bei alleiniger Berücksichtigung der Ionisationsproduktion wäre schon in kürzester Zeit die tatsächlich beobachtete Ionisationsdichte weit übertroffen. Als Beispiel diene die E-Region. Mit $n(130 \text{ km}) \simeq 10^{11}$ m^{-3} und $q(130 \text{ km}) \simeq 3 \cdot 10^9$ m^{-3}s^{-1} (vergl. Abb. 4.2 und 4.5) ergibt sich die für den Aufbau der beobachteten Ionisationsdichte benötigte Zeit zu $\tau_q = n/q \simeq 30$ s. Gäbe es nicht sehr effektive Verlustprozesse mit ähnlich kurzer Zeitkonstante, so würde die Ionisationsdichte dieses Bereichs innerhalb von Minuten auf unrealistisch hohe Werte anwachsen. Im folgenden gilt es diese Verlustprozesse zu identifizieren und ihre Höhenabhängigkeit zu beschreiben.

Dissoziative Rekombination molekularer Ionen. Der bei weitem wichtigste Verlustprozeß für *molekulare* Ionen ist die sogenannte dissoziative Rekombination. Wie die Bezeichnung andeutet zerfällt dabei das an dieser Reaktion beteiligte molekulare Ion in seine Bestandteile

$$XY^+ + \mathrm{e} \xrightarrow{k^{DR}_{XY^+}} X^{(*)} + Y^{(*)} \tag{4.11}$$

Der Stern soll dabei wieder den möglichen angeregten Zustand der Rekombinationsprodukte andeuten. Konkrete Beispiele für diese Art von Rekombination sind die in Tabelle 4.3 angegebenen Reaktionen (12) bis (14). Für die pro Zeit und Volumen auf diese Weise verlorengegangenen Ionen gilt

$$l^{DR}_{XY^+} = k^{DR}_{XY^+}\, n_{XY^+}\, n_{\mathrm{e}} \tag{4.12}$$

wobei wir wieder von dem für chemische Reaktionen ganz allgemein gültigen Ansatz Gebrauch gemacht haben. Man beachte, daß hier und im folgenden l (von *loss*) einen Verlustterm, also einen Verlust von Ladungsträgern pro Zeit und Volumen bezeichnet und nicht mit der mittleren freien Weglänge verwechselt werden sollte. Da bei der dissoziativen Rekombination aus zwei Teilchen wieder zwei Teilchen werden, läßt sich die Energie- und Impulserhaltung problemlos gewährleisten. Entsprechend groß sind die zugehörigen Reaktionskonstanten. So gilt für die in Tabelle 4.3 aufgeführten Reaktionen (12) bis (14) bei typischen Elektronengastemperaturen

$$k^{DR}_{N_2^+} \simeq k^{DR}_{O_2^+} \simeq k^{DR}_{NO^+} \simeq 10^{-13} \ \mathrm{m^3 s^{-1}} \tag{4.13}$$

und dieser Wert ist weit größer als der aller anderen in dieser Tabelle aufgeführten Reaktionskonstanten.

Strahlungsrekombination atomarer Ionen. Der naheliegendste Verlustprozeß für *atomare* Ionen ist die direkte Rekombination, wobei die freigesetzte Energie ganz oder teilweise in Form von Strahlung abgegeben wird

$$X^+ + \mathrm{e} \xrightarrow{k^{SR}_{X^+}} X^{(*)} + \mathrm{Photon} \tag{4.14}$$

Konkretes Beispiel ist die in Tabelle 4.3 angegebene Reaktion (15). Da bei dieser Art von Rekombination aus zwei Teilchen eines wird, ist sie relativ selten. So macht die Energie- und Impulserhaltung genaue Vorgaben über die insgesamt in angeregten Zuständen zu speichernde bzw. abzustrahlende Energiemenge, diese Speicherung und Abstrahlung ist aber nur in genau definierten Quanten möglich. Entsprechend klein ist die zu Reaktion (15) gehörige Strahlungsrekombinationskonstante

$$k^{SR}_{O^+} \simeq 10^{-18} \ \mathrm{m^3 s^{-1}} \tag{4.15}$$

Ladungsaustausch. Im Gegensatz zur Strahlungsrekombination ist Ladungsaustausch ein sehr wichtiger Verlustprozeß. Dabei gehen Ionen einer bestimmten Spezies, nicht Ionisation als solche verloren. Es gilt

$$X^+ + Y \xrightarrow{k^{LA}_{X^+,Y}} X^{(*)} + Y^+ \tag{4.16}$$

wobei in diesem Fall sowohl X^+ als auch Y ein atomares oder molekulares Teilchen sein kann. Tabelle 4.3 faßt eine ganze Reihe dieser Reaktionen zusammen. Für den Verlust atomarer Sauerstoffionen besonders wichtig sind die Reaktionen (1) und (2). Hier betragen die Reaktionskonstanten bei einer Temperatur von $T = 1000$ K

$$k^{LA}_{O^+,N_2} \simeq 5 \cdot 10^{-19} \ \mathrm{m^3 s^{-1}} \ , \quad k^{LA}_{O^+,O_2} \simeq 125 \cdot 10^{-19} \ \mathrm{m^3 s^{-1}} \tag{4.17}$$

Verglichen mit der Reaktionskonstanten für Strahlungsrekombination vermag diese Größenordnung nicht zu beeindrucken. Vergleicht man dagegen die zugehörigen Verlustraten, so gilt in der unteren F-Region (d.h. unterhalb des Ionisationsdichtemaximums)

$$l_{\mathrm{O^+}}^{LA} = k_{\mathrm{O^+},\mathrm{N_2}}^{LA}\, n_{\mathrm{O^+}}\, n_{\mathrm{N_2}} + k_{\mathrm{O^+},\mathrm{O_2}}^{LA}\, n_{\mathrm{O^+}}\, n_{\mathrm{O_2}} \gg l_{\mathrm{O^+}}^{SR} = k_{\mathrm{O^+}}^{SR}\, n_{\mathrm{O^+}}\, n_{\mathrm{e}} \qquad (4.18)$$

So sind in diesem Bereich die Dichten der Neutralgaskonstituenten N_2 und O_2 ungleich größer als die Elektronendichte. Für eine Höhe von 200 km z.B. gilt $n_{\mathrm{N_2}}/n_{\mathrm{e}} \simeq 10^4$ und $n_{\mathrm{O_2}}/n_{\mathrm{e}} \simeq 700$, siehe Abb. 4.2 und Anhang A.4. Erst weit oberhalb des Ionisationsdichtemaximums werden die Dichten der molekularen Konstituenten so gering, daß Ladungsaustauschreaktionen mit ihnen vernachlässigt werden können. In diesen Höhen dominieren aber bereits transportbedingte Verlustprozesse, so daß Strahlungsrekombination in der gesamten Ionosphäre eine untergeordnete Rolle spielt. Die bei den Ladungsaustauschreaktionen der atomaren Sauerstoffionen mit N_2 und O_2 entstehenden molekularen Ionen NO^+ und O_2^+ zerfallen anschließend sehr rasch durch dissoziative Rekombination. Betrachtet man demnach den Ionisationsabbau in der unteren F-Region, so wird dieser praktisch ausschließlich durch die Effizienz der Ladungsaustauschreaktionen (1) und (2) bestimmt.

Höhenabhängigkeit der Verlustraten.

E-Region. (NO^+, O_2^+) Von allen Prozessen, die zum Abbau der in der E-Region dominierenden molekularen Ionen NO^+ und O_2^+ führen, ist die dissoziative Rekombination der bei weitem schnellste. Entsprechend gilt für die Gesamtverlustrate in diesem Bereich

$$l_{\text{E-Region}} \simeq k_{\mathrm{NO^+}}^{DR}\, n_{\mathrm{NO^+}}\, n_{\mathrm{e}} + k_{\mathrm{O_2^+}}^{DR}\, n_{\mathrm{O_2^+}}\, n_{\mathrm{e}}$$

Mit

$$k_{\mathrm{NO^+}}^{DR} \simeq k_{\mathrm{O_2^+}}^{DR} = \alpha \;(\simeq 10^{-13}\ \mathrm{m^3 s^{-1}})$$

und

$$n_{\mathrm{NO^+}} + n_{\mathrm{O_2^+}} \simeq n_{\mathrm{e}} = n$$

läßt sich diese auch folgendermaßen schreiben

$$l_{\text{E-Region}}(h) \simeq \alpha\, n^2(h) \qquad (4.19)$$

Da der Verlustkoeffizient α nur schwach über die Temperatur von der Höhe abhängt, wird die Höhenabhängigkeit der Verlustrate im wesentlichen durch die der Ionisationsdichte bestimmt. In der E-Region wächst demnach die Verlustrate quadratisch mit zunehmender Ionisationsdichte an.

F-Region. (O^+) In der unteren F-Region erfolgt der Abbau der atomaren Sauerstoffionen im wesentlichen über die in Tabelle 4.3 angegebenen Ladungsaustauschreaktionen (1) und (2). Entsprechend gilt

$$l_{\text{F-Region}} \simeq k_{\mathrm{O^+},\mathrm{N_2}}^{LA}\, n_{\mathrm{N_2}}\, n_{\mathrm{O^+}} + k_{\mathrm{O^+},\mathrm{O_2}}^{LA}\, n_{\mathrm{O_2}}\, n_{\mathrm{O^+}}$$

Mit

$$n_{\mathrm{O^+}} \simeq n_{\mathrm{e}} = n$$

läßt sich diese Beziehung auch folgendermaßen zusammenfassen

$$l_{\text{F-Region}}(h) \simeq \beta(h)\, n(h) \tag{4.20}$$

Die Höhenabhängigkeit des Verlustterms wird dabei einerseits durch die Ionisationsdichte, andererseits – und in noch stärkerem Maße – durch den Verlustkoeffizienten $\beta(h)$ bestimmt

$$\beta(h) = k^{LA}_{\text{O}^+,\text{N}_2}\, n_{\text{N}_2}(h) + k^{LA}_{\text{O}^+,\text{O}_2}\, n_{\text{O}_2}(h) \tag{4.21}$$

Für eine Temperatur von 1000 K erhält man explizit

$$\beta[\text{s}^{-1}] \simeq 5 \cdot 10^{-19}\, (n_{\text{N}_2}[\text{m}^{-3}] + 25\, n_{\text{O}_2}[\text{m}^{-3}]) \tag{4.22}$$

siehe Gl. (4.17).

4.2.3 Chemische Zusammensetzung

Die in den beiden vorangegangenen Abschnitten beschriebenen Produktions- und Verlustprozesse erlauben es die chemische Zusammensetzung der Ionosphäre zu verstehen. Die wesentlichen Überlegungen werden hier noch einmal zusammengefaßt. Was einzelne chemische Reaktionen betrifft, so wird der Einfachheit halber auf deren Nummer in Tabelle 4.3 verwiesen.

- Die prominente Rolle, die NO^+-Ionen in der E-Region spielen, ergibt sich aus der sehr effektiven Produktion dieser Spezies durch die Ladungsaustauschreaktionen 1, 6 und 7. Direkte Photoionisierung spielt dagegen eine untergeordnete Rolle, da das Muttergas NO nur als Spurengas in der unteren Thermosphäre auftritt.
- Das Fehlen von N_2^+-Ionen in der E-Region (trotz hoher Produktionsraten, siehe Abb. 4.5) rührt daher, daß die Verluste dieser Spezies durch die Ladungsaustauschreaktionen $4-6$ ($\sim n_{\text{O}_2,\text{O}}$) sehr viel höher sind als die der Konkurrenzionen O_2^+ und NO^+ durch dissoziative Rekombination ($\sim n_e$).
- Das Fehlen von O^+-Ionen in der E-Region folgt aus der starken Abnahme der Produktion dieser Spezies in diesem Bereich (siehe Abb. 4.6) und aus dem exponentiellen Anwachsen des Verlustkoeffizienten $\beta(h)$ mit abnehmender Höhe.
- Auf der anderen Seite ist das Fehlen von NO^+- und O_2^+-Ionen in der F-Region auf die mit der Höhe abnehmenden Produktionsraten dieser Spezies (Reaktionen 1, 6 und 7 bzw. Photoionisierung) und auf die wegen der zunehmenden Elektronendichte stark ansteigenden Verlustraten (Gl. (4.19)) zurückzuführen.
- Die bereits in relativ niedrigen Höhen einsetzende Dominanz von H^+-Ionen ist auf die effektive Produktion dieser Spezies durch Ladungsaustauschreaktion 3 zurückzuführen. Gleichzeitig wird das bis dahin vorherrschende O^+-Ion durch diese Reaktion abgebaut.

- Die frühe Dominanz der H^+-Ionen erklärt auch, warum He^+-Ionen eine untergeordnete Rolle in der terrestrischen Ionosphäre spielen. So wird diese Spezies hauptsächlich durch Photoionisierung erzeugt und dies ist – im Vergleich zur Ladungsaustauschreaktion 3 – ein langsamer Produktionsprozeß. Hinzu kommt, daß die Ladungsaustauschreaktionen 9 – 11 effektive Verlustprozesse für diese Spezies darstellen.

Anzumerken bleibt, daß die Identifizierung der hier wie selbstverständlich angeführten Reaktionen anfänglich große Schwierigkeiten bereitet hat. Auch heute ist die Berechnung bzw. Messung der zugehörigen Reaktionskonstanten keineswegs eine leichte Aufgabe und die dabei erzielten Ergebnisse mit einigen Unsicherheiten behaftet.

4.3 Dichteverlauf in der unteren Ionosphäre $(h < h_m)$

Der Ansatz, den wir bei der Bestimmung des Dichteverlaufs in der unteren Ionosphäre (d.h. unterhalb des Ionisationsdichtemaximums) benutzen wollen, unterscheidet sich grundlegend von dem, welchen wir bei der Berechnung des Dichteverlaufs in der Thermosphäre verwendet haben. Der Grund hierfür ist, daß im Gegensatz zur Thermosphäre in der unteren Ionosphäre Produktions- und Verlustprozesse eine wichtige, ja beherrschende Rolle spielen. Im folgenden soll deshalb zunächst eine Dichtebestimmungsgleichung vorgestellt werden, die dieser Tatsache Rechnung trägt. Anschließend sollen vereinfachte Formen dieser Gleichung dazu benutzt werden, den Dichteverlauf in der E- und unteren F-Region zu bestimmen.

4.3.1 Dichtebilanzgleichung

Bei der Bestimmung der Dichte eines von Produktions- und Verlustprozessen abhängigen Gases betrachten wir ein in dieses Gas eingebettetes, ortsfestes Volumenelement. Die zeitliche Änderung der in diesem Volumenelement herrschenden Gasdichte wird von der jeweiligen Produktion von Gasteilchen, von den jeweiligen Verlusten von Gasteilchen und von dem Nettoeffekt der in dieses Volumenelement hineintransportierten und der aus diesem Volumenelement abtransportierten Gasteilchen abhängen. Es gilt: Die zeitliche Änderung der Dichte ist gleich dem Dichtegewinn durch Produktion, minus dem Dichteverlust durch Abbau, plus/minus dem Dichtegewinn oder -verlust durch Transport. Bezeichnet man die Dichte der Gasspezies s mit n_s, den Produktionsterm mit q_s, den Verlustterm mit l_s und den Transportterm (der im Gegensatz zu q_s und l_s sowohl positive als auch negative Werte annehmen kann) mit d_s, so läßt sich diese *Dichtebilanzgleichung* folgendermaßen schreiben

$$\frac{\partial n_s}{\partial t} = q_s - l_s + d_s \tag{4.23}$$

Formal entspricht diese Beziehung der in Abschnitt 3.3.5 vorgestellten Wärmebilanzgleichung, wobei q_s und l_s wieder 'echte' Gewinne und Verluste, d_s dagegen durch Umverteilung bewirkte Änderungen beschreibt. Ferner entspricht diese Beziehung der um Produktions- und Verlustterme erweiterten Kontinuitätsgleichung (2.18). Wie damals gezeigt wurde, ergeben sich die transportbedingten Dichtegewinn- oder -verlustraten aus der negativen Divergenz des Teilchenflusses, $d_s = -\mathrm{div}\,\vec{\phi}_s$, so daß die Dichtebilanzgleichung auch folgendermaßen geschrieben werden kann

$$\frac{\partial n_s}{\partial t} = q_s - l_s - \mathrm{div}\,\vec{\phi}_s = q_s - l_s - \mathrm{div}(n_s \vec{u}_s) \qquad (4.24)$$

Offensichtlich handelt es sich bei dieser Beziehung um eine partielle, nichtlineare Differentialgleichung, die in allgemeiner Form nur numerisch gelöst werden kann. Hinzu kommt, daß insbesondere für die Berechnung des Produktions- und Verlustterms selbstkonsistent berechnete Dichteverteilungen anderer Ladungsträgergase benötigt werden, man denke nur an die für die Ionosphäre so wichtigen Ladungsaustauschreaktionen. Insgesamt muß somit ein System gekoppelter Differentialgleichungen gelöst werden. Im folgenden wollen wir uns darauf beschränken stark vereinfachte Formen der Dichtebilanzgleichung zu diskutieren. Diese verkürzten Gleichungen besitzen analytische Lösungen und reichen aus, die ionosphärische Dichteverteilung – wenigstens in groben Zügen – zu verstehen. So sind z.B. in der hier interessierenden unteren Ionosphäre transportbedingte Dichteänderungen vernachlässigbar klein. Dies hat mit der starken Reibung in der hier schon sehr dichten Thermosphäre zu tun, die jede eigenständige Ladungsträgerbewegung behindert. Hinzu kommt, daß während des Tages auch die Dichteänderungsrate $\partial n/\partial t$ klein ist gegenüber dem Produktions- und Verlustterm. Dies gilt insbesondere während der Mittagszeit, in der die Ionisationsdichte ihr tageszeitliches Maximum erreicht und $\partial n/\partial t$ gegen Null geht. Aber auch während des Vor- und Nachmittags ist die beobachtete Dichteänderungsrate vergleichsweise gering, siehe Abschnitt 4.6. Unter diesen Bedingungen reduziert sich die Dichtebilanzgleichung auf ein einfaches *Produktions-Verlustgleichgewicht*

Tags:
$$q_s \simeq l_s \qquad (4.25)$$

Erfolgen, wie in der Ionosphäre, die Produktion über Photoionisierung und die Verluste über chemische Reaktionen, so bezeichnet man diese Näherung auch als *photo-chemisches Gleichgewicht*. Während der Nacht gilt bei vernachlässigbarer Produktionsrate

Nachts:
$$\frac{\partial n_s}{\partial t} \simeq -l_s \qquad (4.26)$$

Der Gültigkeitsbereich dieser Näherungen soll in Abschnitt 4.5 näher untersucht werden. Hier wenden wir diese Approximationen zunächst auf die E-Region, danach auf die untere F-Region an.

4.3.2 Dichteverlauf in der E-Region

In der E-Region besitzt der Verlustterm gemäß Gl. (4.19) die allgemeine Form

$$l \simeq \alpha \, n^2$$

Damit ergibt sich der Ionisationsdichteverlauf während des Tages und für photo-chemische Gleichgewichtsbedingungen zu

$$n(h,t) \simeq \sqrt{q(h,t)/\alpha} \tag{4.27}$$

Die Höhen- und Zeitvariation der Dichte entspricht demnach der der Produktion, nur daß die Änderungsraten durch die Wurzel abgemildert werden. Für die Höhenvariation ist dies schematisch in Abb. 4.7a dargestellt. Um einen expliziten Ausdruck für den Dichteverlauf zu erhalten, approximieren wir $q(h,t)$ durch eine Chapman-Produktionsfunktion nach Gl. (3.35). Man erhält als stark idealisiertes Dichteprofil die sogenannte *(α-)Chapman-Schicht*

$$n(h,t) = \sqrt{(q_{max}^{PI})^*/\alpha} \ \exp\left\{\frac{1}{2}\left[1 - \frac{h - h_{max}^*}{H} - \sec\chi \ e^{-(h-h_{max}^*)/H}\right]\right\} \tag{4.28}$$

Dabei bezeichnet $(q_{max}^{PI})^*$ die maximale Ionisationsproduktionsrate bei senkrechtem Strahlungseinfall und h_{max}^* die Höhe dieses Maximums.

Während der Nacht gilt

$$\frac{\partial n}{\partial t} \simeq -\alpha \, n^2$$

Separation der Variablen und Integration führt auf folgende höhen- und zeitabhängige Dichteverteilung

$$n(h,t) \simeq \frac{n(h,t_0)}{1 + \alpha \, n(h,t_0) \, (t - t_0)} \tag{4.29}$$

Offensichtlich werden nach Sonnenuntergang höhere Ionisationsdichten rascher abgebaut als niedrigere, so daß das Höhenprofil verflacht.

4.3.3 Dichteverlauf in der unteren F-Region

In der F-Region besitzt der Verlustterm gemäß Gl. (4.20) die allgemeine Form

$$l \simeq \beta \, n$$

Damit ergibt sich der Ionisationsdichteverlauf während des Tages zu

$$n(h,t) \simeq q(h,t) \ / \ \beta(h,t) \tag{4.30}$$

Da die Produktionsrate q langsamer mit der Höhe abnimmt als der Verlustkoeffizient β, kommt es mit wachsender Höhe zu einer effektiven Zunahme

a. E-Region $(O_2^+, NO^+) : n \simeq \sqrt{q/\alpha}$

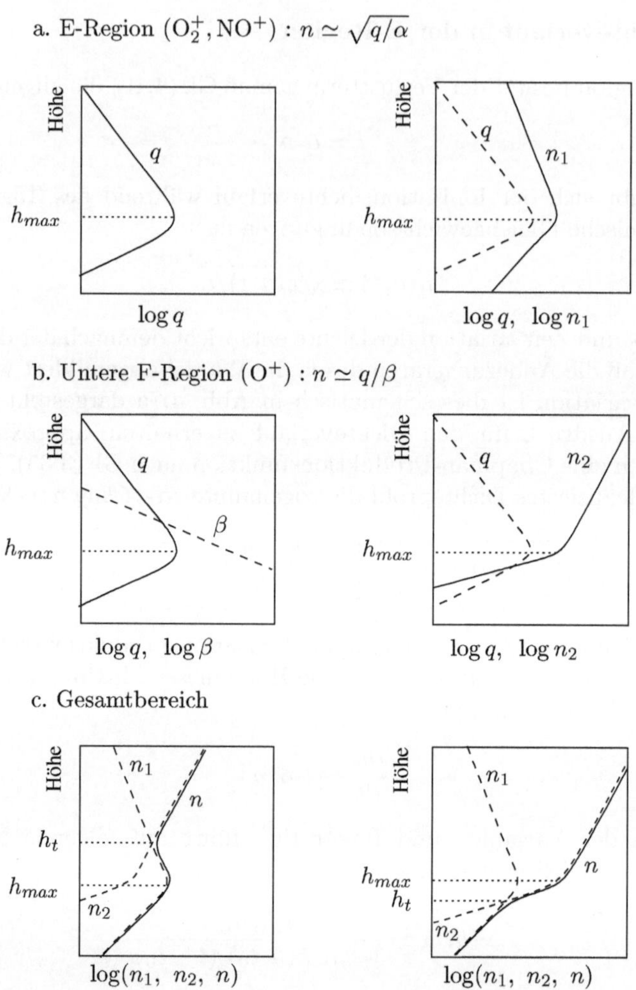

b. Untere F-Region $(O^+) : n \simeq q/\beta$

c. Gesamtbereich

Abb. 4.7. Zur Erklärung des Höhenverlaufs der Ionisationsdichte in der unteren Ionosphäre. Betrachtet werden photo-chemische Gleichgewichtsbedingungen, und h_t bezeichnet die Übergangshöhe von der E- zur F-Region. (Nach Ratcliffe, 1972)

der Gleichgewichtsdichte. Dies ist schematisch in Abb. 4.7b dargestellt. Um einen expliziten Ausdruck für die Höhenabhängigkeit der Dichte zu erhalten, betrachten wir den Bereich oberhalb des Ionisationsproduktionsmaximums ($h > h_{max}$ in Abb. 4.4). Hier geht der Transmissionsfaktor $e^{-\tau}$ rasch gegen eins, so daß die Höhenvariation der O^+-Produktionsrate in erster Näherung der der Muttergasdichte n_O entspricht, siehe Gl. (4.3). Vernachlässigt man darüber hinaus die Höhenabhängigkeit der Temperatur (in Höhe des Produktionsmaximums hat diese bereits etwa 70% ihres Thermopausenwertes erreicht), so ergibt sich die Höhenvariation der Produktionsrate zu

$$q_{O^+}(h) \sim n_O(h) \sim e^{-(h-h_0)/H_O}$$

Berücksichtigt man ferner, daß der Gewichtsunterschied zwischen molekularem Sauerstoff und molekularem Stickstoff relativ gering ist, so läßt sich die Höhenabhängigkeit des Verlustkoeffizienten β in guter Näherung mit Hilfe einer beiden Gasen gemeinsamen Skalenhöhe H_{N_2,O_2} beschreiben

$$\beta(h) \simeq k^{LA}_{O^+,N_2}\, n_{N_2}(h_0)e^{-(h-h_0)/H_{N_2}} + k^{LA}_{O^+,O_2}\, n_{O_2}(h_0)e^{-(h-h_0)/H_{O_2}}$$
$$\sim e^{-(h-h_0)/H_{N_2,O_2}}$$

Damit gilt

$$n(h) \simeq \frac{q_{O^+}(h)}{\beta(h)} \sim \frac{\exp[-(h-h_0)/H_O]}{\exp[-(h-h_0)/H_{N_2,O_2}]} = \exp[(h-h_0)/H_{ql}]$$

wobei wir die Skalenhöhe

$$H_{ql} = (1/H_{N_2,O_2} - 1/H_O)^{-1} = \frac{k\,T}{(\mathcal{M}_{N_2,O_2} - \mathcal{M}_O)\, m_u\, g} \tag{4.31}$$

eingeführt haben. Offensichtlich nimmt die Ionisationsdichte exponentiell mit wachsender Höhe zu, wobei die Skalenhöhe H_{ql} mit $\mathcal{M}_{N_2,O_2} \simeq 30$ ungefähr der des atomaren Sauerstoffs entspricht.

Während der Nacht gilt

$$\frac{\partial n}{\partial t} \simeq -\beta\, n$$

und dies führt zu der höhen- und zeitabhängigen Dichteverteilung

$$n(h,t) \simeq n(h,t_0)\, e^{-\beta(h)\,(t-t_0)} \tag{4.32}$$

Dabei haben wir in der hier ausreichenden Näherung die Zeitabhängigkeit des Verlustkoeffizienten vernachlässigt. Da β mit abnehmender Höhe zunimmt, erfolgt dort die Dichteabnahme zunehmend rascher.

Um den Dichteverlauf in der gesamten unteren Ionosphäre zu erhalten, müssen die Ergebnisse für die E- und untere F-Region kombiniert werden. Dies erfolgt in Abb. 4.7c. Offensichtlich hängen die Details des Gesamtdichteverlaufs davon ab, ob die Übergangshöhe von der E- zur F-Region, $h_{t(ransition)}$, ober- oder unterhalb der Höhe des Produktionsmaximums liegt. Bei der Anwendung dieser Überlagerungsprozedur auf die reale Ionosphäre ist zu bedenken, daß das Produktionsmaximum in etwa 110 km Höhe vollständig in der E-Region liegt, siehe Abb. 4.5. Der Dichteverlauf in dieser Region wird also in erster Näherung dem des Produktionsprofils entsprechen. Dagegen liegt das höher gelegene Maximum in der Nähe der Übergangshöhe, so daß sich hier ein sekundäres Maximum oder ein Vorsprung im Dichteprofil ausbilden kann.

4.4 Dichteverlauf in der oberen Ionosphäre($h > h_m$)

Die mit wachsender Höhe exponentiell abnehmenden Neutralgasdichten führen dazu, daß in der oberen Ionosphäre Produktions- und Verlustprozesse zunehmend an Bedeutung verlieren. Betrachtet man zudem quasistationäre Verhältnisse, so gilt in erster Näherung

$$\frac{\partial n_s}{\partial t}, \; q_s, \; l_s \to 0 \tag{4.33}$$

und somit auch

$$\mathrm{div}\,\vec{\phi_s} \to 0 \tag{4.34}$$

In einer in horizontaler Richtung gleichförmigen Ionosphäre folgt daraus

$$\phi_z = n \, u_z \to \text{konst.} \tag{4.35}$$

bzw. für den hier interessierenden Fall einer gravitativ an die Erde gebundenen, statischen Ionosphäre

$$u_z \to 0 \tag{4.36}$$

Diese Bedingung kann zwar nicht mehr direkt, aber doch mittelbar für die Bestimmung des Ionisationsdichteverlaufs genutzt werden. So ist die Geschwindigkeit eines Gasvolumens nur dann gleich Null, wenn sich alle an diesem Volumen angreifenden Kräfte im Gleichgewicht befinden. Offenbar verlassen wir mit dieser Forderung die Dichtebilanzgleichung und benutzen wieder die Kräftegleichgewichtsbeziehung oder Impulsbilanzgleichung zur Bestimmung des Dichteverlaufs.

4.4.1 Barometrische Dichteverteilung

Ähnlich wie bei der Bestimmung des Dichteverlaufs thermosphärischer Neutralgase, für die ja auch Gl.(4.33) in guter Näherung erfüllt ist, betrachten wir den Fall, daß sich die an einem Ionengas und die an dem dazugehörigen Elektronengas angreifenden Schwer- und Druckgradientkräfte gerade im Gleichgewicht befinden. Dies führt unmittelbar auf die aerostatische Grundgleichung

$$\frac{\mathrm{d}p_s}{\mathrm{d}z} = -\rho_s \, g \tag{4.37}$$

wobei s entweder für das Ionengas (in unserem Fall also für das O^+-Gas) oder für das Elektronengas steht. Setzt man in der hier ausreichenden Näherung die Ionen- und die Elektronengastemperatur als konstant an, so ergibt sich aus dieser Beziehung die bekannte barometrische Höhenformel

$$n_s(h) = n_s(h_0) \, e^{-(h-h_0)/H_s}$$

Dabei ist die Skalenhöhe der Ionen ungleich kleiner als die der viel leichteren Elektronen

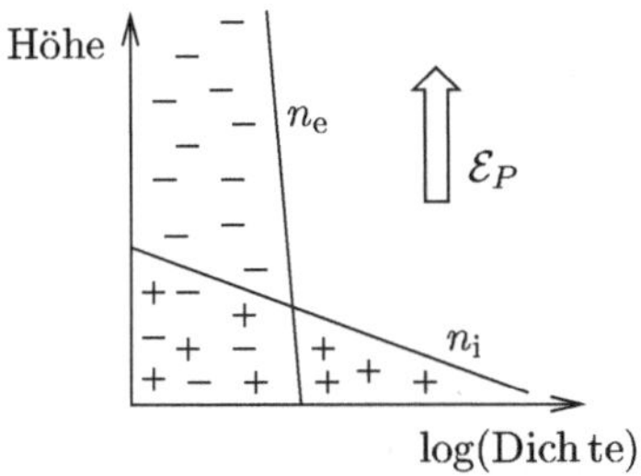

Abb. 4.8. Ladungstrennung und Aufbau eines Polarisationsfeldes durch den unterschiedlichen Dichteverlauf des Ionen- und Elektronengases

$$H_i = \frac{k\,T_i}{m_i\,g} \quad \ll \quad H_e = \frac{k\,T_e}{m_e\,g} \tag{4.38}$$

Dies führt zu der in Abb. 4.8 skizzierten Dichteverteilung. Offensichtlich ist diese unrealistisch, da sie mit einer starken Ladungstrennung verbunden ist. So bauen die in geringeren Höhen dominierende positive Ladungsdichte und die in größeren Höhen vorherrschende negative Ladungsdichte ein starkes elektrisches Polarisationsfeld auf. Dieses wiederum übt enorme Kräfte auf die Ladungsträgergase aus und zerstört damit das oben angesetzte Kräftegleichgewicht. Um eine realistische Dichteverteilung zu erhalten, muß demnach neben der Druckgradient- und Schwerkraft zusätzlich die durch das Polarisationsfeld hervorgerufene elektrische Kraft berücksichtigt werden. Eine entsprechende Erweiterung der Kräftegleichgewichtsbeziehung ergibt folgenden Ansatz

$$\frac{\mathrm{d}p_i}{\mathrm{d}z} = -\rho_i\,g + n_i\,e\,\mathcal{E}_P \tag{4.39}$$

$$\frac{\mathrm{d}p_e}{\mathrm{d}z} = -\rho_e\,g - n_e\,e\,\mathcal{E}_P \tag{4.40}$$

Dabei bezeichnet e die elektrische Elementarladung und $\mathcal{E}_P$ die elektrische Polarisationsfeldstärke. Nimmt man an, daß das elektrische Polarisationsfeld stark genug ist in guter Näherung Ladungsneutralität zu erzwingen, d.h. gilt die mit den Beobachtungen verträgliche Näherung $n_i(h) \simeq n_e(h) = n(h)$, dann führt die Addition beider Gleichungen auf die Beziehung

$$\frac{\mathrm{d}(p_i + p_e)}{\mathrm{d}z} \simeq -n\,m_i\,g \tag{4.41}$$

wobei wir die Elektronen- gegenüber der Ionenmasse vernachlässigt haben. Wir wollen wieder die in der Hochionosphäre in hinreichend guter Näherung gültige Annahme $T_i\,,T_e \simeq$ konstant machen. So variieren nach Abb. 4.3 beide Größen im Bereich zwischen 400 und 1000 km um weniger als einen Faktor drei, was einem relativ kleinen Temperaturgradienten entspricht. Mit dieser Näherung lassen sich die Variablen separieren, und anschließende Integration ergibt die sowohl für das Ionen- als auch für das Elektronengas gültige barometrische Höhenformel

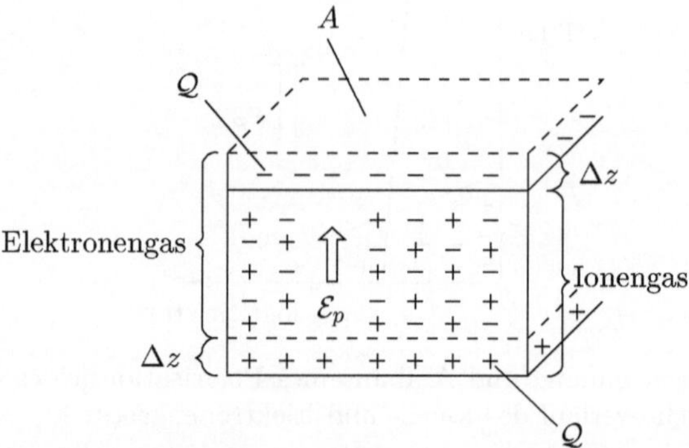

Abb. 4.9. Zur Abschätzung der zum Aufbau des elektrischen Polarisationsfeldes benötigten Ladungsträgerseparation

$$n(h) = n(h_0)\ e^{-(h-h_0)/H_P} \tag{4.42}$$

Dabei haben wir zur Abkürzung die sogenannte *Plasmaskalenhöhe* eingeführt

$$H_P = k\ (T_{\mathrm{i}} + T_{\mathrm{e}})\ /\ m_{\mathrm{i}}\ g$$

Wie ersichtlich wird die Skalenhöhe des Ionengases nach Gl. (4.38) durch das Polarisationsfeld mehr als verdoppelt, die des Elektronengases dagegen um mehr als einen Faktor 10^4 reduziert. Anschaulich beschrieben 'zieht' das leichte Elektronengas die Ionen mittels des Polarisationsfeldes nach oben bzw. das schwere Ionengas die leichten Elektronen nach unten, um eine möglichst vollständige Ladungsgleichgewichtssituation zu erreichen.

4.4.2 Polarisationsfeld

Das zur Etablierung einer gemeinsamen Dichteverteilung benötigte elektrische Polarisations- oder *Pannekoek-Rosseland-Feld* ist sehr klein. Einsetzen von Gl. (4.42) in Gl. (4.40) führt mit $m_{\mathrm{e}} \ll m_{\mathrm{i}}\ T_{\mathrm{e}}\ /(T_{\mathrm{e}}+T_{\mathrm{i}})$ auf die Beziehung

$$\mathcal{E}_P \simeq \frac{m_{\mathrm{i}}\ g}{e}\ \frac{T_{\mathrm{e}}}{T_{\mathrm{e}} + T_{\mathrm{i}}} \tag{4.43}$$

so daß man für die hier betrachteten Sauerstoffionen $\mathcal{E}_P < 1\mu\mathrm{V/m}$ erhält. Zur Erzeugung eines Polarisationsfeldes dieser Größenordnung genügt es, das Elektronengas um eine winzige Distanz gegenüber dem Ionengas zu verschieben. Betrachtet man z.B. die Hochionosphäre in erster Näherung als eine homogene Schicht mittlerer Dichte, so baut eine Aufwärtsverschiebung des Elektronengases ein elektrisches Feld auf, das dem eines Plattenkondensators entspricht, siehe Abb. 4.9. Es gilt

$$\mathcal{E}_P = \frac{Q}{\varepsilon_0\ A} = \frac{e\ n}{\varepsilon_0}\ \Delta z \tag{4.44}$$

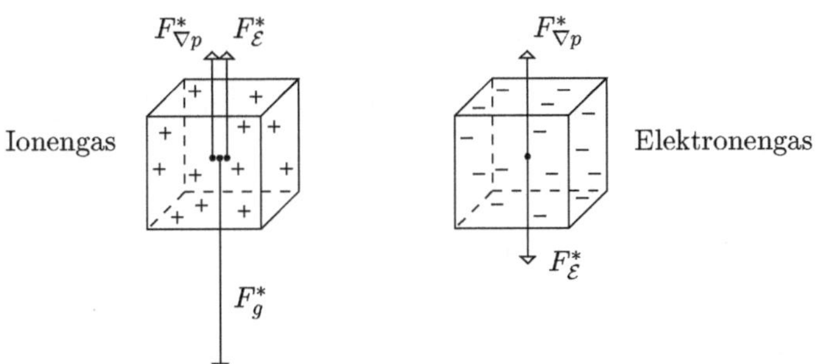

Abb. 4.10. Die wesentlichen an einem Ionen- und an einem Elektronengas in der Hochionosphäre angreifenden Volumenkräfte

wobei Q die in der oberen oder unteren Schicht gespeicherte Ladungsmenge und ε_0 die elektrische Feld(Influenz-, Dielektrizitäts-)konstante bezeichnet. Damit ergibt sich die für den Aufbau des Polarisationsfeldes benötigte Verschiebung zu

$$\Delta z = \frac{\varepsilon_0\, \mathcal{E}_P}{e\, n} = \frac{\varepsilon_0\, m_\mathrm{i}\, g}{n\, e^2}\, \frac{T_\mathrm{e}}{T_\mathrm{e} + T_\mathrm{i}} \tag{4.45}$$

Mit der für unsere Abschätzung völlig ausreichenden Näherung $T_\mathrm{i} \simeq T_\mathrm{e}$ und einer mittleren Dichte in der oberen Ionosphäre von etwa $5 \cdot 10^{10}$ m^{-3} ergibt sich eine Verschiebungsdistanz von $\Delta z \simeq 10^{-9}$ m. Dies entspricht aber nur einigen Ionendurchmessern. Unsere Annahme $n_\mathrm{i}(h) \simeq n_\mathrm{e}(h)$ ist also in sehr guter Näherung erfüllt.

Das hier dokumentierte Streben nach Ladungsneutralität ist eine der fundamentalen Eigenschaften eines jeden *Plasmas*. Darunter verstehen wir ein teilweise oder vollständig ionisiertes Gemisch von Gasen, das nach außen hin gleichsam neutral ist. Insofern ist es berechtigt und üblich statt von ionosphärischen Ladungsträgergasen auch von einem ionosphärischen Plasma zu sprechen. Ganz allgemein möchte man mit der Bezeichnung 'Plasma' die besonderen Verhaltensweisen teilweise oder vollständig ionisierter Gase betonen. So unterhalten Plasmen aufgrund der elektromagnetischen Wechselwirkung zwischen den Ladungsträgergasen oder zwischen den Ladungsträgergasen und äußeren elektromagnetischen Feldern eine ganze Reihe kollektiver Phänomene, die Neutralgasen fremd sind, siehe z.B. Abschnitt 4.7.1 und 6.3.

Einsetzen der Polarisationsfeldstärke in die Impulsbilanzgleichungen (4.39) und (4.40) erlaubt es die relative Größe der elektrischen Volumenkraft abzuschätzen. Es ergeben sich die in Abb. 4.10 skizzierten und für das Ionen- und Elektronengas unterschiedlichen Kräftegleichgewichtssituationen.

4.4.3 Transportgleichgewicht

Wie in Abschnitt 2.3.5 erläutert, läßt sich eine barometrische Dichteverteilung auch immer als ein Transport- oder Diffusionsgleichgewicht verstehen. Dabei halten sich der durch die Schwerkraft hervorgerufene Sinkstrom und der durch die Druckgradientkraft induzierte Expansionsstrom gerade die Waage, so daß der Gesamtfluß ordnungsgemäß gleich Null ist. Im folgenden soll die Gültigkeit dieser Interpretation auch für den Fall der oberen Ionosphäre nachgewiesen werden. Dazu betrachten wir ein Ionen-Elektronengasgemisch für das gilt

- $n_i \simeq n_e = n$
- $\vec{u}_i \simeq \vec{u}_e = \vec{u}$

Neben der Quasineutralität (die das Vorhandensein eines Pannekoek-Rosseland Polarisationsfeldes impliziert) wird also auch angenommen, daß sich Ionen- und Elektronengas gemeinsam (d.h. *ambipolar*) und mit gleicher Geschwindigkeit bewegen. Geschwindigkeitsdifferenzen entsprächen ja relativen Ladungsträgerbewegungen und damit elektrischen Strömen. Letztere würden aber bei der hier betrachteten rein vertikalen Schichtung und Bewegung unweigerlich zu Ladungsanhäufungen an der oberen und unteren Grenze der Ionosphäre führen. Diese Ladungstrennung wiederum wäre mit dem Aufbau eines zusätzlichen elektrischen Polarisationsfeldes verbunden, das rasch jede weitere relative Ladungsträgerbewegung unterbinden würde.

Wie im Fall der Thermosphäre läßt sich die Größe des Sinkstroms durch Gleichsetzen der Schwer- und Reibungskräfte bestimmen. Dabei ist die Massendichte unseres Ladungsträgergasgemisches oder Plasmas gleich der Summe der Einzelgasmassendichten und die Gesamtreibungskraft gleich der Summe der an den Einzelgasen angreifenden Reibungskräfte. Da sich Ionen und Elektronen mit gleicher Geschwindigkeit bewegen, brauchen nur Stöße mit Neutralgasteilchen berücksichtigt zu werden. Für eine ruhende Neutralgasatmosphäre ($u_n = 0$) gilt somit

$$n \left(m_i + m_e\right) g \; = \; - n \left(m_i \, \nu_{i,n}^* + m_e \, \nu_{e,n}^*\right) u_g \qquad (4.46)$$

Hier bezeichnet u_g die gemeinsame Sinkgeschwindigkeit von Ionen und Elektronen. Alternativ läßt sich diese Beziehung auch durch Addition der Impulsbilanzgleichungen für das Ionen- und Elektronengas ableiten, sofern nur Schwer- und Reibungskräfte berücksichtigt werden, siehe Gl. (3.80). Mit $m_i \gg m_e$ und $m_i \, \nu_{i,n}^* \gg m_e \, \nu_{e,n}^*$ folgt aus Gl. (4.46)

$$\phi_{g,s} \; = \; n \, u_g \simeq \; - \frac{1}{m_i \, \nu_{i,n}^*} \, m_i \, n \, g \qquad (4.47)$$

wobei $\phi_{g,s}$ den Sinkfluß entweder der Ionen- oder Elektronenkomponente bezeichnet. Daß $m_i \, \nu_{i,n}^*$ tatsächlich groß ist gegenüber $m_e \, \nu_{e,n}^*$, läßt sich mit Hilfe der Gl. (2.57) überprüfen. Mit $\sigma_{e,n} = (r_e + r_n)^2 \pi \simeq \sigma_{i,n}/4$, $m_e \ll m_i \simeq m_n \simeq m_O (= 16 \, m_u)$ und $T_e \simeq T_i$ ergibt sich für die Elektronenkomponente eine Reibungsfrequenz, die 60mal größer ist als die der Ionenkomponente. Dennoch gilt mit $m_i \simeq 30\,000 \, m_e$ für das Produkt aus Reibungsfrequenz und Masse $m_i \, \nu_{i,n}^* \gg m_e \, \nu_{e,n}^*$.

Der ambipolare Expansionsfluß läßt sich durch Gleichsetzen von Druckgradient- und Reibungskraft bestimmen

$$\frac{\mathrm{d}(p_\mathrm{i} + p_\mathrm{e})}{\mathrm{d}z} = -n\,(m_\mathrm{i}\,\nu^*_{\mathrm{i,n}} + m_\mathrm{e}\,\nu^*_{\mathrm{e,n}})\,u_p \tag{4.48}$$

Daraus folgt

$$\phi_{p,s} \simeq -\frac{1}{m_\mathrm{i}\,\nu^*_{\mathrm{i,n}}}\,\frac{\mathrm{d}(p_\mathrm{i} + p_\mathrm{e})}{\mathrm{d}z} \tag{4.49}$$

Der Gesamtfluß der Ionen- oder Elektronenkomponente ergibt sich damit zu

$$\phi_s = \phi_{g,s} + \phi_{p,s} \simeq -\frac{1}{m_\mathrm{i}\,\nu^*_{\mathrm{i,n}}}\,\frac{\mathrm{d}(p_\mathrm{i} + p_\mathrm{e})}{\mathrm{d}z} - \frac{m_\mathrm{i}\,n\,g}{m_\mathrm{i}\,\nu^*_{\mathrm{i,n}}}$$

$$= -D_P\left(\frac{\mathrm{d}n}{\mathrm{d}z} + \frac{n}{H_P}\right) \tag{4.50}$$

Dabei haben wir im letzten Schritt eine konstante Ionen- und Elektronengastemperatur angenommen und den *ambipolaren* oder *Plasmadiffusionskoeffizienten* eingeführt

$$D_P = k\,(T_\mathrm{i} + T_\mathrm{e})/m_\mathrm{i}\,\nu^*_{\mathrm{i,n}} \tag{4.51}$$

Formal entspricht Gl. (4.50) der im Anhang A.5 abgeleiteten Diffusionsgleichung (A.45), sofern die Temperaturgradienten als vernachlässigbar klein angenommen werden. Repräsentative Werte der hier interessierenden Reibungsfrequenz $\nu^*_{\mathrm{O+,n}}$ und des zugehörigen Plasmadiffusionskoeffizienten sind der Abb. 4.11 zu entnehmen. Setzt man den Gesamtfluß ϕ_s, wie gefordert, gleich Null, so ergibt sich unmittelbar die aerostatische Grundgleichung und damit die barometrische Dichteverteilung der ionosphärischen Ladungsträgergase, was zu beweisen war.

Eine bisher nicht berücksichtigte Komplikation ergibt sich aus der Tatsache, daß das Magnetfeld der Erde die Bewegungsfreiheit der ionosphärischen Ladungsträger erheblich einschränkt. Die Details dieser Wechselwirkung werden in Abschnitt 5.3 näher erläutert. Hier genügt die Feststellung, daß sich Ladungsträger frei nur entlang und parallel zum Erdmagnetfeld bewegen können. Daraus folgt auch, daß magnetische Kräfte nur für die feldlinienparallele Komponente der Kräftebilanzgleichungen (4.46) und (4.48) außer acht gelassen werden dürfen, so daß gilt

$$\phi_{j\parallel} \simeq \frac{1}{m_\mathrm{i}\,\nu^*_{\mathrm{i,n}}}\,F^*_{j\parallel} \tag{4.52}$$

wobei $\phi_{j\parallel}$ den feldlinienparallelen Plasmafluß und $F^*_{j\parallel}$ die feldlinienparallele Komponente der jeweils betrachteten Volumenkraft bezeichnet. Auf die Plasmabewegung im Erdmagnetfeld bezogen, ergibt sich die in Abb. 4.12

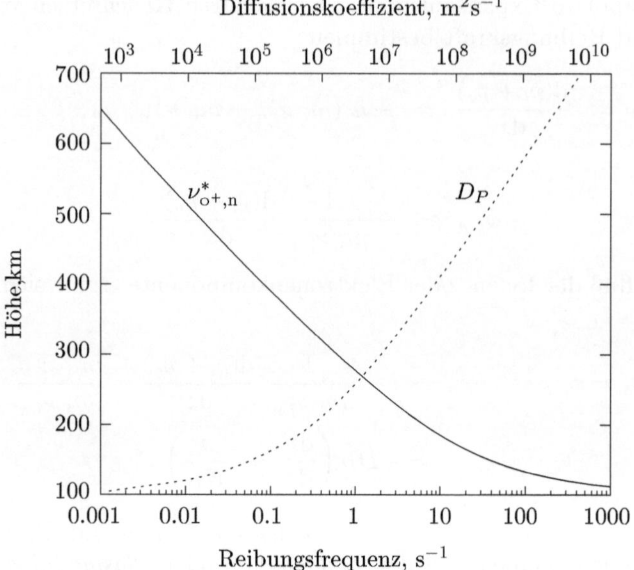

Abb. 4.11. Typischer Höhenverlauf der Reibungsfrequenz und des Plasmadiffusionskoeffizienten für O^+-Ionen in der Thermosphäre für Tagesbedingungen. Man beachte, daß $\sigma_{O^+,O}$ aufgrund von Resonanzeffekten größer ist als $\sigma_{O,O}$

skizzierte Situation. Bezeichnet die Inklination I den Winkel zwischen Erdmagnetfeld und Erdoberfläche, so ergeben sich die feldlinienparallelen Volumenkräfte $F^*_{j\parallel}$ aus den vertikalen Volumenkräften F^*_{jz} durch Multiplikation mit dem Faktor $\sin I$. Und um aus dem feldlinienparallelen Plasmafluß $\phi_{j\parallel}$ den hier interessierenden vertikalen Plasmafluß ϕ_{jz} zu erhalten, muß ersterer ebenfalls mit dem Faktor $\sin I$ multipliziert werden. Insgesamt gilt also

$$\phi_{jz} = \phi_{j\parallel} \ \sin I \sim F^*_{j\parallel} \ \sin I = F^*_{jz} \ \sin^2 I \qquad (4.53)$$

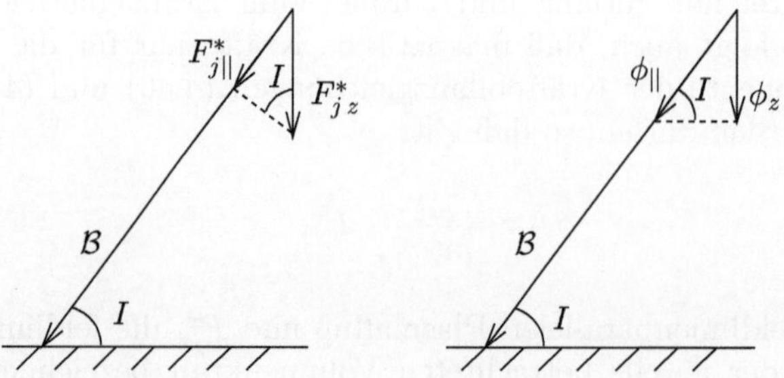

Abb. 4.12. Zum Einfluß des Erdmagnetfeldes auf den Ionisationstransport

und Gl. (4.50) lautet jetzt

$$(\phi_s)_z = -D_P \, \sin^2 I \left(\frac{\mathrm{d}n}{\mathrm{d}z} + \frac{n}{H_P} \right) \qquad (4.54)$$

Offensichtlich verschwindet dieser modifizierte vertikale Plasmafluß nach wie vor für eine barometrische Dichteverteilung, so daß letztere unabhängig vom Vorhandensein eines Magnetfeldes gültig ist.

4.4.4 Produktionsbedingter Sinkstrom

Auch im Bereich der Hochionosphäre findet noch eine, wenn auch bescheidene Ionisationsproduktion statt. Im Zusammenspiel mit den noch geringeren chemischen Verlustraten ist sie bestrebt, eine mit der Höhe anwachsende Ionisationsdichte aufzubauen, siehe Abschnitt 4.3.3. Um die der barometrischen Höhenformel entsprechende und mit wachsender Höhe abnehmende Dichteverteilung aufrechtzuerhalten, müssen diese produktionsbedingten Überschußdichten ständig durch einen Sinkfluß nach unten in die von sehr effektiven chemischen Verlustprozessen beherrschte untere Ionosphäre abgeführt werden. Die Situation erinnert an die in der oberen Thermosphäre, wo im Gleichgewichtsfall neuproduzierte Wärme ständig durch einen nach unten gerichteten Wärmefluß abgeführt wird, siehe Abschnitt 3.3.5. Ähnlich wie in dem damals betrachteten Fall läßt sich die Größe des produktionsbedingten ionosphärischen Sinkflusses folgendermaßen abschätzen. Man betrachtet die gesamte in einer atmosphärischen Säule mit der Grundfläche A im Zeitintervall Δt durch primäre Photoionisierung produzierte Ionisationsmenge

$$N_{O+}^{PI}(h) = A \, \Delta t \int_h^\infty q_{O+}^{PI}(z) \, \mathrm{d}z \simeq A \, \Delta t \, J_O \int_h^\infty n_O \, \mathrm{d}z = A \, \Delta t \, J_O \, n_O(h) \, H_O$$

wobei der in Gl. (4.3) zusätzlich auftretende Transmissionsfaktor $e^{-\tau}$ in der Hochionosphäre gleich eins gesetzt werden kann. Bei Vernachlässigung chemischer Verluste und im Gleichgewichtsfall muß diese Ionisationsmenge in dem betrachteten Zeitintervall durch die Bodenfläche der Säule nach unten hin abgeführt werden. Dies erfordert einen ambipolaren Sinkfluß der Größe

$$\phi_{g,O+}^q(h) \simeq N_{O+}^{PI}(h)/A \, \Delta t \simeq J_O \, n_O(h) \, H_O \qquad (4.55)$$

Für niedrige Sonnenaktivität und für eine Höhe von 400 km ergibt sich beispielsweise mit Hilfe der Tabelle 4.2 und Anhang A.4 ein produktionsbedingter Sinkstrom von $\phi_{g,O+}^q(400 \text{ km}) \simeq 10^{12} \text{ m}^{-2}\text{s}^{-1}$. Dieser muß mit dem zum Transportgleichgewicht gehörigen 'regulären' Sinkstrom verglichen werden: $\phi_{g,O+}(400 \text{ km}) = g \, n/\nu_{O+,n}^* \simeq 10^{13} \text{ m}^{-2}\text{s}^{-1}$, wobei wir für die Ionisationsdichte und die Reibungsfrequenz die Werte $n(400 \text{ km}) \simeq 10^{11} \text{ m}^{-3}$ und $\nu_{O+,n}^*(400 \text{ km}) \simeq 0.09$ angesetzt haben, siehe Abb. 4.2 und 4.11. Der produktionsbedingte Sinkfluß beträgt demnach nur etwa 10 % des 'regulären'

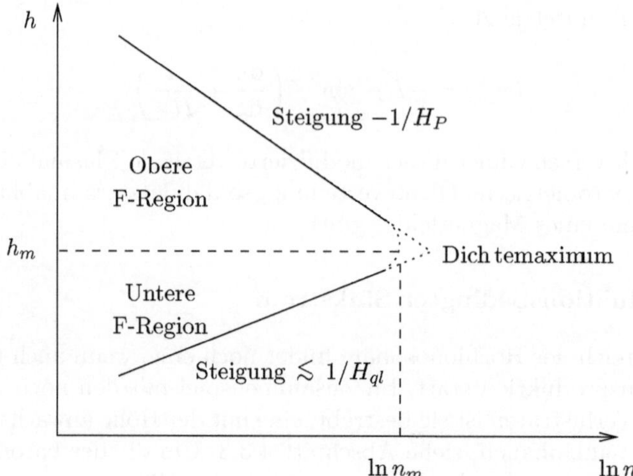

Abb. 4.13. Zur Entstehung des Ionisationsdichtemaximums

Sinkflusses und bedeutet somit nur eine relativ kleine Störung des Diffusionsgleichgewichts und der barometrischen Dichteverteilung. Es genügt, wenn der Dichteabfall mit der Höhe etwas weniger steil erfolgt als von der barometrischen Höhenformel vorhergesagt, so daß der Expansionsfluß etwas kleiner wird als der von dieser Änderung unberührte Sinkfluß. Dann fließt ein produktionsbedingter Sinkfluß der Größe $\phi_g^q = \phi_g + \phi_p \neq 0$ in Richtung Erde und es ist die Divergenz dieses mit abnehmender Höhe zunehmenden O^+-Flusses, der den bei weitem wichtigsten Ionisationsverlust für die Hochionosphäre darstellt. Bemerkenswert ist, daß in Höhe des Ionisationsdichtemaximums der Expansionsfluß wegen $dn/dz = 0$ vollständig verschwindet und somit der produktionsbedingte Sinkfluß gerade dem regulären Sinkfluß entspricht,
$\phi_g^q(h_m) = \phi_g(h_m) = g\, n(h_m)/\nu_{O^+,n}^*(h_m)$.

4.5 Dichtemaximum und ionosphärische Zeitkonstanten

Der in den vorangegangenen Abschnitten beschriebene Dichteverlauf in der unteren und oberen Ionosphäre macht die Entstehung des Ionisationsdichtemaximums in der F-Region verständlich. So ist die untere F-Region durch einen exponentiellen Anstieg der Ionisationsdichte mit der Skalenhöhe H_{ql}, die obere F-Region durch einen exponentiellen Abfall der Dichte mit der Skalenhöhe H_P gekennzeichnet. Kontinuität des Dichteverlaufs verlangt einen glatten Übergang zwischen beiden Bereichen, wobei dieser Übergang zugleich das Maximum der Ionisationsdichte definiert. Dies ist schematisch in Abb. 4.13 dargestellt. Zu klären bleibt die Frage, in welcher Höhe sich dieses Maximum ausbildet und wie groß es ist.

Wie bereits erläutert ist die Zunahme der Ionisationsdichte in der unteren F-Region darauf zurückzuführen, daß in diesem Bereich die von chemischen Reaktionen bestimmte Verlustrate schneller mit wachsender Höhe abnimmt als die Produktionsrate. Dieser Anstieg wird sich demnach so lange fortsetzen, wie chemische Reaktionen den dominanten Verlustprozeß darstellen. Auf der anderen Seite wird die Dichteabnahme in der oberen Ionosphäre so lange aufrechterhalten, wie die Divergenz des Sinkstroms ausreicht, die in diesen Höhen noch produzierte Ionisation abzuführen. Offenbar entscheidet die jeweilige Effektivität dieser beiden Verlustprozesse, ob eine Zunahme oder Abnahme der Ionisationsdichte erfolgt. Der Übergang von der unteren zur oberen Ionosphäre wird demnach dort stattfinden, wo chemische Reaktionen durch Ionisationstransport als Hauptverlustprozeß abgelöst werden, und das Ionisationsdichtemaximum wird sich dort ausbilden, wo die Effektivität beider Verlustprozesse die gleiche Größenordnung erreicht. Ein quantitatives Maß für deren Effektivität stellen die zugehörigen Zeitkonstanten dar. Im folgenden sollen diese zunächst definiert und interpretiert werden, anschließend soll ihr Höhenverlauf beschrieben werden. Dieser Höhenverlauf erlaubt es den Ort des Dichtemaximums und damit auch die Größe dieses Maximums abzuschätzen.

4.5.1 Ionosphärische Zeitkonstanten

Zur Abschätzung der hier interessierenden Zeitkonstanten schreiben wir die Dichtebilanzgleichung (ohne Sortenindizes) in folgender Form

$$\frac{\partial n}{\partial t} = q - l + d = \left|\frac{\partial n}{\partial t}\right|_q - \left|\frac{\partial n}{\partial t}\right|_l \pm \left|\frac{\partial n}{\partial t}\right|_d$$

$$= \frac{n}{\tau_q} - \frac{n}{\tau_l} \pm \frac{n}{\tau_d} \qquad (4.56)$$

Damit werden die Produktions-, Verlust- und Transportzeitkonstanten durch folgende Beziehungen festgelegt

$$\tau_q = \left(\frac{1}{n}\left|\frac{\partial n}{\partial t}\right|_q\right)^{-1} = \frac{n}{q} \qquad (4.57)$$

$$\tau_l = \left(\frac{1}{n}\left|\frac{\partial n}{\partial t}\right|_l\right)^{-1} = \frac{n}{l} \qquad (4.58)$$

$$\tau_d = \left(\frac{1}{n}\left|\frac{\partial n}{\partial t}\right|_d\right)^{-1} = \frac{n}{|d|} \qquad (4.59)$$

Offensichtlich schätzen sie die Zeit ab, die benötigt wird, die jeweils beobachtete Ionisationsdichte durch Produktion aufzubauen, durch (chemische) Verluste abzubauen oder durch Transportprozesse auf- oder abzubauen. Dies soll am Beispiel der Verlustzeitkonstanten anschaulich erläutert werden.

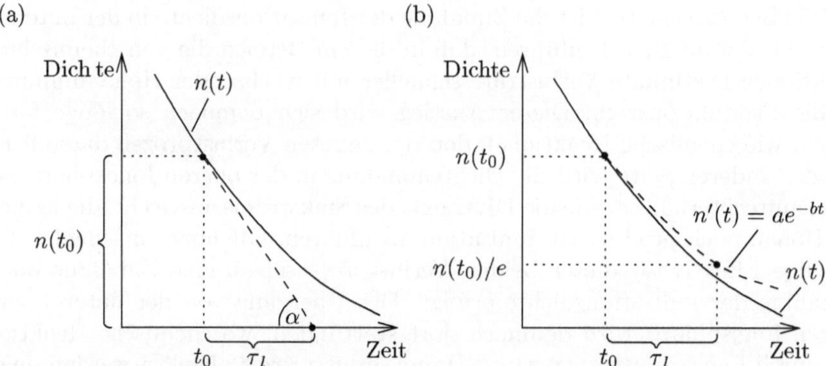

Abb. 4.14. Zur Interpretation der Verlustzeitkonstanten

Betrachtet wird der nächtliche Ionisationsdichteabfall, wie er schematisch in Abb. 4.14a skizziert ist. Ausgehend von einem beliebig gewählten Anfangszeitpunkt t_0 wird die zu dieser Zeit beobachtete Verlustrate *linear* extrapoliert. Der Schnittpunkt der zugehörigen Steigungsgeraden mit der Abszisse $n = 0$ dient der groben Abschätzung der Zeit, die verstreicht, bis die zum Zeitpunkt t_0 vorhandene Ionisationsdichte vollständig abgebaut ist. Es gilt

$$\left. \left| \frac{\partial n}{\partial t} \right| \right|_{t_0} = \tan \alpha = \frac{n(t_0)}{\tau_l}$$

und damit

$$\tau_l = \left(\frac{1}{n} \left| \frac{\partial n}{\partial t} \right| \right)^{-1}$$

wobei wir auf die explizite Angabe der Zeitabhängigkeit von $\tau_l = f(t_0)$ verzichtet haben.

Eine alternative und unseren Vorstellungen von einer Zeitkonstanten näher kommende Interpretation ergibt sich, wenn man den tatsächlich beobachteten Dichteabfall $n(t)$ durch einen Exponentialabfall $n'(t)$ approximiert, siehe Abb. 4.14b. Die Anpassung erfolgt im Anfangszeitpunkt t_0 durch Gleichsetzen der Funktionswerte und der Steigungen beider Kurven, $n'(t_0) = n(t_0)$ und $(\mathrm{d}n'/\mathrm{d}t)_{t_0} = (\mathrm{d}n/\mathrm{d}t)_{t_0}$. Damit gilt

$$n'(t) = n(t_0) \exp \left\{ - \left(\frac{1}{n} \left| \frac{\partial n}{\partial t} \right| \right)_{t_0} (t - t_0) \right\}$$

Definiert man die Verlustzeitkonstante als diejenige Zeit, die verstreicht bis die Näherungsfunktion $n'(t)$ – und damit auch in guter Näherung die Originalfunktion $n(t)$ – auf den e-ten Teil ihres Anfangswertes abgenommen hat, dann erhält man wieder

$$\tau_l = \left(\frac{1}{n} \left| \frac{\partial n}{\partial t} \right| \right)^{-1} \tag{4.60}$$

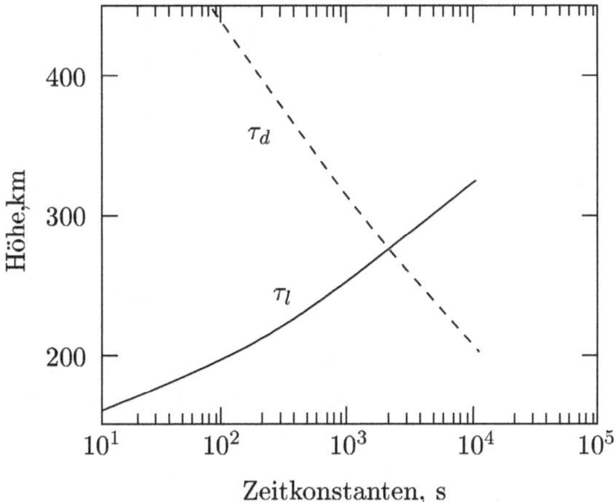

Abb. 4.15. Repräsentativer Höhenverlauf der ionosphärischen Verlust- und Transportzeitkonstanten für Tagesbedingungen

Diese Interpretationen gelten natürlich unabhängig von der Art des jeweils betrachteten Verlustprozesses.

Um einen expliziten Ausdruck für die Zeitkonstanten zu erhalten, benutzen wir die zweite Form ihrer Definitionsgleichung. So gilt für die chemische Verlustzeitkonstante im Bereich der F-Region unterhalb des Ionisationsdichtemaximums

$$\tau_l(h < h_m) = n/l \simeq 1/\beta(h) \tag{4.61}$$

siehe Gl. (4.20) und (4.58). Offensichtlich nimmt diese Zeitkonstante rasch mit wachsender Höhe zu und erreicht für die der Abb. 4.15 zugrunde liegenden Bedingungen in 270 km Höhe Werte von etwa einer halben Stunde.

Zur Abschätzung der zu Transportprozessen gehörigen Zeitkonstante betrachten wir die vom Sinkfluß in der Hochionosphäre verursachte Dichteänderungsrate. Bei Vernachlässigung des Erdmagnetfeldes und mit Gl. (2.17) und (4.47) gilt

$$d_z' = -\frac{\mathrm{d}\phi_g}{\mathrm{d}z} = g\,\frac{\mathrm{d}(n/\nu_{\mathrm{i,n}}^*)}{\mathrm{d}z} \tag{4.62}$$

Nun läßt sich die Höhenabhängigkeit der Dichte und der Reibungsfrequenz mit T_n, T_e, $T_\mathrm{i} \simeq$ konst. in erster Näherung durch Exponentialfunktionen beschreiben

$$n(z) \sim e^{-(z-z_0)/H_P}$$

$$\frac{1}{\nu_{\mathrm{i,n}}^*} \sim \frac{1}{n_\mathrm{n}(z)} \sim e^{(z-z_0)/H_\mathrm{n}}$$

wobei n_n und H_n die Dichte und die Skalenhöhe der Neutralgaskomponente, in unserem Fall also der atomaren Sauerstoffkomponente bezeichnen. Ausdifferenzieren der Gl. (4.62) ergibt somit

$$d_z \simeq \frac{g\,n}{\nu_{\mathrm{i,n}}^*}\left(\frac{1}{H_{\mathrm n}} - \frac{1}{H_P}\right) \simeq \frac{g\,n}{\nu_{\mathrm{i,n}}^* H_P}$$

wobei wir im zweiten Schritt von der sehr guten Näherung $m_{\mathrm i} \simeq m_{\mathrm{O^+}} \simeq m_{\mathrm O} \simeq m_{\mathrm n}$ und von der für unsere Abschätzung völlig ausreichenden Näherung $T_{\mathrm i} \simeq T_{\mathrm e} \simeq T_{\mathrm n}$ Gebrauch gemacht haben. Damit ergibt sich die Transportzeitkonstante zu

$$\tau_d(h > h_m) = n/|d| \simeq \nu_{\mathrm{i,n}}^* H_P/g = H_P^2/D_P \qquad (4.63)$$

Formal entspricht sie genau der in Abschnitt 2.3.6 für ein einfaches Ausgleichsszenario abgeleiteten Diffusionszeitkonstanten, siehe Gl. (2.73). Da $\nu_{\mathrm{i,n}}^*$ exponentiell mit abnehmender Höhe zunimmt, wird τ_d rasch größer und erreicht für die der Abb. 4.15 zugrunde liegenden Bedingungen in 270 km Höhe Werte von etwa einer halben Stunde.

4.5.2 Ionisationsdichtemaximum

Wie Abb. 4.15 zu entnehmen ist, herrschen unterhalb von etwa 270 km Höhe chemische Verlustprozesse vor ($\tau_d < \tau_l$). Entsprechend nimmt die Ionisationsdichte in diesem Bereich zu. Oberhalb dieser Höhe dominieren dagegen transportbedingte Verluste ($\tau_d < \tau_l$) und dies führt zu einer der barometrischen Höhenformel entsprechenden Abnahme der Ionisationsdichte. Dazwischen existiert ein Übergangsbereich, in dem beide Zeitkonstanten etwa gleich groß sind und dieser Übergang definiert zugleich die Höhe maximaler Ionisationsdichte h_m

$$\tau_l(h_m) \simeq \tau_d(h_m) \qquad (4.64)$$

Für die der Abb. 4.15 zugrunde liegenden Bedingungen ist diese Gleichung in etwa 270 km Höhe erfüllt und dieser Wert für h_m ist in Übereinstimmung mit beobachteten Werten. Dabei hängt die jeweilige Maximumshöhe über die Neutralgasdichten (τ_l) und über die Plasmaskalenhöhe und den Plasmadiffusionskoeffizienten (τ_d) von der jeweiligen Tageszeit, Jahreszeit und Sonnenaktivität ab. Wichtig ist, daß sich der Ort des Ionisationsdichtemaximums *nicht* in Höhe des Produktionsmaximums, sondern etwa 100 km darüber befindet.

Die Größe des Ionisationsdichtemaximums läßt sich durch Extrapolation der photo-chemischen Gleichgewichtsbedingungen in den Höhenbereich des Maximums abschätzen, siehe Abb. 4.13. Es gilt

$$n_m \lesssim \frac{q(h_m)}{\beta(h_m)} \simeq \frac{J_{\mathrm O}\,n_{\mathrm O}(h_m)}{k_{\mathrm{O^+},\mathrm N_2}^{LA}\,n_{\mathrm N_2}(h_m) + k_{\mathrm{O^+},\mathrm O_2}^{LA}\,n_{\mathrm O_2}(h_m)} \qquad (4.65)$$

wobei wir den Transmissionsfaktor $e^{-\tau}$ in dem hier interessierenden Höhenbereich gleich 1 gesetzt haben. Für die oben betrachtete Maximumshöhe $h_m \simeq 270$ km und für mäßige Sonnenaktivität ergibt sich eine maximale

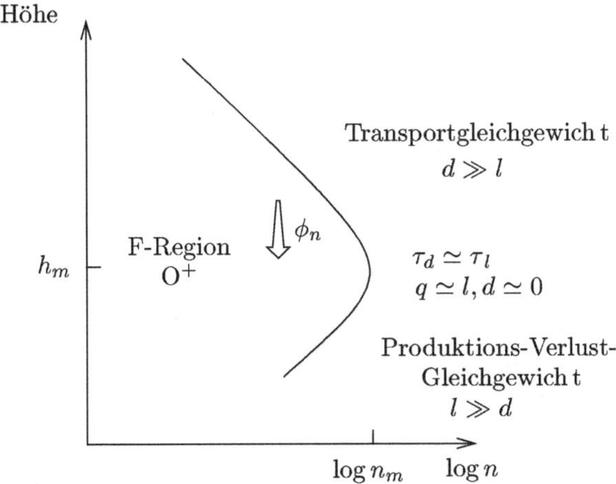

Abb. 4.16. Physikalische Prozesse im Bereich des Ionisationsdichtemaximums

Ionisationsdichte von $n_m \lesssim 10^{12}$ m^{-3}, wiederum in grundsätzlicher Übereinstimmung mit den Beobachtungen. Abbildung 4.16 faßt noch einmal die wesentlichen Punkte unserer Überlegungen zusammmen. Genauere Rechnungen berücksichtigen, daß bei der Einbeziehung des Erdmagnetfeldes der Plasmadiffusionskoeffizient in Gl. (4.63) durch das Produkt $D_P \cdot \sin^2 I$ ersetzt werden muß, siehe Gl. (4.54). Ferner, daß elektrische Felder und insbesondere thermosphärische Winde zusätzliche Plasmaflüsse in Gang setzen, die die Höhe und damit auch die Größe des Ionisationsdichtemaximums erheblich modifizieren können, siehe z.B. Abschnitt 8.5.2.

4.5.3 Ionoexosphäre

Zu klären bleibt, ob die Ionosphäre eine der neutralen Exosphäre vergleichbare, quasistoßfreie äußere Hülle besitzt, aus der Teilchen verdampfen können. Diese Frage muß grundsätzlich bejaht werden, allerdings nur für den Bereich der polaren Ionosphäre. Nur dort gibt es sogenannte 'offene' Magnetfeldlinien (siehe Abschnitt 7.6.2), entlang derer die Teilchen entweichen können. In mittleren Breiten besitzt das Erdmagnetfeld dagegen eine geschlossene (Dipol)Struktur, in der geladene Teilchen wie in einer magnetischen Flasche gefangen sind und somit nicht entweichen können. Wie bereits angedeutet wird dieser äußere Bereich als Plasmasphäre bezeichnet und ausführlicher in Abschnitt 5.4.3 behandelt. Entsprechend seinem Ursprungsort wird der in hohen Breiten beobachtete Entweichfluß *Polarwind* genannt. Der Ansatz, den man bei der theoretischen Beschreibung dieses Phänomens macht, ähnelt dem, wie er bei der Modellierung des Sonnenwindes benutzt wird. Der daran interessierte Leser wird deshalb auf Abschnitt 6.1 verwiesen.

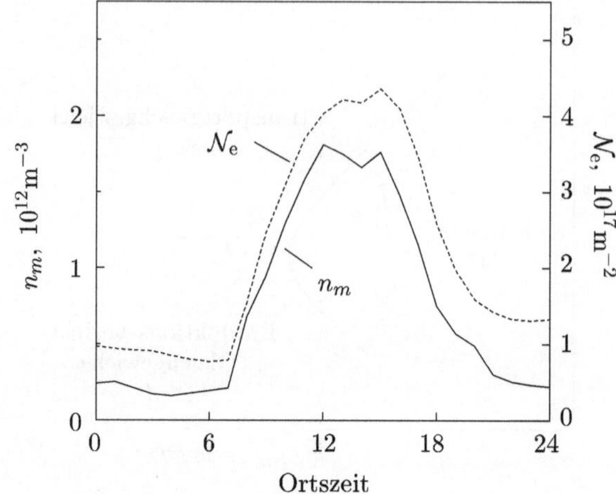

Abb. 4.17. Beispiel für die tageszeitliche Variation der maximalen Elektronendichte n_m und der ionosphärischen Säulendichte $\mathcal{N}_\mathrm{e}$. Die Daten beziehen sich auf einen Ort mittlerer Breite (Ottawa, 45°N), auf Winterbedingungen (6.Dezember 1982) und auf eine Periode hoher Sonnenaktivität (CI=210)

4.6 Systematische Variationen der Ionisationsdichte

Wie die Größe der Energie- und Wärmeablagerung so hängt auch die jeweilige Größe der Ionisationsproduktion vom Sonnenstandswinkel und von der Strahlungsintensität der Sonne ab. Gemäß Gl. (4.3) gilt ja

$$q_{X+}^{PI} \sim J_X \ (= f(\phi_\infty^{Ph})) \ e^{-\tau(=f(\sec\chi))}$$

Entsprechend werden insbesondere in der unteren Ionosphäre, wo die Ionisationsdichte proportional zur Wurzel aus der Produktionsrate ist, deutliche und direkt verständliche tageszeitliche und jahreszeitliche, sowie sonnenrotations- und sonnenzyklusbedingte Variationen beobachtet. Komplizierter ist die Situation in der oberen Ionosphäre, so z.B. am Ort der maximalen Ionisationsdichte. Zwar werden auch hier die oben genannten Variationen beobachtet, aber teilweise in stark modifizierter, in manchen Fällen sogar in inverser Form. Abbildung 4.17 illustriert zunächst 'normale' tageszeitliche Variationen wie sie im Winter in mittleren Breiten und während hoher Sonnenaktivität beobachtet werden. Aufgetragen ist sowohl die maximale Ionisationsdichte als auch der ionosphärische Säuleninhalt. Auffällig ist die relativ plötzliche Zunahme der Ionisationsdichte nach Sonnenaufgang. Wir benutzen den nachfolgenden steilen Dichteanstieg, um die Größenordnung des bisher vernachlässigten Terms $\partial n/\partial t$ abzuschätzen und erhalten eine Dichteänderungsrate von etwa 10^8 $\mathrm{m}^{-3}\mathrm{s}^{-1}$. Diese muß mit einer Produktionsrate von $q_{\mathrm{O}+} \simeq J_\mathrm{O}\, n_\mathrm{O}(h_m) \simeq 10^9$ $\mathrm{m}^{-3}\mathrm{s}^{-1}$ verglichen werden, wo-

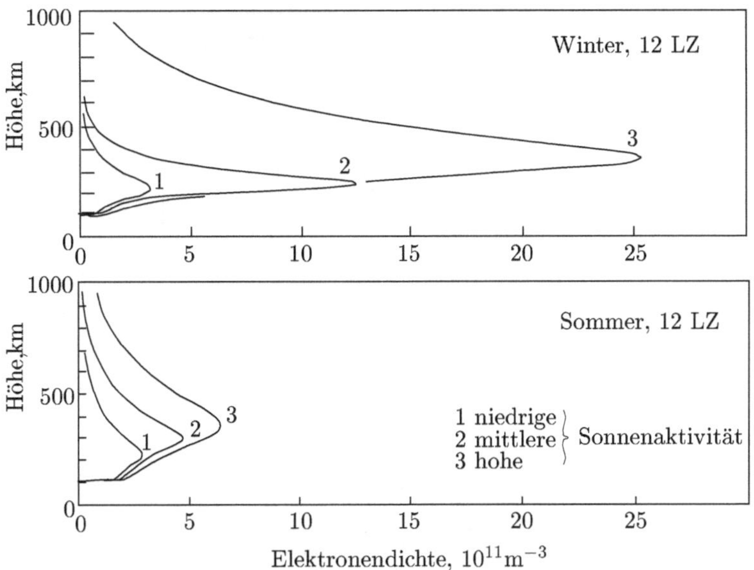

Abb. 4.18. Jahreszeitliche und sonnenaktivitätsbedingte Variationen des Elektronendichteprofils für Mittagsbedingungen in mittleren Breiten. (Nach Wright, 1962)

bei wir für J_{O} einen Wert von $7\cdot10^{-7}$ s^{-1} und für n_{O} einen Wert von $1.4\cdot10^{15}$ m^{-3} ($h_m = 270$ km, $T_\infty \simeq 1200$ K) eingesetzt haben. Offensichtlich ist die Änderungsrate tatsächlich klein gegenüber dem Produktionsterm und damit auch gegenüber dem Verlust- bzw. Transportterm.

Die Abhängigkeit typischer Ionisationsdichteprofile von der Sonnenaktivität und von der Jahreszeit ist in Abb. 4.18 illustriert. Während die sonnenaktivitätsbedingten Variationen unseren Erwartungen entsprechen, überraschen die deutlich geringeren Ionisationsdichten im Sommer. Diese *Jahreszeitliche Anomalie* wird durch die neutrale Hochatmosphäre verursacht, wobei insbesondere jahreszeitliche Variationen der thermosphärischen Zusammensetzung und der globalen Windzirkulation für dieses Phänomen verantwortlich sind.

Neben den zeitlichen werden auch räumliche Variationen beobachtet. So bestehen erhebliche Unterschiede zwischen der Ionosphäre niedriger, mittlerer und hoher Breiten. Zu den Besonderheiten der Ionosphäre niedriger Breiten gehört z.B. die sogenannte *Äquatoriale Anomalie*. Sie zeichnet sich dadurch aus, daß die Ionisationsdichte beiderseits des Äquators höher ist als am Äquator selbst, siehe Abb. 4.19. Verantwortlich für dieses Phänomen ist die im unteren Teil dieser Abbildung skizzierte *äquatoriale Plasmafontäne* (engl. *equatorial plasma fountain*). Sie beruht auf einem in unmittelbarer Nachbarschaft zum magnetischen Äquator beobachteten elektrischen Feld, das tagsüber von Westen nach Osten gerichtet ist. In Kombination mit dem

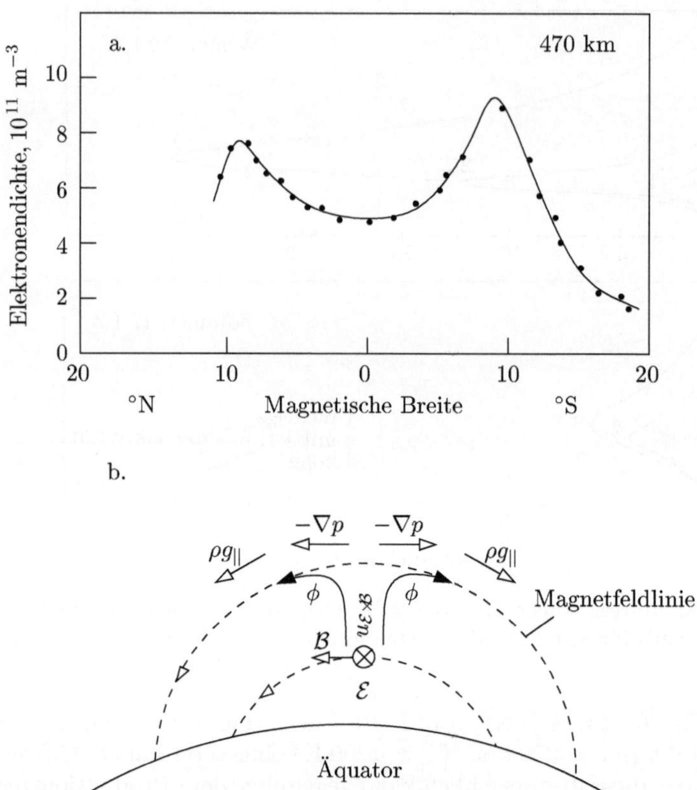

Abb. 4.19. Die Äquatoriale Anomalie und ihre Entstehung. (**a**) Breitenvariation der Elektronendichte in 470 km Höhe entlang des 110 °O-Meridians um 12 Uhr mittags. Die Daten wurden mittels Radioecholotung vom ALOUETTE I-Satelliten aus gewonnen (Nach Eccles and King, 1969). (**b**) Zur Funktionsweise der äquatorialen Plasmafontäne. $\mathcal{E}$ bezeichnet die ostwärts gerichtete elektrische Feldstärke, $\mathcal{B}$ die nordwärts gerichtete Flußdichte des Erdmagnetfeldes, $u_{\mathcal{E}\times\mathcal{B}}$ die aufwärts gerichtete Plasmadrift, $-\nabla p$ die auf den lateralen Dichteunterschieden beruhende Druckgradientkraft, $\rho g_\parallel$ die feldlinienparallele Komponente der Schwerkraft und ϕ den ambipolaren Fluß des ionosphärischen Plasmas

von Süden nach Norden gerichteten Erdmagnetfeld verursacht es in der F-Region eine aufwärts gerichtete $\vec{\mathcal{E}} \times \vec{\mathcal{B}}$ - Drift (siehe Abschnitt 5.3.3), die das ionosphärische Plasma in größere Höhen befördert. Dadurch entstehen Dichteunterschiede gegenüber den nicht von der Drift betroffenen Nachbargebieten, die das Plasma entlang der Feldlinien vom Äquator wegdriften lassen. Verstärkt wird dieser Effekt von der feldlinienparallelen Komponente der Schwerkraft, die im nicht-horizontalen Bereich der Feldlinien wirksam wird. Es ist dieser seitliche Plasmaabfluß, der für die Veringerung der Ionisationsdichte am Äquator und deren Zunahme in subäquatorialen Breiten verantwortlich ist. Eine weitere Anomalie der Ionosphäre niedriger Breiten ist das Auftreten spektakulärer Plasma-Instabilitäten, wie sie im Anhang A.16 näher betrachtet werden.

Auch die polare Ionosphäre weist eine Reihe auffälliger Besonderheiten auf. Dafür verantwortlich sind u.a.

- die zusätzliche Ionisationsproduktion durch einfallende energetische Teilchen
- der zusätzliche Ionisationsverlust durch Plasmaabfluß entlang offener Magnetfeldlinien
- der horizontale Ionisationstransport durch elektrische Felder und
- die Aufheizung durch elektrische Ströme

Da diese Vorgänge räumlich und zeitlich sehr variabel sind, überrascht nicht, daß eine systematische Beschreibung der polaren Ionosphäre nur ansatzweise gelingt.

4.7 Radiowellen in der Ionosphäre

Grundsätzlich erfährt jede elektromagnetische Welle beim Passieren eines Plasmas Änderungen. Betroffen sind u.a. die Ausbreitungsrichtung, die Amplitude und die Geschwindigkeit der Welle. Man kann sich dies zunutze machen und aus der Art der beobachteten Änderungen Rückschlüsse auf die Eigenschaften des durchlaufenen Plasmas ziehen. Andererseits kann man vorhandene Plasmen gezielt dafür einsetzen, gewünschte Änderungen (z.B. in der Ausbreitungsrichtung) herbeizuführen. Beide Anwendungen spielen bei der hier betrachteten Ausbreitung von Radiowellen in der Ionosphäre eine wichtige Rolle. So dienen Radiowellen einerseits als diagnostisches Mittel zur Erforschung der Ionosphäre, andererseits bildet letztere die Voraussetzung für die klassische Radiokommunikation im Lang-, Mittel- und Kurzwellenbereich (30 kHz - 30 MHz).

Schlüssel zum Verständnis der Plasma-Welle-Wechselwirkung sind die durch das elektrische Feld der Welle hervorgerufenen Schwingungen der Plasmaelektronen. Schwingende Ladungen emittieren bekanntlich elektromagnetische Strahlung. Diese Sekundärstrahlung überlagert sich der Primärwelle und führt zu den beobachteten Änderungen der Welleneigenschaften und des Ausbreitungsverhaltens der Welle. Eine allgemeine Durchrechnung der Vorgänge ist aufwendig und soll hier nicht weiter verfolgt werden. Vielmehr begnügen wir uns mit der Betrachtung stark vereinfachter Wechselwirkungsszenarien, bei denen insbesondere das Ergebnis der komplexen Überlagerung von primären und sekundären Wellenfeldern mit Hilfe makroskopischer Materialkonstanten, wie Leitfähigkeit und Brechungsindex, beschrieben wird. Bei unserem schrittweisen Vorgehen soll zunächst die Eigenschwingung eines Plasmas untersucht werden. Anschließend soll gezeigt werden, daß sich bei erzwungenen Schwingungen das Plasma einmal wie ein Dielektrikum, dann

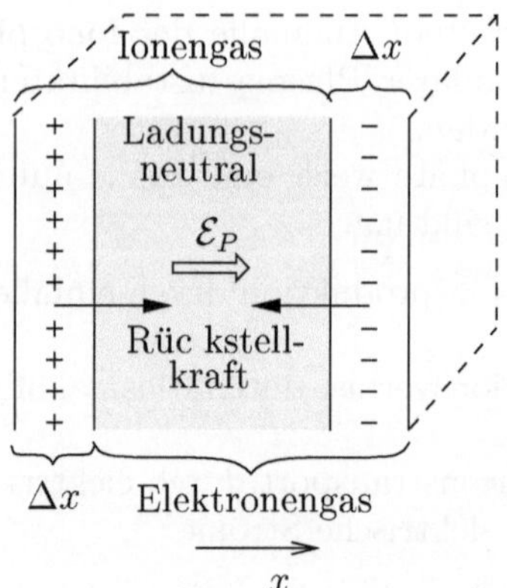

Abb. 4.20. Zur Ableitung der Plasmafrequenz

wie ein Leiter verhält. Schließlich soll auf magnetfeldbedingte Komplikationen hingewiesen werden.

4.7.1 Natürliche und erzwungene Schwingungen eines Plasmas

Betrachtet werde eine ladungsneutrale Plasmaschicht der Dichte $n = n_\mathrm{i} = n_\mathrm{e}$. Verschiebt man mit Hilfe eines von außen angelegten elektrischen Feldes das Elektronengas gegenüber dem Ionengas, so entsteht ein elektrisches Polarisationsfeld der Größe $\mathcal{E}_P = (e\,n/\varepsilon_0)\Delta x$, siehe Abb. 4.20 und Gl. (4.44). Wird das äußere Feld wieder abgeschaltet, so wirkt jetzt auf das Elektronengas eine zur Auslenkung proportionale Rückstellkraft der Größe $F^*_{\mathcal{E}_P} = -(e^2\,n^2/\varepsilon_0)\Delta x$, die die Elektronen in Richtung Ionengas beschleunigt. Dabei gewinnen diese Bewegungsenergie, die sie über ihr Ziel, die Gleichgewichtslage, hinausschießen läßt. Dies wiederum führt zum Aufbau eines Polarisationsfeldes und einer entsprechenden Rückstellkraft entgegengesetzter Richtung, die zu einer Abbremsung der Teilchen und schließlich zu einer Rückbeschleunigung des Elektronengases in Richtung Gleichgewichtslage führt. Offensichtlich kommt es auf diese Weise zu einer Schwingung des Elektronengases um seine Ruhelage. Gleiches gilt für das Ionengas. Da aber die Masse der Ionen ungleich größer ist als die der Elektronen, rühren sich erstere kaum von der Stelle. Es ist also das Elektronengas, das oszilliert, während das Ionengas in sehr guter Näherung in der gemeinsamen Gleichgewichtslage verharrt.

Zur Bestimmung der Schwingungsfrequenz betrachten wir, ähnlich wie bei der Ableitung der Auftriebsoszillationsfrequenz, ein einfaches Kräftegleichgewicht, bei dem nur die Trägheitskraft der Rückstellkraft entgegenwirkt

$$n\,m_\mathrm{e}\,\frac{\mathrm{d}^2(\Delta x)}{\mathrm{d}t^2} = -\frac{e^2 n^2}{\varepsilon_0}\,\Delta x \tag{4.66}$$

Als Lösung dieser Differentialgleichung erhält man eine harmonische Schwingung der Form

$$\Delta x = (\Delta x)_0 \sin(\omega_P t) \tag{4.67}$$

wobei $(\Delta x)_0$ die Auslenkamplitude und ω_P die Kreisfrequenz dieser Schwingung bezeichnet. Letztere wird *Plasmafrequenz* genannt. Ihr Wert ergibt sich durch Einsetzen der Lösung in die Differentialgleichung zu

$$\omega_P = \sqrt{\frac{e^2 n}{\varepsilon_0 m_{\mathrm{e}}}} \tag{4.68}$$

bzw. in gebrauchsfertiger Form zu

$$\omega_P[\mathrm{s}^{-1}] \simeq 56.4\sqrt{n[\mathrm{m}^{-3}]} \,, \quad f_P[\mathrm{Hz}] \simeq 9\sqrt{n[\mathrm{m}^{-3}]} \tag{4.69}$$

Eine genauere Beschreibung dieser Plasmaschwingung erfordert die Einbeziehung von Dämpfungsprozessen. In der Ionosphäre gehören zu diesen Dämpfungsprozessen Zusammenstöße der schwingenden Elektronen mit den als ruhend angenommenen Neutralgasteilchen und Ionen. Die Kräftegleichgewichtsbeziehung (4.66) muß somit durch einen Reibungsterm der Form $F_R^* = -n\,m_{\mathrm{e}}\nu_{\mathrm{e},s}^* u_{\mathrm{e}} = -n\,m_{\mathrm{e}}\nu_{\mathrm{e},s}^* \mathrm{d}(\Delta x)/\mathrm{d}t$ ergänzt werden, siehe Gl. (2.58), wobei s für die Neutralgas- und Ionenkomponente steht. Daneben gibt es Energieverluste durch Abstrahlung. Die zugehörige Dämpfung läßt sich in vielen Fällen und rein formal durch einen der Reibungskraft vergleichbaren Ausdruck beschreiben, $F_{SD}^* \simeq -n\,m_{\mathrm{e}}\,\nu_{SD}^* \mathrm{d}(\Delta x)/\mathrm{d}t$. Dabei stellt ν_{SD}^* eine die Wirkung der Strahlungsdämpfung zusammenfassende Reibungsfrequenz dar. Die Differentialgleichung der gedämpften Plasmaschwingung nimmt somit folgende Form an

$$n\,m_{\mathrm{e}} \frac{\mathrm{d}^2(\Delta x)}{\mathrm{d}t^2} + n\,m_{\mathrm{e}}\nu^* \frac{\mathrm{d}(\Delta x)}{\mathrm{d}t} + \frac{e^2 n^2}{\varepsilon_0} \Delta x = 0 \tag{4.70}$$

wobei wir zur Abkürzung $\nu^* = \nu_{\mathrm{e,n}}^* + \nu_{\mathrm{e,i}}^* + \nu_{SD}^*$ geschrieben haben. Als Lösung erhält man exponentiell gedämpfte Schwingungen der Frequenz ω_P.

Schließlich betrachten wir den Fall, daß die in Abb. 4.20 dargestellte Plasmaschicht durch ein externes elektrisches Wechselfeld zu *erzwungenen Schwingungen* angeregt wird. Die entsprechende Kräftegleichgewichtsbeziehung lautet jetzt

$$n\,m_{\mathrm{e}} \frac{\mathrm{d}^2(\Delta x)}{\mathrm{d}t^2} + n\,m_{\mathrm{e}}\nu^* \frac{\mathrm{d}(\Delta x)}{\mathrm{d}t} + \frac{e^2 n^2}{\varepsilon_0} \Delta x = -e\,n\,\mathcal{E}_0 \sin(\omega t) \tag{4.71}$$

wobei $\mathcal{E}_0$ und ω die Amplitude und Frequenz des elektrischen Wechselfeldes bezeichnen und das Minuszeichen von der negativen Ladung der Elektronen herrührt. Nun ist aus der Mechanik bekannt, daß ein von außen angeregter Oszillator nach einer gewissen Einschwingzeit auch mit der Anregungsfrequenz schwingt, wenngleich phasenverschoben und mit kleiner Amplitude. Die zeitabhängige Auslenkung des Elektronengases besitzt demnach die Form

$$\Delta x = (\Delta x)_0 \sin(\omega t - \varphi) \tag{4.72}$$

Einsetzen in die Differentialgleichung (4.71) liefert eine Bestimmungsgleichung für die Amplitude und Phase dieser Schwingung

$$-\omega^2 (\Delta x)_0 \sin(\omega t - \varphi) + \omega \, \nu^* (\Delta x)_0 \cos(\omega t - \varphi)$$
$$+ \omega_P^2 (\Delta x)_0 \sin(\omega t - \varphi) = -(e/m_e) \, \mathcal{E}_0 \sin(\omega t) \tag{4.73}$$

Im folgenden sollen Lösungen spezieller Formen dieser Gleichung diskutiert werden.

4.7.2 Die Ionosphäre als Dielektrikum

Wie sich zeigt, hängt die Art der Wechselwirkung zwischen einer Radiowelle und der Ionosphäre von der jeweiligen Frequenz der Welle ab. Dabei verhält sich die Ionosphäre einmal wie ein Dielektrikum, dann wie ein metallischer Reflektor. Wir illustrieren ersteres an Hand eines konkreten Beispiels. Betrachtet werde eine Radiowelle im Kurzwellenbereich bei einer Frequenz von $f = 5$ MHz, die von einem Sender senkrecht nach oben in Richtung Ionosphäre abgestrahlt wird. In größerer Entfernung vom Sender kann diese Welle als planparallel angesehen werden, wobei das elektrische Feld in $\pm$ x-Richtung, das magnetische in $\pm$ y-Richtung schwingen möge, siehe Abb. 4.21. Da die Polarisierbarkeit von Luftmolekülen gering und die Ionisationsdichte in der unteren und mittleren Atmosphäre vernachlässigbar klein ist, kann dieser Bereich – elektromagnetisch gesehen – als Vakuum betrachtet werden. Die Phasengeschwindigkeit der Radiowelle ist demnach gleich der Lichtgeschwindigkeit

$$v_{Ph} = c_0 = 1/\sqrt{\mu_0 \varepsilon_0} \tag{4.74}$$

und der Brechungsindex

$$n_{Br} = c_0/v_{Ph} = \sqrt{\varepsilon_r} \tag{4.75}$$

besitzt den Wert 1, wobei μ_0 die magnetische Feld(Induktions-, Permeabilitäts-)konstante und ε_r die Permittivität (relative Influenz- oder Dielektrizitätskonstante) bezeichnet.

Trifft diese Welle in der unteren Ionosphäre auf eine rasch anwachsende Elektronendichte, so ändert sich ihr Ausbreitungsverhalten. Betrachtet werde zunächst ein Höhenbereich, in dem das Quadrat der Radiowellenfrequenz groß ist gegenüber dem Quadrat der Plasmafrequenz und gleichzeitig die Wellenfrequenz groß ist gegenüber der Reibungsfrequenz. Bei einer Sendefrequenz von $f = 5$ MHz ist ersteres sicherlich bis in die E-Region hinein der Fall. Bei der Abschätzung der unteren Bereichsgrenze berücksichtigen wir, daß Strahlungsdämpfung erst in der Nähe der Plasmafrequenz, Coulomb-Stöße mit Ionen erst oberhalb der E-Region wichtig werden. Damit läßt sich die zweite

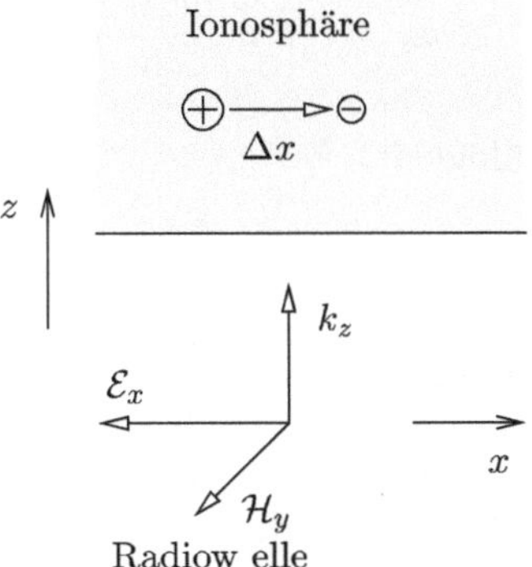

Abb. 4.21. Konfiguration einer ebenen Radiowelle, die senkrecht auf eine horizontal geschichtete Ionosphäre auftrifft. $\mathcal{E}_x$ und $\mathcal{H}_y$ bezeichnen dabei die elektrische und magnetische Feldstärke der Radiowelle und k_z deren Wellenzahl. Δx kennzeichnet die Größe der Verschiebung des Elektronengases gegenüber dem Ionengas

Bedingung auch folgendermaßen schreiben: $\omega \gg \nu_{e,n}^*$. Zur Bestimmung der Reibungsfrequenz benutzen wir Gl. (2.57). Mit $m_e \ll m_n$ und $r_e \ll r_n$ gilt

$$\nu_{e,n}^* \simeq \sqrt{\frac{8k}{9\pi}} \, \sigma_{n,n} \, n_n \, \sqrt{\frac{T_e}{m_e}} \tag{4.76}$$

Für $\sigma_{n,n} \simeq 3 \cdot 10^{-19}$ m^2 und den für 80 km Höhe geltenden Werten $n_n \simeq 4 \cdot 10^{20}$ m^{-3} und $T_e \simeq T_n \simeq 200$ K ergibt sich eine Reibungsfrequenz von $\nu_{e,n}^*(80 \text{ km}) \simeq 3 \cdot 10^6$ s^{-1}. Dies entspricht aber nur einem Zehntel der Frequenz unserer Welle, $\omega \simeq 3 \cdot 10^7$ s^{-1}. Wir halten fest, daß bei der hier gewählten Sendefrequenz unsere nachfolgenden Überlegungen sicherlich für die obere D- und für die untere E-Region gültig sind.

Da die Sinus- und Cosinus-Funktionen maximal den Wert 1 erreichen, nimmt Gl. (4.73) mit $\omega^2 \gg \omega_P^2$ und $\omega \gg \nu^* \simeq \nu_{e,n}^*$ folgende einfache Form an

$$-\omega^2(\Delta x)_0 \sin(\omega t - \varphi) \simeq -(e/m_e) \, \mathcal{E}_0 \sin(\omega t) \tag{4.77}$$

Physikalisch gesehen wird also ein Hochfrequenzbereich betrachtet, in dem wegen der geringen Geschwindigkeits- und Auslenkamplituden Reibungs- und Rückstellkräfte vernachlässigt werden können und der am Elektronengas angreifenden elektrischen Kraft der Radiowelle nur die Trägheitskraft entgegenwirkt. Gleichung (4.77) ist für $\varphi = 0$ und $(\Delta x)_0 = e\mathcal{E}_0/m_e\omega^2$ erfüllt, so daß gilt

$$\Delta x = \frac{e}{m_e\omega^2} \, \mathcal{E}_0 \sin(\omega t) \tag{4.78}$$

Wir benutzen diesen Ausdruck, um die Leitfähigkeit unseres Plasmas zu bestimmen. Für die Stromdichte gilt (siehe Gl. (5.4))

$$j = \sum_s q_s\, n_s\, u_s = -e\, n\, u_{\mathrm{e}} = -e\, n\, \frac{\mathrm{d}(\Delta x)}{\mathrm{d}t} = -\frac{e^2 n}{m_{\mathrm{e}}\omega}\, \mathcal{E}_0 \cos(\omega t) \quad (4.79)$$

Daraus folgt für die Leitfähigkeit

$$\sigma = \frac{j}{\mathcal{E}} = -\frac{\varepsilon_0 \omega_P^2}{\omega}\, \cot(\omega t) \qquad (4.80)$$

Der zeitliche Mittelwert dieses Ausdrucks ist aber gleich Null, so daß sich die Ionosphäre bei der hier betrachteten Sendefrequenz und in dem hier betrachteten Höhenintervall wie ein Nichtleiter verhält. Genauer gesagt verhält sie sich wie ein Dielektrikum, da es sich aufgrund der induzierbaren Ladungstrennung um ein polarisierbares Medium handelt. Wie in der Optik wollen wir die Eigenschaften dieses Dielektrikums durch einen Brechungsindex kennzeichnen. Der Elektrodynamik entnehmen wir, daß zwischen dem Brechungsindex n_{Br} und der dielektrischen Polarisation $\vec{\mathcal{P}}$ (= elektrisches Dipolmoment pro Volumen) folgender Zusammenhang besteht

$$n_{Br} = \sqrt{1 + \vec{\mathcal{P}}/\varepsilon_0 \vec{\mathcal{E}}} \qquad (4.81)$$

In unserem Fall gilt für die dielektrische Polarisation (positiv in Richtung positiver Ladung)

$$\mathcal{P} = -e\, n\, \Delta x = -\frac{e^2 n}{m_{\mathrm{e}}\omega^2}\, \mathcal{E}_0 \sin(\omega t) \qquad (4.82)$$

so daß sich der Brechungsindex zu

$$n_{Br} = \sqrt{1 - \left(\frac{\omega_P}{\omega}\right)^2} \qquad (4.83)$$

ergibt. Mit $\omega > \omega_P$ wird der Brechungsindex kleiner als 1. Die *Phasengeschwindigkeit* der Radiowelle in der Ionosphäre, $v_{Ph} = c_0/n_{Br}$, wird demnach größer als die Lichtgeschwindigkeit. Offenbar eilt die Phase der von den schwingenden Elektronen abgestrahlten Sekundärwelle der Phase der Primärwelle voraus, so daß sich bei Überlagerung beider Wellenfelder eine effektiv höhere Ausbreitungsgeschwindigkeit ergibt. Ferner folgt aus $n_{Br} < 1$, daß eine schräg auf die Ionosphäre auftreffende Radiowelle nach dem *Snellius-Gesetz* vom Lot weg gebrochen wird

$$\sin \vartheta_2 = \frac{\sin \vartheta_1}{n_{Br}} \qquad (4.84)$$

mit $\vartheta_2 > \vartheta_1$.

Neben den Brechungseigenschaften interessieren die Verluste unseres Dielektrikums. Hier ist zunächst die Phasenverschiebung zwischen Stromdichte und elektrischer Feldstärke wichtig. Für die Leistungsaufnahme pro Volumen gilt ja

$$P^* = j\,\mathcal{E} \sim -\cos(\omega t)\,\sin(\omega t)$$

Damit wird im zweiten und vierten Quadranten des Oszillationszyklus Leistung von der Radiowelle an das schwingende Elektronengas abgegeben ($P^* > 0$), im ersten und dritten Quadranten diese wieder an die Radiowelle zurückgegeben ($P^* < 0$). Diese Rückgabe ist allerdings unvollständig, da stets eine gewisse Reibungsdämpfung stattfindet. Bezeichnet F_R^* wieder die Reibungskraft pro Volumen, so gilt für die pro Volumen dissipierte Leistung

$$P_R^* = \left| F_R^* \,\frac{\mathrm{d}(\Delta x)}{\mathrm{d}t} \right| = n\,m_{\mathrm{e}} \nu_{\mathrm{e,n}}^* \left(\frac{\mathrm{d}(\Delta x)}{\mathrm{d}t} \right)^2 \tag{4.85}$$

Für Δx benutzen wir den in Gl. (4.78) angegebenen Ausdruck und erhalten nach zeitlicher Mittelung

$$\langle P_R^* \rangle = \frac{e^2 \mathcal{E}_0^2}{2\,m_{\mathrm{e}}} \, \frac{n\,\nu_{\mathrm{e,n}}^*}{\omega^2} \tag{4.86}$$

Die Verluste sind also umgekehrt proportional zum Quadrat der Radiowellenfrequenz, so daß man bei der Radiokommunikation mit möglichst hohen Sendefrequenzen arbeitet. Außerdem sind sie direkt proportional zur Ionisationsdichte und zur Reibungsfrequenz und damit auch zur Neutralgasdichte, was zu folgender Höhenabhängigkeit der Reibungsverluste führt. Unterhalb des Ionisationsdichtemaximums sind $n(h)$ und $n_{\mathrm{n}}(h)$ gegenläufige Funktionen und ihr Produkt wird dort ein Maximum erreichen, wo einerseits noch genügend viele Neutralgasteilchen vorhanden sind, um nennenswert Reibung zu verursachen und wo andererseits schon genügend viele Elektronen vorhanden sind, um der Radiowelle nennenswert Leistung zu entziehen. Dies ist typischerweise unterhalb von 100 km Höhe in der oberen D- und unteren E-Region der Fall, siehe Abb. 4.22. Allerdings ist selbst hier die Dämpfung relativ schwach, so daß unsere Radiowelle die untere Ionosphäre ohne allzugroße Verluste passiert. Nur in Ausnahmefällen wächst die Ionisationsdichte durch erhöhte Röntgenstrahlung oder durch den Einfall energetischer Teilchen so stark an, daß es zu einer erheblichen oder gar vollständigen Absorption der Radiowellen kommt, siehe Abschnitt 8.6.3 und 8.7.

4.7.3 Die Ionosphäre als leitende Reflexionsschicht

Oberhalb der bisher betrachteten D- und E-Region nimmt die Ionisationsdichte weiter zu und damit auch die zugehörige Plasmafrequenz. Erreicht letztere die Sendefrequenz unserer Radiowelle, d.h. gilt $\omega_P(h) = \omega$, dann ändern sich die Ausbreitungseigenschaften der Ionosphäre grundlegend. Wie Gl. (4.73) zeigt, kompensieren sich in diesem Fall Rückstellkraft und Trägheitskraft, und die Amplitude der Schwingung wird allein durch die Dämpfung begrenzt. Um die Besonderheit dieser Situation zu betonen, ersetzen wir die Sendefrequenz durch die jetzt gleichgroße Plasmafrequenz und schreiben

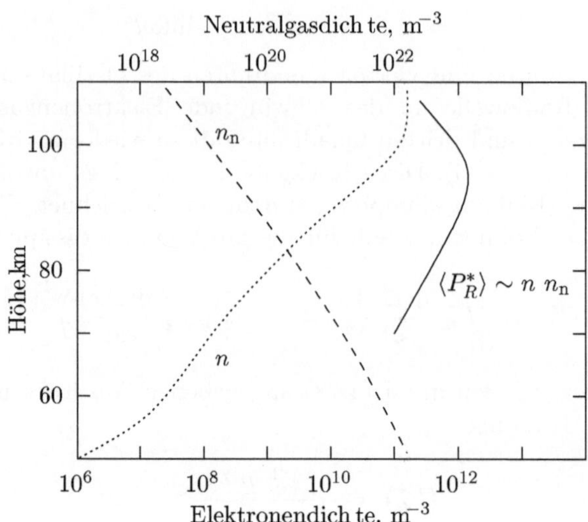

Abb. 4.22. Zur Ausbildung des Absorptionsmaximums in der unteren Ionosphäre. n bezeichnet die Elektronendichte und n_n die Neutralgasdichte. Die Absorption ist proportional zum Produkt beider Größen. Das Elektronendichteprofil entspricht Mittagsbedingungen in mittleren Breiten während niedriger Sonnenaktivität

$$\omega_P \, \nu^* (\Delta x)_0 \cos(\omega_P t - \varphi) = -(e/m_\mathrm{e})\, \mathcal{E}_0 \sin(\omega_P t) \tag{4.87}$$

Daraus folgt mit $(\Delta x)_0 = e\,\mathcal{E}_0/m_\mathrm{e}\nu^*\omega_P$ und $\varphi = -\pi/2$

$$\Delta x = \frac{e}{m_\mathrm{e}\nu^*\omega_P}\, \mathcal{E}_0 \sin(\omega_P t + \pi/2) = \frac{e}{m_\mathrm{e}\nu^*\omega_P}\, \mathcal{E}_0 \cos(\omega_P t) \tag{4.88}$$

Berücksichtigt man zunächst nur die Dämpfung durch Neutralgasstöße, so ist die Amplitude dieser Schwingung um den Faktor $\omega/\nu_{\mathrm{e,n}}^*$ größer als im dielektrischen Fall. Die Elektronen besitzen also eine ungleich größere Beweglichkeit und entsprechend groß ist jetzt die Stromdichte und Leitfähigkeit

$$j(\omega_P) = \frac{e^2 n}{m_\mathrm{e}\nu_{\mathrm{e,n}}^*}\, \mathcal{E}_0 \sin(\omega_P t) \tag{4.89}$$

und

$$\sigma(\omega_P) = \frac{\varepsilon_0\, \omega_P^2}{\nu_{\mathrm{e,n}}^*} \tag{4.90}$$

Folgendes Zahlenbeispiel mag dies belegen. Bei der bisher betrachteten Sendefrequenz von $f = 5$ MHz muß die Elektronendichte auf $n \simeq 3 \cdot 10^{11}$ m^{-3} anwachsen, damit die Plasmafrequenz die Radiowellenfrequenz erreicht. Solche Dichten werden typischerweise in der unteren F-Region in ungefähr 200 km Höhe beobachtet und hier beträgt die Reibungsfrequenz gemäß Gl. (4.76) weniger als $\nu_{\mathrm{e,n}}^* \simeq 200$ s^{-1}. Tatsächlich ist sie etwa doppelt so groß, da in diesem

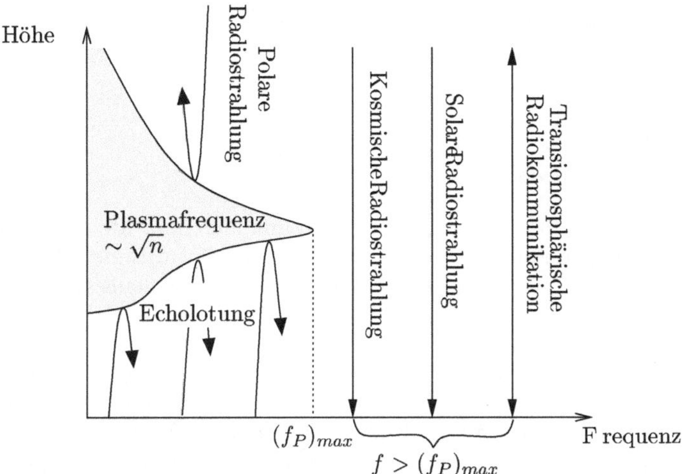

Abb. 4.23. Beispiele für die Reflexion und Transmission künstlicher und natürlicher Radiowellen

Höhenbereich auch Stöße zwischen Elektronen und Ionen eine Rolle spielen. Selbst bei Berücksichtigung dieser Coulomb-Stöße (siehe Abschnitt 5.3.5) erreicht die Leitfähigkeit einen Wert von etwa 20 S/m und dies entspricht dem eines elektrischen Leiters. Bekanntlich werden aber elektromagnetische Wellen an elektrischen Leitern reflektiert und genau dies passiert auch im vorliegenden Fall. Damit dringen Radiowellen so tief in die Ionosphäre ein, bis die lokale Plasmafrequenz die Sendefrequenz erreicht. Dort werden sie reflektiert und zur Erde zurückgeworfen.

Dies macht man sich bei der *Echolotung* (engl. *radio sounding*) zunutze. Ein Wellenzug bekannter Frequenz ω wird in Richtung Ionosphäre geschickt. Man bestimmt die Zeit Δt, die verstreicht, bis das reflektierte Signal wieder bei der *Ionosonde* eintrifft. Mit der Annahme, daß die Gruppengeschwindigkeit der Welle $v_{Gr} = c_0\, n_{Br}$ nicht allzusehr von der Lichtgeschwindigkeit abweicht, läßt sich die Reflexionshöhe zu $h_{Refl} \simeq c_0 \Delta t / 2$ abschätzen. Aus der Bedingung $\omega_P(h_{Refl}) = \omega$ erhält man zudem die Ionisationsdichte in der Reflexionshöhe. Variiert man die Sendefrequenz, so läßt sich auf diese Weise das gesamte Ionisationsdichteprofil unterhalb des Ionisationsdichtemaximums bestimmen, siehe Abb. 4.23. Hinzu kommt, daß Echolotung von Satelliten aus nicht nur die Bestimmung des Dichteprofils der oberen Ionosphäre, sondern auch die Bestimmung der Dichteprofile magnetosphärischer Plasmen, so z.B. das der später zu behandelnden Schweifplasmaschicht oder das der Magnetosphärengrenzschicht, erlaubt.

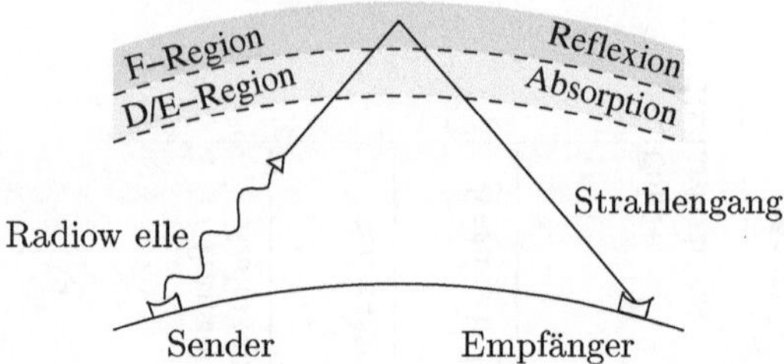

Abb. 4.24. Prinzip der subionosphärischen Radiokommunikation. Man beachte (und dies sei hier ohne Begründung festgestellt), daß bei schrägem Einfall die Reflexionsfrequenz auf $f_{Reflexion} = f_P / \cos \vartheta$ ansteigt, wobei ϑ der Einfallswinkel ist.

Ein Vergleich der Beziehungen (4.87) und (4.89) zeigt, daß im Resonanzfall die Stromdichte gerade in Phase mit dem elektrischen Wellenfeld ist. Der Radiowelle wird also ständig Energie entzogen, $P^* = j\,\mathcal{E} > 0$. Hätten wir es nur mit Reibungsdämpfung zu tun, so würde diese Energie in Reibungswärme umgesetzt und die Welle entsprechend stark absorbiert. Dies ist jedoch nur bedingt der Fall. Vielmehr werden die Elektronen bei den großen Auslenkamplituden und den damit verknüpften großen Beschleunigungen zu sehr effektiven Dipolstrahlern. Absorption und anschließende kohärente (d.h. phasengleiche) Reemission der einfallenden Radiostrahlung ist demnach der Hauptdämpfungsmechanismus im Resonanzfall. Die reemittierten Wellen werden dabei sowohl in Vorwärts- als auch in Rückwärtsrichtung abgestrahlt. In der Tat, approximiert man die ionosphärische Reflexionsschicht durch eine aus lauter kleinen Dipolen bestehende Flächenantenne, so sind dies die Hauptabstrahlungsrichtungen. Was die Phase der reemittierten Strahlung betrifft, so ist das elektrische Feld in Antiphase zur Stromdichte, $\mathcal{E}_{Sekundär} \sim -j_{Dipol}$. Da aber das primäre Wellenfeld in Phase mit der Stromdichte ist, löschen sich Primär- und Sekundärwelle in Vorwärtsrichtung aus, in Rückwärtsrichtung (d.h. in Richtung Erde) überlagern sie sich bei kontinuierlicher Strahlung zu einer stehenden Welle. Bei schrägem Einfall wird das Reflexions- und Überlagerungsverhalten komplizierter. Nach wie vor überlagern sich aber Primär- und Sekundärwelle in Aufwärtsrichtung destruktiv, in Abwärtsrichtung konstruktiv, nur daß die rücklaufende Welle nicht mehr zum Sender zurückkehrt. Es gilt das bekannte Reflexionsgesetz, nachdem der Einfallswinkel gleich dem Reflexionswinkel ist. Dies macht man sich bei der globalen Radiokommunikation entlang der gekrümmten Erdoberfläche zunutze, siehe Abb. 4.24.

Um Mißverständnissen vorzubeugen: Radiowellen mit Frequenzen oberhalb der maximalen Plasmafrequenz der Ionosphäre (die auch als *Grenzfrequenz* oder im Englischen als *critical frequency* bezeichnet wird und für die man bei der 'ordentlichen' Welle die Abkürzung $f_0 F2$ benutzt) werden bei senkrechtem Einfall nicht reflektiert und passieren nur geringfügig gedämpft die Ionosphäre. Dies gilt z.B. für Radiowellen im VHF- und UHF-Band (30

- 3000 MHz), die u.a. für die Übertragung von Fernsehsignalen benutzt werden. Nicht reflektiert wird natürlich auch die Radiostrahlung der Sonne bei 2.8 GHz ($\lambda = 10.7$ cm), die dem Covington-Index zugrunde liegt; oder die kosmische Radiostrahlung bei 30 MHz, die zur Bestimmung von Absorptionseffekten benutzt wird (*Riometer*). Nicht reflektiert werden selbstverständlich auch Mikrowellen im S- und X-Band ($1.6 \leq f \leq 10.9$ GHz), die für die Radiokommunikation mit in oder oberhalb der Ionosphäre befindlichen Satelliten eingesetzt wird. Polare Kilometerwellen-Radiostrahlung im 100 bis 400 kHz Bereich (siehe Abschnitt 7.4.3) wird dagegen an der Oberseite der Ionosphäre reflektiert und dringt nicht bis zur Erde vor.

Anzumerken bleibt, daß jede Radiowelle, ob sie reflektiert wird oder nicht, eine – wenn auch nur sehr schwache – *inkohärente* (d.h. phasenungleiche) Rückstreuung erfährt. Diese ist im wesentlichen auf die überall in der Ionosphäre auftretenden kleinskaligen Unregelmäßigkeiten in der Dichteverteilung und in dem dazugehörigen Brechungsindex zurückzuführen. Da diese inkohärente Streustrahlung wertvolle Informationen über den Zustand der Ionosphäre am Streuort enthält (so z.B. über die dortige Ionisationsdichte und -geschwindigkeit sowie über die Ionen- und Elektronentemperatur), hat man Radaranlagen gebaut, um sie zu vermessen. Die dabei benutzten Sendefrequenzen liegen im VHF- und UHF- Bereich, so daß die Radiowellen die Ionosphäre durchdringen und nur das inkohärent zurückgestreute Signal aufgefangen wird. Wegen des sehr geringen Rückstreugrades werden große Antennen und hohe Sendeleistungen benötigt.

4.7.4 Magnetfeldeinfluß

Bisher völlig unberücksichtigt blieb, daß auf bewegte elektrische Ladungen auch magnetische Kräfte wirken. Wie in Abschnitt 5.1 ausführlicher erläutert gilt für die magnetische Kraft pro Volumen

$$\vec{F}_{\mathcal{B}}^{*} = \vec{j} \times \vec{\mathcal{B}}$$

wobei $\vec{j} = \sum_s q_s n_s \vec{u}_s$ die Stromdichte und $\vec{\mathcal{B}}$ die magnetische Flußdichte bezeichnet. Zunächst sei die vom Magnetfeld der Radiowelle ausgehende Kraftwirkung betrachtet. Der Elektrodynamik entnehmen wir, daß bei einer ebenen elektromagnetischen Welle in einem verlustfreien Dielektrikum folgender Zusammenhang zwischen der elektrischen und magnetischen Feldstärke besteht

$$\frac{\mathcal{E}}{\mathcal{H}} = \sqrt{\frac{\mu_0}{\varepsilon_r \varepsilon_0}} \tag{4.91}$$

Daraus ergibt sich die magnetische Flußdichte dieser Welle zu

$$\mathcal{B} = \mu_0 \mathcal{H} = \sqrt{\varepsilon_r} \sqrt{\mu_0 \varepsilon_0}\, \mathcal{E} = n_{Br}\, \mathcal{E}/c_0 \tag{4.92}$$

wobei wir von den Beziehungen (4.74) und (4.75) Gebrauch gemacht haben. Damit gilt für das Verhältnis von magnetischer zu elektrischer Volumenkraft

$$\frac{F_{\mathcal{B}}^*}{F_{\mathcal{E}}^*} = \frac{-e\,n\,u_{\mathrm e}\,n_{Br}\,\mathcal{E}/c_0}{-e\,n\,\mathcal{E}} = \frac{n_{Br}u_{\mathrm e}}{c_0} < \frac{u_{\mathrm e}}{c_0} \ll 1 \qquad (4.93)$$

Letztere Ungleichung sei an Hand des im letzten Abschnitt betrachteten Resonanzfalles belegt. Hier gilt $u_{\mathrm e}(\omega_P) \le e\,\mathcal{E}_0/(m_{\mathrm e}\nu_{\mathrm e,n}^*)$. Selbst bei einer relativ starken elektrischen Wellenfeldstärke von $\mathcal{E}_0(200\ \mathrm{km}){\simeq}10$ mV/m und einer Reibungsfrequenz von $\nu_{\mathrm e,n}^*(200\ \mathrm{km}) \simeq 200$ s^{-1} ergibt sich das relativ kleine Geschwindigkeitsverhältnis, $u_{\mathrm e}/c_0 \simeq 0.03$. Der Einfluß des magnetischen Wellenfeldes ist also selbst im Resonanzfall mit seinen hohen Stromdichten vernachlässigbar klein.

Nicht vernachlässigt werden kann dagegen das ungleich stärkere Erdmagnetfeld. Dessen Einfluß wird berücksichtigt, indem man in die jetzt vektoriell zu schreibende Kräftegleichgewichtsbeziehung einen Term der Form $\vec{F}_{\mathcal{B}}^* = -e\,n\,(\mathrm{d}(\Delta\vec{x})/\mathrm{d}t) \times \vec{\mathcal{B}}_E$ einfügt. Offensichtlich kompliziert ein solcher Zusatzterm die Beschreibung der Wellenausbreitung ganz ungemein. So hängt letztere jetzt von dem Winkel zwischen Fortpflanzungsrichtung der Welle und Erdmagnetfeld ab. Hinzu kommt, daß die Ionosphäre doppelbrechend wird, so daß eine einfallende Radiowelle in eine *ordentliche* und in eine *außerordentliche* Komponente aufgespaltet wird. Diese unterscheiden sich hinsichtlich ihrer Ausbreitungsgeschwindigkeit, was u.a. zu einer Drehung der Polarisationsebene einer linear-polarisierten Radiowelle führt (*Faraday-Effekt*). Für eine die gesamte Ionosphäre passierende Radiowelle ist diese Drehung in guter Näherung proportional zur Säulendichte $\mathcal{N}_{\mathrm e}$ und kann somit zur Bestimmung dieser Kenngröße benutzt werden.

Literaturhinweise

H. Rishbeth and O.K. Garriot, *Introduction to Ionospheric Physics*, Academic Press, New York, 1969

J.A. Ratcliffe, *An Introduction to the Ionosphere and Magnetosphere*, Cambridge University Press, Cambridge, 1972

S.J. Bauer, *Physics of Planetary Ionospheres*, Springer-Verlag, Berlin, 1973

A. Giraud and M. Petit, *Ionospheric Techniques and Phenomena*, Reidel Publishing Company, Dordrecht, 1978

M.C. Kelley, *The Earth's Ionosphere*, Academic Press, San Diego, 1989

H. Kohl, R. Rüster and K. Schlegel (eds.), *Modern Ionospheric Science*, European Geophysical Society, Katlenburg-Lindau, 1996

R. W. Schunk and A. F. Nagy, *Ionospheres*, Cambridge University Press, Cambridge, 2000

S. Brandt und H.D. Dahmen, *Elektrodynamik*, Springer-Verlag, Berlin, 1997

K.G. Budden, *The Propagation of Radio Waves*, Cambridge University Press, Cambridge, 1985

K. Rawer, *Wave Propagation in the Ionosphere*, Kluwer Academic Publishers, Dordrecht, 1993

Siehe auch Literaturhinweise zu den Kapiteln 1 und 2 und Abbildungsreferenzen im Anhang B.

5. Magnetosphäre

Das externe Magnetfeld der Erde spielt eine zentrale Rolle in der Weltraumforschung. Dies hat mit der starken Wechselwirkung dieses Feldes mit geladenen Teilchen zu tun, die zu einer ganzen Reihe faszinierender Phänomene führt. Dazu gehören z.B. der Einschluß energetischer Teilchen im Strahlungsgürtel der Erde und die Ausrichtung und Bündelung von Polarlichtern. Hinzu kommt, daß die Leitfähigkeit des ionosphärischen Plasmas entscheidend durch das Magnetfeld modifiziert wird und daß wichtige solarterrestrische Beziehungen auf der Wechselwirkung dieses Magnetfeldes mit dem Sonnenwind beruhen. Im folgenden soll die großräumige Struktur des terrestrischen Magnetfeldes und der darin enthaltenen Plasmapopulationen beschrieben werden. Dabei ist es sinnvoll zwischen dem erdnahen und erdfernen Magnetfeld zu unterscheiden. Als Einführung in die Thematik werden zunächst einige Grundlagen der Magnetostatik in Erinnerung gerufen.

5.1 Grundlagen

Basisgröße für die Beschreibung eines Magnetfeldes ist die magnetische Flußdichte oder magnetische Induktion $\vec{B}$. Diese kennzeichnet an jedem Ort die Größe und Richtung der magnetischen Kraft, die auf eine sich mit der Geschwindigkeit $\vec{v}$ bewegende Ladung q ausgeübt wird

$$\vec{F}_{\mathcal{B}} = q\, \vec{v} \times \vec{B} \tag{5.1}$$

Obwohl erstmals von Heaviside in dieser Form angegeben, wird sie auch als Lorentz-Kraft bezeichnet. Eine äquivalente auf makroskopischen Kenngrößen beruhende Definition der magnetischen Flußdichte ergibt sich, wenn man ein sich mit der Transportgeschwindigkeit $\vec{u}$ in Richtung $\vec{l}$ bewegendes Ensemble von Ladungsträgern betrachtet, siehe Abb. 5.1. Die Kraft, die auf dieses Teilchenensemble der Dichte n wirkt, ergibt sich nach Gl. (5.1) zu

$$\mathrm{d}\vec{F}_{\mathcal{B}} = q\, n\, A\, \mathrm{d}l\, \vec{u} \times \vec{B}$$

Dabei stellen $\mathrm{d}\vec{F}_{\mathcal{B}}$ und $\mathrm{d}l$ relativ zu makroskopischen Dimensionen, nicht absolut gesehen, differentiell kleine Größen dar. Führt man den mit dieser

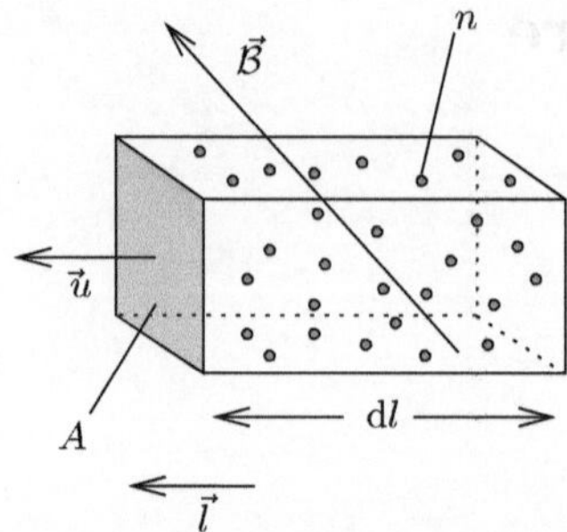

Abb. 5.1. Auf makroskopischen Kenngrößen basierende Definition der magnetischen Flußdichte

Ladungsträgerbewegung verknüpften elektrischen Strom (d.h. den von dieser Bewegung verursachten Nettoladungstransport durch eine Referenzfläche pro Zeit) ein

$$\vec{\mathcal{I}} = q\, n\, \vec{u}\, A$$

so erhält man die wohlbekannte Beziehung

$$\mathrm{d}\vec{F}_{\mathcal{B}} = \mathrm{d}l\; \vec{\mathcal{I}} \times \vec{\mathcal{B}} = \mathcal{I}\, \mathrm{d}\vec{l} \times \vec{\mathcal{B}} \tag{5.2}$$

Sie beschreibt die differentiell kleine Kraftwirkung auf ein gerichtetes Stromelement der Länge $\mathrm{d}l$ in einem Magnetfeld. Die Kraft, die pro Volumen $\mathrm{d}V$ an dem betrachteten Ladungsträgerensemble angreift, ergibt sich daraus zu

$$\vec{F}_{\mathcal{B}}^{*} = \frac{\mathrm{d}\vec{F}_{\mathcal{B}}}{\mathrm{d}V} = \frac{\mathrm{d}l\; \vec{\mathcal{I}} \times \vec{\mathcal{B}}}{\mathrm{d}l\; A} = \vec{j} \times \vec{\mathcal{B}} \tag{5.3}$$

wobei wir die Stromdichte $\vec{j} = \vec{\mathcal{I}}/A$ eingeführt haben. Man beachte, daß die Stromdichte einem Ladungsträgerfluß, also einem Ladungsträgertransport pro Fläche und Zeit entspricht und daß zur Ladungsträgerspezies s die Stromdichte

$$\vec{j}_s = q_s\, n_s\, \vec{u}_s \tag{5.4}$$

gehört. Wichtig ist, daß die Definition der magnetischen Flußdichte nach Gl. (5.1) formal der der elektrischen Feldstärke entspricht

$$\vec{F}_{\mathcal{E}} = q\, \vec{\mathcal{E}} \tag{5.5}$$

Deshalb ist es sinnvoller, die Größe $\vec{\mathcal{B}}$ (und nicht – wie meist üblich – die Größe $\vec{\mathcal{H}} = \vec{\mathcal{B}}/\mu$) als magnetische Feldstärke zu bezeichnen und dies soll im folgenden und von wenigen Ausnahmen abgesehen immer geschehen.

Als Einheit für die magnetische Flußdichte – hier Feldstärke – dient das Tesla

$$\vec{\mathcal{B}} \text{ in Tesla, } \mathrm{T} = \frac{\mathrm{Wb}}{\mathrm{m}^2} = \frac{\mathrm{V\,s}}{\mathrm{m}^2} = \frac{\mathrm{J\,s}}{\mathrm{C\,m}^2} = \frac{\mathrm{N\,s}}{\mathrm{C\,m}}$$

In der Geophysik werden häufig noch zwei andere Einheiten zur Kennzeichnung der Feldintensität benutzt, die nicht Bestandteil des S.I.-Einheitensystems sind. Es handelt sich dabei um die dem Gaußschen Maßsystem entnommenen Einheiten Gauß (Γ) und γ, deren Umrechnung allerdings keinerlei Schwierigkeiten bereitet

$$1\ \Gamma \ \widehat{=}\ 0.1\ \mathrm{mT}, \qquad 1\gamma \ \widehat{=}\ 1\ \mathrm{nT}$$

Zur anschaulichen Darstellung eines Magnetfeldes benutzt man bekanntlich Feldlinien, wobei diese an jedem Ort die Richtung der magnetischen Feldstärke anzeigen. Praktisch entspricht dies der Richtung, in die der magnetische Nordpol eines Probemagneten (Kompaßnadel) zeigt. Die Intensität des Feldes wird entweder durch die Dichte der Feldlinien oder durch eine weitere Schar von Linien beschrieben. Letztere werden als *Isodynamen* bezeichnet und definieren Orte gleicher Feldstärke $|\vec{B}|$.

5.2 Erdnahes Magnetfeld

Unter 'erdnah' sei das Gebiet verstanden, das nicht weiter als etwa 6 Erdradien vom Erdmittelpunkt bzw. ca. 30 000 km von der Erdoberfläche entfernt ist. Dabei hängt diese Grenze von den jeweiligen geophysikalischen Bedingungen und von der Richtung ab, in der man sich von der Erde entfernt. Die allgemeine Gestalt dieses erdnahen Magnetfeldes ist seit langem bekannt. In seinem im Jahre 1600 erschienenen Buch 'De Magnete' kommt William Gilbert zu der Erkenntnis, daß die Erdkugel selbst ein großer Magnet ist ('Magnus magnes ipse est globus terrestris'). Er bildet das Erdfeld mit Hilfe einer magnetisierten Kugel – einer 'terrella' – nach und kann das damals vorhandene Beobachtungsmaterial auf diese Weise ordnen.

Unsere heutige Vorstellung von der Struktur des erdnahen Magnetfeldes ist in Abb. 5.2 dargestellt. Dieses Feld ist durch erdoberflächenparallele (horizontale) Magnetfeldrichtungen im Bereich niedriger geographischer Breiten und durch erdoberflächensenkrechte (vertikale) Magnetfeldrichtungen im Bereich hoher geographischer Breiten gekennzeichnet. Der Ort, an dem die Feldrichtung genau horizontal ist, d.h. wo ihr Neigungs- oder *Inklinationswinkel* gegenüber der Erdoberfläche gleich Null ist, wird als magnetischer *Inklinationsäquator* (engl. *dip equator*) bezeichnet. Entsprechend werden die beiden Punkte, an denen das Magnetfeld senkrecht auf der Erdoberfläche steht, als magnetische *Inklinationspole* bezeichnet. Dabei unterscheidet man zwischen dem *borealen* Inklinationspol in der nördlichen Hemisphäre (der magnetisch gesehen einem Südpol entspricht!) und dem *australen* Inklinationspol in der südlichen Hemisphäre (der magnetisch gesehen einem Nordpol entspricht). Die Lage der Inklinationspole ist säkularen Variationen unterworfen. Für 1965 z.B. gelten die folgenden Werte: Borealer Pol (1965): 75.6 °N, 259 °O; Australer Pol (1965): 66.3 °S, 141 °O. Im Jahre 2000 ist eine neue Bestimmung

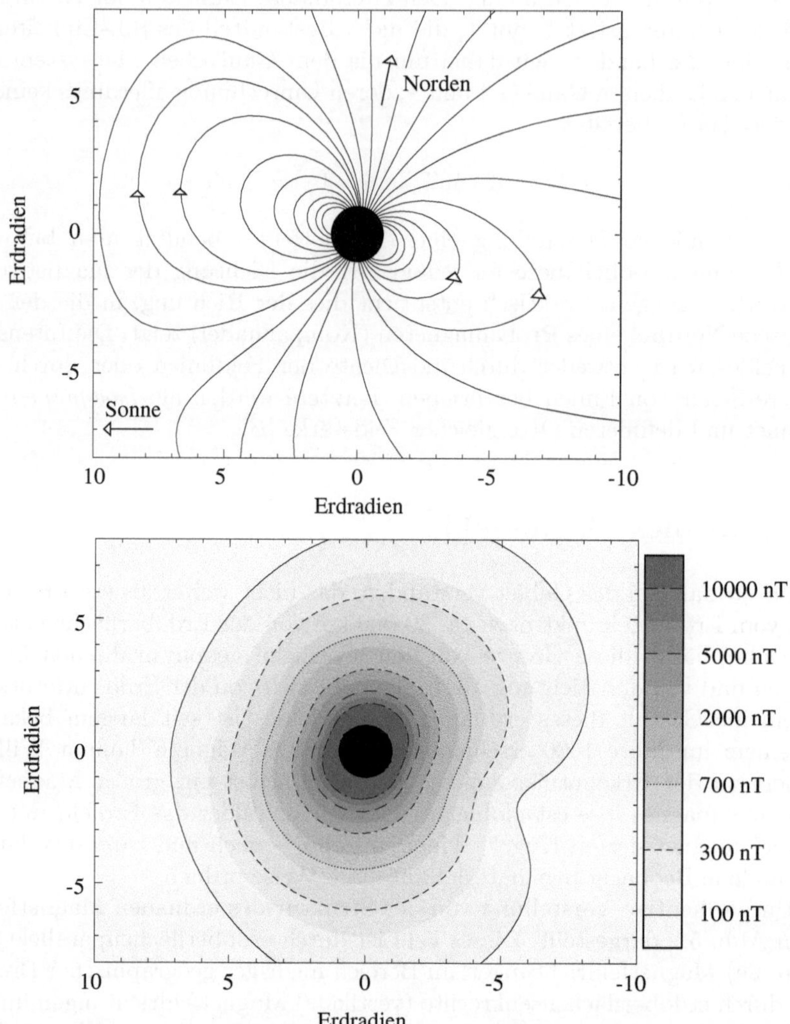

Abb. 5.2. Magnetfeld der Erde nach dem semiempirischen Modell von Tsyganenko (1990) für den 6. Dezember 1989, 11 Uhr Weltzeit, während mäßiger magnetischer Aktivität (AE = 250-400 nT); oben Feldlinien, unten Isodynamen. Die Pfeile zeigen in Richtung Sonne bzw. in Richtung geographisch Nord, d.h. in Richtung der Rotationsachse der Erde

des südlichen Inklinationspols per Schiff gelungen, mit dem Ergebnis, daß sich seine Lage in der Zwischenzeit um etwa 3° nach Nordwesten verschoben hatte, AP (2000): 64.7 °S, 138.1 °O. Ebenfalls neu bestimmt werden konnte der Ort des nördlichen Inklinationspols. Auch seine Lage hat sich in der Zwischenzeit ganz erheblich in Richtung Nord-West verschoben, BP(2001):

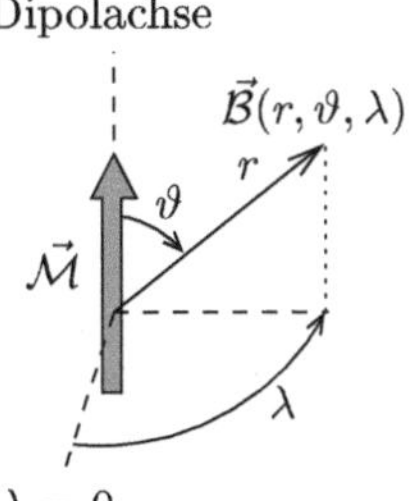

Abb. 5.3. Sphärisches Koordinatensystem für die Beschreibung eines Dipolfeldes

81.3 °N, 249.2 °O. Der magnetische Inklinationsäquator befindet sich in der Nähe des geographischen Äquators, wobei allerdings Abweichungen von bis zu $-17.5°$ im Bereich der *südatlantischen Anomalie* ($\simeq 293$ °Ost) beobachtet werden, siehe auch Abb. 8.5.

Die Isodynamen besitzen ellipsenähnliche Gestalt mit höheren Feldintensitäten in der Nähe der Pole und geringeren Feldstärken im Bereich des Äquators. Beachtenswert ist die rasche Abnahme der Feldintensität mit wachsender Entfernung von der Erde, die zu erheblichen Variationen der Feldstärke entlang der Magnetfeldlinien führt.

Das der Abb. 5.2 zugrunde liegende semiempirische Modell mit seiner großen Anzahl von Modellkoeffizienten ist viel zu komplex und aufwendig für die im folgenden durchzuführenden analytischen Rechnungen. Benötigt wird vielmehr eine einfache und leicht handhabbare Beschreibung des Erdmagnetfeldes, auch wenn diese weniger genau ist. Der Ansatz für eine solche Approximation wird durch den in Abb. 5.2 gezeigten Feldverlauf nahegelegt: Im erdnahen Raum entspricht er in guter Näherung dem des bekannten Dipolfeldes. In sphärischen Koordinaten (siehe Abb. 5.3) läßt sich ein solches Dipolfeld durch folgende einfache Ausdrücke beschreiben

$$\mathcal{B}_\vartheta = \frac{\mu_0 \mathcal{M}}{4\pi} \frac{1}{r^3} \sin \vartheta \tag{5.6}$$

$$\mathcal{B}_r = \frac{2\mu_0 \mathcal{M}}{4\pi} \frac{1}{r^3} \cos \vartheta \tag{5.7}$$

$$\mathcal{B}_\lambda = 0$$

Dabei bezeichnet $\mathcal{M}$ das magnetische Dipolmoment und $\mu_0 = 4\pi \cdot 10^{-7}$ Tm/A die magnetische Feldkonstante, die auch unter der Bezeichnung 'Induktionskonstante' oder 'Permeabilität des freien Raums' bekannt ist. Offensichtlich charakterisiert das Dipolmoment die Intensität des jeweils betrachteten Dipolfeldes. Als Ursprung dieses Feldes kommt neben dem fiktiven und differentiell kleinen magnetischen Dipol ein Kreisstrom oder ein Stabmagnet in Frage: In beiden Fällen reduziert sich das *Fern*feld dieser Quellen auf die oben angegebene Feldstruktur. Beim Kreisstrom läßt sich dies mit Hilfe des Ge-

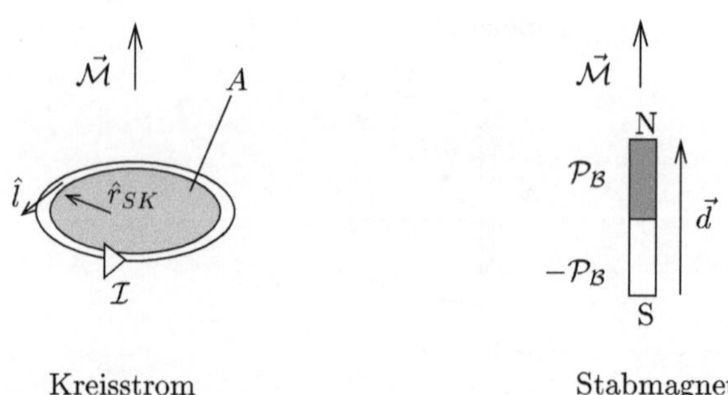

Abb. 5.4. Zur Definition des magnetischen Dipolmoments $\vec{\mathcal{M}}$ beim Kreisstrom und Stabmagneten

setzes von Biot-Savart überprüfen. Dabei ergibt sich das Dipolmoment eines Kreisstroms als Produkt von Stromstärke $\mathcal{I}$ und eingeschlossener Fläche A

$$\vec{\mathcal{M}} = A\,\mathcal{I}\,\hat{r}_{SK} \times \hat{l} \tag{5.8}$$

Wie in Abb. 5.4 skizziert sind $\hat{r}_{SK}$ und $\hat{l}$ Einheitsvektoren in Richtung des Stromkreisradius bzw. in Richtung des Stromflusses. Im Falle des Stabmagneten ergibt sich das Dipolmoment als Produkt von Polstärke und Polabstand, $\vec{\mathcal{M}} = |\mathcal{P}_{\mathcal{B}}|\,\vec{d}$.

Durch Anpassung des Dipolfeldes an das Erdmagnetfeld erhält man eine recht gute Approximation der realen Feldverteilung im erdnahen Raum. Plaziert man dabei den Dipol ins Zentrum der Erde, so ergeben sich die dann noch freien Anpassungsparameter zu

$$\mathcal{M}_E \simeq 7.7\cdot 10^{22}\ \text{A m}^2, \quad \delta \simeq 11°, \quad \lambda_g^{\mathcal{B}P} \simeq 290°\text{O}\ (70°\text{W})$$

Hier bezeichnet $\mathcal{M}_E$ das magnetische Dipolmoment der Erde, δ die Neigung der Dipolachse gegenüber der Rotationsachse der Erde und $\lambda_g^{\mathcal{B}P}$ die geographische Länge des nördlichen Durchstoßpunktes der Momentenachse, siehe Abb. 5.5. In Kombination mit den Gleichungen (5.6) und (5.7) ergeben diese Werte die *(geo)zentrische Dipolapproximation* des Erdmagnetfeldes. Sie ist in Abb. 5.7 in übersichtlicher Weise zusammengefaßt. Als Ortsvariable dienen die geozentrische Distanz r und die *(geo)magnetische Breite* φ. Letztere ist relativ zum *(geo)magnetischen Äquator* definiert, also relativ zu einer Ebene, die senkrecht auf der Dipolachse steht und diese im Zentrum des Dipols, in der zentrischen Dipolapproximation also im Erdmittelpunkt, schneidet.

Für die Berechnung von Teilchenbahnen im Magnetfeld der Erde wird die Gleichung einer Dipolfeldlinie benötigt. Man erhält sie aus der Bedingung, daß Magnetfeldlinien definitionsgemäß an jedem Ort parallel zur magnetischen Feldstärke verlaufen. Dies führt zu folgendem Zusammenhang zwischen der Länge des Radiusvektors an eine Feldlinie und der zugehörigen magnetischen Breite, siehe Abb. 5.6

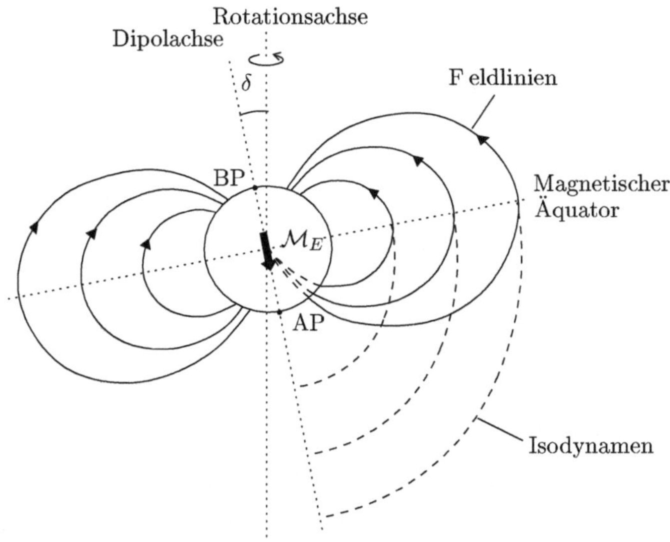

Abb. 5.5. Erdmagnetfeld in der geozentrischen Dipolapproximation

$$\frac{r\,\mathrm{d}\varphi}{\mathrm{d}r} \simeq \tan\alpha = \frac{\mathcal{B}_\varphi}{\mathcal{B}_r} = -\frac{1}{2}\frac{\cos\varphi}{\sin\varphi}$$

Separation der Variablen und die Substitution $x = \cos\varphi$ liefert die Differentialgleichung

$$\frac{\mathrm{d}r}{r} = 2\frac{\mathrm{d}x}{x}$$

mit der Lösung

$$r = \frac{r_1}{\cos^2\varphi_1}\cos^2\varphi$$

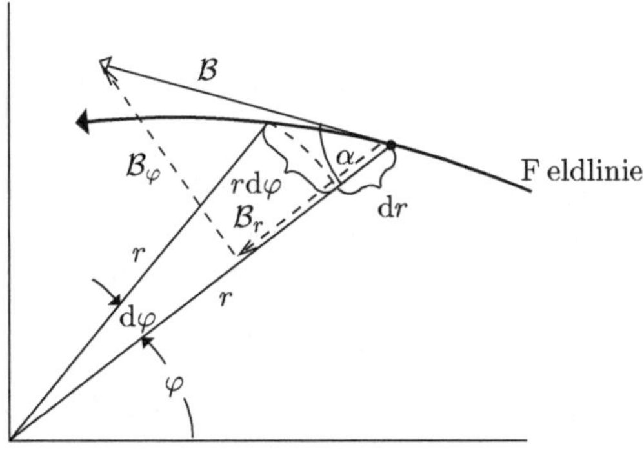

Abb. 5.6. Zur Beziehung zwischen Radiusvektor und Breite einer Feldlinie

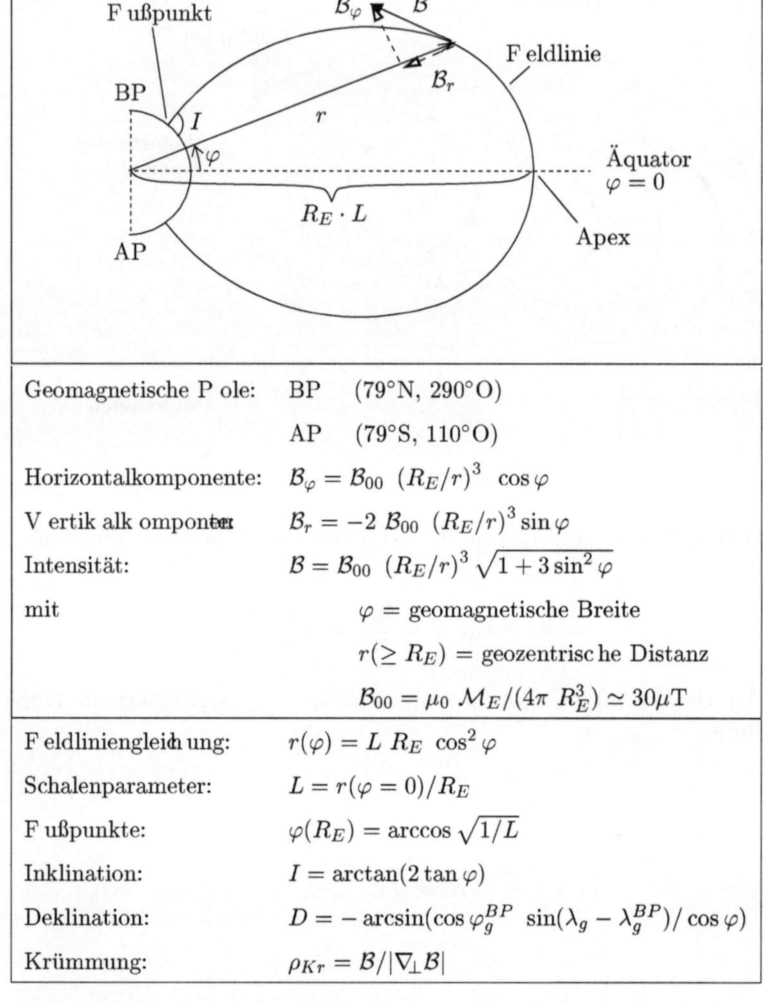

Geomagnetische P ole:	BP	(79°N, 290°O)
	AP	(79°S, 110°O)
Horizontalkomponente:	$\mathcal{B}_\varphi = \mathcal{B}_{00}\ (R_E/r)^3\ \cos\varphi$	
V ertik alk omponente:	$\mathcal{B}_r = -2\ \mathcal{B}_{00}\ (R_E/r)^3 \sin\varphi$	
Intensität:	$\mathcal{B} = \mathcal{B}_{00}\ (R_E/r)^3\ \sqrt{1 + 3\sin^2\varphi}$	
mit	φ = geomagnetische Breite	
	$r(\geq R_E)$ = geozentrische Distanz	
	$\mathcal{B}_{00} = \mu_0\ \mathcal{M}_E/(4\pi\ R_E^3) \simeq 30\mu\mathrm{T}$	
F eldliniengleich ung:	$r(\varphi) = L\ R_E\ \cos^2\varphi$	
Schalenparameter:	$L = r(\varphi = 0)/R_E$	
F ußpunkte:	$\varphi(R_E) = \arccos\sqrt{1/L}$	
Inklination:	$I = \arctan(2\tan\varphi)$	
Deklination:	$D = -\arcsin(\cos\varphi_g^{BP}\ \sin(\lambda_g - \lambda_g^{BP})/\cos\varphi)$	
Krümmung:	$\rho_{Kr} = \mathcal{B}/|\nabla_\perp\mathcal{B}|$	

Abb. 5.7. Geozentrische Dipolapproximation des Erdmagnetfeldes

Bezeichnet der *Schalenparameter L* den Abstand einer Feldlinie vom Erdmittelpunkt in der geomagnetischen Äquatorebene in Einheiten von Erdradien, d.h. gilt $r_0 = r(\varphi = 0) = L\ R_E$, so nimmt die Feldliniengleichung folgende Form an

$$r = L\ R_E\ \cos^2\varphi \tag{5.9}$$

Eine einfache Anleitung für die Konstruktion dieses Feldlinienverlaufs wird in Abb. 5.8 gegeben.

Neben ihrem Verlauf interessieren die *Fußpunkte* einer Feldlinie und die Neigung bzw. Inklination der Feldlinie in diesen Fußpunkten. Für die magne-

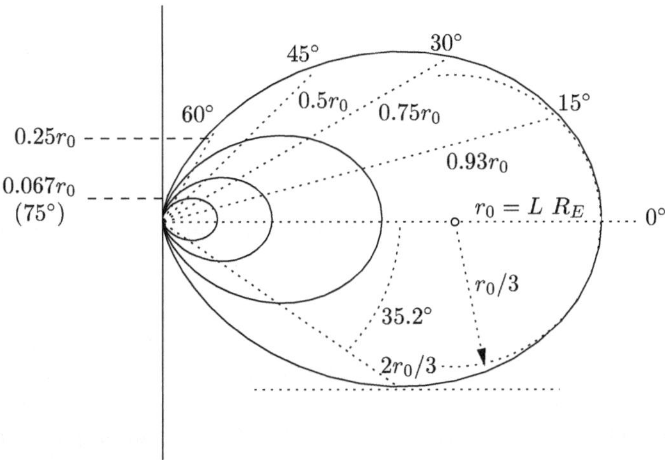

Abb. 5.8. Konstruktionsanleitung für Dipolfeldlinien. (Nach Kertz, 1969)

tische Breite des Fußpunktes in einer Höhe h über der Erdoberfläche erhält man mit $r = R_E + h$

$$\varphi(R_E + h) = \arccos \sqrt{\frac{R_E + h}{R_E\,L}} \tag{5.10}$$

Für die hier interessierenden Fälle gilt meist $h \ll R_E$, so daß sich Gl. (5.10) auf folgende einfache Form reduziert

$$\varphi(R_E) = \arccos \sqrt{1/L} \tag{5.11}$$

Zur Bestimmung der Neigung einer Feldlinie führen wir die in Abb. 5.9

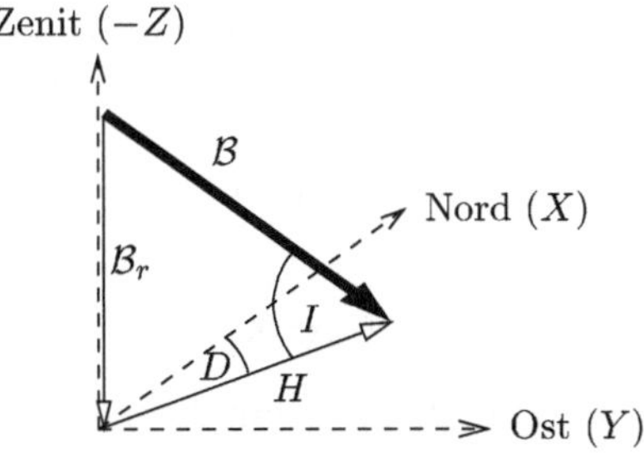

Abb. 5.9. Zur Definition der Horizontalkomponente H, der Inklination I und der Deklination D des Erdmagnetfeldes. Neben diesen drei Elementen bedient man sich auch der kartesischen Komponenten X, Y und Z, um den Magnetfeldvektor zu beschreiben. Das dabei benutzte Koordinatensystem ist ebenfalls angegeben

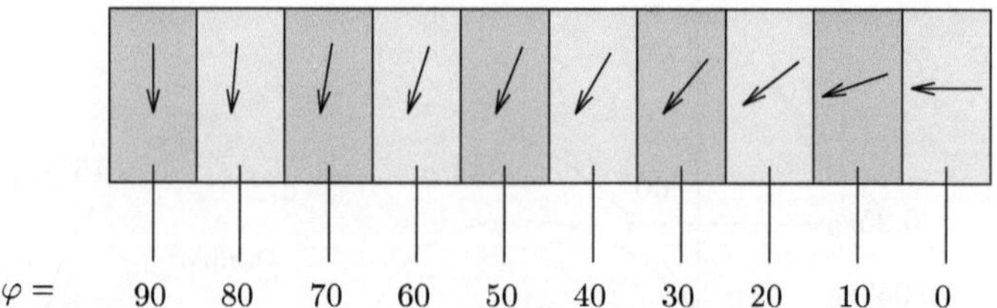

Abb. 5.10. Inklination eines geozentrischen Dipolfelds in der nördlichen Hemisphäre für verschiedene magnetische Breiten

skizzierten Kenngrößen ein. Bezeichnet H (nicht zu verwechseln mit der magnetischen Feldstärke $\mathcal{H}$) die Projektion von $\mathcal{B}$ auf die *H*orizontalebene, so ist die Inklination der Winkel zwischen $\mathcal{B}$ und H. Für die hier betrachtete geozentrische Dipolapproximation ist die Horizontalkomponente aber gleich der φ-Komponente des Magnetfeldes, so daß gilt

$$I = -\arctan(\mathcal{B}_r/\mathcal{B}_\varphi) = \arctan(2\tan\varphi) \qquad (5.12)$$

Offensichtlich hängt dieser Winkel nicht von der jeweiligen Höhe ab und wird über das Minuszeichen in der Nordhemisphäre als positiv gerechnet. Abbildung 5.10 veranschaulicht die Größe der Magnetfeldinklination für verschiedene magnetische Breiten.

Für die Abweichung der Richtung der Horizontalkomponente H von der geographischen Nordrichtung, die ja als 'Mißweisung' oder *Deklination* bezeichnet wird, erhält man

$$D = -\arcsin(\cos\varphi_g^{BP}\ \sin(\lambda_g - \lambda_g^{BP})/\cos\varphi) \qquad (5.13)$$
$$\simeq -\arcsin(0.19\ \sin(\lambda_g + 70°)/\cos\varphi)$$

Dabei bezeichnen λ_g die geographische Länge des betrachteten Ortes, λ_g^{BP} und φ_g^{BP} die geographische Länge und Breite des geomagnetischen Nordpols und φ die magnetische Breite. Wie aus dem Vorzeichen der Gleichung ersichtlich wird eine Abweichung nach Osten als positiv gerechnet.

Von Interesse ist ferner die Krümmung einer Dipolfeldlinie. Im Anhang A.11 wird gezeigt, daß für den Krümmungsradius einer ebenen Feldlinie folgender Ausdruck gilt

$$\rho_{Kr} = \frac{\mathcal{B}}{|\nabla_\perp \mathcal{B}|} \qquad (5.14)$$

Dabei bezeichnet $\nabla_\perp \mathcal{B}$ den zur Magnetfeldrichtung senkrechten Gradienten der Feldstärke. Für die Äquatorebene gilt

$$|\nabla_\perp \mathcal{B}| = \left|\frac{\partial}{\partial r}\mathcal{B}_\varphi\right| = \left|-\frac{3\mathcal{B}_\varphi}{r}\right| \qquad (5.15)$$

und somit

$$\rho_{Kr}(\varphi = 0) = L \, R_E / 3 \tag{5.16}$$

Im Apexbereich beträgt demnach der Krümmungsradius gerade ein Drittel der geozentrischen Distanz der Feldlinie. Dieses Ergebnis läßt sich u.a. bei der Konstruktion von Dipolfeldlinien nutzbringend anwenden, siehe Abb. 5.8.

Schließlich ist der Verlauf der Feldstärke entlang einer Feldlinie von Interesse. Er ergibt sich durch Einsetzen von Gl. (5.9) in die entsprechende Gleichung der Abb. 5.7 zu

$$\mathcal{B}(\text{Feldlinie}) = \frac{\mathcal{B}_{00}}{L^3} \, \frac{\sqrt{1 + 3\sin^2 \varphi}}{\cos^6 \varphi} \tag{5.17}$$

Neben der zentrischen wird häufig eine *exzentrische Dipolapproximation* des Erdmagnetfeldes benutzt. Bei dieser Näherung wird der magnetische Dipol aus dem Erdmittelpunkt – unter Beibehaltung seiner Richtung – um etwa 500 km in Richtung der Marianen-Inseln im Pazifik verschoben. Dadurch wird eine bessere, wenn auch in Bezug auf die Umrechnung in geographische Koordinaten kompliziertere Anpassung an das Erdmagnetfeld erreicht. Die geographische Lage der Pole ergibt sich in diesem Fall zu

Exzentrische Dipolapproximation (1985)   BP (82.1 °N, 270 °O)
AP (74.8 °S, 119 °O)

Die bessere Übereinstimmung dieser Werte mit der Lage der realen Inklinationspole ist offensichtlich. Man beachte wieder, daß alle Magnetfeldkenngrößen langsamen, aber doch merklichen Variationen unterworfen sind.

Eine noch bessere Beschreibung des Magnetfeldes gelingt mit Hilfe der *invarianten magnetischen Breite* oder mit Hilfe der *korrigierten geomagnetischen Breite* (engl. *corrected geomagnetic latitude*, CGL). Auf ihre Definition und Ableitung soll hier nicht weiter eingegangen werden. Es genügt die Feststellung, daß sie vom Magnetfeld der Erde abhängige Phänomene noch besser ordnen als die exzentrische Dipolbreite.

5.3 Bewegung geladener Teilchen im Magnetfeld der Erde

Die Bewegung geladener Teilchen im Magnetfeld der Erde ist komplex, selbst wenn man letzteres durch seine Dipolkomponente approximiert. Eine quantitative Beschreibung dieser Bewegung geht von der Kräftegleichgewichtsbeziehung für ein Einzelteilchen aus. Berücksichtigt werden die Trägheitskraft $\vec{F}_T$, die geschwindigkeitsabhängige Magnetfeldkraft $\vec{F}_\mathcal{B}$ und sonstige, geschwindigkeitsunabhängige äußere Kräfte $\vec{F}_j$, siehe Abb. 5.11. Unberücksichtigt bleiben dagegen Reibungskräfte. Dies setzt voraus, daß Wechselwirkungen mit anderen Teilchen vernachlässigt werden können, was häufig der Fall ist. Unberücksichtigt bleibt auch die Rückwirkung der Teilchenbewegung auf das

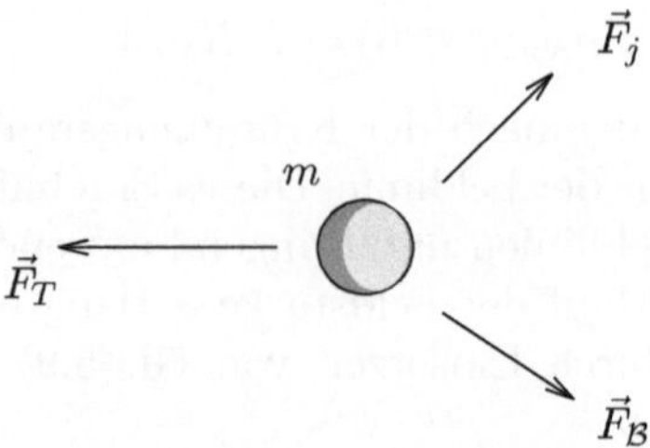

Abb. 5.11. Am geladenen Teilchen angreifende Kräfte

vorgegebene Magnetfeld, in dieser Hinsicht ist unsere Betrachtungsweise also nicht selbstkonsistent. Vernachlässigung dieser Rückkopplung setzt z.B. voraus, daß die mit der Ladungsträgerbewegung verknüpften Ströme und die von diesen Strömen erzeugten magnetischen Felder so klein sind, daß sie das vorgegebene Magnetfeld, in unserem Fall also das Dipolfeld der Erde, nur geringfügig verändern, und diese Bedingung ist meist erfüllt. Gesucht werden demnach Lösungen der Bewegungsgleichung

$$m \, \frac{\mathrm{d}\vec{v}}{\mathrm{d}t} = \vec{F}_j + q \, (\vec{v} \times \vec{\mathcal{B}}) \tag{5.18}$$

Zerlegt man diese Bewegungsgleichung in ihre feldlinienparallele und feldliniensenkrechte Komponente, so erhält man

$$m \, \frac{\mathrm{d}\vec{v}_\parallel}{\mathrm{d}t} = \vec{F}_{j\parallel} \tag{5.19}$$

$$m \, \frac{\mathrm{d}\vec{v}_\perp}{\mathrm{d}t} = \vec{F}_{j\perp} + q \, (\vec{v}_\perp \times \vec{\mathcal{B}}) \tag{5.20}$$

Die erste Gleichung entspricht der 'normalen' Bewegungsgleichung, wie sie auch für ein Neutralgasteilchen gilt, und kann bei zeitunabhängigen äußeren Kräften unmittelbar integriert werden

$$\vec{v}_\parallel(t) = \vec{v}_\parallel(t_0) + \frac{\vec{F}_{j\parallel}}{m}(t - t_0) \tag{5.21}$$

Die Lösung der zweiten Gleichung erweist sich als wesentlich schwieriger und hängt entscheidend von der Konfiguration des Magnetfeldes ab. Dies liegt natürlich daran, daß Größe und Richtung der magnetischen Kraft selbst Funktionen der Geschwindigkeit sind, so daß sich die Variablen nicht ohne weiteres separieren lassen. In dieser Situation erweist es sich als nützlich, die Gesamtbewegung der Teilchen in Einzelkomponenten zu zerlegen. Diese Einzelkomponenten erweisen sich als nahezu unabhängig voneinander, da sie auf ganz unterschiedlichen Zeitskalen ablaufen und somit linear zur Gesamtbewegung zusammengesetzt werden können. Für unsere Zwecke genügt es dabei folgende Spezialfälle zu betrachten:

$$(1) \quad \vec{F}_{j\perp} = 0 \;\; , \;\; \vec{\mathcal{B}} = \text{homogen} \quad \rightarrow \quad \text{Gyration}$$

$$(2) \quad \vec{F}_{j\perp} = 0 \;\; , \;\; \mathcal{B}\text{-Gradient} \parallel \vec{\mathcal{B}} \quad \rightarrow \quad \text{Oszillation}$$

$$(3) \quad \vec{F}_{j\perp} = 0 \;\; , \;\; \mathcal{B}\text{-Gradient} \perp \vec{\mathcal{B}} \quad \rightarrow \quad \text{Drift}$$

$$(4) \quad \vec{F}_{j\perp} \neq 0 \;\; , \;\; \vec{\mathcal{B}} = \text{homogen} \quad \rightarrow \quad \text{Drift}$$

Die folgende Diskussion dieser Bewegungsarten ist überwiegend qualitativ und anschaulich. Eine mehr formale Ableitung der hier zitierten Ergebnisse findet sich in der Spezialliteratur.

5.3.1 Gyrationsbewegung ($\vec{F}_{j\perp} = 0$, $\vec{\mathcal{B}} =$ homogen)

Magnetfelder bewirken eine Beschleunigung von Ladungsträgern senkrecht zu deren Bewegungsrichtung, wobei der Betrag der Geschwindigkeit erhalten bleibt. Ohne äußere Kräfte gilt

$$m \, \frac{\mathrm{d}\vec{v}_\perp}{\mathrm{d}t} = q \, \vec{v}_\perp \times \vec{\mathcal{B}} \tag{5.22}$$

Die durch die rechte Seite dieser Gleichung beschriebene Ablenkbeschleunigung zwingt das Teilchen auf eine Spiralbahn mit ständig wachsender Krümmung. Dieser Ablenkbeschleunigung wirkt die Trägheitskraft entgegen, die ja bei Ablenkvorgängen als Zentrifugalkraft bezeichnet wird und die mit wachsender Bahnkrümmung zunimmt. Damit wird sich ein Gleichgewichtsfall einstellen, bei dem magnetische Kraft und Zentrifugalkraft gerade gleich groß sind. Diesem Zustand entspricht eine konstante Bahnkrümmung und demnach eine Kreisbewegung. Der Radius $r_\mathcal{B}$ dieser Kreisbahn läßt sich durch Gleichsetzen beider Kräfte bestimmen

$$F_\mathcal{B} = |q| \, v_\perp \, \mathcal{B} = F_Z = m \, v_\perp^2 / r_\mathcal{B}$$

Damit gilt für den *Gyro-* oder *Larmor-Radius*

$$r_\mathcal{B} = \frac{m \, v_\perp}{|q| \, \mathcal{B}} \tag{5.23}$$

Da die Richtung der magnetischen Kraft vom Ladungsvorzeichen abhängt, ist die Umlaufrichtung für positiv und negativ geladene Teilchen entgegengesetzt. Im folgenden sei der Einfachheit halber angenommen, daß es sich bei den positiv geladenen Teilchen um Ionen und bei den negativ geladenen Teilchen um Elektronen handelt. Dann gilt für Elektronen die 'Rechte-Hand-Regel', siehe Abb. 5.12. Der Mittelpunkt der Umlaufbahn wird aus später ersichtlichen Gründen als *Führungszentrum* (engl. *guiding center*) bezeichnet. Die Umlaufperiode der Teilchen beträgt

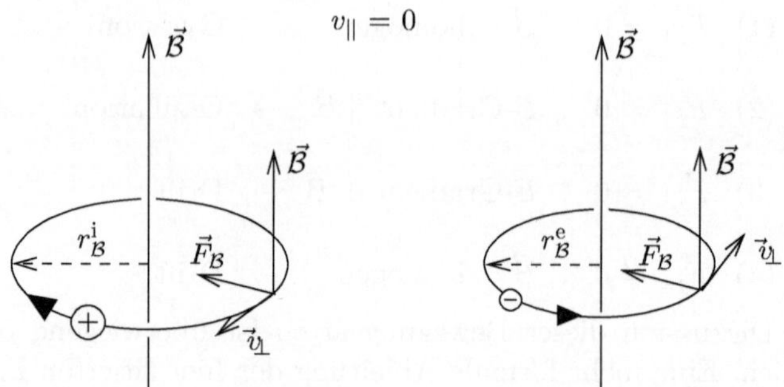

Abb. 5.12. Teilchenbewegung im homogenen Magnetfeld für $v_\parallel = 0$

$$\tau_{\mathcal{B}} = \frac{2\pi\, r_{\mathcal{B}}}{v_\perp} = 2\pi\, \frac{m}{|q|\, \mathcal{B}} \tag{5.24}$$

Entsprechend gilt für die *Gyro(kreis)frequenz*

$$\omega_{\mathcal{B}} = \frac{2\pi}{\tau_{\mathcal{B}}} = \frac{|q|\, \mathcal{B}}{m} \tag{5.25}$$

Eine mehr formale Ableitung dieser Beziehungen betrachtet ein kartesisches Koordinatensystem, dessen z-Koordinate in Richtung des Magnetfeldes zeigt. Die x- und y-Komponenten der Gl. (5.22) lassen sich dann folgendermaßen schreiben

$$m\, \frac{\mathrm{d}v_x}{\mathrm{d}t} = q\, v_y\, \mathcal{B} \,, \qquad m\, \frac{\mathrm{d}v_y}{\mathrm{d}t} = -q\, v_x\, \mathcal{B} \tag{5.26}$$

Zeitliche Ableitung dieser Gleichungen und wechselseitiges Einsetzen ergibt

$$\frac{\mathrm{d}^2 v_x}{\mathrm{d}t^2} = -\omega_{\mathcal{B}}^2\, v_x \,, \qquad \frac{\mathrm{d}^2 v_y}{\mathrm{d}t^2} = -\omega_{\mathcal{B}}^2\, v_y \tag{5.27}$$

Die Lösungen dieser Differentialgleichungen haben die allgemeine Form

$$v_x = (v_x)_0\, \sin(\omega_{\mathcal{B}} t + \varphi_x) \,, \qquad v_y = (v_y)_0\, \sin(\omega_{\mathcal{B}} t + \varphi_y)$$

Einsetzen in Gl. (5.26) liefert folgende Verknüpfungen zwischen den Konstanten: $(v_x)_0 = (v_y)_0 = \sqrt{v_x^2 + v_y^2} = v_\perp$ und $\varphi_x = \varphi_y \pm \pi/2$, wobei das Pluszeichen für Elektronen und das Minuszeichen für Ionen gilt. Setzt man die beiden Komponenten gemeinsame Phasenkonstante gleich Null, so erhält man

$$v_x = \pm v_\perp \cos(\omega_{\mathcal{B}} t) \,, \qquad v_y = v_\perp \sin(\omega_{\mathcal{B}} t)$$

und damit für die Auslenkung

$$x = \pm r_{\mathcal{B}}\, \sin(\omega_{\mathcal{B}} t) \,, \qquad y = -r_{\mathcal{B}}\, \cos(\omega_{\mathcal{B}} t) \tag{5.28}$$

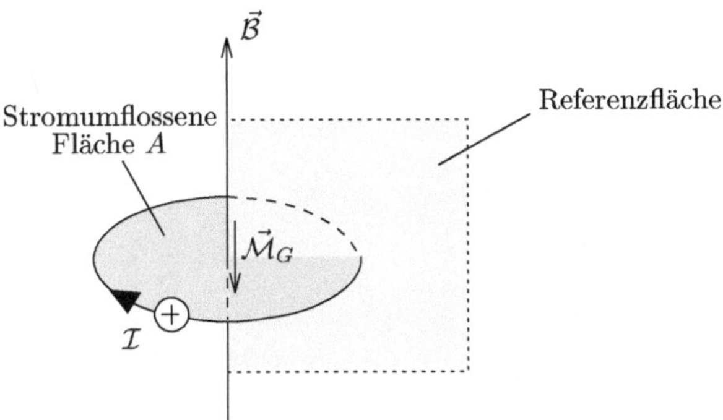

Abb. 5.13. Strom und magnetisches Moment eines gyrierenden Ions. Man beachte, daß die gezeigte Stromrichtung sowohl für positive als auch für negative Ladungsträger gilt. Definitionsgemäß zeigt sie in Richtung der positiven Ladungsträgerbewegung bzw. entgegengesetzt der negativen Ladungsträgerbewegung.

Dabei haben wir die Integrationskonstanten gleich Null gesetzt. Das Pluszeichen vor der Auslenkung in x-Richtung gilt für Elektronen und das Minuszeichen für Ionen. Damit beschreiben diese Gleichungen eine Kreisbewegung in der in Abb. 5.12 angegebenen Richtung mit den oben angegebenen Werten für den Gyrationsradius, die Gyrationsperiode und die Gyrationsfrequenz. Wichtig ist, daß τ_B und ω_B *nicht* von der Geschwindigkeit bzw. der Energie der Teilchen abhängen. Energetischere Teilchen sind zwar schneller, müssen aber eine größere Kreisbahn durchlaufen ($r_B \sim v_\perp$). Wichtig ist auch, daß den Teilchen bei ihrer erzwungenen Kreisbewegung im Magnetfeld keine Energie zugeführt wird: Die magnetische Kraft ist ja immer senkrecht zur Geschwindigkeit gerichtet. Schließlich ist wichtig, daß mit der Gyrationsbewegung der Ladungsträger ein elektrischer Kreisstrom und somit auch ein magnetisches Dipolmoment verbunden ist. Betrachtet man eine Fläche parallel zur Magnetfeldlinie, um die das Teilchen kreist, so wird diese einmal pro Gyrationsperiode von der Teilchenladung durchflogen, siehe Abb. 5.13. Damit ergibt sich die mit der Teilchenbewegung verknüpfte Stromstärke (=Ladungstransport durch eine Referenzfläche pro Zeit) zu $\mathcal{I} = |q|/\tau_B$. Setzt man diese in Gl. (5.8) ein, so erhält man folgenden Ausdruck für das magnetische Dipolmoment eines gyrierenden Ladungsträgers

$$\vec{\mathcal{M}}_G = A\,\mathcal{I}\,\hat{r}_{SK} \times \hat{l} = -\frac{|q|\,r_B^2\pi}{\tau_B}\,\frac{\vec{B}}{B} = -\frac{m\,v_\perp^2}{2\,B^2}\,\vec{B} = -\frac{E_\perp\,\vec{B}}{B^2} \qquad (5.29)$$

Jeder gyrierende Ladungsträger ist somit Quelle eines Magnetfeldes, dessen Stärke durch das oben angegebene magnetische Dipolmoment beschrieben wird. Das Fernfeld dieser Magnetfeldquelle hat wiederum Dipolcharakter und wird durch die in den Gl. (5.6) und (5.7) angegebenen Formeln beschrieben. Man beachte, daß das Dipolmoment proportional zur feldliniensenkrechten

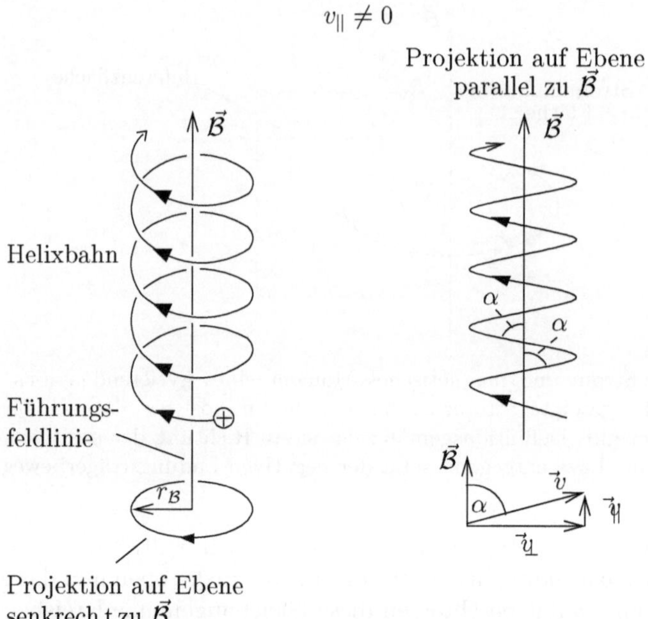

Abb. 5.14. Teilchenbewegung im homogenen Magnetfeld für $v_\parallel \neq 0$. Der Anstellwinkel α beschreibt die Neigung der Helixbahn gegenüber der Magnetfeldlinie

Komponente der Teilchenenergie und umgekehrt proportional zur Magnetfeldstärke ist. Ferner, daß das magnetische Moment dem äußeren Magnetfeld immer entgegengerichtet ist und dieses schwächt, so daß ein Ensemble geladener Teilchen ein diamagnetisches Medium darstellt. Schließlich, daß in 'langsam' variierenden Magnetfeldern das gyrationsbedingte magnetische Moment eines Teilchens nahezu konstant bleibt, was zu der Bezeichnung *erste adiabatische Invariante* für die Größe $J_1 = (4\pi m/|q|)\mathcal{M}_G$ geführt hat. 'Langsam' bedeutet hier, daß Gyrationsradius und -periode klein sind gegenüber der räumlichen und zeitlichen Skalenlänge der Feldvariation. In Abschnitt 5.3.2 überprüfen wir diese Aussage an Hand eines Beispiels.

Als Erweiterung sei der Fall betrachtet, daß die Teilchen zusätzlich eine Geschwindigkeitskomponente parallel zum Magnetfeld besitzen. Diese Geschwindigkeitskomponente bleibt vom Magnetfeld unbeeinflußt und überlagert sich der Gyrationsbewegung linear. Die entstehende Schrauben- oder Helixbahn ist in Abb. 5.14 skizziert. Die Neigung dieser Bahnkurve gegenüber dem Magnetfeld soll im folgenden als *Steigungs-* oder *Anstellwinkel* (engl. *pitch angle*) bezeichnet werden. Für die feldlinienparallele und feldliniensenkrechte Komponente der Geschwindigkeit gilt demnach

$$v_\parallel = v\,\cos\alpha \quad , \quad v_\perp = v\,\sin\alpha \tag{5.30}$$

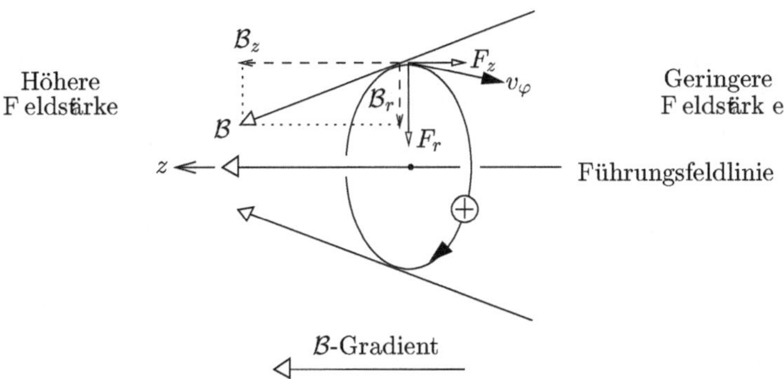

Abb. 5.15. Teilchenbewegung im inhomogenen Magnetfeld: Feldgradient entlang der Magnetfeldlinien

wobei α der Anstellwinkel ist. Die Feldlinie im Zentrum der Helixbahn wird als *Führungsfeldlinie* bezeichnet und beschreibt die Bahn des Führungszentrums des gyrierenden Teilchens.

5.3.2 Oszillationsbewegung $(\vec{F}_{j\perp} = 0,\ \mathcal{B}\text{-Gradient} \parallel \vec{\mathcal{B}})$

Im folgenden sei ein inhomogenes Magnetfeld betrachtet, das einen Intensitätsgradienten in Richtung der Feldlinien besitzt. Ein solches Magnetfeld ist durch konvergierende (Intensitätszunahme) oder divergierende (Intensitätsabnahme) Magnetfeldlinien gekennzeichnet, wobei der gegenseitige Neigungswinkel der Feldlinien durch die Stärke des Magnetfeldgradienten festgelegt wird. Dies folgt unmittelbar aus der Tatsache, daß die Divergenz der magnetischen Feldstärke gleich Null ist. Feldlinien besitzen somit keinen Anfang und kein Ende und müssen deshalb in Gebieten zunehmender Feldstärke zusammenlaufen, um die Feldliniendichte zu erhöhen, bzw. bei abnehmender Feldstärke auseinanderlaufen, um die Feldliniendichte zu verringern.

Abbildung 5.15 zeigt die Gyrationsbahn eines geladenen Teilchens in einer derartigen Magnetfeldkonfiguration. Wie ersichtlich durchläuft das betrachtete Ion Magnetfeldbereiche, die sowohl eine Komponente parallel als auch eine Komponente senkrecht zur Führungsfeldlinie besitzen. Dies wiederum führt zu Magnetfeldkräften, die sowohl senkrecht als auch parallel zur Führungsfeldlinie wirksam sind. Während die zur Führungsfeldlinie senkrechte Kraft F_r die Gyration des Teilchens bewirkt, verursacht die zur Führungsfeldlinie parallele Kraft F_z eine Beschleunigung des Teilchens in Richtung der auseinanderlaufenden Magnetfeldlinien. Anschaulich gesprochen wird das gyrierende Teilchen aus dem Bereich höherer Feldstärke herausgedrängt. In dem in Abb. 5.15 benutzten zylindrischen Koordinatensystem gilt

$$F_z = |q|\, v_\varphi\, \mathcal{B}_r$$

Die Größe von $\mathcal{B}_r$ erhält man aus der Bedingung, daß gemäß der Maxwell-Beziehung (A.93) die Divergenz der magnetischen Feldstärke gleich Null sein muß. In einem zylindrischen Koordinatensystem und bei azimutaler Symmetrie gilt demnach

$$\mathrm{div}\vec{\mathcal{B}} = \frac{1}{r}\,\frac{\partial}{\partial r}\,(r\,\mathcal{B}_r) + \frac{\partial \mathcal{B}_z}{\partial z} = 0$$

siehe Gl. (A.28). Multiplikation mit r und Integration ergibt

$$\int_0^r \frac{\partial}{\partial r'}\,(r'\,\mathcal{B}_r)\,\mathrm{d}r' = -\int_0^r r'\,\frac{\partial \mathcal{B}_z}{\partial z}\,\mathrm{d}r'$$

Für den Fall, daß der Gradient $\partial \mathcal{B}_z/\partial z$ unabhängig von r ist, folgt daraus

$$\mathcal{B}_r(r) = -\frac{r}{2}\,\frac{\mathrm{d}\mathcal{B}_z}{\mathrm{d}z} \tag{5.31}$$

Für den Ort der Gyrationsbahn ($r = r_\mathcal{B}$) gilt demnach

$$\mathcal{B}_r(r_\mathcal{B}) = -\frac{m\,v_\varphi}{2\,|q|\,\mathcal{B}_z}\,\frac{\mathrm{d}\mathcal{B}_z}{\mathrm{d}z} \simeq -\frac{m\,v_\varphi}{2\,|q|\,\mathcal{B}}\,\frac{\mathrm{d}\mathcal{B}}{\mathrm{d}z}$$

wobei wir angenommen haben, daß $\mathcal{B}_r$ nur eine kleine Störgröße darstellt und somit $\mathcal{B}_z$ in guter Näherung der Gesamtfeldstärke entspricht. Damit ergibt sich die feldlinienparallele Kraftkomponente zu

$$F_z = -\frac{m\,v_\varphi^2}{2}\,\frac{1}{\mathcal{B}}\,\frac{\mathrm{d}\mathcal{B}}{\mathrm{d}z}$$

bzw. in vektorieller Form geschrieben zu

$$\vec{F}_\parallel^{\,Gr} = -\frac{E_\perp}{\mathcal{B}}\,\nabla_\parallel \mathcal{B} \tag{5.32}$$

Die *magnetische Gradientkraft* ist demnach proportional zur feldliniensenkrechten Komponente der Teilchenenergie und zum feldlinienparallelen Gradienten der Magnetfeldstärke, aber umgekehrt proportional zur Magnetfeldstärke. Damit ist sie auch proportional zum magnetischen Moment des Teilchens.

Auf das Dipolfeld der Erde angewandt, ergibt sich die in Abb. 5.16 skizzierte Situation. Ein Teilchen bewegt sich auf einer Helixbahn entlang seiner Führungsfeldlinie in Richtung Erde. Die zunehmende Feldstärke – angedeutet durch die Konvergenz der Feldlinien – führt über die magnetische Gradientkraft zu einer stetigen Abbremsung des Teilchens, bis dessen gesamte feldlinienparallele Energie aufgebraucht ist und die Bewegung des Führungszentrums zum Stillstand kommt. An diesem Punkt beträgt der Anstellwinkel 90° und die gesamte kinetische Energie des Teilchens (die ja erhalten bleibt) ist in seiner Gyrationsbewegung konzentriert. Da aber die Gradientkraft nur

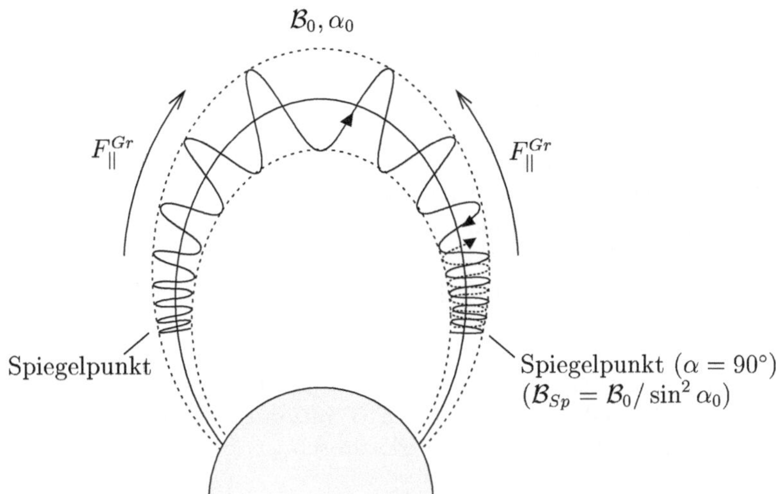

Abb. 5.16. Breitenoszillation im Dipolfeld der Erde

von der Gyrationsenergie (und nicht von der feldlinienparallelen Energiekomponente) abhängt, ist sie weiterhin wirksam und führt zu einer Beschleunigung des Teilchens in Richtung Gipfelpunkt der Feldlinie. Das Teilchen läuft also in die Richtung zurück, aus der es gekommen ist. Entsprechend wird der Bahnumkehrpunkt auch als *Spiegelpunkt* und die Gradientkraft auch als *Spiegelkraft* (engl. *mirror force*) bezeichnet. Mit zunehmender feldlinienparalleler Geschwindigkeit nimmt der Anstellwinkel ab, bis er am Apexpunkt seinen kleinsten Wert $\alpha(\varphi = 0) = \alpha_0$ erreicht. Nach Durchqueren der Äquatorebene wird das Teilchen wieder abgebremst, bis es im konjugierten Spiegelpunkt reflektiert wird, um erneut in Richtung Gipfelpunkt der Feldlinie zu laufen. Auf diese Weise oszilliert das Teilchen ständig zwischen seinen beiden Spiegelpunkten hin und her und ist im Magnetfeld der Erde wie in einer magnetischen Flasche gefangen. Für die *Oszillationsperiode* gilt näherungsweise (der exakte Ausdruck enthält ein nur numerisch lösbares Integral)

$$\tau_O = \frac{4\,L\,R_E}{v}\,s_1(\alpha_0) = \sqrt{8m}\,R_E\,s_1(\alpha_0)\,\frac{L}{\sqrt{E}} \tag{5.33}$$

mit

$$s_1(\alpha_0) \simeq 1.3 - 0.56\,\sin\alpha_0 \tag{5.34}$$

Die Länge der Helixbahn zwischen ihren Spiegelpunkten beträgt demnach etwa $2\,LR_E$, wobei diese nur schwach vom jeweiligen äquatorialen Anstellwinkel α_0 $(0.74 \le s_1(\alpha_0) \le 1.3)$ und damit auch nur schwach von der jeweiligen Lage der Spiegelpunkte abhängt. Offenbar zieht sich die Helixbahn bei tiefer liegenden Spiegelpunkten ziehharmonikaartig auseinander. Für den relativ kleinen äquatorialen Anstellwinkel $\alpha_0 = 30°$ erhält man explizit

$$\begin{array}{ll} \alpha_0 = 30° & \left\{ \begin{array}{l} \tau_O^{\mathrm{p}}[\mathrm{s}] \simeq 58 \, L/\sqrt{E[\mathrm{keV}]} \\[2ex] \tau_O^{\mathrm{e}}[\mathrm{s}] \simeq 1.4 \, L/\sqrt{E[\mathrm{keV}]} \end{array} \right. \\ (s_1(30°) \simeq 1) & \end{array} \qquad (5.35)$$

und für α_0 nahe $90°$ ist die Oszillationsperiode nur 27% kleiner. In jedem Fall ist die Oszillationsperiode direkt proportional zur geozentrischen Distanz der Führungsfeldlinie im Apexpunkt und umgekehrt proportional zur Wurzel aus der Energie der Teilchen.

Im Gegensatz zur Oszillationsperiode hängt die *Lage* der Spiegelpunkte entscheidend vom jeweiligen äquatorialen Anstellwinkel α_0 ab, wie folgende Überlegung zeigt. In einem statischen Magnetfeld kann ein Teilchen weder Energie gewinnen noch verlieren, $\vec{F}_{\mathcal{B}}$ wirkt ja immer senkrecht zur Bewegungsrichtung. Deshalb darf entlang der Gyrationsbahn dieses Teilchens kein beschleunigendes elektrisches Feld wirksam sein

$$\oint_{\mathrm{Gyrationsbahn}} \vec{\mathcal{E}} \, \mathrm{d}\vec{l} = \mathcal{U}_G = 0$$

Nun ist aber die Spannung entlang der Gyrationsbahn $\mathcal{U}_G$ über das Faradaysche Induktionsgesetz (A.101) mit dem Magnetfluß Φ durch diese Gyrationsbahn verknüpft, und es gilt

$$\mathcal{U}_G = -\frac{\mathrm{d}\Phi}{\mathrm{d}t} = -\frac{\mathrm{d}}{\mathrm{d}t} \left(r_{\mathcal{B}}^2 \, \pi \, \mathcal{B} \right) = 0$$

Daraus folgt $r_{\mathcal{B}}^2 \, \pi \, \mathcal{B} = $ konstant. Die Größe der von der Gyrationsbewegung eingeschlossenen Fläche wird sich demnach bei der Oszillationsbewegung gerade so ändern, daß der diese Fläche durchsetzende magnetische Fluß konstant bleibt. Mit $r_{\mathcal{B}} = m \, v_\perp / |q| \, \mathcal{B}$, $v_\perp = v \, \sin \alpha$ und $v = $ konst. folgt daraus auch

$$\mathcal{B}/ \sin^2 \alpha = \text{konst.} \qquad (5.36)$$

Für die Magnetfeldstärke am Spiegelpunkt gilt demnach

$$\mathcal{B}_{Sp} = \mathcal{B}/ \sin^2 \alpha = \mathcal{B}_0 / \sin^2 \alpha_0 = \frac{\mathcal{B}_{00}}{L^3 \sin^2 \alpha_0} \qquad (5.37)$$

wobei $\mathcal{B}_0$ die Magnetfeldstärke am Apexpunkt der Führungsfeldlinie bezeichnet. Bei bekanntem Feldstärkeverlauf entlang einer Magnetfeldlinie (siehe Gl. (5.17)) läßt sich daraus die magnetische Breite und damit die Höhe des Spiegelpunktes bestimmen. Man beachte, daß diese Spiegelpunkthöhe weder von der Art der Teilchen noch von deren Energie abhängt. Konkret ergibt sich für einen Schalenparameter $L \simeq 4$ und einen äquatorialen Anstellwinkel $\alpha_0 \simeq 5.3°$ ein Spiegelpunkt in Höhe der Erdoberfläche. Dies bedeutet, daß

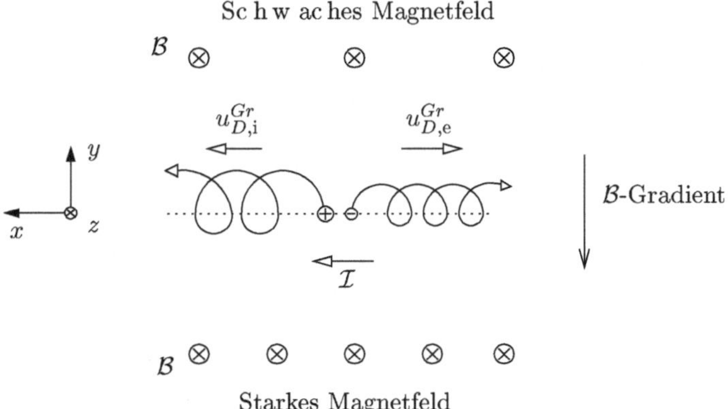

Abb. 5.17. Teilchenbewegung im inhomogenen Magnetfeld. Betrachtet wird der Fall eines Feldgradienten senkrecht zur Magnetfeldrichtung, wobei der Gradient durch eine Sprungstelle in der Feldstärke approximiert wird

Teilchen mit äquatorialen Anstellwinkeln kleiner als 5.3° nicht auf dieser Feldlinie gespeichert werden können, sondern verloren gehen: Sie befinden sich im sogenannten *Verlustkonus* (Verlust*konus*, weil die Teilchen unabhängig von der jeweiligen Phase ihrer Gyrationsbewegung verloren gehen). In Wirklichkeit ist die Weite dieses Verlustkonus etwas größer, da schon Teilchen, die in die dichtere Hochatmosphäre eintauchen, durch Stöße aus ihrer Oszillationsbahn geworfen und absorbiert werden.

Schließlich folgt aus Gl. (5.36)

$$\frac{\sin^2 \alpha}{\mathcal{B}} \frac{mv^2}{2} = \frac{E_\perp}{\mathcal{B}} = \mathcal{M}_G \sim J_1 = \text{konst.}$$

Das magnetische Moment der Gyrationsbewegung erweist sich somit in der Tat als eine (adiabatische) Bewegungsinvariante.

5.3.3 Driftbewegung

Gradientdrift ($\vec{F}_{j\perp} = 0$, $\mathcal{B}$-Gradient $\perp \vec{\mathcal{B}}$). Als nächstes sei ein inhomogenes Magnetfeld betrachtet, das einen Intensitätsgradienten *senkrecht* zur Feldlinienrichtung aufweist. Die Bewegung geladener Teilchen in einem solchen Magnetfeld läßt sich an Hand der Abb. 5.17 verstehen, wobei der Einfachheit halber ein stufenförmiger Sprung in der Magnetfeldstärke angenommen wird. Ein Teilchen, das diese Sprungstelle passiert, wird im Bereich des schwachen Magnetfeldes einen Halbkreis mit großem Gyrationsradius, im Bereich des starken Magnetfeldes einen Halbkreis mit kleinem Gyrationsradius beschreiben, $r_B \sim 1/\mathcal{B}$. Dies führt zu einer effektiven Drift der Teilchen entlang der Sprungstelle, d.h. zu einer Drift senkrecht zur Magnetfeldrichtung und senkrecht zum Magnetfeldgradienten. Formal läßt sich folgender Ausdruck für die Geschwindigkeit dieser *Gradientdrift* ableiten, siehe Anhang A.12

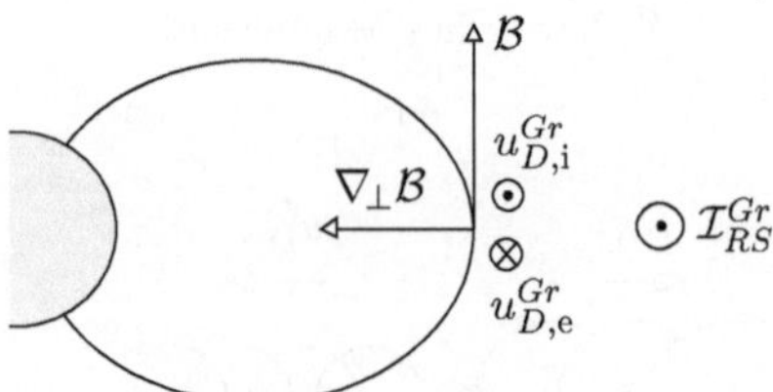

Abb. 5.18. Gradientdrift im magnetischen Dipolfeld der Erde. $\mathcal{I}_{RS}^{Gr}$ bezeichnet den mit der Gradientdrift assoziierten Ringstrom

$$\vec{u}_D^{Gr} = \frac{m\,v_\perp^2}{2q\,\mathcal{B}^3}\,\vec{\mathcal{B}} \times \nabla_\perp \mathcal{B} = \frac{E_\perp}{q\,\mathcal{B}^3}\,\vec{\mathcal{B}} \times \nabla_\perp \mathcal{B} \tag{5.38}$$

Dabei entspricht diese Driftgeschwindigkeit dem zeitlichen Mittelwert der tatsächlichen Teilchengeschwindigkeit, $\vec{u}_D^{Gr} = \langle \vec{v}_\perp(t) \rangle$. Daß dieser Ausdruck die Richtung der Driftbewegung richtig beschreibt, ist offensichtlich, aber auch vom Betrag her ist diese Beziehung verständlich. Um dies zu zeigen, machen wir von der Näherung $|\nabla_\perp \mathcal{B}| \simeq \mathcal{B}/L_\mathcal{B}$ Gebrauch, wobei $L_\mathcal{B}$ die Längenskala beschreibt, auf der sich die Magnetfeldstärke signifikant ändert. Die Natur dieser Approximation entspricht der, wie wir sie bei der Definition der Dichteskalenhöhe oder bei der Abschätzung ionosphärischer Zeitkonstanten diskutiert haben, siehe dazu auch Anhang A.13.3. Damit läßt sich der Betrag der Driftgeschwindigkeit folgendermaßen schreiben

$$u_D^{Gr} \simeq \frac{1}{2}\frac{r_\mathcal{B}}{L_\mathcal{B}} v_\perp$$

Da das Verhältnis $r_\mathcal{B}/L_\mathcal{B}$ ein Maß für die entlang der Gyrationsbahn auftretenden Feldstärkeunterschiede darstellt, ist die Abhängigkeit der Driftgeschwindigkeit von diesem Quotienten unmittelbar verständlich. Verständlich ist auch deren Abhängigkeit von der Geschwindigkeit, mit der die Teilchen die Gyrationsbahnen durchlaufen.

Aus Gl. (5.38) folgt auch, daß Ionen und Elektronen bei gleicher Teilchenenergie gleich schnell driften. Die Kreisbahnsegmente der Elektronenbahn sind zwar wesentlich kleiner als die der Ionen, dafür ist aber die Umlaufgeschwindigkeit der Elektronen viel größer. Da Ionen und Elektronen in entgegengesetzte Richtungen driften, fließt ein Strom in Richtung der Ionendrift, siehe wieder Abb. 5.17.

Auf die Situation des geomagnetischen Dipolfeldes angewandt ergibt sich das in Abb. 5.18 skizzierte Bild. Maximale Gradienten senkrecht zur Feldlinienrichtung treten am Äquator auf und weisen in Richtung Erde. Entsprechend erfolgt die Drift positiv geladener Teilchen in Richtung Westen, die negativ geladener Teilchen in Richtung Osten. Für einen äquatorialen Anstellwinkel von $\alpha_0 = 90°$ erhält man mit Gl. (5.15) eine Driftgeschwindigkeit von

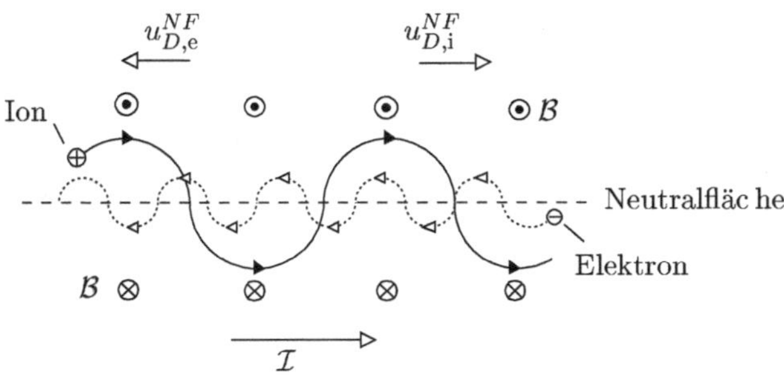

Abb. 5.19. Teilchenbewegung entlang einer magnetischen Neutralfläche bei senkrechter Durchquerung dieser Fläche

$$
\begin{aligned}
&\alpha_0 = 90^\circ \\
&(\varphi = 0)
\end{aligned}
\quad
\left\{
\begin{aligned}
&u_D^{Gr} = 3\, L^2\, E/|q|\, \mathcal{B}_{00}\, R_E \\[4pt]
&\text{bzw. in gebrauchsfertiger Form} \\[4pt]
&u_D^{Gr}[\text{m/s}] \simeq 15.7\, L^2\, E[\text{keV}]
\end{aligned}
\right.
\tag{5.39}
$$

Neutralflächendrift. Für spätere Anwendung betrachten wir zusätzlich den Fall, daß sich die Magnetfeldrichtung an der in Abb. 5.17 betrachteten Sprungstelle umkehrt. Die Teilchenbewegung in einer solchen Magnetfeldkonfiguration ist in Abb. 5.19 skizziert. Dabei wird angenommen, daß der Betrag der Feldstärke auf beiden Seiten der Sprungstelle gleich groß ist und die Teilchen die Neutralfläche senkrecht durchqueren. An der Sprungstelle selbst muß die Magnetfeldstärke (genauer gesagt: die hier betrachtete, zur Zeichenebene senkrechte Komponente) gleich Null sein, was zu der Bezeichnung *Neutralfläche* für die Sprungebene geführt hat. Wie ersichtlich driften Ionen und Elektronen auf wellenartigen Bahnen entlang der Neutralfläche. Da sie sich in entgegengesetzte Richtungen bewegen, fließt ein Strom, der sogenannte *Neutralflächenstrom*. Dieser spielt im Magnetosphärenschweif der Erde und in der Heliosphäre eine wichtige Rolle.

Kraftdrift ($\vec{F}_{j\perp} \neq 0$, $\vec{\mathcal{B}}$ = homogen). Im folgenden sei das Magnetfeld wieder als homogen angenommen, es sei ihm aber ein ladungsneutrales äußeres Kraftfeld überlagert, das senkrecht zur Magnetfeldrichtung wirkt. Abbildung 5.20 illustriert die Ladungsträgerbewegung in einer solchen Kraftfeldkombination. Nach Anlegen des äußeren Kraftfeldes wird das anfänglich ruhende Teilchen in Richtung der Kraft beschleunigt. Sobald es sich bewegt, erfährt es eine magnetische Kraft, die es auf eine der jeweiligen Geschwindigkeit entsprechende Gyrationsbahn zwingt. Dabei kommt es zu einer stetigen Änderung der Bewegungsrichtung, so daß das Teilchen schließlich gegen das äußere Kraftfeld anläuft. Die damit verbundene Abbremsung führt zum Verlust seiner gerade erst gewonnenen kinetischen Energie, bis es in Höhe seiner Ausgangslage, aber seitlich versetzt, wieder zur Ruhe kommt. Dieser Bewegungsvorgang wiederholt sich, wodurch es zu einer effektiven Drift der

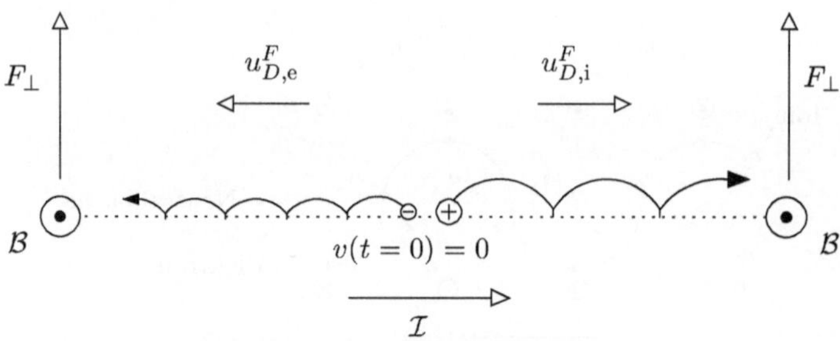

Abb. 5.20. Teilchenbewegung in einem homogenen Magnetfeld, dem ein ladungsneutrales äußeres Kraftfeld überlagert ist

Teilchen senkrecht zur Magnet- und Kraftfeldrichtung kommt. Wegen der unterschiedlichen Gyrationsrichtungen driften positiv und negativ geladene Teilchen in entgegengesetzte Richtungen, und es fließt ein Strom in Richtung der Ionendrift. Man beachte, daß im stationären Zustand dem äußeren Kraftfeld keine Energie entzogen wird, da die bei der Beschleunigung der Teilchen geleistete Arbeit beim Bremsvorgang vollständig zurückgegeben wird. Nur während der Anfangsphase wird Energie verbraucht, um die Teilchen auf ihre effektive Driftgeschwindigkeit zu beschleunigen.

Ein expliziter Ausdruck für die Driftgeschwindigkeit ergibt sich aus folgender Überlegung. Wie Abb. 5.20 zeigt durchlaufen die Teilchen Folgen identischer Bewegungszyklen, so daß ihre Driftgeschwindigkeit konstant und unabhängig von der Zeit sein muß. Dies setzt voraus, daß sich die an den Ladungsträgern angreifende äußere Kraft und die magnetische Kraft im zeitlichen Mittel gerade kompensieren, anderenfalls käme es ja zu einer beschleunigten Driftbewegung der Teilchen. Formal muß demnach gelten

$$\left\langle \vec{F}_\perp + q\,\vec{v}_\perp \times \vec{\mathcal{B}} \right\rangle = \vec{F}_\perp + q\,\vec{u}^F_D \times \vec{\mathcal{B}} = 0$$

wobei die Driftgeschwindigkeit wieder dem zeitlichen Mittelwert der Teilchengeschwindigkeit entspricht, $\vec{u}^F_D = \langle \vec{v}_\perp(t) \rangle$. Kreuzmultiplikation von rechts mit $\vec{\mathcal{B}}$ ergibt die Beziehung

$$\vec{F}_\perp \times \vec{\mathcal{B}} + q\,(\vec{u}^F_D \times \vec{\mathcal{B}}) \times \vec{\mathcal{B}} = \vec{F}_\perp \times \vec{\mathcal{B}} - q\,\mathcal{B}^2 \vec{u}^F_D = 0$$

wobei wir von der Gl. (A.19) Gebrauch gemacht haben. Daraus folgt für die Geschwindigkeit der *Kraftdrift*

$$\vec{u}^F_D = \frac{\vec{F}_\perp \times \vec{\mathcal{B}}}{q\,\mathcal{B}^2} \tag{5.40}$$

Wie ersichtlich ist sie proportional zur Größe der anliegenden Kraft und umgekehrt proportional zur Magnetfeldstärke. Um die Gesamtbewegung beschreiben zu können, zerlegen wir die Teilchengeschwindigkeit in ihre zeitunabhängige und in ihre zeitabhängige Komponente

$$\vec{v}_{\perp}(t) = \vec{u}_D^F + \vec{c}_{\perp}(t)$$

Dabei spielt $\vec{c}_{\perp}(t)$ die Rolle einer Pekuliargeschwindigkeit. Einsetzen in die Bewegungsgleichung (5.20) und Separation der variablen von der konstanten Komponente ergibt

$$m \, \frac{\mathrm{d}\vec{c}_{\perp}}{\mathrm{d}t} - q \, \vec{c}_{\perp} \times \vec{\mathcal{B}} = \vec{F}_{\perp} + q \, \vec{u}_D^F \times \vec{\mathcal{B}} = 0$$

Daraus folgt

$$m \, \frac{\mathrm{d}\vec{c}_{\perp}}{\mathrm{d}t} = q \, \vec{c}_{\perp} \times \vec{\mathcal{B}}$$

und dies entspricht gerade der Bewegungsgleichung eines Ladungsträgers in einem homogenen Magnetfeld ohne äußerem Kraftfeld, siehe Gl. (5.22). Die Gesamtbewegung ergibt sich somit als Überlagerung der dieser Gleichung entsprechenden Gyrationsbewegung und der gleichförmigen Kraftdrift ihres Führungszentrums. Bei einem anfänglich ruhenden Teilchen ergibt dies eine Zykloide, d.h. man kann sich das Teilchen am Umfang eines (Gyrations-)Rades angebracht vorstellen, das in Richtung Kraftdrift rollt. Besitzt das Teilchen bereits eine anfängliche Geschwindigkeit in Richtung äußeres Kraftfeld, so entartet die Kurve zu einer Trochoide (Speichenkurve). Man beachte den Unterschied zwischen der in Abb. 5.14 betrachteten Bewegung entlang einer Helixbahn und der hier betrachteten Bewegung entlang einer Zykloidenbahn: Im ersteren Fall bewegt sich das Führungszentrum parallel zur Magnetfeldlinie, im hier betrachteten Fall senkrecht dazu. Wie bei der Gradientdrift bewegen sich positiv und negativ geladene Teilchen in entgegengesetzte Richtungen, aber – bei gleicher Kraft – gleich schnell, wobei der kleinere Gyrationsradius der Elektronen exakt durch ihre höhere Gyrofrequenz kompensiert wird.

Ambipolare $\vec{\mathcal{E}} \times \vec{\mathcal{B}}$-Drift ($\vec{F}_{j\perp} = q \, \vec{\mathcal{E}}_{\perp}$, $\vec{\mathcal{B}}$ = homogen). Ein sehr wichtiger Spezialfall der Kraftdrift ergibt sich, wenn die Teilchen durch ein von außen angelegtes elektrisches Feld beschleunigt werden. Hier gilt mit $\vec{F}_{\perp} = q \, \vec{\mathcal{E}}_{\perp}$

$$\vec{u}_D^{\mathcal{E}} = \frac{\vec{\mathcal{E}}_{\perp} \times \vec{\mathcal{B}}}{\mathcal{B}^2} \tag{5.41}$$

Offensichtlich kürzt sich in diesem Fall die Ladungsabhängigkeit der Driftbewegung heraus, und positiv und negativ geladene Teilchen bewegen sich gemeinsam (ambipolar) mit der gleichen Geschwindigkeit in die gleiche Richtung, siehe Abb. 5.21. Man spricht in diesem Zusammenhang von einer $\vec{\mathcal{E}} \times \vec{\mathcal{B}}$-*Drift*, wobei nicht vergessen werden sollte, daß die zugehörige Driftgeschwindigkeit *umgekehrt* proportional zu $\mathcal{B}$ ist. Wir halten fest, daß bei elektrischen Kräften paradoxerweise gerade kein elektrischer Strom fließt. Ein stoßfreies Ensemble von Ladungsträgern in einem Magnetfeld stellt somit, senkrecht zur Magnetfeldrichtung gesehen, einen Isolator dar.

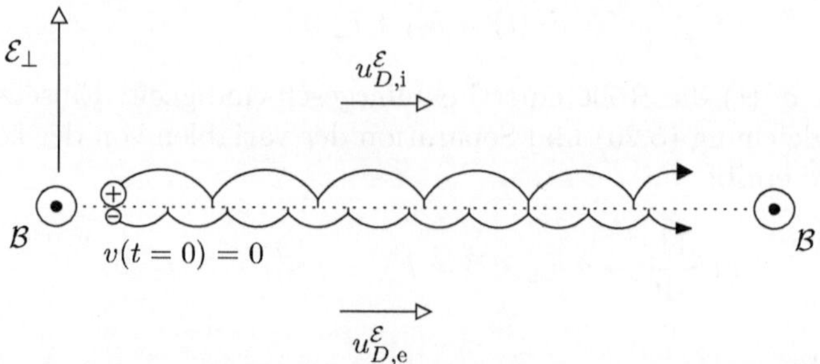

Abb. 5.21. Teilchenbewegung in einem homogenen Magnetfeld, dem ein feldlinienensenkrechtes elektrisches Feld überlagert ist

Krümmungsdrift ($\vec{F}_{j\perp} = \vec{F}_Z$, $\mathcal{B}$ = homogen). Im Dipolfeld der Erde sind es Zentrifugalkräfte, die den wichtigsten Beitrag zur Kraftdrift leisten. Diese ergeben sich bei der Oszillationsbewegung der Teilchen entlang der gekrümmten Magnetfeldlinien. Für die Äquatorebene ergibt sich die in Abb. 5.22 skizzierte Situation: Positiv geladene Teilchen driften in Richtung Westen, negativ geladene Teilchen in Richtung Osten. Krümmungsdrift und Gradientdrift überlagern sich also konstruktiv und verstärken einander. Beiden gemeinsam ist ein Ringstrom, der die Erde in Richtung Westen umfließt.

Zur Bestimmung der Krümmungsdriftgeschwindigkeit wird die Größe der Zentrifugalkraft benötigt. Allgemein gilt

$$\vec{F}_Z = \hat{\rho}_{Kr}\, m v_{\|}{}^2 / \rho_{Kr}$$

wobei $\hat{\rho}_{Kr}$ einen Einheitsvektor in Richtung Krümmungsradius bezeichnet. Einsetzen des in Gl. (5.14) angegebenen Ausdrucks für ρ_{Kr} ergibt

$$\vec{F}_Z = \hat{\rho}_{Kr}\, m v_{\|}{}^2\, \frac{|\nabla_\perp \mathcal{B}|}{\mathcal{B}} = -m v_{\|}{}^2\, \frac{\nabla_\perp \mathcal{B}}{\mathcal{B}} \tag{5.42}$$

Letztere Umformung berücksichtigt die Tatsache, daß Krümmungsradiusvektor und feldliniensenkrechter Feldgradient antiparallel sind. Damit ergibt sich

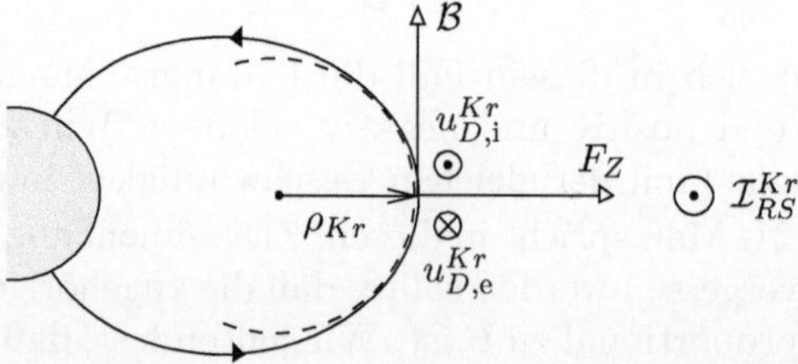

Abb. 5.22. Krümmungsdrift im magnetischen Dipolfeld der Erde. F_Z bezeichnet dabei die Zentrifugalkraft, $u_{D,\mathrm{i}}^{Kr}$ und $u_{D,\mathrm{e}}^{Kr}$ die Krümmungsdrift der Ionen bzw. Elektronen und $\mathcal{I}_{RS}^{Kr}$ den mit der Krümmungsdrift assoziierten Ringstrom

die Geschwindigkeit der *Krümmungsdrift* zu

$$\vec{u}_D^{Kr} = \frac{\vec{F}_Z \times \vec{\mathcal{B}}}{q\,\mathcal{B}^2} = \frac{m\,v_\parallel^{\,2}}{q\,\mathcal{B}^3}\,\vec{\mathcal{B}} \times \nabla_\perp \mathcal{B} \tag{5.43}$$

Neben der Krümmungsdrift existiert natürlich auch eine Gravitationsdrift, die der Krümmungsdrift entgegengerichtet ist. Diese Gravitationsdrift ist aber selbst bei thermischen Energien vernachlässigbar klein. Dies sei an Hand eines 1 eV Protons mit einem äquatorialen Anstellwinkel $\alpha_0 = 45°$ auf einer Führungsfeldlinie mit dem Schalenparameter $L = 4$ demonstriert. Im Bereich des Äquators gilt mit Gl. (5.16)

$$F_Z = m_\mathrm{p} v_\parallel^{\,2}/\rho_{Kr} = 6\,E_\mathrm{p}\,\cos^2\alpha_0/(R_E\,L) \simeq 2\cdot 10^{-26}\ \mathrm{N}$$

$$\gg F_g = m_\mathrm{p}\,g(h=0)/L^2 \simeq 10^{-27}\ \mathrm{N}$$

Gesamtdrift. Faßt man Gradient- und Krümmungsdrift zusammen, so erhält man als Ausdruck für die Gesamtdrift geladener Teilchen im Dipolfeld der Erde

$$\vec{u}_D = \vec{u}_D^{Gr} + \vec{u}_D^{Kr} = \frac{m}{2\,q\,\mathcal{B}^3}\,\left(v_\perp^2 + 2v_\parallel^{\,2}\right)\,\vec{\mathcal{B}} \times \nabla_\perp \mathcal{B}$$

$$= \frac{E\,(1+\cos^2\alpha)}{q\,\mathcal{B}^3}\,\vec{\mathcal{B}} \times \nabla_\perp \mathcal{B} \tag{5.44}$$

Für den Fall, daß der äquatoriale Anstellwinkel α_0 gleich 90° ist, entspricht die Gesamtdrift natürlich der Gradientdrift, da $v_\parallel$ gleich Null ist. Für $\alpha_0 < 90°$ wird die Berechnung der Driftgeschwindigkeit komplizierter, da in diesem Fall die Drift nicht mehr allein in der Äquatorebene erfolgt und somit die Anstellwinkel- und Magnetfeldvariation entlang der Oszillationsbahn berücksichtigt werden muß. Allerdings ist die Driftgeschwindigkeit in der Nähe tiefer gelegener Spiegelpunkte ungleich kleiner als in der Äquatorebene, da dort sowohl der Feldgradient als auch die Krümmung der Feldlinie als auch die parallele Geschwindigkeitskomponente relativ klein werden. Mittelt man die Driftgeschwindigkeit über eine Oszillationsperiode (was zu einem nur numerisch lösbaren Integralausdruck führt), so erhält man näherungsweise

$$\langle u_D \rangle \simeq \frac{3\,L^2\,E}{|q|\,\mathcal{B}_{00}\,R_E}\,s_2(\alpha_0) \tag{5.45}$$

Dies entspricht der in Gl. (5.39) angegebenen Gradientdriftgeschwindigkeit am Äquator, multipliziert mit einer Korrekturfunktion

$$s_2(\alpha_0) = 0.7 + 0.3\,\sin\alpha_0$$

Offensichtlich hängt letztere nur schwach vom jeweiligen äquatorialen Anstellwinkel ab, $0.7 \le s_2(\alpha_0) \le 1$. Vernachlässigt man diese Abhängigkeit und setzt in erster Näherung $s_2(\alpha_0) \simeq 1$, so ergibt sich die zur Teilchendrift gehörige Driftperiode zu

$$\tau_D = 2\pi \; R_E L / \langle u_D \rangle \simeq \frac{2\pi}{3} \; R_E^2 \; |q| \; \mathcal{B}_{00} \; \frac{1}{L \, E} \tag{5.46}$$

bzw. in gebrauchsfertiger Form zu

$$\tau_D[\mathrm{h}] \simeq 710/L \, E \; [\mathrm{keV}] \tag{5.47}$$

Die Umlaufperiode ist demnach umgekehrt proportional zur Energie der Teilchen und zum Schalenparameter der betrachteten Feldlinie.

5.3.4 Zusammengesetzte Ladungsträgerbewegung

Die zusammengesetzte Ladungsträgerbewegung in der inneren Magnetosphäre ist in Abb. 5.23 skizziert. Sie besteht aus einer Gyrationsbewegung um die lokale Feldlinie, aus einer Oszillationsbewegung entlang dieser Feldlinie und der überlagerten azimutalen Drift um die Erde. Tabelle 5.1 vergleicht die Größenordnung der zugehörigen Zeitkonstanten für drei verschiedene Bedingungen, die wichtigen Teilchenpopulationen in der inneren Magnetosphäre entsprechen. Offensichtlich sind diese Zeitkonstanten so verschieden, daß eine lineare Überlagerung der drei Bewegungsarten in sehr guter Näherung möglich ist. Allgemein gilt

$$\tau_B(\neq f(E)) \ll \tau_O(\sim 1/\sqrt{E}) \ll \tau_D(\sim 1/E)$$

Man beachte, daß nur in der hier betrachteten Dipolapproximation die Spiegelpunkte der Teilchenbahnen auf Kreisen gleicher Höhe liegen. In der Realität schwanken die Spiegelpunkthöhen entsprechend der jeweiligen lokalen Magnetfeldstärke. Besonders bekannt in diesem Zusammenhang ist die *Südatlantische Anomalie* mit ihren auffällig schwachen Magnetfeldstärken. Hier tauchen die Spiegelpunkte besonders tief in die dichtere Atmosphäre ein, was zu erhöhten Verlusten gespeicherter Teilchen führt. Ferner ist zu beachten, daß die oben beschriebenen Bewegungsarten natürlich nur dann ungestört ablaufen, wenn Zusammenstöße mit anderen Teilchen vernachlässigbar selten vorkommen. Ob dies tatsächlich der Fall ist, läßt sich mit Hilfe der Stoßfrequenz bzw. mit Hilfe der darauf basierenden Zeitkonstanten für Stoßprozesse überprüfen.

5.3.5 Coulomb-Stöße

Elastische Stöße stellen Wechselwirkungen zwischen Teilchen dar, bei denen es innerhalb kurzer Zeit zu signifikanten Richtungs- und Impulsänderungen kommt, ohne daß kinetische Energie verloren geht. Die Wahrscheinlichkeit für das Auftreten solcher Ereignisse hängt u.a. von der Größe der Stoßquerschnitte der beteiligten Teilchen ab. Bei den bisher betrachteten elastischen

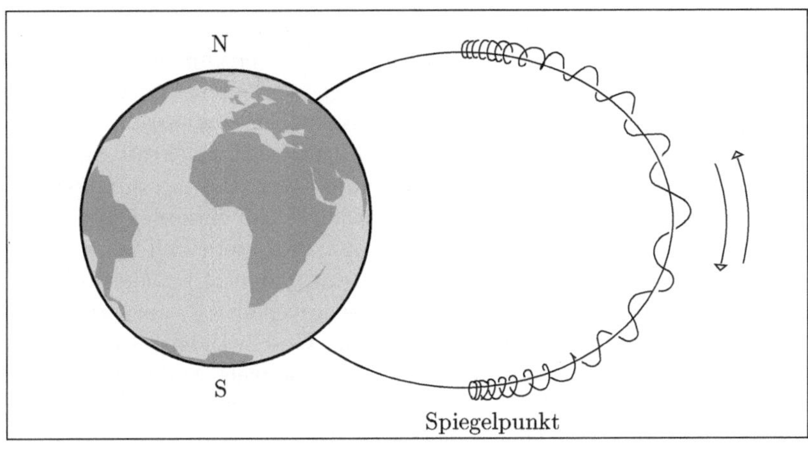

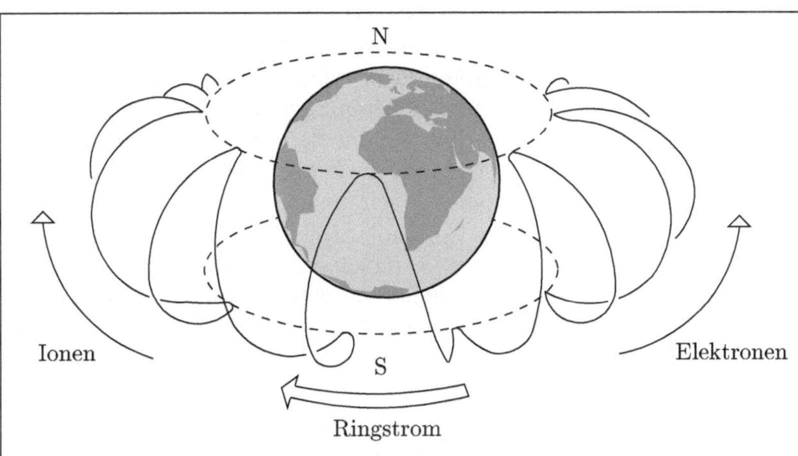

Abb. 5.23. Zusammengesetzte Ladungsträgerbewegung in der inneren Magnetosphäre. Oben: Gyration und Oszillation; unten: Oszillation und Drift

Tabelle 5.1. Vergleich der Gyrations-, Oszillations- und Driftperioden für repräsentative innermagnetosphärische Bedingungen

Teilchenart	Protonen			Elektronen (Multiplikationsfaktor)
Energie	0.6 eV ($\simeq$ 5000 K)	20 keV	20 MeV	$\sim$
L	3	4	1.3	$\sim$
Periode τ_B	0.1 s	0.1 s	5 ms	$5.4 \cdot 10^{-4}$
τ_O	2 h	1 min	0.5 s	$2.3 \cdot 10^{-2}$
τ_D	45 a	9 h	2 min	1

Stößen zwischen Neutralgasteilchen und Ladungsträgern und zwischen Neutralgasteilchen untereinander konnten diese Stoßquerschnitte in sehr guter Näherung als energieunabhängig angenommen werden. Erstens hatten wir es nur mit Teilchen in einem sehr beschränkten Energiebereich zu tun (ca. 0.1-0.5 eV); und zweitens ändert sich die Wechselwirkungskraft dieser Teilchen mit einer hohen Potenz ihrer Entfernung. Letzteres hat zur Folge, daß die wechselwirkenden Teilchen relativ 'plötzlich' und innerhalb kleiner Distanzänderungen etwas voneinander 'merken'. In diesem Fall ist es deshalb in guter Näherung möglich, eine effektive Distanz (den Stoßquerschnittsradius) einzuführen, bei der die Wechselwirkung unvermittelt einsetzt. Wichtig ist, daß diese Distanz nur relativ wenig von der Geschwindigkeit der Teilchen abhängt, da schnellere Teilchen wegen der stark anwachsenden Abstoßungskräfte nur unwesentlich näher an das gestoßene Teilchen herangelangen als langsamere Teilchen.

Anders sieht die Situation bei Stößen zwischen Ladungsträgern untereinander aus. Hier beruht die Wechselwirkung auf der Coulomb-Kraft, die nur mit $1/r^2$ abfällt. Bei diesen sogenannten *Coulomb-Stößen* setzt demnach die Wechselwirkung allmählich ein, und höherenergetische Teilchen müssen sich dem 'gestoßenen' Teilchen wesentlich stärker nähern, um die gleiche Ablenkung zu erfahren. Damit ergibt sich auch die Frage, ab welchem Ablenkwinkel und ab welcher Impulsänderung eine Wechselwirkung als Stoß zu bezeichnen ist. Um die Größenordnung von Coulomb-Stoßquerschnitten und insbesondere deren Energieabhängigkeit zu ermitteln, seien im folgenden zunächst Wechselwirkungen betrachtet, bei denen der Ablenkwinkel 90° beträgt. Die Impulsänderung beträgt in diesem Fall $\sqrt{2}\, m\, v$, was etwa 70% des maximal möglichen Impulsübertrages von $2\, m\, v$ entspricht. Abbildung 5.24 illustriert die betrachtete Situation an Hand eines 'Zusammenstoßes' zwischen einem Elektron der Geschwindigkeit v_e und einem ruhenden Ion. Vektorsubtraktion ergibt in diesem Fall eine Impulsänderung von

$$\Delta I = F\, \Delta t = \sqrt{2}\, m_\mathrm{e}\, v_\mathrm{e} \tag{5.48}$$

Dabei beträgt die Kraft F, die das Elektron im elektrischen Feld des Ions erfährt, nach dem Coulomb-Gesetz

$$F = \frac{e^2}{4\pi\, \varepsilon_0\, r^2}$$

Ersetzt man näherungsweise die reale Ablenkbahn des Elektrons (Hyperbel!) durch ein Viertelkreissegment mit dem Radius der Einfallsdistanz b (= Stoßparameter), so beträgt die jetzt konstante Wechselwirkungskraft

$$\langle F \rangle \simeq \frac{e^2}{4\pi\, \varepsilon_0\, b^2}$$

Die Verweilzeit des Elektrons in diesem Kraftfeld beträgt entsprechend

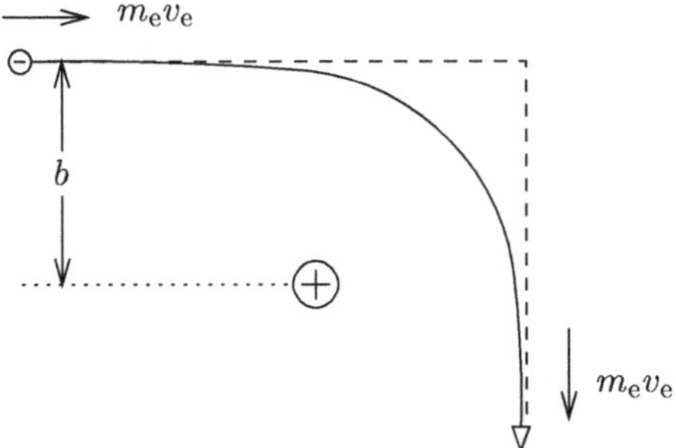

Abb. 5.24. 90°-Ablenkung eines Elektrons der Geschwindigkeit v_{e} im Coulomb-Potential eines ruhenden Ions

$$\Delta t \simeq \frac{2\pi}{4}\,\frac{b}{v_{\mathrm{e}}}\,\frac{1}{}$$

Setzt man $\langle F \rangle$ und Δt in Gl. (5.48) ein, so erhält man folgende Proportionalität

$$b \sim \frac{e^2}{\varepsilon_0\,m_{\mathrm{e}}\,v_{\mathrm{e}}^2}$$

Mit Hilfe von b läßt sich ein Coulomb-Stoßquerschnitt definieren, für den die Ablenkung mindestens 90° und die Impulsänderung des stoßenden Elektrons mindestens $\sqrt{2}m_{\mathrm{e}}v_{\mathrm{e}}$ beträgt

$$\sigma_{\mathrm{e,i}}^{90} = \pi\,b^2 \sim \frac{e^4}{\varepsilon_0^2\,m_{\mathrm{e}}^2\,v_{\mathrm{e}}^4} \sim \frac{1}{E_{\mathrm{e}}^2} \tag{5.49}$$

Wie aus der Ableitung ersichtlich tragen zwei Faktoren zur starken Energieabhängigkeit dieses Querschnittes bei:

- Die jeweilige Ablenkung des stoßenden Teilchens hängt von der *relativen* Impulsänderung ab. Hat das Teilchen also vor dem Stoß einen großen Bewegungsimpuls und damit auch eine hohe Energie, so bedarf es eines großen zusätzlichen Impulses bzw. einer großen Kraft, um dieses Teilchen nennenswert aus seiner ursprünglichen Bahn abzulenken. Dies erfordert, daß sich beide Teilchen relativ stark nähern, was wiederum einen kleinen Wechselwirkungsquerschnitt impliziert.

- Die Impulsänderung, die ein stoßendes Teilchen erfährt, hängt neben der Größe der Wechselwirkungskraft auch von der Zeit ab, die das Teilchen in diesem Kraftfeld verbringt. Diese Zeit ist um so kürzer, je größer die relative Geschwindigkeit und damit die Energie der wechselwirkenden Teilchen ist. Zwar verkürzt sich diese Wechselwirkungszeit noch bei Annäherung der Teilchen, aber nur linear, während die Kraftwirkung quadratisch anwächst.

Wir benutzen Gl. (5.49) als Orientierungshilfe bei der Ableitung eines allgemeinen Ausdrucks für 90°-Coulomb-Stöße. Offensichtlich muß in diesem Fall die Elektronmasse durch die reduzierte Masse und die Elektrongeschwindigkeit durch die Relativgeschwindigkeit der wechselwirkenden Teilchen ersetzt werden, $m_\mathrm{e} \to m_{1,2}$ und $v_\mathrm{e} \to v_{1,2}$, siehe Abschnitt 2.1.1. Auch der Zahlenfaktor erweist sich bei genauerer Rechnung als etwas kleiner als der in unserer Abschätzung und man erhält

$$(\sigma_{1,2})^{90}_{Cb} = \frac{1}{16\pi}\frac{e^4}{\varepsilon_0^2 m_{1,2}^2 v_{1,2}^4} \tag{5.50}$$

Analog zum 90°-Coulomb-Stoßquerschnitt lassen sich auch Querschnitte für kleinere Ablenkwinkel definieren, die entsprechend größer ausfallen. In der Tat treten solche Stöße mit kleinerem Ablenkwinkel und kleinerem Impulsübertrag wesentlich häufiger auf als 90°-Stöße, wobei sie in ihrer Summe zu erheblichen Gesamtablenkungen und -impulsüberträgen führen. Insofern wird der mittlere Coulomb-Stoßquerschnitt wesentlich größer ausfallen, als der für 90°-Stöße. Eine untere Grenze für die zu berücksichtigenden Ablenkwinkel ergibt sich aus der begrenzten Reichweite des Coulomb-Potentials in einem Plasma. So führt z.B. die Anwesenheit anderer Elektronen zu einer Abschirmung der Ladung eines Einzelions. Die damit verbundene Abschirmdistanz wird als *Debye-Länge* oder als *Debye-Hückel-Radius* bezeichnet

$$l_D = \sqrt{\varepsilon_0\, k\, T_\mathrm{e}/n\, e^2} \tag{5.51}$$

Entsprechend 'merken' geladene Teilchen, die weiter voneinander entfernt sind als die Debye-Länge, nichts mehr voneinander, und diese Tatsache begrenzt die Größe des effektiven Wechselwirkungsquerschnitts. Damit definiert die Debye-Länge auch diejenige Skalenlänge, oberhalb der ein Plasma als quasi-neutrales Gas angesehen werden kann. Berücksichtigt man alle Stöße bis hinauf zu einem Stoßparameter, der der Debye-Länge entspricht, so erhält man einen Stoßquerschnitt der Größe $(\sigma^{Cb}_{1,2})_\mathrm{Streuung} = \pi l_D^2$. Als Beispiel betrachten wir die ionosphärische F-Region mit $n = 5 \cdot 10^{11}\mathrm{m}^{-3}$ und $T_\mathrm{e} = 1500$ K. Hier ist die Debye-Länge von der Größenordnung einiger Millimeter und dies ergibt einen Gesamtstreuquerschnitt von einigen $10^{-5}\mathrm{m}^2$. Ein so riesiger Wechselwirkungsquerschnitt ist aber völlig unvereinbar mit den in der Ionosphäre beobachteten Diffusions- und Wärmeleitungsvorgängen. Einen mit diesen Beobachtungen verträglichen Wechselwirkungsquerschnitt erhält man erst, wenn man nicht die jeweilige Ablenkung eines Teilchens, sondern den bei einem Stoß stattfindenden Impulstransfer als den eigentlich wichtigen Vorgang betrachtet. Dieser Impulstransfer nimmt aber mit wachsendem Stoßparameter wesentlich rascher ab als der jeweilige Streuwinkel, siehe z.B. Abschnitt 2.3.4. Wichtet man demnach alle Stöße entsprechend der Größe ihres Impulsübertrages und berücksichtigt man nach wie vor alle Stöße bis zu einem Stoßparameter $b \leq l_D$, so erhält man folgenden mittleren Stoßquerschnitt, der auch als *Impulsübertragungsquerschnitt* bezeichnet wird

$$(\sigma_{1,2}^{Cb})_{\text{Impuls}} = 4 \ \ln \Lambda \ (\sigma_{1,2})_{Cb}^{90} = \frac{e^4 \ln \Lambda}{4\pi \ \varepsilon_0^2 \ m_{1,2}^2 \ v_{1,2}^4} \tag{5.52}$$

Dabei ist $\ln \Lambda$ der sogenannte *Coulomb-Logarithmus*

$$\ln \Lambda = \ln \left(12\pi \ \varepsilon_0 \ k \ T_{\text{e}} \ l_D / e^2 \right) \tag{5.53}$$

Offensichtlich hängt der Coulomb-Logarithmus nur schwach von der Dichte und Temperatur der betrachteten Teilchenpopulation ab. Für die Ionosphäre ($n \simeq 5 \cdot 10^{11}$ m^{-3}, $T_{\text{e}} \simeq 1500$ K) erhält man z.B. einen Wert von $\ln \Lambda \simeq 14$, für das thermische Plasma der inneren Magnetosphäre ($n \simeq 5 \cdot 10^8$ m^{-3}, $T_{\text{e}} \simeq 5000$ K) einen Wert von $\ln \Lambda \simeq 19$ und für den Sonnenwind in Erdbahnnähe ($n \simeq 6 \cdot 10^6$ m^{-3}, $T_{\text{e}} = 10^5$ K) einen Wert von $\ln \Lambda \simeq 26$. Damit ist der mittlere Impulsübertragungsquerschnitt 50 bis 100 mal größer als der Stoßquerschnitt für 90°-Ablenkungen, gleichzeitig aber viele Größenordnungen kleiner als der zur Debye-Länge gehörige Gesamtstreuquerschnitt. Handelt es sich bei den Stoßpartnern um zwei Ladungsträgergase, die jeweils eine Maxwell-Geschwindigkeitsverteilung besitzen, so läßt sich der dazugehörige mittlere Impulsübertragungsquerschnitt durch Einsetzen von Gl. (2.9) in Gl. (5.52) abschätzen, $v_{1,2} \to \overline{c}_{1,2}$. Genauere Rechnungen (sprich eine genauere Mittelwertbildung) ergibt den geringfügig kleineren Wert

$$(\sigma_{1,2}^{Cb})_{\text{Impuls}}^{\text{Maxwell}} = \frac{1}{32\pi} \frac{e^4 \ln \Lambda}{\varepsilon_0^2 (kT_{1,2})^2} \tag{5.54}$$

Dabei gehen wir nach wie vor von einfach geladenen Ionen aus. Verzichtet man der Einfachheit halber im folgenden weitgehend auf die zwar die genaue Bedeutung angebende, aber doch reichlich umständliche Indizierung, so gilt speziell

$$\sigma_{\text{e,i}} \simeq \sigma_{\text{i,e}} \simeq \sigma_{\text{e,e}} = \frac{1}{32\pi} \frac{e^4 \ln \Lambda}{\varepsilon_0^2 (kT_{\text{e}})^2}, \qquad \sigma_{\text{i,i}} = \frac{1}{32\pi} \frac{e^4 \ln \Lambda}{\varepsilon_0^2 (kT_{\text{i}})^2} \tag{5.55}$$

Man sieht, daß diese Wechselwirkungsquerschnitte bei Temperaturen von bis zu einigen 1000 K um mehrere Zehnerpotenzen größer sind als die für Neutralgasteilchen. Für die Ionosphäre und für eine Ionentemperatur von $T_{\text{i}} = 1000$ K gilt z.B. $\sigma_{\text{i,i}} \simeq 6 \cdot 10^{-15}$ m$^2 \gg \sigma_{\text{n,n}} \simeq 3 \cdot 10^{-19}$ m^2. Für energiereiche Teilchen in der inneren Magnetosphäre nimmt der Wechselwirkungsquerschnitt dagegen wegen $\sigma_{Cb} \sim 1/E^2$ sehr kleine Werte an, so daß Stöße mit wachsender Teilchenenergie immer seltener vorkommen.

Mit Hilfe der auf diese Weise eingeführten Stoßquerschnitte lassen sich Stoßfrequenzen, Stoßzeiten, mittlere freie Weglängen und Reibungsfrequenzen abschätzen. Für spätere Anwendung ist z.B. die mit Coulomb-Stößen verknüpfte Zeitkonstante von Interesse. Mit Gl. (2.12) und (5.54) ergibt sich die mittlere Zeit zwischen zwei Stößen in einem thermischen Ladungsträgergasgemisch zu

$$\tau_{1,2} = \frac{1}{\nu_{1,2}} = \frac{1}{\sigma_{1,2}\, n_2\, \sqrt{8k\, T_{1,2}/\pi\, m_{1,2}}}$$

$$= \frac{16\pi^{3/2}\, \varepsilon_0^2\, k^{3/2}}{\sqrt{2}\, e^4} \frac{\sqrt{m_{1,2}}\, T_{1,2}^{3/2}}{\ln \Lambda\, n_2} \tag{5.56}$$

Speziell erhält man z.B. für Proton-Proton-Stöße mit $16\pi^{3/2}\varepsilon_0^2 k^{3/2}/\sqrt{2}e^4 \simeq$ $3.85 \cdot 10^{20}$ [S.I.-Einheiten]

$$\tau_{\mathrm{p,p}}[\mathrm{s}] \simeq 10^7 \frac{(T_{\mathrm{p}}[\mathrm{K}])^{3/2}}{\ln \Lambda\, n_{\mathrm{p}}[\mathrm{m}^{-3}]} \simeq 30 \left(\frac{T_{\mathrm{p}}}{T_{\mathrm{e}}}\right)^{3/2} \tau_{\mathrm{e,p}} \tag{5.57}$$

bzw. für die dazugehörige mittlere freie Weglänge

$$l_{\mathrm{p,p}}[\mathrm{m}] \simeq 1.6 \cdot 10^9 \frac{(T_{\mathrm{p}}[\mathrm{K}])^2}{\ln \Lambda\, n_{\mathrm{p}}[\mathrm{m}^{-3}]} \tag{5.58}$$

wobei wir von Gl. (2.13) Gebrauch gemacht haben. Entsprechend gilt für die an verschiedenen Stellen benötigte Reibungsfrequenz zwischen Ladungsträgergasen

$$\nu_{1,2}^* = \frac{4}{3}\frac{m_2}{m_1 + m_2}\frac{1}{\tau_{1,2}} = \frac{1}{\sqrt{72\pi^3}}\frac{e^4}{\varepsilon_0^2\, k^{3/2}} \sqrt{\frac{m_2}{m_1(m_1 + m_2)}}\frac{\ln \Lambda\, n_2}{T_{1,2}^{3/2}} \tag{5.59}$$

siehe Gl. (2.56), und speziell für die Reibungsfrequenz zwischen Elektronen und Ionen

$$\nu_{\mathrm{e,i}}^* = \frac{1}{\sqrt{72\pi^3}}\frac{e^4}{\varepsilon_0^2\, \sqrt{m_{\mathrm{e}}}\, k^{3/2}}\frac{\ln \Lambda\, n}{(T_{\mathrm{e}})^{3/2}} \simeq 3.6 \cdot 10^{-6}\frac{\ln \Lambda\, n}{(T_{\mathrm{e}})^{3/2}} \tag{5.60}$$

wobei die gebrauchsfertige Form für S.-I.-Einheiten gültig ist.

5.4 Teilchenpopulationen der inneren Magnetosphäre

Die Dipolkonfiguration des Erdmagnetfeldes stellt eine Art magnetischer Flasche dar, in der eine Vielzahl geladener Teilchen eingeschlossen ist. Je nach Energie ordnet man diese Teilchen entweder dem *Strahlungsgürtel*, dem *Ringstrom* oder der *Plasmasphäre* zu. Die wesentlichen Eigenschaften dieser Teilchenpopulationen sind in Tabelle 5.2 zusammengefaßt. Dabei sollte folgendes beachtet werden

– Die Speicherregionen dieser drei Teilchengruppen überlappen sich teilweise

– Es ist nur für die stoßdominierte Plasmasphäre sinnvoll eine Temperatur anzugeben

– Die Angabe von Teilchenflüssen und -dichten für oszillierende Teilchenensemble ist nur bedingt aussagekräftig

Tabelle 5.2. Teilchenpopulationen der inneren Magnetosphäre

Kenngröße	Teilchenpopulation		
	Strahlungsgürtel	Ringstrom	Plasmasphäre
Energie — Ionen	$1 - 100$ MeV	$1 - 200$ keV	< 1 eV $(\simeq 5000$ K$)$
Energie — Elektronen	50 keV $- 10$ MeV	< 10 keV	
Ort	$1.2 < L < 2.5$	$3 < L < 6$	$1.2 < L < 5$
Feldlinienfußpunkte	Niedrige und mittlere Breiten	Mittlere und höhere Breiten	Niedrige und mittlere Breiten
Dichte/Teilchenfluß	H^+ (50 MeV) $< 10^8$ m^{-2}s^{-1}	$\lesssim 10^6$ m^{-3}	$> 10^8$ m^{-3}
Zusammensetzung	H^+, e^-	H^+, O^+, He^+, e^-	H^+, e^-
Teilchenbewegung	Gyration Oszillation Drift	Gyration Oszillation Drift	Gyration Korotation
β^*-Parameter	$\ll 1$	< 1	$\ll 1$
Quellregion		Plasmaschicht, Ionosphäre	Ionosphäre
Entstehungsprozeß	z.B. CRAND	Teilchentransport & Beschleunigung	Ladungsaustausch & Transport
Senkenregion	Hochatmosphäre	Interplanetarer Raum, Hochatmosphäre	Ionosphäre, Magnetosphäre
Verlustprozeß	Abbremsung, Anstellwinkeldiffusion in Verlustkonus	Ladungsaustausch, Anstellwinkeldiffusion in Verlustkonus	Transport & Ladungsaustausch, Konvektion
Bedeutung	Strahlungsschäden	Magnetfeldstörung	Plasmareservoir für Ionosphäre

– Die angegebenen Zahlenwerte können nur Richtgrößen darstellen

Der in der Tabelle 5.2 aufgeführte β^*-Parameter stellt ein Maß für das Verhältnis von kinetischer zu magnetischer Energiedichte dar

$$\beta^* = \frac{p + p_d}{p_\mathcal{B}} \sim \frac{E^*_{kinetisch}}{E^*_{magnetisch}} \tag{5.61}$$

Dabei bezeichnen p, p_d und $p_\mathcal{B}$ den thermodynamischen Plasmadruck, den dynamischen Plasmadruck und den magnetischen Druck, siehe Gl. (2.23), (2.24) und (6.76). Da p größenordnungsmäßig die Energiedichte der thermischen Bewegung der Plasmateilchen, p_d größenordnungsmäßig die Energiedichte der Plasmaströmung und $p_\mathcal{B} = \mathcal{B}^2/2\mu_0$ neben dem magnetischen Druck auch die Energiedichte des Magnetfeldes beschreibt, ist β^* auch ein Maß für das Verhältnis von Bewegungs- zu Magnetfeldenergiedichte. Demzufolge bestimmt die Größe dieses Parameters, ob sich das Magnetfeld der vorgegebenen Teilchenbewegung oder die Teilchenbewegung der vorgegebenen Magnetfeldstruktur anpassen muß. In der inneren Magnetosphäre ist letzteres der Fall. Hier gilt zudem $\beta^* \simeq p/p_\mathcal{B}$ und dieser Quotient entspricht dem aus der Fusionsphysik bekannten β-*Parameter* oder *Plasma-β*. Im folgenden sollen die in der Tabelle 5.2 zusammengestellten Eigenschaften der verschiedenen Teilchenpopulationen näher erläutert werden.

5.4.1 Strahlungsgürtel

Unter dem Strahlungsgürtel versteht man eine in der inneren Magnetosphäre eingeschlossene, hochenergetische Teilchenpopulation. Ihren Namen verdankt sie den 'Strahlungs'meßgeräten (Geiger-Müller-Zählrohren), mit denen sie erstmals nachgewiesen wurde. Alternativ wird diese Teilchenpopulation auch als *Van-Allen-Gürtel* bezeichnet.

Die Entdeckungsgeschichte des Strahlungsgürtels illustriert in aufschlußreicher Weise den Beginn der Weltraumforschung mit Hilfe künstlicher Satelliten. So befand sich schon an Bord des ersten amerikanischen Satelliten (EXPLORER 1, Start Ende Januar 1958) ein Zählrohr der Forschergruppe um van Allen, das für die Vermessung kosmischer energetischer Teilchen ('Kosmischer Strahlung') gedacht war. Die jeweiligen Zählraten wurden damals in Echtzeit beim Überfliegen einer Bodenstation abgefragt. Es zeigte sich, daß in geringen Höhen (einige 100 km) die erwarteten Zählraten registriert wurden, in größeren Höhen (> 1500 km) die Zählrate aber auf Null zurückging. Die Gruppe van Allen sah sich damals in der mißlichen Lage, das Verschwinden der Kosmischen Strahlung in größeren Höhen erklären zu müssen.

Der zweite amerikanische Satellit (EXPLORER 2, Start Anfang März 1958) hatte wieder einen Geigerzähler an Bord, stürzte aber kurz nach dem Start in den Atlantik. Der dritte amerikanische Satellit (EXPLORER 3, Start Ende März 1958) hatte schließlich als erstes Raumfahrzeug ein Bandgerät an Bord, das den Zählratenverlauf eines gesamten Umlaufs zu speichern vermochte. Nun zeigte es sich, daß die Zählrate in großen Höhen aufgrund von Übersättigung auf Null zurückging und dort in Wirklichkeit außerordentlich hohe Intensitäten gemessen wurden. Im ersten Augenblick dachte man an die Entdeckung einer neuartigen Strahlung (siehe Namensgebung!), und sogar das Gerücht, der Weltraum sei radioaktiv, kursierte. Später interpretierte man die Messungen korrekterweise im Sinne hochenergetischer Teilchen, die im Magnetfeld der Erde gespeichert sind.

Es ist bemerkenswert, daß auch der zweite russische Satellit, (SPUTNIK 2, Start November 1957) zwei Geigerzähler an Bord hatte. Dieser Satellit erreichte aber in der Nähe seiner russischen Bodenstationen seinen erdnächsten Punkt (sein Perigäum) und lag dabei unterhalb des Strahlungsgürtels. Messungen in größeren Höhen wurden zwar in Australien aufgezeichnet, konnten aber wegen fehlender Kooperation nicht dechiffriert werden. Auf diese Weise entging den russischen Wissenschaftlern die erste wichtige Entdeckung mit Hilfe eines künstlichen Erdsatelliten.

Heute weiß man, daß energetische Teilchen die gesamte Speicherregion der inneren Magnetosphäre bevölkern, wobei der Ort maximaler Teilchenflüsse von Teilchenart, Teilchenenergie und magnetosphärischem Zustand abhängt. Unter dem Strahlungsgürtel sei im folgenden die hochenergetische Komponente dieser Teilchenpopulation verstanden, wobei als untere Grenze etwa 1 MeV für Protonen und 50 keV für Elektronen gelten mag. Als Beispiel ist in Abb. 5.25a die Verteilung des maximalen allseitigen Protonenflusses bei Energien oberhalb von 4 bzw. oberhalb von 50 MeV skizziert. Für 4-MeV-Teilchen liegt das Maximum in der (magnetischen) Äquatorebene bei etwa $L = 1.8$ ($\simeq 5000$ km Höhe), für 50-MeV-Teilchen im Höhenbereich um 3000 km (innerer Strahlungsgürtel). Maximale äquatoriale Flüsse betragen 10^{10} m^{-2}s^{-1} für 4-MeV-Teilchen und 10^8 m^{-2}s^{-1} für 50-MeV-Teilchen. Für Elektronen mit Energien oberhalb von 1.6 MeV werden dagegen maximale Flußdichten von ca. 10^8 m^{-2}s^{-1} zwischen $L = 3$ und $L = 4$ beobachtet (äußerer Strahlungsgürtel).

Die Eigenschaften der höherenergetischen Strahlungsgürtelteilchen sind relativ stabil, was auf zeitlich konstante Quell- und Verlustprozesse hinweist. Dabei ist die Entstehung hochenergetischer Teilchen tief im Inneren der Magnetosphäre sicherlich ein bemerkenswerter Vorgang. Heute glaubt man, daß eine der Hauptquellen für höherenergetische Strahlungsgürtelteilchen der in Abb. 5.26 skizzierte sogenannte CRAND(= Cosmic Ray Albedo Neutron Decay)-Prozeß ist. Hochenergetische Teilchen kosmischen Ursprungs (im allgemeinen unter der Bezeichnung *Kosmische Strahlung* bekannt, siehe Abschnitt 6.6.1) kollidieren in der dichteren Atmosphäre mit den Kernen atmosphärischer Gase. Ein Bruchteil der bei diesen Wechselwirkungen freigesetzten energetischen Neutronen (ein 5 GeV Proton erzeugt etwa 7 freie Neutronen) vermag in Richtung Magnetosphäre zu diffundieren (Neutronenalbedo) und zerfällt dort im Bereich des Strahlungsgürtels

$$ n \longrightarrow p + e + \bar{\nu} \qquad (\bar{\nu} = \text{Antineutrino}) $$

Die dabei entstehenden Protonen und Elektronen werden im lokalen Magnetfeld gespeichert. Strahlungsgürtelteilchen sind auch mehrfach künstlich durch die Explosion von Atombomben in größeren Höhen erzeugt worden, so z.B. im ARGUS- (1958) und STARFISH- (1962) Experiment.

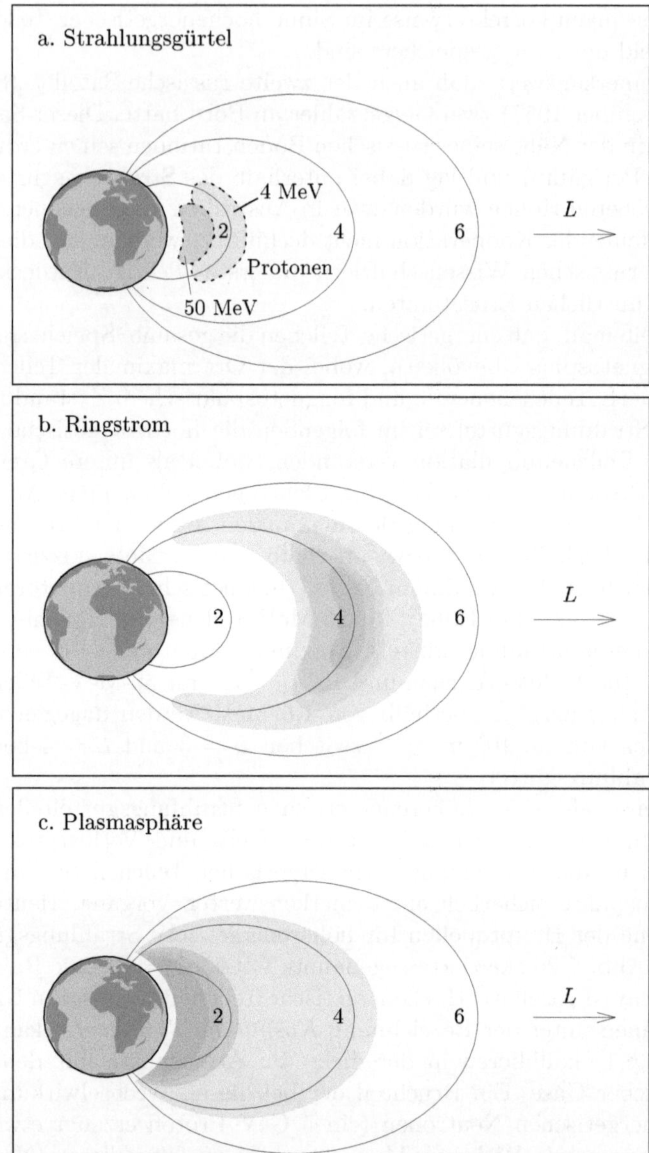

Abb. 5.25. Räumliche Verteilung der in der inneren Magnetosphäre gespeicherten Teilchenpopulationen

Einmal erzeugt haben Strahlungsgürtelteilchen wegen ihrer sehr kleinen Wechselwirkungsquerschnitte eine hohe Lebenserwartung. Für ein 20 MeV Proton in 2000 km Höhe z.B. beträgt sie mehr als ein Jahr. Während die-

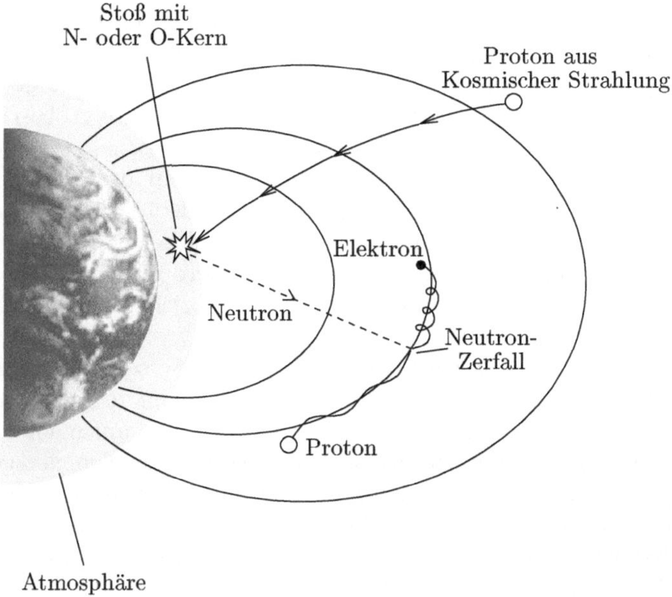

Abb. 5.26. Zur Entstehung von Strahlungsgürtelteilchen. Die Zeichnung ist offensichtlich nicht maßstabsgetreu. (Nach Hess, 1968)

ser Zeit gyriert, oszilliert und driftet das Teilchen praktisch ungestört im Magnetfeld der Erde. Die entsprechenden Bewegungszeitkonstanten sind in Tabelle 5.1 aufgeführt. Man beachte, daß trotz der hohen Driftgeschwindigkeit (alle 2 Minuten eine Erdumkreisung!) der zugehörige Ringstrom wegen der geringen Teilchendichte vernachlässigbar klein ist.

Als Verlustprozeß für Strahlungsgürtelteilchen kommen in erster Linie Stöße mit den Gasteilchen der neutralen und ionisierten Hochatmosphäre in Frage. Diese führen einerseits zu einer stetigen Abbremsung der Teilchen, andererseits vermögen sie langfristig Teilchen in den Verlustkonus zu streuen.

Praktische Bedeutung haben Strahlungsgürtelteilchen wegen der Schäden, die sie bei Astronauten und Raumfahrzeugen (Elektronik) anrichten können. So wird z.B. vermutet, daß eine ganze Reihe von Fehlschlägen bei Satellitenexperimenten durch Strahlungsgürtelteilchen verursacht wurden.

5.4.2 Ringstrom

Ringstromteilchen stellen eine in der inneren Magnetosphäre eingeschlossene Teilchenpopulation mittlerer Energie dar. Ionenenergien betragen typischerweise 1–200 keV, die der Elektronen etwa ein Zehntel davon. Bei diesen Energien werden maximale Teilchenflüsse bzw. -dichten im Bereich der mittleren Speicherregion zwischen $L = 3$ und $L = 6$ beobachtet, siehe Abb. 5.25b. Die Bewegung der Ringstromteilchen setzt sich zusammen aus Gyration und

Oszillation und einer gestörten Driftbewegung. Gestört deshalb, weil die typische Lebenserwartung von Ringstromteilchen nur Stunden bis Tage beträgt und somit von der gleichen Größenordnung ist wie die Driftperiode.

Wesentliches Merkmal der Ringstrompopulation ist ihre große Dynamik. So kann die Dichte während gestörter Bedingungen innerhalb weniger Stunden auf das 10-fache, in einigen Energiebereichen auf das 100-fache ihres ursprünglichen Wertes ansteigen. Gleichzeitig verschiebt sich das Ringstromzentrum zur Erde hin. Typische Dichten während solcher Ereignisse betragen einige 10^6 Teilchen pro Kubikmeter, wobei die innere Kante des Ringstroms auf etwa $L \simeq 2.5$ an die Erde heranrückt. Dies entspricht einer Feldlinienfußpunktbreite von ungefähr $50°$.

Während die ungestörte Ringstrompopulation im wesentlichen aus Protonen besteht ($> 90\%$), kommt es während gestörter Bedingungen zu einer starken Zunahme der Dichte atomarer Sauerstoffionen (z.T. auf mehr als 50%). Dies deutet darauf hin, daß die Ionosphäre eine der Quellen der gestörten Ringstrompopulation ist. Dabei werden diese Ionen vermutlich zunächst in hohen Breiten beschleunigt und in die später zu diskutierende Schweifplasmaschicht befördert, bevor sie dann zusammen mit Teilchen interplanetaren Ursprungs in den Ringstrombereich driften. Die genauen Vorgänge bei diesem Beschleunigungs- und Transportprozeß sind nach wie vor unzureichend geklärt und Gegenstand intensiver Forschung.

Der Abbau der Ringstromteilchen erfolgt im wesentlichen über Ladungsaustauschstöße. Ladungsaustauschpartner sind dabei neutrale exosphärische Wasserstoffatome, die bei diesem Prozeß ihr Elektron verlieren. Für den Fall von Ringstromprotonen gilt beispielsweise

$$\underline{H}^+ + H \rightarrow \underline{H} + H^+ \tag{5.62}$$

wobei das jeweils energetische Teilchen durch Unterstreichung gekennzeichnet ist. Die bei diesem Prozeß freigesetzten energetischen Neutralgasteilchen sind nicht mehr an das Magnetfeld der Erde gebunden und entweichen in Richtung interplanetarer Raum oder treffen in begrenzter Zahl auf die dichtere Hochatmosphäre der Erde auf. Ihre Energie geht somit dem Ringstrom verloren und zurück bleibt ein thermisches Proton, dessen Energie der des exosphärischen Wasserstoffteilchens entspricht, aus dem es hervorgegangen ist. Bezeichnet $\sigma_{s,H}^{LA}$ den zu dieser Ladungsaustauschreaktion gehörigen Wechselwirkungsquerschnitt, so beträgt die Lebenserwartung der Ringstromteilchen

$$\tau_{s,H}^{LA} = 1/\nu_{s,H}^{LA} = 1/\sigma_{s,H}^{LA}\, n_H\, v_s \tag{5.63}$$

wobei s für die jeweils betrachtete Ringstromionensorte steht und die Relativgeschwindigkeit in sehr guter Näherung der Geschwindigkeit des energetischen Ringstromteilchens entspricht. Als Beispiel betrachten wir ein 20 keV Proton, dessen durchschnittliche Bahnentfernung $L = 3$ betragen möge. Mit $\sigma_{H^+,H}^{LA}$ (20 keV) $\simeq 10^{-19}$ m^2 und $n_H(L = 3) \simeq 7 \cdot 10^8$ m^{-3} (siehe Abb. 2.36)

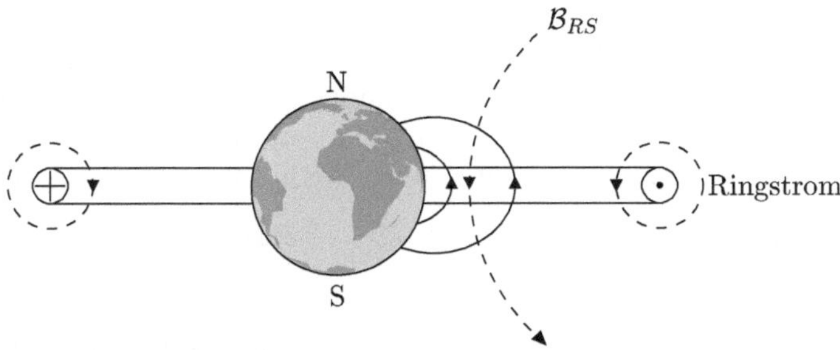

Abb. 5.27. Der magnetosphärische Ringstrom als Quelle negativer Magnetfeldstörungen in niedrigen Breiten

ergibt sich die durchschnittliche Lebenserwartung dieses Teilchens zu 2 Stunden. Höherenergetische Teilchen haben wegen ihrer kleineren Wechselwirkungsquerschnitte eine deutlich höhere Lebenserwartung. Zusätzliche Verluste entstehen dadurch, daß Ringstromteilchen durch Stöße und elektromagnetische Wellen in den Verlustkonus gestreut werden oder aus dem Ringstrombereich herausdriften.

Der während gestörter Bedingungen beobachtete Anstieg der Teilchendichte führt zu einer deutlichen Erhöhung des driftassoziierten elektrischen Stroms. Dieser *Ringstrom* ist so intensiv, daß er der dafür verantwortlichen Teilchenpopulation seinen Namen gegeben hat. Wir approximieren ihn durch einen in der Äquatorebene und in einer bestimmten Entfernung von der Erde fließenden Kreisstrom, wie er in Abb. 5.27 skizziert ist. Nun gilt für das Magnetfeld im Zentrum eines stromdurchflossenen Rings mit dem Radius R

$$\mathcal{B} = \mu_0 \mathcal{I} \,/\, 2R \tag{5.64}$$

so daß wir für die Magnetfeldstörung an der Erdoberfläche in guter Näherung folgenden Ausdruck erhalten

$$\Delta\mathcal{B}_{RS}(R_E) \lesssim \Delta\mathcal{B}_{RS}(r=0) = -\frac{\mu_0 \; \Delta\mathcal{I}_{RS}}{2 \, L \, R_E} \tag{5.65}$$

Dabei bezeichnet r die geozentrische Distanz und $\Delta\mathcal{I}_{RS}$ die störungsbedingte Erhöhung der Ringstromintensität. Entsprechend benötigt man für einen Ringstrom bei $L = 5$ und einer Magnetfeldstörung von $\Delta\mathcal{B}_{RS} = -100$ nT eine Erhöhung der Stromstärke um 5 MA.

Der Energieinhalt eines solchen *Sturmringstroms* läßt sich wie folgt abschätzen. Nimmt man an, daß alle neu hinzukommenden Ringstromteilchen ΔN die gleiche Energie E besitzen und im Abstand $r = L\,R_E$ in der Äquatorebene konzentriert sind, so ergibt sich die Driftstromerhöhung zu

$$\Delta\mathcal{I}_{RS} = \frac{\Delta N \, |q|}{\tau_D} \simeq \frac{3 \, L}{2\pi \, R_E^2 \; \mathcal{B}_{00}} \, \Delta E_{RS} \tag{5.66}$$

wobei wir von Gl. (5.46) Gebrauch gemacht haben und $\Delta E_{RS} = E\,\Delta N$ den Ringstromenergiezuwachs bezeichnet. Man beachte, daß wegen $1/\tau_D \sim E$ nur die Ionenkomponente bei der Berechnung des Stroms berücksichtigt zu werden braucht. Durch Einsetzen in Gl. (5.65) ergibt sich folgender Zusammenhang zwischen Magnetfeldstörung und Energiezuwachs des Ringstroms

$$\Delta \mathcal{B}_{RS} = -\frac{3\,\mu_0 \Delta E_{RS}}{4\pi\,R_E^3\,\mathcal{B}_{00}} = -\frac{3\Delta E_{RS}}{\mathcal{M}_E} \tag{5.67}$$

Dabei haben wir zur Abkürzung das Dipolmoment des Erdmagnetfeldes $\mathcal{M}_E = 4\pi R_E^3\,\mathcal{B}_{00}/\mu_0$ eingeführt, siehe u.a. Abb. 5.7. Für eine Magnetfeldstörung von -100 nT ist folglich eine Energiezufuhr von $\Delta E_{RS} \simeq 2.6 \cdot 10^{15}$ J erforderlich. Diese Abschätzung vernachlässigt allerdings die durch die Gyrationsbewegung der Ringstromteilchen hervorgerufene Magnetfeldstörung. Gemäß Gl. (5.29) beträgt ja das magnetische Moment eines gyrierenden Teilchens

$$\vec{\mathcal{M}}_G = -\frac{E_\perp\,\vec{\mathcal{B}}}{\mathcal{B}^2}$$

Das aufsummierte magnetische Fernfeld von ΔN in der Äquatorebene in einer bestimmten Entfernung befindlichen, gyrierenden Ringstromteilchen beträgt demnach in dieser Ebene (siehe Gl. (5.6) für $\vartheta = 90°$)

$$\Delta \mathcal{B}_G = \frac{\Delta N\,\mu_0\,\mathcal{M}_G}{4\pi\,r'^3} = \frac{\mu_0\,\Delta E_{RS}}{4\pi\,r'^3\,\mathcal{B}(L)}$$

wobei r' die Distanz vom Ringstrom und $\mathcal{B}(L)$ das Magnetfeld am Ringstromort bezeichnet. Damit gilt am Erdmittelpunkt (man beachte, daß die magnetische Störung durch den Ringstrom auch für diesen Punkt berechnet wurde) mit $r' = L\,R_E$ und $\mathcal{B} = \mathcal{B}_{00}/L^3$

$$\Delta \mathcal{B}_G \simeq \frac{\mu_0\,\Delta E_{RS}}{4\pi\,R_E^3\,\mathcal{B}_{00}} = \frac{\Delta E_{RS}}{\mathcal{M}_E}$$

Dabei wird das Magnetfeld an der Erdoberfläche (im Gegensatz zur Ringstromregion selbst) verstärkt. Für die Gesamtstörung ergibt sich demnach

$$\Delta \mathcal{B} \simeq \Delta \mathcal{B}_{RS} + \Delta \mathcal{B}_G = -2\Delta E_{RS}/\mathcal{M}_E \tag{5.68}$$

Folglich erhöht sich die für eine -100 nT-Magnetfeldstörung benötigte Energiezufuhr um 50% auf ca. $4 \cdot 10^{15}$ J. Gleichung (5.68), oder eine leicht modifizierte Form davon, ist unter der Bezeichnung *Dessler-Parker-Sckopke-Beziehung* bekannt geworden. Sie stellt einen bemerkenswert einfachen Zusammenhang zwischen der auf der Erde beobachteten Magnetfeldstörung und dem Energieinhalt des Ringstroms her. Noch erstaunlicher ist, daß diese Beziehung auch für realistischere Verteilungsfunktionen der Ringstromteilchen, d.h. für realistischere räumliche Dichte-, Anstellwinkel- und Energieverteilungsfunktionen Bestand hat. Dies ist insofern höchst erstaunlich, weil solche

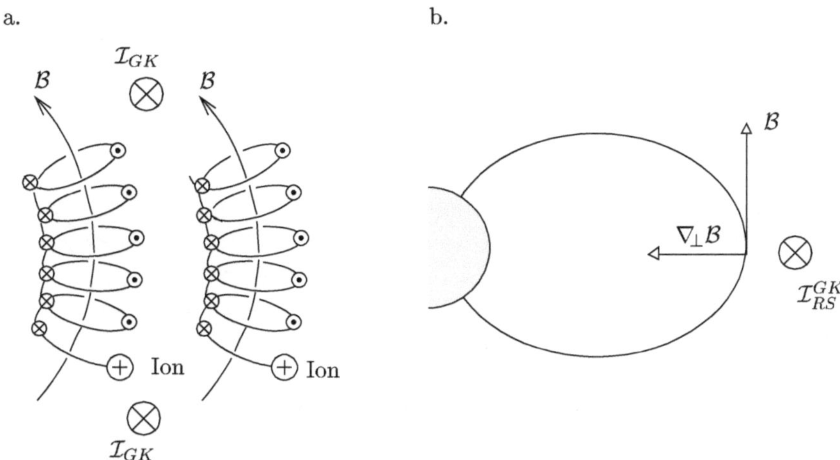

Abb. 5.28. (a) Gyrationsbedingte (Magnetisierungs-)Ströme in Magnetfeldern mit gekrümmten Feldlinien und (b) zugehöriger magnetosphärischer Ringstrom

Verteilungen automatisch mit zusätzlichen krümmungsdrift- und gyrationsbedingten Ringströmen verbunden sind. So führt z.B. die Gyrationsbewegung um gekrümmte Führungsfeldlinien zu Strömen senkrecht zur Krümmungsebene. Dieser Effekt ist anschaulich in Abb. 5.28a dargestellt. Die Konzentration der mit der Gyrationsbewegung assoziierten Ströme auf der Innenseite einer Feldlinie und ihre Verdünnung auf der Außenseite führt zu einem effektiven Stromfluß zwischen benachbarten Feldlinien und zwar in Richtung der Ionenbewegung auf der Innenseite der Feldlinie, $\vec{\mathcal{I}}_{GK} \sim -\vec{\mathcal{B}} \times \nabla_\perp \mathcal{B}/\mathcal{B}^2 \sim 1/\rho_{Kr}$. Im Dipolfeld der Erde ist demnach dieser Ringstrom dem Driftstrom entgegengerichtet, siehe Abb. 5.28b.

Eine weitere gyrationsbedingte Ringstromkomponente wird durch Dichtegradienten in der Ringstrompopulation erzeugt. Dieser Effekt ist in Abb. 5.29a skizziert. Der Gyrationsstrom auf der Seite mit höherer Teilchenkonzentration wird nicht mehr durch den Gyrationsstrom auf der Seite geringerer Dichte kompensiert. Dies führt zu einem Nettostrom, der senkrecht zur Magnetfeldrichtung und senkrecht zum Dichtegradienten fließt, $\vec{\mathcal{I}}_{GD} \sim \vec{\mathcal{B}} \times \nabla n$. Im Dipolfeld der Erde ist dieser Strom an der Innenkante des Ringstroms (positiver Dichtegradient) dem driftassoziierten Strom entgegengerichtet, an der Außenkante unterstützt er ihn, siehe Abb. 5.29b.

Um den Gesamtstrom zu erhalten, gilt es die verschiedenen drift- und gyrationsassoziierten Komponenten zu addieren. Dabei zeigt sich, daß dieser *effektive* Ringstrom nach Westen gerichtet ist, in Übereinstimmung mit der an der Erdoberfläche beobachteten störungsbedingten Abnahme der Magnetfeldstärke. Ferner, daß dieser effektive Ringstrom *nicht* dem driftassoziierten Strom (dieser wird durch gyrationsbedingte Ströme kompensiert), sondern in erster Näherung dem an der Außenkante der Ringstrompopulation fließen-

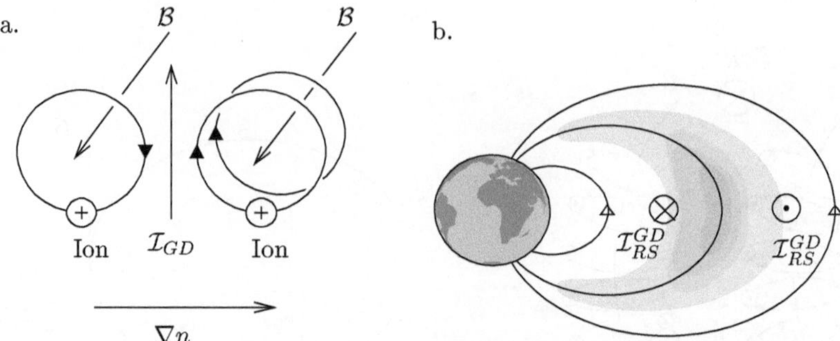

Abb. 5.29. (a) Gyrationsbedingte (Magnetisierungs-)Ströme in Plasmen mit Dichtegradienten und (b) zugehörige magnetosphärische Ringströme

den Magnetisierungsstrom $\mathcal{I}^{GD}_{RS}$ entspricht (siehe Abb. 5.29b), und dies ist sicherlich ein bemerkenswertes Ergebnis.

5.4.3 Plasmasphäre

Die Plasmasphäre stellt einen Bereich relativ dichten ($n \gtrsim 10^8$ m^{-3}) und kühlen ($E \lesssim 1\,\mathrm{eV}$) Plasmas in der inneren Magnetosphäre dar. Sie ist nichts anderes als die Fortsetzung der Ionosphäre in magnetosphärische Regionen und schließt sich nahtlos an diese an, siehe Abb. 5.25c. Die Grenze zwischen beiden Bereichen (hier als *Plasmasphärenbase* bezeichnet) wird durch den Übergang von atomaren Sauerstoffionen zu atomaren Wasserstoffionen als Hauptkonstituente festgelegt. Dieser Übergang findet, je nach geophysikalischen Gegebenheiten, zwischen etwa 500 und 2000 km Höhe statt und ist aufgrund der sehr unterschiedlichen Skalenhöhen beider Konstituenten ($H_{\mathrm{H^+}} = 16\,H_{\mathrm{O^+}}$) durch einen Knick im Dichteprofil gekennzeichnet, siehe Abb. 5.30. Wegen ihrer Zusammensetzung wird die Plasmasphäre auch als *Protonosphäre* bezeichnet. Ihre erdferne Grenze besteht in einem mehr oder weniger scharf ausgeprägten Abfall der Ionisationsdichte und wird *Plasmapause* genannt. Die Lage dieses Abfalls ist variabel und hängt im wesentlichen vom Störungszustand der Magnetosphäre ab. Während durchschnittlicher Bedingungen verläuft die Plasmapause entlang von Magnetfeldlinien, deren Gipfelpunkt sich bei $L = 4$–6 und deren Fußpunkte sich bei 60–65° magnetischer Breite befinden.

Auch für plasmasphärische Teilchen erwarten wir zunächst, daß ihre Bewegung durch eine Gyration, Oszillation und Drift im Magnetfeld der Erde gekennzeichnet ist. Die entsprechenden Bewegungszeitkonstanten für Protonen sind von der Größenordnung $\tau^{\mathrm{p}}_{\mathcal{B}} \simeq 0.1$ s , $\tau^{\mathrm{p}}_{O} \simeq 2$ h , $\tau_D > 40$ a , siehe Tabelle 5.1. Vergleicht man diese Perioden mit den entsprechenden Coulomb-Stoßzeiten, so erweist sich die Oszillations- und insbesondere die Driftbewegung als viel zu langsam, um ungestört ablaufen zu können. Selbst

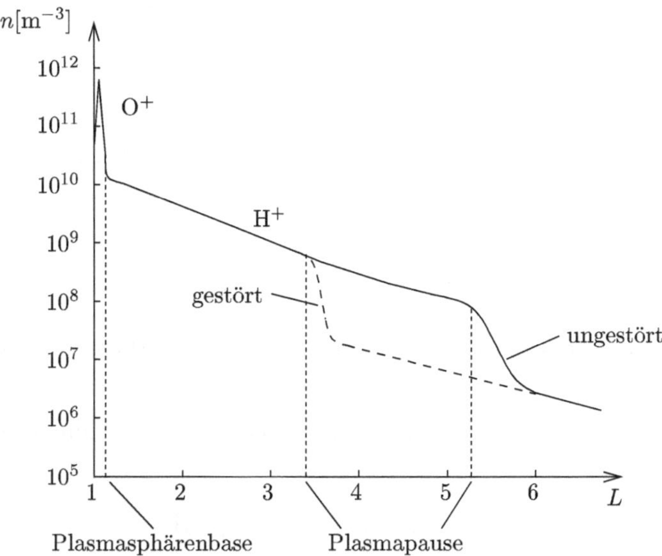

Abb. 5.30. Repräsentatives Ionisationsdichteprofil der Plasmasphäre in äquatorialen Breiten

in der äußeren Plasmasphäre ($n \simeq 10^8\,\mathrm{m}^{-3}$, $T_\mathrm{p} \simeq 5000$ K) ergibt sich gemäß Gl. (5.57) eine Protonenstoßzeit von weniger als einer halben Stunde. D.h. ein Proton wird selbst in dieser relativ dünn besiedelten Region etwa vier Stöße pro Oszillation erleiden und wesentlich mehr, wenn seine Spiegelpunkte in der dichteren Plasmasphäre liegen. Seine Eigenbewegung wird demnach durch eine vollausgeprägte Gyration und durch eine nur in Ansätzen vorhandene Oszillation gekennzeichnet sein. Dabei sind die Teilchen aufgrund ihrer geringen Energie relativ eng an ihre jeweilige Führungsfeldlinie gebunden. Für $T = 5000$ K, $L = 3$ und $\langle \sin\alpha_0 \rangle \simeq 0.6$ ergeben sich z.B. äquatoriale Gyrationsradien von $r_\mathcal{B}^\mathrm{p} \simeq 60$ m und $r_\mathcal{B}^\mathrm{e} \simeq 1.5$ m. In der Nähe der Plasmasphärenbase sind diese noch wesentlich kleiner.

Beobachtungen zeigen, daß überraschenderweise die Plasmasphäre als Ganzes mit der Erde mitrotiert. Stöße mit Neutralgasteilchen können für dieses Phänomen nicht verantwortlich sein, da Reibungskräfte eine radiale Drift zur Folge hätten. Auch Gradient- und Krümmungsdrift kommen als Ursache nicht in Frage, da diese mit einer nicht-ambipolaren Drift verbunden sind und zudem, wie wir gesehen haben, viel zu langsam ablaufen. Bleibt als Erklärung nur eine ambipolare $\vec{\mathcal{E}} \times \vec{\mathcal{B}}$-Drift. Für einen nicht-mitrotierenden Beobachter außerhalb der Erde muß demnach in der Plasmasphäre ein elektrisches Feld existieren, welches das Plasma mit der Erdrotation mitdriften läßt. Dabei muß dieses *Korotationsfeld* in Richtung Erde zeigen, siehe Abb. 5.31. Die Größe dieses Feldes ergibt sich durch Gleichsetzen der Korotationsge-

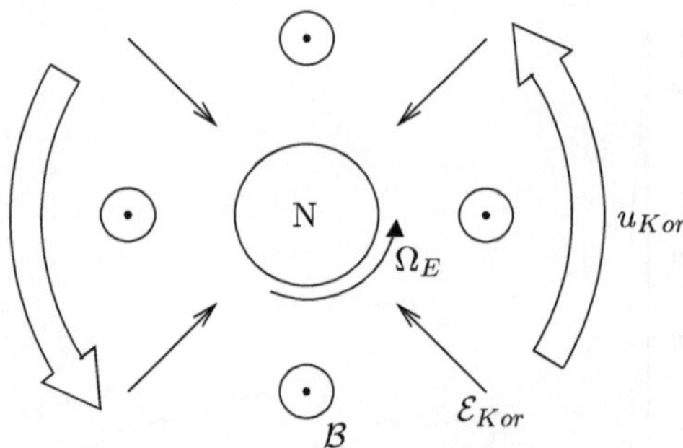

Abb. 5.31. Korotation in der Äquatorebene, Blick von Norden

schwindigkeit $u_{Kor} = \Omega_E\, r\cos\varphi_g$ mit der Driftgeschwindigkeit $u_D^{\mathcal{E}} = \mathcal{E}/\mathcal{B}$ zu

$$\mathcal{E}_{Kor} = \Omega_E\, r\ \cos\varphi_g\,\mathcal{B} \qquad (5.69)$$

wobei Ω_E die Winkelgeschwindigkeit der Erdrotation und φ_g die geographische Breite bezeichnet. Nimmt man der Einfachheit halber an, daß Rotations- und Dipolachse der Erde zusammenfallen, so gilt für die Äquatorebene

$$\mathcal{E}_{Kor}(\varphi_g = 0) \simeq \Omega_E\, R_E\, \mathcal{B}_{00}/L^2 \qquad (5.70)$$

bzw. in gebrauchsfertiger Form

$$\mathcal{E}_{Kor}(\varphi_g = 0)[\mathrm{mV/m}] \simeq 14/L^2 \qquad (5.71)$$

Erzeugt wird dieses Feld in der E-Region der Ionosphäre, genauer gesagt in deren *Dynamoschicht*, siehe Abschnitt 8.1.1. Hier ist die neutrale Atmosphäre dicht genug, um der Ionosphäre ihre eigene Korotation durch Reibungskräfte aufzuprägen. Die dadurch erzwungene Bewegung des leitenden ionosphärischen Plasmas im Magnetfeld der Erde erzeugt ein elektrisches Dynamofeld der Größe $\vec{\mathcal{E}} = -\vec{u}_{Kor} \times \vec{\mathcal{B}}$, das entlang der Magnetfeldlinien – wie entlang gutleitender Kupferdrähte – in die Plasmasphäre übertragen wird und dort die beobachtete Korotation bewirkt, siehe Abb. 5.32. Für einen mit der Erde mitrotierenden Beobachter verschwindet natürlich das Korotationsfeld. Für ihn ruht ja das Plasma relativ zum Magnetfeld und zwar sowohl in der E-Region als auch in der Plasmasphäre. Weitere Informationen zu diesem Thema finden sich in den Abschnitten 6.2.6 und 8.1.1.

Früher ist man davon ausgegangen, daß die Ausdehnung der Plasmasphäre durch das sogenannte elektrische *Konvektionsfeld* begrenzt wird. Darunter versteht man ein vom Sonnenwind der Magnetosphäre aufgeprägtes, großräumiges elektrisches Feld, das in erster Näherung gleichförmig vom Morgen- zum Abendsektor gerichtet ist und das, je nach Störungsgrad, eine Intensität von etwa $0.2 - 1$ mV/m besitzt, siehe Abb. 5.33b und Abschnitt

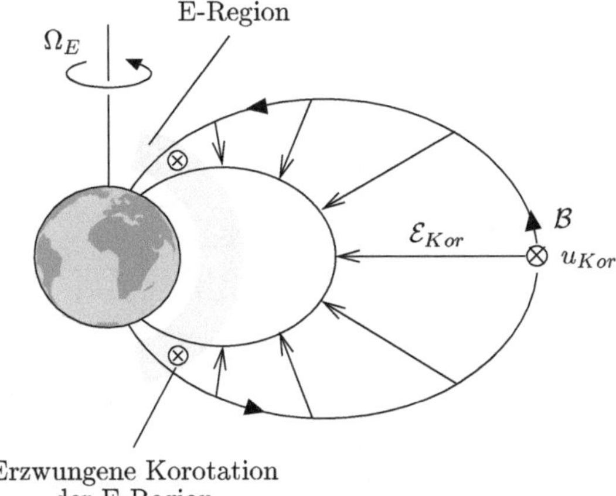

Abb. 5.32. Meridionalschnitt durch die Ionosphäre/Plasmasphäre und Entstehung des Korotationsfeldes. Man beachte, daß die Pfeillängen keineswegs die Intensität des elektrischen Feldes widerspiegeln und daß die elektrischen Felder (im Gegensatz zur stark schematisierten Zeichnung) überall senkrecht zum Magnetfeld ausgerichtet sind

7.6. Dieses Feld überlagert sich dem (mit wachsender Entfernung abnehmenden) Korotationsfeld der Erde und führt zu einer Gesamtdrift, wie sie in Abb. 5.33c skizziert ist. Man erkennt, daß nur im Bereich der vom Korotationsfeld herrührenden geschlossenen Driftpfade (schattierte Region) eine Speicherung und damit eine Anreicherung des Plasmas möglich ist. Jenseits dieses Bereichs dominiert das Konvektionsfeld, so daß das aus der Ionosphäre stammende dichtere Plasma in Richtung äußere Magnetosphäre abgeführt wird. Es war deshalb naheliegend, den äußersten noch geschlossenen Driftpfad (in Abb. 5.33c als Separatrix bezeichnet) mit dem Ort der Plasmapause in Verbindung zu bringen. Im Abendsektor (ca. 18 Uhr Ortszeit) wird der Abstand dieser Separatrix durch die Bedingung $\mathcal{E}_{Kor} = \mathcal{E}_{Kon}$ festgelegt, da hier beide Felder gerade entgegengerichtet sind. Damit gilt für deren Distanz

$$\text{Abendsektor:} \qquad L_{Separatrix} \simeq \sqrt{14/\mathcal{E}_{Kon}[\mathrm{mV/m}]} \qquad (5.72)$$

in hinreichend guter Übereinstimmung mit dem in diesem Tageszeitsektor beobachteten Ort der Plasmapause.

Heute geht man davon aus, daß die Ausdehnung der Plasmasphäre weniger durch Drifteffekte als vielmehr durch die räumliche und zeitliche Variabilität des Plasmanachschubs und durch Plasma-Instabilitäten kontrolliert wird. Als Quelle plasmasphärischer Teilchen kommt dabei nur die Ionosphäre in Frage. So ist die Zeitkonstante für die lokale Produktion von Wasserstoffionen durch EUV-Strahlung außerordentlich groß. Für eine Entfernung von $L = 3$ gilt beispielsweise $\tau_q = n_{\mathrm{H}^+}/q_{\mathrm{H}^+} = n_{\mathrm{H}^+}/J_{\mathrm{H}^+}n_{\mathrm{H}} > 50$ d, siehe dazu die Abb. 2.36, 5.30 und die Tabelle 4.2. Damit verglichen sind die Transportzeit-

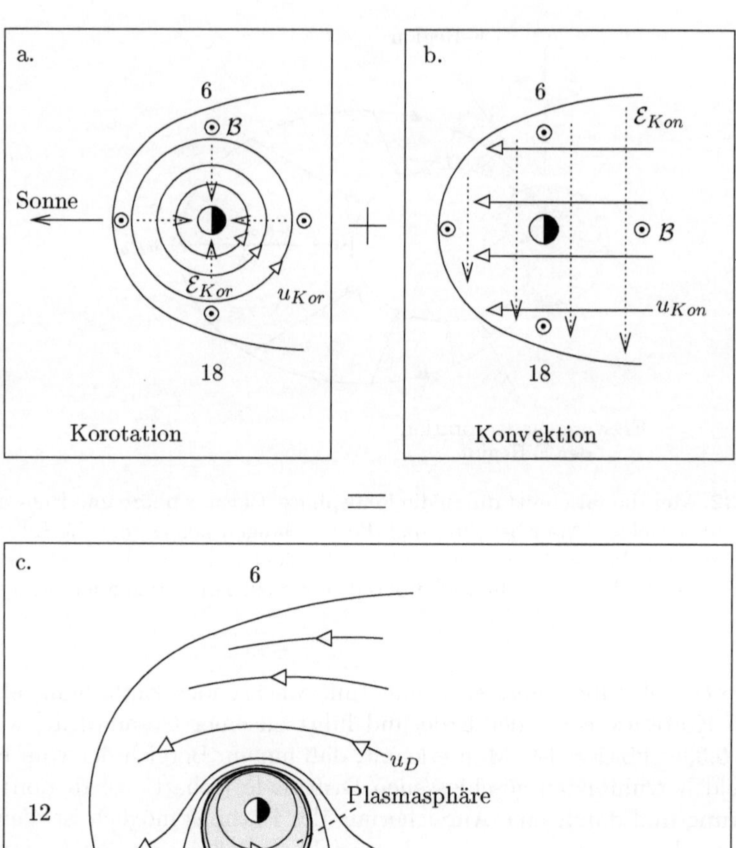

Abb. 5.33. $\vec{\mathcal{E}} \times \vec{B}$-Drift *thermischen* Plasmas in der Magnetosphäre

konstanten sehr klein. So benötigt z.B. ein thermisches Wasserstoffion aus der Ionosphäre kommend etwa 30 Minuten ($\simeq \tau_O/4$), um bis in den Apexbereich einer Feldlinie bei $L = 3$ vorzudringen. Selbst bei Berücksichtigung von Stößen wird demnach die nichtlokale Produktion von Wasserstoffionen dominieren, wobei der Ladungsaustauschprozeß $O^+ + H \to H^+ + O$ im Bereich der Plasmasphärenbase die entscheidende Rolle spielt.

Verluste ergeben sich sowohl durch Rückfluß des Plasmas entlang der Magnetfeldlinien in die Ionosphäre über die Reaktion $H^+ + O \to H + O^+$ als auch durch 'Abschälen' der äußeren Plasmasphärenschicht. Der erste Fall tritt z.B. ein, wenn die O^+-Dichte im Bereich der Plasmasphärenbase im Verlauf der Nacht oder während eines negativen ionosphärischen Sturms (siehe Abschnitt 8.5.1) reduziert wird. Der zweite Fall ergibt sich, wenn während einer magnetosphärischen Störung das Konvektionsfeld anwächst und die Separatrix näher an die Erde heranrückt, siehe Gl. (5.72) und Abb. 5.30.

Bei der Bestimmung des Dichteverlaufs in der Plasmasphäre ist zu beachten, daß hier Transportprozesse vorherrschen und daß die Anzahl der Coulomb-Stöße im allgemeinen ausreicht, um eine Maxwellsche Geschwindigkeitsverteilung zu etablieren. Damit ist im erdnahen Bereich ein aerostatischer Ansatz gerechtfertigt, bei dem allerdings neben der Druckgradientkraft und der höhenabhängigen Erdanziehungskraft auch die Zentrifugalkraft und die Neigung der Magnetfeldlinien zu berücksichtigen sind.

5.5 Erdfernes Magnetfeld

Befände sich die Erde mit ihrem Magnetfeld in einem teilchen- und feldfreien Raum, so bliebe die in Abb. 5.5 skizzierte Dipolstruktur des Erdmagnetfeldes auch im erdfernen Bereich erhalten. Dies ist, wie wir heute wissen, nicht der Fall. Vielmehr ist das Erdmagnetfeld eingebettet in einen Teilchenstrom, der ständig von der Sonne emittiert wird und den man als 'Sonnenwind' bezeichnet. Hinzu kommt, daß dem Erdmagnetfeld das interplanetare Magnetfeld überlagert ist. Beides, aber insbesondere der anströmende Sonnenwind, führt zu einer ganz wesentlichen Modifikation des erdfernen Magnetfeldes. Im folgenden soll zunächst die Natur dieser Modifikation, anschließend das dafür verantwortliche Stromsystem beschrieben werden.

5.5.1 Gestalt und Gliederung

Auffälligstes Ergebnis der Wechselwirkung mit dem interplanetaren Medium ist die Begrenzung des Erdmagnetfeldes auf ein endliches Volumen, das als *Magnetosphäre* bezeichnet wird, siehe Abb. 5.34. Die äußere Grenzfläche dieses Volumens wird, unserer bisherigen Nomenklatur folgend, *Magnetopause* genannt. Auf der sonnenzugewandten Seite besitzt die Magnetosphäre eine ellipsoidförmige Gestalt, wobei die geozentrische Entfernung des subsolaren Punktes etwa 10 Erdradien ($\simeq 64\,000$ km) beträgt. Dabei werden Schwankungen dieser Distanz um einige Erdradien in Abhängigkeit von den Eigenschaften des interplanetaren Mediums und hier insbesondere in Abhängigkeit von dem Anströmdruck des Sonnenwindes beobachtet. Auffällig ist, daß die Magnetfeldstärke in der Nähe der Magnetopause nur relativ langsam abnimmt und im subsolaren Punkt noch Werte von 40 bis 50 nT erreicht. Dies entspricht dem Doppelten der nominalen Dipolfeldstärke in dieser Entfernung. Bemerkenswert sind ferner die Intensitätsminima im Bereich der *Trichter-*

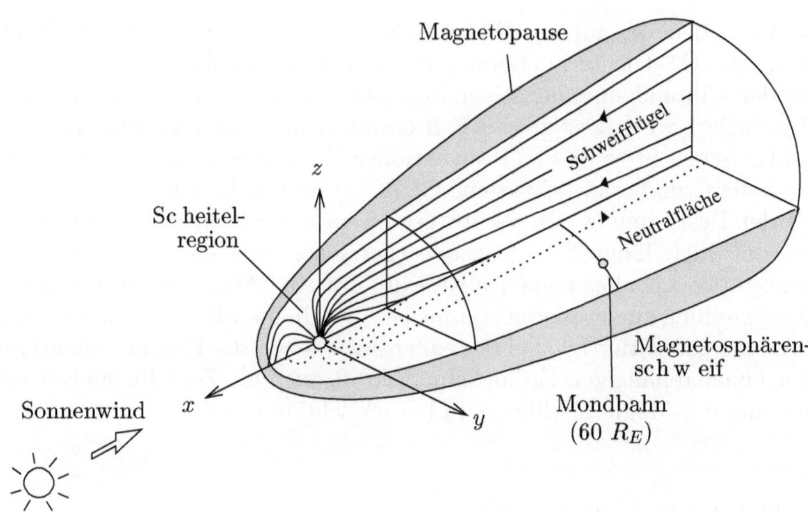

Abb. 5.34. Allgemeine Gestalt der äußeren Magnetosphäre

oder *Scheitelregion* (engl. *cusp* oder *cleft region*). Hier trennen sich Feldlinien, die sich in verschiedene Bereiche der Magnetosphäre erstrecken, so z.B. Feldlinien, die sich zur Frontseite der Magnetosphäre hin schließen, von solchen, die sich in den sonnenabgewandten Raum erstrecken.

Auf der sonnenabgewandten Seite ist die Magnetosphäre weit auseinandergezogen und besitzt zylinderförmige Gestalt. Wegen der Ähnlichkeit mit einem Kometenschweif wird dieser Bereich als *Magnetosphärenschweif* (engl. *magnetotail*) bezeichnet. Die Länge des Schweifs ist nicht genau bekannt und höchstwahrscheinlich sehr variabel. Im allgemeinen reicht sie jedoch beträchtlich über die Entfernung der Mondbahn ($\simeq$ 60 R_E) hinaus. Dabei nimmt der Radius des Schweifs mit wachsender Entfernung von der Erde zunächst zu und erreicht in 200 R_E Entfernung Werte zwischen 25 und 30 R_E. Bei der Beschreibung dieser Topologie wird häufig ein *geozentrisches solar-magnetosphärisches (GSM-)* Koordinatensystem verwendet. Wie aus Abb. 5.34 ersichtlich, weist dabei die x-Koordinate in Richtung der Erde-Sonne-Verbindungslinie. Die y-Richtung wird durch die Gleichung $\hat{y} = \hat{n}_{DP} \times \hat{x}/|\hat{n}_{DP} \times \hat{x}|$ festgelegt, wobei der Einheitsvektor $\hat{n}_{DP}$ entlang der geomagnetischen Dipolachse nach Norden zeigt. Die y-Koordinate steht somit senkrecht auf der Ebene, die durch die Verbindungslinie Erde-Sonne und durch die Dipolachse aufgespannt wird. Die z-Komponente vervollständigt das kartesische Koordinatensystem, $\hat{z} = \hat{x} \times \hat{y}$.

Wie in Abb. 5.34 angedeutet und klarer in Abb. 5.35 dokumentiert, besteht ein wesentlicher Teil des Magnetosphärenschweifs aus stark auseinandergezogenen Dipolfeldlinien. Dabei kommt es im Bereich des Schweifzentrums zu einer Umkehr der schweifparallelen Komponente des Magnetfeldes.

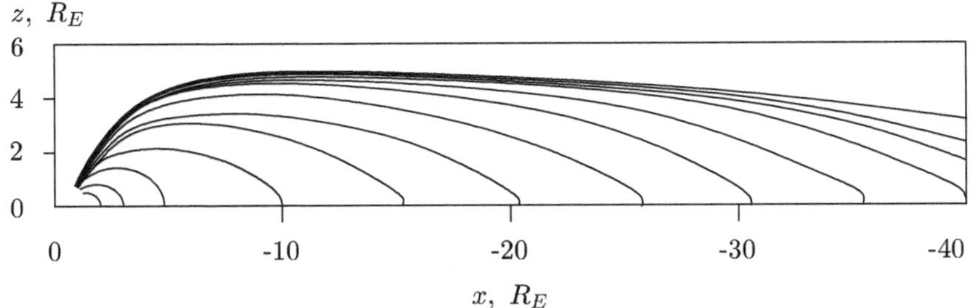

Abb. 5.35. Geschlossene Magnetfeldlinien in der Mittag-Mitternachtsebene des Magnetosphärenschweifs. (Nach Larson and Kaufmann, 1996)

Der Ort dieser Umkehr, an dem $\mathcal{B}_x$ gleich Null sein muß, soll als *Neutralfläche* (engl. *neutral sheet*) bezeichnet werden. Diese Fläche ist von einer schwachen, vom auseinandergezogenen Dipolfeld herrührenden Süd-Nord-Komponente des Magnetfeldes durchsetzt, die nur sehr langsam mit zunehmender Entfernung abnimmt. Typische $\mathcal{B}_z$-Werte in 30 und 200 R_E Entfernung sind 2 und 0.5 nT. Höhere Feldstärken werden in den *Schweifflügeln* (engl. *tail lobes*) gemessen. Darunter versteht man die beiden Bereiche zwischen Neutralfläche und Magnetopause (genauer gesagt zwischen der später zu diskutierenden Schweifplasmaschicht und Magnetosphärengrenzschicht), in denen die $\mathcal{B}_x$-Komponente des Magnetfeldes dominiert. Hier nimmt die Feldstärke noch langsamer mit wachsender Entfernung ab und erreicht in 30 und 200 R_E Entfernung Werte von $\mathcal{B}_x \simeq 20$ und 8 nT.

Für spätere Überlegungen sind die Fußpunktregionen der Schweifflügel-feldlinien von Interesse. Sie entsprechen in erster Näherung kugelkappenförmigen Bereichen um die magnetischen Pole, was ihnen die Bezeichnung *Polkappen* (engl. *polar caps*) eingetragen hat, siehe Abb. 5.36. Die magnetische Breite ihrer äquatorseitigen Begrenzung läßt sich wie folgt abschätzen. Vernachlässigt man den Verlust von Feldlinien aus dem Polkappenbereich durch Feldlinienöffnung in den interplanetaren Raum (siehe Abschnitt 7.6.4), so muß der Magnetfluß der Polkappen, Φ_{PK}, gleich dem Magnetfluß der Schweifflügelregionen am Beginn des Schweifs, Φ_{SF}, entsprechen. Bezeichnet φ die (magnetische) Breite, λ die Länge, $dA = R_E^2 \cos\varphi\, d\lambda\, d\varphi$ ein Oberflächenelement der Erde und $\mathcal{B}_r = 2\mathcal{B}_{00} \sin\varphi$ die Radialkomponente des Erdmagnetfeldes, so ergibt sich der Polkappenfluß zu

$$\Phi_{PK} = \int_{PK} \mathcal{B}_r \mathrm{d}A = 2\mathcal{B}_{00} R_E^2 \int_{\lambda=0}^{2\pi} \int_{\varphi_{PK}}^{\pi/2} \sin\varphi \cos\varphi\, \mathrm{d}\varphi\, \mathrm{d}\lambda$$
$$= 2\pi R_E^2 \mathcal{B}_{00} \cos^2\varphi_{PK}$$

Damit gilt

$$\Phi_{PK} = 2\pi R_E^2\, \mathcal{B}_{00} \cos^2\varphi_{PK} \simeq \Phi_{SF} = (\mathcal{B}_x)_{SF}\, \pi R_{MS}^2/2 \simeq \mathcal{B}_{SF}\, \pi R_{MS}^2/2$$

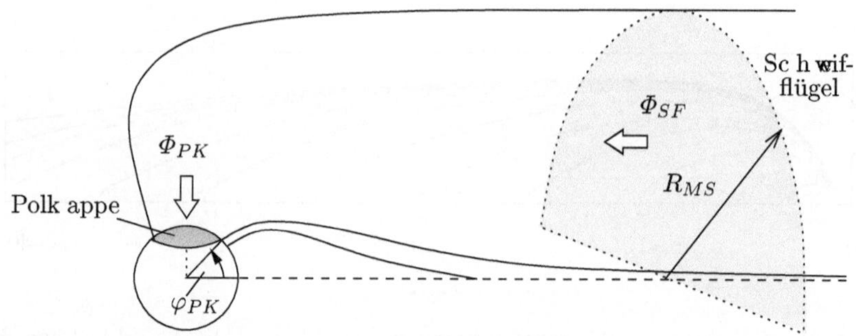

Abb. 5.36. Zur Bestimmung der Polkappengrenzbreite

bzw.

$$\varphi_{PK} \simeq \arccos \sqrt{\frac{\mathcal{B}_{SF}\, R_{MS}^2}{4\, \mathcal{B}_{00}\, R_E^2}} \qquad (5.73)$$

Da $\mathcal{B}_{SF} \simeq \mathcal{B}_x$ nur relativ langsam mit wachsender Entfernung von der Erde abnimmt, ist nicht allzu kritisch, wo genau man den Schweif beginnen läßt. Wir wählen die Werte $\mathcal{B}_x(x = -20R_E) \simeq 25$ nT und $R_{MS}(x = -20R_E) \simeq 18R_E$ und erhalten eine Polkappengrenzbreite von $\varphi_{PK} \simeq 75°$.

Aus einer ähnlichen Überlegung läßt sich auch eine Obergrenze für die Schweiflänge L_{MS} angeben. Nimmt man an, daß sich früher oder später alle Schweifflügel- bzw. Polkappenfeldlinien über die Neutralfläche schließen (d.h. vernachlässigt man wieder die Feldlinienöffnung in den interplanetaren Raum), so muß der Polkappenfluß gleich dem Magnetfluß durch die Neutralfläche, $\Phi_{NF} = 2R_{MS}L_{MS}\mathcal{B}_z$, entsprechen. Damit gilt

$$L_{MS} < \frac{\Phi_{PK}}{2R_{MS}\mathcal{B}_z} \qquad (5.74)$$

Für einen mittleren Schweifradius von $R_{MS} \simeq 30\ R_E$ und eine mittlere Feldstärke von $\mathcal{B}_z \simeq 0.2$ nT erhält man als Obergrenze für die Schweiflänge einen Wert von $1000\ R_E$.

Im folgenden soll der Versuch unternommen werden, die beobachtete Deformation des Dipolfeldes der Erde im Bereich der äußeren Magnetosphäre zu erklären. Diese Erklärung muß notwendigerweise qualitativ und unvollständig bleiben, solange das allgemeine Problem der Wechselwirkung zwischen einer mit Plasma bevölkerten planetaren (oder stellaren) Magnetosphäre und einem anströmenden magnetisierten Plasmastrom unvollständig gelöst ist. Stark vereinfachte Szenarien vermögen aber die wesentlichen Aspekte dieser Wechselwirkung verständlich zu machen.

5.5.2 Tagseitiger Magnetopausenstrom

Bekanntlich kann im stationären Fall eine vorgegebene Magnetfeldkonfiguration nur durch Überlagerung zusätzlicher Magnetfelder modifiziert werden.

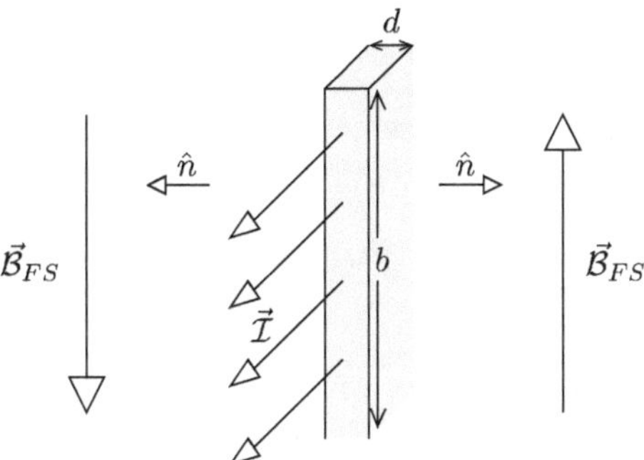

Abb. 5.37. Topologie und Magnetfeld eines Flächenstroms $(d \ll b)$

Ferner ist offensichtlich, daß im Weltraum diese zusätzlichen Felder nur durch elektrische Ströme verursacht werden können. Im folgenden gilt es demnach, die für die Deformation des Dipolfeldes in der äußeren Magnetosphäre verantwortlichen Ströme zu beschreiben. Es handelt sich dabei um *Flächenströme*, deren eine Querschnittsdimension klein ist gegenüber der anderen und die ansonsten eine große Ausdehnung besitzen. Abbildung 5.37 illustriert Topologie und Magnetfeld einer solchen Stromkonfiguration. Dabei beträgt die Magnetfeldstärke $\vec{\mathcal{B}}_{FS}$ eines ebenen, unendlich ausgedehnten Flächenstroms

$$\vec{\mathcal{B}}_{FS} = \frac{\mu_0}{2}\,\vec{\mathcal{I}}^* \times \hat{n} \tag{5.75}$$

wobei $\vec{\mathcal{I}}^*$ die Flächenstromdichte

$$\vec{\mathcal{I}}^* = \vec{\mathcal{I}}/b \tag{5.76}$$

und $\hat{n}$ und $\vec{\mathcal{I}}$ die Flächennormale und die Gesamtstromstärke bezeichnen. Die Richtung dieses Feldes wird unmittelbar verständlich, wenn man sich den Flächenstrom aus einzelnen Stromfäden (oder langen, stromdurchflossenen Drähten) aufgebaut vorstellt: Die ringförmigen Magnetfeldlinien um diese Stromfäden überlagern sich dergestalt, daß sich ihre Komponenten in Richtung der Flächennormalen gegenseitig auslöschen und nur die Komponenten senkrecht zu den Flächennormalen (und zur Stromrichtung) übrig bleiben. Auch die entgegengesetzte Richtung der Magnetfelder auf beiden Seiten des Flächenstroms wird so verständlich. Was den Betrag der Feldstärke betrifft, so läßt sich dieser mit Hilfe des Ampèreschen Gesetzes bestimmen

$$\oint_{L(A)} \vec{\mathcal{B}}\,\mathrm{d}\vec{l} = \mu_0 \mathcal{I}$$

siehe Gl. (A.98) mit $d/dt \to 0$. Auf die in Abb. 5.37 skizzierte Situation angewandt, erhalten wir mit $d \ll b$

$$b\,\mathcal{B}_{FS} + (-b)(-\mathcal{B}_{FS}) = \mu_0 \mathcal{I}$$

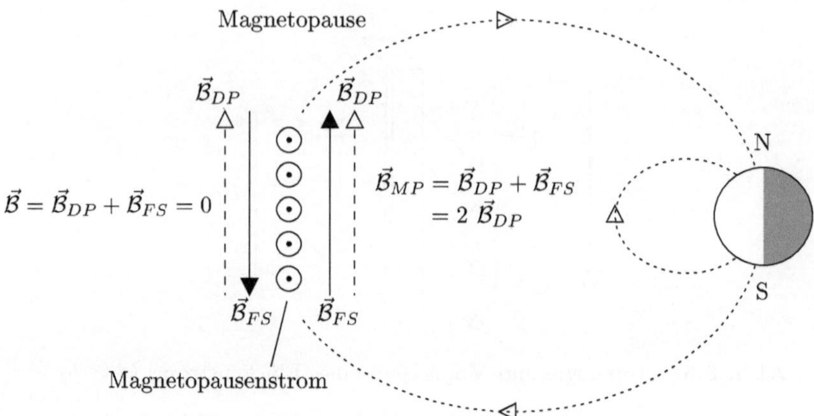

Abb. 5.38. Magnetopausenstrom an der der Sonne zugewandten Frontseite der Magnetosphäre (Mittag-Mitternacht-Meridionalschnitt)

bzw.

$$\mathcal{B}_{FS} = \mu_0 \mathcal{I}^*/2$$

in Übereinstimmung mit der oben angegebenen Beziehung.

Der für die Begrenzung der tagseitigen Magnetosphäre verantwortliche Flächenstrom ist in Abb. 5.38 skizziert. Im Mittag-Mitternacht-Meridional-schnitt zeigt er aus der Zeichenebene heraus und besitzt ein Magnetfeld, welches das ursprünglich an dieser Stelle vorhandene Dipolfeld auf der erdzuge-wandten Seite verdoppelt und auf der erdabgewandten Seite – wie gefordert – annulliert. Nach Gl. (5.75) besitzt dieser *Magnetopausen-* oder *Chapman-Ferraro-Strom* eine Flächenstromdichte von

$$\mathcal{I}^*_{MP} = 2\,\mathcal{B}_{DP}/\mu_0 = \mathcal{B}_{MP}/\mu_0 \tag{5.77}$$

wobei $\mathcal{B}_{DP}$ das ursprüngliche, nicht modifizierte Erddipolfeld und $\mathcal{B}_{MP}$ das auf der erdzugewandten Seite beobachtete, doppelt so große Magnetopausen-feld bezeichnet.

Die globale, dreidimensionale Verteilung der Magnetopausenströme er-gibt sich aus der Bedingung, daß die Flächenströme senkrecht zum Magne-topausenfeld in geschlossenen Stromkreisen fließen müssen. Abbildung 5.39 skizziert diese Verteilung im Bereich der sonnenzugewandten Magnetopau-se. Man beachte die trichterförmige Stromflußkonfiguration im Bereich der Scheitelregion.

Teilchenreflexion und Stromentstehung. Nachdem wir wissen, wie das Magnetopausenstromsystem aussehen muß, um die Gestalt der frontseitigen Magnetosphäre zu erklären, soll im folgenden seine Entstehung erläutert wer-den. Dazu betrachten wir die Wechselwirkung der Sonnenwindteilchen (im

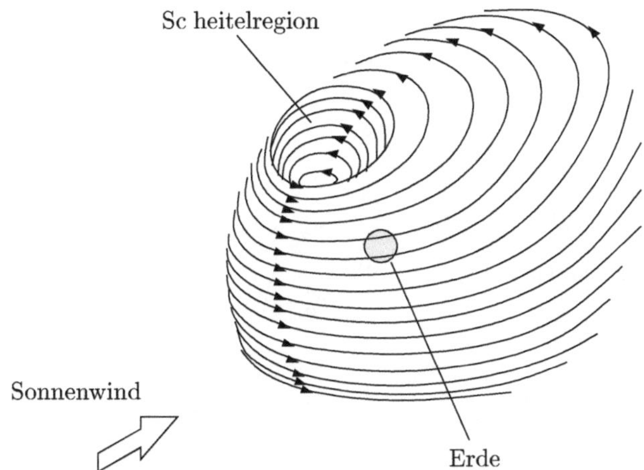

Abb. 5.39. Dreidimensionale Verteilung der Magnetopausenströme im Bereich der sonnenzugewandten Magnetopause. (Nach Olsen, 1982)

wesentlichen Protonen und Elektronen) mit dem Magnetfeld der Erde. Abbildung 5.40 skizziert den Einfall dieser Teilchen auf das Magnetopausenfeld, das der Einfachheit halber als homogen angesehen werden soll. Der Blick ist von Norden auf die Äquatorebene gerichtet, so daß die Magnetfeldlinien senkrecht aus der Zeichenebene herauszeigen. Da die Strömungsgeschwindigkeit des Sonnenwindes senkrecht zur Magnetopause gleich Null ist, braucht nur die thermische Bewegung und deren zur Magnetopause senkrechte Komponente betrachtet zu werden.

Sobald die Sonnenwindteilchen in die Magnetosphäre eindringen, werden sie auf eine Gyrationsbahn gezwungen. Diese befördert sie – nach Durchlaufen eines Halbkreises mit dem Radius $r_\mathcal{B}$ – wieder zurück in den interplanetaren Raum, sie werden also an der Magnetopause gleichsam reflektiert. Mit diesem Reflexionsvorgang ist ein Ladungstransport verbunden, der zu einem Magnetopausenstrom in der geforderten Richtung führt. So werden Protonen – auf die Erde bezogen – in Richtung Osten und Elektronen in Richtung Westen abgelenkt, so daß ein Strom in Richtung Osten fließt.

Um den Betrag dieses Magnetopausenstroms abschätzen zu können, betrachten wir den Ladungstransport durch eine Referenzfläche, die senkrecht zur Magnetopause und senkrecht zur Äquatorebene aufgespannt ist, siehe Abb. 5.41. Die eingezeichneten Bahnen verdeutlichen, daß nur Protonen, die nicht weiter als $2r_\mathcal{B}^{\mathrm{p}}$ oberhalb von dieser Fläche in die Magnetosphäre eindringen, diese Fläche durchqueren können. Demnach tragen alle Protonen, die auf die Magnetopausenfläche $2r_\mathcal{B}^{\mathrm{p}}\,b$ auftreffen, zum Stromfluß bei. Legt man zur Vereinfachung der Rechnung wieder eine reduzierte Geschwindigkeitsverteilung zugrunde, so beträgt deren Anzahl im Zeitintervall Δt

$$N = \bar{c}_{\mathrm{p}}\,\Delta t\,2\,r_\mathcal{B}^{\mathrm{p}}\,b\,n/6$$

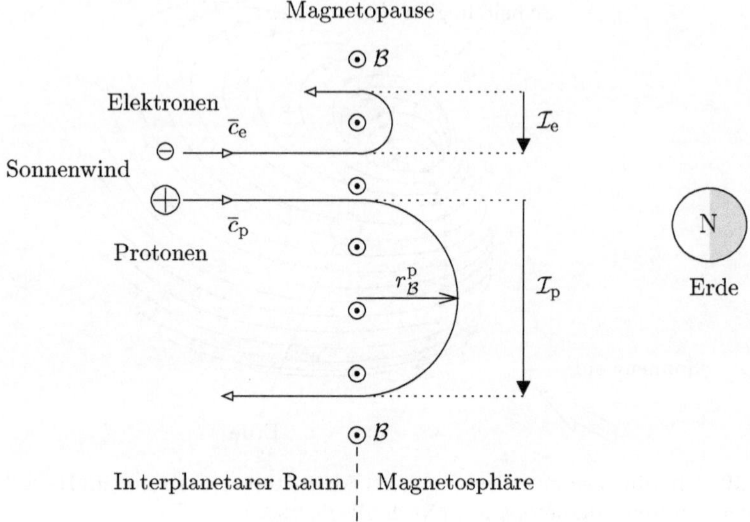

Abb. 5.40. Reflexion senkrecht einfallender Sonnenwindteilchen an der Magneto-pause: Blick von Norden auf die Äquatorebene. Pfeile zeigen die Richtung (nicht die Größe) der reflexionsbedingten Ströme an

wobei $\bar{c}_p$ und n die mittlere thermische Geschwindigkeit und Teilchendich-te der Sonnenwindprotonen bezeichnen. Die mit diesem Ladungstransport assoziierte Stromstärke ergibt sich zu

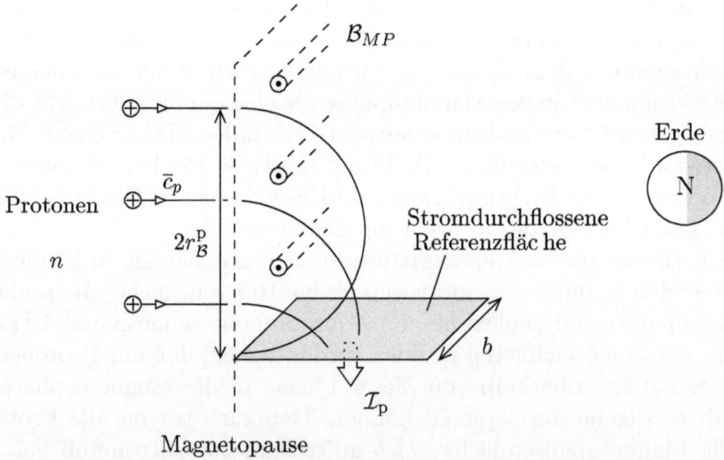

Abb. 5.41. Zur Abschätzung des Magnetopausenstroms

$$\mathcal{I}_\mathrm{p} = \frac{N\,q}{\Delta t} = \frac{\bar{c}_\mathrm{p}\,r_\mathcal{B}^\mathrm{p}\,b\,n\,q}{3}$$

Setzt man die Beziehung für den Protongyroradius ein und berücksichtigt, daß der Magnetopausenstrom als Flächenstrom definiert ist ($\mathcal{I}_{MP}^* = \mathcal{I}_{MP}/b$), so erhält man

$$(\mathcal{I}_{MP}^*)_\mathrm{p} = \frac{m_\mathrm{p}\,n\,\bar{c}_\mathrm{p}^2}{3\,\mathcal{B}_{MP}} = \frac{n\,k\,T_\mathrm{p}}{\mathcal{B}_{MP}}$$

Dabei haben wir im zweiten Schritt von der Definition des thermodynamischen Drucks und von der allgemeinen Gasgleichung Gebrauch gemacht. Geht man von einem ladungsneutralen ($n_\mathrm{p} = n_\mathrm{e} = n$) und im Temperaturgleichgewicht befindlichen ($T_\mathrm{p} = T_\mathrm{e} = T$) Sonnenwindplasma aus und benutzt die Beziehung $\mathcal{B}_{MP} = 2\,\mathcal{B}_{DP}$, so ergibt sich der Gesamtstrom zu

$$\mathcal{I}_{MP}^* = (\mathcal{I}_{MP}^*)_\mathrm{p} + (\mathcal{I}_{MP}^*)_\mathrm{e} = \frac{n\,k\,T}{\mathcal{B}_{DP}} \tag{5.78}$$

Daß dieser Strom tatsächlich ausreicht, die Begrenzung der Magnetosphäre zu erklären, zeigt folgende, auf dieser Stromstärke basierende Abschätzung der Magnetopausendistanz. So ist gemäß Gl. (5.78) der reflexionsbedingte Magnetopausenstrom umgekehrt proportional zur Dipolfeldstärke in Magnetopausendistanz. Nach Gl. (5.77) gilt aber auch $\mathcal{I}_{MP}^* = 2\,\mathcal{B}_{DP}/\mu_0$, so daß sich die Dipolfeldstärke am Ort der Magnetopause zu

$$\mathcal{B}_{DP} = \sqrt{\frac{\mu_0\,n\,k\,T}{2}} \tag{5.79}$$

ergibt. Da die Ortsabhängigkeit der äquatorialen Dipolfeldstärke bekannt ist, $\mathcal{B}_{DP} = \mathcal{B}_{00}/L^3$, läßt sich daraus unmittelbar die Entfernung der Magnetopause im subsolaren Punkt abschätzen. Man erhält

$$L_{MP} = \sqrt[6]{\frac{2\,\mathcal{B}_{00}^2}{\mu_0\,n\,k\,T}} \tag{5.80}$$

Für eine Sonnenwindteilchendichte und -temperatur von $n \simeq 25$ cm^{-3} und $T \simeq 2.2 \cdot 10^6$ K (Übergangsregion für eine Machzahl $M = 8$, siehe Abb. 6.33) ergibt sich eine Magnetopausendistanz im subsolaren Punkt von $L_{MP} \simeq 11$, in hinreichend guter Übereinstimmung mit den Beobachtungen. Für die Magnetopausenfeldstärke $\mathcal{B}_{MP} = 2\,\mathcal{B}_{DP}$ erhält man einen Wert von etwas mehr als 40 nT, wiederum in Übereinstimmung mit gemessenen Werten. Der Magnetopausenstrom ergibt sich zu $\mathcal{I}_{MP}^* \simeq 35$ mA/m, was bei der Höhe der Frontseite der Magnetopause zu beachtlichen Gesamtströmen führt (> 4 MA bei einer Höhe von 20 R_E). Dabei beträgt die Dicke der Magnetopausenstromschicht ($\simeq r_\mathcal{B}^\mathrm{p}(L_{MP})$) für die oben angegebenen Werte von T bzw. $\bar{c}_\mathrm{p}$ und $\mathcal{B}_{MP}$ etwa 60 km, was in der Tat klein ist gegenüber der Breite der stromdurchflossenen Fläche. Beim Magnetopausenstrom handelt es sich demnach in sehr guter Näherung um einen Flächenstrom. Einschränkend sei angemerkt, daß die tatsächlich beobachtete Magnetopause wesentlich dicker ist, aber immer noch in sehr guter Näherung der Flächenstromapproximation genügt. Eine alternative, auf Druckgleichgewicht basierende Abschätzung der Magnetopausendistanz werden wir in Abschnitt 6.4.4 kennenlernen.

Ladungsneutralität. Das in Abb. 5.40 skizzierte Reflexionsszenario ist sicherlich ergänzungsbedürftig, da es gegen den wichtigen Grundsatz der Ladungsneutralität verstößt. So kommt es aufgrund der unterschiedlichen Eindringtiefen von Elektronen und Protonen $(r_{\mathcal{B}}^{\mathrm{p}} = \sqrt{m_{\mathrm{p}}/m_{\mathrm{e}}}\, r_{\mathcal{B}}^{\mathrm{e}} \simeq 43\, r_{\mathcal{B}}^{\mathrm{e}})$ zu einer negativen Überschußladung im Bereich der dünnen Reflexionsschicht der Elektronen und zu einer positiven Überschußladung im breiten Reflexionsgebiet der Protonen. Diese Ladungstrennung führt zur Ausbildung eines elektrischen Polarisationsfeldes, welches wiederum die Teilchenbewegung modifiziert. Wie in Abb. 5.42 angedeutet, werden dabei Protonen so weit abgebremst und Elektronen so weit beschleunigt, daß ihre Eindringtiefen nahezu gleich groß werden und die Ladungstrennung praktisch verschwindet. Die Verkleinerung der Protonengyroradien und die Vergrößerung der Elektronengyroradien hat auch zur Folge, daß jetzt Elektronen auf Grund ihrer höheren Geschwindigkeit zum Hauptträger des Magnetopausenstroms werden.

Ob letztere Beschreibung die Vorgänge bei der Teilchenreflexion besser wiedergibt als die ursprüngliche, ist bisher nicht geklärt, da es zu einer Kompensation des Polarisationsfeldes kommen kann. So existiert im Bereich der

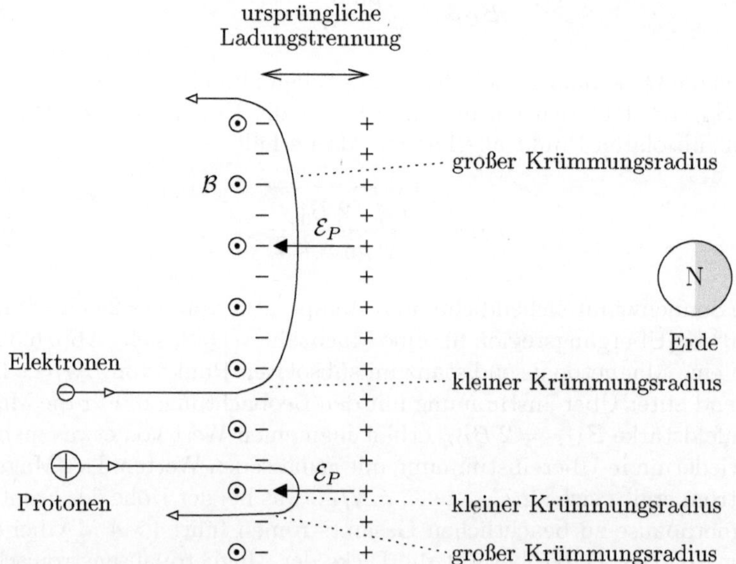

Abb. 5.42. Reflexion von Sonnenwindteilchen an der Magnetopause unter Berücksichtigung eines Polarisationsfeldes. (In Anlehnung an Willis, 1971)

Innenseite der Magnetopause eine Population von Teilchen (Magnetosphären-grenzschicht), die durch entgegengesetzte Ladungstrennung das Polarisationsfeld auslöschen kann. Oder aber das Polarisationsfeld setzt einen Strom in Gang, der entlang der Magnetfeldlinien durch die Ionosphäre fließt und zum Abbau der Überschußladungen führt. Eine selbstkonsistente Berechnung dieser Einflüsse ist schwierig, und unser augenblickliches Verständnis von den mikroskopischen Vorgängen an der Magnetopause bleibt unvollständig.

5.5.3 Stromsystem des Magnetosphärenschweifs

Der Magnetosphärenschweif stellt eine weitere drastische Modifikation des ursprünglichen Dipolfeldes der Erde dar. Er ist durch langausgezogene Feldlinien gekennzeichnet, die sich nahezu parallel zur Schweifachse in antisolarer Richtung erstrecken und deren Richtung sich in der Neutralfläche umkehrt. Ähnlich wie bei der Magnetopause kann nur ein Flächenstrom für diese Art von Deformation verantwortlich sein. Abbildung 5.43 zeigt die erforderliche Stromkonfiguration in einem Mittag-Mitternacht-Meridionalschnitt. Wie ersichtlich fließt der Schweifstrom in der Neutralfläche und zwar in Ost-West-Richtung. Die Überlagerung des zugehörigen Magnetfeldes $\vec{\mathcal{B}}_{FS}$ und des Dipolfeldes $\vec{\mathcal{B}}'_{DP}$ führt zu einer Neigung des Gesamtfeldes gegenüber der Neutralfläche, die mit wachsender Entfernung von der Erde rasch kleiner wird.

Im erdfernen Bereich bilden Schweifstrom und Magnetopausenstrom einen gemeinsamen Stromkreis, dessen Gesamtkonfiguration in Abb. 5.44 skizziert ist. Die Stromverteilung entspricht der zweier langer Spulen mit halbkreisförmigem Querschnitt, deren Ströme sich in der Mittelebene des Vollkreises addieren. Auf diese Weise kommt es erstens zu einer natürlichen Begrenzung des Magnetfeldes auf das Innere des Schweifgebiets, zweitens zur Entstehung von Magnetfeldern, die (nahezu) parallel zur Zentralfläche verlaufen, und drittens zu einer Umkehr der Feldrichtung im Bereich der Neutralfläche. Die Intensität des Schweifstroms läßt sich mit Hilfe der Formel für das Magnetfeld im Inneren einer Spule abschätzen. Es gilt

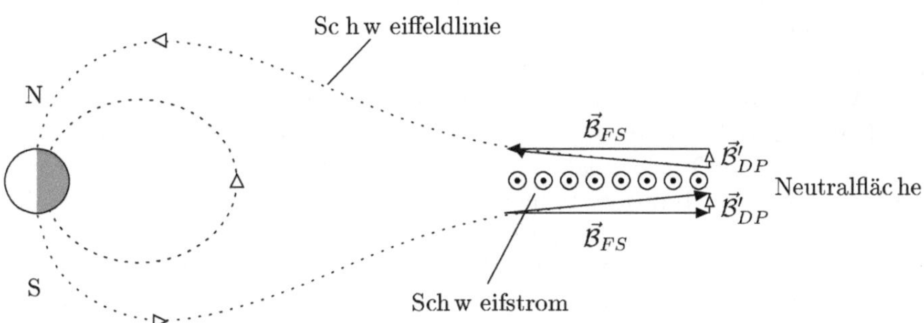

Abb. 5.43. Schweifstrom (Mittag-Mitternacht-Meridionalschnitt)

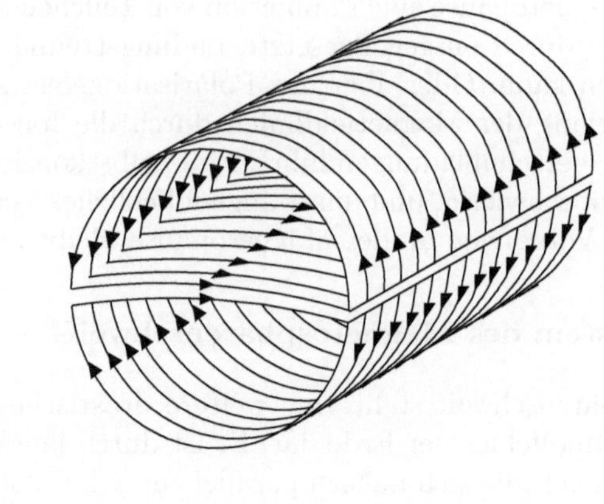

Abb. 5.44. Dreidimensionale Verteilung der Ströme im erdfernen Magnetosphären-schweif. (Nach Olsen, 1982)

$$\mathcal{B}_{Spule} = \mu_0 \, n_W \, \mathcal{I} = \mu_0 \, \mathcal{I}^* \qquad (5.81)$$

wobei n_W die Anzahl der vom Strom $\mathcal{I}$ durchflossenen Windungen pro Länge bezeichnet. Für ein Schweifflügelfeld von 20 nT in einer Entfernung von 30 R_E ergibt sich eine Schweifstromintensität von $\mathcal{I}_{MS}^*(30\ R_E) = 2\ \mathcal{B}_{SF}/\mu_0 \simeq$ 32 mA/m $\simeq$ 200 kA/R_E. Durch ein Schweifstück der Länge 20 R_E in der Umgebung dieses Punktes fließt somit ein Gesamtstrom von 4 MA.

Stromentstehung. Die Entstehung des Schweifstroms ist ein höchst interessantes und nach wie vor unvollständig verstandenes Phänomen. Zunächst mag man versucht sein, die bei der Behandlung der Einzelteilchenbewegung im Dipolfeld der Erde gewonnenen Ergebnisse auf die Schweifregion zu übertragen. Dies ist aber nur bedingt und in einigem Abstand von der Neutralfläche möglich. Hier fließen in der Tat Magnetisierungs- und driftassoziierte Ströme, wobei erstere dominieren und einen von Ost nach West gerichteten Gesamtstrom unterhalten. Komplizierter wird die Situation in der Umgebung der Neutralfläche. Dort werden aufgrund der schwachen Magnetfeldstärke die Gyrationsradien so groß, daß sie nicht mehr klein sind gegenüber den typischen Variationsskalenlängen des Magnetfeldes. Hinzu kommt die Umkehr der Magnetfeldrichtung in der Neutralfläche. Beides führt zu so erheblichen Deformationen der Teilchenbahnen, daß diese nicht einmal mehr näherungsweise modifizierten Gyrationsbahnen entsprechen. Damit bleibt auch das mit der Gyrationsbewegung verknüpfte magnetische Moment und die zu diesem Moment gehörige erste adiabatische Invariante nicht mehr erhalten. Klassisches Beispiel für eine solche *nicht-adiabatische* Teilchenbewegung ist die in Abschnitt 5.3.3 vorgestellte Neutralflächendrift. Auf die Situation im Magnetosphärenschweif übertragen ergibt sich das in Abb. 5.45 skizzierte Bild. Wie ersichtlich führt die magnetische Kraft der die Neutralfläche durchsetzenden

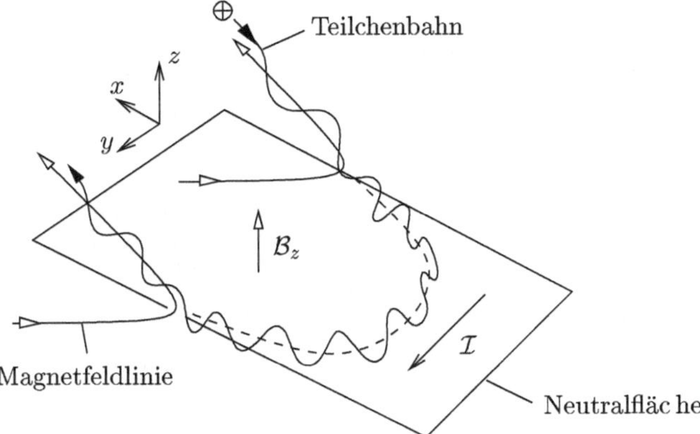

Abb. 5.45. Mögliche Bahn eines positiv geladenen Teilchens in der Neutralfläche des Magnetosphärenschweifs. (Nach Cowley, 1985)

$\mathcal{B}_z$-Komponente zu einer stetigen Änderung der Driftrichtung. Wichtig ist, daß trotz der Ablenkung der mit dieser Driftbewegung verknüpfte elektrische Strom gerade in die für den Schweifstrom geforderte Richtung fließt. Neutralflächenströme liefern somit einen wichtigen Beitrag zur Entstehung des Schweifstroms.

Abbildung 5.45 soll und kann nur einen ersten Eindruck von möglichen Teilchenbahnen in der Umgebung der Neutralfläche vermitteln. So besitzen diese Bahnen wegen ihrer starken Abhängigkeit von den jeweiligen Anfangsbedingungen oft chaotischen Charakter. Hinzu kommt, daß dem Schweifmagnetfeld ein elektrisches Konvektionsfeld der in Abb. 5.33b skizzierten Art überlagert ist. Letzteres führt nicht nur zu einer Modifikation der Teilchenbahnen, sondern auch zu einer Beschleunigung der Teilchen, da es in Richtung der Ionendrift zeigt. Schließlich müssen die mit den Teilchenbahnen verknüpften Ströme mit dem Schweifmagnetfeld verträglich sein, da letzteres auf diesen Strömen beruht. Selbstkonsistente Simulationen dieser Art sind naturgemäß sehr aufwendig und Gegenstand intensiver Bemühungen.

5.6 Teilchenpopulationen der äußeren Magnetosphäre

Wie die innere so ist auch die äußere Magnetosphäre von verschiedenen Plasmapopulationen bevölkert. Je nach Vorkommensort unterscheidet man dabei zwischen den Teilchen der *Schweifplasmaschicht*, der *Schweifflügelregionen* und der *Magnetosphärengrenzschicht*. Die wesentlichen Eigenschaften dieser Teilchenpopulationen sind in Tabelle 5.3 zusammengefaßt.   Man beachte wieder, daß es sich bei den angegebenen Zahlenwerten nur um Richtgrößen handeln kann. Erstens hängen diese Werte vom jeweils betrachteten Ort ab, und zweitens sind sie auch zeitlichen Variationen unterworfen. Hinzu kommt,

Tabelle 5.3. Teilchenpopulationen der äußeren Magnetosphäre. Die für die Plasmaschicht und Flügelregion angegebenen Teilchenenergien und Dichten entsprechen typischen Werten in etwa 30 R_E Entfernung (Fairfield, 1987). Auch die Magnetfeldstärken entsprechen dieser Distanz. Die Angaben zur Magnetosphärengrenzschicht sind Eastman (1990) entnommen.

	Teilchenpopulation		
Kenngröße	Schweif-plasmaschicht	Schweifflügel-plasma	Magnetosphären-grenzschicht
Ort	Zentrale Schweifebene	Schweifflügel	Magnetopausen-innenseite
Magnetfeldfußpunkte	Nachtseitiges Polarlichtoval	Polkappe	Scheitelregion
Energie/Temperatur Ionen	$4 \cdot 10^7$ K (5 keV)		1-6 keV
Energie/Temperatur Elektronen	$8 \cdot 10^6$ K (1 keV)	200 eV (< 1 eV - 2 keV)	$0.1 - 0.2$ keV
Dichte	$3 \cdot 10^5$ m^{-3}	$\lesssim 10^4$ m^{-3}	$1 - 20 \cdot 10^6$ m^{-3}
Zusammensetzung	H$^+$, e$^-$	H$^+$, e$^-$	H$^+$, e$^-$
Teilchenbewegung	Variable Strömung solar/antisolar	Gyration, feldlinienparallele Strömung	$50 - 250$ km/s antisolar
Magnetfeldstärke	$2 - 10$ nT	20 nT	$25 - 40$ nT
β^*-Parameter	$0.1 - 100$	$\ll 1$	$1 - 10$
Quellregion	Grenzschicht, Ionosphäre	Sonnenwind, Ionosphäre	Sonnenwind Ionosphäre
Entstehungsprozeß	Teilchenbeschleunigung & Transport	Direkter SW-Zugang; Verdampfen	Direkter SW-Zugang; Teilchendiffusion
Senkenregion	Hochatmosphäre, interplanetarer Raum	Hochatmosphäre, interplanetarer Raum	interplanetarer Raum, Plasmaschicht
Verlustprozeß	Anstellwinkeldiffusion, Plasmoidausstoß	Absorption	Teilchendiffusion und -drift
Bedeutung	Polarlichtteilchenquelle, Teilchen- und Energietransport	Polarniederschlag; Polarwind	Teilchen- und Energietransfer

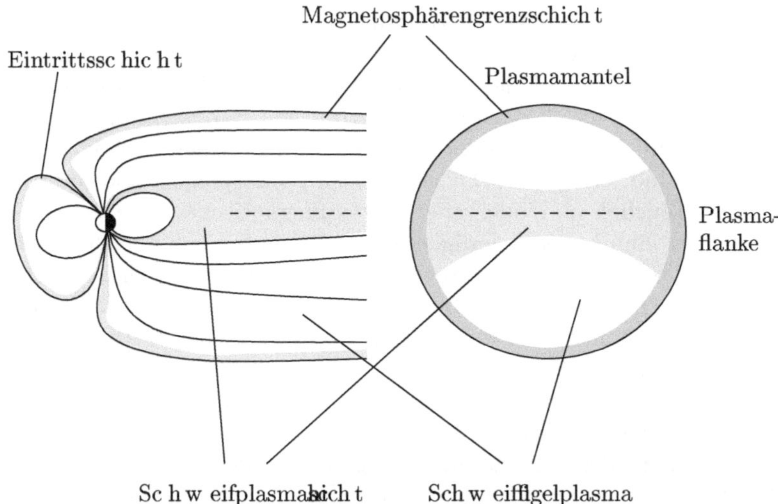

Abb. 5.46. Teilchenpopulationen der äußeren Magnetosphäre

daß die äußere Magnetosphäre ein riesiges Gebiet darstellt, das bisher nur unvollständig durch Satellitenmessungen erkundet worden ist. Eine besonders spektakuläre Art, Informationen aus dem Bereich des Magnetosphärenschweifs in mittleren Entfernungen zu erhalten, ist die mondgestützte Messung. So durchquert der Mond regelmäßig einmal im Monat den Magnetosphärenschweif in ca. 60 R_E Entfernung. Während der APOLLO-Missionen 1972/73 an der Mondoberfläche ausgesetzte Meßgeräte haben während dieser Durchquerungen wertvolle Teilchenmessungen geliefert. Gleichzeitig hat der mondumkreisende Satellit EXPLORER-35 das Schweifmagnetfeld vermessen.

5.6.1 Schweifplasmaschicht

Die Schweifplasmaschicht oder kurz Plasmaschicht (engl. *plasma sheet*) stellt eine schichtförmige Teilchenpopulation in der Zentralebene des Magnetosphärenschweifs dar. Ihre räumliche Verteilung ist in Abb. 5.46 skizziert. Sie ist durchsetzt von geschlossenen, aber mehr oder weniger weit in den Schweif auseinandergezogenen Magnetfeldlinien, deren Fußpunkte sich in einem ringförmigen Bereich um die jeweilige Polkappe, dem *Polar(licht)oval* befinden. Der Innenkante der Plasmaschicht bei $|x| \simeq 7 - 10R_E$ entspricht dabei eine Fußpunktbreite von $68° - 72°$.

Die Teilchendichte der Plasmaschicht nimmt nur langsam mit wachsender Entfernung von der Erde ab und beträgt im erdnahen Bereich bis zu 10^6 Teilchen pro m^3. Hauptbestandteil sind Wasserstoffionen mit ihren zugehörigen Elektronen und, während gestörter Bedingungen, eine signifikante Beimischung von Sauerstoffionen. Im Zentralbereich zeigt das Plasma eine relativ isotrope Geschwindigkeitsverteilung, der im erdnahen Bereich eine Ionentemperatur von einigen 10^7 K zugeordnet werden kann. Dies entspricht einer mittleren Teilchenenergie von einigen keV. Die Elektronentemperatur bzw. -energie liegt deutlich darunter. Im erdfernen Bereich sinken die Temperaturen allmählich ab. Da Stöße im Bereich der Plasmaschicht außerordentlich selten sind, erfolgt die Thermalisierung im Spiegelpunktbereich der oszillierenden Teilchen und/oder über elektromagnetische Felder.

Typische Strömungsgeschwindigkeiten betragen im erdnahen Bereich etwa 60 km/s, wobei die Strömung sowohl erdwärts als auch schweifwärts gerichtet sein kann. Im erdfernen Bereich sind die Strömungsgeschwindigkeiten größer und ausschließlich schweifwärts gerichtet. Typische Werte von β^* sind 0.1–100, wobei letzterer Wert für das Plasmaschichtzentrum gilt. Die Dynamik des Zentralbereichs wird demnach durch die Teilchenbewegung und nicht durch die Magnetfeldkonfiguration bestimmt.

Zur Bevölkerung der Plasmaschicht trägt sowohl der Sonnenwind über die Magnetosphärengrenzschicht als auch die polare Ionosphäre bei. Die Details dieser Teilchenzufuhr sind dabei nur unvollständig verstanden. Insbesondere die Prozesse, die zur Aufheizung und Beschleunigung der Teilchen führen, sind Gegenstand intensiver Forschung. Auch die Verlustprozesse sind nur ansatzweise bekannt. Sicher ist, daß auf der erdzugewandten Seite Anstellwinkeldiffusion in den Verlustkonus, hervorgerufen durch Plasmawellen oder durch die chaotische Bewegung der Teilchen in der Neutralschicht, eine wichtige Rolle spielt. So führen auf diese Weise ausgefällte und nachbeschleunigte Elektronen zur Entstehung von Polarlichtern, siehe Abschnitt 7.4.3. Aber auch Abfluß der Teilchen auf der erdabgewandten Seite in den interplanetaren Raum (z.B. in Form von *Plasmoiden*, siehe Abschnitt 8.3.2) spielt eine wichtige Rolle.

Neben ihrer Funktion als Plasmareservoir für Polarlichtteilchen erhält die Plasmaschicht ihre Bedeutung aus der Tatsache, daß hier wichtige Teilchen- und Energietransportprozesse stattfinden. Eine einfache Abschätzung für den Grenzbereich der Plasmaschicht an der oberen und unteren Kante dieser Teilchenpopulation mag dies belegen. Legt man die für diesen Bereich in einer Entfernung von 10 bis 20 R_E gültigen Werte $n = 2 \cdot 10^5$ m^{-3}, $u = 400$ km/s, $E_\mathrm{p} = 3$ keV und $A = 0.5\,R_E \times 30\,R_E$ zu Grunde, so erhält man eine Teilchen- und Energietransferrate von $5 \cdot 10^{25}$ s^{-1} und $2 \cdot 10^{10}$ W. Dies sind beträchtliche Werte, die z.B. ausreichen würden, den Teilchen- und Energiebedarf von Polarlichtern zu decken.

5.6.2 Schweifflügelplasma

Verglichen mit der Plasmaschicht handelt es sich beim Schweifflügelplasma (engl. *tail lobe plasma*) um eine Teilchenpopulation geringer Dichte und Energie. So liegt die Teilchenzahldichte im erdnahen Raum oft an der Meßgrenze heutiger Instrumente ($\simeq 10^3$ m^{-3}). Entsprechend deutlich ist der Dichteabfall an der Ober- und Unterkante der Plasmaschicht. Im erdfernen Bereich füllen sich die Flügelregionen allmählich mit Plasmamantelteilchen, so daß hier die Teilchendichte (nicht die Energiedichte) sogar größer wird als in der Plasmaschicht.

Soweit man heute weiß, besteht eine Komponente der Schweifflügelpopulation aus Elektronen mit Energien von einigen 100 eV, die offensichtlich direkt entlang 'offener' Magnetfeldlinien aus dem Sonnenwind in den Magnetosphärenschweif gelangen, vergleiche dazu Abschnitt 7.6.4. Man glaubt, daß diese Elektronenkomponente für den *Polarniederschlag* (engl. *polar rain*), d.h. für einen Teilcheneinfall im Gebiet der Polkappen von mäßiger Intensität bei vergleichsweise geringen Teilchenenergien verantwortlich ist.

Eine andere Komponente stellt der sogenannte *Polarwind* dar. Darunter versteht man suprathermisches Plasma, das ständig aus der Ionosphäre der Polkappenregion verdampft. Die offenen Feldlinien dieses Gebietes erlauben ja die Ausbildung einer Ionenexosphäre. Diese Komponente ist mit herkömmlichen Meßinstrumenten wegen Aufladungseffekten nur schwer nachweisbar.

Schließlich werden zeitweilig und örtlich begrenzt auch Teilchen höherer Energie (z.B. $E \simeq 2$ keV) in den Schweifflügeln beobachtet und im Fall der Elektronen mit *transpolaren Polarlichtern* in Verbindung gebracht.

5.6.3 Magnetosphärengrenzschicht

Die Magnetosphärengrenzschicht stellt die äußerste der Erde zugehörige Teilchenpopulation dar und befindet sich auf der Innenseite der Magnetopause, siehe Abb. 5.46. Dabei wird zwischen der polaren Magnetosphärengrenzschicht, bestehend aus der *Eintrittsschicht*, der *äußeren Scheitelregion* und dem *Plasmamantel*, und der äquatorialen Magnetosphärengrenzschicht, der *Plasmaflanke* (engl. *low latitude boundary layer, LLBL*), unterschieden. Wie aus Abb. 5.46 ersichtlich grenzt letztere unmittelbar an die Plasmaschicht. An ihrer dünnsten Stelle im subsolaren Bereich beträgt die Dicke der Magnetosphärengrenzschicht etwa 2000 km und in lunaren Entfernungen einige Erdradien.

Die Eigenschaften des Plasmamantels entsprechen etwa denen des Sonnenwindes der Übergangsregion. Typische Teilchendichten sind von der Größenordnung $1\text{--}20 \cdot 10^6$ m^{-3}, wobei Protonen mit ihren zugehörigen Elektronen den weitaus größten Anteil beisteuern. Nur während gestörter Bedingungen kommt es auch hier zu einer Anreicherung mit Ladungsträgern ionosphärischen Ursprungs (O^+, He^+). Die Ionentemperaturen liegen typischerweise bei $0.5\text{--}2 \cdot 10^7$ K, die der Elektronen einen Faktor 10 darunter. Die Strömungsgeschwindigkeit beträgt in mittleren Entfernungen 100 bis 200 km/s und ist durchweg schweifwärts gerichtet. Im Gegensatz dazu werden im Bereich der Plasmaflanke oft stagnierende Plasmaflüsse beobachtet.

Als Quelle für die Plasmamantelteilchen kommt in erster Linie der Sonnenwind der Übergangsregion in Frage, der entlang offener Magnetfeldlinien in die Magnetosphäre eindringen kann, siehe Abschnitt 7.6.4. Hinzu kommen in geringerem Maße und während gestörter Bedingungen Teilchen ionosphärischen Ursprungs aus dem Bereich der Scheitelregion. Der Ursprung der Plasmaflanke ist dagegen weniger gut verstanden. Die Bedeutung der Magnetosphärengrenzschicht liegt darin, daß sie Ort eines wesentlichen Transfers von Sonnenwindteilchen und Sonnenwindenergie in die Magnetosphäre ist, siehe dazu wieder Abschnitt 7.6.4.

5.7 Magnetoplasma-Wellen in der Magnetosphäre

Die Magnetosphäre der Erde ist keineswegs ein statisches Gebilde. Vielmehr weist sie eine Vielzahl höchst interessanter dynamischer Vorgänge auf, die allesamt Gegenstand intensiver Forschung sind. Dazu gehören Schwankungen in der Größe der Magnetosphäre, großräumige Plasmazirkulationen, irreguläre und z.T. explosionsartige Vorgänge während magnetosphärischer (Teil)Stürme und schließlich ein breites Spektrum von Wellen, das die gesamte Magnetosphäre erfüllt. Hier interessieren wir uns für eine spezielle Art dieser Wellen. Sie zeichnet sich durch lange Perioden ($\tau \gtrsim 5$ s) und entsprechend niedrige Frequenzen ($f \lesssim 0.2$ Hz) aus und ist der Klasse *magnetohydrodynamischer (MHD-) Wellen* zuzuordnen. 'Magneto' deshalb, weil sie in magnetfelddurchsetzten Plasmen oder *Magnetoplasmen* auftreten; und 'hydrodynamisch', weil bei ihrer Ableitung zunächst hydrodynamische Ansätze benutzt wurden. Dabei ist zu bedenken, daß ein Magnetoplasma keine inkompressible Flüssigkeit, sondern ein kompressibles Gas darstellt. Deshalb ziehen wir es im folgenden meist vor von 'Magnetoplasma-Wellen' oder von langperiodischen oder *ULF (ultra low frequency)* -Wellen in Magnetoplasmen zu sprechen.

Am Erdboden lassen sich solche Wellen an Hand ihrer magnetischen Signatur nachweisen. Dies ist im oberen Teil der Abb. 5.47 illustriert. Aufgetragen ist die während eines 1-Stunden-Intervalls in hohen Breiten gemessene Horizontalkomponente des Magnetfeldes. Auffälliges Merkmal sind die wellenartigen Fluktuationen dieser Komponente, wobei die Periode etwa 5 Minuten beträgt. Man bezeichnet solche Fluktuationen als *erdmagnetische Pulsationen* und unterteilt sie entsprechend ihrer Periode in *Pc1* bis *Pc5* (*Pc* von franz. *pulsation continue*, Periodenbereich $0.2 \leq \tau \leq 600$ s). Hier interessieren wir uns insbesondere für Pc3- bis Pc5- Pulsationen ($10 \leq \tau \leq 600$ s), da diese auf ULF-Wellen in der Magnetosphäre zurückgeführt werden können. Daß es sich bei dieser Art von Pulsationen tatsächlich um die Signatur magnetosphärischer Wellen handelt, zeigt der untere Teil der Abb. 5.47. Aufgetragen ist die Radialkomponente des elektrischen Feldes, wie sie gleichzeitig mit den erdmagnetischen Pulsationen an Bord eines Satelliten in geostationärem Abstand ($L = 6.6$) gemessen wurde. Die Zusammengehörigkeit beider Schwingungen ist offensichtlich. Neben den in Abb. 5.47 gezeigten regelmäßigen Pulsationen werden auch irreguläre Pulsationen (franz. *pulsation impulsive*, *Pi*) beobachtet, wobei insbesondere die im Zusammenhang mit

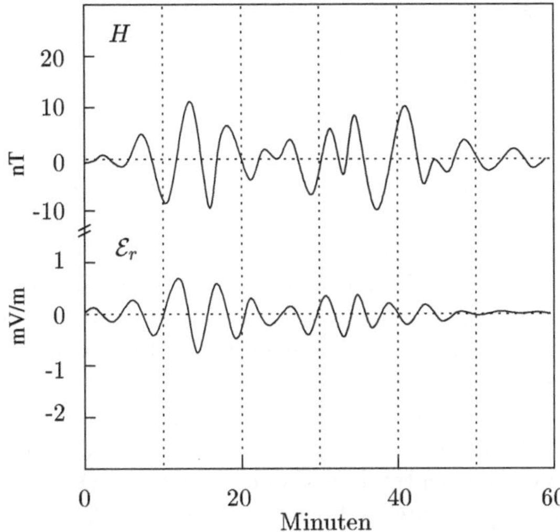

Abb. 5.47. Magnetosphärische Welle, wie sie am Erdboden in Form einer Pc5-Pulsation (H-Komponente) und wie sie gleichzeitig in der Magnetosphäre in einer Höhe von etwa 36 000 km in Form von Fluktuationen des elektrischen Feldes (Radialkomponente $\mathcal{E}_r$) beobachtet wurde. (Nach Glaßmeier, 1995)

magnetosphärischen Teilstürmen auftretenden Pi2-Pulsationen mit Perioden zwischen 40 und 150 s bekannt geworden sind.

Magnetoplasma-Wellen spielen eine wichtige Rolle als Energie- und Informationsträger. Nur über sie können z.B. die verschiedenen Plasmabereiche der Magnetosphäre miteinander kommunizieren und nur über sie können sie sich den jeweiligen Gegebenheiten anpassen. Insbesondere koordinieren sie zeitliche Änderungen der großräumigen Plasmabewegungen in Ionosphäre und Magnetosphäre. Hinzu kommt, daß Wellen dieser Art auch in anderen Weltraumbereichen auftreten, so z.B. im interplanetaren Medium. Hier spielen sie eine wichtige Rolle bei der Aufheizung und Nachbeschleunigung des Sonnenwindes und bei der Entstehung von Stoßwellen, Grund genug also, sich mit dieser Wellenart näher zu befassen. Dies soll allerdings erst zu einem späteren Zeitpunkt geschehen, wenn wir die dafür benötigten Voraussetzungen geschaffen haben. So gilt es zunächst das Ausbreitungsmedium dieser Wellen genauer zu beschreiben. Dazu werden neben den für ein Magnetoplasma gültigen Bilanzgleichungen die Maxwell-Gleichungen und eine verallgemeinerte Form des Ohmschen Gesetzes benötigt, siehe Abschnitt 6.2.7 und den dazugehörigen Anhang A.13. Dieses Gleichungssystem wird dann für den speziellen Fall eines homogenen, unendlich ausgedehnten Hintergrundplasmas und einer ebenen, harmonischen Welle kleiner Amplitude gelöst, siehe Abschnitt 6.3 und den dazugehörigen Anhang A.15. Bei der Übertragung dieser Ergebnisse auf die hier interessierende Magnetosphäre ist allerdings Vorsicht geboten. So stellt die Magnetosphäre alles andere als ein homogenes Ausbreitungsmedium dar. Statt mit geraden haben wir es mit gekrümmten Feldlinien und statt mit konstanten haben wir es mit von der geozentrischen Distanz abhängigen Magnetfeldstärken und Plasmadichten zu tun. Auch werden bei dieser Ableitung nur ebene Wellen betrachtet. Diese treten aber genau genommen nur bei unendlich ausgedehnter Anregung oder in großer Entfernung von kompakten Quellen auf. Beides trifft aber für ULF-Wellen in der Magnetosphäre nicht zu. So werden diese u.a. lokal durch an den Flanken der Magnetosphäre auftretende Kelvin-Helmholtz-Instabilitäten angeregt, siehe Anhang A.16. Schließlich wird in der Ableitung von unendlich ausgedehnten Ausbreitungsmedien ausgegangen. Abweichend davon stellt die Magnetosphäre mit ihrer geschlossenen Dipolstruktur und ihren reflektierenden Grenzflächen (Ionosphäre, Magnetopausenregion) ein endliches Ausbreitungsvolumen dar, dessen Dimensionen noch dazu von der gleichen Größenordnung wie die hier betrachteten Wellenlängen sind. Damit können quasiperiodische Schwingungen nur in Form stehender Wellen angeregt werden und die Magnetosphäre verhält sich wie ein Hohlraumresonator. Die oben beschriebenen Pc3- bis Pc5-Pulsationen mit Perioden zwischen 10 und 600 s werden dementsprechend als Eigenschwingungen dieses magnetosphärischen Hohlraumresonators gedeutet. Um diese Eigenschwingungen quantitativ erfassen zu können, muß die Wellenausbreitung in inhomogenen und räumlich begrenzten Magnetoplasmen bei lokaler Anregung beschrieben werden. Diese Aufgabe erweist sich als so schwierig, daß sie nur unvollständig gelöst und somit Gegenstand intensiver Forschung ist.

Literaturhinweise

S. Brandt und H.D. Dahmen, *Elektrodynamik*, Springer-Verlag, Berlin, 1997

S. Chapman and J. Bartels, *Geomagnetism I, II*, At the Clarendon Press, Oxford, 1962

S. Matsushita and W.H. Campbell (eds.), *Physics of Geomagnetic Phenomena I, II*, Academic Press, New York, 1967

W.N. Hess, *The Radiation Belt and Magnetosphere*, Blaisdell Publishing Company, Waltham, 1968

J.G. Roederer, *Dynamics of Geomagnetically Trapped Radiation*, Springer-Verlag, Berlin, 1970

A. Nishida, *Geomagnetic Diagnosis of the Magnetosphere*, Springer-Verlag, Berlin, 1978

L.R. Lyons and D.J. Williams, *Quantitative Aspects of Magnetospheric Physics*, Reidel Publishing Company, Dordrecht, 1984

T.Y. Lui (ed.), *Magnetotail Physics*, The Johns Hopkins University Press, Baltimore, 1987

M. Walt, *Introduction to Geomagnetically Trapped Radiation*, Cambridge University Press, Cambridge, 1994

J.F. Lemaire and K.I. Gringauz, *The Earth's Plasmasphere*, Cambridge University Press, Cambridge, 1998

P.T. Newell and T. Onsager (eds.), *Earth's Low-Latitude Boundary Layer*, American Geophys. Union, Washington, DC, 2002

J.A. Jacobs, *Geomagnetic Micropulsations*, Springer-Verlag, Berlin, 1970

A.D.M. Walker, *Plasma Waves in the Magnetosphere*, Springer-Verlag, Berlin, 1993

Siehe auch Literaturhinweise zu Kapitel 1 und Abbildungsreferenzen im Anhang B.

6. Interplanetares Medium

Unter dem interplanetaren Medium seien im folgenden die Teilchen und Felder verstanden, die den Raum zwischen Sonne, Planeten und dem interstellaren Medium ausfüllen. Bei den Teilchen handelt es sich dabei hauptsächlich um den Sonnenwind, bei den Feldern um das interplanetare Magnetfeld. Im folgenden seien zunächst die Eigenschaften des Sonnenwindes und deren Modellierung betrachtet. Es folgt eine Beschreibung des interplanetaren Magnetfeldes und des dazugehörigen Stromsystems. Ein in diesem Zusammenhang vorgestelltes Gleichungssystem erlaubt es, die Eigenschaften von Wellen im interplanetaren Medium zu verstehen. Diese spielen eine wichtige Rolle bei der Entstehung von Stoßwellen, wobei hier insbesondere die Modifikation des Sonnenwindes durch die terrestrische Bugstoßwelle interessiert. Stoßwellen sind auch integraler Bestandteil der Wechselwirkungsregion Sonnenwind-interstellares Medium, die anschließend betrachtet wird. Schließlich sollen die verschiedenen im interplanetaren Raum anzutreffenden Populationen energiereicher Teilchen vorgestellt werden.

6.1 Der Sonnenwind

Bis Mitte letzten Jahrhunderts nahm man an, daß der interplanetare Raum im wesentlichen ein Vakuum darstellt, bar jedweden Gases, nur von vereinzelten Staubpartikeln bevölkert, deren Existenz man aus Zodiakallichtbeobachtungen ableitete. Zwar hatte man schon vor 1920 das Auftreten interplanetarer Plasmawolken diskutiert, um den Zusammenhang zwischen Sonneneruptionen und geomagnetischen Stürmen zu erklären, aber diese Plasmablasen wurden als vorübergehende Erscheinungen betrachtet, die nur sporadisch und kurzzeitig den interplanetaren Raum durchqueren. Der Gedanke, daß dieser Bereich möglicherweise permanent mit Sonnengas angefüllt ist, wurde erstmals in den fünfziger Jahren ernsthaft diskutiert. Um eine erste Vorstellung von möglichen Gasdichten im interplanetaren Raum zu erhalten, extrapolieren wir die beobachteten koronalen Dichten mit Hilfe der barometrischen Höhenformel in den sonnenfernen Bereich. Betrachtet wird ein isothermes, ladungsneutrales Gasgemisch bestehend aus koronalen Protonen und Elektronen, für das gilt $n_\mathrm{p} = n_\mathrm{e} = n$, $\rho = n\,(m_\mathrm{p} + m_\mathrm{e}) = n\,m_\mathrm{H}$, $T_\mathrm{p} = T_\mathrm{e} = T =$ konst. und $p = p_\mathrm{p} + p_\mathrm{e} = 2nkT$. Wie in Abschnitt 2.4.5 beschrieben, ergibt sich die Dichteverteilung einer solchen solaren Eingasatmosphäre zu

$$n(r) = n(r_0) \; \exp\left\{ \frac{m_\mathrm{H} \; G \; M_S}{2 \; kT} \left(\frac{1}{r} - \frac{1}{r_0} \right) \right\} \qquad (6.1)$$

Dabei bezeichnet r die solarzentrische Distanz und M_S die Sonnenmasse. Der Faktor 2 im Nenner des Exponenten resultiert aus der Forderung nach Ladungsneutralität und impliziert ein elektrisches Polarisationsfeld, das die effektive Masse der Protonen halbiert, siehe Abschnitt 4.4.1. Ein Vergleich dieses barometrischen Dichteverlaufs mit der in Gl. (3.7) angegebenen empirisch ermittelten Elektronendichteverteilung zeigt recht gute Übereinstimmung. Im sonnennahen Bereich $(r \lesssim 3R_S)$ kann demnach die Korona in ausreichend guter Näherung als im aerostatischen Gleichgewicht befindlich betrachtet werden.

Für uns ist eine Extrapolation dieser Dichteverteilung in den sonnenfernen Bereich von Interesse. Es gilt

$$n(r \gg r_0) \simeq n(r_0) \; \exp\left\{ -\frac{m_H \; G \; M_S}{2 \; kT \; r_0} \right\} \qquad (6.2)$$

Mit $r_0 = 1.5 R_S$, $n(r_0) \simeq 10^{13} \mathrm{m}^{-3}$ (siehe Gl. (3.7)) und $T \simeq 10^6 \mathrm{K}$ erhält man $n(r \gg 1.5 \; R_S) \simeq 4 \cdot 10^9$ m^{-3}. Ein solch hoher asymptotischer Gasdichtewert ist ein deutlicher Hinweis dafür, daß der interplanetare Raum kein Vakuum sein kann, sondern ständig von der Sonnenatmosphäre erfüllt sein muß. Diese Schlußfolgerung wird nicht dadurch entwertet, daß die extrapolierten Dichten sicherlich um einiges zu hoch sind. So entspricht der oben angegebene Grenzwert etwa der Dichte der erdnahen Plasmasphäre. Hinzu kommt, daß eine asymptotisch konstante Dichte unphysikalisch ist, da sie zu unendlich großen Atmosphärenmassen führt. Aus diesen Unstimmigkeiten folgt aber nicht, daß die Sonnenatmosphäre auf den sonnennahen Bereich beschränkt sein muß, sondern nur, daß die Sonnenatmosphäre des interplanetaren Raumes keiner statischen Gleichgewichtsverteilung entsprechen kann.

Erste Hinweise darauf, daß es sich bei der Sonnenatmosphäre im interplanetaren Raum in der Tat um ein höchst dynamisches Phänomen handelt, ergaben sich aus Beobachtungen an Kometenschweifen, wie sie in den vierziger und fünfziger Jahren des letzten Jahrhunderts durchgeführt wurden. So besitzen Kometen im allgemeinen zwei Schweifarten: Einmal einen diffushomogenen, leicht zur Sonne hingebogenen Gas- und Staubschweif und zweitens einen stark strukturierten und praktisch radial von der Sonne wegzeigenden Ionenschweif, siehe Abb. 6.1. Die Ausrichtung des Gas-Staubschweifs ließ sich zwanglos aus einem Zusammenspiel von Strahlungsdruck- und Sonnenanziehungskräften erklären. Die radiale Ausrichtung des Ionenschweifs dagegen war nicht so ohne weiteres verständlich. Hinzu kam, daß im Ionenschweif beobachtete Strukturen große und stark variierende Beschleunigungen aufwiesen. Zur Erklärung beider Phänomene wurde von Biermann 1951 die Existenz eines ständig von der Sonne emittierten Plasmastroms variabler Geschwindigkeit postuliert. Die ungefähre Geschwindigkeit dieses Teilchenstroms, den

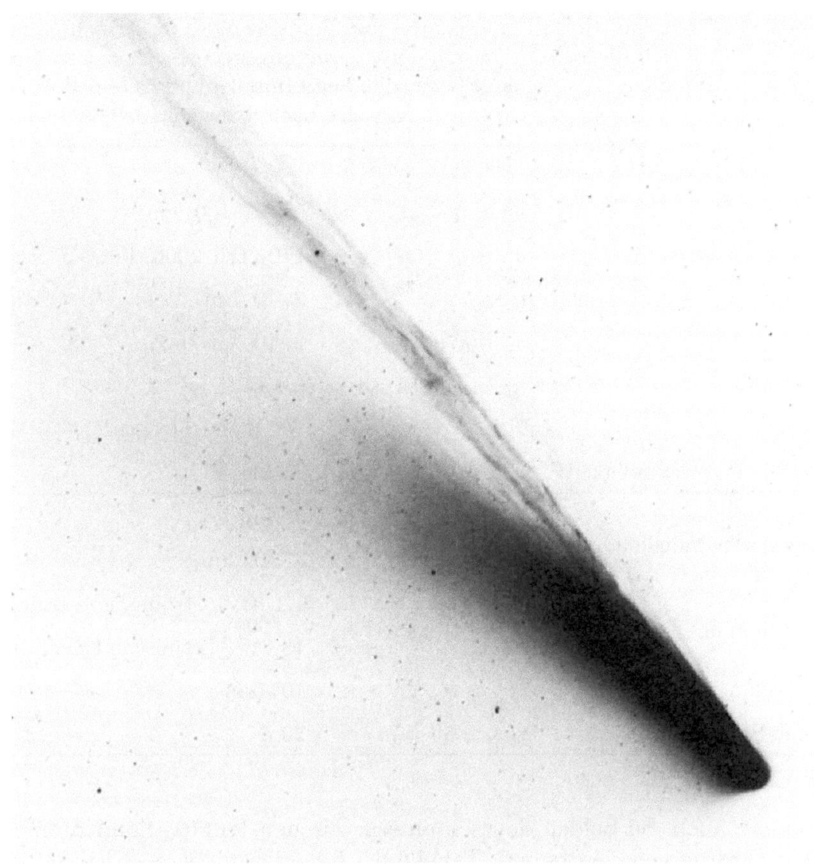

Abb. 6.1. Fotografie (Negativ) des Kometen Mrkos. Der obere gerade Schweif ist der Ionenschweif. (Mt. Wilson/Palomar Observatorium)

wir heute als *Sonnenwind* bezeichnen, wurde mit 100 km/s nahezu korrekt abgeschätzt. Daß diese Abschätzung auf z.T. falschen Annahmen beruhte, ist dabei für die weitere Entwicklung nebensächlich. Wichtig ist, daß hier zum erstenmal die Möglichkeit einer dynamischen, nicht-statischen Sonnenatmosphäre in Betracht gezogen wurde. Dieser Gedanke wurde 1958 von Parker aufgegriffen, der als erster ein sehr erfolgreiches Sonnenwindmodell entwickelt hat. Bevor dieses Modell in seiner einfachsten Form vorgestellt wird, gilt es zunächst unseren heutigen Kenntnisstand vom Sonnenwind zu beschreiben.

6.1.1 Eigenschaften des Sonnenwindes in Erdbahnnähe

Unser heutiges Wissen vom Sonnenwind beruht im wesentlichen auf mit Hilfe von interplanetaren Raumsonden durchgeführten *in situ* Messungen, wobei

Tabelle 6.1. Durchschnittliche Eigenschaften des Sonnenwindes in Erdbahnnähe. Man beachte, daß sich die bei der Zusammensetzung angegebenen Prozentzahlen auf die Teilchenzahldichten beziehen. Ferner, daß beim Impuls- und Energiefluß die He^{++}-Komponente vernachlässigt wurde. (Teilweise nach Schwenn,1990)

Zusammensetzung:	$\simeq 96\%\ H^+$, 4% (0–20%) He^{++}, e^-		
Dichte:	$n_p \simeq n_e$	$\simeq$	6 (0.1–100) cm^{-3}
Geschwindigkeit:	$u_p \simeq u_e = u$	$\simeq$	470 (170–2000) km/s
Protonenfluß:	$n_p\,u$	$\simeq$	$3 \cdot 10^{12}$ m^{-2}s^{-1}
Impulsfluß:	$n_p\,m_H\,u^2$	$\simeq$	$2 \cdot 10^{-9}$ N/m^2
Energiefluß:	$n_p\,m_H\,u^3/2$	$\simeq$	0.5 mW/m^2
Temperatur:	T	$\simeq$	10^5 (3500–5$\cdot 10^5$) K
Plasmaschallgeschwindigkeit:	v_{PS}	$\simeq$	50 km/s
Pekuliargeschwindigkeit:	$\bar{c}_p$	$\simeq$	46 km/s
	$\bar{c}_e$	$\simeq$	$2 \cdot 10^3$ km/s
Teilchenenergie:	E_p	$\simeq$	1.1 keV (Strömungsenergie)
	E_e	$\simeq$	13 eV (thermische Energie)
Freie Weglänge:	$l_{p,p} \simeq l_{e,e}$	$\simeq$	10^8 km
Coulomb-Stoßzeit:	$\tau_{p,p} \simeq 30\ \tau_{e,p}$	$>$	20 d

insbesondere auch die beiden deutsch-amerikanischen HELIOS-Sonden einen wichtigen Beitrag geliefert haben. Tabelle 6.1 faßt die mittleren Eigenschaften des Sonnenwindes in Erdbahnnähe, d.h. in der Ekliptik und in einer Entfernung von 1 AE von der Sonne, zusammen.

Wie die Korona so besteht der aus ihr entweichende Sonnenwind im wesentlichen aus Protonen und Elektronen mit einer kleinen Beimischung von α-Teilchen (He^{++}). Dabei kann der Anteil von α-Teilchen während gestörter Bedingungen bis auf 20% ansteigen. Die Dichte in Erdbahnnähe beträgt etwa 6 Ionen und 6 Elektronen pro cm^3, wobei erhebliche Schwankungen beobachtet werden. Aus Ladungsgleichgewichtsgründen gilt $n_e \simeq n_p + 2n_\alpha$.

Die Geschwindigkeit des Sonnenwindes schwankt zwischen den Extremwerten 170 km/s und mehr als 2000 km/s mit einem Mittelwert von 470 km/s. Dabei ist es sinnvoll, zwischen einem langsamen Sonnenwind ($u < 400$ km/s) und Hochgeschwindigkeitsströmungen ($u > 600$ km/s) zu unterscheiden, die – insbesondere in Sonnennähe – oft scharf voneinander abgegrenzte Sektoren besetzen. Diese Zweiteilung hat offensichtlich mit den unterschiedlichen koronalen Ursprungsorten beider Strömungen zu tun. In jedem Fall handelt es sich beim Sonnenwind um eine Überschallströmung, die 3 bis 4 Tage braucht, um die Strecke Sonne-Erde zurückzulegen.

Im Gegensatz zur Dichte und zur Geschwindigkeit ist der Teilchenfluß relativ konstant und schwankt im Mittel um weniger als einen Faktor 2. Dies ist darauf zurückzuführen, daß der langsame Sonnenwind mit großen, der schnelle dagegen mit geringen Dichten assoziiert ist. Aus dem Teilchenfluß läßt sich die Massenverlustrate der Sonne abschätzen

$$\mathrm{d}M_S/\mathrm{d}t \simeq n_\mathrm{p}\, u\, m_\mathrm{H}\, 4\pi\, (1\ \mathrm{AE})^2 > 10^9\ \mathrm{kg/s}$$

Die Sonne verliert also durch den Sonnenwind jede Sekunde mehr als eine Million Tonnen an Masse. Bei einer Gesamtmasse von $2 \cdot 10^{30}$ kg und bei einer Lebenserwartung von etwa 10^{10} Jahren fällt dieser Massenverlust allerdings kaum ins Gewicht.

Ähnlich dem Teilchenfluß erweist sich auch der Impulsfluß (oder dynamische Druck) als relativ konstant. Er bestimmt ja den Staudruck, den der Sonnenwind auf ein Hindernis, wie es die terrestrische Magnetosphäre darstellt, ausübt. Kurzfristig kann es allerdings zu erheblichen Schwankungen dieser Größe kommen, so z.B. bei der Passage einer interplanetaren Stoßwelle.

Ein wesentliches Merkmal des Sonnenwindes ist, daß seine Energiedichte durch die der Strömungsbewegung bestimmt wird. Damit verglichen ist die thermische Energiedichte ($\simeq 2n_\mathrm{p}(3\ kT/2)$) vernachlässigbar klein. Der Energiefluß des Sonnenwindes ergibt sich demnach in guter Näherung zu $\phi_{SW}^E(1\ \mathrm{AE}) \simeq n_\mathrm{p}\, u\, (m_\mathrm{H}\, u^2/2) \simeq 0.5$ mW/m^2, wobei wir wieder die Heliumkomponente des Sonnenwindes vernachlässigt haben. Dieser kinetische Energiefluß sollte mit dem UV-Strahlungsenergiefluß ($\lambda < 175$ nm) verglichen werden, der etwa dreißigmal so groß ist.

Um den gesamten sonnenwindbedingten Energieverlust der Sonne abschätzen zu können, muß zusätzlich die Arbeit berücksichtigt werden, die bei der Bewegung der Teilchen gegen die Anziehungskraft der Sonne geleistet wird. Diese potentielle Energie beträgt

$$E_{pot} \simeq \int_{R_S}^{\infty} m_\mathrm{H}\, g_S\, \mathrm{d}r = G\, m_\mathrm{H}\, M_S/R_S$$

Der Fluß dieser potentiellen Energie ergibt sich demnach zu $\phi_{pot}^E \simeq n_\mathrm{p}\, u\, E_{pot} \simeq 0.9$ mW/m^2, so daß man für den gesamten mit dem Sonnenwind assoziierten Energieausstoß den Wert $\left(\phi_{SW}^E + \phi_{pot}^E\right) 4\pi(1\ \mathrm{AE})^2 \simeq 4 \cdot 10^{20}$ W erhält. Dies entspricht einem Millionstel des Energieverlustes durch Abstrahlung ($\simeq 4 \cdot 10^{26}$ W).

Ähnlich wie Dichte und Geschwindigkeit ist auch die Temperatur des Sonnenwindes großen Schwankungen unterworfen (Faktor 100 und mehr). Dabei stellt die Angabe einer einzigen Temperatur in Tabelle 6.1 an sich schon eine starke Vereinfachung der in Wirklichkeit recht komplizierten Verhältnisse dar. So herrscht z.B. kein thermisches Gleichgewicht, und die verschiedenen Komponenten des Sonnenwindes besitzen unterschiedliche Temperaturen. Hinzu kommt, daß die Pekuliargeschwindigkeitsverteilungen anisotrop sind und zu unterschiedlichen Temperaturen parallel und senkrecht zur jeweiligen Magnetfeldrichtung führen. Schließlich weisen die Temperaturen systematische Variationen mit der Sonnenwindgeschwindigkeit auf. So ist insbesondere die Protonentemperatur im schnellen Sonnenwind wesentlich höher als im langsamen. Für den langsamen Sonnenwind ($u \simeq 300$ km/s, $n_\mathrm{p} \simeq 8$ cm^{-3}) gilt beispielsweise $T_\mathrm{p} \simeq 0.3 \cdot 10^5$ K, für den schnellen Sonnenwind ($u \simeq 700$ km/s, $n_\mathrm{p} \simeq 3$ cm^{-3}) $T_\mathrm{p} \simeq 2.3 \cdot 10^5$ K. Der in Tabelle 6.1 angegebene Temperaturwert stellt somit nur eine grobe Richtgröße dar.

Was die gaskinetischen Kenngrößen betrifft, so beträgt die mittlere Pekuliargeschwindigkeit der Protonen nur etwa 1/10, die der Elektronen dagegen das 4-fache der Strömungsgeschwindigkeit. Entsprechend wird die Teilchenenergie der Protonen durch die Strömungsgeschwindigkeit, die der Elektronen durch die thermische Geschwindigkeit bestimmt. Die mittlere freie Weglänge der Teilchen in Erdbahnnähe ist außerordentlich groß und erreicht nahezu eine Astronomische Einheit. Entsprechend lang ist auch die Zeit zwischen zwei Coulomb-Stößen, für Proton-Proton-Stöße beträgt sie fast einen Monat. Wesentlich effektivere Ausgleichsvorgänge finden über elektromagnetische Felder statt.

6.1.2 Gasdynamisches Modell

Zu den wesentlichen Beobachtungen, die ein Sonnenwindmodell reproduzieren sollte, gehören

- die starke Beschleunigung der koronalen Gase von $u \simeq 0$ in Sonnennähe auf eine Überschallgeschwindigkeit von etwa 500 km/s in Erdbahnnähe
- die Abnahme der Dichte von etwa $2 \cdot 10^{11}$ m^{-3} am Ort der Koronapause ($\simeq 3R_S$) auf einige 10^6 m^{-3} in Erdbahnnähe
- die relativ langsame Abnahme der Temperatur von $\simeq 10^6$ K in der Sonnenkorona auf etwa 10^5 K in Erdbahnnähe

Bei der theoretischen Modellierung dieser Beobachtungen sind zwei sehr unterschiedliche Ansätze gemacht worden. Dem einen liegt eine *gasdynamische* (makroskopische), dem anderen eine *exosphärische* (mikroskopische) Betrachtungsweise zugrunde. Im folgenden sollen zunächst die wesentlichen Merkmale des gasdynamischen Modells beschrieben werden.

Beim gasdynamischen Ansatz wird im einfachsten Fall die Sonnenatmosphäre als quasi-neutrales Gasgemisch bestehend aus Protonen und Elektronen betrachtet (Eingasatmosphäre). Beide Komponenten sind eng aneinander gekoppelt und haben überall die gleiche Teilchendichte, die gleiche Strömungsgeschwindigkeit und die gleiche Temperatur, wobei letztere zudem noch als in erster Näherung konstant angesehen wird. Ferner wird nur der stationäre, kugelsymmetrische Fall betrachtet, und Teilchenproduktion und -verluste werden mit Recht vernachlässigt. Es gilt

$$
\begin{aligned}
&(1) && n_\mathrm{p} = n_\mathrm{e} = n \\
&(2) && \vec{u}_\mathrm{p} = \vec{u}_\mathrm{e} = \hat{r}\,u \\
&(3) && T_\mathrm{p} = T_\mathrm{e} = T \simeq \text{konst.} \\
&(4) && \partial/\partial\vartheta \,,\; \partial/\partial\lambda \to 0 \\
&(5) && \partial/\partial t \to 0 \\
&(6) && q\,,\; l \to 0
\end{aligned}
$$

Die erste Annahme enthält implizit die Forderung nach Ladungsneutralität, die praktisch durch ein elektrisches Feld (das Pannekoek-Rosseland-Polarisationsfeld) gewährleistet wird. Die zweite Annahme enthält implizit die Forderung, daß kein Strom im Sonnenwind fließt, der den interplanetaren Raum auflädt. Um dies zu erreichen, bedarf es eines zusätzlichen, wesentlich stärkeren elektrischen Feldes, siehe Abschnitt 6.1.5. Die dritte Annahme vereinfacht die Rechnung, ohne daß wesentliche Information verloren geht. Realistischere Temperaturprofile werden in Abschnitt 6.1.3 betrachtet. Die vierte Annahme impliziert, daß der Sonnenwind kugelsymmetrisch ist und somit keine Änderungen in Richtung der Ko-Breite ϑ und der Länge λ aufweist. Mit der fünften Annahme werden zeitliche Variationen ausgeschlossen und nur der stationäre Fall betrachtet. Mit der sechsten Annahme schließlich wird gefordert, daß es keine Sonnenwindteilchenquellen oder -senken gibt, eine Annahme, die wegen der geringen Wechselwirkungswahrscheinlichkeiten in guter Näherung erfüllt ist.

Ausgangsgleichung für die Berechnung der gesuchten Sonnenwindparameter ist – wie im Fall der Dichtebestimmung in der statischen Thermosphäre oder Hochionosphäre – die Impulsbilanz- oder Kräftegleichgewichtsbeziehung. Betrachtet wird also die Summe aller Kräfte, die an einem Gasvolumen des Sonnenwindes angreifen. Wesentliche Besonderheit dieser Situation ist, daß offensichtlich Druckgradient- und Schwerkraft *nicht* im Gleichgewicht sind (dies würde ja zu einer statischen Atmosphäre führen), sondern daß die nach außen gerichtete Druckgradientkraft überwiegt und zu einer stetigen Beschleunigung des betrachteten Gasvolumens führt. Dieser Beschleunigung wirken Trägheitskräfte entgegen, die es in der Impulsbilanzgleichung zu berücksichtigen gilt, siehe Abb. 6.2. Im dynamischen Kräftegleichgewicht muß demnach die aerostatische Grundgleichung durch einen Trägheitsterm ergänzt werden, und bei Betrachtung eines sich mit dem Sonnenwind mitbewegenden (Lagrangeschen) Volumenelementes gilt

$$
\frac{\mathrm{d}p}{\mathrm{d}r} = -\rho\,g_S - \rho\,\frac{\mathrm{D}u}{\mathrm{D}t} \tag{6.3}
$$

Dabei berücksichtigt die konvektive Ableitung im Trägheitsterm sowohl Beschleunigungen des Gaspakets, die auf einer zeitlichen Änderung des Strömungsfeldes beruhen, als auch solche, die von einer räumlichen Variation der Strömungsgeschwindigkeit herrühren (Stromschnelleneffekt, siehe Abschnitt 3.4.3 und hier insbesondere Abb. 3.36). Derselbe Ansatz ergibt sich natürlich auch unmittelbar aus Gl. (3.80), wenn Viskositäts- und Reibungs-

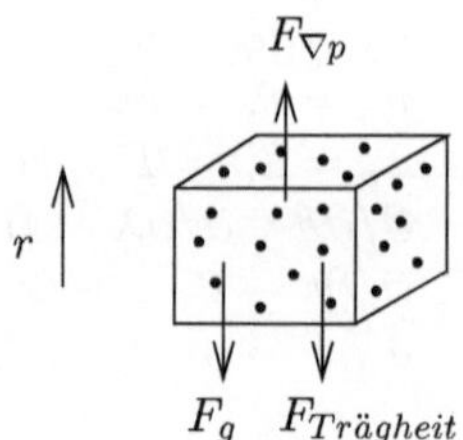

Abb. 6.2. Kräftegleichgewicht im Sonnenwind

kraft vernachlässigt werden und die Coriolis-Kraft entfällt. Da im folgenden nur der stationäre und kugelsymmetrische Fall betrachtet werden soll, gilt

$$\frac{Du}{Dt} = (\vec{u}\,\nabla)u = u\,\frac{du}{dr} \tag{6.4}$$

siehe Gl. (3.81) und die in Gl. (A.29) implizit enthaltene Form des Nabla-Operators. Damit nimmt die Impulsbilanzgleichung folgende Form an

$$\rho\,u\,\frac{du}{dr} = -\frac{dp}{dr} - \rho\,g_S \tag{6.5}$$

Diese Gleichung stellt einen Zusammenhang zwischen den drei Variablen u, ρ und p her. Um eine dieser Größen berechnen zu können, müssen die beiden anderen eliminiert werden. Dies gelingt mit Hilfe der allgemeinen Gasgleichung und der verkürzten Dichtebilanzgleichung. Im folgenden soll zunächst die Bestimmungsgleichung für das Strömungsfeld $u(r)$ abgeleitet werden.

In einem ersten Schritt wird der Druck mit Hilfe der allgemeinen Gasgleichung durch die Teilchenzahldichte n ersetzt. Mit $p = p_p + p_e = 2\,n\,k\,T$ und $T =$ konst. gilt $dp/dr = 2\,k\,T\,dn/dr$. Einsetzen in die Bewegungsgleichung, in der gleichzeitig die Massendichte durch die Teilchenzahldichte mittels der Beziehung $\rho = (m_p + m_e)n = m_H\,n$ ersetzt wird, ergibt

$$u\,\frac{du}{dr} = -\frac{2\,k\,T}{m_H}\left(\frac{1}{n}\,\frac{dn}{dr}\right) - g_S \tag{6.6}$$

Die Elimination der Teilchenzahldichte aus dieser Gleichung gelingt mit Hilfe der Dichtebilanzgleichung, die aufgrund der Annahmen (5) und (6) folgende einfache Form annimmt

$$\mathrm{div}(n\,\vec{u}) = 0 \tag{6.7}$$

Dies entspricht der Transportgleichgewichtsbeziehung, wie wir sie für die neutrale Hochatmosphäre oder die Hochionosphäre kennengelernt haben. Im Gegensatz zu diesen beiden Anwendungsfällen wird hier aber der stationäre, nicht der statische Fall betrachtet, d.h. es wird hier nicht die weitergehende Annahme gemacht, daß die Transportgeschwindigkeit $\vec{u}$ gleich Null ist. Im Gegenteil, die Strömungsgeschwindigkeit ist ja einer der wesentlichen Sonnenwindparameter, die es zu bestimmen gilt. In Kugelkoordinaten besitzt der Divergenzoperator die in Gl. (A.30) angegebene Form. Im kugelsymmetrischen Fall gilt somit

$$\operatorname{div}(n\,\vec{u}) = \frac{1}{r^2}\,\frac{\partial}{\partial r}\,(r^2\,n\,u) = 0$$

Daraus folgt

$$r^2\,n\,u = \text{konst.} \tag{6.8}$$

Diese Beziehung ist unmittelbar verständlich, da die pro Zeitintervall durch eine beliebige Kugeloberfläche um die Sonne transportierte Teilchenzahl ($= n\,u\,4\pi r^2$) konstant sein muß, um eine Zu- oder Abnahme der Teilchenzahldichte zwischen zwei benachbarten Kugeloberflächen (die ja einer zeitlichen Änderung entsprechen würde) auszuschließen. Logarithmiert man diese Gleichung und differenziert sie anschließend nach r, so erhält man

$$\frac{1}{n}\,\frac{dn}{dr} = -\frac{1}{u}\,\frac{du}{dr} - \frac{2}{r}$$

Einsetzen in Gl. (6.6) ergibt eine Bestimmungsgleichung für das Geschwindigkeitsfeld u in Abhängigkeit von der solarzentrischen Distanz r

$$u\,\frac{du}{dr}\,\left(1 - \frac{2\,k\,T}{m_{\mathrm{H}}}\,\frac{1}{u^2}\right) = \frac{4\,k\,T}{m_{\mathrm{H}}\,r} - \frac{G\,M_S}{r^2} \tag{6.9}$$

Die Schreibweise dieser Gleichung läßt sich vereinfachen, indem man, rein formal, die sogenannte *kritische Geschwindigkeit* und *kritische Distanz* einführt. Definitionsgemäß gilt

$$u_c = \sqrt{\frac{2\,k\,T}{m_{\mathrm{H}}}} \tag{6.10}$$

und

$$r_c = \frac{G\,M_S\,m_{\mathrm{H}}}{4\,k\,T} \tag{6.11}$$

Man beachte, daß u_c gerade der wahrscheinlichsten Pekuliargeschwindigkeit einer Maxwell-Verteilung von Wasserstoffteilchen und damit auch ungefähr der Schallgeschwindigkeit in diesem Gas entspricht, siehe Gl. (2.93) und (3.95). Division durch $-u_c^2$ und Substitution von r_c ergibt

$$u\,\frac{du}{dr}\,\left(\frac{1}{u^2} - \frac{1}{u_c^2}\right) = \frac{2\,r_c}{r^2} - \frac{2}{r} \tag{6.12}$$

Diese Gleichung läßt sich weiter vereinfachen, indem man vorübergehend die neue Variable $x = u^2$ einführt. Mit $dx/dr = 2u\,du/dr$ erhält man für $x(r)$ die Beziehung

$$\frac{dx}{dr}\,\left(\frac{1}{x} - \frac{1}{u_c^2}\right) = 4\,\left(\frac{r_c}{r^2} - \frac{1}{r}\right)$$

Separation der Variablen und Integration ergibt

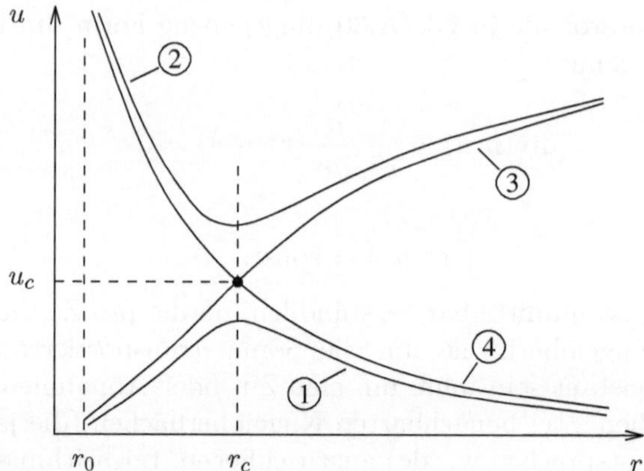

Abb. 6.3. Lösungsklassen der Gl. (6.13) für den Geschwindigkeitsverlauf im Sonnenwind als Funktion der solarzentrischen Distanz. (1) $u < u_c$ für alle r; (2) $u > u_c$ für alle r; (3) $u(r_c) = u_c$ und $u < u_c$ für $r_0 \leq r < r_c$; (4) $u(r_c) = u_c$ und $u > u_c$ für $r_0 \leq r < r_c$

$$\int_{x(r_0)}^{x(r)} \frac{\mathrm{d}x'}{x'} - \frac{1}{u_c^2} \int_{x(r_0)}^{x(r)} \mathrm{d}x' = 4 \left\{ r_c \int_{r_0}^{r} \frac{\mathrm{d}r'}{r'^2} - \int_{r_0}^{r} \frac{\mathrm{d}r'}{r'} \right\}$$

wobei r_0 zunächst eine beliebige untere Grenze darstellt. Ausführen der Integration und Rückkehr zur Variablen u führt schließlich auf die Beziehung

$$\ln\left(u^2(r)\right) - \frac{u^2(r)}{u_c^2} + 4\left(\frac{r_c}{r} + \ln r\right) = C \tag{6.13}$$

wobei die Integrationskonstante C alle nicht-variablen, nur von r_0 abhängigen Terme zusammenfaßt.

Gleichung (6.13) beschreibt den Verlauf der Geschwindigkeit als Funktion der solarzentrischen Distanz in so allgemeiner Form, daß ein ganzes Spektrum von Lösungen möglich ist. Schon um bestimmte Lösungs*klassen* eingrenzen zu können, bedarf es zusätzlicher Spezifikationen, so z.B. Angaben darüber, ob die Lösung ein Maximum oder ein Minimum besitzen soll oder wenn nicht, ob die Lösung monoton wachsen oder fallen soll, siehe Abb. 6.3. Die dort gezeigten Lösungsklassen (1)–(4) lassen sich mit Hilfe der noch nicht integrierten Differentialgleichung für u verstehen. Umformung von Gl. (6.12) ergibt

$$\frac{1}{u}\frac{\mathrm{d}u}{\mathrm{d}r}\left(1 - \frac{u^2}{u_c^2}\right) = \frac{2}{r}\left(\frac{r_c}{r} - 1\right) \tag{6.14}$$

Betrachtet werde ein Entfernungsbereich $r_0 \leq r < \infty$, wobei die obere Grenze von r_0 durch die Bedingung $r_0 < r_c$ eingeschränkt sei. Für typische koronale Bedingungen ($T \simeq 10^6$ K) ergibt sich der kritische Radius zu $r_c \simeq 6\,R_S$, so daß diese Bedingung für r_0 leicht eingehalten werden kann. Damit wird die rechte Seite der Gleichung für $r_0 \leq r < r_c$ positiv, für $r > r_c$ negativ und für $r = r_c$ gleich Null. Gilt letzteres, muß auch die linke Seite der Gleichung verschwinden. Dies ist der Fall, wenn $u(r_c)$ gegen Unendlich geht, was unphysikalisch ist und deshalb nicht weiter betrachtet zu werden braucht; oder wenn $u(r)$ an der Stelle r_c ein Extremum besitzt, so daß du/dr an dieser Stelle gleich Null wird; oder aber wenn der Klammerausdruck verschwindet, was für $u(r_c) = u_c$ der Fall ist. Die Möglichkeit, daß sowohl Steigung als auch Klammerausdruck bei r_c gleich Null sind, führt zu doppelwertigen Lösungen, die hier nicht weiter betrachtet zu werden brauchen.

Für den Fall, daß das Geschwindigkeitsprofil in der kritischen Distanz ein Extremum besitzt, muß der Klammerausdruck auf der linken Seite der Gl. (6.14) über den gesamten betrachteten Entfernungsbereich entweder positiv oder negativ sein; ein Vorzeichenwechsel würde ja eine zusätzliche, nicht vorhandene Nullstelle der rechten Seite der Gleichung erfordern. Daraus folgt, daß für $u < u_c$ (Klammer positiv) und $r_0 \leq r < r_c$ die Steigung du/dr positiv sein muß, da auch die rechte Seite der Gleichung positiv ist, und daß für die gleichen Bedingungen, aber für $r > r_c$ die Steigung negativ sein muß, da in diesem Fall die rechte Seite negativ wird. Für $u < u_c$ befindet sich also bei $r = r_c$ ein Maximum, und dies entspricht der in Abb. 6.3 skizzierten Klasse 1-Lösung. Für den Fall, daß u überall größer als u_c ist, ergeben analoge Überlegungen, daß das Extremum bei r_c ein Minimum sein muß (Klasse 2-Lösungen).

Verschwindet dagegen der Klammerausdruck im kritischen Punkt (d.h. gilt $u(r_c) = u_c$), dann muß die Steigung des Geschwindigkeitsprofils du/dr über den gesamten betrachteten Entfernungsbereich entweder positiv ($u < u_c$ für $r_0 \leq r < r_c$) oder negativ ($u > u_c$ für $r_0 \leq r < r_c$) sein, wiederum weil die rechte Seite nur eine Nullstelle aufweist und weil in r_c beide Klammerausdrücke ihr Vorzeichen wechseln. Dies entspricht monoton wachsenden oder monoton fallenden Geschwindigkeitsprofilen, wie sie den Klasse 3- bzw. den Klasse 4-Lösungen entsprechen.

Ein Vergleich dieser möglichen Lösungsklassen mit den durch die Beobachtung vorgegebenen Randbedingungen (u klein in der Korona und groß im interplanetaren Raum) zeigt, daß nur Klasse 3-Lösungen für die Beschreibung des Sonnenwindes in Frage kommen. Für diese Klasse gilt, daß die Geschwindigkeit im Punkt r_c ihren kritischen Wert u_c erreicht

$$u(r_c) = u_c \tag{6.15}$$

Einsetzen dieser Werte in Gl. (6.13) erlaubt es die Integrationskonstante C zu bestimmen

$$C = \ln u_c^2 + 3 + 4 \ln r_c$$

und damit die Lösung in folgender Form zu schreiben

$$\left(\frac{u}{u_c}\right)^2 - 2\ln\left(\frac{u}{u_c}\right) = 4\ln\left(\frac{r}{r_c}\right) + 4\left(\frac{r_c}{r}\right) - 3 \tag{6.16}$$

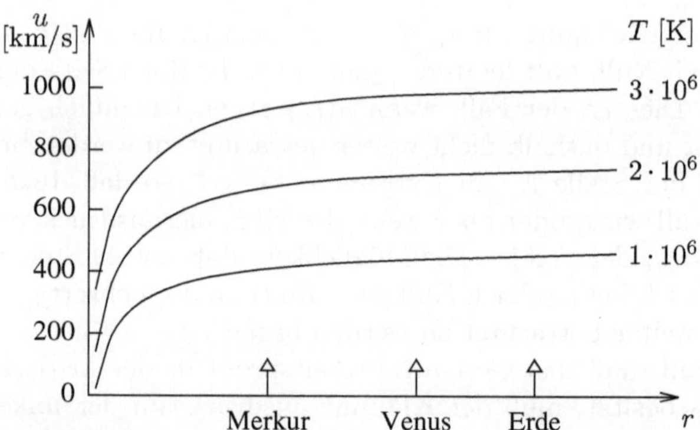

Abb. 6.4. Radiale Geschwindigkeitsprofile des Sonnenwindes für verschiedene Temperaturwerte. (Nach Parker, 1963)

Gleichung (6.16) enthält noch über r_c und u_c die Sonnenwindtemperatur T als freien Parameter. Entsprechend zeigt Abb. 6.4 den Lösungsverlauf für verschiedene Werte dieser Zustandsgröße. Offensichtlich sind die durch diese Lösungen für die Entfernung der Erde vorhergesagten Geschwindigkeiten mit den Beobachtungen verträglich. Dies gilt auch für die durch andere Beobachtungen belegte relativ schwache Abhängigkeit der Geschwindigkeit von der Entfernung für den sonnenferneren Bereich.

Für den Dichteverlauf erhält man aus der Beziehung (6.8)

$$n(r) = n(r_1) \left(\frac{r_1}{r}\right)^2 \frac{u(r_1)}{u(r)} \tag{6.17}$$

Wie ursprünglich gefordert geht die Dichte für große Entfernungen gegen Null. Explizit erhält man für die Randbedingungen $r_1 = r_c = 6\,R_S$, $n_e(6\,R_S) \simeq 2 \cdot 10^{10}$ m^{-3} (Gl. (3.7)), $u(r_1) = u_c(T = 10^6$ K$) \simeq 130$ km/s und $u(1$ AE $\simeq 214\,R_S) \simeq 450$ km/s (Abb. 6.4) einen Dichtewert von $n_e(1$ AE$) \simeq 5$ cm^{-3}, wiederum in Einklang mit den Beobachtungen.

6.1.3 Temperaturverlauf

Ein offensichtlicher Schwachpunkt unseres Modells ist, daß die der Abb. 6.4 zugrunde liegenden Temperaturwerte zwar im Bereich der Korona, nicht aber in planetaren Entfernungen mit den Beobachtungen verträglich sind. Hinzu kommt, daß für $r \to \infty$ die Sonnenwindgeschwindigkeit – wenn auch nur sehr langsam – gegen Unendlich geht, siehe Gl. (6.16). Beide Mängel sind auf die vereinfachende Annahme einer konstanten Sonnenwindtemperatur zurückzuführen. Im folgenden sollen deshalb zwei Temperaturprofile betrachtet werden, die in besserer Übereinstimmung mit den Beobachtungen sind und die gleichzeitig einen endlichen Wert für die Geschwindigkeit in großen Entfernungen liefern.

Adiabatische Expansion. Die einfachste Annahme, die man bei der Beschreibung eines variablen Temperaturverlaufs im Sonnenwind machen kann, ist die, daß die Gasexpansion adiabatisch erfolgt. Man nimmt also an, daß kein Wärmeaustausch zwischen den expandierenden Gaspaketen und ihrer Umgebung stattfindet, so daß die Arbeit, die die Gaspakete bei ihrer Expansion leisten müssen, voll auf Kosten ihrer inneren Energie geht. Gemäß Gl. (2.35) gilt in diesem Fall

$$T = T_0 \left(\frac{V}{V_0} \right)^{-2/f} \tag{6.18}$$

Bei der hier betrachteten rein radialen Expansion vergrößert sich das Volumen eines Gaspakets proportional zum Quadrat der Entfernung, $dV = r^2 \sin\vartheta \, d\vartheta \, d\varphi \, dr$, so daß sich Gl. (6.18) auch folgendermaßen schreiben läßt

$$T(r) = T(r_0) \left(\frac{r}{r_0} \right)^{-4/f} \tag{6.19}$$

Damit erhält man für ein Protonen- oder Elektronengas ($f = 3$)

$$T(r) = T(r_0) \left(\frac{r_0}{r} \right)^{4/3} \tag{6.20}$$

Wählt man als Randbedingung die Werte $r_0 = 3 \, R_S$ und $T(r_0) = 10^6$ K, so ergibt sich die Sonnenwindtemperatur in Erdbahnnähe zu $T(1 \text{ AE}) \simeq 3400$ K. Solch tiefe Temperaturen werden mitunter in Sonnenwindsektoren sehr geringer Strömungsgeschwindigkeit beobachtet. Dies weist darauf hin, daß in diesen Bereichen die Expansion tatsächlich in erster Näherung adiabatisch erfolgt.

Diabatische Expansion. In Sektoren höherer Sonnenwindgeschwindigkeit sind die in Erdbahnnähe beobachteten Temperaturen wesentlich größer als durch das adiabatische Modell vorhergesagt. Die Sonnenwindvolumina müssen demnach nachgeheizt werden, um die durch die Expansion verursachten Wärmeverluste wenigstens teilweise auszugleichen. Da Wärmekonvektion hierbei offensichtlich keine Rolle spielen kann und Strahlungsabsorption vernachlässigbar klein ist, scheint zunächst nur molekulare Wärmeleitung als Nachheizmechanismus in Frage zu kommen. Dieser Mechanismus bietet sich auch deshalb an, weil die Wärmeleitfähigkeit eines nahezu stoßfreien Gases sehr hoch ist und demnach kleinste Temperaturgradienten ausreichen, um signifikante Wärmeströme fließen zu lassen.

Um den Temperaturverlauf im Sonnenwind unter Berücksichtigung von Wärmeleitung zu bestimmen, betrachten wir die Wärmebilanzgleichung für ein *ortsfestes* Volumenelement. Im stationären Fall und bei Vernachlässigung lokaler Wärmeproduktion und lokaler Wärmeverluste reduziert sich diese Bilanzgleichung auf die Form $d^W = -\operatorname{div}\vec{\phi}^W = 0$, siehe Gl. (3.51) und (3.52).

Wäre der Wärmefluß nicht divergenzfrei, so käme es zu einer allmählichen Aufheizung oder Abkühlung unseres ortsfesten Volumens, was nicht mit dem hier betrachteten stationären Zustand vereinbar wäre. (Die Divergenz des Wärmestroms für ein sich mit dem Sonnenwind *mitbewegendes* Volumenelement ist dagegen ungleich Null und stellt die gesuchte Wärmequelle für dieses Volumenelement dar.) In der hier betrachteten sphärisch symmetrischen Situation gilt demnach

$$\operatorname{div}\vec{\phi}^W = \frac{1}{r^2}\,\frac{\partial}{\partial r}\,\left(r^2\,\phi_r^W\right) = 0$$

bzw.

$$r^2\,\phi_r^W = \text{konst.} \tag{6.21}$$

wobei ϕ_r^W die radiale Komponente des Wärmeflusses bezeichnet. Bei der hier ausschließlich zu berücksichtigenden molekularen Wärmeleitung ergibt sich diese zu

$$\phi_r^W = -\kappa\,\frac{dT}{dr}$$

wobei die Wärmeleitfähigkeit die Form

$$\kappa = \xi\,\frac{k^{3/2}\,f\,\sqrt{T}}{\sqrt{m}\,\sigma}$$

besitzt, siehe Gl. (3.44) und (3.45). Für σ ist dabei der Coulomb-Querschnitt einzusetzen, $\sigma_{Cb} \sim 1/T^2$, so daß sich die Temperaturabhängigkeit der Wärmeleitfähigkeit zu $\kappa \sim T^{5/2}$ ergibt. Damit läßt sich Gl. (6.21) auch folgendermaßen schreiben

$$-r^2\,T^{5/2}\,\frac{dT}{dr} = \text{konst.}$$

Separation der Variablen und Integration liefert die Lösung

$$T^{7/2} = a + \frac{b}{r}$$

wobei a und b Konstante sind. Mit der Randbedingung $T(r \to \infty) \to 0$ (ein endlicher Temperaturwert würde wieder auf unendlich große Sonnenwindgeschwindigkeiten führen) erhält man schließlich für die radiale Abhängigkeit des Temperaturverlaufs

$$T(r) = T(r_0)\,\left(\frac{r_0}{r}\right)^{2/7} \tag{6.22}$$

Wählt man wieder als Randbedingung die Werte $r_0 = 3\,R_S$ und $T(r_0) = 10^6$ K, so erhält man in Erdbahnnähe eine Sonnenwindtemperatur von $T(1\ \text{AE}) \simeq 3 \cdot 10^5$ K, was durchaus im Bereich des Beobachteten liegt. Der außerordentlich geringe Temperaturgradient von

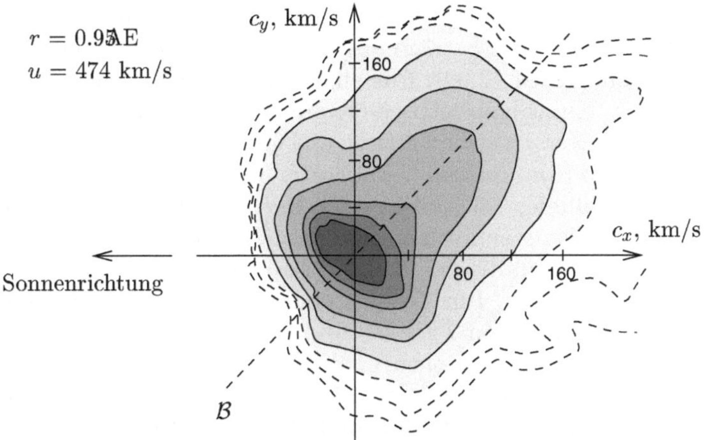

Abb. 6.5. Schnitt durch eine gemessene dreidimensionale Geschwindigkeitsverteilung $g(\vec{c})$ für Sonnenwindprotonen. Aufgetragen ist die auf einen bestimmten Festbetrag normierte Anzahl von Teilchen mit Pekuliargeschwindigkeiten zwischen $\vec{c}$ und $\vec{c} + \mathrm{d}\vec{c}$ (z.B. zwischen $c_x = 120$ km/s und $c_x = 160$ km/s bei $c_y = 0$). Die Schnittebene enthält den lokalen interplanetaren Magnetfeldvektor $\vec{B}$. Das Koordinatensystem ist so gewählt, daß sein Ursprung der mittleren Sonnenwindgeschwindigkeit entspricht. Zwischen zwei benachbarten Konturlinien ändert sich die Geschwindigkeitsraumdichte um einen Faktor 10. (Nach Marsch et al., 1982)

$$\frac{\Delta T}{\Delta r} \simeq \frac{3 \cdot 10^5 - 10^6}{1\mathrm{AE}} = -5 \cdot 10^{-6}\,\mathrm{K/m}$$

reicht demnach aus, einen genügend großen Wärmefluß von der Sonne in Richtung interplanetarer Raum fließen zu lassen, um die Gaspakete in Erdbahnnähe von usprünglich 3400 K bei adiabatischer Expansion auf 300 000 K aufzuheizen. Dabei kann diese Wärmeleitung nur über die Elektronenkomponente des Sonnenwindes erfolgen, da die thermische Bewegung der Protonen zu langsam ist. So reicht deren mittlere Pekuliargeschwindigkeit selbst bei einer Temperatur von 10^6 K ($\bar{c}_\mathrm{p}(10^6$ K$) \simeq 150$ km/s) nicht aus, um ein Gaspaket mit einer Strömungsgeschwindigkeit von 500 km/s einzuholen. Für Elektronen ist dies dagegen kein Problem ($\bar{c}_\mathrm{e}(10^6$ K$) \simeq 6000$ km/s).

Schwierigkeiten mit dem hier vorgestellten Temperaturmodell ergeben sich aus der geringen Wechselwirkung zwischen den Teilchen. So beträgt nach Tabelle 6.1 die Coulomb-Stoßzeit für Elektron-Proton-Stöße in Erdbahnnähe nahezu einen Tag und für Proton-Proton-Stöße sogar mehr als 20 Tage, so daß dem Wärmeaustausch über Stöße enge Grenzen gesetzt sind. Unmittelbares Indiz für diesen mangelnden Wärmeaustausch ist das Auftreten anisotroper Geschwindigkeitsverteilungen. Abbildung 6.5 zeigt als Beispiel den Querschnitt durch eine dreidimensionale Geschwindigkeitsverteilung, wie sie für Protonen in Erdbahnnähe beobachtet werden kann. Man beachte, daß es sich hier um die richtungsabhängige Verteilungsfunktion $g(\vec{c})$, nicht um die Verteilung der Geschwindigkeitsbeträge $h(c)$ handelt, siehe dazu Abschnitt 2.4.3 und hier insbesondere Gl. (2.90). Für eine reine Maxwell-Verteilung sollten sich in dieser Darstellung konzentrische Kreise ergeben. Tatsächlich ist die beobachtete Verteilung stark asymmetrisch mit feldliniensenkrecht ausgerichteten ellipsenförmigen Konturen im Kernbereich und starken Elongationen entlang der Magnetfeldlinien im Außen- oder *Halo*bereich. Zur Kennzeichnung dieser Asymmetrien ist es sinnvoll aus den gemessenen Verteilungsfunktionen Temperaturen abzuleiten, die parallel und senkrecht zum Magnetfeld unterschiedliche Werte besitzen. Für den Kernbereich der in Abb. 6.5 gezeigten Verteilungsfunktion gilt dann $T_\perp > T_\parallel$ und für den Außenbereich $T_\perp < T_\parallel$. Allgemein erhält man für Protonen in Erdbahnnähe eine durchschnittliche Temperaturanisotropie von $T_\parallel/T_\perp \simeq 1.5$, für Elektronen ist sie wesentlich kleiner ($T_\parallel/T_\perp \simeq 1.1$). Die bisher genannten Temperaturwerte ergeben sich dann als Mittelwerte dieser Temperaturkomponenten entsprechend der Gleichung $\langle T \rangle = (T_\parallel + 2T_\perp)/3$.

6.1.4 Erweiterte gasdynamische Modelle

Das bisher diskutierte und erstmals von Parker 1958 vorgestellte Modell stellt den einfachsten gasdynamischen Ansatz für die Beschreibung des Sonnenwindes dar. In der Zwischenzeit sind eine ganze Reihe wesentlich komplexerer Sonnenwindmodelle dieser Art entwickelt worden, die allesamt auf nur numerisch lösbaren Gleichungssystemen basieren. Verbesserungen dieser Modelle betreffen z.B.

- die separate Behandlung von Protonen- und Elektronengas
- die selbstkonsistente Berücksichtigung elektromagnetischer Kräfte und Felder
- die selbstkonsistente Einbeziehung erweiterter Energiebilanzgleichungen
- die explizite Berücksichtigung von Temperaturanisotropien
- die Einbeziehung von Welle-Teilchen-Wechselwirkungen

und vieles andere mehr. Als Beispiel für die Ergebnisse solcher verfeinerten Rechnungen zeigt Abb. 6.6 den Verlauf der Sonnenwindgeschwindigkeit, der Dichte und der Elektronen- und Protonentemperatur als Funktion der solarzentrischen Distanz für den Bereich der inneren Heliosphäre. Diese Ergebnisse sollten allerdings keineswegs als endgültig betrachtet werden, und viele Probleme bleiben unvollständig gelöst. Dies betrifft insbesondere die Modellierung der Beschleunigung des Sonnenwindes. Was die selbstkonsistente Berücksichtigung elektromagnetischer Kräfte und Felder betrifft, so kehren wir in Abschnitt 6.2.7 zu diesem Thema zurück.

6.1.5 Exosphärisches Modell

Alternativ zum gasdynamischen Ansatz kann der Sonnenwind auch mit Hilfe eines exosphärischen Modells beschrieben werden. Dabei stellt der Sonnen-

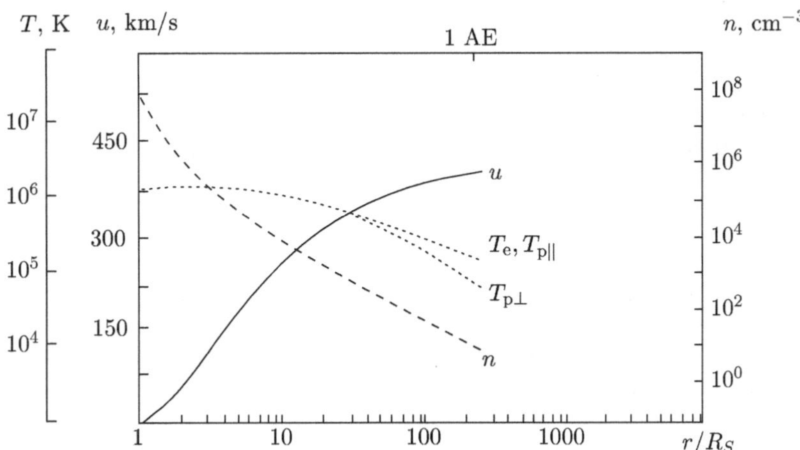

Abb. 6.6. Mit Hilfe eines komplexen, magnetoplasmadynamischen Modells berechneter Verlauf der Sonnenwindgeschwindigkeit, der Dichte und der Elektronen- und Protonentemperatur als Funktion der solarzentrischen Distanz für den Bereich der inneren Heliosphäre. (Nach Fichtner and Fahr, 1989)

wind den Verdampfungsfluß der heißen Sonnenkorona dar. Formal geht man ähnlich wie im Fall der terrestrischen Exosphäre vor. So wird eine Exobase eingeführt, die einen in erster Näherung scharfen Übergang vom stoßdominierten zum stoßfreien Bereich der Sonnenatmosphäre festlegt. Anschließend wird mittels der an der Unterseite der Exobase noch gültigen Maxwellschen Geschwindigkeitsverteilung der Entweichfluß abgeschätzt. Unterschiede zur terrestrischen Exosphäre ergeben sich aus den äußeren Gegebenheiten ($g_S \gg g_E$, $(T_\infty)_S \gg (T_\infty)_E$) und aus der Tatsache, daß wir es im Fall der Sonnenexosphäre mit Ladungsträgergasen zu tun haben. Insofern entspricht letztere auch mehr der terrestrischen Ionoexosphäre, die in den Polkappengebieten Quelle des Polarwindes ist. Im folgenden sollen einige wichtige Kenngrößen der Sonnenexosphäre, wie die Exobasenentfernung, die Entweichgeschwindigkeit und die Entweichflußgeschwindigkeit abgeschätzt bzw. andiskutiert werden.

Exobasendistanz. Wie in Abschnitt 2.4.1 erläutert, erreicht am Ort der Exobase die mittlere freie Weglänge der entweichenden Teilchen die Größe der Dichteskalenhöhe, $l(r_{EB}) = H(r_{EB})$. Beide Parameter hängen dabei von der koronalen Dichteverteilung ab, und diese sei im folgenden durch die in Gl. (3.7) angegebene empirisch ermittelte Formel beschrieben. Der Einfachheit halber sei angenommen, daß sich die Exobase in einem Höhenbereich der Korona befindet, in dem nur der erste Term dieser Dichteformel berücksichtigt zu werden braucht

$$n_{\mathrm{p}}(r) = n_{\mathrm{e}}(r) \simeq \frac{10^{14}[\mathrm{m}^{-3}]}{(r/R_S)^6}$$

Einsetzen dieser Beziehung in Gl. (5.58) liefert folgenden Ausdruck für die mittlere freie Weglänge der Ladungsträger

$$l_{\mathrm{p,p}}(= l_{\mathrm{e,e}}) \simeq \frac{1.6 \cdot 10^9 \ T^2}{\ln\!\Lambda \ n} \simeq 6.7 \cdot 10^{-7} \ T^2 \ \left(\frac{r}{R_S}\right)^6$$

Dabei haben wir im zweiten Schritt einen Coulomb-Logarithmus von $\ln \Lambda \simeq 24$ benutzt und alle Größen in S.I.-Einheiten angegeben.

Die Skalenhöhe der koronalen Dichte wird auf ähnliche Weise abgeschätzt wie die Dichteskalenhöhe in Abschnitt 2.3.3. Man approximiert also den Dichteverlauf in jedem Punkt durch eine Exponentialfunktion der Form $n \sim \exp(-(r - r_0)/H)$ und übernimmt deren Skalenhöhe

$$H \simeq \left| \frac{1}{n} \frac{\mathrm{d}n}{\mathrm{d}r} \right|^{-1} = \frac{r}{6} \tag{6.23}$$

Gleichsetzen der Beziehungen für $l_{\mathrm{p,p}}$ und H ergibt für die Exobasenentfernung den Wert

$$r_{EB} \simeq 700 \ T^{-2/5} \ R_S \simeq 2.8 \ R_S \tag{6.24}$$

wobei wir im zweiten Schritt eine Koronatemperatur von 10^6 K angenommen haben. Diese Distanz liegt in der Tat in einem Bereich, für den die oben angenommene Dichteverteilung gültig ist.

Entweichgeschwindigkeit. Bei der Berechnung der Entweichgeschwindigkeit ist zu berücksichtigen, daß neben der Sonnenbeschleunigung elektrische Kräfte wirksam sein müssen, die ein sofortiges Verdampfen der extrem leichten Elektronenkomponente verhindern. Im folgenden sei versuchsweise angenommen, daß es sich bei diesem Feld um das Pannekoek-Rosseland-Polarisationsfeld handelt. Gemäß Gl. (4.43) und auf koronale Verhältnisse bezogen gilt dann

$$\mathcal{E}_P = \frac{m_{\mathrm{p}} \ g_S(r)}{2 \ e}$$

wobei wieder angenommen wird, daß Protonen- und Elektronentemperatur gleich groß sind. Die Entweichgeschwindigkeit der Protonen berechnet sich somit aus der Beziehung

$$\frac{1}{2} \ m_{\mathrm{p}} \ (v_{ew}^{\mathrm{p}})^2 = \int_r^\infty (m_{\mathrm{p}} \ g_S(r') - e \ \mathcal{E}_P(r')) \ \mathrm{d}r' = \frac{m_{\mathrm{p}}}{2} \ \frac{G \ M_S}{r}$$

und man erhält

$$v_{ew}^{\mathrm{p}} = \sqrt{g_S(r) \ r}$$

Explizit ergibt sich die Entweichgeschwindigkeit für den Ort der Exobase zu $v_{ew}^{\mathrm{p}}(r_{EB}) \simeq 260$ km/s. Für die Elektronenkomponente gilt analog

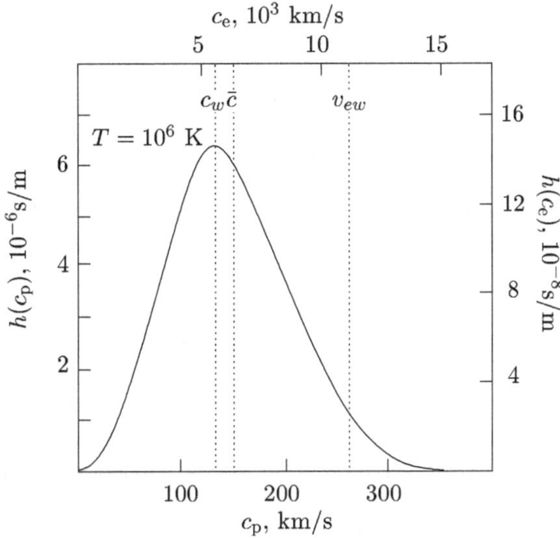

Abb. 6.7. Verteilungsfunktion der Geschwindigkeitsbeträge $h(c)$ für das Protonen- und Elektronengas der Sonnenkorona. Die jeweilige Entweichgeschwindigkeit bezieht sich auf eine solarzentrische Distanz von 2.8 R_S

$$\frac{1}{2}\, m_{\mathrm{e}}\, (v_{ew}^{\mathrm{e}})^2 = \int_r^{\infty} \left(m_{\mathrm{e}}\, g_S(r') + e\, \mathcal{E}_P(r') \right)\, \mathrm{d}r'$$

und mit $(m_{\mathrm{p}}/2)/m_{\mathrm{e}} \gg 1$

$$v_{ew}^{\mathrm{e}} = \sqrt{\frac{m_{\mathrm{p}}}{m_{\mathrm{e}}}}\, v_{ew}^{\mathrm{p}}$$

Die Entweichgeschwindigkeit der Elektronen ist also 43 mal größer als die der Protonen. Da aber auch deren thermische Geschwindigkeit um diesen Faktor größer ist, werden gleiche Anteile beider Komponenten verdampfen. Abbildung 6.7 verdeutlicht dies anhand der Geschwindigkeitsverteilungsfunktionen beider Gase für koronale Bedingungen. Wie ebenfalls aus dieser Abbildung ersichtlich hat ein nicht unwesentlicher Teil der koronalen Elektronen und Protonen eine genügend große thermische Geschwindigkeit, um aus der Sonnenatmosphäre zu entweichen.

Entweichflußgeschwindigkeit. Von besonderem Interesse ist die mittlere Geschwindigkeit des Entweichflusses, da sie der Sonnenwindgeschwindigkeit entspricht. Hier zeigt schon eine oberflächliche Betrachtung der in Abb. 6.7 skizzierten Verhältnisse, daß unser bisheriger Ansatz unzureichend ist. So hat die verdampfende Elektronenkomponente eine wesentlich höhere Entweichflußgeschwindigkeit als die Protonenkomponente. Dies führt zu einer relativen Ladungsträgerbewegung, also einem elektrischen Strom, der den sonnennahen Bereich des Sonnenwindes positiv und den sonnenfernen Bereich negativ auflädt. Das daraus resultierende Polarisationsfeld bremst die Elektronenkomponente und beschleunigt die Protonenkomponente, so daß beide ungefähr gleich große Entweichflußgeschwindigkeiten erreichen. Offenbar muß das elektrische Feld im Sonnenwind größer sein als bisher angenommen. Es berechnet sich nicht nur aus der Forderung nach überall gleicher Protonen- und Elektronendichte, sondern zusätzlich aus der Forderung nach gleichen Entweichflußgeschwindigkeiten. Man beachte, daß im gasdynamischen Ansatz ein solches Feld durch Gleichsetzen der Dichten und Strömungsgeschwindigkeiten implizit enthalten ist.

Selbst bei Berücksichtigung dieser wesentlich stärkeren elektrischen Beschleunigungsfelder erhält man mittlere Entweichflußgeschwindigkeiten, die nur an der unteren Grenze der beobachteten Sonnenwindgeschwindigkeiten liegen. Eine Annäherung an die tatsächlich beobachteten Strömungsgeschwindigkeiten erhält man, wenn die Energieabhängigkeit der Exobasendistanz berücksichtigt wird. Nach Gl. (6.24) ist die Exobasenentfernung in erster Näherung umgekehrt proportional zur mittleren Pekuliargeschwindigkeit

$$r_{EB} \sim T^{-2/5} \sim \left(\overline{c^2}\right)^{-2/5} \simeq \frac{1}{\overline{c}}$$

Daraus folgt, daß Teilchen mit höherer Pekuliargeschwindigkeit aus tieferen und damit teilchenreicheren Schichten der Korona entweichen können. Dies führt zu einer überproportionalen Anreicherung des Entweichflusses mit Teilchen höherer Pekuliargeschwindigkeit, was zu einer signifikanten Erhöhung der Strömungsgeschwindigkeit führt.

6.1.6 Großräumige Sonnenwindstruktur in der Ekliptik

In den vorangegangenen Abschnitten ist der Sonnenwind als sphärisch symmetrisch angenommen worden. Dies stellt eine grobe Vereinfachung der tatsächlichen Gegebenheiten dar. So werden im Verlauf einer Sonnenrotation ständig wechselnde Eigenschaften des Sonnenwindes beobachtet, wobei sich die Erde einmal in einem Sektor hoher Sonnenwindgeschwindigkeit, dann wieder in einem Sektor niedriger Sonnenwindgeschwindigkeit befindet. Verfolgt man diese Sektoren auf ihre Quellregionen auf der Sonne zurück, so ergibt sich ein enger Zusammenhang zwischen Koronalöchern und Hochgeschwindigkeitsströmungen einerseits und zwischen Gebieten geschlossener Magnetfeldkonfigurationen (Bögen bzw. Arkaden) und langsamen Sonnenwinden andererseits, siehe Abb. 6.8. Offenbar emittiert jeder Bereich der Korona in der Ekliptikebene (also in der Ebene, in der die Erde um die Sonne kreist und die wir – wie bisher – kurz als Ekliptik bezeichnen wollen) einen Sonnenwind eigener Qualität, und jedem Quellgebiet entspringen Sonnenwindteilchen, die sich hinsichtlich ihrer Strömungsgeschwindigkeit, ihrer Dichte und ihrer Temperatur von denen anderer Quellregionen unterscheiden.

Um die großräumige Struktur dieses inhomogenen Sonnenwindes beschreiben zu können, muß die Gestalt der unterschiedlichen Strömungssektoren

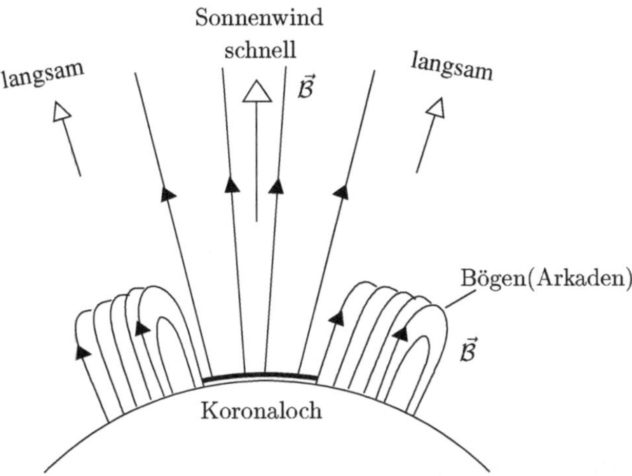

Abb. 6.8. Quellgebiete des inhomogenen Sonnenwindes in der Ekliptik

bekannt sein und diese wird durch die zugehörigen *Strahllinien* festgelegt. Die Strahllinien verbinden dabei alle sich radial nach außen bewegenden Sonnenwindteilchen, die einem gemeinsamen, differentiell kleinen Quellgebiet entspringen. Das jeweilige Quellgebiet wirkt dabei in Verbindung mit der Sonnenrotation wie die Öffnung eines rotierenden Rasensprengers, dessen Wasserstrahl eine archimedische Spirale beschreibt. Wir bestimmen die Gleichung dieser Spirale für eine Sonnenwindquelle in der Äquatorebene eines solarzentrischen heliosphärischen Koordinatensystems , indem r die solarzentrische Distanz und φ und λ die in den heliosphärischen Raum extrapolierte heliographische Breite und Länge bezeichnen, siehe Abb. 6.9. Da die Äquatorebene nur etwa 7° gegenüber der Ekliptik geneigt ist, gelten die folgenden Ergebnisse in guter Näherung für beide Ebenen.

Betrachtet wird ein differentiell kleines Koronaloch am Äquator, daß sich zum Zeitpunkt $t = 0$ bei der heliographischen Länge $-\lambda$, zum Zeitpunkt t bei der Länge $-\lambda_{KL}$ befindet, siehe Abb. 6.10. Dabei ist $\lambda = 0$ eine Referenzlänge und λ wird – wie in der Mathematik üblich – positiv im Gegenuhrzeigersinn gerechnet. Zum Zeitpunkt t haben sich die zum Zeitpunkt $t = 0$ in der Entfernung r_0 emittierten Sonnenwindteilchen um die Distanz $u_{SW} \cdot t$ von ihrer Quelle entfernt, wobei u_{SW} den asymptotischen Wert der Sonnenwindgeschwindigkeit bezeichnet. Entsprechend gilt jetzt für ihre solarzentrische Entfernung

$$r(t) = r_0 + u_{SW}\, t$$

Ersetzt man die Zeit durch den von der Quelle in dieser Zeit zurückgelegten Längenwinkel, $t = (-\lambda + \lambda_{KL})/\Omega_S$, und betrachtet Distanzen, die groß sind gegenüber der Quellentfernung r_0, so gilt näherungsweise

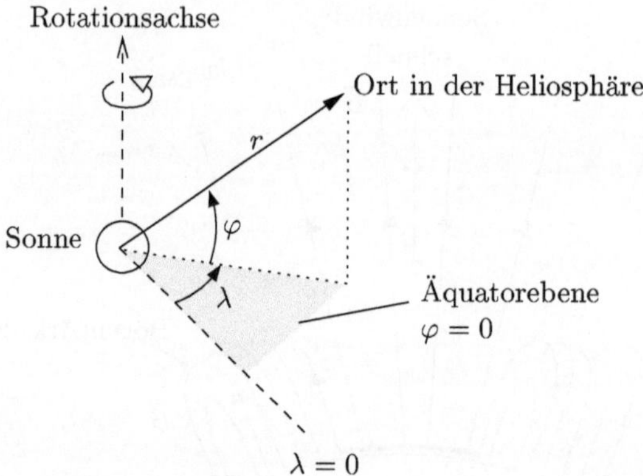

Abb. 6.9. Solarzentrisches interplanetares oder heliosphärisches Koordinatensystem. Man beachte, daß es sich hier um ein ortsfestes, also nicht mit der Sonne mitrotierendes Koordinatensystem handelt

$$r(\lambda) \simeq -\frac{u_{SW}}{\Omega_S}\,(\lambda - \lambda_{KL}), \qquad \lambda < \lambda_{KL}\,,\ r \gg r_0 \qquad (6.25)$$

Dies entspricht einer archimedischen Spirale (in diesem Zusammenhang auch als *Parker-Spirale* bezeichnet), deren Krümmung durch die Sonnenwindgeschwindigkeit bestimmt wird. Dabei ist bei der Berechnung der Winkelgeschwindigkeit der Sonne die siderische Umlaufperiode ($\simeq 25$ d) zu benutzen.

Gleichung (6.25) gilt nicht nur wegen der Bedingung $r \gg r_0$, sondern auch aus zwei anderen Gründen nur näherungsweise. So erreicht die Sonnenwindgeschwindigkeit erst in einer gewissen Distanz ihren asymptotischen

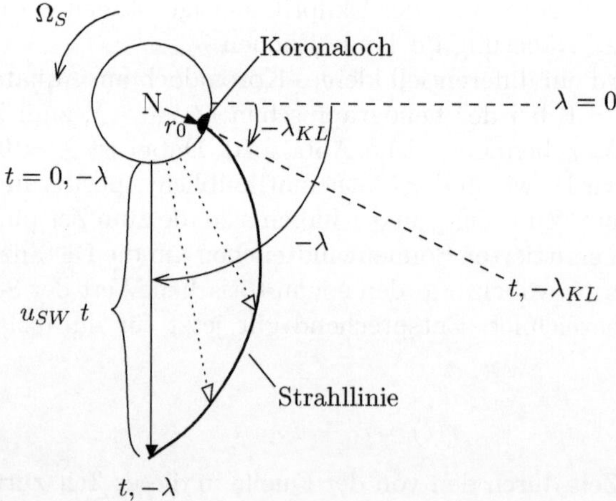

Abb. 6.10. Zur Berechnung der Strahlliniengleichung (Blick von Norden auf die heliographische Äquatorebene)

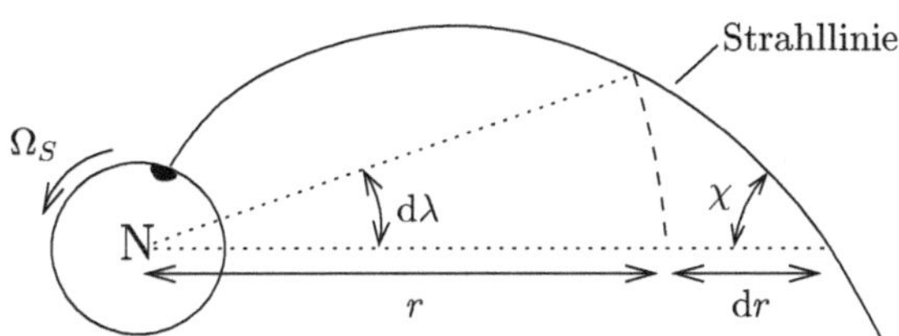

Abb. 6.11. Zur Berechnung des Strahllinienwinkels χ (Blick von Norden auf die heliographische Äquatorebene)

Wert, in unserem Ansatz wurde sie aber bereits am Quellort auf diesen Wert gesetzt. Hinzu kommt, daß wir die – wenn auch geringe – zonale Geschwindigkeitskomponente des Sonnenwinds vernachlässigt haben. So rotiert das Sonnenwindgas ja bis in Exobasenhöhe mit der Sonne mit, erst darüber entkoppelt sich seine Bewegung. Damit besitzt es eine zonale Geschwindigkeit der Größenordnung $u_\lambda \simeq \Omega_S r_{EB} \simeq 6$ km/s. Dies führt dazu, daß die in der Zeit t zurückgelegte relative Längendifferenz etwas kleiner ausfällt als oben angegeben. Wir vernachlässigen auch diese Ungenauigkeit und wollen im folgenden Entfernungen betrachten, die groß sind gegenüber der Exobasendistanz, $r \gg r_0 \simeq r_{EB} \simeq 3R_S$.

Um eine bessere Vorstellung von der Gestalt der Strahllinien zu erhalten, bestimmen wir den Winkel χ, den eine Strahllinie mit einem Radiusvektor bildet. Der Abb. 6.11 entnehmen wir

$$\tan\chi \simeq \frac{r\,\mathrm{d}\lambda}{\mathrm{d}r} \simeq -\frac{\Omega_S}{u_{SW}}\,r, \qquad r \gg r_0 \tag{6.26}$$

wobei letztere Umformung auf der Ableitung der Gl. (6.25) basiert. Daraus folgt

$$|\chi| \simeq \arctan\left(\frac{\Omega_S}{u_{SW}}\,r\right) \simeq \arctan\left(6\cdot 10^{-12}\,r[\mathrm{m}]\right) \tag{6.27}$$

In Erdbahnnähe beträgt demnach der mittlere Strahllinienwinkel 43°, in Plutobahnnähe ($\simeq 40$ AE) mehr als 88°.

Mit Hilfe der Strahllinien läßt sich die großräumige Struktur des Sonnenwindes beschreiben. Abbildung 6.12 illustriert die Gesamtsituation an Hand eines Blickes von Norden auf die Ekliptik, die ja in guter Näherung der heliographischen Äquatorebene entspricht. Wie ersichtlich ist jeder Sonnenwindsektor durch Strahllinien gekennzeichnet, die die Gestalt archimedischer Spiralen besitzen und deren Krümmung von der jeweiligen Sonnenwindgeschwindigkeit bestimmt wird. Dabei verhindert das in den Sonnenwind eingebettete und in den nachfolgenden Abschnitten zu behandelnde interplanetare Magnetfeld eine Durchdringung der unterschiedlichen Strömungen. Vielmehr bilden sich an deren Grenzflächen Kontaktdiskontinuitäten aus, die die einzelnen Sektoren wie Häute voneinander trennen. Gleichzeitig kommt es an diesen Stellen zu einer Angleichung der unterschiedlichen Strahllinienverläufe und

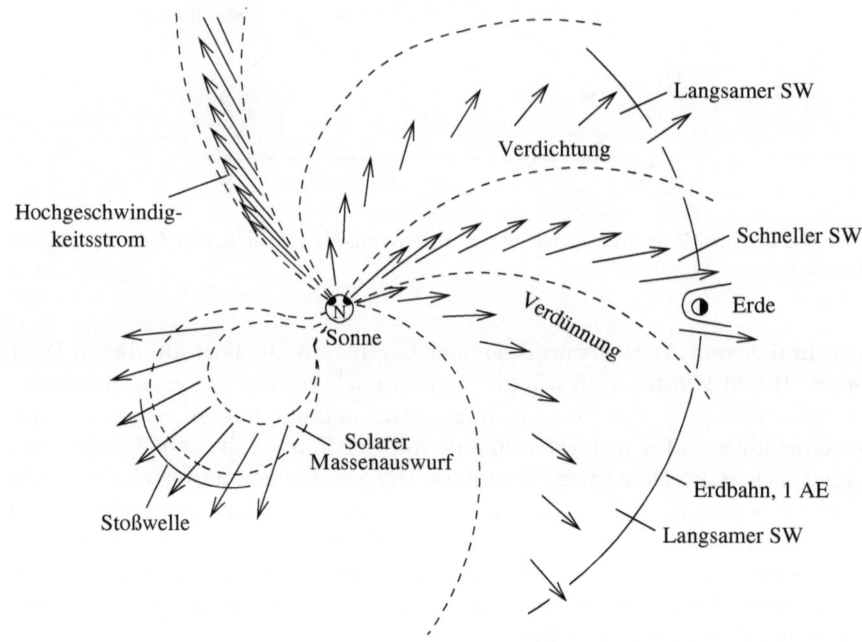

Abb. 6.12. Sonnenwindstruktur in der Ekliptik (Blick von Norden)

zur Ausbildung von Verdichtungs- und Verdünnungszonen, wie sie genauer in Abb. 6.39 skizziert sind. So werden langsamere Sonnenwindteilchen an der Stirnseite schnellerer Sonnenwindströmungen 'zusammengefegt', an der Rückseite dieser Strömungen können sie nicht Schritt halten. In Abb. 6.12 ist auch angedeutet, daß es neben den beständigen Sonnenwindquellen (äquatoriale Koronalöcher haben z.B. eine durchschnittliche Lebensdauer von 6 Sonnenrotationsperioden) auch solche vorübergehender Aktivität gibt. Hierzu gehören solare Massenauswürfe, die in Abschnitt 8.6.1 näher betrachtet werden.

6.1.7 Sonnenwindeigenschaften außerhalb der Ekliptik

Unsere bisherige Beschreibung des Sonnenwindes basierte ausschließlich auf Beobachtungen in oder nahe der Ekliptik. Sie gilt somit im wesentlichen für den Sonnenwind niedriger heliosphärischer Breiten. Daß sich der Sonnenwind höherer Breiten davon unterscheidet, hatten erstmals Radioszintillationsmessungen gezeigt. Deren Ergebnisse wurden in eindrucksvoller Weise durch die ersten *in situ* Messungen außerhalb der Ekliptik bestätigt. Abbildung 6.13 zeigt ein von der ULYSSES-Raumsonde entlang ihrer polaren Umlaufbahn um die Sonne aufgenommenes Breitenprofil der Sonnenwindgeschwindigkeit und -dichte. Die während dieser Periode niedriger Sonnenaktivität beobachteten

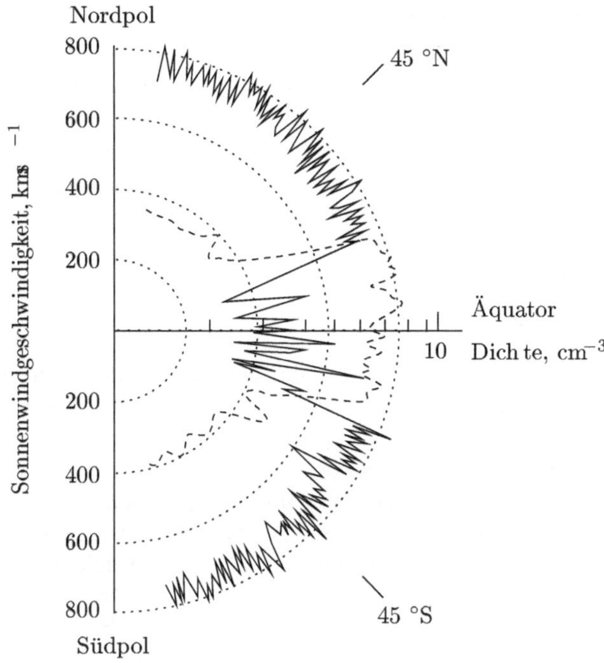

Abb. 6.13. Sonnenwindgeschwindigkeit (*durchgezogene Linie*) und -dichte (*gestrichelte Linie*) als Funktion der heliosphärischen Breite. Nord- und Südpol werden dabei durch die Verlängerung der Rotationsachse der Sonne, der heliosphärische Äquator durch die Extrapolation der Äquatorebene der Sonne in den Sonnenwindbereich festgelegt, siehe Abb. 6.9. Die Messungen wurden von der ULYSSES-Raumsonde während einer Periode niedriger Sonnenaktivität (1994/95) in Entfernungen > 1 AE von der Sonne gemacht. (Nach McComas et al., 2000)

Unterschiede sind frappierend. So besitzt der Sonnenwind mittlerer und hoher Breiten die sehr hohe Geschwindigkeit von etwa 750–800 km/s und die vergleichsweise geringe Dichte von 3 Protonen pro cm^3. Damit verglichen ist der Sonnenwind niedriger Breiten langsamer und dichter, weist aber beträchtliche Fluktuationen auf. Offenbar hat diese geringere Durchschnittsgeschwindigkeit und größere Dichte etwas mit den in niedrigen Breiten vorwiegend geschlossenen Magnetfeldstrukturen zu tun, siehe dazu Abb. 6.14b. Die starken Fluktuationen spiegeln dann die räumliche Nachbarschaft von Bereichen offener und geschlossener Magnetfeldstrukturen wider. Vergleichbare Fluktuationen werden in der Ekliptik beobachtet und erklären den am Ort der Erde so häufig beobachteten Wechsel zwischen langsamen und dichten und schnellen aber weniger dichten Sonnenwindströmungen.

6.2 Interplanetares Magnetfeld

Mit dem Sonnenwind untrennbar verbunden ist das interplanetare Magnetfeld. Wir diskutieren zunächst die einschlägigen Beobachtungen, anschließend deren Modellierung. Es folgt eine Beschreibung des für das Magnetfeld verantwortlichen heliosphärischen Stromsystems. Wir schließen mit Anmerkungen zum interplanetaren elektrischen Feld und zur Behandlung des interplanetaren Mediums als Magnetoplasma.

6.2.1 Beobachtungen

Koronaaufnahmen, wie die der Abb. 3.4a, zeigen eine deutliche Gliederung der Strahlungsintensität, wie sie nur durch das koronale Magnetfeld hervorgerufen werden kann. Offenbar bestimmt dieses Magnetfeld die Bewegung und Dichteverteilung der vollionisierten koronalen Gase bis in viele Sonnenradien Entfernung. Verstärkte Lichtemissionen und entsprechend größere Teilchendichten finden sich u.a. in den geschlossenen Magnetfeldstrukturen koronaler Bögen und Strahlen. Die Situation hier ist entfernt vergleichbar mit der der Teilchenkonzentration in der terrestrischen Plasmasphäre. Offene Magnetfeldstrukturen sind dagegen mit Bereichen schwacher Strahlung, also Koronalöchern assoziiert. Teilchen können hier relativ einfach aus der Korona entweichen, was einerseits die geringe Teilchendichte, andererseits die Entstehung schneller Sonnenwindströmungen in diesen Bereichen erklärt. Die typische Struktur des koronalen Magnetfeldes, wie sie während starker bzw. schwacher Sonnenaktivität aus Koronaaufnahmen abgeleitet werden kann, ist in Abb. 6.14 skizziert. Wie ersichtlich sind auf der ruhigen Sonne geschlossene Magnetfeldstrukturen in niedrigen Breiten konzentriert, während sie bei hoher Aktivität über die ganze Sonne verteilt sind. Auffällig ist dabei die gute Korrespondenz zwischen der in Abb. 6.14b gezeigten Magnetfeldstruktur und den in Abb. 6.13 gezeigten Sonnenwindeigenschaften, wobei sich letztere ja auch auf eine Periode niedriger Sonnenaktivität (und damit auf eine Periode 'geordneter' Verhältnisse) beziehen. Desgleichen weisen die mehr chaotischen Strukturen der Abb. 6.14a und 3.4a viele Ähnlichkeiten auf. Bei aller Komplexität des koronalen Magnetfeldes wird auch deutlich, daß die Magnetfeldlinien jenseits von etwa $r \simeq 3\,R_S$ nahezu radial verlaufen.

Während die Struktur des koronalen Magnetfeldes direkt aus der koronalen Leucht- bzw. Dichteverteilung abgeleitet werden kann, ist dessen Intensität ungleich schwerer zu bestimmen. So sind im Gegensatz zur Photosphäre die Magnetfelder der Korona so schwach, daß sie nicht mehr über den Zeeman-Effekt (d.h. über die Aufspaltung der Emissionslinien im Magnetfeld) bestimmt werden können. Auch besteht nur bedingt die Möglichkeit photosphärische Felder in die stromdurchsetzte Korona zu extrapolieren. Die im Augenblick einzig bekannte Methode, durchschnittliche koronale Magnetfelder zu bestimmen, beruht auf Radiookkultationsmessungen. Hier wird die

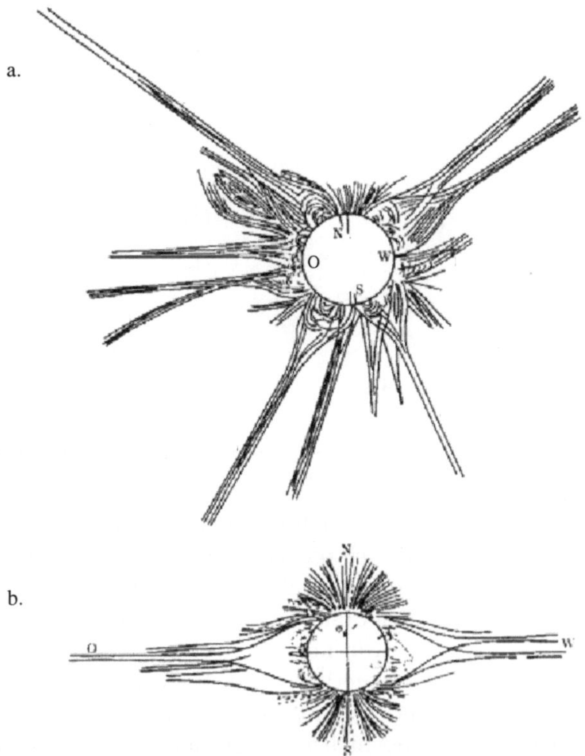

Abb. 6.14. Struktur des koronalen Magnetfeldes abgeleitet aus Aufnahmen der Sonnenkorona im sichtbaren Licht. **(a)** Sonnenzyklusmaximum, **(b)** Sonnenzyklusminimum. (Nach Akasofu and Chapman, 1972; Bronshtén, 1960; Vsekhsvjatsky, 1963)

Tatsache ausgenutzt, daß ein linear-polarisiertes Radiosignal beim Durchlaufen eines Magnetoplasmas und in Abhängigkeit von der Magnetfeldstärke eine Drehung seiner Polarisationsebene erfährt (Faraday-Effekt). Als Ergebnis solcher Messungen erhält man ein mittleres koronales Magnetfeld in Exobasendistanz von $\mathcal{B}(3R_S) \simeq$ 10-30 μT.

Im Gegensatz zur Korona ist der erdnahe Raum direkten Messungen zugänglich und die auf diese Weise gewonnenen Daten sind in Tabelle 6.2 zusammengefaßt. So beträgt die Stärke des interplanetaren Magnetfeldes in Erdbahnnähe etwa 3.5 nT, wobei – ähnlich wie bei den Sonnenwindeigenschaften – beträchtliche Schwankungen beobachtet werden. Radiale und zonale Feldkomponente sind von vergleichbarer Größe und beziehen sich auf das in Abb. 6.9 skizzierte Koordinatensystem. Wegen der geringen Neigung der Äquatorebene gegenüber der Ekliptik ($\simeq 7°$) gelten diese Werte auch in guter Näherung für ein ekliptikales Koordinatensystem mit der Sonne im Mit-

Tabelle 6.2. Durchschnittliche Eigenschaften des interplanetaren Magnetfeldes in Erdbahnnähe. Die Magnetfeldkomponenten beziehen sich auf das in Abb. 6.9 angegebene Koordinatensystem

Magnetfeld:	$\mathcal{B}$	$\simeq$	3.5 (0.2–50) nT
	$\mathcal{B}_r$	$\simeq$	$\pm$ 2.6 nT
	$\mathcal{B}_\lambda$	$\simeq$	$\mp$ 2.4 nT
	$\mathcal{B}_\varphi$	$\simeq$	0 ($\pm$ 30) nT
Neigungswinkel gegenüber radialer Richtung:	χ	$\simeq$	$43°$
Alfvén-Geschwindigkeit:	v_A	$\simeq$	30 km/s
Magnetosonische Geschwindigkeit:	v_{MS}	$\simeq$	60 km/s
β^*-Parameter:	β^*	$\simeq$	450

telpunkt und der λ-Koordinate in Richtung der Umlaufbewegung der Erde um die Sonne. Auffällig ist, daß sich die Vorzeichen der radialen und zonalen Komponente in mehr oder weniger regelmäßigen Zeitabständen gemeinsam umkehren, und zwar 2n mal pro Sonnenrotationsperiode, wobei n im allgemeinen 1 oder 2 beträgt. Die Erde befindet sich demnach einmal in einem Feld, das von der Sonne weg (magnetisch *positiver* Sektor), dann wieder in einem Feld, das zur Sonne hin gerichtet ist (magnetisch *negativer* Sektor), siehe auch Abb. 6.15. Die auf der heliosphärischen Äquatorebene – und damit auch in guter Näherung auf der Ekliptik – senkrecht stehende $\mathcal{B}_\varphi$-Komponente ist im Mittel gleich Null, kann aber vorübergehend beachtliche Werte annehmen. Wie in Abschnitt 7.6 erläutert, spielt sie eine Schlüsselrolle bei der Steuerung des Energietransfers Sonnenwind-Magnetosphäre.

Mit Hilfe der Magnetfeldstärke lassen sich eine Reihe sekundärer Kenngrößen berechnen, die ebenfalls in Tabelle 6.2 angegeben sind. Dazu gehören die in nachfolgenden Abschnitten einzuführende Alfvén- und magnetosonische Geschwindigkeit, die Ausbreitungs- und Signalgeschwindigkeiten für kollektive Sonnenwindphänomene darstellen. Und dazu gehört auch das Verhältnis von kinetischem ($\simeq$ dynamischem) zu magnetischem Druck, β^*, das sehr groß ist. Dies bedeutet, daß sich die Magnetfeldkonfiguration der Struktur des Sonnenwindes anpassen muß.

Die radiale Abhängigkeit der Magnetfeldstärke und -richtung ist mit Hilfe interplanetarer Raumsonden vermessen worden, wobei die sonnennächste Distanz etwa 0.3 AE betrug. Als Durchschnittsbeziehung erhält man z.B.

$$\mathcal{B}_r[\mathrm{nT}] \simeq 2.6/(r[\mathrm{AE}])^2$$
$$\mathcal{B}_\lambda[\mathrm{nT}] \simeq 2.4/r[\mathrm{AE}] \tag{6.28}$$

Damit ergibt sich der Winkel, um den die Feldrichtung gegenüber der Radialen geneigt ist, zu

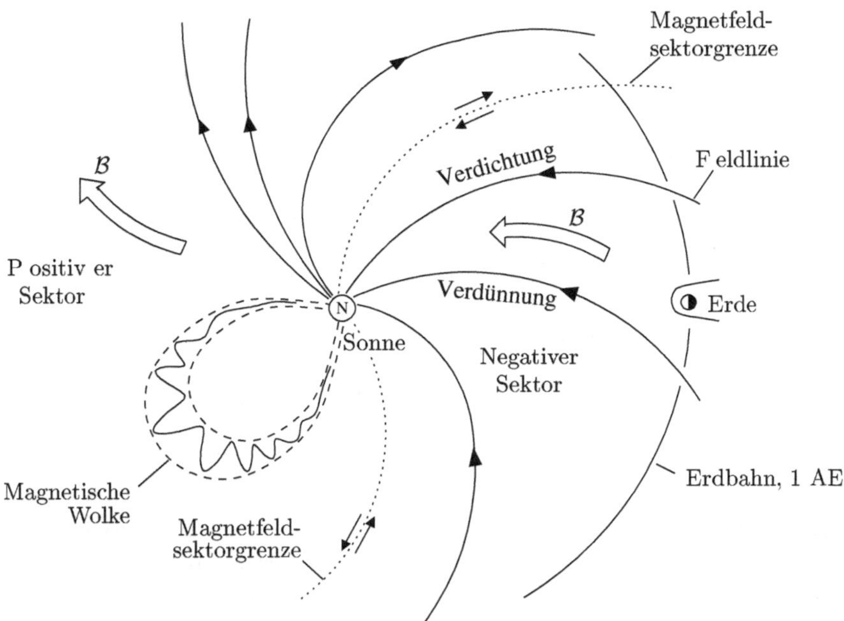

Abb. 6.15. Interplanetares Magnetfeld in der Ekliptik (Blick von Norden, siehe auch Abb. 6.12)

$$|\chi| = \arctan\left|\frac{\mathcal{B}_\lambda}{\mathcal{B}_r}\right| \simeq \arctan\left(6 \cdot 10^{-12}\ r[\mathrm{m}]\right)$$

siehe Abb. 6.17. Dies entspricht aber genau dem in Gl. (6.27) angegebenen Strahllinienwinkel. Offenbar verlaufen die Feldlinien des interplanetaren Magnetfeldes entlang der Strahllinien des Sonnenwindes und beschreiben wie diese archimedische Spiralen. Dies ist schematisch in Abb. 6.15 skizziert. Gezeigt wird ein Blick von Norden auf die Ekliptik, wobei die Sonnenwindbedingungen denen der Abb. 6.12 entsprechen.

6.2.2 Einfaches Modell des interplanetaren Magnetfeldes

Um den Verlauf der Feldlinien und die radiale Abhängigkeit der Feldstärke zu verstehen, machen wir von zwei bekannten und im Anhang A.14 bewiesenen Theoremen der idealen Magnetoplasmadynamik Gebrauch

- Plasmaelemente, die sich zu irgendeinem Zeitpunkt auf einer gemeinsamen Magnetfeldlinie befunden haben, bleiben durch eine gemeinsame Magnetfeldlinie verbunden (6.29)

- Der magnetische Fluß durch einen sich mit der Strömung mitbewegenden Plasmaring bleibt konstant (6.30)

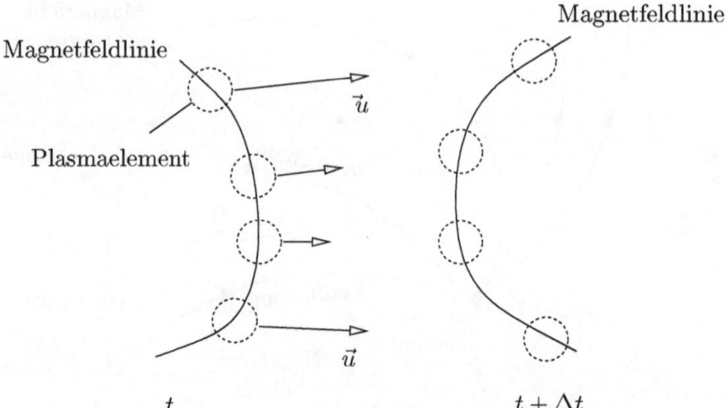

Abb. 6.16. Zur Veranschaulichung des Theorems (6.29)

Der Inhalt des ersten Theorems ist anschaulich in Abb. 6.16 illustriert. Obwohl sich die einzelnen dort gezeigten Plasmaelemente aufgrund ihrer unterschiedlichen Geschwindigkeiten verschieden schnell und in unterschiedliche Richtungen bewegen, bleiben sie doch durch eine allen gemeinsame Feldlinie verbunden. Ob es sich dabei um ein und dieselbe Feldlinie handelt, bleibt offen. So macht die Elektrodynamik keinerlei Aussagen über den Bewegungszustand von Feldlinien, letztere sind ja fiktive Größen. Insbesondere in Fällen, in denen die Strömungsenergiedichte des Plasmas dominiert ($\beta^* \gg 1$ wie im Sonnenwind), erweist sich aber die Vorstellung als nützlich, daß die Feldlinien gleichsam in das Plasma 'eingefroren' sind und sich mit diesem mitbewegen. Folgt man dieser Vorstellung, dann handelt es sich in Abb. 6.16 um ein und dieselbe Feldlinie, die von den Plasmaelementen 'mitgeschleppt' wird. Dominiert dagegen die Energiedichte des magnetischen Feldes ($\beta^* \ll 1$ wie in der Magnetosphäre), so mag man die Vorstellung bevorzugen, daß die Plasmaelemente von einer gemeinsamen Feldlinie zur nächsten driften. Folgt man dieser alternativen Vorstellung, so handelt es sich also in Abb. 6.16 um zwei verschiedene Feldlinien.

Unabhängig von der bevorzugten Interpretation erlaubt es Theorem (6.29) den Verlauf der interplanetaren Magnetfeldlinien zu verstehen. So ist am Ursprungsort des Sonnenwindes in der Korona das Magnetfeld relativ stark und radial nach außen gerichtet. Für eine Entfernung von drei Sonnenradien solarzentrischer Distanz gilt z.B. $\mathcal{B}(3R_S) \simeq 20\ \mu\mathrm{T}$, so daß mit $n(3R_S) \simeq 10^{11}\mathrm{m}^{-3}$ und $T < 2 \cdot 10^6\mathrm{K}$ der β^*-Parameter klein gegen Eins ist. Damit bestimmt das Magnetfeld die Plasmabewegung und ohne äußere Einflüsse kann der Sonnenwind nur entlang und parallel zum vorgegebenen Magnetfeld abströmen. Dies bedeutet auch, daß sich alle einer differentiell kleinen Quellregion entstammenden Sonnenwindelemente zunächst entlang einer gemeinsamen, in dieser Quellregion verankerten Magnetfeldlinie nach außen

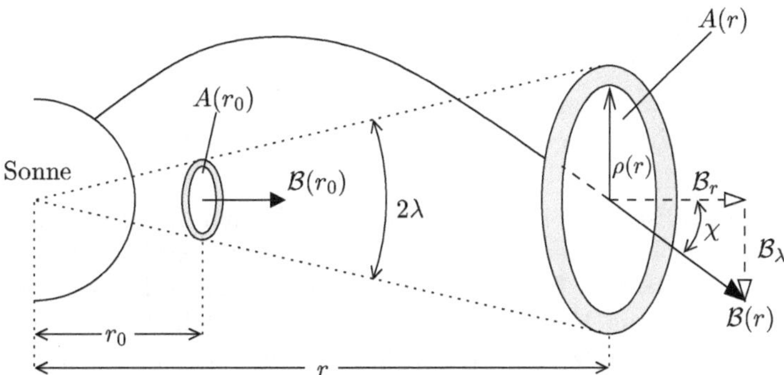

Abb. 6.17. Bestimmung der radialen Abhängigkeit der magnetischen Feldintensität im interplanetaren Raum (Blick von Norden auf die Ekliptik)

bewegen. Aus Theorem (6.29) folgt, daß sie sich dann auch zu einem späteren Zeitpunkt im interplanetaren Raum auf einer gemeinsamen Magnetfeldlinie befinden müssen. Da aber die Verbindungslinie dieser Sonnenwindelemente ihrer Strahllinie entspricht, muß auch die ihnen gemeinsame Magnetfeldlinie diese Gestalt besitzen. Dies erklärt, warum die Feldlinien des interplanetaren Magnetfeldes in der Ekliptik entlang archimedischer Spiralen verlaufen, deren jeweilige Krümmung von der Sonnenwindgeschwindigkeit bestimmt wird.

Bei bekanntem Feldlinienverlauf läßt sich die radiale Abhängigkeit der Feldintensität wie folgt bestimmen. Man betrachtet einen aus lauter Sonnenwindelementen zusammengesetzten Plasmaring, dessen eingeschlossene Fläche senkrecht auf dem Radiusvektor der solarzentrischen Distanz steht, siehe Abb. 6.17. Der Plasmaring wird sich im Laufe der Zeit mit der als überall gleich angenommenen Sonnenwindgeschwindigkeit radial nach außen bewegen, wobei seine Orientierung erhalten bleibt. Gemäß dem zweiten der oben angegebenen Theoreme muß auch der den Plasmaring durchsetzende magnetische Fluß erhalten bleiben. Mit $\Phi = \vec{B}\,\hat{r}A = $ konst. gilt

$$\mathcal{B}(r_0)A(r_0) \;=\; \mathcal{B}_r(r)A(r)$$

Dabei beträgt die Flächengröße

$$A(r) \;=\; \rho^2(r)\pi \;=\; (r\tan\lambda)^2\pi$$

und man erhält für die radiale Komponente des interplanetaren Magnetfeldes

$$\mathcal{B}_r(r) \;=\; \mathcal{B}(r_0)\left(\frac{r_0}{r}\right)^2 \tag{6.31}$$

Aus Abb. 6.17 und Gl. (6.26) folgt zudem

$$\frac{\mathcal{B}_\lambda(r)}{\mathcal{B}_r(r)} = \tan\chi \simeq -\frac{\Omega_S\,r}{u_{SW}}$$

Damit ergibt sich die azimutale Komponente des interplanetaren Magnetfeldes in der Ekliptik zu

$$\mathcal{B}_\lambda(r) \simeq -\mathcal{B}(r_0)\, \frac{\Omega_S\, r_0}{u_{SW}}\, \left(\frac{r_0}{r}\right), \qquad r \gg r_0 \tag{6.32}$$

Beide Ergebnisse sind in Übereinstimmung mit den Beobachtungen, siehe die allgemeine Form der Beziehungen (6.28). Ein Vergleich der radialen Abhängigkeit von $\mathcal{B}_r$ und $\mathcal{B}_\lambda$ zeigt zudem, daß in größeren Entfernungen von der Sonne die azimutale Komponente vorherrschen und die Feldlinienrichtung sich immer mehr der konzentrischer Kreise um die Sonne annähern wird. Bereits in der Entfernung des Uranus ($\simeq 19$ AE) weicht die Feldrichtung nur noch wenige Grad von der Kreisrichtung ab. Für die radiale Abhängigkeit der Gesamtfeldstärke in der Ekliptik erhält man

$$\mathcal{B} = \sqrt{\mathcal{B}_r^2 + \mathcal{B}_\lambda^2} \simeq \mathcal{B}(r_0)\, \sqrt{1 + \left(\frac{\Omega_S\, r}{u_{SW}}\right)^2}\, \left(\frac{r_0}{r}\right)^2, \qquad r \gg r_0 \tag{6.33}$$

Es ist bemerkenswert, daß auf der Grundlage des oben skizzierten Ansatzes die Morphologie des interplanetaren Magnetfeldes korrekt vorhergesagt werden konnte, und zwar *bevor* entsprechende Messungen vorlagen (Parker im Jahre 1958).

6.2.3 Magnetfeldstruktur außerhalb der Ekliptik

Wie in der Ekliptik so wird auch außerhalb dieses Bereichs der Verlauf der Magnetfeldlinien durch die jeweiligen Strahllinien des Sonnenwindes festgelegt. Wir betrachten deshalb den Sonnenwindstrahl einer differentiell kleinen Quellregion, die in höheren heliographischen Breiten angesiedelt ist. Offensichtlich bewegen sich alle von dieser Quelle radial nach außen abströmenden Sonnenwindelemente entlang der Mantellinien eines Kegels, wie er in Abb. 6.18 durch die punktierten Linien angedeutet ist. Dabei beträgt die zur Sonnenrotationsachse senkrechte Geschwindigkeitskomponente $u_{r'} = u_{SW} \cos\varphi$, so daß sich der wachsende Abstand der Strahlelemente von dieser Achse folgendermaßen schreiben läßt

$$r'(\lambda) \simeq -\frac{u_{SW}}{\Omega_S}\, (\lambda - \lambda_{KL})\, \cos\varphi, \qquad \lambda < \lambda_{KL},\ r' \gg r_0$$

Die Bezeichnungen entsprechen dabei denen der Gl. (6.25). Gleichzeitig entfernen sich die Strahlelemente von der Äquatorebene und es gilt

$$z(\lambda) \simeq -\frac{u_{SW}}{\Omega_S}\, (\lambda - \lambda_{KL})\, \sin\varphi, \qquad \lambda < \lambda_{KL},\ z \gg r_0$$

In den hier benutzten zylindrischen Koordinaten beschreiben diese Gleichungen eine Spirale mit wachsendem Radius und abnehmender Steigung, wie sie

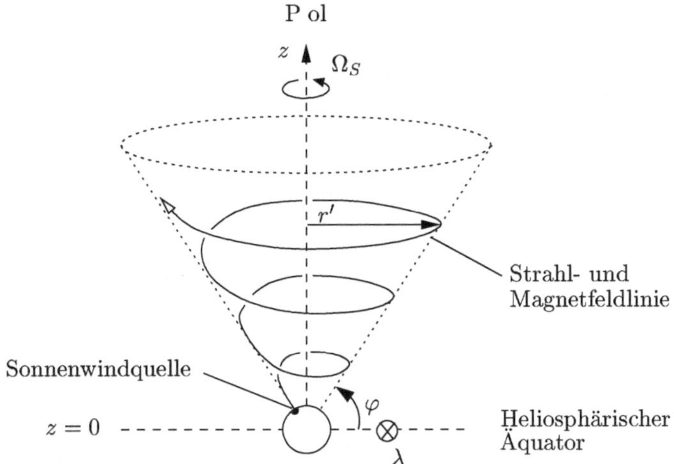

Abb. 6.18. Verlauf interplanetarer Sonnenwindstrahl- und Magnetfeldlinien außerhalb der Ekliptik. φ bezeichnet die heliographische Breite der rotierenden Sonnenwindquelle, r' den jeweiligen Abstand der Strahl- bzw. Magnetfeldlinie von der Rotationsachse und λ den in Abb. 6.10 eingeführten zonalen Ortswinkel

in Abb. 6.18 skizziert ist. Diese Strahllinie legt gleichzeitig den Verlauf der in der rotierenden Sonnenwindquelle verankerten Magnetfeldlinie fest. Abbildung 6.18 illustriert somit nicht nur den Verlauf von Strahllinien, sondern auch und beispielhaft die Struktur des interplanetaren Magnetfeldes außerhalb der Ekliptik.

6.2.4 Heliosphärische Stromschicht

Wie oben gezeigt stellen die Theoreme (6.29) und (6.30) einen sehr erfolgreichen Ansatz für die formale Beschreibung des interplanetaren Magnetfeldes dar. Die Frage, wie diese Felder entstehen, bleibt dabei offen. Um sie zu beantworten, knüpfen wir an Überlegungen an, wie wir sie im Zusammenhang mit der Deformation des erdfernen Magnetfeldes angestellt haben.

Grundsätzlich gilt, daß in größeren Abständen von einem beliebig komplex magnetisierten Objekt wie der Sonne die Dipolkomponente des Ursprungsfeldes vorherrschen wird, da sie am langsamsten mit wachsender Entfernung abnimmt. Nun besitzt aber, wie wir gesehen haben, das interplanetare Magnetfeld alles andere als eine Dipolstruktur und man benötigt ein zusätzliches, dem ursprünglichen Dipolfeld überlagertes Magnetfeld *extrasolaren* Ursprungs, um die Beobachtungen zu erklären. Dieses überlagerte Feld kann nur durch elektrische Ströme im interplanetaren Raum erzeugt werden und deren Verteilung soll im folgenden beschrieben werden. Dabei wollen wir uns wieder auf den Bereich in und nahe der Ekliptik beschränken, da dieser für die Erde von besonderem Interesse ist.

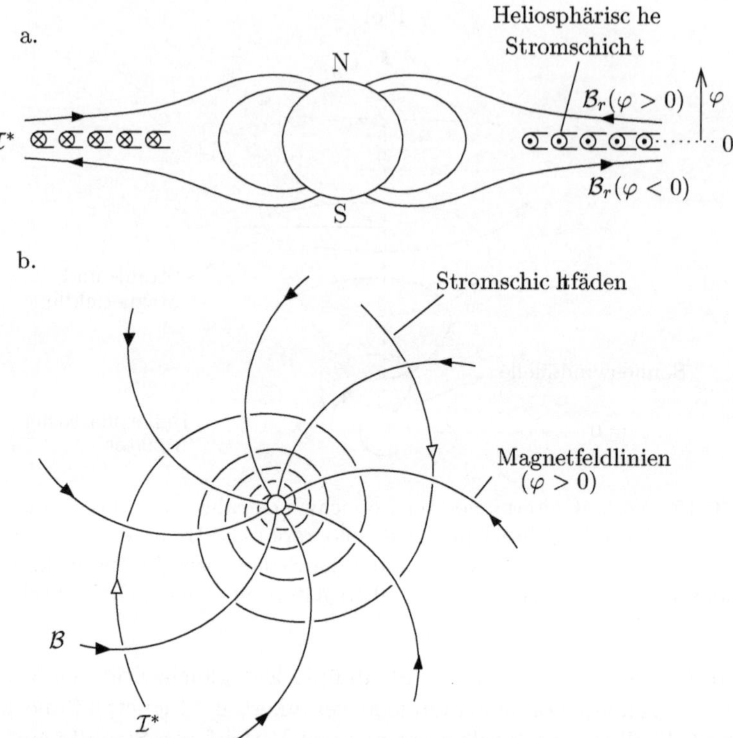

Abb. 6.19. Heliosphärische Stromschicht und zugehöriges Magnetfeld. (**a**) Meridionalschnitt; (**b**) Aufsicht von Norden. Betrachtet wird eine Sonnenzyklusphase, in der sich am heliographischen Nordpol ein magnetischer Südpol befindet. (Abb. 6.19b nach Alfvén, 1981)

Wesentliches Element des interplanetaren Stromsystems ist ein Flächenstrom, der die Sonne scheibenförmig umgibt und der als *heliosphärische Stromschicht* (engl. *heliospheric current sheet*) bezeichnet wird. Im Querschnitt (Abb. 6.19a) ähnelt dieser Flächenstrom dem in der terrestrischen Magnetosphäre fließenden Schweifstrom. Auch die heliosphärische Stromschicht besitzt im Zentrum eine Neutralfläche, in der eine Umkehr der horizontalen Magnetfeldrichtung stattfindet. Von oben (Abb. 6.19b) oder unten betrachtet fließen die Ströme entlang logarithmischer Spiralen und damit – wie gefordert – senkrecht zu den archimedischen Spiralen der Magnetfeldlinien. Die Größe dieser Ströme läßt sich mit Hilfe der Gl. (5.75) bestimmen. Kreuzmultiplikation dieser Beziehung von rechts mit der Flächennormalen $\hat{n}$ ergibt

$$\vec{\mathcal{I}}^* = -\frac{2}{\mu_0}\, \vec{\mathcal{B}} \times \hat{n} \qquad (6.34)$$

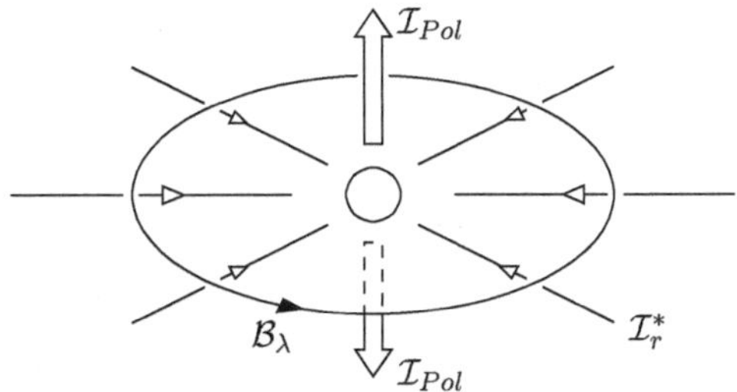

Abb. 6.20. Mögliche Fortsetzung der radialen heliosphärischen Stromkomponente

Für die in Abb. 6.19 skizzierte Situation gilt zudem $\vec{\mathcal{B}}(\varphi > 0) = -\hat{r}\,|\mathcal{B}_r| + \hat{\lambda}\,|\mathcal{B}_\lambda|$. Daraus folgt für die beiden Komponenten der Flächenstromdichte

$$\mathcal{I}_\lambda^* = -\frac{2\,|\mathcal{B}_r|}{\mu_0} = -\frac{2\,|\mathcal{B}(r_0)|}{\mu_0}\left(\frac{r_0}{r}\right)^2 \tag{6.35}$$

und

$$\mathcal{I}_r^* = -\frac{2\,|\mathcal{B}_\lambda|}{\mu_0} \simeq -\frac{2\Omega_S|\mathcal{B}(r_0)|r_0}{\mu_0\,u_{SW}}\left(\frac{r_0}{r}\right), \qquad r \gg r_0 \tag{6.36}$$

Bemerkenswert ist, daß die radiale Komponente der Spiralstruktur einen ständig in Richtung Sonne fließenden Strom impliziert. Die dabei angelieferte Ladung muß an anderer Stelle wieder abgeführt werden. Dies geschieht am einfachsten über Linienströme, die in den Polregionen der Sonne entspringen, siehe Abb. 6.20. Da die radiale Komponente der Flächenstromdichte in diesem Fall auch durch $|\mathcal{I}_r^*| = 2\mathcal{I}_{Pol}/2\pi r$ gegeben ist, gilt für die Intensität der polaren Linienströme

$$\mathcal{I}_{Pol} = 2\pi r|\mathcal{B}_\lambda(r)|/\mu_0$$

Mit $|\mathcal{B}_\lambda(1\text{ AE})| \simeq 2.4$ nT erhält man die beachtliche Linienstromstärke von $\mathcal{I}_{Pol} \simeq 2\cdot 10^9$ A.

Was die Entstehung der heliosphärischen Stromschicht betrifft, so bleiben die Vorstellungen spekulativ. Wie im Fall des terrestrischen Schweifstroms mögen Magnetisierungsströme und Teilchendriften an der heliosphärischen Neutralfläche eine Rolle spielen. Für die radiale Komponente ist von Alfvén ein von unipolarer Induktion angetriebener Stromkreis vorgeschlagen worden. Da sich die heliosphärische Stromschicht in niedrigen Breiten befindet, ist sie mit einem Sonnenwind großer Dichte und geringer Geschwindigkeit assoziiert. Wegen einer gewissen Ähnlichkeit mit der Situation im Magnetosphärenschweif, wird dieser Sonnenwind auch als *heliosphärische Plasmaschicht* (engl. *heliospheric plasma sheet*) bezeichnet.

6.2.5 Sektorstruktur und $\mathcal{B}_\varphi$-Komponente

Die im vorangegangenen Abschnitt beschriebene heliosphärische Stromschicht liefert eine zwanglose Erklärung für die in der Ekliptik beobachtete Sektor-

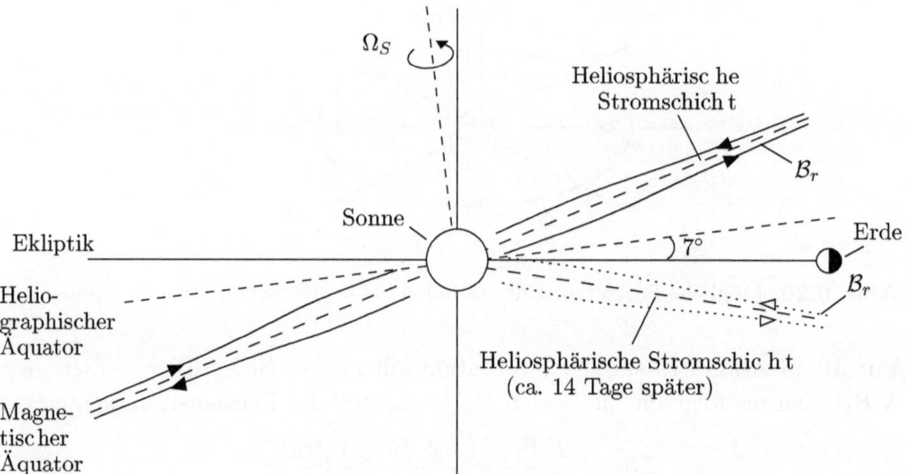

Abb. 6.21. Zur Entstehung der beiden Hauptsektoren des interplanetaren Magnetfeldes

struktur des interplanetaren Magnetfeldes. Geht man davon aus, daß die Stromschichtebene gegenüber der heliographischen Äquatorebene geneigt ist, so liegt die Erde im Verlauf einer Sonnenrotation einmal unterhalb, dann oberhalb der Stromschicht, siehe Abb. 6.21. Entsprechend beobachtet man von der Erde aus gesehen einmal ein von der Sonne weg gerichtetes, später ein zur Sonne hin gerichtetes Magnetfeld. Aus der Schärfe des Sektorübergangs schließt man, daß die Stromschicht nur einige 1000 km dick sein kann.

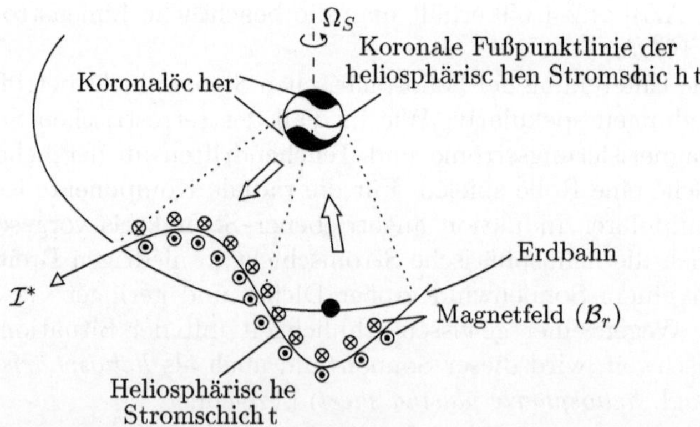

Abb. 6.22. Verbiegung der azimutalen Komponente der heliosphärischen Stromschicht: Entstehung zusätzlicher Magnetfeldsektoren

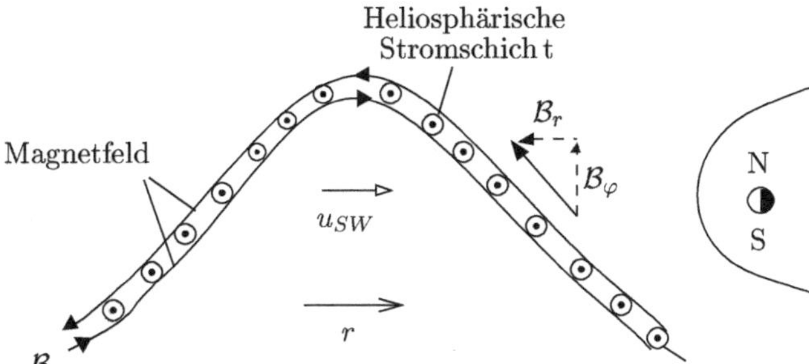

Abb. 6.23. Verbiegung der radialen Komponente der heliosphärischen Stromschicht: Entstehung einer (in diesem Fall positiven) $\mathcal{B}_\varphi$-Komponente des interplanetaren Magnetfeldes

Neben den beiden großräumigen Sektoren werden kleinerskalige Fluktuationen der Feldrichtung beobachtet, die auf eine azimutale Verbiegung der heliosphärischen Stromschicht zurückgeführt werden können, siehe Abb. 6.22. Solche Verbiegungen werden u.a. durch die ungleichmäßige heliographische Verteilung von Koronalöchern hervorgerufen. Unregelmäßigkeiten dieser Art rotieren mehr oder weniger starr mit der Sonne mit und überstreichen einmal pro synodischer Umlaufperiode die Erde. Anschaulich kann man sich die heliospärische Stromschicht auch als den schwingenden Rock einer Ballerina vorstellen, wobei die azimutalen Verbiegungen den Falten dieses Rockes entsprechen und die rotierende Sonne die Ballerina darstellt.

Zusätzlich zu den azimutalen Deformationen werden radiale Verbiegungen der heliosphärischen Stromschicht beobachtet. Diese werden auf nichtstationäre Vorgänge zurückgeführt. Radiale Verbiegungen der Stromschicht führen dazu, daß die im Mittel verschwindende $\mathcal{B}_\varphi$-Komponente des interplanetaren Magnetfeldes vorübergehend signifikante Werte annimmt, wie dies in Abb. 6.23 skizziert ist.

6.2.6 Interplanetares elektrisches Feld

Im folgenden sei die Struktur des interplanetaren Magnetfeldes als gegeben und bekannt vorausgesetzt. Wir betrachten die Bewegung der Sonnenwindteilchen in diesem jetzt als statisch angenommenen und nicht in die Sonnenwindbewegung eingefrorenen Magnetfeld. In Sonnennähe strömen die Sonnenwindteilchen entlang und parallel zu diesem Magnetfeld in Richtung interplanetarer Raum ab. Mit wachsender Entfernung macht sich die Azimutalkomponente des interplanetaren Magnetfeldes, $\mathcal{B}_\lambda$, bemerkbar. Für ein von der Sonne weggerichtetes Magnetfeld (positiver Magnetfeldsektor) ergibt sich das in Abb. 6.24 skizzierte Szenario. Aufgrund der mit der $\mathcal{B}_\lambda$-Komponente assoziierten magnetischen Kraft werden Sonnenwindprotonen nach Süden, Sonnenwindelektronen nach Norden abgelenkt und auf eine Gyrationsbahn

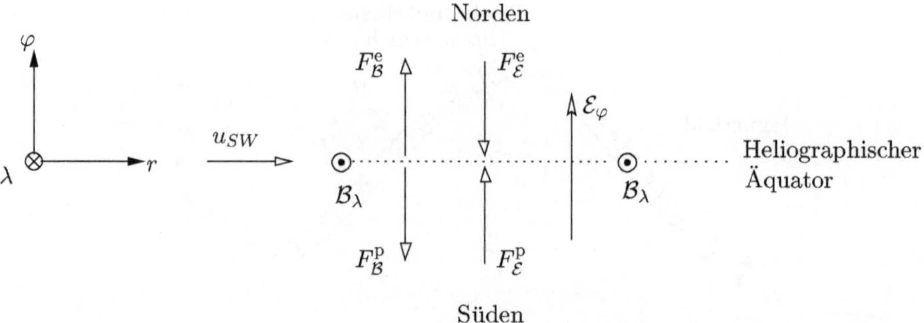

Abb. 6.24. Zur Ausrichtung und Größe des interplanetaren elektrischen Feldes

gezwungen. Um dies zu verhindern und die tatsächlich beobachtete Strömung der Sonnenwindteilchen zu gewährleisten, bedarf es eines elektrischen Feldes, das in der hier betrachteten Situation von Süden nach Norden gerichtet ist und dessen Kraftwirkung gerade die magnetische Kraft kompensiert. Offenbar ist es erst dieses *interplanetare elektrische Feld*, das es den Sonnenwindteilchen erlaubt, sich quer zur Azimutalkomponente des interplanetaren Magnetfeldes zu bewegen. Die Intensität dieses elektrischen Feldes ergibt sich aus der Bedingung, daß im Gleichgewichtsfall die an den Sonnenwindteilchen angreifenden magnetischen und elektrischen Kräfte gleich groß und entgegengesetzt gerichtet sein müssen

$$\vec{F}_{\mathcal{B}} = q\,\vec{u}_{SW} \times \vec{\mathcal{B}} = -\vec{F}_{\mathcal{E}} = -q\,\vec{\mathcal{E}}$$

Daraus folgt

$$\vec{\mathcal{E}} = -\vec{u}_{SW} \times \vec{\mathcal{B}} \tag{6.37}$$

Dies entspricht dem aus der Elektrodynamik bekannten Gesetz, daß in einem sich quer zum Magnetfeld bewegenden Leiter ein elektrisches Feld der in Gl. (6.37) angegebenen Größe induziert wird. Alternativ läßt sich somit die Sonnenwindbewegung auch als eine $\vec{\mathcal{E}} \times \vec{\mathcal{B}}$- Drift begreifen. Multipliziert man Gl. (6.37) vektoriell von rechts mit $\vec{\mathcal{B}}$, so erhält man ja gerade die für diesen Fall gültige Driftgeschwindigkeit, $\vec{u}_{SW} = \vec{\mathcal{E}} \times \vec{\mathcal{B}}/\mathcal{B}^2$, siehe Gl. (5.41). Auf die in Abb. 6.24 skizzierte Situation angewandt gilt somit $|\mathcal{E}_\varphi| = |u_{SW}\,\mathcal{B}_\lambda|$ bzw. $|u_{SW}| = |\mathcal{E}_\varphi/\mathcal{B}_\lambda|$.

Wichtig ist, daß das interplanetare elektrische Feld nur für einen im heliosphärischen oder ekliptikalen Koordinatensystem *ruhenden* Beobachter existiert. Nur er sieht, daß sich die Sonnenwindteilchen senkrecht zur Azimutalkomponente des interplanetaren Magnetfeldes bewegen und schließt daraus, daß ein die magnetische Kraft kompensierendes elektrisches Feld (bzw. eine $\vec{\mathcal{E}} \times \vec{\mathcal{B}}$-Drift) existieren muß. Auch kann nur er dieses Feld mit Hilfe von Elektroden abgreifen. Anders sieht die Situation für einen sich mit dem Sonnenwind mitbewegenden Beobachter aus. Für ihn ruhen die Sonnenwindteilchen im lokalen Magnetfeld und zeigen keinerlei Effekte einer elektrischen

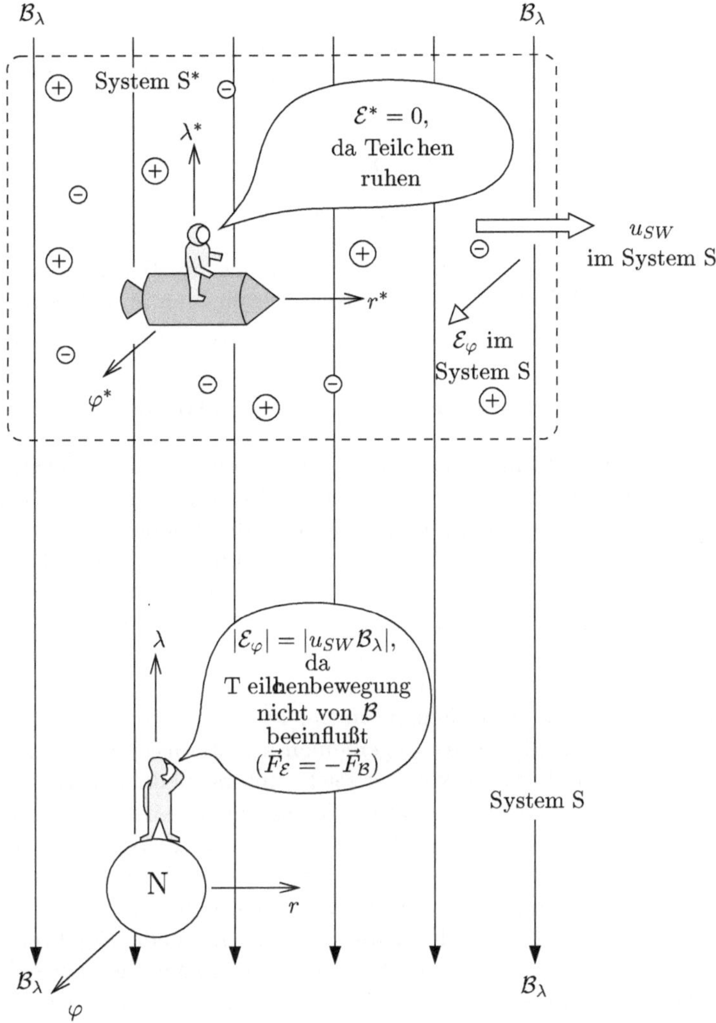

Abb. 6.25. Feldtransformation beim Übergang von einem in ekliptikalen Koordinaten ruhenden zu einem mit dem Sonnenwind mitbewegten Koordinatensystem
(Blick von Norden auf die Ekliptik; positiver Magnetfeldsektor). Betrachtet wird
ausschließlich die translatorische Bewegung

Feldbeschleunigung. Dies ist anschaulich in Abb. 6.25 dargestellt. Die hier
beschriebene konkrete Situation erinnert daran, daß erstens elektrische Felder nur hinsichtlich eines bestimmten Koordinatensystems definiert sind und
daß zweitens für nicht-relativistische Koordinatentransformationen von Feldern in gutleitenden Plasmen folgende Beziehungen gelten

$$\vec{B} \simeq \vec{B}^* \tag{6.38}$$

$$\vec{\mathcal{E}} \simeq \vec{\mathcal{E}}^* - \vec{u} \times \vec{B}^* \tag{6.39}$$

bzw.

$$\vec{B}^* \simeq \vec{B} \tag{6.40}$$

$$\vec{\mathcal{E}}^* \simeq \vec{\mathcal{E}} + \vec{u} \times \vec{B} \tag{6.41}$$

Diese Transformationsbeziehungen gelten solange die Bedingungen $u \ll c_0$ und $u\,\mathcal{E}/\mathcal{B} \ll c_0^2$ erfüllt sind, und dies ist im interplanetaren Medium sicherlich der Fall.

6.2.7 Das interplanetare Medium als Magnetoplasma

Eigentlich muß es erstaunen, daß unsere bisherigen einfachen Ansätze für die Beschreibung des interplanetaren Mediums so erfolgreich waren. Erstaunen deshalb, weil z.B. im gasdynamischen Modell der Sonnenwind als eine Art Neutralgas betrachtet wurde, obwohl er aus Ladungsträgergasen besteht und somit elektrischen und magnetischen Kräften unterworfen ist. Ferner, weil das interplanetare Magnetfeld, die heliosphärischen Ströme und das interplanetare elektrische Feld erst im nachhinein abgeleitet wurden. Dabei erwarten wir, daß in magnetfelddurchsetzten Ladungsträgergasen Plasmageschwindigkeit, elektrische und magnetische Felder und elektrische Ströme eng aneinander gekoppelte Größen sind, die im allgemeinen selbstkonsistent bestimmt werden müssen. So wirken ja die von der leicht unterschiedlichen Bewegung des Ionen- und Elektronengases hervorgerufenen heliosphärischen Ströme über ihr Magnetfeld und die damit verknüpfte magnetische Kraft auf die Bewegung der Ladungsträgergase zurück. Unsere bisherige Vorgehensweise bedarf deshalb der Überprüfung, und im folgenden soll eine selbstkonsistente und den Ladungsträgercharakter der Gase berücksichtigende Beschreibung des interplanetaren Mediums vorgestellt werden. Grundlage dieser Beschreibung sind die Dichte-, Impuls- und Energiebilanzgleichungen eines Plasmas. Den Eigenschaften des Sonnenwindes entsprechend soll es sich bei diesem Plasma um ein magnetfelddurchsetztes Gasgemisch bestehend aus einer Ionen- und der dazugehörigen Elektronenkomponente handeln. Beide Gase mögen dabei überall gleiche Dichten besitzen. Aus Abschnitt 4.4 wissen wir ja, daß kleinste Abweichungen von dieser Bedingung elektrische Polarisationsfelder erzeugen, die sofort jegliches Ladungsungleichgewicht beseitigen. Im Gegensatz zu dem bisher benutzten gasdynamischen Ansatz sollen jetzt aber Relativbewegungen zwischen Ionen- und Elektronengas zugelassen werden, wir wollen ja in der Lage sein heliosphärische Ströme zu beschreiben. Im folgenden gilt es demnach für den Fall

- $n_i \simeq n_e = n$
- $\vec{u}_i \neq \vec{u}_e$

die Bilanzgleichungen des oben spezifizierten Plasmas abzuleiten (die Indizes i und e kennzeichnen wieder das Ionen- und Elektronengas). Dies gelingt, ähnlich wie bei einem Neutralgasgemisch, durch Addition der Bilanzgleichungen der beteiligten Einzelgase, in unserem Fall also durch Addition der Bilanzgleichungen des Ionen- und des Elektronengases. Die Details dieser etwas umfangreicheren Rechnung sollen hier übersprungen werden, sie sind ausführlich im Anhang A.13 beschrieben. Als Ergebnis erhält man die unten angegebenen Plasmabilanzgleichungen (6.43) bis (6.45). Verglichen mit den entsprechenden Bilanzgleichungen für ein Neutralgasgemisch enthalten sie mit der Stromdichte $\vec{j}$ und der Magnetfeldstärke $\vec{\mathcal{B}}$ zwei zusätzliche Unbekannte. Fünf skalaren Beziehungen stehen somit die elf Unbekannten $\rho, p, u_x, u_y, u_z, j_x, j_y, j_z, \mathcal{B}_x, \mathcal{B}_y$ und $\mathcal{B}_z$ gegenüber. Offensichtlich werden sechs weitere Gleichungen benötigt, um sie zu bestimmen. Da es sich bei den zusätzlichen Unbekannten um elektromagnetische Größen handelt, ist es naheliegend, die Maxwell-Gleichungen mit einzubeziehen. Dies hilft in der Tat, reicht aber nicht aus. Vielmehr bedarf es darüber hinaus eines verallgemeinerten Ohmschen Gesetzes, das einen weiteren Zusammenhang zwischen Plasmazustandsgrößen und elektromagnetischen Kenngrößen herstellt. Die Ableitung dieser zusätzlichen Gleichung und ihre radikale Vereinfachung ist ebenfalls im Anhang A.13 beschrieben. Man erhält in guter Näherung

$$\vec{\mathcal{E}} \simeq -\vec{u} \times \vec{\mathcal{B}} \tag{6.42}$$

Offenbar werden in unserer Plasmabeschreibung ausschließlich Dynamo- bzw. transformationsbedingte elektrische Felder berücksichtigt, siehe Gl. (6.37) und (6.39). Dies setzt z.B. voraus, daß die Leitfähigkeit entlang der Magnetfeldlinien so groß ist, daß nur feldliniensenkrechte elektrische Felder eine Rolle spielen. Ferner, daß alle Plasmabewegungen senkrecht zum Magnetfeld in sehr guter Näherung als $\vec{\mathcal{E}} \times \vec{\mathcal{B}}$-Drift betrachtet werden können, oder alternativ, daß man sich die Magnetfelder in guter Näherung als in die Plasmabewegung eingefroren vorstellen kann. Hier benutzen wir diese Approximation, um die elektrische Feldstärke aus der Maxwell-Gleichung (A.92) zu eliminieren und erhalten damit folgendes Gleichungssystem

$$\frac{\partial \rho}{\partial t} + \nabla(\rho \vec{u}) = 0 \tag{6.43}$$

$$\rho \frac{\mathrm{D}\vec{u}}{\mathrm{D}t} = -\nabla p + \rho \vec{g} + \vec{j} \times \vec{\mathcal{B}} \tag{6.44}$$

$$p = \alpha \rho^{\gamma^*} \tag{6.45}$$

$$\nabla \times \vec{\mathcal{B}} = \mu_0 \vec{j} \tag{6.46}$$

$$\frac{\partial \vec{\mathcal{B}}}{\partial t} = \nabla \times (\vec{u} \times \vec{\mathcal{B}}) \tag{6.47}$$

Dabei bezeichnen $\rho, \vec{u}, p$ und $\vec{j}$ die Plasmamassendichte, die Plasmageschwindigkeit, den Plasmadruck und die Stromdichte

$$\rho = \rho_i + \rho_e \tag{6.48}$$

$$\vec{u} = (\rho_i \vec{u}_i + \rho_e \vec{u}_e)/\rho \tag{6.49}$$

$$p = p_i + p_e \tag{6.50}$$

$$\vec{j} = e\,n\,(\vec{u}_i - \vec{u}_e) \tag{6.51}$$

Bei der Plasmageschwindigkeit handelt es sich offensichtlich um die mittlere Massengeschwindigkeit des Plasmas. Bei nicht allzu großer Relativgeschwindigkeit zwischen Ionen- und Elektronengas entspricht diese in guter Näherung der Ionengasgeschwindigkeit. Ferner bezeichnet α eine Konstante und γ^* den Polytropenindex, siehe Anhang A.13.1.

Das oben angegebene Gleichungssystem entspricht dem der *idealen Magnetohydrodynamik (MHD)* – oder besser dem der idealen Magneto*plasma*dynamik, wobei sich der Zusatz 'ideal' u.a. auf die Vernachlässigung der Viskosität in der Impulsbilanzgleichung und auf die einfache Form der Gl. (6.42) bezieht. Wie gefordert stehen jetzt den elf skalaren Unbekannten elf skalare Bestimmungsgleichungen gegenüber. Daß dieses partielle, nichtlineare, gekoppelte Differentialgleichungssystem nur numerisch und mit Hilfe aufwendiger Modellalgorithmen gelöst werden kann, ist unmittelbar verständlich. Hier interessiert allerdings nur die Frage, wie sich dieses Gleichungssystem mit dem von uns bisher benutzten Ansatz für die Beschreibung des Sonnenwindes verträgt. Dazu betrachten wir noch einmal die damals gemachten Approximationen

$$\vec{u}_p \simeq \vec{u}_e = \vec{u}$$

$$T_p \simeq T_e = T = \text{konst.}$$

$$\partial/\partial t \to 0$$

Offensichtlich verschwindet in dieser Näherung die Stromdichte und damit auch die magnetische Kraft in der Impulsbilanzgleichung. Gleichzeitig läßt sich die Polytropenbeziehung (6.45) in Form der allgemeinen Gasgleichung schreiben und nur die zeitunabhängigen Bestandteile der Dichte- und Impulsbilanzgleichung bleiben erhalten

$$\nabla(\rho\vec{u}) = 0$$

$$\rho(\vec{u}\nabla)\vec{u} = -\nabla p + \rho\,\vec{g}_S$$

$$p = n\,k\,T$$

Dieses Gleichungssystem ist aber identisch mit dem in Abschnitt 6.1.2 benutzten. Unter den oben angegebenen Voraussetzungen reduziert sich demnach das magnetoplasmadynamische Gleichungssystem auf den bisher benutzten einfachen gasdynamischen Ansatz. Unterschiede ergeben sich erst, wenn die sehr restriktive Forderung nach gleicher Strömungsgeschwindigkeit von Protonen- und Elektronengas fallengelassen und Relativbewegungen zwischen den Ladungsträgergasen zugelassen werden. Erst dann können ja

Ströme fließen, die wiederum Magnetfelder und magnetische Kräfte erzeugen.

Zu klären bleibt die Frage, warum die Stromdichte bzw. die $\vec{j} \times \vec{B}$-Kraft in der Impulsbilanzgleichung für den Sonnenwind von sekundärer Bedeutung ist. So hat sich ja unser bisheriger gasdynamischer Ansatz als sehr erfolgreich bei der Beschreibung des Sonnenwindes erwiesen. Dies hat damit zu tun, daß in Sonnennähe, wo die Energiedichte des Magnetfeldes dominiert ($\beta^* < 1$), die Sonnenwindexpansion in Richtung des radial verlaufenden Magnetfeldes erfolgt und somit keine magnetischen Kräfte auftreten ($\vec{j} \parallel \vec{B}$); und damit, daß im interplanetaren Raum das Magnetfeld so schwach wird ($\beta^* \gg 1$), daß die $\vec{j} \times \vec{B}$-Kraft in der Impulsbilanzgleichung in guter Näherung vernachlässigt werden kann. Eine einfache Größenabschätzung nach dem im Anhang A.13.3 angegebenen Muster zeigt in der Tat, daß in größerer Entfernung von der Sonne die Impulsbilanzgleichung vom Feldbeschleunigungsterm und somit von der Trägheit des Sonnenwindplasmas beherrscht wird.

6.3 Magnetoplasma-Wellen im interplanetaren Medium

Das interplanetare Medium ist nicht nur großräumig, sondern auch auf kleiner Skala betrachtet sehr variabel, und meist wird ein breites Spektrum von Fluktuationen in den verschiedenen Zustandsgrößen beobachtet. Dies ist in Abb. 6.26 an Hand von Sonnenwindgeschwindigkeits- und Magnetfelddaten

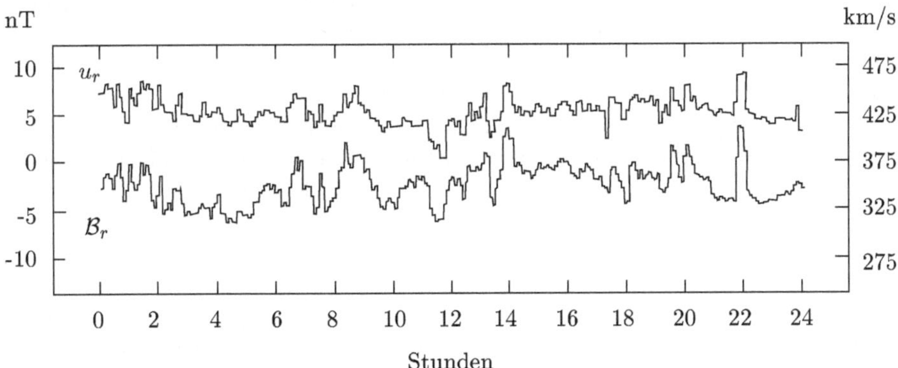

Abb. 6.26. Fluktuationen der radialen Komponente von Sonnenwindgeschwindigkeit und interplanetarem Magnetfeld, wie sie von der MARINER 5 - Raumsonde während eines 24-Stunden-Intervalls gemessen wurden. Die gute Korrelation zwischen den Schwankungen beider Größen deutet darauf hin, daß es sich hier um von Alfvén-Wellen hervorgerufene Störungen handelt, die sich von der Sonne weg in Richtung äußere Heliosphäre ausgebreitet haben (Magnetfeldfluktuationen in Phase mit den Geschwindigkeitsfluktuationen, negativer Magnetfeldsektor). (Nach Belcher et al., 1969)

dokumentiert. Heute geht man davon aus, daß ein Großteil dieser Schwankungen durch Wellen oder deren Überlagerung hervorgerufen wird. Dabei spielen magnetohydrodynamische oder, in unserer Nomenklatur, Magnetoplasma-Wellen eine hervorragende Rolle, ähnlich wie dies bei der Erklärung erdmagnetischer Pulsationen in Abschnitt 5.7 der Fall war. Dort haben wir die Existenz solcher Wellen bereits dokumentiert und ihre Bedeutung betont, aber erst jetzt sind wir in der Lage sie genauer zu untersuchen. So steht uns mit dem im vorangegangenen Abschnitt vorgestellten Gleichungssystem der idealen Magnetoplasmadynamik eine selbstkonsistente Beschreibung ihres Ausbreitungsmediums zur Verfügung. Um auf analytischem Wege die uns hier interessierenden Wellenlösungen abzuleiten, muß dieses Gleichungssystem allerdings weiter vereinfacht und insbesondere linearisiert werden. Anschließend kann es dann für den Fall ebener, harmonischer Wellen kleiner Amplitude gelöst werden, wobei hier nur besonders einfache Konstellationen zwischen Wellenausbreitungs- und Magnetfeldrichtung interessieren. Man erhält drei von ihrer Physik her sehr unterschiedliche Wellentypen, die als *plasma-akustische Wellen*, als *Alfvén-Wellen* und als *magnetosonische Wellen* bezeichnet werden. Die Details dieser Ableitung sind im Anhang A.15 in leicht nachvollziehbaren Schritten zusammengefaßt. Hier beschränken wir uns darauf die wesentlichen Eigenschaften der drei oben genannten Wellentypen vorzustellen.

6.3.1 Plasma-akustische Wellen

Wie Abb. 6.27 zeigt, sind plasma-akustische Wellen ausschließlich mit Störungen der Plasmazustandsgrößen (ρ_1, p_1, u_{1z}) verbunden. Dies überrascht insofern nicht, als sich das Plasma mit u_{1z} ausschließlich parallel zum Magnetfeld bewegt. Es spürt also keine magnetischen Kräfte, und in der Tat kann sich dieser Wellentypus auch in nicht-magnetisierten Plasmen ausbreiten. Daß die Stromdichtestörung gleich Null ist bedeutet auch, daß sich Ionen und Elektronen gemeinsam und mit der gleichen Geschwindigkeit bewegen, $u_\mathrm{i} = u_\mathrm{e} = u_{1z}$. Dabei kommt es zu einer rhythmischen Vorwärts- und Rückwärtsbewegung des Plasmas in Fortpflanzungsrichtung, was wiederum zu einer abwechselnden Verdichtung und Verdünnung des Plasmas und zu entsprechenden Druckschwankungen führt. Offenbar entspricht die Situation genau der, wie wir sie bereits im Zusammenhang mit akustischen Wellen in Neutralgasen kennengelernt haben, siehe Abschnitt 3.5.2, deshalb auch die Bezeichnung plasma-*akustische* Wellen. Wichtig ist, daß in beiden Fällen die Druckgradientkraft $-\nabla p$ die alleinige Rückstellkraft ist. Entsprechend besitzen auch die Phasengeschwindigkeiten beider Wellentypen die gleiche Form

$$v_{PS} = \sqrt{\frac{\gamma p}{\rho}} \simeq \sqrt{\frac{\gamma\, k\,(T_\mathrm{i} + T_\mathrm{e})}{m_\mathrm{i}}} \tag{6.52}$$

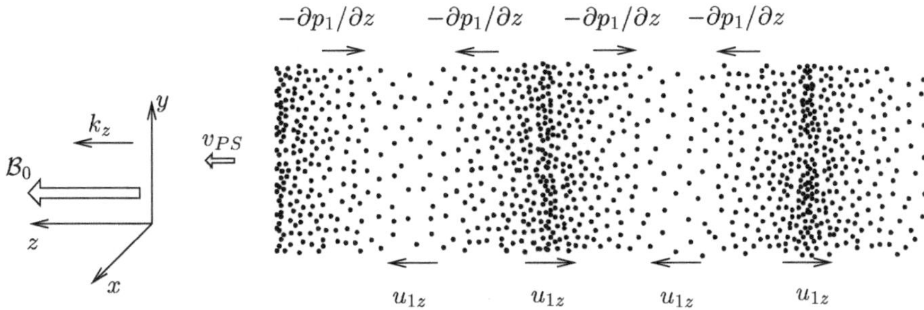

Abb. 6.27. Zur Physik plasma-akustischer Wellen. Gezeigt wird eine Momentaufnahme der Dichteverteilung und der Orte maximaler Druckgradientkräfte und Geschwindigkeiten, wobei Störgrößen durch den Index 1 gekennzeichnet sind. Die Wellenausbreitung erfolgt in Richtung des externen Magnetfeldes $\mathcal{B}_0$

wobei v_{PS} als *Plasmaschallgeschwindigkeit* bezeichnet wird. Im Sonnenwind und in Erdbahnnähe ($T_\mathrm{i} \simeq T_\mathrm{e} \simeq 10^5\,\mathrm{K}$) beträgt diese etwa 50 km/s.

Einen etwas genaueren Ausdruck für v_{PS} erhält man, wenn man die hohe Wärmeleitfähigkeit des Elektronengases berücksichtigt. So haben bei den hier betrachteten niederfrequenten Schwingungen die Elektronen – im Gegensatz zu den Ionen – genügend Zeit, die durch die Kompression verursachten Temperaturunterschiede im Elektronengas auszugleichen. Ihre Zustandsänderung erfolgt somit nicht mehr adiabatisch, sondern eher isotherm. Damit ergibt sich aus der allgemeinen Gasgleichung $p_\mathrm{e} = n\,k\,T = \alpha_\mathrm{e}\,\rho_\mathrm{e}^{\gamma_\mathrm{e}^*}$ der Polytropenindex des Elektronengases zu $\gamma_\mathrm{e}^* = 1$. Dieser Unterschied in den Adiabaten- bzw. Polytropenexponenten läßt sich problemlos in Gl. (6.52) einarbeiten. Da die Energie einer plasma-akustischen Welle im wesentlichen der ihrer Ionenkomponente entspricht, wird sie auch als *ionenakustische* oder *Ionenschallwelle* bezeichnet.

6.3.2 Alfvén-Wellen

Um die Physik dieses Wellentyps zu veranschaulichen, ist in Abb. 6.28 das zeitliche Zusammenspiel der verschiedenen Störgrößen (Index 1) dargestellt. Gezeigt wird eine Momentaufnahme der Verhältnisse entlang der Ausbreitungsrichtung k_z, die ja zugleich auch Richtung des externen Magnetfeldes $\mathcal{B}_0$ ist. Wie ersichtlich sind Alfvén-Wellen, im Gegensatz zu den plasmaakustischen Wellen, hauptsächlich durch Fluktuationen elektromagnetischer Größen gekennzeichnet. So treten zusammen mit der Transversalgeschwindigkeit u_{1y} Störungen des magnetischen und elektrischen Feldes sowie der Stromdichte auf. Dagegen verschwinden Dichte- und Druckvariationen. Der Verlauf der eingezeichneten Magnetfeldlinie ergibt sich aus der überall bekannten Steigung dieser Kurve

$$\partial \xi_y / \partial z = \tan\alpha = \mathcal{B}_{1y} / \mathcal{B}_0$$

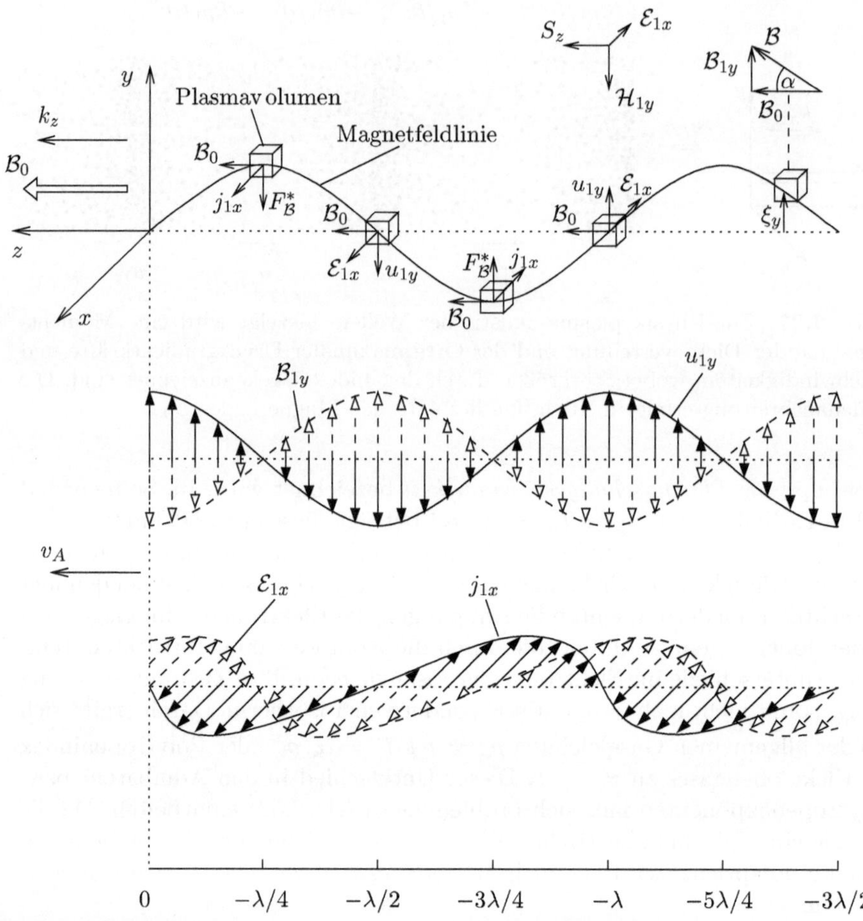

Abb. 6.28. Alfvén-Welle bei Ausbreitung in Feldlinienrichtung. Gezeigt wird eine Momentaufnahme des Feldlinienverlaufs und der Phase und Richtung der Geschwindigkeitsfluktuation (u_{1y}), der Magnetfeldstörung ($\mathcal{B}_{1y}$), der Stromdichtestörung (j_{1x}) und der Fluktuation des elektrischen Feldes ($\mathcal{E}_{1x}$). Offensichtlich sind dabei die Störungen übertrieben groß dargestellt. Ebenfalls eingezeichnet sind die Rückstellkraft $\vec{F}_{\mathcal{B}}^* = \vec{j} \times \vec{\mathcal{B}}$, das aus der $\vec{u} \times \vec{\mathcal{B}}$-Bewegung resultierende elektrische Feld, die Richtung des Poynting-Vektors S_z und die Steigung der Magnetfeldlinie. Man beachte, daß bei Wellenausbreitung entgegen der Feldrichtung $\mathcal{B}_{1y}$ und u_{1y} in Phase sind

Dabei bezeichnet ξ_y den Abstand der Magnetfeldlinie von ihrer Mittellage (in unserem Fall also von der z-Achse) und es gilt

$$\xi_y(t,z) = \int (\mathcal{B}_{1y}(t,z)\,/\,\mathcal{B}_0)\,\mathrm{d}z = ((u_{10})_y\,/\,\omega)\,\cos(\omega\,t - k_z\,z - \pi/2)$$

siehe Gl. (A.182) und (A.185). Wir betrachten zunächst ein von dieser Magnetfeldlinie durchsetztes Plasmavolumen bei $z = -\lambda/4$. Offenbar hat dieses Plasmavolumen gerade seine maximale Auslenkung erreicht und befindet sich in Ruhe, $u_{1y} = 0$. An diesem Plasmavolumen greift die magnetische Kraft $\vec{j}_{1x} \times \vec{B}_0$ an (die Stromdichte $\vec{j}_{1x}$ erreicht an dieser Stelle gerade ihren maximalen Wert) und beschleunigt es in Richtung Gleichgewichtslage, d.h. in Richtung z-Achse. Dadurch gewinnt das Plasmavolumen die Geschwindigkeit u_{1y}, die in dem hier betrachteten Fall in negative y-Richtung zeigt. Gleichzeitig 'bewegt' sich die unser Plasmavolumen durchsetzende Magnetfeldlinie in Richtung z-Achse und zwar mit der Geschwindigkeit

$$\partial \xi_y / \partial t = \frac{\partial}{\partial t} \left(\frac{(u_{10})_y}{\omega} \cos(\omega t - k_z z - \pi/2) \right) = u_{1y}$$

Plasmavolumen und Magnetfeldlinie bewegen sich also gemeinsam mit gleicher Geschwindigkeit in die gleiche Richtung und es scheint wieder, als ob das Magnetfeld in das Plasma 'eingefroren' wäre. Unabhängig von dieser Betrachtungsweise ist jede Bewegung eines Magnetoplasmas mit einem elektrischen Feld der Größe $\vec{\mathcal{E}} \simeq -\vec{u} \times \vec{B}$ verknüpft, siehe Gl. (6.42), und Phase und Richtung dieses Feldes ist ebenfalls in Abb. 6.28 angegeben.

Ihren größten Wert erreicht die Geschwindigkeit des Plasmavolumens beim Durchqueren der Gleichgewichtslage, in unserer Momentaufnahme also bei $z = 0$, $-\lambda/2$ etc. Hier ist die Stromdichte gleich Null und das Plasma somit beschleunigungsfrei. Der mit dieser Maximalgeschwindigkeit verknüpfte Bewegungsimpuls läßt das Plasmavolumen über seine Gleichgewichtslage hinausschießen. Danach werden bei der Verringerung der Plasmageschwindigkeit und über die mit der Trägheitskraft assoziierte Teilchendrift erneut Ströme im Plasma induziert, die das Volumen zunächst abbremsen und schließlich in Richtung Gleichgewichtslage zurückbeschleunigen. Offenbar haben wir es hier mit einer Plasmaoszillation zu tun, bei der die $\vec{j} \times \vec{B}$-Kraft als Rückstellkraft wirkt.

Formal läßt sich diese Rückstellkraft auch auf die wellenbedingte Verformung der Magnetfeldlinien zurückführen. Um dies zu zeigen, ersetzen wir die Stromdichte mit Hilfe des Ampère-Gesetzes (6.46) durch das Magnetfeld und erhalten

$$\vec{j} \times \vec{B} = \frac{1}{\mu_0} (\nabla \times \vec{B}) \times \vec{B} = -\nabla \left(\frac{B^2}{2\mu_0} \right) + \frac{(\vec{B}\nabla)\vec{B}}{\mu_0}$$

Dabei haben wir im zweiten Schritt von der Vektoridentität (A.35) Gebrauch gemacht. Ferner schreiben wir im zweiten Term auf der rechten Seite die Feldstärke als Produkt von Einheitsvektor und Betrag und differenzieren dieses nach der Produktregel (A.31) aus

$$(\vec{B}\nabla)\vec{B} = B(\hat{B}\nabla)(\hat{B}B) = \hat{B}B(\hat{B}\nabla)B + B^2(\hat{B}\nabla)\hat{B}$$
$$= \hat{B}(\hat{B}\nabla)(B^2/2) + B^2(\hat{B}\nabla)\hat{B} = \nabla_{\parallel}(B^2/2) - \hat{\rho}_{Kr} B^2 / \rho_{Kr}$$

Wie ersichtlich haben wir im letzten Schritt den feldlinienparallelen Gradienten $\nabla_\parallel = \hat{\mathcal{B}}(\hat{\mathcal{B}}\nabla)$ und mit Hilfe der Beziehung (A.104) den Krümmungsradius einer Feldlinie eingeführt. Setzt man diesen Ausdruck ein, so kürzen sich die feldlinienparallelen Gradienten der Größe $\mathcal{B}^2/2\mu_0$ heraus und man erhält

$$\vec{j} \times \vec{\mathcal{B}} = -\nabla_\perp \left(\frac{\mathcal{B}^2}{2\mu_0} \right) - \hat{\rho}_{Kr} \frac{\mathcal{B}^2}{\mu_0\, \rho_{Kr}} = -\nabla_\perp p_\mathcal{B} + (\vec{F}^*_\mathcal{B})_{Sp} \qquad (6.53)$$

Dabei haben wir – rein formal – den *magnetischen Druck* eingeführt

$$p_\mathcal{B} = \mathcal{B}^2/2\mu_0 \qquad (6.54)$$

Daß diese Bezeichnung zu Recht besteht, wird in Abschnitt 6.4.4 deutlich. Ferner haben wir die *magnetische Spannungskraft* eingeführt

$$(\vec{F}^*_\mathcal{B})_{Sp} = -\hat{\rho}_{Kr}\, \frac{\mathcal{B}^2}{\mu_0\, \rho_{Kr}} \qquad (6.55)$$

Offenbar wirkt auf ein von gekrümmten Magnetfeldlinien durchsetztes Plasma eine Kraft, die proportional zur Krümmung der Feldlinie ist und die dieser Krümmung entgegenwirkt. Sie entspricht damit der Rückstellkraft $\vec{F}^*_{Sp(annung)}$, die auf das ausgelenkte Teilstück eines gespannten Seils oder einer gespannten Saite wirkt. Feldlinienparallele Plasmafäden verhalten sich demnach formal wie unter Spannung stehende Seile oder Saiten, und genau wie diese können sie zu transversalen Schwingungen angeregt werden. Da es bei Alfvén-Wellen weder zu einer Verdichtung des Plasmas noch der eingefrorenen Feldlinien kommt, entfallen Plasma- und magnetische Druckgradientkraft, und es gilt

$$\rho\, \partial u/\partial t \simeq (F^*_\mathcal{B})_{Sp}$$

Dieses Gleichgewicht unterstreicht die Bedeutung von Trägheits- und magnetischer Spannungskraft bei der Entstehung von Alfvén-Wellen.

Um die zeitliche Variation der einzelnen Störgrößen sichtbar zu machen, müßte man die in Abb. 6.28 gezeigten Sinuskurven mit der Phasengeschwindigkeit der Welle in Richtung positive z - Achse bewegen. Diese Phasengeschwindigkeit entspricht der bekannten *Alfvén-Geschwindigkeit*

$$v_A = \sqrt{\frac{\mathcal{B}^2}{\mu_0\, \rho}} \qquad (6.56)$$

Für das interplanetare Medium in Erdbahnnähe beträgt sie etwa $30\,\mathrm{km/s}$, siehe Tabelle 6.2. Da die Alfvén-Geschwindigkeit unabhängig von der Frequenz ist, erfolgt die Wellenausbreitung dispersionslos und die Phasengeschwindigkeit entspricht der Gruppengeschwindigkeit. Damit ist auch der durch eine Alfvén-Welle geleistete Energietransport dispersionslos und erfolgt in Ausbreitungsrichtung der Welle. Ordnungsgemäß zeigt der durch die

Feldstärken $\mathcal{E}_{1x}$ und $\mathcal{H}_{1y} = \mathcal{B}_{1y} / \mu_0$ festgelegte Poynting-Vektor $\mathcal{S}_z$ in positive z-Richtung. Im Unterschied zu elektromagnetischen Wellen im Vakuum ist allerdings die elektrische Feldstärke vergleichsweise gering. Es gilt

$$(\mathcal{E}_{1x} / \mathcal{B}_{1y})_{Alfvén} = v_A \ll (\mathcal{E}_x / \mathcal{B}_y)_{e.m.} = c_0$$

Ein für die Interpretation von Beobachtungen wesentliches Merkmal von Alfvén-Wellen ist, daß ihre Geschwindigkeits- und Magnetfeldfluktuationen entweder korreliert oder antikorreliert sind, je nachdem ob die Ausbreitung antiparallel oder parallel zum Magnetfeld erfolgt, siehe z.B. Gl. (A.185) und Abb. 6.28. Daraus schließen wir, daß die in Abb. 6.26 gezeigten Geschwindigkeits- und Magnetfeldfluktuationen höchstwahrscheinlich durch Alfvén-Wellen oder deren Überlagerung hervorgerufen worden sind, wobei deren Ausbreitung antiparallel zum Magnetfeld erfolgte.

Alfvén-Wellen können sich auch schräg (aber nicht senkrecht) zur Richtung eines vorgegebenen Magnetfeldes ausbreiten. Dabei verringert sich ihre Phasengeschwindigkeit auf

$$(v_A)_\vartheta = v_A \cdot \cos \vartheta \tag{6.57}$$

wobei ϑ den Winkel zwischen Ausbreitungs- und Magnetfeldrichtung bezeichnet. In diesem Fall erfolgt der Energietransport nicht mehr in Ausbreitungsrichtung, sondern nach wie vor in Richtung des vorgegebenen Magnetfeldes. Auch treten jetzt *feldlinienparallele* Stromdichten auf. Dies erweist sich als sehr wichtig, wenn es um den Aufbau oder die Änderung magnetosphärischer Stromsysteme geht, da diese fast immer feldlinienparallele Komponenten besitzen, siehe z. B. Abschnitt 8.3.2.

6.3.3 Magnetosonische Wellen

Wie Abb. 6.29 zeigt sind magnetosonische Wellen als dritte Art von Magneto-plasma-Wellen sowohl mit Störungen der Plasmazustandgrößen (ρ_1, p_1, u_{1y}) als auch mit Störungen der elektromagnetischen Kenngrößen $(\mathcal{B}_{1z}, \mathcal{E}_{1x}, j_{1x})$ verbunden. Dabei entsprechen die Plasmastörungen genau denen plasma-akustischer Wellen mit Geschwindigkeits-, Dichte- und Druckschwankungen in Richtung der Wellenausbreitung und mit den dazugehörigen Druckgradienten als Rückstellkraft, deshalb auch die Bezeichnung magneto*sonische* Wellen. Gleichzeitig treten aber auch Störungen der elektromagnetischen Kenngrößen auf. So ist die Bewegung des Magnetoplasmas zwangsläufig mit einem elektrischen Feld der Größe $\mathcal{E}_{1x} = -u_{1y}\mathcal{B}_z$ verknüpft. Hinzu kommen Magnetfeldstörungen, die unserem Ansatz gemäß parallel zum externen Magnetfeld ausgerichtet sind. Anders als bei Alfvén-Wellen findet also keine Verformung der Magnetfeldlinien statt. Vielmehr wird das externe Feld abwechselnd verstärkt und geschwächt, wie dies durch die unterschiedliche Feldliniendichte angedeutet ist. Dabei findet die Verstärkung gerade im Bereich der Dichtemaxima und die Schwächung im Bereich der Dichteminima statt.

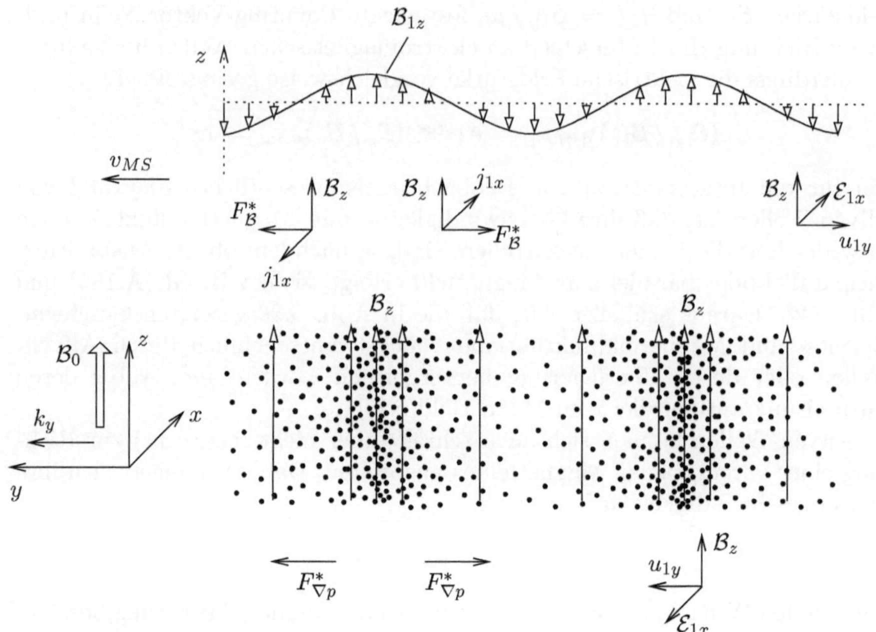

Abb. 6.29. Magnetosonische Welle bei feldliniensenkrechter Ausbreitung. Gezeigt wird eine Momentaufnahme der (übertrieben groß dargestellten) Plasmadichte- und Magnetfeldstörungen. Ebenfalls eingezeichnet sind die Rückstellkräfte $\vec{F}_{\mathcal{B}}^{*} = \vec{j} \times \vec{\mathcal{B}}$ und $\vec{F}_{\nabla p}^{*} = -\nabla p$ und das aus der $\vec{u} \times \vec{\mathcal{B}}$-Bewegung resultierende elektrische Feld

Dies legt nahe, sich das Magnetfeld wieder als in das Plasma 'eingefroren' vorzustellen. Nicht nur, daß das Magnetfeld der Bewegung des Plasmas zu folgen scheint, es wird auch mit diesem verdichtet und verdünnt.

Die durch die Welle im Plasma induzierte Stromdichte erzeugt in Verbindung mit dem Magnetfeld eine $\vec{j} \times \vec{\mathcal{B}}$ - Kraft, die der Erhöhung der Magnetfeldstärke (bzw. der Konzentration der Magnetfeldlinien) entgegenwirkt. Alternativ kann diese Kraft gemäß Gl. (6.53) auch als magnetische Druckgradientkraft interpretiert werden, die zusammen mit der Plasmadruckgradientkraft als Rückstellkraft wirkt. Die Impulsbilanzgleichung besitzt somit die Form

$$\rho \, \frac{\partial u_{1y}}{\partial t} \simeq -\nabla_{\perp}\,(p + p_{\mathcal{B}}) = F_{\nabla p_{gesamt}}^{*} \tag{6.58}$$

Die Phasengeschwindigkeit einer magnetosonischen Welle ergibt sich als geometrische Summe aus Plasmaschall- und Alfvén- Geschwindigkeit

$$v_{MS} = \sqrt{v_{PS}^{2} + v_{A}^{2}} \tag{6.59}$$

Wie diese ist sie unabhängig von der Frequenz und die Wellenausbreitung somit dispersionslos. Im interplanetaren Medium und in Erdbahnnähe beträgt sie etwa 60 km/s.

Auch magnetosonische Wellen können sich schräg zu einem vorgegebenen Magnetfeld ausbreiten. Allerdings spalten sie sich dann in zwei Moden auf, die unterschiedliche Phasengeschwindigkeiten besitzen. Die mit der höheren Phasengeschwindigkeit wird als *schnelle*, die mit der geringeren Phasengeschwindigkeit als *langsame* magnetosonische Welle bezeichnet, (engl. *fast* bzw. *slow magnetosonic wave*). Es gilt

$$(v_{MS})_\vartheta^2 = \frac{1}{2}\left(v_{PS}^2 + v_A^2 \pm \sqrt{(v_{PS}^2 + v_A^2)^2 - 4\,v_{PS}^2\,v_A^2\,\cos^2\vartheta} \right) \qquad (6.60)$$

wobei ϑ wieder den Winkel zwischen Ausbreitungs- und Magnetfeldrichtung bezeichnet. Welche der beiden durch das Vorzeichen vor der Wurzel unterschiedenen Moden die schnellere ist, hängt davon ab, ob v_{PS} größer oder kleiner als v_A ist. Damit geht auch bei feldlinienparalleler Ausbreitung ($\vartheta = 0$) die Phasengeschwindigkeit der schnellen Mode entweder in die Plasmaschallgeschwindigkeit oder in die Alfvén-Geschwindigkeit über, je nachdem, welche der beiden größer ist. Entsprechendes gilt für die langsame Mode. Wie sich zeigen läßt, liegt die Phasengeschwindigkeit der Alfvén-Welle bei schräger Ausbreitung immer zwischen der der schnellen und der der langsamen magnetosonischen Welle (im Grenzfall $\vartheta = 0$ ist sie identisch mit einer dieser Moden). Alfvén-Wellen sind deshalb auch unter der Bezeichnung *intermediäre Mode* bekannt.

6.4 Modifikation des Sonnenwindes durch die terrestrische Bugstoßwelle

Aus Erfahrung wissen wir, daß sich in Gasen vor überschallschnellen Körpern (z.B. Flugzeugen und Geschossen) oder äquivalent in überschallschnellen Gasströmungen vor Hindernissen Stoßwellen ausbilden. Letztere sind durch eine sprunghafte Änderung der Zustandsgrößen der Gase gekennzeichnet. Extrapoliert man diese Erfahrung auf den mit Überschallgeschwindigkeit gegen die Magnetosphäre der Erde anströmenden Sonnenwind, so sollte sich auch vor diesem Hindernis eine Stoßwelle ausbilden, und dies ist in der Tat der Fall. Im folgenden soll diese Stoßwelle als *Bugstoßwelle* (engl. *bow shock*) bezeichnet werden. Abbildung 6.30 zeigt ihren Verlauf relativ zur Magnetopause und Abb. 6.31 illustriert die sprunghaften Änderungen in den Eigenschaften des Sonnenwindes und des interplanetaren Magnetfeldes an dieser Stelle.

Da es sich bei der Bugstoßwelle um ein recht kompliziertes und nur teilweise verstandenes Phänomen handelt, wollen wir uns mit einer stark vereinfachten Beschreibung begnügen. Insbesondere soll der Sonnenwind wieder durch eine quasi-neutrale Gasströmung approximiert werden, die in dem hier

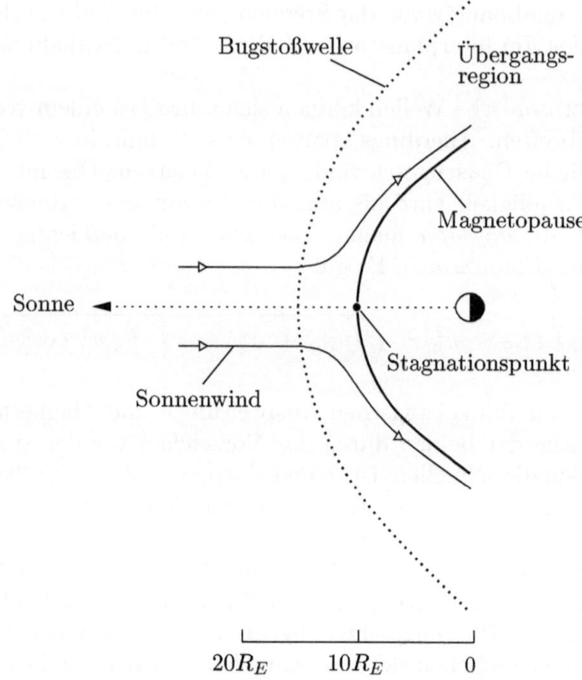

Abb. 6.30. Verlauf der Bugstoßwelle und Bereich der Übergangsregion

betrachteten Fall auf ein festes Hindernis von der Gestalt der Magnetosphäre trifft. Auf dieser gasdynamischen Grundlage soll zunächst die Entstehung der Bugstoßwelle, anschließend die dort geltenden Sprungbedingungen diskutiert werden. Genauere Aussagen über den Verlauf der Bugstoßwelle und insbesondere über das Verhalten des Sonnenwindes in der *Übergangsregion* zwischen Bugstoßwelle und Magnetopause (engl. *magnetosheath region*) lassen sich allerdings selbst unter diesen vereinfachten Bedingungen nur mit Hilfe numerischer Simulationen machen. Einige der auf diese Weise gewonnenen Ergebnisse sollen hier vorgestellt werden. Bei diesen Rechnungen wird die Gestalt der Magnetopause als bekannt vorausgesetzt. Um sie zu bestimmen, benutzen wir einen auf Druckgleichgewicht basierenden Ansatz. Abschließend soll auf einige der vielen Komplikationen hingewiesen werden, die sich beim Übergang von einer Neutralgas- auf eine Magnetoplasmaströmung ergeben.

6.4.1 Zur Entstehung der Bugstoßwelle

Um die Entstehung der Bugstoßwelle zu verstehen, betrachten wir die Verhältnisse entlang der Verbindungslinie Sonne-Erde. Wo diese Linie die Magnetopause schneidet, muß die Sonnenwindgeschwindigkeit gleich Null sein. Die Strömung besitzt hier ja nur eine Komponente senkrecht zur Magnetopau-

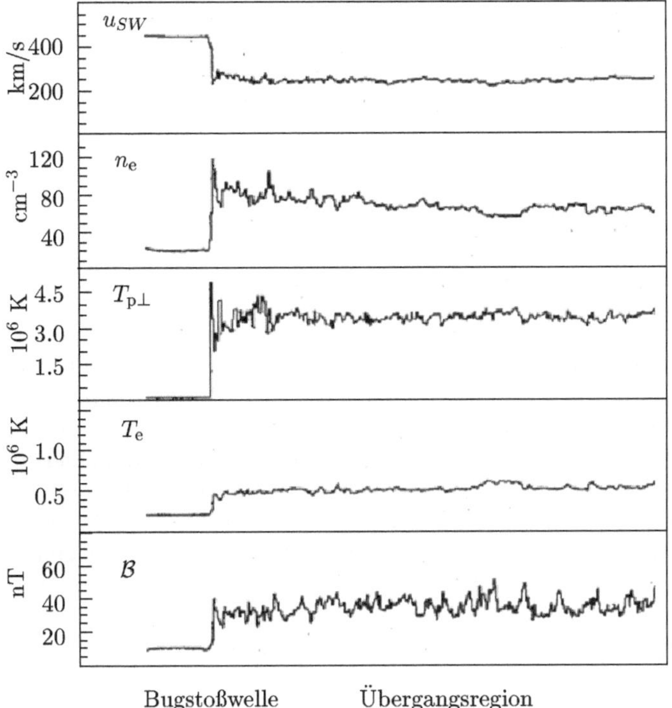

Abb. 6.31. Beispiel für die sprunghaften Änderungen der Eigenschaften des Sonnenwindes und des interplanetaren Magnetfeldes an der Bugstoßwelle. u_{SW} bezeichnet dabei die Sonnenwindgeschwindigkeit, n_e die Elektronendichte, $T_{\mathrm{p}\perp}$ die zur Magnetfeldrichtung senkrechte Komponente der Protonentemperatur, T_e die Elektronentemperatur und B die Magnetfeldstärke. $T_{\mathrm{p}\perp}$ wurde dabei vor der Stoßwelle zu 10^5 K angenommen. Der Winkel zwischen interplanetarem Magnetfeld und Stoßwellennormalen betrug etwa 90° (quasi-senkrechte Bugstoßwelle). Die gezeigten Messungen erstrecken sich über 27 Minuten, wobei der Durchgang durch die Stoßwelle innerhalb von einigen 10 Sekunden erfolgt. (Nach Sckopke et al., 1990)

se, kann diese aber nicht passieren. Man bezeichnet diesen Punkt auch als *Stagnationspunkt*. Entlang der Verbindungslinie Sonne-Erde muß demnach die Sonnenwindgeschwindigkeit von etwa 500 km/s auf 0 km/s am Ort der Magnetopause abnehmen. Stellen wir uns zunächst vor, daß diese Abnahme kontinuierlich erfolgt. Dann wird an irgendeinem Punkt, dem sogenannten *sonischen Punkt* , die Sonnenwindgeschwindigkeit gleich und anschließend kleiner als die Schallgeschwindigkeit sein. Wir benutzen die Schallgeschwindigkeit als Referenz, weil sich Störungen und Informationen in Neutralgasen maximal mit dieser Geschwindigkeit ausbreiten können. Für Sonnenwindbedingungen in Erdbahnnähe beträgt diese etwa 50 km/s, siehe Tabelle 6.1. Damit können Schallwellen, die sich stromaufwärts bewegen, um von dem

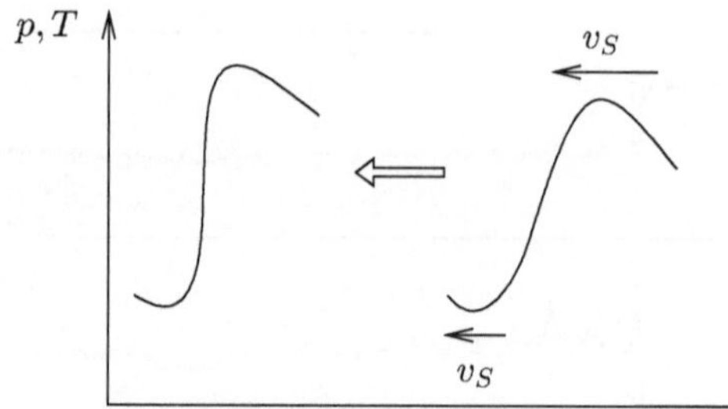

Abb. 6.32. Aufsteilung einer Schallwellenstörung großer Amplitude

Hindernis Magnetosphäre Nachricht zu übermitteln, nur bis zum sonischen Punkt gelangen, darüber hinaus ist ihre Ausbreitungsgeschwindigkeit kleiner als die Strömungsgeschwindigkeit. Dies führt in der Umgebung dieses Punktes zu einer Akkumulation von Wellenenergie und zur Entstehung einer Störung großer Amplitude. Schallwellenstörungen großer Amplitude sind aber unweigerlich mit nichtlinearen Effekten und mit der Dissipation von Wellenenergie verknüpft, siehe Abschnitt 3.5.2. Hinzu kommt, daß Druck und Temperatur am Ort des Wellenberges deutlich größer sind als im vorgelagerten Wellental. Da die Schallgeschwindigkeit aber proportional zur Wurzel aus diesen Größen ist, wird sich die Schallwellenstörung am Ort des Wellenberges schneller ausbreiten als im vorgelagerten Wellental und es kommt zu einer Aufsteilung der Wellenfront, siehe Abb. 6.32. Auf diese Weise entsteht eine Stoßwellenfront, an der sich die Gaseigenschaften relativ plötzlich ändern. Dies schließt eine sprunghafte Abnahme der Sonnenwindgeschwindigkeit von supersonische auf subsonische Werte ein. Die dabei freigesetzte Strömungsenergie wird über nichtlineare Effekte in der Stoßfront in Wärme umgewandelt, was zu einer beträchtlichen Aufheizung der Gase führt.

6.4.2 Änderung der Sonnenwindeigenschaften beim Durchgang durch die Bugstoßwelle

Unabhängig von den komplizierten Vorgängen in der Stoßwelle selbst muß in sehr guter Näherung die Masse, der Impuls und die Energie der betrachteten Gasströmung erhalten bleiben. Wie im Anhang A.9 gezeigt wird, führt dies zu folgenden sprunghaften Änderungen der Zustandsgrößen einer Gasströmung beim Passieren einer Stoßwelle

$$\frac{u_2}{u_1} = \left(\frac{n_2}{n_1}\right)^{-1} = \frac{2 + (\gamma - 1)M_1^2}{(\gamma + 1)M_1^2} \tag{6.61}$$

$$\frac{p_2}{p_1} = \frac{2\gamma M_1^2 - (\gamma - 1)}{\gamma + 1} \tag{6.62}$$

$$\frac{T_2}{T_1} = \frac{(2 + (\gamma - 1)M_1^2)(2\gamma M_1^2 - (\gamma - 1))}{(\gamma + 1)^2 M_1^2} \tag{6.63}$$

und

$$M_2 = \sqrt{\frac{2 + (\gamma - 1)M_1^2}{2\gamma M_1^2 - (\gamma - 1)}} \tag{6.64}$$

Dies sind die bekannten *Rankine-Hugoniot-Beziehungen*. Der Index 1 bezieht sich dabei auf die Bedingungen stromaufwärts, der Index 2 auf die Bedingungen stromabwärts von der Bugstoßwelle und damit auf die Übergangsregion. γ bezeichnet, wie bisher, den Adiabatenkoeffizienten ($\gamma = (f+2)/f = 5/3$ für den Sonnenwind) und M die *Machzahl*, die als das Verhältnis von Strömungs- zu Schallgeschwindigkeit definiert ist

$$M = \frac{u}{v_S} = \frac{u}{\sqrt{\gamma p/\rho}} \tag{6.65}$$

In Erdbahnnähe und stromaufwärts von der Bugstoßwelle ist diese Machzahl relativ groß, $M_1 \simeq 10 \gg 1$. Damit gilt näherungsweise $u_2/u_1 = n_1/n_2 \simeq (\gamma - 1)/(\gamma + 1) = 1/4$, was im Fall der Dichte in guter Übereinstimmung mit den Beobachtungen der Abb. 6.31 ist. Man mag im ersten Augenblick überrascht sein, daß bei einer Machzahl von 10 eine Geschwindigkeitsabnahme auf ein Viertel ausreicht, um subsonische Geschwindigkeiten zu erreichen. Dabei ist zu bedenken, daß die Temperatur und damit auch die Schallgeschwindigkeit in der Übergangsregion wesentlich größer ist als vor der Bugstoßwelle. Für $M_1 \simeq 10$ gilt $T_2/T_1 \simeq 30$. Damit wird auch $M_2 < 1$, wie gefordert.

6.4.3 Ergebnisse von Modellrechnungen

Bei der Diskussion der Entstehung der Bugstoßwelle wurden keinerlei Angaben über deren Abstand von der Magnetopause gemacht. In der Tat existiert keine einfache analytische Abschätzung dieser Größe. Sicher ist, daß der Abstand groß genug sein muß, um den gesamten, die Bugstoßwelle im Bereich des subsolaren Punktes passierenden Sonnenwind bei subsonischen Geschwindigkeiten um die Magnetosphäre herumfließen zu lassen. Genauere Vorhersagen erhält man erst über numerische Simulationen. Da diese auch konkrete Angaben zu den Verhältnissen in der Übergangsregion machen, sind sie für uns von besonderem Interesse. Gelöst werden die Dichte-, Impuls- und Energiebilanzgleichung für einen supersonischen, quasi-neutralen Sonnenwind, der auf ein festes Hindernis von der Gestalt der Magnetosphäre trifft. Abbildung 6.33 faßt einige der auf diese Weise gewonnenen Vorhersagen zusammen. Da die Magnetosphäre als rotationssymmetrisch angenommen wird, können die ersten drei Bilder sowohl als Meridionalschnitte, als auch als Äquatorialschnitte betrachtet werden.

Wie ersichtlich, beträgt der vorhergesagte Abstand zwischen Magneto- pause und Bugstoßwelle auf der Sonne-Erde-Verbindungslinie etwa 1/3 der

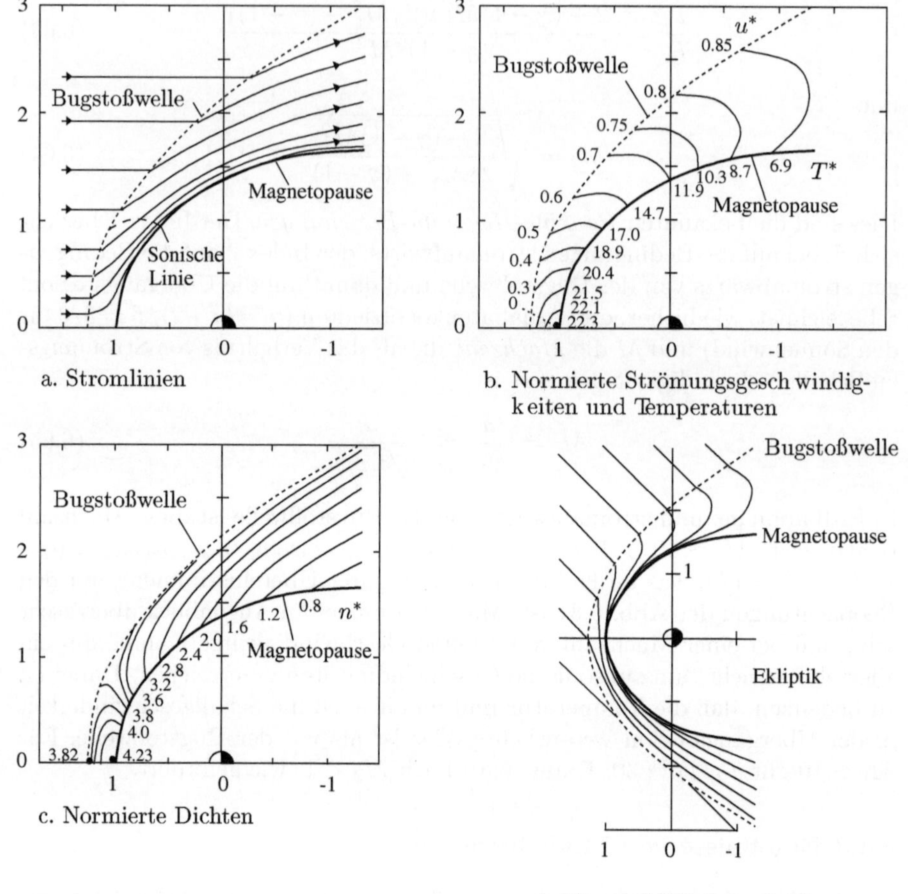

Abb. 6.33. Gasdynamische Berechnung des Bugstoßwellenverlaufs und der Eigenschaften des Sonnenwindes und des interplanetaren Magnetfeldes in der Übergangsregion. Die Rechnungen gelten für eine Machzahl von $M = 8$ und einen Adiabatenexponenten von $\gamma = 5/3$. Abstände sind in Einheiten der auf die Sonne-Erde-Verbindungslinie bezogenen Magnetopausendistanz angegeben. Geschwindigkeiten, Temperaturen und Dichten sind auf die Werte der entsprechenden Größen vor der Bugstoßwelle normiert. (Nach Spreiter et al., 1966)

Magnetopausendistanz, in Übereinstimmung mit den in Abb. 6.30 skizzierten Beobachtungen. Ferner sieht man, daß auch die simulierte Bugstoßwelle einen steileren Anstellwinkel gegenüber dem Sonnenwind besitzt als die Magnetopause und wie ein Schild vor der Magnetosphäre steht. Was die Vorhersagen für die Sonnenwindeigenschaften in der Übergangsregion betrifft, so zeigt Abb. 6.33a an Hand von Stromlinien, wie der Sonnenwind um das Hindernis Magnetosphäre herumfließt. Die zugehörigen Strömungsgeschwindigkeiten sind in Abb. 6.33b angegeben. Wie zu erwarten, ist die Geschwindigkeit im Stagnationspunkt gleich Null. Überraschend ist, daß die Strömung bereits in einem Abstand von nur einer Magnetopausendistanz von der Sonne-Erde-Verbindungslinie wieder supersonische Geschwindigkeiten und im Abstand von zwei Magnetopausendistanzen bereits 80% der ursprünglichen Sonnenwindgeschwindigkeit erreicht. Da die Strömungsgeschwindigkeit und die Gastemperatur über die Bernoulli-Gleichung miteinander verknüpft sind (siehe Anhang A.8, Gl. (A.77)), können in Abb. 6.33b gleiche Konturlinien für beide Parameter benutzt werden. Wie ersichtlich ist die Gastemperatur im Stagnationspunkt sehr hoch und nimmt erst allmählich mit zunehmender Strömungsgeschwindigkeit ab. Abbildung 6.33c zeigt den zu erwartenden Dichteanstieg hinter der Bugstoßwelle.

Um auch eine Vorstellung von der Struktur des Magnetfeldes in der Übergangsregion zu erhalten, wird wieder das bereits bekannte Konzept des in die Sonnenwindströmung eingefrorenen Magnetfeldes benutzt. Dabei wird in Abb. 6.33d davon ausgegangen, daß das interplanetare Magnetfeld in der Ekliptik liegt und vor der Bugstoßwelle eine Neigung von 45° gegenüber der Verbindungslinie Sonne-Erde besitzt. Wie ersichtlich wird das Magnetfeld durch die Sonnenwindströmung wie ein Stoff über das Hindernis Magnetosphäre drapiert. Dabei kommt es im Nachmittag-Abendsektor zu einer Verdichtung der Feldlinien mit einem Feldstärkeanstieg auf das Vierfache des ursprünglichen Wertes. Solche Kompressionseffekte werden in der Tat beobachtet, siehe Abb. 6.31. Der in Abb. 6.33d gezeigte Feldlinienverlauf entspricht einer Momentaufnahme des mit dem Sonnenwind mitkonvektierten Magnetfeldes, wobei dieses schließlich mit der Strömung seitlich (das heißt in dem hier betrachteten Fall über die Polregionen) um das Hindernis Magnetosphäre herumgetragen wird. Alternativ kann das Magnetfeld auch wieder als ortsfest betrachtet werden, wobei es von in der Bugstoßwelle, in der Übergangsregion und in der Magnetopause fließenden Strömen erzeugt wird.

6.4.4 Druckgleichgewicht an der Magnetopause

Bei der im vorangegangenen Abschnitt beschriebenen Simulation der Sonnenwindströmung um die Magnetosphäre wurde der Verlauf der Magnetopause als bekannt vorausgesetzt. Er muß demnach vorher bestimmt werden. Dies gelingt mit Hilfe der Bedingung, daß am Ort der Magnetopause Gleichgewicht zwischen dem Außendruck des Sonnenwindes und dem Innendruck der Magnetosphäre herrschen muß. Im folgenden sollen beide Druckkomponenten bestimmt werden, wobei wir zunächst die Verhältnisse in der Umgebung des subsolaren Punktes betrachten wollen.

Sonnenwinddruck. Abbildung 6.34 skizziert die Druck- und Geschwindigkeitsverhältnisse entlang der Verbindungslinie Sonne-Erde. Dabei bezeichnet p_1 den thermischen Druck des Sonnenwindes stromaufwärts von der Bugstoßwelle. Beim Passieren der Bugstoßwelle erhöht sich dieser gemäß Gl. (6.62)

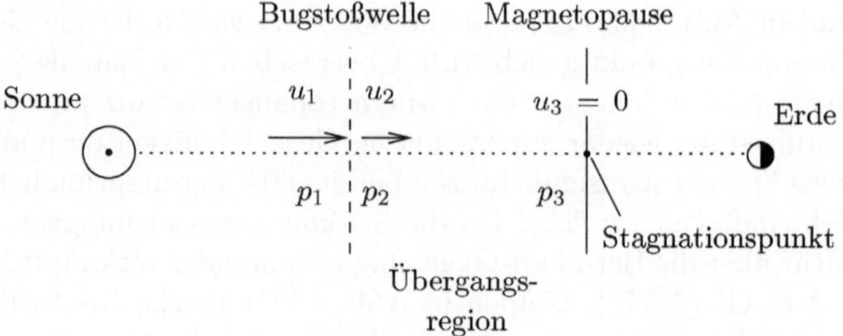

Abb. 6.34. Zur Bestimmung des Sonnenwinddrucks auf die subsolare Magnetopause

um den Faktor

$$\frac{p_2}{p_1} = \frac{2\gamma M_1^2 - (\gamma - 1)}{\gamma + 1} \tag{6.66}$$

Eine weitere Erhöhung erfährt der Druck bei Annäherung an den Stagnationspunkt. Dies folgt aus der *Bernoulli-Gleichung* für adiabatische Gasströmungen

$$\frac{u^2}{2} + \frac{\gamma}{\gamma - 1}\,\frac{p}{\rho} = \text{konst.} \tag{6.67}$$

die im Anhang A.8 abgeleitet wird. Danach gilt für die Druckänderung zwischen Bugstoßwelle und Magnetopause

$$\frac{\gamma}{\gamma - 1}\,\frac{p_3}{\rho_3} = \frac{u_2^2}{2} + \frac{\gamma}{\gamma - 1}\,\frac{p_2}{\rho_2}$$

bzw.

$$\frac{p_3}{p_2} = \frac{\rho_3}{\rho_2}\left(1 + \frac{\gamma - 1}{\gamma}\,\frac{u_2^2}{2}\,\frac{\rho_2}{p_2}\right) \tag{6.68}$$

Ersetzt man das Dichteverhältnis ρ_3/ρ_2 mit Hilfe der Adiabatenbeziehung $\rho = \text{Konst.}\, p^{1/\gamma}$ durch das entsprechende Druckverhältnis und führt die Machzahl $M_2 = u_2/\sqrt{\gamma p_2/\rho_2}$ ein, so erhält man

$$\frac{p_3}{p_2} = \left(1 + \frac{\gamma - 1}{2}\,M_2^2\right)^{\gamma/(\gamma-1)} = \left[1 + \frac{\gamma - 1}{2}\,\frac{2 + (\gamma - 1)M_1^2}{2\gamma M_1^2 - (\gamma - 1)}\right]^{\gamma/(\gamma-1)}$$
$$\tag{6.69}$$

wobei wir im letzten Schritt von Gl. (6.64) Gebrauch gemacht haben. Multiplikation dieser Beziehung mit Gl. (6.66) und Austausch des Druckes p_1 gegen die Geschwindigkeit u_1, $p_1 = \rho_1 u_1^2/\gamma M_1^2$, liefert den gesuchten Ausdruck für den Sonnenwinddruck am Ort des Stagnationspunktes

$$p_3 = K\,\rho_1\,u_1^2 \tag{6.70}$$

wobei die Konstante K folgenden Ausdruck zusammenfaßt

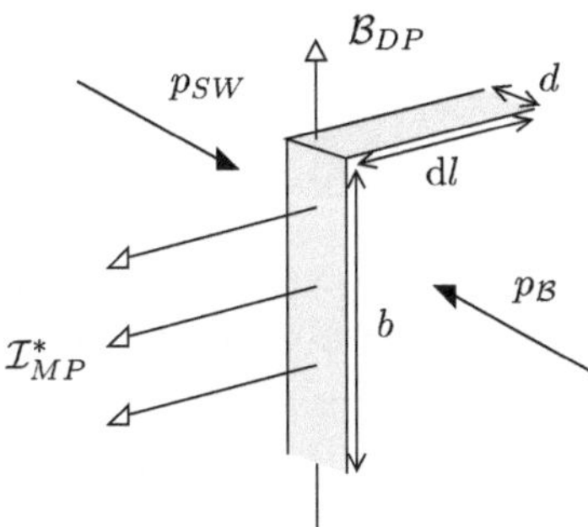

Abb. 6.35. Druckgleichgewicht an der Magnetopause

$$K = \frac{1}{\gamma M_1^2}\, \frac{2\gamma M_1^2 - (\gamma - 1)}{\gamma + 1}\, \left[1 + \frac{\gamma - 1}{2}\, \frac{2 + (\gamma - 1)M_1^2}{2\gamma M_1^2 - (\gamma - 1)}\right]^{\gamma/(\gamma-1)} \tag{6.71}$$

Mit $\gamma = 5/3$ und $M_1 = 10$ erhält man den Wert $K = 0.884$. Der thermische Druck des Sonnenwindes am Ort des Stagnationspunktes entspricht also näherungsweise dem dynamischen Druck des Sonnenwindes stromaufwärts von der Bugstoßwelle.

Entfernt man sich von der Sonne-Erde-Verbindungslinie, so nimmt die zur Magnetopause senkrechte Komponente des dynamischen Drucks mit $\cos^2 \psi$ ab, wobei ψ den Winkel zwischen der Magnetopausennormale und der Sonne-Erde-Verbindungslinie bezeichnet. Die Abnahme erfolgt mit $\cos^2 \psi$, weil sowohl der Teilchenfluß als auch der Impulsübertrag mit $\cos \psi$ abnehmen. Damit gilt

$$p_3(\psi) \;=\; K\rho_1 u_1^2 \cos^2 \psi \tag{6.72}$$

Magnetosphärendruck. Vernachlässigt man den relativ geringen Beitrag des thermischen Drucks der Magnetosphärengrenzschicht, so ist es im wesentlichen das Magnetfeld der Erde, das den Sonnenwinddruck auffangen muß. Dies tut es mit Hilfe der mit dem Magnetopausenstrom assoziierten magnetischen Kraft, siehe Abb. 6.35. Gemäß Gl. (5.2) gilt

$$\mathrm{d}\vec{F}_{\mathcal{B}} \;=\; \mathrm{d}l\, \vec{\mathcal{I}} \times \vec{\mathcal{B}} \;=\; \mathrm{d}l\, b\, \vec{\mathcal{I}}^{*}_{MP} \times \vec{\mathcal{B}}_{DP}$$

wobei $\vec{I}^{*}_{MP}$ den Magnetopausenflächenstrom und $\vec{\mathcal{B}}_{DP}$ das Dipolfeld der Erde bezeichnet. Damit ergibt sich der Innendruck auf die Magnetopause zu

$$p_{\mathcal{B}} \;=\; \frac{\mathrm{d}F_{\mathcal{B}}}{\mathrm{d}l\, b} \;=\; \mathcal{I}^{*}_{MP}\, \mathcal{B}_{DP} \;=\; 2\, \mathcal{B}^2_{DP}/\mu_0 \;=\; \mathcal{B}^2_{MP}/2\mu_0 \tag{6.73}$$

wobei wir von der Beziehung (5.77) Gebrauch gemacht haben. Da die Dipolfeldstärke mit $1/L^3$ variiert, wird dieser Druck mit der 6. Potenz der geozentrischen Distanz zur Erde hin zunehmen. Der Staudruck des anströmenden Sonnenwindes wird demnach das Dipolfeld der Erde soweit zusammendrücken, bis der Gegendruck der stromdurchflossenen Magnetopause gleich groß ist und Druckgleichgewicht herrscht. Im subsolaren Punkt gilt demnach

$$p_{SW} = K\, m_H\, n\, u_{SW}^2 = p_\mathcal{B} = \mathcal{I}_{MP}^*\, \mathcal{B}_{DP} = 2\, \mathcal{B}_{DP}^2/\mu_0 \qquad (6.74)$$

Daraus folgt für den Fall, daß der subsolare Punkt in der magnetischen Äquatorebene liegt und die Dipolfeldstärke mit $\mathcal{B}_{DP} = \mathcal{B}_{00}/L^3$ variiert

$$L_{MP} = \sqrt[6]{\frac{2\mathcal{B}_{00}^2}{\mu_0\, K\, m_H\, n\, u_{SW}^2}} \qquad (6.75)$$

Einsetzen typischer Werte für den Sonnenwind ($n \simeq 6 \cdot 10^6\,\mathrm{m}^{-3}$, $u_{SW} = 470\ \mathrm{km/s}$, $M = 10$) ergibt eine Magnetopausendistanz von $L_{MP} \simeq 9.5$, also etwa soviel, wie tatsächlich beobachtet wird und mit Hilfe der Gl. (5.80) bereits abgeschätzt wurde. Der wesentliche Vorteil der neu abgeleiteten Beziehung (6.75) besteht darin, daß sie nur auf *vor* der Bugstoßwelle gemessene Sonnenwindparameter zurückgreift. Genauere Ergebnisse für die Magnetopausendistanz erhält man, wenn die Deformation des Dipolfeldes durch innermagnetosphärische Ströme und insbesondere die Krümmung der Magnetopause berücksichtigt wird.

Wichtig ist, daß die oben abgeleitete Beziehung für die magnetische Kraft pro Fläche ganz allgemein bei der Beschreibung der Wechselwirkung zwischen Plasmen und Magnetfeldern Anwendung findet. Der auf das stromführende Teilchenensemble ausgeübte *magnetische Druck* beträgt in jedem Fall

$$p_\mathcal{B} = \frac{\mathcal{B}^2}{2\mu_0} \qquad (6.76)$$

wobei $\mathcal{B}$ das gesamte (externe und induzierte) Feld darstellt, siehe auch Abschnitt 6.3.2. Dieser Ausdruck ist auch in den β^*-*Parameter* einzusetzen, der als das Verhältnis von kinetischem zu magnetischen Druck definiert ist, siehe Gl. (5.61).

Im Bereich des erdfernen Magnetosphärenschweifs ist der dynamische Druck senkrecht zur Magnetopause gleich Null und hier ist nur der thermische und magnetische Druck des nahezu ungestörten Sonnenwindes von Bedeutung. Bei Vernachlässigung des geringen thermischen Drucks der Magnetosphärengrenzschicht gilt demnach folgendes Druckgleichgewicht an der Magnetopause

$$[nk\,(T_\mathrm{p} + T_\mathrm{e}) + \mathcal{B}^2/2\mu_0]_{SW} \simeq \mathcal{B}_{SF}^2/2\mu_0 \qquad (6.77)$$

wobei die Indizes SW und SF für Sonnenwind und Schweifflügel stehen.

6.4.5 Die Bugstoßwelle als magnetoplasmadynamisches Phänomen

Eine bisher nicht genannte, aber unmittelbar verständliche Voraussetzung für die Ausbildung einer Stoßwelle ist, daß die Knudsen-Zahl der Gasströmung (also das Verhältnis von mittlerer freier Weglänge zu typischer Skalenlänge räumlicher Variationen) klein ist gegenüber eins. Ist diese Bedingung nicht erfüllt, so haben wir es mit einer *freien Molekular-Strömung* zu tun, bei der die Gasteilchen mangels Wechselwirkung keine Stoßwelle ausbilden und direkt auf das Hindernis auftreffen. Dies ist z.B. bei Satelliten der Fall, die sich mit Überschallgeschwindigkeit durch die Hochatmosphäre der Erde bewegen. Dies wäre auch bei der Magnetosphäre der Fall, würde sich die Wechselwirkung der Sonnenwindteilchen auf Coulomb-Stöße beschränken. Wie in Tabelle 6.1 angegeben beträgt ja die zugehörige mittlere freie Weglänge in Erdbahnnähe nahezu eine Astronomische Einheit. Damit sich in dem dünnen Plasma des Sonnenwindes überhaupt Phänomene von der Dicke der Bugstoßwelle ausbilden können, bedarf es demnach neben den äußerst seltenen 'konventionellen' Stößen noch andere, sehr viel effektivere Wechselwirkungen. Diese Wechselwirkungen müssen elektromagnetischer Natur sein und können somit nur in Plasmen auftreten. In diesem Zusammenhang bekannt geworden sind z.B. Welle-Teilchen-Wechselwirkungen, bei denen die elektromagnetischen Felder der Welle Kräfte auf die Teilchen ausüben, die denen von Stößen gleichen. Aber auch andere Prozesse werden benötigt und diskutiert und sind, wie das gesamte Gebiet 'stoßfreie Stoßwellen' (engl. *collisionless shocks*) Gegenstand intensiver Forschung.

Eine weitere Komplikation grundsätzlicher Art ergibt sich aus der Tatsache, daß ein Magnetoplasma mehrere Wellenmoden unterhält, über die Störungen sich ausbreiten können. Dazu gehören, wie wir gesehen haben, die langsame, intermediäre und schnelle Mode der Magnetoplasma-Wellen, siehe Abschnitt 6.3. Nicht nur, daß deren Ausbreitungsgeschwindigkeiten verschieden groß sind (was u.a. zur Definition unterschiedlicher Machzahlen zwingt), sie hängen auch von der Ausbreitungsrichtung relativ zum Magnetfeld ab. Entsprechend vielfältig sind die zu erwartenden und beobachteten Stoßwellenstrukturen. Abbildung 6.31 zeigt z.B. die Änderungen an einer Bugstoßwelle, bei der das interplanetare Magnetfeld nahezu senkrecht zur Stoßwellennormalen (und damit nahezu parallel zur Bugstoßwelle selbst) ausgerichtet ist. Entsprechend haben wir es hier mit einer sogenannten *quasi-senkrechten* Stoßwelle zu tun. Der weiteren Charakterisierung dieser Bugstoßwelle dient die Machzahl der schnellen magnetosonischen Mode, $M_{MSf(ast)} = u_{SW}/v_{MSf}$, die in diesem Fall überkritische Werte, also Werte von mehr als etwa 3 erreicht.

Ferner ist zu beachten, daß bei der Ableitung der Rankine-Hugoniot-Beziehungen in einem Magnetoplasma auch die elektromagnetischen Effekte berücksichtigt werden müssen. So ist z.B. die Impulsbilanzgleichung (A.79) durch einen $\vec{j} \times \vec{B}$-Term zu ergänzen, siehe Gl. (6.44). Daß dies zu komplizierteren Sprungbedingungen führt, liegt auf der Hand. Die maximal an einer Stoßwelle zu erwartenden Änderungen entsprechen aber denen einer Neutralgasströmung, d.h. wir erwarten auch bei einer Magnetoplasmastoßwelle maximale Geschwindigkeits- und Dichteänderungen von einem Faktor 4.

Auch die auf diese Weise modifizierten Rankine-Hugoniot-Gleichungen beziehen sich immer noch auf eine 'Eingas'-Plasmaströmung. Sie erlauben deshalb auch nur Aussagen über das Plasma als Ganzes. Beobachtungen wie die der Abb. 6.31 zeigen aber, daß sich die Protonen- und Elektronenkomponente ganz unterschiedlich verhalten können. Um diese Unterschiede zu erfassen, bedarf es offensichtlich eines 'Zwei-Gas'-Modells einer Stoßwelle, bei dem das Protonen- und Elektronengas separat behandelt werden.

Des weiteren zeigt der in Abb. 6.31 dokumentierte plötzliche Anstieg der Magnetfeldstärke, daß in der Bugstoßwelle Ströme fließen müssen. Bei der geringen Dicke der Stoßwelle kann es sich hier nur um Flächenströme handeln. Da sich zudem die Magnetfeldstärke nur innerhalb der Übergangsregion ändert, müssen diese Flächenströme in einer geschlossenen, spulenförmigen Konfiguration fließen, ähnlich wie dies in Abb. 7.12 für den Fall von Birkelandströmen skizziert ist. Die Stärke dieser Bugstoßwellenströme läßt sich mit Hilfe der Gl. (5.81) und Abb. 6.31 abschätzen, $\mathcal{I}^*_{BSW} \simeq \Delta \mathcal{B}_{BSW}/\mu_0 \simeq 15$ mA/m. Dies entspricht einem Bruchteil des Magnetopausenstroms. Ströme sind für die Bugstoßwelle in zweierlei Hinsicht wichtig: Erstens bewirken sie über die $\vec{j} \times \vec{B}$-Kraft eine Abbremsung des Sonnenwindes; und zweitens führen sie zu einer Joule-Aufheizung des Plasmas, vorausgesetzt, es kommt zu einer durch Plasma-Instabilitäten hervorgerufenen, anomalen Erhöhung der Stoßfrequenz und damit des elektrischen Widerstands (eng. *anomalous resistivity*).

Die Liste der Komplikationen, die sich bei der Behandlung von Stoßwellen in hochverdünnten Magnetoplasmen ergeben, ließe sich noch um eine ganze Reihe von Punkten erweitern. Umso erstaunlicher ist es, daß es mit Hilfe eines einfachen, gasdynamischen Ansatzes gelingt, wesentliche Parameter der terrestrischen Bugstoßwelle richtig abzuschätzen.

6.5 Wechselwirkung Sonnenwind – interstellares Medium

Stoßwellen spielen auch eine wichtige Rolle an der äußeren Grenze des Sonnenwindes, wo dieser auf das interstellare Medium trifft. Im folgenden soll die allgemeine Struktur dieser faszinierenden Wechselwirkungsregion beschrieben werden. Dazu gilt es zunächst die wesentlichen Eigenschaften des interstellaren Mediums kennenzulernen.

Soweit wir heute wissen, bewegt sich unser Sonnensystem durch das Randgebiet einer ausgedehnten interstellaren Gaswolke wechselnder Eigenschaften. Hier interessieren wir uns für deren Zustand in unmittelbarer Nachbarschaft zum Sonnensystem, also in Entfernungen von, sagen wir, weniger als 1000 AE. Man faßt die Gase und elektromagnetischen Felder in diesem Bereich unter der Bezeichnung *englokales interstellares Medium* (engl. *very local interstellar*

Tabelle 6.3. Mögliche Eigenschaften des englokalen interstellaren Mediums. Nachfolgende Überlegungen beruhen auf dem nicht eingeklammerten Wert der Magnetfeldstärke. (Nach Frisch, 2000)

Zusammensetzung:	Wasserstoff ($\simeq 90\%$), Helium ($\simeq 10\%$)
Dichte:	$n_\mathrm{H} \simeq 0.2$ cm^{-3}
	$n_\mathrm{p} = n_\mathrm{e} \simeq 0.1$ cm^{-3}
Geschwindigkeit	$u \simeq 25$ km/s
Temperatur:	$T \simeq 7000$ K
Magnetfeldstärke	$\mathcal{B} \simeq 0.15\,(-0.6)$ nT

medium, VLISM) zusammen. Die wesentlichen Eigenschaften dieses Mediums sind in Tabelle 6.3 zusammengefaßt, wobei die Angaben mit z.T. erheblichen Unsicherheiten behaftet sind.

Legt man die üblichen kosmischen Häufigkeiten zugrunde, so besteht das Gas des interstellaren Mediums hauptsächlich aus Wasserstoff und einer Beimengung von Helium. Dabei liegt ein wesentlicher Teil dieses Wasserstoffs in ionisierter Form vor und heutigen Schätzungen zufolge beträgt die Dichte des neutralen Wasserstoffs 0.2 cm^{-3}, die der Protonen und zugehörigen Elektronen etwa die Hälfte davon. Dies entspricht einem Ionisierungsgrad von 0.3. Von unserer Warte aus betrachtet strömt das interstellare Gas mit einer Geschwindigkeit von etwa 25 km/s gegen das Sonnensystem an und zwar aus einer Richtung, die ungefähr der der Verbindungslinie Erde-Sonne zum Zeitpunkt des Dezembersolstitiums entspricht. In Analogie zum Sonnenwind wird diese Gasströmung auch als *interstellarer Wind* bezeichnet. Während die Temperatur des interstellaren Windes relativ gut bekannt ist, sie beträgt etwa 7000 K, herrschen erhebliche Unsicherheiten, was die Intensität und Richtung des interstellaren Magnetfeldes betrifft. Wie in Tabelle 6.3 angedeutet basieren unsere nachfolgenden Überlegungen auf einer Magnetfeldstärke von 0.15 nT. Wichtig ist, daß bei einer Gastemperatur von 7000 K und bei einer Magnetfeldstärke von 0.15 nT sowohl die thermische als auch die magnetische Energiedichte des interstellaren Windes kleiner ist als die der Strömungsbewegung. Damit ist auch die Schallgeschwindigkeit v_S bzw. die Ausbreitungsgeschwindigkeit der schnellen magnetosonischen Mode $v_{MSf} \leq \sqrt{v_{PS}^2 + v_A^2}$ kleiner als die Strömungsgeschwindigkeit und wir haben es, wie beim Sonnenwind, mit einer Überschallströmung zu tun. Allerdings beträgt die Machzahl des interstellaren Windes nur etwa $2 - 3$. Wichtig ist ferner, daß sich die Struktur des interstellaren Magnetfeldes der Plasmabewegung anpassen muß ($\beta^* \gg 1$), wobei das Magnetfeld wieder als in die Strömung eingefroren betrachtet werden kann.

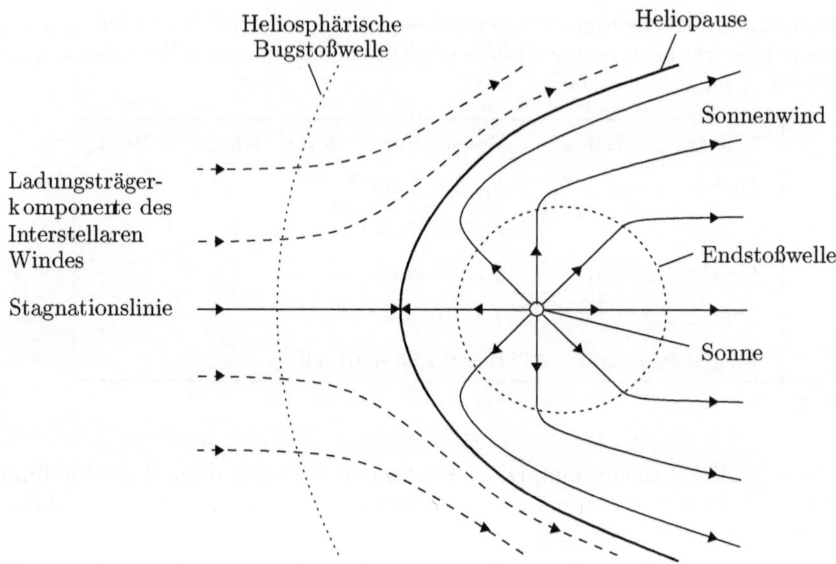

Abb. 6.36. Simulation der Wechselwirkung zwischen der *Ladungsträger-*komponente des interstellaren Windes und dem Sonnenwind. (Nach Linde et al., 1998)

Bei der Beschreibung der Wechselwirkung zwischen interstellarem und interplanetarem Medium ist strikt zwischen der Ladungsträgerkomponente und der Neutralgaskomponente des interstellaren Windes zu unterscheiden. So 'merken' die Neutralgasteilchen zunächst relativ wenig vom Sonnenwind und dringen tief in das Sonnensystem ein. Ganz anders die Ladungsträger, die am interplanetaren Magnetfeld reflektiert und somit am Eindringen in den Sonnenwind gehindert werden. Die Situation entspricht hier etwa der, wie wir sie beim Auftreffen des Sonnenwindes auf das Magnetfeld der Erde kennengelernt haben. Umgekehrt werden auch die Sonnenwindteilchen am interstellaren Magnetfeld reflektiert und können deshalb nicht in den interstellaren Wind eindringen. Zwischen Sonnenwind und Ladungsträgerkomponente des interstellaren Windes kommt es somit zur Ausbildung einer Kontaktdiskontinuität, die beide sich nicht miteinander mischenden Plasmaströmungen voneinander trennt, siehe Abb. 6.36. Der bisherigen Namensgebung folgend wird diese, die äußere Grenze des Sonnenwindes darstellende Diskontinuität als *Heliopause* und der innerhalb dieser Grenze befindliche und vom Sonnenwind dominierte Bereich nicht nur als interplanetarer Raum, sondern auch als *Heliosphäre* bezeichnet. Wie ersichtlich besitzt die Gestalt der Heliosphäre durchaus Ähnlichkeit mit der der terrestrischen Magnetosphäre. So wird das Sonnenwindplasma auf der dem interstellaren Wind zugewandten Seite auf ein ellipsoidförmiges Volumen zusammengedrückt, auf der der Strömung abgewandten Seite bildet sich ein *Heliosphärenschweif* aus.

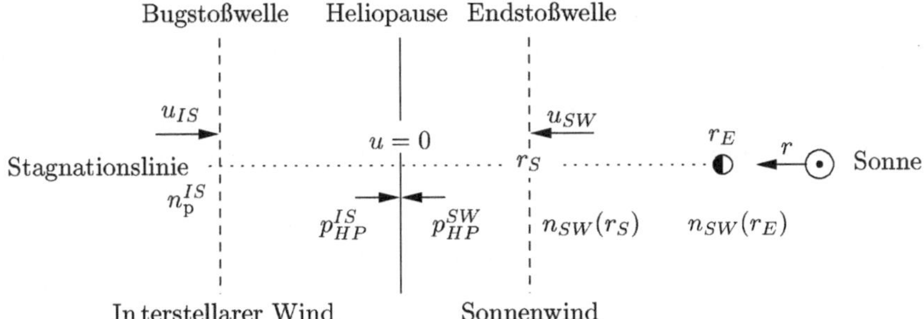

Abb. 6.37. Zur Bestimmung der solarzentrischen Entfernung der Endstoßwelle r_S auf der Stagnationslinie. u_{IS} und n_{p}^{IS} bezeichnen dabei die Geschwindigkeit und Protonendichte des interstellaren Windes vor der Bugstoßwelle; p_{HP}^{IS} und p_{HP}^{SW} den (thermodynamischen) Druck des interstellaren Windes und des Sonnenwindes am Ort der Heliopause; u_{SW} und $n_{SW}(r_S)$ die Geschwindigkeit und Dichte des Sonnenwindes vor der Endstoßwelle; und $n_{SW}(r_E)$ die Sonnenwinddichte am Ort der Erdbahn

Der Heliosphäre vorgelagert ist eine *heliosphärische Bugstoßwelle*, an der die Ladungsträgerkomponente des interstellaren Windes auf subsonische Geschwindigkeiten abgebremst wird. Anschließend strömt diese Komponente in der Übergangsregion bei zunächst subsonischen Geschwindigkeiten um das Hindernis Heliosphäre herum. Da es sich beim Sonnenwind ebenfalls um eine Überschallströmung handelt, passiert auch er zunächst eine Stoßwelle, bevor er auf das 'Hindernis' Heliopause trifft. Wir wollen diese Stoßwelle aus naheliegenden Gründen als *Endstoßwelle* (engl. *termination shock*) bezeichnen. Nach Durchqueren dieser kugeloberflächenförmigen Diskontinuität strömt der Sonnenwind bei zunächst subsonischen Geschwindigkeiten in der Übergangsregion und entlang der Innenseite der Heliopause in Richtung Heliosphärenschweif ab.

Um eine Vorstellung von den Entfernungen der hier aufgeführten Strömungsdiskontinuitäten zu erhalten, betrachten wir die besonders einfachen Verhältnisse entlang der in Abb. 6.36 eingezeichneten Stagnationslinie. Hier treffen die Ladungsträgerkomponente des interstellaren Windes und der Sonnenwind senkrecht aufeinander und beide Strömungen müssen am Ort der Heliopause die Geschwindigkeit Null besitzen. Entsprechend einfach ist die Druckgleichgewichtsbeziehung für diesen Heliopausenpunkt. Gemäß Gl. (6.70) und (6.17) und bei Benutzung der in Abb. 6.37 angegebenen Bezeichnungen gilt

$$p_{HP}^{IS} = K(M_{IS})\, m_{\mathrm{H}}\, n_{\mathrm{p}}^{IS}\, u_{IS}^2 = p_{HP}^{SW} = K(M_{SW})\, m_{\mathrm{H}}\, n_{SW}(r_S)\, u_{SW}^2$$

$$= K(M_{SW})\, m_{\mathrm{H}}\, n_{SW}(r_E)\, (r_E/r_S)^2\, u_{SW}^2$$

$$(6.78)$$

Dabei sind wir im zweiten Schritt davon ausgegangen, daß sich die Sonnenwindgeschwindigkeit zwischen Erde (r_E) und Endstoßwelle (r_S) nur noch unwesentlich ändert. Vernachlässigt man zudem den geringen Unterschied zwischen den Konstanten $K(M_{IS})$ und $K(M_{SW})$, wobei M_{IS} und M_{SW} die Machzahlen des interstellaren Windes und des Sonnenwindes bezeichnen, so ergibt sich die solarzentrische Distanz der Endstoßwelle zu

$$r_S \simeq r_E \sqrt{\frac{n_{SW}(r_E)\, u_{SW}^2}{n_{\mathrm{p}}^{IS}\, u_{IS}^2}} \tag{6.79}$$

Für die in Tabelle 6.1 angegebenen Werte von Sonnenwinddichte und -geschwindigkeit in Erdbahnnähe und für die in Tabelle 6.3 angegebenen Werte für n_{p}^{IS} und u_{IS} erhält man eine Endstoßwellendistanz von $r_S \simeq 146$ AE. Diese Abschätzung vernachlässigt allerdings eine Reihe von Effekten und neuere Abschätzungen ergeben eine Endstoßwellendistanz von etwa 100 AE. Diese Entfernung wird von den in Richtung frontseitige Endstoßwelle fliegenden Raumsonden VOYAGER 1 im Jahre 2006 und VOYAGER 2 im Jahre 2012 erreicht werden, so daß eine *in situ* Überprüfung dieser Vorhersage möglich sein wird.

Im Gegensatz zur Ladungsträgerkomponente dringt die Neutralgaskomponente des interstellaren Windes ungehindert in die Heliosphäre ein, sie ist ja unempfindlich gegenüber magnetischen Kräften. Daß sie zuvor beim Durchgang durch die der Heliosphäre vorgelagerten Übergangsregion durch Ladungsaustauschstöße mit der abgebremsten und abgelenkten Ladungsträgerkomponente des interstellaren Windes erheblich ausgedünnt wird (Stichwort 'Wasserstoffwall'), braucht hier nicht weiter zu interessieren. Wichtig ist, daß sie nach Passieren der Heliopause und trotz dieser Ausdünnung die bei weitem dichteste Teilchenpopulation der äußeren Heliosphäre darstellt. Erst bei Annäherung an die innere Heliosphäre erleidet diese Neutralgasströmung zunehmend Verluste und zwar durch Ionisierung der Gasteilchen. Verantwortlich dafür sind die immer intensiver werdende EUV-Strahlung der Sonne und die immer häufiger auftretenden Ladungsaustauschstöße mit Sonnenwindprotonen. Bei letzteren wird ein neutrales interstellares Wasserstoffteilchen in ein Proton, das beteiligte Sonnenwindproton in ein neutrales Wasserstoffatom umgewandelt, vergleiche dazu Reaktion (5.62). Beide Ionisierungsprozesse nehmen quadratisch mit abnehmender Sonnenentfernung zu (ϕ^{EUV}, $n_{SW} \sim 1/r^2$). Einmal ionisiert unterliegen die interstellaren Gasteilchen elektromagnetischen Kräften und werden durch das interplanetare elektrische Feld auf Sonnenwindgeschwindigkeit beschleunigt. Auf diese Weise werden aus interstellaren Neutralgasatomen *Sekundärsonnenwindteilchen* (engl. *pick-up ions*), die sich durch ihre ungleich höhere thermische Energie von den Originalsonnenwindteilchen unterscheiden. Daß ihre thermische Energie ungleich größer ist, hat damit zu tun, daß die interstellaren Neutralgasteilchen bei ihrer Ionisierung eine Relativgeschwindigkeit zum Sonnenwind besitzen und zwar von der Größenordnung der Sonnenwindgeschwindigkeit $(u_{SW} \gg u_{IS})$. Diese Relativgeschwindigkeit entspricht aber nach der Ionisierung einer Pekuliargeschwindigkeit, die wenigstens teilweise in die Gyrationsbewegung eingeht und der Sonnenwindgeschwindigkeit überlagert ist. Man bedenke, daß das interplanetare Magnetfeld in den hier betrachteten Entfernungen und in der Ekliptik nahezu azimutal ausgerichtet ist und somit die Sonnenwindstromlinien senkrecht schneidet. Vieles spricht dafür, daß die 'heißen' Sekundärsonnenwindteilchen an der Endstoßwelle auf hohe Energien beschleunigt werden können und somit die Saatpopulation für die anomale Kosmische Strahlung darstellen, siehe Abschnitt 6.6.2.

6.6 Energiereiche Teilchen im interplanetaren Raum

Neben dem Sonnenwind und dem interstellaren Neutralgas wird der interplanetare Raum von einem breiten Spektrum höher- und höchstenergetischer Teilchen bevölkert. 'Höherenergetisch' bedeutet dabei, daß ihre Energie deutlich oberhalb der der Sonnenwindteilchen liegt, für Protonen und bei einer Strömungsgeschwindigkeit von 500 km/s also deutlich oberhalb von 1 keV. Und 'höchstenergetisch' soll signalisieren, daß Teilchen mit Energien von mehr als 10^{20} eV nachgewiesen worden sind. Dies liegt weit oberhalb dessen, was mit Hilfe künstlicher Beschleunigungsanlagen hier auf der Erde erzeugt werden kann. Bei der nachfolgenden Diskussion energiereicher Teilchen wollen wir uns darauf beschränken, sie entsprechend ihrer unterschiedlichen Ursprungsorte vorzustellen.

6.6.1 Energiereiche Teilchen galaktischen Ursprungs

Hochenergetische Teilchen galaktischen Ursprungs sind erstmals von Viktor Hess im Jahre 1912 beobachtet worden. Er ließ sich von einem Freiballon und mit einer Ionisationskammer an Bord bis in eine Höhe von 5300 m tragen und registrierte dabei oberhalb von 700 m Höhe eine stetige Zunahme der Zählrate. Zunächst glaubte man eine neue Art sehr durchdringender elektromagnetischer (*Ultra-*)Strahlung entdeckt zu haben, daher die noch heute geläufige (und mitunter für esotherische Zwecke mißbrauchte) Bezeichnung *Kosmische Strahlung*. Erst später konnte eindeutig nachgewiesen werden, daß es sich bei dieser 'Strahlung' in Wirklichkeit um energiereiche Teilchen galaktischen Ursprungs handelt. Wichtigster Bestandteil dieser von außen und gleichmäßig von allen Seiten in die Heliosphäre eindringenden Teilchen sind Protonen, gefolgt von α-Teilchen und Elektronen. Auch die Kerne schwererer Elemente, wie z.B. die von Kohlenstoff, Sauerstoff und Eisen, werden in geringen Konzentrationen nachgewiesen. Das für die Protonenkomponente gemessene Energiespektrum ist in Abb. 6.38 dargestellt. Aufgetragen ist der Teilchenfluß pro Raumwinkel und Energieintervall als Funktion der Teilchenenergie. Abgesehen von der Normierung auf den Raumwinkel ähnelt die

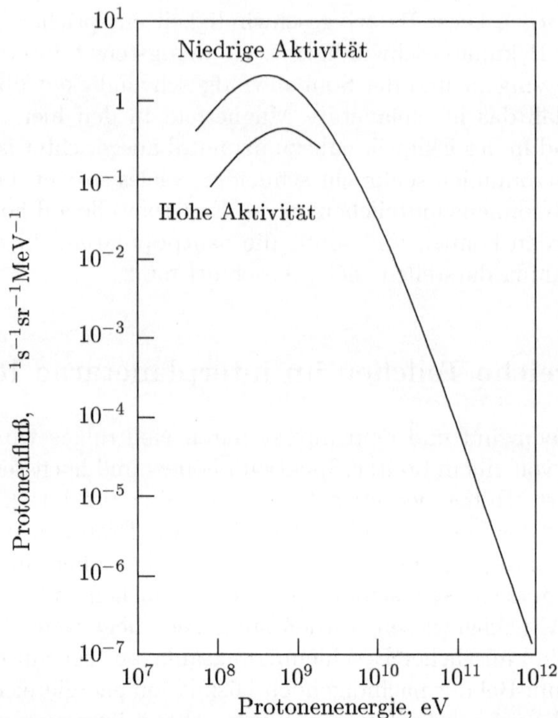

Abb. 6.38. Energiespektrum der Kosmischen Strahlung an Hand der Protonenkomponente für Zeiten niedriger und hoher Sonnenaktivität. Aufgetragen ist der Protonenfluß pro Raumwinkel und Energieintervall. (Nach Meyer et al., 1974)

Darstellungsart der, wie wir sie bei der Beschreibung des Energiespektrums der Sonnenstrahlung benutzt haben.

Aus dem Energiespektrum läßt sich die mit der Kosmischen Strahlung assoziierte Energiedichte abschätzen, sie beträgt etwa 10^{-13} J m^{-3}. Damit ist sie, wenigstens in Erdbahnnähe, wesentlich kleiner als die des Sonnenwindes ($\simeq 10^{-9}$ J m^{-3}) und auch kleiner als die des interplanetaren Magnetfeldes ($\simeq 10^{-11}$ J m^{-3}). Letzteres bedeutet, daß sich die Teilchen in ihrer Bewegung trotz ihrer hohen Energie der Struktur des erdnahen interplanetaren Magnetfeldes anpassen müssen. Im Idealfall bewegen sie sich also auf Helixbahnen entlang der lokalen Magnetfeldlinien, wobei ihre Rückwirkung auf das Magnetfeld vernachlässigt werden kann. Daß die Energiedichte der kosmischen Teilchen so klein ist, hat natürlich mit ihrer geringen Anzahl zu tun. Leitet man aus dem Energiespektrum eine mittlere Energie von 7 GeV ab, so beträgt das Dichteverhältnis von Kosmische Strahlungs- zu Sonnenwindteilchen nur etwa 10^{-11}. Dabei strotzen diese wenigen Teilchen bei einem Durchmesser von 10^{-15} m und einem Gewicht von 10^{-27} kg nur so von Energie: 10^{20} eV z.B. entspricht der kinetischen Energie eines 1 kg - Gewichtes, das aus Augenhöhe fallen gelassen wird.

Bemerkenswert ist die zeitliche Variation des am Ort der Erde beobachteten Teilcheneinfalls. So wird im unteren Energiebereich eine deutliche Antikorrelation mit dem Sonnenzyklus beobachtet, siehe wieder Abb. 6.38. Die geringere Intensität während höherer Sonnenaktivität (also während der Umpolungsphase des magnetischen Dipolfeldes der Sonne) wird u.a. auf die Streuung der Teilchen an den zu dieser Zeit besonders starken Verwerfungen der heliosphärischen Stromschicht zurückgeführt. Neben der Sonnenzyklusvariation werden sporadisch Intensitätseinbrüche beobachtet, die durch die Streuung der Teilchen an den von solaren Massenauswürfen im interplanetaren Raum erzeugten Irregularitäten hervorgerufen werden (*Forbush-Effekt*).

6.6.2 Energiereiche Teilchen interplanetaren Ursprungs

Neben der von außen in die Heliosphäre eindringenden galaktischen Kosmischen Strahlung, gibt es andere Populationen energetischer Teilchen, die im interplanetaren Raum selbst erzeugt werden. Ihre Beschleunigung erfolgt ausnahmslos an Stoßwellen, wobei dieser Vorgang nur teilweise verstanden und Gegenstand intensiver Forschung ist. Hier begnügen wir uns damit die verschiedenen Teilchenpopulationen aufzuzählen und die sie beschleunigenden Stoßwellen zu nennen.

Anomale Kosmische Strahlung. Während Zeiten geringer Sonnenaktivität und den damit verbundenen günstigen Ausbreitungsbedingungen für energetische Teilchen wird neben der regulären Kosmischen Strahlung auch eine irreguläre Komponente beobachtet, die sich durch eine andersartige chemische Zusammensetzung, einen anderen Ladungszustand und durch ein andersgeartetes Energiespektrum auszeichnet. So wird z.B. ein deutliches Defizit an Kohlenstoff- und Eisenteilchen, aber ein Überschuß an Neon- und Stickstoffteilchen beobachtet. Ferner sind die Teilchen nur einfach ionisiert, im Gegensatz zu den hoch- oder vollständig ionisierten Bestandteilen der regulären Kosmischen Strahlung. Schließlich werden diese Teilchen vorzugsweise im Energiebereich 50 bis 300 MeV beobachtet, also am unteren Ende des Spektrums der normalen Kosmischen Strahlung. Wegen dieser Besonderheiten bezeichnet man diese Population als *anomale Kosmische Strahlung*. Da ihre Intensität mit wachsender Entfernung von der Sonne zunimmt, muß ihre Quelle im fernen interplanetaren Raum liegen. Heute glaubt man, daß die anomale Kosmische Strahlung aus Sekundärsonnenwindteilchen hervorgeht, die aufgrund ihrer hohen thermischen Energie bevorzugt an der Endstoßwelle beschleunigt und anschließend in die innere Heliosphäre zurückgestreut werden. Dabei ist zu beachten, und dies gilt ganz allgemein, daß Ionen an Stoßwellen wesentlich effektiver beschleunigt werden als Elektronen. Die andersartige Zusammensetzung der anomalen Kosmischen Strahlung erklärt sich aus der Tatsache, daß die Neutralgaskomponente des interstellaren Windes als Saat-

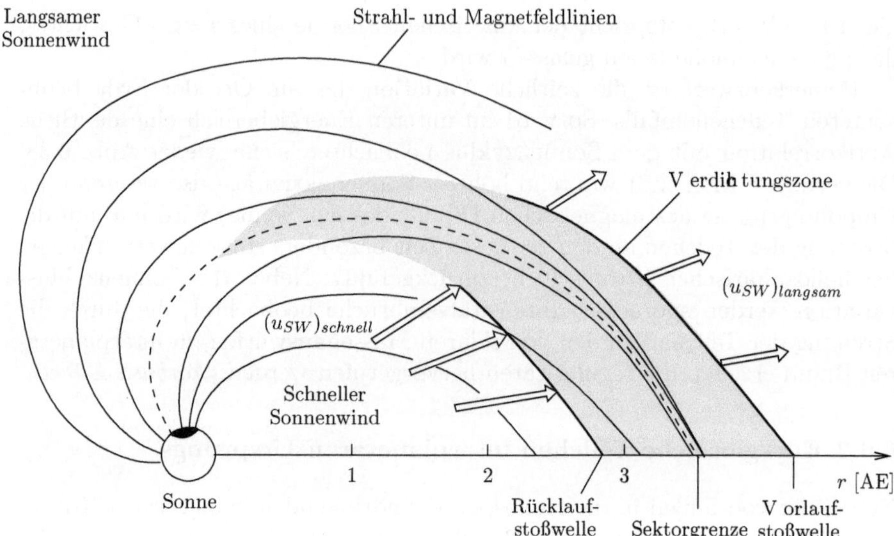

Abb. 6.39. Zur Entstehung von Stoßwellen in korotierenden Wechselwirkungsregionen (Blick von Norden auf die heliosphärische Äquatorebene)

population der Sekundärsonnenwindteilchen zwar Stickstoff und Neon, nicht aber Kohlenstoff und Eisen enthält. Letztere Elemente liegen wegen ihres geringen Ionisierungspotentials nur in ionisierter Form vor, können also nicht in die Heliosphäre eindringen.

Korotierende Teilchenereignisse. Unter korotierenden Teilchenereignissen verstehen wir energetische Teilchenpopulationen, die an den Stoßwellen korotierender Wechselwirkungsregionen beschleunigt worden sind. Um die Entstehung der für diese Beschleunigung verantwortlichen Stoßwellen zu begreifen, betrachten wir die in Abb. 6.39 skizzierte Wechselwirkung zweier Sonnenwindströmungen stark unterschiedlicher Geschwindigkeiten. In Sonnennähe ist diese Wechselwirkung gering, da beide Strömungen radial nach außen und nahezu parallel zueinander fließen und sich dabei kaum beeinflussen. Erst in größerer Entfernung macht sich die Krümmung der Strahllinien bemerkbar und beide Strömungen fließen zunehmend hintereinander, weniger nebeneinander her. Da wegen der eingefrorenen Magnetfelder eine Durchmischung der Strömungen unterbleibt, muß es an der gemeinsamen Sektorgrenze oder Kontaktdiskontinuität zu einer Angleichung der Radialgeschwindigkeitskomponenten kommen. Wie Abb. 6.39 zeigt ist dies mit einer Kompression des Plasmas und des Magnetfeldes verbunden. Offensichtlich wird der langsame Sonnenwind von der Stirnseite der gemeinsamen Sektorgrenze 'zusammengefegt', der schnelle Sonnenwind von ihrer Rückseite abgebremst. Wichtig ist, daß sich beide Strömungen in ihren ungestörten Bereichen relativ zur Sektorgrenze bewegen und zwar nicht nur parallel, sondern auch zunehmend senkrecht dazu. Zunächst ist diese senkrechte Komponente der Relativgeschwindigkeit wegen der noch geringen Krümmung der Strahllinien kleiner als die größtmögliche Wellenausbreitungsgeschwindigkeit im Plasma, also kleiner als die Ausbreitungsgeschwindigkeit der schnellen magnetosonischen Mode. Damit können beide Strömungen direkt durch die an der Sektorgrenze entstandenen Druckgradientkräfte so modifiziert werden (d.h. in azimutaler Richtung beschleunigt werden), daß sie mehr parallel zur Sektorgrenze und damit auch mehr parallel zueinander fließen. Erst in größerer Entfernung und meist außerhalb der Erdbahn wird die Krümmung der Strahllinien so groß, daß die Normalkomponenten der Relativgeschwindigkeiten übermagnetosonische Werte erreichen. Die Sektorgrenze wird dabei von vorne – und relativ gesehen – von dem wesentlich langsameren Sonnenwind und von hinten von dem viel schnelleren Sonnenwind mit jeweils übermagnetosonischer Geschwindigkeit angeblasen und dies führt zwangsläufig zur Ausbildung zweier Stoßwellen. Die vordere wollen wir dabei als *Vorlauf-*, die hintere als *Rücklaufstoßwelle* bezeichnen (engl. *forward* und *reverse shocks*).

Da die Ursprungsorte der beiden unterschiedlichen Sonnenwindströmungen mit der Sonne mitrotieren, wird auch das Auftreten der zugehörigen Wechselwirkungsregion, bestehend aus der gemeinsamen Sektorgrenze, der dort vorhandenen Dichte- und Magnetfeldkonzentration und den beiden Stoßwellen, im Rhythmus der Sonnenrotationsperiode beobachtet, und man spricht von einer *korotierenden Wechselwirkungsregion* (engl. *corotating interaction region*). Hier interessieren wir uns für die an den dazugehörigen Stoßwellen beschleunigten Sonnenwindteilchen. Sie sind es ja, die wir als korotierende Teilchenereignisse bezeichnen. Der bei dieser Beschleunigung erzielte Energiegewinn kann bei Protonen bis zu etwa 10 MeV betragen. Da Koronalöcher als Quelle schneller Sonnenwinde in niedrigen heliosphärischen Breiten eine Lebensdauer von mehreren Monaten besitzen, werden korotierende Teilchenereignisse wiederholt und in Abständen einer Sonnenrotationsperiode (ca. 27 Tage) beobachtet. Offensichtlich ist dies eines ihrer charakteristischen Merkmale.

Sturmteilchen. Stoßwellen werden auch vor rasch expandierenden solaren Massenauswürfen beobachtet, siehe Abb. 6.12. Es sind die an diesen Stoßwellen beschleunigten Sonnenwindteilchen, die als *Sturmteilchen* bezeichnet werden. 'Sturmteilchen' deshalb, weil solare Massenauswürfe Geosphärenstürme auslösen können (siehe Abschnitt 8.6.1) und beide Phänomene somit häufig zeitgleich auftreten. Die bei dieser Art von Beschleunigung erzielten Energien betragen bei Protonen bis zu 100 MeV. Da die Expansion solarer Massenauswürfe trotz hoher Ausbreitungsgeschwindigkeiten längere Zeit andauern kann, werden Sturmteilchen über Tage, manchmal sogar Wochen beobachtet.

Bugstoßwellenteilchen. Auch die terrestrische Bugstoßwelle (und planetare Bugstoßwellen ganz allgemein) beschleunigen Sonnenwindteilchen. Die dabei erzielten Energien sind allerdings vergleichsweise gering. So beträgt die

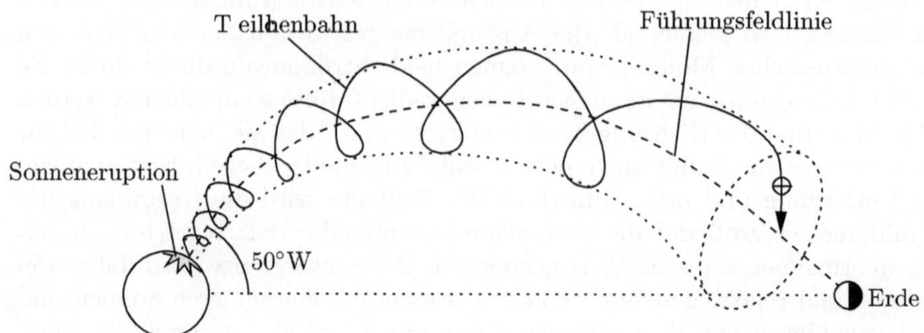

Abb. 6.40. Bahn eines solaren energetischen Protons im interplanetaren Raum. In dieser Darstellung erreicht das während einer Sonneneruption beschleunigte Teilchen auf seiner Spiralbahn gerade die Erde (Blick von Norden auf die Ekliptik)

Protonenenergie typischerweise einige 10 keV. Offensichtlich handelt es sich hier um einen kontinuierlich stattfindenden Prozeß.

6.6.3 Energiereiche Teilchen solaren und planetaren Ursprungs

Neben unserer Galaxis und dem interplanetaren Raum spielen die Sonnenatmosphäre und planetare Magnetosphären eine wichtige Rolle als Ursprungsorte energiereicher Teilchen. So weiß man seit geraumer Zeit, daß während impulsiver Sonneneruptionen (Dauer der Röntgenstrahlung weniger als eine Stunde) ein breites Spektrum energetischer Teilchen erzeugt wird. Ihrem Ursprungsort entsprechend werden sie als *solare energetische Teilchen* bezeichnet. Verglichen mit an Stoßwellen beschleunigten Populationen sind sie reich an Elektronen, ^{3}He - Isotopen und stark ionisierten schwereren Elementen (z.B. Fe XX, Si XIV). Ferner ist ihre Energie relativ hoch. So erreichen Elektronen Werte von bis zu 1 MeV, Protonen sogar Spitzenwerte von einigen GeV. Ereignisse mit solch hohen Teilchenenergien sind allerdings selten und werden oft jahrelang nicht beobachtet (es handelt sich hier um sogenannte Neutronenereignisse, siehe auch Abschnitt 8.6.3). Ein weiteres Merkmal solarer energetischer Teilchen ist, daß sie in einen relativ schmalen Raumkegel hinein beschleunigt werden. Dabei bewegen sie sich auf einer Helixbahn entlang der archimedischen Spiralen entsprechenden Feldlinien des interplanetaren Magnetfeldes. Dies führt dazu, daß nur Ereignisse mit Ursprungsorten in der Nähe von 50 − 60 °W heliographischer Länge in Erdbahnnähe beobachtet werden können, siehe Abb. 6.40.

In Abb. 6.40 ist die Führungsfeldlinie der Teilchen als glatte Kurve dargestellt und dies ist sicherlich eine starke Vereinfachung. So wissen wir, daß das interplanetare Magnetfeld beträchtliche Fluktuationen auf allen räumlichen und zeitlichen Skalen aufweist, siehe z. B. Abb. 6.26. Daß die Summe solcher Unregelmäßigkeiten die Ausbreitung energetischer Teilchen stark beeinflußt, liegt auf der Hand. In der Tat ist dies ein vieldiskutiertes Problem und Gegenstand intensiver Forschung.

Neben der Sonne sind auch Planetenmagnetosphären Ursprungsort energiereicher Teilchen. Klassisches Beispiel dafür sind die sogenannten *Jupiterelektronen*. Dabei handelt es sich um Elektronen, die in der Jupitermagnetosphäre auf Energien von bis zu einigen 10 MeV beschleunigt worden sind und anschließend in den interplanetaren Raum entweichen. Zwar bevölkern diese Teilchen die gesamte Heliosphäre, Spitzenintensitäten in Erdnähe werden aber immer dann registriert, wenn Jupiter und Erde durch Feldlinien magnetisch miteinander verbunden sind, und dies ist etwa alle 13 Monate der Fall.

Literaturhinweise

Interplanetares Medium

J.C. Brandt, *Introduction to the Solar Wind*, Freeman and Company, San Francisco, 1970

A.J. Hundhausen, *Coronal Expansion and Solar Wind*, Springer-Verlag, Berlin, 1972

H. Porsche (Hrsg.), *10 Jahre HELIOS*, BMFT/DLR, Oberpfaffenhofen, 1984

R. Schwenn and E. Marsch (eds.), *Physics of the Inner Heliosphere 1, 2*, Springer-Verlag, Berlin, 1990/91

R.G. Stone and B.T. Tsurutani (eds.), *Collisionless Shocks in the Heliosphere: A Tutorial Review*, American Geophysical Union, Washington, 1985

B.T. Tsurutani and R.G. Stone (eds.), *Collisionless Shocks in the Heliosphere: Reviews of Current Research*, American Geophysical Union, Washington, 1985

T.E. Holzer, Interaction between the solar wind and the interstellar medium, *Ann. Rev. Astron. Astrophys.*, *27*, 199, 1989

K. Scherer, H. Fichtner, and E. Marsch (eds.), *The Outer Heliosphere: Beyond the Planets*, Copernicus Gesellschaft, Katlenburg-Lindau, 2000

Plasmaphysik

H. Alfvén and C.-G. Fälthammar, *Cosmical Electrodynamics*, At the Clarendon Press, Oxford, 1963

H. Alfvén, *Cosmic Plasma*, Reidel Publishing Company, Dordrecht, 1981

R. Kippenhahn und C. Möllenhoff, *Elementare Plasmaphysik*, B.-I. Wissenschaftsverlag, Mannheim, 1975

F.F. Chen, *Introduction to Plasma Physics and Controlled Fusion*, vol. 1, Plenum Press, New York, 1985

J.A. Bittencourt, *Fundamentals of Plasma Physics*, Pergamon Press, Oxford, 1986

R.O. Dendy, *Plasma Dynamics*, Clarendon Press, Oxford, 1990

P.A. Sturrock, *Plasma Physics*, Cambridge University Press, Cambridge, 1994

R.A. Treumann and W. Baumjohann, *Advanced Space Plasma Physics*, Imperial College Press, 1997

R.J. Goldston und P.H. Rutherford, *Plasmaphysik*, Vieweg, Braunschweig, 1998

W.H. Kegel, *Plasmaphysik*, Springer-Verlag, Berlin, 1998

Siehe auch Literaturhinweise zu Kapitel 1 und 5 und Abbildungsreferenzen im Anhang B.

7. Absorption und Dissipation von Sonnenwindenergie

Bei der Wechselwirkung des Sonnenwindes mit der Magnetosphäre wird eine beträchtliche Menge an Energie freigesetzt. Diese bildet die Grundlage vieler wichtiger Erscheinungen in der Magnetosphäre und polaren Hochatmosphäre. Als Beispiele seien elektrische Felder und großräumige Plasmabewegungen, Ströme, Polarlichter und Störungen der neutralen und ionisierten Hochatmosphäre genannt. Da diese Effekte, insbesondere die in der polaren Hochatmosphäre, relativ gut dokumentiert sind, sollen sie vor den mehr spekulativen Einzelheiten des Energietransfers Sonnenwind - Magnetosphäre behandelt werden.

7.1 Topologie der polaren Hochatmosphäre

Bei der Beschreibung von Beobachtungen in der polaren Hochatmosphäre ist es sinnvoll zwischen den folgenden drei Bereichen zu unterscheiden: Erstens der *Polkappe*, zweitens dem *Polaroval* und drittens *subpolaren Breiten*, siehe Abb. 7.1. Unter der Polkappe versteht man, wie bereits an früherer Stelle erläutert, ein kugelkappenförmiges Gebiet um den magnetischen Pol mit einem typischen Durchmesser von 30°. Dabei ist der Mittelpunkt dieser Fläche

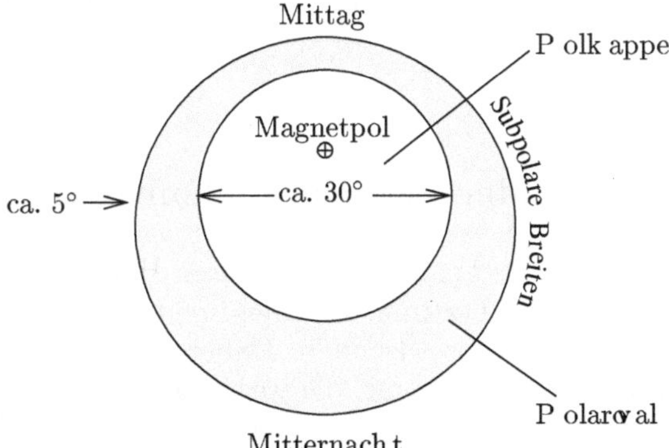

Abb. 7.1. Gliederung der polaren Hochatmosphäre. Die angegebenen Zahlenwerte entsprechen ruhigen Bedingungen und sollen nur als Richtgrößen betrachtet werden

um einige Grad gegenüber dem magnetischen Pol zur Nachtseite hin verschoben. Das Polaroval stellt ein ringförmiges Gebiet um die Polkappe dar, dessen Breite einige Grad beträgt und dessen schmalste Stelle sich im Mittagssektor befindet. Es folgt das Gebiet subpolarer Breiten, das den Bereich in unmittelbarer Nachbarschaft zum Polaroval beschreibt.

Die drei oben genannten Gebiete unterscheiden sich u.a. durch ihre elektrischen Felder, die dazugehörigen Driften und Ströme, durch die Intensität des Teilcheneinfalls, durch neutral-atmosphärische Effekte und insbesondere durch die ihnen zugeordneten Bereiche in der Magnetosphäre. So wird die Polkappe durch ihre Magnetfeldlinien mit der Schweifflügelregion, das nächtliche Polaroval mit der Schweifplasmaschichtregion und das mittägliche Polaroval mit der Scheitel- und Magnetosphärengrenzschichtregion verbunden, siehe Abb. 5.36 und 5.46. Das Gebiet subpolarer Breiten ist dagegen dem äußeren Grenzbereich der inneren Magnetosphäre zugeordnet.

Wichtig ist, daß die oben genannten Bereiche in Bezug auf den magnetischen Pol definiert sind. Dies führt dazu, daß die Polkappe, das Polaroval und der Bereich subpolarer Breiten gemeinsam im Tagesverlauf um den geographischen Pol rotieren, wobei die Ausrichtung dieser Gebiete hinsichtlich der Sonne-Erde-Verbindungslinie erhalten bleibt. Damit kann eine Beobachtungsstation zu verschiedenen Tageszeiten in topologisch unterschiedlichen Bereichen liegen, z.B. zur Mittagszeit im Polaroval und im Mitternachtssektor im Bereich der Polkappe. Diese Tatsache hat anfänglich die Klassifikation der Beobachtungen erheblich erschwert. Abbildung 7.2 zeigt die typische Lage der Polkappe und des Polarovals für verschiedene Weltzeiten.

Wichtig ist auch, daß die Dimensionen von Polkappe und Polaroval starken zeitlichen Schwankungen unterworfen sind. Während 'ruhiger' Bedingungen kontrahieren beide Gebiete um einen relativ engen Bereich um den Magnetpol, während aktiver Bedingungen expandieren sowohl der Durchmesser der Polkappe als auch die Dicke des Polarovals. Dies bedeutet, daß neben der Tageszeit auch Störungen zu einem Wechsel der jeweiligen Zuordnung führen können. So kann eine während ruhiger Bedingungen in subpolaren Breiten operierende Station während aktiver Zeiten sich im Zentrum des Polarovals wiederfinden.

7.2 Elektrische Felder und Plasmakonvektion

Die Verteilung elektrischer Felder in der polaren Hochatmosphäre läßt sich auf unterschiedliche Weise bestimmen. Eine direkte Vermessung gelingt mit Hilfe satellitengetragener Doppelsonden. Dabei wird die Potentialdifferenz zwischen zwei Elektroden bestimmt, die wegen der Mikrogravitationsbedingungen Abstände von 200 m und mehr haben können. Indirekt können elektrische Felder aus der $\vec{\mathcal{E}} \times \vec{B}$-Drift von Ladungsträgern abgeleitet werden. Dabei wird die Driftgeschwindigkeit aus der Dopplerverschiebung reflektierter

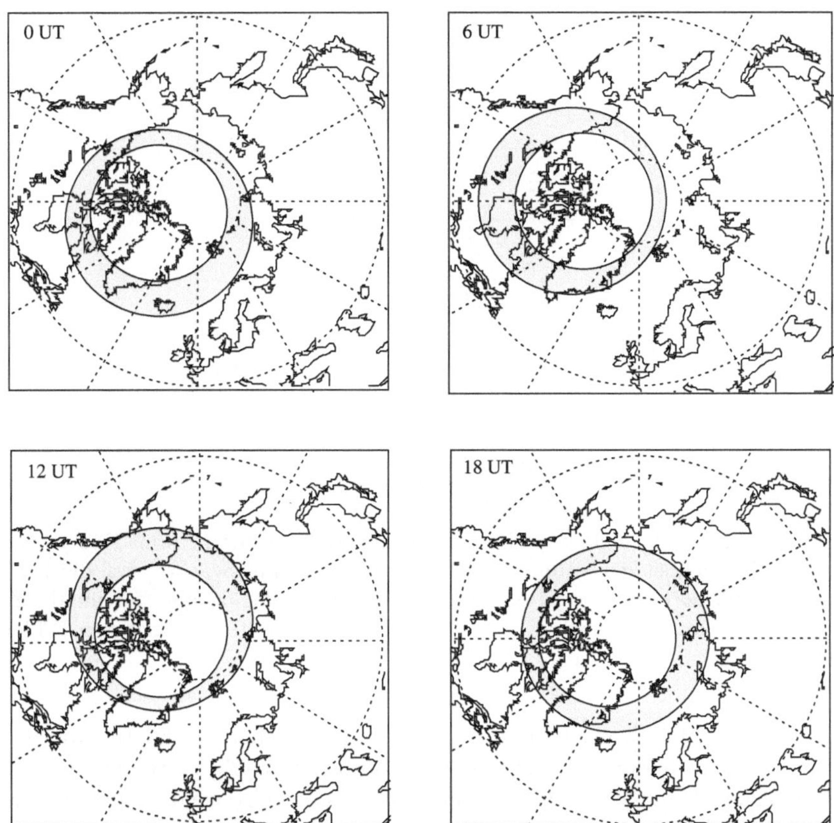

Abb. 7.2. Lage der Polkappe und des Polarovals in der ortsfesten Nordhemisphäre als Funktion der Weltzeit (UT). Durchmesser und Dicke des Polarovals entsprechen dabei ruhigen Bedingungen

Radiosignale oder aus der mittels satellitengetragener Gegenspannungsanaly-satoren gemessenen Geschwindigkeitsverteilung bestimmt. Besonders spekta-kulär ist die Methode $\vec{\mathcal{E}} \times \vec{\mathcal{B}}$-Driftgeschwindigkeiten aus der Bewegung künst-lich erzeugter, leuchtender Ladungsträgerwolken abzuleiten. Dies gelingt al-lerdings nur im Morgen- oder Abendsektor, wenn die Ladungsträgerwolke schon oder noch von der Sonne beschienen wird, der Beobachter sich aber noch oder schon im Erdschatten befindet.

Als Ergebnis dieser unterschiedlichen Meßverfahren erhält man eine elek-trische Feldverteilung, wie sie in stark idealisierter Form in Abb. 7.3 darge-stellt ist. Im Bereich der Polkappe ist das Feld von der Morgen- zur Abend-seite gerichtet, im morgenseitigen Polaroval zeigt es in Richtung Äquator, im abendseitigen Polaroval in Richtung Pol. Während ruhiger Bedingungen be-tragen typische Feldstärken im Bereich der Polkappe 10 mV/m, im Bereich des Polarovals 30 mV/m. Entlang der 6 Uhr - 18 Uhr - Verbindungslinie ent-

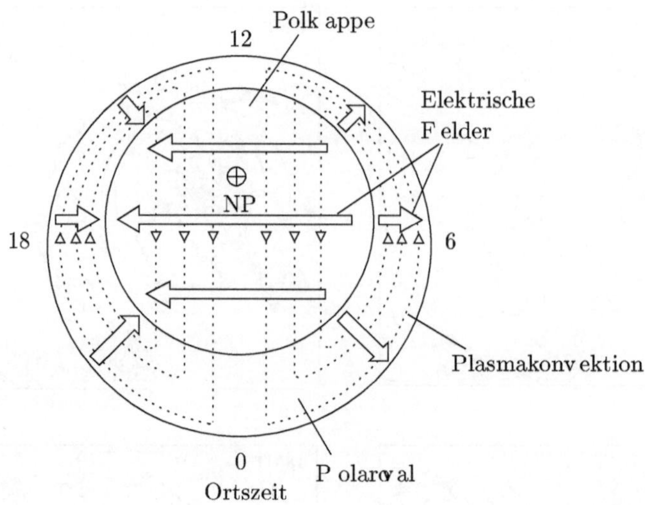

Abb. 7.3. Elektrische Felder und Plasmakonvektion in der polaren Hochatmosphäre. NP bezeichnet den geomagnetischen Nordpol. Man beachte, daß die Darstellung elektrische Korotationsfelder unberücksichtigt läßt, da hier nur die durch die Wechselwirkung Sonnenwind - Magnetosphäre induzierten elektrischen Felder interessieren

spricht dies einem *Polkappenpotential* (bzw. einem addierten Polarovalpotential) von mehr als 30 kV. Außerhalb dieser Bereiche in subpolaren Breiten ist die Feldstärke gering (< 5 mV/m) und häufig an der Grenze der Meßbarkeit. Man beachte, daß die elektrischen Felder stets senkrecht auf den in polaren Breiten nur leicht geneigten Magnetfeldlinien stehen. Das Fehlen elektrischer Felder parallel zum Magnetfeld deutet darauf hin, daß die Leitfähigkeit entlang der Feldlinien sehr hoch ist und man sich diese wie gut leitende Drähte oder Äquipotentiallinien vorstellen kann.

Unter dem Einfluß der transversalen elektrischen Felder kommt es in der F-Region der polaren Ionosphäre zu einer ambipolaren $\vec{\mathcal{E}} \times \vec{B}$-Drift der Ladungsträger. Die großräumige Struktur dieser Driftbewegung ist ebenfalls in Abb. 7.3 skizziert. Sie erfolgt im Gebiet der Polkappe in antisolarer, im Bereich des Polarovals in solarer Richtung. Auf diese Weise entstehen zwei geschlossene Zirkulationszellen, in denen das ionosphärische Plasma im Abendsektor im Uhrzeigersinn, im Morgensektor im Gegenuhrzeigersinn driftet. Um die großräumige Natur dieser Plasmabewegung und deren ambipolaren Charakter zu unterstreichen, wird das Wort 'Drift' meist durch das Wort 'Konvektion' ersetzt. Beachtenswert ist, daß die Stromlinien dieser *Plasmakonvektion* gleichzeitig elektrischen Äquipotentiallinien entsprechen, da sie senkrecht zum elektrischen Feld verlaufen und die Konvektionsgeschwindigkeit (und damit die Stromliniendichte) direkt proportional zur jeweiligen Feldstärke ist. Für die oben genannten elektrischen Feldstärken beträgt die Konvektionsgeschwindigkeit in der Polkappe nahezu 200 m/s, im Bereich des Polarovals etwa 600 m/s. Damit dauert die 'Rundreise' eines ionosphärischen Plasmavolumens viele Stunden, wobei es ganz unterschiedliche Ionisationsproduktions- und -verlustzonen durchlaufen kann. Dies gilt es bei der Berechnung der Ionisationsdichte in diesen Gebieten zu berücksichtigen.

Man beachte, daß das in Abb. 7.3 gezeigte Bild stark idealisiert ist und daß die Details der elektrischen Feldverteilung und der zugehörigen Plasmakonvektion u.a. von den Eigenschaften des interplanetaren Magnetfeldes abhängen. So beobachtet man meist deutliche Asymmetrien zwischen den Konvektionszellen im Morgen- und Abendsektor, die u.a. von der $\mathcal{B}_\lambda$- bzw. in einem GSM-Koordinatensystem von der $\mathcal{B}_y$-Komponente des interplanetaren Magnetfeldes kontrolliert werden. Zusätzlich kommt es zu einer mehr oder weniger stark ausgeprägten Drehung der Symmetrieachse aus der Mittag - Mitternachtslinie. Darüber hinaus werden im Bereich des Mittags- und Mitternachtssektors komplexe Feld- und Strömungsübergänge beobachtet. Diese sind im Mitternachtssektor unter der Bezeichnung *Harang-Diskontinuität* bekannt geworden. Schließlich kann es während gestörter Bedingungen (und hier insbesondere im Verlauf von Geosphärenstürmen, siehe Kapitel 8) innerhalb kurzer Zeit zu einem Anstieg des Polkappenpotentials auf ein Vielfaches des oben angegebenen Wertes kommen.

7.3 Ionosphärische Leitfähigkeit und Ströme

Bei der Beschreibung der ionosphärischen Plasmakonvektion wurde stillschweigend davon ausgegangen, daß die Driftbewegung nur unwesentlich durch Zusammenstöße der Ladungsträger mit Neutralgasteilchen modifiziert wird. Dies trifft für die F-Region der Ionosphäre tatsächlich zu. In der unteren Ionosphäre spielt dagegen stoßbedingte Reibung eine sehr wichtige Rolle und verändert die Ladungsträgerbewegung so stark, daß Ströme fließen. Im folgenden soll die Entstehung dieser Ströme beschrieben und die dazugehörigen Leitfähigkeiten berechnet werden. Anschließend gilt es einen allgemeinen Überblick über die Stromverteilung in der polaren Ionosphäre zu gewinnen.

7.3.1 Modifikation der Ladungsträgerbewegung durch Stöße mit Neutralgasteilchen

Die stoßfreie Ladungsträgerbewegung in gekreuzten elektrischen und magnetischen Feldern ist bereits in Abschnitt 5.3.3 beschrieben worden: Ionen und Elektronen bewegen sich entlang von Zykloidenbahnen und driften gemeinsam mit gleicher Geschwindigkeit in die gleiche Richtung, siehe Abb. 5.21. Bei dieser ambipolaren $\vec{\mathcal{E}} \times \vec{\mathcal{B}}$-Drift findet kein Nettotransport von Ladung statt, es fließt also kein Strom, und die Leitfähigkeit senkrecht zum Magnetfeld ist gleich Null. Diese Situation herrscht im gesamten Bereich der oberen Ionosphäre (und Magnetosphäre) vor, da hier Stöße mit Neutralgasteilchen in

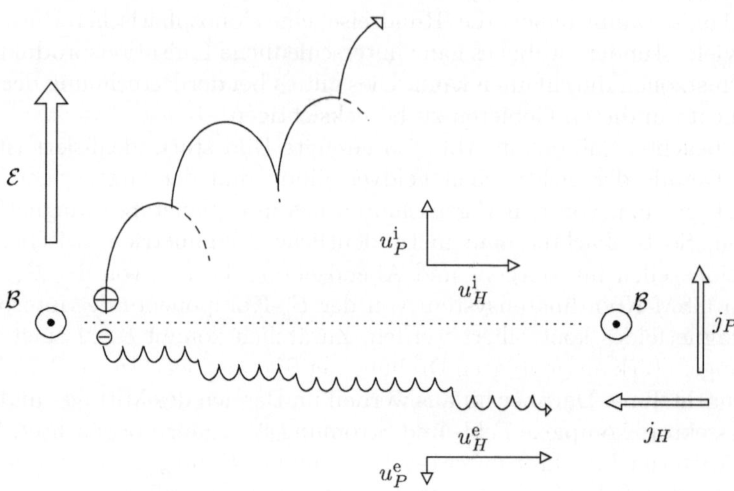

Abb. 7.4. Ladungsträgerbewegung in gekreuzten elektrischen und magnetischen Feldern für den Fall, daß die Stoßfrequenz zwischen Ionen und Neutralgasteilchen ungefähr der Gyrationsfrequenz der Ionen entspricht. u_k^s bezeichnet die Ladungsträgerdriftgeschwindigkeit, wobei s die Ladungsträgersorte (i=Ionen, e=Elektronen) und k die Driftrichtung (P(edersen) für parallel/antiparallel zur elektrischen Feldstärke, H(all) für senkrecht zur elektrischen Feldstärke) festlegt. j_k bezeichnet die zugehörigen Stromdichten

guter Näherung vernachlässigt werden können. Erst in der unteren Ionosphäre erreicht die exponentiell mit abnehmender Höhe zunehmende Stoßfrequenz eine nicht mehr vernachlässigbare Größenordnung. Die dadurch bedingte Modifikation der Ladungsträgerbewegung ist in Abb. 7.4 skizziert. Betrachtet wird ein Höhenintervall, in dem die Ionen-Neutralgas-Stoßfrequenz ungefähr die Größe der Gyrationsfrequenz der Ionen erreicht hat. Hier wird die Zykloidenbewegung eines Ions im Durchschnitt einmal pro Zykloidenbogen durch einen Stoß unterbrochen. Nimmt man der Einfachheit halber an, daß die dadurch bewirkten Ablenkungen des Ions gleichmäßig in alle Richtungen erfolgen, so befindet es sich nach einem Stoß und im statistischen Mittel gesehen in einer Ruhelage, aus der es erneut eine Zykloidenbewegung beginnt. Durch Stöße unterbrochen durchläuft das Ion demnach aneinandergereihte Abschnitte von Zykloidenbahnen und driftet dabei in Richtung des elektrischen Feldes. Gleichzeitig verlangsamt sich seine $\vec{\mathcal{E}} \times \vec{\mathcal{B}}$-Drift.

Im Gegensatz zu den Ionen erfahren die Elektronen in dem hier betrachteten Höhenbereich nur eine vernachlässigbar kleine Modifikation ihrer $\vec{\mathcal{E}} \times \vec{\mathcal{B}}$-Drift. Dies hat damit zu tun, daß der Störungsgrad allein vom Verhältnis von Stoßfrequenz zu Gyrationsfrequenz abhängt: Erst wenn beide Frequenzen die gleiche Größenordnung besitzen, kommt es zu den in Abb. 7.4

skizzierten Bahnänderungen. Nun gilt zwar in der E-Region $\nu_{e,n}/\nu_{i,n} \simeq \sqrt{m_i/m_e}/(4\sqrt{2}) \simeq 40$, siehe Gl. (2.12), gleichzeitig aber auch $f_{\mathcal{B}}^e/f_{\mathcal{B}}^i = m_i/m_e > 5 \cdot 10^4$, siehe Gl. (5.25). Damit muß in einer Höhe, in der gilt $\nu_{i,n}(h) \simeq f_{\mathcal{B}}^i$, gleichzeitig $\nu_{e,n}(h) \ll f_{\mathcal{B}}^e$ gelten, siehe auch Abb. 7.7. Entsprechend führt das Elektron in Abb. 7.4 eine nahezu ungestörte $\vec{\mathcal{E}} \times \vec{\mathcal{B}}$-Drift durch.

Entscheidender Punkt des in Abb. 7.4 skizzierten Szenarios ist, daß die unterschiedliche Störung der Ionen- und Elektronenbewegung zu einer relativen Drift dieser Ladungsträger führt. Diese relative Drift entspricht aber Strömen, die sowohl in Richtung des elektrischen Feldes als auch senkrecht dazu fließen. Erstere werden als *Pedersen-Ströme* (Stromdichte j_P), letztere als *Hall-Ströme* (Stromdichte j_H) bezeichnet. Beide Ströme fließen senkrecht zum Magnetfeld und implizieren eine endliche Transversalleitfähigkeit des ionosphärischen Plasmas. Im folgenden soll die Größe dieser Leitfähigkeit bestimmt werden.

7.3.2 Ionosphärische Transversalleitfähigkeit ($\vec{\mathcal{E}} \perp \vec{\mathcal{B}}$)

Wie bei jedem Material wird auch die Leitfähigkeit eines Magnetoplasmas durch die Dichte und Beweglichkeit der zur Verfügung stehenden Ladungsträger bestimmt. Wir schreiben

$$j_k = \sigma_k \, \mathcal{E}_\perp \tag{7.1}$$

wobei j die Stromdichte, σ die Leitfähigkeit und $\mathcal{E}_\perp$ das senkrecht zum Magnetfeld angelegte elektrische Feld bezeichnet. Die jeweils betrachtete Komponente des Stroms und der dazugehörigen Leitfähigkeit wird durch den Index k festgelegt, wobei $k = H$ für die Hall-Komponente und $k = P$ für die Pedersen-Komponente steht. Offensichtlich ist Gl. (7.1) nichts anderes als die lokale Form des Ohmschen Gesetzes $\mathcal{I} = \mathcal{U}/\mathcal{R} = \mathcal{L}\,\mathcal{U}$, wobei $\mathcal{L}$ den Leitwert bezeichnet. Im folgenden sei der Einfachheit halber angenommen, daß die untere Ionosphäre durch eine einzige Ionensorte mittlerer Eigenschaften ($\langle NO^+, O_2^+ \rangle$) hinreichend gut beschrieben werden kann. Ferner sei die Ladungsträgersorte durch den Index s, die Ionenkomponente durch den Index i, die Elektronenkomponente durch den Index e und die Neutralgaskomponente durch den Index n gekennzeichnet. Gemäß Gl. (5.4) und mit $q_i = e$, $q_e = -e$ und $n_i \simeq n_e = n$ gilt dann für die Stromdichte

$$j_k = \left| \sum_s q_s \, n_s \, \vec{u}_k^s \right| = e\, n \, |\, \vec{u}_k^i - \vec{u}_k^e \,|$$

und damit für die Leitfähigkeit

$$\sigma_k = e\, n \, |\, \vec{u}_k^i - \vec{u}_k^e \,| \, /\mathcal{E}_\perp \tag{7.2}$$

wobei hier nur der Betrag dieser Größe interessiert. Die in dieser Bestimmungsgleichung für σ_k auftretenden Driftgeschwindigkeiten $\vec{u}_k^s$ lassen sich aus

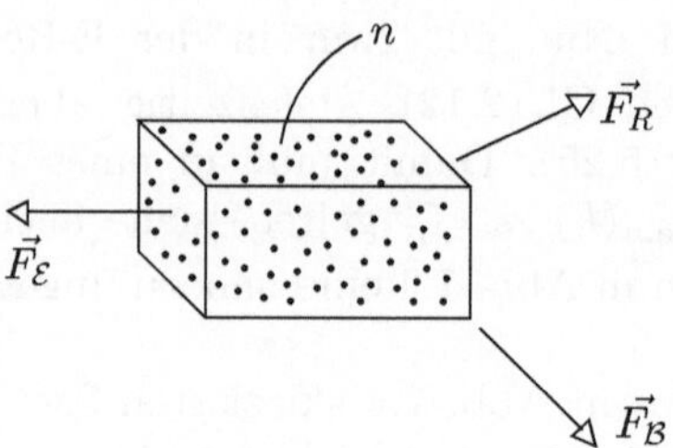

Abb. 7.5. Das für die Bestimmung der Ladungsträgergeschwindigkeiten betrachtete Kräftegleichgewicht

den entsprechenden Kräftegleichgewichtsbeziehungen für die Ladungsträgergase berechnen. Dabei sollen nur elektrische, magnetische und reibungsbedingte Kräfte berücksichtigt und alle anderen Kräfte als nicht wesentlich vernachlässigt werden, siehe Abb. 7.5. Zusätzlich soll angenommen werden, daß bei der Berechnung der Reibungskräfte nur Stöße mit Neutralgasteilchen wichtig sind. In dem hier betrachteten Höhenbereich der unteren Ionosphäre ($n_\mathrm{n} \gg n_s$) ist diese Annahme sicherlich gerechtfertigt. Damit gilt

$$n_s \, q_s \, \vec{\mathcal{E}} + n_s \, q_s \, \vec{u}_s \times \vec{\mathcal{B}} + n_s \, m_s \, \nu^*_{s,\mathrm{n}} \, (\vec{u}_\mathrm{n} - \vec{u}_s) = 0 \qquad (7.3)$$

Für eine *ruhende* Neutralgasatmosphäre ($\vec{u}_\mathrm{n} = 0$) folgt daraus

$$q_s \left(\vec{\mathcal{E}} + \vec{u}_s \times \vec{\mathcal{B}} \right) - m_s \, \nu^*_{s,\mathrm{n}} \, \vec{u}_s = 0 \qquad (7.4)$$

Man beachte, daß diese Beziehung auch für ein einzelnes Ladungsträgerteilchen gilt, sofern nur dessen zeitunabhängige Driftkomponente interessiert. Um die Geschwindigkeitskomponenten explizit ausrechnen zu können, benutzen wir das in Abb. 7.6 angegebene Koordinatensystem. Mit $\vec{\mathcal{E}} = \hat{y} \, \mathcal{E}_\perp$ und $\vec{\mathcal{B}} = \hat{z} \, \mathcal{B}$ (wobei $\hat{y}$ und $\hat{z}$ wieder Einheitsvektoren in y- und z- Richtung bezeichnen) erhält man für das in der Bewegungsgleichung (7.4) auftretende Kreuzprodukt

$$\vec{u}_s \times \vec{\mathcal{B}} = \hat{x} \, u_y^s \, \mathcal{B} - \hat{y} \, u_x^s \, \mathcal{B}$$

Damit läßt sich diese Gleichung in ihre x- und y-Komponente zerlegen

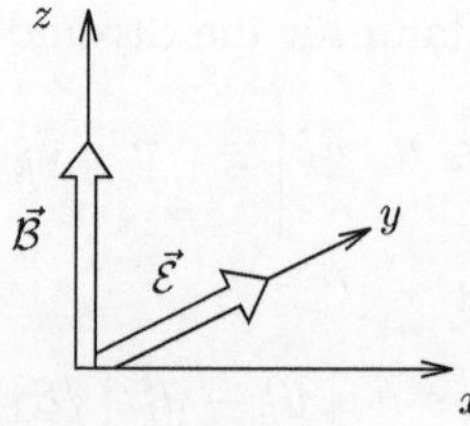

Abb. 7.6. Das bei der Berechnung der Transversalleitfähigkeit benutzte Koordinatensystem

$$q_s\, u_y^s\, \mathcal{B} - m_s\, \nu_{s,\mathrm{n}}^*\, u_x^s = 0$$

$$q_s\, \mathcal{E}_\perp - q_s\, u_x^s\, \mathcal{B} - m_s\, \nu_{s,\mathrm{n}}^*\, u_y^s = 0$$

Löst man dieses Gleichungssystem nach u_x^s und u_y^s auf und führt die Gyrationsfrequenz $\omega_{\mathcal{B}}^s = |q_s|\,\mathcal{B}/m_s$ ein, so erhält man

$$u_x^s = \frac{(\omega_{\mathcal{B}}^s)^2}{(\nu_{s,\mathrm{n}}^*)^2 + (\omega_{\mathcal{B}}^s)^2}\,\frac{\mathcal{E}_\perp}{\mathcal{B}}$$

$$u_y^s = \frac{q_s}{|q_s|}\,\frac{\omega_{\mathcal{B}}^s\, \nu_{s,\mathrm{n}}^*}{(\nu_{s,\mathrm{n}}^*)^2 + (\omega_{\mathcal{B}}^s)^2}\,\frac{\mathcal{E}_\perp}{\mathcal{B}}$$

Einsetzen dieser Beziehungen in Gl. (7.2) ergibt für die *Hall-Leitfähigkeit* $(u_k^s = u_H^s = u_x^s)$

$$\begin{aligned}
\sigma_H &= \frac{e\,n}{\mathcal{B}}\left|\frac{(\omega_{\mathcal{B}}^\mathrm{i})^2}{(\nu_{\mathrm{i,n}}^*)^2 + (\omega_{\mathcal{B}}^\mathrm{i})^2} - \frac{(\omega_{\mathcal{B}}^\mathrm{e})^2}{(\nu_{\mathrm{e,n}}^*)^2 + (\omega_{\mathcal{B}}^\mathrm{e})^2}\right| \\
&= \frac{e\,n}{\mathcal{B}}\left\{\frac{(\omega_{\mathcal{B}}^\mathrm{e})^2}{(\nu_{\mathrm{e,n}}^*)^2 + (\omega_{\mathcal{B}}^\mathrm{e})^2} - \frac{(\omega_{\mathcal{B}}^\mathrm{i})^2}{(\nu_{\mathrm{i,n}}^*)^2 + (\omega_{\mathcal{B}}^\mathrm{i})^2}\right\}
\end{aligned} \tag{7.5}$$

Letztere Schreibweise berücksichtigt, daß $(\nu_{\mathrm{i,n}}^*/\omega_{\mathcal{B}}^\mathrm{i})^2 \gg (\nu_{\mathrm{e,n}}^*/\omega_{\mathcal{B}}^\mathrm{e})^2$ gilt. Für die *Pedersen-Leitfähigkeit* $(u_k^s = u_P^s = u_y^s)$ erhält man entsprechend

$$\sigma_P = \frac{e\,n}{\mathcal{B}}\left\{\frac{\nu_{\mathrm{e,n}}^*\, \omega_{\mathcal{B}}^\mathrm{e}}{(\nu_{\mathrm{e,n}}^*)^2 + (\omega_{\mathcal{B}}^\mathrm{e})^2} + \frac{\nu_{\mathrm{i,n}}^*\omega_{\mathcal{B}}^\mathrm{i}}{(\nu_{\mathrm{i,n}}^*)^2 + (\omega_{\mathcal{B}}^\mathrm{i})^2}\right\} \tag{7.6}$$

Der Höhenverlauf dieser Leitfähigkeiten wird im wesentlichen durch den Höhenverlauf der Ionisationsdichte und den der Reibungsfrequenzen bestimmt, siehe Abb. 7.7. Unterhalb der Ionosphäre ist n klein und $\nu_{s,\mathrm{n}}^*$ groß, so daß beide Leitfähigkeiten gegen Null gehen. In der oberen Ionosphäre geht $\nu_{s,\mathrm{n}}^*$ gegen Null, so daß auch hier die Leitfähigkeit verschwindet. Für die Hall-Leitfähigkeit z.B. geht für $\nu_{s,\mathrm{n}}^* \to 0$ der erste Summand in der geschweiften Klammer gegen den Wert $+1$, der zweite gegen den Wert -1, so daß der Klammer- und damit auch der Gesamtausdruck verschwindet. Ihr Maximum erreichen beide Leitfähigkeiten in der E-Region. Im Fall der Pedersen-Leitfähigkeit z.B. haben beide Summanden in der geschweiften Klammer ihr Maximum $1/2$ bei $\nu_{s,\mathrm{n}}^*(h) = \omega_{\mathcal{B}}^s$. Dies ist für Ionen in etwa 125 km, für Elektronen in etwa 75 km Höhe der Fall. Da aber die Ionisationsdichte in 75 km Höhe klein ist gegenüber der in 125 km Höhe, gilt in guter Näherung

$$\sigma_P \simeq \frac{e\,n\,\nu_{\mathrm{i,n}}^*\, \omega_{\mathcal{B}}^\mathrm{i}}{\mathcal{B}\,[(\nu_{\mathrm{i,n}}^*)^2 + (\omega_{\mathcal{B}}^\mathrm{i})^2]} \tag{7.7}$$

und dieser Ausdruck hat sein Maximum etwas oberhalb von 125 km Höhe. Man beachte, daß die Maximumsbedingung $\nu_{\mathrm{i,n}}^* = \omega_{\mathcal{B}}^\mathrm{i}$ ungefähr der in

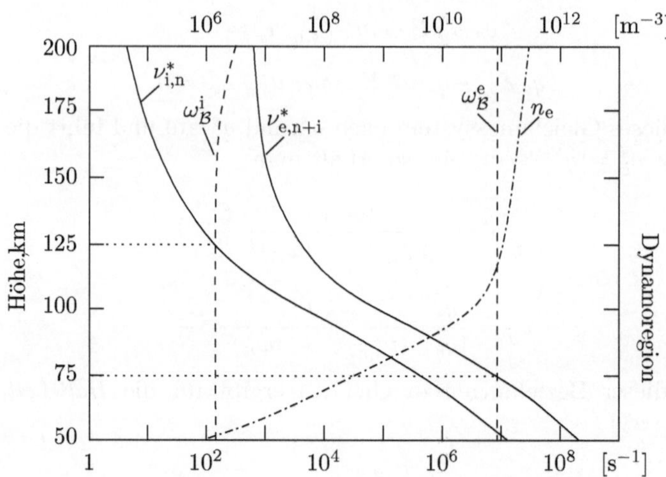

Abb. 7.7. Höhenverlauf der Reibungs- und Gyrofrequenzen von Ionen und Elektronen sowie der Höhenverlauf der Elektronendichte in der unteren Ionosphäre. Die Reibungsfrequenz der Elektronen berücksichtigt dabei sowohl Stöße mit Neutralgasteilchen als auch Coulomb-Stöße mit Ionen. Die Werte gelten für repräsentative Tagesbedingungen in mittleren Breiten

Abb. 7.4 beschriebenen Situation $\nu_{i,n} \simeq f_\mathcal{B}^i$ entspricht. Repräsentative Höhenprofile der Hall- und Pedersen-Leitfähigkeit werden in Abb. 7.8 gezeigt. Wie ersichtlich ist die Transversalleitfähigkeit auf einen relativ schmalen Höhenbereich beschränkt, der als *Dynamoschicht* bezeichnet wird. So werden bei der Bewegung dieser leitenden Schicht über das Magnetfeld der Erde – wie bei einem Dynamo – elektrische Felder und Ströme induziert, siehe Abschnitt 8.1.1.

7.3.3 Parallelleitfähigkeit ($\vec{\mathcal{E}} \parallel \vec{B}$)

Von der Transversalleitfähigkeit zu unterscheiden ist die Leitfähigkeit *entlang* der Magnetfeldlinien. Der Ansatz, den man bei der Bestimmung dieser *Parallel-* oder *Birkeland-Leitfähigkeit* macht, ist allerdings der gleiche. Wir schreiben

$$j_B = \sigma_B \, \mathcal{E}_\parallel \tag{7.8}$$

und erhalten

$$\sigma_B = e\,n \, |\vec{u}_\parallel^i - \vec{u}_\parallel^e| \, /\mathcal{E}_\parallel \tag{7.9}$$

Die Größe der Parallelgeschwindigkeiten ergibt sich wieder aus den entsprechenden Kräftegleichgewichtsbeziehungen für die Ladungsträgergase, wobei diesmal die magnetische Kraft entfällt

$$u_\parallel^s = \frac{q_s}{m_s \, \nu_{s,n}^*} \, \mathcal{E}_\parallel$$

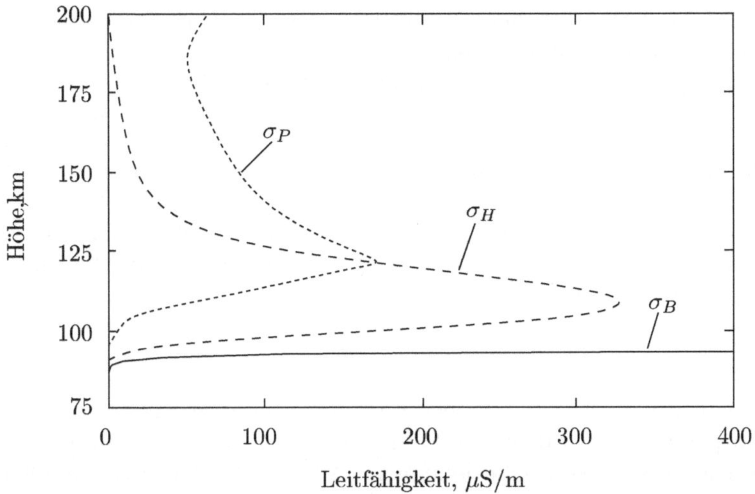

Abb. 7.8. Höhenverteilung ionosphärischer Leitfähigkeiten. Die Werte gelten für Mittagsbedingungen im Winter in mittleren Breiten während mäßiger Sonnenaktivität. Man beachte, daß insbesondere in polaren Breiten die Leitfähigkeiten beträchtlichen zeitlichen und räumlichen Schwankungen unterworfen sind

Damit gilt für die Parallel- oder Birkeland-Leitfähigkeit

$$\sigma_B = e^2\, n \left(\frac{1}{m_i\, \nu^*_{i,n}} + \frac{1}{m_e\, \nu^*_{e,n}} \right) \simeq \frac{e^2\, n}{m_e\, \nu^*_{e,n}} \tag{7.10}$$

wobei wir im zweiten Schritt die Ungleichung $m_i\, \nu^*_{i,n} \gg m_e\, \nu^*_{e,n}$ berücksichtigt haben. Wie ersichtlich hängt die Höhenvariation dieser Leitfähigkeit von der jeweiligen Dichte der Ladungsträger und deren Beweglichkeit ab. Unterhalb der Ionosphäre ist n klein und $\nu^*_{e,n}$ groß, so daß σ_B gegen Null geht. Innerhalb der Ionosphäre nimmt n dagegen zu und $\nu^*_{e,n}$ ab, so daß σ_B sehr rasch sehr große Werte annimmt, siehe Abb. 7.8. Es mag sogar scheinen, daß bei endlicher Ladungsträgerdichte und verschwindender Reibungsfrequenz die Leitfähigkeit gegen unendlich geht. Dies ist nicht der Fall, da in der oberen Ionosphäre ($h \gtrsim 200$ km) und erst recht in der Magnetosphäre die Beweglichkeit der Elektronen weniger durch Zusammenstöße mit Neutralgasteilchen als vielmehr durch Zusammenstöße mit Ionen eingeschränkt wird. Entsprechend muß die Elektron-Neutralgas-Reibungsfrequenz in Gl. (7.10) durch die Elektron-Ionen-Reibungsfrequenz ersetzt werden

$$\sigma_B(h \gtrsim 200\,\text{km}) \simeq \frac{e^2\, n}{m_e\, \nu^*_{e,i}} \tag{7.11}$$

Nun ist aber die Elektron-Ionen-Reibungsfrequenz proportional zur Plasmadichte n, siehe Gl. (5.60). Damit kürzt sich die Dichte in dem Ausdruck für die Birkeland-Leitfähigkeit heraus und letztere strebt einem konstanten Wert zu. Kleinere Plasmadichten bedeuten zwar eine geringere für den Transport zur Verfügung stehende Ladungsmenge, gleichzeitig aber auch eine größere Beweglichkeit der Ladungsträger. In gebrauchsfertiger Form erhält man somit

$$h \gtrsim 200 \text{ km}: \qquad \sigma_B[\text{S/m}] \simeq 8 \cdot 10^{-3} (T_\text{e}[\text{K}])^{3/2} / \ln \Lambda \qquad (7.12)$$

Faßt man die Pedersen-, Hall- und Birkeland-Komponente zu einer Gesamtstromdichte zusammen und berücksichtigt deren Richtung, so erhält man ein Ohmsches Gesetz der Form

$$\vec{j} = \sigma_B \vec{\mathcal{E}}_{\parallel} + \sigma_P \vec{\mathcal{E}}_{\perp} + \sigma_H \vec{\mathcal{B}} \times \vec{\mathcal{E}}_{\perp} / \mathcal{B} \qquad (7.13)$$

Zu klären bleibt die Frage, wie sich diese Gleichung mit dem in Abschnitt A.13.2 angegebenen verallgemeinerten Ohmschen Gesetz (A.133) verträgt. Ein Vergleich der Ausgangsbeziehungen (A.115) und (A.116) mit Gl. (7.3) zeigt, daß der hier benutzte Ansatz auf einer anderen Form der Impulsbilanzgleichung basiert. So werden bei der Berechnung der ionosphärischen Leitfähigkeiten stationäre Verhältnisse betrachtet, so daß der Trägheitsterm entfällt. Ferner zeigt eine einfache Größenabschätzung nach dem in Abschnitt A.13.3 beschriebenen Muster, daß in dem hier betrachteten Fall weder die Feldbeschleunigungs- noch die Druckgradient- noch die Schwerkraft eine wesentliche Rolle spielt. Für die Druckgradientkraft gilt z.B. $\nabla p_s \simeq n_s k T_s / H_s \ll n_s e \mathcal{E}$. Diese Ungleichung ist selbst in vertikaler Richtung bei den dort auftretenden relativ kleinen Höhenskalenlängen ($H_s \leq 100$ km) in sehr guter Näherung erfüllt, sofern die angelegte Feldstärke deutlich oberhalb der Pannekoek-Rosseland-Feldstärke ($< 1\mu$V/m) liegt. Auf der anderen Seite kann bei der Bestimmung der ionosphärischen Leitfähigkeit die Reibung der Ladungsträger an den Neutralgasteilchen nicht vernachlässigt werden. So sind letztere in Höhe der Dynamoschicht etwa 10^6 mal häufiger anzutreffen als Ionen und Elektronen. Dies bedeutet auch, daß die Reibungskräfte zwischen den Ladungsträgern selbst, trotz ihrer relativ großen Coulomb-Stoßquerschnitte, vernachlässigt werden können. Mit diesen Modifikationen gehen die Impulsbilanzgleichungen (A.115) und (A.116) in die Impulsbilanz- oder Kräftegleichgewichtsbeziehung (7.3) über. Zu beachten ist auch, daß bei der hier vorgestellten Ableitung der ionosphärischen Leitfähigkeiten implizit eine weitere Vereinfachung gemacht wird, die in Abschnitt A.13 gerade vermieden werden sollte. So wird die Rückwirkung der Ströme auf das Erdmagnetfeld vernachlässigt, so daß die Rechnung nicht selbstkonsistent ist. Bei Magnetfeldstörungen von $\lesssim 1\,\mu$T und bei einer Erdmagnetfeldstärke von $\gtrsim 30\,\mu$T ist diese Näherung allerdings gerechtfertigt. Schließlich sei daran erinnert, daß Gl. (7.13) nur für ein ruhendes Neutralgas oder in einem sich mit dem Neutralgas mitbewegenden Koordinatensystem gültig ist. Dies gilt es bei der Spezifizierung der elektrischen Feldstärke zu berücksichtigen.

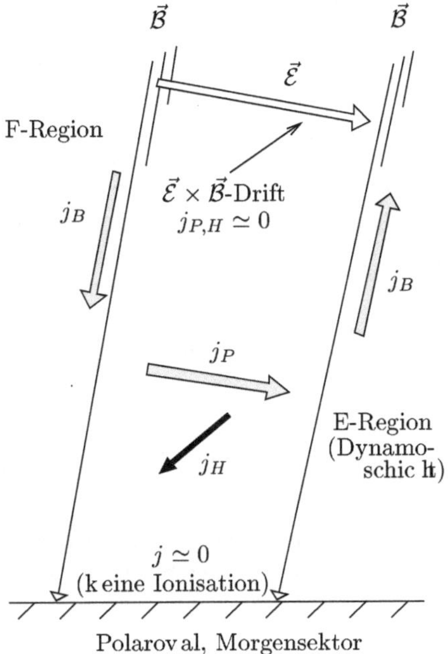

Abb. 7.9. Höhenverteilung ionosphärischer Ströme. j_B, j_P und j_H bezeichnen die Birkeland-, Pedersen- und Hall-Stromdichten

7.3.4 Ionosphärische Ströme

Die Höhenverteilung ionosphärischer Ströme entspricht der der ionosphärischen Leitfähigkeiten. So erreichen Hall- und Pedersen-Ströme ihre größte Intensität in der Dynamoschicht der E-Region. Zusätzlich fließen feldlinienparallele Birkeland-Ströme, die insbesondere den Pedersen-Stromkreis schließen. Abbildung 7.9 illustriert diese Stromkonfiguration am Beispiel des morgendlichen Polarovals.

Die zugehörige Horizontalverteilung ionosphärischer Ströme ist in Abb. 7.10 skizziert. Die Darstellung entspricht der in Abb. 7.3 gezeigten stark idealisierten Situation. Der elektrischen Feldrichtung folgend fließen Pedersen-Ströme in der Polkappe von der Morgen- zur Abendseite, im Polaroval in radialer Richtung. Sie schließen sich über Birkeland-Ströme, die an den Grenzen des Polarovals fließen und die an der polseitigen Grenze als *Region 1-Ströme*, an der äquatorseitigen Grenze als *Region 2-Ströme* bezeichnet werden. Dabei sind naturgemäß die Region 1-Ströme größer als die Region 2-Ströme. Die Hall-Stromverteilung entspricht der der Plasmakonvektion, nur daß der Stromfluß der Driftbewegung entgegengerichtet ist, die Ionen bleiben ja hinter den Elektronen zurück. Im Bereich der Polkappen fließt somit der Hall-Strom in solarer, im Bereich des Polarovals in antisolarer Richtung. Der Stromschluß

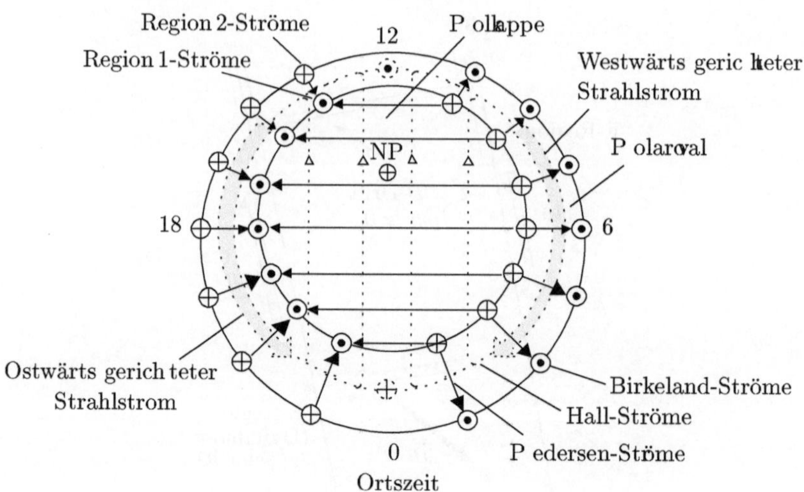

Abb. 7.10. Horizontalverteilung elektrischer Ströme in der polaren Ionosphäre. NP bezeichnet den geomagnetischen Nordpol. Die Situation entspricht der der Abb. 7.3

erfolgt dabei im wesentlichen in der Ionosphäre, aber auch über im Mittags- und Mitternachtssektor konzentrierte Birkeland-Ströme.

Was die Intensität der Ströme betrifft, so wird sie einerseits durch die Größe der elektrischen Feldstärke, andererseits durch die Größe der ionosphärischen Leitfähigkeit bestimmt. Letztere wiederum ist starken zeitlichen und räumlichen Schwankungen unterworfen. So ist z.B. die Leitfähigkeit der Polkappenregion in den Wintermonaten wegen fehlender Sonneneinstrahlung stark vermindert. Entsprechend niedrig ist dann die dort beobachtete Stromdichte. Von jahreszeitlichen Variationen weniger betroffen ist das Polaroval, weil hier die Ionisationsdichte überwiegend durch den Einfall energetischer Elektronen – den Polarlichtteilchen – erzeugt wird. Die hier angetroffene Kombination hoher ionosphärischer Leitfähigkeit und hoher elektrischer Feldstärke führt zu sehr intensiven Strömen, die im Fall der Hall-Komponente als *polare Strahlströme* (engl. *polar* oder *auroral electrojets*) bezeichnet werden. Entsprechend fließt im Morgensektor der westwärts gerichtete Strahlstrom, im Abendsektor der ostwärts gerichtete Strahlstrom. Die Gesamtstärke dieser Ströme beträgt, je nach Störungsgrad, 0.1-1 MA. Von vergleichbarer Größenordnung sind die aufsummierten Pedersen- und Birkeland-Ströme (1-3 MA pro Polarovalhalbkreis).

7.3.5 Magnetfeldeffekte

Der Nachweis der oben beschriebenen Stromsysteme erfolgt indirekt über ihre zugehörigen Magnetfelder. Vom Boden aus gelingt dieser Nachweis besonders gut für die polaren Strahlströme. So erscheinen letztere einem Beobachter

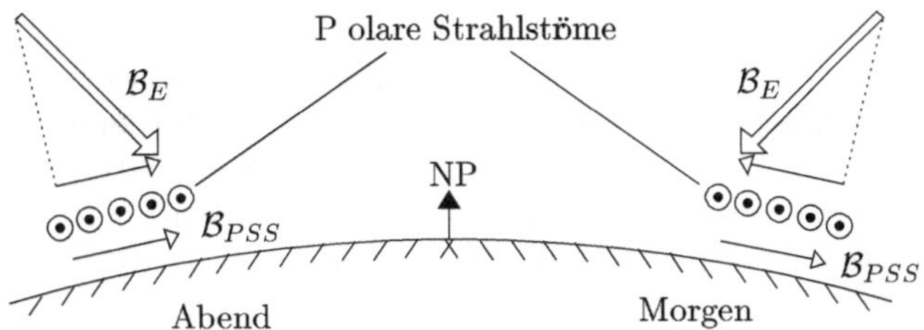

Abb. 7.11. Störung des Erdmagnetfeldes($\mathcal{B}_E$) durch die Magnetfelder der polaren Strahlströme ($\mathcal{B}_{PSS}$)

unter ihnen wie ein Flächenstrom, und die zugehörige Magnetfeldstörung ist von der Größenordnung $\mathcal{B}_{PSS} \simeq \mu_0\,\mathcal{I}^*_{PSS}/2$, wobei $\mathcal{I}^*_{PSS}$ die höhenintegrierte Flächenstromdichte der polaren Strahlströme bezeichnet

$$\mathcal{I}^*_{PSS} = \int_{Dynamoschicht} j_H \; \mathrm{d}h \qquad (7.14)$$

Wie aus Abb. 7.11 ersichtlich verstärkt der ostwärts gerichtete Strahlstrom die Horizontalkomponente des Erdmagnetfeldes ('positive Störung'), der westwärts gerichtete schwächt sie dagegen ('negative Störung').

Aufwendiger ist der Nachweis der Pedersen-Stromkomponente. Er erfolgt praktisch ausschließlich über satellitengestützte Messungen. So besitzt das Stromsystem bestehend aus Birkeland-Pedersen-Birkeland-Strömen wegen seiner großen Ausdehnung in geographischer Länge Spulencharakter, siehe

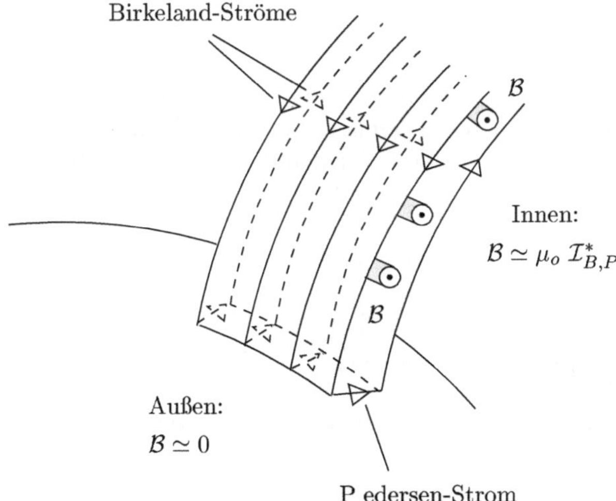

Abb. 7.12. Spulenförmige Stromflußkonfiguration der Birkeland-Pedersen-Birkeland-Ströme im Bereich des (morgenseitigen) Polarovals und zugehörige Magnetfeldstörung

Abb. 7.12. Bei einer Spule ist aber das Magnetfeld im wesentlichen auf das Spuleninnere konzentriert, und äußere Streufelder besitzen eine geringe Intensität. Entsprechend wird ein erdgebundener Beobachter kaum in der Lage sein das Magnetfeld dieser Ströme (und damit auch die Ströme selbst) zu vermessen. Dagegen wird ein Satellit auf polarer Umlaufbahn beim Durchfliegen dieses Stromsystems eine deutliche Änderung der Magnetfeldstärke registrieren.

7.4 Polarlichter

Polarlichter gehören sicherlich zu den spektakulärsten Erscheinungen, die uns die Natur zu bieten hat. Sie sind – im wahrsten Sinne des Wortes – aufsehenerregend und haben die Phantasie der Menschen seit altersher beschäftigt. Je nach Intensität und Vorkommen betrachtete man Polarlichter als eindrucksvolles Schauspiel oder aber als schreckenbringendes Himmelszeichen und immer wieder finden sich historische Berichte über 'solch unerhörte Wunderzeichen'. Im Gegensatz zu den Bewohnern gemäßigter Breiten bilden Polarlichter für Nordländer einen festen Bestandteil ihres Lebens und ihrer Mythologie. Von Inuits z.B. wird berichtet, daß sie Polarlichter als Geister oder Seelen ihrer verstorbenen Vorfahren betrachteten, mit denen man Zwiesprache halten konnte. Obwohl Polarlichter sicherlich das am längsten bekannte Phänomen der Weltraumforschung darstellen, sind sie auch heute noch eine in vieler Hinsicht rätselhafte Erscheinung. Im folgenden gilt es zunächst ihre Morphologie, anschließend ihre Physik genauer zu betrachten.

7.4.1 Morphologie

Rein phänomenologisch gesehen stellen Polarlichter (engl. *polar lights* oder *aurora*) durch Teilcheneinfall erzeugte Leuchterscheinungen der polaren Hochatmosphäre dar. Dabei sind die Formen dieses Luftleuchtens außerordentlich vielfältig und variabel, und Tabelle 7.1 gibt einen groben Überblick über wesentliche Eigenschaften.

Grundsätzlich unterscheidet man zwischen *diskreten* und *diffusen* Polarlichtern. Erstere sind räumlich begrenzte Leuchterscheinungen mehr oder weniger klar erkennbarer Gestalt. Typische Beispiele sind der *Polarlichtbogen* oder die an kunstvoll in Falten gelegte Vorhänge erinnernden *Draperien*, siehe Abb. 7.13. Diffuse Polarlichter sind dagegen, wie der Name schon andeutet, unscharf begrenzte, strukturarme Leuchterscheinungen flächenhafter Ausdehnung.

Die Höhe von Polarlichtern konnte erstmals zu Beginn des zwanzigsten Jahrhunderts durch Triangulation bestimmt werden. Man fand, daß sich die Unterkante dieser Leuchterscheinung in etwa 100 km Höhe befindet. Ihre Ausdehnung nach oben schwankt, je nachdem ob es sich um flächenhafte oder

Tabelle 7.1. Zusammenfassung wesentlicher Eigenschaften von Polarlichtern

Formen:	Diskrete Formen, z.B. Bögen, Bänder, Strahlen	
	Diffuse Formen, z.B. Schleier, Flächen	
Höhe:	$\gtrsim$ 100 km	
Orientierung:	Vertikal:	Entlang Magnetfeldlinien
	Horizontal:	Vorwiegend Ost-West Richtung
Dimensionen:	Nord-Süd:	Bei diskreten Formen ca. 100 m (Strahlen) bis einige 1000 m (Bögen, Bänder); bei diffusen Formen 100 bis 1000 km
	Ost-West:	Einige 100 bis einige 1000 km
	Vertikal:	Einige 10 km (Flecken) bis einige 100 km (Strahlen)
Farben:	O $\begin{cases} \end{cases}$	557.7 nm (grün-gelb) 630.0 nm (rot) 636.4 nm (rot)
	N_2^+	391.4 $-$ 470 nm (violett-blau)
	N_2	650 $-$ 680 nm (tiefrot)
Intensität:	Bis einige 100 kR	
Dynamik:	Starke Form-, Intensitäts- und Farbfluktuationen innerhalb von Sekunden möglich; horizontale Geschwindigkeiten von bis zu einigen 10 km/s	
Globale Verteilung:	Polarlichtovale (aurora borealis und aurora australis)	

strahlenförmige Leuchterscheinungen handelt, zwischen einigen zehn und einigen hundert Kilometern. Bei Polarlichtern großer Höhenausdehnung ist die Orientierung des Leuchtens entlang der Erdmagnetfeldlinien deutlich erkennbar. Von unten betrachtet scheinen die auf diese Weise sichtbar gemachten Feldlinien aufgrund perspektivischer Verzerrung in einem fernen Punkt zusammenzulaufen und es entsteht eine strahlenkranzförmige Leuchterscheinung, die als *Polarlichtkorona* bezeichnet wird.

Ihre größte Ausdehnung erreichen Polarlichter in zonaler Richtung. Hier können sie sich über hunderte, ja tausende von Kilometern erstrecken. Damit verglichen ist ihre Breitenausdehnung erstaunlich gering und beträgt bei strahlenförmigen Polarlichtern nur einige hundert Meter.

Im Gegensatz zum Sonnenlicht besitzt das Polarlicht kein kontinuierliches Spektrum. Vielmehr wird seine Farbe durch einige wenige diskrete Linien und Banden bestimmt, siehe Abb. 7.14. Vorherrschend sind die grün-gelbe Linie des atomaren Sauerstoffs bei 557.7 nm, die roten Linien derselben Konsti-

a.

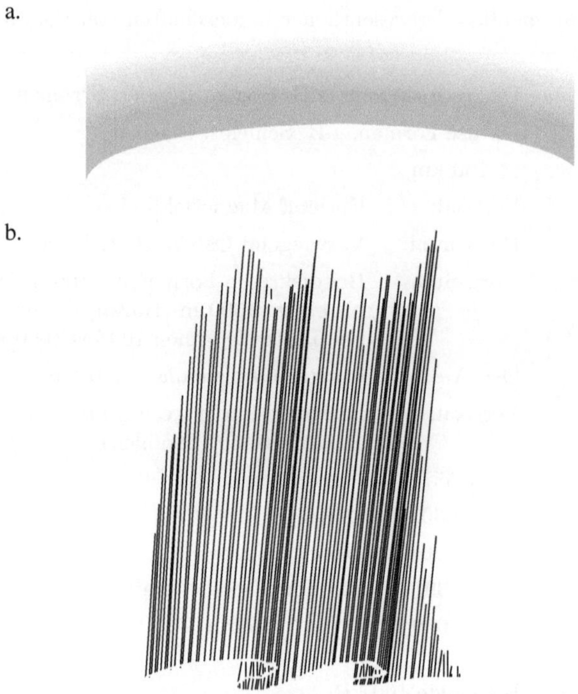

b.

Abb. 7.13. Beispiele diskreter Polarlichtformen. (**a**) Polarlichtbogen, (**b**) Draperie (Nach Akasofu, 1979)

tuente bei 630 und 636.4 nm, das blau-violette Bandensystem des einfach ionisierten molekularen Stickstoffs und die tiefroten Banden des neutralen molekularen Stickstoffs. Je nach Anregungsgrad dieser Übergänge erscheinen die Polarlichter grün-gelblich, rot, violett oder bei gleichmäßiger Überlagerung aller Farben als milchig weiß. Neben dem sichtbaren Licht wird auch Infrarot-, Ultraviolett- und Röntgenstrahlung in Polarlichtern emittiert. Besonders intensiv sind z.B. die Emissionen des atomaren Sauerstoffs bei 130.4 und 135.6 nm. Diese UV-Strahlung kann natürlich nur vom Weltraum aus mit Spezialkameras erfaßt werden.

Es ist wiederholt behauptet worden, daß Polarlichter auch hörbar sind. Bislang fehlen jedoch wissenschaftlich akzeptable Belege für dieses Phänomen. Dagegen sind infrasonische Wellen im Frequenzbereich 0.05 − 0.5 Hz (hörbarer Bereich $\gtrsim$ 20 Hz) wohl dokumentiert und werden mit der z.T. überschallschnellen Bewegung von Polarlichtern in Verbindung gebracht.

Die Intensität der Polarlichter ist naturgemäß sehr variabel und reicht vom Subvisuellen bis zur strahlenden Leuchterscheinung. Sie wird, wie die aller Luftleuchterscheinungen, in Einheiten von Rayleigh (R) angegeben, siehe Abschnitt 3.3.8. Hier genügt die Feststellung, daß 1 kR etwa dem Leuchten

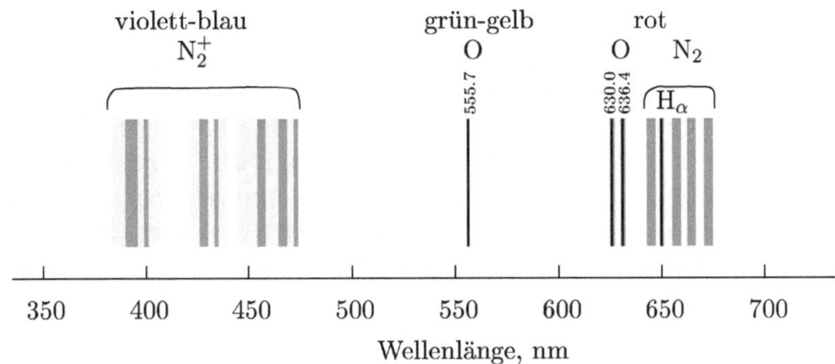

Abb. 7.14. Polarlichtspektrum im sichtbaren Bereich (Nach Akasofu, 1979)

der Milchstraße, 100 kR dem Leuchten vollmondbeschienener Cumuluswolken entspricht. Bei der in Tabelle 7.1 angegebenen maximalen Intensität von einigen 100 kR handelt es sich demnach um ein bemerkenswert helles Leuchten.

Die Dynamik von Polarlichtern hängt stark vom jeweiligen Störungsgrad ab. So sind ruhige Bedingungen durch schwachleuchtende, quasistationäre Polarlichtformen gekennzeichnet. Im Gegensatz dazu kann es während aktiver Bedingungen zu einem wahren Feuerwerk rasch wechselnder Intensitäten, Farben und Formen kommen, wobei horizontale und vertikale Bewegungen (letztere insbesondere in *flammenden* Polarlichtern) eine wichtige Rolle spielen. Eine Sonderstellung nehmen die durch regelmäßige Intensitätsschwankungen gekennzeichneten *pulsierenden* Polarlichter ein.

Das Vorkommen von Polarlichtern ist im wesentlichen auf das nördliche und südliche Polaroval – man spricht in diesem Zusammenhang vom Polar*licht*oval – beschränkt. Nur während sehr ruhiger Bedingungen werden auch transpolare Polarlichter im Zentrum der Polkappen, während sehr stark gestörter Bedingungen solche in mittleren Breiten beobachtet. Durch zahlreiche Veröffentlichungen bekannt geworden sind z.B. die Polarlichtaktivitäten über Europa, den USA und Japan während der großen Geosphärenstürme vom März und Oktober des Jahres 1989 und vom April und Juli des Jahres 2000. Wichtig ist ferner, daß Polarlichter ein *konjugiert* auftretendes Phänomen darstellen, bei dem ähnliche Formen gleichzeitig im nördlichen und südlichen Polarlichtoval beobachtet werden. Dies spricht dafür, daß Polarlichter entlang geschlossener Magnetfeldlinien angeregt werden.

7.4.2 Dissipation der Polarlichtteilchenenergie

Heute weiß man, daß Polarlichter durch das Auftreffen energetischer Teilchen auf die Hochatmosphäre hervorgerufen werden. Bei den Teilchen handelt es sich im wesentlichen um Elektronen im Energiebereich von einigen 100 bis

einigen 10 000 eV, aber auch Ionen- und hier insbesondere Protonenpolar-
lichter werden beobachtet, letztere z.B. im Lichte der dopplerverschobenen
roten Hα-Linie des Wasserstoffs. Der allgemeine Vorgang entspricht dem, wie
er in einem Fernsehgerät abläuft: Auch hier treffen beschleunigte Elektronen
auf einen Absorber und regen diesen zum Leuchten an. Nur ist die Hochatmosphäre ein ungleich dünneres Absorptionsmedium als der gewöhnliche
Bildschirm. Entsprechend langsam werden die Elektronen über eine Vielzahl
elastischer und inelastischer Stöße abgebremst. Zu diesen primären Stoßpro-
zessen gehören, ähnlich wie bei der Extinktion solarer UV-Strahlung

- Streuung (elastische Stöße)
- Stoßionisation
- Stoßdissoziation
- Stoßanregung

und Kombinationen davon. Durch diese Stöße wird die Energie der einfallenden Polarlichtteilchen allmählich auf die Hochatmosphäre übertragen, und
das daraus resultierende Energieablagerungsprofil ist in Abb. 7.15 skizziert.
Es ergibt sich aus den gleichen Überlegungen, wie wir sie im Zusammenhang mit der Absorption solarer UV-Strahlung angestellt haben, siehe Abschnitt 3.2.4. Dabei hängt die Höhe maximaler Energieablagerung u.a. von
der Größe der Stoßquerschnitte und diese wiederum von der Energie der einfallenden Elektronen ab. Hinzu kommt, daß der Anstellwinkel der Helixbahn
dieser Teilchen eine wichtige Rolle spielt. Ganz grob läßt sich sagen, daß die
Energie von 0.1 keV-Elektronen oberhalb von 200 km Höhe, die von 1 keV-
Elektronen in etwa 130 km Höhe und die von 10 keV-Elektronen nahe 100
km Höhe absorbiert wird.

Die Weiterverteilung dieser primär absorbierten Energie ist komplex
und durch eine Vielzahl sekundärer Folgeprozesse gekennzeichnet. Zu diesen
gehören

- Sekundärionisation
- Sekundärdissoziation
- Sekundärstreuung
- Ladungsaustausch
- Dissoziationsaustausch
- Anregungsaustausch
- Dissoziative Rekombination
- Strahlungsrekombination
- Stoßdeaktivierung

und Kombinationen davon. Im Falle einer Stoßionisation kann z.B. das Block-
diagramm der Abb. 3.20 übernommen werden. Und Tabelle 4.3 stellt eine Auswahl der bei der Energieumverteilung zu berücksichtigenden chemischen Reaktionen dar. Offensichtlich kann eine quantitative Analyse dieser
Vorgänge nur über umfangreiche Modellrechnungen erfolgen. Hier begnügen

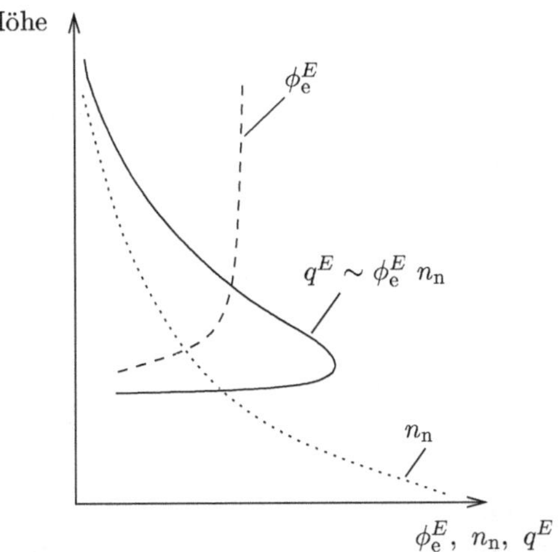

Abb. 7.15. Durch einfallende Polarlichtelektronen erzeugtes Energieablagerungsprofil in der Hochatmosphäre. ϕ_{e}^{E}, n_{n} und q^{E} bezeichnen dabei den Energiefluß der Polarlichtelektronen, die Dichte der Neutralgasatmosphäre und die Energieablagerungsrate pro Volumen. Wie ersichtlich befindet sich das Maximum der Energieablagerungsrate dort, wo einerseits der Energiefluß der einfallenden Elektronen noch genügend groß ist und wo andererseits die Dichte der Atmosphäre bereits ausreicht, die angebotene Energie effektiv zu absorbieren

wir uns damit einige interessante Ergebnisse dieser numerischen Simulationen zusammenzufassen.

Kanalisierung der abgelagerten Energie. Im Gegensatz zu ersten Vermutungen wird nur ein sehr geringer Teil ($\lesssim$ 1%) der primär von den einfallenden Elektronen zur Verfügung gestellten Energie in Strahlung umgewandelt. Der größte Teil (ca. 50%) wird in Wärme, ein weiterer wichtiger Teil (ca. 30%) in potentielle chemische Energie umgewandelt, der Rest wird in die Magnetosphäre zurückgestreut.

Für die Abschätzung der Aufheizrate ist von Interesse, daß unterhalb von etwa 150 km Höhe 35 eV an Primärenergie für die Erzeugung eines Ion-Elektronpaares aufgewendet werden muß. Da in diesem Höhenbereich photo-chemisches Gleichgewicht herrscht, ist die Ionisationsproduktionsrate proportional zum Quadrat der Ionisationsdichte, $q^{I} = \alpha\, n^{2}$, siehe Gl. (4.27). Damit gilt für die Aufheizrate

$$q^{W} = 0.5 \ (35 \ \mathrm{eV})\ \alpha\, n^{2}$$

wobei wir eine Heizeffizienz von $\eta^{W} \simeq 0.5$ zugrunde gelegt haben. Für eine von Polarlichtelektronen erzeugte Ionisationsdichte von $2 \cdot 10^{11}$ m^{-3} ergibt sich demnach eine Aufheizrate von $q^{W} \simeq 10^{-8}$ W/m^{3}. Verglichen mit der Aufheizung der Hochatmosphäre durch solare UV-Strahlung mag dieser Wert nicht zu beeindrucken, siehe Abb. 3.22. Dabei ist zu bedenken, daß diese

Wärmequelle auch während der Nacht und insbesondere auch während des langen Polarwinters aktiv ist.

Anregungs- und Deaktivierungsmechanismen. Ein weiteres überraschendes Ergebnis numerischer Simulationen ist die Tatsache, daß nur ein relativ geringer Teil der beobachteten Lichtemission auf der direkten Stoßanregung atmosphärischer Gase beruht. Zu diesen direkt angeregten Emissionen gehört die violette Bandenkopflinie des einfach ionisierten molekularen Stickstoffs bei 391.4 nm

$$N_2 + e_p \longrightarrow N_2^+ (B^2 \textstyle\sum_u^+) + e_p + e_s$$
$$\downarrow$$
$$N_2^+ (X^2 \textstyle\sum_g^+) + \text{Photon}(391.4\ \text{nm})$$

Dabei bezeichnet e_p ein primäres, e_s ein sekundäres Elektron und die in den Klammern angegebenen Ausdrücke kennzeichnen die unterschiedlichen Anregungszustände des Moleküls. Man schätzt, daß jede 25. Ionisation eines N_2-Moleküls zu der Emission eines 391.4 nm Photons führt. Man benötigt demnach mehr als $25 \cdot 35$ eV $= 875$ eV an Primärenergie, um ein 3.2 eV Photon der Wellenlänge 391.4 nm zu erzeugen, und dies entspricht einer Anregungseffizienz von weniger als 0.4%.

Wichtigere Anregungsbeiträge liefern chemische Reaktionen. Für die dominante Linie des atomaren Sauerstoffs bei 557.7 nm z.B. wird folgendes Anregungsschema vorgeschlagen

$$N^+ + O_2 \longrightarrow NO^+ + O(^1S)$$

$$O(^1S) \xrightarrow{\ 1\ \text{s}\ } O(^1D) + \text{Photon}(557.7\ \text{nm})$$

Hier bezeichnet $O(^1S)$ ein angeregtes Sauerstoffatom im metastabilen ^1S-Zustand, das erst nach etwa 1 s und unter Abgabe eines Photons der Wellenlänge 557.7 nm in den ^1D-Zustand übergeht, siehe dazu Abb. 3.30. Die geringe Wahrscheinlichkeit dieses 'verbotenen' Übergangs hatte ursprünglich zu Schwierigkeiten bei der Zuordnung dieser Linie geführt, und in der Tat hat man noch bis in die zwanziger Jahre des letzten Jahrhunderts ein besonderes Gas, das sogenannte Geocoronium, für diese Lichtemission verantwortlich gemacht. Wichtig ist, daß das Ausgangsion obiger Reaktionskette, N^+, weniger durch direkte Stoßionisation (N ist nur ein Spurengas in der Hochatmosphäre!), als vielmehr durch dissoziative Stoßionisation und durch sekundäre chemische Prozesse entsteht; ferner, daß beim Ablauf der obigen Reaktionen eine signifikante Menge an Wärme freigesetzt wird.

Eine noch geringere Wahrscheinlichkeit als der $^1S \rightarrow {}^1D$ Übergang hat der $^1D \rightarrow {}^3P$ Übergang, der zur Emission der roten Sauerstofflinien bei 630 und 636.4 nm führt, siehe wieder Abb. 3.30 und Gl. (3.66). Die große Lebenserwartung dieses Zustandes von 110 s führt dazu, daß er unterhalb von etwa 200 km Höhe zunehmend durch Stöße, weniger durch Lichtemission

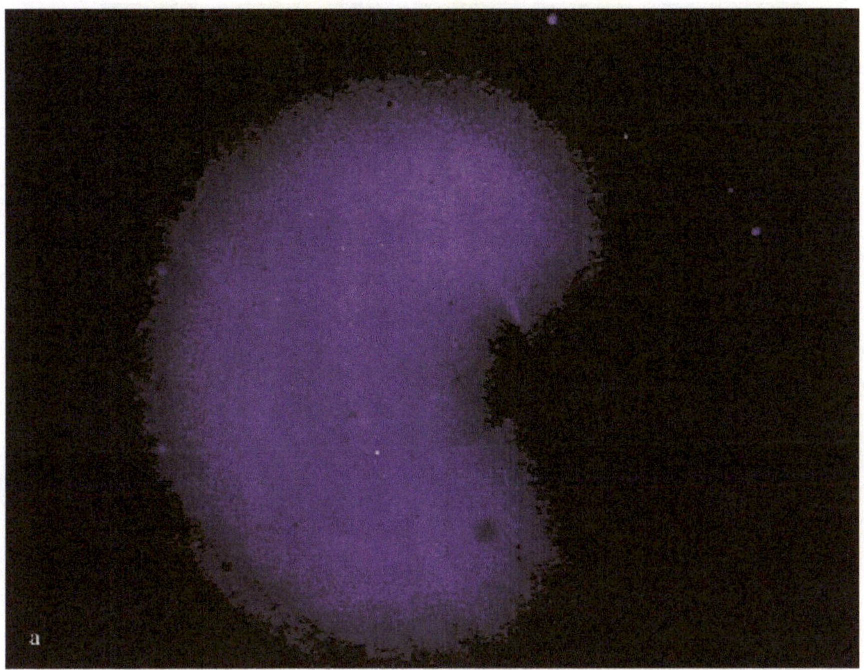

Abb. 7.16. Leuchterscheinungen der Hochatmosphäre. (**a**) Die Geokorona im Lichte der Lyman-α-Strahlung (121.6 nm; eingefärbt). Die Wasserstoffhülle der Erde wird dabei von links von der Sonne angestrahlt. Man beachte die Aufhellung des Nachtschattens durch mehrfach gestreute Photonen. In hohen Breiten sind andeutungsweise Polarlichtemissionen sichtbar. Das Streifenmuster rührt von der Aufnahmetechnik her (Carruthers et al., 1976). (**b**) Polarlicht vom Erdboden aus betrachtet. Die rote Farbe rührt von der 630/636.4 nm Emission des atomaren Sauerstoffs her, die milchig-weiße Farbe kommt durch die Überlagerung dieser Emission mit der gelb-grünen Linie des atomaren Sauerstoffs bei 557.7 nm zustande (N. Rosing, Grafrath). (**c**) Polarlichtdraperien aufgenommen vom Flugdeck der Raumfähre Discovery aus einer Höhe von etwa 350 km. Im unteren Teil des Bildes ist die mondbeschienene Wolkendecke der Erde, etwa 100 km darüber und parallel zum Horizont die durch das Polarlicht deutlicher hervortretende, lohfarbene Emissionsschicht des Nachtleuchtens sichtbar (von der NASA zur Verfügung gestellte Aufnahme). (**d**) Polarlichtoval aufgenommen im UV-Wellenlängenbereich 123-155 nm. Hier dominiert die Emission des atomaren Sauerstoffs bei 130.4 nm. Das Bild wurde vom DE1-Satelliten aus einer Höhe von etwa 20 000 km aufgenommen. Die nachträglich einkopierten, hier nur schwach erkennbaren grünen Konturen stellen Küstenlinien dar. Auf der linken Seite ist das sehr intensive Tagleuchten der sonnenbeschienenen Hochatmosphäre sichtbar, wobei auch hier die hauptsächlich (aber keineswegs ausschließlich) durch Photoelektronen angeregte Emission des atomaren Sauerstoffs bei 130.4 nm dominiert (L.A. Frank, The University of Iowa). (**e**) Nördliches und südliches Polarlichtoval von der Seite aus gesehen. Das Bild wurde ebenfalls vom DE1-Satelliten aus einer Höhe von etwa 20 000 km aufgenommen. Wie bei Abbildung (d) handelt es sich um eine Aufnahme im UV-Licht, wobei diesmal allerdings der benutzte Filter (117–165 nm) auch für die Lyman-α-Strahlung bei 121.6 nm durchlässig war, so daß auch die Geokorona als diffuses Hintergrundleuchten sichtbar ist. (L.A. Frank, The University of Iowa)

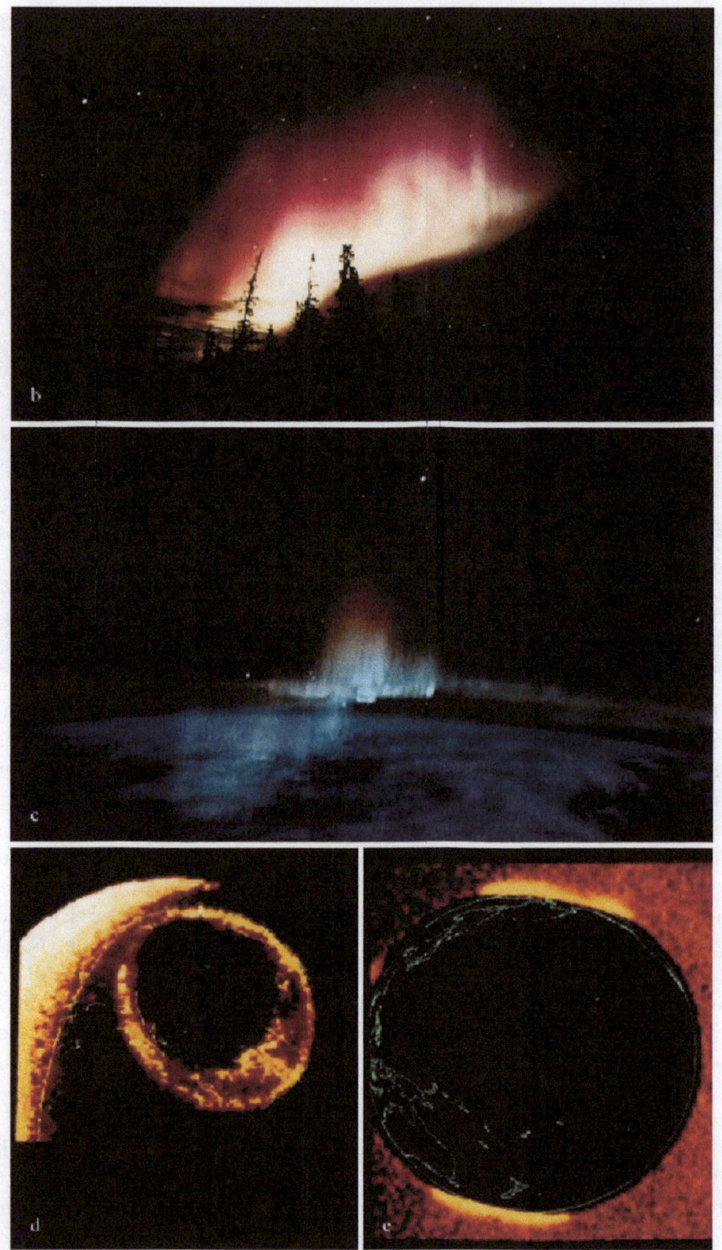

Abb. 7.16. Leuchterscheinungen der Hochatmosphäre (Fortsetzung)

deaktiviert wird, wobei die Übergangsenergie in Wärme umgewandelt wird (Stoßdeaktivierung). Dies trägt dazu bei, daß von der roten Sauerstofflinie dominierte Polarlichter vorzugsweise in größeren Höhen beobachtet werden.

Schließlich sei darauf hingewiesen, daß die Röntgenstrahlung in Polarlichtern nicht durch Stoßanregung (und schon gar nicht durch chemische Reaktionen), sondern durch die plötzliche, stoßbedingte Abbremsung energetischer Primärelektronen erzeugt wird, es handelt sich hier also um Bremsstrahlung.

Höhenabhängigkeit der Strahlungsemission. Modellrechnungen zeigen, daß die Höhenvariation der Polarlichter ganz wesentlich von der betrachteten Emissionslinie, von der Energie- und Anstellwinkelverteilung der einfallenden Elektronen und von dem Zustand der absorbierenden Hochatmosphäre abhängt. Unterschiedliche Anregungs- und Deaktivierungsmechanis-

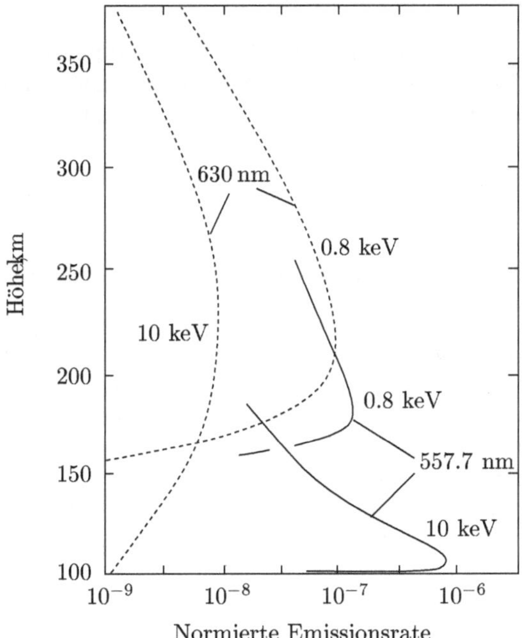

Abb. 7.17. Höhenprofile von Polarlichtemissionen in Abhängigkeit von der Emissionslinie und der Energie der einfallenden Elektronen. Betrachtet werden Elektronen, die aus 600 km Höhe auf eine Hochatmosphäre der Thermopausentemperatur 1000 K auftreffen. Die Anstellwinkelverteilung ist isotrop und auf die erdzugewandte Hemisphäre beschränkt, so daß alle Anstellwinkel gleichwahrscheinlich sind und nur Teilchen berücksichtigt werden, die sich in Richtung Erde bewegen. Für das Energiespektrum der einfallenden Teilchen wird eine Gauß-Verteilung angenommen, wobei in einem Fall die mittlere Energie 0.8 keV, im anderen 10 keV beträgt. Die Emissionsrate ist auf die Intensität des einfallenden Elektronenflusses normiert. (Nach Banks et al., 1974)

men führen z.B. dazu, daß die 630/636.4 nm Linien des atomaren Sauerstoffs
in größeren Höhen emittiert werden als die 557.7 nm Linie. Verständlich ist
auch, daß Teilchen mit höheren Energien und kleineren Anstellwinkeln tiefer
in die Hochatmosphäre eindringen. Entsprechend verschiebt sich der Ort maximaler Energiedissipation und Strahlungsemission zu niedrigeren Höhen hin.
Als Beispiel zeigt Abb. 7.17 die Emissionsprofile der 557.7 nm Linie des atomaren Sauerstoffs für zwei verschiedene Energien der einfallenden Elektronen.
Wie ersichtlich wird die Emissionsschicht beim Übergang von 0.8 auf 10 keV
Elektronen um etwa 70 km abgesenkt. Daß eine vergleichbare Absenkung der
Emissionsschicht nicht auch bei der 630 nm Linie beobachtet wird, hängt mit
der starken Zunahme der Stoßdeaktivierung des zugehörigen Anregungszu-
standes in niedrigeren Höhen zusammen.

7.4.3 Ursprung der Polarlichtteilchen

Entgegen manch populärwissenschaftlicher Darstellung werden Polarlichter
nicht durch Sonnenwindteilchen erzeugt. So haben Sonnenwindelektronen weder Zugang zum nachtseitigen Polarlichtoval noch reicht ihre Energie aus, Polarlichter zu erzeugen. Vielmehr ist der Nachtsektor des Polarlichtovals mit
der Schweifplasmaschicht und der Mittagssektor mit der Magnetosphärengrenzschicht verbunden und es sind diese Plasmareservoirs, die für den Nach-
schub von Polarlichtteilchen verantwortlich sind. Zu klären bleibt die Frage,
wie diese Teilchen in die Hochatmosphäre ausgefällt und, wenn nötig, nach-
beschleunigt werden.

Diffuse Polarlichter. Heute wird allgemein davon ausgegangen, daß Konvektion und nachfolgende Anstellwinkeldiffusion von Plasmaschichtteilchen
für die Entstehung diffuser Polarlichter im Nachtsektor verantwortlich sind.
Das ins Auge gefaßte Szenario ist in Abb. 7.18 skizziert. Ein in der Zentralebene des Magnetschweifs wirksames elektrisches Konvektionsfeld führt zu
einer $\vec{\mathcal{E}} \times \vec{B}$-Drift der Plasmaschichtteilchen in Richtung Erde und an der
Erde vorbei, siehe auch Abschnitt 7.6.6. Im Bereich der mit dem Polarlichto-
val verbundenen Feldlinien setzt eine hauptsächlich durch elektromagnetische
Plasmawellen induzierte stochastische Streuung der Teilchen in den Verlustkonus ein, und es sind diese die Feldlinien herabstürzenden Plasmaschicht-
elektronen (und in geringerem Maße Plasmaschichtionen), die für die Entstehung diffuser Polarlichter verantwortlich gemacht werden. Dabei soll hier auf
die in vieler Hinsicht komplizierte Welle-Teilchen-Wechselwirkung nicht weiter eingegangen werden. Es genügt die Vorstellung, daß z.B. die elektrischen
Felder der Wellen, Teilchen zufällig in Richtung Feldlinie beschleunigen. Dadurch verkleinert sich der Anstellwinkel dieser Teilchen und wenn sie sich am
Rande des Verlustkonus befinden, werden sie in diesen hineingestreut. Man
spricht in diesem Zusammenhang auch von *Anstellwinkeldiffusion* in den Verlustkonus.

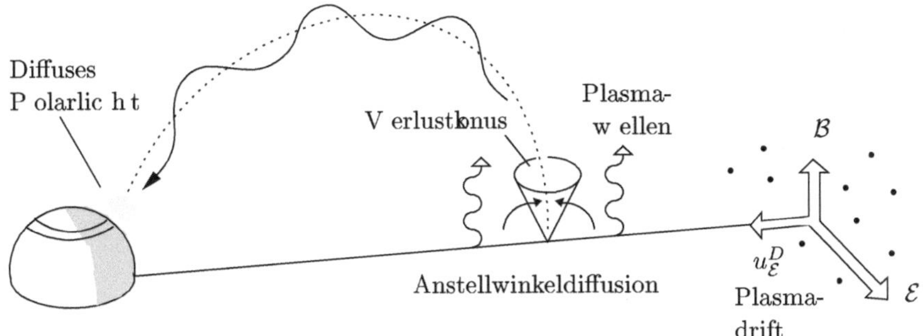

Abb. 7.18. Zur Entstehung diffuser Polarlichter. Das $\mathcal{B}$ entspricht dabei der $\mathcal{B}_z$-Komponente des schweifförmig auseinandergezogenen Dipolfeldes in der Neutral-schichtebene und $\mathcal{E}$ der $\mathcal{E}_y$ -Komponente des quer am Magnetosphärenschweif an-liegenden Konvektionsfeldes

Diskrete Polarlichter. Messungen zeigen, daß diskrete Polarlichter durch höherenergetische Elektronen ($E_\mathrm{e} \gtrsim 1$ keV) erzeugt werden. In diesem Fall be-darf es also einer Nachbeschleunigung der ursprünglich in der Schweifplasma-schicht ($E_\mathrm{e} \lesssim 1$ keV) und in der Magnetosphärengrenzschicht ($E_\mathrm{e} \lesssim 200$ eV) vorhandenen Elektronenpopulationen. Wie diese vonstatten geht, ist nach wie vor ungeklärt. Eine weit verbreitete Vorstellung geht davon aus, daß die Nachbeschleunigung durch feldlinienparallele elektrische Felder erfolgt, und ein mögliches Szenario dieser Art ist schematisch in Abb. 7.19 skizziert.

Ausgangspunkt dieses Szenarios ist ein hier nicht näher spezifizierter Ge-nerator im Bereich der Schweifplasmaschicht oder der Magnetosphärengrenz-schicht, der Birkeland-Ströme entlang der Magnetfeldlinien des Polarlichto-vals fließen läßt. Diese Ströme schließen sich über Pedersen-Ströme in der Ionosphäre, wobei davon ausgegangen wird, daß es sich hier um einen stark lokalisierten Stromkreis handelt, der unabhängig von dem in Abschnitt 7.3.4 beschriebenen großräumigen Region 1/ Region 2 - Stromsystem existiert. Zunächst wollen wir annehmen, daß Feldlinien sehr gute Leiter sind. So gilt gemäß Gl. (7.12) und mit $\ln \Lambda \simeq 18$ für die Birkeland-Leitfähigkeit in der Magnetosphäre

$$\sigma_B[\mathrm{S/m}] \simeq 4 \cdot 10^{-4}(T_\mathrm{e}[\mathrm{K}])^{3/2} \qquad (7.15)$$

Schon für eine relativ niedrige Elektronentemperatur von 2000 K erhält man damit die sehr hohe Leitfähigkeit von $\sigma_B > 30$ S/m. Diese Leitfähigkeit ist viel zu groß, um den Aufbau nennenswerter feldlinienparalleler elektrischer Felder zuzulassen. Geht man z.B. davon aus, daß für die Anregung diskreter Polarlichter Elektronenflüsse von einigen 10^{13} Teilchen/m^{2}s benötigt werden, so entsprechen die einfallenden Elektronen einer aufwärtsgerichteten Strom-dichte von einigen μA/m^2, $j = e\,\phi_\mathrm{e}$. Mit $\mathcal{E}_\| = j_B/\sigma_B$ und bei einer großzügig bemessenen Feldlinienlänge von $15 R_E$ ergibt sich daraus ein Spannungsab-

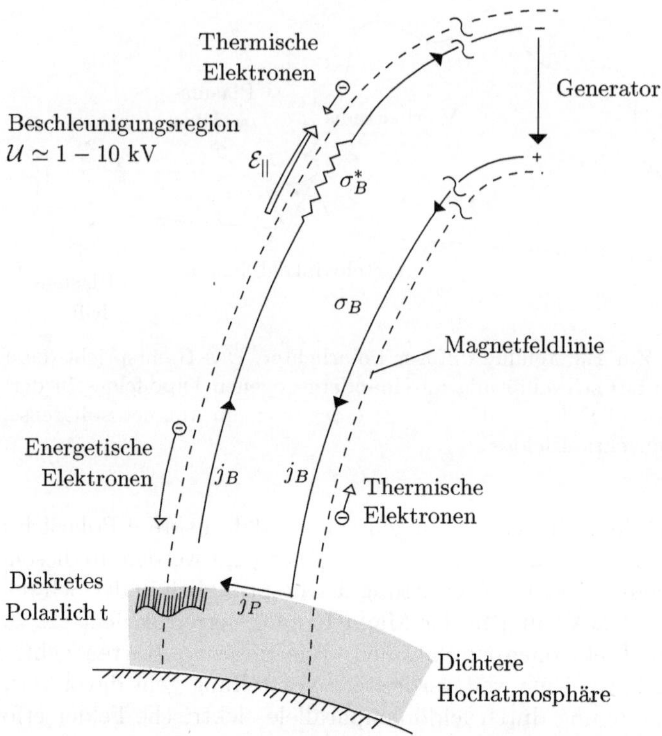

Abb. 7.19. Zur Entstehung diskreter Polarlichter

fall von weniger als 10 V, viel zu wenig, um die Nachbeschleunigung der
Polarlichtelektronen zu erklären!

Nun berücksichtigt die oben angegebene Leitfähigkeitsformel nicht die
Tatsache, daß in einem Dipolfeld die Beweglichkeit der Elektronen nicht nur
durch Stöße, sondern auch durch magnetische Gradientkräfte eingeschränkt
wird. So können sich die Elektronen erdwärts und ohne äußere Einflüsse
nur bis in Höhe ihres Spiegelpunktes bewegen, siehe Abschnitt 5.3.2. Um
einen von Elektronen getragenen und aufwärtsgerichteten Strom bestimmter
Größe in Gang zu setzen, müssen demnach die Spiegelpunkte der außerhalb
des verlustkonusbefindlichen Elektronen abgesenkt werden. Gemäß Gl. (5.37)
erfordert dies eine Verkleinerung ihrer Anstellwinkel und somit eine Vergrößerung ihrer feldlinienparallelen Geschwindigkeitskomponente, siehe Abb. 5.14.
Benötigt wird also ein zusätzliches, feldlinienparalleles elektrisches Feld, das
die magnetischen Gradientkräfte kompensiert und die Elektronen über ihren
regulären Spiegelpunkt hinaus in Richtung Erde beschleunigt. Offensichtlich
verringert die Gradient- oder Spiegelkraft die effektive Parallelleitfähigkeit für
aufwärtsgerichtete, von Elektronen getragene Ströme und genauere Rechnungen ergeben folgende einfache Beziehung zwischen der Birkelandstromdichte

in der Ionosphäre und der an der zugehörigen Dipolfeldlinie anliegenden Parallelspannung

$$j_B \simeq K\,\mathcal{U}_\parallel \qquad (7.16)$$

Dabei stellt die Proportionalitätskonstante eine Art Leitfähigkeit dar, die für eine Maxwell-Verteilung magnetosphärischer Elektronen folgenden Wert besitzt

$$K = e^2\,n/\sqrt{2\pi\,m_\mathrm{e}\,k\,T_\mathrm{e}} \qquad (7.17)$$

Entstammen die stromtragenden Elektronen der Schweifplasmaschicht, so erhält man mit $n \simeq 3\cdot 10^5\mathrm{m}^{-3}$, $T_\mathrm{e} = 8\cdot 10^6$ K und für eine Stromdichte von 3 μA/m^2 eine Potentialdifferenz von $\mathcal{U}_\parallel = 3$ kV, was sicherlich ausreicht, die für diskrete Polarlichter verantwortlichen höherenergetischen Elektronen zu erzeugen.

Die oben beschriebene Verringerung der Birkeland-Leitfähigkeit durch magnetische Gradientkräfte ist nicht die einzige Möglichkeit feldlinienparallele Potentialdifferenzen aufzubauen und Polarlichtelektronen zu beschleunigen. Andere Vorstellungen gehen z.B. davon aus, daß in den aufwärtsgerichteten Strömen oberhalb einer gewissen Stromintensität Plasma-Instabilitäten angeregt werden, die in größeren Höhen (ca. 6000 – 12 000 km) zur Ausbildung lokalisierter Potentialdifferenzen führen. In diesem Zusammenhang besonders häufig erwähnt wird eine spezielle Art von stehender Plasmawelle, eine sogenannte *elektrische Doppelschicht*. Andere Arten von Plasma-Instabilitäten können zu einem erhöhten Impulsaustausch zwischen Elektronen und Ionen führen und dadurch die effektive Reibungsfrequenz erhöhen. In diesem Fall gilt in Anlehnung an Gl. (7.11)

$$\sigma_B^* = \frac{e^2\,n}{m_\mathrm{e}\,(\nu_{\mathrm{e,i}}^*)_{eff}} \qquad (7.18)$$

und die Parallelleitfähigkeit wird stark verringert. Diese Situation ist in Abb. 7.19 skizziert. Schließlich besteht die Möglichkeit, daß Polarlichtelektronen nicht durch quasi-statische Potentialdifferenzen, sondern durch Wellenfelder beschleunigt werden. Für diesen Zweck besonders geeignet scheint ein spezieller Typ von Magnetoplasma-Wellen (Untere Hybridwellen), die an der unteren und oberen Kante der Plasmaschicht erzeugt werden könnten.

Für die in Abb. 7.19 betrachtete Beschleunigungsregion spricht, daß sie Ursprungsort von Radiowellen ist. Diese Radiowellenstrahlung ist so intensiv, daß sie wahrscheinlich das erste wäre, was man – aus der Tiefe des interstellaren Raumes kommend – von der Erde wahrnehmen würde. Dabei liegt die Frequenz dieser Radiowellen in der Nachbarschaft der lokalen Gyrofrequenz der Elektronen

$$f_{\mathrm{Radio}} \simeq f_{\mathcal{B}}^e \simeq \frac{e\,\mathcal{B}_{00}}{\pi\,m_e}\left(\frac{R_E}{r}\right)^3 \simeq 1.7\cdot 10^6 \left(\frac{R_E}{r}\right)^3 [\mathrm{Hz}] \qquad (7.19)$$

Für eine Höhe von 6000 km ($r \simeq 2R_E$) ergibt sich beispielsweise eine Frequenz von etwa 200 kHz, was einer Wellenlänge von 1.5 km entspricht. Entsprechend diesem Wellenlängenbereich spricht man von polarer Kilometerwellenstrahlung (engl. *auroral kilometric radiation, AKR*). Wie diese Radiostrahlung entsteht, ist – ebenso wie die Polarlichtteilchenbeschleunigung – ein nach wie vor unvollständig gelöstes und damit herausforderndes Problem der Weltraumforschung.

7.5 Neutralatmosphärische Effekte

Konvektion, Ströme und Polarlichtteilcheneinfall haben wichtige Folgen für die Dynamik und Energetik der polaren Hochatmosphäre. So wird das Neutralgas durch Stöße mit den driftenden Ladungsträgern beschleunigt und aufgeheizt. Hinzu kommt die Wärmezufuhr durch einfallende Polarlichtteilchen. Die daraus resultierenden Wind-, Temperatur- und Dichteänderungen sind ein wichtiges Merkmal der polaren Hochatmosphäre.

7.5.1 Driftinduzierte Winde

Die ionosphärische Konvektion führt über stoßbedingte Reibung zu einer fortwährenden Beschleunigung der neutralatmosphärischen Gase in Richtung der Driftbewegung. Auf diese Weise entsteht eine horizontale Windzirkulation, die dem in Abb. 7.3 gezeigten Konvektionsmuster entspricht und die der allgemeinen Windzirkulation überlagert ist. Da Stöße in der F-Region relativ selten vorkommen, bedarf es einer gewissen Zeit, bevor sich die Windgeschwindigkeit der Konvektionsgeschwindigkeit angepaßt hat. Die zugehörige Zeitkonstante läßt sich wie folgt abschätzen. Betrachtet wird ein thermosphärisches Gaspaket (Massendichte ρ_n, räumlich homogene Geschwindigkeit u_n), das durch Ionenreibungskräfte beschleunigt wird. Dieser Beschleunigung wirken Trägheitskräfte entgegen und im Gleichgewichtsfall gilt (siehe auch Abschnitt 3.4.3)

$$\rho_n \, \frac{\partial u_n}{\partial t} \simeq \rho_n \, \nu_{n,i}^* \, (u_i - u_n)$$

Nimmt man an, daß die Konvektionsgeschwindigkeit u_i konstant ist, und führt man die Differenzgeschwindigkeit $\Delta u = u_i - u_n$ ein, so erhält man mit $\partial u_i / \partial t = 0$

$$-\frac{\partial (\Delta u)}{\partial t} \simeq \nu_{n,i}^* \, \Delta u$$

bzw. nach Integration dieser Gleichung

$$\Delta u(t) = \Delta u(t = 0) \, e^{-t/\tau_W} \tag{7.20}$$

Daraus folgt, daß die Windgeschwindigkeit nach der Zeit $\tau_W = 1/\nu_{n,i}^*$ etwa 2/3 der Konvektionsgeschwindigkeit erreicht hat. Explizit erhält man mit Gl. (2.57) und für F-Region Verhältnisse ($n_i \simeq n_{O^+}$, $n_n \simeq n_O$, $T_{O^+} \simeq T_O \simeq$

1000 K, $\sigma_{O,O^+} \simeq 8 \cdot 10^{-19} \mathrm{m}^2$, siehe auch Abschnitt 3.4.4) eine Zeitkonstante von $\tau_W\,[\mathrm{s}] \simeq 10^{15}/n_{O^+}\,[\mathrm{m}^{-3}]$, so daß sich für eine Ionisationsdichte von $5 \cdot 10^{11}$ m^{-3} eine Beschleunigungszeit von etwa einer halben Stunde ergibt. Offensichtlich kann sich die Thermosphäre der tagseitigen F-Region nur verzögert, die der nachtseitigen F-Region wegen der dann geringeren Ionisationsdichte nur bedingt an wechselnde Konvektionsgeschwindigkeiten anpassen.

7.5.2 Aufheizung

Die Reibung zwischen driftenden Ladungsträgern und Neutralgasteilchen führt nicht nur zu einer Beschleunigung, sondern auch zu einer Aufheizung der neutralatmosphärischen Gase. So werden aufgrund der bei Stößen auftretenden Ablenkungen Neutralgasteilchen nicht nur in Richtung der Drift, sondern auch senkrecht dazu beschleunigt. Dies schafft zusätzliche ungeordnete Bewegungsenergie und entspricht einer Wärmezufuhr. Auf gleiche Weise wird auch das Ladungsträgergas aufgeheizt. In beiden Fällen wird der geordneten Driftbewegung Energie entzogen und den Gasen in Form von Reibungswärme zugeführt. Wird die Driftbewegung trotz dieser Verluste aufrechterhalten, so geht dieses auf Kosten der für die Konvektion verantwortlichen elektrischen Feldenergie. Eine quantitative Beschreibung dieser Vorgänge gelingt mit Hilfe der Energiebilanzgleichungen der wechselwirkenden Gase. Dabei gilt es auch den Wärmeaustausch zwischen den aufgeheizten Gaskomponenten zu berücksichtigen. Es zeigt sich, daß die effektive Aufheizrate des Neutralgases proportional zum Quadrat der Relativgeschwindigkeit zwischen Ionen- und Neutralgas ist. Dies ist verständlich, da die Bewegungsenergie proportional zum Quadrat der Geschwindigkeit ist, bei fehlender Relativgeschwindigkeit keine Reibung stattfindet und Elektronen aufgrund ihrer geringen Masse sehr ineffektiv bei der Übertragung von Energie sind.

Hier soll ein etwas anderer Ansatz für die Bestimmung der effektiven Aufheizrate betrachtet werden. So ist aus der Elektrodynamik bekannt, daß Ströme zu einer *Joule-Aufheizung* des Leiters führen. Es gilt

$$q_J = \vec{j}\,\vec{\mathcal{E}} = \sigma_P\,\mathcal{E}^2 \tag{7.21}$$

wobei q_J die durch den Stromfluß pro Volumen und Zeit erzeugte Wärme bezeichnet. Offensichtlich entspricht diese Beziehung der lokalen Form des aus der Elektrizitätslehre bekannten Leistungsgesetzes $P = \mathcal{I}\,\mathcal{U} = \mathcal{U}^2/\mathcal{R} = \mathcal{L}\,\mathcal{U}^2$, wobei $\mathcal{L}$ wieder den Leitwert bezeichnet. Man beachte, daß nur die Pedersen-, nicht aber die Hall-Ströme zur Aufheizung beitragen, letztere fließen ja senkrecht zum elektrischen Feld. Bei einem ruhenden Leiter ist $\vec{\mathcal{E}}$ das von außen (über eine Spannung) aufgeprägte elektrische Feld. Bewegt sich der Leiter in einem Magnetfeld, muß zusätzlich die dann im Leiter induzierte Feldstärke $\vec{\mathcal{E}}_D = -\vec{u} \times \vec{B}$ berücksichtigt werden, vergleiche dazu Abschnitt 6.2.6. Letzteres ist in der hier betrachteten Situation der Fall. So bewegt sich das ionisierte Gas als Leiter im Magnetfeld der Erde. Dabei wird die Bewegung des Leiters durch die Plasmageschwindigkeit in der Dynamoregion, $u = (\rho_i u_i + \rho_e u_e + \rho_n u_n)/(\rho_i + \rho_e + \rho_n) \simeq u_n$ bestimmt, siehe die um eine Neutralgaskomponente erweiterte Gl. (6.49), und es gilt

$$q_J = \sigma_P \, (\vec{\mathcal{E}}_{Kon} - \vec{\mathcal{E}}_D)^2 \simeq \sigma_P \, (\vec{\mathcal{E}}_{Kon} + \vec{u}_n \times \vec{\mathcal{B}})^2 \qquad (7.22)$$

$\vec{\mathcal{E}}_{Kon}$ bezeichnet dabei das elektrische Konvektionsfeld und das Minuszeichen in der ersten Klammer berücksichtigt die Tatsache, daß das induzierte Feld das beschleunigende Konvektionsfeld schwächt. Alternativ läßt sich Gl. (7.22) auch folgendermaßen verstehen. Ein im Neutralgas ruhender Beobachter (Systemindex *) sieht, daß die Ladungsträger eine $\vec{\mathcal{E}} \times \vec{\mathcal{B}}$ - Driftgeschwindigkeit der Größe $\vec{u}^* = \vec{u}_i - \vec{u}_n$ besitzen. Für ihn ist dafür ein elektrisches Feld der Größe $\vec{u}^* = \vec{\mathcal{E}}^* \times \vec{\mathcal{B}}/\mathcal{B}^2$ bzw. $\vec{\mathcal{E}}^* = -\vec{u}^* \times \vec{\mathcal{B}} = -\vec{u}_i \times \vec{\mathcal{B}} + \vec{u}_n \times \vec{\mathcal{B}} = \vec{\mathcal{E}}_{Kon} + \vec{u}_n \times \vec{\mathcal{B}}$ verantwortlich. Dabei beziehen sich die Größen $\vec{u}_i, \vec{u}_n$ und $\vec{\mathcal{E}}_{Kon}$ auf ein auf der Erde ruhendes Koordinatensystem.

Erreicht die Neutralgasgeschwindigkeit die Konvektionsgeschwindigkeit, so gilt

$$q_J = \sigma_P \, (\vec{\mathcal{E}}_{Kon} + \, (\vec{\mathcal{E}}_{Kon} \times \vec{\mathcal{B}}) \, \times \, \vec{\mathcal{B}}/\mathcal{B}^2)^2 = 0$$

und dies ist verständlich, da bei gleicher Geschwindigkeit von Ladungsträgern und Neutralgasteilchen keine Reibung mehr stattfindet. Meist ist jedoch die Neutralgasgeschwindigkeit in Höhe der Dynamoregion relativ gering ($\lesssim 150$ m/s), so daß hier das induzierte Feld gegenüber dem aufgeprägten Konvektionsfeld vernachlässigt werden kann. Insbesondere im Bereich des Polarovals gilt somit in guter Näherung

$$q_J(\text{Polaroval}) \simeq \sigma_P \, \mathcal{E}_{Kon}^2 \qquad (7.23)$$

Setzt man typische Werte für die Dynamoschicht in 130 km Höhe ein ($\sigma_P \simeq 10^{-4}$ S/m, $\mathcal{E}_{Kon} \simeq 30$ mV/m), so erhält man eine Aufheizrate von $q_J(130 \text{ km}) \simeq 10^{-7}$ W/m^3. Dies ist ein Vielfaches dessen, was durch solare UV-Strahlung in diesem Höhenbereich an Aufheizung geleistet wird, vergleiche dazu Abb. 3.22. Pedersen-Ströme stellen somit eine wichtige Wärmequelle für die polare Hochatmosphäre dar. Hinzu kommen die häufig nicht zu vernachlässigenden Aufheizeffekte einfallender Polarlichtteilchen.

7.5.3 Zusammensetzungsstörungen

Unmittelbare Folge der intensiven Aufheizung durch Ströme und Teilcheneinfall ist ein deutlicher Temperaturanstieg im Bereich des Polarovals. Dieser wiederum führt zu einer Ausdehnung der atmosphärischen Gase, wobei die Expansion wegen fehlender Rückstaueffekte vorzugsweise nach oben hin erfolgt. Erst in größeren Höhen setzt die entstehende Hochdruckzone auch horizontale Winde in Gang, die die Überschußwärme großräumig verteilen. Auf

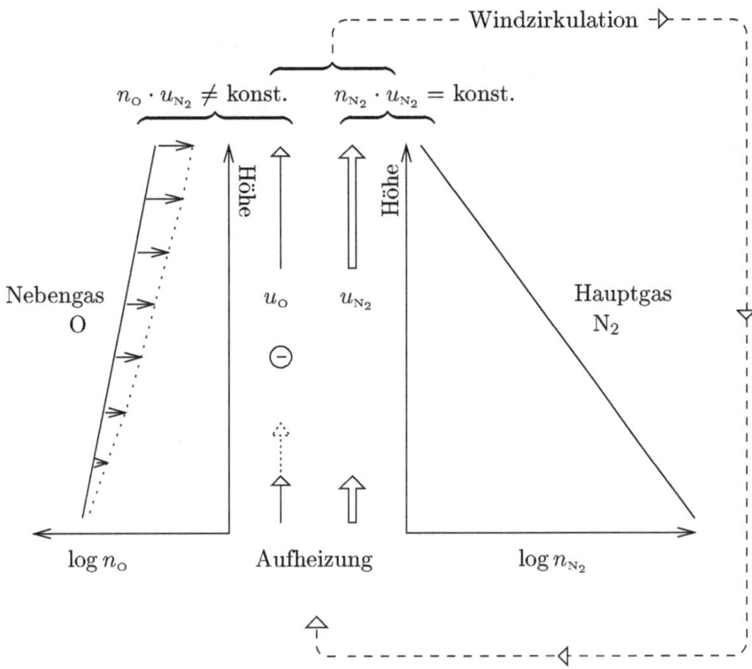

Abb. 7.20. Entstehung von Windzirkulationszellen und Dichteabnahme eines leichteren Nebengases (hier atomarer Sauerstoff) durch wind-induzierte Störung seiner Gleichgewichtsverteilung

diese Weise entstehen Windzirkulationen, wie sie in Abb. 7.20 angedeutet sind.

Die mit dieser Zirkulation verbundenen Vertikalwinde haben wichtige Folgen für die Zusammensetzung der Hochatmosphäre. So wird eine relative Abnahme der leichteren Gase (wie z.B. von atomarem Sauerstoff und Helium) und gleichzeitig eine relative Zunahme der schwereren Gase (wie z.B. von molekularem Sauerstoff und Argon) beobachtet. Abbildung 7.20 liefert eine Erklärung für diese auffällige Erscheinung. Betrachtet wird der Bereich der mittleren Thermosphäre in etwa 110 − 170 km Höhe. Molekularer Stickstoff als Hauptgas strömt mit der Vertikalgeschwindigkeit $u_{\mathrm{N_2}}$ nach oben, ohne daß dabei sein Diffusionsgleichgewicht wesentlich gestört wird. Dies setzt voraus, daß der Teilchenfluß $n_{\mathrm{N_2}} u_{\mathrm{N_2}}$ in erster Näherung konstant und unabhängig von der Höhe ist. Wegen der exponentiell abnehmenden Dichte muß die Geschwindigkeit deshalb mit der Skalenhöhe des Stickstoffs zunehmen. Aufgrund der starken Stoßreibung im Bereich der mittleren Thermosphäre wird das Nebengas atomarer Sauerstoff gezwungen, sich mit nahezu der gleichen Geschwindigkeit wie das Hauptgas nach oben zu bewegen. In diesem Fall ist aber der Teilchenfluß $n_{\mathrm{O}} u_{\mathrm{N_2}}$ nicht mehr konstant. Vielmehr werden im oberen Bereich mehr Sauerstoffteilchen abgeführt als von unten nachgeliefert werden, und es entsteht ein Defizit dieser Komponente. Der punktierte Pfeil deutet an, wie groß die Vertikalgeschwindigkeit der Sauerstoffatome sein müßte, damit entsprechend der Skalenhöhe dieses Gases die Kontinuität des Teilchenflußes gewahrt bliebe.

Formal läßt sich das in Abb. 7.20 skizzierte Störungsszenario wie folgt beschreiben. Mit $n_{N_2} u_{N_2} = $ konst. gilt

$$u_{N_2} \sim \frac{1}{n_{N_2}} \sim e^{(z-z_0)/H_{N_2}}$$

Dabei haben wir in grober Näherung die Höhenabhängigkeit der Temperatur vernachlässigt. Aus der Kontinuitätsgleichung für das Nebengas s folgt dann mit $u_s \simeq u_{N_2}$

$$\frac{\partial n_s}{\partial t} \simeq -\frac{\partial}{\partial z}(n_s \, u_{N_2}) \sim -\frac{\partial}{\partial z}\left\{ e^{-(z-z_0)/H_s} \, e^{(z-z_0)/H_{N_2}} \right\}$$

bzw.

$$\frac{\partial n_s}{\partial t} \sim \frac{1}{H_{N_2,s}} \, e^{-(z-z_0)/H_{N_2,s}} \tag{7.24}$$

wobei die effektive Skalenhöhe $H_{N_2,s}$ sowohl positive als auch negative Werte annehmen kann

$$H_{N_2,s} = \frac{H_{N_2} H_s}{H_{N_2} - H_s} = \frac{H_{N_2}}{\mathcal{M}_s/\mathcal{M}_{N_2} - 1} \tag{7.25}$$

Entsprechend wird eine Zunahme oder Abnahme des betreffenden Gases beobachtet. Für leichtere Gase ($\mathcal{M}_s < \mathcal{M}_{N_2}$) gilt $\partial n_s/\partial t < 0$, und die Gasspezies s nimmt ab; für schwerere Gase ($\mathcal{M}_s > \mathcal{M}_{N_2}$) gilt dagegen $\partial n_s/\partial t > 0$, und das Nebengas nimmt zu. Zusammensetzungsstörungen dieser Art sind wesentliches Merkmal der Hochatmosphäre polarer und mitunter auch mittlerer Breiten, siehe Abschnitt 8.4.1 und hier insbesondere Abb. 8.15.

7.6 Energietransfer Sonnenwind-Magnetosphäre

Zur Unterhaltung der verschiedenen in der polaren Hochatmosphäre beobachteten Phänomene wird eine beträchtliche Menge an Energie benötigt. Nimmt man an, daß diese Energie über die Region 1-Birkelandströme in die Hochatmosphäre einfließt (wir werden dies später begründen), so beträgt die in beiden Polarregionen dissipierte Leistung $P \simeq 2 \, \mathcal{U}_{PK} \, \mathcal{I}_B(\text{Region1}) \simeq 2 \cdot 30$ kV $\cdot 2$ MA $\simeq 10^{11}$ W, und diese gilt es dem Sonnenwind zu entziehen. Eine erste Abschätzung zeigt, daß dies grundsätzlich möglich ist. So beträgt nach Tabelle 6.1 der Energiefluß des Sonnenwindes in Erdbahnnähe etwa 0.5 mW/m^2. Bei einer Auffangfläche der Magnetosphäre von $(15R_E)^2\pi$

ergibt sich ein Leistungsangebot von mehr als 10^{13} W. Es genügt also einen geringen Teil dieser angebotenen Leistung zu absorbieren, um die polaren Hochatmosphären mit der benötigten Energie zu versorgen. Wie dies im einzelnen geschieht, ist ein vieldiskutiertes Problem und Gegenstand intensiver Forschung. Feststeht, daß es letztlich die Strömungsenergie des Sonnenwindes ist, die angezapft wird, und daß ein Großteil der abgezweigten Bewegungsenergie zunächst in elektrische Energie umgewandelt wird. Im folgenden soll eine Dynamokonfiguration vorgestellt werden, die wesentliche Aspekte dieser Energieabsorption und -umwandlung zu erklären vermag.

7.6.1 Sonnenwinddynamo

Bei einem Dynamo erfolgt die Umwandlung von kinetischer in elektrische Energie durch die Bewegung eines Leiters in einem Magnetfeld. In dem hier zu betrachtenden Fall ist es das leitfähige Plasma des Sonnenwindes, das über mit der Erde verbundene Magnetfeldlinien strömt. Um die Funktionsweise dieses Sonnenwinddynamos leichter verstehen zu können, sei zunächst angenommen, daß sich die Magnetfeldlinien der Polkappengebiete nicht in die Schweifflügel, sondern direkt in den interplanetaren Raum erstrecken. Das heißt wir betrachten eine *offene Magnetosphäre*, in der Polkappenfeldlinien einen Fußpunkt auf der Erde besitzen, ansonsten aber in den interplanetaren Raum hinausragen. Abbildung 7.21 illustriert das ins Auge gefaßte Szenario. Der gutleitende Sonnenwind strömt von der Tagseite kommend über das offene Magnetfeld der Polkappenregion, wobei ein von der Morgen- zur Abendseite gerichtetes elektrisches Dynamofeld der Größe

$$\vec{\mathcal{E}}_D = -\vec{u}_{SW} \times \vec{\mathcal{B}}_z \tag{7.26}$$

erzeugt wird, siehe Gl. (6.37). Die Situation entspricht der eines Magnetohydrodynamischen (MHD-) Generators, bei dem ein künstlich erzeugtes Plasma senkrecht über ein Magnetfeld geblasen wird, um elektrische Felder und Ströme zu erzeugen. Mikroskopisch betrachtet werden die Sonnenwindprotonen beim Eintritt in das offene Polkappenfeld durch die magnetische Kraft zur Morgenseite, die Elektronen zur Abendseite hin abgelenkt. Dies führt zur Ladungstrennung und zur Entstehung eines vom Morgen- zum Abendsektor gerichteten elektrischen Polarisationsfeldes. Die Ladungstrennung und der Aufbau der Überschußladung wird solange fortgesetzt, bis die vom zugehörigen Polarisationsfeld ausgeübte elektrische Kraft gerade die magnetische Kraft kompensiert

$$n\,q_s\,\vec{\mathcal{E}}_P + n\,q_s\,\vec{u}_{SW} \times \vec{\mathcal{B}}_z = 0$$

Daraus folgt

$$\vec{\mathcal{E}}_P = -\vec{u}_{SW} \times \vec{\mathcal{B}}_z = \vec{\mathcal{E}}_D$$

Nach Aufbau dieses Polarisationsfeldes setzen die Teilchen ihre Reise – leicht zur Morgen- bzw. Abendseite abgelenkt – fort. Wie sich leicht überprüfen

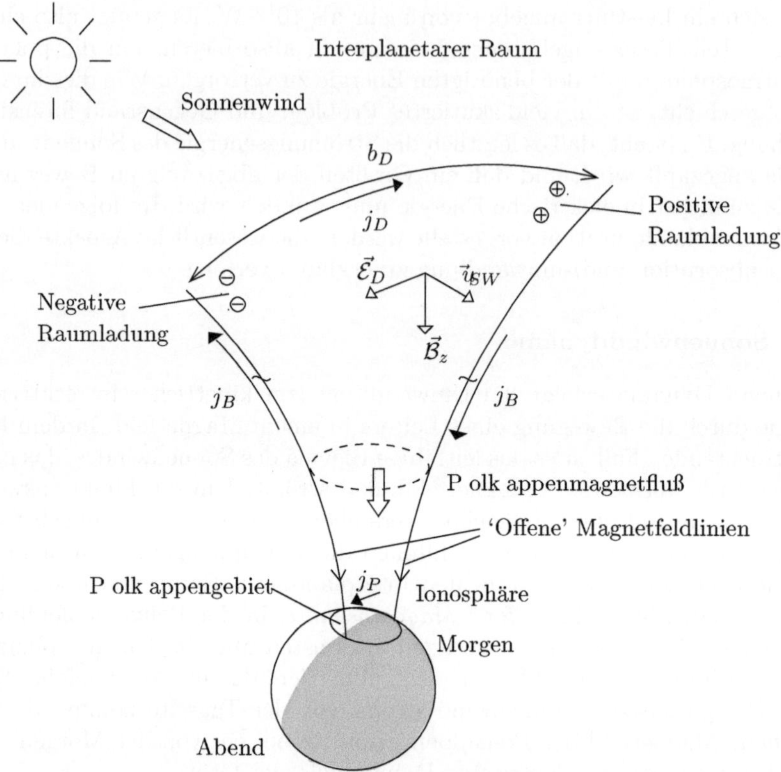

Abb. 7.21. Zur Funktionsweise des Sonnenwinddynamos

läßt, ist die für die Kompensation der magnetischen Kraft benötigte Ablenkung sehr gering (Zentimeter) und wesentlich kleiner als die maximal mögliche Ablenkung von $r_{\mathcal{B}}^{\mathrm{i}} + r_{\mathcal{B}}^{\mathrm{e}}$ (> 1000 km).

Entscheidendes Merkmal der hier skizzierten Situation ist, daß das auf diese Weise aufgebaute Polarisationsfeld über die relativ hohe Leitfähigkeit entlang der Magnetfeldlinien auch an der polaren Ionosphäre anliegt. Man sollte deshalb auch in der Polkappenregion ein von der Morgen- zur Abendseite gerichtetes elektrisches Feld beobachten, und dies ist, wie wir gesehen haben, tatsächlich der Fall. Mit Hilfe des damals angegebenen Polkappenpotentials von etwa 30 kV, einer angenommenen Magnetfeldstärke von $\mathcal{B}_z \simeq -2$ nT und einer typischen Sonnenwindgeschwindigkeit von 500 km/s läßt sich die benötigte Breite der Dynamoregion zu $b_D = \mathcal{U}_{PK}/(u_{SW}\,\mathcal{B}_z) \simeq 5\,R_E$ abschätzen, was einer realistischen Dimension entspricht.

Nun ist die Ionosphäre im Bereich der Dynamoschicht leitend und stellt eine Last für den Sonnenwinddynamo dar. Es fließt ein Strom, der wegen der damit verbundenen Joule-Aufheizung Energie verbraucht, die dem Sonnenwind entzogen werden muß. Dies geschieht über eine Verminderung der

Strömungsgeschwindigkeit. So führt jeder Stromfluß im Bereich des Sonnen-winddynamos zu einer Abbremsung des Plasmas. Gemäß Gl. (5.3) gilt ja $\vec{F}_{\mathcal{B}}^* = \vec{j}_D \times \vec{\mathcal{B}}_z$ und diese Kraft ist der Sonnenwindgeschwindigkeit entgegen-gerichtet. Umgekehrt ist leicht einzusehen, daß jede dadurch hervorgerufene Verminderung der Sonnenwindgeschwindigkeit automatisch einen Stromfluß in der geforderten Richtung hervorruft. So wird im Gleichgewichtsfall die Abbremskraft durch die Trägheitskraft kompensiert und die Kräftebilanz-gleichung lautet

$$\vec{F}_{\mathcal{B}}^* = \vec{j}_D \times \vec{\mathcal{B}}_z = \vec{F}_T^* = \rho_{SW}\,\frac{\partial \vec{u}_{SW}}{\partial t}$$

Kreuzmultiplikation von links mit $\vec{\mathcal{B}}_z$ ergibt für die Dynamoinnenstromdichte die Beziehung

$$\vec{j}_D = \frac{\rho_{SW}}{\mathcal{B}_z^2}\,\vec{\mathcal{B}}_z \times \frac{\partial \vec{u}_{SW}}{\partial t} \tag{7.27}$$

Da bei einer Abbremsung $\partial \vec{u}_{SW}/\partial t$ negativ ist, fließt ein vom Abend- zum Morgensektor gerichteter Dynamoinnenstrom. Entsprechend driften die Son-nenwindprotonen langsam in Richtung Morgenseite, die Elektronen in Rich-tung Abendseite. Offenbar ist das elektrische Polarisationsfeld nicht mehr in der Lage die magnetische Kraft vollständig zu kompensieren. Dies ist verständlich, da der Stromfluß durch die Ionosphäre zu einem Abbau der Po-larisationsraumladung führt und diese ständig durch eine seitliche Ablenkung der Sonnenwindteilchen wieder aufgebaut werden muß. Dabei entsprechen die den Stromkreis schließenden Birkeland-Ströme j_B den Region 1-Strömen der Abb. 7.10.

Zur Überprüfung der Leistungsfähigkeit unseres Sonnenwinddynamos sei angenommen, daß dessen Auffangfläche von der Größenordnung b_D^2 ist und daß der durchgeschleuste Sonnenwind 5 % seiner Geschwindigkeit verliert. Dann gilt

$$P_D = b_D^2\,\frac{1}{2}\,n\,m_H\,u_{SW}^3\,[1 - (0.95)^3] \simeq 10^{11}\ \text{W}$$

was offensichtlich ausreicht den Energiebedarf der jeweils betrachteten Po-larregion abzudecken.

7.6.2 Offene Magnetosphäre

Der oben beschriebene Sonnenwinddynamo erfordert die Existenz 'offener' Magnetfeldlinien, die sich in den interplanetaren Raum erstrecken. Abbildung 7.22 zeigt in stark vereinfachter Form, wie man sich die Entstehung derartiger Feldlinien vorstellen kann. Betrachtet wird die Überlagerung einer negativen $\mathcal{B}_z$-Komponente des interplanetaren Magnetfeldes (GSM-Koordinaten, siehe Abb. 5.34) und des nicht vom Sonnenwind deformierten Dipolfeldes der Er-de. Topologisch gesehen lassen sich drei Teilbereiche unterscheiden: Erstens der Bereich interplanetarer Magnetfeldlinien, bei denen sich beide Fußpunkte außerhalb der Erde befinden; zweitens der Bereich offener Magnetfeldlinien,

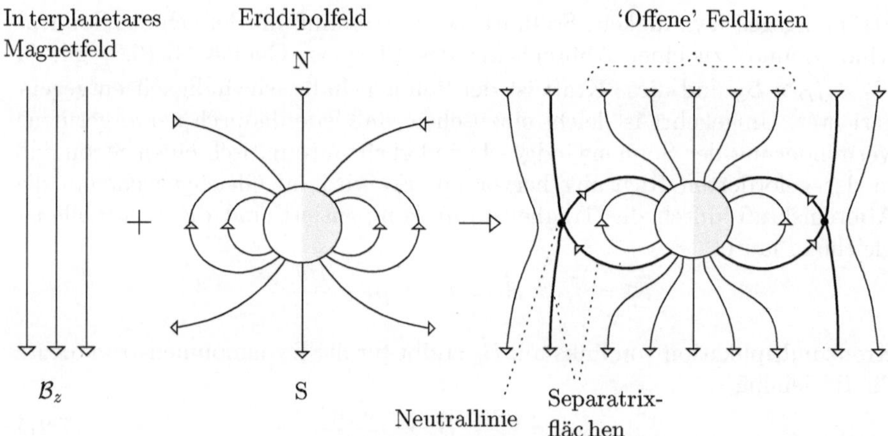

Abb. 7.22. Zur Entstehung 'offener' Magnetfeldlinien

bei denen sich ein Fußpunkt auf der Erde, der andere im interplanetaren Raum befindet; und drittens der Bereich geschlossener Magnetfeldlinien, bei denen beide Fußpunkte auf der Erde verankert sind. Getrennt werden diese Bereiche durch Trenn- oder Separatrixflächen. Diese schneiden sich in einer x-förmigen *Null-* oder *Neutrallinie*, auf der die Magnetfeldstärke gleich Null sein muß.

Wie sich leicht nachprüfen läßt, führt die entsprechende Überlagerung einer positiven $\mathcal{B}_z$-Komponente zu einer *geschlossenen Magnetosphäre*, bei der praktisch alle erdzugehörigen Magnetfeldlinien mit beiden Fußpunkten auf der Erde verankert sind. Daraus folgt, daß die Effektivität des im vorangegangenen Abschnitt betrachteten Sonnenwinddynamos von der Richtung der $\mathcal{B}_z$-Komponente des interplanetaren Magnetfeldes abhängen sollte: Nur für eine negative $\mathcal{B}_z$-Komponente erwarten wir aufgrund der dann existierenden offenen Magnetfeldlinien einen Energietransfer Sonnenwind-Magnetosphäre. Diese bemerkenswerte Vorhersage unseres Modells wird in der Tat durch Beobachtungen bestätigt und verleiht unseren bisherigen Überlegungen Glaubwürdigkeit.

Überlagert man dem Dipolfeld der Erde neben der $\mathcal{B}_z$-Komponente noch die vorherrschenden Horizontalkomponenten $\mathcal{B}_x$ und $\mathcal{B}_y$, so wird die Topologie des resultierenden Gesamtfeldes wesentlich komplizierter. Der grundsätzliche Zusammenhang zwischen offenen Magnetfeldlinien und einer negativen $\mathcal{B}_z$-Komponente bleibt davon aber unberührt.

7.6.3 Plasmakonvektion in der offenen Magnetosphäre

Wie sieht die großräumige Plasmabewegung oder Plasmakonvektion in einer offenen Magnetosphäre aus? Das vom Sonnenwinddynamo erzeugte und an den offenen Magnetfeldlinien anliegende elektrische Feld sollte in jedem

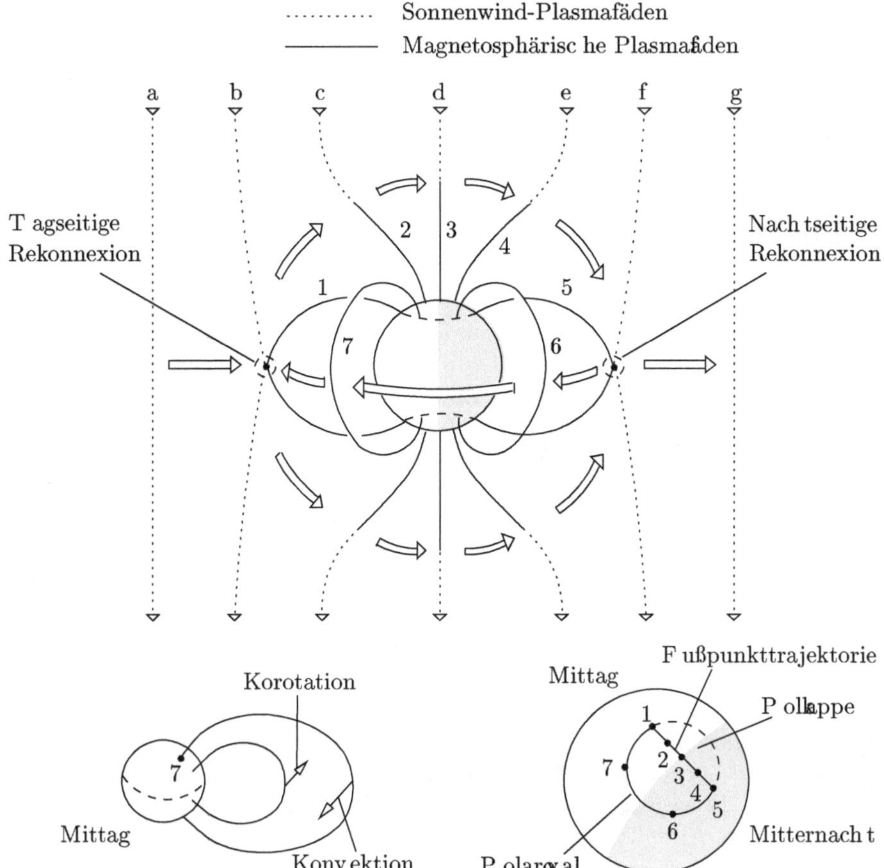

Abb. 7.23. Plasmakonvektion in der offenen Magnetosphäre (Dungey-Modell)

Fall eine nachtwärtsgerichtete $\vec{\mathcal{E}} \times \vec{\mathcal{B}}$ -Drift von Sonnenwind- und Magnetosphärenplasma über die Polkappenregionen bewirken. Voraussetzung für eine solche gemeinsame Drift ist allerdings, daß zuvor Sonnenwind- und Magnetosphärenplasma auf offene Magnetfeldlinien gelangt. Wie dies vonstatten gehen könnte, ist in Abb. 7.23 skizziert. Entlang der negativen $\mathcal{B}_z$-Komponente des interplanetaren Magnetfeldes ausgerichtete Plasmafäden bewegen sich mit der lokalen Sonnenwindgeschwindigkeit in Richtung offene Magnetosphäre. Hier treffen sie mit Plasmafäden zusammen, die entlang geschlossener Dipolfeldlinien verlaufen. Am Ort der Neutrallinie ist die Magnetfeldstärke gleich Null und Magnetfeldlinien somit nicht definiert. Damit geht auch die von Theorem (6.29) geforderte Zuordnung der einzelnen Bestandteile eines Plasmafadens an eine gemeinsame Magnetfeldlinie an diesem Punkt verloren. Plasmafäden, die durch interplanetare Magnetfeldlinien und magnetosphärische Plasmafäden, die durch Dipolfeldlinien verbunden sind, können somit am Ort der Neutrallinie zunächst aufgetrennt und anschließend wechselseitig miteinander verknüpft werden. Man bezeichnet diesen Vorgang als *Rekonnexion*. Einmal verknüpft driftet jetzt ein Teil des interplanetaren Plasmafadens und ein Teil des magnetosphärischen Plasmafadens, durch eine gemeinsame offene Magnetfeldlinie verbunden, über die jeweilige Polkappenregion. An der nachtseitigen Neutrallinie angekommen, kommt es erneut zu einer Auftrennung und Umverbindung der Plasmafäden (diesmal zu Recht als *Rekonnexion* bezeichnet), wobei jetzt wieder rein interplanetare und rein magnetosphärische Plasmafäden entstehen. Während sich die interplanetaren Plasmafäden mit dem Sonnenwind in Richtung äußere Heliosphäre bewegen, driften die magnetosphärischen Plasmafäden, durch geschlossene Dipolfeldlinien verbunden, zurück in Richtung Tagsektor. Daß ein solcher Rücktransport notwendig ist, leuchtet unmittelbar ein: Ohne ihn wäre ja in kurzer Zeit das gesamte tagseitige magnetosphärische Plasma durch die Polkappendrift in den Nachtsektor abtransportiert und verschwunden. Der Rücktransport findet dabei in der äußeren Magnetosphäre statt, wie dies durch die unten links in Abb. 7.23 eingefügte Skizze angedeutet wird. In der inneren Magnetosphäre befindet sich ja die Plasmasphäre, deren Korotationsbewegung im Nachmittag - Abendsektor gerade der Rücktransportbewegung entgegengerichtet ist, siehe auch Abb. 5.33. Einmal im Tagsektor angekommen, können sich die Plasmafäden erneut mit interplanetaren Plasmafäden verbinden. Auf diese Weise entsteht die in Abb. 7.23 durch Pfeile beschriebene großräumige Plasmazirkulation in einer offenen Magnetosphäre. Daß diese mit der in der polaren Ionosphäre beobachteten Plasmakonvektion verträglich ist – letztere beschreibt ja die Bewegung der Fußpunkte der Plasmafäden – wird durch die rechts unten in Abb. 7.23 eingefügte Skizze belegt, vergleiche dazu auch Abb. 7.3.

Als nützlich, weil sehr anschaulich, erweist sich auch die Vorstellung, daß – ähnlich wie beim Sonnenwind – das Magnetfeld in das Plasma 'eingefroren' ist. Bei dieser Betrachtungsweise bewegen sich die Plasmafäden und die Magnetfeldlinien gemeinsam, und Rekonnexion findet nicht nur bei den Plasmafäden, sondern auch bei den Magnetfeldlinien statt, man spricht hier auch von *Feldlinienverschmelzung* (engl. *field line merging*). Damit wird auch der in die Plasmafäden eingefrorene magnetische Fluß von der Frontseite der Magnetosphäre in den Schweif transportiert und, nach erneuter Rekonnexion, wieder zurück zur Frontseite der Magnetosphäre. Sonnenwindplasma mit negativer B_z-Komponente kann somit zu einer vorübergehenden 'Erosion' der frontseitigen Magnetosphäre und zu einer Erhöhung der Magnetfeldstärke auf der Nachtseite führen.

7.6.4 Offene Magnetosphäre mit Schweif

Ein behebbarer Mangel der bisher betrachteten offenen Magnetosphäre ist deren fehlender Schweif. Bezieht man diesen mit ein, so verläuft der überwie-

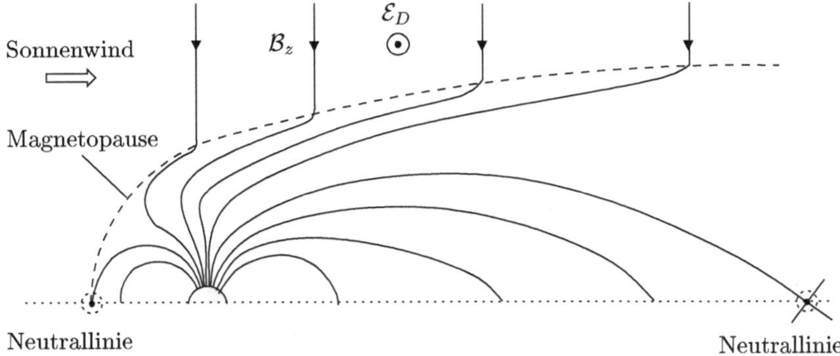

Abb. 7.24. Verlauf 'offener' Magnetfeldlinien in einer Magnetosphäre mit Schweif

gende Teil der offenen Magnetfeldlinien zunächst durch die Schweifflügelregion, bevor er mehr oder weniger weit von der Erde entfernt in den interplanetaren Raum austritt, siehe Abb. 7.24. Dies führt dazu, daß die nachtseitige
Neutrallinie weit nach außen verschoben wird. Eine Obergrenze für deren
neue Entfernung ergibt sich aus folgender Überlegung. Bei einer Polkappen-
driftgeschwindigkeit von 200 m/s (was ungefähr einer elektrischen Feldstärke
von 10 mV/m und einem Polkappenpotential von 30 kV entspricht) benötigt
das Fußende eines offenen Plasmafadens für die Überquerung der Polkappe
bei einem Polkappendurchmesser von 30° etwa 5 Stunden. In dieser Zeit hat
der interplanetare Teil des Plasmafadens bei einer Sonnenwindgeschwindigkeit von 500 km/s eine Distanz von 1400 R_E zurückgelegt und dies sollte der
maximalen Entfernung der nachtseitigen Neutrallinie entsprechen. In Wirklichkeit liegt letztere wesentlich näher bei der Erde, und Schätzungen gehen
von einer durchschnittlichen Entfernung von 100 bis 200 R_E aus. Dies ist
insofern verständlich, als die Sonnenwindgeschwindigkeit in der Übergangsregion deutlich geringer ist als im interplanetaren Raum. Hinzu kommt, daß
während durchschnittlicher Bedingungen das Polkappenpotential größer als
30 kV ist, was zu einer weiteren Reduzierung des Abstandes führt. Wichtig
ist, daß der Schweif keineswegs bei der Neutrallinie aufhört. Vielmehr erstreckt er sich weit darüber hinaus und schweifähnliche Strukturen sind noch
in Entfernungen von mehr als 1000 R_E nachgewiesen worden. Man bedenke,
daß offene Magnetfeldlinien und deren Rekonnexion nur eine geringfügige,
wenn auch sehr wichtige Modifikation der Schweifregion darstellen.

Die sich weit in den Schweif erstreckenden offenen Magnetfeldlinien machen auch die Entstehung des Plasmamantels verständlich. So ist das Sonnenwindplasma ja frei entlang der offenen Magnetfeldlinien in die Magnetosphäre einzudringen und sich in Richtung Polkappen zu bewegen. Dabei
müssen die Teilchen innerhalb der Schweifflügelregion mit ihrer thermischen
Geschwindigkeit gegen ihre mittlere Geschwindigkeit, d.h. also gegen die reduzierte Sonnenwindgeschwindigkeit der Magnetopausenregion anlaufen. Da

erstere bei Protonen wesentlich kleiner ist als letztere, gelangen diese Teilchen nicht sehr weit und erreichen nur in Ausnahmefällen die Polkappen. Aber sie dringen doch so weit ein, daß sich an der Innenseite der Magnetopause eine aus überwiegend Sonnenwindteilchen bestehende Plasmaschicht, der Plasmamantel, ausbildet. Anders verhält es sich bei den Sonnenwindelektronen. Aufgrund ihrer leichten Masse ist deren Pekuliargeschwindigkeit deutlich größer als die Sonnenwindgeschwindigkeit. Entsprechend können diese Teilchen auch problemlos bis in die Polkappen vordringen. Dies gilt insbesondere für suprathermische Sonnenwindelektronen aus dem strahlförmigen Außenbereich ihrer Geschwindigkeitsverteilung. Diese sogenannten *Strahlelektronen* besitzen eine Energie von bis zu einigen 100 eV und werden in den Polkappen in Form des Polarniederschlags (engl. *polar rain*) registriert. Direkten Zugang zur Polkappenregion besitzen auch energiereiche Teilchen aus Sonneneruptionen, sofern die betrachtete Polkappe magnetisch über offene Feldlinien mit der Eruptionsregion verbunden ist. Da dies jeweils nur bei einer der Polkappen der Fall sein kann (der andere Teil der aufgetrennten interplanetaren Führungsfeldlinie weist ja in Richtung äußere Heliosphäre), sollte eine deutliche Asymmetrie in der Einfallsrate beobachtet werden und dies ist in der Tat der Fall.

7.6.5 Rekonnexion

So einleuchtend unsere bisherige Beschreibung des Sonnenwinddynamos und der dazugehörigen großräumigen Plasmakonvektion erscheinen mag, so schwierig erweist sie sich bei näherer Betrachtung. Dies gilt insbesondere für die in Abb. 7.22 ins Auge gefaßte Entstehung offener Magnetfeldlinien. Im Gegensatz zu dieser Darstellung sind wir ja früher davon ausgegangen, daß das interplanetare Magnetfeld gleichsam in den Sonnenwind eingefroren ist und dessen Bewegung folgt. Sonnenwindteilchen werden aber vom Magnetfeld der Erde reflektiert und können somit nicht in die Magnetosphäre eindringen. Dies sollte deshalb auch für das eingefrorene Magnetfeld gelten. In der Tat waren wir früher davon ausgegangen, daß das interplanetare Magnetfeld vom Sonnenwind, nach einem gewissen Staueffekt in der Übergangsregion, um das Hindernis Magnetosphäre herumgetragen wird, siehe Abschnitt 6.4.3. Beobachtungen unterstützen im wesentlichen diese früheren Vorstellungen. So ist der Anteil des in die Magnetosphäre eindringenden Sonnenwindplasmas vergleichsweise gering. Ferner besteht die Magnetosphäre tatsächlich überwiegend aus geschlossenen Magnetfeldlinien und der direkte Nachweis offener Magnetfeldlinien bleibt schwierig. Schließlich fließt der bei weitem überwiegende Teil der Sonnenwindenergie um die Magnetosphäre herum und nur ein geringer Bruchteil des Energieangebots wird absorbiert. Dennoch, ohne diese vergleichsweise geringfügige Energieabsorption gäbe es keine elektrischen Felder und Ströme in der polaren Hochatmosphäre, keine Polarlichter und keine Plasmakonvektion. Deshalb muß, wenn auch in geringem Umfang, die Möglichkeit bestehen, die strikte Trennung zwischen dem Magnetoplasma des interplanetaren Raums und dem Magnetoplasma der Magnetosphäre zu durchbrechen und genau dies geschieht bei dem Phänomen, welches wir als Rekonnexion bezeichnet haben. Ohne die Details dieses Vorgangs genau zu verstehen, muß sich bei der Rekonnexion eine x-förmige magnetische Neutrallinie bilden, die ein Eindringen von Sonnenwindplasma und zugehörigem Magnetfeld in die Magnetosphäre erlaubt und somit die Entstehung einer teilweise offenen Magnetosphäre ermöglicht.

Was den formalen Aspekt dieses Phänomens betrifft, so muß sicherlich Theorem (6.29) außer Kraft gesetzt sein, da es ja ausdrücklich die Rekonnexion interplanetarer und magnetosphärischer Plasmafäden untersagt. Da dieses Theorem im wesentlichen auf der Beziehung (6.42) und damit auf einer der Grundannahmen der idealen Magnetoplasmadynamik basiert, muß auch diese am Ort der Rekonnexion ihre Gültigkeit verlieren. Offenbar sind die bei deren Ableitung aus dem verallgemeinerten Ohmschen Gesetz (A.133) gemachten radikalen Vereinfachungen nicht mehr gerechtfertigt. Dabei ist insbesondere die Vernachlässigung des zweiten Terms auf der rechten Seite dieser Gleichung, $\vec{j}/\sigma_B$, suspekt. Ein einfacher Größenvergleich zeigt, unter welchen Umständen dieser Term wichtig werden kann. So gilt für die Größenordnung (GO) des Verhältnisses von erstem zu zweitem Term ($= 1/R_2$ in Gl. (A.137))

$$R_m = \mathrm{GO}\left(\frac{\vec{u} \times \vec{\mathcal{B}}}{\vec{j}/\sigma_B}\right) \simeq \mu_0 \, \sigma_B \, u \, L_{\mathcal{B}} \qquad (7.28)$$

Dabei haben wir, ähnlich wie in Abschnitt A.13.3, die Rotation der magnetischen Feldstärke bzw. die damit verknüpfte räumliche Ableitung mittels einer charakteristischen Skalenlänge abgeschätzt, $\mathrm{GO}\,(\nabla \times \vec{\mathcal{B}}) \simeq \mathcal{B}/L_{\mathcal{B}}$, siehe Gl. (A.136). Das Verhältnis R_m ist unter der Bezeichnung *magnetische Reynolds-Zahl* bekannt geworden. Offensichtlich kann der $\vec{j}/\sigma_B$-Term nur dann vernachlässigt werden, wenn diese Zahl groß gegenüber 1 ist. Umgekehrt verliert die bisher benutzte Grundannahme der idealen Magnetoplasmadynamik, Gl. (6.42), ihre Gültigkeit, wenn die Parallelleitfähigkeit σ_B und/oder die Skalenlänge $L_{\mathcal{B}}$ kleine Werte annimmt. Beides ist – wenigstens lokal – durchaus möglich. So wissen wir aus der Diskussion von Polarlichtern, daß durch die anomale Erhöhung der Reibungsfrequenz die Parallelleitfähigkeit stark reduziert

werden kann. Und wir wissen, daß die Dicke des Flächenstroms, die ja ein Maß für die Skalenlänge $L_{\mathcal{B}}$ im Bereich des Übergangs von einer Plasmapopulation zur anderen darstellt, relativ kleine Werte annehmen kann. Damit besteht am Ort dieser Grenzfläche grundsätzlich die Möglichkeit, daß Gl. (6.42) und somit auch Theorem (6.29) ihre Gültigkeit verlieren und Rekonnexion möglich wird. Alternativ können auch andere beim Übergang von Gl. (A.133) auf Gl. (A.134) vernachlässigte Terme wichtig werden.

Um den Rekonnexionsprozeß quantitativ erfassen zu können, sind verschiedene Modelle entwickelt worden. So ist in genügend großem Abstand von der eigentlichen Rekonnexionsregion die ideale Magnetoplasmadynamik wieder gültig. Mit Hilfe dieses Gleichungssystems läßt sich somit die *Umgebung* des Rekonnexionsortes makroskopisch beschreiben. Die Situation entspricht der, wie wir sie bei der quantitativen Behandlung von Stoßwellen kennengelernt haben: Unabhängig von den Vorgängen in der Stoßwelle selbst konnten mit Hilfe der in der Nachbarschaft der Stoßwelle gültigen Gasgleichungen die von ihr bewirkten Änderungen der Zustandsgrößen angegeben werden. Bei dieser Art von Modellierung zeigt sich, daß bei der Rekonnexion sehr effektiv Teilchen beschleunigt und aufgeheizt werden. Auch die mikroskopischen Vorgänge in der Rekonnexionsregion selbst sind untersucht worden. Dazu hat man die Bewegung von Elektronen und Ionen in Feldkonfigurationen mit x-förmiger Neutrallinie simuliert. Solche Simulationen sind naturgemäß sehr aufwendig und deshalb nur beschränkt durchführbar, bestätigen aber im wesentlichen die Ergebnisse magnetoplasmadynamischer Rechnungen. Trotz dieser Erfolge bleiben viele Fragen offen. So ist z.B. nach wie vor unklar, ob es sich bei der Rekonnexion um einen quasistationären oder unstetigen Vorgang handelt und, wenn es sich um einen unstetigen Vorgang handelt, auf welcher zeitlichen Skala er abläuft. Auch die räumliche Skala, auf der Rekonnexion stattfindet, ist unbekannt. Diese und andere Fragen zu klären, ist eine der großen Herausforderungen der Weltraumforschung, insbesondere, da Rekonnexion nicht nur für die terrestrische Magnetosphäre, sondern auch für andere Weltraum- und astrophysikalische Magnetoplasmen von großer Bedeutung ist.

7.6.6 Ursprung der Birkeland-Ströme

Bei der Beschreibung der ionosphärischen Birkeland-Ströme blieb die Frage nach ihrer magnetosphärischen Fortsetzung offen. Hier soll eine mögliche, mit einer offenen Magnetosphäre verträgliche Konfiguration des gesamten Stromkreises vorgestellt werden.

Region 1-Ströme Verlängert man die Region 1-Ströme des tagseitigen Polkappenrandes entlang ihrer zugehörigen Magnetfeldlinien, so enden sie überwiegend im interplanetaren Raum. Es liegt deshalb nahe, sie den Strömen des Sonnenwinddynamos zuzuordnen. Nun fließen aber auch am nächtlichen Polkappenrand Birkeland-Ströme gleicher Größenordnung und gleicher Richtung und verlängert man diese entlang ihrer zugehörigen Magnetfeldlinien, so enden sie überwiegend in der Neutralfläche des Magnetosphärenschweifs. Nimmt man an, daß auch diese Ströme vom Sonnenwinddynamo gespeist werden, so bedarf es einer Stromverbindung zwischen offenen und geschlossenen Magnetfeldlinien, die wie in Abb. 7.25 skizziert aussehen könnte. Dabei wird ein Teil des Dynamostroms zunächst über die Magnetopause in die Neutralfläche umgeleitet, bevor er von dort aus in die nächtliche Ionosphäre fließt.

Die in Abb. 7.25 skizzierte Stromkonfiguration könnte auch erklären, wie das elektrische Feld des Sonnenwinddynamos auf die geschlossenen Magnetfeldlinien der zentralen Magnetschweifebene transferiert wird. Hier wird ja,

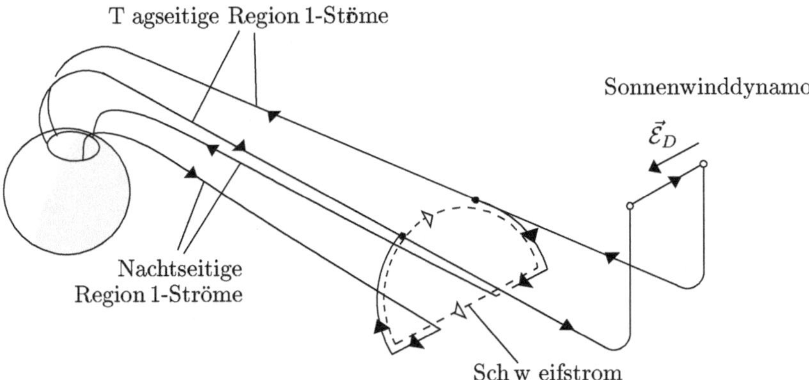

Abb. 7.25. Mögliche Stromkreiskonfiguration der Region 1-Ströme. (Nach Stern, 1983)

wie bereits mehrfach erwähnt, ein vom Morgen- zum Abendsektor gerichtetes elektrisches Konvektionsfeld der dem Sonnenwinddynamo entsprechenden Größenordnung gemessen. Dabei zeigt dieses Feld in Richtung Stromfluß, so daß Energie dissipiert wird. In Abschnitt 5.5.3 wurde die bei $x_{GSM} = -30\,R_E$ in einem $20\,R_E$ langen Schweifstück fließende Stromstärke zu 4 MA abgeschätzt. Nimmt man an, daß die am Schweif anliegende Spannung etwa dem Polkappenpotential entspricht (bei einem Polkappenpotential von 30 kV und einer Schweifbreite von 40 R_E würde dies einer Konvektionsfeldstärke von 0.1 mV/m entsprechen), so wird in dem oben genannten Schweifstück eine Leistung von 10^{11} W dissipiert und im Gesamtschweif wesentlich mehr. Offensichtlich spielt eine Dissipationsrate dieser Größenordnung eine sehr wichtige Rolle im Energiehaushalt des Magnetosphärenschweifs.

Die oben beschriebene Extrapolation der Region 1-Ströme wirft auch die Frage nach dem genaueren Ort des sie speisenden Sonnenwinddynamos auf. Gemäß Abb. 7.21 sollten im Dynamoinnenbereich Ströme fließen, die der elektrischen Feldstärke entgegengerichtet sind ($\vec{j}\,\vec{\mathcal{E}} < 0$). Dies ist aber an der Ober- und Unterseite des Magnetosphärenschweifs der Fall, wo der Magnetopausenstrom der Dynamofeldstärke $\vec{\mathcal{E}}_D$ entgegengerichtet ist, siehe Abb. 7.25. Dies legt nahe diese Region als den eigentlichen Sitz des Sonnenwinddynamos zu betrachten.

Region 2-Ströme Anders sieht die Situation im Fall der Region 2-Ströme aus. Hier enden die zugehörigen Magnetfeldlinien in der Äquatorebene der morgen- und abendseitigen Magnetosphäre in einer geozentrischen Entfernung von etwa $L \simeq 7 - 10$. In Ermangelung geeigneter Dynamoprozesse in diesem Bereich müssen die Ströme aus Überschußladungen gespeist werden. Wie diese Überschußladungen zustande kommen, läßt sich folgendermaßen verstehen.

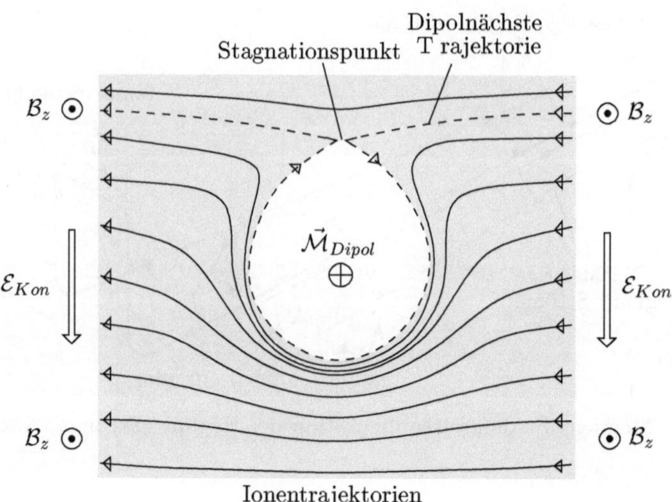

Abb. 7.26. Drift energetischer Ionen in der Äquatorebene eines Dipolfeldes, dem ein homogenes elektrisches und magnetisches Feld der angegebenen Richtungen überlagert ist. Der Blick ist von Norden auf die Äquatorebene gerichtet. (Nach Alfvén und Fälthammar, 1963)

Betrachtet werden die Driftbahnen von Plasmaschichtteilchen, die aus dem Schweif kommend in den Einflußbereich des terrestrischen Dipolfeldes gelangen. Dabei interessieren wir uns ausschließlich für die Verhältnisse in der Zentralebene des Schweifs bzw. in der Äquatorebene des Dipolfeldes und vernachlässigen zudem alle Tag-Nacht-Asymmetrien. Um die Feldkonfiguration in der Schweifebene zu simulieren, überlagern wir dem Dipolfeld der Erde ein schwaches, von Süden nach Norden gerichtetes homogenes Magnetfeld, das die $\mathcal{B}_z$-Komponente der im Schweif weit auseinandergezogenen Dipolfeldlinien beschreiben soll. Um das an der Magnetosphäre anliegende Konvektionsfeld zu simulieren, wird den Magnetfeldern zusätzlich ein homogenes, vom Morgen- zum Abendsektor gerichtetes elektrisches Feld überlagert. Abbildung 7.26 zeigt diese Kombination magnetischer und elektrischer Felder und insbesondere die aus dieser Feldkombination resultierenden Driftbahnen von Plasmaschichtionen. Plasmaschichtteilchen im erdfernen Bereich werden zunächst eine relativ ungestörte $\vec{\mathcal{E}} \times \vec{\mathcal{B}}$-Drift in Richtung Dipol ausführen. Bei Annäherung an das Dipolfeld gewinnt die Gradientdrift zunehmend an Bedeutung, und die Ladungsträger werden in transversaler Richtung abgelenkt. Dies folgt unmittelbar aus dem Verhältnis der zugehörigen Geschwindigkeiten

$$\left(\frac{u_D^{Gr}}{u_D^{\mathcal{E}}} \right)_{Dipol} \sim \frac{E_\perp(L)}{L} \tag{7.29}$$

Dabei bezeichnet $E_\perp(L)$ die Energie der driftenden Ladungsträger und L den Schalenparameter des nahezu ungestörten Dipolfeldes, siehe Gl. (5.39)

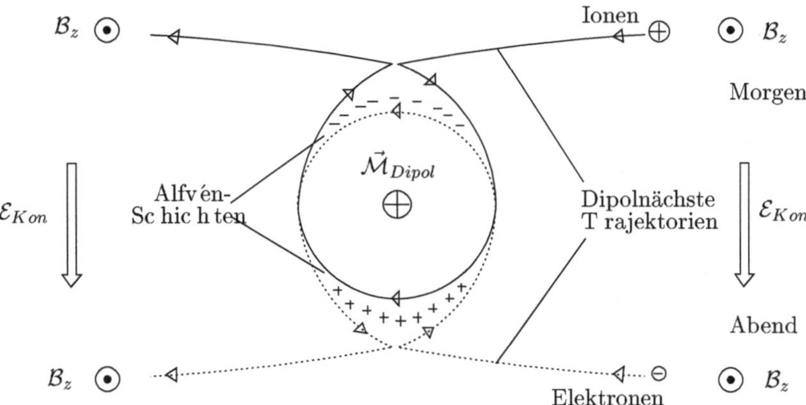

Abb. 7.27. Zur Entstehung von Alfvén-Schichten. In der hier skizzierten Situation besitzen Ionen und Elektronen gleiche Energie. (In Anlehnung an Schield et al., 1969)

und (5.41). Da die Gradientdrift zunächst in Richtung der elektrischen Kraft erfolgt, nimmt die Energie der Teilchen mit abnehmendem L zu, so daß sowohl Nenner als auch Zähler des obigen Quotienten zur wachsenden Bedeutung der Gradientdrift beitragen. Sobald diese dominiert, werden die Ladungsträger um das Dipolfeld herumgelenkt, wie dies für Ionen in Abb. 7.26 dargestellt ist. Wie ersichtlich können sich die Teilchen nur begrenzt dem Dipolfeld nähern und es existiert eine Trajektorie größter Annäherung, jenseits der ein teilchenfreier Raum beginnt. Die Überlagerung dieser Trajektorien größter Annäherung für Plasmaschichtionen und -elektronen dokumentiert den entscheidenden Punkt unserer Überlegungen. So existieren im Morgen- und Abendsektor der Dipolumgebung Bereiche, die nur den Ionen oder nur den Elektronen zugänglich sind, siehe Abb. 7.27. Man bezeichnet diese Gebiete positiver oder negativer Überschußladungen als *Alfvén-Schichten* oder insgesamt als *Abschirmschicht* (engl. *shielding layer*).

Überträgt man dieses Szenario auf die Erdmagnetosphäre, so ergibt sich das in Abb. 7.28 skizzierte Bild. Das von der Morgen- zur Abendseite gerichtete Konvektionsfeld führt zur Ausbildung einer positiven Überschußladung im Abendsektor und einer negativen Überschußladung im Morgensektor. Diese Ladungstrennung ist Ursprung eines elektrischen Feldes, das dem Konvektionsfeld entgegengerichtet ist und dieses aus der inneren Magnetosphäre ausschließt (daher die Bezeichnung 'Abschirmschicht'). Hier ist vor allem der ständige Abbau dieser Überschußladungen durch feldlinienparallele Ströme von Interesse. Die Stromrichtung zeigt dabei auf der Abendseite zur Ionosphäre hin, auf der Morgenseite von der Ionosphäre weg und entspricht damit genau der Richtung der in Abb. 7.10 skizzierten Region 2-Ströme. Alfvén-Schichten stellen somit eine plausible Erklärung für die Entstehung dieser Ströme dar.

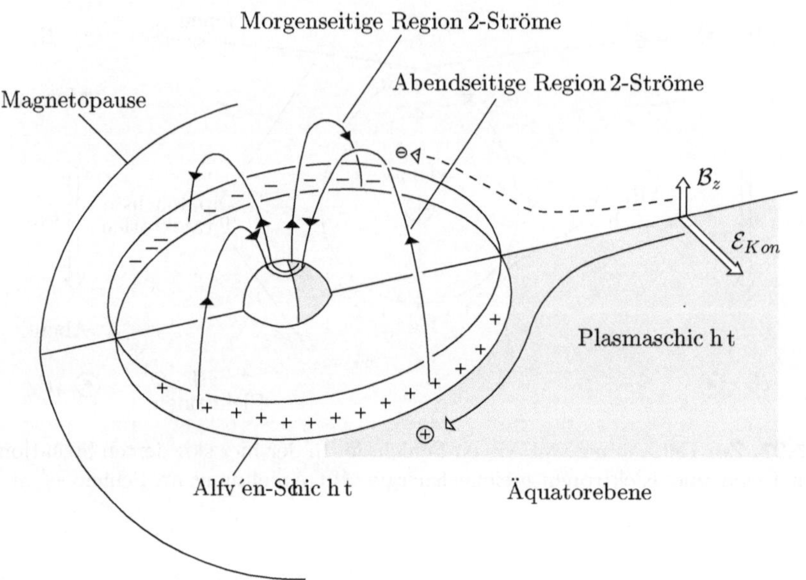

Abb. 7.28. Mögliche Stromflußkonfiguration der Region 2-Ströme

Wichtig ist, daß die Ströme im wesentlichen durch das thermische Plasma, weniger durch die energiereicheren Alfvén-Schichtteilchen getragen werden. Letztere müssen ja erst in den Verlustkonus gelangen, bevor sie ausgefällt werden können. Diese ausgefällten Teilchen sind es allerdings, die für die Entstehung diffuser Polarlichter verantwortlich gemacht werden, siehe Abb. 7.18. Wichtig ist auch, daß die um die Erde herumdriftenden Ionen und Elektronen aufgrund ihrer Relativbewegung einen Strom unterhalten. Offenbar ist dieser Strom wesentlicher Bestandteil des magnetosphärischen Ringstroms. Ferner ist von Interesse, daß die Trajektorien größter Annäherung die Innenkante der Schweifplasmaschicht festlegen. Um eine Vorstellung von deren Entfernung zu erhalten, betrachten wir die Stagnationspunkte der Trajektorien, in denen die x_{GSM}-Komponenten der $\vec{\mathcal{E}} \times \vec{\mathcal{B}}$- und Gradientdrift gerade gleich groß aber entgegen gerichtet sind, siehe Abb. 7.26. Mit Gl. (5.39) und (5.41) gilt

$$L_{Stagnation} = \frac{3E_\perp}{|q|\ R_E\ \mathcal{E}_{Kon}} \tag{7.30}$$

wobei für $E_\perp$ in erster Näherung die ursprüngliche Energie der Ionen eingesetzt werden kann. Wie ersichtlich rückt der Stagnationspunkt und damit auch die Plasmaschichtinnenkante mit wachsendem Konvektionsfeld näher an die Erde heran. Explizit erhält man für eine Plasmaschichtteilchenenergie von $E_\perp = 5$ keV und eine Konvektionsfeldstärke von $\mathcal{E}_{kon} = 0.2$ mV/m einen Stagnationspunktabstand von $L_{Stagnation} \simeq 12$. Bedenkt man, daß die durch den Stagnationspunkt gehende Trajektorie im Mitternachtsektor

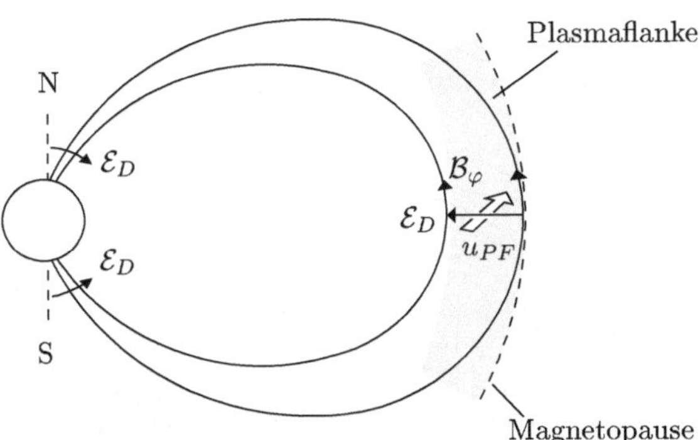

Abb. 7.29. Zur Funktionsweise des Plasmaflankendynamos (Meridionalschnitt durch den Abend-Sektor)

deutlich näher an der Erde vorbeiführt, so ist dieser Wert durchaus mit der tatsächlich in diesem Ortszeitsektor beobachteten Plasmaschichtdistanz von $7-10\ R_E$ verträglich. Schließlich soll daran erinnert werden, daß die Gradientdriftgeschwindigkeit direkt proportional zur Energie der Teilchen ist und für die in Abb. 5.33 betrachtete Drift thermischer Teilchen keine Rolle spielt!

Eine quantitative Behandlung all dieser Vorgänge erweist sich als schwierig und erfordert umfangreiche numerische Modelle. Diese berücksichtigen (1) die Tag-Nacht-Asymmetrie der terrestrischen Magnetosphäre; (2) die unterschiedliche Dichte- und Energieverteilung der driftenden Ladungsträger; (3) das elektrische Korotationsfeld; (4) die Rückwirkung des Alfvén-Schichtfeldes auf das Konvektionsfeld; (5) die Modifikation der ionosphärischen Leitfähigkeit durch die in den Verlustkonus geratenen und auf die Hochatmosphäre auftreffenden energetischen Teilchen der Driftpopulation; (6) die Rückwirkung dieser Leitfähigkeitserhöhung auf den Abbau der Alfvén-Schichten; und vieles andere mehr. Erste Ergebnisse solcher Modellrechnungen sind ermutigend und unterstützen das oben beschriebene Drift- und Stromszenario. Eine selbstkonsistente Behandlung der Region 1- und Region 2-Ströme ist allerdings erst in Ansätzen gelungen.

7.6.7 Plasmaflankendynamo

Neben dem Sonnenwinddynamo mag der magnetosphäreninterne Plasmaflankendynamo eine gewisse Rolle spielen. Die Konfiguration dieses Dynamos ist in Abb. 7.29 skizziert. Teilchen der Plasmaflankenpopulation strömen mit einer Geschwindigkeit von $50-200$ km/s in antisolare Richtung und kreuzen dabei die φ-Komponente des Dipolfeldes. Dadurch wird ein elektrisches Dynamofeld erzeugt, das bei einer Magnetfeldstärke von $\mathcal{B}_\varphi = 30$ nT, einer Plasmageschwindigkeit von $u_{PF} = 100$ km/s und einer Plasmaflankendicke von 2000 km eine Potentialdifferenz von 6 kV liefert. Da die Feldlinien der

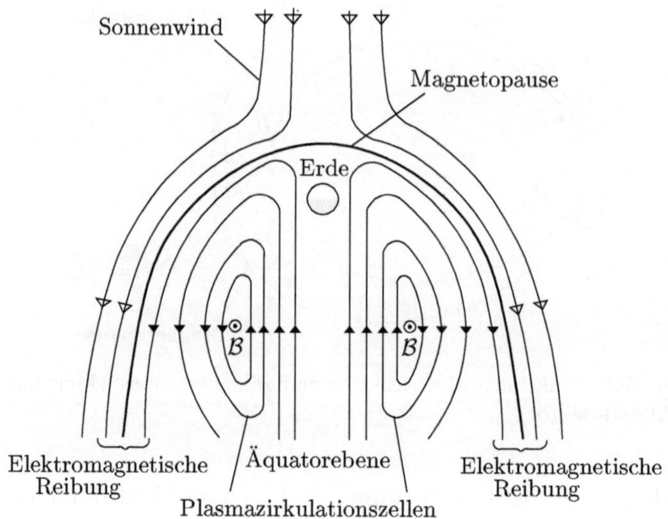

Abb. 7.30. Durch elektromagnetische 'Reibung' mit dem Sonnenwind induzierte Zirkulation thermischen Plasmas in der geschlossenen Magnetosphäre (Axford-Hines-Modell)

Magnetopausenregion im Mittagssektor der Polkappe zusammenlaufen, sollte man dort das Doppelte dieser Spannung beobachten.

Ursprünglich ging man davon aus, daß nicht die damals noch unbekannte Plasmaflanke, sondern das in der Magnetosphäre vorhandene thermische Plasma für den Dynamoeffekt verantwortlich ist. Die Idee war, daß der Sonnenwind dieses Plasma durch viskose Wechselwirkung (engl. *viscous interaction*) zu einer Zirkulationsbewegung anregt, wie sie in Abb. 7.30 skizziert ist. Man beachte, daß in dieser Darstellung die Modifikation der Strömung durch das elektrische Korotationsfeld unberücksichtigt bleibt und die Gradientdrift wegen der geringen Energie der Teilchen keine Rolle spielt. Das Strömungsmuster sollte dabei dem einer Flüssigkeit entsprechen, die an den gegenüberliegenden Seiten eines Gefäßes (in unserem Fall an den Schweifflanken) durch Impulsübertragung in Bewegung gesetzt wird. In Kombination mit dem Rückfluß der Flüssigkeit im Zentralbereich des Gefäßes (in unserem Fall im Zentralbereich der Magnetosphäre und des zugehörigen Schweifs) bilden sich in dieser Situation zwei Zirkulationszellen aus, wie sie in Abb. 7.30 zu sehen sind. Diese Zirkulationszellen sollten sich über ihr elektrisches Dynamofeld und entlang der Magnetfeldlinien auf die polare Hochatmosphäre abbilden und entsprächen dann den dort beobachteten Konvektionszellen. Die Frage nach der Natur des Impulstransfers an den Plasmaflanken blieb dabei allerdings offen. Sicher war man sich nur, daß es sich nicht um Stoßreibung handeln konnte, da die Dichten hierfür viel zu gering sind. Vielmehr mußte es sich um eine elektrodynamische Kopplung handeln, bei der Impuls über Plasmawellen und -instabilitäten übertragen wird. Heute wird allgemein davon ausgegangen, daß der auf dem thermischen Plasma beruhende Konvektionsdynamo nur eine untergeordnete Rolle spielt. Dies hängt u.a. mit der als zu schwach angesehenen elektromagnetischen Wechselwirkung zwischen Sonnenwind und Plasmaflanke zusammen. Eine endgültige Bewertung dieses Dynamos steht allerdings noch aus.

Literaturhinweise

H. Volland, *Atmospheric Electrodynamics*, Springer-Verlag, Berlin, 1984

Y. Kamide and W. Baumjohann, *Magnetosphere-Ionosphere Coupling*, Springer-Verlag, Berlin, 1993

A. Brekke, *Physics of the Upper Polar Atmosphere*, John Wiley & Sons, Chichester, 1997

R.D. Hunsucker and J.K. Hargreaves, *The High-Latitude Ionosphere and its Effects on Radio Propagation*, Cambridge University Press, Cambridge, 2003

A. Omholt, *The Optical Aurora*, Springer-Verlag, Berlin, 1971

A.V. Jones, *Aurora*, Reidel Publishing Company, Dordrecht, 1974

D. Bryant, *Electron Acceleration in the Aurora and Beyond*, Institute of Physics Publishing, Bristol and Philadelphia, 1999

P.E. Sandholt, H.C. Carlson and A. Egeland, *Dayside and Polar Cap Aurora*, Kluwer Academic Publishers, Dordrecht, 2002

S.W.H. Cowley, Magnetic reconnection, in *Solar System Magnetic Fields* (E.R. Priest, ed.), 121, Reidel Publishing Company, Dordrecht, 1986

S. Ohtani, R. Fujii, M. Hesse, and R. Lysak (eds.), *Magnetospheric Current Systems*, Geophys. Monograph No. 118, American Geophys. Union, Washington, 2000

G. Paschmann, S. Haaland, and R. Treumann (eds.), Auroral Plasma Physics, *Space Sci. Rev., 103, No. 1-4*, 2002

Populärwissenschaftliche Bücher über Polarlichter

R.H. Eather, *Majestic Lights*, American Geophysical Union, Washington, 1980

A. Brekke and A. Egeland, *The Northern Light*, Springer-Verlag, Berlin, 1983

K. Schlegel, *Vom Regenbogen zum Polarlicht*, Spektrum Akademischer Verlag, Heidelberg, 1995

Siehe auch Literaturhinweise zu den vorangegangen Kapiteln und Abbildungsreferenzen im Anhang B.

8. Geosphärenstürme

Als *Geosphärensturm* bezeichnen wir eine Periode stark erhöhter Dissipation
von Sonnenwindenergie in der Raumumgebung der Erde. Solche Ereignisse
dauern typischerweise 1 bis 3 Tage und sind durch Energiedissipationsra-
ten von bis zu 10^{12} W gekennzeichnet. Dies entspricht einem Vielfachen des
normalen Energietransfers Sonnenwind-Magnetosphäre. Wie die Bezeichnung
'Geosphärensturm' andeutet, sind alle Bereiche der Weltraumumgebung betroffen und entsprechend vielfältig sind die Merkmale, die Symptome dieses
Störungssyndroms

$$\text{Geosphärensturm} \quad \begin{cases} \text{Magnetischer Sturm} \\ \text{Polarlichtsturm} \\ \text{Magnetosphärensturm} \\ \text{Thermosphärensturm} \\ \text{Ionosphärensturm} \\ \quad \vdots \end{cases}$$

Am frühesten sind naturgemäß diejenigen Sturmphänomene entdeckt worden,
die der erdgebundenen Beobachtung zugänglich sind. Dazu gehören insbesondere die Störungen des Erdmagnetfeldes, die bereits im 18. Jahrhundert
nachgewiesen werden konnten. Die lange Tradition und die globale Über-
deckung dieser Messungen hat dazu geführt, daß Magnetfeldstörungen bis
auf den heutigen Tag dazu benutzt werden, die Intensität und den zeitlichen Verlauf eines Geosphärensturms zu charakterisieren. Im folgenden gilt
es deshalb zunächst die Natur dieser Magnetfeldstörungen und ihre quantitative Erfassung durch magnetische Kennzahlen zu beschreiben. Anschließend soll die zugehörige Intensivierung von Polarlichtern skizziert werden. Es
folgt der Versuch beide Störungsphänomene auf magnetosphärische Vorgänge
zurückzuführen. Ein Großteil der während dieser Ereignisse dissipierten Sonnenwindenergie wird in der Hochatmosphäre abgelagert, und den daraus resultierenden Störungen der Thermosphäre und Ionosphäre sind eigene Abschnitte gewidmet. Da Geosphärenstürme ein wichtiges Glied in der Kette
solar-terrestrischer Beziehungen darstellen, soll auch auf deren interplanetaren und solaren Ursprung eingegangen werden. In diesem Zusammenhang
sind auch Sonneneruptionen von Interesse. Schließlich soll auf die technischen
Folgen von Geosphärenstürmen hingewiesen werden.

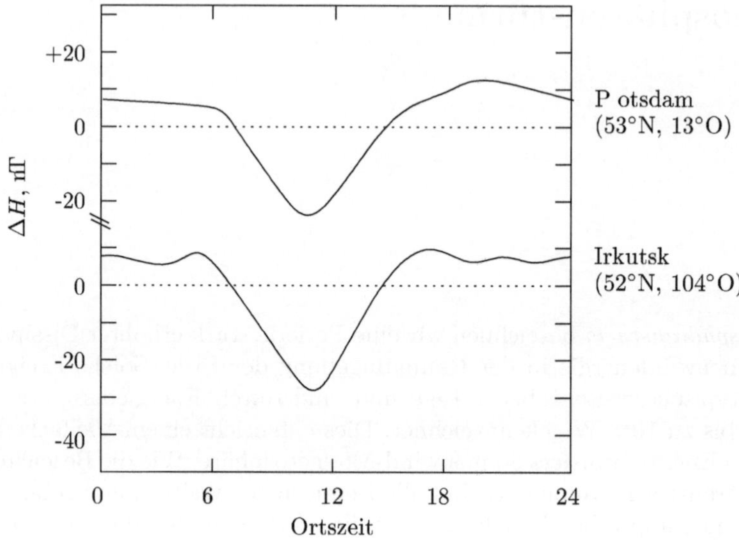

Abb. 8.1. Tageszeitabhängige Abweichungen der Horizontalintensität des geomagnetischen Feldes vom Mittelwert, wie sie in mittleren Breiten und während ruhiger Bedingungen gemessen werden. (Nach A. Schmidt, in Chapman and Bartels, 1951, siehe Abbildungsreferenzen)

8.1 Magnetische Stürme

Bekanntlich ist das an der Erdoberfläche beobachtete Magnetfeld keineswegs konstant, sondern unterliegt Änderungen auf allen Zeitskalen. Hier interessieren wir uns für Schwankungen im Periodenbereich von einigen zehn Minuten bis zu einigen Tagen. Dabei ist zwischen regulären und irregulären Variationen zu unterscheiden, wobei letztere als *magnetische Aktivität* bezeichnet werden. Im folgenden soll zunächst der Ursprung der regulären Magnetfeldschwankungen untersucht werden. Anschließend gilt es, die unterschiedlichen Merkmale der magnetischen Aktivität in niedrigen, hohen und mittleren Breiten, sowie deren quantitative Erfassung durch magnetische Kennzahlen zu beschreiben.

8.1.1 Reguläre Variationen

Während Zeiten geringer Dissipation von Sonnenwindenergie, die auch als *ruhig* oder *ungestört* bezeichnet werden, sind die an der Erdoberfläche beobachteten Magnetfeldvariationen durch regelmäßige Schwankungen kleiner Amplitude gekennzeichnet, die sich in ähnlicher Form Tag für Tag wiederholen. Abbildung 8.1 illustriert dieses Phänomen an Hand von Daten zweier Stationen mittlerer Breiten. Bereits Gauß betrachtete hochatmosphärische

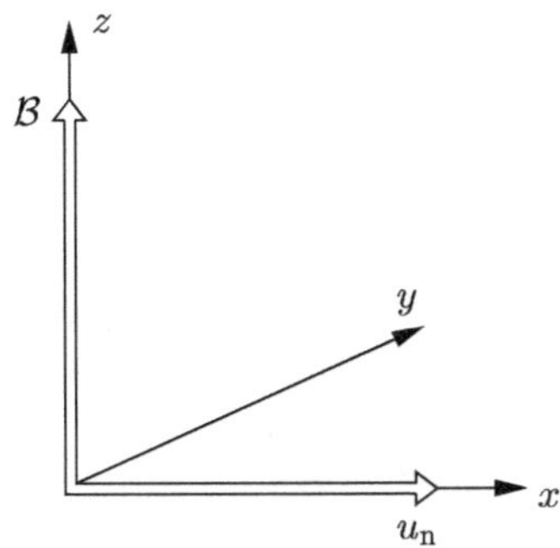

Abb. 8.2. Das bei der Ableitung windinduzierter Ladungsträgerdriften benutzte Koordinatensystem

Ströme (im heutigen Fachjargon als *solar quiet* oder kurz als *Sq-Ströme* bezeichnet) als mögliche Ursache dieser Magnetfeldschwankungen und Stewart machte 1883 Gezeitenwinde für die Entstehung dieser Ströme verantwortlich. Für diese Erklärung spricht, daß die in Abb. 8.1 gezeigten Variationen von der Tageszeit, nicht von der Weltzeit abhängen.

Daß thermosphärische Winde tatsächlich in der Lage sind, Ströme in der Ionosphäre zu erzeugen, läßt sich mit Hilfe der Impulsbilanzgleichungen für das Ionen- und Elektronengas verstehen. Der Einfachheit halber betrachten wir stationäre Verhältnisse in einer in horizontaler Richtung homogenen, unendlich ausgedehnten Ionosphäre, die von einem rein vertikalen Magnetfeld durchsetzt ist und durch die ein homogener, rein horizontaler Neutralgaswind bläst. Vernachlässigt man zusätzlich noch Viskositätseffekte, so brauchen in den Horizontalkomponenten der Impulsbilanzgleichungen nur Magnetfeldkräfte und Reibungskräfte berücksichtigt zu werden

$$n_s q_s \vec{u}_s \times \vec{B} + n_s m_s \nu_{s,\mathrm{n}}^*(\vec{u}_\mathrm{n} - \vec{u}_s) = 0 \qquad (8.1)$$

Der Index s steht dabei wieder für die Ionen- oder Elektronenkomponente ($s = \mathrm{i}$, e) und der Index 'n' für die Neutralgaskomponente. Im Gegensatz zu der bei der Ableitung der ionosphärischen Leitfähigkeit benutzten Impulsbilanzgleichung (7.4) wird hier das von außen angelegte elektrische Feld, nicht aber die Neutralgasgeschwindigkeit gleich Null gesetzt. Mit Hilfe des in Abb. 8.2 angegebenen Koordinatensystems läßt sich Gl. (8.1) in ihre x- und y- Komponente zerlegen

$$q_s u_y^s \mathcal{B} + m_s \nu_{s,\mathrm{n}}^*(u_\mathrm{n} - u_x^s) = 0 \qquad (8.2)$$

$$-q_s u_x^s \mathcal{B} - m_s \nu_{s,\mathrm{n}}^* u_y^s = 0 \qquad (8.3)$$

Daraus folgt für die Strömungsgeschwindigkeiten der Ladungsträger

$$u_x^s = \frac{m_s \nu_{s,\mathrm{n}}^* u_\mathrm{n}}{q_s^2 \mathcal{B}^2 / m_s \nu_{s,\mathrm{n}}^* + m_s \nu_{s,\mathrm{n}}^*} = \frac{(\nu_{s,\mathrm{n}}^*)^2}{(\nu_{s,\mathrm{n}}^*)^2 + (\omega_\mathcal{B}^s)^2}\, u_\mathrm{n} \qquad (8.4)$$

$$u_y^s = -\frac{q_s}{|q_s|}\frac{\omega_{\mathcal{B}}^s}{\nu_{s,\mathrm{n}}^*}u_x^s = -\frac{q_s}{|q_s|}\frac{\nu_{s,\mathrm{n}}^*\omega_{\mathcal{B}}^s}{(\nu_{s,\mathrm{n}}^*)^2 + (\omega_{\mathcal{B}}^s)^2}\,u_\mathrm{n} \tag{8.5}$$

Mit Hilfe der in Abb. 7.7 gezeigten Höhenprofile von $\nu_{s,\mathrm{n}}^*$ und $\omega_{\mathcal{B}}^s$ lassen sich die folgenden drei Bereiche unterscheiden:

Geringe Höhen ($h \lesssim 50$ km). Mit $\nu_{s,\mathrm{n}}^* \gg \omega_{\mathcal{B}}^s$ gilt $u_x^s \simeq u_\mathrm{n}$ und $|u_y^s| \ll |u_x^s|$. Offenbar stoßen in geringen Höhen die Neutralgasteilchen so häufig mit den Ionen und Elektronen zusammen, daß letzteren die Zeit fehlt, Gyrationsbewegungen auszuführen. Dies wiederum führt dazu, daß sich die Ladungsträgerteilchen mit der gleichen Geschwindigkeit in die gleiche Richtung bewegen wie die Neutralgasteilchen. Bei dieser erzwungenen 'ambipolaren' Drift fließt natürlich kein Strom.

Größere Höhen ($h \gtrsim 175$ km). Mit $\nu_{s,\mathrm{n}}^* \ll \omega_{\mathcal{B}}^s$ gilt $|u_x^s| \ll |u_y^s| \simeq (\nu_{s,\mathrm{n}}^*/\omega_{\mathcal{B}}^s)u_\mathrm{n} \to$ 0. Offenbar driften die Ladungsträger in größeren Höhen – einer Reibungskraftdrift entsprechend – nahezu senkrecht zur Wind- und Magnetfeldrichtung, wobei ihre Geschwindigkeit mit wachsender Höhe exponentiell abnimmt. Da sich Ionen und Elektronen in entgegengesetzte Richtungen bewegen, fließt ein Strom, dessen Intensität allerdings ebenfalls exponentiell mit wachsender Höhe abnimmt.

Zentrale Dynamoschicht ($h \simeq 100$ km). Mit $\nu_{\mathrm{i,n}}^* \gg \omega_{\mathcal{B}}^\mathrm{i}$ und $\nu_{\mathrm{e,n}}^* \ll \omega_{\mathcal{B}}^\mathrm{e}$ gilt für die x-Komponente der Ladungsträgerdrift

$$u_x^\mathrm{i} \simeq u_\mathrm{n}$$
$$u_x^\mathrm{e} \simeq (\nu_{\mathrm{e,n}}^*/\omega_{\mathcal{B}}^\mathrm{e})^2 u_\mathrm{n} \ll u_x^\mathrm{i}$$

und für die y-Komponente

$$u_y^\mathrm{i} \simeq -(\omega_{\mathcal{B}}^\mathrm{i}/\nu_{\mathrm{i,n}}^*)u_\mathrm{n} \ll u_x^\mathrm{i}$$
$$u_y^\mathrm{e} \simeq (\nu_{\mathrm{e,n}}^*/\omega_{\mathcal{B}}^\mathrm{e})u_\mathrm{n} \ll u_x^\mathrm{i}$$

Offenbar driften die Ionen in diesem Fall aufgrund der auf sie ausgeübten hohen Stoßreibung mit den Neutralgasteilchen mit, während sich die Elektronen, von einer langsamen Reibungskraftdrift abgesehen, kaum von der Stelle rühren. Dementsprechend fließt ein Strom der Größenordnung

$$j_x \simeq e\,n\,u_\mathrm{n}$$

Um zu überprüfen, ob dieser Strom ausreicht die beobachteten Magnetfeldvariationen zu erklären, machen wir folgende Abschätzung. Die typische Schwankungsbreite thermosphärischer Gezeitenwinde in mittleren Breiten und in Dynamoschichthöhe ist von der Größenordnung 75 m/s. Bei einer Ladungsträgerdichte von 10^{11} m^{-3} erzeugt ein solcher Wind eine Stromdichteschwankung von etwa 1.2 μA/m^2. Nehmen wir an, daß diese Stromdichte in einer 50 km dicken Dynamoschicht fließt, so erhält man eine Flächenstromdichte von $\mathcal{I}^* = j \cdot \Delta h \simeq 60$ mA/m. Diese wiederum führt zu Magnetfeldvariationen der Größenordnung $H = \mu_0 \mathcal{I}^*/2 \simeq 40$ nT, in grundsätzlicher Übereinstimmung mit den in Abb. 8.1 gezeigten Beobachtungen.

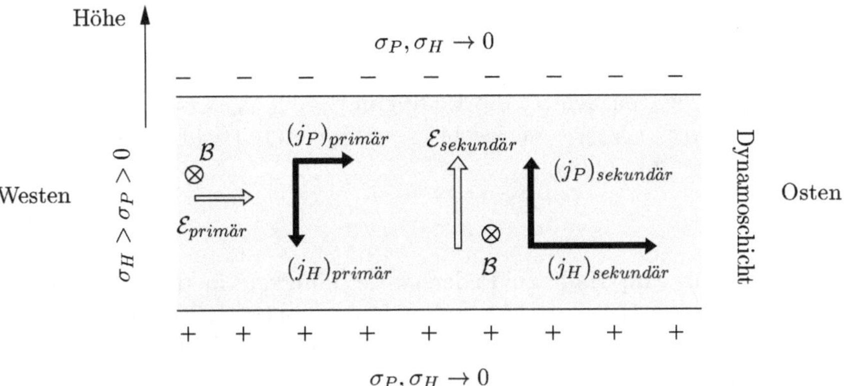

Abb. 8.3. Zur Entstehung des äquatorialen Strahlstroms. Die Feld- und Stromrichtungen entsprechen Tagesbedingungen

Alternativ läßt sich die Entstehung windinduzierter Ströme auch als Dynamoeffekt verstehen. Dabei wird die schwachionisierte Hochatmosphäre als ein leitendes Plasma betrachtet, das sich mit der Plasmageschwindigkeit $\vec{u} = (\rho_i \vec{u}_i + \rho_e \vec{u}_e + \rho_n \vec{u}_n)/(\rho_i + \rho_e + \rho_n) \simeq \vec{u}_n$ (entspricht der um eine Neutralgaskomponente erweiterten Gl. (6.49)) quer zum Magnetfeld bewegt. Gemäß Gl. (6.42) wird dabei ein elektrisches Dynamofeld der Größe $\vec{\mathcal{E}}_D \simeq -\vec{u}_n \times \vec{\mathcal{B}}$ induziert. In Kombination mit den in Abschnitt 7.3.2 angegebenen Leitfähigkeiten lassen sich daraus elektrische Ströme berechnen, die in Übereinstimmung mit den hier abgeleiteten Stromdichten sind.

Besonders intensive Gezeitenströme werden entlang des magnetischen Inklinationsäquators beobachtet. Hier fließt in einem einige hundert Kilometer breiten Band der sogenannte *äquatoriale Strahlstrom* (engl. *equatorial electrojet*), der seine hohe Intensität der besonderen Konfiguration elektrischer und magnetischer Felder in der äquatorialen Dynamoschicht verdankt, siehe Abb. 8.3. Das vom globalen Gezeitendynamo in niedrigen Breiten erzeugte elektrische Feld $\mathcal{E}_{primär}$ ist tagsüber von Westen nach Osten gerichtet. In Kombination mit dem von Süden nach Norden gerichteten Erdmagnetfeld $\mathcal{B}$ erzeugt es einen ostwärts gerichteten Pedersen-Strom $(j_P)_{primär}$ und einen abwärts gerichteten Hall-Strom $(j_H)_{primär}$. Dieser Hall-Strom führt zu einer Ansammlung negativer Ladungen an der Oberseite und positiver Ladungen an der Unterseite der Dynamoschicht, so daß ein aufwärts gerichtetes elektrisches Polarisationsfeld $\mathcal{E}_{sekundär}$ entsteht. Dieses Feld wächst solange an, bis der von ihm erzeugte Pedersen-Strom gerade den Hall-Strom kompensiert, $(j_P)_{sekundär} = (j_H)_{primär}$. Gleichzeitig erzeugt es einen Hall-Strom $(j_H)_{sekundär}$, der in Richtung des primären Pedersen-Stroms fließt. Der Gesamtstrom entlang des Äquators ergibt sich somit zu

$$j_{\ddot{A}quator} = (j_P)_{primär} + (j_H)_{sekundär} = \sigma_P \mathcal{E}_{primär} + \sigma_H \mathcal{E}_{sekundär}$$

$$= \sigma_P \, \mathcal{E}_{prim\ddot{a}r} + \frac{\sigma_H^2}{\sigma_P} \, \mathcal{E}_{prim\ddot{a}r} = \sigma_C \, \mathcal{E}_{prim\ddot{a}r} \tag{8.6}$$

wobei wir im vorletzten Schritt die Bedingung $(j_H)_{prim\ddot{a}r} = \sigma_H \, \mathcal{E}_{prim\ddot{a}r} = (j_P)_{sekund\ddot{a}r} = \sigma_P \, \mathcal{E}_{sekund\ddot{a}r}$ berücksichtigt und im letzten Schritt die *Cowling-Leitfähigkeit* eingeführt haben

$$\sigma_C = \sigma_P + \sigma_H^2/\sigma_P \tag{8.7}$$

Da das Verhältnis von Hall- zu Pedersen-Leitfähigkeit in dem hier interessierenden Höhenbereich (ca. 110 km) nahezu 4 beträgt, ist die Cowling-Leitfähigkeit mehr als zehnmal so hoch wie die Pedersen-Leitfähigkeit. Dies erklärt die große Intensität des äquatorialen Strahlstroms, der Stromstärken von 100 kA und mehr erreichen kann. Da er tagsüber ostwärts gerichtet ist, führt er zu einer deutlichen Erhöhung der Magnetfeldstärke am Äquator.

8.1.2 Magnetische Aktivität in niedrigen Breiten

Neben den regelmäßigen, von Gezeitenströmen hervorgerufenen Magnetfeldschwankungen werden immer wieder unregelmäßige Abweichungen beobachtet, die beträchtliche Größe erreichen können. Hier interessieren wir uns für deren Merkmale in niedrigen Breiten. Abbildung 8.4 illustriert sie anhand von Störungen der Horizontalintensität des Magnetfeldes, wie sie an vier Observatorien während eines Geosphärensturms beobachtet wurden. Die Lage dieser Observatorien ist in Abb. 8.5 angegeben. Offensichtlich sind die beobachteten Variationen recht kompliziert und mit Recht bezeichnete sie einst Gauß als 'rätselhafte Hieroglyphen der Natur', die es zu entziffern gilt. An dieser Entzifferung wird bis auf den heutigen Tag gearbeitet.

Um die wesentlichen Merkmale solcher Störungen zu betonen und um gleichzeitig ein globales Maß für deren Intensität zu gewinnen, werden die Daten der Abb. 8.4 folgender Prozedur unterworfen. Zunächst werden alle regulären Variationen, wie der Tagesgang, eliminiert. Sodann werden stündliche, auf die Halbstundenwerte zentrierte Mittelwerte gebildet. Schließlich werden die stündlichen Mittelwerte der vier Stationen zu einem globalen Mittelwert zusammengefaßt, wobei die jeweilige Lage der Stationen relativ zum magnetischen Äquator berücksichtigt wird. Als Ergebnis dieses Verfahrens erhält man den *Dst-Index* (*D(isturbance) st(orm)*), und dieser ist im unteren Teil der Abb. 8.4 aufgetragen.

Hauptmerkmal der durch den Dst-Index beschriebenen Störung ist der deutliche Abfall der Horizontalintensität, der in dem hier gezeigten Beispiel einen Wert von -150 nT erreicht. Störungen solcher Intensität werden, einer Anregung Humboldts folgend, als *magnetische Stürme* bezeichnet, wobei das Wort 'Sturm' natürlich den Störungsgrad, nicht das Phänomen als solches kennzeichnet. Während Stürme der in Abb. 8.4 gezeigten Intensität nichts Außergewöhnliches darstellen, werden große Stürme mit Felddepressionen

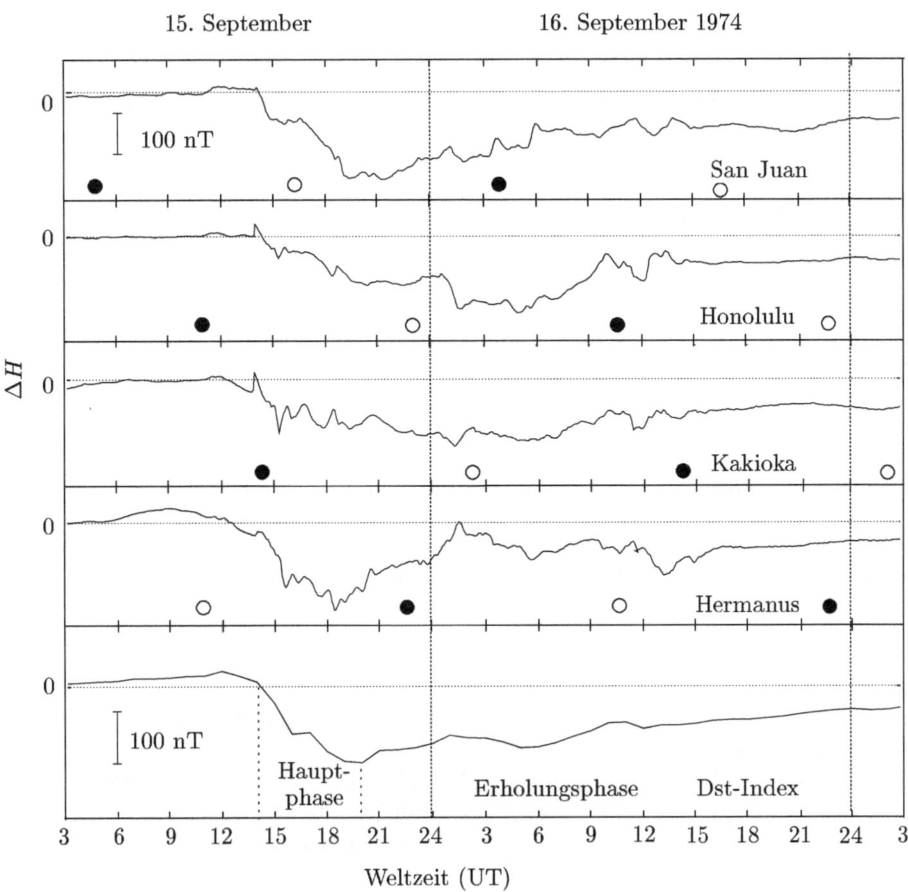

Abb. 8.4. Beispiel eines magnetischen Sturms. Aufgetragen sind die Abweichungen der Horizontalkomponente des Magnetfeldes von ihrem für ruhige Zeiten geltenden Referenzwert (durch '0' gekennzeichnete, punktierte Horizontallinien), wie sie an vier verschiedenen Orten in niedrigen Breiten während gestörter Bedingungen gemessen wurden. Zur Definition von H siehe Abb. 5.9 und zur Lage der beitragenden Observatorien siehe Abb. 8.5. Die für alle Messungen gültige Intensitätsskala ist oben links bei den San Juan-Daten angegeben und offene und gefüllte Kreise kennzeichnen die jeweiligen (magnetischen) Mittags- und Mitternachtszeiten. Die unterste Kurve zeigt den aus diesen Messungen abgeleiteten Dst-Index. (Nach *Solar Geophysical Data*, 1975)

von mehr als, sagen wir, -300 nT oft jahrelang (manchmal jahrzehntelang) nicht beobachtet und stellen somit ein bedeutendes geophysikalisches Ereignis dar. Abbildung 8.4 entnehmen wir auch, daß zwischen der Haupt- und Erholungsphase eines Sturmes unterschieden wird. Erstere ist durch den Abfall

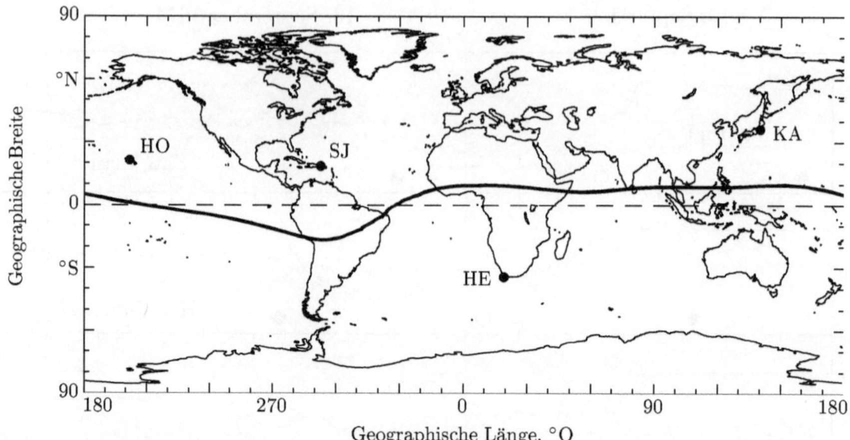

Abb. 8.5. Lage der zum Dst-Index beitragenden magnetischen Observatorien. Dabei steht HE für Hermanus, KA für Kakioka, HO für Honolulu und SJ für San Juan. Die dick durchgezogene Linie kennzeichnet den Verlauf des magnetischen Inklinationsäquators. Man beachte, daß die Stationen in niedrigen Breiten, nicht am Äquator selbst liegen, um den Einfluß des äquatorialen Strahlstroms so klein wie möglich zu halten

der Magnetfeldstärke, letztere durch die allmähliche Rückkehr zu ungestörten Verhältnissen gekennzeichnet.

Was die Ursache der Felddepression betrifft, so wird sie auf eine Intensivierung des magnetosphärischen Ringstroms zurückgeführt. Das entsprechende Störungsszenario ist bereits in Abb. 5.27 beschrieben worden. Hier sei daran erinnert, daß einer Magnetfeldstörung von $\Delta H \simeq \Delta \mathcal{B}_{RS} = -150$ nT ein effektiver Ringstrom von vielen MA und eine Energiezufuhr von einigen 10^{15} J entspricht. Dabei scheint unstrittig, daß die Intensivierung des Ringstroms durch eine Injektion energetischer Teilchen in die innere Magnetosphäre hervorgerufen wird. Wie diese Teilcheninjektion im einzelnen vor sich geht, darüber gibt es allerdings unterschiedliche Meinungen. Eine dieser Vorstellungen soll im Abschnitt 8.3 näher erläutert werden.

Was die Erholungsphase betrifft, so ist sie offensichtlich auf den Abbau des Ringstroms zurückzuführen. Als einer der Hauptverlustprozesse gelten dabei Ladungsaustauschstöße der Ringstromionen mit neutralen exosphärischen Wasserstoffteilchen, siehe z.B. Gl. (5.62). Dabei haben Sauerstoffionen aufgrund ihres größeren Wechselwirkungsquerschnittes eine kürzere Lebenserwartung als Wasserstoffionen. Dies kann mitunter zu einer deutlichen Zweiteilung der Erholungsphase führen, mit einer anfangs raschen, später langsameren Erholungsrate. Alternativ wird die anfangs rasche Erholung auf einen driftbedingten Abfluß von Ringstromteilchen aus der inneren Magnetosphäre zurückgeführt.

Früher hat man einem Sturm neben der Haupt- und Erholungsphase auch eine Anfangsphase zugeordnet. Sie war durch einen moderaten, aber relativ plötzlichen Anstieg der Magnetfeldstärke gekennzeichnet. Da sie nur in etwa der Hälfte aller Fälle beobachtet wird, gilt sie heute nicht mehr als integraler Bestandteil eines magnetischen Sturms. So wird die Bezeichnung 'plötzlicher Sturmbeginn' (engl. *sudden storm commencement, SSC*) für den plötzlichen Anstieg der Magnetfeldstärke zu Beginn der Anfangsphase durch die Bezeichnung *Impulsstörung* (engl. *sudden impulse, SI)* ersetzt. Impulsstörungen treten aber auch während der Hauptphase eines Sturmes oder außerhalb von Sturmperioden auf und werden auf eine Kompression der Magnetosphäre durch interplanetare Stoßwellen zurückgeführt. Gemäß Gl. (6.74) ist die Magnetopausenflächenstromdichte ja proportional zum Druck des anströmenden Sonnenwindes. Erhöht sich dieser Druck durch eine auf die Magnetosphäre auftreffende interplanetare Stoßwelle, so vergrößert sich der Magnetopausenstrom und mit ihm das zugehörige Magnetfeld. Abbildung 5.38 zeigt, daß dies zu einer Verstärkung des Erdmagnetfeldes führt.

Bei der Benutzung des Dst-Indexes ist zu beachten, daß dieser nur die zonal gemittelte Störung beschreibt, nicht aber deren Lokalzeitabhängigkeit. So bleibt die in Abb. 8.4 deutlich erkennbare Asymmetrie zwischen der stärkeren Störung im Nachmittag/Abendsektor und der schwächeren Störung im Morgensektor unberücksichtigt. Wie diese Unterschiede zustande kommen, ist nicht vollständig geklärt. So sind sowohl vom Driftpfad der Ionen herrührende, im Nachmittag/Abendsektor fließende partielle Ringströme als auch feldlinienparallele Ströme für dieses Phänomen verantwortlich gemacht worden.

8.1.3 Magnetische Aktivität in hohen Breiten

Abbildung 8.6 zeigt, daß sich die magnetische Aktivität in hohen Breiten deutlich von der in niedrigen Breiten unterscheidet. Aufgetragen sind wieder die an verschiedenen Orten beobachteten Abweichungen der Horizontalkomponente des Magnetfeldes von ihrem für ruhige Zeiten geltenden Referenzwert, und zwar für denselben Geosphärensturm, wie er in Abb. 8.4 betrachtet wurde. Die Lage der beitragenden Meßstationen ist in Abb. 8.7 angegeben. Wie ersichtlich sind die Störungen wesentlich intensiver als in niedrigen Breiten und Abweichungen von mehr als 1500 nT sind keine Seltenheit. Ferner fällt auf, daß sowohl positive als auch negative Störungen beobachtet werden, wobei die Abweichungen im lokalen Nachmittagssektor meist positiv, die im Nacht-und Morgensektor meist negativ ausfallen. Hinzu kommt, daß die negativen Störungen im allgemeinen wesentlich größer sind als die positiven. Am auffälligsten und zugleich am verwirrendsten sind allerdings die großen zeitlichen Schwankungen, wobei jede Station ihr eigenes Störungsmuster aufzuweisen scheint.

Sowohl die große Intensität als auch die räumliche Variabilität deuten darauf hin, daß der Ursprung der Störungen in Erdnähe zu suchen ist, und in der Tat werden ionosphärische Ströme für die beobachteten Abweichungen

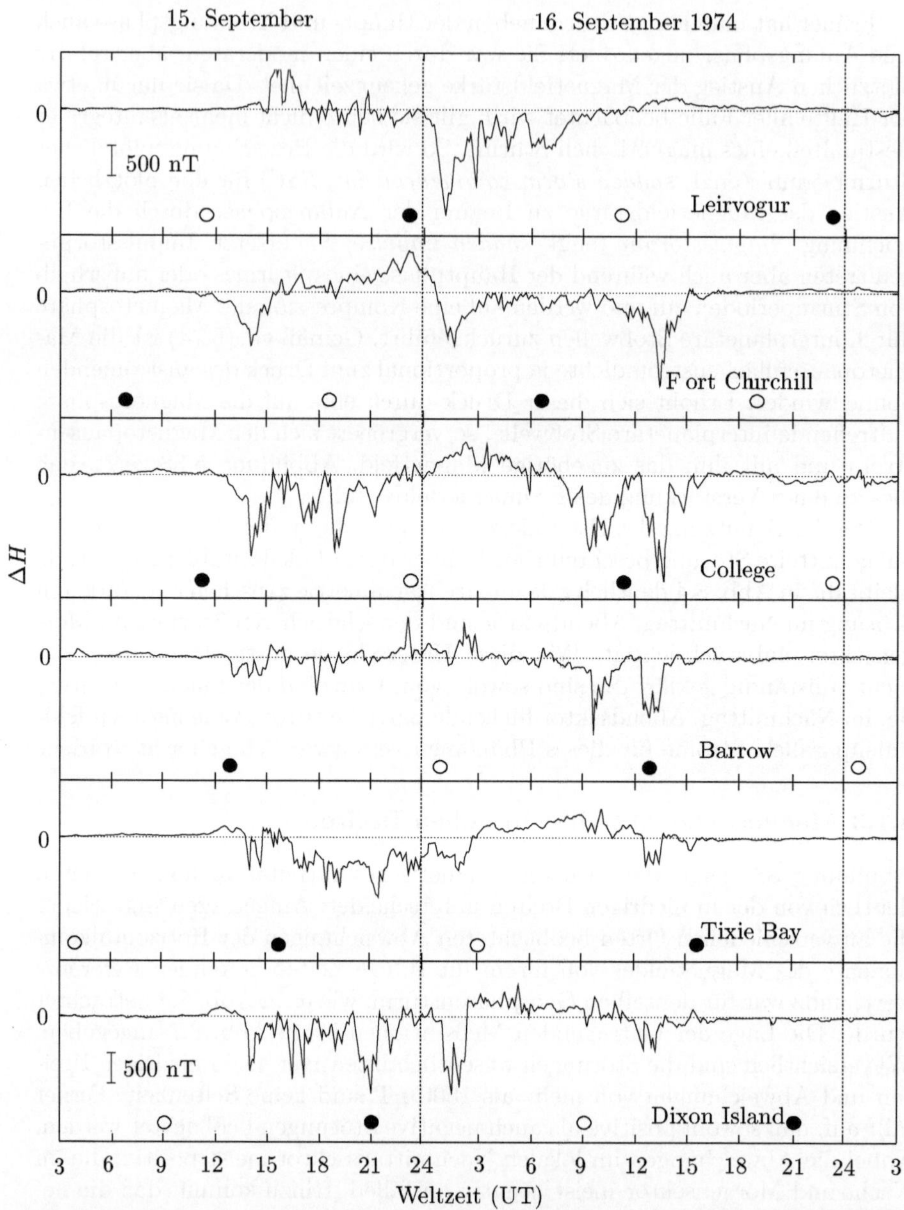

Abb. 8.6. Beispiel für die magnetische Aktivität in hohen Breiten während eines magnetischen Sturms. Aufgetragen sind Abweichungen der Horizontalkomponente des Magnetfeldes von ihrem für ruhige Zeiten geltenden Referenzwert (durch '0' gekennzeichnete, punktierte Horizontallinien), wie sie an sechs verschiedenen Orten in hohen Breiten während gestörter Bedingungen gemessen wurden. Offene und gefüllte Kreise kennzeichnen die jeweiligen (magnetischen) Mittags- und Mitternachtszeiten. (Nach *Solar Geophysical Data*, 1975)

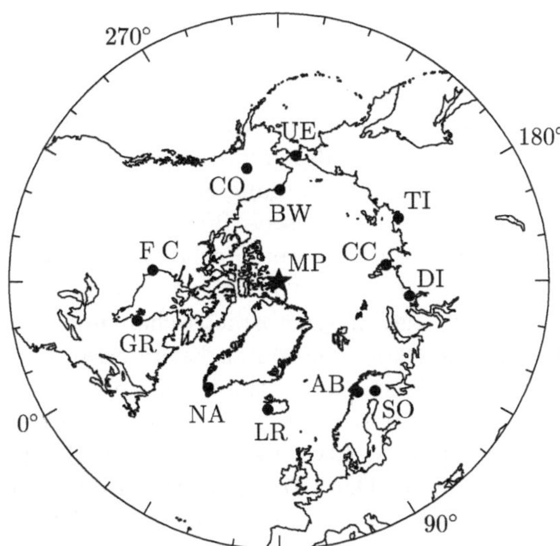

Abb. 8.7. Lage der zu den Strahlstromindizes beitragenden magnetischen Obser-
vatorien (1974). Dabei steht NA für Narssarssuaq, LR für Leirvogur, AB für Abisko,
SO für Sodankyla, DI für Dixon Island, CC für Cape Chelyuskin, TI für Tixie Bay,
UE für Cape Uelen, BW für Barrow, CO für College, FC für Fort Churchill und
GR für Great Wale River. Der Ort des magnetischen Pols (MP) ist durch einen
Stern gekennzeichnet, und am Kreisumfang ist die magnetische Länge aufgetragen

verantwortlich gemacht. Daß positive Störungen vorzugsweise im Nachmittagssektor und negative Störungen im Morgensektor auftreten, deutet zudem darauf hin, daß es sich bei diesen Strömen, wenigstens teilweise, um
die ostwärts- und westwärtsgerichteten polaren Strahlströme handelt, siehe
Abb. 7.11. Da ein erhöhter Energietransfer Sonnenwind-Magnetosphäre zu
einer Verstärkung der polaren elektrischen Felder und Ströme führt, ist diese
Deutung unmittelbar verständlich. Damit läßt sich auch ein Teil der beobachteten zeitlichen Variabilität auf Schwankungen dieser Energietransferrate
zurückführen.

Der Versuch, die gesamte magnetische Aktivität auf diese Weise vorher-
zusagen, stößt allerdings auf Schwierigkeiten. Dies gilt insbesondere für die
intensiven, impulsartigen Depressionen des Magnetfeldes, die vorzugsweise
im Nachtsektor beobachtet werden. Man bezeichnet diese Art von Störung
als *magnetischen Teilsturm* (engl. *magnetic substorm*), um anzudeuten, daß
eine ganze Reihe von ihnen während eines magnetischen Sturms beobachtet
wird. Besonders markante Beispiele für dieses Phänomen werden am 15. September um etwa 14 UT von den Stationen Fort Churchill und College, am
16. September um etwa 1:30 UT von den Stationen Leirvogur, Fort Churchill
und Dixon Island und am gleichen Tag um etwa 13 UT von den Stationen
Fort Churchill, College und Barrow registriert. Auch diese Art von Störung

wird auf ionosphärische Ströme zurückgeführt, diesmal allerdings auf einen speziellen Strahlstrom, der im Nachtsektor des Polarovals fließt und dessen allgemeine Lage in Abb. 8.12 skizziert ist.

Daß das Auftreten magnetischer Teilstürme schwer vorhersagbar ist, wird meist als Anzeichen dafür gewertet, daß man es hier nicht mit einem gesteuerten, sondern mit einem spontanen Vorgang zu tun hat. So geht man heute im allgemeinen davon aus, daß magnetische Teilstürme Folge einer magnetosphärischen Instabilität sind, die man entsprechend als *magnetosphärischen Teilsturm* bezeichnet. Wir werden in Abschnitt 8.3 näher auf dieses Phänomen eingehen. Wichtig ist, daß magnetosphärischen und damit auch magnetischen Teilstürmen eine Periode erhöhten Energietransfers Sonnenwind-Magnetosphäre vorangeht. Ein solches Zeitintervall stellt die *Wachstumsphase* eines Teilsturms dar. Sie läßt sich an einer moderaten Intensivierung der ost- und westwärtsgerichteten Strahlströme bzw. an den damit verbundenen Magnetfeldstörungen erkennen. Der plötzliche Abfall der Magnetfeldstärke während eines Teilsturms wird dann, aus später ersichtlichen Gründen, als *Expansionsphase*, die Rückkehr zur ursprünglichen Feldstärke als *Erholungsphase* bezeichnet.

Um auch die magnetische Aktivität in polaren Breiten auf möglichst einfache Weise beschreiben zu können, führt man wieder magnetische Kennzahlen ein. Diese können allerdings nicht wie beim Dst-Index durch direkte Mittelung der Daten gewonnen werden. So würden sich positive und negative Störungen teilweise kompensieren und auch die charakteristische Variabilität der Störung ginge verloren. Um dies zu vermeiden, wird folgendes Verfahren gewählt. Betrachtet wird, wie bei der Ableitung des Dst-Index, die Störung der Horizontalkomponente des Magnetfeldes. Zunächst werden wieder alle regulären Variationen, und hier insbesondere der Tagesgang, eliminiert. Anschließend werden die auf diese Weise 'gereinigten' H-Komponenten bzw. ihre Abweichungen vom Normalwert, ΔH, für alle betrachteten Stationen als Funktion der Weltzeit überlagert, siehe Abb. 8.8, wobei die Zeitauflösung typischerweise 1 oder 2.5 Minuten beträgt. Schließlich wird die obere und untere Umhüllende dieser überlagerten Kurven bestimmt. Der jeweilige Wert der oberen Umhüllenden legt dann den *oberen polaren Strahlstromindex AU*, der Wert der unteren Umhüllenden den *unteren polaren Strahlstromindex AL* fest (engl. *upper* und *lower auroral electrojet index*). Während AU im wesentlichen die Intensität des ostwärtsgerichteten Strahlstroms beschreibt, kennzeichnet AL den kombinierten Effekt von westwärtsgerichtetem und Teilsturm assoziiertem Strahlstrom. Die in dem AU- und AL-Index enthaltene Information läßt sich weiter zu einem Gesamtindex zusammenfassen, indem man die Differenz beider Indizes bildet. Auf diese Weise erhält man den ebenfalls in Abb. 8.8 aufgetragenen *polaren Strahlstromindex AE* (engl. *auroral electrojet index*). Wie ersichtlich spiegelt dieser Index recht gut die hohe zeitliche Variabilität der magnetischen Aktivität in polaren Breiten wider. In der Praxis basieren die Strahlstromindizes meist auf den Messungen von 10 bis

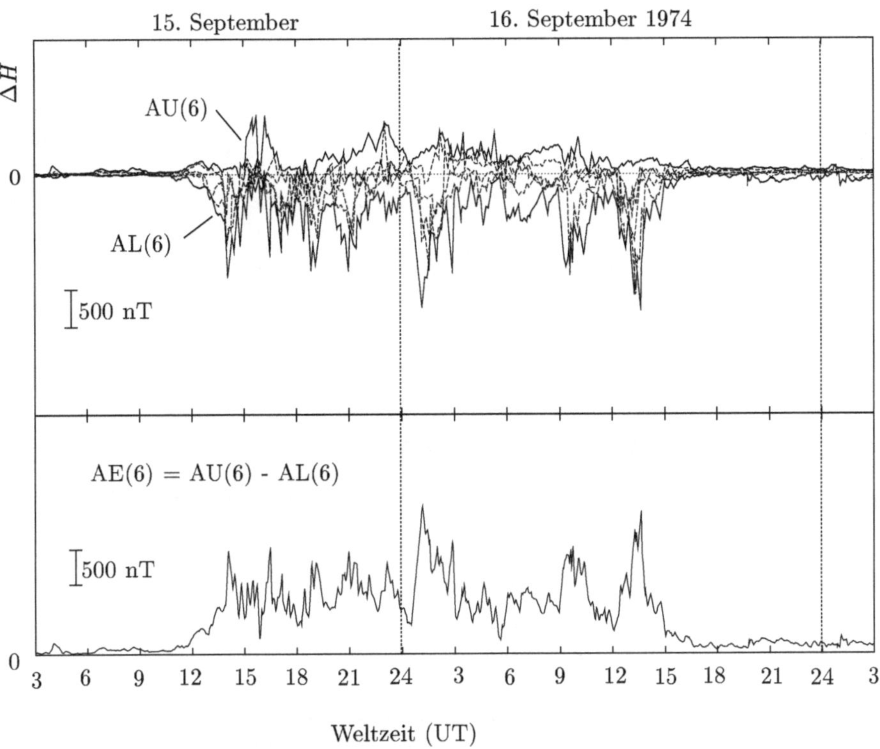

Abb. 8.8. Zur Ableitung der Strahlstromindizes AU, AL und AE

12, nicht nur auf denen von 6 Stationen. Die Lage der zusätzlich benutzten Stationen ist ebenfalls in Abb. 8.7 angegeben. Offensichtlich versucht man mit Hilfe des gezeigten Ringes von Stationen die jeweilige Intensivierung polarer Strahlströme einzufangen, meist, aber durchaus nicht immer, mit gutem Erfolg.

8.1.4 Magnetische Aktivität in mittleren Breiten

Die in mittleren Breiten beobachtete magnetische Aktivität wird sowohl durch den magnetosphärischen Ringstrom als auch durch die Randeffekte polarer Strahlströme hervorgerufen. Hinzu kommen Störungen, die durch feldlinienparallele Ströme verursacht werden. Angesichts dieser unterschiedlichen, oft schwer voneinander trennbaren Beiträge begnügt man sich meist mit einer recht groben Charakterisierung dieser Aktivität. Am häufigsten wird dabei der bereits 1949 von Bartels eingeführte *Kp-Index* (von *K*ennzahl, *p*lanetar) benutzt. Die Ableitung dieser Maßzahl ist etwas komplizierter und soll hier nicht weiter beschrieben werden. Es genügt zu wissen, daß der Kp-Index vorwiegend auf den Daten magnetischer Observatorien in mittleren und höheren

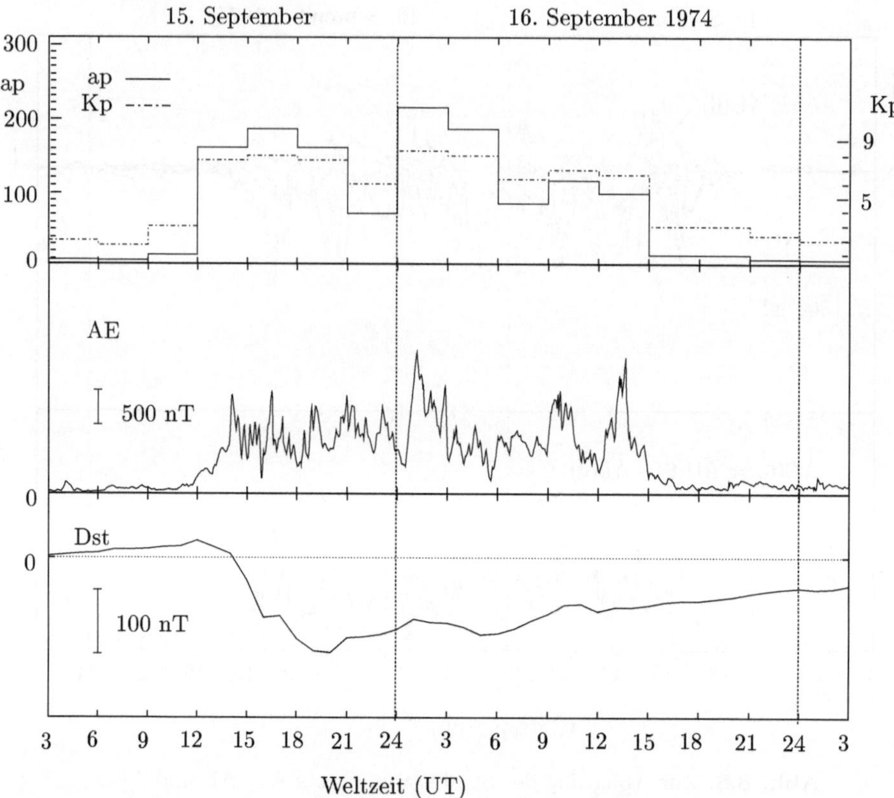

Abb. 8.9. Der magnetische Sturm vom 15. und 16. September 1974 im Spiegelbild des ap-, Kp-, AE- und des Dst-Indexes

nördlichen Breiten basiert, daß er eine zeitliche Auflösung von 3 Stunden besitzt, daß er ein quasi-logarithmisches Maß der Schwankungs*breite* darstellt und daß er Werte zwischen 0 (sehr ruhig) und 9 (sehr gestört) annimmt. Der große Vorteil dieser Kennzahl ist, daß sie rasch zur Verfügung steht und daß sie ein in vielen Fällen hinreichend gutes Maß für die allgemeine magnetische Unruhe (und damit auch indirekt für die Intensität der Sonnenwindenergiedissipationsrate) darstellt. Ihr Nachteil ist die geringe Zeitauflösung und die fehlende Zuordnung zu einem bestimmten Stromsystem, was ihre physikalische Interpretation erschwert.

Ist man an Summen und Mittelwertbildungen interessiert, so benutzt man statt des quasi-logarithmischen Kp-Indexes den linearen *ap-Index*, der sich mit Hilfe der in Tabelle 8.1 angegebenen Zuordnungen bestimmen läßt. Als Beispiel für eine solche Mittelung sei der *Ap-Index* genannt, der den mittleren ap-Wert für einen Weltzeittag angibt. Abbildung 8.9 zeigt den zeitlichen

Tabelle 8.1. Zuordnung der Kp- und ap-Indizes. Dabei dient die Indizierung der Kp-Werte der feineren Abstufung des Störungsgrades

Kp =	0_0	0_+	1_-	1_0	1_+	2_-	2_0	2_+	3_-	3_0	3_+	4_-	4_0	4_+
ap =	0	2	3	4	5	6	7	9	12	15	18	22	27	32
Kp =	5_-	5_0	5_+	6_-	6_0	6_+	7_-	7_0	7_+	8_-	8_0	8_+	9_-	9_0
ap =	39	48	56	67	80	94	111	132	154	179	207	236	300	400

Verlauf der Kp- und ap-Indizes zusammen mit dem der AE- und Dst-Indizes für das hier betrachtete Sturmereignis.

8.2 Polarlichtteilstürme

Wie die Bezeichnung andeutet, sind Polarlichtteilstürme eng mit magnetischen Teilstürmen verknüpft. Vom Boden aus gesehen läßt sich dieses Phänomen folgendermaßen beschreiben. Betrachtet wird ein Polarlichtbogen, der an der äquatorseitigen Grenze diskreter Polarlichtformen gelegen ist. Er flammt plötzlich auf und entwickelt erhebliche Aktivität. Es bilden sich Strahlen, Falten und Aufspaltungen, bis der Bogen schließlich in Einzelbestandteile zerfällt (engl. *auroral break up*). Fast gleichzeitig breitet sich das intensive Leuchten mit großer Geschwindigkeit (viele 100 m/s) in Richtung Pol aus. Diese *Expansion* fällt mit dem starken Abfall der Magnetfeldstärke während magnetischer Teilstürme zusammen und hat dieser Störungsphase ihren Namen gegeben. Neben der polwärtsgerichteten Expansion findet auch eine Ausbreitung in Richtung Osten und Westen statt, wobei die westseitige Front mitunter die Gestalt einer sich brechenden Woge besitzt, sie wird deshalb auch als *westwärts wandernde Woge* (engl. *westward traveling surge*) bezeichnet.

Während vom Boden aus sehr detailreiche Beobachtungen möglich sind, so fehlt doch der globale Überblick. Diesen gewinnt man mit Hilfe von Satellitenaufnahmen aus sehr großen Höhen. Diskrete Polarlichter, die ja mitunter nur 100 m breit sind, lassen sich dabei nicht mehr auflösen. Aber auch die großskaligen Leuchterscheinungen sind zum Teil stark strukturiert und weisen eine große und oftmals verwirrende Formenvielfalt auf. Um die Darstellung so einfach wie möglich zu halten, betrachten wir in Abb. 8.10 nur die grobe Struktur eines isolierten Teilsturms geringer Intensität. Der Blick ist von oben auf die nördliche Polarregion gerichtet und zur besseren Orientierung sind die Sonnenrichtung, die Lage des geomagnetischen Nordpols und 65°und 75°magnetisch invarianter Breite angegeben. Schwarz eingezeichnet ist derjenige Bereich, in dem die Sauerstoffemissionslinie des Polarlichtes bei 557.7 nm die Intensität von 4 kR überschreitet.

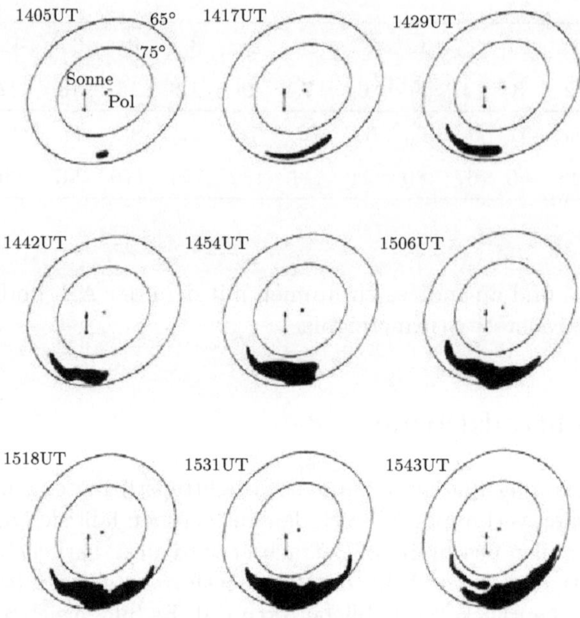

Abb. 8.10. Beispiel eines Polarlichtteilsturms aus der Satellitenperspektive. Das Format der Darstellung ist im Text beschrieben. (Nach Craven and Frank, 1985)

Wie aus dem ersten Bild der gezeigten Sequenz ersichtlich, wird der Beginn des Teilsturms als stark lokalisiertes Aufleuchten des Polarlichtovals im Nachtsektor wahrgenommen. Dieses Aufleuchten breitet sich rasch, zunächst längenmäßig, dann breitenmäßig aus und gewinnt gleichzeitig an Stärke, bis es um 14:42 und 14:54 UT (4. und 5. Bild) seine größte Intensität von nahezu 50 kR erreicht. Die bei der polwärtigen Expansion entstehende Ausbuchtung wird auch als *Polarlichtbeule* (engl. *auroral bulge*) bezeichnet. Während der anschließenden Erholungsphase wird das Leuchten allmählich schwächer, überdeckt aber eine immer noch wachsende Fläche, die schließlich den gesamten Mitternachtssektor des Polarlichtovals ausfüllt.

Abbildung 8.10 kann und soll nur einen ersten Eindruck von der globalen Polarlichtaktivität vermitteln. So werden während größerer oder sich wiederholender Teilstürme eine Vielzahl zusätzlicher Leuchtstrukturen beobachtet und zwar sowohl im Nacht- als auch im Tagsektor. Dazu gehören insbesondere filamentartige Strukturen, die sich in den Bereich der Polkappen erstrecken. Die Klassifizierung und Erklärung dieser komplizierten Polarlichtverteilung

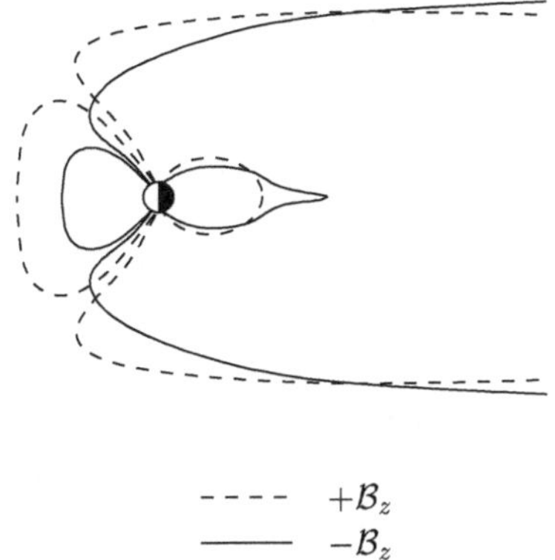

Abb. 8.11. Rekonfiguration der Magnetosphäre während eines Teilsturms. Die durchgezogenen Linien beschreiben die Gestalt der Magnetosphäre während der Wachstumsphase eines Teilsturms (interplanetare $\mathcal{B}_z$-Komponente negativ) und die gestrichelten Linien deren Gestalt nach der Expansionsphase bzw. vor der Wachstumsphase ($\mathcal{B}_z \geq 0$). (Nach McPherron et al., 1973)

ist Gegenstand intensiver Forschung und soll hier nicht weiter verfolgt werden. Anzumerken bleibt, daß der für die Polarlichter verantwortliche Teilcheneinfall über Stoßionisation für eine Erhöhung der Ladungsträgerdichte in der Dynamoschicht der polaren Ionosphäre sorgt. Entsprechend stellen die in Abb. 8.10 gezeigten schwarzen Bereiche auch Gebiete erhöhter Leitfähigkeit dar, durch die insbesondere der Teilsturm assoziierte Strahlstrom fließt.

8.3 Magnetosphärische Teilstürme

Die in polaren Breiten beobachtete Teilsturmaktivität ist eng mit auffälligen Änderungen in der Magnetosphäre verknüpft. So zeigen Satellitenmessungen im erdnahen Magnetosphärenschweif, daß es während der Wachstumsphase eines magnetischen Teilsturms zu einer

- Erhöhung der Feldstärke im Schweifflügelbereich
- Schrumpfung der Plasmaschichtdicke
- Streckung der Feldlinien
- Annäherung der Plasma- und Stromschicht an die Erde und zu einer
- stärkeren Neigung der Schweifmagnetopause gegenüber dem Sonnenwind

kommt. Die Expansionsphase ist dann durch eine plötzliche Rückkehr zu einem weniger gestörten Zustand gekennzeichnet, wobei der Übergang zu mehr dipolartigen Feldlinien auch als *Dipolarisierung* bezeichnet wird, siehe Abb. 8.11. Während dieser Phase werden u.a.

- starke elektrische und magnetische Feldfluktuationen

– Injektionen energetischer Teilchen in die innere Magnetosphäre (und hier insbesondere in den Ringstrom)
– eine Aufheizung der Plasmaschicht
– impulsartige Hochgeschwindigkeitsströmungen in der Plasmaschicht und
– schweifauswärts wandernde Feld- und Teilchenstörungen (Plasmoide)

beobachtet. Die Erholungsphase schließlich ist durch ein Abflauen der Aktivität und durch eine allmähliche Rückkehr zum 'Grundzustand' der Magnetosphäre gekennzeichnet. Wie sich diese Vorgänge begreifen und mit den Ereignissen in der polaren Hochatmosphäre zu einem Gesamtbild zusammenfügen lassen, ist nach wie vor unzureichend geklärt. In der Tat gehören magnetosphärische Teilstürme zu den großen Herausforderungen der Magnetosphärenphysik. Hier begnügen wir uns damit, für bestimmte Teilaspekte plausible Erklärungen anzubieten, wohl wissend, daß diese durchaus spekulativen Charakter besitzen.

8.3.1 Wachstumsphase

Bevor die für einen Teilsturm benötigte Energie plötzlich freigesetzt werden kann, muß sie zunächst angesammelt und gespeichert werden. Dies geschieht während der Wachstumsphase eines Teilsturms. Eingeleitet wird sie durch das Auftreffen einer südwärts gerichteten und damit negativen B_z-Komponente des interplanetaren Magnetfeldes auf die Magnetosphäre. Dies führt über Rekonnexion zur Entstehung offener Magnetfeldlinien und damit zu einer Aktivierung des Sonnenwinddynamos. Dessen erhöhte Ausgangsspannung liegt u.a. am Magnetosphärenschweif an und führt dort zu einer Intensivierung der Schweifströme, siehe Abb. 7.25. Nun besitzt der Schweif dank seiner spulenförmigen Stromkonfiguration eine hohe Induktivität, so daß der Anstieg der Stromstärke nicht instantan, sondern nur langsam mit der Zeitkonstanten $\tau = \mathcal{L}_{Schweif}/\mathcal{R}_{Schweif} \simeq 1$ h erfolgen kann ($\mathcal{L}_{Schweif}$ und $\mathcal{R}_{Schweif}$ bezeichnen dabei die Induktivität und den Widerstand des Schweifstromkreises). Entsprechend langsam nimmt auch die Magnetfeldstärke in den Schweifflügelregionen zu. Dabei kommt es zu einer allmählichen Anhäufung magnetischer Feldenergie und dies entspricht der Wachstumsphase eines Teilsturms.

Mit wachsender Feldstärke nimmt auch der magnetische Druck in der Schweifflügelregion zu und führt zu der beobachteten Kompression der Plasmaschicht, $p_{Plasmaschicht}(\simeq nk(T_i + T_e)) \simeq (p_B)_{Schweifflügel}(\simeq B_{SF}^2/2\mu_0)$. Darüber hinaus verursacht die Intensivierung des Schweifstroms eine stärkere Streckung der Magnetfeldlinien nach dem in Abb. 5.43 skizzierten Muster. Besonders ausgeprägt ist dieser Effekt im erdnahen Bereich ($6 - 10R_E$). Dies ist darauf zurückzuführen, daß mit wachsender Stromstärke auch die dazugehörige $\vec{j} \times \vec{B}$-Kraft zunimmt und bei einer in der Zentralebene des Schweifs nordwärts gerichteten Magnetfeldstärke zeigt diese Kraft in Richtung Erde. Damit rückt der Schweifstrom und der gesamte Schweif näher an die Erde heran. Dieser erdwärts gerichteten Beschleunigung wirkt ein erhöhter Anströmdruck des Sonnenwindes entgegen. Wie in Abb. 8.11 skizziert, kommt es ja während der Wachstumsphase zu einer stärkeren Neigung der Schweifmagnetopause gegenüber der Sonnenwindrichtung. Damit wird auch der erhöhte Schweifflügelinnendruck kompensiert. Schließlich führt die erhöhte Ausgangsspannung des Sonnenwinddynamos zu einem Anwachsen des elektrischen Konvektionsfeldes und dieses läßt die Plasmaschichtinnenkante näher an die Erde heranrücken, siehe Gl. (7.30).

Was die Polarregion betrifft, so führt die Aktivierung des Sonnenwinddynamos zu einer allmählichen Intensivierung des gesamten polaren Stromsystems und hier insbesondere der ost- und westwärts gerichteten Strahlströme. Die damit verbundenen Magnetfeldstörungen sind in der Tat wesentliches Merkmal der Wachstumsphase eines Teilsturms. Gleichzeitig bewirkt das Anwachsen des Schweifflügelfeldes eine Vergrößerung des Polkappendurchmessers. Damit verschiebt sich das Polaroval und die darin enthaltenen Polarlichtbögen zu niedrigeren Breiten hin, in Übereinstimmung mit den Beobachtungen.

8.3.2 Expansionsphase

Während die Wachstumsphase als in groben Zügen verstanden gilt, wird die Expansionsphase nach wie vor kontrovers diskutiert. Einigkeit besteht darüber, daß es die in den Schweifflügeln gespeicherte magnetische Energie ist, die während der Expansionsphase plötzlich freigesetzt wird. Dies erfordert in jedem Fall eine Reduzierung der diese Energie unterhaltenden Schweifströme. Wie diese Reduzierung vonstatten geht, darüber gibt es allerdings unterschiedliche Meinungen. So geht eine Schule davon aus, daß es zu einer partiellen Unterbrechung der Ströme in der Zentralebene des erdnahen Schweifs kommt, siehe Abb. 8.12. Wie dort gezeigt, wirkt dieser Unterbrechung ein induziertes elektrisches Feld der Größe

$$\mathcal{E}_{ind} \sim \frac{\mathrm{d}\Phi_{Schweif}}{\mathrm{d}t} = -\mathcal{L}_{Schweif}\frac{\mathrm{d}\mathcal{I}_{Schweif}}{\mathrm{d}t}$$

entgegen, wobei $\mathcal{L}$ wieder die Induktionskonstante bezeichnet. Die Situation entspricht der, wie man sie vom plötzlichen Öffnen eines Spulen- oder Transformatorstromkreises her kennt. Das dabei induzierte elektrische Feld kann so stark sein, daß es den Stromfluß durch Funkenüberschlag oder Überschlagbögen wenigstens kurzzeitig aufrechtzuerhalten vermag. Im Schweif besteht eine weniger spektakuläre Alternative. So liegt das induzierte elektrische Feld über die hohe Leitfähigkeit entlang der Magnetfeldlinien auch an der polaren Ionosphäre an. Damit vermag es den in der Schweifebene unterbrochenen Stromfluß entlang der Feldlinien über die Ionosphäre umzuleiten und somit die ursprüngliche Stromstärke wenigstens teilweise aufrechtzuerhalten. Wie in Abb. 8.12 gezeigt, ist diese Umleitung mit intensiven Strömen im Mitternachtssektor der polaren Ionosphäre verbunden und es ist dieser

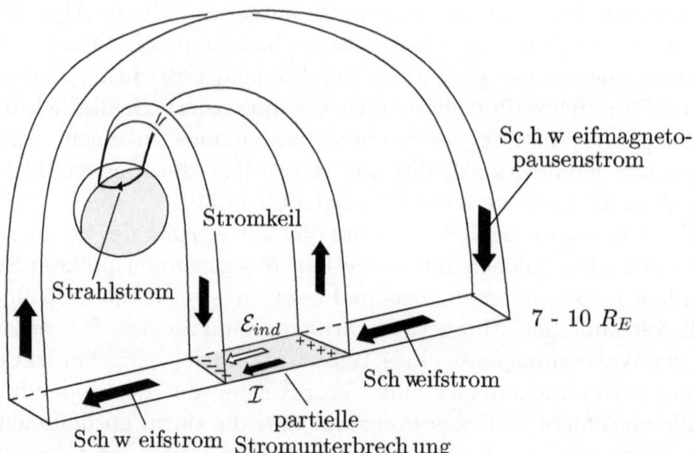

Abb. 8.12. Zur Entstehung und Gestalt des Teilsturm assoziierten Stromkeils. $\mathcal{I}$ bezeichnet den Restschweifstrom in der Region partieller Stromunterbrechung und $\mathcal{E}_{ind}$ das dort induzierte elektrische Feld, das u.a. den Teilsturm assozierten Strahlstrom in der polaren Ionosphäre fließen läßt. (Nach McPherron et al., 1973; Weimer, 1994)

zusätzliche Strahlstrom, der für die Entstehung magnetischer Teilstürme verantwortlich gemacht wird. Wegen der keilförmigen Verjüngung der Umleitungsstromschleife wird diese auch als *Stromkeil* (engl. *current wedge*) bezeichnet.

Nun bedarf der Aufbau des Stromkeils, wie der jedes anderen Stromkreises auch, einer gewissen Zeit und erfolgt in dem hier betrachteten Fall über Alfvén-Wellen. Bei typischen magnetosphärischen Ausbreitungsgeschwindigkeiten von 1000–2000 km/s benötigt eine solche Welle für die Rundreise Schweif-Ionosphäre-Schweif etwa eine Minute. Dabei verursachen die hin- und herlaufenden Alfvén-Wellen Pi2-Pulsationen im Periodenbereich $40 \lesssim \tau \lesssim 150$ Sekunden und diese sind in der Tat wesentliches Merkmal des Beginns der Expansionsphase eines Teilsturms. Des weiteren mag darüber spekuliert werden, ob die im Abendsektor gelegene, aufwärtsgerichtete Birkeland-Komponente des Stromkeils wenigstens teilweise durch aus der Plasmaschicht ausgefällte und die Feldlinien herabbeschleunigte Elektronen unterhalten wird. Dies würde die Entstehung besonders intensiver Polarlichter an der Westseite der Polarlichtbeule bzw. im Bereich der westwärts wandernden Woge erklären.

Eine weitere Folge des elektrischen Induktionsfeldes ist die Energetisierung von Teilchen. So wird von Satelliten auf geostationärer Umlaufbahn ($L = 6.6$) bei Expansionsbeginn eine plötzliche Zunahme der Flußdichte energetischer Teilchen beobachtet. Diese Zunahme erfolgt dispersionslos, d.h. es werden keine von der Energie der Teilchen abhängigen Laufzeiteffekte beobachtet. Dies deutet auf eine lokale Beschleunigung der Teilchen durch elektrische Felder hin. Ferner wird das elektrische Induktionsfeld für die Injektion energetischer Teilchen in den Ringstrombereich verantwortlich gemacht. So werden Plasmaschichtteilchen wegen der Intensität des Feldes auf ihrer Drifttrajektorie ungewöhnlich nahe an die Erde herangeführt. Nimmt die Feldstärke wieder ab, befinden sie sich jetzt in einem (in Abb. 7.26 durch die nicht-schattierte Fläche gekennzeichneten) innermagnetosphärischen Bereich, in dem nur Driftbewegungen um die Erde herum möglich sind. Offensichtlich bedarf es einer solchen unstetigen Konvektion, um überhaupt Plasmaschichtteilchen auf Ringstrombahnen transferieren zu können.

Was die Ursache der alles entscheidenden partiellen Unterbrechung des Schweifstroms betrifft, so gibt es unterschiedliche Meinungen. So geht eine Schule davon aus, daß die Plasmaschicht nur eine begrenzte Stromdichte unterhalten kann und daß es oberhalb dieses Schwellenwertes zu Plasmainstabilitäten kommt, die den Stromfluß unterdrücken. Eine andere Schule vertritt die Meinung, daß der beobachtete Stromabfall von außen gesteuert wird, so z.B. durch eine plötzliche Abnahme oder das völlige Verschwinden der Südkomponente des interplanetaren Magnetfeldes. Schließlich geht eine weitere Schule davon aus, daß Rekonnexion für die Stromreduzierung verantwortlich ist. Gemäß dieser in Abb. 8.13 skizzierten Vorstellung führt die starke Streckung der Feldlinien in Kombination mit dem erhöhten Schweifflügeldruck zur Ausbildung einer x-förmigen Neutrallinie im *erdnahen* Bereich (engl. *near earth neutral line, NENL*), wobei erdnah in diesem Zusammenhang 20–30 R_E bedeutet. An dieser neu entstandenen x-Linie kommt es zur Rekonnexion von in Richtung Neutralfläche driftenden Plasmafäden samt ihrer eingefrorenen Magnetfelder und dies führt zu einem Abbau der magnetischen Feldenergie, zu einer Aufheizung der Plasmaschicht und zur Entstehung erdwärtsgerichteter, impulsartiger Hochgeschwindigkeitsströmungen (engl. *bursty bulk flows*), die in minutenschnelle die Innenkante der Schweifregion erreichen. Bei ihrer plötzlichen Abbremsung durch das Dipolfeld der Erde werden gemäß Gl. (7.27) ostwärtsgerichtete elektrische Ströme erzeugt. Verstärkt werden diese durch an der Innenkante der abgebremsten und aufgestauten Plasmavolumina fließende Magnetisierungsströme, wie sie in Abb. 5.29 am Beispiel der Innenkante des Ringstroms illustriert sind. Beide Ströme sind so gerichtet, daß sie zu einer Schwächung des Schweifstroms und somit zu einer Dipolarisierung des erdnahen Magnetfeldes führen. Gleichzeitig speisen sie über einen Stromkeil – ähnlich wie in Abb. 8.12 skizziert – den Teilsturm assoziierten Strahlstrom der polaren Ionosphäre. Dieses etwas kompliziertere Störungsszenario besticht dadurch, daß es unmittelbar die Entstehung sogenannter *Plasmoide* zu erklären vermag, siehe wieder Abb. 8.13. Darunter verstehen wir zylinderförmige Plasma- und Magnetfeldstörungen, die mit hoher Geschwindigkeit schweifabwärts wandern. Typische Dimensionen im erdfernen Bereich ($\simeq 100\ R_E$) sind ein Zylinderradius von etwa 5 R_E und eine Zylinderlänge in y-Richtung von etwa 40 R_E. Bei einer Geschwindigkeit von 700 km/s transportiert ein solches Plasmoid die nicht unbeträchtliche

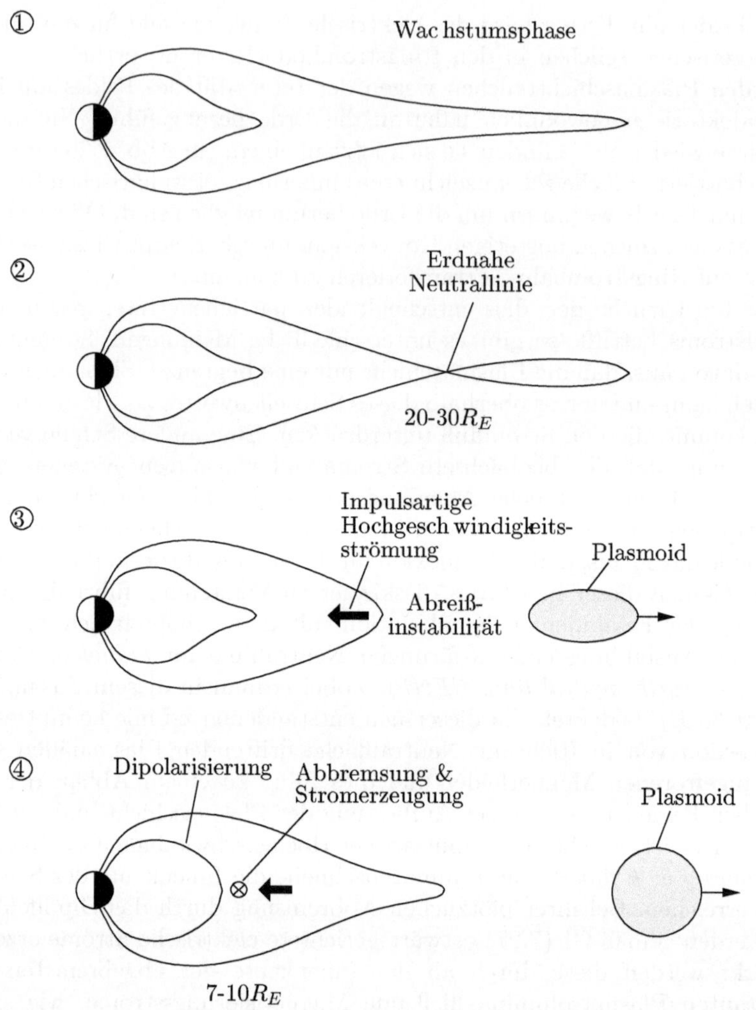

Abb. 8.13. Durch erdnahe Rekonnexion ausgelöste Dipolarisierung und die Entstehung von Plasmoiden. Man beachte, daß sich die gezeigten Störungen im Innenbereich des Schweifs abspielen und daß die äußere Schweifflügelregion, von Kompressionseffekten durch das abwandernde Plasmoid abgesehen, in seiner ursprünglichen Form erhalten bleibt. (Nach Hones, 1977; Shiokawa et al., 1998)

Energiemenge von $10^{14} - 10^{15}$ J, die letztlich dem Schweif an den interplanetaren Raum verloren geht.

Unabhängig von dem ins Auge gefaßten Störungsszenario interessiert natürlich die Frage, ob die jeweils freigesetzte Energiemenge ausreicht, die in der polaren Hochatmosphäre beobachtete Energiedissipation zu unterhalten. Dies ist in der Tat der Fall, wie folgende, auf dem in Abb. 8.12 skizzierten

Stromunterbrechungsszenario beruhende Abschätzung belegen mag. Um die während der Wachstumsphase am Ort der geosynchronen Umlaufbahn beobachtete Streckung der Feldlinien zu erklären, bedarf es einer Erhöhung des Schweifstroms im erdnahen Bereich ($7 - 10\ R_E$) um etwa 100 mA/m. Gemäß Gl. (5.81) entspricht dies einer Erhöhung der Schweifflügelfeldstärke um $\Delta\mathcal{B}_{SF} = \mu_0(\mathcal{I}^*_{MS}/2) \simeq 63$ nT. Um ferner einen Teilsturm assoziierten Strahlstrom von 0.5 MA (dies entspricht einer Magnetfeldstörung von ungefähr -1000 nT bei einer Strahlstrombreite von 3°) in beiden Polarregionen zu unterhalten, muß die Schweifstromerhöhung auf einer Länge von etwa $2\ R_E$ unterbrochen und umgeleitet werden. In diesem Schweifsegment ist aber eine magnetische Überschußenergie von $(\Delta\mathcal{B}^2_{SF}/2\mu_0)(R^2_{MS}\pi/2)\ 2R_E \simeq 3\cdot 10^{14}$ J gespeichert, wobei wir einen Magnetschweifradius von $R_{MS} \simeq 15R_E$ angenommen haben. Bei einem Leistungsbedarf von 10^{11} W reicht diese Energie sicherlich aus, um die Expansionsphase eines polaren Teilsturms (Dauer $\lesssim 0.5$ h) zu unterhalten. Bei länger anhaltender Aktivität muß die Stromunterbrechung auf weiter schweifabwärts gelegene Bereiche erweitert werden und eine solche schweifabwärts gerichtete Wanderung der Stromunterbrechung bzw. Stromschwächung wird in der Tat beobachtet.

Angesichts des spekulativen Charakters der verschiedenen Teilsturmszenarien mag überraschen, daß bisherige *in situ* Messungen so wenig zur Aufklärung des Sachverhaltes beigetragen haben. Hier ist zu bedenken, daß die Magnetosphäre ein riesiges Gebiet darstellt, dessen Einzelbereiche nur sporadisch und punktuell von einem Satelliten vermessen werden. Die Wahrscheinlichkeit für einen solchen Satelliten sich zur richtigen Zeit am richtigen Ort zu befinden, ist also relativ gering. Hinzu kommt, daß Messungen von einem Einzelsatelliten aus nicht zwischen räumlichen und zeitlichen Variationen unterscheiden können, was bei einem so dynamischen Phänomen, wie es Teilstürme darstellen, eine erhebliche Einschränkung bedeutet. Deshalb versucht man in jüngster Zeit mit Hilfe mehrerer, räumlich getrennter, aber in Formation fliegender Satelliten wenigstens dieser Vieldeutigkeit Herr zu werden (CLUSTER-Mission).

8.4 Thermosphärenstürme

Ein signifikanter Teil der während eines Geosphärensturms absorbierten Sonnenwindenergie wird über elektrische Ströme und Teilcheneinfall in der polaren Hochatmosphäre dissipiert. Die dadurch hervorgerufene Aufheizung ist so intensiv, daß es nicht nur zu lokalen, sondern zu globalen Störungen der Thermosphäre kommt. Unserer bisherigen Namensgebung folgend bezeichnen wir ein solches Ereignis als einen *Thermosphärensturm*. Wegen der dabei beobachteten hohen Windgeschwindigkeiten kommt diese Bezeichnung unseren Vorstellungen von einem Sturm entgegen, betroffen sind aber auch alle anderen Zustandsgrößen, wie die Temperatur, die Massendichte und die Zusammensetzung. Aus der Vielzahl der mit einem Thermosphärensturm verbundenen Erscheinungen sollen im folgenden zwei näher betrachtet werden und zwar Zusammensetzungsstörungen in mittleren Breiten und Dichtestörungen in äquatorialen Breiten. Dabei handelt es sich um zwei sehr auffällige und eng mit ionosphärischen Störungen verknüpfte Effekte.

8.4.1 Zusammensetzungsstörungen in mittleren Breiten

Von der Art her sind die während eines Thermosphärensturms auftretenden Zusammensetzungsstörungen die gleichen, wie sie auch während weniger gestörter Bedingungen in polaren Breiten beobachtet werden: Schwerere Gase zeigen eine überproportionale Dichtezunahme, leichtere eine Abnahme. Nur sind diese Effekte während eines Sturms wesentlich massiver und darüber hinaus nicht auf die polare Aufheizzone beschränkt. Letzteres ist schematisch in Abb. 8.14 dargestellt. Fliegt ein Satellit mit einem Gasanalysator an Bord entlang der eingezeichneten polaren Umlaufbahn, so wird er, vom Äquator her kommend, bereits in mittleren Breiten in die Zone gestörter Neutralgaszusammensetzung eintauchen. Dies ist in Abb. 8.15 an Hand von Daten dokumentiert. Aufgetragen sind *relative* Dichteänderungen, wobei die während eines Sturmumlaufs gemessenen Dichtewerte durch die während eines ungestörten Umlaufs gewonnenen Dichtewerte dividiert wurden. $R(n) = 1$ bedeutet somit keine Änderung gegenüber ungestörten Verhältnissen und $R(n) = 10$ einen zehnfachen Anstieg der Dichte. Die magnetische Aktivität während des betrachteten Sturm- und Referenzumlaufs sind im oberen Teil der Abbildung an Hand des Kp-Indexes angegeben. Wie

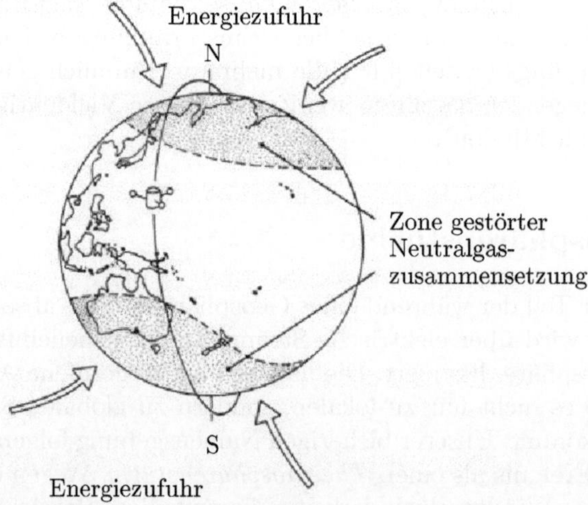

Abb. 8.14. Energiezufuhr und Ausbildung einer Zone gestörter Neutralgaszusammensetzung während eines Thermosphärensturms

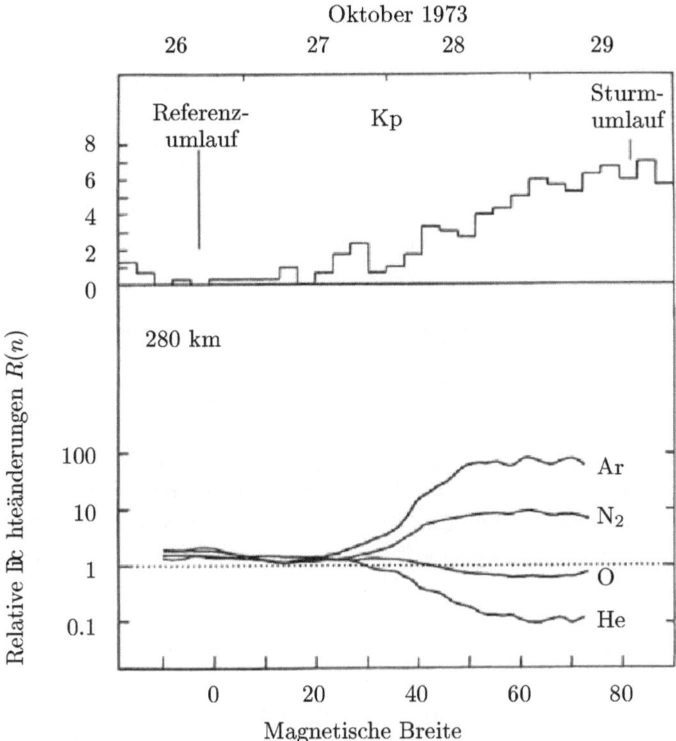

Abb. 8.15. Breitenstruktur relativer Dichteänderungen während eines Thermosphärensturms. Die Form der Datenpräsentation ist im Text beschrieben. Die Dichtemessungen beziehen sich auf 280 km Höhe und 9 Uhr Ortszeit.

aus den Messungen ersichtlich kann es in 280 km Höhe zu recht massiven Dichtestörungen kommen. So erreicht der Anstieg der Argondichte einen Faktor 80, der der Stickstoffdichte einen Faktor 10. Gleichzeitig sinkt die atomare Sauerstoffdichte auf nahezu die Hälfte, die Heliumdichte gar auf ein Zehntel ihres ursprünglichen Wertes ab. Bemerkenswert ist auch, daß sich die Zone gestörter Zusammensetzung bis in eine Breite von 30° erstreckt.

Während die Entstehung der beobachteten Dichtestörungen bereits in Abschnitt 7.5.3 erläutert wurde, bedarf ihre Expansion bis in mittlere Breiten noch einer Erklärung. So geht man heute davon aus, daß die Dichtestörungen zwar in polaren Breiten entstehen, anschließend aber durch starke Winde in Richtung mittlere Breiten getragen werden. Dabei sind die Details dieses Störungstransports nach wie vor Gegenstand intensiver Untersuchungen. Feststeht, daß die Ausbreitung im Nachtsektor stattfindet und dies ist auch unmittelbar verständlich. So führt die Ionendrift in den Polkappen zu einer starken Beschleunigung der Luftmassen in Richtung Nachtsektor, siehe Abb. 7.3 und Abschnitt 7.5.1. Hinzu kommt, daß während eines Sturms

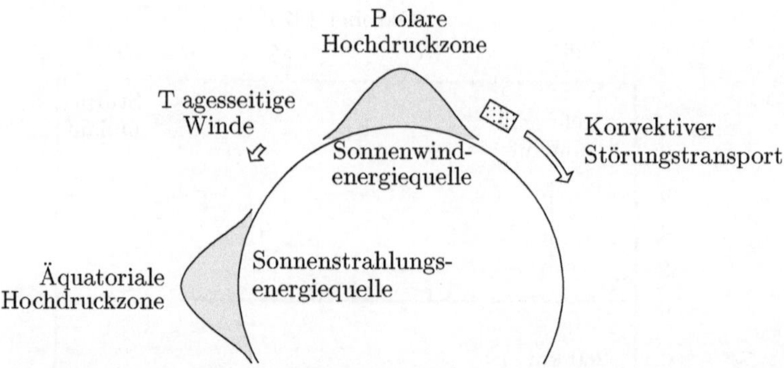

Abb. 8.16. Sturmbedingte Änderungen der großräumigen Windzirkulation und konvektiver Transport von Zusammensetzungsstörungen in mittlere Breiten

in den polaren Aufheizzonen zwei zusätzliche Hochdruckgebiete entstehen, deren Winde sich der normalen tageszeitlichen Windzirkulation überlagern, siehe Abb. 8.16. Im Nachtsektor führt dies zu einer Verstärkung der dort ohnehin äquatorwärts gerichteten Luftströmung, und es entstehen Sturmwinde, die in der oberen Thermosphäre Geschwindigkeiten von 1000–2000 km/h erreichen. Diese Sturmwinde sind es, die für den Transport der Zusammensetzungsstörungen in mittlere Breiten verantwortlich sind, wobei allerdings den deutlich langsameren Winden der unteren Thermosphäre besondere Bedeutung zukommt. So haben Zusammensetzungsstörungen in niedrigeren Höhen wegen der dort viel größeren Diffusionszeitkonstanten eine ungleich längere Lebensdauer als solche in der oberen Thermosphäre, vergleiche dazu Abschnitt 2.3.6.

Im Gegensatz zum Nachtsektor wird auf der Tagseite der Störungstransport durch die dort vorherrschenden polwärtsgerichteten Winde behindert. Selbst wenn der polare Hochdruck stark genug ist, die Richtung der normalerweise polwärtsgerichteten Luftströmung umzukehren (wie dies in Abb. 8.16 angedeutet ist), so ist die Geschwindigkeit dieser Strömung doch so gering, daß nur ein unbedeutender Störungstransport stattfindet. Es bleibt die Frage, wie es dann zu den auch im Tagsektor beobachteten Zusammensetzungsstörungen kommt (die Daten der Abb. 8.15 beziehen sich z.B. auf 9 Uhr Ortszeit). Hier ist zu bedenken, daß die Thermosphäre der mittleren Breiten im wesentlichen mit der Erde mitrotiert, so daß eine im Nachtsektor erzeugte Störung über die Korotationsbewegung auch in den Tagsektor gelangt.

8.4.2 Dichtestörungen in niedrigen Breiten

Die während magnetischer Aktivität beobachteten Dichtestörungen sind nicht auf hohe und mittlere Breiten beschränkt, sondern erstrecken sich, wenn auch in anderer Form, bis in äquatoriale Regionen. Dies ist in Abb. 8.17, wiederum an Hand von Satellitendaten, dokumentiert. Gezeigt wird die zeitliche

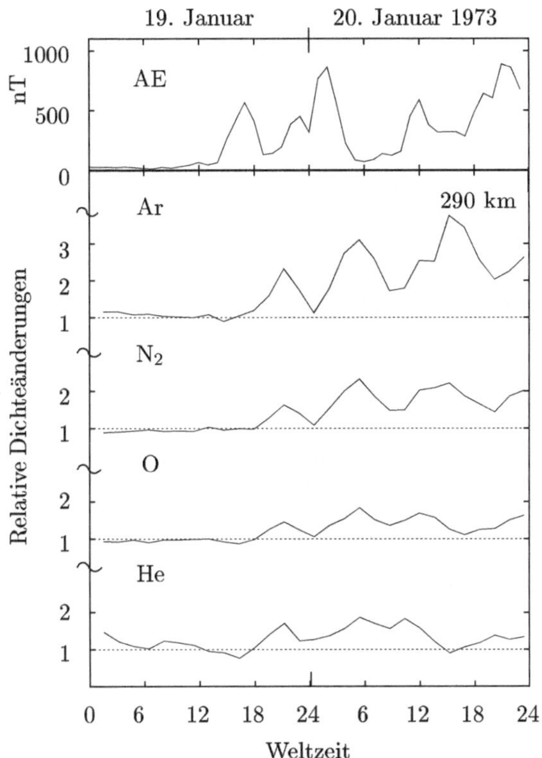

Abb. 8.17. Thermosphärische Sturmeffekte in niedrigen Breiten. Der obere Teil der Abbildung zeigt die Entwicklung der polaren magnetischen Aktivität während des betrachteten 2-Tage-Intervalls. Die Reaktion der äquatorialen Hochatmosphäre ($5°- 10°$ Süd) auf diese Störung ist im unteren Teil der Abbildung zu sehen, wobei wieder relative Dichteänderungen angegeben sind. Als Referenz dienen Dichtewerte, wie sie am Tag vor dem magnetischen Sturm gemessen wurden. Alle Dichtewerte beziehen sich auf eine Höhe von 290 km und auf eine Ortszeit von 1 Uhr nachts. (Nach Prölss, 1997; der Einfachheit halber sei bereits an dieser Stelle darauf hingewiesen, daß die Abb. 8.18 und 8.19 ebenfalls dieser Quelle und die Abb. 8.20 – 8.22 Prölss (1995) entnommen sind)

Änderung der Argon-, molekularen Stickstoff-, atomaren Sauerstoff- und Heliumdichte, wie sie in 290 km Höhe zwischen 5 und 10° südlicher Breite nach Beginn eines magnetischen Sturms gemessen wurde. In Reaktion auf die im oberen Teil des Bildes beschriebenen magnetischen Aktivität wird ein stark fluktuierender *gemeinsamer* Anstieg aller Gasdichten beobachtet. Offenbar sind hier andere Störungsmechanismen am Werk als in höheren Breiten. Während der stärkere Dichteanstieg der schwereren Gase auf einen Temperaturanstieg hindeutet, läßt sich die Dichtezunahme der leichteren Gase eher als ein Kompressionseffekt erklären. So führt ein mit den Stickstoff-

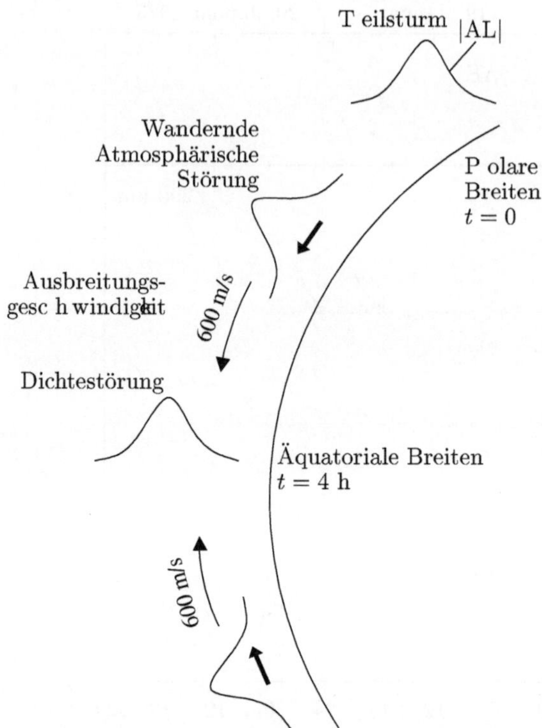

Abb. 8.18. Zur Erklärung äquatorialer Dichtestörungen während magnetischer (Teil-)Sturmaktivität. Die in die wandernden atmosphärischen Störungen eingebetteten schwarzen Pfeile charakterisieren die zugehörigen Windstörungen

messungen verträglicher Temperaturanstieg von $\Delta T_\infty \lesssim 160$ K nur zu einer vierprozentigen Dichtezunahme von Helium.

Unabhängig von den unmittelbaren Ursachen des Dichteanstiegs ergibt sich die Frage, wie es überhaupt so rasch und so weit von der polaren Aufheizzone entfernt zu den gezeigten Störungen kommen kann. So wird der erste Dichteanstieg weniger als 4 Stunden nach dem Beginn der magnetischen Aktivität beobachtet. Heute geht man davon aus, daß diese Dichtezunahmen durch sogenannte *wandernde atmosphärische Störungen* (engl. *traveling atmospheric disturbances*, TADs) hervorgerufen werden. Darunter versteht man eine durch Überlagerung atmosphärischer Schwerewellen erzeugte impulsförmige Störung, die sich mit großer Geschwindigkeit (500 – 1000 m/s) von polaren in äquatoriale Breiten bewegt. Abbildung 8.18 illustriert das ins Auge gefaßte Szenario.

Während eines Teilsturms – hier angedeutet durch den AL-Index – kommt es zu einer plötzlichen Energiezufuhr und Aufheizung der polaren Hochatmosphäre. Die dadurch bewirkte rasche Ausdehnung der Gase führt zur Anregung eines ganzen Spektrums atmosphärischer Schwerewellen, die sich von ihrem Ursprungsort aus über die ganze Erde hin ausbreiten. In mittleren Breiten sind allerdings die höherfrequenten Wellen bereits stark gedämpft und die niederfrequenten, langwelligen Komponenten überlagern sich zu einer impulsartigen Störung, die sich mit hoher Geschwindigkeit in Richtung Äquator ausbreitet. Modellrechnungen zeigen, daß bei der Passage einer solchen Störung ein Dichte- und Temperaturanstieg, aber auch äquatorwärtsgerichtete Winde beobachtet werden sollten, wobei die Dauer der Störung ein bis zwei Stunden beträgt. Bei einer Ausbreitungsgeschwindigkeit von 600 m/s hat die wandernde Störung bei einer Startbreite von 70° den Äquator in weniger als 4 Stunden erreicht und trifft dort mit der aus der gegenüberliegenden Polarregion kommenden Störung zusammen. Wie man sich leicht vorstellen kann, führt das Aufeinandertreffen dieser beiden Störungen, und hier insbesondere das Aufeinandertreffen der mit diesen Störungen verbundenen äquatorwärts gerichteten Winde, zu einer Kompression und damit gleichzeitig auch zu einer Aufheizung der Gase, in Einklang mit den in Abb. 8.17 gezeigten Dichteänderungen.

8.5 Ionosphärenstürme

Störungen der Ionosphäre während magnetischer Aktivität sind erstmals 1929 von Havstad und Tuve dokumentiert worden. Hinweise auf dieses Phänomen hatte es allerdings schon früher gegeben, und zwar von Seiten der Radioingenieure, die während magnetischer Stürme eine deutliche Modifikation ihrer ionosphärischen Übertragungsstrecken beobachteten. Seitdem sind hunderte von Veröffentlichungen zu diesem Thema erschienen, was einerseits auf die komplexen Eigenschaften, andererseits aber auch auf die Bedeutung dieses Phänomens hinweist. Betroffen sind alle Zustandsgrößen im gesamten Bereich der Ionosphäre. Am auffälligsten und sicherlich am besten untersucht sind allerdings Dichteänderungen im Bereich der F-Region und hier insbesondere am Ort des Schichtmaximums. Im folgenden sollen deshalb ausschließlich diese Art von Störungen diskutiert werden.

Beobachtungen in mittleren Breiten haben früh gezeigt, daß es im Verlauf magnetischer Stürme sowohl zu einer anomalen Dichtezunahme als auch zu einer anomalen Dichteabnahme kommen kann. Erstere Erscheinung ist unter der Bezeichnung *positiver*, letztere unter der Bezeichnung *negativer Ionosphärensturm* in die Literatur eingegangen. Beide Effekte sind in Abb. 8.19 an Hand von Elektronendichteprofilen dokumentiert. Wie ersichtlich können die Dichtestörungen recht massiv sein und Abweichungen der maximalen Elektronendichte von mehr als 100% sind keine Seltenheit.

Ausgangspunkt für die Erklärung dieser Störungen ist die Dichtebilanzgleichung (4.23). Im Prinzip können alle drei auf der rechten Seite dieser Gleichung stehenden Terme die beobachteten Dichteänderungen verursachen und in der Tat sind alle drei, und zusätzlich Kombinationen von ihnen,

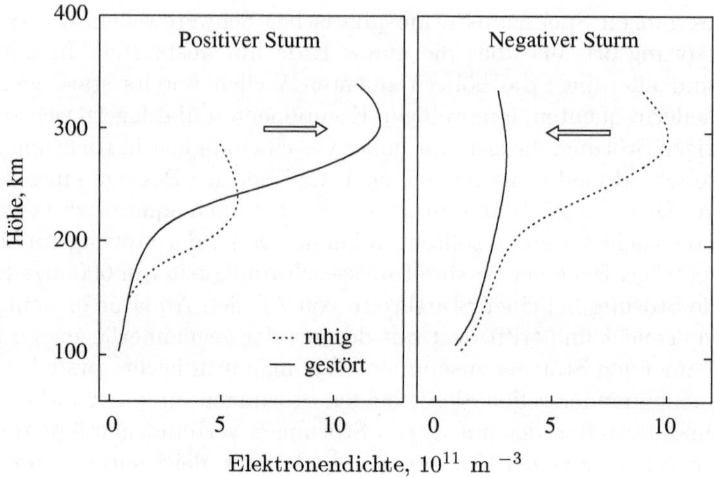

Abb. 8.19. Änderungen der Elektronendichte, wie sie während eines positiven und wie sie während eines negativen Ionosphärensturms beobachtet wurden

für die Sturmeffekte verantwortlich gemacht worden. Im folgenden sei ein Störungsszenario beschrieben, das auf einer engen Kopplung zwischen thermosphärischen und ionosphärischen Stürmen beruht. So geht man heute davon aus, daß negative Ionosphärenstürme im wesentlichen durch Änderungen der Neutralgaszusammensetzung und positive Stürme sehr häufig durch thermosphärische Winde hervorgerufen werden.

8.5.1 Negative Ionosphärenstürme

Daß Störungen der Neutralgaszusammensetzung, wie sie in Abb. 8.15 dokumentiert sind, wichtige Folgen für die Ionosphäre haben, ist unmittelbar verständlich. So bewirkt die Abnahme der atomaren Sauerstoffdichte eine Abnahme der Produktion atomarer Sauerstoffionen und die Zunahme der molekularen Stickstoffdichte eine Zunahme der Verluste dieser Ionenspezies, siehe Abschnitt 4.2. Beide Neutralgasdichteänderungen bewirken demnach eine Abnahme der Ionisationsdichte in der F-Region. Entsprechend sollten alle unterhalb der Zone gestörter Zusammensetzung gelegenen Ionosondenstationen negative Sturmeffekte beobachten, und dies ist in der Tat der Fall. Der mittlere Teil der Abb. 8.20 zeigt noch einmal das in Abb. 8.15 dokumentierte Breitenprofil der O- und N_2-Dichtestörung, diesmal allerdings nicht auf ein konstantes Höhen-, sondern auf ein konstantes Druckniveau bezogen, wobei dem Druckniveau von 8 μPa ungefähr eine Höhe von 300 km entspricht. Der Grund für diesen Koordinatenwechsel ist, daß ionosphärische Schichten ja nicht an bestimmte Höhen gebunden sind, sondern sich mit den Isobaren der Thermosphäre und in Abhängigkeit von der Zeit und vom Ort auf und

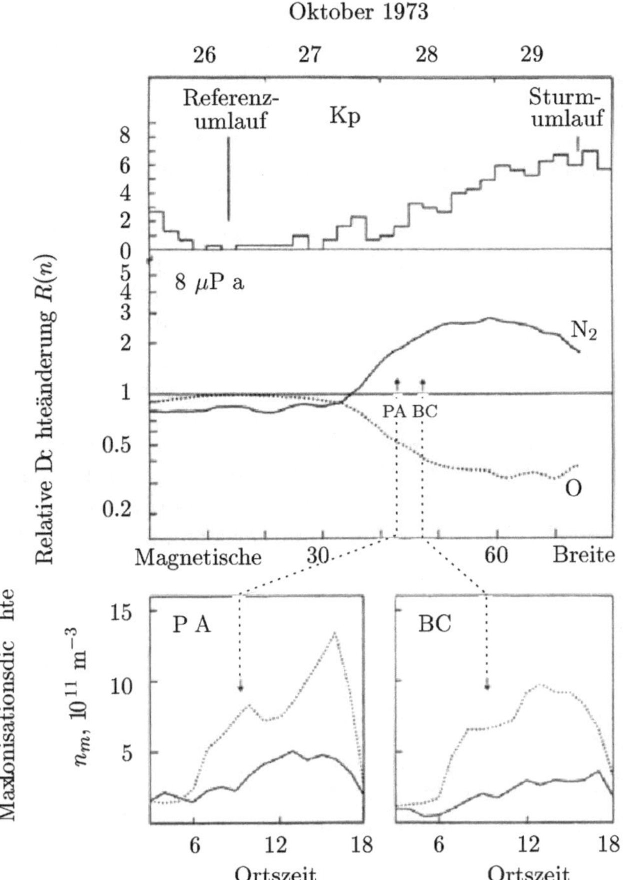

Abb. 8.20. Gleichzeitiges Auftreten thermosphärischer Zusammensetzungsstörungen und negativer ionosphärischer Sturmeffekte. Der obere Teil entspricht der Abb. 8.15, nur daß sich diesmal die relativen Dichteänderungen der Gase N_2 und O auf ein konstantes Druckniveau von 8 µPa beziehen. Der untere Teil der Abbildung zeigt den Tagesgang der maximalen Ionisationsdichte wie er von den beiden Ionosondenstationen Pt. Arguello (PA) und Boulder (BC) am Referenztag (26. Oktober, punktierte Linien) und am Sturmtag (29. Oktober, durchgezogene Linien) gemessen wurde. Die Lage der Stationen relativ zur Zusammensetzungsstörungszone und der Zeitpunkt der Satellitenmessung relativ zum Tagesgang ist jeweils durch Pfeile angegeben

ab bewegen. Wie ersichtlich ist im Druckkoordinatensystem die Dichteabnahme des atomaren Sauerstoffs wesentlich ausgeprägter, die Dichtezunahme des molekularen Stickstoffs dagegen stark verringert.

Ebenfalls in das Breitenprofil eingezeichnet ist die Lage zweier unterhalb der Satellitenumlaufbahn gelegenen Ionosondenstationen. Ihre Meßergebnisse sind im unteren Teil der Abb. 8.20 wiedergegeben. Gezeigt wird der Tagesgang der maximalen Ionisationsdichte, n_m, wie er während des ungestörten Referenztages und wie er während des Sturmtages beobachtet wurde. Offensichtlich kommt es am Sturmtag zu einem massiven Einbruch der Ionisationsdichte.

Eine einfache Abschätzung zeigt, daß die Neutralgasdichteänderungen tatsächlich ausreichen, die beobachteten ionosphärischen Sturmeffekte zu erklären. So gilt für die maximale Ionisationsdichte nach Gl. (4.65)

$$n_m \simeq \frac{J_{\mathrm{O}}\, n_{\mathrm{O}}(h_m)}{k^{LA}_{\mathrm{O^+,N_2}}\, n_{\mathrm{N_2}}(h_m) + k^{LA}_{\mathrm{O^+,O_2}}\, n_{\mathrm{O_2}}(h_m)} \qquad (8.8)$$

Werden nur relative Dichteänderungen $R(n_s) = (n_s)_{gestört}/(n_s)_{ungestört}$ betrachtet und geht man davon aus, daß die relative Dichteänderung des molekularen Sauerstoffs etwa der des molekularen Stickstoffs entspricht (beide Gase haben ja ungefähr das gleiche Molekulargewicht), so gilt mit $R(n_{\mathrm{O_2}}) \simeq R(n_{\mathrm{N_2}})$

$$R(n_m) = \frac{R(n_{\mathrm{O}})}{R(n_{\mathrm{N_2}})} \frac{k^{LA}_{\mathrm{O^+,N_2}} + k^{LA}_{\mathrm{O^+,O_2}}\, (n_{\mathrm{O_2}}/n_{\mathrm{N_2}})_{ungestört}}{k^{LA}_{\mathrm{O^+,N_2}} + k^{LA}_{\mathrm{O^+,O_2}}\, (n_{\mathrm{O_2}}/n_{\mathrm{N_2}})_{ungestört} R(n_{\mathrm{O_2}})/R(n_{\mathrm{N_2}})}$$

$$\simeq \frac{R(n_{\mathrm{O}})}{R(n_{\mathrm{N_2}})} \qquad (8.9)$$

wobei sich alle Neutralgasdichtewerte auf den Ort des Ionisationsdichtemaximums beziehen. Abbildung 8.20 entnehmen wir, daß im allgemeinen Höhenbereich dieses Maximums $R(n_{\mathrm{O}}) \simeq 0.5$ und $R(n_{\mathrm{N_2}}) \simeq 2$ beträgt, so daß die Ionisationsdichte auf ein Viertel ihres ursprünglichen Wertes abnehmen sollte, in hinreichend guter Übereinstimmung mit dem tatsächlich beobachteten Dichteabfall.

8.5.2 Positive Ionosphärenstürme

Ein für die Erklärung positiver Ionosphärenstürme wichtiges Merkmal wandernder atmosphärischer Störungen ist, daß sie äquatorwärts gerichtete Winde mit sich führen. In Abb. 8.21 beträgt deren Geschwindigkeit 150 m/s und diese Windgeschwindigkeit ist nicht mit der viel größeren Ausbreitungsgeschwindigkeit der Störung zu verwechseln. Hier interessieren wir uns für die Reibungskraft, die diese Neutralgaswinde auf die Ladungsträger der Ionosphäre ausüben. Wegen der eingeschränkten Bewegungsfreiheit der Ladungsträger im Magnetfeld der Erde ist es sinnvoll, diese Reibungskraft in eine feldliniensenkrechte und in eine feldlinienparallele Komponente zu zerlegen. Gemäß Gl. (5.40) wird die feldliniensenkrechte Komponente der Reibungskraft eine Horizontaldrift bewirken, die bei einer in erster Näherung in

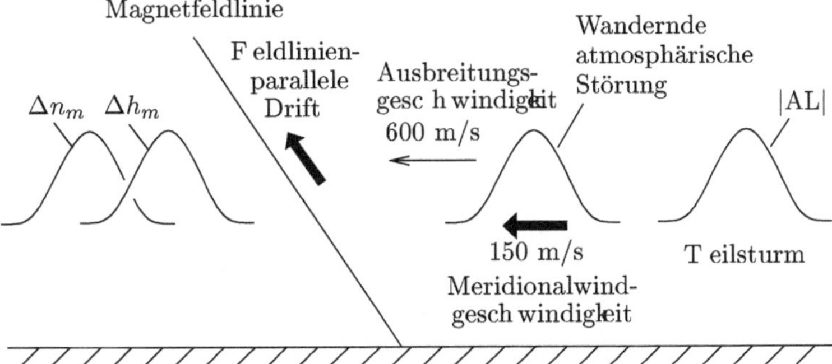

Abb. 8.21. Durch eine wandernde atmosphärische Störung hervorgerufener positiver Ionosphärensturm kürzerer Dauer. AL bezeichnet den AL-Index, Δh_m die Änderung der Höhe des Schichtmaximums und Δn_m die Änderung der maximalen Ionisationsdichte

horizontaler Richtung als homogen und unendlich ausgedehnt angenommenen Ionosphäre keinerlei Folgen für die vertikale Dichteverteilung hat. Entlang des Magnetfeldes sind die Ladungsträger frei beweglich und die feldlinienparallele Komponente der Reibungskraft wird die Ionisation entlang der geneigten Feldlinien wie an einer Schiene in größere Höhen befördern. In Reaktion auf eine wandernde atmosphärische Störung sollte es demnach zu einer Anhebung der Ionosphäre kommen, wie dies in Abb. 8.21 für den Ort des Schichtmaximums angedeutet ist (Δh_m). Eine Anhebung des Schichtmaximums relativ zur Neutralgasatmosphäre führt aber zu einem Anstieg der maximalen Ionisationsdichte (Δn_m). So sind die Ionisationsdichteverluste ja proportional zur molekularen Stickstoff- und molekularen Sauerstoffdichte. Diese Gase nehmen aber aufgrund ihrer kleineren Skalenhöhen sehr viel rascher mit wachsender Höhe ab, als die atomare Sauerstoffdichte, die die Produktionsrate bestimmt. Auf diese Weise kommt es bei einer Anhebung der Schicht zu einer effektiven Zunahme der Ionisationsdichte, ähnlich wie dies in Abschnitt 4.3.3 für die untere F-Region erläutert wurde.

Messungen im Einklang mit dem oben beschriebenen Störungsszenario werden in Abb. 8.22 gezeigt. Der obere Teil dieser Abbildung beschreibt an Hand des AL-Indexes das Auftreten eines isolierten Teilsturms. In Reaktion auf diese Energieinjektion in polaren Regionen kommt es in mittleren Breiten und mit einer Zeitverzögerung von etwa 2 Stunden zu einer deutlichen Anhebung des Schichtmaximums (Δh_m, mittlerer Teil der Abbildung). Diese Schichtanhebung ist offensichtlich für den starken Anstieg der maximalen Ionisationsdichte verantwortlich, wie er im mittleren Teil der Abbildung in Form einer Differenz (Δn_m) und im unteren Teil der Abbildung an Hand des gestörten und ungestörten Tagesgangs von n_m dokumentiert wird. Dabei ist die Zeitverzögerung zwischen Schichtanhebung und Dichteanstieg durchaus verständlich. So beträgt die Zeitkonstante für den Aufbau

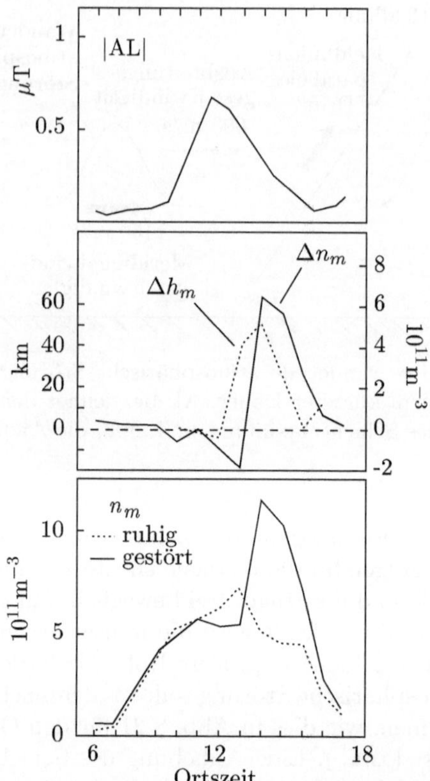

Abb. 8.22. Beispiel für einen positiven Ionosphärensturm kürzerer Dauer. In Reaktion auf einen isolierten Teilsturm (AL-Index, oberer Teil der Abbildung) registriert eine Ionosondenstation in mittleren Breiten zunächst einen impulsartigen Anstieg der Höhe des Schichtmaximums (Δh_m), anschließend einen impulsartigen Anstieg der maximalen Ionisationsdichte (Δn_m, mittlerer Teil der Abbildung). Der untere Teil der Abbildung vergleicht den Tagesgang der gestörten mit dem der ungestörten maximalen Ionisationsdichte

der gestörten Ionisationsdichte gemäß Gl. (4.57) mit $n \simeq 7 \cdot 10^{11} \mathrm{m}^{-3}$ und $q_{\mathrm{O}^+} \simeq J_{\mathrm{O}} n_{\mathrm{O}}(h_m) \simeq 3 \cdot 10^{-7}\,[\mathrm{s}^{-1}] \cdot 6 \cdot 10^{14}\,[\mathrm{m}^{-3}] \simeq 18 \cdot 10^{7}\,\mathrm{s}^{-1}\mathrm{m}^{-3}$ etwa eine Stunde.

Daß die beobachtete Anhebung des Schichtmaximums tatsächlich ausreicht, um den beobachteten Dichteanstieg zu erklären, soll folgende Abschätzung zeigen. Wird das ungestörte Ionisationsdichtemaximum wieder durch Gl. (8.8) beschrieben, so gilt für die um Δh_m angehobene Schicht

$$(n_m)_{gestört} \simeq \frac{J_{\mathrm{O}}\, n_{\mathrm{O}}(h_m)\, e^{-\Delta h_m/H_{\mathrm{O}}}}{k^{LA}_{\mathrm{O}^+,\mathrm{N}_2}\, n_{\mathrm{N}_2}(h_m)\, e^{-\Delta h_m/H_{\mathrm{N}_2}} + k^{LA}_{\mathrm{O}^+,\mathrm{O}_2}\, n_{\mathrm{O}_2}(h_m)\, e^{-\Delta h_m/H_{\mathrm{O}_2}}}$$

$$(8.10)$$

Dabei wird angenommen, daß im Bereich des Dichtemaximums isotherme Bedingungen vorherrschen. Vernachlässigt man ferner den relativ kleinen Unterschied zwischen den Skalenhöhen von N_2 und O_2 und führt die gemeinsame Skalenhöhe H_{N_2,O_2} ein, so nimmt Gl. (8.10) folgende Form an

$$(n_m)_{gestört} \simeq \frac{J_O \, n_O(h_m)}{k_{O^+,N_2}^{LA} \, n_{N_2}(h_m) + k_{O^+,O_2}^{LA} \, n_{O_2}(h_m)} \, e^{-\Delta h_m (1/H_O - 1/H_{N_2,O_2})}$$

Damit ergibt sich die durch die Anhebung des Schichtmaximums hervorgerufene relative Dichteänderung zu

$$R(n_m) \simeq e^{-\Delta h_m (1/H_O - 1/H_{N_2,O_2})} = e^{\Delta h_m / H_{ql}} \tag{8.11}$$

wobei wir zur Abkürzung wieder die durch Gl. (4.31) definierte Skalenhöhe H_{ql} eingeführt haben. Mit $\mathcal{M}_{N_2,O_2} \simeq 30$ und $\mathcal{M}_O = 16$ entspricht H_{ql} etwa der Skalenhöhe des atomaren Sauerstoffs. Abbildung 8.22 entnehmen wir, daß Δh_m etwa 50 km beträgt und somit von der Größenordnung von H_{ql} ist. Entsprechend erwartet man einen Dichteanstieg um einen Faktor 2 bis 3, und dieser wird in der Tat beobachtet.

Neben den bisher betrachteten positiven Sturmeffekten kürzerer Dauer, werden auch länger anhaltende Störungen beobachtet. Diese können entweder durch eine rasche Aufeinanderfolge wandernder atmosphärischer Störungen und/oder durch eine Modifikation der globalen Windzirkulation hervorgerufen werden. Wie in Abb. 8.16 skizziert kommt es ja auf der Tagseite zu einer Verminderung der polwärtsgerichteten Winde oder gar zu deren Richtungsumkehr. Beides führt zu einer länger währenden Anhebung des Schichtmaximums und damit zu anhaltenden positiven Sturmeffekten.

Bei der bisherigen Beschreibung ionosphärischer Sturmeffekte mag der Eindruck entstanden sein, daß dieses Phänomen gut verstanden ist. Dieser Eindruck täuscht, und es gibt eine ganze Reihe offener Fragen, sowohl was die Morphologie als auch was die Physik dieser Erscheinung betrifft. So sind z.B. elektrische Felder bei der Erklärung der Sturmeffekte völlig unberücksichtigt geblieben. Weitere Forschungen auf diesem Gebiet sind also notwendig und lohnend und sollen hier ausdrücklich ermutigt werden.

8.6 Die Sonne als Ursprungsort von Geosphärenstürmen

Unmittelbare Ursache für das Auftreten von Geosphärenstürmen ist ein stark erhöhter Energietransfer Sonnenwind-Magnetosphäre. Dieser wiederum wird immer dann besonders groß sein, wenn die Sonnenwindgeschwindigkeit hohe und die $\mathcal{B}_z$-Komponente des interplanetaren Magnetfeldes deutlich negative Werte annimmt, siehe Abschnitt 7.6. Nun sind aber dem Anstieg der Sonnenwindgeschwindigkeit enge Grenzen gesetzt, so daß der Energietransfer im wesentlichen von der $\mathcal{B}_z$-Komponente des interplanetaren Magnetfeldes kontrolliert wird. Die in Abb. 8.23 gezeigten Daten bestätigen dies. Aufgetragen

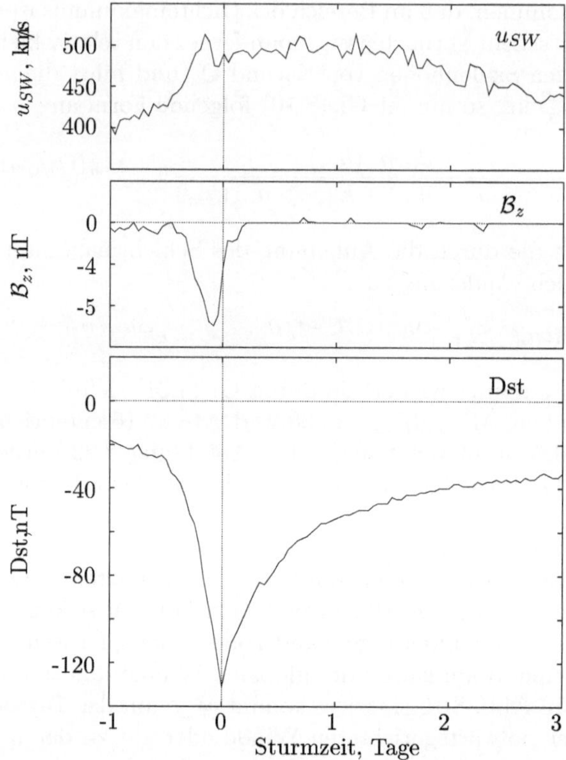

Abb. 8.23. Mittleres Verhalten interplanetarer Kenngrößen während magnetischer Stürme. Aufgetragen sind die Sonnenwindgeschwindigkeit u_{SW}, die $\mathcal{B}_z$-Komponente des interplanetaren Magnetfeldes (GSM-Koordinatensystem) und der den Grad der magnetischen Aktivität kennzeichnende Dst-Index. Die Kurven repräsentieren Mittelwerte (genauer gesagt Mediane), wobei das jeweilige Minimum einer Dst-Kurve als gemeinsame Referenzzeit dient. Insgesamt wurden 121 stärkere Stürme mit Dst-Minima zwischen -100 und -200 nT überlagert

ist die durchschnittliche Variation der Sonnenwindgeschwindigkeit und der $\mathcal{B}_z$-Komponente, wie sie während magnetischer Stürme beobachtet wird. Im Gegensatz zu der nur relativ schwach zunehmenden Sonnenwindgeschwindigkeit ($< 30\,\%$) zeigt die $\mathcal{B}_z$-Komponente eine eindeutige und starke Korrelation mit der Depression des Dst-Indexes. Da der Energieinhalt des interplanetaren Magnetfeldes vergleichsweise gering ist, kann die $\mathcal{B}_z$-Komponente dabei nur eine Steuerungsfunktion besitzen: Sie stellt eine Art Ventil dar, das den Energiefluß Sonnenwind-Magnetosphäre reguliert. Die Frage nach dem Ursprung von Geosphärenstürmen reduziert sich demnach zunächst auf die Frage nach dem Ursprung signifikanter negativer $\mathcal{B}_z$-Komponenten des interplanetaren Magnetfeldes. Hier kommen verschiedene Entstehungsmecha-

nismen in Frage, so z.B. radiale Verwerfungen der heliosphärischen Stromschicht (vergleiche Abb. 6.23, wobei die $\mathcal{B}_\varphi$-Komponente in erster Näherung
der hier betrachteten $\mathcal{B}_z$-Komponente entspricht), Verstärkung schwach negativer $\mathcal{B}_z$-Felder durch Stoßwellen und Alfvén-Wellen großer Amplitude. Im
folgenden seien zwei besonders aktuelle Störungsszenarien beschrieben, die
nicht nur die Entstehung negativer $\mathcal{B}_z$-Komponenten, sondern auch die für
deren Entstehung verantwortlichen Vorgänge auf der Sonne betrachten. Es
handelt sich dabei um solare Massenauswürfe und die mit ihnen verknüpften
Magnetischen Wolken und um Koronaloch-Koronastrahlenübergänge und die
mit ihnen assoziierten korotierenden Wechselwirkungsregionen. Im Rahmen
dieser Beispiele solar-terrestrischer Beziehungen soll auch auf Sonneneruptionen und deren Folgen eingegangen werden.

8.6.1 Solare Massenauswürfe und magnetische Wolken

Als es Anfang der 70er Jahre des letzten Jahrhunderts erstmals gelang die
Sonnenkorona mit Hilfe satellitengetragener Koronographen kontinuierlich
und außerhalb der störenden Erdatmosphäre zu beobachten, wurde man als-
bald Zeuge eines höchst ungewöhnlichen Vorgangs. Abbildung 8.24 dokumentiert ihn an Hand einer Sequenz von vier Aufnahmen. Betrachtet wird
die in der linken oberen Hälfte des ersten Bildes sichtbare Bogenstruktur,
die einen dunklen und damit gasärmeren Bereich der inneren Korona begrenzt. Innerhalb einer Stunde (zweite Aufnahme) hat sich dieser Bogen mit
großer Geschwindigkeit an den äußeren Rand der sichtbaren Korona bewegt;
gleichzeitig taucht in Sonnennähe ein zweiter Bogen auf. Wieder eine halbe Stunde später (dritte Aufnahme) haben sich beide Bögen soweit von der
Sonne entfernt, daß der äußere nur noch schwach sichtbar ist. Schließlich
verschwindet nach einer weiteren Stunde (vierte Aufnahme) auch der innere Bogen im interplanetaren Raum und vom äußeren Bogen sind nur noch
dessen sonnennahe Segmente erkennbar. Da die Dynamik dieser Leuchtstrukturen die Bewegung der sie erzeugenden koronalen Gase widerspiegelt, wird
man in Abb. 8.24 Zeuge eines gewaltigen Ausstoßes solarer Gasmassen in
den interplanetaren Raum. Man bezeichnet ein solches Ereignis als einen *koronalen* oder *solaren Massenauswurf* (engl. *coronal* oder *solar mass ejection,*
CME/SME), wobei die Masse der ausgestoßenen Gase etwa $10^{12} - 10^{13}$ kg beträgt. Inzwischen hat man eine große Anzahl solcher Massenauswürfe untersucht, wobei hier nur die mittlere Ausstoßgeschwindigkeit von etwa 500 km/s
(mit einer großen Streuung zwischen 50 und 1800 km/s) und die im Mittel
freigesetzte kinetische Energie von 10^{23} bis 10^{25} J interessiert.

Wie es zu solchen Massenauswürfen kommt, darüber gibt es unterschiedliche Vorstellungen. Wir interessieren uns hier für ein Modell, das den äußeren
in Abb. 8.24 sichtbaren Bogen mit dem Außenrand, den inneren mit dem
Innenrand eines *magnetischen Flußseils* (engl. *magnetic flux rope*) assoziiert.
Darunter versteht man eine magnetische Feldkonfiguration, die sowohl eine
toroidale (d.h. bogenparallele) Komponente $\mathcal{B}_t$ als auch eine poloidale (d.h.

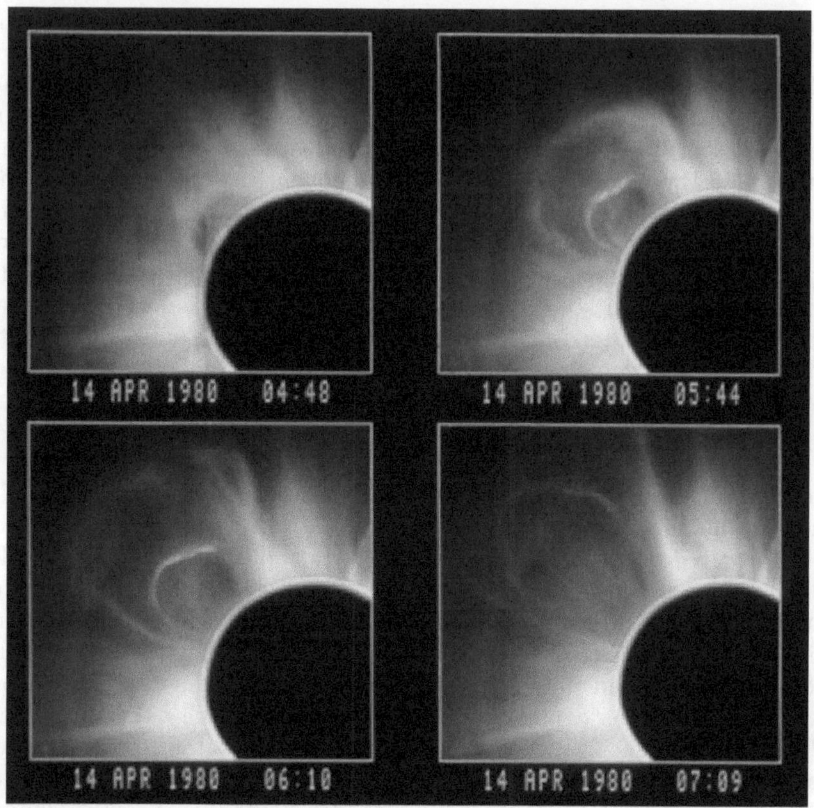

Abb. 8.24. Solarer Massenauswurf, wie er im Lichte der uns sichtbaren Strahlung beobachtet wird. Die Aufnahmen wurden mit Hilfe eines Koronographen an Bord des SMM-Satelliten gemacht. Der Radius der dunklen Scheibe, die u.a. die gleißend helle Photosphäre abdeckt, beträgt etwa 1.4 Sonnenradien. (Nach Hundhausen, 1988)

bogensenkrechte, kreisförmige) Komponente $\mathcal{B}_p$ besitzt, siehe Abb. 8.25. Auf der Zentralachse des Seils ist das Feld rein toroidal und $\mathcal{B}_t$ erreicht hier seinen größten Wert, am Außenrand ist es rein poloidal und $\mathcal{B}_p$ erreicht hier sein Maximum. Dazwischen überlagern sich $\mathcal{B}_t$ und $\mathcal{B}_p$ zu spiralförmigen Feldlinien, die wie die Stränge eines Seils aussehen. Erzeugt wird eine solche Feldkonfiguration von elektrischen Strömen, die ebenfalls eine toroidale und poloidale Komponente besitzen.

Flußseile dieser Art können sich bei entsprechender Dimensionierung der Ströme durchaus im Gleichgewicht mit ihrer koronalen Umgebung befinden. Wird ihnen aber durch eine plötzliche Erhöhung der toroidalen Stromstärke $\mathcal{I}_t$ eine große Menge poloidaler magnetischer Energie (z.B. 10^{25} J) zugeführt, so wird ihr Apexbereich durch interne magnetische Kräfte ($\sim \mathcal{I}_t\,\mathcal{B}_p$) nach au-

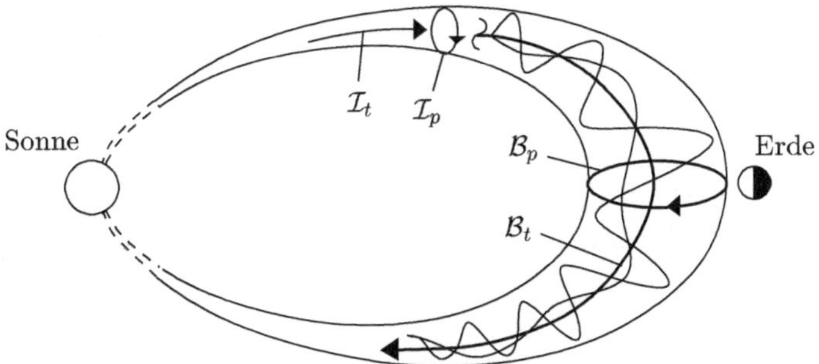

Abb. 8.25. Flußseilmodell einer magnetischen Wolke. (Nach Lepping et al., 1990)

ßen beschleunigt und zwar auf Geschwindigkeiten, wie sie bei solaren Massenauswürfen beobachtet werden. Verfolgt man diese Auswärtsbewegung mittels Simulationsrechnung bis zum Ort der Erde, so ergibt sich das in Abb. 8.25 skizzierte Bild. Das Flußseil kann dabei eine beliebige Neigung gegenüber der Ekliptik besitzen. Liegt seine Achse in der Ekliptik und passiert es eine vor der Magnetosphäre befindliche Raumsonde, so wird diese eine charakteristische Drehung der Magnetfeldrichtung beobachten. Je nach Orientierung des Poloidalfeldes wird die $\mathcal{B}_z$-Komponente zunächst positive (negative), dann negative (positive) Werte annehmen, siehe Abb. 8.26. Steht die Achse des Flußseils

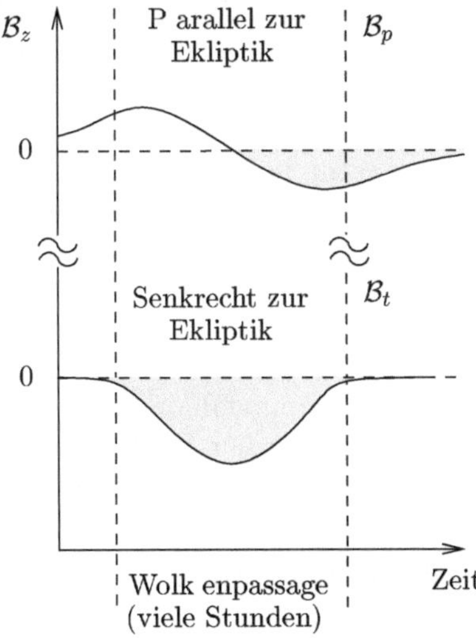

Abb. 8.26. Variation der $\mathcal{B}_z$-Komponente des interplanetaren Magnetfeldes bei der Passage einer Magnetischen Wolke. Die jeweilige Variation entspricht der in Abb. 8.25 angegebenen Polarität der Ströme und Felder. Man beachte, daß $\mathcal{B}_p$, im Gegensatz zu $\mathcal{I}_t$, $\mathcal{I}_p$ und $\mathcal{B}_t$, nicht auf das Innere eines Flußseils beschränkt ist.

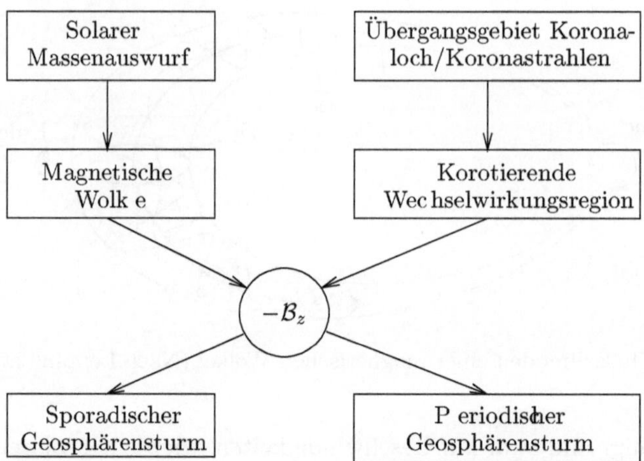

Abb. 8.27. Solarer und interplanetarer Ursprung von Geosphärenstürmen

dagegen senkrecht auf der Ekliptik, so wird diese Raumsonde zunächst eine Zunahme, dann eine Abnahme der negativen oder positiven $\mathcal{B}_z$-Komponente registrieren.

Variationen dieser Art werden tatsächlich beobachtet und zwar bei der Passage sogenannter *Magnetischer Wolken.* Darunter versteht man eine interplanetare Störung mittlerer Ausdehnung (Durchmesser in Erdnähe etwa 0.2 AE), die sich durch erhöhte magnetische Feldstärke, niedrige Temperatur, niedrige Dichte, niedrigen β-Parameter und durch die oben beschriebenen Magnetfeldvariationen auszeichnet. Für uns ist wichtig, daß Magnetische Wolken mit stark negativen $\mathcal{B}_z$-Komponenten assoziiert sein können, wie dies in Abb. 8.26 durch die Schraffur betont wird. Es überrascht deshalb nicht, daß ein enger Zusammenhang zwischen der Erdpassage Magnetischer Wolken und dem Auftreten von Geosphärenstürmen beobachtet wird. Ob es sich bei den Magnetischen Wolken tatsächlich um nach außen beschleunigte Flußseile handelt, ist nicht eindeutig geklärt. So scheinen solare Massenauswürfe häufig eine mehr blasenförmige Gestalt zu besitzen. In jedem Fall besteht aber statistisch gesehen ein enger Zusammenhang zwischen dem Auftreten dieser Massenauswürfe und dem Magnetischer Wolken, was die oben beschriebene und in Abb. 8.27 zusammengefaßte Kausalkette plausibel erscheinen läßt.

8.6.2 Korotierende Wechselwirkungsregionen

Neben den von Magnetischen Wolken hervorgerufenen sporadischen Geosphärenstürmen gibt es auch solche mit Wiederholungsneigung. So werden insbesondere während der Phase abnehmender Sonnenaktivität mitunter Geosphärenstürme im 27-Tage-Rhythmus beobachtet. Offenbar ist deren Quelle langlebig und folgt der Sonnenrotation. Bartels hat derartige Quellen einst als *M-Regionen* (von *m*agnetically effective) bezeichnet, ihre Natur blieb aber lange Zeit im Dunkeln. Heute identifiziert man M-Regionen mit dem Grenzbereich zwischen Koronalöchern und Koronastrahlen. Bekanntlich sind Koronalöcher Ursprungsorte schneller Sonnenwindströmungen, Koronastrahlen (und hier insbesondere der Koronastrahlengürtel in äquatorialen Breiten) Quelle des langsamen Sonnenwindes, siehe Abb. 6.8. Der Geschwindigkeitsunterschied dieser Strömungen führt im interplanetaren Raum und an der Stirnseite der Hochgeschwindigkeitsströmung zu einer Verdichtung des Sonnenwindplasmas und damit auch zu einer Kompression des eingefrorenen Magnetfeldes, siehe z.B. Abb. 6.39. Besitzt letzteres bereits eine schwach negative B_z-Komponente, so wird diese verstärkt und zwar mitunter so stark, daß bei der Erdpassage dieser Kompressionsregion ein Geosphärensturm ausgelöst wird. Korotierende Wechselwirkungsregionen sind es also, die für sich wiederholende Geosphärenstürme verantwortlich gemacht werden, und Abb. 8.27 faßt auch diese Kausalbeziehung zusammen.

8.6.3 Sonneneruptionen

Ein weiteres Phänomen, welches man lange Zeit für die Entstehung von Geosphärenstürmen verantwortlich gemacht hat, ist die *Sonneneruption* (engl. *solar flare*). Sehr allgemein definiert versteht man darunter eine in der Sonnenatmosphäre stattfindende, stark lokalisierte ($\lesssim 0.1 R_S$) und kurzzeitige ($\lesssim 1$ h) Freisetzung großer Energiemengen (bis etwa 10^{25} J). Heute bestehen ernsthafte Zweifel an einem solchen Kausalzusammenhang. Daß wir uns hier trotzdem für Sonneneruptionen interessieren, hat nicht nur mit der Faszination dieser Erscheinung zu tun, sondern auch mit der Tatsache, daß Sonneneruptionen wesentlicher Bestandteil solar-terrestrischer Beziehungen sind. So verursachen sie deutlich meßbare, wenn auch weniger auffällige Störungen der Hochatmosphäre.

Die Nachricht von einer Sonneneruption erreicht uns in erster Linie über die bei diesem Ereignis freigesetzte elektromagnetische Strahlung. So kommt es zu einem Aufleuchten der betroffenen Gebiete, daß in verschiedenen Wellenlängenbereichen sichtbar ist. Abbildung 8.28 zeigt den typischen zeitlichen Verlauf eines solchen Strahlungsausbruchs, wie er im Lichte der Röntgen-, EUV-, Hα- und Radiostrahlung beobachtet wird. In seltenen Fällen wird dieses Aufleuchten sogar im 'weißen', d.h. im über alle Wellenlängen des sichtbaren Bereichs gemittelten Licht wahrgenommen, was darauf hindeutet, daß in diesem Fall neben der Korona und Chromosphäre selbst die Photosphäre in Mitleidenschaft gezogen worden ist.

Am einfachsten werden Sonneneruptionen im Lichte der Hα- oder CaII-Linie(n) oder im Radiobereich beobachtet, da diese Strahlung direkt an der Erdoberfläche empfangen werden kann. Dementsprechend beruht auch die herkömmliche Klassifikation der Eruptionsstärke auf diesen Beobachtungen. Häufig benutzt wird eine Einteilung, die auf der Flächengröße (Importanzklassen S(ubflare), 1–4) und auf der maximalen Intensität (F(aint), N(ormal)

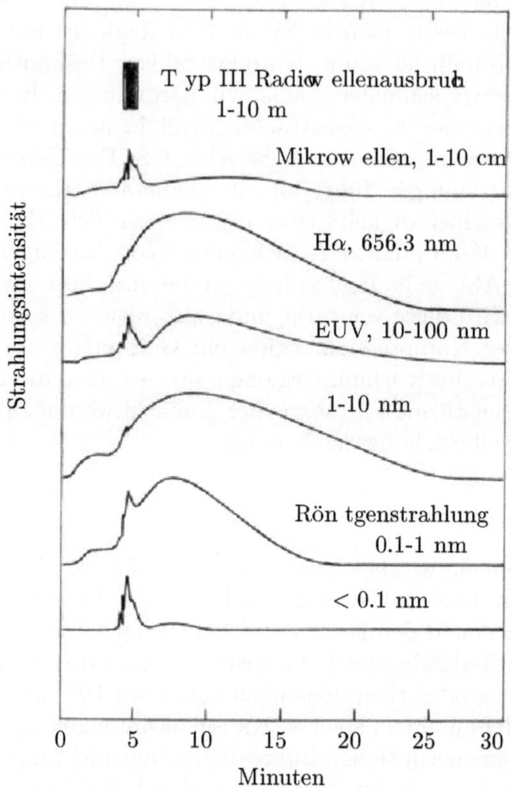

Abb. 8.28. Strahlungssignatur einer 2B-Sonneneruption. (Nach Kane, 1974)

und B(right)) des Hα-Aufleuchtens beruht. Bei einem 3B-Aufleuchten handelt es sich demnach um ein bedeutendes Eruptionsereignis, das entsprechend selten beobachtet wird. Allgemein schwankt die Häufigkeit der Strahlungsausbrüche im Rhythmus des Sonnenzyklus, wobei während niedriger Aktivität im Durchschnitt etwa 5 größere Ereignisse (Flächenimportanz ≥ 2), während hoher Aktivität etwa 70 dieser Ereignisse pro Jahr registriert werden. Was die hochatmosphärischen Effekte betrifft, so ist der Anstieg der EUV- und Röntgen-Strahlung von besonderem Interesse. Bei einer größeren Sonneneruption kann er im Bereich der EUV-Strahlung 10 mW/m^2 (was etwa einer Verdopplung der Intensität dieser Strahlung entspricht) und im Bereich der weichen Röntgen-Strahlung (1–10 nm) bis zu 1 mW/m^2 (was einem Faktor 10^4 Anstieg gleichkommt) betragen.

Neben der elektromagnetischen Strahlung werden bei Sonneneruptionen auch energetische Teilchen (hauptsächlich Protonen und Elektronen) freigesetzt. Man unterscheidet dabei zwischen solaren Hochenergieteilchen mit Protonenenergien oberhalb von etwa 0.5 GeV und solaren energetischen Teilchen

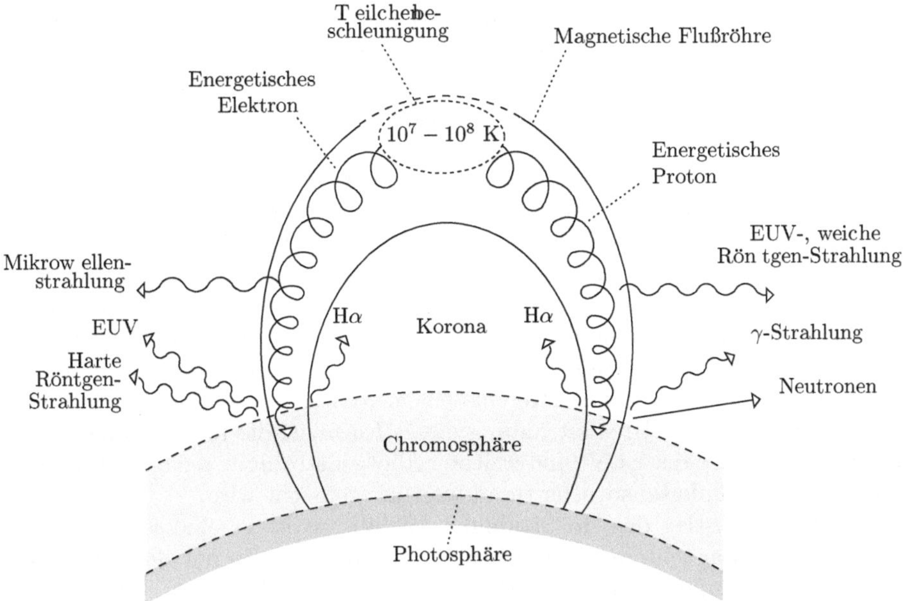

Abb. 8.29. Möglicher Ursprungsort der verschiedenen Strahlungskomponenten einer Sonneneruption (In Anlehnung an Gurman, in Walker, 1988)

mit typischen Protonenenergien zwischen 1 und 100 MeV. Ausbrüche mit solaren energetischen Teilchen sind allerdings vergleichsweise selten und solche mit solaren Hochenergieteilchen werden oft jahre-, manchmal jahrzehntelang nicht beobachtet.

Was die Physik von Sonneneruptionen betrifft, so bleibt vieles unvollständig verstanden. Dazu gehört auch die Frage, woher die Energie stammt, die während einer Sonneneruption freigesetzt wird. Ein in diesem Zusammenhang häufig genannter Prozeß ist die spontane Rekonnexion, bei der – wie bereits erläutert – magnetische Energie in Teilchenenergie umgewandelt wird. Eines der möglichen Strahlungsausbruchsszenarien ist in Abb. 8.29 skizziert.

Betrachtet wird eine bogenförmige magnetische Flußröhre der Sonne, die bis in die Korona hinausragt. Im Gipfelbereich dieser Flußröhre kommt es aufgrund der bei der Rekonnexion freigesetzten Energie zu einer starken Beschleunigung geladener Teilchen. Diese Teilchen stürzen entlang ihrer Helixbahnen in die Chromosphäre. Auf ihrem Weg dorthin emittieren die Elektronen Synchrotronstrahlung im Mikrowellenbereich. Dies erklärt den in Abb. 8.28 gezeigten impulsförmigen Anstieg dieser Strahlung. Treffen die Elektronen auf die dichteren Gase der Chromosphäre, werden sie durch Stöße abgebremst, was die Emission von Bremsstrahlung zur Folge hat. Diese liegt im Bereich der EUV- und Röntgen-Strahlung (insbesondere auch im Bereich der härteren Röntgen-Strahlung) und erklärt den impulsförmigen Anstieg der kurzwelligen elektromagnetischen Strahlung. Gleichzeitig können herabstürzende Protonen mit ihrer Energie von einigen 10 MeV Kernstrahlung im γ-Bereich anregen oder bei höheren Energien Neutronen und Positronen freisetzen.

Die Thermalisierung der einfallenden energetischen Teilchen in der Chromosphäre führt zu einer starken Ionisierung und Aufheizung der dort vorhandenen Gase. Diese Aufheizung ist so intensiv, daß die oberste Schicht der Chromosphäre in Form eines heißen Plasmas in den koronalen Bereich der Flußröhre verdampft. Gleichzeitig heizt das bei der Beschleunigung der Teilchen entstandene heiße Plasma der Gipfelregion die unterhalb liegenden Bereiche durch Wärmeleitung auf, so daß im Endeffekt die gesamte Flußröhre mit einem 10 bis 100 Millionen Kelvin heißen, vollionisierten Gas angefüllt ist. Es ist die thermische Bremsstrahlung dieses Plasmas, die für den länger anhaltenden Anstieg der EUV- und weichen Röntgenstrahlung nach der Impulsphase des Strahlungsausbruchs verantwortlich gemacht wird.

Was den Anstieg der Hα-Strahlung betrifft, so ist er einerseits auf die direkte Anregung chromosphärischer Wasserstoffteilchen bei der Thermalisierung der einfallenden energetischen Teilchen, andererseits auf die bei der Rekombination stoßionisierter Wasserstoffteilchen freigesetzten Strahlung zurückzuführen. Dabei gilt es zu bedenken, daß das heiße Plasma in der koronalen Magnetflußröhre eine Energie von vielen keV besitzt und in ständigem Stoßkontakt mit der Chromosphäre steht.

Durch die bei der Eruption freigesetzten Energie werden Teilchen nicht nur in Richtung dichtere Sonnenatmosphäre, sondern auch entlang der nach der Rekonnexion offenen Magnetfeldlinien in Richtung interplanetarer Raum beschleunigt. Beim Durchlaufen der Korona regen diese häufig in gepulster Form auftretenden Teilchenstrahlen das Plasma zu Eigenschwingungen bei der lokalen Plasmafrequenz an, die in Form der Typ III Radiostrahlung auf der Erde registriert wird.

Die von Sonneneruptionen auf der Erde hervorgerufenen Störungen sind bescheidener Natur und beruhen im wesentlichen auf der durch EUV- und Röntgen-Strahlung, aber auch durch energetische Teilchen erzeugten zusätzlichen Ionisation, siehe Abb. 8.30. Der plötzliche Anstieg der Ionisationsdichte (engl. *sudden ionospheric disturbance, SID*) führt zu einer abrupten Änderung der Reflexionsbedingungen für Radiowellen, so daß Frequenz- und Phasensprünge beobachtet werden. Hinzu kommt, daß der durch härtere Röntgen-Strahlung hervorgerufene Dichteanstieg in der D-Region zu einer kurzzeitigen Dämpfung der Radiowellen führt (*Mögel-Dellinger-Effekt*). Schließlich erhöht sich die Leitfähigkeit der Ionosphäre, was ein plötzliches Anwachsen ionosphärischer Ströme und der damit verknüpften Magnetfeldstörungen nach sich zieht (*Crochet-Effekt*). Während Strahlungseffekte auf die der Sonne zugewandten Tagseite beschränkt sind, haben energetische Elektronen und Protonen nur Zugang zur polaren Hochatmosphäre. Hoch-

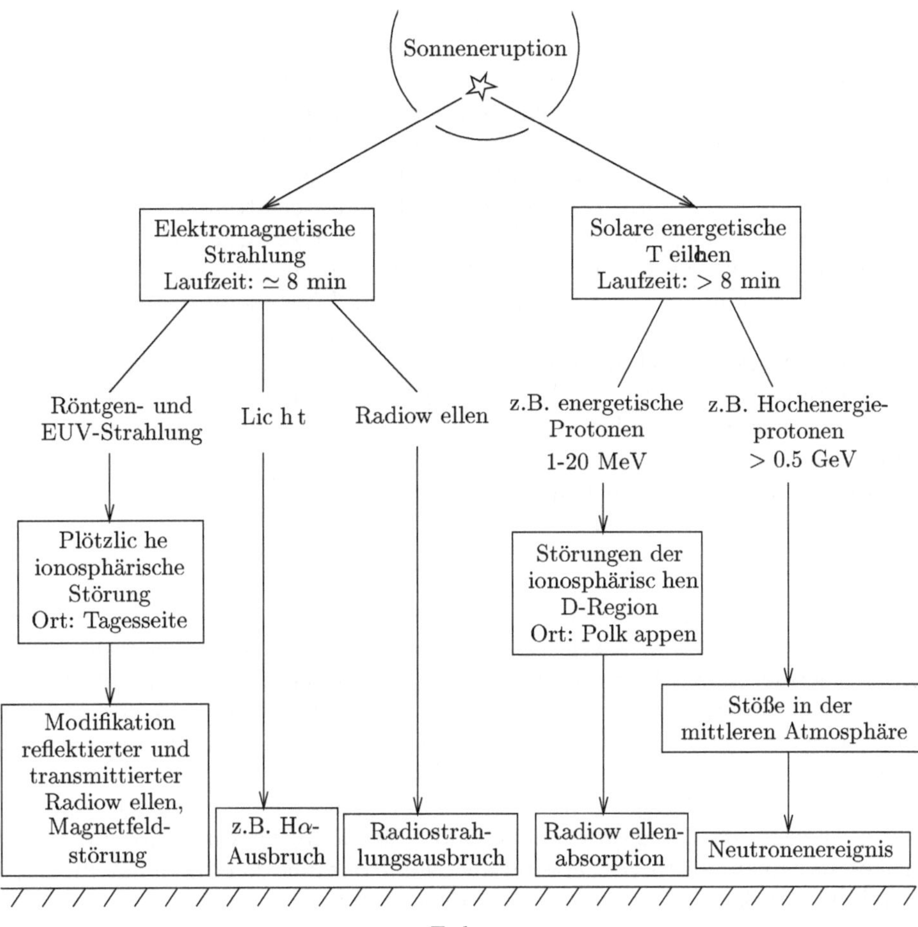

Abb. 8.30. Auf der Erde beobachtbare Sonneneruptionseffekte

energieprotonen wiederum verhalten sich wie kosmische Strahlungsteilchen
und ihr Gyrationsradius ist so groß, daß auch die Magnetosphäre mittlerer
Breiten kein echtes Hindernis für sie darstellt.

8.7 Technische Störungen

Geosphärenstürme und Sonneneruptionen sind nicht nur vom wissenschaftli-
chen, sondern auch vom technischen Standpunkt aus betrachtet von großem

Interesse. So werden eine ganze Reihe von Betriebsstörungen auf diese Erscheinungen zurückgeführt. Der dadurch angerichtete Schaden wird im Mittel auf mehr als zehnmillionen Euro pro Jahr geschätzt.

Magnetische Stürme. Wie Abb. 8.6 zeigt, werden im Bereich polarer Strahlströme intensive Fluktuationen der Magnetfeldstärke beobachtet. Während magnetischer Stürme können diese Fluktuationen so groß werden, daß sie in der Erde und in langausgedehnten Leitern (z.B. Hochspannungs- und Ölleitungen) erhebliche Spannungen und Ströme induzieren. In leichteren Fällen führt dies zur Auslösung von Schutzrelais, die die Stromkreise kurzzeitig unterbrechen. In schwereren Fällen verschieben diese zusätzlichen Ströme den Arbeitspunkt von Hochspannungstransformatoren in den Sättigungsbereich, und es kommt wegen der dadurch erzeugten Überlast zu einem 'Durchschmoren' der Transformatorwicklung. Dies geschah z.B. während des großen Sturms im März 1989, als die gesamte Stromversorgung der kanadischen Provinz Quebec (6 Millionen Verbraucher) für 9 Stunden zusammenbrach. Weniger intensive Stürme führen auf Dauer zu einer vorzeitigen Alterung von Transformator- und Ölleitungsmaterialien.

Weniger folgenreich, aber durchaus kostspielig sind magnetische Stürme für die Magnetfeldprospektion. Dabei wird vom Flugzeug aus das Erdmagnetfeld mit hoher Präzision vermessen, um aus beobachteten Anomalien Rückschlüsse auf Bodenschätze zu ziehen. Offensichtlich können magnetische Stürme diese Messungen wertlos machen.

Thermosphärenstürme. Wie aus Abb. 8.17 ersichtlich kommt es während eines Thermosphärensturms und in niedrigen Breiten zu einer erheblichen Zunahme der Neutralgasdichte (in Extremfällen um bis zu einige 100%). Dies führt aufgrund der erhöhten Luftreibung zu einer verstärkten und irregulären Abbremsung tieffliegender Erdsatellliten. Damit wird eine Neuberechnung ihrer veränderten Bahnelemente (Ephemeriden) notwendig. Hinzu kommt, daß die Lebenserwartung durch die erhöhte Luftreibung verkürzt wird und sie früher als geplant abstürzen. Es sind auch Fälle bekannt, bei denen Satelliten durch den starken Dichteanstieg völlig außer Kontrolle gerieten.

Ionosphärenstürme. Wegen der mit zunehmender Frequenz abnehmenden Dämpfung versucht man bei der ionosphärischen Radiokommunikation die Sendefrequenz in die Nähe der maximalen Plasmafrequenz der F-Region zu legen. Kommt es während eines negativen Ionosphärensturms zu einer deutlichen Abnahme dieser maximalen Reflexionsfrequenz, geht das Radiosignal verloren. Eine einfache Rücknahme der Sendefrequenz ist oft nicht möglich, da die Frequenzbänder in diesem Sendebereich voll belegt sind.

Energiereiche Teilchen. Auch die während einer Sonneneruption oder während gestörter Bedingungen an interplanetaren Stoßwellen oder in der Magnetosphäre beschleunigten energiereichen Teilchen können erhebliche Schäden anrichten. So kann z.B. die Bordelektronik eines Satelliten durch auftreffende Hochenergieteilchen so stark gestört werden, daß Fehlkommandos erfolgen und der Satellit außer Kontrolle gerät. In weniger schweren

Fällen kommt es zu Schaltanomalien und zu einer frühzeitigen Alterung von Elektronikbauteilen. Bekannt ist auch, daß Hochenergieteilchen biologische Bausteine wie Zellen und Chromosome zerstören können. Wären z.B. die APOLLO-Astronauten auf dem Mond von einem starken Teilchensturm überrascht worden, hätten sie in ihren relativ dünnen Raumanzügen kaum eine Überlebenschance gehabt. Schließlich führt der Einfall energetischer Teilchen auf die polare Hochatmosphäre zu einem starken Anstieg der Ionisationsdichte in der dortigen D-Region, siehe Abb. 8.30. Dadurch kommt es zu einer verstärkten Absorption von Radiowellen, und in schweren Fällen bricht die gesamte transpolare Radiokommunikation zusammen (*polares Absorptionsereignis*, engl. *polar blackout*). Sonneneruptionen sind dabei für kurzzeitige, an interplanetaren Stoßwellen beschleunigte energetische Teilchen für länger anhaltende Störungen verantwortlich.

Angesichts dieser vielfältigen Schäden ist man natürlich an einer Vorhersage von Geosphärenstürmen und Sonneneruptionen interessiert, man wünscht sich eine *Raumwettervorhersage*. Bisherige Erfolge auf diesem Gebiet sind allerdings begrenzt.

Literaturhinweise

S.-I. Akasofu, *Physics of Magnetospheric Substorms*, Reidel Publishing Company, Dordrecht, 1977

B.T. Tsurutani, W.D. Gonzalez, Y. Kamide, and J.K. Arballo (eds.), *Magnetic Storms*, American Geophysical Union, Washington, 1997

R.D. Elphinstone, J.S. Murphree, and L.L. Cogger, What is a global auroral substorm, *Rev. Geophys.*, *34*, 169, 1996

S. Kokubun and Y. Kamide (eds.), *Substorms-4*, Kluwer Academic Publishers, Dordrecht, 1998

A. Ieda, S. Machida, T. Mukai, Y. Saito, T. Yamamoto, A. Nishida, T. Terasawa, and S. Kokubun, Statistical analysis of the plasmoid evolution with GEOTAIL observations, *J. Geophys. Res.*, *103*, 4453, 1998

G.W. Prölss, Magnetic storm associated perturbations of the upper atmosphere, in *Magnetic Storms* (B.T. Tsurutani, W.D. Gonzalez, Y. Kamide, J.K. Arballo, eds.), AGU Monograph No. 98, 227, Washington, 1997

J.T. Gosling, The solar flare myth, *J. Geophys. Res.*, *98*, 18 937, 1993

A.P. Mitra, *Ionospheric Effects of Solar Flares*, Reidel Publishing Company, Dordrecht, 1974

A. Hanslmeier, *The Sun and Space Weather*, Kluwer Academic Publishers, Dordrecht, 2002

Siehe auch Literaturhinweise zu den vorangegangenen Kapiteln und Abbildungsreferenzen im Anhang B.

Anhang A
Formeln, Tabellen und Ableitungen

A.1 Ausgewählte mathematische Formeln

Differential- und Integralrechnung

(1) Differentiation bestimmter Integrale

$$\frac{\mathrm{d}}{\mathrm{d}x} \int_a^x f(t)\mathrm{d}t = -\frac{\mathrm{d}}{\mathrm{d}x} \int_x^a f(t)\mathrm{d}t = f(x) \tag{A.1}$$

(2) Bestimmtes Integral eines Differentials

$$\int_a^b \left(\frac{\mathrm{d}}{\mathrm{d}x} f(x) \right) \mathrm{d}x = f(x) \Big|_a^b = f(b) - f(a) \tag{A.2}$$

(3) Produktregel der Differentiation

$$\frac{\mathrm{d}}{\mathrm{d}x} (f(x)g(x)) = g(x)\frac{\mathrm{d}f(x)}{\mathrm{d}x} + f(x)\frac{\mathrm{d}g(x)}{\mathrm{d}x} \tag{A.3}$$

(4) Partielle Integration

$$\int_a^b u\,v'\mathrm{d}x = u\,v \Big|_a^b - \int_a^b v\,u'\mathrm{d}x \tag{A.4}$$

Dabei bezeichnet die Strichindizierung eine Ableitung nach der Variablen x, z.B. $v' = \mathrm{d}v/\mathrm{d}x$

(5) Unbestimmte Integrale

$$\int x\,\sqrt{a^2 - x^2}\,\mathrm{d}x = -(a^2 - x^2)^{3/2}/3 \tag{A.5}$$

$$\int \sin^2(cx)\mathrm{d}x = \frac{x}{2} - \frac{\sin(cx)\cos(cx)}{2c} = \frac{x}{2} - \frac{\sin(2cx)}{4c} \tag{A.6}$$

$$\int \cos^3 x\,\mathrm{d}x = \sin x - \frac{\sin^3 x}{3} \tag{A.7}$$

$$\int x\,e^{ax}\,\mathrm{d}x = e^{ax}\left[\frac{x}{a} - \frac{1}{a^2}\right] \tag{A.8}$$

(6) Bestimmte Integrale

$$\int_0^\infty e^{-ax^2}\,\mathrm{d}x = \frac{\sqrt{\pi}}{2a} \qquad \text{für } a > 0 \tag{A.9}$$

$$\frac{2}{\sqrt{\pi}} \int_0^x e^{-t^2}\,\mathrm{d}t = erf(x)$$

$$\simeq 1 - \frac{e^{-x^2}}{x\sqrt{\pi}}\left[1 - \frac{1}{2x^2} + \frac{1\cdot 3}{2^2 x^4} - \frac{1\cdot 3\cdot 5}{2^3 x^6} + \cdots\right] \tag{A.10}$$

$$\int_0^\infty x^n e^{-ax^2}\,\mathrm{d}x = \begin{cases} \frac{1}{2}a^{-(n+1)/2}((n-1)/2)! & \text{für } n = \text{ungerade} \\[2ex] \frac{1}{2}a^{-(n+1)/2}((n-1)/2\cdots 3/2\cdot 1/2)\sqrt{\pi} & \text{für } n = \text{gerade} \end{cases}$$

$$\tag{A.11}$$

(7) Taylor-Reihe

$$f(x_0 + h) = f(x_0) + hf'(x_0) + \frac{h^2}{2!}f''(x_0) + \frac{h^3}{3!}f'''(x_0) + \cdots \tag{A.12}$$

Dabei bezeichnet die Strichindizierung wieder eine Ableitung nach der Variablen x. Ist h eine auf makroskopischer Skala differentiell kleine Größe Δx, so genügt eine lineare Extrapolation des Funktionswertes, und es gilt

$$f(x_0 + \Delta x) \simeq f(x_0) + \Delta x \frac{\mathrm{d}f}{\mathrm{d}x}\bigg|_{x_0} \tag{A.13}$$

(8) Exponentialreihe

$$e^{\pm x} = 1 \pm x/1! + x^2/2! \pm x^3/3! + \cdots \tag{A.14}$$

Vektoralgebra

Im folgenden stehen A und a für beliebige skalare Größen, $\vec{A}, \vec{B}$ und $\vec{C}$ für beliebige Vektorgrößen, und ein Dach '$\,\hat{}\,$' kennzeichnet einen Einheitsvektor.

(1) Einfaches Vektorprodukt in kartesischen Koordinaten

$$\vec{A}\vec{B} = \vec{B}\vec{A} = A_x B_x + A_y B_y + A_z B_z \tag{A.15}$$

(2) Kreuzprodukt in kartesischen Koordinaten

$$\vec{A} \times \vec{B} = -\,\vec{B} \times \vec{A} = \begin{vmatrix} \hat{x} & \hat{y} & \hat{z} \\ A_x & A_y & A_z \\ B_x & B_y & B_z \end{vmatrix} = \hat{x}(A_y B_z - A_z B_y)$$

$$+ \hat{y}(A_z B_x - A_x B_z) + \hat{z}(A_x B_y - A_y B_x) \tag{A.16}$$

(3) Dyadisches Produkt in kartesischen Koordinaten

$$[\vec{A}\vec{B}] = \begin{bmatrix} A_xB_x & A_xB_y & A_xB_z \\ A_yB_x & A_yB_y & A_yB_z \\ A_zB_x & A_zB_y & A_zB_z \end{bmatrix} \tag{A.17}$$

(4) Identitäten

$$\vec{A}(\vec{B} \times \vec{C}) = \vec{B}(\vec{C} \times \vec{A}) = \vec{C}(\vec{A} \times \vec{B}) \tag{A.18}$$

$$\vec{A} \times (\vec{B} \times \vec{C}) = (\vec{C} \times \vec{B}) \times \vec{A} = (\vec{A}\vec{C})\vec{B} - (\vec{A}\vec{B})\vec{C} \tag{A.19}$$

Nabla - Differentialoperator

(1) Kartesische Koordinaten (x, y, z)

$$\nabla = \hat{x}\frac{\partial}{\partial x} + \hat{y}\frac{\partial}{\partial y} + \hat{z}\frac{\partial}{\partial z} \tag{A.20}$$

Man beachte, daß der Nabla-Operator *per definitionem* eine Vektorgröße darstellt, selbst wenn dies im folgenden nicht durch einen Vektorpfeil extra betont wird.

$$\nabla A = \text{grad } A = \hat{x}\frac{\partial A}{\partial x} + \hat{y}\frac{\partial A}{\partial y} + \hat{z}\frac{\partial A}{\partial z} \tag{A.21}$$

$$\nabla \vec{A} = \text{div } \vec{A} = \frac{\partial A_x}{\partial x} + \frac{\partial A_y}{\partial y} + \frac{\partial A_z}{\partial z} \tag{A.22}$$

$$\nabla \times \vec{A} = \text{rot } \vec{A} = \hat{x}\left(\frac{\partial A_z}{\partial y} - \frac{\partial A_y}{\partial z}\right) + \hat{y}\left(\frac{\partial A_x}{\partial z} - \frac{\partial A_z}{\partial x}\right)$$
$$+ \hat{z}\left(\frac{\partial A_y}{\partial x} - \frac{\partial A_x}{\partial y}\right) \tag{A.23}$$

Wie angegeben berechnet der Nabla-Operator auf eine *skalare* Feldgröße angewandt deren Gradient, auf eine *Vektor*feldgröße angewandt deren Divergenz und über eine Kreuzmultiplikation auf eine Vektorfeldgröße angewandt deren Rotation.

$$\nabla^2 A = \underline{\Delta}A = \frac{\partial^2 A}{\partial x^2} + \frac{\partial^2 A}{\partial y^2} + \frac{\partial^2 A}{\partial z^2} \tag{A.24}$$

Dabei bezeichnet $\underline{\Delta}$ den Laplace-Operator

$$\underline{\Delta} = \frac{\partial^2}{\partial x^2} + \frac{\partial^2}{\partial y^2} + \frac{\partial^2}{\partial z^2} \tag{A.25}$$

$$\nabla^2 \vec{A} = \underline{\Delta}\vec{A} = \hat{x}\underline{\Delta}A_x + \hat{y}\underline{\Delta}A_y + \hat{z}\underline{\Delta}A_z$$

$$= \hat{x}\left(\frac{\partial^2 A_x}{\partial x^2} + \frac{\partial^2 A_x}{\partial y^2} + \frac{\partial^2 A_x}{\partial z^2}\right) + \hat{y}\left(\frac{\partial^2 A_y}{\partial x^2} + \frac{\partial^2 A_y}{\partial y^2} + \frac{\partial^2 A_y}{\partial z^2}\right)$$

$$+ \hat{z}\left(\frac{\partial^2 A_z}{\partial x^2} + \frac{\partial^2 A_z}{\partial y^2} + \frac{\partial^2 A_z}{\partial z^2}\right) \tag{A.26}$$

(2) Zylinderkoordinaten (r, φ, z)

$$\nabla A = \hat{r}\frac{\partial A}{\partial r} + \hat{\varphi}\frac{1}{r}\frac{\partial A}{\partial \varphi} + \hat{z}\frac{\partial A}{\partial z} \tag{A.27}$$

$$\nabla\vec{A} = \frac{1}{r}\frac{\partial(rA_r)}{\partial r} + \frac{1}{r}\frac{\partial A_\varphi}{\partial \varphi} + \frac{\partial A_z}{\partial z} \tag{A.28}$$

(3) Kugelkoordinaten $(r, \vartheta, \lambda,$ siehe z.B. Abb. 5.3 $)$

$$\nabla A = \hat{r}\frac{\partial A}{\partial r} + \hat{\vartheta}\frac{1}{r}\frac{\partial A}{\partial \vartheta} + \hat{\lambda}\frac{1}{r\sin\vartheta}\frac{\partial A}{\partial \lambda} \tag{A.29}$$

$$\nabla\vec{A} = \frac{1}{r^2}\frac{\partial(r^2 A_r)}{\partial r} + \frac{1}{r\sin\vartheta}\frac{\partial(\sin\vartheta A_\vartheta)}{\partial \vartheta} + \frac{1}{r\sin\vartheta}\frac{\partial A_\lambda}{\partial \lambda} \tag{A.30}$$

Vektoralgebra mit Nabla - Operator

(1) Identitäten

$$\nabla(a\vec{A}) = \vec{A}\nabla a + a\nabla\vec{A} \tag{A.31}$$

$$\nabla \times (a\vec{A}) = a\nabla \times \vec{A} + \nabla a \times \vec{A} \tag{A.32}$$

$$\nabla \times (\vec{A} \times \vec{B}) = (\nabla\vec{B})\vec{A} - (\nabla\vec{A})\vec{B} = \vec{A}(\nabla\vec{B}) - \vec{B}(\nabla\vec{A})$$
$$+ (\vec{B}\nabla)\vec{A} - (\vec{A}\nabla)\vec{B} \tag{A.33}$$

$$\vec{A} \times (\nabla \times \vec{B}) = (\nabla\vec{B})\vec{A} - (\vec{A}\nabla)\vec{B}$$
$$= \nabla(\vec{A}\vec{B}) - (\vec{A}\nabla)\vec{B} - (\vec{B}\nabla)\vec{A} - \vec{B} \times (\nabla \times \vec{A}) \tag{A.34}$$

$$(\nabla \times \vec{A}) \times \vec{A} = -\nabla A^2/2 + (\vec{A}\nabla)\vec{A} \tag{A.35}$$

$$\nabla \times (\nabla \times \vec{A}) = \nabla(\nabla\vec{A}) - \underline{\Delta}\vec{A} \tag{A.36}$$

$$\nabla \times (\nabla A) = 0 \tag{A.37}$$

$$\nabla(\nabla \times \vec{A}) = 0 \tag{A.38}$$

(2) Vektorgröße $(\vec{B}\nabla)\vec{A}$ in kartesischen Koordinaten

$$(\vec{B}\nabla)\vec{A} = \hat{x}\left(B_x\frac{\partial A_x}{\partial x} + B_y\frac{\partial A_x}{\partial y} + B_z\frac{\partial A_x}{\partial z}\right)$$
$$+ \hat{y}\left(B_x\frac{\partial A_y}{\partial x} + B_y\frac{\partial A_y}{\partial y} + B_z\frac{\partial A_y}{\partial z}\right)$$
$$+ \hat{z}\left(B_x\frac{\partial A_z}{\partial x} + B_y\frac{\partial A_z}{\partial y} + B_z\frac{\partial A_z}{\partial z}\right) \tag{A.39}$$

(3) Divergenz eines Tensors

$$\nabla[T] = \frac{[\partial/\partial x\ \partial/\partial y\ \partial/\partial z]}{}\begin{bmatrix} T_{xx} & T_{xy} & T_{xz} \\ T_{yx} & T_{yy} & T_{yz} \\ T_{zx} & T_{zy} & T_{zz} \end{bmatrix}$$
$$= \hat{x}\left(\frac{\partial T_{xx}}{\partial x} + \frac{\partial T_{yx}}{\partial y} + \frac{\partial T_{zx}}{\partial z}\right) + \hat{y}\left(\frac{\partial T_{xy}}{\partial x} + \frac{\partial T_{yy}}{\partial y} + \frac{\partial T_{zy}}{\partial z}\right)$$
$$+ \hat{z}\left(\frac{\partial T_{xz}}{\partial x} + \frac{\partial T_{yz}}{\partial y} + \frac{\partial T_{zz}}{\partial z}\right) \tag{A.40}$$

Integralsätze

(1) Integralsatz von Gauß.

Bezeichnet V ein Volumen, dV' ein differentiell kleines Element dieses Volumens, $A(V)$ seine Oberfläche, $d\vec{A}' = \hat{n}dA'$ ein differentiell kleines Element dieser Oberfläche ($\hat{n}$ = Flächennormale, positiv, wenn nach außen gerichtet) und $\vec{B}$ ein Vektorfeld, dann gilt

$$\int_V \nabla\vec{B}\,dV' = \oint_{A(V)} \vec{B}\,d\vec{A}' \tag{A.41}$$

Der Fluß einer Vektorgröße durch eine geschlossene Fläche ist demnach gleich dem Integral der Divergenz dieser Vektorgröße über das ganz von dieser Fläche umschlossene Volumen.

(2) Integralsatz von Stokes.

Bezeichnet A eine (nichtgeschlossene) Fläche, $d\vec{A}' = \hat{n}dA'$ ein gerichtetes, differentiell kleines Element dieser Fläche ($\hat{n}$ = Flächennormale), $L(A)$ die (geschlossene) Umrandung dieser Fläche, $d\vec{l}$ ein gerichtetes, differentiell kleines Element dieser Umrandung und $\vec{B}$ ein Vektorfeld, so gilt

$$\int_A (\nabla \times \vec{B})d\vec{A}' = \oint_{L(A)} \vec{B}\,d\vec{l} \tag{A.42}$$

Das Linienintegral einer Vektorgröße auf einer geschlossenen Kurve ist demnach gleich dem Flächenintegral der Normalkomponente seiner Rotation über die von der Kurve eingeschlossene Fläche.

A.2 Erdparameter

Mittlerer Radius R_E	6371 km
Polarer Radius	6357 km
Äquatorialer Radius	6378 km
Masse M_E	$5.974 \cdot 10^{24}$ kg
Mittlere Dichte	5.515 gr/cm^3
Geozentrische Gravitation GM_E	$398.6 \cdot 10^{12}$ m^3 s^{-2}
Erdbeschleunigung (Meereshöhe)	$9.780(1 + 0.0053 \sin^2 \varphi)$ [m/s^2] φ = geogr. Breite [Grad]
Ellipsoidkoeffizient der Erdbeschleunigung	$C = 5.267 \cdot 10^{25}$ m^{5}s^{-2}
Entweichgeschwindigkeit (Meereshöhe)	11.19 km/s
(Siderische) Rotationsperiode	$86\,164$ s ($23^{\mathrm{h}}\ 56^{\mathrm{m}}\ 4^{\mathrm{s}}$)
Winkelgeschwindigkeit Ω_E	$7.292 \cdot 10^{-5}$ rad/s
Zentrifugalbeschleunigung am Äquator (Meereshöhe)	$33.92 \cdot 10^{-3}$ m/s^2
Neigung der Rotationsachse gegenüber der Ekliptik	$23°\ 26'\ 21.0''$
Sonnenumlaufperiode	$31.557 \cdot 10^6$ s $= 365.2422$ d $= 365^{\mathrm{d}}\ 5^{\mathrm{h}}\ 48^{\mathrm{m}}\ 42.5^{\mathrm{s}}$
Mittlere Umlaufgeschwindigkeit	29.78 km/s
Magnetisches Moment $\mathcal{M}_E$	$7.7 \cdot 10^{22}$ A m^2
Alter	$4.5 \cdot 10^9$ Jahre

Nach Lang, 1992

A.3 Planetendaten

Planet	Mittlerer Abstand zur Sonne [AE]	Bahn-exzentri-zität	Relativer Radius	Relative Masse	Umlauf-zeit [a]	Rotations-periode	Inklination zur Ekliptik [Grad]
Merkur	0.39	0.206	0.38	0.055	0.24	59 d	7.0
Venus	0.72	0.007	0.95	0.82	0.62	243 d (r)	3.4
Erde	1	0.017	1	1	1	24 h	0.0
Mars	1.5	0.093	0.53	0.11	1.9	25 h	1.9
Jupiter	5.2	0.048	11.2	318	12	10 h	1.3
Saturn	9.6	0.056	9.4	95	29	11 h	2.5
Uranus	19.2	0.046	4.0	15	84	17 h (r)	0.8
Neptun	30.1	0.009	3.9	17	164	16 h	1.8
Pluto	39.5	0.249	0.18	0.002	248	6.4 d	17.1

1 AE $\simeq 150 \cdot 10^6$ km, $R_E \simeq 6371$ km, $M_E \simeq 6 \cdot 10^{24}$ kg;
r = retrograd. Nach Lang, 1992; Beatty et al., 1999

A.4 Modellatmosphäre

Repräsentative Höhenverteilung thermosphärischer Kenngrößen für eine Thermopausentemperatur von 1000 K. Man beachte, daß H_n die Dichte-, nicht die Druckskalenhöhe bezeichnet. Ferner, daß sich die Maßeinheiten auf die betrachteten physikalischen Größen, nicht auf deren Logarithmen beziehen. (Nach Jacchia, 1977)

Höhe km	T K	log[N₂] m⁻³	log[O₂] m⁻³	log[O] m⁻³	log[Ar] m⁻³	log[He] m⁻³	log[H] m⁻³	log[n] m⁻³	log[p] Pa	M	H_n km	ρ kg/m³	log ρ kg/m³
90	188.0	19.746	19.170	17.390	17.824	14.573		19.854	−.732	28.91	5.63	3.43E−06	−5.465
92	188.1	19.592	19.009	17.547	17.669	14.418		19.700	−.886	28.85	5.59	2.40E−06	−5.620
94	188.5	19.437	18.843	17.646	17.514	14.263		19.545	−1.040	28.76	5.55	1.67E−06	−5.776
96	189.4	19.281	18.673	17.686	17.359	14.108		19.390	−1.193	28.65	5.53	1.17E−06	−5.933
98	191.0	19.126	18.499	17.687	17.204	13.953		19.235	−1.344	28.52	5.54	8.13E−07	−6.090
100	193.7	18.971	18.323	17.665	17.049	13.798		19.081	−1.492	28.36	5.62	5.67E−07	−6.247
102	197.9	18.820	18.149	17.600	16.837	13.772		18.928	−1.635	28.21	5.62	3.97E−07	−6.401
104	204.3	18.668	17.972	17.543	16.626	13.744		18.777	−1.773	28.02	5.63	2.78E−07	−6.556
106	213.4	18.515	17.792	17.486	16.417	13.713		18.626	−1.905	27.80	5.65	1.95E−07	−6.710
108	225.8	18.364	17.607	17.426	16.212	13.679		18.477	−2.029	27.55	5.72	1.37E−07	−6.862
110	241.7	18.216	17.419	17.360	16.013	13.644		18.332	−2.145	27.28	5.88	9.72E−08	−7.012
115	293.2	17.871	16.982	17.172	15.557	13.555		17.996	−2.397	26.64	6.86	4.39E−08	−7.358
120	350.5	17.579	16.637	16.985	15.172	13.476		17.716	−2.599	26.15	8.26	2.26E−08	−7.646
125	409.8	17.328	16.356	16.816	14.844	13.408		17.480	−2.768	25.73	9.65	1.29E−08	−7.890
130	469.6	17.112	16.117	16.667	14.561	13.349		17.277	−2.911	25.36	11.22	7.97E−09	−8.098
135	526.9	16.924	15.909	16.538	14.314	13.298		17.103	−3.035	25.01	12.91	5.26E−09	−8.279
140	580.0	16.758	15.725	16.425	14.095	13.254		16.951	−3.146	24.68	14.69	3.66E−09	−8.436
145	627.7	16.610	15.561	16.326	13.899	13.217		16.817	−3.245	24.36	16.50	2.66E−09	−8.576
150	669.8	16.476	15.412	16.238	13.720	13.184	11.756	16.698	−3.336	24.06	18.29	1.99E−09	−8.701
155	706.6	16.353	15.276	16.158	13.555	13.156	11.697	16.590	−3.421	23.76	20.02	1.53E−09	−8.814
160	738.5	16.240	15.148	16.085	13.401	13.130	11.646	16.491	−3.501	23.48	21.67	1.21E−09	−8.918
170	790.4	16.032	14.916	15.953	13.118	13.087	11.563	16.314	−3.648	22.93	24.69	7.84E−10	−9.106
180	829.9	15.843	14.703	15.836	12.857	13.050	11.498	16.157	−3.784	22.40	27.34	5.34E−10	−9.273
190	860.4	15.667	14.504	15.729	12.613	13.017	11.446	16.015	−3.911	21.89	29.69	3.76E−10	−9.425
200	884.4	15.501	14.315	15.629	12.381	12.987	11.392	15.883	−4.030	21.40	31.81	2.72E−10	−9.566
210	903.5	15.341	14.134	15.534	12.157	12.960	11.357	15.760	−4.144	20.94	33.71	2.00E−10	−9.699
220	918.8	15.186	13.959	15.442	11.939	12.935	11.327	15.644	−4.253	20.50	35.49	1.50E−10	−9.824
230	931.3	15.036	13.787	15.354	11.727	12.910	11.302	15.533	−4.358	20.08	37.16	1.14E−10	−9.944
240	941.5	14.888	13.620	15.268	11.519	12.887	11.281	15.427	−4.459	19.69	38.74	8.74E−11	−10.058
250	949.9	14.744	13.455	15.183	11.315	12.864	11.262	15.325	−4.557	19.32	40.24	6.79E−11	−10.168

Repräsentative Höhenverteilung thermosphärischer Kenngrößen für eine Thermopausentemperatur von 1000 K (Fortsetzung)

Höhe km	T K	$\log[N_2]$ m^{-3}	$\log[O_2]$ m^{-3}	$\log[O]$ m^{-3}	$\log[Ar]$ m^{-3}	$\log[He]$ m^{-3}	$\log[H]$ m^{-3}	$\log[n]$ m^{-3}	$\log[p]$ Pa	$\mathcal{M}$	H_n km	ρ kg/m^3	$\log \rho$ kg/m^3
260	956.8	14.601	13.293	15.101	11.113	12.843	11.247	15.227	−4.652	18.96	41.68	5.32E−11	-10.274
270	962.6	14.461	13.133	15.019	10.914	12.821	11.233	15.132	−4.744	18.66	43.06	4.20E−11	-10.377
280	967.5	14.322	12.975	14.939	10.717	12.800	11.220	15.040	−4.835	18.37	44.37	3.34E−11	-10.476
290	971.6	14.185	12.818	14.860	10.522	12.780	11.209	14.949	−4.923	18.10	45.63	2.68E−11	-10.573
300	975.1	14.049	12.663	14.781	10.328	12.760	11.199	14.862	−5.009	17.85	46.83	2.16E−11	-10.667
310	978.0	13.914	12.509	14.704	10.136	12.740	11.190	14.776	−5.094	17.62	47.98	1.75E−11	-10.758
320	980.6	13.779	12.356	14.627	9.945	12.720	11.182	14.691	−5.177	17.41	49.07	1.42E−11	-10.848
330	982.7	13.646	12.204	14.550	9.756	12.701	11.174	14.609	−5.259	17.22	50.10	1.16E−11	-10.935
340	984.6	13.514	12.053	14.474	9.567	12.681	11.166	14.527	−5.339	17.04	51.08	9.53E−12	-11.021
350	986.2	13.382	11.902	14.399	9.380	12.662	11.160	14.447	−5.419	16.87	52.00	7.85E−12	-11.105
360	987.6	13.251	11.753	14.323	9.193	12.643	11.153	14.368	−5.497	16.72	52.88	6.48E−12	-11.188
370	988.9	13.121	11.604	14.249	9.007	12.624	11.147	14.291	−5.574	16.58	53.71	5.37E−12	-11.270
380	990.0	12.991	11.456	14.174	8.822	12.605	11.141	14.214	−5.650	16.44	54.48	4.47E−12	-11.350
390	990.9	12.862	11.308	14.100	8.638	12.587	11.135	14.138	−5.726	16.31	55.22	3.72E−12	-11.429
400	991.7	12.733	11.161	14.027	8.455	12.568	11.129	14.064	−5.800	16.18	55.92	3.11E−12	-11.507
420	993.1	12.477	10.869	13.880	8.091	12.531	11.118	13.917	−5.946	15.93	57.20	2.18E−12	-11.661
440	994.2	12.223	10.579	13.735	7.729	12.495	11.108	13.773	−6.089	15.68	58.37	1.54E−12	-11.811
460	995.1	11.971	10.291	13.591	7.369	12.459	11.098	13.633	−6.229	15.42	59.46	1.10E−12	-11.99
480	995.8	11.721	10.005	13.448	7.013	12.423	11.089	13.496	−6.365	15.13	60.50	7.88E−13	-12.103
500	996.4	11.472	9.722	13.306	6.658	12.387	11.079	13.363	−6.498	14.81	61.52	5.68E−13	-12.24
520	996.9	11.225	9.439	13.165	6.306	12.352	11.070	13.234	−6.627	14.44	62.56	4.11E−13	-12.386
540	997.3	10.980	9.159	13.025		12.317	11.061	13.110	−6.752	14.02	63.65	3.00E−13	-12.523
560	997.6	10.736	8.881	12.885		12.282	11.052	12.989	−6.872	13.54	64.82	2.19E−13	-12.659
580	997.9	10.494	8.604	12.747		12.247	11.043	12.874	−6.986	13.00	66.13	1.62E−13	-12.791
600	998.2	10.253	8.329	12.609		12.213	11.034	12.765	−7.096	12.40	67.63	1.20E−13	-12.921
620	998.4	10.013	8.055	12.472		12.178	11.025	12.662	−7.199	11.74	69.35	8.95E−14	-13.048
640	998.5	9.775	7.783	12.336		12.144	11.017	12.565	−7.295	11.04	71.38	6.74E−14	-13.172
660	998.7	9.539	7.513	12.201		12.110	11.008	12.475	−7.386	10.32	73.77	5.11E−14	-13.291
680	998.8	9.303	7.244	12.067		12.077	11.000	12.391	−7.469	9.59	76.63	3.92E−14	-13.407
700	998.9	9.070	6.977	11.933		12.043	10.991	12.314	−7.546	8.86	80.02	3.03E−14	-13.518
720	999.0	8.837	6.712	11.800		12.010	10.983	12.244	−7.617	8.17	84.07	2.38E−14	-13.624
740	999.1	8.606	6.448	11.668		11.977	10.974	12.179	−7.682	7.53	88.87	1.89E−14	-13.724

Repräsentative Höhenverteilung thermosphärischer Kenngrößen für eine Thermopausentemperatur von 1000 K (Fortsetzung)

Höhe km	T K	$\log[N_2]$ m^{-3}	$\log[O_2]$ m^{-3}	$\log[O]$ m^{-3}	$\log[Ar]$ m^{-3}	$\log[He]$ m^{-3}	$\log[H]$ m^{-3}	$\log[n]$ m^{-3}	$\log[p]$ Pa	$\mathcal{M}$	H_n km	ρ kg/m^3	$\log\rho$ kg/m^3
760	999.2	8.376	6.185	11.537		11.944	10.966	12.119	−7.741	6.94	94.52	1.52E−14	−13.819
780	999.3	8.148		11.407		11.911	10.958	12.065	−7.795	6.41	101.12	1.24E−14	−13.908
800	999.3	7.920		11.277		11.879	10.950	12.015	−7.845	5.94	108.75	1.02E−14	−13.991
820	999.4	7.694		11.148		11.847	10.941	11.969	−7.891	5.53	117.43	8.55E−15	−14.068
840	999.4	7.470		11.019		11.815	10.933	11.926	−7.934	5.19	127.16	7.26E−15	−14.139
860	999.5	7.246		10.892		11.783	10.925	11.886	−7.975	4.89	137.89	6.24E−15	−14.205
880	999.5	7.024		10.765		11.751	10.917	11.848	−8.012	4.64	149.50	5.43E−15	−14.265
900	999.6	6.803		10.639		11.719	10.909	11.812	−8.048	4.43	161.80	4.77E−15	−14.321
920	999.6	6.583		10.513		11.688	10.901	11.778	−8.082	4.26	174.56	4.24E−15	−14.373
940	999.6	6.365		10.388		11.657	10.894	11.745	−8.115	4.11	187.53	3.80E−15	−14.421
960	999.6	6.148		10.264		11.626	10.886	11.714	−8.146	3.98	200.42	3.42E−15	−14.466
980	999.7			10.141		11.595	10.878	11.684	−8.176	3.88	213.01	3.11E−15	−14.508
1000	999.7			10.018		11.564	10.870	11.654	−8.206	3.79	225.07	2.84E−15	−14.547
1050	999.7			9.714		11.488	10.851	11.584	−8.276	3.61	252.00	2.30E−15	−14.638
1100	999.8			9.414		11.413	10.832	11.518	−8.342	3.48	273.85	1.90E−15	−14.721
1150	999.8			9.118		11.339	10.813	11.454	−8.406	3.37	291.09	1.59E−15	−14.797
1200	999.8			8.826		11.266	10.795	11.394	−8.466	3.28	304.82	1.35E−15	−14.870
1250	999.9			8.538		11.194	10.777	11.335	−8.525	3.19	316.29	1.15E−15	−14.940
1300	999.9			8.254		11.123	10.759	11.279	−8.581	3.11	326.39	9.82E−16	−15.008
1350	999.9			7.973		11.052	10.741	11.225	−8.635	3.03	335.74	8.45E−16	−15.073
1400	999.9			7.696		10.983	10.724	11.174	−8.686	2.94	344.79	7.29E−16	−15.137
1450	999.9			7.423		10.915	10.706	11.124	−8.736	2.86	353.92	6.32E−16	−15.199
1500	999.9			7.153		10.847	10.689	11.077	−8.783	2.78	363.29	5.50E−16	−15.260
1600	999.9			6.623		10.715	10.656	10.987	−8.873	2.61	383.21	4.20E−16	−15.376
1700	999.9			6.106		10.585	10.623	10.906	−8.954	2.44	405.55	3.26E−16	−15.487
1800	1000.0					10.459	10.592	10.832	−9.028	2.28	430.68	2.57E−16	−15.590
1900	1000.0					10.336	10.561	10.764	−9.096	2.13	459.34	2.05E−16	−15.688
2000	1000.0					10.216	10.530	10.702	−9.158	1.99	491.85	1.66E−16	−15.780
2100	1000.0					10.099	10.501	10.646	−9.214	1.86	528.47	1.37E−16	−15.865
2200	1000.0					9.984	10.472	10.594	−9.266	1.74	569.81	1.14E−16	−15.944
2300	1000.0					9.873	10.444	10.947	−9.313	1.64	615.98	9.61E−17	−16.017
2400	1000.0					9.763	10.416	10.904	−9.356	1.55	667.00	8.22E−17	−16.085
2500	1000.0					9.656	10.390	10.463	−9.397	1.48	723.19	7.12E−17	−16.148

A.5 Diffusionsgleichung für Gase

Betrachtet wird ein Nebengas in einem Hauptgas (oder Gasgemisch), das aufgrund einer Störung ungleichmäßig verteilt ist und somit Dichtegradienten aufweist. Wie in Abschnitt 2.3.5 erläutert, führt die thermische Bewegung der Nebengasteilchen zu einem allmählichen Abbau der Dichteunterschiede und dieser Ausgleichsvorgang ist es, den man im engeren Sinne als Diffusion bezeichnet. In einigen Situationen – und hier insbesondere bei der Beschreibung der vertikalen Dichteverteilung in einer Atmosphäre – hat es sich als nützlich erwiesen, die Bedeutung dieses Begriffes zu erweitern und unter Diffusion ganz allgemein die Bewegung eines Nebengases durch ein Hauptgas unter dem Einfluß *aller* an diesem Nebengas angreifenden Kräfte zu verstehen. Damit entspricht die Diffusion jetzt der Gesamtbewegung des Nebengases relativ zum Hauptgas, nicht nur dem durch Dichtegradienten hervorgerufenen Teilchentransport. Diese Verallgemeinerung führt auf einen Diffusionsfluß, der sich unmittelbar aus der Impulsbilanzgleichung des Nebengases bestimmen läßt. Bezeichnet der Index 1 das Nebengas und der Index 2 das Hauptgas (oder das übrige Gasgemisch), so gilt gemäß Gl. (3.80) und (A.60)

$$\rho_1 \frac{D\vec{u}_1}{Dt} = -\nabla p_1 + \eta_{1,2}\underline{\Delta}\vec{u}_1 + \rho_1\vec{g} + \rho_1\nu^*_{1,2}(\vec{u}_2 - \vec{u}_1) + 2\rho_1\vec{u}_1 \times \vec{\Omega}_E$$

Nun verlaufen Diffusionsvorgänge im allgemeinen so langsam, daß in sehr guter Näherung Trägheits-, Viskositäts- und Coriolis-Kraft vernachlässigt werden können. Damit erhält man für den Diffusionsfluß, also für den Teilchenfluß des Nebengases relativ zum Hauptgas

$$\vec{\phi}_{1,2} = n_1(\vec{u}_1 - \vec{u}_2) = -\frac{1}{m_1\nu^*_{1,2}}(\nabla p_1 - \rho_1\vec{g}) \qquad (A.43)$$

bzw. für die hier interessierende Vertikalkomponente

$$(\phi_{1,2})_z = -\frac{1}{m_1\nu^*_{1,2}}\left(\frac{dp_1}{dz} + \rho_1 g\right) \qquad (A.44)$$

Diese Beziehung wird als *Diffusionsgleichung* bezeichnet und sollte nicht mit der zeitabhängigen Diffusionsgleichung (2.74), dem 2. Fickschen Gesetz, verwechselt werden. Aus Gl. (A.44) folgt, daß jede nicht mit der aerostatischen Grundgleichung verträgliche Dichteverteilung einen Teilchenfluß in Gang setzt, der bestrebt ist, die bestehenden Abweichungen auszugleichen. Erst wenn die durch Druckgradient- und Erdbeschleunigungskraft hervorgerufenen Einzelflüsse gleich groß sind und somit Diffusionsgleichgewicht herrscht, versiegt der Teilchenfluß und wir haben es mit einer im makroskopischen Sinne statischen Dichteverteilung zu tun.

Zerlegt man den Expansionsfluß durch Ausdifferenzieren in seine Bestandteile, so läßt sich die obige Diffusionsgleichung auch folgendermaßen schreiben

$$(\phi_{1,2})_z = -\, D_{1,2}\left(\frac{\mathrm{d}n_1}{\mathrm{d}z} + \frac{n_1}{T_1}\frac{\mathrm{d}T_1}{\mathrm{d}z} + \frac{n_1}{H_1}\right) \qquad (\mathrm{A.45})$$

Dabei haben wir von der Definition des Diffusionskoeffizienten, $D_{1,2} = kT_1/m_1\nu^*_{1,2}$, und von der der Druckskalenhöhe des Nebengases Gebrauch gemacht. Während der erste Term auf der rechten Seite die Diffusion im engeren Sinne und der dritte Term den Sinkfluß beschreibt, entspricht der zweite Term einem Diffusionsfluß, der durch Temperaturunterschiede hervorgerufen wird

$$\phi_z^T = -\, D_{1,2}\,\frac{n_1}{T_1}\,\frac{\mathrm{d}T_1}{\mathrm{d}z} \qquad (\mathrm{A.46})$$

Die gaskinetische Deutung dieses Teilchenflusses betrachtet ein der Abb. 2.23 vergleichbares Szenario, nur daß der Dichte- durch einen Temperaturgradienten ersetzt wird. Der Teilchenaustausch zwischen den beiden Volumina 1 und 2 erfolgt jetzt mit unterschiedlicher Geschwindigkeit, da $\bar{c}$ eine Funktion der Temperatur ist

$$\mathrm{d}\phi_1 = \frac{1}{6}\,\frac{n}{l}\,\bar{c}_1\,\mathrm{d}z, \qquad \mathrm{d}\phi_2 = \frac{1}{6}\,\frac{n}{l}\,\bar{c}_2\,\mathrm{d}z$$

Entwickelt man $\bar{c}_2$ in eine Taylor-Reihe, subtrahiert beide Teilchenflüsse, um den Nettofluß zu erhalten, und summiert über die verschiedenen Nettobeiträge, so erhält man

$$\phi_z^T = -\,\frac{1}{6}\,n\,l\,\frac{\mathrm{d}\bar{c}}{\mathrm{d}z} \qquad (\mathrm{A.47})$$

Dieser Ausdruck läßt sich aber mit Hilfe der Beziehung $\bar{c} = \sqrt{8\,k\,T/\pi\,m}$ in eine der Gl. (A.46) entsprechende Form umwandeln. Man beachte, daß die genaue Form der Diffusionsgleichung von der jeweils benutzten Impulsbilanzgleichung abhängt. Wird letztere durch zusätzliche Kräfte oder durch einen genaueren Ausdruck für die Reibungskraft erweitert, so nimmt selbstverständlich auch die Diffusionsgleichung eine kompliziertere Form an.

A.6 Ableitung der Impulsbilanzgleichung aus der Boltzmann-Gleichung

Anders als bei der Inventarisierung der zur Impulsbilanzgleichung beitragenden Kräfte in Abschnitt 3.4.2 soll hier zunächst die Trägheitskraft betrachtet werden. Ihr Zusammenhang mit der Verteilungsfunktion wird durch folgende Umformung deutlich

$$(\vec{F}^*)_{Trägheit} = \frac{\partial(\rho\vec{u})}{\partial t} = \frac{\partial(\rho\langle\vec{v}\rangle)}{\partial t} = \frac{\partial}{\partial t}\left\{\rho\int_{GR}\vec{v}\,\frac{\mathrm{d}N}{\delta N}\right\}$$

$$= \frac{\partial}{\partial t}\int_{GR}(m\vec{v})\,f\,\mathrm{d}^3v = \int_{GR}(m\vec{v})\,\frac{\partial f}{\partial t}\,\mathrm{d}^3v \qquad (\mathrm{A.48})$$

Dabei haben wir bei der durch die Winkelklammer angezeigten Geschwindigkeitsmittelwertbildung alle Teilchengeschwindigkeiten $\vec{v}$ mit der relativen Häufigkeit ihres Auftretens im Geschwindigkeitsraum, $dN/\delta N$, gewichtet und anschließend über den gesamten Geschwindigkeitsraum GR aufsummiert, siehe auch Gl. (2.94). Die weiteren Umformungen basieren auf den Beziehungen (2.86) und (2.88) sowie auf der Tatsache, daß im Phasenraum $\vec{v}$ und t voneinander unabhängige Variable sind. Beziehung (A.48) zeigt, wie sich die Impulsbilanzgleichung aus der Boltzmann-Gleichung (2.89) ableiten läßt: Man multipliziere letztere mit $m\vec{v}$ und integriere sie anschließend über den Geschwindigkeitsraum. Es gilt

$$\frac{\partial(\rho\vec{u})}{\partial t} = \int_{GR} (m\vec{v})\,\frac{\partial f}{\partial t}\,\mathrm{d}^3 v = -\int_{GR} (m\vec{v})\,(\vec{v}\,\nabla f)\,\mathrm{d}^3 v$$

$$-\int_{GR} (m\vec{v})\,(\vec{a}\,\nabla_v f)\,\mathrm{d}^3 v + \int_{GR} (m\vec{v})\,\left(\frac{\delta f}{\delta t}\right)_{St\ddot{o}\beta e}\,\mathrm{d}^3 v \quad (A.49)$$

Diese Gleichung läßt sich auch etwas handlicher schreiben, wobei wir auf die Details dieser Umformung nicht weiter eingehen wollen und auf die am Ende von Kapitel 2 und 5 angegebene Literatur zur Gaskinetik und Plasmaphysik verweisen. Es genügt die Anmerkung, daß der erste Term auf der rechten Seite der Gl. (A.49) in drei Bestandteile zerlegt wird

$$\int_{GR} (m\vec{v})\,(\vec{v}\,\nabla f)\,\mathrm{d}^3 v = \nabla[\phi^{I(v)}] = \nabla(\rho[\vec{u}\vec{u}]) + \nabla[P]$$

$$= \nabla(\rho[\vec{u}\vec{u}]) + \nabla p + \nabla[\tau] \quad (A.50)$$

Hier bezeichnet $[\phi^{I(v)}]$ den *Impulsflußtensor*

$$[\phi^{I(v)}] = \begin{bmatrix} \phi^{I(v)}_{x,x} & \phi^{I(v)}_{x,y} & \phi^{I(v)}_{x,z} \\ \phi^{I(v)}_{y,x} & \phi^{I(v)}_{y,y} & \phi^{I(v)}_{y,z} \\ \phi^{I(v)}_{z,x} & \phi^{I(v)}_{z,y} & \phi^{I(v)}_{z,z} \end{bmatrix} \quad (A.51)$$

wobei $\phi^{I(v)}_{s,t}$ für die verschiedenen, von v abhängigen Impulsflußkomponenten steht. $\nabla(\rho[\vec{u}\vec{u}])$ bezeichnet die Strömungsgradientkraft, wobei $[\vec{u}\vec{u}]$ das dyadische Produkt der Transportgeschwindigkeit ist

$$[\vec{u}\vec{u}] = \begin{bmatrix} u_x u_x & u_x u_y & u_x u_z \\ u_y u_x & u_y u_y & u_y u_z \\ u_z u_x & u_z u_y & u_z u_z \end{bmatrix} \quad (A.52)$$

Existiert nur eine Luftströmung in x-Richtung ($u_y, u_z = 0$), so reduziert sich dieser Term aufgrund der Beziehung (A.40) auf die in Gl. (3.69) angegebene Form. $[P]$ bezeichnet den *Drucktensor* mit den verschiedenen thermischen Impulsflußkomponenten $\phi^{I(c)}_{s,t}$

$$[P] = \begin{bmatrix} \phi_{x,x}^{I(c)} & \phi_{x,y}^{I(c)} & \phi_{x,z}^{I(c)} \\ \phi_{y,x}^{I(c)} & \phi_{y,y}^{I(c)} & \phi_{y,z}^{I(c)} \\ \phi_{z,x}^{I(c)} & \phi_{z,y}^{I(c)} & \phi_{z,z}^{I(c)} \end{bmatrix} = \begin{bmatrix} \rho\langle c_x c_x\rangle & \rho\langle c_x c_y\rangle & \rho\langle c_x c_z\rangle \\ \rho\langle c_y c_x\rangle & \rho\langle c_y c_y\rangle & \rho\langle c_y c_z\rangle \\ \rho\langle c_z c_x\rangle & \rho\langle c_z c_y\rangle & \rho\langle c_z c_z\rangle \end{bmatrix} \qquad (A.53)$$

Dieser läßt sich weiter in einen Druck- und Viskositätstensor zerlegen

$$[P] = \begin{bmatrix} p & 0 & 0 \\ 0 & p & 0 \\ 0 & 0 & p \end{bmatrix} + \begin{bmatrix} \phi_{x,x}^{I(c)} - p & \phi_{x,y}^{I(c)} & \phi_{x,z}^{I(c)} \\ \phi_{y,x}^{I(c)} & \phi_{y,y}^{I(c)} - p & \phi_{y,z}^{I(c)} \\ \phi_{z,x}^{I(c)} & \phi_{z,y}^{I(c)} & \phi_{z,z}^{I(c)} - p \end{bmatrix} = p[\mathrm{E}] + [\tau] \qquad (A.54)$$

Dabei bezeichnet p den thermodynamischen Druck, $[\mathrm{E}]$ einen Einheitstensor und $[\tau]$ den *Viskositäts-* oder *Spannungstensor*. Berücksichtigt man ferner, daß sich das zweite Integral auf der rechten Seite der Gl. (A.49) auf die einfache Form $\rho\vec{a}$ reduziert, so läßt sich diese Gleichung jetzt folgendermaßen schreiben

$$\frac{\partial(\rho\vec{u})}{\partial t} = -\nabla(\rho\,[\vec{u}\vec{u}]) - \nabla p - \nabla[\tau] + \rho\vec{a} + \int_{GR} (m\vec{v})\left(\frac{\delta f}{\delta t}\right)_{St\ddot{o}\beta e} \mathrm{d}^3 v \qquad (A.55)$$

wobei sich die Divergenz eines Tensors mit Hilfe der Gl. (A.40) berechnen läßt. Offensichtlich beschreibt der vierte Term auf der rechten Seite der Gl. (A.55) die äußeren an dem betrachteten Gasvolumen angreifenden Kräfte, wobei $\vec{a}$ der Kraft pro Masse, also der Beschleunigung entspricht. Mit $\vec{a} = \vec{g}$ erhält man z.B. die am Gas angreifende Schwerkraft. Schließlich faßt der fünfte, noch unentwickelte Term die auf das Gasvolumen wirkenden Reibungskräfte zusammen.

Man beachte, daß die bisherigen Umformungen keinerlei Näherungen enthalten und die Impulsbilanzgleichung (A.55) von der gleichen Genauigkeit ist wie die Boltzmann-Gleichung selbst. Genauigkeitsverluste ergeben sich erst bei der expliziten Berechnung des Viskositäts- und Reibungsterms, da hierzu die Verteilungsfunktion f benötigt wird. Letztere ist aber als Lösung der Boltzmann-Gleichung nur näherungsweise bekannt. Zunächst sei versuchsweise angenommen, daß die Verteilungsfunktion einer lokal gültigen Maxwell-Verteilung entspricht

$$f \simeq f_{LM} = n(\vec{r}) \left(\frac{m}{2\pi k T(\vec{r})}\right)^{3/2} e^{-m(\vec{v}-\vec{u}(\vec{r}))^2 / 2kT(\vec{r})} \qquad (A.56)$$

Da diese Funktion bezüglich der Geschwindigkeitsverteilung symmetrisch ist, verschwinden in diesem Fall alle Mittelwerte der Geschwindigkeitsprodukte $\langle c_s c_t\rangle$ für $s \neq t$ und die Diagonalelemente von $[P]$ sind identisch und gleich dem Druck p. Damit wird der Druck isotrop ($p = \phi_{x,x}^{I(c)} = \phi_{y,y}^{I(c)} = \phi_{z,z}^{I(c)}$) und der Viskositätstensor verschwindet. Um demnach überhaupt Viskositätseffekte beschreiben zu können, bedarf es einer Verteilungsfunktion, die Abweichungen von einer Maxwell-Verteilung aufweist. Wir machen den Ansatz

$$f \simeq f_{LM}(1 + \varepsilon(\vec{r}, \vec{v}, t)) \tag{A.57}$$

wobei der Absolutwert der Störfunktion ε klein gegen eins sein soll. Einsetzen dieser modifizierten Verteilungsfunktion in die Boltzmann-Gleichung erlaubt eine näherungsweise Bestimmung von ε und somit von f. Damit nimmt der Viskositätstensor in erster Näherung folgende Form an

$$[\tau] \simeq -\eta \left([\nabla \vec{u}] + [\nabla \vec{u}]^T - (2/3)(\nabla \vec{u})[\mathrm{E}]\right) \tag{A.58}$$

Dabei bezeichnet $[\nabla \vec{u}]^T$ die Transponierte der Dyade $[\nabla \vec{u}]$ (Zeilen und Spalten werden vertauscht) und $[\mathrm{E}]$ wieder den Einheitstensor. Mit dem in Gl. (3.72) angegebenen Wert $\eta = f(T)$ ergibt sich daraus folgender Ausdruck für die Viskositätskraft

$$
\begin{aligned}
(\vec{F}^*)_{Viskosität} &= \nabla[\tau] \\
&= \eta\,\Delta\vec{u} + (\eta/3)\,\nabla(\nabla\vec{u}) + \frac{\eta}{2T}\nabla T([\nabla\vec{u}] + [\nabla\vec{u}]^T - \frac{2}{3}(\nabla\vec{u})[\mathrm{E}])
\end{aligned} \tag{A.59}
$$

wobei Δ wieder den Laplace-Operator bezeichnet, siehe Gl. (A.25). Häufig vernachlässigt man den zweiten und dritten Term auf der rechten Seite dieser Beziehung und erhält näherungsweise

$$(\vec{F}^*)_{Viskosität} \simeq \eta\,\Delta\,\vec{u} \tag{A.60}$$

Eine alternative Art der Vereinfachung ergibt sich für $u_z \ll u_x$, u_y und $H_z \ll H_x$, H_y, wobei H die räumliche Skalenlänge beschreibt, auf der sich die Strömungsgeschwindigkeiten in den angegebenen Richtungen signifikant ändern. Unter diesen Voraussetzungen reduziert sich die Viskositätskraft (A.59) auf die Form

$$(\vec{F}^*)_{Viskosität} \simeq \eta\,\frac{\partial^2 \vec{u}_h}{\partial z^2} + \frac{\eta}{2T}\,\frac{\partial T}{\partial z}\,\frac{\partial \vec{u}_h}{\partial z} \tag{A.61}$$

Dabei bezeichnet $\vec{u}_h$ die Horizontalgeschwindigkeit. Das Verhältnis dieser beiden Terme ist von der Größenordnung

$$\frac{\eta(\partial^2 u_h/\partial z^2)}{(\eta/2T)(\partial T/\partial z)(\partial u_h/\partial z)} \simeq \frac{2(H_T)_z}{(H_{u_h})_z} \tag{A.62}$$

Die Skalenhöhe der vertikalen Temperaturänderung $(H_T)_z$ ist meist größer als die der Horizontalwindvariation in vertikaler Richtung $(H_{u_h})_z$, so daß der zweite Term auf der rechten Seite der Gl. (A.61) häufig vernachlässigt werden kann und die Viskositätskraft die in Gl. (3.80) angegebene Form annimmt.

Was den Reibungsterm betrifft, so nimmt dieser nur unter bestimmten Bedingungen die in Gl. (3.80) angegebene einfache Form an. Letztere gilt z.B., wenn das Abstoßungspotential der wechselwirkenden Teilchen mit der vierten Potenz der Entfernung variiert, wie dies z.B. bei Stößen zwischen Neutralgasteilchen und Ionen der Fall ist. Für alle anderen Wechselwirkungspotentiale hängt die Form des Stoßterms von den jeweils betrachteten Verteilungsfunktionen ab. Nimmt man z.B. an, daß die Verteilungsfunktionen der wechselwirkenden Gase hinreichend gut durch lokal gültige Maxwell-Verteilungen beschrieben werden können, so reduziert sich der Stoßterm ebenfalls auf die in Gl. (3.80) angegebene Form, allerdings nur, wenn die Relativgeschwindigkeiten der beteiligten Gase nicht allzu groß sind. Dies ist bei den in der Hochatmosphäre beobachteten Strömungsgeschwindigkeiten meist, aber nicht immer der Fall.

A.7 Energiebilanzgleichung einer adiabatischen Gasströmung

Ähnlich wie bei der Ableitung der Impulsbilanzgleichung in Abschnitt 3.4.2 betrachten wir ein ortsfestes Volumenelement, das von verschiedenen Gasen durchströmt wird. Diesmal interessieren wir uns für die zeitliche Änderung der kinetischen Energie eines dieses Volumen durchströmenden Gases. Zur kinetischen Energie gehört dabei einerseits die der Strömungsbewegung, andererseits die der thermischen Bewegung. Da die Energiebilanzgleichung sehr komplizierte Formen annehmen kann (sie ist bereits für ein *ruhendes* Gas recht kompliziert, siehe Gl. (3.52)), wir bei der analytischen Behandlung dynamischer Prozesse aber auf einfachste Beziehungen angewiesen sind, sollen von vornherein einige, z.T. sehr drastische Einschränkungen gemacht werden.

1. Die Produktions- und Verlustrate der betrachteten Gassorte werden als vernachlässigbar klein angenommen. Dem Volumen wird also weder Energie durch neuentstandene Teilchen zugeführt, noch geht ihm Energie durch vernichtete Teilchen verloren. Dies impliziert auch, daß Wärmegewinne oder Wärmeverluste durch latente Energie (z.B. in Form von Rekombinationsenergie) unberücksichtigt bleiben. Für die Neutralgase der Hochatmosphäre ist diese Annahme meist gerechtfertigt.

2. Strahlungsbedingte Wärmegewinne und -verluste bleiben ebenfalls unberücksichtigt. Die Terme q^W und l^W in der Wärmebilanzgleichung (3.52) werden also gleich Null gesetzt. Diese einschneidende Annahme ist natürlich nur dann akzeptabel, wenn wir uns für das Verhalten einer bestehenden Strömung, nicht aber für deren Entstehung interessieren.

3. Es sollen nur Strömungen betrachtet werden, bei denen, zumindest in erster Näherung, die molekulare Wärmeleitung vernachlässigt werden kann.

4. Desgleichen soll der Energietransport durch Scherungen in der Strömung (d.h. durch nichtlineare Gradienten in der Strömungsgeschwindigkeit senkrecht zur Strömungsrichtung, vergleiche dazu die Ableitung der Viskositätskraft in Abschnitt 3.4.2) unberücksichtigt bleiben. Diese viskosen Aufheizeffekte werden also ebenfalls vernachlässigt.

5. Es soll keine Wechselwirkung des betrachteten Gases mit anderen Gassorten stattfinden. Dies setzt z.B. voraus, daß alle Gassorten die gleiche

Strömungsgeschwindigkeit besitzen, so daß keine Reibungswärme entsteht, und daß alle Gase die gleiche Temperatur besitzen, so daß es zu keinem Wärmeaustausch kommt.

6. An äußeren Kräften soll nur die Schwerkraft berücksichtigt werden. Coriolis-Kräfte spielen keine Rolle, da deren Beschleunigung stets senkrecht zur Strömungsrichtung erfolgt und somit keine Arbeit geleistet wird.

Unter diesen Bedingungen läßt sich die Energiebilanzgleichung folgendermaßen schreiben

$$\frac{\partial E^*_{kin}}{\partial t} \; = \; \frac{\partial (n(mu^2/2) \; + \; fp/2)}{\partial t} \; = \; -\nabla \sum_i \vec{\phi}_i^E \; - \; \nabla(p\vec{u}) \; + \; n \, m \, \vec{g} \, \vec{u}$$

$$(A.63)$$

Dabei bezeichnet E^*_{kin} die gesamte kinetische Energie der Teilchen pro Volumen, $n(mu^2/2)$ ihren Strömungsenergieanteil und $n(f(kT/2)) = fp/2$ ihren Wärmeanteil. Der Transportterm auf der rechten Seite der Gleichung, $-\nabla \sum_i \vec{\phi}_i^E$, faßt die durch die verschiedenen Energieflüsse $\vec{\phi}_i^E$ in das Volumenelement hineintransportierten oder abgeführten Energiemengen zusammen. Dabei ist sowohl der Transport von Strömungsenergie als auch der Transport von Wärme zu berücksichtigen. Man beachte die formale Analogie zum Transportterm in der Kontinuitäts- und Wärmebilanzgleichung. Mit dem Teilchenfluß $n\vec{u}$ und der Strömungsenergie eines Gasteilchens $mu^2/2$ gilt für den Fluß der Strömungsenergie

$$\vec{\phi}^{Str\ddot{o}mungsenergie}_{Konvektion} \; = \; n\vec{u} \, \left(\frac{mu^2}{2} \right) \tag{A.64}$$

Molekulare Wärmeleitung wird vernachlässigt, so daß nur der konvektive Anteil des Wärmetransports berücksichtigt zu werden braucht. Da jedes Gasteilchen die Wärmemenge $f(kT/2)$ mit sich führt, ergibt sich der konvektive Wärmefluß zu

$$\vec{\phi}^{W\ddot{a}rme}_{Konvektion} \; = \; n\vec{u} \, \left(f \, \frac{kT}{2} \right) \; = \; f \, \frac{p\vec{u}}{2} \tag{A.65}$$

Der zweite Term auf der rechten Seite der Gl. (A.63), $-\nabla(p\vec{u})$, gibt an, wieviel das von uns betrachtete Gasvolumen an Energie durch Arbeit gewinnt oder verliert. Die Form dieses Ausdrucks soll an Hand der Abb. A.1 erläutert werden. Betrachtet wird zunächst eine eindimensionale Strömung in x-Richtung. Offenbar leistet die Umgebung Arbeit, wenn sie das Gas gegen den Innendruck $p(x)$ am Ort x in das Volumen hineinpreßt. Diese Arbeit wird also dem Volumen in Form von innerer Energie zugeführt und beträgt pro Zeitintervall dt

$$\left(\frac{dW}{dt} \right)^+ \; = \; (F_p dx)/dt \; = \; p(x) \; dy \; dz \; u_x(x)$$

Gleichzeitig leistet das Gas im Volumen Arbeit (diesmal auf Kosten der inneren Energie), wenn es Gasteilchen gegen den Umgebungsdruck an der Stelle $x + dx$ aus dem Volumen herauspreßt

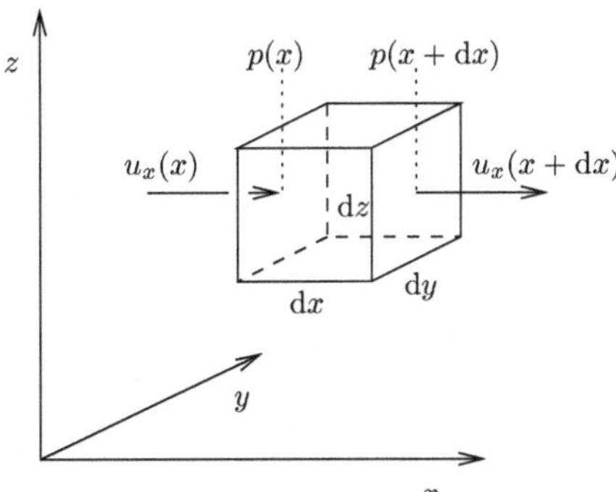

Abb. A.1. Zur Ableitung der durch Arbeit einem Volumen zugeführten Energiemenge

$$\left(\frac{\mathrm{d}\mathcal{W}}{\mathrm{d}t}\right)^{-} = p(x + \mathrm{d}x)\ \mathrm{d}y\ \mathrm{d}z\ u_x(x + \mathrm{d}x)$$

$$\simeq p(x)\ \mathrm{d}y\ \mathrm{d}z\ u_x(x) + \left(\frac{\mathrm{d}(pu_x)}{\mathrm{d}x}\ \mathrm{d}x\right)\ \mathrm{d}y\ \mathrm{d}z$$

Damit ergibt sich der Energiegewinn des Volumenelementes zu

$$\left(\frac{\mathrm{d}\mathcal{W}}{\mathrm{d}t}\right) \simeq \left(\frac{\mathrm{d}\mathcal{W}}{\mathrm{d}t}\right)^{+} - \left(\frac{\mathrm{d}\mathcal{W}}{\mathrm{d}t}\right)^{-} = -\frac{\mathrm{d}(pu_x)}{\mathrm{d}x}\ \mathrm{d}V$$

bzw. auf drei Dimensionen erweitert und auf die Größe des Volumens bezogen

$$\left(\frac{\mathrm{d}\mathcal{W}}{\mathrm{d}t\mathrm{d}V}\right) = -\operatorname{div}(p\vec{u}) \tag{A.66}$$

Die Form des letzten auf der rechten Seite der Gl. (A.63) angegebenen Terms
ist wieder unmittelbar verständlich. Die jedem Gasteilchen durch die Erdbeschleunigung $\vec{g}$ entlang des Wegelementes $\mathrm{d}\vec{s}$ zugeführte Energie beträgt
$(m\vec{g})\mathrm{d}\vec{s}$. Bezogen auf das Zeitintervall und auf die Anzahl der Teilchen pro
Volumen ergibt sich der in Gl. (A.63) aufgeführte Term.

Mit den oben angegebenen Ausdrücken für die Energieflüsse nimmt die
Energiebilanzgleichung folgende Form an

$$\frac{\partial(\rho u^2/2 + fp/2)}{\partial t} + \nabla\left[\frac{\rho u^2\vec{u}}{2} + \left(\frac{f}{2} + 1\right)p\vec{u}\right] = \rho\vec{g}\vec{u} \tag{A.67}$$

wobei wir die von den äußeren Kräften geleistete Arbeit von gasinternen
Vorgängen getrennt haben. Eine alternative Schreibweise dieser Gleichung
erhält man, wenn man die ersten Summanden des ersten und zweiten Terms
auf der linken Seite der Gleichung ausdifferenziert und geeignet zusammenfaßt. Es gilt

$$\frac{\partial(\rho u^2/2)}{\partial t} + \nabla\left(\frac{\rho u^2 \vec{u}}{2}\right) = \frac{m u^2}{2}\left(\frac{\partial n}{\partial t} + \nabla(n\vec{u})\right) + \rho\vec{u}\left(\frac{\partial \vec{u}}{\partial t} + (\vec{u}\nabla)\vec{u}\right)$$

Für den hier betrachteten Fall eines produktions- und verlustfreien Gases (Annahme 1) verschwindet aber der Klammerausdruck im ersten Term auf der rechten Seite (Kontinuitätsgleichung!). Ferner entspricht der Klammerausdruck des zweiten Terms auf der rechten Seite gerade der konvektiven Ableitung von $\vec{u}$. Mit Hilfe der Impulsbilanzgleichung (3.80) für ein nichtrotierendes Koordinatensystem ($2\rho\vec{u} \times \vec{\Omega}_E = 0$) und bei Vernachlässigung von Viskositäts- und Reibungskräften (siehe Annahmen 2 und 5), läßt sich dieser Term demnach auch folgendermaßen schreiben

$$\rho\vec{u}\left(\frac{\partial \vec{u}}{\partial t} + (\vec{u}\nabla)\vec{u}\right) = \rho\vec{u}\frac{\mathrm{D}\vec{u}}{\mathrm{D}t} = -\vec{u}\nabla p + \rho\vec{u}\vec{g}$$

Mit diesen Umformungen nimmt die Energiebilanzgleichung folgende einfache Form an

$$\frac{f}{2}\frac{\partial p}{\partial t} + \left(\frac{f}{2} + 1\right)\nabla(p\vec{u}) - \vec{u}\,\nabla p = 0 \qquad (A.68)$$

bzw.

$$\frac{f}{2}\frac{\partial p}{\partial t} + \left(\frac{f}{2} + 1\right)p\nabla\vec{u} + \frac{f}{2}\,\vec{u}\,\nabla p = 0 \qquad (A.69)$$

Dividiert man durch $f/2$ und führt den Adiabaten-Exponenten $\gamma = 1 + 2/f$ ein, faßt ferner den ersten und dritten Term in Form der konvektiven Ableitung $\mathrm{D}p/\mathrm{D}t$ zusammen und berücksichtigt die sich unmittelbar aus der Kontinuitätsgleichung ergebende Beziehung $\mathrm{D}n/\mathrm{D}t + n\nabla\vec{u} = 0$, so erhält man

$$\frac{\mathrm{D}p}{\mathrm{D}t} - \left(\frac{\gamma p}{n}\right)\frac{\mathrm{D}n}{\mathrm{D}t} = 0 \qquad (A.70)$$

Multiplikation mit $\mathrm{D}t$, Separation der Variablen und Integration ergibt schließlich

$$\frac{p}{p_0} = \left(\frac{n}{n_0}\right)^{\gamma}$$

Dies entspricht aber der in Abschnitt 2.1.2 auf andere Weise abgeleiteten Adiabatenbeziehung $p\rho^{-\gamma} = \text{konst.}$, siehe Gl. (2.36). Letztere ist also nichts anderes als eine stark vereinfachte Form der Energiebilanzgleichung.

Eine alternative Ableitung der Energiebilanzgleichung geht – wie die aller anderen Bilanzgleichungen auch – von der Boltzmann-Gleichung aus. Multipliziert man letztere mit $mv^2/2$ und integriert über den Geschwindigkeitsraum, so nimmt z.B. der erste Term dieser Gleichung folgende Form an

$$\int_{GR}\frac{mv^2}{2}\frac{\partial f}{\partial t}\,\mathrm{d}^3v = \frac{m}{2}\frac{\partial}{\partial t}\int_{GR}v^2 f\,\mathrm{d}^3v = \frac{m}{2}\frac{\partial}{\partial t}(n\overline{v^2})$$

$$= \frac{\partial}{\partial t}\left(\frac{\rho u^2}{2} + \frac{\rho\overline{c^2}}{2}\right) = \frac{\partial}{\partial t}\left(\frac{\rho u^2}{2} + \frac{fp}{2}\right) = \frac{\partial}{\partial t}E^*_{kin} \qquad (A.71)$$

Ähnlich wie bei der Ableitung der Impulsbilanzgleichung im Anhang A.6 haben wir dabei zunächst die Reihenfolge der Integration und der Differentiation vertauscht, in der Phasenraumdarstellung sind ja t und $\vec{v}$ voneinander unabhängige Variable. Die Integration des mit der Verteilungsfunktion multiplizierten Quadrats der Geschwindigkeit über den Geschwindigkeitsraum entspricht wieder einer Mittelwertbildung, wie sie bereits im Zusammenhang mit den Gl. (2.94) und (A.48) beschrieben wurde. Im dritten Schritt haben wir die Geschwindigkeit in ihre Strömungs- und Pekuliargeschwindigkeitskomponente zerlegt. Dabei gilt $\langle uc \rangle = u \langle c \rangle = 0$. Die letzte Umformung schließlich basiert auf der Definition des Drucks nach Gl. (2.23) und auf einem Freiheitsgrad $f = 3$. In Gl. (A.71) wird ja nur die in der translatorischen, nicht die in der Rotationsbewegung der Gasteilchen oder in anderen Freiheitsgraden gespeicherte Energie berücksichtigt. Die übrigen mit $mv^2/2$ multiplizierten und über den Geschwindigkeitsraum integrierten Terme der Boltzmann-Gleichung liefern dann die weiteren Beiträge zur Energiebilanzgleichung, wie sie in stark verkürzter Form auf der rechten Seite der Gl. (A.63) aufgeführt sind.

Bei einem unvoreingenommenen Vergleich käme man wahrscheinlich nicht auf die Idee, daß die Beziehungen (3.52) und (A.63) Spezialformen ein und derselben Energiebilanzgleichung sind. Deshalb sollen hier noch einmal die wesentlichen Unterschiede beider Ansätze betont werden. So werden bei der Wärmebilanzgleichung (3.52) eindimensionale, quasi-statische Verhältnisse betrachtet, die horizontale Dynamik der Thermosphäre bleibt also unberücksichtigt. Damit entfällt die Möglichkeit, Wärme in die kinetische Energie von horizontalen Strömungsbewegungen umzuwandeln und somit auch die Möglichkeit, Wärme oder die kinetische Energie der Strömungsbewegung selbst von einem Ort auf der Erde zu einem anderen zu transportieren. Die Tatsache, daß Gl. (3.52) trotz dieser einschneidenden Vereinfachung die Beobachtungen wenigstens größenordnungsmäßig richtig beschreibt, weist darauf hin, daß die horizontale Dynamik zwar wichtig, aber nicht beherrschend ist. Wichtig insofern, als sie z.B. die Amplitude der Temperatur- und Dichteschwankungen, aber insbesondere deren Phase maßgeblich beeinflußt. Bei der Energiebilanzgleichung (A.63) bleibt dagegen die Frage nach der Entstehung der darin betrachteten Strömung völlig offen. So wird eine bestimmte Menge an Strömungsenergie und Wärme als vorgegeben betrachtet, und dieses Gesamtbudget wird weder durch Energiezu- oder -abfuhr verändert. Offenbar läßt sich mit diesem Ansatz in vielen Situationen das Verhalten einer vorgegebenen Strömung hinreichend gut beschreiben. Um allerdings das Gesamtverhalten eines Neutralgases oder eines Plasmas bei Anwesenheit von Wärmezu- und -abfuhrprozessen modellieren zu können, bedarf es einer allgemeineren Form der Energiebilanzgleichung, die alle in Gl. (3.52) und (A.63) enthaltenen Terme und zusätzlich bisher vernachlässigte Effekte berücksichtigt. Eine solche Beziehung ist natürlich nur noch numerisch und mit großem Aufwand lösbar.

A.8 Bernoulli-Gleichung

Betrachtet wird eine eindimensionale, stationäre Gasströmung in x-Richtung. Dürfen Viskositäts-, Reibungs-, Coriolis- und äußere Kräfte vernachlässigt werden, so reduziert sich ihre Impulsbilanzgleichung auf die einfache Form (siehe Gl. (3.79))

$$\rho\,u\,\frac{\mathrm{d}u}{\mathrm{d}x} + \frac{\mathrm{d}p}{\mathrm{d}x} = 0$$

Damit gilt auch

$$\frac{1}{2}\frac{\mathrm{d}u^2}{\mathrm{d}x} + \frac{1}{\rho}\frac{\mathrm{d}p}{\mathrm{d}x} = 0 \tag{A.72}$$

Dabei haben wir der Einfachheit halber auf die Richtungsindizierung der Strömungsgeschwindigkeit verzichtet, d.h. $u = u_x$. Darf zudem die Gasströmung in erster Näherung als inkompressibel betrachtet werden ($\rho \simeq$ konst.), so gilt

$$\frac{\mathrm{d}}{\mathrm{d}x}\left(\frac{u^2}{2} + \frac{p}{\rho}\right) = 0$$

bzw.

$$\frac{u^2}{2} + \frac{p}{\rho} = \text{konst.} \tag{A.73}$$

Dies ist die *Bernoulli-Gleichung* für *inkompressible* Gasströmungen. Realistischer ist es meist, ein adiabatisches Verhalten der Gasströmung anzunehmen. Mit $\rho = \text{Konst.}\ p^{1/\gamma}$ läßt sich der zweite Term der Gl. (A.72) in folgenden Differentialquotienten überführen

$$\frac{1}{\rho}\frac{\mathrm{d}p}{\mathrm{d}x} = \frac{\gamma}{\gamma-1}\frac{\mathrm{d}(p/\rho)}{\mathrm{d}x} \tag{A.74}$$

Damit läßt sich die Bewegungsgleichung insgesamt als Differentialquotient schreiben

$$\frac{\mathrm{d}}{\mathrm{d}x}\left(\frac{u^2}{2} + \frac{\gamma}{\gamma-1}\frac{p}{\rho}\right) = 0 \tag{A.75}$$

und aus dieser Beziehung folgt unmittelbar die Bernoulli-Gleichung für *adiabatische* Gasströmungen

$$\frac{u^2}{2} + \frac{\gamma}{\gamma-1}\frac{p}{\rho} = \text{konst.} \tag{A.76}$$

Letztere gilt auch für dreidimensionale adiabatische Strömungen, solange sie laminar, also turbulenzfrei sind, $\nabla \times \vec{u} = 0$. Allgemein gilt ja die Vektorbeziehung $(\vec{u}\nabla)\vec{u} = \nabla u^2/2 - \vec{u} \times (\nabla \times \vec{u})$, siehe Gl. (A.34). Eine alternative Schreibweise der Bernoulli-Gleichung erhält man, wenn man die Teilchenzahldichten im Verhältnis p/ρ herauskürzt. Dann ergibt sich folgender Zusammenhang zwischen Geschwindigkeit und Temperatur einer adiabatischen Gasströmung

$$\frac{m}{2}\,u^2 + \frac{k\gamma}{\gamma-1}\,T = \text{konst.} \tag{A.77}$$

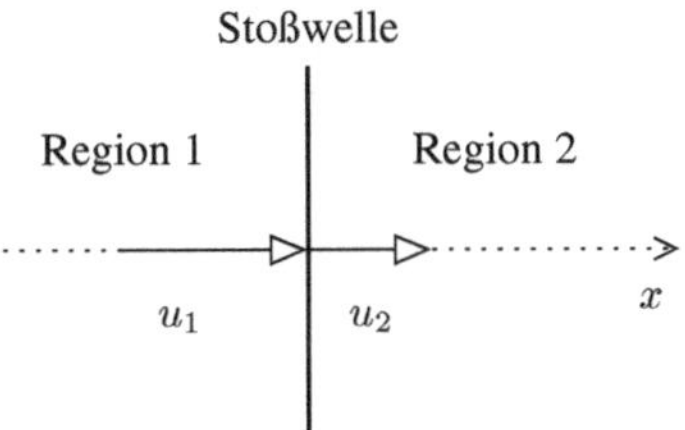

Abb. A.2. Zur Ableitung der Sprungbedingungen an einer senkrechten Stoßwelle

A.9 Rankine-Hugoniot-Gleichungen

Wie die Messungen der Abb. 6.31 zeigen, ändern sich beim Passieren einer Stoßwelle alle Zustandsgrößen einer Gasströmung. Eine quantitative Abschätzung dieser Änderungen gelingt mit Hilfe der Erhaltungssätze für Masse, Impuls und Energie. Dabei kann in genügend großem Abstand von der Stoßwelle (größer als einige mittlere freie Weglängen) davon ausgegangen werden, daß lokales thermodynamisches Gleichgewicht herrscht und somit die bisher benutzten gasdynamischen Gleichungen gelten.

Betrachtet wird eine eindimensionale, stationäre Neutralgasströmung in x-Richtung, die eine zur x-Richtung senkrechte Stoßwelle passiert, siehe Abb. A.2. Handelt es sich um ein produktions- und verlustfreies Gas, so nimmt die Dichtebilanzgleichung folgende einfache Form an

$$\frac{\mathrm{d}(nu)}{\mathrm{d}x} = 0 \tag{A.78}$$

Dabei haben wir der Einfachheit halber auf die Richtungsindizierung der Gasgeschwindigkeit verzichtet, d.h. $u = u_x$. Betrachtet wird zudem eine Gasströmung, bei der Viskositäts-, Reibungs-, Coriolis- und äußere Kräfte vernachlässigt werden können. In diesem Fall reduziert sich die Impulsbilanzgleichung (3.79) auf die einfache Form

$$m\,n\,u\,\frac{\mathrm{d}u}{\mathrm{d}x} + \frac{\mathrm{d}p}{\mathrm{d}x} = 0 \tag{A.79}$$

Schließlich läßt sich die Energiebilanzgleichung unter den im Anhang A.7 angegebenen Bedingungen und für stationäre Verhältnisse folgendermaßen schreiben, siehe Gl. (A.68)

$$\frac{\gamma}{\gamma-1}\frac{\mathrm{d}(pu)}{\mathrm{d}x} - u\,\frac{\mathrm{d}p}{\mathrm{d}x} = 0 \tag{A.80}$$

Um die von der Stoßwelle verursachten Änderungen der Zustandsgrößen zu bestimmen, integrieren wir die drei Gleichungen (A.78)-(A.80) in x-Richtung und zwar ausgehend von einem Ort in der Region 1, über die Stoßwelle, bis zu einem Ort in der Region 2. Dies ist ohne weiteres möglich, da die Variationen der Zustandsgrößen zwar unstetig sein mögen, aber überall endlich sind. Aus der Dichtebilanzgleichung folgt unmittelbar

$$\int_{(nu)_1}^{(nu)_2} \frac{\mathrm{d}(nu)}{\mathrm{d}x}\ \mathrm{d}x\ =\ n_2 u_2\ -\ n_1 u_1\ =\ 0$$

bzw.

$$n_2 u_2 = n_1 u_1 \tag{A.81}$$

Um auch die Impulsbilanzgleichung in Form eines Differentialquotienten schreiben zu können, wird sie um $m\,u\,\mathrm{d}(nu)/\mathrm{d}x = 0$ erweitert

$$m\,\frac{\mathrm{d}(nu^2)}{\mathrm{d}x} + \frac{\mathrm{d}p}{\mathrm{d}x} = 0$$

Damit läßt sie sich problemlos integrieren und man erhält

$$m\,n_2\,u_2^2\ +\ p_2\ =\ m\,n_1\,u_1^2\ +\ p_1 \tag{A.82}$$

Auch die Energiebilanzgleichung läßt sich in Form eines Differentialquotienten schreiben

$$\frac{\gamma}{\gamma-1}\,\frac{\mathrm{d}(u\,p)}{\mathrm{d}x}\ -\ u\,\frac{\mathrm{d}p}{\mathrm{d}x}\ =\ \frac{\gamma}{\gamma-1}\,\frac{\mathrm{d}(u\,p)}{\mathrm{d}x}\ +\ m\,n\,u^2\,\frac{\mathrm{d}u}{\mathrm{d}x}$$

$$=\ \frac{\gamma}{\gamma-1}\,\frac{\mathrm{d}(u\,p)}{\mathrm{d}x}\ +\ \frac{1}{2}\,m\,\frac{\mathrm{d}(nu^3)}{\mathrm{d}x} = 0$$

wobei wir bei der ersten Umformung von Gl. (A.79) und bei der zweiten von Gl. (A.78) Gebrauch gemacht haben. Integration ergibt die Beziehung

$$\frac{\gamma}{\gamma-1}\,u_2\,p_2\ +\ \frac{1}{2}\,m\,n_2\,u_2^3\ =\ \frac{\gamma}{\gamma-1}\,u_1\,p_1\ +\ \frac{1}{2}\,m\,n_1\,u_1^3 \tag{A.83}$$

Im folgenden sollen die Änderungen der Zustandsgrößen in Abhängigkeit von den jeweils geltenden Machzahlen $M^2 = (u/v_S)^2 = m\,n\,u^2/\gamma\,p$ beschrieben werden. Einsetzen in Gl. (A.82) und (A.83) liefert

$$p_2\,(1\ +\ \gamma\,M_2^2)\ =\ p_1\,(1\ +\ \gamma\,M_1^2) \tag{A.84}$$

und

$$u_2 p_2\,\left(1\ +\ \frac{(\gamma-1)}{2}\,M_2^2\right)\ =\ u_1 p_1\,\left(1 + \frac{(\gamma-1)}{2}\,M_1^2\right) \tag{A.85}$$

Aus Gl. (A.84) folgt für die Druckänderung an der Stoßwelle

$$\frac{p_2}{p_1}\ =\ \frac{1+\gamma M_1^2}{1+\gamma M_2^2} \tag{A.86}$$

Benutzt man Gl. (A.81), um in Gl. (A.85) die Geschwindigkeit u_2 durch die Geschwindigkeit u_1 zu ersetzen, so erhält man für den zugehörigen Temperatursprung

$$\frac{u_2 p_2}{u_1 p_1} = \frac{u_1 n_1 p_2}{u_1 n_2 p_1} = \frac{T_2}{T_1} = \frac{2 + (\gamma - 1)\, M_1^2}{2 + (\gamma - 1)\, M_2^2} \tag{A.87}$$

Aus der Definition der Machzahl folgt ferner, daß die Geschwindigkeit proportional zur Machzahl und zur Wurzel aus der Temperatur ist, $u \sim M\sqrt{T}$. Damit gilt für die Änderung von Geschwindigkeit und Dichte

$$\frac{u_2}{u_1} = \left(\frac{n_2}{n_1}\right)^{-1} = \frac{M_2}{M_1}\sqrt{\frac{T_2}{T_1}} = \frac{M_2}{M_1}\sqrt{\frac{2 + (\gamma - 1)\, M_1^2}{2 + (\gamma - 1)\, M_2^2}} \tag{A.88}$$

Um die jeweiligen Zustandsänderungen explizit angeben zu können, wird noch eine Beziehung zwischen den beiden Machzahlen M_1 und M_2 benötigt. Man erhält sie, indem man das Geschwindigkeitsverhältnis u_2/u_1 erneut und unabhängig von der bisherigen Ableitung aus den Gleichungen (A.86) und (A.87) bestimmt

$$\frac{u_2}{u_1} = \frac{p_1}{p_2}\frac{T_2}{T_1} = \frac{1 + \gamma M_2^2}{1 + \gamma M_1^2}\frac{2 + (\gamma - 1)\, M_1^2}{2 + (\gamma - 1)\, M_2^2} \tag{A.89}$$

Gleichsetzen der Beziehungen (A.88) und (A.89) liefert

$$\frac{1 + \gamma M_2^2}{1 + \gamma M_1^2} = \frac{M_2}{M_1}\sqrt{\frac{2 + (\gamma - 1)\, M_2^2}{2 + (\gamma - 1)\, M_1^2}}$$

Wie man sich (etwas mühsam) durch Einsetzen überzeugen kann, ist

$$M_2 = \sqrt{\frac{2 + (\gamma - 1)\, M_1^2}{2\gamma M_1^2 - (\gamma - 1)}} \tag{A.90}$$

eine nicht-triviale Lösung dieser Gleichung. In Verbindung mit Gl. (A.86), (A.87) und (A.88) liefert sie die in Abschnitt 6.4.2 angegebenen Rankine-Hugoniot-Beziehungen für senkrechte Stoßwellen in idealen Gasen.

A.10 Maxwell-Gleichungen

Elektromagnetische Felder spielen eine überaus wichtige Rolle in der Weltraumforschung. Ihre Berechnung erfolgt bekanntlich mit Hilfe eines Gleichungssystems, das J.C. Maxwell in den Jahren 1861–64 zusammengestellt hat. Für ein Vakuum und in differentieller Form lassen sich diese *Maxwell-Gleichungen* folgendermaßen schreiben

$$(1) \qquad \nabla \vec{\mathcal{E}} = \rho_L\,/\,\varepsilon_0 \tag{A.91}$$

$$(2) \qquad \nabla \times \vec{\mathcal{E}} = -\frac{\partial \vec{\mathcal{B}}}{\partial t} \tag{A.92}$$

$$(3) \qquad \nabla \vec{\mathcal{B}} = 0 \tag{A.93}$$

$$(4) \qquad \nabla \times \vec{\mathcal{B}} = \mu_0 \vec{j} + \mu_0 \varepsilon_0 \frac{\partial \vec{\mathcal{E}}}{\partial t} \tag{A.94}$$

Dabei bezeichnet

$\vec{\mathcal{E}}$	die elektrische Feldstärke
$\vec{\mathcal{B}}$	die magnetische Flußdichte (in unserer Nomenklatur Feldstärke)
$\vec{j}$	die Stromdichte
ρ_L	die Ladungsdichte
ε_0	die elektrische Feldkonstante (Influenzkonstante)
μ_0	die magnetische Feldkonstante (Permeabilität)

Die erste Maxwell-Gleichung besagt, daß elektrische Ladungen Quellen elektrischer Felder sind, deren Feldlinien positiven Ladungen entspringen und die auf negativen Ladungen enden. Die zweite Maxwell-Gleichung (die der differentiellen Form des Faradayschen Induktionsgesetzes entspricht) besagt, daß ein sich zeitlich änderndes Magnetfeld ein elektrisches Wirbelfeld erzeugt, dessen Feldlinien das Magnetfeld ringförmig umschließen. Die Intensität dieses induzierten elektrischen Feldes ist dabei proportional zur Intensität und Änderungsrate des Magnetfeldes. Die dritte Maxwell-Gleichung besagt, daß keine magnetischen Ladungen (oder Monopole) existieren und somit Magnetfeldlinien geschlossene Kurven ohne Anfang und Ende bilden. Die vierte Maxwell-Gleichung schließlich besagt, daß sowohl stationäre Stromdichten (d.h. bewegte Ladungen) als auch sich zeitlich ändernde elektrische Felder magnetische Wirbelfelder erzeugen, deren Feldlinien die Stromdichte bzw. das elektrische Feld ringförmig umschließen. Die Intensität des induzierten Magnetfeldes ist dabei proportional zur Größe der Stromdichte bzw. proportional zur Intensität und Änderungsrate des elektrischen Feldes. Man beachte, daß die vierte Maxwell-Gleichung ohne die Vakuumverschiebungsstromdichte $\varepsilon_0\,\partial\vec{\mathcal{E}}/\partial t$ gerade der differentiellen Form des Ampèreschen Gesetzes entspricht und daß dieselbe Gleichung ohne die stationäre Stromdichte $\vec{j}$ auch unter der Bezeichnung 'Durchflutungsgesetz' bekannt ist.

In integraler Form lauten die Maxwell-Gleichungen

$$(1) \qquad \oint_A \vec{\mathcal{E}}\,\mathrm{d}\vec{A} = \mathcal{Q}_L\,/\,\varepsilon_0 \qquad\qquad\qquad (\text{A.95})$$

$$(2) \qquad \oint_{L(A)} \vec{\mathcal{E}}\,\mathrm{d}\vec{l} = -\frac{\mathrm{d}}{\mathrm{d}t}\int_A \vec{\mathcal{B}}\,\mathrm{d}\vec{A} \qquad\qquad (\text{A.96})$$

$$(3) \qquad \oint_A \vec{\mathcal{B}}\,\mathrm{d}\vec{A} = 0 \qquad\qquad\qquad\qquad (\text{A.97})$$

$$(4) \qquad \oint_{L(A)} \vec{\mathcal{B}}\,\mathrm{d}\vec{l} = \mu_0\mathcal{I} + \mu_0\varepsilon_0\frac{\mathrm{d}}{\mathrm{d}t}\int_A \vec{\mathcal{E}}\,\mathrm{d}\vec{A} \qquad (\text{A.98})$$

Dabei bezeichnet

$\mathcal{Q}_L$	die von der Oberfläche A eingeschlossene Ladungsmenge
$\mathcal{I}$	die Stromstärke
$L(A)$	die Randkurve der Fläche A
$\mathrm{d}\vec{A} = \hat{n}\mathrm{d}A$	das gerichtete Flächenelement der Fläche A
$\mathrm{d}\vec{l}$	das gerichtete Linienelement der Umrandung $L(A)$

Man beachte, daß Gl. (A.95) dem Gaußschen Gesetz und Gl. (A.96) dem Faradayschen Induktionsgesetz entspricht. Letzteres folgt aus der Definition der elektrischen Spannung

$$\mathcal{U}_{L(A)} = \oint_{L(A)} \vec{\mathcal{E}}\,\mathrm{d}\vec{l} \tag{A.99}$$

und der Definition des Magnetflusses

$$\Phi_A = \int_A \vec{\mathcal{B}}\,\mathrm{d}\vec{A} \tag{A.100}$$

so daß gilt

$$\mathcal{U}_{L(A)} = -\frac{\mathrm{d}\Phi_A}{\mathrm{d}t} \tag{A.101}$$

A.11 Krümmung einer Dipolfeldlinie

In Hinblick auf das hier interessierende Dipolfeld genügt es, die Krümmung einer ebenen Feldlinie zu bestimmen. Dazu benutzen wir ein kartesisches Koordinatensystem, dessen Ursprung sich am Ort der zu bestimmenden Krümmung befindet, siehe Abb. A.3. Die y-Achse liegt dabei in der Ebene der Feldlinie, und die z-Achse zeigt in Richtung der Feldstärke am Ursprungsort. Bezeichnen wir diese Feldstärke mit $\mathcal{B}_{z0}$, so läßt sich die Feldstärke in der Umgebung des Ursprungs folgendermaßen schreiben

$$\vec{\mathcal{B}}(y, z) = \hat{y}\,\mathcal{B}_y(y, z) + \hat{z}\,(\mathcal{B}_{z0} + \mathcal{B}_z(y, z))$$

Dabei stellen $\mathcal{B}_y$ und $\mathcal{B}_z$ kleine, krümmungsbedingte Störgrößen dar, die dem Hauptfeld $\mathcal{B}_{z0}$ überlagert sind. Da Feldlinienelemente definitionsgemäß überall parallel zum örtlichen Magnetfeld ausgerichtet sind, muß gelten

$$\mathrm{d}\vec{s} \times \vec{\mathcal{B}} = 0$$

In dem hier betrachteten Fall läßt sich das Feldlinienelement folgendermaßen schreiben

$$\mathrm{d}\vec{s} = \hat{y}\,\mathrm{d}y + \hat{z}\,\mathrm{d}z$$

Damit gilt

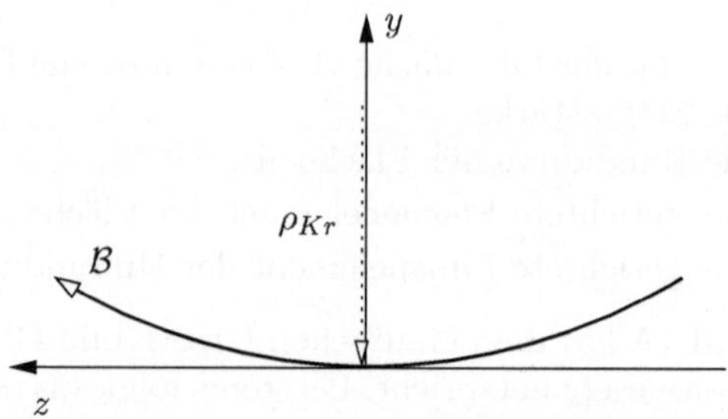

Abb. A.3. Das bei der Berechnung der Krümmung einer ebenen Feldlinie benutzte Koordinatensystem

$$\hat{x}\left(\mathrm{d}y\left(\mathcal{B}_{z0}+\mathcal{B}_z\right)-\mathrm{d}z\mathcal{B}_y\right)=0$$

Separation der Variablen und anschließende Integration liefert folgenden Ausdruck für y

$$y=\int\frac{\mathcal{B}_y\,\mathrm{d}z}{\mathcal{B}_{z0}+\mathcal{B}_z}+\text{Konst.}$$

Um das Integral auf der rechten Seite auswerten zu können, entwickeln wir $\mathcal{B}_y$ in eine Taylor-Reihe um $z=0$ und brechen diese nach dem zweiten Glied ab

$$\mathcal{B}_y=\mathcal{B}_y(z=0)+\left.\frac{\mathrm{d}\mathcal{B}_y}{\mathrm{d}z}\right|_{z=0}\Delta z+\ldots\simeq\left.\frac{\mathrm{d}\mathcal{B}_y}{\mathrm{d}z}\right|_{z=0}z$$

Ferner vernachlässigen wir im Nenner des Integranden die Störgröße $\mathcal{B}_z$ gegenüber $\mathcal{B}_{z0}$ und erhalten

$$y\simeq\frac{(\mathrm{d}\mathcal{B}_y/\mathrm{d}z)_{z=0}}{\mathcal{B}_{z0}}\int z\,\mathrm{d}z+\text{Konst.}=\frac{(\mathrm{d}\mathcal{B}_y/\mathrm{d}z)_{z=0}}{2\mathcal{B}_{z0}}z^2+\text{Konst.}$$

Offensichtlich beschreibt diese Approximation den Feldlinienverlauf am Ort der zu bestimmenden Krümmung durch eine Parabel. Nun gilt für den Krümmungsradius einer zweidimensionalen Kurve $y=f(x)$ gemäß einer allgemein bekannten Beziehung

$$\rho_{Kr}=\frac{\left(1+(\mathrm{d}y/\mathrm{d}x)^2\right)^{3/2}}{\mathrm{d}^2y/\mathrm{d}x^2}$$

Daraus folgt für den hier betrachteten Fall

$$\rho_{Kr}(z=0)=\frac{\mathcal{B}_{z0}}{(\mathrm{d}\mathcal{B}_y/\mathrm{d}z)_{z=0}}\tag{A.102}$$

In einem statischen oder langsam variierenden Magnetfeld mit vernachlässigbar kleiner örtlicher Stromdichte gilt zudem $\nabla\times\vec{\mathcal{B}}=0$, siehe Gl. (A.94). Daraus folgt für den hier betrachteten Fall

$$\hat{x}\left(\frac{\mathrm{d}\mathcal{B}_z}{\mathrm{d}y} - \frac{\mathrm{d}\mathcal{B}_y}{\mathrm{d}z}\right) = 0$$

Entsprechend läßt sich der Krümmungsradius auch folgendermaßen schreiben

$$\rho_{Kr} = \frac{\mathcal{B}_{z0}}{(\mathrm{d}\mathcal{B}_z/\mathrm{d}y)_{z=0}}$$

bzw. in allgemeiner Form

$$\rho_{Kr} = \frac{\mathcal{B}}{|\nabla_\perp \mathcal{B}|} \tag{A.103}$$

wobei $\nabla_\perp$ den zur Feldrichtung senkrechten Feldgradienten berechnet. Für den allgemeinen Fall einer nichtebenen Feldlinie gilt für den jetzt vektoriell zu schreibenden Krümmungsradius

$$\frac{\hat{\rho}_{Kr}}{\rho_{Kr}} = -(\hat{\mathcal{B}}\nabla)\hat{\mathcal{B}} \tag{A.104}$$

wobei hier auf die Ableitung dieser Beziehung verzichtet werden soll.

A.12 Gradientdriftgeschwindigkeit

Betrachtet wird das in Abb. 5.17 skizzierte Driftszenario, jetzt allerdings ohne Sprungstelle und mit konstantem Feldgradienten. Zur Vereinfachung der Rechnung wollen wir annehmen, daß das Verhältnis von Gyrationsradius zu typischer räumlicher Variationsskalenlänge der Magnetfeldstärke so klein ist, daß die Ladungsträger im wesentlichen eine Gyrationsbewegung ausführen und die Driftbewegung nur eine kleine Störung darstellt. Da die Teilchen nur in $\pm x$-Richtung driften, muß die über eine (oder mehrere) Gyrationsperioden gemittelte magnetische Kraft in y-Richtung verschwinden

$$\int_{\tau_\mathcal{B}} (F_\mathcal{B})_y \, \mathrm{d}t = q \int_{\tau_\mathcal{B}} u_x \, \mathcal{B}(y) \, \mathrm{d}t = 0 \tag{A.105}$$

Wir approximieren die Feldstärke im Bereich der Gyrationsbahn durch folgenden, auf einer Taylor-Reihenentwicklung beruhenden Ausdruck

$$\mathcal{B}(y) \simeq \mathcal{B} + \frac{\mathrm{d}\mathcal{B}}{\mathrm{d}y} y$$

Dabei bezeichnet $\mathcal{B}$ die Feldstärke am Ort des Führungszentrums der Gyrationsbahn bei $x = 0, y = 0$. Einsetzen in Gl. (A.105) ergibt

$$q \int_{\tau_\mathcal{B}} u_x (\mathcal{B} + \frac{\mathrm{d}\mathcal{B}}{\mathrm{d}y} y) \, \mathrm{d}t \simeq 0$$

Daraus folgt

$$\int_{\tau_B} u_x \mathrm{d}t = \int_{x(\tau_B)} \mathrm{d}x = \Delta x = -\frac{1}{B}\frac{\mathrm{d}B}{\mathrm{d}y}\int_{x(\tau_B)} y\,\mathrm{d}x$$

wobei $x(\tau_B)$ die während einer Gyrationsperiode in x-Richtung zurückgelegte Wegstrecke und Δx die kleine Differenz zwischen neuem und alten Ort des Führungszentrums bezeichnet. Da Δx als klein und somit die driftbedingte Verzerrung der Gyrationsbahn als gering angenommen wird, kann das Integral auf der rechten Seite der Gleichung in erster Näherung entlang der ungestörten Gyrationsbahn berechnet werden. Dann gilt

$$y = f(x) \simeq \pm\sqrt{r_B^2 - x^2}$$

siehe Gl. (5.28), so daß z.B. für Elektronen das Integral über y folgende Form annimmt

$$\int_{x(\tau_B)} y\,\mathrm{d}x \simeq \int_{r_B}^{-r_B}\sqrt{r_B^2 - x^2}\,\mathrm{d}x + \int_{-r_B}^{r_B} -\sqrt{r_B^2 - x^2}\,\mathrm{d}x$$

Mit

$$\int \sqrt{a^2 - x^2}\,\mathrm{d}x = \frac{1}{2}\left(x\sqrt{a^2 - x^2} + a^2\arcsin(x/a)\right)$$

ergibt sich dessen Wert zu $-r_B^2\pi$ und die Verschiebung des Führungszentrums beträgt

$$\Delta x = \frac{1}{B}\frac{\mathrm{d}B}{\mathrm{d}y}r_B^2\pi = \frac{E_\perp \tau_B}{|q|\,B^2}\frac{\mathrm{d}B}{\mathrm{d}y}$$

Division durch die Gyrationsperiode liefert die gesuchte Driftgeschwindigkeit

$$u_D^{Gr} = \frac{\Delta x}{\tau_B} = \frac{E_\perp}{|q|\,B^2}\frac{\mathrm{d}B}{\mathrm{d}y}$$

die sich in allgemeiner Form und für Elektronen und Ionen gleichermaßen gültigen Form folgendermaßen schreiben läßt

$$\vec{u}_D^{Gr} = \frac{E_\perp}{q\,B^3}\vec{B} \times \nabla_\perp B \tag{A.106}$$

A.13 Gleichungssystem der idealen Magnetoplasmadynamik

Im folgenden soll ein Gleichungssystem abgeleitet werden, das ein magnetfelddurchsetztes Gemisch aus Ladungsträgergasen selbstkonsistent beschreibt. Dazu werden die Bilanzgleichungen eines Magnetoplasmas, die Maxwell-Gleichungen und eine verallgemeinerte Form des Ohmschen Gesetzes benötigt. Die bei dieser Ableitung gemachten Näherungen sollen am Beispiel des Sonnenwindes überprüft werden.

A.13.1 Bilanzgleichungen eines Magnetoplasmas

Entsprechend den Eigenschaften des Sonnenwindes betrachten wir ein vollionisiertes Zweikomponentenplasma bestehend aus einem Ionen- und dem dazugehörigen Elektronengas. Die Dichten dieser Ladungsträgergase sollen überall gleich groß sein, nicht aber deren Strömungsgeschwindigkeiten

- $n_i \simeq n_e = n$
- $u_i \neq u_e$

Die Indizes i und e kennzeichnen wieder das Ionen- und Elektronengas. Ähnlich wie bei einem Neutralgasgemisch erhält man die Bilanzgleichungen eines Gemisches aus Ladungsträgergasen, indem man die Bilanzgleichungen der Einzelgase addiert.

Dichtebilanzgleichung. Vernachlässigt man Produktions- und Verlustprozesse, was im Sonnenwind, aber auch in anderen Raumbereichen, wie z.B. der Magnetosphäre, meist in guter Näherung möglich ist, so lassen sich die Dichtebilanzgleichungen eines Ionen- und Elektronengases folgendermaßen schreiben

$$\frac{\partial n_i}{\partial t} = -\nabla(n_i \, \vec{u}_i) \qquad (A.107)$$

$$\frac{\partial n_e}{\partial t} = -\nabla(n_e \, \vec{u}_e) \qquad (A.108)$$

Multiplikation der ersten Gleichung mit m_i, der zweiten Gleichung mit m_e und anschließende Addition ergibt

$$\frac{\partial(\rho_i + \rho_e)}{\partial t} = -\nabla(\rho_i \, \vec{u}_i + \rho_e \, \vec{u}_e) \qquad (A.109)$$

Eine der Dichtebilanz- bzw. Kontinuitätsgleichung für Neutralgasgemische entsprechende Form erhält man, wenn die Massendichte und Strömungsgeschwindigkeit eines Plasmas folgendermaßen definiert werden

$$\rho = \rho_i + \rho_e \qquad (A.110)$$

und

$$\vec{u} = (\rho_i \, \vec{u}_i + \rho_e \, \vec{u}_e) \, / \, \rho \qquad (A.111)$$

Wie ersichtlich werden bei der Definition der Plasmageschwindigkeit die Strömungsgeschwindigkeiten beider Plasmakomponenten mit ihrem jeweiligen relativen Anteil an der Gesamtmassendichte multipliziert und anschließend addiert. Die Plasmageschwindigkeit entspricht somit der mittleren Massengeschwindigkeit des Plasmas und damit auch meist der Ionengasgeschwindigkeit. Gleichzeitig garantiert die obige Form der Definition, daß sich der Bewegungsimpuls des Plasmas ordnungsgemäß aus der Summe der Bewegungsimpulse der Plasmabestandteile, in unserem Fall also aus der Summe der Bewegungsimpulse von Ionen- und Elektronengas ergibt. Einsetzen der

Definitionsgleichungen in die Beziehung (A.109) liefert folgende Dichtebilanzgleichung für ein vollionisiertes, produktions- und verlustfreies Plasma

$$\frac{\partial \rho}{\partial t} = -\nabla(\rho\,\vec{u}) \tag{A.112}$$

Impulsbilanzgleichung. Bei der Ableitung der Impulsbilanzgleichung eines vollionisierten Plasmas soll entsprechend vorgegangen werden, d.h. wir
addieren die Impulsbilanzgleichung des Ionen- und Elektronengases. Gemäß
Abschnitt 3.4.3 lassen sich diese folgendermaßen schreiben

$$\rho_i \frac{\mathrm{D}\vec{u}_i}{\mathrm{D}t} = -\nabla p_i + \eta_i\,\underline{\Delta}\vec{u}_i + \rho_i\,\vec{g} + e\,n_i\,\vec{\mathcal{E}} + e\,n_i\,\vec{u}_i \times \vec{B}$$
$$+\rho_i\,\nu_{i,e}^{*}\,(\vec{u}_e - \vec{u}_i) + 2\rho_i\,\vec{u}_i \times \vec{\Omega} \tag{A.113}$$

$$\rho_e \frac{\mathrm{D}\vec{u}_e}{\mathrm{D}t} = -\nabla p_e + \eta_e\,\underline{\Delta}\vec{u}_e + \rho_e\,\vec{g} - e\,n_e\,\vec{\mathcal{E}} - e\,n_e\,\vec{u}_e \times \vec{B}$$
$$+\rho_e\,\nu_{e,i}^{*}\,(\vec{u}_i - \vec{u}_e) + 2\rho_e\,\vec{u}_e \times \vec{\Omega} \tag{A.114}$$

Bei der Ableitung der Gl. (3.80) wurden ja keinerlei Annahmen hinsichtlich
der Art des betrachteten Gases gemacht, sie gilt demnach sowohl für ein
Neutral- als auch für ein Ladungsträgergas. Nur müssen bei einem Ladungsträgergas neben der Schwerkraft auch elektrische und magnetische Kräfte
berücksichtigt werden. Ferner ist wegen Fehlens einer Vorzugsrichtung die
Viskositätskraft auf drei Dimensionen zu erweitern, siehe dazu Anhang A.6.
Bevor wir diese Gleichungen addieren, sollen sie unseren Bedürfnissen entsprechend vereinfacht werden.

Zunächst soll ein ruhendes Koordinatensystem betrachtet werden, in dem
die Coriolis-Kräfte verschwinden. Ferner soll die Viskosität vernachlässigt
werden. Warum dies möglich ist, wird später in Abschnitt A.13.3 erläutert.
Mit diesen Vereinfachungen nehmen die Impulsbilanzgleichungen des Ionen-
und Elektronengases folgende Form an

$$\rho_i \frac{\partial \vec{u}_i}{\partial t} + \rho_i\,(\vec{u}_i\,\nabla)\vec{u}_i = -\nabla p_i + \rho_i\vec{g} + e\,n_i\,\vec{\mathcal{E}} + e\,n_i\,\vec{u}_i \times \vec{B} + \rho_i\,\nu_{i,e}^{*}\,(\vec{u}_e - \vec{u}_i)$$
$$\tag{A.115}$$
$$\rho_e \frac{\partial \vec{u}_e}{\partial t} + \rho_e\,(\vec{u}_e\nabla)\vec{u}_e = -\nabla p_e + \rho_e\vec{g} - e\,n_e\,\vec{\mathcal{E}} - e\,n_e\vec{u}_e \times \vec{B} + \rho_e\,\nu_{e,i}^{*}\,(\vec{u}_i - \vec{u}_e)$$
$$\tag{A.116}$$

wobei wir jetzt die konvektive Ableitung ausgeschrieben haben. Addition der
ersten zusammengehörigen Terme liefert

$$\rho_i \frac{\partial \vec{u}_i}{\partial t} + \rho_e \frac{\partial \vec{u}_e}{\partial t} = (m_i + m_e)\,n\,\frac{\partial}{\partial t}\left(\frac{m_i\,n\,\vec{u}_i + m_e\,n\,\vec{u}_e}{n(m_i + m_e)}\right) = \rho\,\frac{\partial \vec{u}}{\partial t} \tag{A.117}$$

Bei der Addition der zweiten zusammengehörigen Terme ergibt sich zunächst eine Schwierigkeit, da $\rho_i(\vec{u}_i\nabla)\vec{u}_i + \rho_e(\vec{u}_e\nabla)\vec{u}_e \neq \rho(\vec{u}\nabla)\vec{u}$. Man kann diese Schwierigkeit umgehen, indem man die Pekuliargeschwindigkeiten der Ionen und Elektronen nicht mehr auf die ihnen eigenen Strömungsgeschwindigkeiten $\vec{u}_i$ und $\vec{u}_e$, sondern auf die durch Gl. (A.111) definierte Plasmageschwindigkeit $\vec{u}$ bezieht, $\vec{c}_i^* = \vec{v}_i - \vec{u}$ und $\vec{c}_e^* = \vec{v}_e - \vec{u}$, siehe die am Ende des Kapitels 6 angegebenen Literaturhinweise zur Plasmaphysik. Alternativ wissen wir, daß wenigstens für den Sonnenwind die Strömungsgeschwindigkeiten der Ionen und Elektronen nahezu gleich groß sind und auf gleicher Skala variieren. Damit gilt für diesen Fall in sehr guter Näherung $\rho_e(\vec{u}_e\nabla)\vec{u}_e \ll \rho_i(\vec{u}_i\nabla)\vec{u}_i$ und somit auch

$$\rho_i(\vec{u}_i\nabla)\vec{u}_i + \rho_e(\vec{u}_e\nabla)\vec{u}_e \simeq \rho(\vec{u}\nabla)\vec{u}$$

Bei der Addition der Terme auf der rechten Seite führen wir den Plasmadruck und die Stromdichte ein

$$p = p_i + p_e \tag{A.118}$$

und

$$\vec{j} = e\,(n_i\,\vec{u}_i - n_e\,\vec{u}_e) \simeq e\,n(\vec{u}_i - \vec{u}_e) \tag{A.119}$$

Letztere ist ja ganz allgemein als Nettotransport von Ladung durch eine Fläche pro Zeit und Flächengröße definiert, siehe auch Gl. (5.4). Ferner berücksichtigen wir, daß gemäß Gl. (2.10), (2.57) und (5.54) folgender Zusammenhang zwischen den Reibungsfrequenzen der Ladungsträgergase besteht

$$\nu_{e,i}^* = \frac{m_i}{m_e}\,\nu_{i,e}^* \tag{A.120}$$

Damit kürzen sich neben den elektrischen auch die Reibungskräfte bei der Addition heraus (der Gesamtimpuls muß ja bei elastischen Stößen erhalten bleiben), und die Impulsbilanzgleichung unseres vollionisierten, produktions- und verlustfreien Plasmas nimmt folgende Form an

$$\rho\,\frac{D\vec{u}}{Dt} = -\nabla p + \rho\vec{g} + \vec{j} \times \vec{B} \tag{A.121}$$

Energiebilanz- bzw. Zustandsänderungsgleichung. In stark vereinfachter Form nimmt die Energiebilanzgleichung eines Gases die Form einer Adiabatenbeziehung an, siehe Anhang A.7. Mit dieser in Gl. (2.36) zusammengefaßten Approximation gilt für das hier betrachtete Ionen- und Elektronengas

$$p_i = \text{Konst.}\,\rho_i^\gamma \tag{A.122}$$
$$p_e = \text{Konst.}\,\rho_e^\gamma$$

Nun führt im Fall des Sonnenwindes die Annahme einer adiabatischen Expansion zu unterdurchschnittlich niedrigen Temperaturen in Erdbahnnähe, siehe Abschnitt 6.1.3. Auf der anderen Seite ist die Annahme isothermer Bedingungen, die gemäß der allgemeinen Gasgleichung $p = n\,k\,T =$ Konst. ρ einer direkten Proportionalität zwischen Druck und Dichte entsprechen würde, unrealistisch. Für den realen Sonnenwind muß demnach der als Polytropenindex γ^* bezeichnete Exponent der Dichte unterhalb von $\gamma = 5/3 \simeq 1.67$ und oberhalb von 1 liegen. In der Tat ergibt sich bei Berücksichtigung der Wärmeleitung mit

$$p = n\,k\,T = n\,k\,T_0\,r_0^{2/7}\,r^{-2/7} \simeq n\,k\,T_0\,n_0^{-1/7}\,n^{1/7} = \text{Konst.}\,\rho^{8/7}$$

ein Polytropenindex von $\gamma^* = 8/7 \simeq 1.14$, siehe dazu Gl. (6.17) und (6.22). Wir schreiben deshalb ganz allgemein

$$p_\mathrm{i} = \alpha_\mathrm{i}\,\rho_\mathrm{i}^{\gamma^*} \tag{A.123}$$

$$p_\mathrm{e} = \alpha_\mathrm{e}\,\rho_\mathrm{e}^{\gamma^*} \tag{A.124}$$

wobei α_i und α_e Konstante bezeichnen und angenommen wird, daß Ionen- und Elektronengas den gleichen Polytropenindex besitzen. Addition beider Gleichungen ergibt

$$p_\mathrm{i} + p_\mathrm{e} = \frac{\alpha_\mathrm{i}m_\mathrm{i}^{\gamma^*} + \alpha_\mathrm{e}m_\mathrm{e}^{\gamma^*}}{(m_\mathrm{i} + m_\mathrm{e})^{\gamma^*}}\,(m_\mathrm{i} + m_\mathrm{e})^{\gamma^*}\,n^{\gamma^*} \tag{A.125}$$

und man erhält

$$p = \alpha\,\rho^{\gamma^*} \tag{A.126}$$

wobei α den konstanten Vorfaktor zusammenfaßt. Man beachte, daß die in der Literatur häufig benutzte Schreibweise

$$\frac{\mathrm{D}(p\,\rho^{-\gamma^*})}{\mathrm{D}t} = \frac{\partial}{\partial t}(p\,\rho^{-\gamma^*}) + (\vec{u}\,\nabla)(p\,\rho^{-\gamma^*}) = 0$$

unserer noch nicht integrierten Gl. (A.69) entspricht.

Vergleicht man die Anzahl der in den Plasmabilanzgleichungen (A.112), (A.121) und (A.126) auftretenden Unbekannten mit der Anzahl der für ihre Bestimmung zur Verfügung stehenden Gleichungen, so ergibt sich ein deutliches Mißverhältnis: Elf skalaren Unbekannten (ρ, p, u_x, u_y, u_z, j_x, j_y, j_z, $\mathcal{B}_x$, $\mathcal{B}_y$, $\mathcal{B}_z$) stehen nur fünf skalare Bestimmungsgleichungen gegenüber. Offensichtlich benötigen wir sechs weitere Beziehungen zur Bestimmung dieser elf Unbekannten. Da in der Impulsbilanzgleichung elektromagnetische Größen auftauchen, ist es naheliegend, die Maxwell-Gleichungen mit einzubeziehen. Dies hilft in der Tat, reicht aber nicht aus. Vielmehr bedarf es darüber hinaus einer verallgemeinerten Form des Ohmschen Gesetzes, um das Gleichungssystem zu schließen.

A.13.2 Maxwell-Gleichungen und das verallgemeinerte Ohmsche Gesetz

Hier interessieren wir uns für die zweite und vierte der im Anhang A.10 angegebenen Maxwell-Gleichungen

$$\nabla \times \vec{\mathcal{E}} = -\frac{\partial \vec{\mathcal{B}}}{\partial t} \tag{A.127}$$

und

$$\nabla \times \vec{\mathcal{B}} = \mu_0 \vec{j} + \mu_0 \, \varepsilon_0 \, \frac{\partial \vec{\mathcal{E}}}{\partial t} \tag{A.128}$$

Da wir im Fall des Sonnenwindes nur an quasi-stationären Vorgängen interessiert sind, läßt sich der zweite Term auf der rechten Seite der Gl. (A.128) problemlos gegenüber dem ersten vernachlässigen. Damit reduziert sich diese Gleichung auf das Ampèresche Gesetz

$$\nabla \times \vec{\mathcal{B}} = \mu_0 \, \vec{j} \tag{A.129}$$

Zusammen mit dem Faradayschen Induktionsgesetz (A.127) liefert es uns zwei weitere Vektorgleichungen bzw. sechs weitere skalare Gleichungen für die Bestimmung der Stromdichte und Magnetfeldstärke, allerdings nur auf Kosten einer neuen Unbekannten, der elektrischen Feldstärke. Benötigt wird demnach eine zusätzliche Beziehung, die das elektrische Feld mit den übrigen Unbekannten verknüpft. Hier erinnern wir uns, daß das elektrische Feld ja durchaus Bestandteil der Impulsbilanzgleichungen für das Ionen- und Elektronengas war und nur durch die Addition dieser Gleichungen herausgekürzt wurde. Subtrahiert man dagegen beide Gleichungen, so bleibt diese Größe erhalten und man gewinnt auf diese Weise die benötigte zusätzliche Beziehung. Man bedenke, daß bei der Zusammenfassung der *zwei* voneinander unabhängigen Impulsbilanzgleichungen in nur *eine* Plasmabilanzgleichung Information verloren ging. Diese Information gewinnen wir zurück, wenn wir aus den Impulsbilanzgleichungen der Einzelgase eine zweite, von der ersten unabhängige Plasmagleichung ableiten. Daß Subtraktion statt Addition der Ausgangsgleichungen eine solche unabhängige Beziehung liefert, folgt einerseits aus der Mathematik, andererseits eben auch aus der Tatsache, daß die neugewonnene Beziehung einen elektrischen Feld- und Reibungsterm enthält, die Plasmaimpulsbilanzgleichung dagegen nicht.

Wir betrachten wieder die vereinfachten Impulsbilanzgleichungen (A.115) und (A.116). Benutzt man der Kürze wegen den konvektiven Ableitungsoperator und multipliziert die Ionengleichung mit m_e und die Elektronengleichung mit m_i, so lassen sich diese folgendermaßen schreiben

$$m_e \, \rho_i \, \frac{\mathrm{D}\vec{u}_i}{\mathrm{D}t} = -\, m_e \, \nabla p_i + m_e \rho_i \vec{g} + e \, m_e \, n_i \, \vec{\mathcal{E}} + e \, m_e \, n_i \, \vec{u}_i \times \vec{\mathcal{B}}$$
$$+\, m_e \, \rho_i \, \nu_{i,e}^* \, (\vec{u}_e - \vec{u}_i) \tag{A.130}$$

$$m_\mathrm{i}\,\rho_\mathrm{e}\,\frac{\mathrm{D}\vec{u}_\mathrm{e}}{\mathrm{D}t} = -\,m_\mathrm{i}\,\nabla p_\mathrm{e} + m_\mathrm{i}\rho_\mathrm{e}\vec{g} - e\,m_\mathrm{i}\,n_\mathrm{e}\vec{\mathcal{E}} - e\,m_\mathrm{i}\,n_\mathrm{e}\,\vec{u}_\mathrm{e}\times\vec{\mathcal{B}}$$
$$+\,m_\mathrm{i}\,\rho_\mathrm{e}\,\nu^*_{\mathrm{e,i}}\,(\vec{u}_\mathrm{i}-\vec{u}_\mathrm{e}) \tag{A.131}$$

Subtraktion beider Gleichungen liefert für die linke Seite

$$\frac{m_\mathrm{i}\,m_\mathrm{e}\,n}{e}\,\frac{\mathrm{D}}{\mathrm{D}t}\left(\frac{n\,e\,\vec{u}_\mathrm{i}-n\,e\,\vec{u}_\mathrm{e}}{n}\right) = \frac{m_\mathrm{i}\,m_\mathrm{e}\,n}{e}\,\frac{\mathrm{D}(\vec{j}/n)}{\mathrm{D}t}$$

Für die Differenz der ersten drei zusammengehörigen Terme auf der rechten Seite gilt

$$-(m_\mathrm{e}\,\nabla p_\mathrm{i}-m_\mathrm{i}\,\nabla p_\mathrm{e}) + \rho\,e\,\vec{\mathcal{E}}$$

Die Differenz der vierten Terme läßt sich folgendermaßen schreiben

$$e\,n\,(m_\mathrm{e}\,\vec{u}_\mathrm{i}+m_\mathrm{i}\,\vec{u}_\mathrm{e})\times\vec{\mathcal{B}}$$
$$= e\,n\,[m_\mathrm{e}\,(\vec{u}_\mathrm{i}-\vec{u}_\mathrm{e}) + m_\mathrm{e}\,\vec{u}_\mathrm{e} + m_\mathrm{i}\,(\vec{u}_\mathrm{e}-\vec{u}_\mathrm{i}) + m_\mathrm{i}\,\vec{u}_\mathrm{i}]\times\vec{\mathcal{B}}$$
$$= e\,n\,(\frac{\rho}{n}\vec{u}-\frac{m_\mathrm{i}-m_\mathrm{e}}{e\,n}\vec{j})\times\vec{\mathcal{B}}$$

Offensichtlich haben wir bei dieser Umformung von der Definition der Plasmadichte, der Plasmageschwindigkeit und der Stromdichte Gebrauch gemacht. Schließlich erhält man für die Differenz der Reibungsterme

$$m_\mathrm{e}\,n\,m_\mathrm{i}(\frac{m_\mathrm{e}}{m_\mathrm{i}}\,\nu^*_{\mathrm{e,i}})\,(\vec{u}_\mathrm{e}-\vec{u}_\mathrm{i}) - m_\mathrm{i}\,n\,m_\mathrm{e}\,\nu^*_{\mathrm{e,i}}\,(\vec{u}_\mathrm{i}-\vec{u}_\mathrm{e})$$
$$= -(m_\mathrm{e}+m_\mathrm{i})\,n\,m_\mathrm{e}\,\nu^*_{\mathrm{e,i}}(\vec{u}_\mathrm{i}-\vec{u}_\mathrm{e})$$
$$= -\frac{\rho\,m_\mathrm{e}\,\nu^*_{\mathrm{e,i}}}{e\,n}\,\vec{j} = -\frac{\rho\,e}{\sigma_B}\,\vec{j}$$

Dabei haben wir im letzten Schritt die Abkürzung

$$\sigma_B = \frac{e^2\,n}{m_\mathrm{e}\,\nu^*_{\mathrm{e,i}}} \tag{A.132}$$

eingeführt. Faßt man alle Terme zusammen, so nimmt die Differenz der Impulsbilanzgleichungen folgende Form an

$$\frac{m_\mathrm{i}\,m_\mathrm{e}\,n}{e}\,\frac{\mathrm{D}(\vec{j}/n)}{\mathrm{D}t} = -(m_\mathrm{e}\,\nabla p_\mathrm{i}-m_\mathrm{i}\,\nabla p_\mathrm{e}) + \rho\,e\,\vec{\mathcal{E}}$$
$$+\,e\,n\,(\frac{\rho}{n}\vec{u}-\frac{m_\mathrm{i}-m_\mathrm{e}}{e\,n}\vec{j})\times\vec{\mathcal{B}} - \frac{\rho\,e}{\sigma_B}\vec{j}$$

Da die Masse der Elektronen klein ist gegenüber der der Ionen, kann erstere in der im dritten Term auf der rechten Seite auftretenden Differenz vernachlässigt werden. Ferner wissen wir aus Beobachtungen, daß die Temperatur der Ionen und deren Gradient von der gleichen Größenordnung ist wie die der Elektronen, so daß $m_\mathrm{e}\,\nabla p_\mathrm{i} \ll m_\mathrm{i}\,\nabla p_\mathrm{e}$ gilt. Damit nimmt die nach der elektrischen Feldstärke aufgelöste Differenzgleichung folgende Form an

$$\vec{\mathcal{E}} \simeq -\vec{u} \times \vec{\mathcal{B}} + \frac{\vec{j}}{\sigma_B} - \frac{1}{e\,n}\nabla p_\mathrm{e} + \frac{1}{e\,n}\vec{j} \times \vec{\mathcal{B}} + \frac{m_\mathrm{e}}{e^2}\frac{\mathrm{D}(\vec{j}/n)}{\mathrm{D}t} \tag{A.133}$$

Bei bekannten Plasmazustandsgrößen und bei bekanntem Magnetfeld stellt diese Beziehung einen Zusammenhang zwischen der elektrischen Feldstärke und der Stromdichte her. Sie kann deshalb als eine *verallgemeinerte Form des Ohmschen Gesetzes* betrachtet werden (engl. *generalized Ohm's law, GOL*). Hier interessieren wir uns zunächst für die physikalische Bedeutung der einzelnen zur elektrischen Feldstärke beitragenden Terme. Offensichtlich beschreibt der erste Term auf der rechten Seite ein Dynamofeld, das von der Bewegung des leitenden Plasmas quer zum Magnetfeld herrührt. Alternativ und äquivalent kann es auch als koordinatentransformationsbedingt betrachtet werden, siehe Abschnitt 6.2.6. Da σ_B der Leitfähigkeit eines vollionisierten Plasmas parallel zum Magnetfeld entspricht (siehe dazu Abschnitt 7.3.3, Gl. (7.11)), beschreibt der zweite Term auf der rechten Seite das durch die Stromdichte am spezifischen Widerstand $1/\sigma_B$ aufgebaute feldlinienparallele elektrische Feld. Der dritte Term entspricht einem elektrischen Polarisationsfeld, das durch den Unterschied zwischen den Druckgradientkräften von Ionen- und Elektronengas erzeugt wird. Setzt man z.B. für p_e eine barometrische Höhenverteilung an, so liefert dieser Ausdruck das bereits bekannte Pannekoek-Rosseland-Polarisationsfeld, siehe Gl. (4.43). Der vierte Term beschreibt die mit Hall-Strömen (d.h. mit Strömen quer zum Magnetfeld) assoziierte elektrische Feldstärke. Der fünfte und letzte Term schließlich entspricht einer durch Trägheitseffekte der Ladungsträger (hier Elektronen) induzierten Feldstärke. Im folgenden sei radikal vereinfachend angenommen, daß auf der rechten Seite alle Terme außer dem ersten vernachlässigt werden können. Daß dies in dem hier betrachteten Fall möglich ist, wird im nachfolgenden Abschnitt gezeigt. Mit dieser Näherung nimmt das verallgemeinerte Ohmsche Gesetz folgende einfache Form an

$$\vec{\mathcal{E}} \simeq -\vec{u} \times \vec{\mathcal{B}} \tag{A.134}$$

Die Gültigkeit dieser Beziehung ist eine der grundlegenden Annahmen der 'idealen' Magnetoplasmadynamik und hat wichtige Konsequenzen für das Zusammenspiel von elektrischen Feldern, Plasmabewegungen und Magnetfeldern, siehe Abschnitt 6.2.7. Hier benutzen wir sie dazu, die elektrische Feldstärke aus Gl. (A.127) zu eliminieren und erhalten

$$\frac{\partial \vec{\mathcal{B}}}{\partial t} = \nabla \times (\vec{u} \times \vec{\mathcal{B}}) \tag{A.135}$$

Zusammen mit den Gleichungen Gl. (A.112), (A.121), (A.126) und (A.129) stellt diese Beziehung das in Abschnitt 6.2.7 vorgestellte Gleichungssystem der idealen Magnetoplasmadynamik dar. Es verbleibt den Nachweis zu führen, daß die in diesem Gleichungssystem enthaltenen Approximationen tatsächlich berechtigt sind. Dieser Nachweis soll an Hand von Sonnenwinddaten erfolgen.

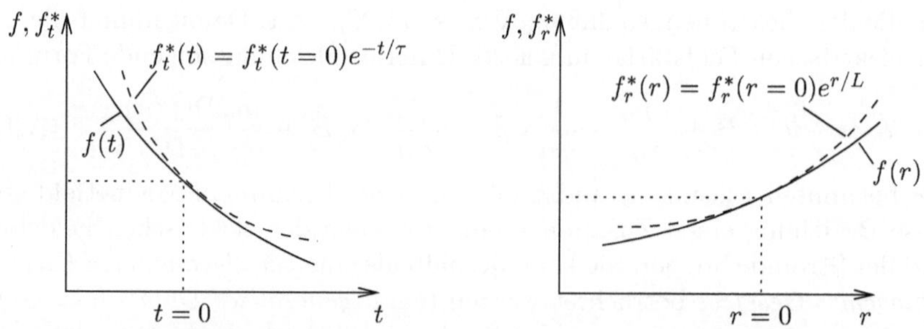

Abb. A.4. Zur Abschätzung zeitlicher und räumlicher Ableitungen physikalischer Größen

A.13.3 Überprüfung der Approximationen

Als erstes überprüfen wir die Vernachlässigung der Viskosität in der Impuls-bilanzgleichung. Hier ist zu bedenken, daß in einem Magnetoplasma viskose Kräfte im wesentlichen parallel zum Magnetfeld wirksam sind. Senkrecht zum Magnetfeld wird ja die thermische Bewegung der Ladungsträger und damit auch der von ihr geleistete Impulstransport durch magnetische Kräfte unter-bunden. Für den Fall des Sonnenwindes bedeutet dies, daß nur Geschwindig-keitsunterschiede entlang des interplanetaren Magnetfeldes berücksichtigt zu werden brauchen und diese sind gering, der Sonnenwind strebt ja sehr rasch einem asymptotischen Grenzwert zu. Insofern ist die Vernachlässigung der Viskosität meist in sehr guter Näherung möglich.

Als aufwendiger erweist sich die Rechtfertigung der radikalen Vereinfa-chung des verallgemeinerten Ohmschen Gesetzes (A.133). So benötigen wir in diesem Fall die relative Größenordnung aller auf der rechten Seite dieser Gleichung auftretenden und vernachlässigten Terme. Da diese Terme räumli-che und zeitliche Ableitungen enthalten, muß zunächst deren Größenordnung bestimmt werden. Dazu approximieren wir die zu differenzierende Funktion durch ein Produkt von Exponentialfunktionen der in Abb. A.4 gezeigten Art. Die noch freien Parameter τ und L werden dabei durch die Forderung festge-legt, daß am Ort der Ableitung die Näherungsfunktion $f^* = f_t^* \cdot f_r^*$ nicht nur den gleichen Wert, sondern auch die gleiche Steigung wie die Originalfunktion f besitzen soll. Ein Vorteil der bei dieser Approximation benutzten Exponen-tialfunktionen besteht darin, daß letztere eine unmittelbare Abschätzung der Variationsskalenlängen erlauben. So ändert sich der Wert der Funktion f^* in der Zeit $t = \tau$ und über die Distanz $r = L$ jeweils um einen Faktor e oder $1/e$, und dies entspricht sicherlich einer signifikanten Änderung. Dementspre-chend können τ und L auch als typische Zeit- und Längenskalen betrachtet werden, auf denen sich f^* – und damit auch f – signifikant ändert. Ein wei-terer Vorteil von Exponentialfunktionen ist natürlich die einfache Form ihrer Ableitung. Für Ableitungen nach der Zeit gilt z.B.

$$\left|\frac{\partial f}{\partial t}\right| \simeq \left|\frac{\partial f^*}{\partial t}\right| = \left|-\frac{f^*}{\tau}\right| \simeq \frac{f}{\tau}$$

Dieser Zusammenhang wurde bereits bei der Abschätzung ionosphärischer Zeitkonstanten benutzt, siehe Abschnitt 4.5.1. Für räumliche Ableitungen, wie sie im Nabla-Operator auftreten, erhält man entsprechend

$$|\nabla f| \simeq |\nabla f^*| \rightarrow \left|\frac{\partial f^*}{\partial r}\right| = \frac{f^*}{L} \simeq \frac{f}{L}$$

Allgemein gilt somit

$$\frac{\partial}{\partial t} \rightarrow \frac{1}{\tau} \, , \qquad \nabla \rightarrow \frac{1}{L} \tag{A.136}$$

Im folgenden benutzen wir diese Näherungen, um den Betrag der relativen Größenordnung (GO) aller auf der rechten Seite der Gl. (A.133) vernachlässigten Terme abzuschätzen. Der Betrag der Größenordnung des nicht vernachlässigten Terms $\mathrm{GO}(-\vec{u} \times \vec{\mathcal{B}}) = u\,\mathcal{B}$ dient dabei als Bezugsgröße. Für den zweiten Term erhält man

$$R_2 = \frac{j \,/\, \sigma_B}{u\,\mathcal{B}} \simeq \frac{(\mathcal{B} \,/\, \mu_0 \, L) \,/\, \sigma_B}{u\,\mathcal{B}} \simeq \frac{10^8 \ln \Lambda}{u\,L\,T_{\mathrm{e}}^{3/2}} \tag{A.137}$$

Dabei haben wir von Gl. (A.129) und (7.12) Gebrauch gemacht. Für den dritten Term gilt

$$R_3 = \frac{\nabla p_{\mathrm{e}} \,/\, (e\,n)}{u\,\mathcal{B}} \simeq \frac{n\,k\,T_{\mathrm{e}} \,/\, (e\,n\,L)}{u\,\mathcal{B}} \simeq \frac{10^{-4}\,T_{\mathrm{e}}}{u\,\mathcal{B}\,L} \tag{A.138}$$

Für den vierten Term erhält man

$$R_4 = \frac{j\,\mathcal{B} \,/\, (e\,n)}{u\,\mathcal{B}} \simeq \frac{\mathcal{B} \,/\, (\mu_0\,L)}{e\,n\,u} \simeq \frac{5 \cdot 10^{24}\,\mathcal{B}}{n\,u\,L} \tag{A.139}$$

Schließlich gilt für den fünften Term

$$R_5 = \frac{(m_{\mathrm{e}} \,/\, e^2)\,\mathrm{D}(j \,/\, n) \,/\, \mathrm{D}t}{u\,\mathcal{B}} = \frac{(m_{\mathrm{e}} \,/\, e^2)\,[\partial(j \,/\, n) \,/\, \partial t + (u\,\nabla)(j \,/\, n)]}{u\,\mathcal{B}}$$
$$\simeq \frac{(m_{\mathrm{e}} \,/\, e^2)\,[j \,/\, (n\,\tau) + j\,u \,/\, (nL)]}{u\,\mathcal{B}} \simeq \frac{2\,m_{\mathrm{e}}}{e^2\,\mu_0\,n\,L^2} \simeq \frac{6 \cdot 10^{13}}{n\,L^2} \tag{A.140}$$

Dabei haben wir von dem Zusammenhang $L = u\,\tau$ und von der Gl. (A.129) Gebrauch gemacht. Bei der expliziten Abschätzung dieser Terme betrachten wir typische Sonnenwindbedingungen in Erdbahnnähe, siehe Tabelle 6.1 und 6.2, und eine eher zu kleine Längenskala von $L \simeq 10^3$ km. Damit ergeben sich die relativen Größenordnungen der einzelnen Terme zu $R_2 < 10^{-9}$, $R_3 < 10^{-1}$, $R_4 < 10^{-2}$ und $R_5 \simeq 10^{-5}$. Ihre Vernachlässigung ist demnach gerechtfertigt.

A.14 Zwei Theoreme der Magnetoplasmadynamik

Um die Konfiguration des interplanetaren Magnetfeldes zu verstehen, haben
wir uns folgender Theoreme der idealen Magnetoplasmadynamik bedient

- Der magnetische Fluß durch einen sich mit der Strömung mitbewegenden Plasmaring bleibt konstant   (A.141)

- Plasmaelemente, die sich zu irgendeinem Zeitpunkt auf einer gemeinsamen Magnetfeldlinie befunden haben, bleiben durch eine
  gemeinsame Magnetfeldlinie verbunden   (A.142)

siehe Gl. (6.29) und (6.30). Beim ersten Theorem wird ein aus aneinanderge-
reiten Plasmaelementen bestehender und beliebig geformter Ring betrachtet,
der sich mit der Strömung mitbewegt. Der magnetische Fluß durch diesen
Ring beträgt

$$\Phi = \int_A \vec{B}\,\hat{n}\,dA' \tag{A.143}$$

wobei A die vom Ring L umschlossene Fläche und $\hat{n}$ die zum Flächenelement dA' gehörige Normale bezeichnet. Das erste Theorem läßt sich dann
folgendermaßen schreiben

$$\frac{D'\Phi}{D't} = 0 \tag{A.144}$$

Hier bezeichnet der Operator $D'/D't$ eine spezielle Art konvektiver Ableitung. Wir betrachten ja die zeitliche Änderung des magnetischen Flusses
durch einen sich mit der Strömung mitbewegenden Ring (Lagrangesche Betrachtungsweise). Damit wird die Gesamtänderung sowohl eine zeitliche als
auch eine räumliche Komponente enthalten, ähnlich wie dies bei der in Abschnitt 3.4.3 eingeführten konvektiven Ableitung D/Dt der Fall war. Letztere
bezog sich allerdings auf eine lokal definierte Größe, hier haben wir es mit
einem ausgedehnten Plasmaring zu tun. Um die in diesem Fall geltende Form
der konvektiven Ableitung angeben zu können, betrachten wir den Plasmaring zu zwei eng aufeinanderfolgenden Zeitpunkten t und $t + \Delta t$. Das ins Auge
gefaßte Szenario ist in Abb. A.5 dargestellt, wobei A_1 und A_2 die vom Ring
zur Zeit t und $t + \Delta t$ umrandete Fläche bezeichnen. Es gilt

$$\frac{D'\Phi}{D't} = \lim_{\Delta t \to 0} \frac{\Phi(A_2, t + \Delta t) - \Phi(A_1, t)}{\Delta t} \tag{A.145}$$

Bei der Umformung dieses Ausdrucks benutzen wir die Tatsache, daß der
magnetische Fluß durch eine *geschlossene* Fläche gleich Null ist. Wegen fehlender Quellen in Form magnetischer Monopole müssen ja alle Feldlinien, die
in ein Volumen eintreten, dieses auch wieder verlassen. Damit kürzen sich
alle Beiträge zum magnetischen Fluß bei der Integration über die Oberfläche
des Volumens heraus. Rein formal erhält man dieses Ergebnis mit Hilfe des
Gaußschen Satzes (A.41) und der dritten Maxwell-Gleichung (A.93)

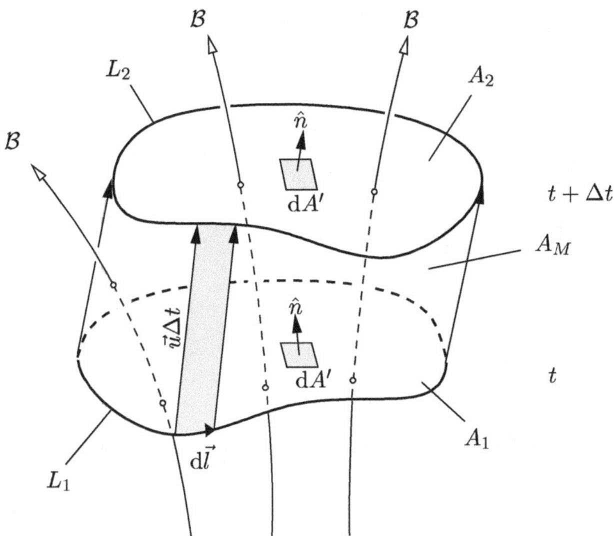

Abb. A.5. In eine Plasmaströmung eingebetteter, magnetfelddurchsetzter Plasmaring zu zwei aufeinanderfolgenden Zeiten t (Index 1) und $t + \Delta t$ (Index 2)

$$\oint_{A(V)} \vec{\mathcal{B}}\,\hat{n}\,dA' = \int_V \nabla\vec{\mathcal{B}}\,dV' = 0 \qquad (A.146)$$

Wir wenden diese Beziehung auf das in Abb. A.5 skizzierte und von den Flächen A_1, A_2, und A_M umschlossene Volumen an. Die Mantelfläche A_M wird dabei durch die Bewegung des Plasmarings festgelegt. Gemäß Gl. (A.143) und (A.146) muß gelten

$$-\Phi(A_1, t + \Delta t) + \Phi(A_2, t + \Delta t) + \Phi(A_M, t + \Delta t) = 0$$

Das Minuszeichen vor dem ersten Term berücksichtigt, daß bei der Aufsummierung alle Flächennormalen nach außen zeigen müssen, dies ist Voraussetzung für die Gültigkeit der Beziehung (A.41) bzw. (A.146). Einsetzen in Gl. (A.145) liefert

$$\frac{D'\Phi}{D't} = \lim_{\Delta t \to 0} \frac{\Phi(A_1, t + \Delta t) - \Phi(A_1, t)}{\Delta t} - \lim_{\Delta t \to 0} \frac{\Phi(A_M, t + \Delta t)}{\Delta t}$$

Offensichtlich entspricht der erste Term gerade der partiellen Ableitung von Φ nach der Zeit an der Stelle A_1 und es gilt

$$\lim_{\Delta t \to 0} \frac{\Phi(A_1, t + \Delta t) - \Phi(A_1, t)}{\Delta t} = \left.\frac{\partial\Phi}{\partial t}\right|_{A_1} = \int_{A_1} \frac{\partial\vec{\mathcal{B}}}{\partial t}\,\hat{n}\,dA'$$

Der Beitrag des zweiten Terms läßt sich folgendermaßen abschätzen

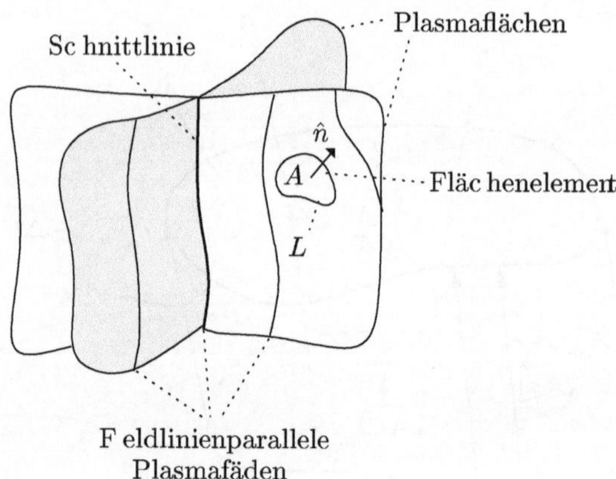

Abb. A.6. Feldlinienparalleler Plasmafaden als Schnittlinie zweier feldlinienparalleler Plasmaflächen

$$\lim_{\Delta t \to 0} \frac{\Phi(A_M, t + \Delta t)}{\Delta t} \simeq \lim_{\Delta t \to 0} \oint_{L_1} \frac{\vec{\mathcal{B}}(\vec{dl} \times \vec{u}\Delta t)}{\Delta t}$$

$$= \oint_{L_1} (\vec{u} \times \vec{\mathcal{B}})\, \vec{dl} = \int_{A_1} \nabla \times (\vec{u} \times \vec{\mathcal{B}})\, \hat{n}\, dA'$$

Dabei haben wir im ersten Schritt das gerichtete Flächenelement der Mantelfläche durch das Kreuzprodukt $\vec{dl} \times \vec{u}\Delta t$ und den Umfang der Mantelfläche durch die Ringlänge L_1 abgeschätzt. Ferner haben wir das Magnetfeld und die Strömungsgeschwindigkeit entlang der Mantelfläche zum Zeitpunkt $t + \Delta t$ durch ihre Werte am Ort des Rings L_1 zum Zeitpunkt t approximiert. Diese Näherungen sind von zweiter Ordnung und verschwinden für $\Delta t \to 0$. Im zweiten Schritt haben wir von der Vektoridentität (A.18) und im dritten vom Stokeschen Satz (A.42) Gebrauch gemacht. Damit gilt

$$\frac{\mathrm{D}'\Phi}{\mathrm{D}'t} \simeq \int_{A_1} \left(\frac{\partial \vec{\mathcal{B}}}{\partial t} - \nabla \times (\vec{u} \times \vec{\mathcal{B}}) \right) \hat{n}\, dA' \qquad (\text{A.147})$$

Nun verschwindet aber der Klammerausdruck im Integral für den Fall der idealen Magnetoplasmadynamik, siehe Gl. (A.135), und man erhält $\mathrm{D}'\Phi/\mathrm{D}'t = 0$ bzw. $\Phi = \text{konst.}$, was zu beweisen war.

Beim zweiten der oben angegebenen Theoreme betrachten wir zwei zu einem beliebigen Zeitpunkt aus lauter feldlinienparallelen Plasmafäden aufgebaute und sich schneidende Flächen, siehe Abb. A.6. Da durch einen vorgegebenen Punkt nur eine Feldlinie verlaufen kann (Neutralpunkte werden ausgeschlossen), muß auch die Schnittlinie einem feldlinienparallelen Plasmafaden entsprechen. Im Verlauf der Zeit werden sich die Plasmaflächen aufgrund unterschiedlicher Strömungsgeschwindigkeiten verbiegen, wobei ihre Schnittlinie nach wie vor ein und denselben Plasmafaden definiert. Damit dieser

Plasmafaden auch weiterhin entlang einer lokalen Magnetfeldlinie verläuft, müssen die Flächen bei ihrer Bewegung feldlinienparallel ausgerichtet bleiben. Letzteres impliziert, daß der Magnetfluß durch einen beliebigen, in eine dieser Flächen eingebetteten Plasmaring unverändert gleich Null bleibt. Nur dann ist garantiert, daß zu jedem Zeitpunkt alle Magnetfeldlinien entlang der Fläche verlaufen und somit weder die Fläche noch den in die Fläche eingebetteten Plasmaring schräg schneiden. Daß in der Tat der magnetische Fluß durch einen sich mit der Strömung mitbewegenden Plasmaring konstant, in unserem Fall gleich Null bleibt, haben wir gerade bewiesen. Damit ist auch das zweite der oben angegebenen Theoreme gültig. Über dessen Aussage hinausgehend, kann man sich vorstellen, daß Plasmafäden und Magnetfeldlinien gleichsam aneinander haften und sich nur gemeinsam bewegen. Da es sich bei Magnetfeldlinien um fiktive Gebilde handelt, steht dieser in vielen Fällen nützlichen Vorstellung nichts im Wege.

A.15 Magnetoplasma-Wellen

Bei der Ableitung der für ein Magnetoplasma gültigen Wellenlösungen soll zunächst das Gleichungssystem der idealen Magnetoplasmadynamik weiter vereinfacht und durch einen Störansatz linearisiert werden. Anschließend wird es dann für zwei besonders einfache Konstellationen von Wellenausbreitungs- zu Magnetfeldrichtung gelöst. Es folgt eine Überprüfung der dieser Ableitung zugrunde liegenden Approximationen.

A.15.1 Vereinfachung des Gleichungssystems

Um existieren zu können, müssen Wellen im Einklang mit den ihr Ausbreitungsmedium beschreibenden Gleichungen sein. Bei einem Neutralgas sind dies die Dichte-, Impuls- und Energiebilanzgleichung, letztere meist in Form einer Adiabatenbeziehung. In der Tat wurden alle drei Gleichungen benötigt, um die Eigenschaften akustischer Wellen abzuleiten, siehe Abschnitt 3.5.2. Hier interessieren wir uns für Wellen in Magnetoplasmen und dieses Ausbreitungsmedium wird, in vereinfachter Form, durch das in Abschnitt 6.2.7 angegebene Gleichungssystem der idealen Magnetoplasmadynamik beschrieben. Um auf analytischem Wege Wellenlösungen ableiten zu können, muß dieses Gleichungssystem allerdings weiter vereinfacht werden.

Zunächst vernachlässigen wir in der Impulsbilanzgleichung (6.44) den Feld- und Schwerebeschleunigungsterm. Daß dies bei den hier interessierenden Wellen möglich ist, wird in Abschnitt A.15.4 begründet. Dort wird auch gezeigt, daß einige der bereits in das Gleichungssystem eingeflossenen Vereinfachungen zulässig sind. Des weiteren sollen nur adiabatische Zustandsänderungen des Plasmas betrachtet werden, der Polytropenindex wird also durch den Adiabatenexponenten ersetzt. Schließlich eliminieren wir vier der elf Unbekannten unseres Gleichungssystems, indem wir die Beziehungen (6.45) und

(6.46) in Gl. (6.44) einsetzen. Damit erhält man

$$\frac{\partial \rho}{\partial t} + \nabla(\rho\,\vec{u}) = 0 \tag{A.148}$$

$$\rho\,\frac{\partial \vec{u}}{\partial t} + \nabla(\alpha\,\rho^{\gamma}) - \frac{1}{\mu_0}\,(\nabla \times \vec{\mathcal{B}}) \times \vec{\mathcal{B}} = 0 \tag{A.149}$$

$$\frac{\partial \vec{\mathcal{B}}}{\partial t} - \nabla \times (\vec{u} \times \vec{\mathcal{B}}) = 0 \tag{A.150}$$

Dieses Gleichungssystem läßt sich analytisch lösen, wenn nur Wellen kleiner Amplitude betrachtet werden. Im folgenden soll also, wie schon zuvor bei der Ableitung akustischer Wellen, Störungsrechnung betrieben werden. Wir machen den Ansatz

$$
\begin{array}{llll}
\rho = \rho_0 + \rho_1 & \text{mit} & \rho_1 \ll \rho_0, & \rho_0 \neq f(\vec{r},t) \\
p = p_0 + p_1 & \text{mit} & p_1 \ll p_0, & p_0 \neq f(\vec{r},t) \\
\vec{\mathcal{B}} = \vec{\mathcal{B}}_0 + \vec{\mathcal{B}}_1 & \text{mit} & \mathcal{B}_1 \ll \mathcal{B}_0, & \mathcal{B}_0 \neq f(\vec{r},t) \\
\vec{u} = \vec{u}_1 & \text{und} & \vec{u}_0 = 0 & \\
\vec{j} = \vec{j}_1 & \text{und} & \vec{j}_0 = 0 & \\
\vec{\mathcal{E}} = \vec{\mathcal{E}}_1 & \text{und} & \vec{\mathcal{E}}_0 = 0 &
\end{array}
\tag{A.151}
$$

Dabei beschreiben die mit Null indizierten Größen das ruhende, zeitunabhängige und homogene Hintergrundplasma und die mit Eins indizierten Größen die von der Welle im Hintergrundplasma induzierten Störungen kleiner Amplitude. Damit das Hintergrundplasma ruht, muß im Fall des Sonnenwindes ein sich mit dieser Strömung mitbewegendes Koordinatensystem gewählt werden und das interplanetare Medium von dieser Warte aus betrachtet als gleichförmig und zeitunabhängig angenommen werden. Einsetzen in die Dichtebilanzgleichung (A.148) liefert

$$\frac{\partial(\rho_0 + \rho_1)}{\partial t} + (\rho_0 + \rho_1)\,\nabla\vec{u}_1 + \vec{u}_1\,\nabla(\rho_0 + \rho_1) = 0$$

wobei wir von der Beziehung (A.31) Gebrauch gemacht haben. Mit $\partial\rho_0/\partial t = 0$, $\rho_0\,\nabla\vec{u}_1 \gg \rho_1\nabla\vec{u}_1$ und $\nabla\rho_0 = 0$ läßt sich diese Gleichung auch folgendermaßen schreiben

$$\frac{\partial \rho_1}{\partial t} + \rho_0\,\nabla\vec{u}_1 + \vec{u}_1\,\nabla\rho_1 = 0 \tag{A.152}$$

Eine einfache Abschätzung zeigt, daß im allgemeinen auch der in den Störgrößen nichtlineare Term $\vec{u}_1\,\nabla\rho_1$ vernachlässigt werden kann, siehe Abschnitt A.15.4. Damit nimmt die Dichtebilanzgleichung folgende Form an

$$\frac{\partial \rho_1}{\partial t} + \rho_0\,\nabla\vec{u}_1 = 0 \tag{A.153}$$

Für die Impulsbilanzgleichung (A.149) erhält man mit $p = \alpha\rho^{\gamma}$, $\nabla(\alpha\,\rho^{\gamma}) = (\gamma p/\rho)\nabla\rho$ und dem Ansatz (A.151)

$$(\rho_0 + \rho_1)\frac{\partial \vec{u}_1}{\partial t} + \frac{\gamma(p_0 + p_1)}{\rho_0 + \rho_1}\nabla(\rho_0 + \rho_1) + \frac{1}{\mu_0}(\vec{\mathcal{B}}_0 + \vec{\mathcal{B}}_1) \times (\nabla \times (\vec{\mathcal{B}}_0 + \vec{\mathcal{B}}_1)) = 0$$

Wir vernachlässigen ρ_1 gegen ρ_0 im Vorfaktor des ersten Terms und $\vec{\mathcal{B}}_1$ gegen $\vec{\mathcal{B}}_0$ im Vorfaktor des dritten Terms. Ferner berücksichtigen wir, daß $\nabla\rho_0$ und $\nabla \times \vec{\mathcal{B}}_0$ gleich Null sind. Schließlich fassen wir den Vorfaktor des zweiten Terms folgendermaßen zusammen

$$\frac{\gamma(p_0 + p_1)}{\rho_0 + \rho_1} \simeq \frac{\gamma p_0}{\rho_0} = v_{PS}^2 \tag{A.154}$$

wobei wir zur Abkürzung die Größe $v_{PS} = \sqrt{\gamma p_0/\rho_0}$ eingeführt haben. Damit reduziert sich die Impulsbilanzgleichung auf die Form

$$\rho_0 \frac{\partial \vec{u}_1}{\partial t} + v_{PS}^2 \nabla \rho_1 + \frac{1}{\mu_0} \vec{\mathcal{B}}_0 \times (\nabla \times \vec{\mathcal{B}}_1) = 0 \tag{A.155}$$

Schließlich benutzen wir den Ansatz (A.151), um das modifizierte Induktionsgesetz (A.150) zu vereinfachen. Es gilt

$$\frac{\partial(\vec{\mathcal{B}}_0 + \vec{\mathcal{B}}_1)}{\partial t} - \nabla \times (\vec{u}_1 \times (\vec{\mathcal{B}}_0 + \vec{\mathcal{B}}_1)) = 0$$

bzw.

$$\frac{\partial \vec{\mathcal{B}}_1}{\partial t} - \nabla \times (\vec{u}_1 \times \vec{\mathcal{B}}_0) - \nabla \times (\vec{u}_1 \times \vec{\mathcal{B}}_1) = 0$$

Größenordnungsmäßig ist sicherlich auch der dritte Term gegenüber dem zweiten vernachlässigbar

$$|\nabla \times (\vec{u}_1 \times \vec{\mathcal{B}}_1)| \ll |\nabla \times (\vec{u}_1 \times \vec{\mathcal{B}}_0)|$$

Allerdings ist hier Vorsicht geboten. So verschwindet für $\vec{u}_1 \parallel \vec{\mathcal{B}}_0$ die rechte Seite dieser Ungleichung. Ist die Ungleichung erfüllt, so nimmt das Induktionsgesetz folgende Form an

$$\frac{\partial \vec{\mathcal{B}}_1}{\partial t} - \nabla \times (\vec{u}_1 \times \vec{\mathcal{B}}_0) = 0 \tag{A.156}$$

A.15.2 Wellenausbreitung parallel zu einem vorgegebenen Magnetfeld

Selbst das mit Hilfe der Störungsrechnung stark vereinfachte und linearisierte Gleichungssystem enthält noch mehr als eine Wellenlösung. Hier überprüfen wir die Möglichkeit der Wellenausbreitung parallel zu einem von außen vorgegebenen Magnetfeld $\vec{\mathcal{B}}_0$. Zur Vereinfachung der Rechnung (und aufgrund von Vorkenntnissen) soll angenommen werden, daß in diesem Fall die Magnetfeldstörung der Welle $\vec{\mathcal{B}}_1$ senkrecht auf dem externen Magnetfeld steht.

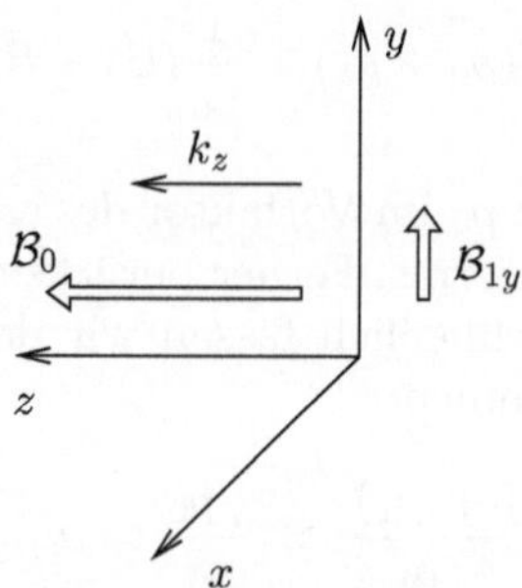

Abb. A.7. Das bei der Ableitung feldlinienparalleler Wellen benutzte Koordinatensystem

Bei der Überprüfung dieses Lösungsansatzes benutzen wir ein Koordinatensystem, dessen z-Achse in Richtung des externen Magnetfeldes (und somit auch in Richtung der Wellenausbreitung) und dessen y-Achse in Richtung des magnetischen Störfeldes zeigt, siehe Abb. A.7. Für die hier ausschließlich zu betrachtende ebene, harmonische Wellenstörung gilt demnach

$$a_1(t, z) = a_{10} \cos(\omega t - k_z z) \tag{A.157}$$

Dabei steht a_1 für eine der noch verbleibenden fünf unbekannten Störgrößen ($\mathcal{B}_{1y}$, u_{1x}, u_{1y}, u_{1z}, ρ_1), a_{10} für deren Amplitude und ω und k_z für die Kreisfrequenz und Wellenzahl. Dieser Ansatz kann, je nach Bedarf, um eine Phasenverschiebungskonstante erweitert werden. Ferner gilt

$$\partial a_1 / \partial x = 0, \quad \partial a_1 / \partial y = 0 \tag{A.158}$$

und

$$\vec{\mathcal{B}}_0 = \hat{z}\,\mathcal{B}_0, \quad \vec{\mathcal{B}}_1 = \hat{y}\,\mathcal{B}_{1y} \tag{A.159}$$

wobei $\hat{z}$ und $\hat{y}$ Einheitsvektoren bezeichnen. Einsetzen dieses Lösungsansatzes in die Dichtebilanzgleichung (A.153) liefert

$$-\omega\,\rho_{10} \sin(\omega t - k_z z) - \rho_0 \,(-k_z)\,(u_{10})_z \sin(\omega t - k_z z) = 0$$

so daß gilt

$$\frac{\rho_{10}}{\rho_0} = \frac{k_z}{\omega}\,(u_{10})_z \tag{A.160}$$

Beim modifizierten Induktionsgesetz (A.156) bestimmen wir zunächst den Rotationsterm. Mit Gl. (A.16) und (A.23) erhalten wir

$$\nabla \times (\vec{u}_1 \times \vec{\mathcal{B}}_0) = \nabla \times (\hat{x}\,u_{1y}\,\mathcal{B}_0 - \hat{y}\,u_{1x}\mathcal{B}_0)$$
$$= \hat{x}\,\mathcal{B}_0\,\frac{\partial u_{1x}}{\partial z} + \hat{y}\,\mathcal{B}_0\,\frac{\partial u_{1y}}{\partial z} \tag{A.161}$$

Einsetzen in Gl. (A.156) liefert die Beziehung

$$\hat{y}\,\frac{\partial \mathcal{B}_{1y}}{\partial t} - \hat{x}\,\mathcal{B}_0\,\frac{\partial u_{1x}}{\partial z} - \hat{y}\,\mathcal{B}_0\,\frac{\partial u_{1y}}{\partial z} = 0 \qquad (A.162)$$

Daraus folgt unmittelbar

$$u_{1x} = 0 \qquad (A.163)$$

Die Möglichkeit $u_{1x} = $ konst. wird ja durch die Bedingung $\vec{u}_0 = 0$ ausgeschlossen. Einsetzen der Wellenlösung (A.157) in die beiden verbleibenden Terme liefert

$$-\omega(\mathcal{B}_{10})_y\,\sin(\omega\,t - k_z\,z) - \mathcal{B}_0\,k_z\,(u_{10})_y\,\sin(\omega\,t - k_z\,z) = 0$$

Damit gilt

$$\frac{(\mathcal{B}_{10})_y}{\mathcal{B}_0} = -\frac{k_z}{\omega}\,(u_{10})_y \qquad (A.164)$$

Die Impulsbilanzgleichung (A.155) schließlich läßt sich mit

$$\vec{u}_1 = \hat{y}\,u_{1y} + \hat{z}\,u_{1z}$$

und

$$\vec{\mathcal{B}}_0 \times (\nabla \times \vec{\mathcal{B}}_1) = \hat{z}\,\mathcal{B}_0 \times \left(-\hat{x}\,\frac{\partial \mathcal{B}_{1y}}{\partial z}\right) = -\hat{y}\mathcal{B}_0\,\frac{\partial \mathcal{B}_{1y}}{\partial z}$$

folgendermaßen schreiben

$$\hat{y}\,\rho_0\,\frac{\partial u_{1y}}{\partial t} + \hat{z}\,\rho_0\,\frac{\partial u_{1z}}{\partial t} + \hat{z}\,v_{PS}^2\,\frac{\partial \rho_1}{\partial z} - \hat{y}\,\frac{\mathcal{B}_0}{\mu_0}\,\frac{\partial \mathcal{B}_{1y}}{\partial z} = 0 \qquad (A.165)$$

Damit gilt

$$\rho_0\,\frac{\partial u_{1z}}{\partial t} + v_{PS}^2\,\frac{\partial \rho_1}{\partial z} = 0 \qquad (A.166)$$

und

$$\rho_0\,\frac{\partial u_{1y}}{\partial t} - \frac{\mathcal{B}_0}{\mu_0}\,\frac{\partial \mathcal{B}_{1y}}{\partial z} = 0 \qquad (A.167)$$

Im ersten Fall liefert der Wellenansatz (A.157) die Beziehung

$$-\rho_0\,\omega\,(u_{10})_z\,\sin(\omega\,t - k_z\,z) + v_{PS}^2\,k_z\,\rho_{10}\,\sin(\omega\,t - k_z\,z) = 0$$

und es gilt

$$\frac{\rho_{10}}{\rho_0} = \frac{\omega}{k_z}\,\frac{1}{v_{PS}^2}\,(u_{10})_z \qquad (A.168)$$

Durch Vergleich dieser Beziehung mit Gl. (A.160) erhält man die Dispersionsrelation

$$\omega - v_{PS}\,k_z = 0 \qquad (A.169)$$

Im zweiten Fall liefert der Wellenansatz die Beziehung

$$-\rho_0\,\omega\,(u_{10})_y\,\sin(\omega t - k_z) - (\mathcal{B}_0/\mu_0)\,k_z\,(\mathcal{B}_{10})_y\,\sin(\omega\,t - k_z\,z) = 0$$

und es gilt

$$\frac{(\mathcal{B}_{10})_y}{\mathcal{B}_0} = -\frac{\mu_0\,\rho_0}{\mathcal{B}_0^2}\,\frac{\omega}{k_z}\,(u_{10})_y = -\frac{1}{v_A^2}\,\frac{\omega}{k_z}(u_{10})_y \tag{A.170}$$

Dabei haben wir zur Abkürzung die Größe $v_A = \mathcal{B}_0 / \sqrt{\mu_0\,\rho_0}$ eingeführt. Durch Vergleich mit der Beziehung (A.164) erhält man die Dispersionsrelation

$$\omega - v_A\,k_z = 0 \tag{A.171}$$

Für den Fall $v_{PS} \neq v_A$ kann entweder nur die Dispersionsrelation (A.169) oder nur die Dispersionsrelation (A.171) gelten, nicht aber beide gleichzeitig. Deshalb muß für die Dispersionsrelation (A.169) zusätzlich die Bedingung

$$u_{1y} = 0 \quad \text{bzw.} \quad \mathcal{B}_{1y} = 0 \tag{A.172}$$

und für die Dispersionsrelation (A.171) die Bedingung

$$u_{1z} = 0 \quad \text{bzw.} \quad \rho_1 = 0 \tag{A.173}$$

erfüllt sein, siehe Gl. (A.165). Diesen beiden Möglichkeiten entsprechen zwei völlig verschiedene Wellentypen, die im Fall der Bestimmungsgleichungen (A.169) und (A.172) als *plasma-akustische Wellen* und im Fall der Bestimmungsgleichungen (A.171) und (A.173) als *Alfvén-Wellen* bezeichnet werden. Im folgenden sollen ihre Eigenschaften an Hand der zugehörigen Störungen von Plasmageschwindigkeit und -dichte, von Plasmadruck und Magnetfeld und von Stromdichte und elektrischem Feld diskutiert werden. Dabei ist es sinnvoll alle Störungen auf die der Geschwindigkeit zu beziehen.

Plasma-akustische Wellen. Für die Geschwindigkeit setzen wir an

$$u_{1x} = 0, \quad u_{1y} = 0 \quad \text{und} \quad u_{1z} = (u_{10})_z \cos(\omega\,t - k_z\,z) \tag{A.174}$$

Für die Dichtestörung erhält man mit Gl. (A.160)

$$\rho_1 = \rho_0\,\frac{k_z}{\omega}\,u_{1z} \tag{A.175}$$

Die Druckstörung läßt sich mit Hilfe der Adiabatenbeziehung bestimmen. Ableitung dieser Beziehung nach z liefert

$$\frac{\partial p}{\partial z} = \frac{\partial}{\partial z}(\alpha\,\rho^\gamma) = (\gamma\,p/\rho)\frac{\partial\rho}{\partial z} \tag{A.176}$$

Mit dem Störansatz (A.151) und der Beziehung (A.154) folgt daraus

$$\frac{\partial p_1}{\partial z} \simeq v_{PS}^2\,\frac{\partial\rho_1}{\partial z}$$

Damit gilt

$$p_1 = v_{PS}^2\, \rho_1 = v_{PS}^2\, \rho_0\, (k_z/\omega)\, u_{1z} \qquad (A.177)$$

Die Magnetfeldstörung ergibt sich aus Gl. (A.164) zu

$$\mathcal{B}_{1y} = -\mathcal{B}_0\, (k_z/\omega)\, u_{1y} = 0 \qquad (A.178)$$

Die Störung der Stromdichte läßt sich mit Hilfe der Gl. (A.129) bestimmen. Es gilt

$$\vec{j}_1 = \frac{1}{\mu_0}\, \nabla \times \hat{y}\, \mathcal{B}_{1y} = -\hat{x}\, \frac{1}{\mu_0}\, \frac{\partial \mathcal{B}_{1y}}{\partial z} = \hat{x}\, \frac{\mathcal{B}_0}{\mu_0}\, \frac{k_z}{\omega}\, \frac{\partial u_{1y}}{\partial z} = 0 \qquad (A.179)$$

Für die elektrische Feldstärke erhalten wir aus Gl. (A.134)

$$\vec{\mathcal{E}}_1 = -\hat{z} u_{1z} \times (\hat{z}\mathcal{B}_0 + \hat{y}\mathcal{B}_{1y}) = \hat{x}\mathcal{B}_{1y} u_{1z} = 0 \qquad (A.180)$$

Schließlich ergibt sich die Phasengeschwindigkeit plasma-akustischer Wellen aus der Dispersionsrelation zu

$$(v_{Ph})_{Plasma-akustisch} = v_{PS} = \omega/k_z = \sqrt{\gamma\, p_0/\rho_0} \qquad (A.181)$$

Alfvén-Wellen. Für die Geschwindigkeit setzen wir an

$$u_{1x} = 0, \quad u_{1y} = (u_{10})_y \cos(\omega\, t - k_z\, z) \quad \text{und} \quad u_{1z} = 0 \qquad (A.182)$$

Für die Dichtestörung erhält man mit Gl. (A.160)

$$\rho_1 = \rho_0\, \frac{k_z}{\omega}\, u_{1z} = 0 \qquad (A.183)$$

Für die Druckstörung gilt gemäß Gl. (A.177)

$$p_1 = v_{PS}^2\, \rho_1 = 0 \qquad (A.184)$$

Die Magnetfeldstörung ergibt sich aus Gl. (A.164) zu

$$\mathcal{B}_{1y} = -\mathcal{B}_0\, (k_z/\omega)\, u_{1y} = -\sqrt{\mu_0\, \rho_0}\, u_{1y} \qquad (A.185)$$

Magnetfeldstörung und Geschwindigkeitsstörung sind somit für den hier betrachteten Fall der Wellenausbreitung in Richtung des magnetischen Feldes antikorreliert. Für die Störung der Stromdichte gilt gemäß Gl. (A.179)

$$\vec{j}_1 = \hat{x}\, \frac{\mathcal{B}_0}{\mu_0}\, \frac{k_z}{\omega}\, \frac{\partial u_{1y}}{\partial z} = \hat{x}\, \frac{\mathcal{B}_0 k_z^2}{\mu_0 \omega}\, (u_{10})_y \cos(\omega\, t - k_z\, z - \pi/2) = \hat{x} j_{1x} \qquad (A.186)$$

Die Stromdichte eilt somit der Geschwindigkeit um eine Viertelperiode nach. Für die elektrische Feldstärke erhalten wir aus Gl. (A.134)

$$\vec{\mathcal{E}}_1 = -\hat{y} u_{1y} \times (\hat{z}\mathcal{B}_0 + \hat{y}\mathcal{B}_{1y}) = -\hat{x}\mathcal{B}_0 u_{1y} = -\hat{x}\mathcal{E}_{1x} \qquad (A.187)$$

Schließlich ergibt sich die Phasengeschwindigkeit dieser Welle zu

$$(v_{Ph})_{Alfvén} = v_A = \omega/k_z = \sqrt{\mathcal{B}_0^2/\mu_0\rho_0} \qquad (A.188)$$

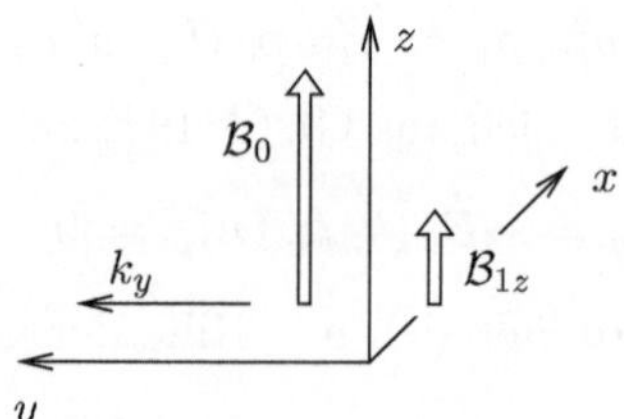

Abb. A.8. Das bei der Ableitung magnetosonischer Wellen benutzte Koordinatensystem

A.15.3 Wellenausbreitung senkrecht zu einem vorgegebenen Magnetfeld

Magnetosonische Wellen stellen einen dritten Typ langperiodischer Wellen in Magnetoplasmen dar. Um ihre Eigenschaften abzuleiten, überprüfen wir die Möglichkeit der Wellenausbreitung senkrecht zu einem vorgegebenen Magnetfeld. Dabei sollen der Einfachheit halber (und aufgrund von Vorkenntnissen) nur Magnetfeldstörungen parallel zum vorgegebenen Magnetfeld zugelassen werden. Für das in Abb. A.8 skizzierte Koordinatensystem lautet somit der Lösungsansatz

$$a_1 = a_{10}\cos(\omega t - k_y y)$$

$$\partial a_1 / \partial x = 0 \quad , \quad \partial a_1 / \partial z = 0 \tag{A.189}$$

und

$$\vec{\mathcal{B}}_0 = \hat{z}\,\mathcal{B}_0 \quad , \quad \vec{\mathcal{B}}_1 = \hat{z}\,\mathcal{B}_{1z}$$

Dabei steht a_1 wieder für eine der Störgrößen und k_y für die Wellenzahl in y-Richtung. Phasenverschiebungen können bei Bedarf durch eine Phasenkonstante berücksichtigt werden. Durch Einsetzen in die Dichtebilanzgleichung (A.153), in die Impulsbilanzgleichung (A.155) und in das Induktionsgesetz (A.156) läßt sich zeigen, daß in der Tat Wellen des oben angegebenen Typs existieren. Ohne auf die Details dieser Rechnung einzugehen begnügen wir uns damit, die auf diesem Wege abgeleiteten Welleneigenschaften anzugeben. Für die Geschwindigkeit setzen wir an

$$u_{1x} = 0, \quad u_{1y} = (u_{10})_y \cos(\omega t - k_y y) \quad \text{und} \quad u_{1z} = 0 \tag{A.190}$$

Ähnlich wie bei plasma-akustischen Wellen ergeben sich dann die Dichte- und Druckstörungen zu

$$\rho_1 = \rho_0\,\frac{k_y}{\omega}\,u_{1y} \tag{A.191}$$

$$p_1 = v_{PS}^2\,\rho_1 = v_{PS}^2\,\rho_0\,(k_y/\omega)\,u_{1y} \tag{A.192}$$

und ähnlich wie bei Alfvén-Wellen ergeben sich die Magnetfeldstörung, die Stromdichte und die elektrische Feldstärke zu

$$\mathcal{B}_{1z} = \mathcal{B}_0 \, (k_y/\omega) \, u_{1y} \qquad (A.193)$$

$$\vec{j}_1 = \hat{x} \, \frac{\mathcal{B}_0}{\mu_0} \, \frac{k_y}{\omega} \, \frac{\partial u_{1y}}{\partial y} = \hat{x} \, \frac{\mathcal{B}_0 k_y^2}{\mu_0 \omega} \, (u_{10})_y \cos(\omega\, t - k_y\, y - \pi/2) = \hat{x} j_{1x} \qquad (A.194)$$

$$\vec{\mathcal{E}}_1 = -\hat{x}\mathcal{B}_0 u_{1y} = -\hat{x}\mathcal{E}_{1x} \qquad (A.195)$$

Schließlich ergibt sich aus der Dispersionsrelation folgender Ausdruck für die Phasengeschwindigkeit einer magnetosonischen Welle

$$(v_{Ph})_{Magnetosonisch} = v_{MS} = \omega/k_y = \sqrt{v_{PS}^2 + v_A^2} \qquad (A.196)$$

A.15.4 Überprüfung der Approximationen

Bei der oben beschriebenen Ableitung von Magnetoplasma-Wellen wurden eine ganze Reihe von Termen vernachlässigt, und dies gilt es nachträglich durch geeignete Größenvergleiche zu rechtfertigen. Bei diesen Vergleichen treten immer wieder zeitliche und räumliche Ableitungen der Variablen auf. Um ihre Größe abschätzen zu können, betrachten wir die Variationen einer beliebigen Wellengröße a_1

$$a_1 = a_{10} \cos(\omega\, t - k_i\, x_i)$$

Wie bisher bezeichnet a_{10} die Amplitude der Wellenstörung, $\omega = 2\pi/\tau$ deren Kreisfrequenz und $k_i = 2\pi/\lambda$ ihre Wellenzahl in Ausbreitungsrichtung x_i. Für den Betrag der Größenordnung (GO) der zeitlichen und räumlichen Ableitung dieser Störgröße gilt demnach

$$\mathrm{GO}(\partial a_1 \, / \, \partial t) = \mathrm{GO}(-\omega\, a_{10} \sin(\omega\, t - k_i\, x_i)) = (2\pi/\tau)\, \mathrm{GO}(a_1)$$

$$\mathrm{GO}(\partial a_1 \, / \, \partial x_i) = \mathrm{GO}(k_i\, a_{10} \sin(\omega\, t - k_i\, x_i)) = (2\pi/\lambda)\, \mathrm{GO}(a_1)$$

Dabei wurde berücksichtigt, daß sin- und cos-Funktionen von gleicher Größenordnung sind. Zeitliche und räumliche Ableitungen (letztere meist in Form des Nabla-Operators) sollen demnach folgendermaßen approximiert werden

$$\partial \, / \, \partial t \to 2\pi/\tau, \quad \nabla \to 2\pi/\lambda \qquad (A.197)$$

Als erstes betrachten wir die Vereinfachung der Impulsbilanzgleichung (6.44) bzw. (A.121), bei der sowohl die Feldbeschleunigung als auch die Schwerebeschleunigung vernachlässigt wurde. Folgender Größenvergleich mit nichtvernachlässigten Termen rechtfertigt dies. So gilt für das Verhältnis von Feldbeschleunigung zu zeitlicher Beschleunigung

$$\frac{\rho \, (u_1 \nabla) u_1}{\rho \, \partial u_1 \, / \, \partial t} \simeq \frac{u_1 \, \tau}{\lambda} = \frac{u_1}{v_{Ph}} \ll 1 \qquad (A.198)$$

Dabei bezeichnet u_1 die durch die Welle hervorgerufene Geschwindigkeitsfluktuation und v_{Ph} die Phasengeschwindigkeit. Daß das Verhältnis dieser beiden Größen klein gegenüber eins ist, folgt aus unserem Störansatz und Gl. (A.175) und (A.185). Ähnlich problemlos läßt sich die Vernachlässigung der Schwerebeschleunigung begründen. Vergleicht man sie z.B. mit der Beschleunigung durch das magnetische Feld, so gilt in Erdnähe ($h \geq 10\,R_E$)

$$\frac{\rho\,g}{n\,e\,u_1\,\mathcal{B}} \leq 10^{-4} \tag{A.199}$$

Dabei haben wir für u_1 ein Zehntel der lokalen Alfvén-Geschwindigkeit angesetzt.

Als nächstes rechtfertigen wir die Vernachlässigung des in der vierten Maxwell-Gleichung auftretenden, den Verschiebungsstrom enthaltenden Terms. Bei Wellen haben wir es ja nicht mehr mit quasi-stationären Verhältnissen zu tun. Vergleicht man den zweiten auf der rechten Seite der Gl. (A.128) auftretenden Term mit der linken Seite dieser Gleichung, so erhält man

$$\mathrm{GO}\left(\frac{\mu_0\varepsilon_0\partial\vec{\mathcal{E}}/\partial t}{\nabla\times\vec{\mathcal{B}}}\right) = \frac{v_{Ph}}{c_0^2}\frac{\mathcal{E}}{\mathcal{B}} < \frac{v_{Ph}}{c_0} \ll 1 \tag{A.200}$$

Dabei haben wir im zweiten Schritt von der Definition der Lichtgeschwindigkeit , $c_0 = 1/\sqrt{\varepsilon_0\mu_0}$, und im dritten von dem Verhältnis der elektrischen zur magnetischen Feldstärke bei elektromagnetischen Wellen im Vakuum, $\mathcal{E}/\mathcal{B} = c_0$, Gebrauch gemacht, siehe Gl. (4.92). Man bedenke, daß bei der Ableitung elektromagnetischer Wellen der den Verschiebungsstrom enthaltende Term als dominant betrachtet wird und das Verhältnis $\mathcal{E}/\mathcal{B}$ in diesem Fall einen entsprechend großen Wert annimmt. Da die Phasengeschwindigkeit von Magnetoplasma-Wellen viel kleiner ist als die Lichtgeschwindigkeit, ist die Vernachlässigung des den Verschiebungsstrom enthaltenden Terms eine exzellente Näherung.

Als drittes soll die radikale Vereinfachung des verallgemeinerten Ohmschen Gesetzes überprüft werden. Dazu bestimmen wir, ähnlich wie in Abschnitt A.13.3, die relative Größenordnung aller auf der rechten Seite der Gl. (A.133) auftretenden und vernachlässigten Terme. Der nicht vernachlässigte Term $-\vec{u}\times\vec{\mathcal{B}}$ soll wieder als Bezugsgröße dienen. Man erhält

$$R_2 = \frac{j\,/\,\sigma_B}{u_1\,\mathcal{B}} \simeq \frac{(2\,\pi\mathcal{B}\,/\,\mu_0\,\lambda)\,/\,\sigma_B}{u_1\,\mathcal{B}} \simeq \frac{10^{10}}{u_1\,\lambda\,T_e^{3/2}} = \frac{10^{10}}{u_1\,v_{Ph}\,\tau\,T_e^{3/2}} \tag{A.201}$$

$$R_3 = \frac{\nabla p_e\,/\,(e\,n)}{u_1\,\mathcal{B}} \simeq \frac{2\,\pi\,n\,k\,T_e\,/\,(e\,n\,\lambda)}{u_1\,\mathcal{B}} = \frac{5\cdot 10^{-4}\,T_e}{u_1\,v_{Ph}\,\tau\,\mathcal{B}} \tag{A.202}$$

$$R_4 = \frac{j\,\mathcal{B}\,/\,(e\,n)}{u_1\,\mathcal{B}} \simeq \frac{2\,\pi\,\mathcal{B}\,/\,(\mu_0\,\lambda)}{e\,n\,u_1} \simeq \frac{3\cdot 10^{25}\mathcal{B}}{u_1\,v_{Ph}\,\tau\,n} \tag{A.203}$$

und

$$R_5 = \frac{(m_e\,/\,e^2)\,\partial(j\,/\,n)\,/\,\partial t}{u_1\,\mathcal{B}} \simeq \frac{(m_e\,/\,e^2)\,2\,\pi\,j\,/\,(n\,\tau)}{u_1\,\mathcal{B}} \simeq \frac{10^{15}}{u_1\,v_{Ph}\,\tau^2\,n} \tag{A.204}$$

Bei der expliziten Abschätzung dieser Terme betrachten wir mit $T_e = T_i = T \simeq 10^5$ K, $n = 6 \cdot 10^6$ m^{-3} und $\mathcal{B} \simeq 3.5$ nT typische interplanetare Verhältnisse in Erdbahnnähe. Als Phasengeschwindigkeit wählen wir die Alfvén-Geschwindigkeit, wobei diese für die hier betrachteten Bedingungen den Wert $v_{Ph} \simeq v_A \simeq 30$ km/s besitzt. Ferner wollen wir annehmen, daß die durch die Welle hervorgerufene Geschwindigkeitsfluktuation etwa ein Zehntel der Phasengeschwindigkeit beträgt, $u_1 \simeq v_{Ph}/10$. Schließlich wählen wir als Wellenperiode den Wert $\tau = 30$ Minuten. Damit ergibt sich die relative Größenordnung der einzelnen Terme zu $R_2 < 10^{-8}$, $R_3 \simeq R_4 \simeq 0.1$ und $R_5 < 10^{-7}$. Alle diese Terme sind demnach klein gegenüber dem ersten Term und können somit in erster Näherung vernachlässigt werden.

Als letztes überprüfen wir die Vereinfachung der Dichtebilanzgleichung (A.152). Es gilt

$$\frac{u_1 \, \nabla \rho_1}{\rho_0 \, \nabla u_1} \simeq \frac{\rho_1}{\rho_0} \ll 1 \tag{A.205}$$

und

$$\frac{u_1 \, \nabla \rho_1}{\partial \rho_1 / \partial t} \simeq \frac{u_1}{v_{Ph}} \ll 1 \tag{A.206}$$

so daß die Vernachlässigung des in den Störgrößen nichtlinearen Terms $u_1 \, \nabla \rho_1$ gerechtfertigt ist. Präziser ausgedrückt – und dies gilt auch für alle übrigen Abschätzungen – sind die bei unserer Ableitung gewonnenen Ergebnisse mit den zuvor gemachten Annahmen verträglich.

A.16 Plasma-Instabilitäten

Unter Instabilitäten verstehen wir Störungen meist rasch anwachsender Amplitude. Wie der Name andeutet, treten sie in Systemen oder Medien auf, die sich in einem instabilen Zustand befinden. Dabei setzt jede Abweichung von diesem Zustand Energie frei, die zu einer Verstärkung der Abweichung und somit zu einer Aufschaukelung der Störungsamplitude führt. In Plasmen werden eine Vielzahl solcher Instabilitäten beobachtet. Bei ihrer Klassifizierung unterscheidet man zwischen Mikro- oder Geschwindigkeitsraum- und Makro- oder Lagerauminstabilitäten. Erstere beziehen ihre Energie aus Geschwindigkeitsverteilungen, die weit von einer Gleichgewichtsverteilung, sprich Maxwell-Verteilung, entfernt sind. Instabilitäten ermöglichen dann die Rückkehr zu einer energieärmeren und damit entropiereicheren Geschwindigkeitsverteilung. Man vermutet, daß solche Mikroinstabilitäten für eine ganze Reihe von bisher nur unzureichend verstandenen Phänomenen verantwortlich sind, so z.B. für Rekonnexionsvorgänge, spontane Unterbrechungen dünner Flächenströme, anomale Erhöhungen von Widerständen in gut leitenden Plasmen entlang der Magnetfeldlinien, Temperaturangleichungen in stoßfreien Plasmen und vieles andere mehr. Da die Behandlung dieser Art von Instabilität naturgemäß recht aufwendig ist, soll sie hier nicht weiter verfolgt werden. Der daran interessierte Leser wird auf die am Ende des Kapitels 6 aufgeführten einschlägigen Lehrbücher verwiesen. Hier begnügen wir uns damit das Zustandekommen von Plasma-Instabilitäten qualitativ zu verstehen. Dies gelingt am besten an Hand von Makroinstabilitäten, von denen zwei im folgenden vorgestellt werden sollen.

Rayleigh-Taylor-Instabilität in der äquatorialen Ionosphäre. Wie in Abschnitt 4.6 erwähnt, zeichnet sich die Ionosphäre niedriger Breiten durch ihre Anfälligkeit gegenüber Plasma-Instabilitäten aus. Dabei spielt die Rayleigh-Taylor-Instabilität eine wichtige Rolle. Um ihr Zustandekommen zu verstehen, betrachten wir die Unterseite der äquatorialen Ionosphäre, also einen Bereich mit positivem Dichtegradienten. Aufgrund der Erdanziehung unterliegen alle Ladungsträger der Ionosphäre einer Gravitationsdrift. Können Stöße vernachlässigt werden, d.h. befinden wir uns oberhalb der Dynamoregion, so gilt in hinreichend guter Näherung Gl. (5.40) und die Driftgeschwindigkeit beträgt

$$(\vec{u}_D^g)_s \simeq \frac{m_s \vec{g} \times \vec{\mathcal{B}}}{q_s \mathcal{B}^2}$$

Dabei steht s wieder für die Ionen- oder Elektronenkomponente, wegen $m_i \gg m_e$ driftet aber im wesentlichen nur die Ionenkomponente. Wir wollen jetzt annehmen, daß zufällige Fluktuationen eine sinusförmige Dichteschwankung in Ost-West-Richtung anregen, siehe Abb. A.9. Dann bewirkt die Ionendrift an der Westflanke eines Dichtebergs eine Abnahme, an dessen Ostflanke eine Zunahme der Ionendichte. Dies folgt unmittelbar aus der Kontinuitätsgleichung dieser Spezies

$$\frac{\partial n_i}{\partial t} = -\frac{\partial \left(n_i (-u_D^g)_i \right)}{\partial x} = (u_D^g)_i \frac{\partial n_i}{\partial x}$$

Das Defizit an positiven Ladungen an der Westflanke und die positive Überschußladung an der Ostflanke haben ein elektrisches Polarisationsfeld zur Folge, das im Bereich eines Dichtebergs von Osten nach Westen und im Bereich eines Dichtetals von Westen nach Osten zeigt. In Kombination mit dem Erdmagnetfeld bewirkt es eine $\vec{\mathcal{E}} \times \vec{\mathcal{B}}$-Drift, die im Bereich des Dichtebergs abwärts, im Bereich des Dichtetals aufwärts gerichtet ist. Wie aus dem unteren Teil der Abb. A.9 ersichtlich, führt diese Drift zu einem Anwachsen der Plasmadichte am Ort des Dichtebergs und zu einer Abnahme der Dichte am Ort des Dichtetals

$$\frac{\partial n}{\partial t} = -\left(\pm u_D^{\mathcal{E}} \right) \frac{\partial n}{\partial z}$$

Damit werden bereits vorhandene Dichtefluktuationen verstärkt und diese positive Rückkopplung ist es, die spektakuläre Dichtestörungen ('Plasmablasen' oder 'Plasmalöcher') entstehen lassen kann. Unmittelbares Indiz für

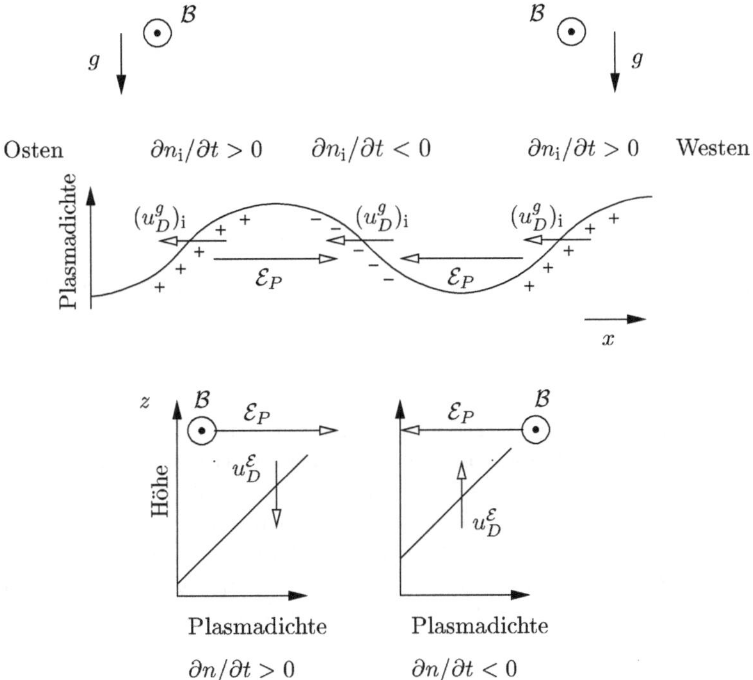

Abb. A.9. Zur Entstehung der Rayleigh-Taylor-Instabilität an der Unterseite der äquatorialen Ionosphäre. Der Blick ist von Norden auf die entlang des Äquators aufgeschnittene Ionosphäre gerichtet. Dabei bezeichnet $(u_D^g)_\mathrm{i}$ die Ionengravitationsdrift, $u_D^{\mathcal{E}}$ die $\vec{\mathcal{E}} \times \vec{\mathcal{B}}$-Drift, n_i die Ionendichte, $n\,(= n_\mathrm{i})$ die Plasmadichte, $\mathcal{B}$ das Erdmagnetfeld, g die Erdbeschleunigung und $\mathcal{E}_P$ die elektrische Polarisationsfeldstärke

diese Art von Instabilität sind multiple Reflexionen, die zu einer Verschmierung des bei der Echolotung reflektierten Radiosignals führen und die in der Fachliteratur unter der Bezeichnung 'spread F' bekannt geworden sind.

Kelvin-Helmholtz-Instabilitäten an der Magnetopause. In Abschnitt 5.7 wurden Kelvin-Helmholtz-Instabilitäten als mögliche Quelle von ULF-Wellen genannt. Um das Zustandekommen dieser Art von Instabilität zu verstehen, betrachten wir den Flankenbereich der Magnetopause. Hier besteht Druckgleichgewicht zwischen der Magnetosphäre und dem rasch an der Magnetopause entlang strömenden Sonnenwind der Übergangsregion. Kommt es aufgrund natürlicher Fluktuationen zu einer Ausbeulung der Magnetopause, so muß jetzt der Sonnenwind um dieses Hindernis herumströmen, siehe Abb. A.10. Wegen der Bahnkrümmung erfährt dabei der Sonnenwind eine nach außen gerichtete Zentrifugalkraft, die zu einer Abschwächung des Außendrucks auf die Magnetopause führt. Formal ergibt sich diese Druckabnahme aus der Bernoulli-Gleichung (A.76). So wird durch die Beule die Querschnittsfläche der Übergangsregion verkleinert. Bei gleichem Sonnen-

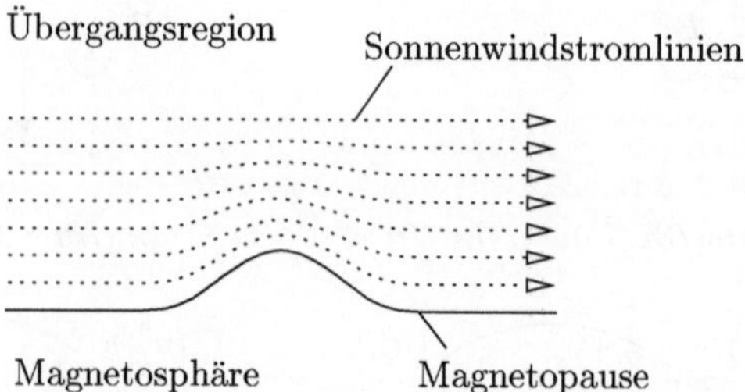

Abb. A.10. Zur Entstehung der Kelvin-Helmholtz-Instabilität an der Flanke der Magnetosphäre

winddurchsatz erfordert dies eine erhöhte Strömungsgeschwindigkeit und diese ist in Abb. A.10 durch die größere Dichte der Stromlinien angedeutet. In jedem Fall und unabhängig von der gewählten Betrachtungsweise ist eine Abnahme des Außendrucks mit einer Zunahme der Ausbeulung verbunden. Die anfängliche Fluktuation wird also verstärkt und kann beträchtliche Amplituden erreichen. Bekanntes und alltäglich erlebbares Beispiel für diese Art von Instabilität sind Wasserwellen, die durch über die Wasseroberfläche blasende Winde erzeugt werden. Ihre Energie beziehen diese Instabilitäten aus der Strömungsenergie des (Sonnen-)Windes.

Anhang B
Abbildungsreferenzen

Akasofu, S.-I., The aurora, in *The Physics of Everyday Phenomena* (Scientific American), 15, Freeman and Co., San Francisco, 1979

Akasofu, S.-I., and S. Chapman, *Solar-Terrestrial Physics*, At the Clarendon Press, Oxford, 1972

Alfvén, H., *Cosmic Plasma*, Reidel Publ. Co., Dordrecht, 1981

Alfvén, H., and C.-G. Fälthammar, *Cosmical Electrodynamics*, At the Clarendon Press, Oxford, 1963

Banks, P.M., and G. Kockarts, *Aeronomy B*, Academic Press, New York, 1973

Banks, P.M., C.R. Chappell, and A.F. Nagy, A new model for the interaction of auroral electrons with the atmosphere: Spectral degradation, backscatter, optical emission, and ionization, *J. Geophys. Res.*, *79*, 1459, 1974

Beatty, J.K., C.C. Peterson, and A. Chaikin (eds.), *The New Solar System*, Sky Publ. Comp., Cambridge/Mass. and Cambridge Univ. Press, Cambridge/UK, 1999

Belcher, J.W., L. Davis, Jr., and E.J. Smith, Large-amplitude Alfvén waves in the interplanetary medium: Mariner 5, *J. Geophys. Res.*, *74*, 2302, 1969

Broadfoot, A.L., and K.R. Kendall, The airglow spectrum, 3100 – 10,000 Å, *J. Geophys. Res.*, *73*, 426, 1968

Bronshtén, V.A., The structure of the far outer corona of 19 June 1936, *Soviet Astronomy*, *3*, 821, 1960

Carruthers, G.R., T. Page, and R.R. Meier, Apollo 16 Lyman alpha imagery of the hydrogen geocorona, *J. Geophys. Res.*, *81*, 1664, 1976

Chapman, S., and J. Bartels, *Geomagnetism I*, At the Clarendon Press, Oxford, 1962

Cowley, S.W.H., Magnetic reconnection, in *Solar System Magnetic Fields* (E.R. Priest, ed.), 121, Reidel Publ. Co., Dordrecht, 1985

Craven, J.D., and L.A. Frank, The temporal evolution of a small auroral substorm as viewed from high altitudes with Dynamics Explorer 1, *Geophys. Res. Lett.*, *12*, 465, 1985

Eastman, T.E., Transition regions in solar system and astrophysical plasmas, *IEEE Trans. Plasma Sci.*, *18*, No. 1, 1990

Eccles, D., and J.W. King, A review of topside sounder studies of the equatorial ionosphere, *Proc. IEEE*, *57*, 1012, 1969

Fahr, H.J., and B. Shizgal, Modern exospheric theories and their observational relevance, *Rev. Geophys. Space Phys.*, *21*, 75, 1983

Fairfield, D.H., Structure of the geomagnetic tail, in *Magnetotail Physics* (A.T.Y. Lui, ed.), The Johns Hopkins University Press, Baltimore, 1987

Fichtner, H., and H.J. Fahr, Plasma expansion from diverging magnetic field configurations: The plasma-magnetic field interaction, *Planet. Space Sci.*, *37*, 987, 1989

Frisch, P.C., The galactic environment of the sun, *J. Geophys. Res.*, *105*, 10279, 2000

Glaßmeier, K.-H., ULF Pulsations, in *Handbook of Atmospheric Electrodynamics II* (H. Volland, ed.), 463, CRC Press, Boca Raton, 1995

Hedin, A.E., MSIS-86 thermospheric model, *J. Geophys. Res.*, *92*, 4649, 1987

Hedin, A.E., E.L. Fleming, A.H. Manson, F.J. Schmidlin, S.K. Avery, R.R. Clark, S.J. Franke, G.J. Fraser, T. Tsuda, F. Vial, and R.A. Vincent, Empirical wind model for the upper, middle and lower atmosphere, *J. Atmos. Terr. Phys.*, *58*, 1421, 1996

Heroux, L., and H.E. Hinteregger, Aeronomical reference spectrum for solar UV below 2000 Å, *J. Geophys. Res.*, *83*, 5305, 1978

Hess, W.N., *The Radiation Belt and Magnetosphere*, Blaisdell Publ. Co., Waltham / MA, 1968

Hones, E.W., Substorm processes in the magnetotail: Comments on 'On hot tenuous plasmas, fireballs, and boundary layers in the earth's magnetotail' by L.A. Frank, K.L. Ackerson, and R.P Lepping, *J. Geophys. Res.*, *82*, 5633, 1977

Hundhausen, A.J., The origin and propagation of coronal mass ejections, in *Proceedings of the Sixth International Solar Wind Conference I* (V.J. Pizzo, T.E. Holzer, and D.G. Sime, eds.), 181, HAO/NCAR, Boulder / CO, 1988

Jacchia, L.G., Thermospheric temperature, density, and composition: New models, *Smithsonian Astrophys. Obs. Spec. Report*, *375*, Cambridge / MA, 1977

Johnson, C.Y., Ionospheric composition and density from 90 to 1200 kilometers at solar minimum, *J. Geophys. Res.*, *71*, 330, 1966

Kane, S.R., Impulsive (flash) phase of solar flares: Hard, X-ray, microwave, EUV, and optical observations, in *Coronal Disturbances* (G. Newkirk, Jr., ed.), 105, Reidel Publ. Co., Dordrecht, 1974

Kertz, W., *Einführung in die Geophysik I*, B.I.-Wissenschaftsverlag, Mannheim, 1985

Kockarts, G., Effects of solar variations on the upper atmosphere, *Solar Physics*, *74*, 295, 1981

Köhnlein, W., A model of the electron and ion temperatures in the ionosphere, *Planet. Space Sci.*, *34*, 609-630, 1986

Lang, K.R., *Astrophysical Data: Planets and Stars*, Springer Verlag, Berlin, 1992

Larson, D.J., and R.L. Kaufmann, Structure of the magnetotail current sheet, *J. Geophys. Res.*, *101*, 21447, 1996

Lean, J., Solar EUV irradiances and indices, *Adv. Space Res.*, *8*, No. 5, 263, 1988

Lepping, R.P., J.A. Jones, and L.F. Burlaga, Magnetic field structure of interplanetary magnetic clouds at 1 AU, *J. Geophys. Res.*, *95*, 11957, 1990

Linde, T.J., T.I. Gombosi, Ph.L. Roe, K.G. Powell, and D.L. DeZeeuw, Heliosphere in the magnetized local interstellar medium: Results of a three-dimensional MHD simulation, *J. Geophys. Res.*, *103*, 1889, 1998

Malitson, H.H., The solar energy spectrum, *Sky and Telescope*, *29*, 162, 1965

Mariani, F., and F.M. Neubauer, The interplanetary magnetic field, in *Physics of the Inner Heliosphere I* (R. Schwenn and E. Marsch, eds.), 183, Springer-Verlag, Berlin, 1990

Marsch, E., K.-H. Mühlhäuser, R. Schwenn, H. Rosenbauer, W.G. Pilipp, and F.M. Neubauer, Solar wind protons: Three-dimensional velocity distributions and derived plasma parameters measured between 0.3 and 1 AU, *J. Geophys. Res.*, *87*, 52, 1982

Matuura, N., Reaction rates in the F-region, *Rept. Ionosph. Space Res. Japan*, *21*, 289, 1966

McComas, D.J., B.L. Barraclough, H.O. Funsten, J.T. Gosling, E. Santiago-Muñoz, R.M. Skoug, B.E. Goldstein, M. Neugebauer, P. Riley, and A. Balogh, Solar wind observations over Ulysses' first polar orbit, *J. Geophys. Res.*, *105*, 10419, 2000

McPherron, R.L., C.T. Russell, and M.P. Aubry, Satellite studies of magnetospheric substorms on August 15, 1968, 9. Phenomenological model for substorms, *J. Geophys. Res.*, *78*, 3131, 1973

Meyer, P., R. Ramaty, and W.R. Webber, Cosmic rays - astronomy with energetic particles, *Physics Today*, *27*, No. 10, 23, 1974

Olsen, P.W., The geomagnetic field and its extension into space, *Adv. Space Res.*, *2*, No. 1, 13, 1982

Parker, E.N., *Interplanetary Dynamical Processes*, Interscience Publishers, John Wiley and Sons, New York, 1963

Prölss, G.W., Ionospheric F-region storms, in *Handbook of Atmospheric Electrodynamics, Vol. 2* (H. Volland, ed.), 195, CRC Press, Boca Raton, 1995

Prölss, G.W., Magnetic storm associated perturbations of the upper atmosphere, in *Magnetic Storms* (B.T. Tsurutani, W.D. Gonzalez, Y. Kamide, J.K. Arballo, eds.), AGU Monograph No. 98, 227, Washington, 1997

Ratcliffe, J.A., *An Introduction to the Ionosphere and Magnetosphere*, Cambridge University Press, Cambridge, 1972

Roble, R.G., E.C. Ridley, and R.E. Dickinson, On the global mean structure of the thermosphere, *J. Geophys. Res.*, *92*, 8745, 1987

Schield, M.A., J.W. Freeman, and A.J. Dessler, A source for field-aligned currents at auroral latitudes, *J. Geophys. Res.*, *74*, 247, 1969

Schunk, R.W., The terrestrial ionosphere, in *Solar-Terrestrial Physics* (R.L. Carovillano and J.M. Forbes, eds.), 609, Reidel Publ. Co., Dordrecht, 1983

Schwenn, R., Large-scale structure of the interplanetary medium, in *Physics of the Inner Heliosphere I* (R. Schwenn and E. Marsch, eds.), 99, Springer-Verlag, Berlin, 1990

Sckopke, N., G. Paschmann, A.L. Brinca, C.W. Carlson, and H. Lühr, Ion thermalization in quasi-perpendicular shocks involving reflected ions, *J. Geophys. Res.*, *95*, 6337, 1990

Shiokawa, K., W. Baumjohann, G. Haerendel, G. Paschmann, J.F. Fennel, E. Friis-Christensen, H. Lühr, G.D. Reeves, C.T. Russel, P.R. Sutcliffe, and K. Takahashi, High speed ion flow, substorm current wedge, and multiple Pi 2 pulsations, *J. Geophys. Res.*, *103*, 4491, 1998

Solar-Geophysical Data, No. 367, Part II, 40, NOAA, Boulder / CO, 1975

Spreiter, J.R., A.L. Summers, and A.Y. Alksne, Hydromagnetic flow around the magnetosphere, *Planet. Space Sci.*, *14*, 223, 1966

Stern, D.P., The origins of Birkeland currents, *Rev. Geophys. Space Phys.*, *21*, 125, 1983

Torr, M.R., and D.G. Torr, Ionization frequencies for solar cycle 21: Revised, *J. Geophys. Res.*, *90*, 6675, 1985

Torr, M.R., D.G. Torr, R.A. Ong, and H.E. Hinteregger, Ionization frequencies for major thermospheric constituents as a function of solar cycle 21, *Geophys. Res. Lett.*, *6*, 771, 1979

Tsyganenko, N.A., Quantitative models of the magnetospheric magnetic field: Methods and results, *Space Sci. Rev.*, *54*, 75, 1990

van de Hulst, H.C., The chromosphere and the corona, in *The Sun* (G.P. Kuiper, ed.), 207, The University of Chicago Press, Chicago / IL, 1953

Vsekhsvjatsky, S.K., The structure of the solar corona and the corpuscular streams, in *The Solar Corona* (J.W. Evans, ed.), 271, Academic Press, New York, 1963

Walker, A.B.C., Jr., Multispectral observations complementary to the study of high-energy solar phenomena, *Solar Physics, 118*, 209, 1988

Weimer, D.R., Substorm time constants, *J. Geophys. Res.*, *99*, 11005, 1994

Willis, D.M., Structure of the magnetopause, *Rev. Geophys. Space Phys.*, *9*, 953, 1971

Wright, J.W., Dependence of the ionospheric F-region on the solar cycle, *Nature, 194*, 461, 1962

Sachverzeichnis

Physikalische Konstanten

Gravitationskonstante	G	$=$	$6.67 \cdot 10^{-11}$ N m^{2}kg^{-2}
Lichtgeschwindigkeit	c_0	$=$	$2.99792458 \cdot 10^8$ m s^{-1}
Boltzmann-Konstante	k	$=$	$1.38066 \cdot 10^{-23}$ J K^{-1}
Planck-Konstante	h_P	$=$	$6.626076 \cdot 10^{-34}$ J s
Elementarladung	e	$=$	$1.6021773 \cdot 10^{-19}$ C
Elektrische Feldkonstante	ε_0	$=$	$8.8542 \cdot 10^{-12}$ A s V^{-1}m^{-1}
Magnetische Feldkonstante	μ_0	$=$	$4\pi \cdot 10^{-7} = 1.2566 \cdot 10^{-6}$ V s A^{-1}m^{-1}
Atomare Masseneinheit	m_u	$=$	$1.660542 \cdot 10^{-27}$ kg
Protonmasse	m_p	$=$	$1.672623 \cdot 10^{-27}$ kg
Elektronmasse	m_e	$=$	$9.109390 \cdot 10^{-31}$ kg

$1 \text{ J} \,\hat{=}\, 6.242 \cdot 10^{18} \text{ eV}; \quad 1 \text{ eV} \,\hat{=}\, 1.602 \cdot 10^{-19} \text{ J}; \quad 1 \text{ erg} \,\hat{=}\, 10^{-7}\text{J}$

$E_{Ph} \text{ [eV]} = 1240/\lambda \text{ [nm]} = 4.136 \cdot 10^{-15} \, \nu \text{ [Hz]}$

$E_{kin} \text{ [eV]} = 3kT/2 = 1.29 \cdot 10^{-4} \, T \text{ [K]}$